EUROPA LEHRMITTEL

EUROPA-FACHBUCHREIHE
für metalltechnische Berufe

Fachwissen Technische Produktdesigner 2

1. Auflage

AF799116

VERLAG EUROPA-LEHRMITTEL · Nourney, Vollmer GmbH & Co. KG
Düsselberger Straße 23 · 42781 Haan-Gruiten

Europa-Nr.: 15167

Autoren:

Marcus Gompelmann	OStR, Dipl.-Ing.	Düren
Volker Menges	OStR, Dipl.-Ing.	Lichtenstein
Hermann Meyer	StD	Bielefeld
Gabriele Mols	Dipl.-Ing.	Dortmund
Bernhard Schilling	StR, Dipl.-Ing.	Attenweiler
Mikko Soiniemi	StR	Eningen
Andreas Stenzel	OStR, Dipl.-Ing.	Balingen
Norbert Trapp	Ausbildungsleiter Technische Berufe, SSI Schäfer – Fritz Schäfer GmbH	Neunkirchen

Unter Mitwirkung von:

H.-P. Wissen, BFW Koblenz

Melanie Grobholz, Erkelenz

Autorenteams der Lehrwerke „Fachkunde Metall“ (Europa-Nr. 10129), „Konstruktionslehre Maschinenbau“ (Europa-Nr. 14009), „Tabellenbuch Metall" (Europa-Nr. 10609), „Industrielle Fertigung“ (Europa-Nr. 53510), „Rechenbuch Metall" (Europa-Nr. 10307) und „Fachkunde Zerspantechnik“ (Europa-Nr. 15655) durch das Beisteuern technischer Illustrationen

Verlagslektorat:

Dr. Astrid Grote-Wolff

Bildbearbeitung:

Zeichenbüro des Verlages Europa-Lehrmittel, Ostfildern

1. Auflage 2021

Druck 5 4 3 2

Alle Drucke der selben Auflage sind parallel einsetzbar, da sie bis auf die Korrektur von Druckfehlern identisch sind.

ISBN 978-3-8085-1516-7

Alle Rechte vorbehalten. Das Werk ist urheberrechtlich geschützt. Jede Verwertung außerhalb der gesetzlich geregelten Fälle muss vom Verlag schriftlich genehmigt werden.

© 2021 by Verlag Europa-Lehrmittel, Nourney, Vollmer GmbH & Co. KG, 42781 Haan-Gruiten

www.europa-lehrmittel.de

Satz: Satz+Layout Werkstatt Kluth GmbH, 50374 Erftstadt

Umschlag: braunwerbeagentur, 42477 Radevormwald

Umschlagbild: nach einer Vorlage von Gabriele Mols

Druck: Himmer GmbH, 86167 Augsburg

VORWORT

Mit **„Fachwissen Technische Produktdesigner 2"** liegt der zweite Band der Europa-Fachbuchreihe für die **Ausbildung zum Technischen Produktdesigner/zur Technischen Produktdesignerin der Fachrichtungen Maschinen- und Anlagenkonstruktion (MAK)** und **Produktgestaltung und -konstruktion (PGK)** vor. Der Titel baut auf „Fachwissen Technische Produktdesigner 1" auf.

Das Lehrwerk wurde für **Auszubildende zum Technischen Produktdesigner/zur Technischen Produktdesignerin** im 3. und 4. Ausbildungsjahr konzipiert. Es vermittelt die Fachinhalte der **Lernfelder 9 bis 12 des Rahmenlehrplans** sowie die im **Ausbildungsrahmenplan** verankerten Fertigkeiten, Kenntnisse und Fähigkeiten der Fachrichtung MAK. Die Inhalte der Ausbildung in der Fachrichtung PGK werden zum größten Teil vermittelt. Dementsprechend ist das Kapitel zu Lernfeld 12 der Fachrichtung MAK in der Weise ausgearbeitet, dass auch die wesentlichen Inhalte der Lernfelder 10 und 12 der Fachrichtung PGK vermittelt werden.

Darüber hinaus kann „Fachwissen Technische Produktdesigner 2" von allen Berufsgruppen, Vollzeitbildungsgängen und Studierenden, die in der Produktentwicklung tätig sind und **3D-CAD-Modelle** sowie technische Zeichnungen erstellen, im Selbststudium eingesetzt und als aktueller Wissensspeicher genutzt werden.

Inhalte:

Das Lehrwerk ist **lernfeldsystematisch** strukturiert und wird durch ein lernfeldübergreifendes **Kapitel zur qualitäts- und kundenorientierten Produktentwicklung** abgerundet. Der wesentliche Schwerpunkt ist die **funktions-** und **fertigungsgerechte Gestaltung** von Baugruppen und deren normgerechte Darstellung in technischen Zeichnungen. Hierbei wird besonders auf die konstruktive Gestaltung von **Verbindungs- und Maschinenelementen** und die Integration von **Kaufteilen** eingegangen. Darüber hinaus werden **pneumatische und elektropneumatische Steuerungen** sowie die **gestaltungstechnischen Vorgaben** im Konstruktionsprozess praxisgerecht anhand zahlreicher Beispiele dargestellt.

Der **aktuelle Normenstand** inklusive des Normensystems zur **Geometrischen Produktspezifikation** (ISO GPS) wird berücksichtigt.

Englische Fachtexte, Illustrationen und Aufgabenstellungen sowie Fachvokabular zu den Lernfeld-Kapiteln regen zur **fremdsprachlichen Kommunikation** an.

Didaktische Besonderheiten:

Der Europa-Fachbuchreihe für die Ausbildung zum Technischen Produktdesigner/zur Technischen Produktdesignerin liegt ein einheitliches didaktisches Konzept zugrunde.

Die **sachlogische Darstellung der Fachinhalte,** die reichhaltige Bebilderung, übersichtliche Tabellen und Merksätze ermöglichen einen systematischen Wissensaufbau im Rahmen des Lernfeld-Unterrichts, aber auch im Selbststudium und zur Prüfungsvorbereitung. **Lernsituationen** sowie zahlreiche **praxisorientierte Aufgaben** regen zur Wiederholung, Vertiefung und Anwendung der Fachinhalte an und sichern den Lernerfolg.

Digitales Zusatzmaterial:

Alle Bilder und Tabellen des Lehrwerks sind für die Übernahme in eigenes Material digital zugänglich. Ergänzend stehen die **technischen Zeichnungen** zu Lernsituationen als pdf-Dokumente zur Verfügung (s. Informationen zur EUROPATHEK auf der Umschlaginnenseite).

Ihr Feedback ist uns wichtig!

Wir freuen uns auch weiterhin auf Ihre Anregungen und Unterstützung durch Kritik, die Sie uns unter lektorat@europa-lehrmittel.de oder unter der Verlagsadresse zukommen lassen, und wünschen Ihnen viel Erfolg mit „Fachwissen Technische Produktdesigner 2".

Sommer 2021 — Autorenteam und Verlag

INHALTSVERZEICHNIS

Lernfeld 9

3D-DATENSÄTZE VON BAUGRUPPEN UNTER BERÜCKSICHTIGUNG VON FÜGE-VERFAHREN UND MONTAGETECHNIKEN ERSTELLEN UND MODIFIZIEREN

Konstruktionen im Maschinenbau bestehen nicht nur aus einem, sondern aus vielen einzelnen Bauteilen, die untereinander in einem funktionellen Zusammenhang stehen. Die Teile müssen korrekt zueinander positioniert werden, um ein funktionierendes Gesamtsystem zu erhalten. Dieses lässt sich mit verschiedenen Fügeverfahren, Verbindungsarten und Montagetechniken realisieren. In diesem Kapitel wird dem Technischen Produktdesigner der große Bereich der Verbindungsarten vorgestellt, die Montage von Baugruppen erläutert und die Darstellung der Baugruppen in technischen Zeichnungen beschrieben.

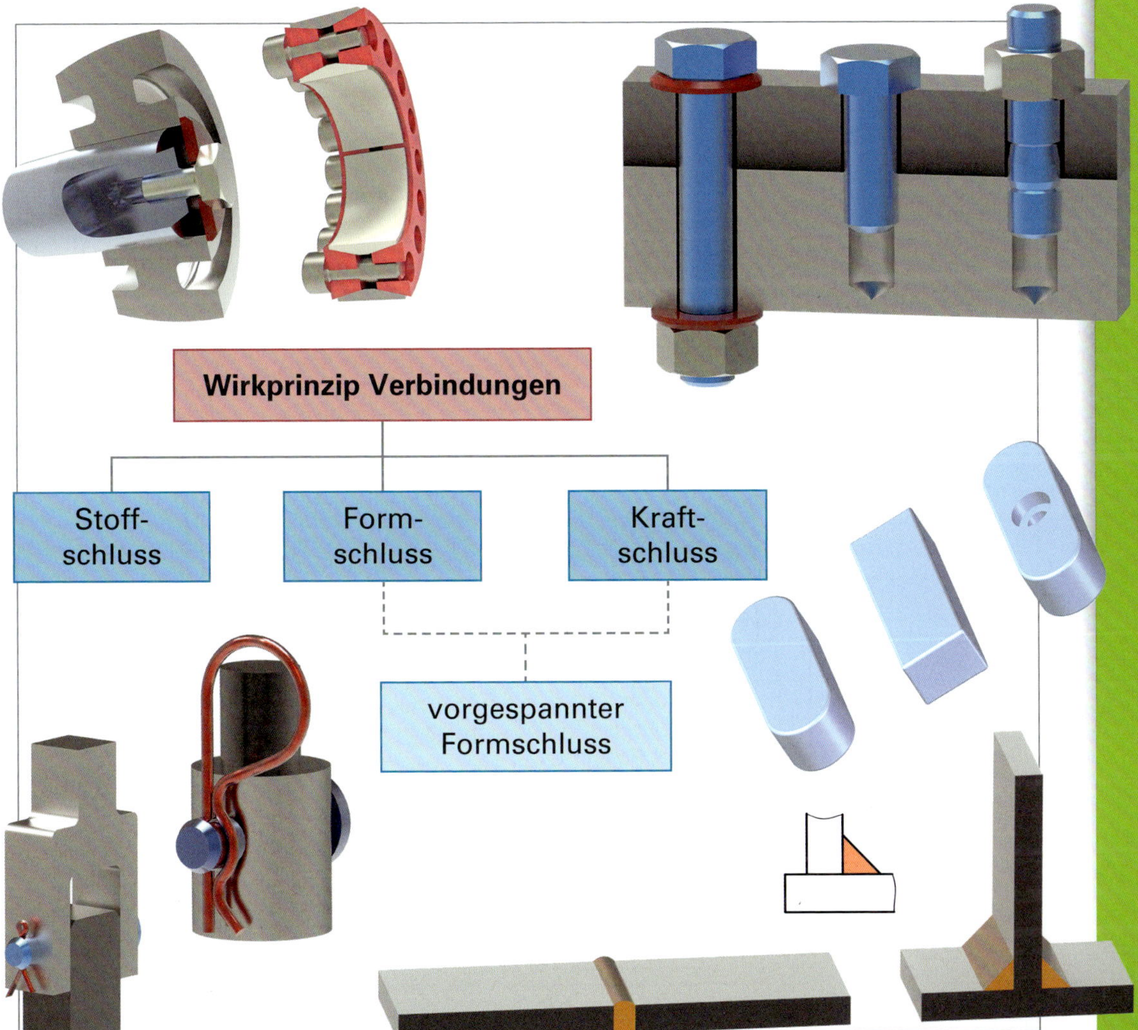

9.1 LERNSITUATIONEN

LERNSITUATION 1 | Konstruktionen von Welle-Nabe-Verbindungen

Ihre Firma plant, Versuche mit unterschiedlichen Welle-Nabe-Verbindungen durchzuführen. Hierzu liegen die technischen Zeichnungen des Wellenzapfens (Wellenteil) und des Zahnrads (Nabenteil) vor.

Ihre Aufgabe ist es, verschiedene Welle-Nabe-Verbindungen unter Verwendung der gegebenen Einzelteile zu konstruieren.

Die Maße für den Wellenzapfen sind aus **Bild 1** zu entnehmen, die Maße für das Zahnrad (Nabe) aus **Bild 1, Seite 11**. Der Bohrungsdurchmesser *d* richtet sich nach der verwendeten Welle-Nabe-Verbindung.

Die in den Zeichnungen der Einzelteile angegebenen Abmessungen und Oberflächenangaben von Wellenzapfen und Zahnrad stellen Richtwerte dar, sie können bei Bedarf an die Erfordernisse der entsprechenden Welle-Nabe-Verbindung angepasst werden. Dies gilt auch für die Eindrehungen (∅ 62 mm und ∅ 64 mm) des Zahnrads.

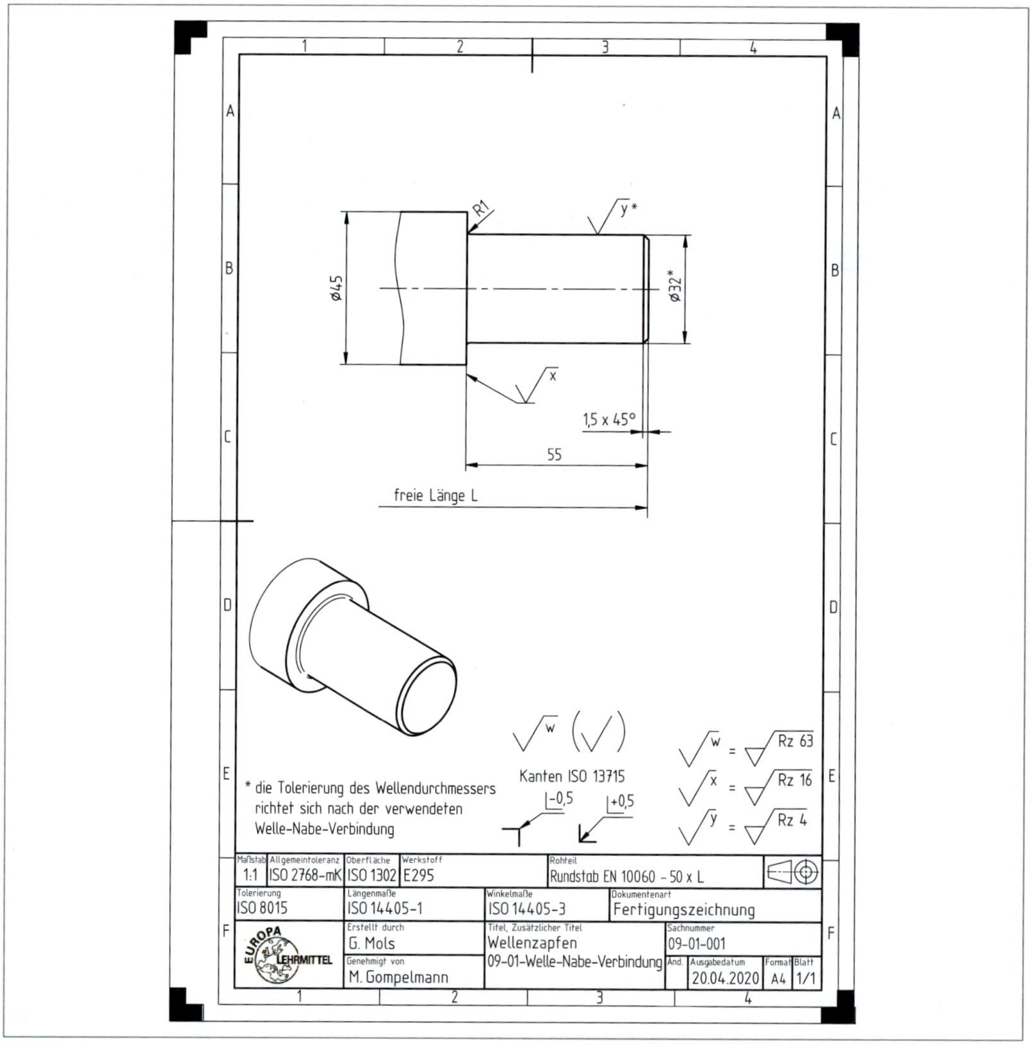

Bild 1: Wellenzapfen

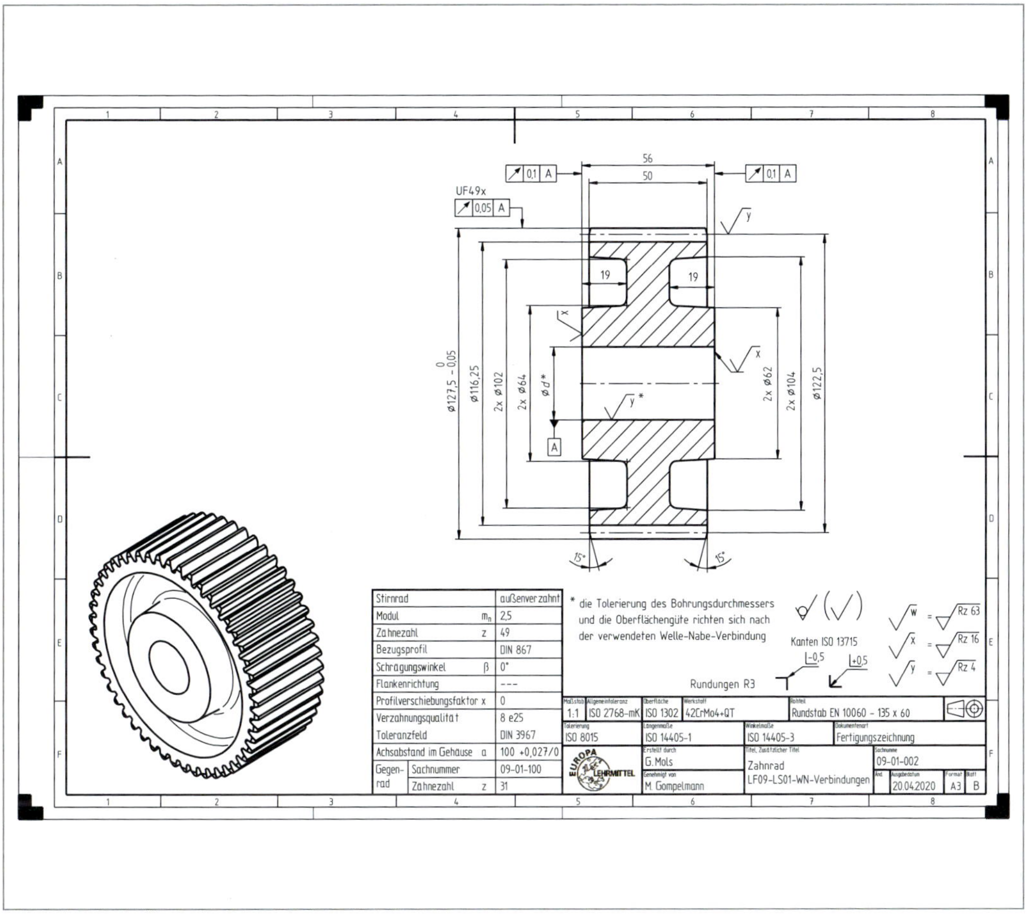

Bild 1: Zahnrad

Aufgabenstellung

1.1 Konstruieren Sie eine Passfederverbindung als Welle-Nabe-Verbindung und sichern Sie die Nabe gegen axiale Verschiebung. Berechnen Sie die erforderliche Passfederlänge für ein zu übertragendes Drehmoment von $M_t = 282$ Nm. Berechnen Sie die zulässige Flächenpressung mit dem Sicherheitsfaktor $\nu = 2$.

Erstellen Sie eine Gesamtzeichnung mit Stückliste sowie eine Einzelteilzeichnung des Wellenzapfens und des Zahnrades für die Passfederverbindung.

1.2 Konstruieren Sie eine Welle-Nabe-Verbindung mit Kegel-Spann-Elementen. Die Verspannung der Ringe erfolgt über die Nabe.

Erstellen Sie eine Gesamtzeichnung mit Stückliste sowie eine Einzelteilzeichnung des Wellenzapfens und des Zahnrades für die Kegel-Spannverbindung.

1.3 Konstruieren Sie eine Welle-Nabe-Verbindung als Keilwellenverbindung. Für den Auslauf des Scheibenfräsers muss der Wellenzapfen entsprechend verlängert werden. Sichern Sie die Nabe gegen axiale Verschiebung.

Erstellen Sie eine Gesamtzeichnung mit Stückliste sowie eine Einzelteilzeichnung des Wellenzapfens und des Zahnrades für die Keilwellenverbindung.

LERNSITUATION 2 | Wandkonsole als Schweißkonstruktion

In der Fertigung wird ein Elektromotor ausgetauscht. Der Motor soll auf einer an der Wand befestigten Konsole aufgestellt werden. Die dazu benötigte Konsole soll im Ausbildungsbereich konstruiert und gefertigt werden.

Der Fertigungsleiter übergibt Ihnen eine Maßskizze **(Bild 1)** zu den örtlichen Gegebenheiten und ein Maßblatt des zu montierenden Motors **(Bild 2)**.

Die Abmessungen für die Breitenmaße sind selbst zu wählen. Beachten Sie, dass das Wellenende zur Befestigung einer Riemenscheibe frei über die Konsole hinausragt.

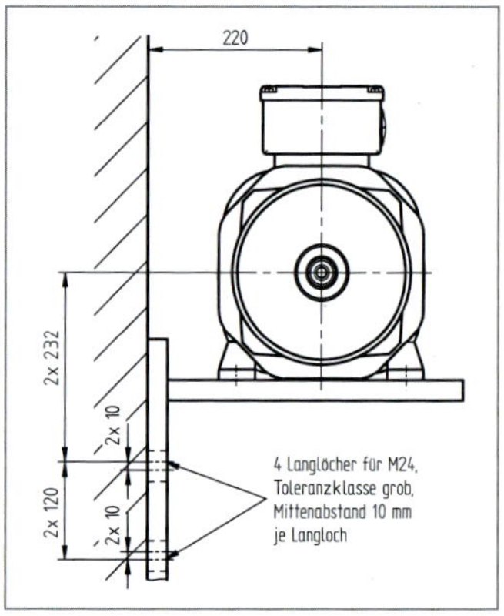

Bild 1: Maßskizze der Konsole

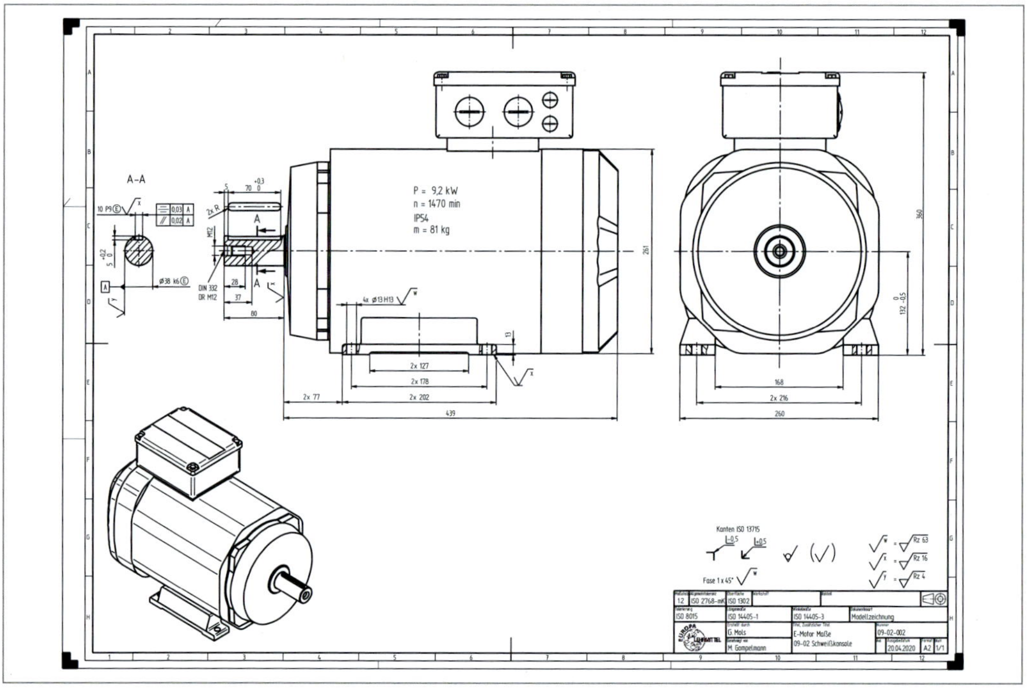

Bild 2: Maße des Elektromotors

Aufgabenstellung

2.1 Erstellen Sie zwei unterschiedliche Entwurfsskizzen der Schweißkonstruktion der Konsole.

2.2 Besprechen Sie die Entwurfsskizzen mit Ihrem Ausbilder, entscheiden Sie sich für eine Ausführung und legen Sie die Schweißnahtdicke in Absprache mit ihm fest.

2.3 Erstellen Sie für die geschweißte Konsole eine Schweißgruppenzeichnung mit Stückliste.

2.4 Erstellen Sie die Fertigungszeichnungen der Einzelteile.

2.5 Erstellen Sie eine Baugruppenzeichnung der Konsole und tragen Sie die Maße für die spanende Bearbeitung ein.

9.2 FUNKTIONSANALYSE VON BAUTEILEN UND BAUGRUPPEN

Viele Produkte sind in ihrem Aufbau und ihrer Funktionsweise sehr komplex. Um eine Produktentwicklung sinnvoll zu beginnen, wird im ersten Schritt eine **Funktionsanalyse** erstellt.

9.2.1 GESAMT- UND TEILFUNKTIONEN

Funktionen definieren den Zusammenhang zwischen Eingang und Ausgang eines Systems. Die Funktionsanalyse ermöglicht eine Untersuchung und Beurteilung komplexer technischer Systeme. Zur Bildung der **Funktionsstruktur** wird die **Gesamtfunktion** in **Teilfunktionen** aufgegliedert. Die Teilfunktionen stehen im logischen Zusammenhang mit der Gesamtfunktion (**Bild 1**, am Beispiel eines Bürolochers). Die Funktionsstruktur ist vorläufig lösungsneutral.

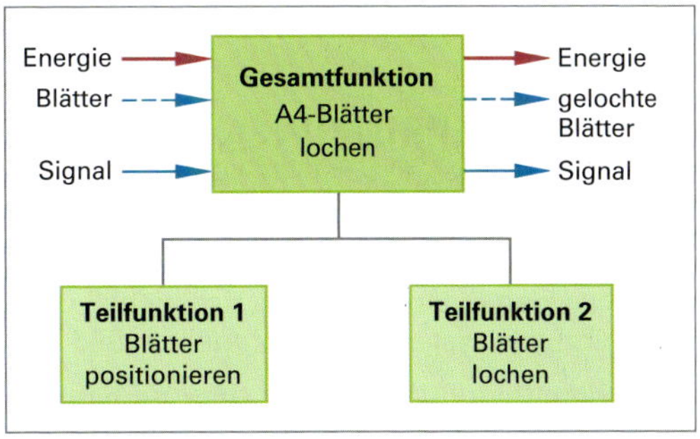

Bild 1: Gesamt- und Teilfunktionen am Beispiel eines Bürolochers

> Eine umfassende konstruktive Aufgabenstellung wird durch die **Funktionsanalyse** in mehrere einfache Aufgaben unterteilt. Anschließend werden die Teilaufgaben nacheinander gelöst.

Das gleiche Prinzip kann bei einer vorhandenen Konstruktion einer größeren Baugruppe angewendet werden. Sie kann in Teilfunktionen untergliedert werden, um z. B. Teile zu modifizieren oder um Teile in anderen Aufgabenstellungen mit gleicher Teilfunktion wiederzuverwenden. So kann eine Kupplung in einer Antriebseinheit an veränderte Betriebsbedingungen angepasst werden. Oder eine vorhandene Kupplung wird für eine andere Antriebseinheit verwendet, weil die Betriebsbedingungen passen.

> Bauteile und Baugruppen bestehender Konstruktionen lassen sich nach ihren Funktionen in **Teilfunktionen** unterteilen.

Nicht alle Bauteile einer Gesamtkonstruktion besitzen zwingend eine Teilfunktion, ihnen kann aber im Zusammenwirken mit anderen Bauteilen in einer Baugruppe eine entsprechende Funktion zugewiesen werden.

9.2.2 TEIL- UND NEBENFUNKTIONEN

Teilfunktionen sind meist in **Nebenfunktionen** weiter unterteilbar. So entsteht ein hierarchisches Gefüge aus der Gesamtfunktion und den Teil- und Nebenfunktionen (**Bild 2**).

Teilfunktionen erfüllen unmittelbar die Gesamtfunktion. Bei einfachen Strukturen kann dies nur eine einzige Funktion sein, wie z. B. das Lochen der Blätter mit einem Bürolocher. Nebenfunktionen tragen nicht unmittelbar zur Gesamtfunktion bei, sondern unterstützen oder ergänzen die Ge-

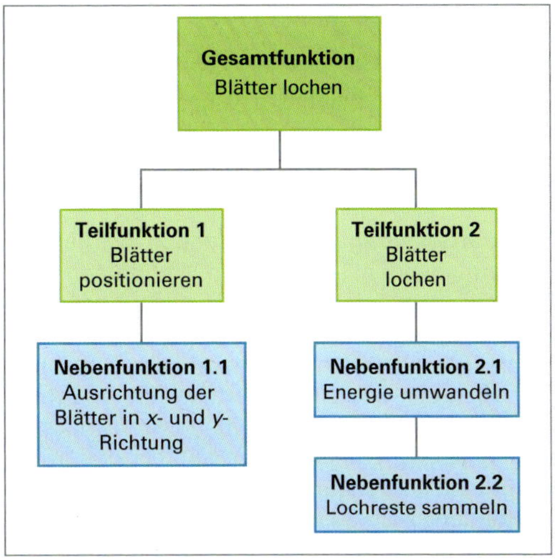

Bild 2: Teil- und Nebenfunktionen des Bürolochers

samtfunktion. Oft ergeben sie sich als Wunsch aus der Anforderungsliste, z. B. das Ausrichten der Blätter im Beispiel Bürolocher.

Teilfunktionen stehen in einem direkten Zusammenhang mit der Gesamtfunktion der Baugruppe. **Nebenfunktionen** unterstützen oder ergänzen die entsprechende Gesamtfunktion.

9.3 | WIRKPRINZIPIEN DER VERBINDUNGEN

Verbindungselemente dienen zur Herstellung von Konstruktionen und technischen Systemen aus einzelnen Elementen. Sie lassen sich gemäß ihren Wirkprinzipien systematisch unterteilen **(Bild 1)**.

Unter dem Begriff **Wirkprinzip einer Verbindung** versteht man den Zusammenhang zwischen den Verbindungspartnern. Dies kann entweder der physikalische Zusammenhang, z. B. der **Kraftschluss** bei der Reibung, der stoffliche Zusammenhang, z. B. der **Stoffschluss** beim Schweißen, oder der geometrische Zusammenhang, z. B. der **Formschluss** bei einer Stiftverbindung, sein.

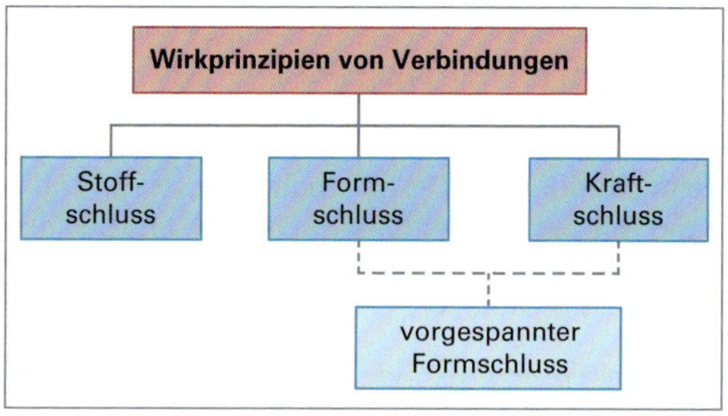

Bild 1: Wirkprinzipien von Verbindungen

Bei manchen Verbindungsarten sind zwei Wirkprinzipien gleichzeitig wirksam. Dies ist z. B. bei **Keilverbindungen** der Fall, hier wirken gleichzeitig Formschluss und Kraftschluss, weshalb sie auch als **vorgespannte Formschlussverbindung** bezeichnet werden. Da das hauptsächliche Wirkprinzip in diesem Fall der Kraftschluss ist, werden Keilverbindungen allgemein zu den kraftschlüssigen Verbindungen gezählt. Bei Welle-Nabe-Verbindungen wird die kombinierte Verbindungsart als vierte Unterteilung mit aufgegriffen.

Verbindungen lassen sich auch in lösbare und unlösbare Verbindungen unterteilen. So zählen z.B. Schraubverbindungen zu den lösbaren Verbindungen und geschweißte Bauteile zu den unlösbaren Verbindungen. Für die Betrachtung der Wirkungsweise von Verbindungen ist jedoch die Unterteilung nach den drei grundlegenden Wirkprinzipien sinnvoll.

Verbindungen werden entsprechend ihrer **grundlegenden Wirkprinzipien** eingeteilt in:

- kraftschlüssige Verbindungen
- formschlüssige Verbindungen
- stoffschlüssige Verbindungen

9.3.1 | KRAFTSCHLÜSSIGE VERBINDUNGEN

Bei **kraftschlüssigen Verbindungen** werden die zu verbindenden Teile an den Trennfugen oder Trennflächen durch Klemmen oder Pressen so zusammengeführt, dass kein Spiel zwischen den Bauteilen vorhanden ist. Die wirksame Reibung zwischen den Bauteilen überträgt die im Betrieb auftretenden Kräfte. Die Reibungskraft muss an den Wirkstellen stets größer sein als die größte im Betrieb auftretende Verschiebekraft, damit die Verbindung hält. Zu den kraftschlüssigen Verbindungen zählen Schrauben-, Kegel-, Klemm- und Pressverbindungen **(Bild 2)**.

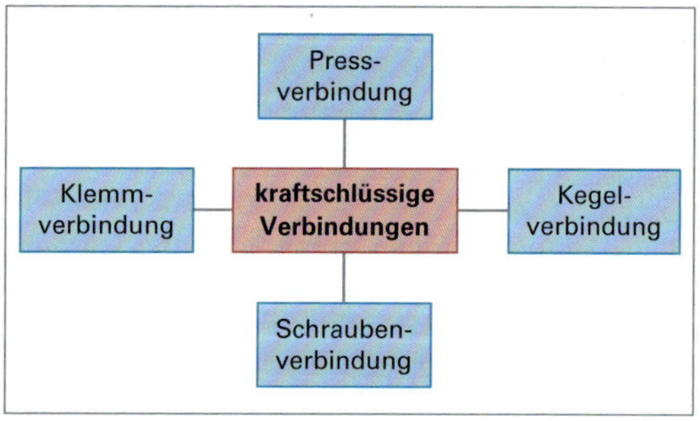

Bild 2: Kraftschlüssige Verbindungen

Am anschaulichsten ist das Prinzip einer kraftschlüssigen Verbindung bei der Schraubenverbindung. Eine Schraubenverbindung überträgt die Kräfte durch Kraftschluss. Dieser entsteht beim Zusammenpressen der Bauteiloberflächen durch das Anziehen von Schraube und Mutter oder beim Einziehen der Schraube in die Gewindebohrung eines Bauteils.

9.3.2 | FORMSCHLÜSSIGE VERBINDUNGEN

Bei **formschlüssigen Verbindungen** wird die Kraft durch Formschluss übertragen, d.h., die Verbindung wird durch die Form, z.B. Keilwellen, oder durch zusätzliche Mitnehmerelemente, z.B. Passfedern, bestimmt **(Bild 1)**. Die Kraftübertragung erfolgt an den Wirkflächen durch Flächenpressung. An den Bauteilen tritt oft erhöhte Kerbwirkung auf. Als Zusatzfunktion ist die Realisierung von Relativbewegungen außerhalb der Belastungsrichtung möglich. Ein Beispiel für Relativbewegungen bei formschlüssigen Verbindungen sind Verschieberäder in Getrieben.

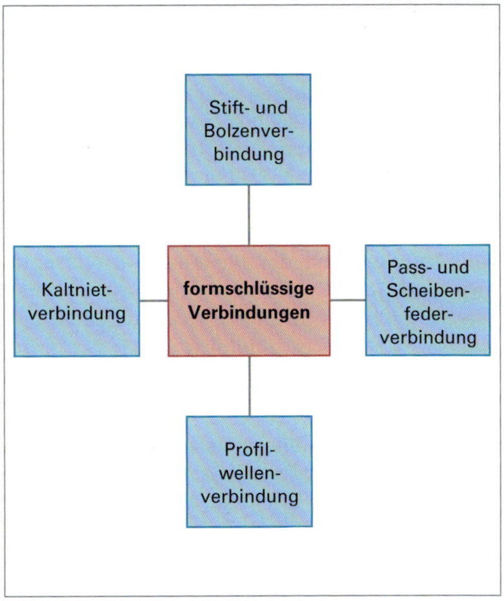

Bild 1: Formschlüssige Verbindungen

9.3.3 | STOFFSCHLÜSSIGE VERBINDUNGEN

Von **stoffschlüssigen Verbindungen** spricht man, wenn mit oder ohne Zuhilfenahme eines **Zusatzwerkstoffs** die Teile an den Stoßstellen zu einer unlösbaren Einheit vereinigt werden. Der Stoffschluss kann durch Kleben, Löten oder Schweißen hergestellt werden **(Bild 2)**. Schweißen zählt mit zu den wichtigsten Fertigungsverfahren im Maschinen- und Apparatebau. Auch im Stahlbau hat das Schweißen den Einsatz von Nietverbindungen weitestgehend verdrängt.

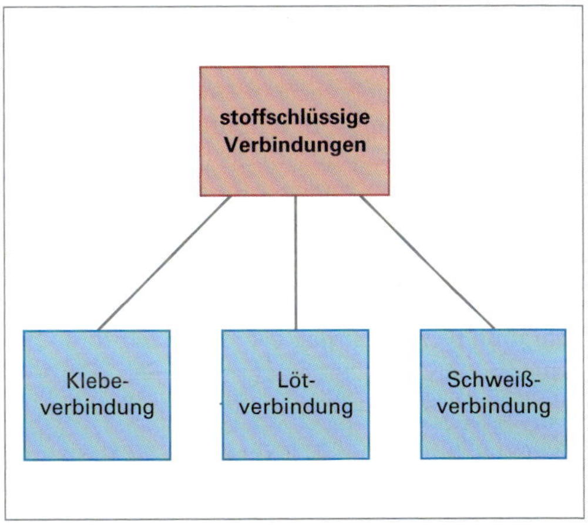

Bild 2: Stoffschlüssige Verbindungen

AUFGABEN | WIEDERHOLUNG UND VERTIEFUNG

1. Erläutern Sie, was man unter einer Funktionsanalyse versteht.
2. Erläutern Sie, wie die Funktionalität einer Baugruppe unterteilt wird.
3. Erläutern Sie den Unterschied zwischen Teilfunktionen und Nebenfunktionen.
4. Erstellen Sie das Funktionsschema einer Kaffeemaschine.
5. Nennen Sie die drei Wirkprinzipien von Verbindungen und erklären Sie das jeweilige Wirkprinzip anhand von Beispielen aus Ihrem Ausbildungsunternehmen.

9.4 SCHRAUBENVERBINDUNGEN

Schraubenverbindungen sind die am häufigsten verwendeten kraftschlüssigen Verbindungen. Sie lassen sich ohne Zerstörung lösen und erneut montieren. Daher zählen sie zu den **lösbaren Verbindungen**. Zusätzlich zur Befestigung dienen Schrauben zum Einstellen, Messen oder Spannen. Entsprechend der bestehenden Normung wird eine große Vielfalt an Formen und Arten von Schrauben angeboten. Kein anderes Verbindungselement ist so zahlreich in der Normung vertreten wie die Schraube mit ihren zugehörigen Elementen (Muttern, Scheiben usw.).

Bild 1: Kopfformen von Schrauben

Schrauben werden hinsichtlich ihrer Kopfform, ihres Gewindeprofils, ihres Gewindeendes oder des Schraubenantriebs unterteilt. Weitere Merkmale wie der Drehsinn (rechts- oder linkssteigend) bzw. die Gewindegänge (ein-, zwei- oder mehrgängig) werden ebenfalls zur Kennzeichnung verwendet. **Bild 1** zeigt gängige Kopfformen von Schrauben.

Schrauben für den Innenbereich sind unbehandelt oder phosphatiert. Im Außenbereich werden galvanisch verzinkte oder vernickelte Schrauben verwendet. Rostfreie Edelstahlschrauben kommen in einer chemisch aggressiven Umgebung oder in Bereichen mit einer hohen Luftfeuchtigkeit zum Einsatz. Schrauben aus CuZn-Legierungen und CuSn-Legierungen finden z. B. im Sanitärbereich oder in der Bauklempnerei Verwendung. Werden Schrauben und Bauteile aus artgleichen Werkstoffen verwendet, wird der Korrosion vorgebeugt.

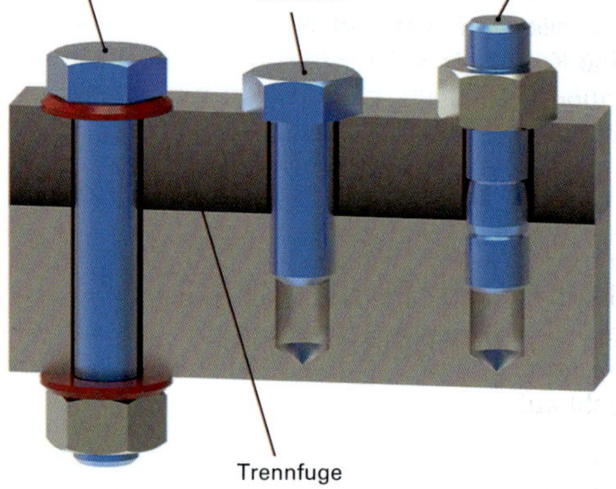

Bild 2: Befestigungsarten von Schraubenverbindungen

Schraubenverbindungen werden nach ihrer Befestigungsart in Durchsteckschraube, Einziehschraube und Stiftschraube unterteilt **(Bild 2).**

Allen Befestigungsarten gemeinsam ist, dass mehrere Bauteile, z. B. Platten, über die Schraubenverbindung miteinander verspannt werden. Hierdurch wird eine Relativbewegung der Bauteile an den Trennfugen verhindert. Als **Trennfuge** bezeichnet man die Kontaktflächen zweier sich berührender Bauteile **(Bild 2)**.

Neben dem klassischen Maschinenbau gibt es weitere Bereiche, in denen spezielle Schrauben verwendet werden. So gibt es z. B. Schnellbauschrauben zur Befestigung von Gipskarton oder von Bauteilen aus Kunststoff, Holz und Aluminium oder auch Allzweckschrauben für den Holzbau. Einschlägige Kataloge der jeweiligen Hersteller geben hier umfassende Informationen.

- **Schraubenverbindungen** zählen zu den **kraftschlüssigen** und **lösbaren Verbindungen**.
- Schrauben werden hauptsächlich nach ihrer **Kopfform** unterteilt.
- Schraubenverbindungen werden nach ihrer **Befestigungsart** unterteilt in:
  - Durchsteckschraube
  - Einziehschraube
  - Stiftschraube

9.4.1 | REIBUNG AM GEWINDE

Sobald Bauteile durch Schrauben und Muttern mit einem Anziehdrehmoment M_A angezogen werden, entsteht Reibung.

Bild 1 zeigt die Reibung zwischen der anzuziehenden Mutter und dem Bauteil. Zusätzlich zeigt es die Reibung im Gewinde, die entsteht, wenn sich die Gewindeflanken vom Außengewinde der Schraube und vom Innengewinde der Mutter gegeneinanderpressen. Dieser Reibwiderstand muss beim Anziehen überwunden werden.

Um die nachfolgenden Betrachtungen zu vereinfachen, wird zunächst von einem Flachgewinde ausgegangen, sodass der Flankenwinkel keinen Einfluss hat **(Bild 2a)**. Außerdem ist nur ein kleiner Teil der Mutter abgebildet, um die Kräfte darstellen zu können, die auf die Gewindeflanke wirken. Unter Vernachlässigung der Reibung erzeugt das Anziehdrehmoment M_A an der Mutter eine **tangentiale Umfangskraft F_u** und in der Schraube eine Kraft F_a in axialer Richtung. Bei einer Befestigungsschraube entspricht die **Schraubenlängskraft F_a** der **Vorspannkraft F_V**.

Stellt man sich nun einen Gewindegang am Flankendurchmesser abgewickelt vor, ergibt sich aus dem Umfang U und der Steigung P eine schiefe Ebene mit dem **Steigungswinkel φ** **(Bild 2b)**. Die resultierende Kraft F_{Res}, die sich aus F_u und F_a ergibt, entspricht der **Normalkraft F_N** und steht senkrecht auf der Gewindeflanke.

In **Bild 3a** wird die Reibung an den Gewindeflanken mitberücksichtigt, wenn die Mutter nach unten gedreht wird.

Bild 3b zeigt, dass die **Reibungskraft F_R** entgegen der Drehrichtung der Mutter wirkt und sich durch Multiplikation der **Reibungszahl μ** mit der Normalkraft F_N berechnen lässt.

Da die Kräfte im Gleichgewicht sein müssen, kann die resultierende Kraft F_{Res} aus der Normalkraft F_N und der Reibungskraft F_R ermittelt werden oder alternativ aus der Umfangskraft F_u und der Schraubenlängskraft F_a.

Werden diese Zusammenhänge auf das Spitzgewinde übertragen, verändert sich der **Reibungswinkel ρ**.

Bei metrischen Gewinden mit einem Flankenwinkel von 60° entsteht bei gleicher Schraubenlängskraft F_a eine größere Reibungskraft F_R als beim hier dargestellten Flachgewinde. Somit ist ein metrisches Gewinde selbsthemmend. Es wird vorwiegend als Befestigungsgewinde verwendet.

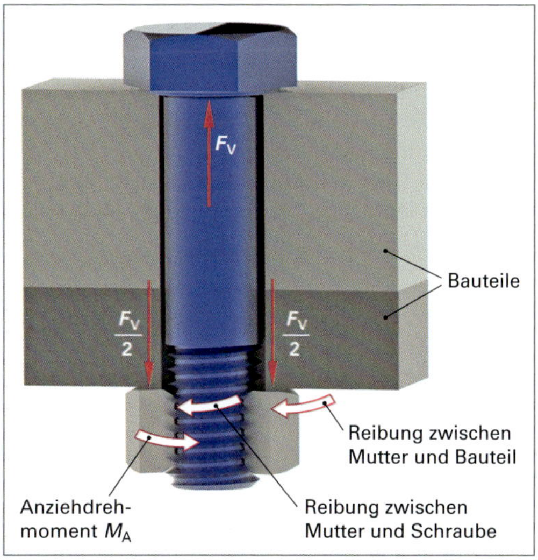

Bild 1: Reibung am Gewinde

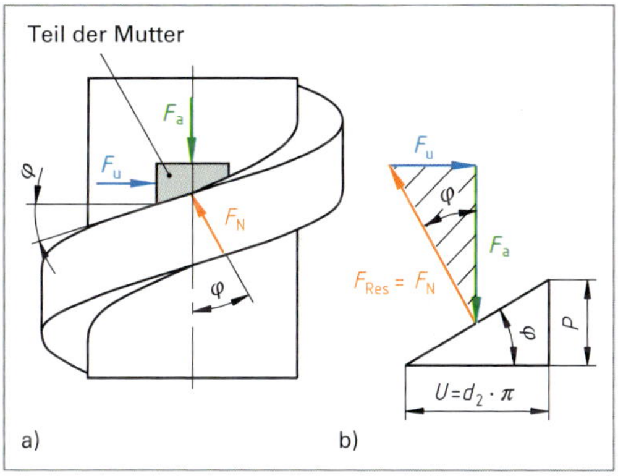

Bild 2: Kräfte an den Gewindeflanken ohne Reibung (Mutter bewegt sich nach oben)

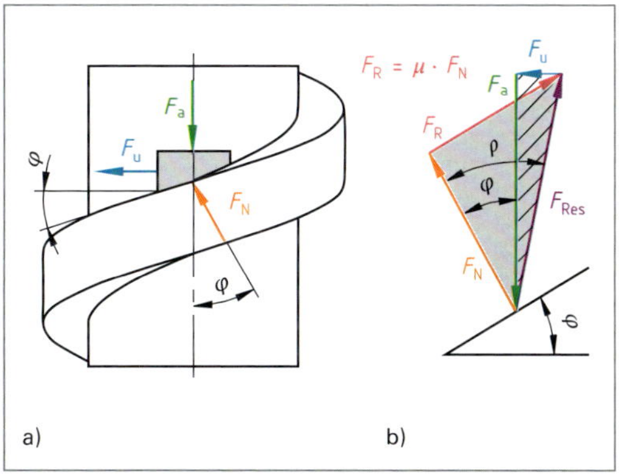

Bild 3: Kräfte an den Gewindeflanken mit Reibung (Mutter bewegt sich nach unten)

9.4.2 | ANZIEHEN EINER SCHRAUBENVERBINDUNG

Beim Anziehen von Schrauben oder Muttern mit einem Anziehdrehmoment M_A wird der Schraubenschaft durch eine axiale Längskraft auf Zug beansprucht. Man nennt diese Kraft **Vorspannkraft F_V**. Die entstehende Vorspannkraft F_V hängt vom Steigungswinkel φ und damit von der Steigung P ab **(Bild 1)**. Durch den Einfluss der Vorspannkraft längt sich die Schraube im elastischen Bereich (ΔL).

Auf die Bauteile wirkt die entgegengesetzt gerichtete Reaktionskraft der Vorspannkraft, die **Stauchkraft F_S**. Sie drückt die Bauteile aufeinander, staucht sie dabei (Δs) und verspannt sie so gegeneinander.

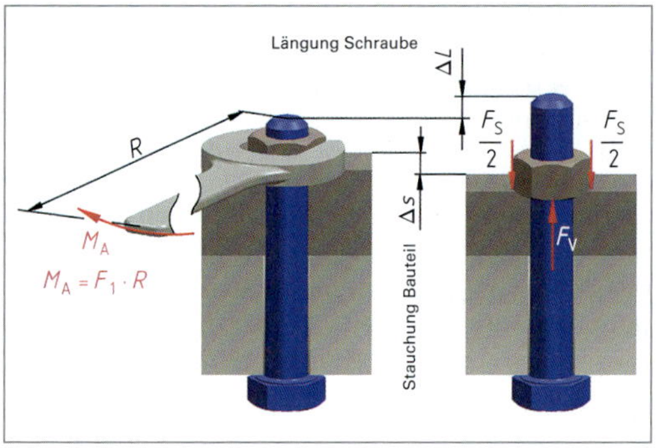

Bild 1: Anziehen der Schraubenverbindung

Die Schraube wird nicht nur auf Zug, sondern auch auf Verdrehung beansprucht. Das bedeutet, dass mit zunehmender Reibung die zur Verfügung stehende Vorspannkraft F_V immer kleiner wird. Dem Anziehdrehmoment M_A wirkt das Reibmoment entgegen. Das Reibmoment setzt sich aus der Reibung an den Gewindeflanken und der Reibung unter der Kopf- bzw. Mutternauflage zusammen. Diese Reibungsverluste mindern die Vorspannkraft erheblich, sie können bis zu 90 % betragen und werden durch den **Wirkungsgrad η** berücksichtigt.

Nach dem Energieerhaltungssatz geht in einem geschlossenen System keine Energie verloren. Die aufgewendete und die abgegebene Arbeit (Energie) sind somit gleich. Auf dieser Grundlage lassen sich die Verhältnisse beim Anzug einer Schraubenverbindung berechnen.

Die aufgewendete Arbeit resultiert aus der Anzugskraft F_1 und dem zurückgelegten Weg s, der in diesem Fall eine Kreisbahn ($s = 2 \cdot \pi \cdot R$) mit dem Radius R als Hebelarm ist. Die abgegebene Arbeit ergibt sich aus der Vorspannkraft F_V und der Steigung P des Gewindes, vermindert durch den Wirkungsgrad η, der die Reibung berücksichtigt.

$$F_1 \cdot 2 \cdot \pi \cdot R \cdot \eta = F_V \cdot P$$

F_1	R	F_V	P	π	η
N	mm	N	mm	1	1

Da sich das Anziehdrehmoment M_A aus dem Produkt der Anzugskraft F_1 und dem wirksamen Hebelarm R berechnet, kann die Formel auch über das Anziehdrehmoment M_A ausgedrückt werden.

$$M_A \cdot 2 \cdot \pi \cdot \eta = F_V \cdot P$$

M_A	F_V	P	π	η
Nmm	N	mm	1	1

BEISPIEL 9.1 | Berechnung der Schraubenvorspannkraft

Wie groß ist die Vorspannkraft F_V, wenn eine Schraube M10 mit einem Drehmoment von M_A = 48 Nm angezogen wird und ein Wirkungsgrad von η = 0,12 vorliegt?

Lösung:

M10: P = 1,5 mm $\quad F_V = \frac{M_A \cdot 2 \cdot \pi \cdot \eta}{P} = \frac{48000 \text{ Nmm} \cdot 2 \cdot \pi \cdot 0{,}12}{1{,}5 \text{ mm}} = \mathbf{24127\ N}$

9.4.3 | BERECHNUNGEN VON SCHRAUBENVERBINDUNGEN

Schrauben sind mit ihrer Festigkeitsklasse gekennzeichnet. Die Zahl auf einem Schraubenkopf kennzeichnet die Zugfestigkeit R_m und die Streckgrenze R_e bzw. die 0,2%-Dehngrenze $R_{p0,2}$ des Schraubenwerkstoffes. Unterhalb der Festigkeitsklasse 8.8 rechnet man mit der Streckgrenze R_e, ab der Festigkeitsklasse 8.8 mit der 0,2%-Dehngrenze $R_{p0,2}$. Eine Schraube der Festigkeitsklasse 8.8 hat eine Zugfestigkeit von $R_m = 800\ \text{N/mm}^2$ (erste Zahl · 100) und eine 0,2%-Dehngrenze von $R_{p0,2} = 640\ \text{N/mm}^2$ (erste Zahl · zweite Zahl · 10).

Schrauben mit Betriebskraft F_B in Achsrichtung

Durch das **Anziehdrehmoment** $M_A = F_1 \cdot R$ wird der **Spannungsquerschnitt** S der Schraube mit der Vorspannung σ_V auf Zug beansprucht. Zwischen der Schraubenkopfauflage und dem Bauteil entsteht eine Flächenpressung p_V. Im Betriebszustand erhöhen sich diese Belastungen durch die wirkende Betriebskraft F_B **(Bild 1)**.

In der Montage werden die **Schrauben einfacher Verbindungen** oft von Hand angezogen. Damit können die Werte für die Flächenpressung, die Vorspannkraft und die Vorspannung nicht ermittelt werden. Es liegen jedoch Erfahrungswerte zur Vorspannung σ_V für das Anziehen von Hand vor **(Tabelle 1)**.

Die Berechnung des erforderlichen Gewinde-Nenndurchmessers erfolgt mithilfe der wirkenden Betriebskraft F_B, des Spannungsquerschnitts S und der Streckgrenze R_e. Wegen der überschläglichen Berechnung der Schraubengesamtkraft wird als Sicherheit $\nu = 2{,}5$ gewählt.

Erforderlicher Spannungsquerschnitt

$$S = \frac{F_B}{\sigma_{zul}}$$

σ_{zul}	F_B	S
N/mm²	N	mm²

Zulässige Spannung

$$\sigma_{zul} = \frac{R_{emin}}{\nu}$$

σ_{zul}	R_{emin}	ν
N/mm²	N/mm²	1

Erforderliche Mindest-Streckgrenze R_{emin}

$$R_{emin} = 1{,}5 \cdot \sigma_V$$

R_{emin}	σ_V
N/mm²	N/mm²

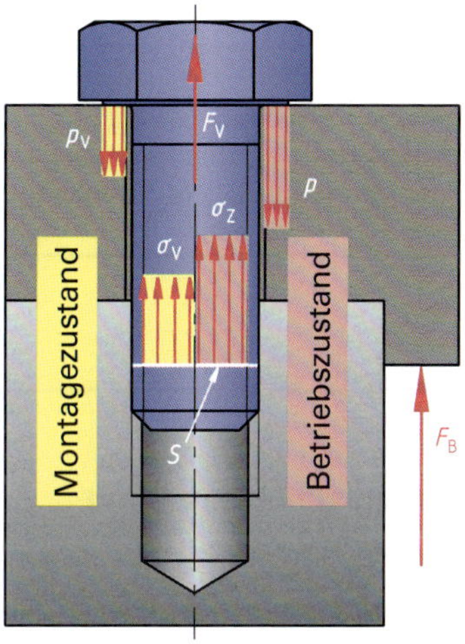

Bild 1: Schraubenverbindung mit Betriebskraft F_B in Achsrichtung

Tabelle 1: Vorspannung σ_V

Gewinde-Nenndurchmesser	Vorspannung σ_V in N/mm²
M4 ... M6	350
M8 ... M12	280
M16 ... M20	180

Die **Berechnung des erforderlichen Schrauben-Gewinde-Nenndurchmessers *d*** bei einfachen Verbindungen, die von Hand angezogen werden, erfolgt durch:

- Ermittlung der Streckgrenze R_e aus der Festigkeitsklasse der Schrauben
- Berechnung der zulässigen Spannung aus der Streckgrenze R_e und der Sicherheit ν ($\nu \geq 2{,}5$)
- Berechnung des erforderlichen Spannungsquerschnittes S
- Bestimmung des Gewinde-Nenndurchmessers d

Für **hochbeanspruchte Schrauben** ist es erforderlich, dass die Verbindungen drehmomentengesteuert montiert werden. Daher sind in VDI 2230 **(s. Tabellenbuch)** die maximalen Vorspannkräfte und Anziehdrehmomente für Schrauben ab Festigkeitsklasse 8.8 angegeben. Sie stellen Anhaltswerte dar und ersetzen nicht die genaue Berechnung.

Schrauben mit Betriebskraft F_B quer zur Achsrichtung

Schrauben, die quer zur Achsrichtung beansprucht werden, z. B. durch ein Drehmoment, übertragen die Betriebskraft über Kraftschluss. Die Bauteile sollen sich nicht relativ zueinander bewegen, daher dürfen die in den Trennfugen wirksamen Querkräfte nicht größer als die wirksamen Reibkräfte werden **(Bild 1)**.

Aus dem Drehmoment M_t berechnet sich die **Schraubenbetriebskraft F_B**, aufgeteilt auf die Anzahl z der Schrauben auf dem Teilkreisdurchmesser D und die Anzahl der Trennfugen n:

$$F_B = \frac{2 \cdot M_t}{n \cdot z \cdot D}$$

F_B	M_t	D	n	z
N	Nmm	mm	1	1

Die **erforderliche Vorspannkraft F_{Verf}** berechnet sich aus der Schraubenbetriebskraft F_B, der Reibungszahl μ und dem Rutschsicherheitswert φ. Die erforderliche Vorspannkraft muss kleiner sein als die zulässige Vorspannkraft F_{Vzul} **(s. Tabellenbuch)**. Die Schrauben werden dann nur auf Zug beansprucht.

$$F_{Verf} = \frac{F_B \cdot \varphi}{\mu} \leq F_{Vzul}$$

F_V	F_B	μ	φ	F_{Vzul}
N	N	1	1	N

Verspannungsschaubild einer Schraube

Das **Verspannungsschaubild (Bild 2)** dient zur bildlichen Darstellung der Kraft- und Längenverhältnisse bei Schraubenverbindungen. Auf der x-Achse wird die Längenänderung f der Schraube und der Bauteile, die durch die Schraube zusammengedrückt werden, abgetragen, auf der y-Achse die Kraft F.

Beim Festdrehen der Schraube werden die Bauteile um den Betrag f_T zusammengedrückt. Die Schraube wird um den Betrag f_S verlängert **(Bild 2)**. Durch die Verlängerung (Längung bzw. Streckung) der Schraube entsteht die **Vorspannkraft F_V**. Die **Klemmkraft F_{Kl}** der Teile entsteht durch das Zusammendrücken der Teile. Im montierten Zustand, ohne Einfluss einer Betriebskraft, ist die Vorspannkraft F_V gleich der Klemmkraft F_{Kl}:

$$F_V = F_{Kl}$$

Unter dem Einfluss einer Betriebskraft F_B wird die Schraube zusätzlich verlängert und die Stauchung der verspannten Teile wird verringert. Da die Elastizität der Bauteile und der Schraube unterschiedlich ist, ergeben sich unterschiedliche Anteile für

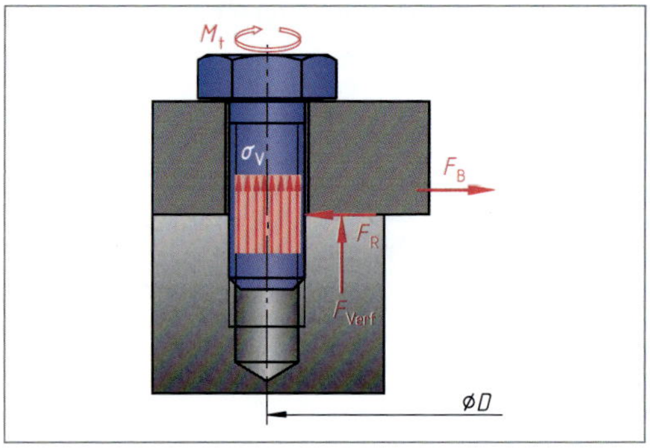

Bild 1: Betriebskraft quer zur Achsrichtung

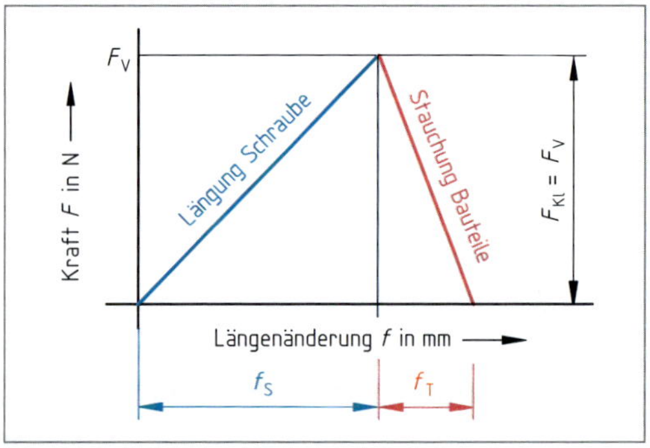

Bild 2: Verspannungsschaubild ohne Betriebskraft

die Schraubenlängung und die Verringerung der Bauteilstauchung. Somit ergeben sich im Verspannungsschaubild die beiden Betriebskraftanteile F_{BS} (Schraube) und F_{BT} (Bauteil) **(Bild 1)**.

Dadurch vermindert sich die Vorspannkraft F_V auf eine (Rest-)Klemmkraft $F_{Kl} = F_V - F_{BT}$. Diese Verminderung wird auch als **Vorspannkraftverlust** bezeichnet.

Der Vorspannkraftverlust darf nicht so groß werden, dass die Restklemmkraft Null wird, weil dann die Bauteile voneinander abheben.

Schrauben müssen folglich mit einer ausreichend hohen Vorspannkraft angezogen werden, um die erforderliche Klemmkraft unter Einwirkung einer Betriebskraft noch zu gewährleisten.

Die Kraft, mit der die Schraube belastet wird, ergibt sich durch die Addition der Betriebskraft und der Klemmkraft **(Bild 1)**:

$$F_S = F_B + F_{Kl}$$

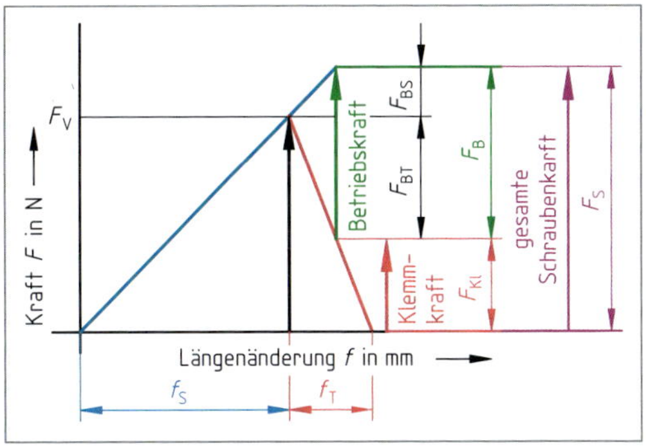

Bild 1: Verspannungsschaubild mit einer Zugkraft als Betriebskraft

Bei einer Druckkraft als Betriebskraft nimmt die Belastung der Schraube ab und die verspannten Teile werden zusätzlich gedrückt **(Bild 2)**, somit wird die Klemmkraft größer:

$$F_{Kl} = F_V + F_{BT}$$

Die Belastung für die Schraube wird kleiner:

$$F_S = F_{Kl} - F_B$$

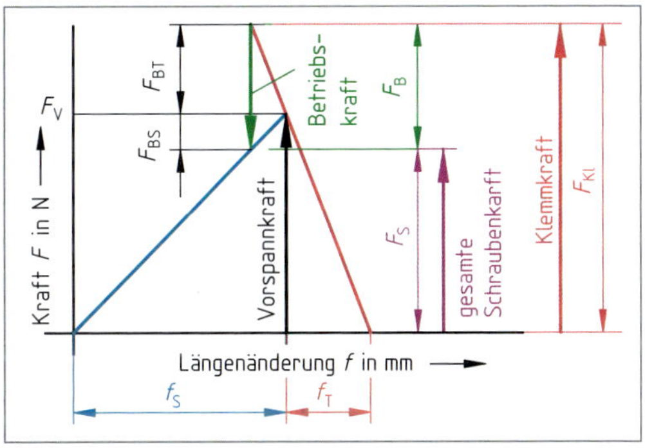

Bild 2: Verspannungsschaubild mit einer Druckkraft als Betriebskraft

Flächenpressung unter dem Schraubenkopf

Ist eine Schraubenverbindung mit der erforderlichen Vorspannkraft F_V angezogen, entsteht zwischen Schraubenkopf oder Mutter und dem Bauteil eine teilweise erhebliche **Flächenpressung *p* (Bild 3)**. Hierbei muss das Bauteil der Flächenpressung standhalten, damit es unter der Auflagefläche nicht zu unerwünschten Fließvorgängen und damit zu **Setzerscheinungen** kommt. Die wirksame Flächenpressung des Bauteils darf die Quetschgrenze p_{zul} des Bauteilwerkstoffs nicht überscheiten.

Für den Montagezustand gilt, dass die vorhandene Flächenpressung p_M die **zulässige Grenzflächenpressung** p_{Gzul} **(s. Tabellenbuch)** nicht überschreiten darf. F_{VM} ist die **Montagevorspannkraft** und A_P die Auflagefläche. Die Auflagefläche A_P berechnet sich aus den Abmessungen der Schraubenverbindung.

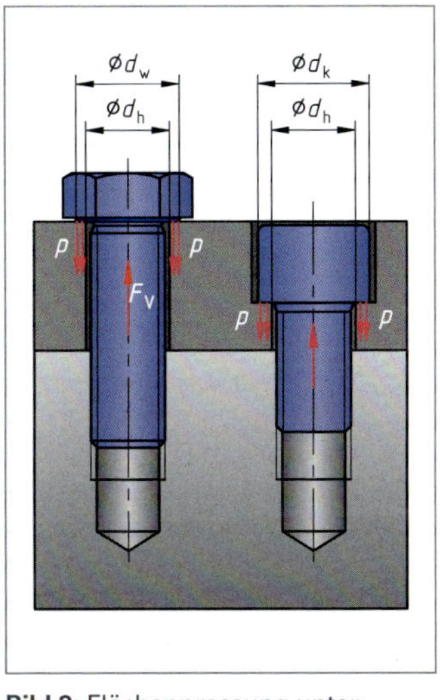

Bild 3: Flächenpressung unter Kopfauflage

$$p_M = \frac{F_{VM}}{A_P} \leq p_{Gzul}$$

F_{VM}	A_P	p_M	p_{Gzul}
N	mm²	N/mm²	N/mm²

Für die Auflagefläche bei Sechskantschrauben gilt **(Bild 1)**:

$$A_P = \frac{\pi}{4} \cdot (d_W^2 - d_h^2)$$

A_P	d_W	d_h
mm²	mm	mm

Die Auflagefläche bei Zylinderschrauben **(Bild 1)** berechnet sich nach:

$$A_P = \frac{\pi}{4} \cdot (d_k^2 - d_h^2)$$

A_P	d_k	d_h
mm²	mm	mm

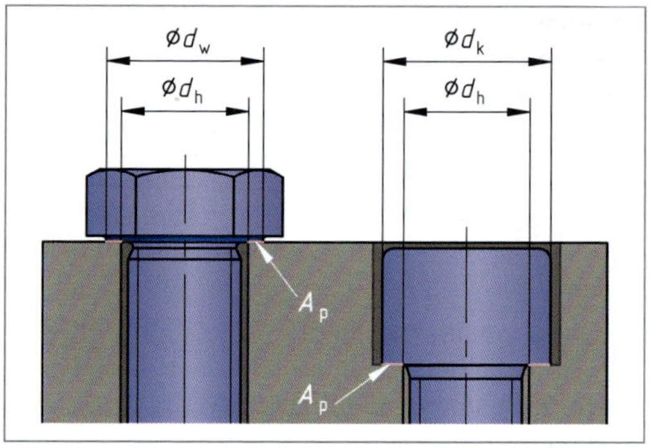

Bild 1: Schraubenkopfauflagefläche A_P

Wird bei einer Schraubenverbindung durch ein gesteuertes Anziehverfahren die gesamte Dehngrenze ausgenutzt (Schraube wird mit der maximalen Vorspannkraft F_{Vmax} angezogen), erhöht sich die Berechnung der wirksamen Flächenpressung um den Faktor 1,4 (nach VDI 2230) auf die maximale Flächenpressung p_{max}:

$$p_{max} = 1{,}4 \cdot \frac{F_{Vmax}}{A_P} \leq p_{Gzul}$$

F_{Vmax}	A_P	p_{max}	p_{Gzul}
N	mm²	N/mm²	N/mm²

9.4.4 | SCHRAUBENSICHERUNGEN

Eine Schraubenverbindung hat die Aufgabe, eine ausreichend große **Klemmkraft** während der gesamten Betriebszeit sicherzustellen. Mit dem richtigen Anziehdrehmoment montiert, bei einer geringen Trennfugenzahl sowie kleinen Rautiefen sollte sich eine Schraubenverbindung ab der Festigkeitsklasse 8.8 nicht lockern.

Durch das Anziehen einer Schraubenverbindung wird die Vorspannkraft F_V über eine relativ kleine Auflagefläche unter dem Schraubenkopf bzw. unter der Mutter erzeugt. Die dabei entstehende hohe Flächenpressung p kann im Laufe der Zeit Kriechvorgänge im plastischen Bereich hervorrufen, d. h., die Rauheitsspitzen unter der Kopf- bzw. Mutterauflage ebnen sich ein. Zugleich findet dieser Prozess auch in den Bauteiloberflächen der Trennfugen statt. Diese Kriechvorgänge im Inneren der zu verbindenden Bauteile sind auch nach erfolgter Montage nicht abgeschlossen und können dazu führen, dass sich die vorhandene Klemmkraft im Laufe der Zeit verkleinert. Diesen Vorgang bezeichnet man als **Setzen**.

Kommt eine plastische Verformung der Bauteile hinzu, z. B. durch das Nachgeben einer Dichtung, führt dies zur weiteren Minderung der vorhandenen Klemmkraft, die zum Lockern oder gar zum Lösen der Schraubenverbindung führen kann. Solange aber eine ausreichend große Klemmkraft vorhanden ist, wird sich eine Schraubenverbindung in der Regel nicht lösen.

Bei ungünstigen Bedingungen (Korrosion, Schwingbelastung, kleinere Festigkeitsklasse, kleinere Klemmlänge, nachgiebige Bauteile) kann eine zusätzliche Schraubensicherung sinnvoll sein. Sie hat den Zweck, die Vorspannkraft zu erhalten, sodass sich die Verbindung nicht lösen kann.

Gemäß ihrer Wirksamkeit werden die Schraubensicherungen in Setz-, Verlier- und Losdrehsicherungen unterteilt:

- **Setzsicherungen** bestehen aus mitverspannten federnden Elementen, die zum Ausgleich der Kriech- und Setzbeträge eingesetzt werden, um das Lockern der Verbindung zu verhindern. Sie werden hauptsächlich bei kurzen Schrauben im unteren Festigkeitsbereich verwendet.

> **Setzsicherungen** verhindern, dass sich Schraubenverbindungen lockern.

- **Verliersicherungen** bestehen aus formschlüssigen oder klemmenden Elementen, die zwar ein Losdrehen nicht abwenden können, jedoch ein völliges Auseinanderfallen der Verbindung verhindern. Formschlüssige Elemente, wie z.B. Kronenmuttern mit Splint, können nur ein geringes Lösemoment aufnehmen und werden daher bei Schrauben im unteren Festigkeitsbereich verwendet.

> **Verliersicherungen** verhindern ein Auseinanderfallen einer Schraubenverbindung.

- **Losdrehsicherungen** bestehen aus klebenden oder sperrenden Elementen, mit denen das Losdrehmoment innerhalb der Verbindung verhindert oder blockiert werden soll. Dieses Losdrehmoment entsteht durch Relativbewegungen in der Verbindung. Klebende oder sperrende Elemente haben gute Sicherungseigenschaften.

> **Losdrehsicherungen** verhindern ein Losdrehen der Schraubenverbindung.

Tabelle 1 gibt einen Überblick über Sicherungselemente für Schraubenverbindungen.

Tabelle 1: Einteilung der Schraubensicherung nach Funktion und Wirksamkeit

Ursache des Lösens	Einteilung der Sicherungselemente Wirksamkeit	 Funktion	Beispiele	
Lockern durch Setzen	Setz-sicherung	Mitverspannte federnde Elemente	- Tellerfedern - Spannscheiben - Kombischrauben - Kombimuttern	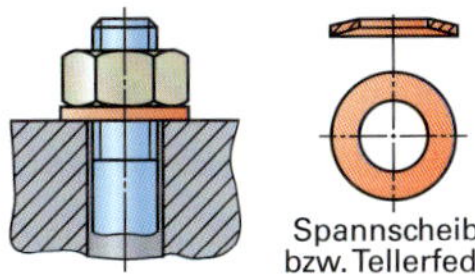 Spannscheibe bzw. Tellerfeder
Losdrehen durch Aufhebung der Selbsthemmung	Verlier-sicherung	Formschluss (nur bei Festig-keitsklasse < 6.8)	- Kronenmuttern - Schrauben mit Splintloch - Drahtsicherung	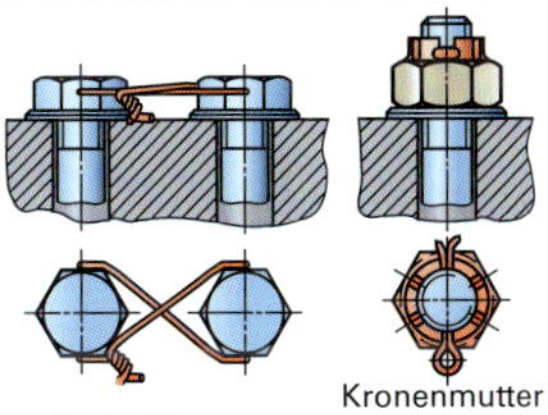 Drahtsicherung Kronenmutter mit Splint
		Klemmen	- Muttern mit Klemmteil - Muttern mit Kunst-stoffeinsatz - Schrauben mit Kunst-stoffbeschichtung - gewindefurchende Schrauben	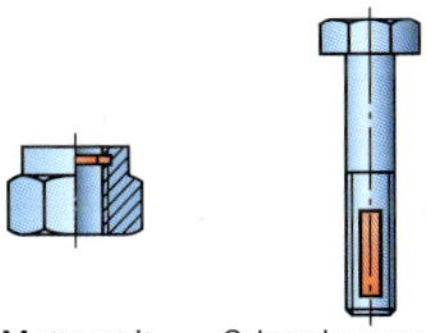 Mutter mit Kunststoffring Schraubengewinde mit aufgesinterter Polyamidschicht
	Losdreh-sicherung	Mikroform-schluss	- Sperrzahnschrauben - Sperrzahnmuttern - Sperrzahnscheiben	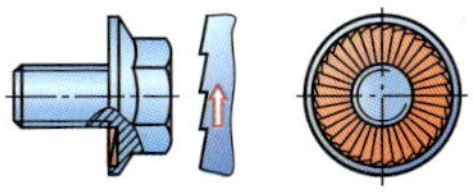 Sperrzahnschraube
		Kleben	- Flüssigklebstoff - Schrauben mit mikro-verkapselter Klebstoff-beschichtung	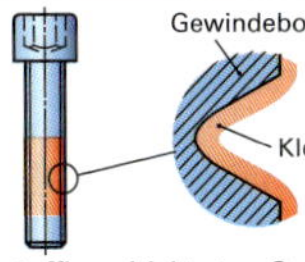 klebstoffbeschichtetes Gewinde

Die immer noch ab Festigkeitsklasse 8.8 verwendeten Federringe nach DIN 128 und DIN 6905, Federscheiben nach DIN 137 sowie Zahn- und Fächerscheiben sind **unwirksame Schraubensicherungen** und sollen in Konstruktionen nicht verwendet werden.

Sie sind wirkungslos, weil sie durch die hohe Vorspannkraft vergüteter Schrauben schon während der Montage so zusammengedrückt werden, dass ihre Federelemente nach Aufbringen der Vorspannkraft unwirksam sind. Bei Relativbewegungen kann sich die Schraube auf dem Unterlegteil selbsttätig losdrehen, weil es zu einer Unterbrechung des Kraftschlusses in der Trennfuge kommt.

Ungeeignet zur Sicherung von Schrauben ab Festigkeitsklasse 8.8 sind auch Sicherungsbleche nach DIN 93, DIN 432 und DIN 463, Sicherungsnäpfe nach DIN 526, Sicherungsmuttern nach DIN 967 und Kronenmuttern mit Splint nach DIN 935 und DIN 979, weil die Splinte bei voller Belastung der Schraube abscheren. Sicherungsbleche sind nur bei Nutmuttern genormt.

Die beste **Schraubensicherung** erfolgt durch die sachgerechte Konstruktion der Schraubenverbindung und die fachgerechte Montage.

Konstruktions- und Montagehinweise für eine sachgerechte Schraubenverbindung

- Eine ausreichend hohe Vorspannkraft durch kontrolliertes Anziehen im Schraubenschaft erzeugen. Voraussetzung ist die Verwendung von Schrauben ab Festigkeitsklasse 8.8.
- Setzerscheinungen verhindern, indem die Oberflächenrauigkeit an den Auflagen von Schraubenkopf bzw. Mutter und Bauteilen begrenzt wird. Die Oberflächen sollten eine Oberflächenrauheit von $R_z = 16\ \mu m$ bzw. $R_a = 3{,}2\ \mu m$ aufweisen.
- Unterlegteile mit höheren Festigkeitswerten oder großen Auflageflächen nur verwenden, wenn die vorhandene Flächenpressung der Bauteile zu gering oder die Nachgiebigkeit der Bauteile zu groß ist. Ansonsten auf Unterlegteile ganz verzichten.
- Zahl der Trennfugen begrenzen.
- Ausreichende Einschraublänge bzw. Klemmlänge vorsehen.
- Querkraftverschiebungen durch formschlüssige Elemente aufnehmen (Passstifte, -schrauben).
- Weiche Zwischenlagen oder Flachdichtungen vermeiden.

Unterlegscheiben

Durch das Anziehen einer Schraubenverbindung wirkt eine große Flächenpressung auf die zu verspannenden Bauteile. Ist der Bauteilwerkstoff sehr weich, d. h. die vorhandene Flächenpressung ist zu groß, kann durch die Verwendung von Unterlegscheiben die Flächenpressung zwischen Schraubenkopfauflage und Bauteilwerkstoff vermindert werden. Die Setzvorgänge in den Bauteilen werden reduziert, weil die Auflagefläche durch die Unterlegscheiben vergrößert wird. Die Verwendung von Unterlegscheiben ist auch sinnvoll, wenn Oberflächen sehr rau oder beschichtet bzw. poliert sind und nicht beschädigt werden dürfen. Ist dies alles nicht der Fall, haben **zusätzliche Unterlegscheiben** einen eher **ungünstigen Einfluss**, weil sie die Zahl der Trennfugen in einer Schraubenverbindung erhöhen und so den Einfluss des Setzens verstärken.

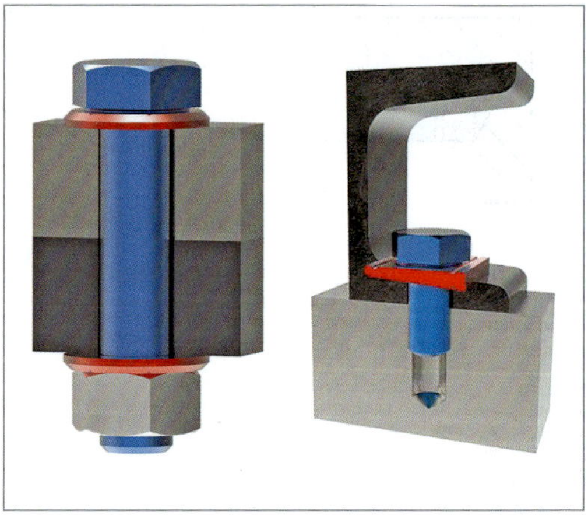

Bild 1: Beispiele für Unterlegscheiben

Bild 1 zeigt links klassische Unterlegscheiben nach ISO 7090. Rechts ist eine U-Scheibe mit einer Neigung von 8% für U-Profile zu sehen. I-Scheiben mit einer Neigung von 14% werden bei I-Profilen verwendet.

9.4.5 | KONSTRUKTIVE GESTALTUNGSMERKMALE VON SCHRAUBEN-VERBINDUNGEN

Schraubenverbindungen sind die am häufigsten in der Technik verwendeten Verbindungselemente. Um eine funktions- und belastungsgerechte Schraubenverbindung zu realisieren, sind einige Punkte zu beachten:

- Die Gestaltung von Schraubenverbindungen wird bei gegebenen Werkstoffen durch die Montage- und Demontagemöglichkeit und die Platzverhältnisse bestimmt.
- Unfallgefahren durch hervorstehende Bereiche an sich drehenden Teilen müssen bei der Gestaltung von Schraubenverbindungen vermieden werden.
- Darüber hinaus müssen die Möglichkeiten der Fertigung und die Mindesteinschraubtiefen beachtet werden **(s. Tabellenbuch)**.
- Bei Guss- und Leichtmetallverbindungen ist ein wiederholtes Montieren und Demontieren zu vermeiden, weil dadurch das Innengewinde beschädigt wird.

Die in Tabelle 1 zusammengestellten Konstruktionsrichtlinien verdeutlichen die Gestaltungsmerkmale von Schraubenverbindungen.

Tabelle 1: Gestaltungsrichtlinien für Schraubenverbindungen

Ungünstig	Besser	Erläuterungen
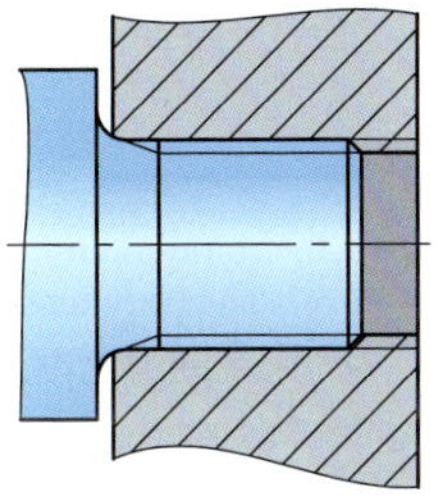	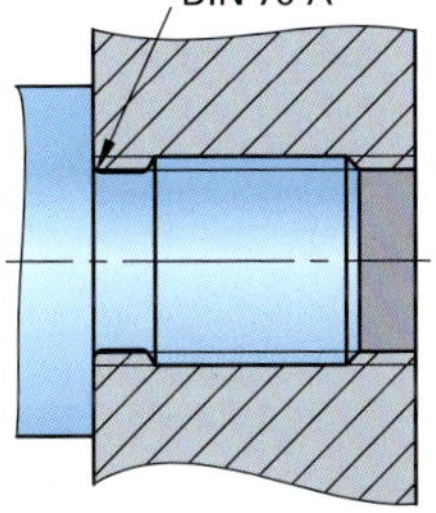	Durch den Gewindefreistich nach DIN 76 kann der Bolzen bis zur Anlagefläche eingeschraubt werden.
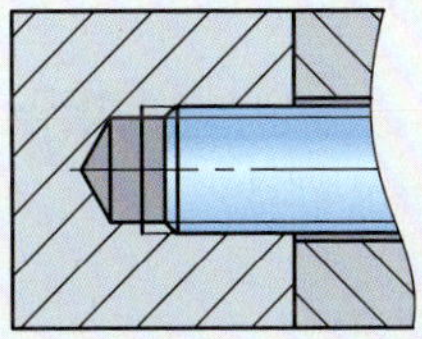	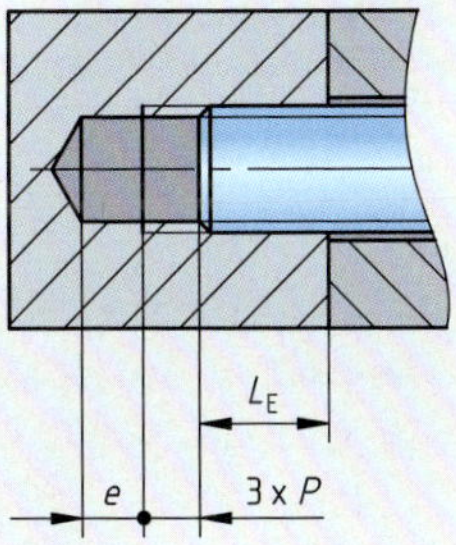	Schrauben erfordern eine Mindesteinschraubtiefe L_E, Gewindegrundlöcher ein um das Maß 3 x P längeres Gewinde und einen Grundlochüberhang e (Maße **s. Tabellenbuch** DIN 76).
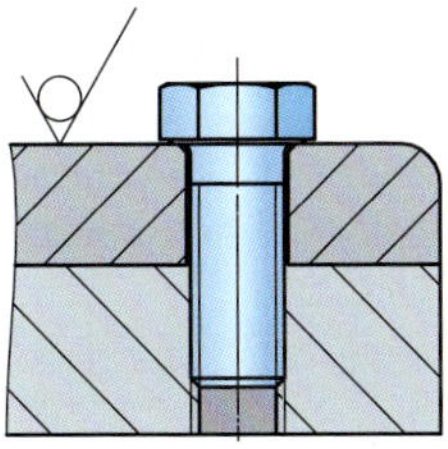	Ansenkung bei einem Gussteil 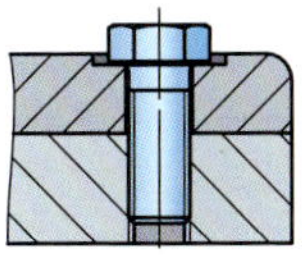 Keilscheibe bei einem Profil 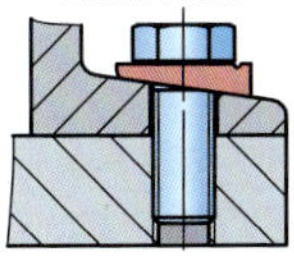 Bearbeitungsfläche bei einem Gussteil 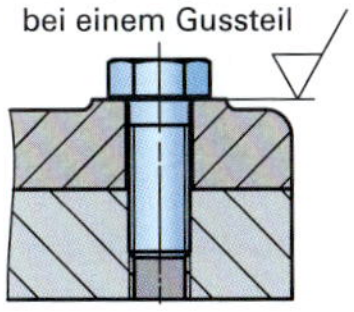	Schrauben benötigen eine senkrecht zur Achse stehende Auflagefläche. Bei Gussteilen kann diese Auflagefläche durch eine Ansenkung oder eine höher stehende Bearbeitungsfläche erreicht werden. Bei Profilen gleicht eine Keilscheibe nach DIN 434 oder DIN 435 die Schräge aus.

Fortsetzung von Tabelle 1, Seite 25: Gestaltungsrichtlinien für Schraubenverbindungen

Ungünstig	Besser	Erläuterungen
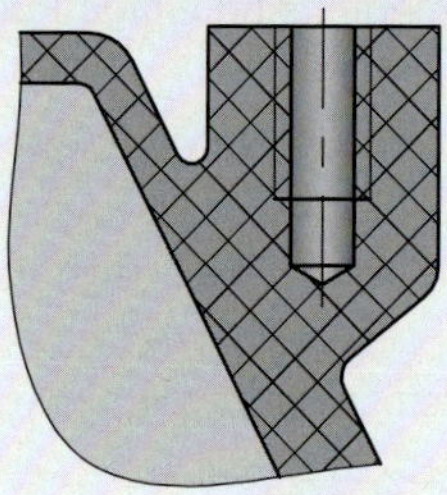	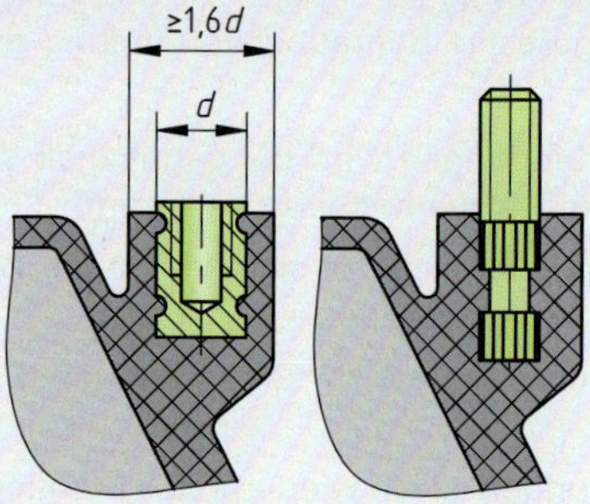 	Innengewinde in Kunststoffbauteilen vermeiden. Eingebettete Gewindeeinsätze oder Gewindebuchsen vorsehen. Sie lassen sich durch die Formgebung (Rillen, Rändel) gut im Kunststoff verankern.
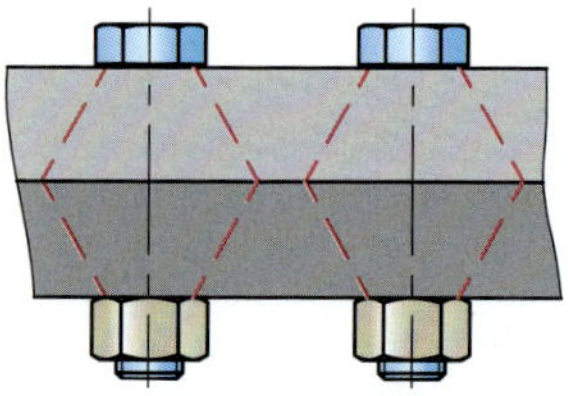	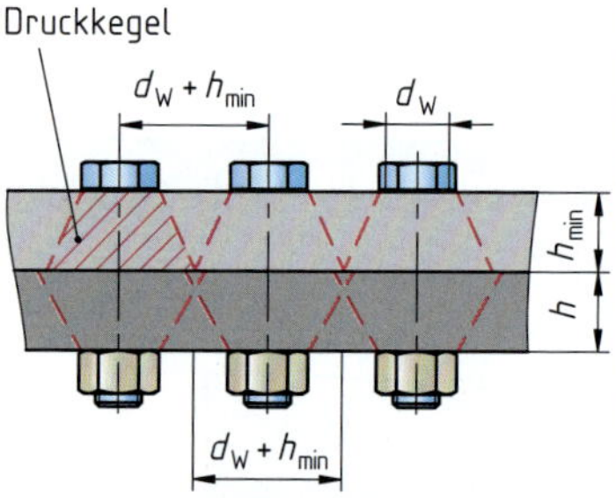 	Der Druckkegel bildet sich durch die Vorspannkraft aus. Durch Überlappung der Druckkegel entsteht ein geschlossener Kraftfluss in der Trennfuge. Die Folge sind eine gute Abdichtung und die Verhinderung von Reibkorrosion in den Trennfugen. lichter Schraubenkopfabstand ≈ Bauteilhöhe + d_W
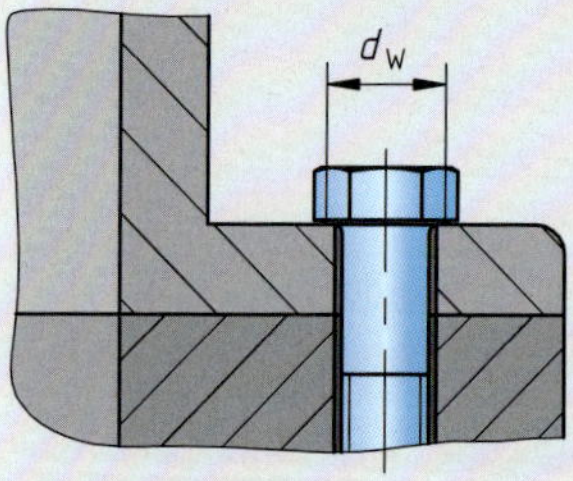 	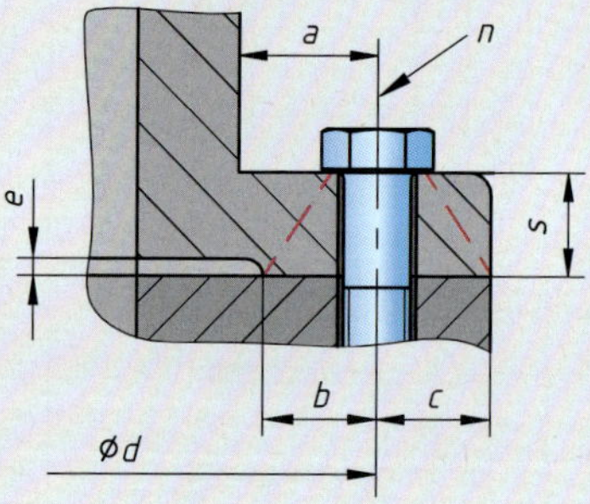 Richtwerte: $s \approx a$ $\quad e \leq 0{,}1 \cdot s$ $c \geq s$ $\quad b \approx 0{,}5 \cdot (d_W + s)$ $n = \frac{d \cdot \pi}{d_W + s}$	Bei einer Flanschverbindung mit auf einem Teilkreis angeordneten Schrauben ergeben sich bessere Steifigkeiten durch: ▮ dickere Flansche ($s = a$) ▮ kleines Maß a ▮ großer Randabstand ($c > s$) ▮ große Schraubenzahl n ▮ hohe Anschlusssteifigkeit, d. h. voller Anschlussquerschnitt ▮ hohe Vorspannkräfte
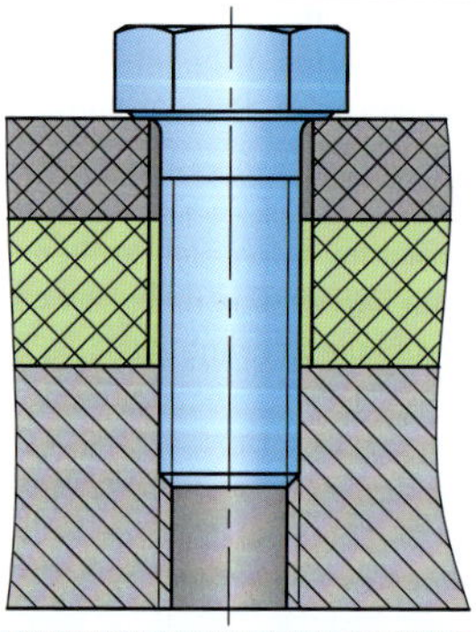	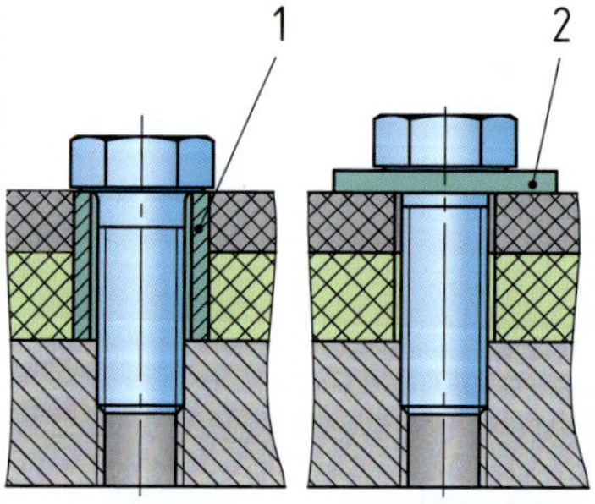 	Beim Anziehen von Schrauben in Kunststoffteilen kriecht das Material durch die Vorspannung unter dem Schraubenkopf. Abhilfe schafft eine Hülse (1) oder eine Feder- bzw. Spannscheibe (2), die die Vorspannkraft auch beim Kriechen weitgehend aufrechterhält.

9.4.6 | BEWEGUNGSGEWINDE

Beim Bewegungsgewinde bezeichnet man die Schraube als **Spindel** und die Mutter als **Spindelmutter**.

Bewegungsgewinde wandeln eine Drehbewegung oder eine Umfangskraft in eine Längsbewegung oder eine Längskraft um. Beispiele für Bewegungsgewinde sind Druckspindeln in Pressen und Walzwerken, Leitspindeln in Drehmaschinen **(Bild 1)**, Hubspindeln in Hebebühnen, Vorschubspindeln **(Bild 2)** zum genauen Anfahren von Positionen, Messschrauben sowie der Schraubstock.

Für Bewegungen in Handhabungs- und Fertigungseinrichtungen (Roboter, Vorrichtungen) werden oft **Spindelhubgetriebe (Bild 3)** eingesetzt. Dies sind eigenständige Baueinheiten, bei denen sich Spindel und Spindelmutter in einem Getriebekasten befinden.

Spindeln und komplette Spindelhubgetriebe sind wesentliche Elemente bei den Werkzeugmaschinen und Hebeanlagen. In manchen Bereichen ersetzen sogar umweltfreundliche elektrisch angetriebene Spindelhubgetriebe teilweise die Hydraulik (Stahlwasserbau).

Folgende Arten zur Längsbewegung werden unterschieden:

- Die **Spindelmutter steht still,** d.h., sie ist fest eingebaut, und die Spindel vollzieht eine Längsbewegung, indem sie sich in der Spindelmutter dreht. Die Spindelmutter wird festgesetzt, sodass sie sich nicht mitdrehen kann.
- Die **Spindel steht still,** d.h., sie ist fest eingebaut, und die Mutter bewegt sich auf der Spindel in Längsrichtung durch Rotation.

Bei beiden Längsbewegungen wird der pro Umdrehung zurückgelegte Weg s in Längsrichtung durch die Steigung P und die Gangzahl z des Gewindes bestimmt.

$$s = P \cdot z$$

s	P	z
mm	mm	1

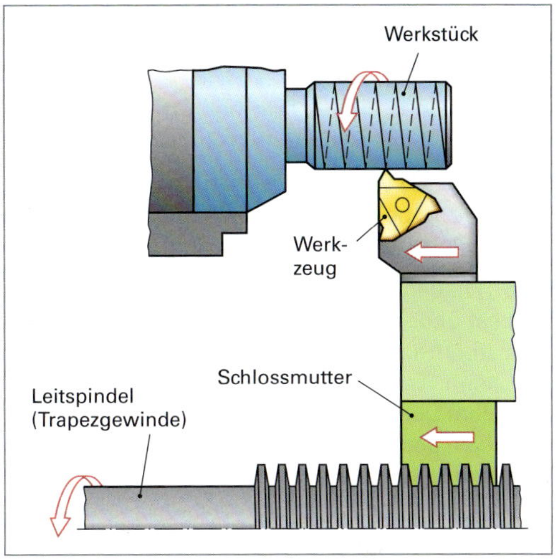

Bild 1: Leitspindel einer Drehmaschine

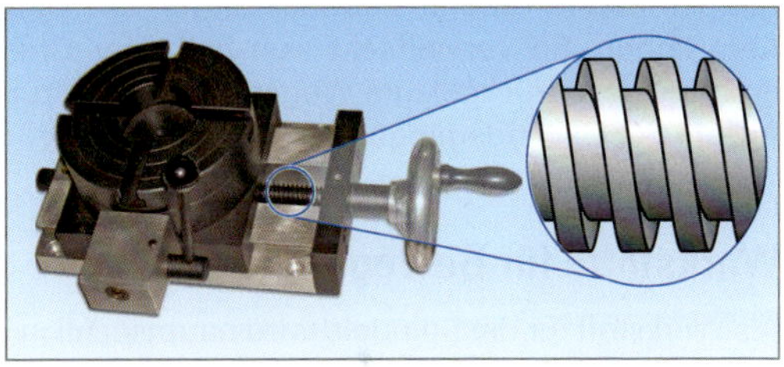
Bild 2: Spindel mit Trapezgewinde

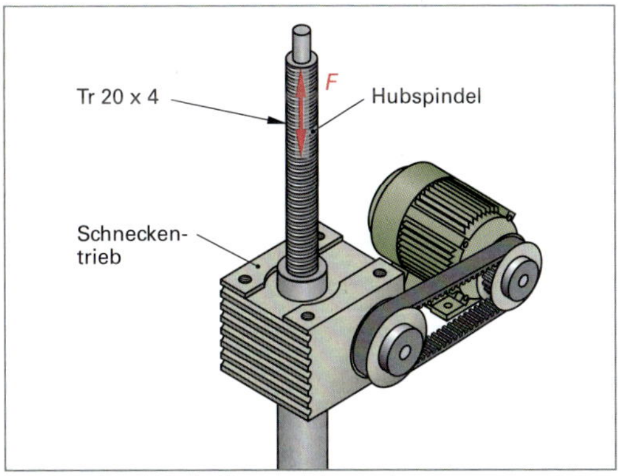

Bild 3: Spindelhubgetriebe

Bewegungsgewinde wandeln eine Drehbewegung in eine Längsbewegung um.

Bei feststehender Spindel bewegt sich die Spindelmutter, bei feststehender Spindelmutter bewegt sich die Spindel in Längsrichtung. Der dabei zurückgelegte **Weg *s*** wird durch die **Steigung *P*** und die **Gangzahl *z*** des Gewindes bestimmt.

Arten von Bewegungsgewinden

Heute werden überwiegend **Trapezgewinde** verwendet. Metrische ISO-Gewinde kommen wegen der geringen Steigungen nicht zum Einsatz. Aufgrund des Spiels beim Trapezgewinde darf dieses allerdings nicht durch Querkräfte belastet werden. Es wird durch zusätzliche Führungen entkoppelt.

Sägengewinde eignen sich hervorragend zur Aufnahme einseitiger großer Druckkräfte, z. B. bei Hubspindeln, da die Gewindeflanken fast senkrecht zur Schraubenachse stehen.

Rundgewinde werden nur in Ausnahmefällen bei rauem Betrieb und stoßartiger Beanspruchung verwendet, z. B. bei Kupplungsspindeln von Schienenfahrzeugen.

Kugelumlaufspindeln bzw. **Kugelgewindetriebe** (**Bild 1**) haben einen besseren Wirkungsgrad, weil die Last über Wälzkörper (Kugeln) durch Wälzreibung übertragen wird und nicht über Gleitreibung, wie beim Trapezgewinde. Die Kugeln werden nach dem Durchlauf durch den Gewindetrieb über Kanäle an den Gewindeanfang zurückgeführt. Kugelgewindetriebe sind spielfrei einstellbar und ermöglichen so überhaupt erst das CNC-Fräsen und das Gleichlauffräsen.

Schnellere Längsbewegungen werden durch **mehrgängige Gewinde** erreicht, bei denen gleichzeitig mehrere Gänge nebeneinander um den Kern laufen. So vervielfacht sich bei einer Umdrehung der zurückgelegte Weg im Verhältnis zur Anzahl der Gewindegänge.

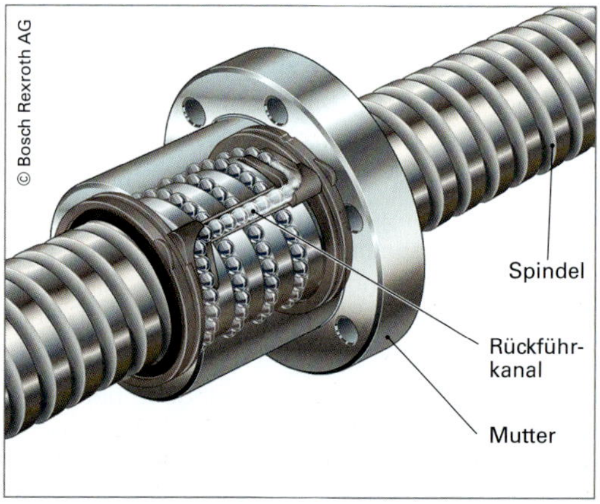

Bild 1: Kugelgewindetrieb

Werkstoffe für Bewegungsgewinde

Als Werkstoff für die Spindeln wird hauptsächlich E295, E335 oder Vergütungsstahl verwendet. Müssen die Gewindeflanken gehärtet werden, kommen Einsatzstähle zur Anwendung. Gute Gleiteigenschaften werden mit gehärteten und geschliffenen Gewindeflanken erzielt. Die Gewinde haben eine Rauheit *Ra* von 0,3 bis 0,5 µm. Zur Gewährleistung guter Gleiteigenschaften kommen bei der Herstellung von Muttern Kupfer-Gusslegierungen, Grauguss oder Kunststoff (Gusspolyamid PAG), bei Mangelschmierung auch Sintermetalle mit Schmierstoffimprägnierung zum Einsatz. Das Gewinde wird meist geschnitten oder gefräst (*Ra* 1 bis 5 µm).

AUFGABEN | WIEDERHOLUNG UND VERTIEFUNG

1. Nennen Sie drei Arten von Schraubenverbindungen.
2. Erläutern Sie den Vorgang des Setzens einer Schraubenverbindung.
3. Wie werden Schraubensicherungen unterteilt?
4. Eine Schraube der Festigkeitsklasse 8.8 mit Mutter verbindet zwei Bauteile aus S235JR und wird mit einem Drehmomentschlüssel angezogen.

   Begründen Sie, warum in diesem Fall keine zusätzliche Schraubensicherung erforderlich ist.
5. Nennen Sie drei Möglichkeiten, wie eine Schraubenverbindung fachgerecht konstruiert wird, ohne dass zusätzliche Sicherungselemente zum Einsatz kommen.
6. Begründen Sie, warum die Federringe nach DIN 128 zurückgezogen wurden.
7. Erläutern Sie, wann Unterlegscheiben bei einer Schraubenverbindung sinnvoll sind.

8. Beschreiben Sie den Unterschied zwischen einer Losdrehsicherung und einer Verliersicherung.

9. Begründen Sie, wann und warum ein Gewindefreistich nach DIN 76 erforderlich ist.

10. Nennen Sie die Gewindearten, die sich für Bewegungsgewinde eignen.

11. Erläutern Sie den Begriff Bewegungsgewinde und nennen Sie zwei Beispiele für die Verwendung von Bewegungsgewinden.

12. Erläutern Sie die Verwendung mehrgängiger Bewegungsgewinde.

13. Eine Sechskantschraube der Festigkeitsklasse 8.8 wird mit einer Betriebskraft von $F_A = 14000$ N auf Zug beansprucht.

a) Berechnen Sie die zulässige Spannung der Schraube, wenn eine 2,5-fache Sicherheit gegen Verformung berücksichtigt werden soll.

b) Welches metrische Gewinde wählen Sie, wenn die Schraubenverbindung von Hand angezogen werden soll?

14. Der Deckel eines Druckbehälters soll mit 8 Sechskantschrauben ISO 4014 der Festigkeitsklasse 8.8 befestigt werden **(Bild 1)**. Im Inneren des Behälters wirkt ein Druck von $p_e = 10$ bar, der lichte Innendurchmesser des Druckbehälters beträgt $\varnothing D = 450$ mm.

a) Berechnen Sie die Betriebskraft je Schraube, wenn eine Sicherheit von $\nu = 1{,}2$ vorgegeben wird.

b) Bestimmen Sie die zulässige Spannung der Schraube.

c) Ermitteln Sie den erforderlichen Spannungsquerschnitt S und das entsprechende Gewinde.

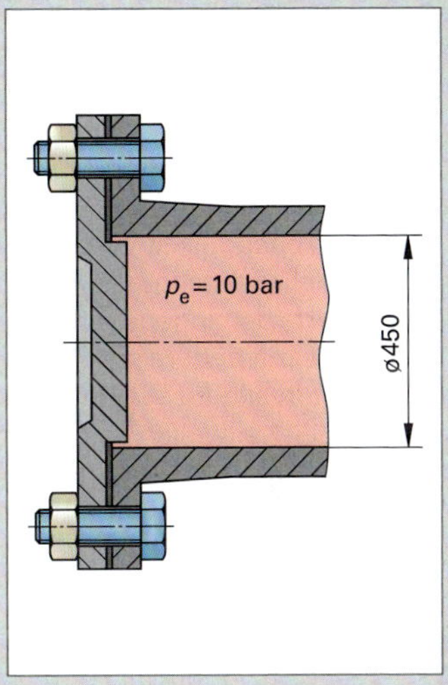

Bild 1: Druckbehälter

15. Eine Laschenverbindung besteht aus zwei Flachstäben aus S235JR und zwei Schrauben ISO 4017 (phosphatiert, leicht geölt) der Festigkeitsklasse 10.9 **(Bild 2)**. An der Verbindung wirkt eine Querkraft von $F_Q = 5$ kN, die nur durch Reibung übertragen wird. Die Reibungszahl zwischen den beiden Laschen beträgt $\mu = 0{,}25$. Die Rutschsicherheit der Verbindung wird mit $\varphi = 1{,}5$ angenommen.

a) Berechnen Sie die erforderliche Vorspannkraft F_V.

b) Legen Sie den Gewinde-Nenndurchmesser fest.

c) Bestimmen Sie aufgrund des ermittelten Nenndurchmessers die erforderliche Vorspannkraft und das Anziehdrehmoment als Tabellenwert.

d) Legen Sie die Querschnittsabmessungen der Flachstäbe fest, wenn der Abstand von der Bohrungsmitte zum Rand jeweils mindestens so groß wie der Durchmesser der Durchgangsbohrung (Toleranzklasse mittel) sein soll. Die Materialstärke der Flachstäbe beträgt je 10 mm.

e) Bestimmen Sie die erforderliche Schraubenlänge, wenn Muttern nach ISO 4032 verwendet werden.

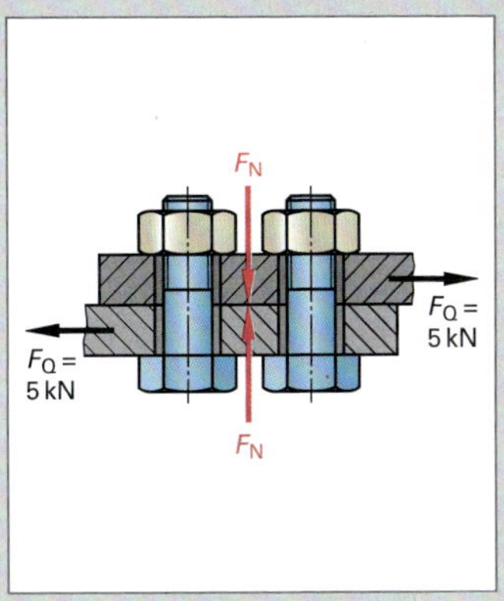

Bild 2: Laschenverbindung

Lernfeld 9

9.5 WELLE-NABE-VERBINDUNGEN

Welle-Nabe-Verbindungen übertragen Drehmomente und Kräfte und stellen das Verbindungselement zwischen einer Welle und einem Nabenteil dar. Als **Nabe** bezeichnet man nicht nur Bauteile wie ein Zahnrad oder eine Riemenscheibe **(Bild 1a)**. Da es Verbindungstypen gibt, die auch in anderen Bereichen verwendet werden, wie z. B. die Gruppe der Stiftverbindungen, kann die Nabe im weitesten Sinne auch eine Gabel bei einer Gelenkverbindung sein **(Bild 1b)**.

Man spricht von einer **unmittelbaren Verbindung**, wenn das Drehmoment direkt übertragen wird, wie bei einer Pressverbindung oder bei einer Klemmverbindung **(Bild 2a)**. Eine **mittelbare Verbindung** liegt dann vor, wenn zusätzliche Elemente erforderlich sind, wie bei einer Passfederverbindung oder bei Spannsätzen **(Bild 2b)**.

Für viele Welle-Nabe-Verbindungen gelten die Berechnungs- oder Auslegungsvorschriften der jeweiligen Hersteller bzw. der entsprechenden Norm. Die Dimensionierung der Nabe kann nach **Tabelle 1** erfolgen. Darin werden die Abmessungen der Nabe in Abhängigkeit von der Verbindungsart und dem Wellendurchmesser *d* festgelegt. Die kleineren Werte der angegebenen Intervalle gelten für Werkstoffe mit höherer Festigkeit, die größeren Werte der Intervalle für Werkstoffe mit geringerer Festigkeit. Bei Keilwellen wird der „Kerndurchmesser" zugrunde gelegt, die Werte gelten für die leichte Reihe. Bei der mittleren Reihe sind ca. 70 % und bei der schweren Reihe ca. 45 % der Werte anzunehmen. Die Werte gelten für Keilwellen bei einem einseitig wirkenden Drehmoment.

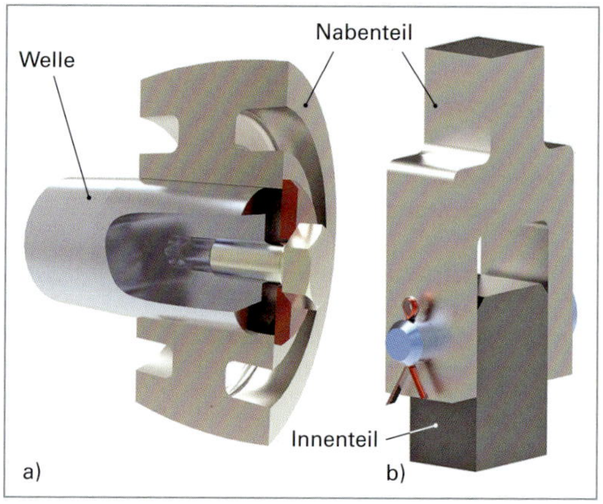

Bild 1: a) Welle-Nabe-Verbindung, b) Gelenkverbindung

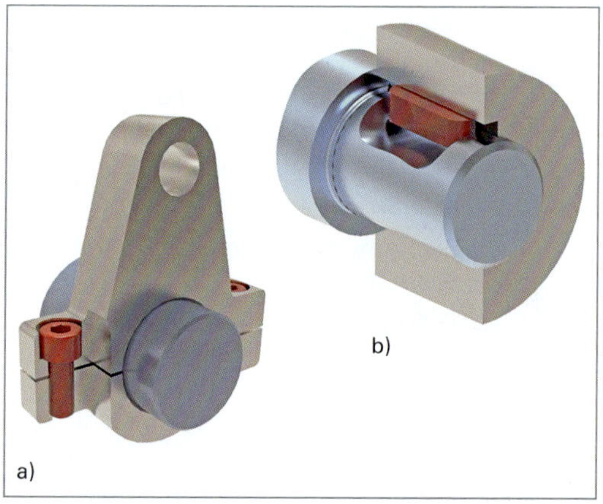

Bild 2: a) Klemmverbindung, b) Passfederverbindung

Tabelle 1: Richtwerte der Nabenabmessungen für den Entwurf von Welle-Nabe-Verbindungen

Verbindungsart	Naben-Außendurchmesser *D*		Nabenlänge *L*	
	EN-GJL[1]	St, GE[2]	EN-GJL	St, GE
Passfederverbindung	(2,0 … 2,2) · *d*	(1,8 … 2,0) · *d*	(1,6 … 2,1) · *d*	(1,1 … 1,4) · *d*
Keilwelle, Zahnwelle	(1,8 … 2,0) · *d*	(1,8 … 2,0) · *d*	(1,0 … 1,3) · *d*	(0,6 … 0,9) · *d*
Längsbewegliche Nabe	(1,8 … 2,0) · *d*	(1,6 … 1,8) · *d*	(2,0 … 2,2) · *d*	(1,8 … 2,0) · *d*
Polygonverbindung	(1,6 … 1,8) · *d*	(1,3 … 1,6) · *d*	(1,8 … 2,0) · *d*	(1,6 … 1,8) · *d*
Pressverbindung	(2,2 … 2,6) · *d*	(2,0 … 2,5) · *d*	(1,2 … 1,5) · *d*	(0,8 … 1,0) · *d*
Spann-, Klemm-, Keilverbindung	(2,0 … 2,2) · *d*	(1,8 … 2,0) · *d*	(1,6 … 2,0) · *d*	(1,2 … 1,5) · *d*

[1] EN-GJL: Lamellengrafitguss [2] St: Stahl, GE: Stahlguss

Welle-Nabe-Verbindungen übertragen Kräfte oder Drehmomente.

9.6 KRAFTSCHLÜSSIGE WELLE-NABE-VERBINDUNGEN

Tabelle 1 gibt einen Überblick über die gängigen kraftschlüssigen Welle-Nabe-Verbindungen und ihre Anwendungsmöglichkeiten. **Bild 1** zeigt kraftschlüssige Welle-Nabe-Verbindungen.

Tabelle 1: Anwendung kraftschlüssiger Welle-Nabe-Verbindungen

Anforderung	Geeignete Kraftschluss-Verbindungen
Kleine Drehmomente	Klemmverbindung, Toleranzring
Einseitige Drehmomente, wechselnde Drehmomente	Pressverbindung, Klemmverbindung, Toleranzring
Große, wechselnde Drehmomente	Querpressverbindung, Kegelpressverbindung
Leicht lösbare Nabe	Klemmverbindung, Kegelverbindung, Spannverbindung, Kegelspannverbindung, Schrumpfscheiben
Nachträglich auf glatte Welle aufzubringende Nabe	Klemmverbindung, Spannelement
In Drehrichtung verschiebbare Nabe	Klemmverbindung, Kegelbüchse, Schrumpfscheibe
Dünnwandige Nabe	Schrumpfscheibe, stoffschlüssig als geklebter Schiebe- und Schrumpfsitz

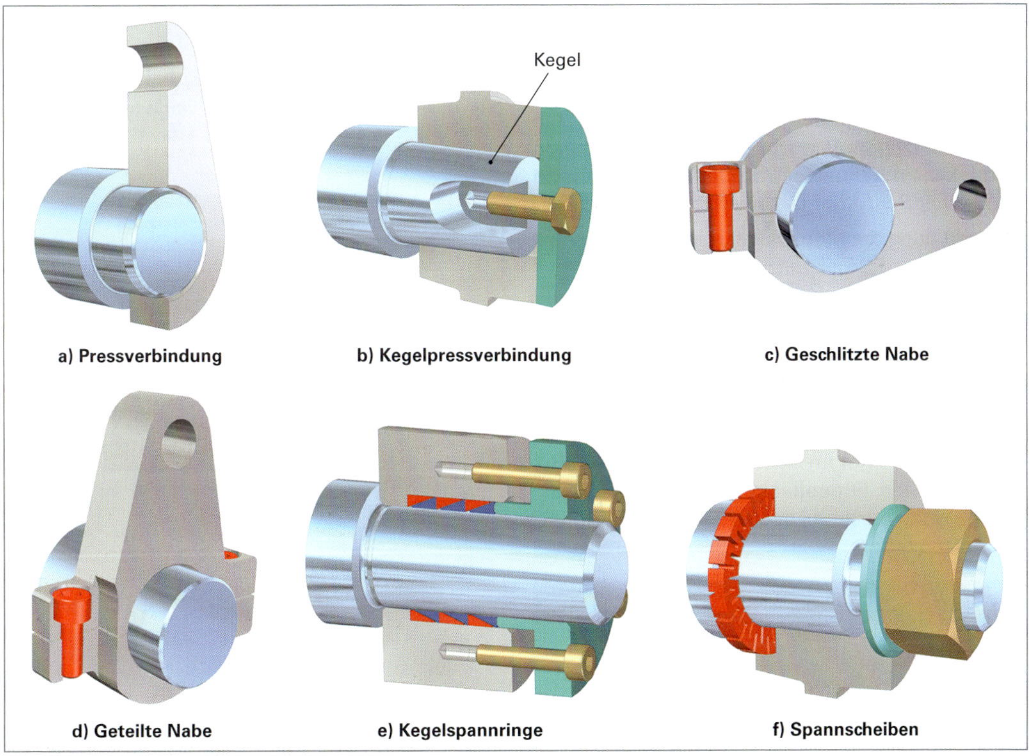

Bild 1: Kraftschlüssige Welle-Nabe-Verbindungen

Kraftschlüssige Welle-Nabe-Verbindungen übertragen Drehmomente oder Kräfte durch Kraftschluss. Da Kraftschluss auf Reibung basiert, wird oft auch der Begriff Reibschluss verwendet.

9.6.1 | PRESSVERBINDUNGEN

Bei einer **Pressverbindung** wird der Außendurchmesser der Welle größer als der Bohrungsdurchmesser der Nabe ausgeführt. Nach dem Fügen liegt ein Übermaß vor. Dabei entsteht am Umfang der Fügestelle eine gleichmäßige **Fugenpressung *p*.** Ist das Übermaß zu groß, reißt die Nabe. Ist das Übermaß zu klein, rutscht die Nabe durch. Pressverbindungen kommen z. B. bei Riemenscheiben, Kupplungen mit Wellen, Zahnkränzen auf Radkörpern oder Lagerbuchsen in Gehäusen zum Einsatz. Nach dem Fügen sind keine Korrekturen durch Verschieben mehr möglich. In der Fertigung sind Pressverbindungen einfach und preisgünstig herzustellen. Obwohl glatte Wellen verwendet werden, entstehen durch die große Pressung hohe Kerbspannungen an den Übergangsstellen von Welle und Nabe, die durch konstruktive Maßnahmen gemindert werden können. Geeignet hierfür ist eine Verstärkung der Welle im Nabenbereich (10 bis 20 % größerer Durchmesser im Nabenbereich). Alternativ sind kaltumgeformte bzw. oberflächengehärtete Wellen zu verwenden.

Pressverbindungen werden unterteilt in:

- **Längspressverbindung.** Dabei wird eine Welle im kalten Zustand längs in die Nabe gepresst. Damit sich die Teile fügen lassen und kein Werkstoff beim Fügen weggeschabt wird, muss das Bauteil mit der größeren Streckgrenze (i. d. R. die Welle) mit einer **Einpressfase L_E** versehen werden. **Bild 1** zeigt die dazu notwendigen Abmessungen.
- **Querpressverbindung.** Bei der Querpressverbindung wird die Nabe vor dem Fügen erwärmt und auf die Welle aufgeschrumpft. Die Querpressverbindung wird auch als **Schrumpfpressverbindung** bezeichnet. Wird die Welle abgekühlt und so in das Außenteil gefügt, handelt es sich um eine **Dehnpressverbindung**. Werden beide Verfahren miteinander kombiniert, spricht man von einer **Schrumpf-Dehnverbindung (Bild 2)**.

  Es gibt auch die Möglichkeit, die Nabe durch Öl unter hohem Druck aufzuweiten. Dabei wird Öl unter hohem Druck zwischen die leicht **kegeligen Fugenflächen** gepresst. Die Nabe weitet sich und kann mit geringem Kraftaufwand gefügt werden. Diese Methode wird als **Ölpressverbindung (Bild 3)** bezeichnet. Anwendung findet dieses Verfahren bei der Montage und Demontage großer Wälzlager im Schwermaschinenbau. Bei zylindrischen Fugenflächen kann die Ölpressverbindung nur zum Lösen der Pressverbindung benutzt werden.

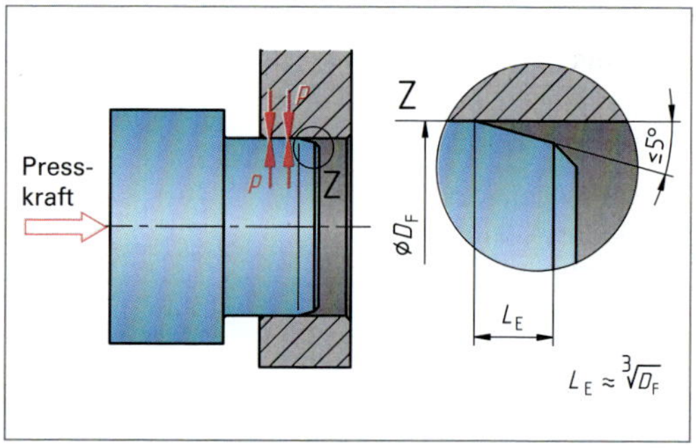

Bild 1: Längspressverbindung mit Einpressfase L_E

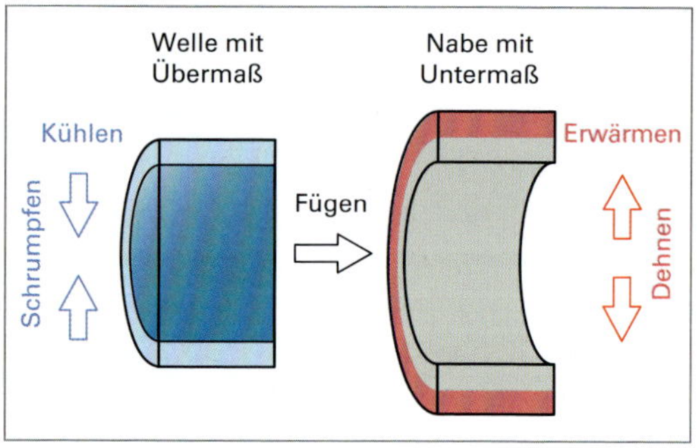

Bild 2: Schrumpf-Dehnverbindung

Tabelle 1: Vor- und Nachteile von Pressverbindungen

Vorteile
Einfach und kostengünstig
Zentrierung Welle-Nabe, keine Unwucht
Für Wechsel- und Stoßbeanspruchung
Nachteile
Kein Verschieben möglich
Hohe Kerbwirkung an den Übergangsstellen
Verbindung nicht leicht lösbar

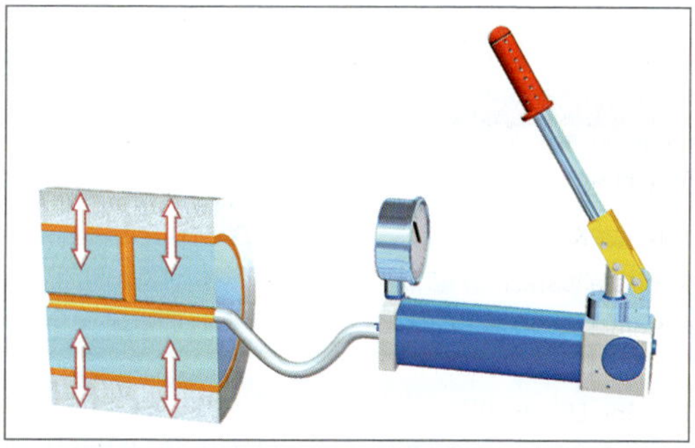

Bild 3: Prinzip einer Ölpressverbindung

Gestaltungsrichtlinien für zylindrische Pressverbindungen

Eine Pressverbindung wird immer berechnet. Durch Berechnung auf der Basis der erforderlichen Fugenpressung, der geometrischen Abmessungen, der Oberflächengüten sowie der notwendigen Dehnung von Innenteil (Welle) und Außenteil (Nabe) ergibt sich ein kleinstes und ein größtes Übermaß, aus denen die Passtoleranz berechnet wird. Diese Passtoleranz wird auf die Grenzabmaße für Bohrung und Welle verteilt. Beim **System Einheitsbohrung** werden folgende Passungspaarungen empfohlen:

- Bohrung bis ∅ 500 mm: H7, Welle Toleranzklasse IT6
- Bohrung über ∅ 500 mm: H8, Welle Toleranzklasse IT7 oder IT6

Richtwerte für die gemittelte Rautiefe:

- Längspresssitz: *Rz* 2,5 bis 6,3 µm bzw. *Ra* 0,2 bis 0,8 µm
- Querpresssitz: *Rz* 6,3 bis 16 µm bzw. *Ra* 0,8 bis 1,6 µm

Dabei sind die folgenden **Konstruktionsrichtlinien** zu beachten:

- Stets Vollwellen anstreben, bei Biegung unbedingt Vollwellen.
- Innerhalb des Pressverbands keine Nuten oder Einstiche in Welle oder Nabe vorsehen.
- Die Fugenpressung an den Außenkanten der Nabe durch einen Überhang *a* **(Bild 1a)** erhöhen. Dadurch wird ein örtliches Mikrogleiten verhindert und Reibkorrosion sowie Passungsrost werden vermindert. Günstig ist ein größerer Fügedurchmesser mit $D_F/D_W \approx 1{,}1$ und $R/(D_F - D_W) \approx 2$. Alternativ kann an der Welle eine Entlastungskerbe **(Bild 1b)** vorgesehen werden.

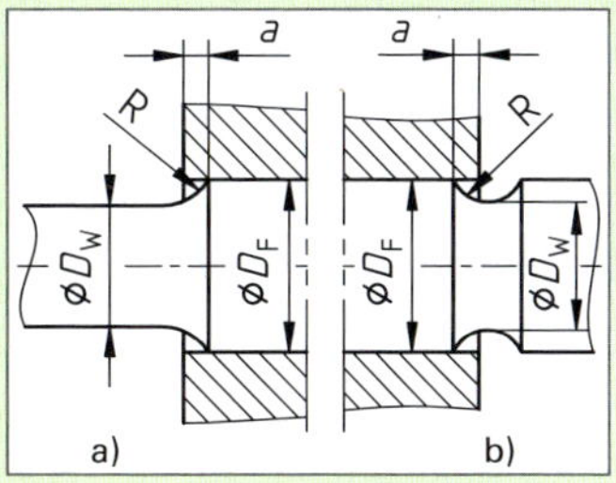

Bild 1: Gestaltung Pressverbindung

9.6.2 | KEGELPRESSVERBINDUNGEN

Durch axiales Aufpressen einer Nabe mit kegeliger Aufnahmebohrung auf eine Welle mit kegelförmigem Wellensitz oder bei zylindrischer Welle mit einer Kegelspannbüchse entsteht eine **Kegelpressverbindung (Bild 2)**. Kegelpressverbindungen sind selbstzentrierend und haben, bedingt durch den zentrischen Sitz, eine hohe Laufruhe. Eine nachträgliche axiale Verschiebung oder Nachstellung ist nicht möglich. Kegelpressverbindungen werden zum Befestigen von Rad-, Scheiben- und Kupplungsnaben vorwiegend auf Wellenenden von Werkzeugen (z. B. Bohrern), in Arbeitsspindeln und von Wälzlagern (mit Spann- oder Abziehhülsen) auf Wellen verwendet.

Um die Werkzeuge und Lehren zu minimieren, sollen möglichst genormte Kegel verwendet werden, d. h. bei Naben (Radkörper) kegelige Wellenenden mit einem Kegelverhältnis $C = 1:10$ (selbsthemmend), Werkzeuge mit metrischem Werkzeugkegel $C = 1:20$ und Morsekegel mit $C = 1:19{,}12$ bis $C = 1:20{,}02$.

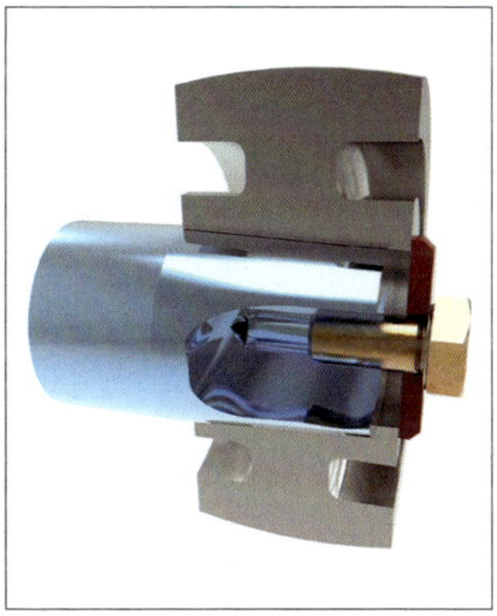

Bild 2: Kegelpressverbindung

Tabelle 1: Vor- und Nachteile von Kegelpressverbindungen

Vorteile	Nachteile
Keine Kerbwirkung	Teure Herstellung
Einstellbarkeit in radialer Richtung	Verschieben in Axialrichtung nicht möglich
Selbstzentrierung, daher zentrischer Sitz und hohe Laufruhe und Laufgenauigkeit	Relativbewegung bei wechselnden Drehmomenten (Passungsrost)
Keine Unwucht	
Wechselnde Drehmomente	

9.6.3 SPANNVERBINDUNGEN

Spannverbindungen sind kraftschlüssige, lösbare Welle-Nabe-Verbindungen, die zur Übertragung von Kräften und Momenten geeignet sind.

Spannverbindung mit Kegelspannringen

Zwei gegenseitig aufgelegte konische Ringe bilden durch Aufeinanderschieben und Gegeneinanderpressen zwischen Welle und Nabe eine kraftschlüssige, lösbare Verbindung **(Bild 1)**. Je nach Ausführung des Klemmrings wird die Nabe oder die Welle durch die Gewindebohrung geschwächt. Es können mehrere Spannsätze hintereinandergeschaltet werden, jedoch nicht mehr als 4 Paarungen. Die Anpresskräfte nehmen bei mehr als 4 Spannsätzen stark ab, das zu übertragende Drehmoment erhöht sich nur unwesentlich.

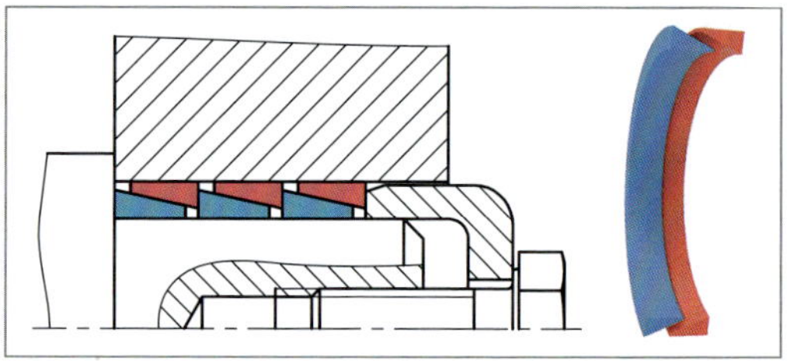

Bild 1: Kegelspannringe

Kegelspannsysteme

Kegelspannsysteme setzen sich aus zwei Grundkörpern, geschlitzten Kegelspannringen und den Spannschrauben zusammen. Sie werden als kompaktes Kaufteil angeboten. Durch Verschrauben der Grundkörper wird der Außenring gedehnt und der Innenring gestaucht, sodass eine kraftschlüssige Verbindung entsteht **(Bild 2)**.

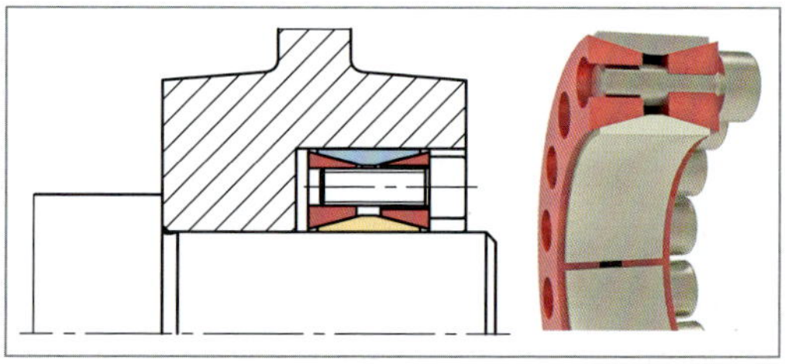

Bild 2: Kegelspannsystem

Sternscheibenverbindung

Sternscheibenelemente **(Bild 3)** sind ringförmige Scheiben aus Federstahl. Durch eine äußere Axialkraft werden die Scheiben flachgedrückt, verändern so ihre Durchmesser und verspannen die Nabe mit der Welle. Bis zu 25 Sternscheiben können bei einer Sternscheibenverbindung hintereinander gedrückt werden. Sternscheiben zentrieren nicht, sodass stets konstruktiv eine Zentrierung vorzusehen ist.

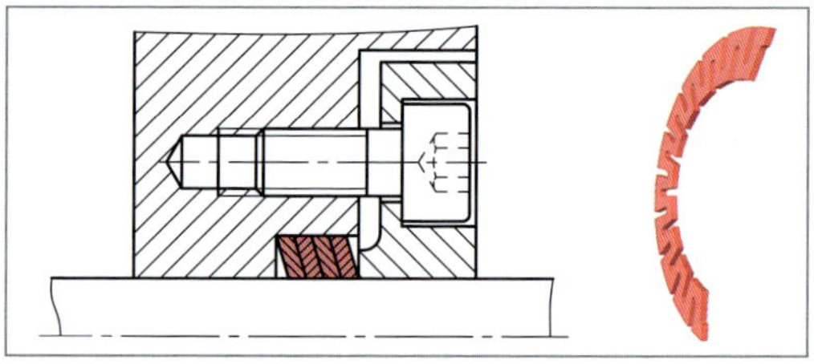

Bild 3: Sternscheibenverbindung

Spannbuchsenverbindung

Spannbuchsen **(Bild 4)** haben eine zylindrische Außenfläche und Bohrung. Durch axiales Verspannen der Druckhülse wird das Passungsspiel überwunden und der erforderliche Fugendruck aufgebaut. Die erforderliche Spannkraft kommt entweder von den benachbarten Bauteilen oder wird über Spannschrauben aufgebracht.

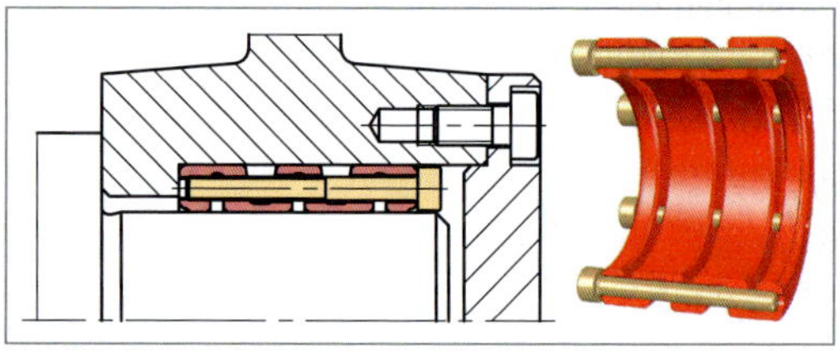

Bild 4: Spannbuchsenverbindung

Tabelle 1: Vor- und Nachteile von Spannverbindungen

Vorteile	Nachteile
▌ Leicht lösbar, Fügen/Lösen einfach ▌ Keine Kerbwirkung ▌ Keine Unwucht, wechselnde Drehmomente ▌ Einstellbarkeit der Nabe	▌ Aufwand zum Spannen relativ hoch ▌ Teilweise ist eine zusätzliche Zentrierung von Welle Nabe erforderlich ▌ Teurer als andere Verbindungen

Gestaltungsrichtlinien für Spannverbindungen mit Kegelspannringen

- Nicht mehr als drei, maximal vier gleichsinnige Spannsätze hintereinanderschalten.
- Kegelspannringe sind nicht selbstzentrierend, daher eine ausreichend lange Zentrierung zwischen Welle und Nabe vorsehen.
- Bei längeren Naben ordnet man ein Ringpaar an jedem Nabenende an, mit einer Distanzbuchse zwischen beiden Ringpaaren.
- Oberflächengüte von Nabenbohrung und Welle: $Ra \leq 1$ µm ($Rz \leq 4$ µm).
- Empfohlene Passungen:
  Wellendurchmesser ≤ 38 mm:
  Welle h6, Bohrung H7
  Wellendurchmesser > 38 mm:
  Welle h8, Bohrung H8
- Bei größeren Durchmessern sind mehrere Spannschrauben (in Welle oder Nabe) erforderlich, die über Kreuz angezogen werden müssen, damit die Ringe nicht verkippen.
- Der Druckflansch darf bei Verspannung über die Welle nicht die Nabe **(Bild 1a)**, bei Verspannung über die Nabe nicht die Welle berühren. Der Spalt zwischen beiden muss über den Umfang gleich weit sein **(Bild 1b)**.

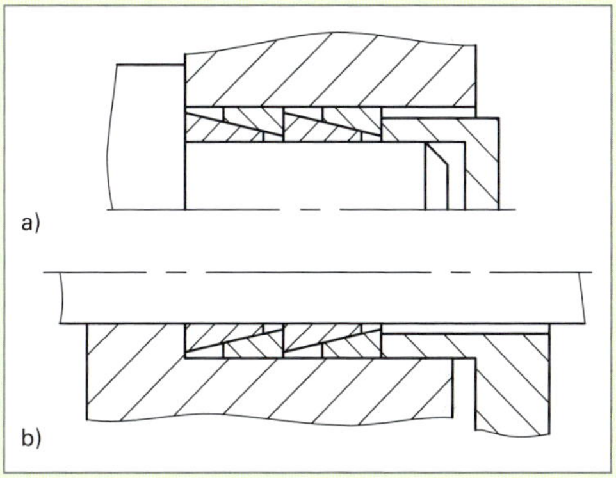

Bild 1: Einbaufälle für Kegelspannringe

Die entsprechenden Unterlagen der jeweiligen Hersteller sind bei der Gestaltung zu beachten.

9.6.4 I KLEMMVERBINDUNGEN

Klemmverbindungen werden überwiegend bei Riemen-, Gurtscheiben und Hebeln angewendet, die auf langen glatten Wellen montiert werden. Bei geteilter Ausführung können die beiden Hälften beispielsweise nachträglich zwischen zwei Lagerstellen eingebaut oder in Längs- und Drehrichtung verschoben werden. Die aufzuklemmenden Scheiben sind geteilt, die Naben bei Hebeln einseitig geschlitzt **(Bild 2)**. Das Klemmen erfolgt mit Durchsteckschrauben, die aufgrund der kurzen Kraftwege möglichst nah an der Welle anzuordnen sind. Klemmverbindungen übertragen kleine bis mittlere Drehmomente.

Bei geteilten Scheiben ist eine Übergangspassung mit einem geringen Passmaß, bei Hebelnaben eine enge Spielpassung günstig (H7/g6).

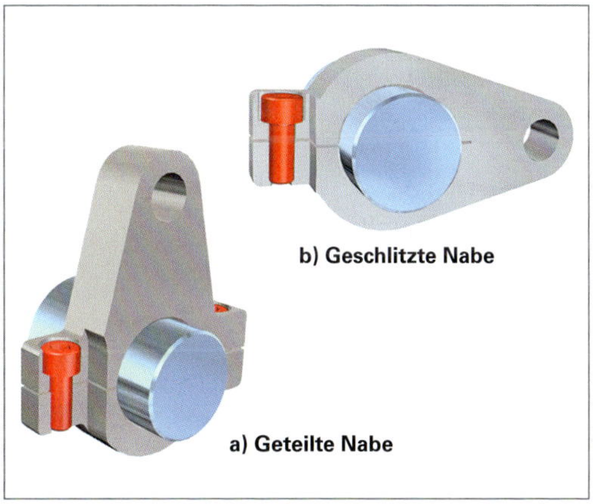

Bild 2: Beispiele für Klemmverbindungen

Tabelle 1: Vor- und Nachteile von Klemmverbindungen

Vorteile	Nachteile
Einfache Herstellung und Montage	Ungleichmäßige Verteilung der Flächenpressung
Einstellbarkeit in axialer Richtung und in Umfangsrichtung	Unwucht

9.7 FORMSCHLÜSSIGE WELLE-NABE-VERBINDUNGEN

Formschlüssige Welle-Nabe-Verbindungen übertragen Drehmomente und Kräfte durch Formschluss, d. h., die Verbindung wird durch die Formgebung oder zusätzliche Mitnehmer-Elemente, wie Passfeder, Stift oder Gleitfeder, bestimmt **(Bild 1)**. Die Kraftübertragung erfolgt hauptsächlich durch Flächenpressung an den jeweiligen Wirkflächen. Die Kerbwirkung ist bei fast allen formschlüssigen Verbindungen erhöht.

Tabelle 1 gibt einen Überblick über die gängigen formschlüssigen Welle-Nabe-Verbindungen und ihre Anwendungsmöglichkeiten. **Bild 1** zeigt verschiedene formschlüssige Welle-Nabe-Verbindungen.

Tabelle 1: Anwendung formschlüssiger Welle-Nabe-Verbindungen

Anforderung	Geeignete Formschlussverbindungen
Kleine Drehmomente	Querstift, Scheibenfeder
Einseitige Drehmomente	Querstift, Passfeder
Große wechselnde oder stoßhafte Drehmomente	Vielkeil- und Polygon-Profil mit Presssitz (alle vorgespannt)
Kurze Naben bei großem Drehmoment	Vielkeil-, Kerbzahn- und Polygon-Profil
Verschiebbare Nabe	Gleitfeder, Vielkeil-Profil, Polygon-Profil P4C
Leicht lösbare Nabe	Passfeder, Vielkeil-, Kerbzahn- und Polygon-Profil
Dünnwandige Nabe	Kerbzahn-Profil

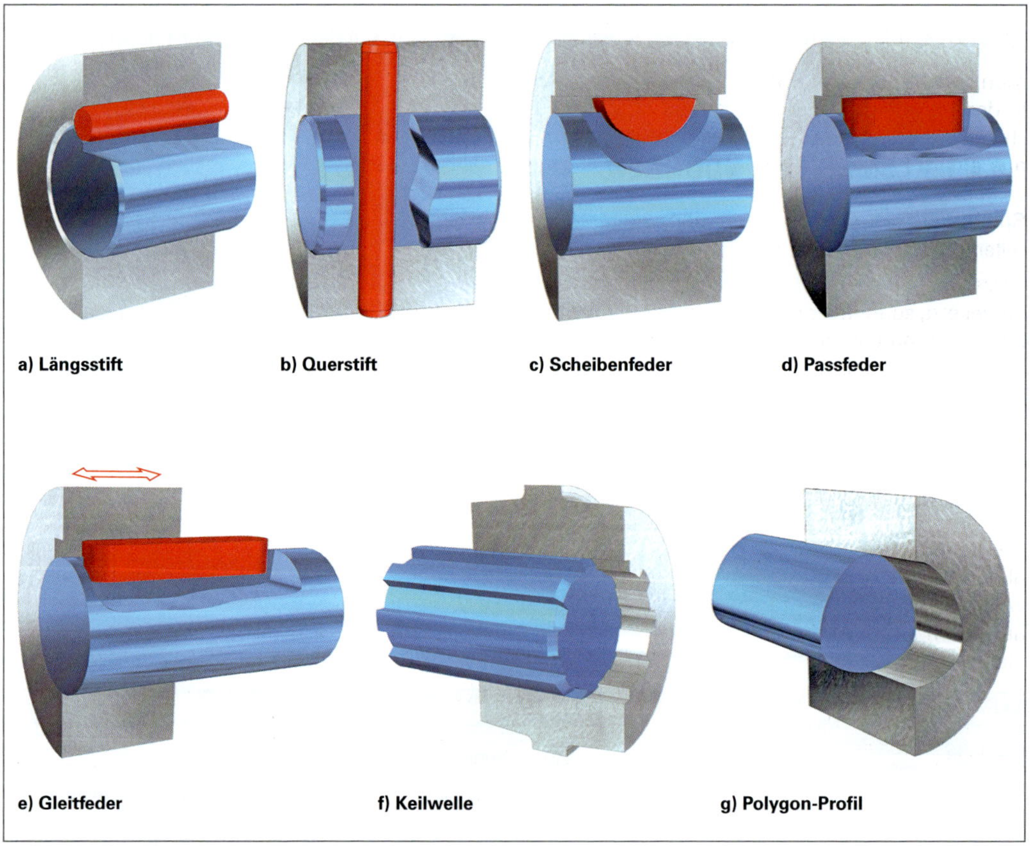

Bild 1: Formschlüssige Welle-Nabe-Verbindungen, Beispiele

9.7.1 | STIFT- UND BOLZENVERBINDUNGEN

Stiftverbindungen übertragen als formschlüssige Welle-Nabe-Verbindungen nur kleine Drehmomente und werden als Längs- und Querstifte ausgeführt. In der Technik werden Stifte vorwiegend zum Positionieren und bei beweglichen Verbindungen verwendet, weniger als klassische Welle-Nabe-Verbindung. Stifte und Bolzen werden nach ihrer geometrischen Form unterschieden **(Bild 1)**.

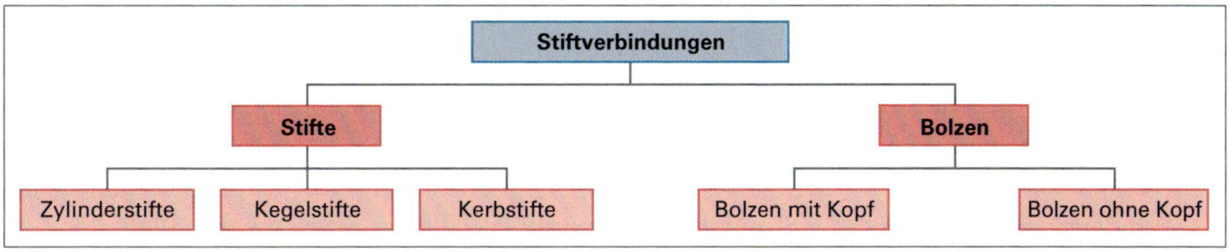

Bild 1: Einteilung der Stift - und Bolzenverbindungen

Bei den **Stiftverbindungen** sind die zu verbindenden Teile fest miteinander verbunden. Stifte werden zur Befestigung von Naben auf Achsen oder Wellen, zur Lagesicherung von Bauteilen sowie zur Halterung verschiedener Bauteile verwendet. Man unterscheidet zwischen **Zylinderstiften**, **Kegelstiften** und **Kerbstiften**. Im Bauteil oder in den Bauteilen sitzen Stifte mit Vorspannung. Die Auswahl eines geeigneten Stiftes richtet sich nach der geforderten Positioniergenauigkeit, den Herstellungskosten (Bohrung), der Passung der Verbindung, der Häufigkeit des Lösens und der geforderten Scherfestigkeit. Der Stift ist in der Regel aus einem härteren Werkstoff als die Bauteile. **Bild 2** zeigt eine Stiftverbindung.

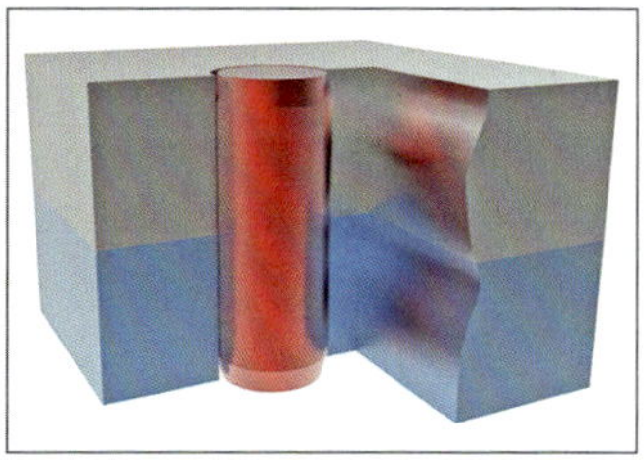

Bild 2: Stiftverbindung

Man spricht von einer **Bolzenverbindung**, wenn mindestens ein Teil in der Verbindung beweglich bleibt **(Bild 3)**. Bolzen werden z. B. in Hebeln, Laschen oder Kettengliedern eingesetzt. Der Bolzen sollte aus einem härteren Werkstoff als die Bauteile bestehen, um Verschleiß zu verhindern. Werden die zu verbindenden Teile mit einer Spielpassung gefügt, ist eine Sicherung des Bolzens gegen Herausfallen durch z. B. einen Splint notwendig.

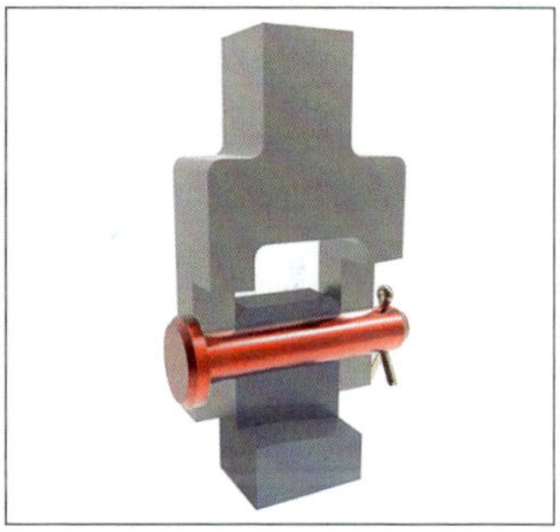

Bild 3: Bolzenverbindung

Bolzenverbindungen werden nicht nur als Verbindungselemente eingesetzt, sondern können auch in Form von **Brechbolzen** als **Überlastsicherung** dienen. Dann wird der gekerbte Bolzen so dimensioniert, dass er z. B. bei Überschreiten eines bestimmten Drehmoments abschert und damit Maschinenteile vor Überlastung schützt. Die Bauteile werden so durch das geplante Versagen des Bolzens getrennt, auf diese Weise werden Schäden vermieden **(Bild 4)**.

Querstifte

Werden Stifte als klassische Welle-Nabe-Verbindung verwendet und als Querstift eingebaut, übertragen sie ein Drehmoment M_t. Damit wird der Stift durch die an der Trennfuge wirksame Umfangskraft F_u auf Abscheren τ_a belastet **(Bild 4)**. Der Querstift wird zusätzlich durch Flächenpressung belastet.

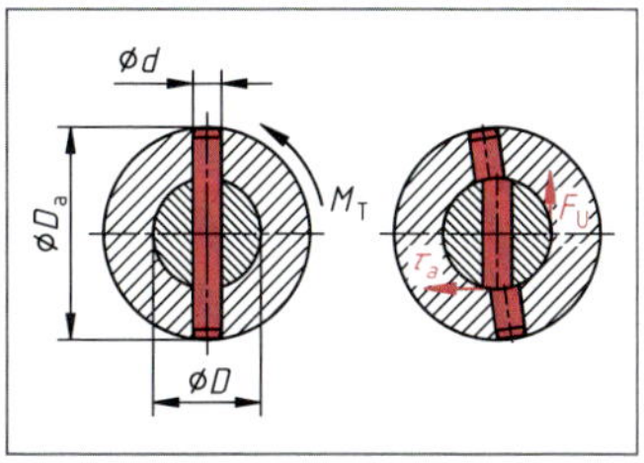

Bild 4: Belastung eines Stiftes

Tabelle 1: Vor- und Nachteile von Stift- und Bolzenverbindungen	
Vorteile	**Nachteile**
▌ Ungleiche Werkstoffe lassen sich verbinden ▌ Einfache Herstellung und Montage ▌ Verbindung ist leicht lösbar	▌ Kerbwirkung durch die Bohrungen, es können Ermüdungsrisse an den Bohrungen auftreten ▌ Höheres Gewicht durch die erforderliche Überlappung

Gestaltungsrichtlinien für Stift- und Bolzenverbindungen

- Stifte werden mit Übermaß in Bohrungen eingeschlagen. Ihre Festigkeit muss höher als die Festigkeit der Bauteile sein, um eine Wulstbildung am Stift beim Einschlagen und Lösen zu verhindern.
- Zylinderstifte eignen sich besonders zum Positionieren von Bauteilen zueinander. Dann sollten die Stifte den größtmöglichen Abstand zueinander aufweisen und, wenn möglich, nicht auf einer Linie liegen, sondern eine Diagonale bilden.
- Wirkt der Zylinderstift als Passstift (Ø*d* m6), wird der Stift mit einer Übermaßpassung (Bohrung Ø*D* H7) gefügt.
- Bohrungen für Stifte Ø*d* m6 und Ø*d* h8 müssen aufgerieben werden und sind daher kostenintensiv.
- Zylinderstifte Ø*d* h11 werden für einfache Gelenke mit Spiel verwendet, daher Ø*D* D11 für die Bohrung vorsehen.
- Für die Sitzlänge *L* des Bolzens sollte gelten: $L \leq (4 \ldots 5) \cdot d$, ansonsten sind zu große Eintreibkräfte nötig und der Bolzen kann sich beim Einschlagen verformen.
- Kegelstifte sind beliebig oft füg- und lösbar, jedoch teuer in der Fertigung wegen der aufgeriebenen Bohrung.
- Geschlitzte Spannstifte und Spiralspannstifte brauchen keine Passung für die Bohrung und eignen sich u. a. bei einer geringen Zentriergenauigkeit.
- Kerbstifte benötigen keine enge Passung für die Bohrung, ausreichend ist: Ø$d < 3$ mm → H9, Ø$d > 3$ mm → H11. Die Zentriergenauigkeit ist jedoch geringer als bei Zylinder- und Kegelstiften.

Eine Übersicht über die Verwendungsmöglichkeiten der Stifte gibt **Tabelle 1**.

Tabelle 1: Eignung von Stiftverbindungen (++, +, 0, –, – –)

	Zylinderstift	Kerbstift	Kegelstift	Spannstift einfach	Spannstift spiral
Hohe Lagegenauigkeit	++	+	++	–	0
Hohe Abscherkraft	0	0	0	++	++
Lagegenauigkeit, Festsitz bei wiederholtem Fügen	– –	0	++	–	– –
Preiswert, weite Toleranz für die Bohrung	– –	0	– –	++	+

9.7.2 | PASSFEDERVERBINDUNGEN

Die **Passfederverbindung** ist die am meisten eingesetzte Welle-Nabe-Verbindung. Sie ist gut montier- und demontierbar. Elemente mit einem einseitig wirkenden, stoßfreien Drehmoment, wie z. B. Zahnräder, werden vielfach durch die formschlüssige Passfederverbindung mit der Welle verbunden. Passfedern gibt es in rundstirniger und eckiger Ausführung, kombiniert rundstirnig/eckig sowie ohne und mit Bohrungen für Befestigungs- bzw. Abdrückschrauben **(Bild 1)**.

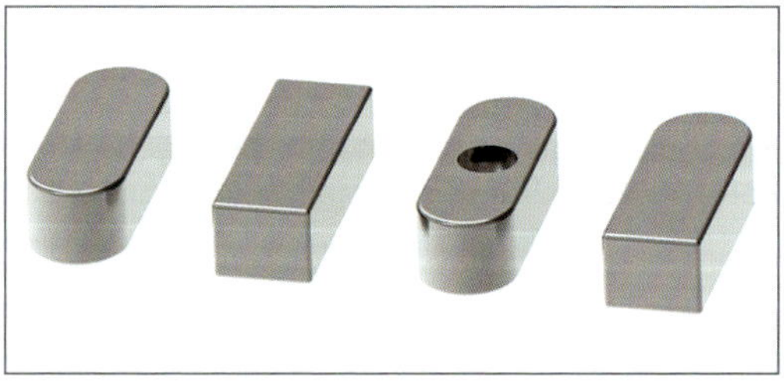

Bild 1: Formen von Passfedern

Durch das vorhandene Rückenspiel **(Bild 1)** zwischen Nabe und Passfeder wird die **Umfangskraft** nur über die Seitenflächen übertragen. Daher muss die Passfeder an den Flanken fest in der Nut sitzen, um nicht auszuschlagen. Eine Passfederverbindung wird bei wechselnden und stoßbehafteten Drehmomenten nur mit Einschränkungen eingesetzt, denn es besteht die Gefahr des Ausschlagens und der Passungsrostbildung. **Passungsrost** (Reibkorrosion) bildet sich, wenn bei einer engen Passung und einer hohen Flächenpressung sehr kleine Relativbewegungen zwischen den Bauteilen stattfinden, d. h., wenn die Passfeder kleinste Drehbewegungen zwischen Welle und Nabe zulässt.

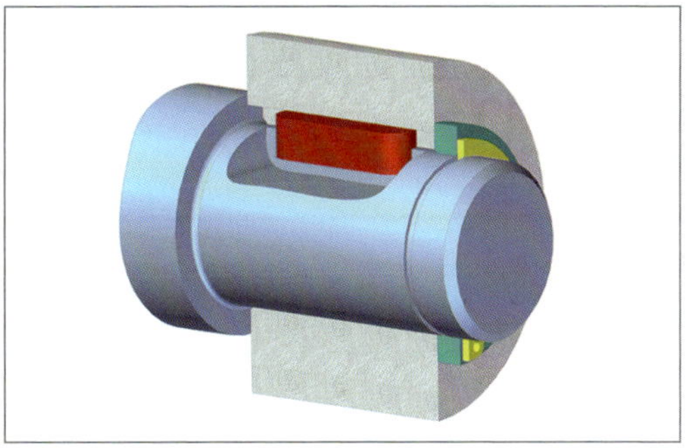

Bild 1: Passfederverbindung

Muss die Nabe während des Betriebs verschoben werden, wie z. B. bei Schieberädern, spricht man von einer **Gleitfeder**. In diesem Fall liegt zwischen Nabe und Passfeder ein Gleitsitz vor, sodass die Nabe verschoben werden kann. Die Passfeder wird bei einer Gleitfeder über Schrauben mit der Welle verbunden. **Passfedern für Werkzeugmaschinen** erfordern größere Wellen- und kleinere Nabennuttiefen.

Hinsichtlich ihrer Form unterscheidet man:

- **rundstirnige Passfedern:** Die Nut in der Welle wird mit einem Bohrnutenfräser hergestellt.
- **eckige Passfedern:** Die Wellennut wird meist mit einem Scheibenfräser gefertigt.

Tabelle 1: Vor- und Nachteile von Passfederverbindungen

Vorteile	Nachteile
Nabe ist auch unter Last verschiebbar	Höhere Kerbwirkung, vor allem in der Welle
Einfache Montage und Demontage	Nabe muss axial gesichert werden
Verbindung ist selbstzentrierend	Unwucht
	Ungeeignet für wechselnde Drehmomente

Berechnung der Passfederverbindung

Bei Passfedern mit $L < 0{,}9 \cdot d$ ist die Flächenpressung an den tragenden Seitenflächen der Nuten des Teiles mit geringerer Festigkeit (meist die Nabe) zu berechnen. Die ebenfalls auftretende Scherbeanspruchung in der Passfeder wird bei Normabmessungen nicht überprüft, da sie deutlich geringer als die Flächenpressung ist.

Die Flächenpressung p wirkt an den Seitenflächen der Passfeder. Die Seitenfläche ergibt sich aus der Höhe h abzüglich der Wellennuttiefe t_1 sowie der tragenden Länge L'. Das Drehmoment M_t verursacht eine Umfangskraft F_u zwischen Welle und Passfeder und eine zwischen Passfeder und Nabe **(Bild 2)**. Vereinfacht wird eine Umfangskraft F_u am Wellendurchmesser d angenommen. Die am Wellendurchmesser d wirksame **Umfangskraft F_u** berechnet sich mit:

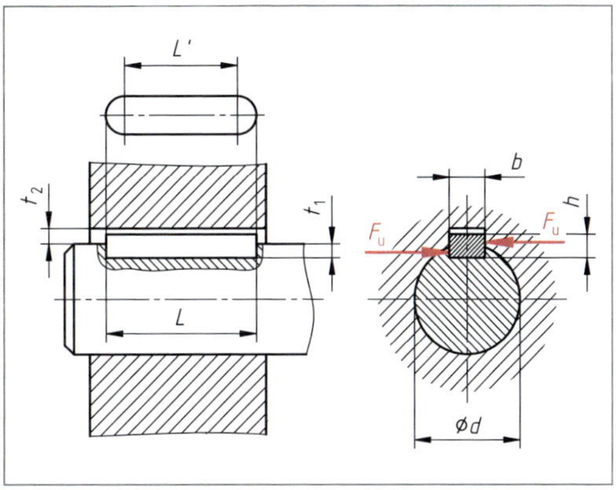

Bild 2: Passfederverbindung, Maße

$$F_u = \frac{2 \cdot M_t}{d}$$

F_u	M_t	d
N	Nmm	mm

Die **tragende Länge *L'*** berechnet sich aus der Gesamtlänge L und der Passfederbreite b:

$$L' = L - b$$

L'	L	b
mm	mm	mm

Der Tragfaktor φ berücksichtigt den verminderten Traganteil, wenn zwei Passfedern vorhanden sind ($i = 2$). Mehr als zwei Passfedern sollen nicht gleichzeitig eingebaut werden.

- Eine Passfeder: $i = 1 \rightarrow$ Tragfaktor $\varphi = 1$
- Zwei Passfedern: $i = 2 \rightarrow$ Tragfaktor $\varphi = 0{,}75$

Die **Flächenpressung *p*** berechnet sich mit:

$$p = \frac{F_u}{(h - t_1) \cdot L' \cdot i \cdot \varphi} \leq p_{zul}$$

p	F_u	h	t_1	L'	i	φ
N/mm²	N	mm	mm	mm	1	1

Die vorhandene Flächenpressung p muss kleiner als die zulässige Flächenpressung p_{zul} sein, damit die Passfederverbindung ausreichend dimensioniert ist. Die zulässige Flächenpressung p_{zul} ergibt sich aus den Werkstoffkennwerten R_e bzw. R_m und einem Sicherheitsfaktor S_F bzw. S_B:

Für Stahl, GE:

$$p_{zul} = \frac{R_e}{S_F}$$

Für GJL:

$$p_{zul} = \frac{R_m}{S_B}$$

p_{zul}	R_e, R_m	S_F, S_B
N/mm²	N/mm²	1

Stahl, GE: $S_F = 1{,}1 \ldots 1{,}5$
Guss: $S_B = 1{,}5 \ldots 2{,}0$

BEISPIEL 9.2 | Berechnung der tragenden Länge einer Passfederverbindung

An einer rundstirnigen Passfederverbindung nach DIN 6885, hohe Form, eine Passfeder, wirkt ein Drehmoment von $M_t = 320$ Nm. Der Wellendurchmesser beträgt $d = 35$ mm. Die Welle ist aus dem Werkstoff E295 hergestellt, die Nabe aus EN-GJL-250, die Passfeder aus E295+C. Der Sicherheitsfaktor für die zulässige Flächenpressung beträgt 1,5.
Gesucht sind die tragende Länge der Passfederverbindung und die Normbezeichnung der Passfeder.

Lösung:
Wellendurchmesser $d = 35$ mm → aus DIN 6885: ***b* = 10 mm, *h* = 8 mm**

$$F_u = \frac{2 \cdot M_t}{d} = \frac{2 \cdot 320\,000\ \text{Nmm}}{35\ \text{mm}} \qquad \boldsymbol{F_u = 18\,285{,}7\ \text{N}}$$

Die Nabe weist eine geringere Flächenpressung als die Welle auf:

$$p_{zul} = \frac{R_m}{S_B} = \frac{250\ \text{N/mm}^2}{1{,}5} \qquad \boldsymbol{p_{zul} = 166{,}7\ \text{N/mm}^2}$$

$$L' = \frac{F_u}{(h - t_1) \cdot p_{zul} \cdot i \cdot \varphi} = \frac{18\,285{,}7\ \text{N}}{(8\ \text{mm} - 5\ \text{mm}) \cdot 166{,}7\ \text{N/mm}^2 \cdot 1 \cdot 1} \qquad \boldsymbol{L' = 36{,}6\ \text{mm}}$$

$$L = L' + b = 36{,}6\ \text{mm} + 10\ \text{mm} \qquad \boldsymbol{L = 46{,}6\ \text{mm}}$$

Gewählt nach DIN 6885: ***L* = 50 mm**
Normbezeichnung: **Passfeder DIN 6885 – A10 x 8 x 50 – E295+C**

Zeichnerische Darstellung einer Passfederverbindung

In der Gesamtzeichnung wird die Lage der Passfeder in Längsrichtung über einen Teilschnitt in der Welle gezeigt. **Bild 1** zeigt den Zusammenbau einer Passfederverbindung. Die Nabe wird dabei axial über einen Sicherungsring gesichert. Der Sicherungsring wird über einen Distanzring gestützt. **Bild 2** und **Bild 3** zeigen die Einzelteilzeichnungen des Wellenzapfens und der Nabe.

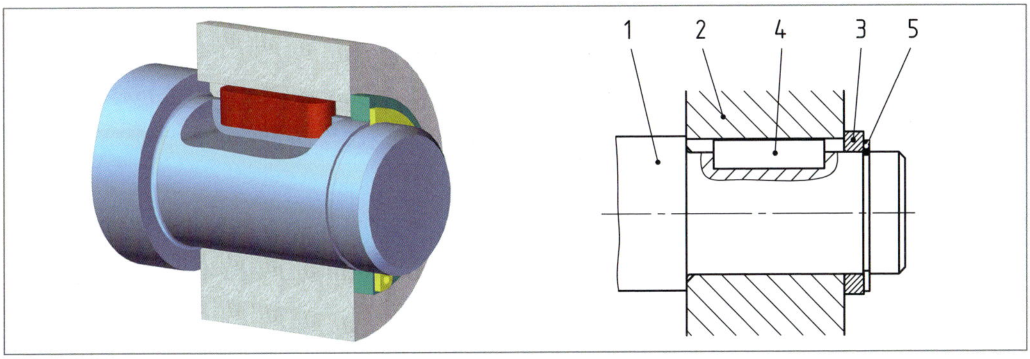

Bild 1: Gesamtzeichnung einer Passfederverbindung in 3D und 2D

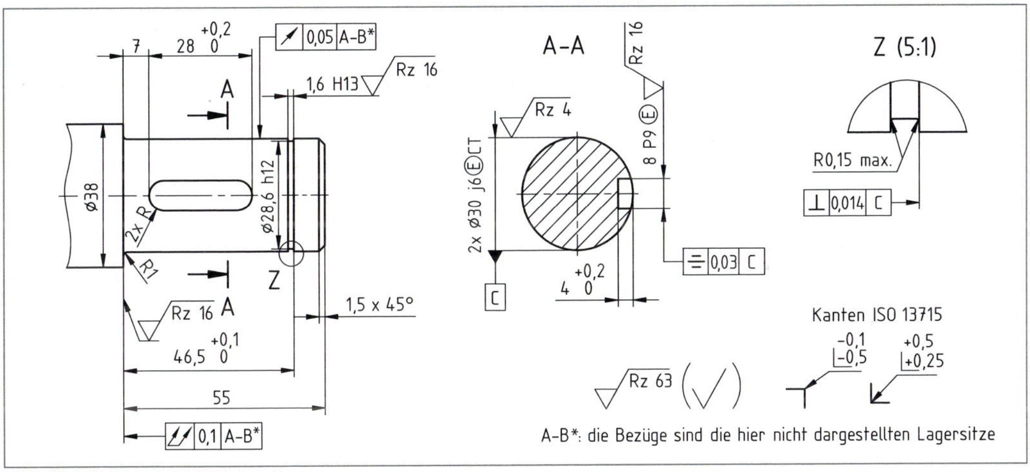

Bild 2: Einzelteilzeichnung eines Wellenzapfens mit Passfedernut

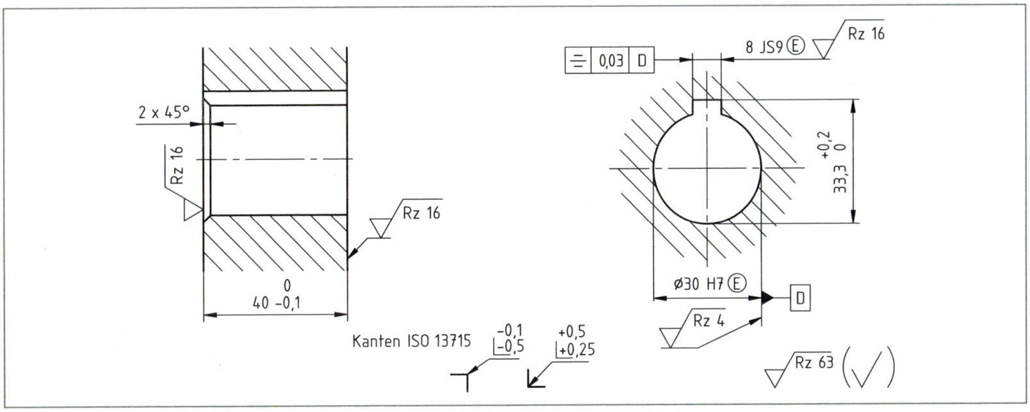

Bild 3: Einzelteilzeichnung einer Nabennut für eine Passfeder

Gestaltungsrichtlinien Passfederverbindung

- Die tragende Passfederlänge sollte ein Verhältnis von $L'/d = 1{,}3$ nicht wesentlich überschreiten.
- Eine mit einem Scheibenfräser hergestellte Wellennut ist günstiger, weil die Kerbwirkung geringer ist.
- Hinsichtlich der Einleitung des Drehmoments ist zu beachten **(Bild 1)**, dass sich die wirksame Länge L_W von links nach rechts vergrößert. So ist die Flächenpressung an den Flanken der Passfeder gleichmäßiger, weil ein größerer Bereich der Passfeder an der Drehmomentübertragung beteiligt wird. Nachteilig ist das größer werdende Biegemoment, weil sich der Hebelarm L_W vergrößert.

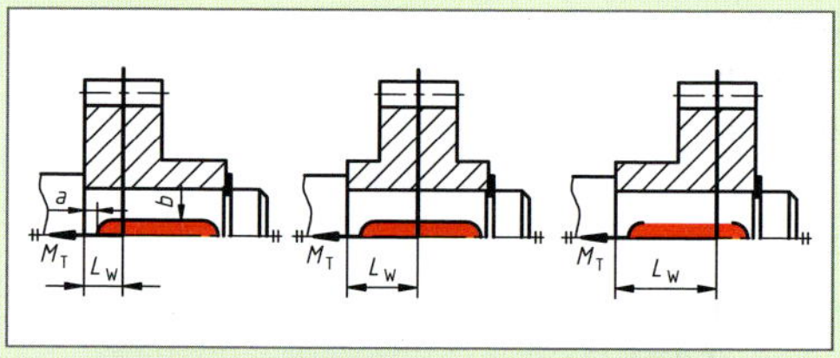

Bild 1: Drehmomenteinleitung an einer Passfeder

- Die Passfeder sollte etwas kürzer als die Nabe sein und einen ausreichenden Abstand zum Wellenabsatz sowie, wenn vorhanden, zum Freistich haben. Als Richtwert gilt $a/b \geq 0{,}5$.
- Die Sicherung der Nabe gegen axiales Verschieben kann durch Stellringe, Distanzhülsen oder Wellenschultern bzw. am Wellenende durch Sicherungsringe erfolgen.

Tabelle 1 gibt einen Überblick über die Passungen an einer Passfederverbindung.

Tabelle 1: Passungen für Passfederverbindungen, gefräste Nuten und geräumte Nuten (in Klammern: eine ISO-Qualität feiner)

	Nutbreite		Nenndurchmesser		Eigenschaften
	Welle	Nabe	Welle	Nabe	
Feste Übergangspassung	P9	P9 (P8)	k6/j6	H7	Für seltene Demontage
Leichte Übergangspassung*	P9	JS9 (JS8)	j6	H7	Nabe noch gut abziehbar
Knappe Spielpassung	N9	JS9 (JS8)	h7	H8	Nabe leicht montierbar
Gleitsitz, Spielpassung	H8	D10	g6	H7	Nabe leicht verschiebbar

* bevorzugt verwenden

9.7.3 | SCHEIBENFEDERVERBINDUNGEN

Scheibenfederverbindungen werden zur Übertragung kleinerer Drehmomente und zur Positionierung bei Kegelverbindungen u.a. im Fahrzeugbau und im Werkzeugmaschinenbau verwendet **(Bild 2)**. Beim Aufziehen der Nabe wippt die Scheibenfeder in Position und die genaue Lage der Nabe ist sichergestellt. Allerdings wird der sichere Kraftschluss auf Kosten der Lagesicherung verringert.

Die Herstellung der Wellennuten erfolgt durch einen Scheibenfräser. Nachteilig ist die Schwächung des Querschnitts und die dadurch hohe Kerbwirkung. Eine Scheibenfeder ist nicht als Gleitfeder geeignet.

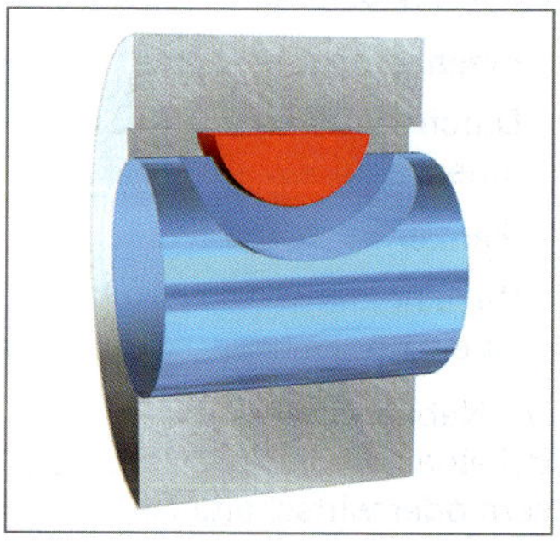

Bild 2: Scheibenfederverbindung

Tabelle 2: Vor- und Nachteile von Scheibenfederverbindungen

Vorteile	Nachteile
Einfache Montage und Demontage	Hohe Kerbwirkung in der Welle
Einfache Herstellung	Nabe muss axial gesichert werden
Verbindung ist selbstzentrierend	Unwucht
	Nur für kleine, einseitig wirkende Drehmomente

9.7.4 | PROFILWELLENVERBINDUNGEN

Bei den **Profilwellenverbindungen** werden keine Zwischenelemente, wie bei der Passfederverbindung, verwendet, sondern Welle und Nabe erhalten ein entsprechendes Profil, das das Drehmoment überträgt. Folgende Profilwellenverbindungen werden unterschieden: Keilwellen-, Kerbzahnwellen, Zahnwellen- und Polygonverbindungen.

Nachteilig bei der Verwendung der Profilwellenverbindungen ist die starke Kerbwirkung. Als Vorteil gelten die hohen übertragbaren Drehmomente, die gleichmäßige Verteilung der Belastung über den Umfang, die gute Zentrierung und die hohe Genauigkeit.

Keilwellenverbindungen

Keilwellenverbindungen finden dann Anwendung, wenn eine **drehstarre** oder **längsbewegliche Verbindung** gefragt ist und größere **wechselseitige** und **stoßartige Drehmomente** übertragen werden müssen. Keilwellen sind z. B. bei Antriebswellen von Kraftfahrzeugen oder bei Schieberädergetrieben im Werkzeugbau zu finden. Im Maschinenbau werden Keilwellenprofile nach DIN ISO 14 (leichte und mittlere Reihe) und nach DIN 5464 (schwere Reihe) verwendet. Im Werkzeugbau werden Profile nach DIN 5471 und DIN 5472 eingesetzt. In technischen Zeichnungen erfolgt die Darstellung nach DIN ISO 6413.

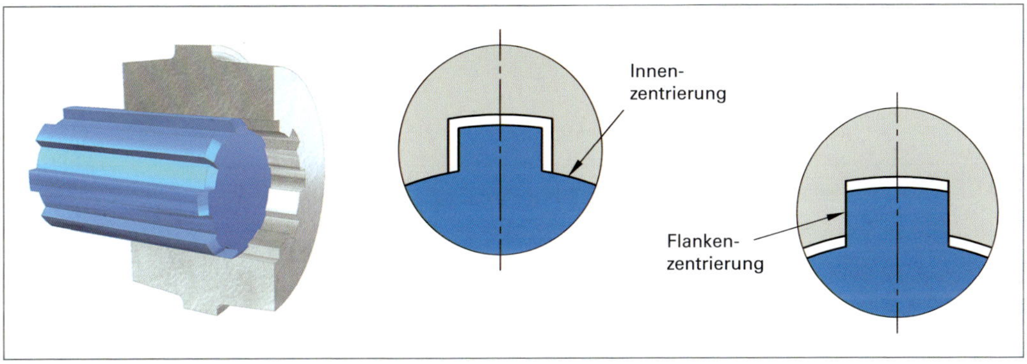

Bild 1: Keilwellenverbindung

Es gibt zwei Möglichkeiten zur **Zentrierung der Welle in der Nabe (Bild 1)**:

- **Innenzentrierung**
  Durch den zentrischen Sitz der Welle in der Nabe wird ein guter Rundlauf erreicht. Deshalb wird die Innenzentrierung bevorzugt im Werkzeugmaschinenbau für Profile nach DIN ISO 14 verwendet.
- **Flankenzentrierung**
  Bei einer Flankenzentrierung besteht ein Spiel zwischen Wellen- und Nabendurchmesser. Die Folge ist ein geringes Verdrehspiel, das bei wechselnden und stoßartigen Drehmomenten vorteilhaft ist.

Die Naben sind, je nach vorgesehener Toleranz, relativ zur Keilwelle fest oder verschiebbar angeordnet. Bei einem Schiebesitz ist eine Ölschmierung zu bevorzugen. Keilwellenprofile werden mit Scheibenfräsern oder wirtschaftlicher im Abwälzverfahren hergestellt.

Tabelle 1: Vor- und Nachteile von Keilwellenverbindungen

Vorteile	Nachteile
Gleichmäßige Kraftverteilung am gesamten Umfang	Hohe Kerbwirkung in der Welle
Übertragung großer, auch wechselnder Drehmomente	Schwächung der Welle und der Nabe am gesamten Umfang
Keine Unwucht	Höhere Herstellkosten als z. B. bei Passfederverbindungen
Nabe axial verschiebbar	
Selbstzentrierend	

Bild 1 zeigt die Bemaßung einer Keilwelle mit festem Sitz.

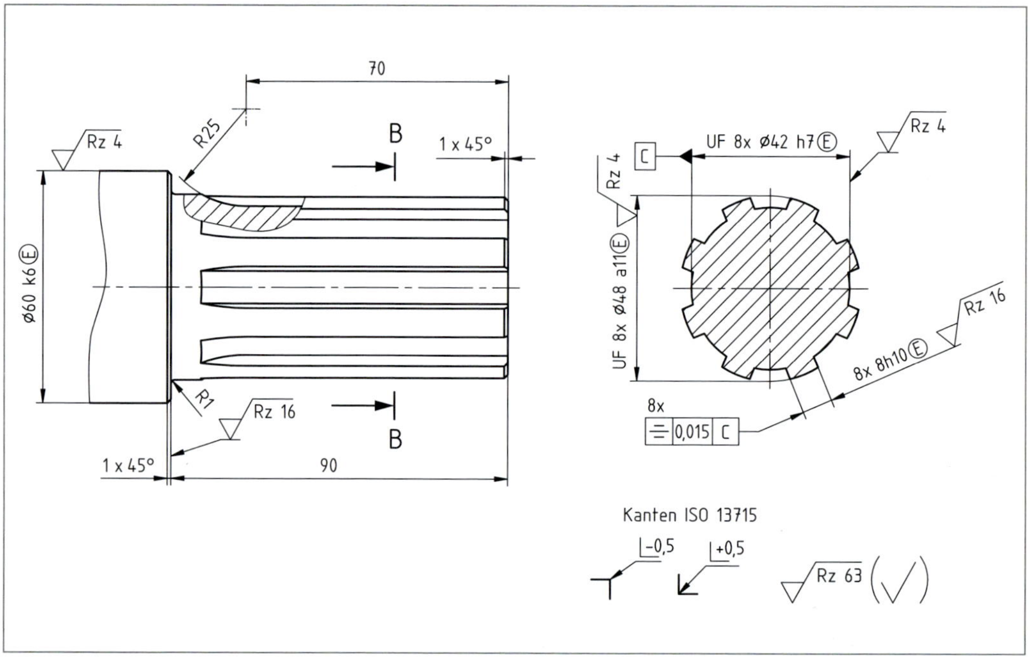

Bild 1: Einzelteilzeichnung eines Wellenendes mit einer Keilwelle

Bild 2 zeigt die Bemaßung einer Keilnabe im Bereich der Keilnuten.

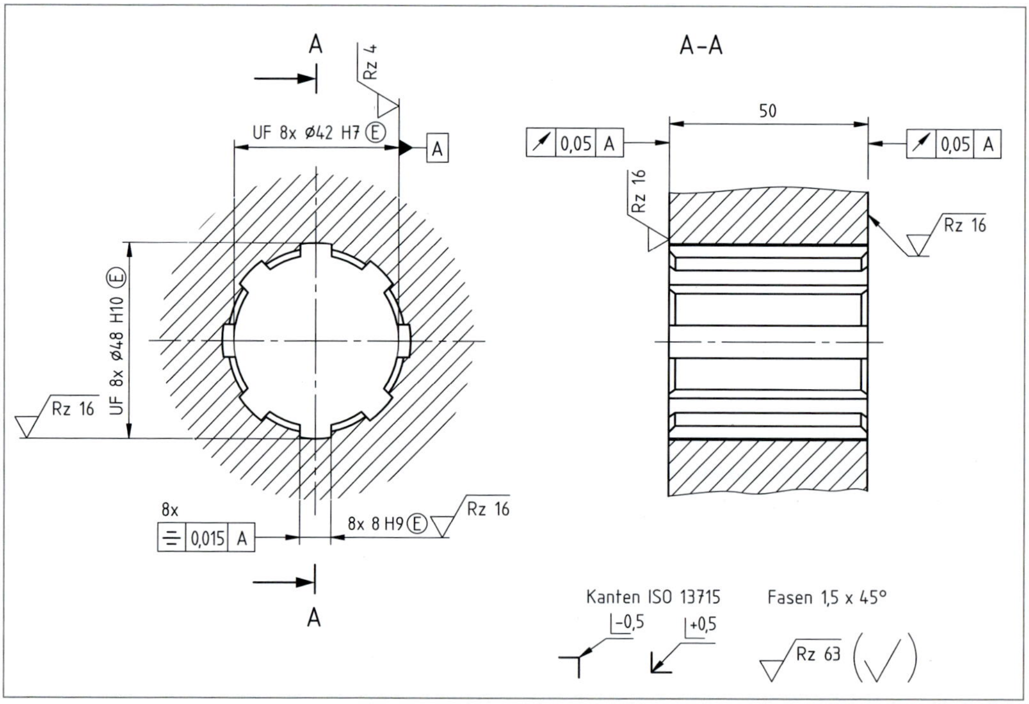

Bild 2: Einzelteilzeichnung einer Keilnabe

Zahnwellenverbindungen

Die **Zahnwellenverbindung** besteht aus einer außenverzahnten Welle und einer innenverzahnten Nabe.

Gemäß der Verzahnungsgeometrie unterscheidet man **Kerbzahn-Profile** mit dreieckförmigem Querschnitt der Zähne **(Bild 1a)** nach DIN 5481 (meist flankenzentriert) und **Evolventenzahnprofile** mit Evolventenkontur der Zähne **(Bild 1b)** nach DIN 5480 bzw. ISO 4156 (entweder flanken- oder außenzentriert).

Durch die große Anzahl der Zähne können hohe und stoßhafte Drehmomente übertragen werden, die Verbindung kann in Drehrichtung leichter verstellt werden. Da die Kerbwirkung von Zahnwellenverbindungen geringer ist als die Kerbwirkung von Keilwellenverbindungen, können Welle und Nabe in ihren geometrischen Abmessungen kleiner und auch kürzer als z.B. bei Keilwellenverbindungen ausgeführt werden.

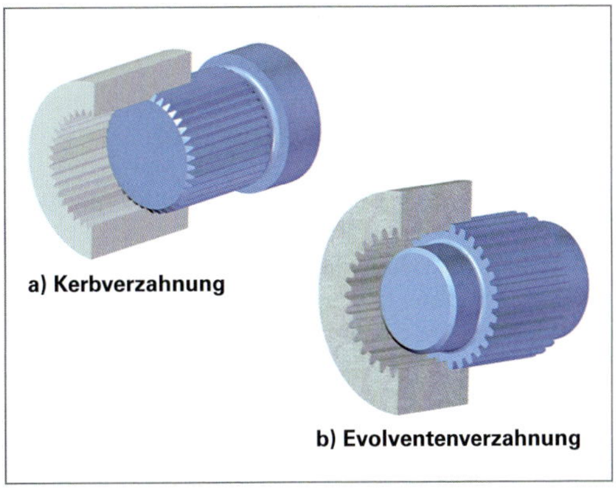

Bild 1: Zahnwellenverbindungen

Ein Kerbzahn-Profil wird überwiegend für nicht verschiebbare Verbindungen eingesetzt (z.B. Achsschenkel und Drehstabfedern im Kraftfahrzeug).

Das Evolventenzahnprofil eignet sich für leicht lösbare, verschiebbare, aber auch für nicht verschiebbare Verbindungen.

Die Außenverzahnung des Wellenprofils wird in der Regel im Abwälzverfahren hergestellt. Für die Herstellung einer Nabenverzahnung eignet sich bei großen Stückzahlen das Räumen, bei kleinen Stückzahlen das Form- oder Wälzstoßen.

Polygonprofile

Polygonverbindungen sind selbstzentrierende Verbindungen, die für die Übertragung stoßartiger Drehmomente geeignet sind und vorwiegend für lösbare Verbindungen, Schiebesitze und Übermaßpassungen verwendet werden. Die Kerbwirkung von Polygonverbindungen ist sehr gering.

Das **Profil P3G (Bild 2a)** nach DIN 32711 ist ein gleichseitiges Dreieck mit derart verrundeten Seiten und Ecken, dass ein Gleichdick entsteht. So ist der Wellenaußendurchmesser überall gleich. P3G-Profile eignen sich gut für Festsitze, sie sind für Schiebesitze unter Last ungeeignet.

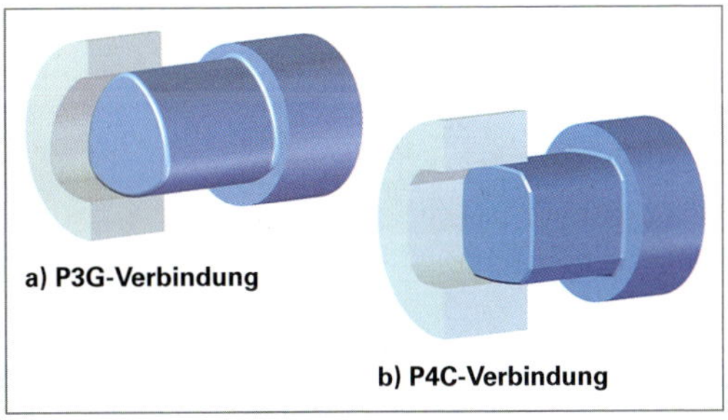

Bild 2: Polygonverbindungen

Das **Profil P4C (Bild 2b)** nach DIN 32711 ist ein Quadrat, dessen Ecken von einem konzentrischen Kreiszylinder angeschnitten sind. Dieses Profil eignet sich besonders für Verbindungen, die unter der Drehmomentbeanspruchung längs verschiebbar sein sollen.

Beide Polygonprofile haben im Vergleich zu anderen Welle-Nabe-Verbindungen eine passgenaue Formschlüssigkeit, die eine gute Übertragung stoßartiger Belastungen bei geringer Kerbwirkung erlaubt. Aufgrund der selbstständigen Zentrierung von Welle und Nabe liegt bei beiden Profilen eine hohe Laufruhe unter Drehmomentbelastung vor.

Die Herstellung der Profile kann mittels CNC-Maschinen erfolgen. Sie ist einfacher, preiswerter und genauer als die Herstellung von Keil- und Zahnwellenverbindungen.

9.8 | VORGESPANNT FORMSCHLÜSSIGE WELLE-NABE-VERBINDUNGEN

Die vorgespannt formschlüssigen Welle-Nabe-Verbindungen beruhen auf einer Kombination aus Form- und Kraftschluss. Dazu zählen die Keilverbindungen und die Stirnzahnverbindung.

9.8.1 | KEILVERBINDUNGEN

Keilverbindungen (Bild 1) werden heute nur noch vereinzelt als Welle-Nabe-Verbindung bei schweren Teilen, wie Rädern und Kupplungen, sowie bei Großmaschinen, wie Landmaschinen oder Baggern, eingesetzt. Sie eignen sich in rauen Betriebsumgebungen bei wechselseitigen und stoßhaften Drehmomenten. Sie sind nur für mittlere Drehzahlen geeignet und nehmen eine Mittelstellung zwischen Kraft- und Formschluss ein, weil die Welle und die Nabe durch den Keil (Neigung 1:100) gegeneinander verspannt werden und die Keile seitliches Spiel in der Wellen- und Nabennut haben.

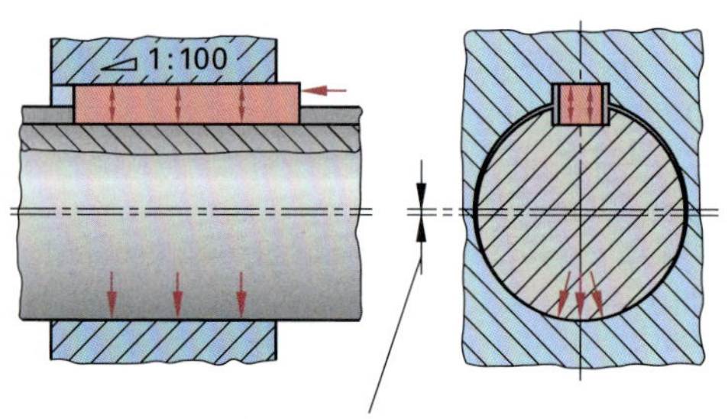

Bild 1: Keilverbindung

Tabelle 1: Vor- und Nachteile von Keilverbindungen

Vorteile	Nachteile
▌ Gleichmäßigere Kraftverteilung über den gesamten Umfang ▌ Geringerer Verschleiß, da mehrere Seitenflächen gleichzeitig tragen ▌ Übertragung größerer, auch wechselhafter Drehmomente	▌ Deutlich teurer in der Herstellung als z. B. eine Passfederverbindung ▌ Stärkere Schwächung von Welle und Nabe ▌ Hohe Kerbwirkung ▌ Unwucht

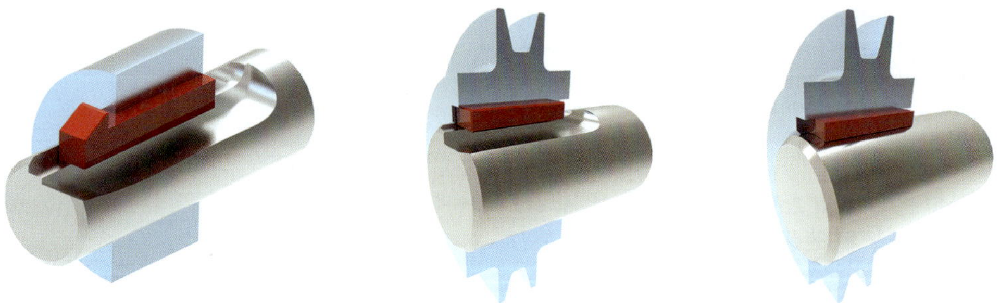

a) Nasenkeil b) Flachkeil c) Hohlkeil

Bild 2: Verschiedene Keilverbindungen

Die **Nasen-, Flach- und Hohlkeile** unterscheiden sich in Form und Querschnitt **(Bild 2)**:

- **Nasenkeile** werden verwendet, wenn nur von einer Seite montiert werden kann. Die Nase dient zum Ein- und Austreiben.
- **Flachkeile** weisen einen nur sehr geringen Formschluss auf, aber auch eine deutlich geringere Kerbwirkung als z. B. Nasenkeile.
- **Hohlkeile** sind an der unteren Fläche gerundet, sodass sie auf dem Wellendurchmesser aufliegen. Die Drehmomentübertragung erfolgt über Kraftschluss.

9.8.2 | STIRNVERZAHNUNGEN

Stirnverzahnungen sind starre, selbstzentrierende, verschleißfeste Verbindungen, an deren Planflächen radial angeordnete Zähne ineinandergreifen **(Bild 1)**. Sie werden z. B. bei Rundschalttischen wegen der hohen Teilungsgenauigkeit eingesetzt. Bei Getrieben kommen Stirnverzahnungen aufgrund ihres geringen Platzbedarfs zum Einsatz, wenn das Ritzel der Verzahnung aus einem höherwertigen Werkstoff als der Werkstoff der Welle hergestellt werden muss und die Fertigung als Ritzelwelle unwirtschaftlich ist. Die axiale Verspannung der Teile erfolgt über Schrauben.

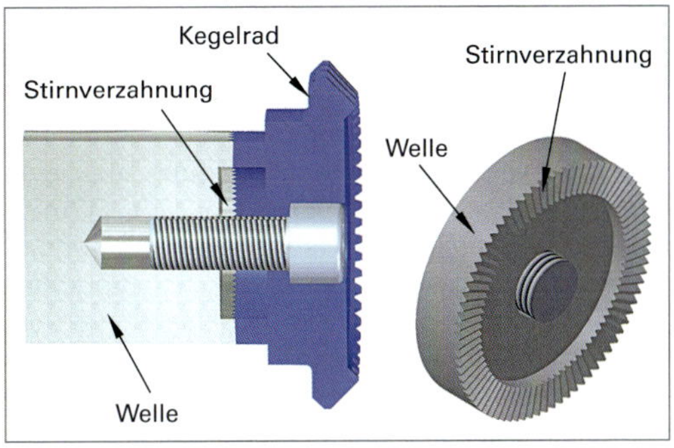

Bild 1: Stirnverzahnung

9.9 | ELEMENTE ZUR LAGESICHERUNG

Maschinenelemente, wie Lager, Bolzen, Achsen und Naben, müssen gegen axiales Verschieben gesichert werden. Dazu werden Sicherungselemente, wie Splinte, Federstecker, Sicherungsringe, Stellringe und Achshalter, verwendet.

9.9.1 | SPLINTE, FEDERSTECKER UND FEDERKLAPPSTECKER

Splinte nach DIN EN ISO 1234 werden bei losen, gelenkartigen Bolzenverbindungen **(Bild 2a)** und zur Sicherung von Schraubenverbindungen in Verbindung mit Kronenmuttern verwendet.

Splinte dürfen bei sicherheitsrelevanten Bauteilen nur einmal verwendet werden, auch wenn sie sich mehrmals montieren und demontieren lassen.

Als Werkstoff kommt meist Baustahl zum Einsatz, seltener Kupfer-, Kupfer-Zink- oder Aluminium-Legierungen.

Müssen Bolzenverbindungen häufiger gelöst werden, wie bei Kranen, Bau- oder Landmaschinen, kommt der **Federstecker** nach DIN 11024 zum Einsatz **(Bild 2b)**. Er kann durch eine Kette gegen Verlieren (bei der Demontage) gesichert werden.

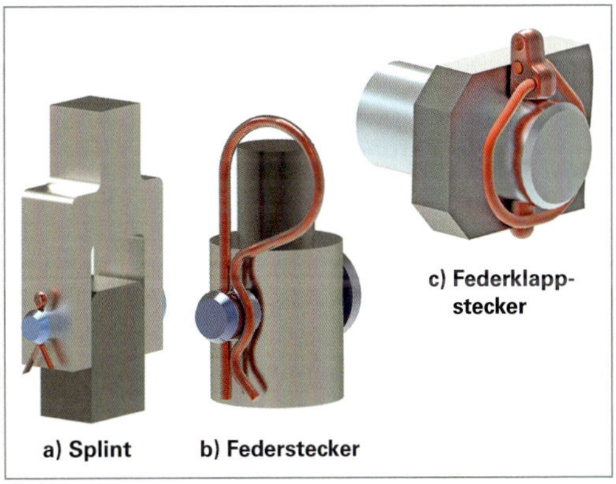

Bild 2: Sicherungselemente für Bolzenverbindungen

Zur Sicherung kann auch ein **Federklappstecker** nach DIN 11023 verwendet werden **(Bild 2c)**. Er besteht aus einem federnden Stahlbügel, der das zu sichernde Bauteil umschließt, und einem Grundkörper, in dem der schwenkbare Sicherungsbügel steckt. Beim Einbringen des Federbügels in die beiden zueinander versetzt angeordneten, aber parallelen Drehgelenke wird der Federbügel infolge der resultierenden Deformationen mechanisch vorgespannt.

Auf Landmaschinen, typischerweise beim Traktor, aber auch auf Baumaschinen, wie beim Kran, Bagger oder Radlader, kommen häufig zu lösende Steckverbindungen vor. Ein dafür verwendeter Bolzen oder Stift wird oft mit einem Federstecker oder einem Federklappstecker gesichert.

Die Auswahl der Abmessungen der Sicherungselemente richtet sich nach dem zu sichernden Bolzendurchmesser. Splint und Federstecker dürfen keine Kräfte übertragen, sie dienen lediglich der Bauteilsicherung.

9.9.2 | ACHSHALTER

Achsen oder Bolzen werden durch einen **Achshalter** nach DIN 15058 gegen Verschieben und Verdrehen gesichert. Der Achshalter besteht aus einem Flachstahl, der mit dem Gestell verschraubt wird und in eine Abflachung oder eine Nut der Achse formschlüssig eingreift. Oftmals werden Achshalter bei Hebezeugen verwendet. Die Befestigungsschrauben des Achshalters dürfen nicht durch die Achskraft belastet werden, daher werden die Schrauben parallel oder entgegen der Belastungsrichtung angeordnet **(Bild 1)**. Oftmals werden Achshalter paarweise eingesetzt. Als Werkstoff wird ein blank gezogener Flachstab verwendet.

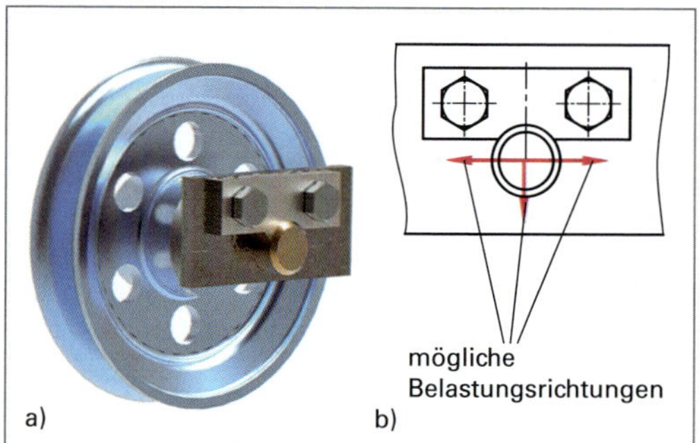

Bild 1: a) Achshalter an einer Seilrollenachse, b) Einbau mit möglichen Belastungsrichtungen

9.9.3 | SICHERUNGSRING, SICHERUNGSSCHEIBE, SPRENGRING

Sicherungsringe nach DIN 471 für Wellen und DIN 472 für Bohrungen werden in entsprechende Ringnuten montiert **(Bild 2a)**. Der Ring ragt über die Nut hinaus und bildet eine axial beanspruchbare Anlagefläche. Er fixiert Bauteile, wie z. B. Wälzlager, in axialer Richtung. Der Einbau erfolgt mit speziellen Zangen, die den Ring aufspreizen (bei Wellen) oder zusammendrücken (bei Bohrungen).

Die Nut bedingt eine hohe Kerbwirkung, die die ertragbare Beanspruchung deutlich reduziert. Daher sollten Sicherungsringe bevorzugt nur an biegefreien Stellen verwendet werden.

Müssen Maschinenteile mit großen Abmessungen und damit auch mit größeren Fasen oder Rundungen gesichert werden oder besteht die Gefahr, dass die Sicherungsringe durch große axiale Kräfte umgestülpt werden, kommen zusätzlich **Stützscheiben** nach DIN 988 zum Einsatz, die mit **Passscheiben** nach DIN 988 kombiniert werden können. Ähnlich wirksam sind **Sicherungsringe mit Lappen** nach DIN 983 (Wellen) und DIN 984 (Bohrungen), die am Umfang gleichmäßig verteilte Lappen haben **(Bild 2b)**. Auch sie können mit Stütz- und Passscheiben nach DIN 988 kombiniert werden.

Pass- und Stützscheiben eignen sich sehr gut zum Spielausgleich.

a) Sicherungsringe **b) Sicherungsringe mit Lappen**

Bild 2: Bauformen von Sicherungsringen

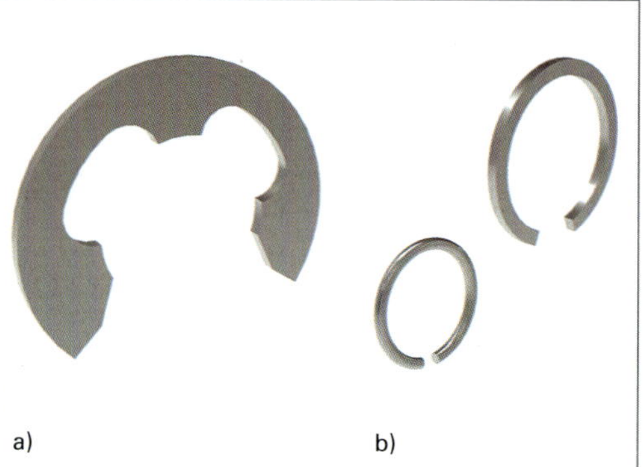

Bild 3: a) Sicherungsscheibe, b) Sprengringe

Sicherungsscheiben nach DIN 6799 **(Bild 3a)** werden in der Feinwerktechnik bei sehr kleinen Wellendurchmessern und geringen axialen Kräfte verwendet. Die Segmente greifen federnd in den Nutgrund ein und bilden eine relativ hohe Anlagefläche.

Sprengringe verformen sich bei der Montage unrund und lassen sich aus Bohrungen schwierig demontieren. Für die axiale Lagesicherung von Wälzlagern können Sprengringe nach DIN 5417 oder DIN 7993 **(Bild 3b)** verwendet werden. Die Ringe nach DIN 7993 (runder Querschnitt) eignen sich nur für untergeordnete Zwecke und kleine Axialkräfte.

9.9.4 | NUTMUTTER MIT SICHERUNGSBLECH

Nutmuttern bieten die Möglichkeit, Bauteile auf Wellen axial zu sichern. Gleichzeitig können über Nutmuttern Lagerspiele eingestellt werden. Aufgrund der Fertigung von Gewinde und Nut in der Welle ist diese Sicherungsvariante aufwendig und teuer.

Nutmuttern sind nach DIN 981 (für Wälzlager), DIN 1816 (Kreuzlochmuttern) und DIN 1804 (für Werkzeugmaschinen) genormt. Die Industrie hat andere, nicht genormte Varianten von Nutmuttern entwickelt, bei denen kein Sicherungsblech erforderlich ist. Die Welle hat ein entsprechendes Gewinde, meist ein Feingewinde. Die Mutter wird durch ein Sicherungsblech gegen Lockern oder Losdrehen gesichert **(Bild 1)**. Sicherungsbleche sind in DIN 5406 (für Nutmuttern DIN 981) und DIN 462 (für Nutmuttern DIN 1804) zu finden. Am Umfang der Nutmutter befinden sich mehrere gleichmäßig verteilte Nuten, die zum Anziehen mit einem Hakenschlüssel dienen. Um die Drehung des Sicherungsbleches gegen die Nutmutter zu verhindern, wird nach dem Anziehen eine der Laschen des Sicherungsbleches umgebogen, sodass sie in eine Nut passt. Die Bewegung des Sicherungsbleches gegen die Welle wird durch die innere Nase des Sicherungsbleches, die in die Nut der Welle eingreift, verhindert. In der zeichnerischen Darstellung einer Baugruppe müssen diese Funktionen erkennbar sein **(Bild 2)**.

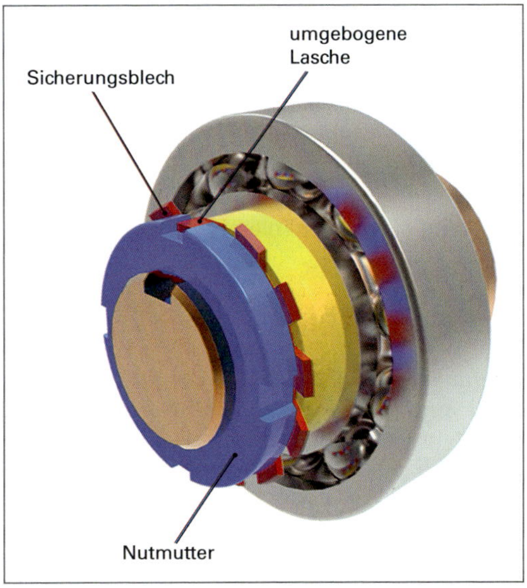

Bild 1: Lagesicherung eines Wälzlagers mit Nutmutter und Sicherungsblech

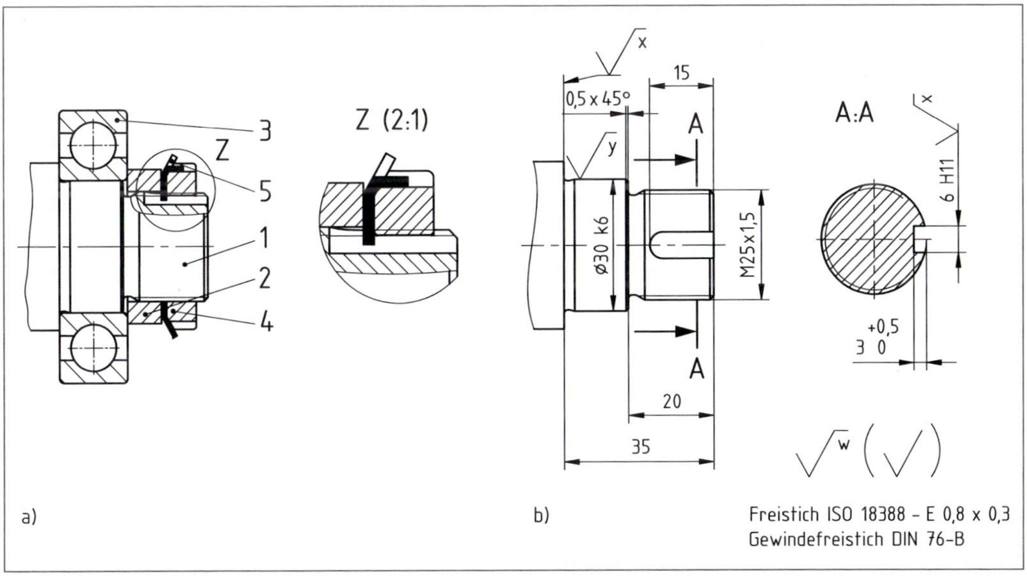

Bild 2: a) Darstellung einer Nutmutter mit Sicherungsblech im Zusammenbau, b) Bemaßung des Wellenzapfens

Bei der Gewindedarstellung in Zusammenbau hat im Normallfall der Schraubenbolzen (hier die Welle) Vorrang gegenüber der Mutter (hier die Nutmutter). Da jedoch die Welle eine Nut hat und der Schnitt durch diese Nut verläuft, hat in diesem Fall die Mutter Vorrang. Das bedeutet, der Kerndurchmesser der Nutmutter ist sichtbar, und bis zum Kerndurchmesser wird auch schraffiert. In der vergrößerten Einzelheit wird die zeichnerische Darstellung deutlich. Die Nut der Welle wird durch einen Ausbruch in der Welle dargestellt, die Nut wird oben angeordnet, und die Gewindelinie wird auch in der Nut eingezeichnet. Die Nut muss ausreichend lang sein, sie sollte bis unter das erste zu klemmende Bauteil reichen.

Das Sicherungsblech wird im Schnitt so dargestellt, dass die Innennase in der oben liegenden Nut der Welle sitzt. Eine der außen liegenden Laschen wird in eine Nut der Nutmutter gebogen und geschnitten. Die anderen dahinter liegenden Laschen werden in Ansicht gezeichnet. Bei geringen Abmessungen wird das Blech geschwärzt und nicht schraffiert.

Bei der Bemaßung der Welle muss die Nut so gezeichnet werden, dass die Form erkennbar ist **(Bild 2b, Seite 49)**. Für die Nut werden bemaßt:

- die Nutlänge,
- die Nutbreite mit der Toleranz H11,
- die Nuttiefe mit der Toleranz +0,5 mm.

9.9.5 | STELLRING

Stellringe nach DIN 705 begrenzen das axiale Spiel von Wellen, Achsen und Bolzen. Sie führen seitlich lose auf Wellen oder Achsen sitzende Teile, wie z. B. Räder oder Scheiben. Zur festen Fixierung mit der Welle oder Achse werden Stellringe mithilfe eines Gewindestiftes mit Spitze auf der Welle bzw. der Achse befestigt (Form A **Bild 1a**). Aus Sicherheitsgründen sollten die Gewindestifte nicht aus dem Stellring herausragen. Bei größeren Kräften wird anstelle des Gewindestiftes ein Kegelstift, ein Kegelkerbstift oder ein Spannstift verwendet (Form B **Bild 1b**). Auch diese Stifte dürfen aus Sicherheitsgründen nicht überstehen. Bei der Form C fixiert der Gewindestift den Stellring. Anschließend wird durch die vorgebohrte Bohrung im Stellring eine durchgehende Stiftbohrung hergestellt. **Bild 1c** zeigt den fixierten Stellring.

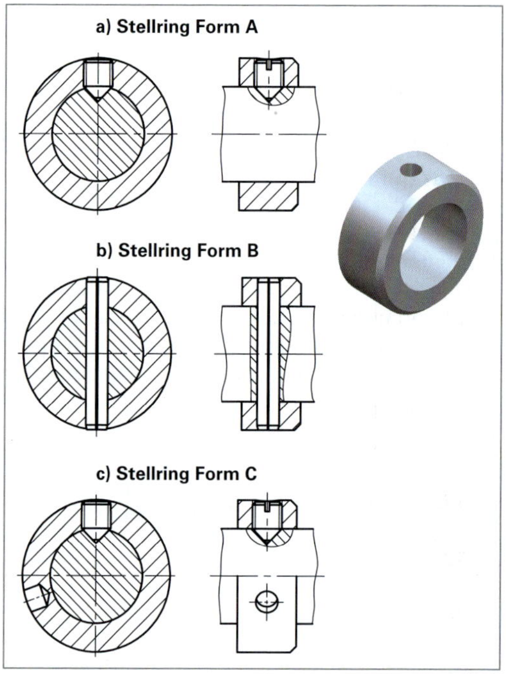

Bild 1: Stellringe

AUFGABEN | WIEDERHOLUNG UND VERTIEFUNG

1. Es gibt vier Verbindungsarten, mit denen eine Welle mit einer Nabe verbunden werden kann.
   a) Nennen und beschreiben Sie kurz die vier Wirkprinzipien.
   b) Geben Sie zu jedem Wirkprinzip jeweils zwei Beispiele an.
2. Wie erfolgt die Kraftübertragung bei einer Passfederverbindung?
3. Nennen Sie die Belastungsart bei einer Passfederverbindung. Wo tritt sie auf?
4. Nennen Sie zwei Vor- und zwei Nachteile einer Passfederverbindung.
5. Eine Passfederverbindung soll ein Drehmoment von $M_t = 400$ Nm übertragen, der Wellendurchmesser beträgt $\varnothing d = 40$ mm. Der Werkstoff der Welle ist C45, der Werkstoff der Nabe EN-GJL-250. Es soll eine Passfeder verwendet werden. Berechnen Sie die tragende Länge der Passfederverbindung.
6. Welche Toleranzen haben Zylinderstifte nach DIN ISO 2338?

7. Bei einer Keilwellenverbindung wird zwischen Innenzentrierung und Flankenzentrierung unterschieden.
a) Geben Sie jeweils den bevorzugten Verwendungsfall an.
b) Skizzieren Sie die beiden Zentrierungsarten.

8. Beschreiben Sie die Funktionsweise einer zylindrischen Pressverbindung.

9. Nennen Sie drei wesentliche Vorteile und Nachteile einer zylindrischen Pressverbindung.

10. Begründen Sie, weshalb Keile kaum noch verwendet werden.

11. In welchen Fällen werden vorzugsweise Ringfeder-Spann-Verbindungen verwendet?

12. Warum sind Ringfeder-Spann-Verbindungen (Kegel-Spann-Elemente) sehr leicht zu lösen (zu demontieren)?

13. Begründen Sie, warum bei einem richtig ausgelegten Kegelpressverband keine zusätzlichen Passfedern verwendet werden sollten.

14. In welchen Fällen werden Klemmverbindungen verwendet?

15. Skizzieren Sie eine Klemmverbindung mit:
a) geteilter Nabe,
b) geschlitzter Nabe.

16. Skizzieren Sie eine Passfederverbindung im Schnitt.

17. Skizzieren Sie einen Kegelpressverband. Die Art der axialen Verspannung ist freigestellt.

18. Welche der nachfolgenden Welle-Nabe-Verbindungen kann axial beweglich ausgeführt werden? (mehrere Antworten möglich)
a) Nasenkeilverbindung
b) Keilwellenverbindung
c) Passfederverbindung
d) Kegelverbindung
e) Ringspannelement

19. Welche der nachfolgenden Welle-Nabe-Verbindungen garantiert die beste Selbstzentrierung und die geringste Unwucht?
a) Flachkeilverbindung
b) Passfederverbindung
c) Kegelpressverband

20. Für eine Welle-Nabe-Verbindung ist die Möglichkeit der Demontage von großer Bedeutung. Welche Verbindung ist am besten geeignet?
a) Hohlkeilverbindung
b) Schweißverbindung
c) Querpressverband
d) Ringspannelemente

9.10 | NIETVERBINDUNGEN

Das Nieten zählt nach DIN 8593 zum Fertigungsverfahren Fügen. Bauteile aus gleichen oder unterschiedlichen Werkstoffen werden durch **Formschluss** unlösbar miteinander verbunden. Die gefügten Teile, und damit die Verbindung, können nur durch Zerstörung wieder gelöst werden. Während das Nieten im Stahl-, Brücken-, Schiff- und allgemeinen Maschinenbau vollständig durch das Schweißen ersetzt wurde, haben moderne maschinell ausführbare Nietsysteme im Leichtbau, insbesondere in der Luft- und Raumfahrttechnik, aber auch im Fahrzeugbau an Bedeutung gewonnen. Die dort eingesetzten Verfahren finden aber aufgrund der unterschiedlichen technischen und wirtschaftlichen Voraussetzungen kaum Einzug in andere Gebiete.

Vier Arten von Nietverbindungen werden unterschieden:

- **Feste Verbindung:** Übertragung großer Kräfte (im Stahl- und Kranbau)
- **Dichte Verbindung:** undurchlässige Verbindung für ein bestimmtes Medium (im Behälter- und Rohrleitungsbau, in der Klimatechnik)
- **Feste und dichte Verbindung:** Übertragung großer Kräfte und Abdichtung von Teilen gegeneinander (im Kessel- und Druckbehälterbau)
- **Haftverbindung:** Positionierung von Teilen zueinander (bei z. B. Blechverkleidungen)

Nietarten

Niete können nach Kopfform, Ausführung des Schafts und dem Nietverfahren unterschieden werden **(Bild 1)**.

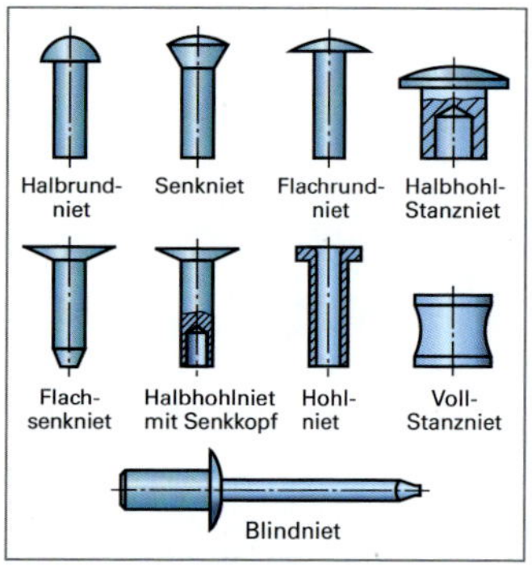

Bild 1: Nietarten

Auslegung von Nietverbindungen

Nietverbindungen werden auf Lochleibung und Abscheren beansprucht.

Für die Auslegung des Rohnietdurchmessers d_1 können vereinfacht Gebrauchsformeln in Abhängigkeit von der kleinsten Blechdicke s_{min} herangezogen werden:

Stahlbau: $d_1 \approx \sqrt{50 \cdot s_{min}} - 2\ \text{mm}$

Tabelle 1: Vor- und Nachteile von Nietverbindungen im Vergleich zu Schweißverbindungen

Vorteile	Nachteile
▪ Werkstoff wird nicht durch Wärme beeinflusst (keine Gefügeumwandlung) ▪ Bauteile verziehen sich nicht ▪ Ungleiche Werkstoffe lassen sich verbinden ▪ Nietverbindungen versagen nicht plötzlich ▪ Blindnietverbindungen sind schnell und preiswert herstellbar	▪ Bauteile werden durch die Nietlöcher geschwächt (hohe Kerbwirkung) ▪ Bauteile müssen überlappen, sind dadurch größer und schwerer ▪ Ungünstiger Kraftfluss durch die Überlappung ▪ Höhere Kosten als beim Schweißen

AUFGABEN | WIEDERHOLUNG UND VERTIEFUNG

1. Zu welcher Gruppe der Fertigungsverfahren zählt das Nieten?
2. Nennen Sie die vier Verbindungsarten von Nietverbindungen.
3. Wie werden Niete unterschieden?
4. Nennen Sie drei Einsatzgebiete von Nietverbindungen.

9.11 SCHWEIßEN

Unter **Schweißen** versteht man das **stoffschlüssige Verbinden** mithilfe von Druck und/oder Wärme von artgleichen oder artverwandten Werkstoffen im plastischen oder flüssigen Zustand mit oder ohne artgleichen Zusatzwerkstoff.

Die meisten Schweißverfahren zählen zur Hauptgruppe Fügen, das Brennschneiden wird der Gruppe Trennen, das Auftragsschweißen der Gruppe Beschichten zugeordnet.

Schweißverfahren werden vielseitig eingesetzt. Das Schweißen hat z.B. die Nietverbindung im Stahl-, Kran- und Maschinenbau vollständig verdrängt, ebenso im Kessel- und Behälterbau. Im Maschinenbau wird Schweißen als Fügeverfahren für die Einzel- und Kleinserienfertigung, z.B. von Hebeln, Radkörpern, Rahmen, Getriebegehäusen, Schutzkästen, Lagergehäusen, Seilrollen oder Seiltrommeln, eingesetzt. Das Reparaturschweißen erfolgt bei Rissen oder Brüchen an bestehenden Konstruktionen. Das Auftragsschweißen wird zur Panzerung und Plattierung von Bauteilen oder zur Beseitigung von Verschleißstellen verwendet.

Tabelle 1: Vor- und Nachteile geschweißter Konstruktionen

Vorteile	Nachteile
▌ Preiswerter und leichter als geschraubte Konstruktionen ▌ Keine Querschnittsschwächung durch Bohrungen, daher kleinere Querschnitte möglich ▌ Keine Überlappung nötig, somit glatte Wände, leichtes Reinigen, geringere Korrosionsgefahr ▌ Erhebliche Gewichtseinsparung gegenüber Guss- oder Schmiedeteilen ▌ Oftmals wirtschaftlicher	▌ Nur gleichartige Werkstoffe ▌ Gefahr von Gefügeumwandlungen und Aushärtung ▌ Kostenintensiv durch Richten verzogener Bauteile und Abbau von Eigenspannungen ▌ Bauteile lassen sich nur durch Zerstörung wieder trennen ▌ Kontrolle der Schweißnähte ist aufwendig (Ultraschall, Röntgen)

9.11.1 SCHWEIßBARKEIT

Ein Bauteil kann geschweißt werden, wenn der Werkstoff und das Schweißverfahren aufeinander abgestimmt sind, also die **Schweißeignung** gegeben ist. Gleichzeitig müssen die konstruktive Gestaltung und das Schweißverfahren zueinander passen, die **Schweißmöglichkeit** muss gegeben sein. Die dritte Einflussgröße, die erfüllt sein muss, ist die **Schweißsicherheit**. Sie ist dann gegeben, wenn die angreifenden äußeren Belastungen von dem Bauteil aufgenommen werden können, weil die konstruktive Gestaltung und die Auswahl des Werkstoffs die äußeren Belastungen berücksichtigen **(Bild 1)**.

Um die **Schweißbarkeit eines Bauteils** sicherzustellen, müssen alle drei Einflussgrößen erfüllt sein:
die Schweißeignung, die Schweißmöglichkeit und die Schweißsicherheit.

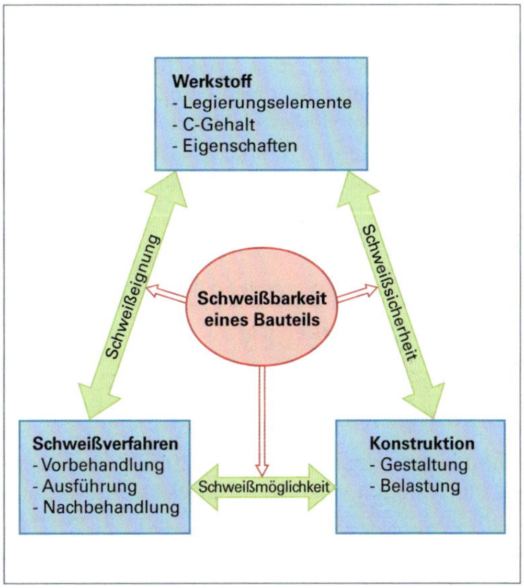

Bild 1: Einflussgrößen auf die Schweißbarkeit

9.11.2 | SCHWEIßBARKEIT DER WERKSTOFFE

Bestimmender Faktor für die Schweißeignung eines Bauteils ist der **Kohlenstoffgehalt** des Bauteilwerkstoffes. Durch das Schweißen wird der Nahtbereich örtlich stark erwärmt, die Bauteile kühlen wegen der meist geringen Bauteildicken schnell wieder ab. Hier liegen ähnliche Voraussetzungen wie beim Härten vor und es kann zu Aufhärtungen in und um die Schweißnaht kommen. Gleichzeitig verändert sich die Dauerfestigkeit in Abhängigkeit von der Gefügeausbildung im Bereich der Schweißnahtübergänge. Man bezeichnet diesen Bereich auch als **Wärmeeinflusszone** **(Bild 1)**. Stähle mit einem geringen Kohlenstoffgehalt ($C \leq 0{,}22\,\%$) sind gut schweißbar, sie sollten als unlegierte Stähle beruhigt vergossen und normalgeglüht sein. Stähle mit einem höheren C-Gehalt und legierte Stähle sind nur bedingt schweißbar, weil durch den höheren C-Gehalt bzw. die vorhandenen Legierungselemente eine Härtungsneigung vorliegt. Ein Vorwärmen des Nahtbereiches senkt die Abkühlungsgeschwindigkeit und damit auch die Neigung zur Martensitbildung.

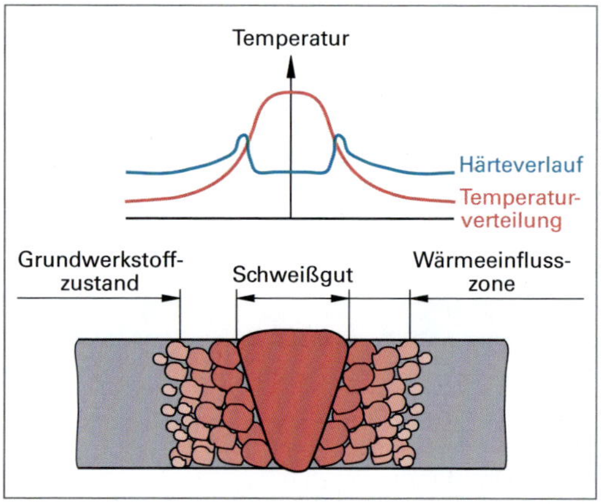

Bild 1: Wärmeeinflusszone der Schweißnaht

9.11.3 | SCHWEIßVERFAHREN

Schweißverfahren werden in Schmelzschweißverfahren und Pressschweißverfahren unterteilt. Bei den **Schmelzschweißverfahren** werden die Bauteile an der Schweißstelle über den Schmelzpunkt hinaus erwärmt. Beim **Pressschweißen** wird die Schweißstelle bis zum teigigen Zustand erwärmt, anschließend werden die zu fügenden Teile durch Zusammenpressen verbunden.

9.11.4 | SCHMELZSCHWEIß-VERFAHREN

Zu den Schmelzschweißverfahren gehören das **Lichtbogenschmelz-**, das **Gasschmelz-** und das **Strahlschweißen.** Bei diesen Schweißverfahren ist die Wärmequelle der Lichtbogen, der sich zwischen Elektrode und Werkstück aufbaut. Zu den jeweiligen Untergruppen gehören die in **Bild 2** aufgeführten Schweißverfahren.

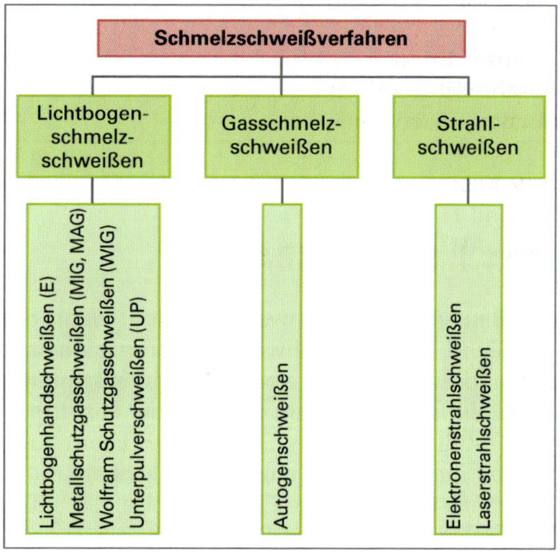

Bild 2: Einteilung der Schmelzschweißverfahren

9.11.5 | LICHTBOGENSCHMELZ-SCHWEIßEN

Lichtbogenhandschweißen

Beim Lichtbogenhandschweißen **(Bild 3)** schließt der Lichtbogen zwischen Stabelektrode (Minuspol) und Werkstück (Pluspol) den Stromkreis; meist wird Gleichstrom verwendet. Dies führt zu einem guten Zünden, einem schmalen, tiefen Einbrand und einer geringen Erwärmung der

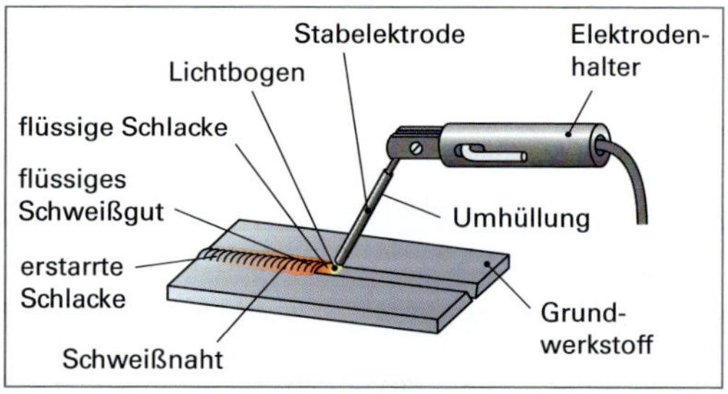

Bild 3: Lichtbogenhandschweißen

Elektrode. Durch die hohe Temperatur des Lichtbogens schmelzen an der Schweißstelle sowohl die Kanten der Fügestelle als auch die von Hand zugeführte Stabelektrode. Die Umhüllung der Stabelektrode entwickelt beim Abschmelzen einen Schutzgasmantel, der den Lichtbogen stabilisiert und die Schweißzone gegen die Umgebungsluft abschirmt. Sie verhindert eine Verzunderung und zu schnelle Abkühlung der Schweißstelle. Schrumpfspannungen und eine Aufhärtung des Schweißnahtbereiches werden so vermindert. Die Umhüllung enthält meist Legierungselemente, die Festigkeit und Zähigkeit der Schweißnaht verbessern. Art und Abmessungen der Stabelektrode werden von der Materialdicke, dem Bauteilwerkstoff und der Art des Schweißens (Verbindungs- oder Auftragsschweißen) bestimmt.

Metallschutzgasschweißen (MIG, MAG)

Beim **MIG-Schweißen** (**M**etall-**I**nert-**G**asschweißen) oder **MAG-Schweißen** (**M**etall-**A**ktiv-**G**asschweißen) brennt ein Lichtbogen zwischen der Drahtelektrode und dem Werkstück **(Bild 1)**. Der abschmelzende Draht wird von einer Spule per Vorschub durch den Schlauch bis an den Schweißbrenner zugeführt. Die Vorschubgeschwindigkeit richtet sich nach der Abschmelzgeschwindigkeit. Die Stromkontaktdüse im Schweißbrenner überträgt kurz vor dem Lichtbogen den Strom auf die Elektrode. Die hohe Stromdichte in dem kurzen freien Drahtende entsteht durch den geringen Drahtquerschnitt und bedingt eine hohe Abschmelzleistung sowie einen tiefen Einbrand. Der Lichtbogen und das Schmelzbad werden durch ein Schutzgas gegen die Umgebungsluft abgeschirmt. So kann ein reiner Schweißdraht, der abschmilzt, als Elektrode verwendet werden. Als Schutzgas verwendet man inerte (reaktionsträge) Gase (Argon, Helium) oder Aktivgase wie CO_2 bzw. Mischgase. Inertgase kommen bei NE-Metallen und hochlegierten Cr-Ni-Stählen zur Anwendung, Aktivgase bei C-Stählen.

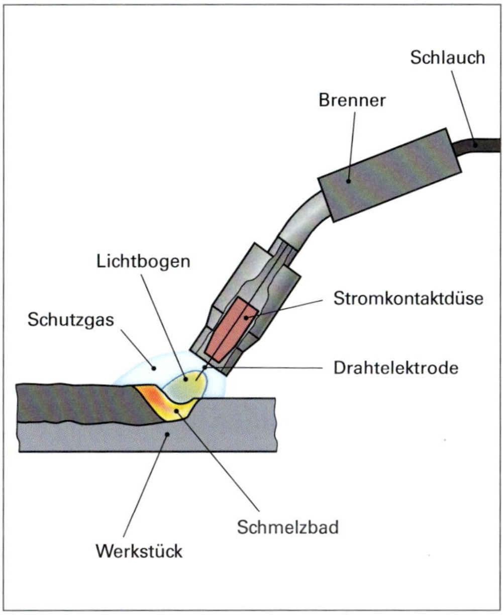

Bild 1: Metallschutzgasschweißen

Wolfram-Schutzgasschweißen (WIG und WP)

Beim **W**olfram-**I**nert-**G**asschweißen **(WIG-Schweißen)** und dem **W**olfram-**P**lasmaschweißen **(WP-Schweißen)** kommt eine nicht abschmelzende Wolframelektrode zum Einsatz. Der Schweißstab für den Zusatzwerkstoff wird meist von Hand geführt und schmilzt in der Schweißzone ab **(Bild 2)**.

Es kann mit Gleichstrom, Wechselstrom oder mit pulsierendem Strom geschweißt werden. Durch einen pulsierenden Strom erreicht man eine gute Spaltüberbrückung und ein sicheres Schweißen in Zwangslagen, z. B. beim Überkopfschweißen. Gleichstrom wird meist beim Schweißen von legierten Stählen und NE-Metallen verwendet. Bei Aluminium und anderen Leichtmetallen wird das **WIG-Wechselstrom-Schweißverfahren** eingesetzt. Als Schutzgase werden die inerten Gase Argon und Helium oder ein Gemisch aus beiden verwendet.

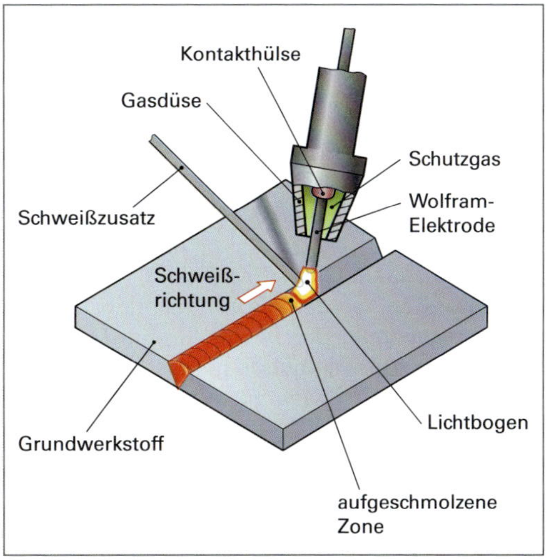

Bild 2: WIG-Schweißen

Wolfram-Plasmaschweißen

Wolfram-Plasmaschweißen wird mit einer besonderen Plasma-Schweißdüse **(Bild 1)** durchgeführt. Als Wärmequelle dient ein Plasmastrahl. Zuerst wird ein Pilotlichtbogen zwischen der Elektrode und der Düse gezündet. Das Schweißgas durchströmt den Lichtbogen und wird durch die hohen Temperaturen in einen Plasmazustand gebracht. Die angelegte Spannung zwischen Elektrode und Werkstück beschleunigt das Plasma auf das Werkstück zu. Berührt der Plasmastrahl das Werkstück, springt der Lichtbogen auf das Werkstück über und der Pilotlichtbogen wird abgeschaltet. Der bis zu 30000 °C heiße und energiereiche Plasmastrahl trifft als scharf gebündelter Strahl auf die Schweißstelle. Ein Schutzgasschleier schützt das Schmelzbad vor Umgebungsluft. Durch den sehr dünnen und energiereichen Plasma-Gasstrahl können Bleche mit einer sehr schmalen Schweißnaht verbunden werden. Wegen der schmalen Schweißnaht bezeichnet man das WP-Schweißen auch als **Mikroplasmaschweißen**.

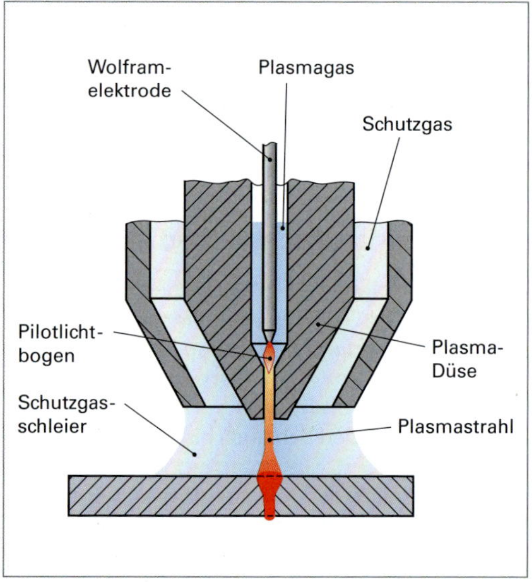

Bild 1: Wolfram-Plasmaschweißen

Unterpulverschweißen (UP)

Beim **Unterpulverschweißen** (UP-Schweißen) brennt der Lichtbogen zwischen einer endlosen Drahtelektrode und einem Werkstück. Eine Pulverschicht deckt während des Schweißprozesses den Lichtbogen ab und bewirkt einen weitgehend schadstofffreien Schweißvorgang **(Bild 2)**. Ab einer Materialdicke von 3 mm ist das UP-Schweißen effizient einsetzbar. Es eignet sich zum Verbindungschweißen oder zum Auftragen von Verschleiß- und Korrosionsschutzschichten. Das Verfahren ist voll automatisiert, mechanisiert oder manuell einsetzbar und erzielt unterbrechungsfreie, lange Schweißnähte.

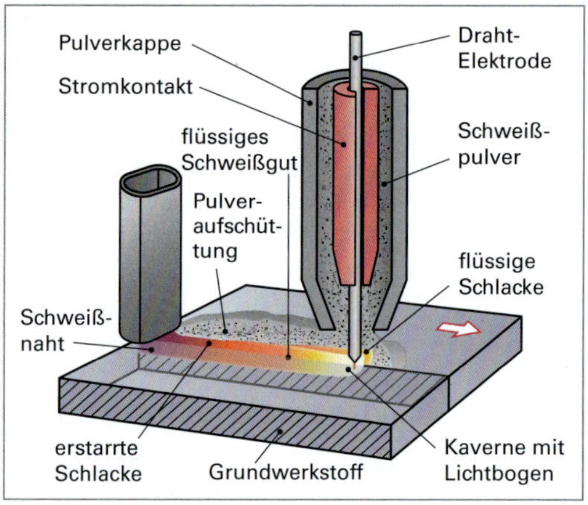

Bild 2: Unterpulverschweißen

9.11.6 | GASSCHMELZSCHWEIßEN

Beim **Gasschmelzschweißen** (**Bild 3**, auch Autogenschweißen) werden die zu fügenden Teile an der Schweißstelle durch eine Brenngas-Sauerstoffflamme zum Schmelzen gebracht. Als Brenngas wird meist Acetylen verwendet; Flammtemperaturen bis zu 3200 °C werden erreicht. Die zugeführten Schweißstäbe werden beim Gasschweißen in der Schweißfuge abgeschmolzen und füllen die Schweißfuge auf. Mit dem Gasschmelzschweißen können dünne und dicke Bleche geschweißt werden.

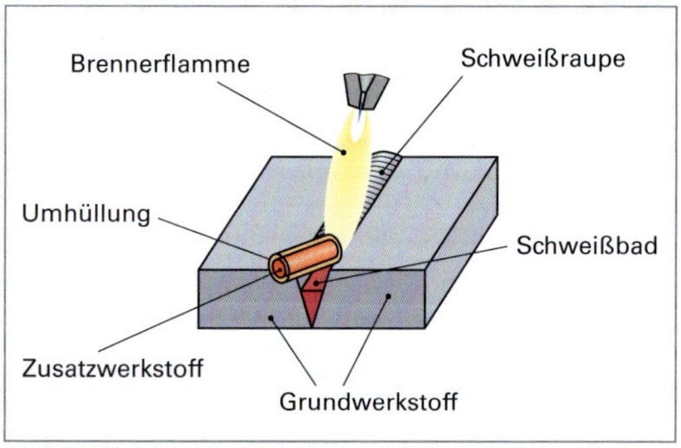

Bild 3: Gasschmelzschweißen

9.11.7 I STRAHLSCHWEIßEN

Beim **Strahlschweißen** wird ein energiereicher Laser- oder Elektronenstrahl beim Auftreffen und Eindringen in den Werkstoff in Wärme umgewandelt. Der Werkstoff schmilzt und bildet beim Erstarren eine schmale Schweißnaht. Geschweißt wird in freier Umgebungsluft, im Vakuum oder unter Schutzgas.

Laserstrahlschweißen

Beim **Laserstrahlschweißen** (Bild 1) wird der Laserstrahl auf einen Durchmesser kleiner als 1 mm gebündelt. Dadurch wird im Brennfleck eine hohe Energiedichte bei Temperaturen bis zu 20000 °C erreicht. Der Werkstoff verdampft und bildet in Strahlrichtung eine Dampfkapillare, in der sich ein Plasma bildet (Bild 1). Der Werkstoff schmilzt deshalb auch in der Tiefe. Es entstehen Schweißnähte, deren Nahttiefe das 10-Fache der Nahtbreite betragen kann.

Laserstrahlschweißen lässt sich aufgrund der erforderlichen Anlage nur stationär einsetzen und kann gut für eine automatisierte Fertigung verwendet werden. Mit dem Laserstrahlschweißen lassen sich fast alle Werkstoffe schweißen. Die erreichbare Nahtgüte ist hoch und es können sehr schnell schmale Schweißnähte hergestellt werden, die gleichzeitig sehr tief sind.

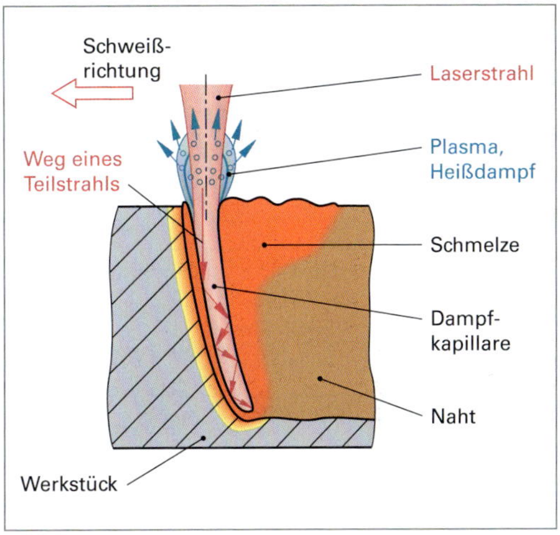

Bild 1: Laserstrahlschweißen

Elektronenstrahlschweißen

Das **Elektronenstrahlschweißen** erzielt schmale und gleichzeitig tiefe Nähte mit hohen Nahtgüten. Das Verfahren eignet sich sowohl für dünne Folien als auch für Werkstücke mit einer Materialstärke bis zu 200 mm.

Der Elektronenstrahl entsteht, indem Elektroden aus einer Kathode freigesetzt, in einem Hochspannungsfeld zur Anode hin beschleunigt und dann durch ein Linsensystem gebündelt werden. Ein Ablenksystem aus elektrischen Feldern lenkt den Strahl an die Schweißstelle. Treffen die Elektronen auf den Grundwerkstoff auf, geben sie punktgenau Wärme ab. Das umgebende Material bleibt dabei weitestgehend kalt. Der Werkstoff verdampft im Zentrum. Es entsteht eine Kapillare aus Dampf, die von flüssigem Material umgeben ist (Bild 2). Werden die Bauteile relativ zum Strahl bewegt, schmilzt der Werkstoff an der Vorderseite des Elektronenstrahls und erstarrt an der Rückseite zu einer schmalen, tiefreichenden Schweißnaht. Das gesamte Schweißverfahren findet unter Vakuum statt.

Das Elektronenstrahlschweißen ermöglicht auch die Verarbeitung von nur bei sehr hoher Temperatur schmelzenden Metallen und erfordert keine Hilfs- und Betriebsstoffe, wie beispielsweise Prozessgase oder Schweißzusatzwerkstoffe.

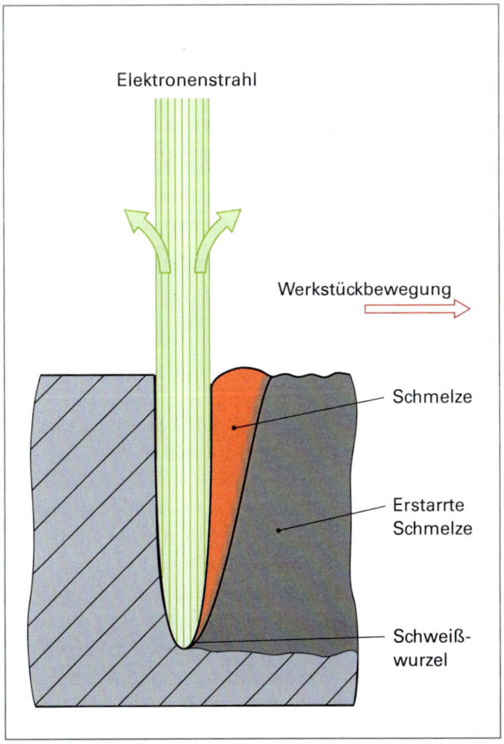

Bild 2: Elektronenstrahlschweißen

9.11.8 | PRESSSCHWEISSVERFAHREN

Bei den **Pressschweißverfahren** werden die zu verschweißenden Teile in der Schweißzone auf Schweißtemperatur erwärmt und unter Druck (Pressen) miteinander verbunden. Die Einteilung der Pressschweißverfahren zeigt **Bild 1**.

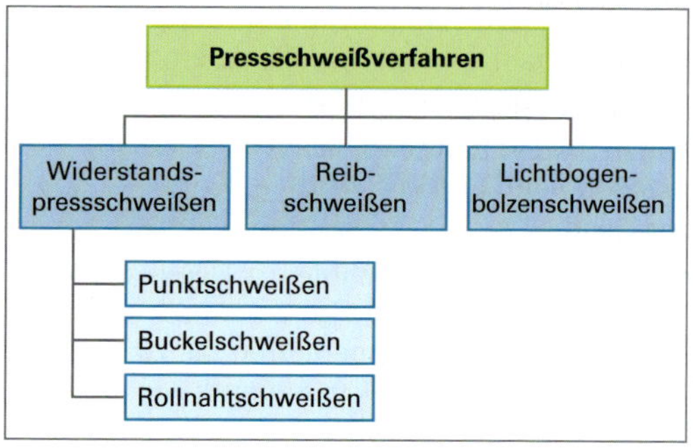

Bild 1: Einteilung der Pressschweißverfahren

Widerstandspressschweißen

Beim **Widerstandspressschweißen** wird die Wärme genutzt, die der elektrische Strom bei Durchgang durch die Kontaktzone der Schweißteile erzeugt. Dazu gehören Punkt-, Buckel- und Rollnahtschweißen **(Bild 2)**.

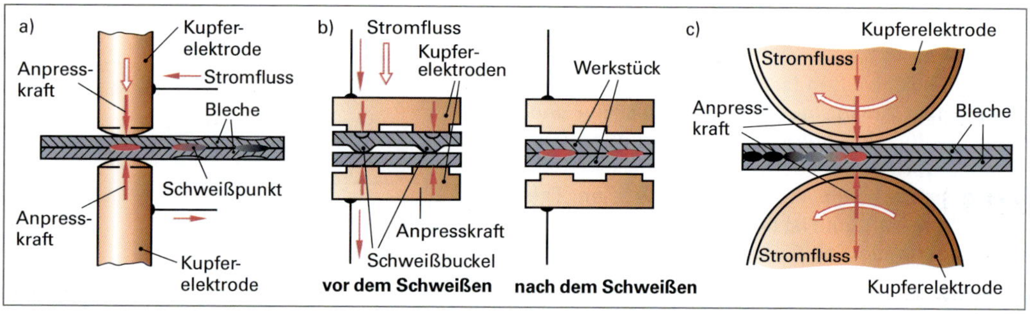

Bild 2: Widerstandspressschweißverfahren: a) Punkt-, b) Buckel- und c) Rollnahtschweißen

Beim **Punktschweißen** werden aufeinanderliegende Bleche durch einzelne Schweißpunkte miteinander verbunden. Dabei werden die Bleche durch Kupferelektroden punktuell zusammengedrückt. Kurzzeitig fließt ein hoher Strom von einer Elektrode zur anderen. Durch den hohen elektrischen Widerstand entsteht die für das Schweißen erforderliche Schweißtemperatur. Es bildet sich ein linsenförmiger Schweißpunkt.

Beim **Buckelschweißen** werden zwei Bauteile verschweißt, von denen eins einen Schweißbuckel hat. Zwei Elektroden aus Kupfer pressen die Bauteile aufeinander. Beim Stromdurchgang verschweißen die Buckel des einen Bauteils punktförmig mit dem anliegenden anderen Bauteil.

Beim **Rollnahtschweißen** durchlaufen die zu schweißenden Bleche zwei Rollelektroden aus Kupfer und werden aufeinandergepresst. Stromimpulse erzeugen die Schweißpunkte. Bei einer hohen Impulsfrequenz überlappen die Schweißpunkte und es entsteht eine zusammenhängende Schweißnaht.

Reibschweißen

Beim **Reibschweißen** wird die Wärme, die durch Reibung entsteht, zum Schweißen genutzt. Eines der zu verbindenden Teile wird auf der Reibschweißmaschine in Drehung versetzt und dann gegen das ruhende Teil gedrückt **(Bild 3)**. Durch die entstehende Reibung erwärmen sich die Flächen rasch. Ist der Werkstoff an der Reibstelle plastisch, stoppt die Drehung des Bauteils und die beiden Teile werden mit einer zusätzlichen Stauchkraft zusammengedrückt und verschweißen. Es entsteht ein kleiner ringförmiger Wulst. Dieses Verfahren eignet sich für rotationssymmetrische Teile wie z. B. Wellen.

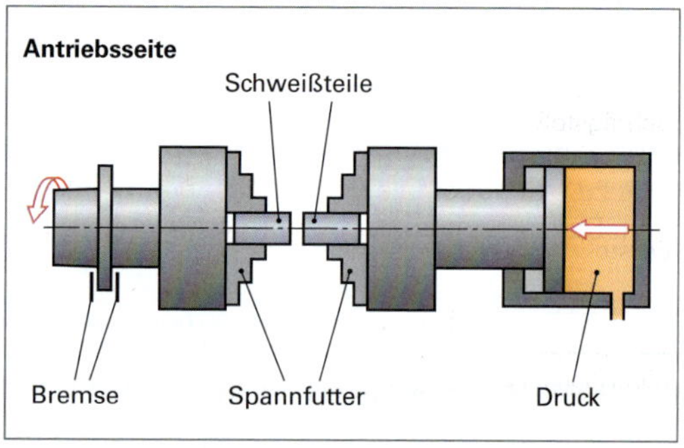

Bild 3: Reibschweißen (schematisch)

Lichtbogenbolzenschweißen

Das **Lichtbogenbolzenschweißen**, kurz „Bolzenschweißen“, ist ein Press-Schweißverfahren. Zwischen Bolzen und Werkstück wird ein Lichtbogen erzeugt, der beide Teile anschmilzt. Nach Ablauf der Schweißzeit taucht der Bolzen in die Schmelze ein, der Schweißstrom wird abgeschaltet und die Schmelze erkaltet. Das Lichtbogenbolzenschweißen wird nach der Art der Lichtbogenzündung unterteilt in **(Bild 1)** Bolzenschweißen mit Hubzündung **(Bild 1a)** (Zündung des Lichtbogens durch Abheben des Bolzens), Bolzenschweißen mit Spitzenzündung **(Bild 1c)** (Spitze des Bolzens dient als Zündspitze zur Lichtbogenbildung) und Bolzenschweißen mit Keramikring oder Schutzgas **(Bild 1b)** (ein einmalig zu benutzender Keramikring schirmt die Schweißstelle ab). Dieses Verfahren dient zur Befestigung von bolzenförmigen Bauteilen, wie z. B. Schrauben oder Stiften auf Platten oder Rohren.

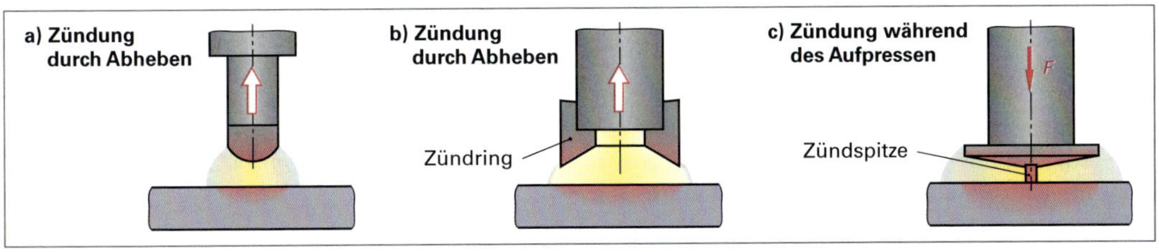

Bild 1: Lichtbogenbolzenschweißen

9.11.9 | KENNZEICHNUNG DER SCHWEIßNÄHTE IN TECHNISCHEN ZEICHNUNGEN

Als **Schweißstoß** bezeichnet man den Bereich, in dem die Bauteile durch Schweißen miteinander verbunden werden. Als **Stoßart** bezeichnet man die spezielle Lage der Schweißteile zueinander **(Tabelle 1)**.

Tabelle 1: Stoßarten beim Schweißen und Löten

Benennung	Bildliche Darstellung	Beschreibung
Stumpfstoß	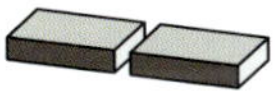	Die Bauteile liegen in einer Ebene und stoßen stumpf gegeneinander.
Parallelstoß	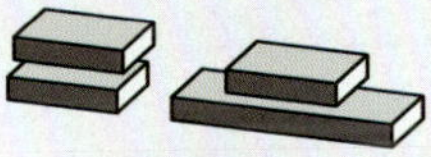	Die Bauteile liegen parallel aufeinander.
Überlappstoß		Die Bauteile liegen parallel aufeinander und überlappen sich.
T-Stoß		Die Bauteile stoßen rechtwinklig (T-förmig) aufeinander.
Doppel-T-Stoß	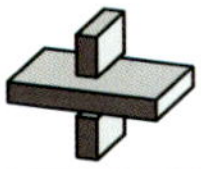	Zwei in einer Ebene liegende Bauteile stoßen rechtwinklig auf ein drittes dazwischen liegendes Bauteil.
Schrägstoß		Ein Bauteil stößt unter einem beliebigen Winkel gegen ein anderes Bauteil.
Eckstoß	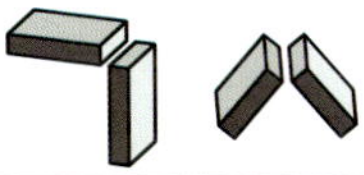	Zwei Bauteile stoßen unter einem beliebigen Winkel aneinander.
Mehrfachstoß	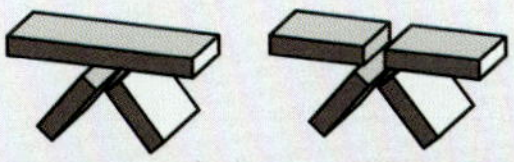	Drei oder mehr Bauteile stoßen unter einem beliebigen Winkel aneinander.

Die **Form der Schweißnaht** hängt von der Stoßart, der verwendeten Materialdicke, der Fugenform, dem Werkstoff und dem Schweißverfahren ab.

Die Grundform der Schweißnaht wird durch die Lage der Bauteile zueinander bestimmt. Liegen die zu schweißenden Bauteile in einer Ebene, bezeichnet man die Naht als **Stumpfnaht**. Die Bauteile stoßen stumpf aneinander. Liegen die Bauteile in zwei Ebenen winklig zueinander, spricht man von einer **Kehlnaht** (**Bild 1**).

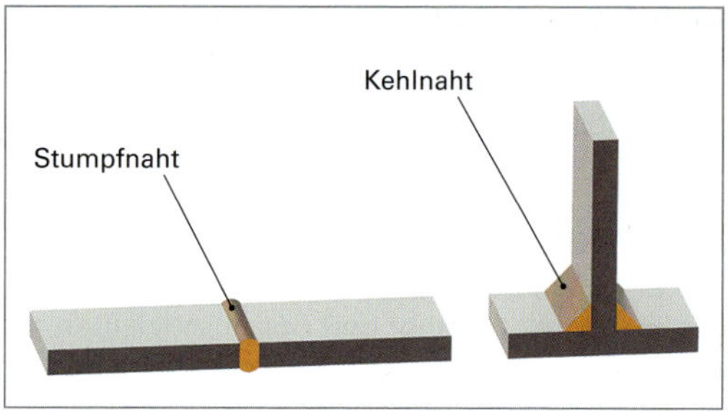

Bild 1: Grundformen der Schweißnaht

Schweißsymbol

In der technischen Zeichnung wird die Schweißnaht lediglich über Symbole eingetragen und auf eine bildliche Darstellung verzichtet (**Bild 2**). Bei der symbolischen Darstellung wird auch der Nahtquerschnitt nicht dargestellt, die Außenansicht der Schweißnaht entfällt.

Das **Schweißsymbol** besteht aus einer **Pfeillinie** und einer **doppelten Bezugslinie** (Bezugsvolllinie und Bezugsstrichlinie). Dieses System wird als **System A** bezeichnet. Es wird in Europa bevorzugt angewendet. **System B** umfasst nur eine Bezugsvolllinie und beruht auf Normen, die in Pazifikstaaten gelten.

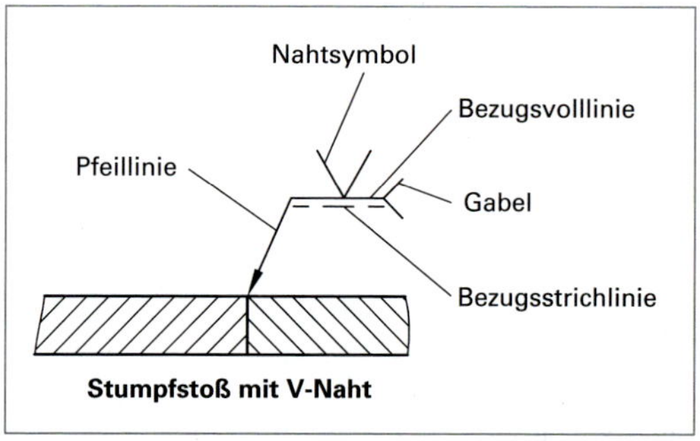

Bild 2: Bezeichnungen am Schweißsymbol

Innerhalb einer Zeichnung dürfen die Schweißsymbole nur nach einem der beiden Systeme ausgeführt werden. Das Schweißsymbol kann durch Grund- und Zusatzsymbole, Maße oder eine Gabel ergänzt werden. Es wird in der technischen Zeichnung zur Angabe der Nahtart, der zu schweißenden Stelle, der Lage der Naht und zur Vorbereitung einer Schweißnaht verwendet.

Häufige Schweißnahtformen sind in **Bild 3** dargestellt. Die zu den dargestellten Schweißnähten gehörenden Schweißsymbole sind in der unteren Zeile von **Bild 3** angegeben.

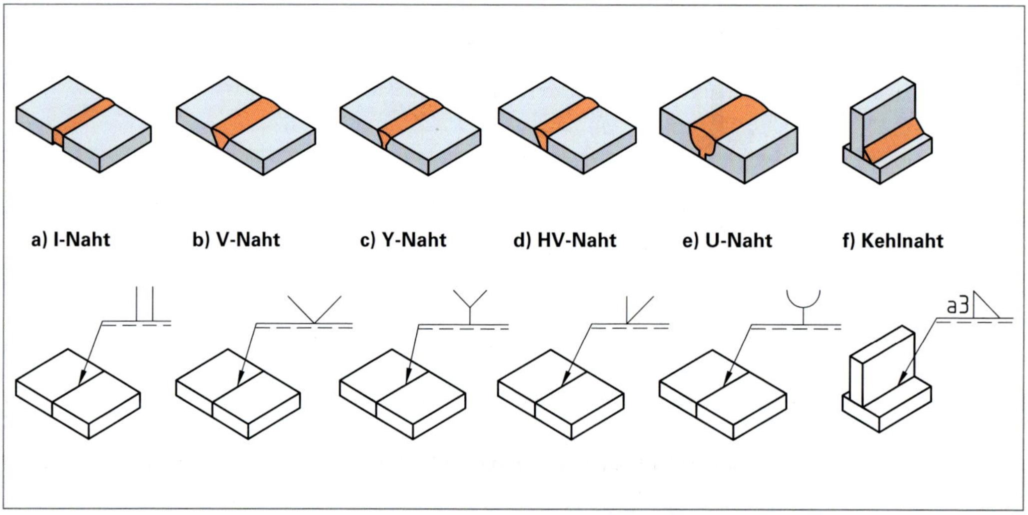

Bild 3: Formen von Schweißnähten, bildliche und symbolische Darstellung

Grundsymbole dürfen auch kombiniert werden, um besondere Nahtanordnungen zu kennzeichnen (Bild 1). Neben der symmetrischen Anordnung sind auch beidseitige Anordnungen möglich.

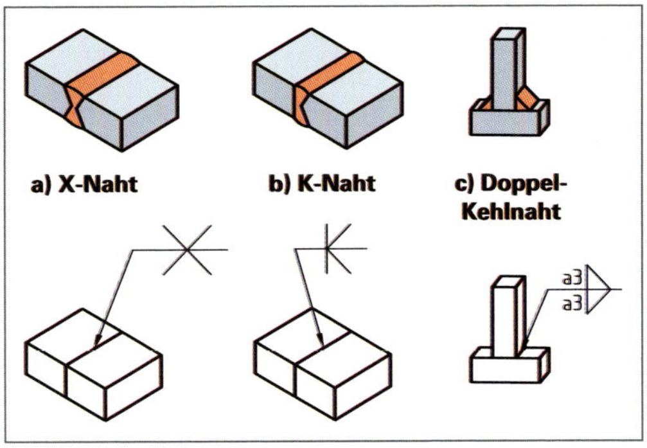

Bild 1: Schweißnahtkombinationen

Nahtvorbereitung

Bei einigen Nahtarten benötigen die zu verbindenden Bauteile eine **Nahtvorbereitung**. Dazu werden die Fügekanten der Bauteile entsprechend der Nahtform angefast. Die Naht wird am Schweißstoß so vorbereitet, dass ein Aufschmelzen der Kanten, ein Durchschweißen der Wurzel sowie ein Füllen des Nahtquerschnittes gewährleistet sind.

Als **Nahtwurzel** bezeichnet man beim Schweißen die Unterseite einer Schweißnaht (Bild 2).

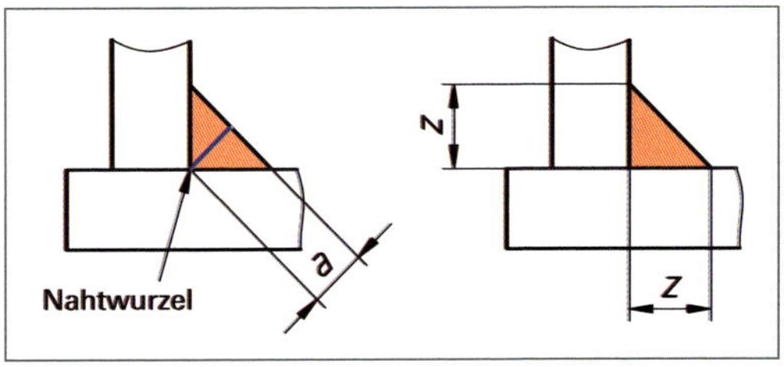

Bild 2: Nahtdickenangabe einer Kehlnaht

Das Anfasen erfolgt durch Maschinen (Fräsen, Knabbern) oder Strahlschneiden, wie z. B. Brennschneiden oder Wasserstrahlschneiden. Die Maße für die Nahtvorbereitung sind genormt. In der Norm DIN EN ISO 9692 finden sich Nahtformen mit den jeweiligen Nahtvorbereitungen.

Für **Stumpfnähte** gilt:

Ist eine Nahtvorbereitung erforderlich, zeigt der Pfeil des Grundsymbols auf das Bauteil, an dem die Nahtvorbereitung erfolgt.

Ist an beiden Bauteilen eine Nahtvorbereitung erforderlich, ist die Pfeilrichtung beliebig.

Bezugslinien und Lage der Naht

Für die zeichnerische Eintragung des Schweißsymbols gilt, dass die Pfeillinie die Volllinie des Schweißstoßes berührt. Die Bezugsstrichlinie kennzeichnet die Gegenseite der Schweißnaht. Das heißt: Ist das Schweißsymbol auf der Bezugsstrichlinie, wird auf der dem Pfeil abgewandten Seite geschweißt. Die Strichlinie kann über oder unter der Bezugsvolllinie angeordnet werden, vorzugsweise ist sie unter der Volllinie anzuordnen (Bild 3).

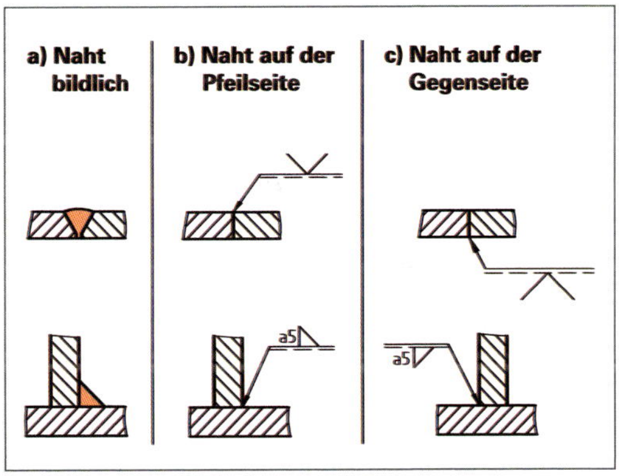

Bild 3: Lage der Schweißnaht

Bei symmetrischen Nähten entfällt die Bezugsstrichlinie.

Auf der Bezugsvolllinie wird das Symbol der Schweißnaht platziert, wenn die Naht auf der Seite des Pfeils liegt (Naht liegt auf der Pfeilseite). Die Strichlinie liegt auf der anderen Seite der Bezugslinie. Liegt die Naht auf der Gegenseite, stehen Nahtsymbol und Strichlinie auf der gleichen Seite der Bezugsvolllinie (Bild 3).

Nahtdicke bei Kehlnähten

Die Nahtdicke wird bei Kehlnähten (a_{min} = 3 mm) immer angegeben. Es sind **zwei Varianten** möglich (Bild 2):

- Angabe der Nahtdicke *a*, die der Höhe des größten gleichschenkligen Dreiecks entspricht. Die Nahtdicke *a* soll bevorzugt angegeben werden.
- Angabe der Schenkellänge *z*, die der Schenkellänge des Dreiecks entspricht.

Zusatzangaben

Weitere Angaben können bei Bedarf in der Gabel ergänzt werden, die am Ende der Bezugsvolllinie angefügt wird **(Bild 1)**. Die Angaben sind durch einen Schrägstrich zu trennen. Wesentliche Zusatzangaben sind:

- **Bewertungsgruppe (ISO 5817)**
  Die Bewertungsgruppe legt die Nahtgüte der Schweißnaht fest. Die verschiedenen Bewertungsgruppen sind mit B, C und D gekennzeichnet:
  - **Bewertungsgruppe D** wird verwendet, wenn die Belastung gering ist und ein möglicher Bruch die Gebrauchsfähigkeit des Bauteils kaum beeinträchtigt (Vorrichtungen, Gestelle, Kästen, Verkleidungen).
  - **Bewertungsgruppe C** gilt für mittlere Belastungen und wenn ein Bruch nicht zum Ausfall der Hauptfunktion führt (Stützen, Lagerblöcke, bestimmte Gehäuseteile).
  - **Bewertungsgruppe B** wird verwendet, wenn ein Bruch der Schweißnaht lebensgefährlich wäre, die Belastung hoch ist oder zum Ausfall der Hauptfunktion führen würde (Fahrzeug, Presse, Hebel) oder wenn eine Sondergüte verlangt wird, wie im Druckbehälter-, Stahl- und Kranbau.
- **Ordnungsnummer des Schweißverfahrens** (ISO 4063)
  Die verschiedenen Schweißverfahren haben zur eindeutigen Kennzeichnung in technischen Unterlagen (Zeichnungen, Arbeitsanweisungen usw.) genormte Prozessnummern.
- **Schweißzusatzwerkstoff** (ISO 14171)
  Für die verschiedenen Schweißverfahren sind die einzubringenden Schweißzusatzstoffe der Elektroden genormt.
- **Schweißposition** (ISO 6947)
  Soll eine Schweißnaht in einer bestimmten Lage bzw. in einer bestimmten Richtung geschweißt werden, wird dies über das Kurzzeichen der Schweißposition gekennzeichnet **(Bild 2)**. Diese Positionen sind die Wannenposition (PA), die Horizontalposition (PB), die Querposition (PC), die Horizontal-Überkopfposition (PD), die senkrechten Positionen (PF, PG) und die Überkopf-Position (PE). Die Richtung des Schweißens ist ein wesentlicher Parameter für die Bestimmung der Schweißposition, z. B. steigend oder fallend.
- **Weitere Angaben,** die beim Schweißen zu berücksichtigen sind, wie z. B. eine Schweißanweisung oder ein anderes Dokument, können in der Gabel angegeben werden.

Durch Zusatzsymbole werden weitere Eigenschaften, z. B. die Nahtausführung und die Oberflächenform, beschrieben. So kann eine Kehlnaht in gewölbter oder hohler Ausführung geschweißt werden **(Bild 3a)**. Ergänzungssymbole am Nahtsymbol beschreiben den Nahtverlauf (ringsum geschweißt) oder verweisen auf eine **Baustellennaht,** die erst bei der Montage vor Ort geschweißt wird **(Bild 3b)**.

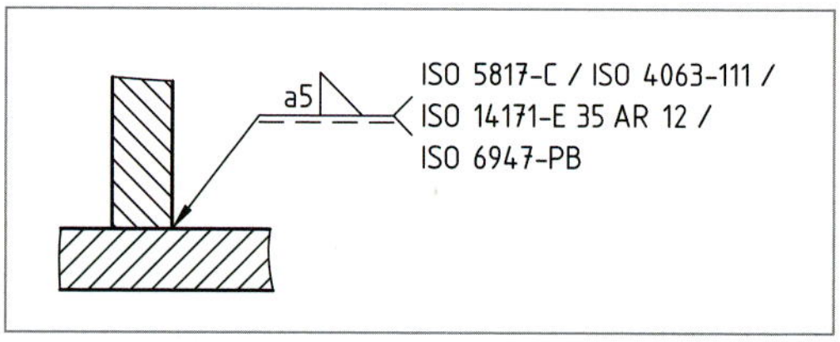

Bild 1: Zusatzangaben an der Gabel

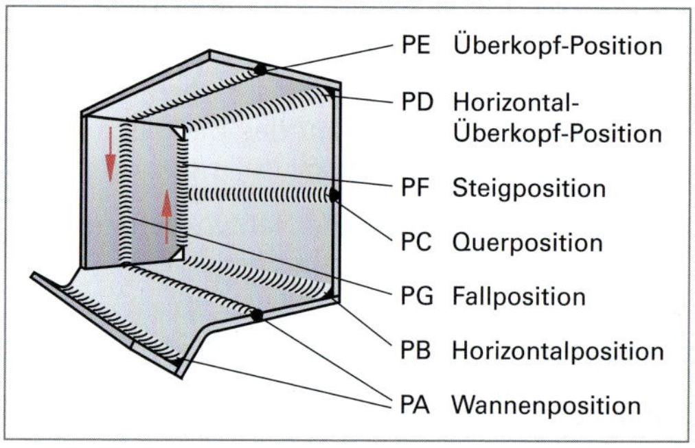

Bild 2: Schweißpositionen

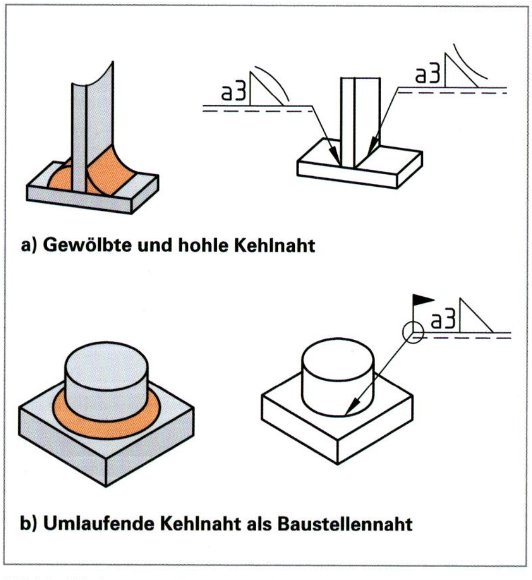

Bild 3: Weitere ergänzende Nahtangaben

Auch bei Stumpfnähten werden diese Zusatzsymbole verwendet, wenn z. B. eine Naht eingeebnet, mit Gegenlage geschweißt oder eine Unterlage benutzt wird. In **Tabelle 1** sind verschiedene Kombinationsmöglichkeiten einer V-Naht dargestellt.

Tabelle 1: Möglichkeiten der Nahtkombination für eine V-Naht

Bezeichnung	Bildliche Darstellung	Vergrößerung	Zeichnerische Darstellung
V-Naht, geschweißt mit Gegenlage	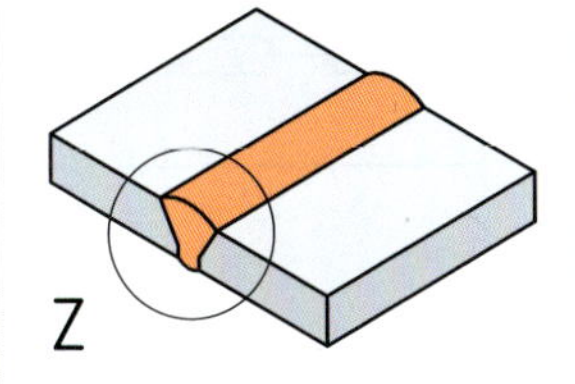	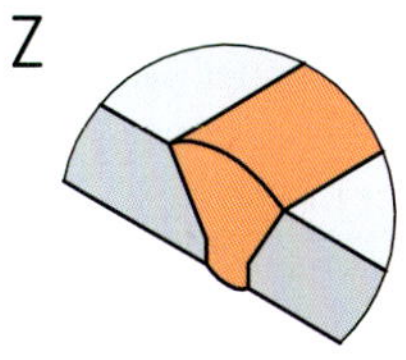	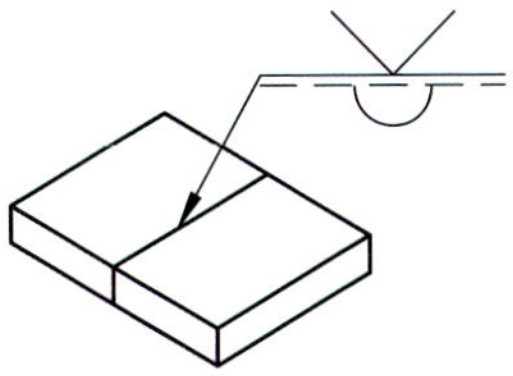
V-Naht, geschweißt mit Gegenlage, Naht oben eingeebnet	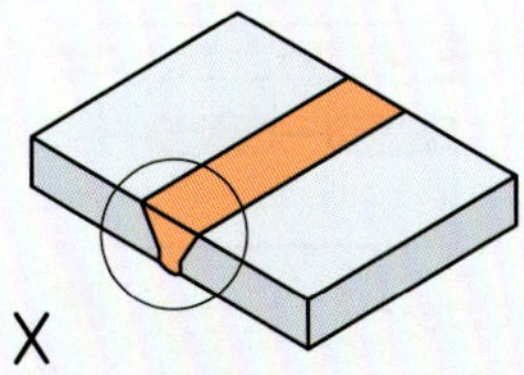	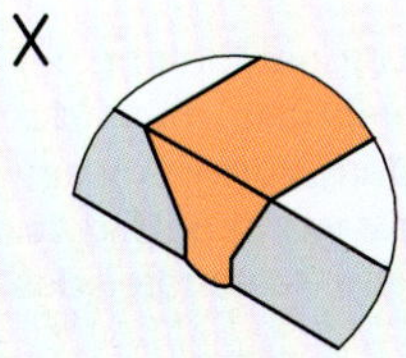	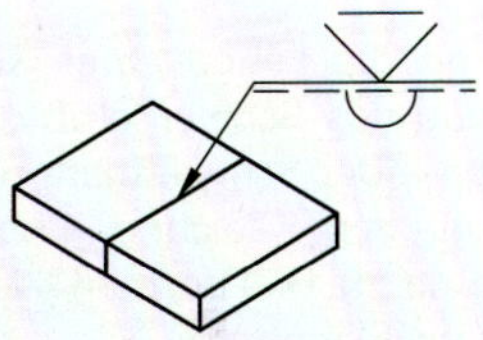
V-Naht, Naht oben eingeebnet, geschweißt mit Unterlage, die wieder entfernt wird (mit MR gekennzeichnet)	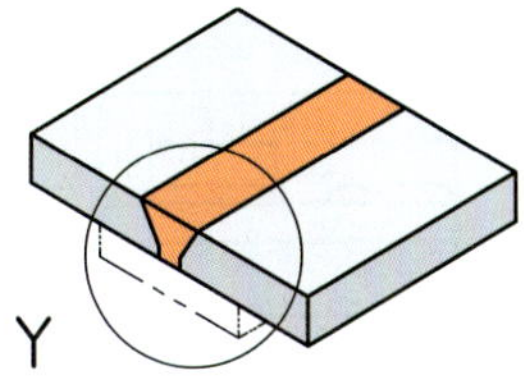	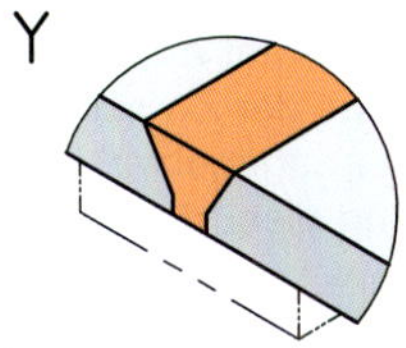	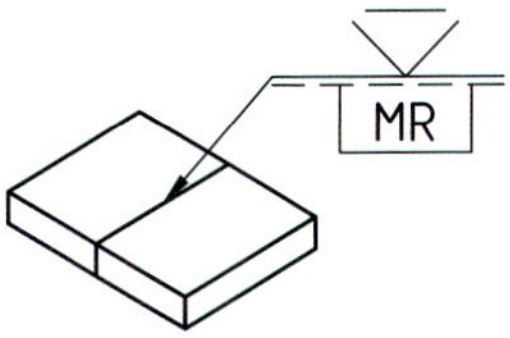
V-Naht, Naht oben eingeebnet, geschweißt mit Unterlage, die verbleibt (mit M gekennzeichnet)	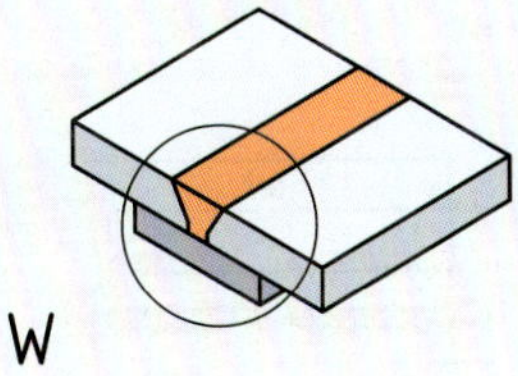	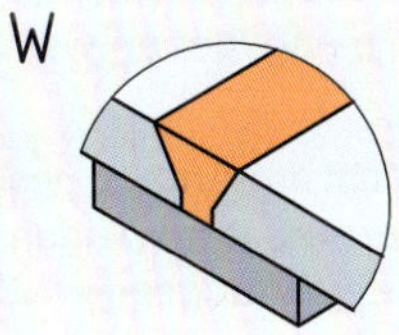	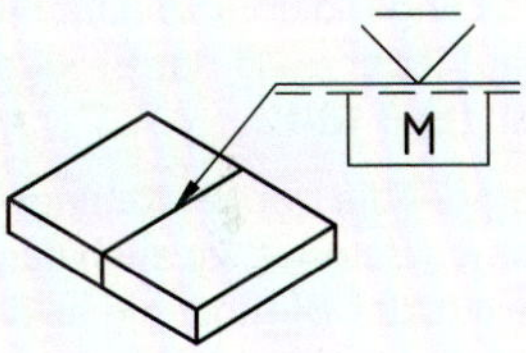

Nahtdicke bei Stumpfnähten

Ist bei Stumpfnähten keine Nahtdicke angegeben, wird immer die Naht durchgeschweißt. Die Nahtdicke richtet sich nach der Materialstärke *t* **(Bild 1)**. Dabei ist bei dem Schweißsymbol keine Angabe für die Nahtdicke *s* erforderlich **(Bild 1a)**.

Wird die Stumpfnaht nicht durchgeschweißt, muss links vom Nahtsymbol das Maß für die Nahtdicke angegeben werden **(Bild 1b)**.

Bei unterschiedlichen Materialstärken ist die Nahtdicke *s* gleich der kleinsten Bauteildicke *t* **(Bild 1c)**.

Der Dickenunterschied zwischen zwei stumpf zu schweißenden Blechen sollte nicht mehr als 10 mm betragen. Bei dynamisch belasteten Bauteilen dürfen maximal 3 mm mit der Schweißnaht ausgeglichen werden.

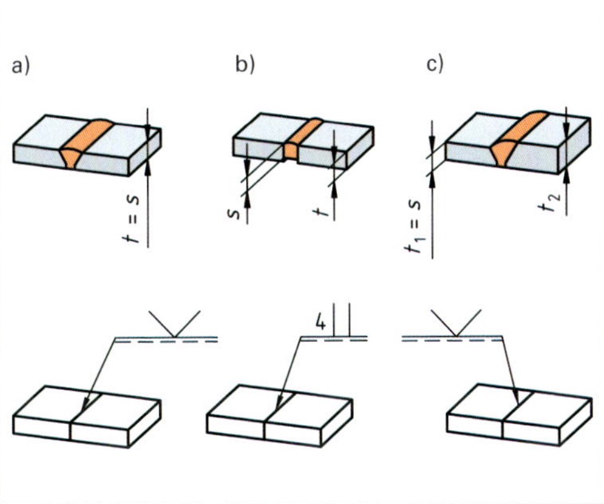

Bild 1: Bemaßung von Stumpfnähten

Bemaßung der Schweißnahtlänge

Wird eine Schweißnaht nicht auf der ganzen Schweißstoßlänge ausgeführt, muss die Länge angegeben werden.

Für die Kennzeichnung einer unterbrochenen Schweißnaht werden folgende Maße in mm verwendet, die bei den Beispielen in **Bild 1** über Variablen angegeben werden:

v: Vormaß

l: Teillänge der Schweißnaht

n: Anzahl der Teilnähte

e: Abstand zwischen zwei Teilnähten, steht immer in Klammern

Wenn die Länge einer Schweißnaht nicht der Länge des Schweißstoßes entspricht, muss der Beginn der Schweißnaht mit dem Vormaß *v* eindeutig in der Zeichnung bemaßt werden (**Bild 1a, 1d** und **1f**). Das Vormaß *v* ist nicht Bestandteil des Schweißsymbols.

Bei unterbrochenen Nähten stehen nach dem grafischen Symbol der Nahtart die Anzahl *n* und die Länge *l* der Einzelnähte. Die Länge der Zwischenräume wird durch den Abstand *e* angegeben. Der Abstand *e* wird in der Zeichnung nicht durch ein Maß angegeben (**Bild 1a–f**).

Bei der Doppel-Kehlnaht müssen die Anzahl *n* und die Länge *l* der Einzelnähte und das Abstandsmaß *e* auf jeder Seite der Bezugslinie angegeben werden (**Bild 1d–f**).

Beginnt die Doppel-Kehlnaht nicht am Anfang des Schweißstoßes, ist auch das Vormaß *v* auf beiden Seiten der Bezugslinie in der Zeichnungsansicht anzugeben **(Bild 1d)**.

Eine versetzte und unterbrochene Kehlnaht wird in gleicher Weise durch die Maße *v*, *n*, *l* und (*e*) beidseitig der Bezugsvolllinie angegeben. Durch das Symbol *Z*, das über beide Seiten der Bezugslinie verläuft, wird deutlich gemacht, dass es sich um versetzt liegende Kehlnähte handelt. *Z* steht nach der Angabe der Einzellänge *l* und vor dem Maß *e* für den Zwischenraum. Für die untere Naht wird das Vormaß *v* in der Zeichnungsansicht eingetragen (**Bild 1f**).

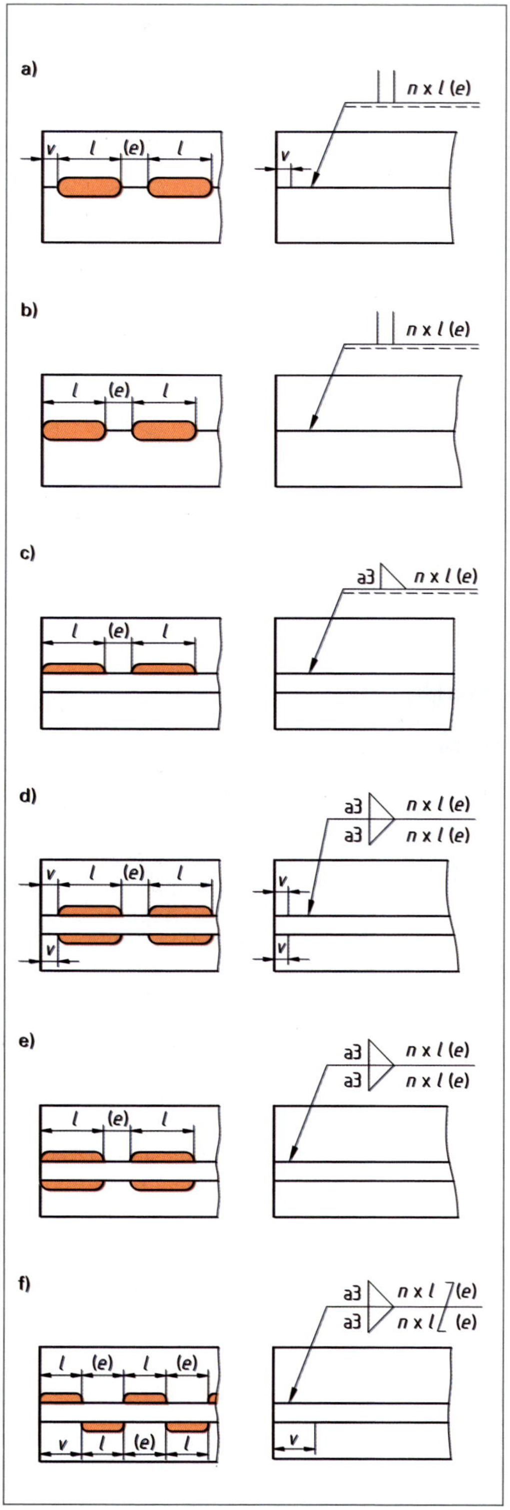

Bild 1: Längenbemaßungen an Schweißnähten

9.11.10 | GESTALTEN VON SCHWEIßVERBINDUNGEN

Nachfolgend werden einige grundlegende Gestaltungshinweise für Schweißkonstruktionen dargestellt. In entsprechender Fachliteratur sind weitere Konstruktionshinweise zu finden.

Bei Bauteilen mit Blechdicken $t \geq 4$ mm sollten folgende **Grenzwerte für die wirksame Schweißnahtdicke *a*** von Kehlnähten eingehalten werden:

$3 \text{ mm} \leq a \leq 0{,}7 \cdot t_{min}$

$a \geq \sqrt{t_{max}} - 0{,}5$

a: Nahtdicke der Kehlnaht in mm
t: Blechdicke in mm

Um einen Eckenabbrand durch die Schweißnähte **(Bild 1a)** zu verhindern, sollten Rippen wie in **Bild 1b** gestaltet werden und keine spitz zulaufenden Ecken an den Stellen aufweisen, an denen geschweißt wird. Zur Vermeidung von Nahtanhäufungen wird die Ecke, die beide Bleche berührt, ausgeklinkt.

Richtwerte für die Rippengestaltung (Bild 1b) sind:

$$b \approx a + 1{,}5 \cdot t$$
$$c \approx t$$
$$e \approx 2 \cdot a$$

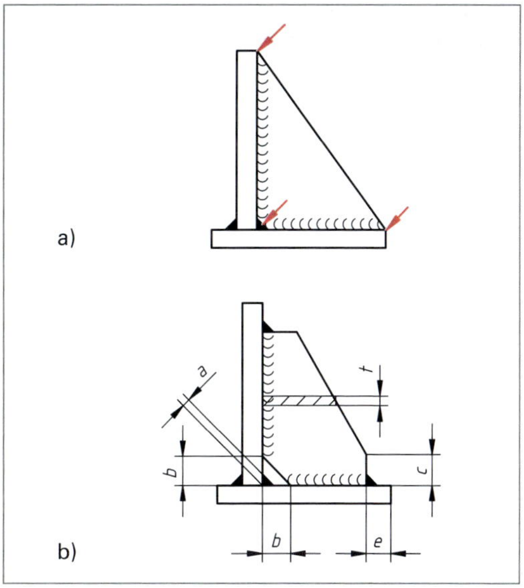

Bild 1: Gestaltung einer angeschweißten Rippe

Tabelle 1: Gestaltungsrichtlinien für Schweißverbindungen		
Ungünstig	**Besser**	**Erläuterungen**
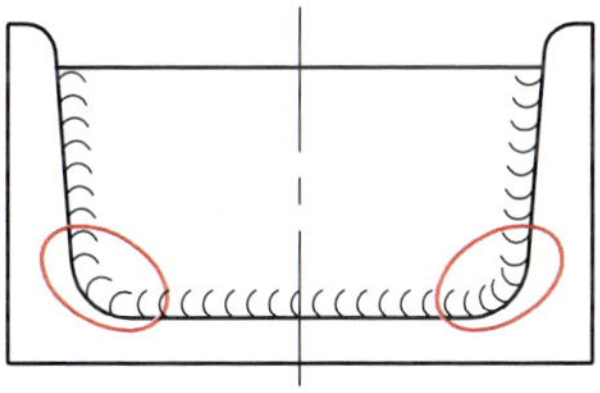	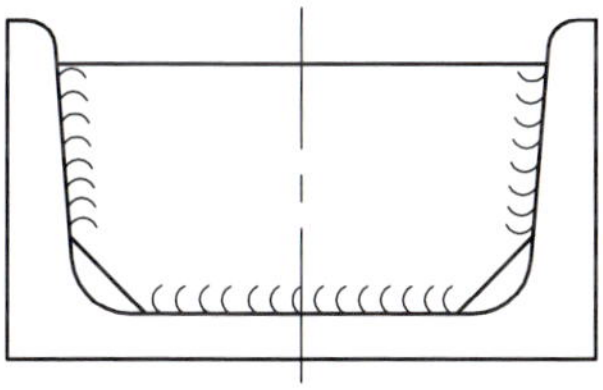	An den Rundungen von Profilen sollte nicht geschweißt werden.
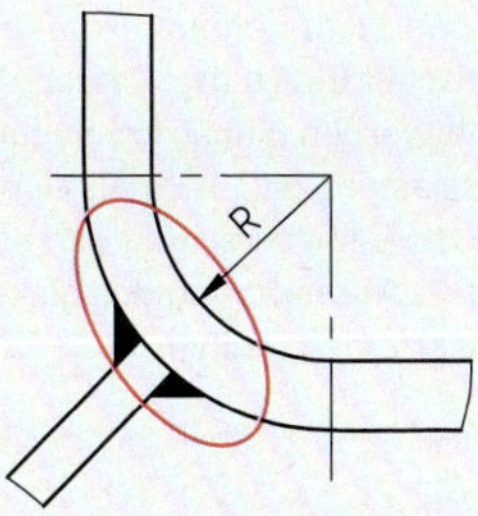	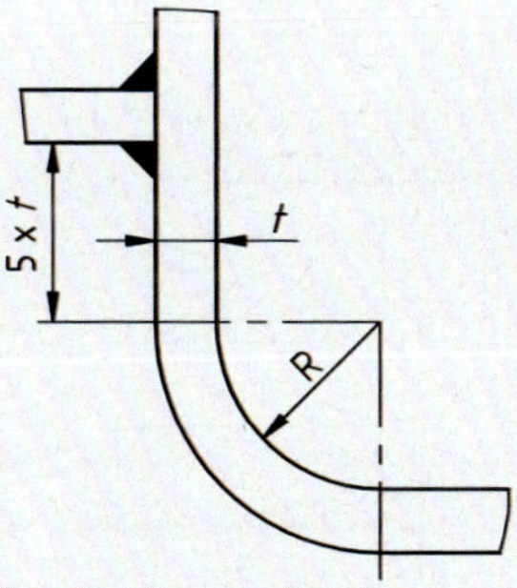	In kalt umgeformten Bereichen sollte nicht geschweißt werden. Dort ist ein ausreichender Abstand von der 5-fachen Blechdicke *t* vorzusehen.
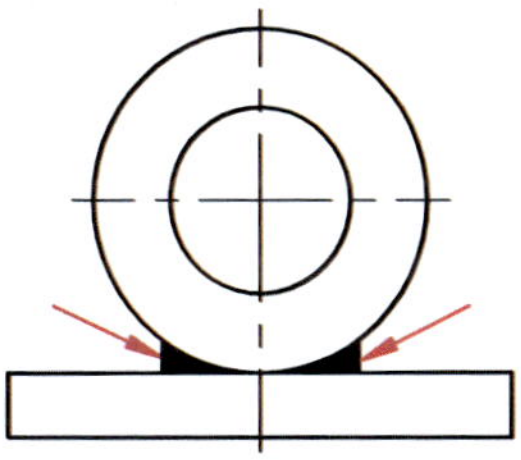	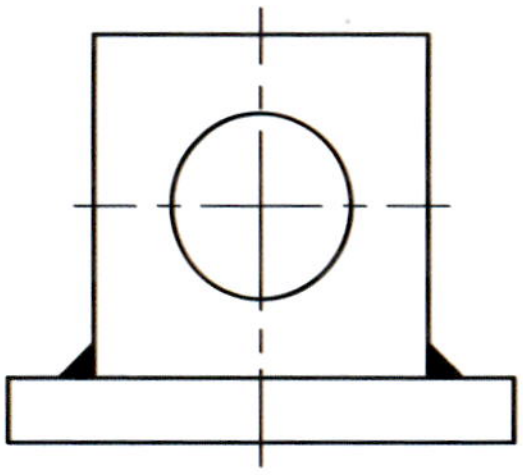	Nahtmaterial fließt nicht wie Flüssigkeiten in jede Ecke. Daher auf Zugänglichkeit der Naht achten.

Fortsetzung von Tabelle 1, Seite 65: Gestaltungsrichtlinien für Schweißverbindungen

Ungünstig	Besser	Erläuterungen
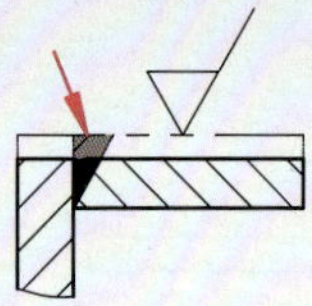	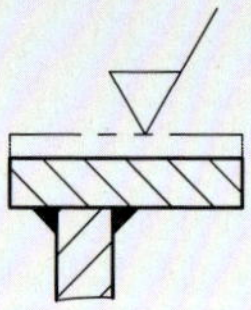	Bei anschließender spanender Bearbeitung ist darauf zu achten, dass Nähte nicht in Zonen mit nachfolgender Bearbeitung liegen.
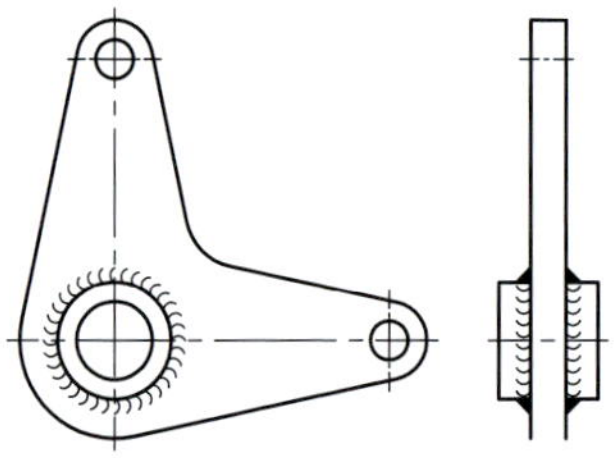	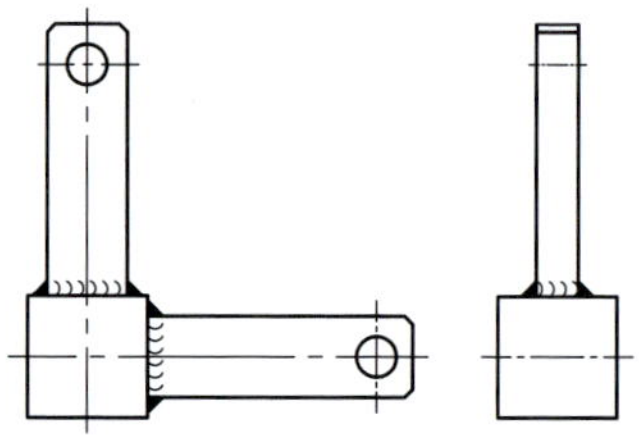	Hinsichtlich der Festigkeit gut, gestalteter Hebel (links), aber teuer in der Fertigung. Die rechte Ausführung verwendet Halbzeuge, ist wirtschaftlicher und schweißgerechter.
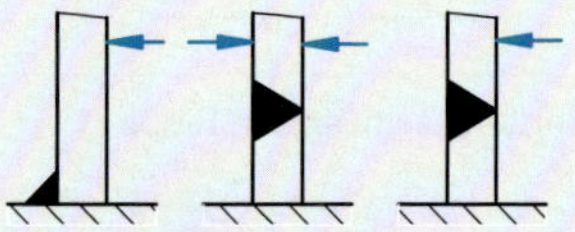	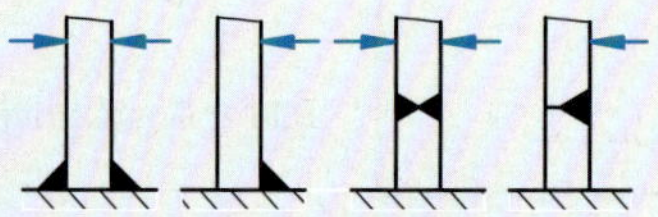	Nahtwurzeln nicht in Zugzonen (Biegezug in der Naht) legen.
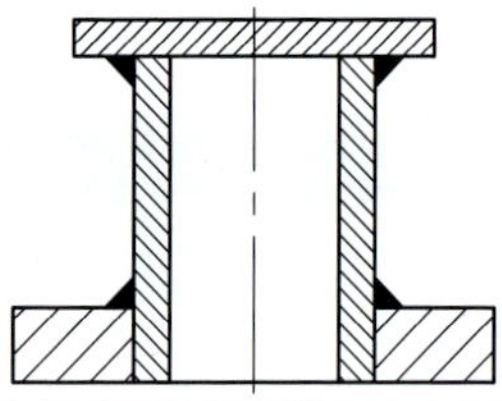	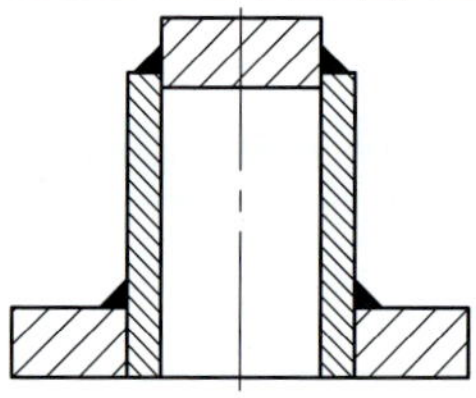	Links wird viel Abfall erzeugt. Rechts wird der „Abfall“ der Grundplatte als Deckel verwendet. Abfallstücke vermeiden.
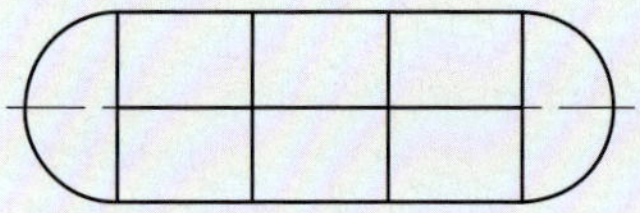	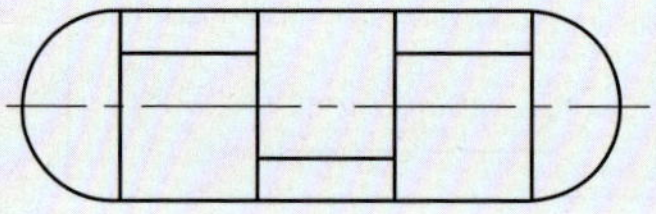	Wird ein Behälter aus mehreren Teilen verschweißt, ist darauf zu achten, dass Nahtanhäufungen durch umlaufende Längs- u. Quernähte vermieden werden. Versetzte Längsnähte bedeuten weniger Nahtkreuzungen.
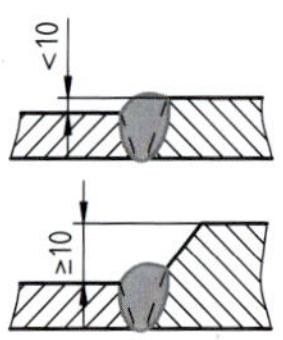	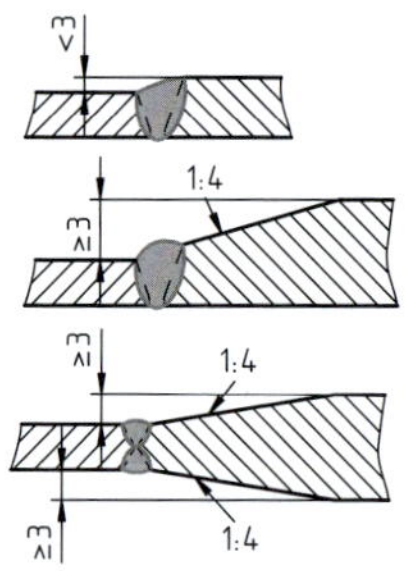	Die Blechdickenübergänge können bei statischer Belastung einfach gestaltet werden (links). Bei dynamischer Belastung ist auf einen allmählichen Übergang zu achten und es muss eine Abschrägung des dickeren Bleches erfolgen (rechts).
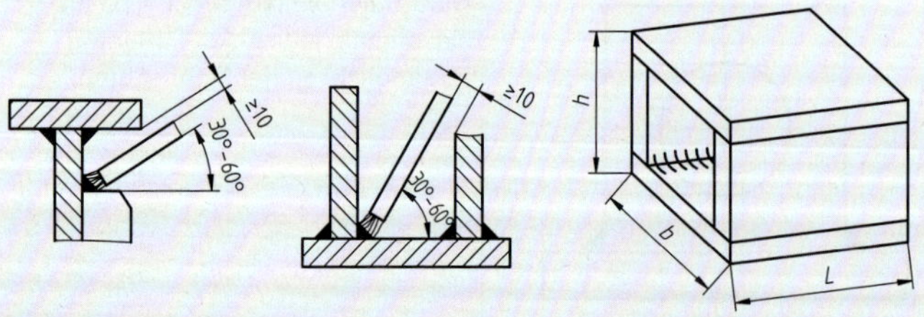		Richtwerte für die Nahtzugänglichkeit in mm:

$h \cdot b$	L_{max}
300 · 400	600
400 · 300	800
400 · 600	1000
600 · 400	1200

9.12 | LÖTEN

Unter **Löten** versteht man ein stoffschlüssiges Fügen und Beschichten von Werkstoffen durch einen geschmolzenen Zusatzwerkstoff, das **Lot**. Die Schmelztemperatur des Lotes liegt unterhalb der Schmelztemperatur der zu verbindenden Bauteile. Das Löten erfolgt vielfach unter Anwendung von Flussmitteln, Schutzgasen oder im Vakuum. **Lötverbindungen** sind unlösbare, dichte und stoffschlüssige Verbindungen, die eine Leitfähigkeit für elektrischen Strom und Wärme aufweisen. Die durch Löten zu verbindenden Grundwerkstoffe können ganz unterschiedliche Eigenschaften haben. Wichtig ist, dass sich das Lot mit beiden Werkstoffen verbindet.

Durch **Löten** lassen sich gleiche oder unterschiedliche metallische Werkstoffe unlösbar, dicht und leitfähig verbinden.

9.12.1 | GRUNDLAGEN DES LÖTENS

Benetzungsvorgang

Eine Lötverbindung kann nur dann erfolgen, wenn das flüssige Lot den Grundwerkstoff benetzt. Das Lot soll sich rasch auf der Werkstückoberfläche ausbreiten, in das Gefüge des Grundwerkstoffes eindringen, einen Teil davon lösen und eine Legierung bilden. Diesen Vorgang der gegenseitigen Durchdringung nennt man **Diffusion (Bild 1)**. Damit eine gute **Benetzung** stattfinden kann, muss der Grundwerkstoff mit dem Lot eine Legierung bilden können, die Lötstelle muss metallisch rein sein und Lot sowie Werkstücke müssen ausreichend hohe Temperaturen haben.

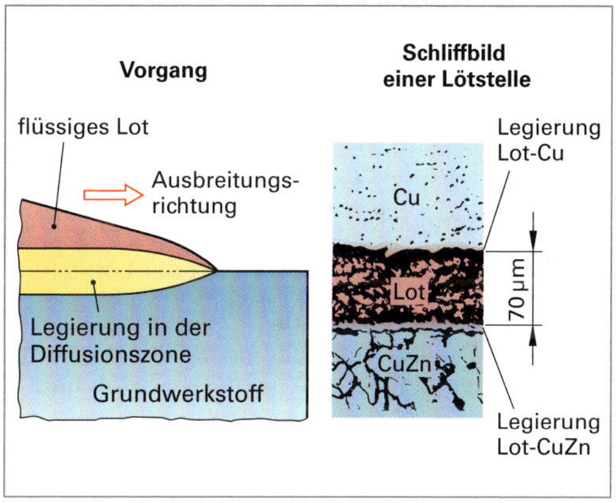

Bild 1: Legierungsbildung durch Diffusion

Lötspalt und Lötfuge

Entscheidend für den Lötvorgang ist der richtige Abstand zwischen den beiden Fügeflächen. Einen Abstand von weniger als 0,25 mm bezeichnet man als **Lötspalt**, einen größeren Zwischenraum als **Lötfuge**. Je geringer der Abstand ist, desto größer ist die **Kapillarwirkung**, durch die das Lot in den Lötspalt gezogen wird. Der Abstand eines geeigneten Lötspalts liegt zwischen 0,05 mm und 0,2 mm. Ist der Lötspalt zu schmal, kann er nicht genügend **Flussmittel** zur Entfernung der Oxide aufnehmen. Ist der Lötspalt breiter, sind die Kapillarkräfte nicht mehr ausreichend hoch, um das Lot in die Lötfuge hineinzuziehen.

i

Flussmittel

Als **Flussmittel** bezeichnet man einen Stoff, der beim Löten zugegeben wird. Es entfernt die Oxide auf den Bauteiloberflächen und die in der Lötumgebung befindlichen Oxide durch eine chemische Reaktion. So verhindert es die Oxidation und sorgt für eine bessere Benetzung der Bauteile durch das Lot.

Temperaturen beim Löten

Als Lot werden Legierungen verwendet, deren Schmelztemperatur unterhalb der Schmelztemperatur der zu verbindenden Metalle liegt. Als **Arbeitstemperatur** bezeichnet man die niedrigste Oberflächentemperatur des Werkstücks, bei der das Lot benetzt, fließt und legiert. Liegt die Löttemperatur unterhalb der Arbeitstemperatur, erfolgt keine Verbindung zwischen Lot und Grundwerkstoff. Man spricht in diesem Fall von einer „kalten Lötstelle". Liegt die Löttemperatur über der **maximalen Löttemperatur**, verzundert das Werkstück und das Lot versprödet. Der **Löttemperaturbereich** ist der Bereich zwischen der Arbeitstemperatur und der maximalen Löttemperatur. Das Flussmittel muss einen größeren **Wirktemperaturbereich** als den Löttemperaturbereich aufweisen. Als Wirktemperaturbereich bezeichnet man den Bereich, in dem das Flussmittel das Benetzen des Werkstücks durch das Lot ermöglicht.

9.12.2 | LÖTVERFAHREN

Die Lötverfahren werden in **Weichlöten, Hartlöten und Hochtemperaturlöten** unterteilt.

Weichlöten bedingt Arbeitstemperaturen unter 450 °C und wird als Spaltlötung ausgeführt. Daher werden Lote verwendet, deren Schmelzpunkt unterhalb dieser Temperatur liegt. Anwendung findet das Weichlöten z. B. bei der Herstellung von Dosen, Kühlern, Rohrleitungen für Warm- und Kaltwasser, Kleinmaschinenteilen und elektrischen Kontakten. In allen Fällen sind die Fähigkeit zur Abdichtung sowie die elektrische Leitfähigkeit des Lots von Bedeutung.

Beim **Hartlöten**, das als Spalt- oder Fugenlötung ausgeführt wird, sind höhere Beanspruchungen möglich. Im Maschinenbau wird vorwiegend das Hartlöten verwendet. Die Löttemperaturen liegen zwischen 450 °C und 900 °C. Somit ist eine Wärmebehandlung durch Einsatzhärten möglich, wenn die Löttemperaturen oberhalb der Einsatzhärtetemperatur liegen. Die Betriebstemperaturen können bis zu 300 °C betragen. Anwendungen finden sich z. B. bei Flanschverbindungen, bei Welle-Nabe-Verbindungen, beim Auflöten von Hartmetallen und beim Rahmen von Zweirädern.

Das **Hochtemperaturlöten** (über 900 °C) wird ohne Flussmittel im Vakuum oder unter einer gasförmigen Schutzatmosphäre durchgeführt. So wird ein hoher Füllgrad mit geringen Poren- und Lunkeranteilen erreicht. Die Nahtfestigkeit erreicht in vielen Fällen die Festigkeit des Grundwerkstoffs. Das Hochtemperaturlöten wird im Gasturbinenbau, in der Vakuumtechnik, im Flugzeugbau (Wabenkonstruktionen) und in der Kernreaktortechnik eingesetzt.

Weitere Kriterien zur **Unterscheidung von Lötverfahren** sind:

- Die Unterscheidung nach der **Art der Lötstelle in Spalt- und Fugenlöten**, die sich durch die Größe des Spaltmaßes der Lötstelle ergibt.
- Die Unterscheidung nach der **Art der Lotzuführung**. Man differenziert zwischen angesetztem und eingelegtem Lot, lotbeschichteten Teilen und dem Tauchlöten.
- Die Unterscheidung nach der **Art der Fertigung** in Handlöten, teilmechanisches Löten, vollmechanisches Löten und automatisches Löten.
- Die Unterscheidung nach dem **verwendeten Energieträger** in Gaslöten (Flammlöten, Ofenlöten), Löten durch feste Körper (Kolbenlöten, Blocklöten), Löten durch Flüssigkeiten (Lotbadlöten, Tauchlöten), Löten durch Strahlen (Laserstrahllöten) und Löten durch elektrischen Strom (Widerstandslöten, Induktionslöten).

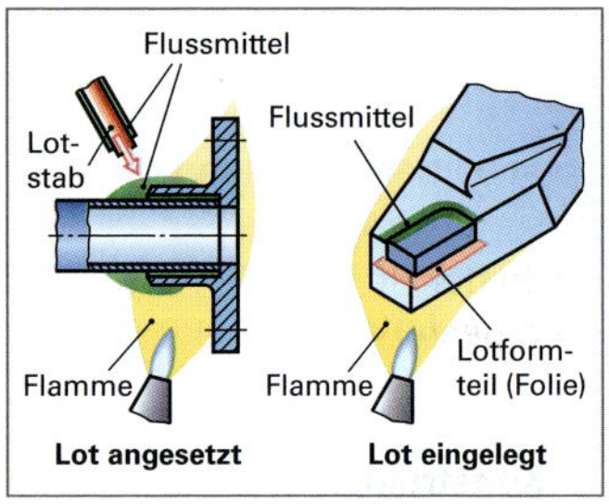

Bild 1: Flammlöten

Flammlöten ist ein Lötverfahren, bei dem die Flamme nur das Lot schmilzt, die Bauteile nicht. Das Lot kann dabei zugeführt oder als Formteil eingelegt werden **(Bild 1)**. Das geschmolzene Lot stellt die Verbindung zwischen den Bauteilen her. Dieses Verfahren eignet sich besonders dann, wenn Schweißen bei artverschiedenen Werkstoffen nicht möglich ist. Flammlöten wird sowohl manuell als auch maschinell eingesetzt.

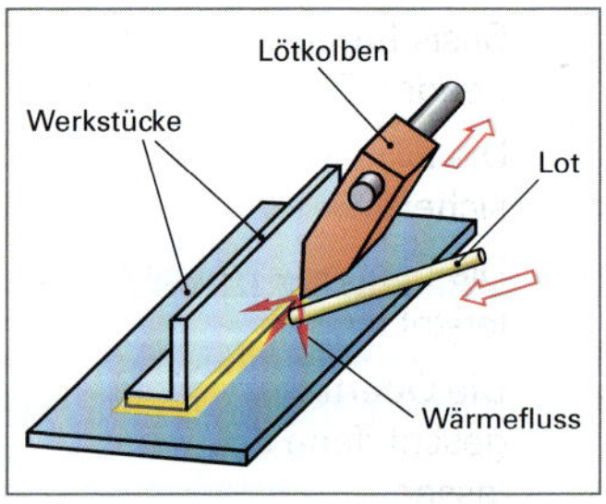

Bild 2: Kolbenlöten

Kolbenlöten ist ein Lötverfahren, bei dem die Werkstücke an der Lötstelle durch einen Lötkolben erwärmt werden. Die Spitze des Lötkolbens besteht aus Kupfer und muss vor dem Löten von Oxiden gereinigt und mit dem Lot benetzt werden. Der Kolben wird von Hand oder in der Massenfertigung maschinell geführt **(Bild 2)**. Das Kolbenlöten ist nur zum Weichlöten geeignet, Spalt-, Fugen- und Auftragslötungen können auf diese Weise durchgeführt werden.

Tabelle 1: Vor- und Nachteile von Lötverbindungen im Vergleich zu Schweißverbindungen

Vorteile	Nachteile
Verbinden gleicher und unterschiedlicher Werkstoffe	Festigkeiten geringer als beim Schweißen
Keine Gefügeveränderungen dank der niedrigen Löttemperatur	Hohe Festigkeiten nur durch Hartlöten erreichbar
Keine Kerbwirkung	Große Lötstellen sind wegen großer Lotmengen teuer
Keine Querschnittsminderung wie bei Schrauben- oder Nietverbindungen	Aufwendige Oberflächenbehandlung der Lötstelle im Vergleich zum Schweißen
Sehr gute elektrische und thermische Leitfähigkeit	Elektrochemische Korrosion, wenn Lot- und Bauteilwerkstoff in der elektrochemischen Spannungsreihe weit auseinander liegen
Weitgehende Dichtigkeit gegenüber Gasen und Flüssigkeiten	Chemische Korrosion durch Flussmittelreste
Dünne und unterschiedlich dicke Bauteile lassen sich verbinden	

9.12.3 | LÖTVORGANG

Die **Fertigung einer Lötverbindung** geschieht in folgenden Arbeitsgängen:

1. Mechanisches oder chemisches Säubern der Lötflächen von Fremdschichten.
2. Ausrichten und Fixieren der zu lötenden Bauteile unter Berücksichtigung der Spaltbreite.
3. Hinzufügen von ein- bzw. angelegtem Lot und Flussmittel.
4. Erwärmen des Lötstoßes und des Lotes auf Löttemperatur. Dabei wird die Oxidschicht durch das Flussmittel entfernt und es bildet sich eine vor weiterer Oxidation schützende Atmosphäre in direkter Umgebung der Lötstelle.
5. Langsames Abkühlen der Lötverbindung. Dabei sind Erschütterungen zu vermeiden.
6. Nachbearbeitung der Lötstelle, indem störende Anlauffarben, Zunder- und Flussmittelrückstände beseitigt werden.
7. Qualitätsprüfung der gelöteten Bauteile.

9.12.4 | GESTALTEN VON LÖTVERBINDUNGEN

Da in der Regel die Festigkeit des Lotes geringer ist als die Festigkeit des Grundwerkstoffes, muss auf eine beanspruchungsgerechte Gestaltung der Lötverbindungen geachtet werden.

Konstruktive Hinweise für Lötverbindungen

- Lötverbindungen sollen möglichst auf Schub beansprucht werden, Zug- und Biegebelastungen sind zu vermeiden.
- Basis für eine funktionelle Lötverbindung ist, dass das Lot gut fließen kann und die zu verbindenden Bauteile an der Lötstelle gut benetzt werden.
- Die Lötspalte müssen schmal sein, damit die kapillare Saugwirkung auf das geschmolzene Lot sichergestellt ist.
- Die Lötspalte müssen breit genug sein, damit das Fließen von Lot und Flussmittel gewährleistet ist.
- Die Oberflächengüte des Lotstoßes sollte einen Mittenrauwert von $Ra \leq 12{,}5\ \mu m$ aufweisen, geschliffene und polierte Oberflächen sind nicht funktionell, da sie sich nur schwer benetzen lassen.

- Bei einer spanenden Bearbeitung vor dem Löten sollte der Rillenverlauf der Bearbeitung mit der Fließrichtung des Lotes übereinstimmen.
- Rückstände von Fluss- und Lötmitteln müssen abfließen können und aus Hohlräumen entfernt werden können.
- Umschließt eine Lötnaht ein Volumen vollständig, sind Entlüftungsbohrungen erforderlich, damit sich der Luftspalt ganz füllen kann.

Tabelle 1: Gestaltungsrichtlinien für Lötverbindungen

Ungünstig	Besser	Erläuterungen
	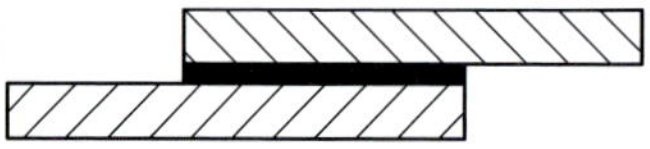	Keine Stumpfnähte, sondern möglichst große Überlappung vorsehen.
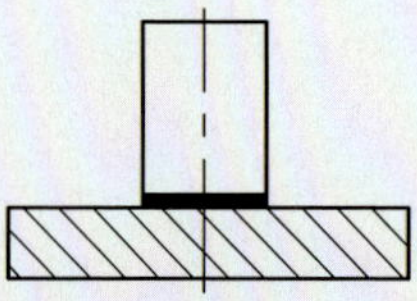	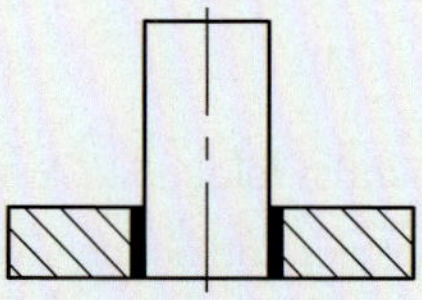	Keine Stumpfnähte, Lot mit der Schwerkraft fließen lassen.
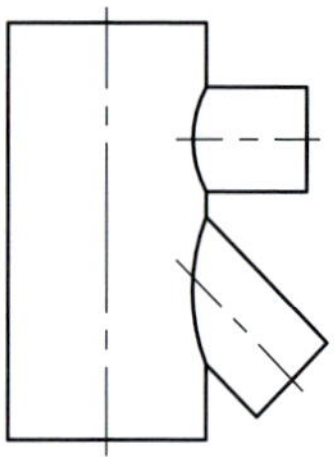	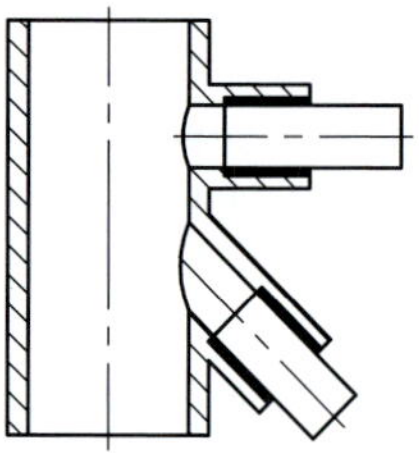	An hoch belasteten Stellen Muffen vorsehen.
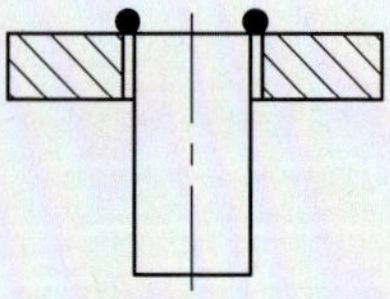	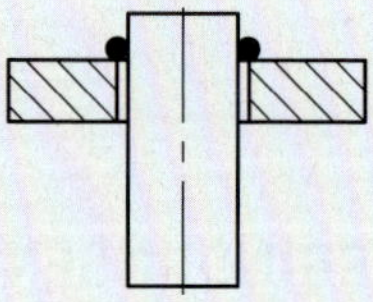	Zum einfachen Einfließen des Lotes Absätze vorsehen.
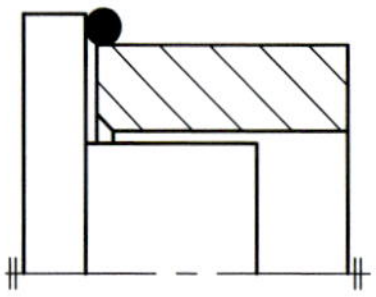	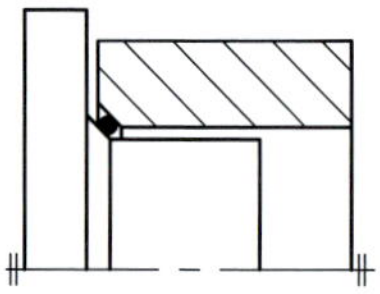	Lötspalt an jeder Stelle gleich breit halten, damit die Kapillarwirkung nicht unterbrochen wird.
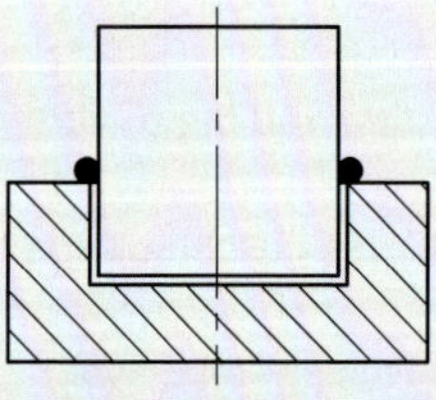	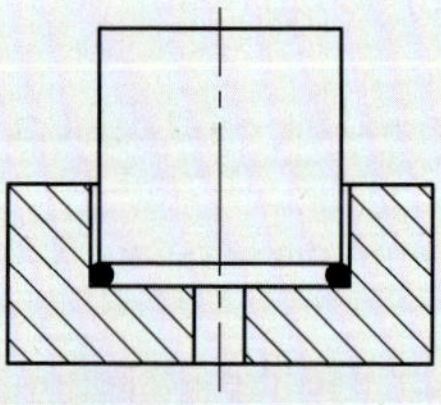	Vorsehen einer Bohrung, damit das Flussmittel abfließen kann und man eine Kontrolle über die Ausfüllung des Lötspaltes hat. Das Lot fließt von innen nach außen.
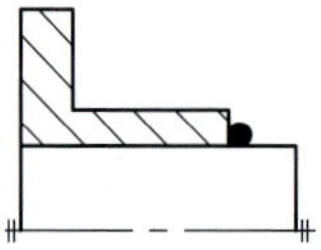	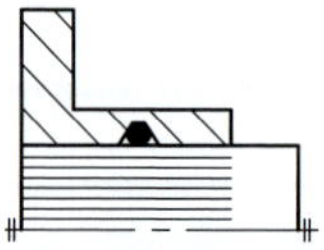	Fließweg des Lotes durch eingelegten Lotring verkürzen. Riefen in Achsrichtung erhöhen die Festigkeit.

9.13 | KLEBEN

Unter **Kleben** versteht man das unlösbare Verbinden von Bauteilen durch Oberflächenhaftung mittels Klebstoff. Die Verbindung kann nur durch die Zerstörung der Klebeschicht oder der Bauteile gelöst werden. Das Kleben von Metallverbindungen ist seit Ende der vierziger Jahre möglich. Die Klebstoffe werden im flüssigen oder pastösen Zustand oder in Form von Folien auf die Bauteiloberflächen aufgebracht. Das Abbinden erfolgt mit oder ohne Anpressen bei Raumtemperatur (kaltaushärtend) oder durch Erwärmung auf 50 °C bis 220 °C (warmaushärtend). Die Festigkeit von Klebeverbindungen ist nicht groß, daher werden die Verbindungen oft als Überlappstöße ausgeführt.

Anwendung finden Klebeverbindungen in der Serienfertigung von Stützkern- und Plattenverbindungen aus Holz, Metall oder Faserverbundwerkstoffen (Hubschrauber-Rotorblätter, **Bild 1a**), im Flugzeugbau, bei Platten- und Schalenkonstruktionen **(Bild 1b)**, im Automobilbau (z. B. beim Einkleben von Scheiben, Brems- und Kupplungsbelägen) und im Maschinenbau zum Abdichten **(Bild 1c)**, als Schraubensicherung **(Bild 1d)** und zur Befestigung z. B. von Buchsen und Lagern.

> **Klebeverbindungen** übernehmen die Funktionen: Verbinden, Sichern und Dichten.

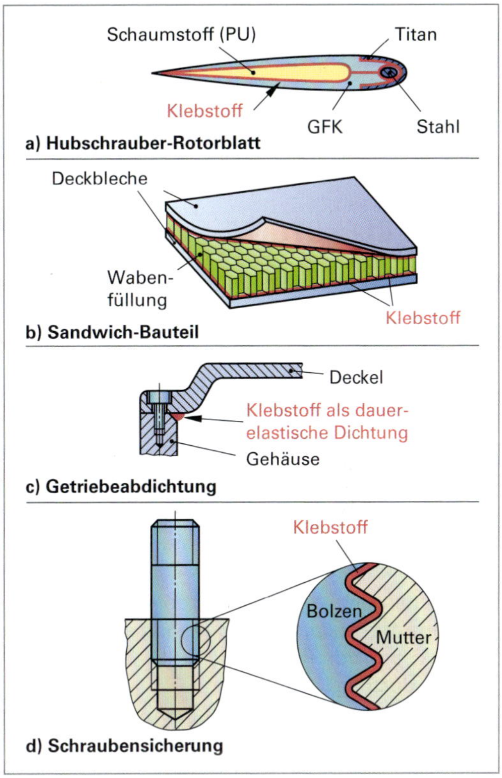

Bild 1: Klebeverbindungen

Tabelle 1: Vor- und Nachteile von Klebeverbindungen

Vorteile	Nachteile
Viele mögliche Werkstoffkombinationen	Oberflächenvorbehandlung aufwendig
Keine Gefügeveränderungen	Lange Abbindezeiten
Kein Verzug	Geringere Festigkeit als Schweiß- oder Lötverbindungen
Keine Kerbwirkung, gleichmäßige Spannungsverteilung	Nicht beständig gegen Feuchtigkeit, Gase oder UV-Licht
Dichte, spaltfreie und isolierende oder leitende Verbindung möglich	Verträgt keine Schlag- oder Stoßbelastung
Keine Kontaktkorrosion	Nicht umweltverträglich
Automatisierung möglich	Große Fügeflächen erforderlich

9.13.1 | FUNKTION UND WIRKUNG VON KLEBEFLÄCHEN

Um eine funktionelle Klebeverbindung zu erreichen, ist die Beschaffenheit der Fügeflächen von besonderer Bedeutung. Eine saubere, fettfreie und möglichst raue Oberfläche ist Voraussetzung, damit Adhäsionskräfte zwischen dem Klebstoff und dem Fügeteil wirken können **(Bild 2)**. Verunreinigungen (Schmutz, Rost, Farbreste, Zunder) sowie Oxidschichten auf den Kontaktflächen

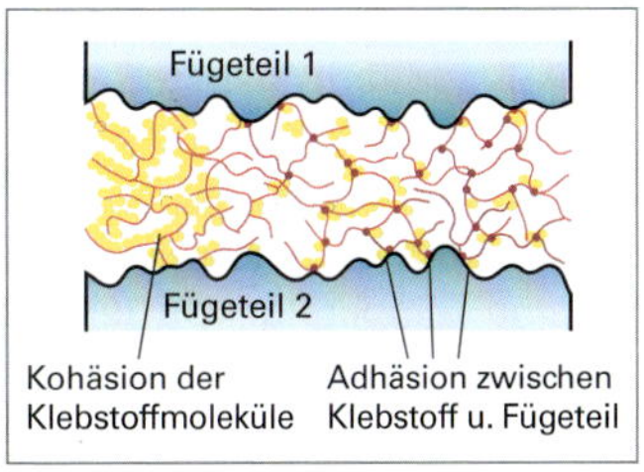

Bild 2: Kräfte bei Klebeverbindungen

müssen vor dem Kleben entfernt werden. Der Klebstoff dringt in die Untiefen der Oberfläche ein, die langkettigen Klebstoffmoleküle vernetzen miteinander (Kohäsion), zusätzlich verklammert sich der Klebstoff mit den Bauteilen.

Art und Umfang der **Vorbehandlung** von Klebeflächen (saubere, fettfreie und raue Oberfläche) bestimmen im Wesentlichen die Festigkeit der Klebeverbindung.

9.13.2 | KLEBSTOFFE

Die Klebstoffe werden nach der Art des Abbindens eingeteilt in:

Physikalisch abbindende Klebstoffe

Sie bilden nach dem Abbinden eine gut verformbare, thermoplastische Klebeschicht mit mittlerer Zugfestigkeit, neigen jedoch unter Belastung zum Kriechen. Beim Abkühlen wird ihr Molekularzustand nicht verändert, sodass sie bei höheren Temperaturen wieder aufschmelzen. Zu dieser Gruppe von Klebstoffen gehören:

- **Kontaktklebstoffe**, sie basieren auf gelösten Kautschuken. Der Klebstoff wird auf beide Kontaktflächen aufgetragen und nach dem Ablüften unter kurzem, starkem Druck zusammengefügt. Dabei wird sofort eine hohe Festigkeit erreicht. Kontaktklebstoffe bleiben nach dem Aushärten elastisch. Sie sind daher für flexible Materialien wie Leder oder Gummi geeignet.
- **Schmelzklebstoffe**, sie werden im geschmolzenen Zustand (150 °C bis 190 °C) aufgetragen. Die Klebstoffe erstarren umgehend nach Auftrag bei Raumtemperatur. Schmelzklebstoffe werden zum Verkleben von Pappe und Holz mit Kunststoffen oder Metallen in der Verpackungs-, Holz- und Möbelindustrie eingesetzt.
- **Plastisole** (Dispersionen von PVC zusammen mit Weichmachern, Füllstoffen und Haftvermittlern), sie sind lösungsmittelfreie Klebstoffe, die bei Temperaturen zwischen 140 °C und 200 °C abbinden. Plastisole können Öl aufnehmen, sodass keine gründliche Reinigung der Kontaktflächen von Fetten erfolgen muss. Häufig verwendet werden beispielsweise PVC-Plastisole im Automobilbau als Nahtabdichtung oder Unterbodenschutz.

Chemisch abbindende Klebstoffe (Reaktionsklebstoffe)

Reaktionsklebstoffe sind die technisch wichtigsten Klebstoffe. Dabei handelt es sich um härtbare Kunstharze, z. B. Phenol- und Epoxidharze. Im Ausgangszustand sind die Harze löslich und schmelzbar, sie gehen unter Einfluss geeigneter Härter in einen unlöslichen und nicht schmelzbaren Zustand über. Chemisch abbindende Klebstoffe zeichnen sich durch eine hohe Haftfestigkeit und innere Festigkeit aus, sie werden im täglichen Gebrauch auch als Zweikomponentenkleber bezeichnet. Warmaushärtende Reaktionsklebstoffe (Abbindetemperatur ca. 200 °C) härten schneller als kaltaushärtende Klebstoffe aus. Sie sind ungeeignet zum Kleben wärmeempfindlicher Bauteile, jedoch besonders geeignet für das Verkleben von Keramiken, von Metallen sowie für das Verkleben von Holz-Aluminium-Verbindungen. Warmaushärtende Reaktionsklebstoffe weisen eine hohe Festigkeit auf.

Folgende **chemisch abbindende Klebstoffe** werden unterschieden:

- **Polymerisationsklebstoffe**, bei ihnen entsteht das Makromolekül durch Aneinanderreihung mehrerer Moleküle.
- **Polyadditionsklebstoffe**, bei ihnen entsteht das Makromolekül durch die Reaktion zweier unterschiedlicher Stoffe, die vermischt werden.
- **Polykondensationsklebstoffe**, bei ihnen binden zwei unterschiedliche Stoffe bei gleichzeitiger Abspaltung flüchtiger Stoffe ab. Für eine feste Verbindung von Bauteilen sind ein Anpressdruck und eine Temperatur von 120 °C bis 160 °C erforderlich.

Es gibt auch Reaktionsklebstoffe, die auf physikalischer Basis schnell vorhärten und im weiteren Verlauf durch eindiffundierende Feuchtigkeit chemisch nachhärten. Die Endfestigkeit wird erst nach Stunden erreicht. Verwendung finden diese Klebstoffe zum Beispiel bei der Montage von Autoscheiben.

Beanspruchung von Klebeverbindungen

Klebeverbindungen sollten möglichst auf Abscherung, nur in geringem Maß auf Zug und nicht auf Abschälen beansprucht werden **(Bild 1)**. Schälbelastungen führen leicht zum Aufreißen der Klebeverbindungen, sie müssen durch weitere Maßnahmen, wie Nieten oder Bördeln, befestigt werden.

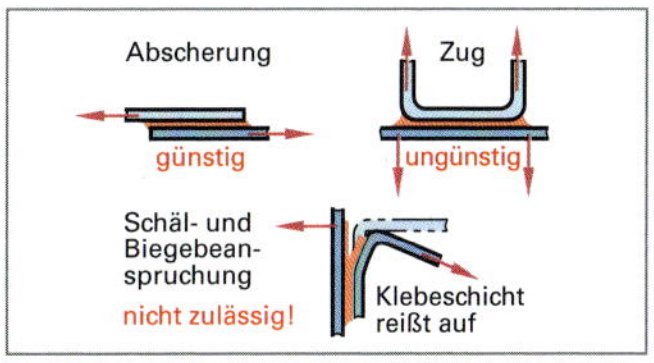

Bild 1: Beanspruchung von Klebeverbindungen

9.13.3 | GESTALTEN VON KLEBEVERBINDUNGEN

Die Klebeflächen sind vor dem Aufbringen des Klebstoffs sorgfältig vorzubehandeln, damit die Adhäsionskräfte zwischen Oberfläche und Klebstoff wirksam werden. Die Schritte zur **Vorbereitung einer Klebefläche** sind:

- Säubern der Klebefläche von lose anhaftenden Partikeln wie Schmutz, Rost, Staub, Spänen
- Entfetten der Oberfläche
- Aufrauen der Klebefläche zur Vergrößerung der Oberfläche
- Bei höheren Ansprüchen Beizen (Ätzen) der Metallklebeflächen

Tabelle 1: Gestaltungsrichtlinien für Klebeverbindungen

Ungünstig	Besser	Erläuterungen
	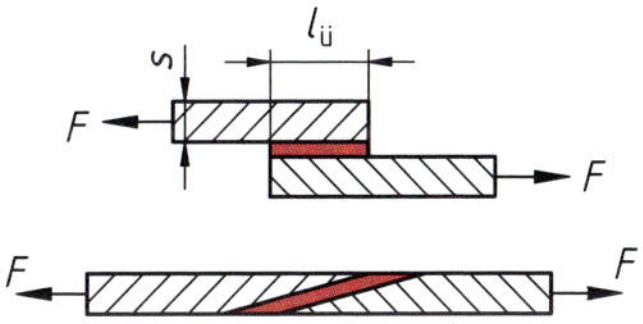	Keine Stumpfstöße vorsehen, die Bauteile sollten überlappen, damit ausreichend Klebefläche vorhanden ist. Die Überlappung $l_ü$ beträgt: $l_ü = (10 \ldots 20) \cdot s$
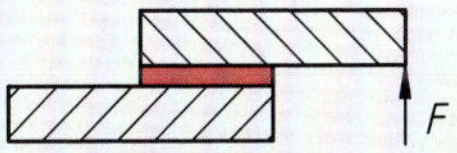	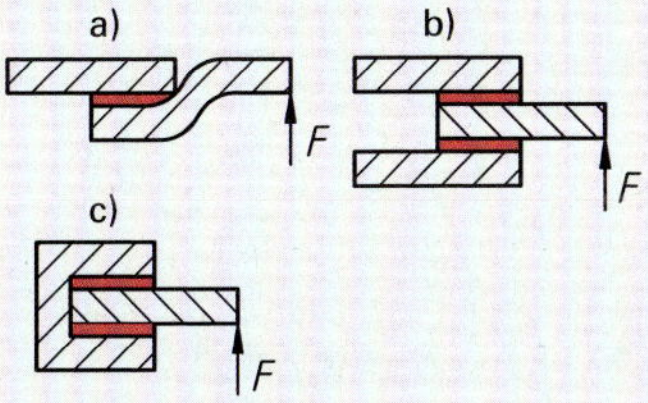	Scherbeanspruchung vermeiden, ausreichend Klebeflächen vorsehen.
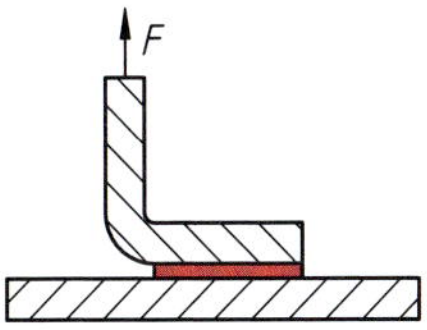	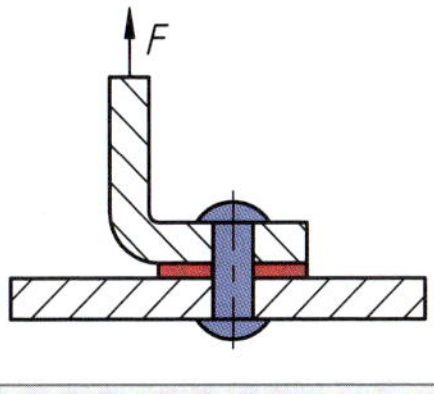	Schälbeanspruchungen vermeiden, zusätzliche Heftniete vorsehen, wenn keine andere Gestaltung möglich ist.
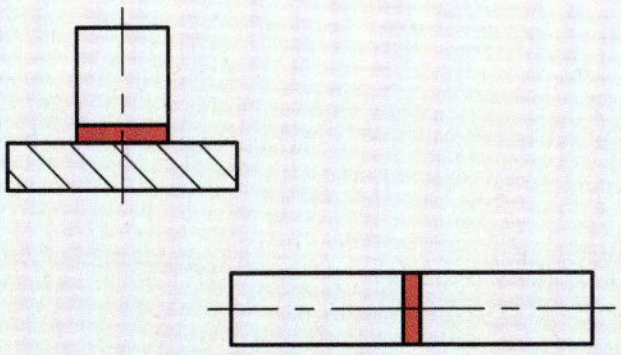	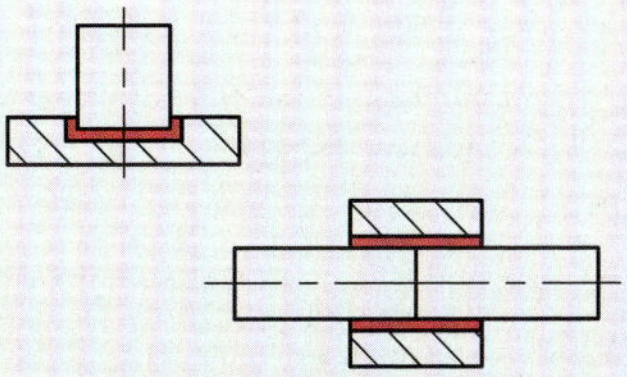	Eingeklebte Zapfen zentrieren, damit sie nicht verrutschen. Steckverbindungen statt Stumpfnähten vorsehen.

AUFGABEN | WIEDERHOLUNG UND VERTIEFUNG

1. Nennen Sie das Wirkprinzip, das einer Schweißverbindung zugrunde liegt.
2. Erläutern Sie, warum Stabelektroden eine Umhüllung besitzen.
3. Wie werden die Schweißverfahren unterteilt?
4. Beschreiben Sie die Unterschiede zwischen dem WIG-Schweißverfahren und dem MIG- und MAG-Verfahren.
5. Geben Sie die für Kehlnähte überschläglichen minimalen und maximalen Abmessungen in Abhängigkeit von der Bauteildicke an.
6. Beschreiben Sie, welche Angaben auf dem Schweißsymbol in **Bild 1** stehen können, und geben Sie für jede Nummer ein Beispiel an.
7. Benennen Sie die Bestandteile a) bis c) des Schweißsymbols in **Bild 1**.
8. In welchem Fall wird bei einer Stumpfnaht die Nahtdicke angegeben?
9. Zeichnen Sie das Nahtsymbol für eine durchgehende HV-Naht, die mit Gegenlage geschweißt wird. Beide Bauteile haben die gleiche Materialstärke.

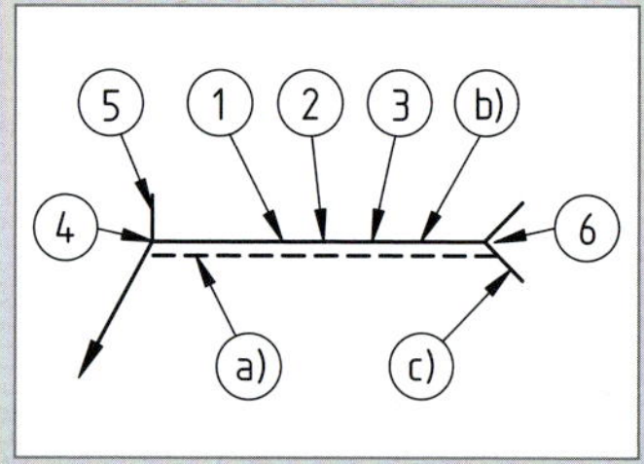

Bild 1: Bild zu Aufgabe 6 und 7

10. a) Erstellen Sie die Einzelteilzeichnungen für die in **Bild 2** dargestellte Baugruppe Lagerbock. (Nur eine Hälfte der symmetrischen Baugruppe ist dargestellt.)
    b) Zeichnen Sie den dargestellten Lagerbock (nur eine Hälfte der symmetrischen Baugruppe ist dargestellt) als Schweißgruppenzeichnung und tragen Sie die erforderlichen Angaben zum Schweißen ein. Erstellen Sie eine Stückliste der Baugruppe und legen Sie geeignete Werkstoffe und Halbzeuge fest. Für die Schweißnähte gilt Bewertungsgruppe C.
    c) Erstellen Sie die Fertigungszeichnung für die nach dem Schweißen durchgeführte spanende Bearbeitung der Baugruppe.

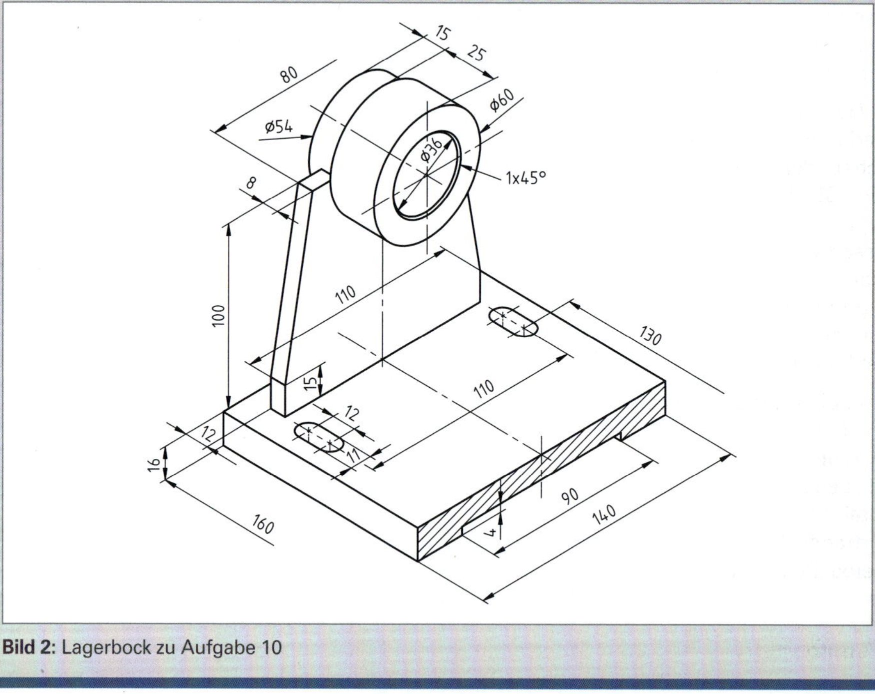

Bild 2: Lagerbock zu Aufgabe 10

9.14 FORM- UND LAGETOLERANZEN

In der Konstruktion werden die einzelnen Bauteile aus ihrem Zusammenwirken mit den anderen Komponenten der Baugruppen heraus entwickelt. Dabei wird ihre Gestalt als geometrisch exakt und ideal **(Bild 1a)** angenommen. Werden sie jedoch hergestellt, weichen die Oberflächen, Formen und Maße von der idealen Gestalt ab. Dies geschieht durch Einflüsse der Fertigung, wie Werkzeugverschleiß, Spannkräfte, Maschinenabweichungen u. a. Damit die Funktion der gesamten Baugruppe erfüllt wird, ist es notwendig, die zulässigen Abweichungen für die einzelnen Bauteile abzuleiten. Der Konstrukteur muss diese gesamten zulässigen Abweichungen eines Bauteils in geometrischen Spezifikationen wie Maßen, geometrischen Formanforderungen und Oberflächenbeschreibungen darlegen. Neben den Maßen und ihren Toleranzen spielen für die Funktion der Bauteile die Form- und Lageabweichungen eine wichtige Rolle.

Prismatische Werkstücke bestehen aus einer Vielzahl von Standardgeometrieelementen wie Zylinder, Kegel, Kugel und Ebene **(Bild 1b)**.

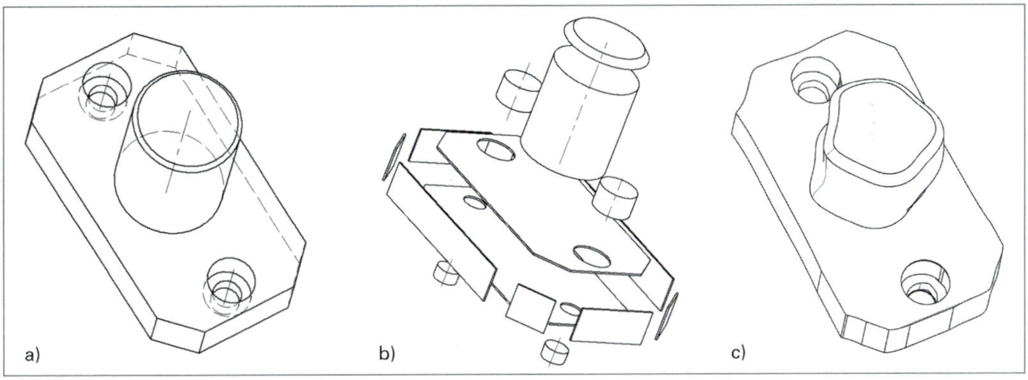

Bild 1: a) Ideales Werkstück (CAD), b) Standardgeometrieelemente, c) reales Werkstück mit Abweichungen

Diese Elemente weichen am realen Werkstück von ihrer idealen Form ab. Diese Abweichungen werden als Formabweichungen bezeichnet. Beim dargestellten Lagerzapfen in **Bild 1c)** sieht man typische Formabweichungen übertrieben dargestellt:

Der Durchmesser des Zylinders ist unrund, nicht gerade und bestimmt nicht zylindrisch. Auch die Flächen der Auflage sind weder gerade noch eben. Ob das Bauteil so seine Funktion in der Baugruppe erfüllen kann, ist ungewiss, deshalb müssen die Grenzen seiner Formabweichungen bestimmt werden. Dazu muss immer die gesamte Baugruppe betrachtet werden. Aus **Bild 2** erkennt man seine Funktion und kann so die erforderlichen Funktionsgrenzen ableiten.

Der Zapfen des Zylinders muss rund und gerade sein, damit die Lagerbuchse (Pos 4) montiert werden kann. Ebenso sollte die Anlagefläche gerade und eben sein, damit der Lagerzapfen am anderen Bauteil sicher anliegt und die auftretenden Kräfte übertragen kann. Der Auflagebereich der Gleitscheibe (Pos 2) muss eben sein.

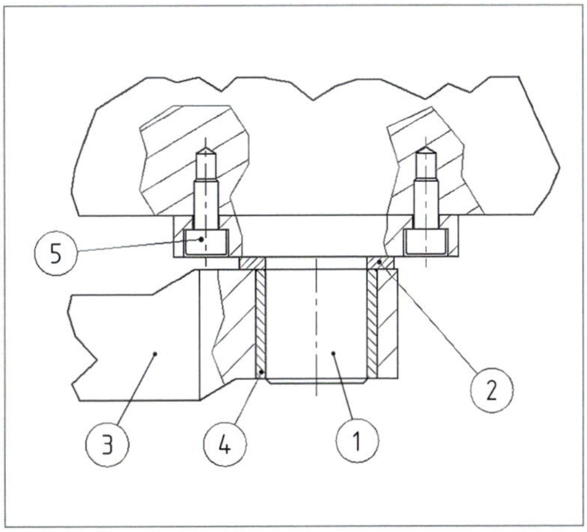

Bild 2: Lagerzapfen (Pos 1) in der Baugruppe

Formtoleranzen begrenzen immer einzelne Geometrieelemente eines Körpers.

Zu diesen Anforderungen muss der Zapfen rechtwinklig stehen, damit die Schwenkstange (Pos 3) gedreht werden kann. Auch die Schraubenauflageflächen sollten parallel zur Auflagefläche des Lagerzapfens stehen, um eine einwandfreie Montage zu gewährleisten.

Diese Forderungen beziehen sich auf andere Geometrieelemente des Bauteils und werden als **Lagetoleranzen** bezeichnet.

Lagetoleranzen sind bezogene Toleranzen, da sie sich immer auf Bezugselemente eines Werkstücks beziehen. Dies können Bezugsflächen, Bezugsachsen oder Bezugssysteme sein.

9.14.1 | FORMTOLERANZEN

Bei den Formtoleranzen nach DIN EN ISO 1101 **(Tabelle 1)** werden unterschieden:

- **Flachformtoleranzen** zur Angabe der Abweichungen für gerade Kanten, Achsen, Mantellinien von Zylindern oder ebenen Flächen.
- **Rundformtoleranzen** für die Beschreibung ringförmiger Toleranzzonen bei Zylinder und Kegel.
- **Profiltoleranzen** zur Definition der Form und des Toleranzbereiches von Flächen oder Profillinien. Sie ermöglichen die Tolerierung ganzer Linienzüge, wie z. B. eines Sonderwerkzeugs zum Senken oder Freiformflächen in der Kunststoffindustrie bzw. im Automobilbau.

Ein wichtiger Anwendungsbereich der Profiltoleranzen ist die Spezifizierung von **Stufenmaßen** (nach ISO 14405-2). Die Angabe von Profiltoleranzen macht die Zeichnungen eindeutig und erlaubt damit auch eine wiederholbare Messung (Verifizierung) der Spezifikationen.

Tabelle 1: Formtoleranzen

Art	Gruppe	Symbol	Bezeichnung	Zeichnungsangabe	Zeichen Toleranz	Zeichen Abweichung
Formtoleranzen	Flachformtoleranzen	—	Geradheit	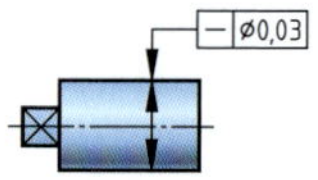	t_G	f_G
		▱	Ebenheit	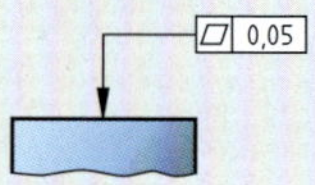	t_E	f_E
	Rundformtoleranzen	○	Rundheit (Kreisform)	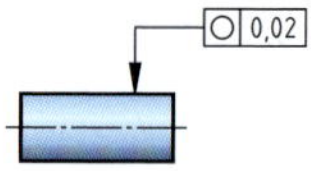	t_K	f_K
		⌭	Zylindrizität (Zylinderform)	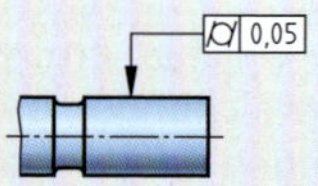	t_Z	f_Z
Profiltoleranzen	Profiltoleranzen	⌒	Linienprofil	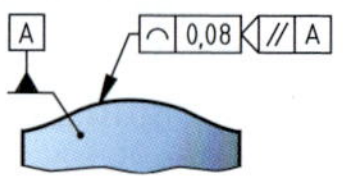	t_{LP}	f_{LP}
		⌓	Flächenprofil	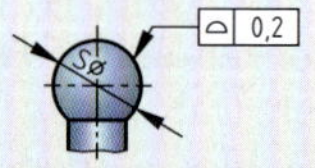	t_{FP}	f_{FP}

Anwendungsbeispiel Lagerzapfen

Der Zapfen **(Bild 1)** muss gerade und rund sein.

Die **Rundheitstoleranz** fordert eine ringförmige Toleranzzone mit dem Abstand 0,04 mm. In diesem Bereich muss die tatsächliche Form des Kreises an jedem beliebigen Schnitt des Zylinders liegen. Die **Geradheit** jeder Mantellinie des Zapfens muss innerhalb zweier Geraden mit dem Abstand 0,05 mm liegen (**Angabe a**).

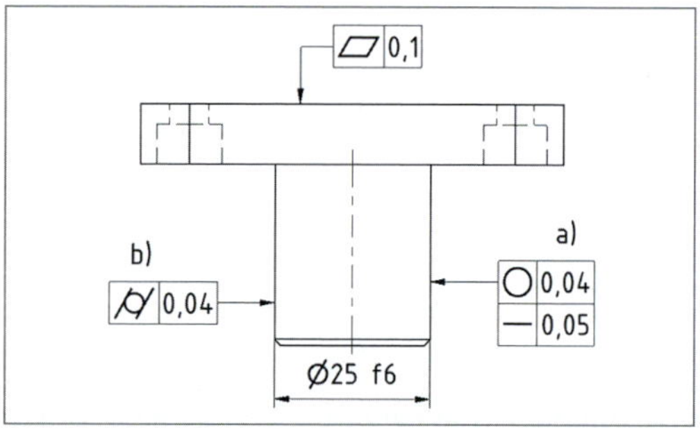

Bild 1: Lagerzapfen mit Formtoleranzen

Alternativ könnte man auch für den Zapfen eine **Zylinderformtoleranz** fordern (**Angabe b**). Diese würde eine Toleranzzone in Form eines Hohlzylinders mit der Wandstärke 0,04 bedeuten. Alle gemessenen Punkte des Zapfens müssten sich darin befinden. Eine weitere Möglichkeit, die Formabweichungen zu begrenzen, wäre die Forderung der Hüllbedingung für den Zylinderdurchmesser 25 f6 mit dem Symbol Ⓔ.

Die Anschraubfläche des Lagerzapfens muss eben sein.

Die **Ebenheit** 0,1 bedeutet, dass sich die tatsächliche Fläche zwischen zwei Ebenen mit dem Abstand 0,1 mm befinden muss. Eine Lage dieser Fläche zu anderen Elementen des Lagerzapfens ist dabei nicht gefordert.

Kennzeichnung

Die unterschiedlichen Toleranzarten werden mit Kurzzeichen gekennzeichnet. Der Buchstabe *t* wird für die Toleranzart und der Buchstabe *f* für die jeweilige Abweichung benutzt. Mit Indizes wird die jeweilige Toleranzart angegeben, z. B. für die Positionstoleranz t_{PS} und deren Abweichung f_{PS} **(Tabelle 1)**.

9.14.2 | LAGETOLERANZEN

Bei den Lagetoleranzen wird das tolerierte Element immer in Bezug auf ein Bezugselement, eine Bezugsachse oder auf Bezugssystem toleriert. Die exakte Spezifizierung des tolerierten Elements und des Bezugselements ist beim Eintrag in die Zeichnung und auch bei der Verifizierung (Messung) notwendig, ein Vertauschen führt zu falschen Ergebnissen und Funktionsausfällen.

Bei den Lagetoleranzen werden unterschieden:

- **Richtungstoleranzen,** die die Orientierung der tolerierten Geometrieelemente zu den bezogenen Elementen beschreiben **(Tabelle 1)**. Führungsbahnen an Maschinen oder Adapterplatten an Werkzeugaufnahmen müssen parallel sein. Der Aufnahmetisch einer Ständerbohrmaschine muss rechtwinklig zum Maschinenständer stehen. Die Winkelnut eines Prüfprismas muss mit einer tolerierten Neigung zu der Aufstellfläche stehen, genauso wie eine Schneidplattenaufnahme an einem Messerkopf zum Fräsen eine bestimmte Neigung benötigt.
- **Ortstoleranzen** legen einen bestimmten Bereich fest, in dem sich das tolerierte Element befinden muss. Die **Position** einer Bohrung zu einem Bezugselement kann durch runde, quadratische oder rechteckige Toleranzzonen beschrieben werden. Als Abstandsmaße dienen **TED (theoretisch genaue Maße)** ohne Toleranzangaben, die mit rechteckiger Umrahmung

Tabelle 1: Lagetoleranzen

Art	Gruppe	Symbol	Bezeichnung	Zeichnungsangabe	Zeichen Toleranz	Zeichen Abweichung
Lagetoleranzen	Richtungstoleranzen	//	Parallelität	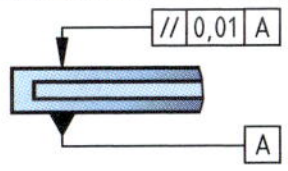	t_P	f_P
		⊥	Rechtwinkligkeit	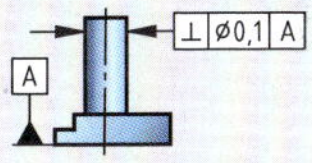	t_R	f_R
		∠	Neigung	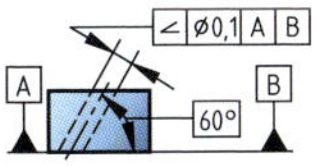	t_N	f_N
	Ortstoleranzen	⌖	Position	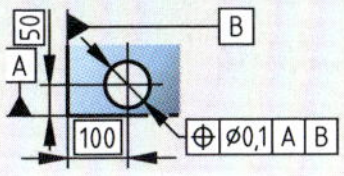	t_{PS}	f_{PS}
		◎	Koaxialität Konzentrizität	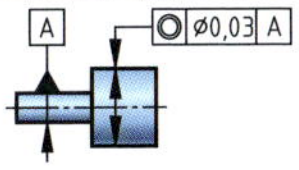	t_{KO}	f_{KO}
		⌯	Symmetrie	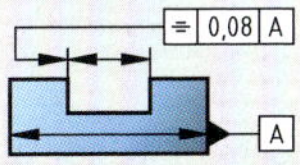	t_S	f_S
	Lauftoleranzen	↗ radial	Lauf Rundlauf	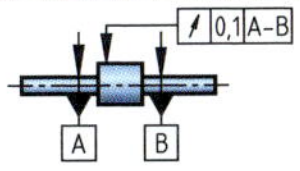	t_L	f_L
		⌰ radial	Gesamtlauf Rundlauf	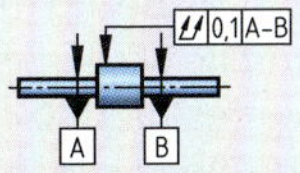	t_{LG}	f_{LG}

gekennzeichnet sind. Die **Koaxialität** einer abgeleiteten Mittelachse eines Zylinders zum Bezugselement liegt innerhalb eines Zylinders mit dem Durchmesser des Toleranzwertes. Die **Symmetrietoleranz** legt dagegen eine Toleranzzone zwischen zwei Ebenen mit Abstand des Toleranzwertes fest.

- **Lauftoleranzen** spezifizieren den Rund- bzw. Planlauf eines tolerierten Geometrieelements zu einer Bezugsachse. Das Werkstück wird dabei während der Messung um diese Bezugsachse gedreht. Ausgehend von der Messmethode wird unterschieden zwischen dem einfachen Lauf und dem Gesamtlauf.

Lagetoleranzen beziehen sich immer auf ein anderes Geometrieelement, einen Bezug.

Formtoleranzen beziehen sich auf das tolerierte Geometrieelement, wobei die Toleranzzone ein Abstand zwischen Linien oder Flächen ist.

Die Welle in **Bild 1** ist mit unterschiedlichen Lauftoleranzen versehen. Als Bezug dient die gemeinsame, aus beiden Lagerdurchmessern 20 k6 abgeleitete Achse. Für den Lagerdurchmesser wird jeweils die Hüllbedingung Ⓔ und damit eine Prüfung mit Lehren gefordert. Die Lauftoleranz am Durchmesser 18 k6 bedeutet, dass an jedem beliebigen Schnitt die Abweichung bei einer Umdrehung maximal 0,1 betragen darf. Eine Geradheit des Zylinders ist damit nicht gefordert, sie wird jedoch durch die Hüllbedingung Ⓔ eingeschränkt. Die Gesamtlauftoleranz des Durchmessers 30 k6 ergibt als Toleranzzone einen Hohlzylinder mit der Wandstärke 0,08. Innerhalb dieses Hohlzylinders müssen alle erfassten Messpunkte liegen. Die Messung des Gesamtlaufes fordert, dass der Taster während einer Umdrehung der Welle über den gesamten Zylindermantel verfahren wird. So werden auch Geradheitsabweichungen mitberücksichtigt.

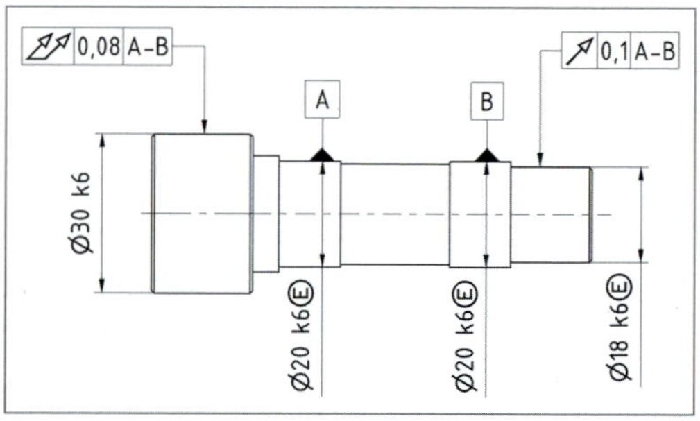

Bild 1: Welle mit Lauftoleranzen

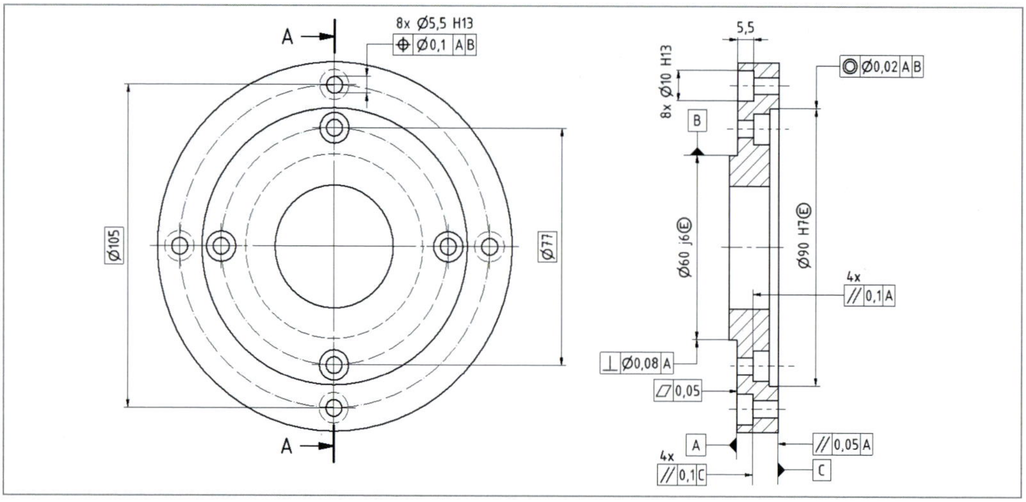

Bild 2: Adapterflansch mit Lagetoleranzen

Der Adapterflansch **(Bild 2)** dient zum Verbinden von Bauteilen mit unterschiedlichen Zentrierungen. Bezug A liegt großflächig an. Die Zentrierung erfolgt durch die Achse des Durchmessers 60. Beide Elemente dienen auch als Bezug für die Positionsangaben der Bohrbilder mit den Senkungen. Das Fluchten der beiden Anbauteile wird mit der Koaxialitätstoleranz und den Bezügen A und B bestimmt. Zudem begrenzt die Parallelitätstoleranz die Winkelabweichung der beiden Anbauteile. Die Durchmesser der Teilkreise für die Bohrungen sind umrahmt und damit als TED (theoretisch genaue Maße) gekennzeichnet.

9.14.3 I MODELL FÜR GEOMETRISCHE SPEZIFIKATION UND PRÜFUNG – ISO 17450

Um geometrische Spezifikationen zu verstehen und eindeutig zu beschreiben, wurde ein Modell entwickelt, das die Zusammenhänge zwischen der Theorie und der Realität und die damit verbundenen Probleme verdeutlicht.

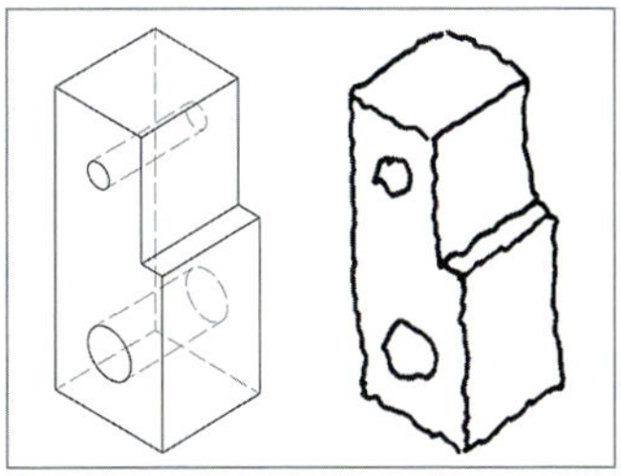

Bild 1: a) Ideales, b) reales Teil

Ausgehend von der Entwicklung einer Baugruppe mit ihren gewünschten Eigenschaften werden vom Konstrukteur die **geometrisch idealen Gestalten der Einzelbauteile** entworfen. Diese bestehen aus **geometrisch idealen Geometrieelementen** wie Gerade, Ebene, Kreis, Zylinder, jeweils mit exakten Maßen ohne die Berücksichtigung möglicher Abweichungen **(Bild 1a)**. In der Praxis können die Bauteile jedoch nicht mit idealer Gestalt und ohne Abweichungen hergestellt werden, d. h., sie haben eine reale, nicht ideale Form und ihre Maße entsprechen nicht den exakten Werten **(Bild 1b)**. Deshalb müssen die **Grenzen der realen Abweichungen** vom Konstrukteur unter dem Aspekt der **Funktionsgrenzen** bestimmt und durch **Spezifikationen** von Form, Lage und Maßen in der Zeichnung festgelegt werden.

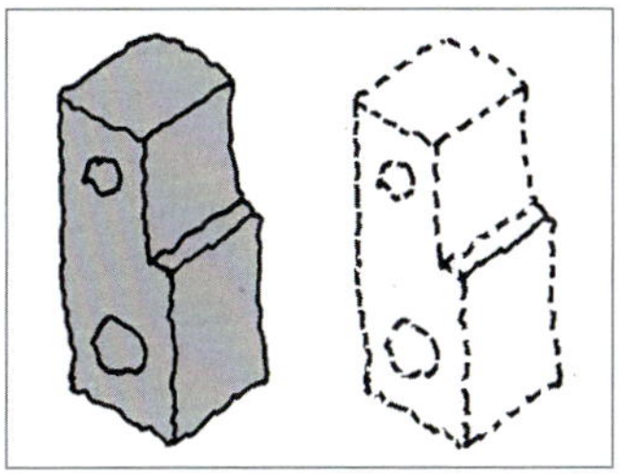

Bild 2: a) Reales, b) erfasstes Teil

Die reale Oberfläche des Bauteils besteht aus einer sehr großen Zahl geometrischer Elemente wie Punkte, Flächen oder Volumina und kann praktisch nie zu 100 % messtechnisch erfasst werden.

So können zum Beispiel die tatsächlichen Werkstückkanten durch taktiles (berührendes) Messen nicht erfasst werden. Es ist auch nicht möglich, die vollständige Oberfläche einer Bohrung zu ermitteln. Außerdem würde eine vollständige Erfassung aller Elemente in vielen Fällen zu unwirtschaftlich langen Messzeiten führen, die Genauigkeit jedoch nicht wesentlich erhöht. **Bild 2** verdeutlicht dies: Die reale Oberfläche (a) besteht aus unendlich vielen Punkten und kleinsten Flächen und wird nur teilweise durch die Messung erfasst (b). An diesen erfassten Elementen wird nun die Überprüfung (Verifikation) des Bauteiles durchgeführt. In den meisten Fällen wird dieses **erfasste, nicht ideale Oberflächenmodell** in einzelne, integrale („zusammenhängende") Geometrieelemente zerlegt **(Bild 3)**.

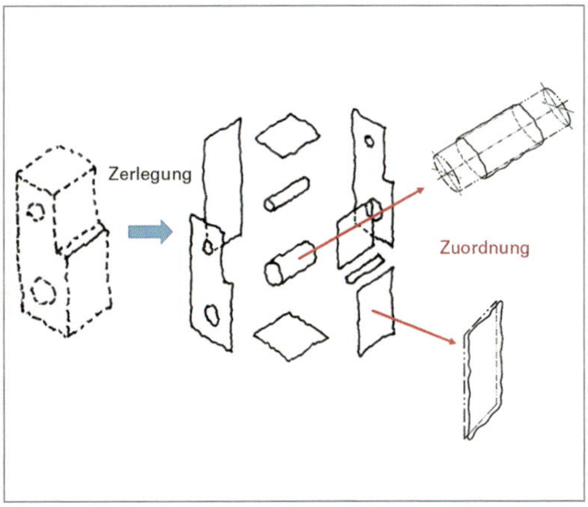

Bild 3: Zerlegung und Zuordnung von Geometrie

> Reale Werkstückoberflächen unterscheiden sich durch **Form- und Lageabweichungen** von den idealen Oberflächen. Die zulässigen Grenzen werden durch **Spezifikationen** festgelegt.

Den realen Geometrieelementen werden ideale Geometrieelemente mit exakter geometrischer Form zugeordnet. Die **Zuordnung (Assoziation)** muss nach bestimmten Kriterien erfolgen, die in mathematischen Formeln festgelegt sind. So wird bei einer Fläche z. B. mit dem **Zuordnungskriterium** nach Gauß eine Ebene bestimmt, die so zwischen den Messpunkten der realen Ebene liegt, dass der Abstand jedes einzelnen Punktes zu dieser Ebene minimiert ist. Das bedeutet, es gibt Punkte, die vor der Ebene liegen, und Messpunkte, die dahinter liegen. Andere **Assoziationskriterien** sind **Pferch-** oder **Hüllbedingung** oder auch die **Minimax-Bedingung** nach Tschebyschew.

So wird einer Bohrung ein Zylinder mit der Pferchbedingung („global max" (GX)) zugeordnet, was dem größtmöglichen Zylinder entspricht, der gerade noch in die reale Bohrung passt. Dazu berechnet die Software den größtmöglichen Zylinder, der an 3 Messpunkten anliegt. So ist bei einem Paarungsmaß sichergestellt, dass das Gegenstück in die Bohrung passt.

Für die Welle ist das Zuordnungskriterium das Hüllelement („global min" (GN)), das den kleinstmöglichen Zylinder um das Element ermittelt und wiederum 3 Messpunkte einschließt (Hüllbedingung).

Assoziationskriterien legen fest, wie Messpunkte mathematisch mit dem zugeordneten, idealen Geometrieelement zusammenhängen.

Von den zugeordneten idealen Geometrieelementen können Situationselemente wie z. B. Geraden (Achsen), Punkte (Mittelpunkte) und Ebenen abgeleitet werden, die die Lage und die Richtung der zugeordneten Geometrieeleemente bestimmen. Die Achse des Zylinders in **Bild 1** definiert seine Orientierung im Raum. Um zusätzlich seine genaue Lage zu bestimmen, lässt man den Zylinder mit einer Ebene schneiden, die der realen Vorderseite des Werkstücks zugeordnet ist. Der entstehende Schnittpunkt kann zum Vergleichen mit den Zeichnungsangaben dienen.

Damit das Bauteil seine Funktion vollständig erfüllt, müssen die Spezifikationen eindeutig und vollständig sein (Grundsatz der Funktionsbeherrschung). Auf eine normkonforme Zeichnungseintragung muss deshalb geachtet werden.

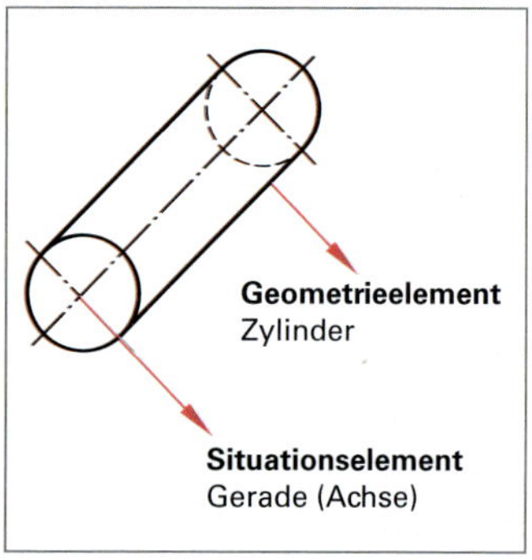

Bild 1: Situationselement

9.14.4 | ZEICHNUNGSEINTRAGUNG UND SYMBOLE (ISO 1101:2017)

Toleranzindikator

Die Eintragung der geometrischen Toleranzen erfolgt durch Toleranzindikatoren und bei Bedarf durch Bezüge.

Der **Toleranzindikator (Bild 2)** besteht mindestens aus 2 und maximal aus 5 Feldern. Im **Symbolfeld** (erstes Feld) wird das genormte Symbol der geometrischen Toleranz eingetragen. Im zweiten Feld werden die Toleranzzone, das Geometrieelement und das Merkmal spezifiziert. Im nebenstehenden Beispiel ist die Toleranzzone ein Zylinder mit dem Durchmesser 0,03 mm. Aufgrund der Angabe des Durchmessersymbols (∅) ist das Geometrieelement die Achse des tolerierten Elements (z. B. Achse einer Bohrung). Für Lagetoleranzen wird zusätzlich mindestens ein weiteres Feld für die bezogenen Elemente benötigt. Sind in einem Bezugsfeld mehrere Buchstaben mit Bindestrich aufgeführt, wird damit der **gemeinsame Bezug** definiert. Der Toleranzindikator wird durch einen Pfeil an dem jeweiligen tolerierten Element **(Bild 3)** angegeben. Zum Toleranzindikator können optional Hinweise an verschiedenen Stellen angebracht werden:

- **Ebenen-** und **Geometrieelementangaben** (grün im Bild)
- **angrenzende Angaben** (blau im Bild)

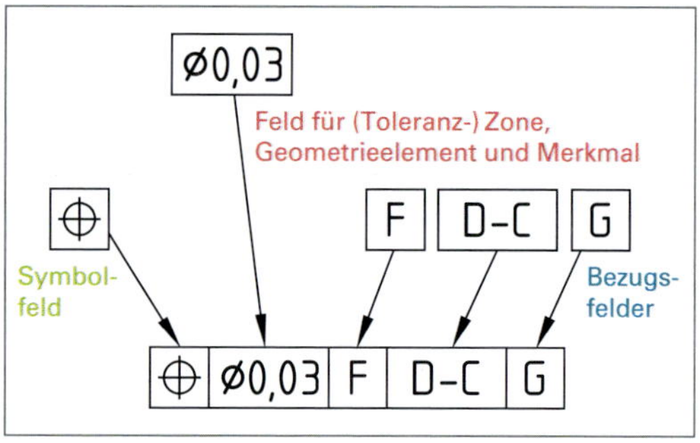

Bild 2: Toleranzindikator

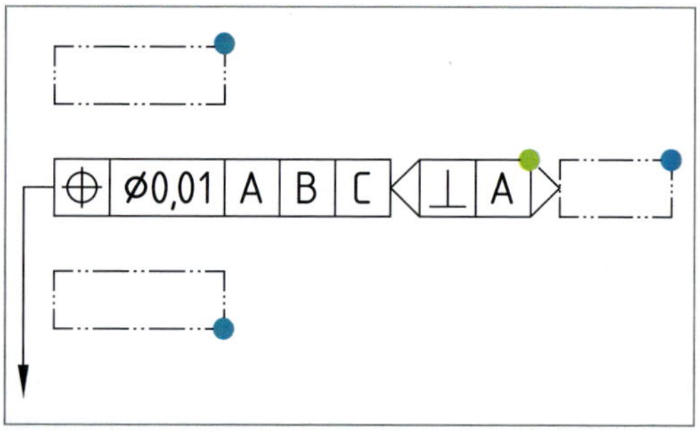

Bild 3: Toleranzindikator, zusätzliche Angaben

Sind mehrere Indikatoren für Ebene und Geometrieelemente an einem Toleranzindikator notwendig, gilt folgende Reihenfolge für deren Angabe:

1. **Schnittebenen-Indikator**
2. **Orientierungsebenen**- oder **Richtungselement-Indikator**
3. **Kollektionsebenen-Indikator**

In **Bild 1** ist ein Toleranzindikator mit zusätzlichen Angaben und einem Hinweispfeil auf der rechten Seite dargestellt. Dabei wurden beispielhaft ein Orientierungsebenen-Indikator sowie angrenzende Angaben zur Anzahl (8×), zum Durchmesser der Bohrungen sowie zu den zusätzlich geforderten Hüllbedingungen eingetragen.

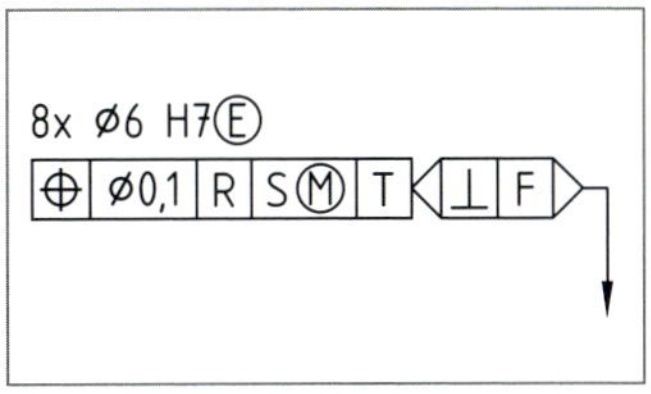

Bild 1: Angrenzende Angaben

Soll die Referenz- und Hinweislinie mit Pfeil an der rechten Seite angegeben werden, gilt folgende Reihenfolge (von links):

- zuerst der Toleranzindikator,
- dann rechts davon die Ebenen- und Geometrieangaben,
- anschließend die Referenz- und Hinweislinie mit Pfeil.

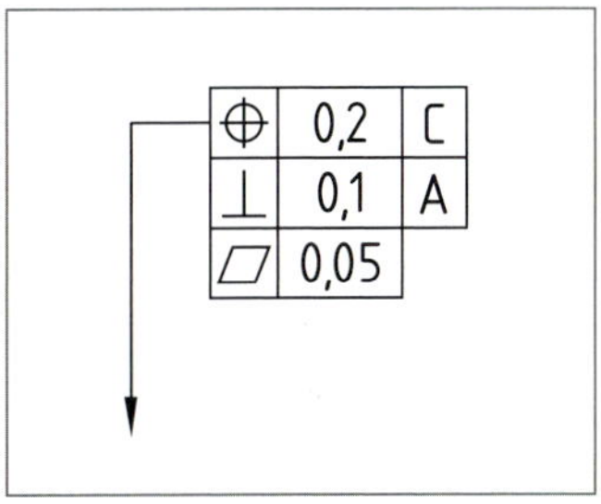

Bild 2: Gestapelte Toleranzen

Sind mehrere geometrische Toleranzen einem Geometrieelement zugeordnet **(Bild 2)**, können diese zusammengefasst werden. Dabei sollten die Toleranzwerte nach unten hin abnehmen. Die Referenz- und Hinweislinie darf platzabhängig links oder rechts mittig am Toleranzindikator angebracht werden, jedoch nicht die Verbindungslinie der Toleranzindikatoren verlängern.

Der **Toleranzindikator** besteht aus mehreren Feldern und umfasst neben dem Symbol für die geometrische Spezifikation Angaben zur Form und Größe der Toleranzzone sowie zum Geometrieelement. Bei Lagetoleranzen sind außerdem Angaben zu den Bezugselementen eingetragen.

Tolerierte Elemente

Tolerierte Elemente sind die Geometrieelemente, für die eine Spezifikation gilt. Dies können integrale Elemente oder abgeleitete Geometrieelemente sein. Die Unterscheidung erfolgt durch die Positionierung des Hilfspfeils in der Zeichnung.

Soll das tolerierte Element ein **integrales Geometrieelement**, eine **Linie, Ebene, Zylinderfläche** usw., sein, ist der Hinweispfeil direkt auf diese oder eine Maßhilfslinie zu stellen **(Bild 3)**. Im Fall der Stirnfläche der Senkung ist die tolerierte Fläche in der Ansicht sichtbar. Dann kann auf eine zusätzliche (Schnitt-)Ansicht verzichtet werden, indem eine Hinweislinie mit ausgefülltem Punkt eingezeichnet wird. Auf diese Hinweislinie zeigt der Toleranzindikator. Diese Methode ist auch bei verdeckten Flächen anwendbar, dann ist die Hinweislinie unterbrochen und der Punkt ist nicht ausgefüllt. Gegebenenfalls müssen für die Eindeutigkeit zusätzliche Ebenen-Indikatoren hinzugefügt werden.

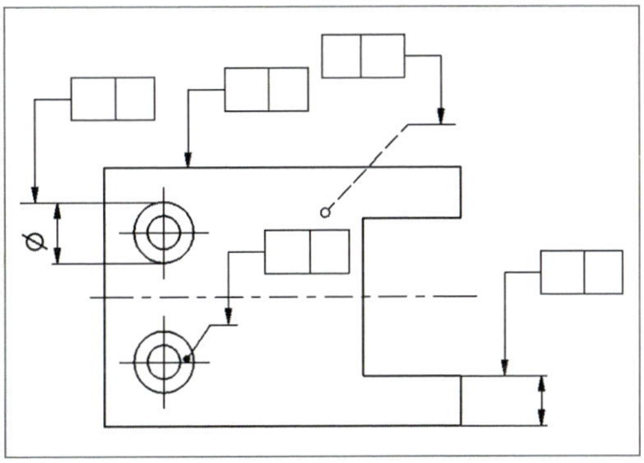

Bild 3: Tolerierte integrale Geometrieelemente

Integrale Geometrieelemente gehören zur wirklichen (realen) Werkstückoberfläche oder sind durch Zerlegung des Oberflächenmodells entstanden.

Sollen **abgeleitete Elemente** wie Mittelachse, Mittelebene usw. toleriert werden, muss der Hinweispfeil direkt in **Verlängerung** der **Maßlinien** stehen.

In **Bild 1** sind die tolerierten Elemente die Mittellinie der Bohrung, die Mittenebene der Nut bzw. die Mittelebene der Höhe des Werkstücks.

Hinweis: Das Maß der Bohrungssenkung kann auch als angrenzende Angabe an den Toleranzindikator eingetragen werden.

Abgeleitete Geometrieelemente beziehen sich entweder auf das Nenngeometrieelement, ein zugeordnetes Geometrieelement oder ein erfasstes Geometrieelement.

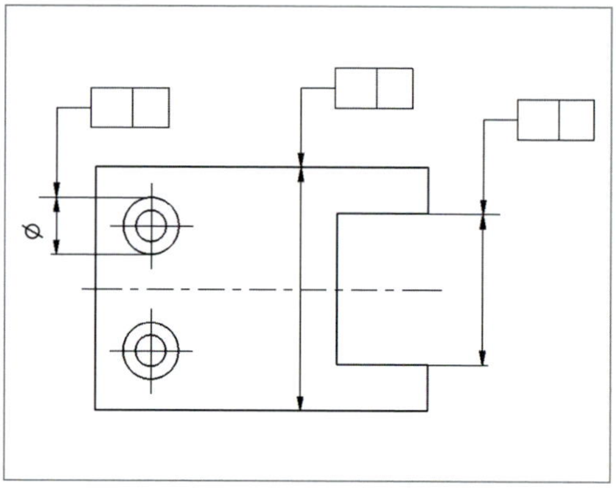

Bild 1: Abgeleitete tolerierte Elemente

Abgeleitete Geometrieelemente sind auf der wirklichen (realen) Oberfläche des Werkstücks nicht vorhanden. Sie werden von anderen Geometrieelementen abgeleitet.

Bezüge

Bezüge werden aus **Bezugselementen** gebildet. Sie stellen die angrenzenden Teile der Baugruppe als geometrisch ideale Geometrieelemente dar.

Sie können wie die tolerierten Elemente aus Größenmaßelementen oder aus einzelnen Geometrieelementen abgeleitet werden. Die Eintragung kann mit ausgefüllten oder nicht ausgefüllten Dreiecken und Buchstaben erfolgen **(Bild 2)**.

Stehen die Bezugsdreiecke in Verlängerung zu einer Maßlinie, ist die abgeleitete Mittenebene oder die Mittellinie der Bezug (Bezüge G und E in **Bild 2**).

Sitzt das Bezugsdreieck hingegen auf einer Linie, Fläche oder einer zugehörigen Maßhilfslinie, ist das integrale Geometrieelement, die Fläche oder Linie, gemeint. Wie bei den tolerierten Elementen können auch Flächen in der Draufsicht oder als verdeckte Flächen mithilfe einer Hinweislinie als Bezug spezifiziert werden. Dabei gilt:

- volle, durchgezogene Linie und ausgefüllter Punkt bei sichtbarer Fläche,
- gestrichelte Bezugshilfslinie und unausgefüllter Punkt bei verdeckter Fläche.

Es ist auch möglich, ein spezifiziertes toleriertes Element als einen Bezug auszuweisen. Dann muss das Bezugsdreieck im 2. Feld (Zonenfeld) angebracht werden (Bezüge B und D in **Bild 2**).

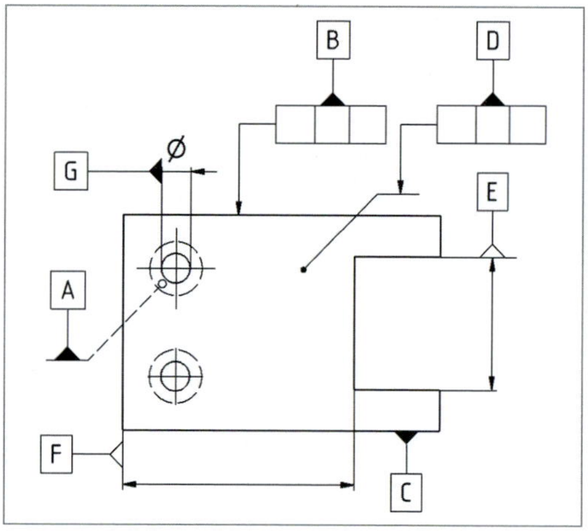

Bild 2: Integrale und abgeleitete Bezüge

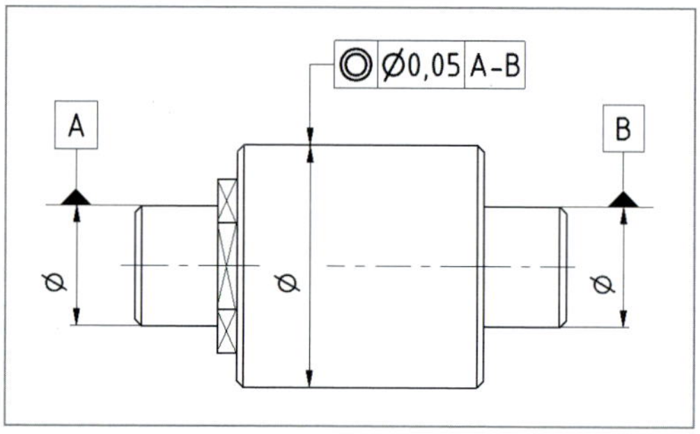

Bild 3: Gemeinsamer Bezug

Sollen mehrere Geometrieelemente zusammen einen gemeinsamen Bezug bilden, wird dies im Toleranzindikator zusammen, mit Bindestrich getrennt, eingetragen **(Bild 3)**. Im Beispiel ist der Bezug für die Toleranz der Koaxialität die gemeinsame Achse aus den beiden Zylindern A und B. Dies muss bei der Verifikation (Bauteilprüfung) genauso umgesetzt werden.

In der Zeichnung ist die exakte **Position des Hilfspfeils des Toleranzindikators** auf das tolerierte Element oder die Position des Bezugsdreiecks entscheidend für die Bedeutung und die Überprüfung der jeweiligen **Spezifikation**.

9.14.5 I EBENEN- UND GEOMETRIEANGABEN MIT INDIKATOREN

Damit die Spezifizierung eindeutig und auch in 3D-Ansichten klar zuzuordnen ist, werden verschiedene Indikatoren dem Toleranzindikator angehängt. Dabei wird zwischen Schnittebenen-, Orientierungsebenen-, Richtungselement- und Kollektionsebenen-Indikatoren unterschieden.

Schnittebenen-Indikatoren

Ein **Schnittebenen-Indikator** ist notwendig:

- wenn das tolerierte Element eine Linie auf einer Fläche ist,
- wenn es nicht eindeutig ist, ob die Linie oder die Fläche toleriert ist.

Die unterschiedliche Spezifikation der Geradheit zeigt **Bild 1**. Sie ist mit 0,1 parallel zur Bezugsfläche B und mit 0,2 parallel zur Betrachterebene definiert. Die Parallelität des Absatzes bezogen auf C soll 0,1 mm betragen, die Schnittebene liegt rechtwinklig zu Bezug B. Dieselbe Tolerierung könnte auch mit der Schnittebene parallel zu A erfolgen.

Mit der angrenzenden Angabe 2x sind beide Absätze erfasst, jeder aber für sich allein betrachtet. Wollte man deren gemeinsame Parallelität definieren, würde dies einen Modifikator CZ (gemeinsame Zone) hinter dem Toleranzwert 0,1 im Zonenfeld erfordern.

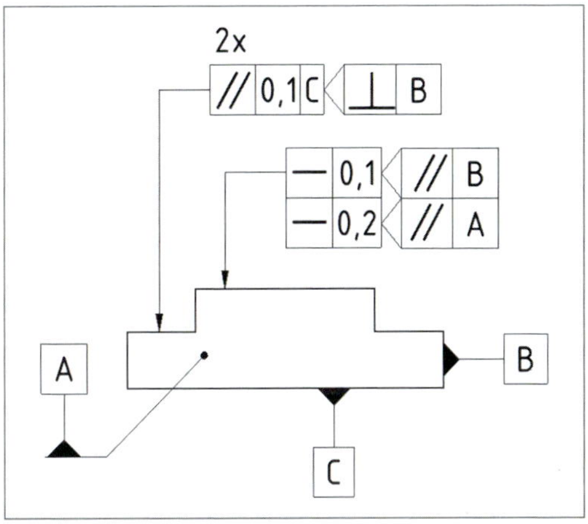

Bild 1: Schnittenebenen-Indikatoren

Ausnahmen bei den Schnittebenen-Indikatoren:

Sie werden nicht bei der Geradheit der Mantellinien von Zylindern oder der Rundheit bei Zylinder, Kugel und Kegel eingetragen.

Tabelle 1 zeigt die möglichen Ausrichtungen und Symbole der Schnittebenen-Indikatoren.

Tabelle 1: Schnittebenen-Indikatoren

Symbol	Ausrichtung
◁ // A	parallel zu A
◁ ⊥ A	rechtwinklig zu A
◁ ∠ A	winklig zu A
◁ ⌯ A	symmetrisch zu A

Orientierungsebenen-Indikatoren

Orientierungsebenen-Indikatoren dienen dazu, die **Orientierung** der **Toleranzzone** festzulegen. Sie müssen angegeben werden,

- wenn das **tolerierte Element** eine **Mittellinie** ist und die **Toleranzzone** durch **parallele Ebenen** definiert wird,
- wenn das **tolerierte Element** ein **Mittelpunkt** ist und die **Toleranz** durch einen **Zylinder** definiert wird.

Nutzbare Orientierungsebenen-Indikatoren sind: Neigung, Rechtwinkligkeit und Parallelität

Für die **Ausrichtung** gilt Folgendes:

- Liegt die **Orientierungsebene** unter einem Winkel von 0° bzw. 90° zum tolerierten Element, wird sie mit **Parallelität** bzw. **Rechtwinkligkeit** spezifiziert.
- Liegt sie unter einem anderen Winkel, muss ihre **Neigung** angegeben werden.

In **Bild 1** soll die Toleranzzone rechteckig und unterschiedlich zu den Bezügen ausgebildet sein. Die Orientierungsebenen definieren diese Ausrichtung und die Weite der Toleranzzone. Die Position der Mittellinie der Bohrung muss waagerecht zwischen zwei Ebenen mit 0,2 mm Abstand liegen und in senkrechter Richtung innerhalb 0,1 mm Abstand. Alle Ebenen stehen jeweils symmetrisch zum theoretisch exakt bemaßten Mittelpunkt der Bohrung.

Würde man hier eine zylindrische Toleranzzone definieren, könnte man dies mit einer Positionstoleranz und ohne Orientierungsebenen realisieren, da diese Angabe eindeutig ist.

Im nebenstehenden Beispiel eines Lagerblechs soll die Achse der kleinen Bohrung parallel zu der Mittelachse der großen Bohrung ausgerichtet sein. Dabei darf die Toleranzzone in verschiedenen Richtungen unterschiedliche Ausmaße haben. In **Bild 2** ist der spezifizierte Toleranzbereich rot eingezeichnet. Innerhalb dieses Bereichs muss sich die Achse der tolerierten Bohrung befinden. Zur maßlichen Festlegung werden theoretisch exakte Maße (TED) ohne Toleranzen verwendet. Orientierungsebenen werden auch zur Spezifizierung der Rechtwinkligkeit einer Achse innerhalb eines durch Ebenen definierten Toleranzbereiches herangezogen.

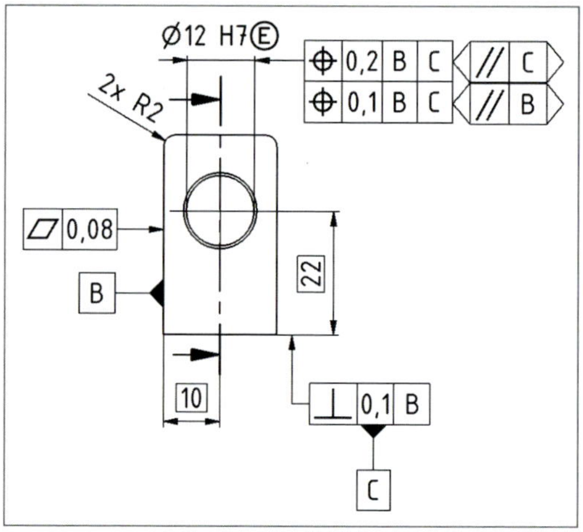

Bild 1: Orientierungsebenen-Indikatoren

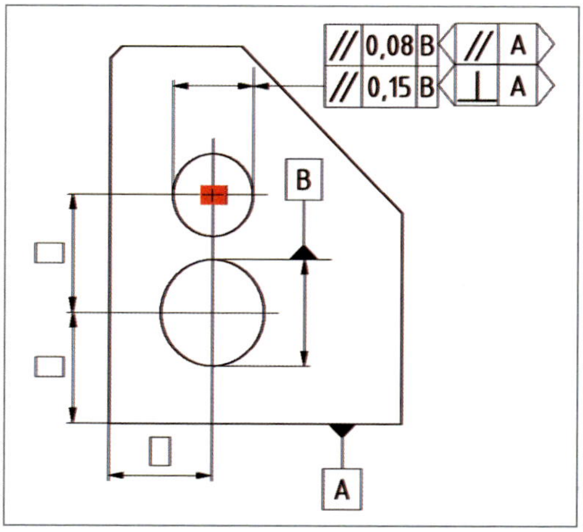

Bild 2: Lagerblech mit Orientierungsebenen

Schnittebenen-Indikatoren steigern die Eindeutigkeit einer Spezifikation.

Orientierungsebenen-Indikatoren legen die Ausrichtung der Toleranzzone fest.

Richtungselement-Indikatoren

Richtungselement-Indikatoren werden immer dann verwendet, wenn das tolerierte Element ein integrales Geometrieelement (z. B. Fläche) ist und die Toleranzzone nicht senkrecht zu ihr steht.

Bei Rundheitsangaben, außer bei Zylinder- oder Kugelformen, muss der Richtungselement-Indikator stets angegeben werden.

Einsetzbare Richtungselemente sind: Lauf, Rechtwinkligkeit, Parallelität und Neigung.

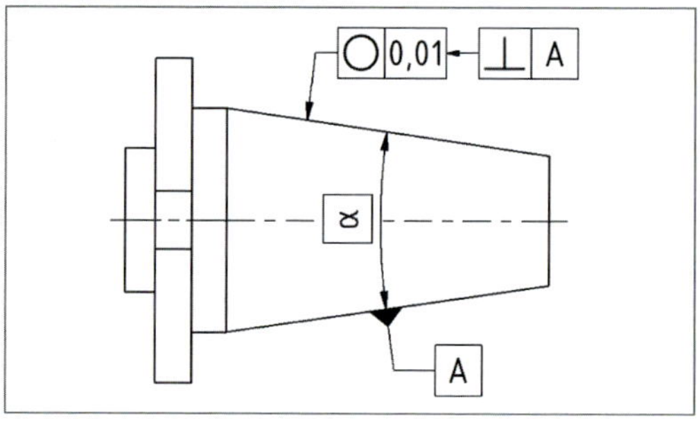

Bild 3: Werkzeugkegel

In **Bild 3** soll die Rundheit des Werkzeugkegels beschrieben werden. Da die Toleranzzone standardgemäß rechtwinklig zum tolerierten Geometrieelement (hier die Kegelmantelfläche) liegt, müsste die Rundheit rechtwinklig zu dieser gemessen werden. Die eingetragene Spezifikation legt die Rundheitstoleranz mittig zum Kegelwinkel und damit rechtwinklig zur Kegelachse fest, dadurch ist die Messrichtung nun eindeutig. Durch die Winkelangabe als TED kann die Kegelachse als Richtungselement herangezogen werden.

Kollektionsebenen-Indikatoren

Kollektionsebenen müssen bei Verwendung des **Rundum-Zeichens** zur Spezifikation verwendet werden. Mit ihnen werden die einbezogenen Flächen für die Spezifikation ausgewählt. Verwendbare Kollektionsebenen-Indikatoren sind: Neigung, Parallelität, Rechtwinkligkeit und Symmetrie.

In **Bild 1** wird die unterschiedliche Spezifikation eines Profils mit dem Rundum-Modifikator gezeigt. Das Symbol ist ein Kreis an der Hinweislinie der geometrischen Toleranz. Die Flächenprofilangabe der oberen Spezifikation erfasst alle tolerierten Flächen durch eine Kollektionsebene parallel zum Bezug D, also alle Flächen außer den beiden Stirnflächen.

Hinweis: Die Form des Profils wird mit theoretisch exakten Maßen TEDs vollständig spezifiziert.

Der **Modifikator SZ** (engl.: *single zone,* getrennte Zone) verhindert Interpretationsfehler und bedeutet, dass die Toleranzzone jedes einzelnen Geometrieelements für sich allein betrachtet wird.

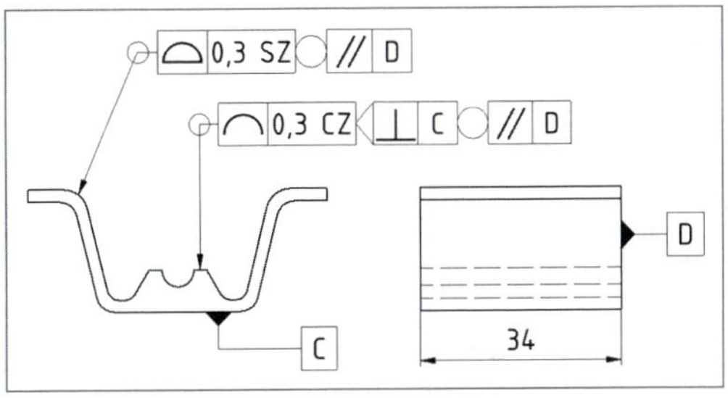

Bild 1: Profil mit Kollektionsebenen

Bei der Angabe der Linienprofiltoleranz wird mit dem Schnittebenen-Indikator zuerst die Lage der Linienprofile definiert. Der Kollektionsebenen-Indikator erfasst dann die tolerierten Flächen.

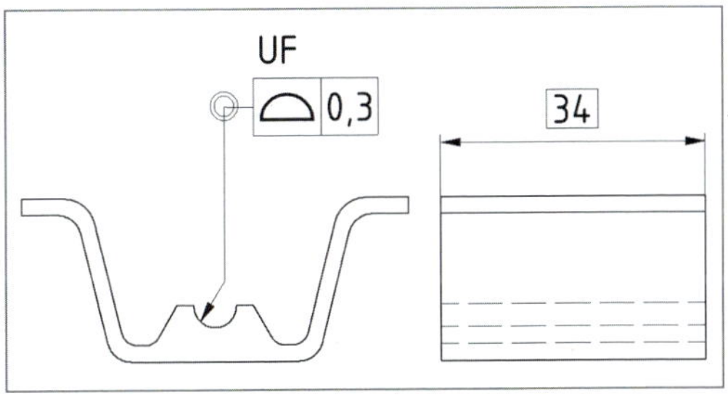

Bild 2: : Profilstück mit Rundherum-Kennzeichnung

Beim **Modifikator CZ** (engl.: *combined zone,* kombinierte Zone) werden die einzelnen Toleranzzonen der Geometrieelemente als eine zusammenhängende Toleranzzone betrachtet.

Eine Möglichkeit, bei einfachen Werkstücken die gesamte Kontur mit einer gemeinsamen Flächenprofiltoleranz zu spezifizieren, ist der **Rundherum-Modifikator.** Dieser erfasst ohne Ausnahme alle Flächen eines Körpers und ordnet den Flächen die Toleranzzone zu. In **Bild 2** wird das Profilstück damit spezifiziert. Schnittebenen oder Kollektionsebenen-Indikatoren brauchen nicht verwendet zu werden.

Modifikator UF (engl.: *united feature,* vereintes Geometrieelement) fasst alle Geometrieelemente zu einem gemeinsamen Geometrieelement zusammen.

Bezieht sich eine Spezifikation nicht auf das vollständige Geometrieelement, wird dies angegeben. Wenn bei Konzentrizität bzw. Koaxialität das abgeleitete Geometrieelement ein Punkt bzw. eine Gruppe von Punkten anstelle einer Mittellinie sein soll **(Bild 3)**, muss ACS (engl: *any cross section,* jeder beliebige Bereich) eingetragen werden. Er definiert in jedem beliebigen Querschnitt der tolerierten Fläche die Konzentrizität, wobei der Bezugspunkt gleichzeitig auch der Mittelpunkt der kreisförmigen Toleranzzone ist.

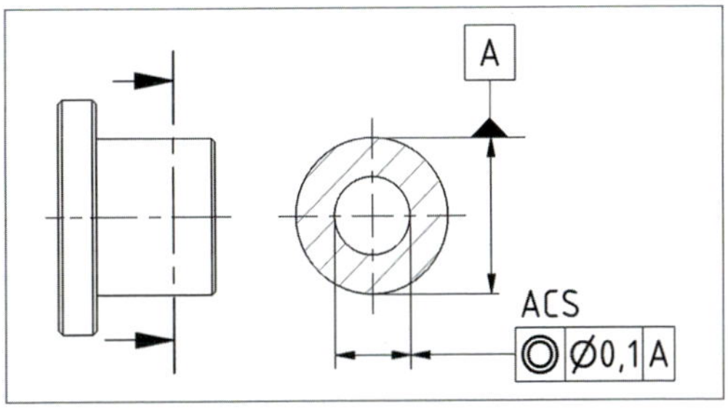

Bild 3: Buchse mit Koaxialitätsangabe

Richtungselement-Indikatoren definieren die Richtung der Toleranzzone, falls diese nicht rechtwinklig zum Geometrieelement steht.

Kollektionsebenen-Indikatoren legen die spezifizierten Flächen eines Körpers fest.

9.14.6 | ANFORDERUNGEN AN BEZUGSELEMENTE

In **Bild 1** sind Beispiele für Bezüge dargestellt. Bezüge können reale Flächen (a), aber auch davon abgeleitete Elemente wie Mittelebenen (e, d) oder Mittelachsen sein. Dabei muss auf die normgerechte Zeichnungseintragung geachtet werden.

Formabweichungen der Bezugselemente beeinflussen die Bildung der Bezüge und damit die Messergebnisse. Da sie nicht durch die Allgemeintoleranzen abgedeckt werden, müssen sie durch separate Formtoleranzen (b) eingegrenzt werden.

Als Regel gilt: Ihre Formabweichungen sollen so klein sein, wie der kleinste, darauf bezogene Toleranzwert.

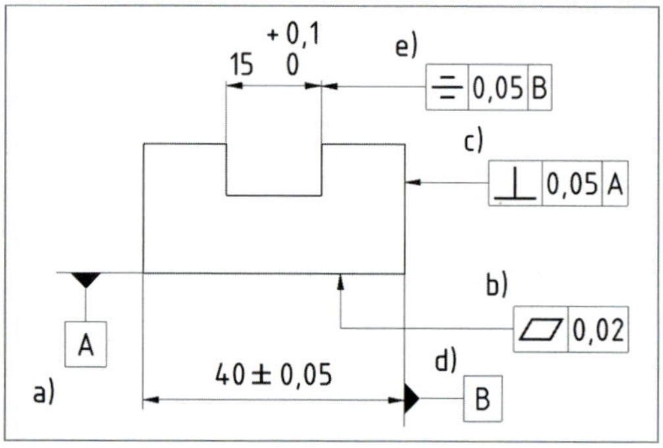

Bild 1: Bezüge an Werkstücken

Bezüge sollten auch ausreichend große Elemente sein, damit ein Ausrichten ohne Kippen möglich ist. In **Bild 1** wird der lange Schenkel anstelle des kurzen Schenkels als Bezug A für die Rechtwinkligkeit (c) verwendet, wodurch eine stabilere Messung möglich ist.

In vielen Fällen ist es sinnvoll, ein Bezugssystem mit Primär-, Sekundär- und Tertiärbezug festzulegen. Dadurch sind alle Freiheitsgrade des Werkstücks blockiert und eine eindeutige Lage ist definiert **(Bild 2a)**.

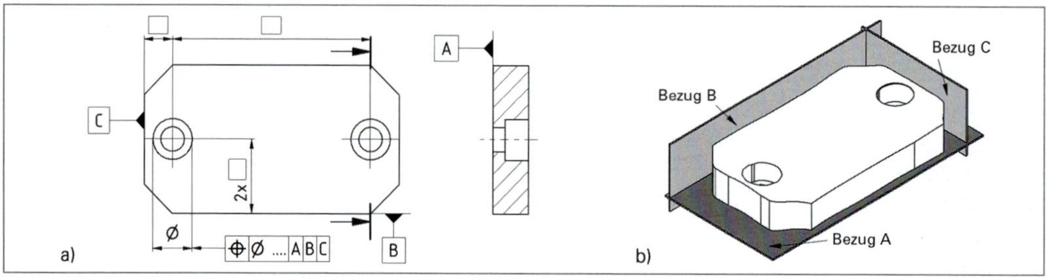

Bild 2: a) Bezugssystem b) reales Werkstück im Bezugssystem

Dieses vollständige Bezugssystem hat den Vorteil, dass man es in allen Phasen der Bauteilentstehung nutzen kann. Legt der Konstrukteur das Bezugssystem frühzeitig aus dem Funktionszusammenhang heraus geschickt fest, kann es für die Programmierung, die Fertigung und das Messen durchgängig verwendet werden. In der Praxis wird das Werkstück auf eine ebene Messplatte aufgelegt (primärer Bezug A), an eine rechtwinklig stehende Platte (sekundärer Bezug B) angelegt und gegen eine auf den beiden Ebenen rechtwinklig stehende Messplatte (tertiärer Bezug C) geschoben **(Bild 2b)**. Alle 3 Bezüge stehen senkrecht zueinander. Die messtechnische Realisierung mit einem **Koordinatenmessgerät (KMG)** erfordert hingegen eine softwareunterstützte Messstrategie.

Bezüge sollen die angrenzenden Bauteile ideal darstellen und selbst wenige Abweichungen haben. Als Richtlinie gilt für die Formabweichungen eines Bezugselements: Sie sollen nicht größer sein als die kleinste auf sie bezogene Toleranz.

Messtechnische Realisierung von Bezügen

Weil Bezüge die angrenzenden Flächen von Baugruppenkomponenten ideal darstellen sollen, müssen sie messtechnisch möglichst vollständig erfasst werden. Die Formabweichungen der realen Bezugsflächen sowie die nicht vollständig erfassbare reale Oberfläche erschweren die Ausrichtung und Bildung eines idealen Bezugselements, sie müssen durch mathematische Berechnungen ausgeglichen werden.

Den erfassten Messpunkten werden ideale Geometrieelemente über ein Zuordnungskriterium zugeordnet. Dies kann nach der Methode der kleinsten Quadrate (Gauß) erfolgen, dann liegt jedoch das zugeordnete Element innerhalb der erfassten Punkte(wolke) im Material und bildet nicht die Einbaubedingungen nach.

Besser geeignet ist das **Minimax-Kriterium nach Tschebyschew.** Dabei wird die Bezugsfläche so berechnet, dass sie die erfassten Messpunkte an der äußeren Oberfläche des Materials berührt **(Bild 1)**.

Zuordnungskriterium für Bezüge ist derzeit standardmäßig das **Minimax-Kriterium (Tschebyschew)**. Bei der Verifizierung mit dem Koordinatenmessgerät ist dieses einzustellen und zu überprüfen.

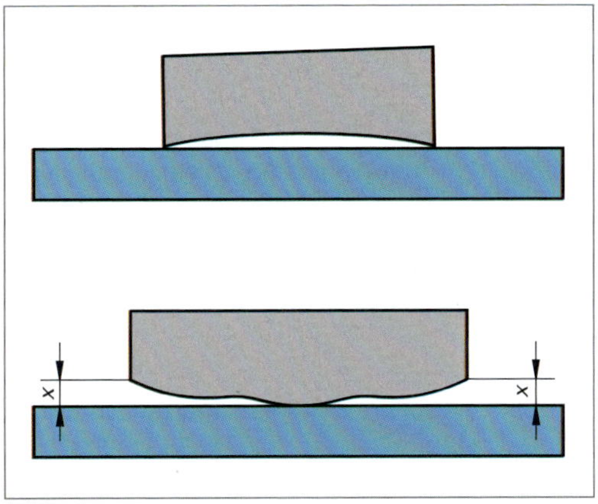

Bild 1: Praktische Bildung von Bezügen

Ist das reale Bezugselement konkav, ist die Ausrichtung relativ einfach. Bei einem konvexen realen Bezugselement muss so ausgerichtet werden, dass der Abstand auf beiden Seiten identisch und gleichzeitig so klein wie möglich ist. Dies kann in der Praxis durch Unterlegen von Ausgleichsplatten erfolgen, in der Software wird es virtuell durch das Minimax-Kriterium festgelegt.

9.14.7 I ANWENDUNGSBEISPIEL

Lagerzapfen

Für die Festlegung der Anforderungen an den Lagerzapfen **(Bild 2)** müssen die Einbaubedingungen aus der Baugruppenumgebung **(Bild 2, Seite 75)** untersucht werden.

Der Zapfen muss rechtwinklig zur Anschraubfläche stehen. Die Ebenheitstoleranz begrenzt die Formabweichungen des Bezugselements. Die abgeleitete Achse des Zapfens dient zur Bestimmung der Position der rechten Bohrung. Deren Mittelachse muss innerhalb eines Zylinders mit Durchmesser 0,1 liegen, der 27 mm von der Zapfenachse entfernt liegt.

Primärer Bezug ist die Anschraubfläche A, die untere Fläche ist der tertiäre Bezug C. Die Positionstoleranz der linken Bohrung bezieht sich auf die rechte Bohrungsachse. So liegen beide Bohrungen relativ symmetrisch und mit kleiner Abstandstoleranz zueinander. Die Parallelitätstoleranz der Senkungsflächen wird der Eindeutigkeit wegen angegeben. Durch die Ausrichtung der Positionstoleranzen am Bezug A ist diese fertigungstechnisch automatisch gewährleistet.

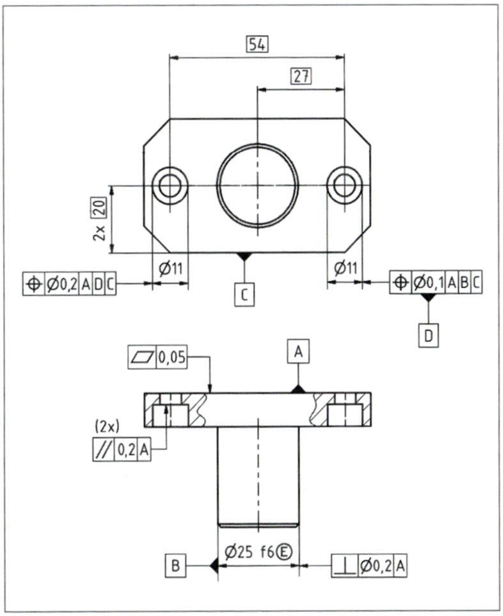

Bild 2: Lagerzapfen mit Lagetoleranzen

Anwendungen der Form- und Lagetoleranzen für Stufenmaße

Die Schablone **(Bild 1)** ist herkömmlich mit Plus-Minus-Tolerierung bemaßt. Der Begriff Plus-Minus-Tolerierung steht allgemein für Längenmaße mit Grenzabweichungen und umfasst auch Maße mit reinen Minus- oder reinen Plus-Toleranzen. Für die linearen Maße wie die Maße 35, 21, 15, 8, 3 und 55 gilt die ISO 14405-1. Die anderen Maße (Stufenmaße) oder auch Radien und Fasen erfüllen jedoch nicht die Definition linearer Maße dieser Norm. Die Norm ISO 14405-2 (Andere als lineare Maße) beschreibt die Auswirkung dieser Angaben und gibt Hinweise zu ihrer Vermeidung. **Bild 2a** zeigt das Problem bei Anwendung an Stufen bzw. Absätzen.

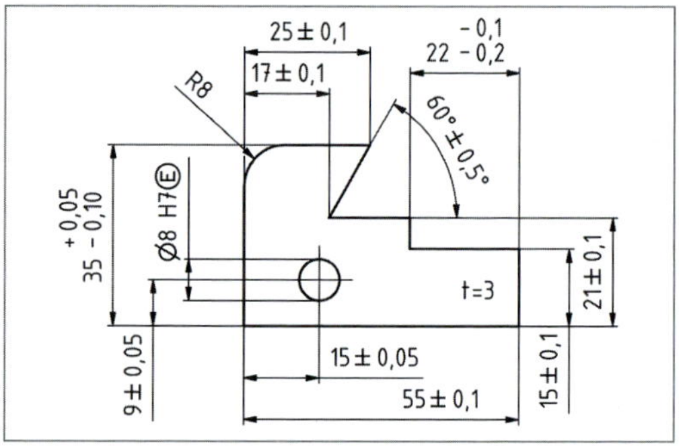

Bild 1: Schabone mit Plus-Minus-Tolerierung

Da weder ein Bezugselement noch eine Toleranzzone definiert ist, ergeben sich bei den örtlichen (lokalen) Zweipunktmaßen des Absatzes unendlich viele Werte **(Bild 2a)**. Die fehlende Eindeutigkeit führt in der Praxis zu Missverständnissen und Rückweisungen. Im Fall der Schablone **(Bild 1)** könnte das Absatzmaß 22 durch ein lineares Maß 33 eventuell ersetzt werden. Beim Winkel in **Bild 2b** sind die Grenzen nicht eindeutig festgelegt. Soll die Pferch-, Hüll- oder die Gaußberechnung für die Messpunkte gelten oder welcher Schenkel ist der Bezug?

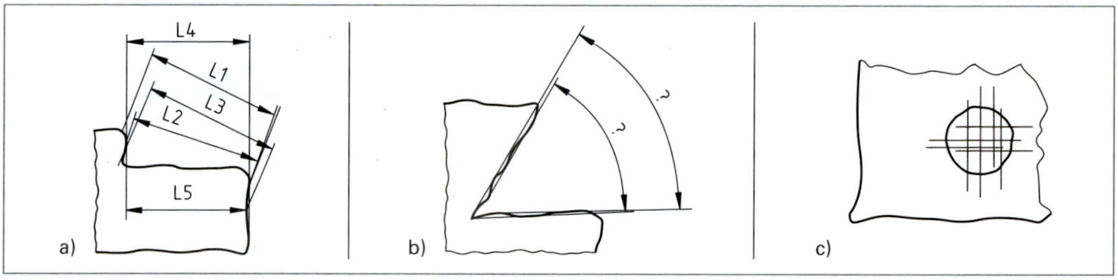

Bild 2: a) Lokale Maße b) Winkeldefinition c) Mehrere Mittelpunkte

Wie **Bild 2c** zeigt, gibt es wegen der tatsächlichen Feingestalt des realen Werkstücks viele Mittelpunkte und damit mehrdeutige Verifikationsmöglichkeiten bei der Bohrung.

Stufenmaße (andere als lineare Maße) führen in der Praxis zu Mehrdeutigkeiten und damit zu Schwierigkeiten bei der Verifizierung. Sind sie für die Funktion notwendig, werden sie durch geometrische Tolerierung (Form- und Lagetoleranzen) ersetzt.

In den **Bildern 3a** bis **3c** werden die Geometrien der **Bilder 2a** bis **2c** durch eindeutige Spezifikation mittels geometrischer Tolerierung mit Form- und Lagetoleranzen vereinfacht dargestellt.

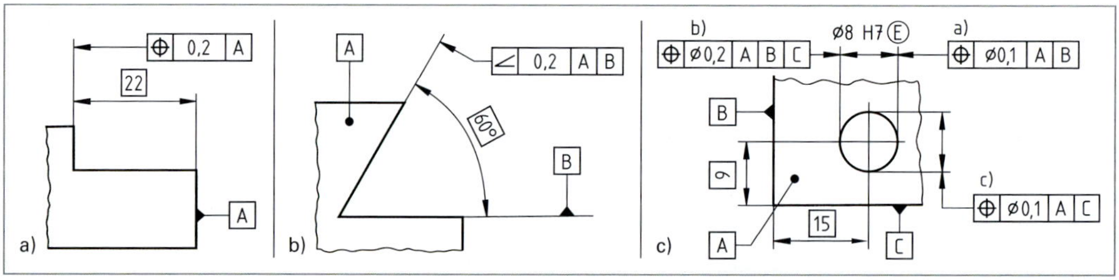

Bild 3: a) Positionstoleranz b) Neigungsangabe c) Bohrungsposition, 3 unterschiedliche Varianten

9.14.8 | TOLERANZZONEN

Durch die Bemaßung von Bohrungsabständen mit Plus-Minus-Maßen ergeben sich rechteckige oder quadratische Toleranzbereiche. Bei der Positionstolerierung können zusätzlich auch runde Toleranzbereiche festgelegt werden.

In **Bild 1** sind beide Fälle eingetragen. In ihm ist eine Plus-Minus-Toleranzangabe in eine quadratische Toleranzzone übernommen worden (senkrecht und waagrecht 0,2 mm).

Im anderen Fall wurde eine runde Toleranzzone mit Durchmesser 0,2 gewählt (graue Fläche in **Bild 1**).

In beiden Fällen muss sich die abgeleitete Achse der Bohrung innerhalb dieser Toleranzzone befinden.

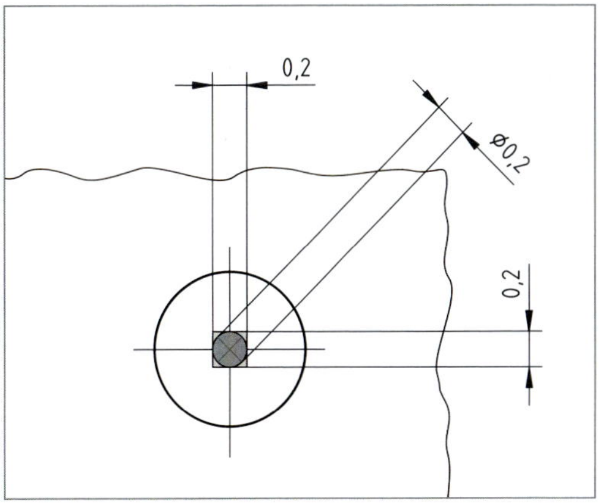

Bild 1: Formen von Toleranzzonen

Falls keine kreisförmige bzw. zylindrische Toleranzzone gewählt wird, müssen bei Bedarf geeignete Indikatoren für Schnitt-, Orientierungsebenen oder Richtungselemente angegeben werden **(s. Kapitel 9.14.5, Seite 83)**.

Die unterschiedliche Ausprägung der Toleranzzonen bei Spezifizierung mittels Neigung oder durch Winkelangaben zeigt **Bild 2**.

Während die Toleranzzone bei einem Winkelmaß mit größer werdender Schenkellänge zunimmt, bleibt die Neigungstoleranz unabhängig von der Schenkellänge immer gleich groß (hellgrauer Bereich in **Bild 2**). Die tatsächliche Kontur des tolerierten Elements muss sich jedoch in beiden Fällen innerhalb der spezifizierten Toleranzzone befinden.

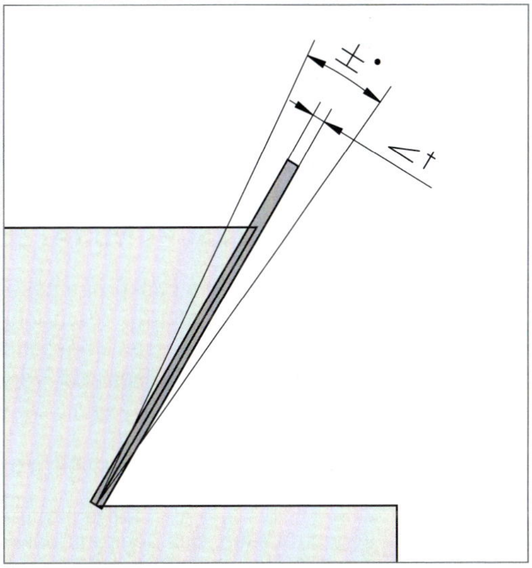

Bild 2: Toleranzzonen bei Winkelspezifikationen

Eine Vereinbarung wie bei den Allgemeintoleranzen nach ISO 2768-2, dass sich die Winkeltoleranz immer auf den langen Schenkel bezieht, gibt es bei der Plus-Minus-Tolerierung nicht. Der Bezug erfolgt eindeutig nur durch die geometrische Tolerierung nach DIN EN ISO 1101.

Bei der Tolerierung ganzer Linienzüge bzw. zusammenhängender Toleranzelemente werden Flächenprofil- oder auch Linienprofiltoleranzen verwendet. Im Fall der Blechlehre wird die exakte Profilkontur z. B. mit Hinweislinien und Buchstaben, theoretisch genauen Maßen (**TED,** engl.: *theoretically exact dimensions*), definiert **(Bild 3)**.

Sollen die dazwischen liegenden Geometrieelemente zusammen als ein gemeinsames, zusammenhängendes Element betrachtet werden, wird der **Modifikator UF** (engl.: *united feature*) eingetragen. Dies hat auch Auswirkungen auf die Form der Toleranzzone.

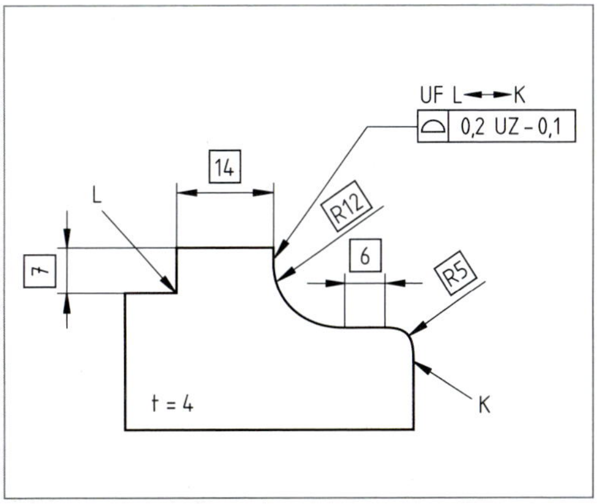

Bild 3: Flächenprofiltolerierung einer Blechlehre

Die Toleranzzone wird bei Linienprofilangaben durch zwei Linien und bei Flächenprofiltoleranzen **(Bild 1)** durch 2 Flächen standardmäßig symmetrisch zum **theoretisch exakten Profil (TEF**, engl.: *theoretically exact feature*) gebildet. Der Abstand der Linien bzw. Ebenen entspricht dem Toleranzwert.

Der Toleranzbereich wird beim Flächenprofil durch auf dem exakten Profil abrollende Kugeln mit dem Toleranzdurchmesser gebildet. Innerhalb dieses Bereichs, der **Toleranzzone**, muss sich die reale Profilkontur befinden **(Bild 1)**.

Soll die Toleranzzone asymmetrisch zum theoretisch exakten Profil verschoben werden, kann dies durch den **Modifikator UZ** spezifiziert werden:

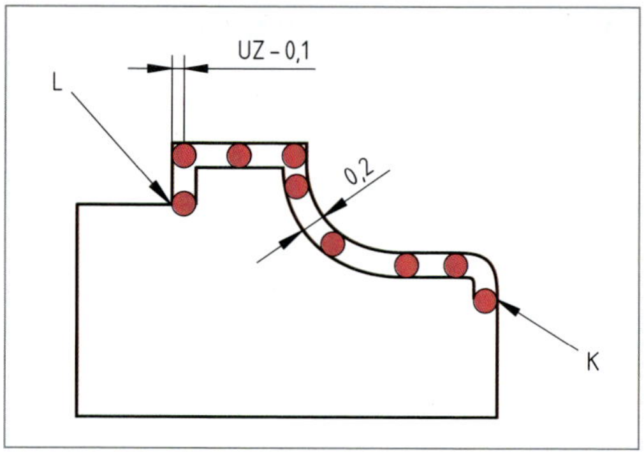

Bild 1: Toleranzzone der Blechlehre

- UZ –0,5 verschiebt die Toleranzzone um 0,5 mm vom theoretischen Profil ins Material hinein.
- UZ +1 verschiebt hingegen die Toleranzzone um 1 mm aus dem Material heraus.

Der **Modifikator UZ** lässt sich auch bei Positionstoleranzen einsetzen.

Form und Ausdehnung der Toleranzzone können durch **Modifikatoren** gesteuert werden. Dabei ist es möglich, für bestimmte Bereiche unterschiedliche Toleranzen zu spezifizieren oder die Lage der Toleranzzone asymmetrisch innerhalb oder außerhalb des Materials zu legen.

9.14.9 | TOLERIERUNGSGRUNDSÄTZE

Die geometrische Form und die Funktion eines Bauteils können allein mit Maßangaben und den zugehörigen Toleranzen nicht eindeutig beschrieben werden. Auch die in der Fertigung entstehenden Form- und Lageabweichungen müssen eingeschränkt werden. In den beiden Tolerierungsgrundsätzen, Hüllbedingung und Unabhängigkeitsprinzip, wird das Zusammenwirken der Maßtoleranzen mit den Form- und Lagetoleranzen festgelegt.

Hüllbedingung („alter" Tolerierungsgrundsatz)

Der Tolerierungsgrundsatz Hüllbedingung legt fest, dass die Formabweichungen innerhalb der Maßtoleranzgrenzen liegen müssen. Das bedeutet bei einer Welle (Außenmaße): Das kleinste umschriebene Größenmaß (GN) darf nicht durchbrochen und das Mindestmaß als Zweipunktmaß (LP) nicht unterschritten werden.

Bei einer Bohrung (Innenmaße) darf das Mindestmaß als größtes einbeschriebenes Größenmaß (GX) nicht unterschritten und das Höchstmaß als Zweipunktmaß (LP) nicht überschritten werden. Maßtoleranzen schließen dabei die Formabweichungen mit ein.

Die Hüllbedingung galt bis 2011 automatisch ohne besondere Kennzeichnung bei Zeichnungen nach der DIN 7182-1. Seit Ende 2011 gilt jedoch DIN EN ISO 8015, die ohne besondere Zeichnungsangaben das Unabhängigkeitsprinzip verlangt.

Soll die Hüllbedingung angewendet werden, kann dies nach ISO 14405-1 als Modifizierung für lineare Maße definiert werden. Die Hüllbedingung ist nur für zylindrische Flächen und gegenüberliegende, ebene Flächen definiert und fordert die Prüfung mit Lehren.

Soll der Grundsatz der Hüllbedingung gelten, muss dies durch die Angabe des Modifikators (E) lokal (örtlich) beim einzelnen Maß oder global für die gesamte Zeichnung durch die Angabe „Size ISO 14405 (E)„ vermerkt werden. Am Beispiel des Nutensteins in **Bild 2** wird dies lokal für die Breite 12 f7 dargestellt.

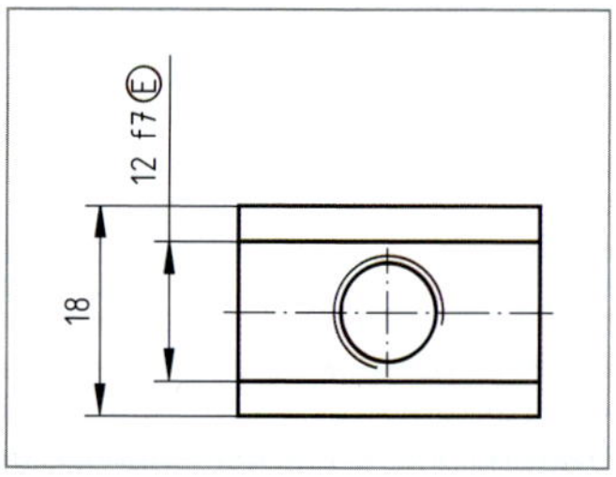

Bild 2: Nutenstein

In **Bild 1** ist die exakte Hülle durch die beiden Flächen mit Abstand MML (engl.: *maximum material limit*, Maximum-Material-Grenze) dargestellt. Das Geometrieelement darf die Hülle an keiner Stelle verletzen. Das LML (engl.: *least material limit*, Minimum-Material-Grenze) ist als Zweipunktmaß definiert und darf an keiner Stelle unterschritten werden. Die Formabweichungen müssen innerhalb der Hülle liegen und schränken so die Maßtoleranzen ein.

Dies muss auch bei der Verifikation umgesetzt werden. Der Taylorsche Grundsatz fordert, dass die Gutseite der Lehre das tolerierte Geometrieelement vollständig und die Ausschussseite nur den Zweipunktabstand an beliebigen Stellen überprüfen muss. Diese Forderung wird in der Praxis oft durch zu kurze Lehren vernachlässigt. Bei Nachbildung einer Lehren-Prüfung mit dem Koordinatenmessgerät müssen die jeweiligen Zuordnungskriterien für die beiden Grenzen des Größenmaßes (LP), (GX), (GN) eingestellt werden, da oftmals das Zuordnungskriterium der kleinsten Abweichungsquadrate (GG) voreingestellt ist.

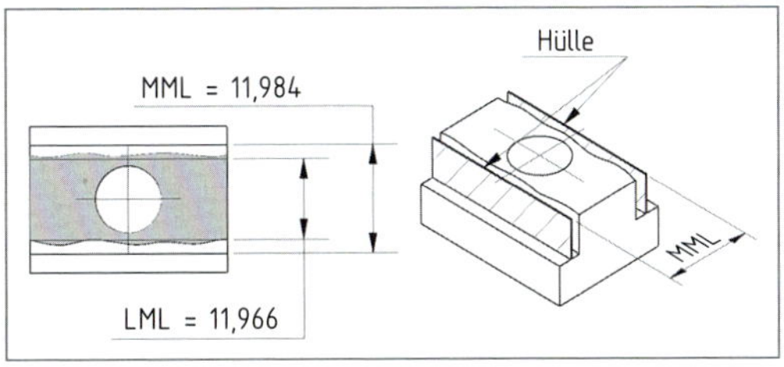

Bild 1: Definition der Hülle am Nutenstein

Der Kolben in **Bild 2** zeigt Möglichkeiten der Spezifikation einer gemeinsamen Hüllbedingung für zwei Geometrieelemente. Links wird die Hüllbedingung durch den Modifikator (E) spezifiziert. Rechts wird sie durch die Angabe der Modifikatoren (GN) beim oberen und (LP) beim unteren Abmaß spezifiziert.

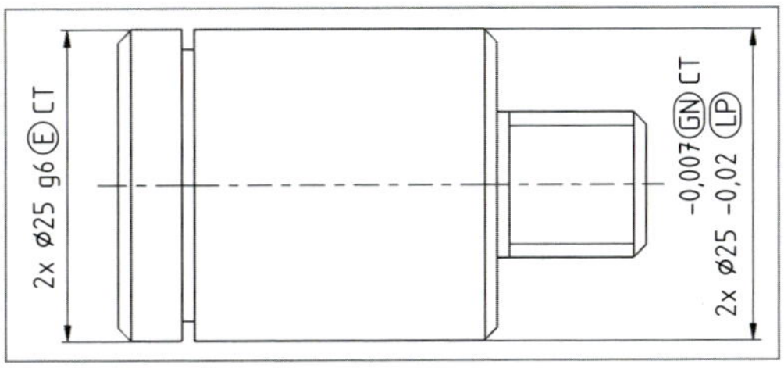

Bild 2: Alternative Spezifikationen der Hülle

Der **Modifikator CT** (engl.: *common tolerance*, gemeinsame Toleranz) fordert, die Hüllbedingung auf die zwei Durchmesser des Zylinders gemeinsam anzuwenden. In diesem Fall benötigt man zur Verifikation einen Lehrring mit einer Mindestlänge gleich oder größer der beiden Zylinderlängen.

Die **Hüllbedingung** ist eine Kombination aus der Anwendung des Zweipunktmaßes (LP) auf die Minimum-Material-Grenze und der Anwendung entweder des kleinsten umschriebenen Größenmaßes (GN) oder des größten einbeschriebenen Größenmaßes (GX) auf die Maximum-Material-Grenze des Größenmaßes.

Unabhängigkeitsprinzip

Ist in einer Zeichnung keine Angabe zum Tolerierungsgrundsatz zu finden und wird eine GPS-Norm angewendet oder aufgeführt, gilt ISO 8015 und damit automatisch das Unabhängigkeitsprinzip. Das **Unabhängigkeitsprinzip** besagt, dass jede Spezifikation nur für ein Geometrieelement gilt, unabhängig von anderen Spezifikationen für dieses Element. Eine Maßtoleranz hat keinen Einfluss auf die Form- und Lagetoleranzen des betreffenden Geometrieelements. Jede geometrische Eigenschaft muss separat angegeben und erfüllt werden. Sollen Spezifikationen für andere, gleiche Elemente mitgelten, muss dies eindeutig durch Spezifikationsoperatoren gekennzeichnet werden. Die Größen der Toleranzwerte für Form- und Lageabweichungen müssen anhand der Funktionen festgelegt werden. Sollen Geometrieelemente mit anderen Bauteilen gefügt werden, kann dies über die Größenmaße mit der Hüllbedingung (E) oder durch sinnvolle Spezifikationen für Maße und geometrische Tolerierungen erfolgen **(Bild 3)**. Die Kombination aus dem Zweipunktmaß 18 f7 und der Ebenheit 0 bei Maximum-Materialmaß ergibt wiederum die Hüllbedingung.

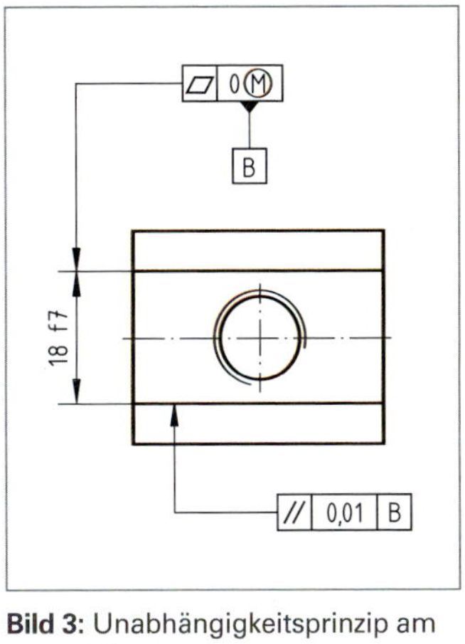

Bild 3: Unabhängigkeitsprinzip am Nutenstein

9.14.10 I MATERIAL-BEDINGUNGEN

Maximum-Material-Bedingung (MMR)

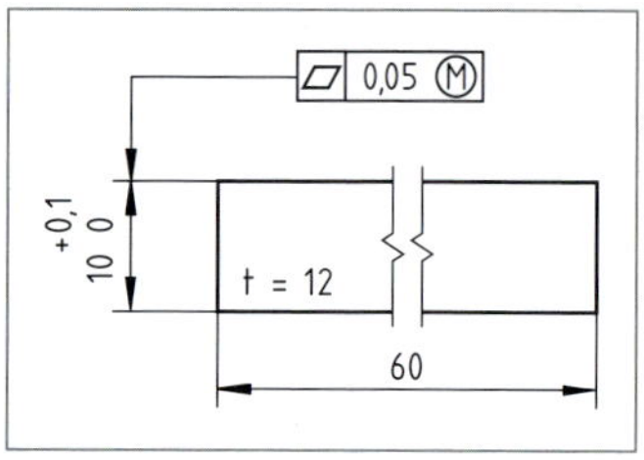

Bild 1: Gleitstück mit MMR

Beim Fügen von Bauteilen hängt der erreichte Fügezustand vom Größenmaß (Maßspezifikation) und den geometrischen Abweichungen (Form- und Lageabweichungen) der Einzelteile ab. Das kleinste Fügespiel ergibt sich, wenn beide Bauteile das Maximum-Material-Größenmaß und die geometrischen Abweichungen ebenfalls ihr Maximum erreicht haben. Dieser Ansatz wird auch als *„Worst-Case-*Betrachtung" in der Toleranzrechnung bezeichnet. Das größte Spiel wird erreicht, wenn die Bauteile ihr Minimum-Maximum-Größenmaß haben und ihre geometrischen Abweichungen Null sind. Wenn die Größenmaße nicht ihre Maximum-Material-Größe erreichen, könnte diese nicht ausgeschöpfte Toleranz für die Erweiterung der geometrischen Abweichungen genutzt werden, ohne die Fügezustände zu gefährden. Wird die Maximum-Material-Bedingung gefordert, wird der Modifikator Ⓜ bei der Formtoleranz eingetragen. Durch Anwenden der Maximum-Material-Bedingung können die Toleranzen für geometrische Abweichungen bei gleichbleibenden Fügezuständen erhöht und der Ausschussanteil kann reduziert werden. Ein wichtiger Anwendungsbereich ist der Lehren- und Vorrichtungsbau.

Die **Bilder 1** und **2** zeigen die Anwendung der MMR für das Beispiel Gleitstück in Nut.

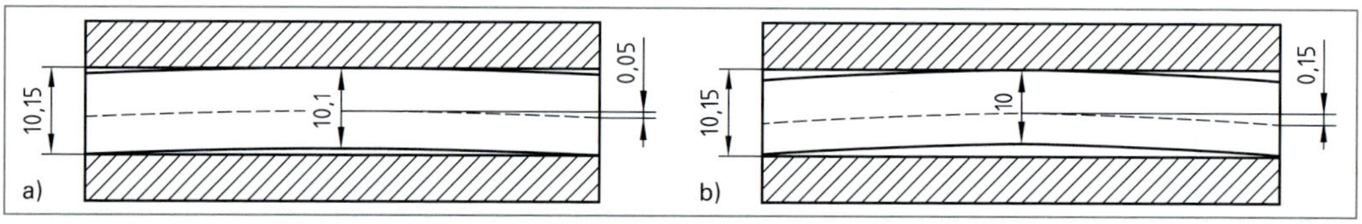

Bild 2: a) Maximum-Material-Zustand, b) Minimum-Material-Zustand

> Die **Maximum-Material-Bedingung** ist immer dann angebracht, wenn Bauteile gefügt werden. Sie erweitert die geometrischen Toleranzen um die ungenutzten Maßtoleranzen.

Minimum-Material-Bedingung (LMR)

Bei Gussteilen und Rohren müssen oft Mindestwandstärken aufgrund der Festigkeit oder Fertigung eingehalten werden. Bei der Bearbeitung bzw. bei Durchbrüchen in solchen Teilen hilft die Minimum-Material-Bedingung, diese Anforderungen einzuhalten, indem sie eine gemeinsame Anforderung an das Größenmaß und seine geometrischen Abweichungen stellt. Soll die Minimum-Material-Bedingung gefordert werden, wird der Modifikator Ⓛ bei der geometrischen Abweichung eingetragen.

Reziprozitätsbedingung (RPR)

Die Reziprozitätsbedingung kann dann eingesetzt werden, wenn es die Funktion erlaubt, dass bei Anwendung der Maximum-Material-Bedingung oder der Minimum-Material-Bedingung die Größenmaßtoleranz um den Anteil der ungenutzten geometrischen Abweichung erweitert werden darf. Wird die geforderte Material-Bedingung durch die tatsächliche geometrische Abweichung nicht ausgenutzt, kann diese Toleranz der Maßtoleranz zugeschlagen werden. Soll die Reziprozitätsbedingung gelten, wird dies mit dem Modifikator Ⓡ bei der geometrischen Tolerierung angezeigt.

> Die **Reziprozitätsbedingung** erweitert die Maßtoleranz um den ungenutzten Anteil der geometrischen Toleranz bei der Maximum-Material- oder der Minimum-Material-Bedingung.

9.14.11 | GEOMETRISCHE PRODUKTSPEZIFIKATIONEN (GPS)

Bauteilflächen und deren Maße können nie exakt gefertigt werden, d.h., sie weisen immer geometrische Abweichungen auf. Diese Abweichungen dürfen nur so groß sein, dass die Funktion der Bauteile im Zusammenspiel der Baugruppe noch erfüllt wird. Gleichzeitig sind die zulässigen Toleranzen möglichst groß zu wählen, da enge Toleranzen zu Schwierigkeiten bei der Fertigung und damit zu mehr Ausschuss und höheren Produktionskosten führen.

Das **Ziel der Geometrischen Produktspezifikation** besteht darin, die notwendigen Anforderungen an ein Bauteil möglichst vollständig zu beschreiben.

Wichtigstes **Kriterium der Geometrischen Produktspezifikation**: Toleranzen sind so groß wie möglich und so klein (genau) wie nötig zu wählen.

Notwendigkeit der ISO-GPS-Normen

Der ständig wachsende Druck des Marktes führt zunehmend bei den Betrieben zu einer Verringerung der Fertigungstiefe und zur globalen Fertigung der Einzelkomponenten. Ein Beispiel: Kaum ein Hersteller der Automobilbranche produziert seine Fahrzeuge ausschließlich in einem Land oder allein.

Joint Ventures mit anderen Herstellern bzw. Produktionsverbünde mit gleichen Fahrzeugteilen führten zu einer Reduzierung der Fertigungstiefe. Dadurch wurde das Fachwissen zur Komponentenfertigung den Zulieferern übertragen, die meist mehrere Kunden weltweit beliefern.

Solche Verlagerungen unterbrechen die Produktionskette der Teile und stellen Schnittstellen mit speziellen Problemen dar. Damit jedoch die Einzelkomponenten die gewünschten Eigenschaften des Auftraggebers aufweisen, müssen die Anforderungen genau definiert werden. Die heute übliche globale Fertigung eröffnet mehr Möglichkeiten, führt aber auch zu neuen Schnittstellenproblemen. Zu den nationalen Normenunterschieden kommen verstärkt Sprachprobleme hinzu.

Um diese Schnittstellenprobleme zu vermeiden, mussten die Produktionsunterlagen und technischen Dokumentationen auf die firmenübergreifende und oft auch länderübergreifende Fertigung abgestimmt werden. An sie bestehen folgende Anforderungen:

- **Vollständigkeit**: Alle Anforderungen sind lückenlos beschrieben.
- **Eindeutigkeit**: Angaben sind ohne Interpretationsspielraum dokumentiert.
- **Internationale Gültigkeit**: Die Normen und Richtlinien werden weltweit angewendet.
- **Einfache Symbole**: Angaben sind ohne Sprachbarrieren und Übersetzungsfehler lesbar.

An diese Forderungen werden die internationalen Normen angepasst. Die bestehenden Normen zu Produktbeschreibungen werden überarbeitet und um neue Normen ergänzt. Das Ziel ist ein System von Normen, das sämtliche Aspekte der Beschreibung von Produkteigenschaften sowie deren Messung eindeutig regelt.

Bei einer automatisierten Fertigung müssen die Teileeigenschaften direkt dem virtuellen CAD-Modell zugeordnet werden, um dann automatisch in allen Produktionsstufen abrufbar zu sein. Diese automatische Steuerung der Fertigungsanlagen durch das **IOT** (engl.: *internet of things*, Internet der Dinge) wird derzeit unter dem Begriff **Industrie 4.0** weltweit diskutiert. Die wesentliche Voraussetzung für die Umsetzung der automatisierten Fertigung sind eindeutige internationale Normen und Richtlinien.

Der Fachbericht DIN SPEC 23605:2014-02 enthält eine **Anleitung für die Erstellung Technischer Produktspezifikationen (TPS)**. Darin werden unterschieden:

- Die **Technische Produktdokumentation (TPD)** ist die Angabe der vollständigen bzw. teilweisen Auslegungsdefinition und Spezifikation eines Produkts. Dies können z.B. Berechnungen, Tests, Analysen sowie Zeichnungen, CAD-Modelle, Arbeitspläne und Prüfpläne sein.
- Die **Technische Produktspezifikation (TPS)** umfasst die gesamte Konstruktionsdefinition und Spezifikation eines Produkts für dessen Herstellung und Prüfung. Sie kann aus einer oder mehreren TPD bestehen. Für die geometrische Beschreibung der Produkte werden die **Geometrischen Produktspezifikationen (GPS)** herangezogen, sie sind also ein Teil der TPS.

Das ISO-GPS-Normensystem: Zweck und Begriffe

Das ISO-GPS-Normensystem deckt die geometrischen Anforderungen an Bauteile, deren Angabe in den technischen Produktdokumenten, die Messung dieser Anforderungen sowie die Auswahl, die Durchführung und die Interpretation der gemessenen Werte ab. Das System wird in DIN EN ISO 14638 beschrieben.

Technische Spezifikation: Exakte Beschreibung eines Merkmals eines Produkts, wie z. B. Größenmaß, Oberflächenrauheit usw.

Verifikation: Erfassung von tatsächlichen Produkteigenschaften, wie z. B. Istmaße, Formausbildung oder Lage einer Bohrung.

Konformität: Nachweis der Erfüllung einer Anforderung durch Vergleich von Spezifikation und Verifikation. Beispiel: Das Istmaß liegt innerhalb der geforderten Toleranz.

Spezifikationsoperator: Beschreibt, wie eine Spezifikation verstanden wird, d. h. wie z. B. ein Maß definiert ist. Die Normen verwenden dafür besondere Symbole, z. B.: (LP), (GG), (LP) usw.

Standardmäßiger Spezifikationsoperator: Sind keine besonderen Spezifikationsoperatoren am Maß eingetragen, gelten die in der GPS-Norm standardmäßig festgelegten Vorgaben (Default-Einstellungen). Der standardmäßige Spezifikationsoperator für Längenmaße ist laut ISO 14405-1 das Zweipunktmaß (LP).

Default-Regeln: Sie beschreiben die Grundeinstellung der Normen, d. h. wie zu verfahren ist, wenn nichts zusätzlich eingetragen ist. Mit dieser Definition sind viele Einsatzbereiche schon geklärt und bedürfen keiner weiteren Spezifikation.

Aufbau des ISO-GPS-Normensystems

Das ISO-GPS-Normensystem ist pyramidenförmig bzw. hierarchisch aufgebaut. Es besteht aus den 3 Normengruppen: fundamentale, allgemeine und ergänzende ISO-GPS-Normen **(Bild 1)**.

Fundamentale ISO-GPS-Normen allgemein gültige Regeln und Grundsätze	**DIN EN ISO 14638** **DIN EN ISO 8015**	GPS-Matrix-Modell GPS-Konzepte und Regeln
Allgemeine ISO-GPS-Normen betreffen geometrische Eigenschaften	**DIN EN ISO 286** **DIN EN ISO 1302** **DIN EN ISO 1101**	ISO Passungen Oberflächenbeschaffenheit geometrische Tolerierung
Ergänzende ISO-GPS-Normen betreffen Herstellungsprozesse und spezielle Maschinenelemente	**DIN EN ISO 9013** **DIN EN ISO 8062** **DIN EN ISO 13920**	Toleranzen für therm. Schneiden Toleranzen für Formteile Toleranzen für Schweißkonstruktionen

Bild 1: Aufbau des ISO-GPS-Normensystems

Fundamentale ISO-GPS-Normen beschreiben allgemein gültige Regeln und legen die Default-Einstellungen des Systems dar. Ihre Aussagen gelten immer, außer sie werden durch andere Festlegungen aufgehoben.

Allgemeine ISO-GPS-Normen befassen sich mit einer oder mehreren geometrischen Eigenschaften, wie z. B. mit der Oberflächenbeschaffenheit oder der geometrischen Tolerierung.

Ergänzende ISO-GPS-Normen befassen sich mit speziellen Fertigungsverfahren und deren geometrischen Anforderungen, z. B. Toleranzen für Schweißteile oder Spritzgussteile.

Damit der Anwender und die Normenersteller einen Überblick über das gesamte Normensystem haben, wird in der Norm **ISO 14638** eine **Matrix** **(Bild 1, Seite 95)** eingeführt, die aus 9 Kategorien geometrischer Merkmale und 7 Kettengliedern besteht. Diese Matrix ist jeder GPS-Norm angehängt und ausgefüllt. Sie gibt Auskunft darüber, mit welchen Bereichen der GPS sich die vorliegende Norm befasst.

Die Kettenglieder zeigen die Funktion der vorliegenden Norm bei der Spezifikation an, also ob sie z. B. die Symbolik regelt oder die Messung bzw. die Kalibrierung der eingesetzten Messgeräte behandelt. Die drei ersten Kettenglieder enthalten Normen für die Symbolik und Angaben der Spezifikation, das vierte Kettenglied Normen für den Vergleich zwischen Spezifikation und Verifikation. Die drei letzten Kettenglieder regeln den gesamten Bereich der Verifikation der Merkmale.

	Spezifikationen				Verifikationen		
	Kettenglieder						
Geometrische Merkmale des Produkts	A	B	C	D	E	F	G
	Symbole und Angaben	Anforderungen an Geometrie-elemente	Merkmale von Geometrie-elementen	Übereinstimmung und Nicht-übereinstimmung	Messung	Messgeräte	Kalibrierung
Größenmaß	ISO 14405-1 ISO 286-1	ISO 14405-1 ISO 286-1	ISO 14405-1 ISO 286-1	ISO/TR 16015 ISO 14253	EN ISO 14878 ISO 1938-1	ISO 463 ISO 13385-1	ISO 15530-3 ISO 15530-4
Abstand							
Form	ISO 1101	ISO 1101	ISO 1101				
Richtung	ISO 1101	ISO 1101	ISO 1101				
Ort	ISO 1101	ISO 1101	ISO 1101				
Lauf	ISO 1101	ISO 1101	ISO 1101				
Oberflächenbeschaffenheit Profil							
Oberflächenbeschaffenheit Fläche							
Oberflächenunvollkommenheit							

Bild 1: Beispiel für die Anwendung der Normenmatrix DIN EN ISO 14638 zu den Größenmaßen

Anwendungsbeispiel zu Bild 1: Die Normen ISO 14405-1 und ISO 286-1 regeln nur die Kettenglieder A bis C bei den Größenmaßen. Ebenso regelt die ISO 1101 die Kettenglieder A bis C bei den Merkmalen Form, Ort, Richtung und Lauf. Eine Norm über die Kalibrierung von Messgeräten für Größenmaße findet man z. B. in der ISO-15530-Reihe.

> Das **ISO-GPS-Normensystem** ist international anerkannt, hierarchisch aufgebaut und umfasst die Bereiche Spezifikation und Verifikation von geometrischen Merkmalen an Werkstücken.

ISO 8015 Annahmen und Grundsätze von ISO-GPS

Die wichtigste Norm des ISO-GPS-Systems ist die DIN EN **ISO 8015**. Sie beschreibt die grundlegenden Konzepte, Prinzipien und Regeln der Geometrischen Produktspezifikation und besteht aus **13 elementaren Grundsätzen** und **3 grundlegenden Annahmen zur Zeichnungsinterpretation**.

Folgende Annahmen betreffen die Interpretation der Toleranzgrenzen und damit des ISO-GPS-Systems:

1. Die Funktionsgrenzen sind aus einer vollständigen Untersuchung bekannt. Diese kann theoretisch und bzw. oder experimentell erfolgen. Damit sind die Grenzen für die Funktion des Merkmals ohne Unsicherheit bekannt. Zum Beispiel für ein Größenmaß ermittelt man die beiden Grenzmaße, bei deren Überschreitung die Funktion nicht mehr erfüllt ist.
2. Im zweiten Schritt werden die Toleranzgrenzen gleich den Funktionsgrenzen gesetzt, d. h., keine zusätzlichen (Angst-)Toleranzen werden hinzugefügt.
3. Es wird davon ausgegangen, dass das Werkstück innerhalb der Toleranzgrenzen zu 100 % und außerhalb zu 0 % funktioniert.

Diese Annahmen zwingen den Konstrukteur dazu, sich mit den Funktionsgrenzen vollständig auseinanderzusetzen sowie die Toleranzen zu ermitteln und nicht mehr zu schätzen, frei zu wählen oder einzuengen. Der Mehraufwand im Konstruktionsprozess steht dem größtmöglich machbaren Toleranzbereich gegenüber, der letztendlich die Fertigung einfacher und zumeist auch kostengünstiger macht. Die für die Ermittlung der Funktionsgrenzen erforderlichen komplexen Toleranzanalysen und Versuche werden durch den Einsatz geeigneter Software vereinfacht.

Die **13 elementaren Grundsätze** und die **3 grundlegenden Annahmen** für das Lesen von Spezifikationen auf Zeichnungen der ISO 8015 bilden die Basis aller ISO-GPS-Normen.

Die **13 elementaren Grundsätze der ISO 8015:2011** sind:

Grundsatz des Aufrufens

Wird nur eine GPS-Norm in einer Zeichnung angewendet, ist automatisch das gesamte GPS-System aufgerufen. Eine Angabe wie z. B. „Tolerierung ISO 8015" im Schriftfeldbereich ist nicht zwingend vorgeschrieben. Jede in **Bild 1** rot markierte Angabe ruft das ISO-GPS-System auf.

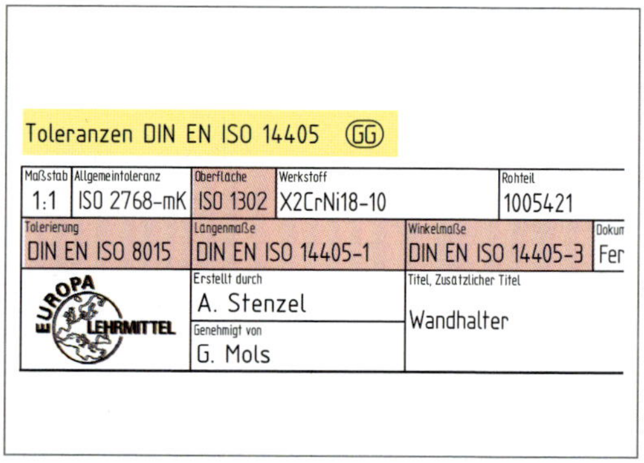

Bild 1: Schriftfeldangaben bei ISO-GPS-Normen

Grundsatz der GPS-Normenhierarchie

Die Aussagen der fundamentalen und der allgemeinen ISO-GPS-Normen gelten immer auch in den ergänzenden GPS-Normen. Soll davon abgewichen werden, muss dies ausdrücklich durch (eindeutige) Zeichnungsangaben vermerkt werden. In **Bild 1** soll von dem Zweipunktmaß (LP) als Grundeinstellung der Norm abgewichen werden, die Maße sollen als gemittelte Werte nach Gauß (GG) bestimmt werden (gelbe Markierung).

Grundsatz der bestimmenden Zeichnung

Die Zeichnung und die darin enthaltenen Angaben sind bestimmend, d. h., Anforderungen, die nicht vermerkt sind, können auch nicht eingefordert werden. Der Begriff Zeichnung wird dabei als Paket sämtlicher technischen Produktdokumentationen interpretiert und ist als Vertragsdokument rechtlich bindend. Nicht dokumentierte Absprachen oder Regelungen führen in der Praxis zu Missverständnissen (Mehrdeutigkeit) und müssen durch eindeutige Angaben ersetzt werden. So müssen z. B. die Angaben bei Schmiedeteilen oder Gussstücken den unterschiedlichen Fertigungszuständen (Rohteil bzw. Fertigteil) des Bauteils eindeutig zugeordnet sein.

Grundsatz des Geometrieelements

Die Werkstückgestalt besteht aus einer Anzahl von Geometrieelementen wie Zylindern, Flächen, Prismen usw. Standardgemäß gilt jede GPS-Spezifikation für das gesamte Element und nur für dieses Element.

Soll sie nur für einen bestimmten Bereich des Elements gelten, muss dies durch Angaben spezifiziert werden. Auch wenn die Spezifikation für mehrere Elemente gelten soll, muss diese Information durch geeignete Angaben vermerkt sein **(Bild 2)**. Durch die Angabe der Zahl der betroffenen Geometrieelemente wird die Spezifikation eindeutig.

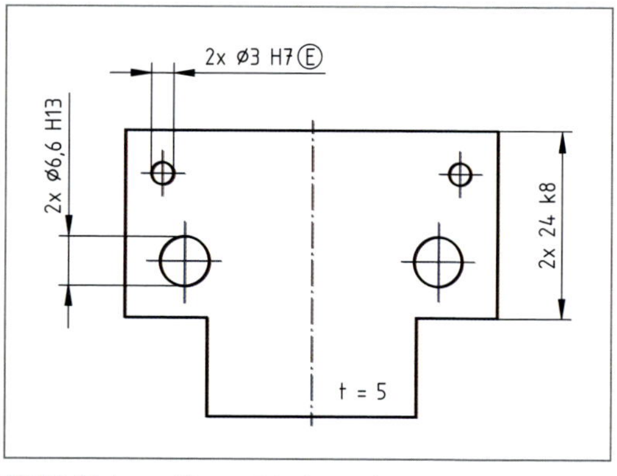

Bild 2: Mehrere Geometrieelemente

Grundsatz der Unabhängigkeit

Standardgemäß muss jede Anforderung an ein Geometrieelement unabhängig von anderen Anforderungen erfüllt werden. Die Angabe eines Größenmaßes ⌀28 m6 in **Bild 1** legt nur die Spezifikation des Maßes fest, die Formabweichungen des Bolzens müssen separat spezifiziert werden. Dies erfolgt im Fall a) mit der Angabe für Rundheit und für die Geradheit der Mantellinien. Im Fall der Geradheit sollen beide Zylinder ein gemeinsames Geometrieelement darstellen, das eine maximale Geradheitsabweichung von 0,02 mm haben darf. Im Fall b) ersetzt eine Zylindrizitätstoleranz beide Formtoleranzen.

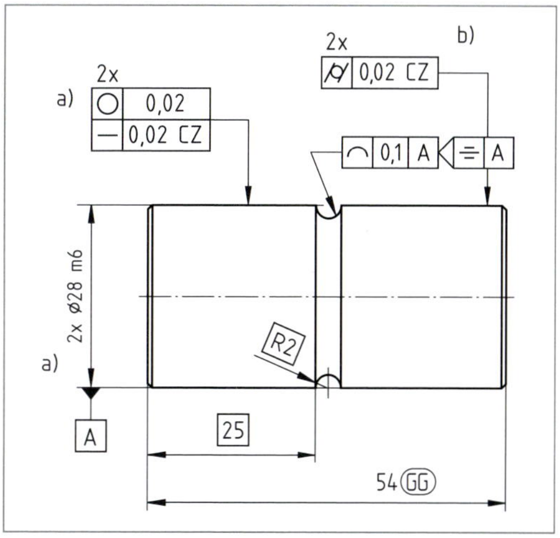

Bild 1: Unabhängigkeitsprinzip am Kolben

Grundsatz der Dezimaldarstellung

Nicht angegebene Dezimalstellen sind Nullen. So bedeutet die Angabe +1 das Gleiche wie +1,00.

> Auf ISO-GPS-Zeichnungen gilt das **Unabhängigkeitsprinzip**. Die Hüllbedingung muss separat gefordert werden.

Grundsatz der Standardfestlegung

Die grundlegende ISO-GPS-Norm legt den Standardspezifikationsoperator ohne sichtbaren Zeichnungsvermerk fest. So legt z. B. die ISO 14405-1 automatisch das örtliche Zweipunktmaß (LP) als Standardoperator fest. Mit Modifikationssymbolen kann dieser lokal bzw. global in der Zeichnung geändert werden. Alle Maße ohne eigenen Modifikator ((GG), (GX), (GN) usw.) sind als Zweipunktmaße zu bestimmen. Soll von den Standardeinstellungen der grundlegenden Norm abgewichen werden, muss dies eindeutig angegeben werden, ansonsten gelten die Festlegungen der Grundnorm. Ein Beispiel ist das Maß 54(GG) in **Bild 1**: Dieses Maß soll gemittelt nach Gauß bestimmt werden.

Grundsatz der Referenzbedingungen

Standardmäßig gelten alle GPS-Spezifikationen bei Referenzbedingungen, d. h., es gilt die Referenztemperatur von 20 °C und die Freiheit von Verunreinigungen des Werkstücks aus ISO 1. Sollen andere Bedingungen gelten, muss dies auf der Zeichnung vermerkt werden.

Ein Beispiel aus der Kunststoffbranche: Referenztemperatur 22 °C. Angabe im Schriftfeldbereich: ISO 1, Referenztemperatur 22 °C.

Grundsatz des starren Werkstücks

Grundsätzlich geht man von einem starren, unendlich steifen, nicht verformten Werkstück aus, d. h., Spezifikationen gelten für Werkstücke im freien Zustand. Sollen andere Bedingungen gelten, ist dies auf der Zeichnung eindeutig festzulegen. Beispiele für einen solchen Fall sind dünne Blechteile oder dünne, elastische Kunststoffteile **(Bild 2)**. Die Ebenheit im freien Zustand darf 0,8 mm und im montierten Zustand 0,2 mm sein. Dabei müssen die Montagebedingungen exakt definiert werden. DIN EN ISO 10579 beschreibt die Bedingungen für den freien Zustand.

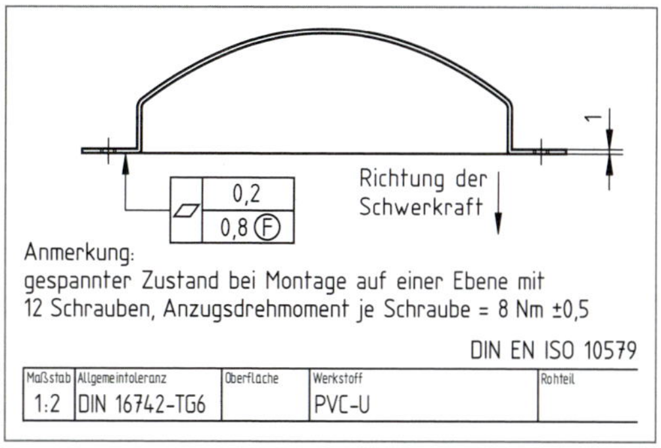

Bild 2: Spezifikation flexibler Werkstücke

Grundsatz der Dualität

Die einzelnen Spezifikationen der Werkstücke werden durch eine Anzahl von Spezifikationsoperatoren beschrieben. Je präziser dies erfolgt, desto eindeutiger ist die Anforderung definiert. Die Verifizierung der Spezifikation wird jedoch in der Zeichnung nicht definiert. Sie soll unter Berücksichtigung der Verfahrensunsicherheit ausgewählt werden. Dies bedeutet z. B. bei einem Bohrungsmaß ⌀25H7 Ⓔ: Die Hüllbedingung fordert das Prüfen mit einer ausreichend langen Lehre. Die Bohrung kann auch auf einer ausreichend genauen Koordinatenmessmaschine mit geeigneter Software geprüft werden, wenn die nachgewiesene Messunsicherheit die geforderte Spezifikation erfüllt. Diesen Nachweis führt der Verifizierende.

Grundsatz der Funktionsbeherrschung

Die Funktion eines Werkstücks wird durch Spezifikationsoperatoren beschrieben, die durch Messgrößen und -werte nachgeprüft werden. Das Ziel ist, die Funktion eines Werkstücks durch die Eindeutigkeit der Spezifikation vollständig sicherzustellen.

Grundsatz der allgemeinen Spezifikation

Die allgemeinen GPS-Spezifikationen gelten nur für Geometrieelemente, für die keine individuellen Spezifikationen angegeben sind. Solange keine allgemeinen GPS-Spezifikationen im Bereich des Schriftfelds angegeben sind, gelten die individuellen Spezifikationen nur für diese Geometrieelemente.

Sind mehrere allgemeine GPS-Spezifikationen im Schriftfeldbereich angegeben, müssen sie den einzelnen Merkmalen zuordenbar sein. Bei Mehrdeutigkeit fordert die Regel nur die Einhaltung der tolerantesten GPS-Spezifikation.

Grundsatz der Verantwortlichkeit

Die exakte Beschreibung der Funktion durch sinnvolle Spezifikationsoperatoren liegt in der Verantwortung der Konstruktion. Die Überprüfung der geforderten Spezifikationen durch Verifizierung wird maßgeblich durch die Messunsicherheit bestimmt. Die Verantwortung dafür obliegt ohne besondere Angabe der überprüfenden Partei, d. h. der Qualitätssicherung **(Bild 1)**.

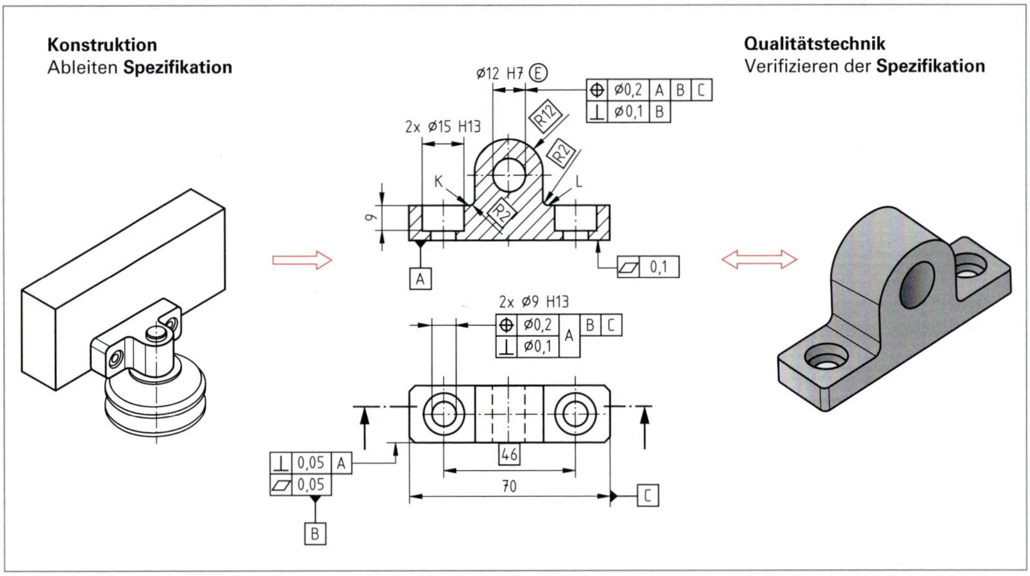

Bild 1: Zuständigkeiten und Verantwortung

> **ISO-GPS-Normen** erlauben, Anforderungen an Werkstücke klar und eindeutig zu spezifizieren und somit eine globale, sprachenunabhängige Produktion sicherzustellen.

9.14.12 | PMI – AUSBLICK, INDUSTRIE 4.0

Im Zuge der 4. industriellen Revolution, Industrie 4.0, werden die Produktentstehung und die Produktentwicklung in einem noch größeren Maße automatisiert. Das Ziel ist eine vollkommen automatisierte Fertigung der Produkte ohne Eingriff des Menschen. Nach Starten eines Produktionsauftrags sollen die einzelnen Fertigungsmaschinen die Teile selbstständig herstellen. Sie leiten die dafür notwendigen Daten für die Programmierung aus dem Datensatz des Modells ab. Selbst die anschließende Qualitätsprüfung der fertigen Werkstücke soll ohne Eingriff des Menschen erfolgen.

Eine wichtige Voraussetzung dafür ist eine standardisierte Schnittstellenbeschreibung für die Datenformate. Sie muss sicherstellen, dass jeder Systemhersteller die notwendigen Daten in der richtigen Form dem Modell zuordnet. In der Norm DIN ISO 16792 wurden dazu Grundlagen geschaffen, die bislang im Bereich Luftfahrttechnik ansatzweise umgesetzt werden.

Grundlage ist die Bereitstellung aller notwendigen Informationen und Fertigungsparameter. Neben den geometrischen Merkmalen werden auch fertigungs- und maschinenspezifische Parameter benötigt. Diese Informationen werden als **PMI** (engl.: *product manufacturing information*, Produktfertigungsinformationen) dem 3D-CAD-Model angefügt. Eine weitere Bezeichnung dafür ist **MBD** (engl.: *model-based definition*, modelbasierte Definition).

Die notwendigen Informationen wie Maße, Toleranzen, Form- und Lagetoleranzen sowie Oberflächenangaben und andere Angaben werden bei der Modellierung direkt den einzelnen Geometrieelementen zugeordnet und können als standardisierte Informationen von den weiterverarbeitenden Maschinen gelesen werden. Alle Toleranzen und deren Wechselwirkung mit anderen Merkmalen müssen während der Konstruktion festgelegt werden. Unterstützt wird der Konstrukteur dabei im Entwicklungsprozess durch **Toleranzassistenten**, damit auch bei komplizierten Bauteilen die Toleranzen optimal abgestimmt sind. Moderne 3D-CAD-Systeme erlauben die Zuordnung von produktionsrelevanten Angaben im Modell **(Bild 1)** und können diese auch bei der Zeichnungsableitung nutzen.

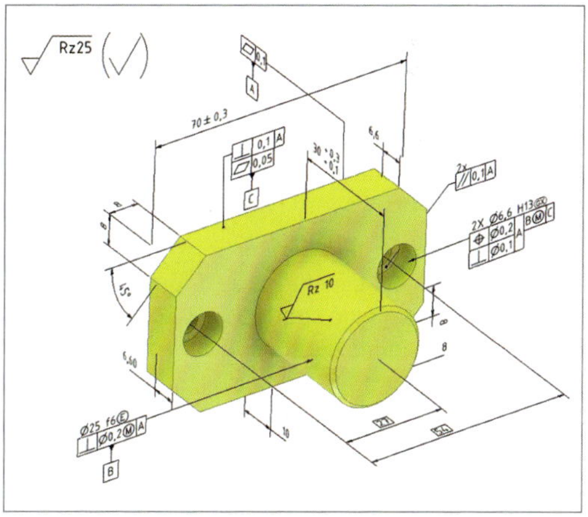

Bild 1: *Product-Manufacturing-Information* (PMI)

Da die Ausrichtung der Form- und Lagetoleranzen in einer 3D-Darstellung des Werkstücks nicht immer eindeutig zu bestimmen ist, wurden in der Norm DIN EN ISO 1101 die **Schnitt-, Orientierungs- und Kollektionsebenen-Indikatoren** sowie die **Richtungselement-Indikatoren** eingeführt. Diese sind vor allem bei der Verwendung von 3D-PDF-Modellen zum eindeutigen Zuweisen notwendig.

Der Schnittebenen-Indikator der Scheibe in **Bild 2** zeigt die eindeutige Richtung des Linienprofils an. Ohne seine Angabe wäre es mehrdeutig, in welcher Richtung die Profiltoleranz einzuhalten ist. So können klassische Zeichnungen einfach durch 3D-PDF-Modelle ersetzt werden. Auf dieser Basis versteht auch nicht ausgebildetes Personal die technischen Produktspezifikationen.

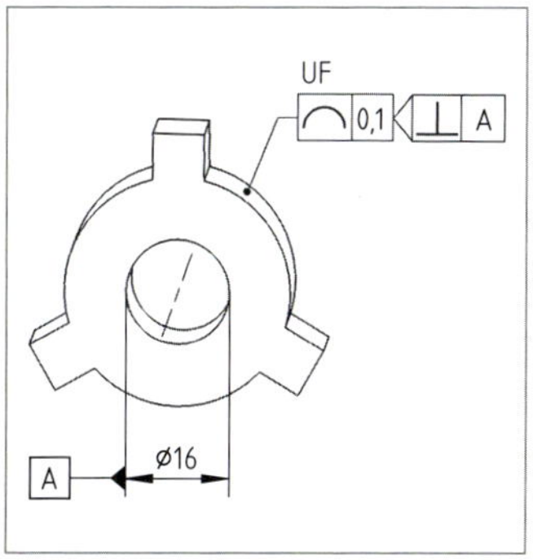

Bild 2: Scheibe mit 3D-Modell-Angaben

CAD-Modelle bilden die Basis einer vollständig automatisierten Fertigung. Sie müssen die geometrischen Spezifikationen, fertigungstechnische Parameter, z. B. Schnittwerte, sowie qualitätstechnische Daten, z. B. Prüfmerkmale, enthalten.

Lernfeld 9

9.15 | TECHNICAL ENGLISH

9.15.1 | CONNECTIONS

Connecting elements are used to manufacture structures and technical systems from individual elements. They can be categorized according to their operating principle. The term "operating principle" refers here to the relationship between the connecting elements. This can be either the physical connection, e.g. the frictional connection in case of friction, the material connection, e.g. by welding, or the geometric connection, e.g. the form-fit in case of a pin connection.

There are types of connection in which two principles are in effect at the same time.

One example is a wedge connection, here positive and frictional locking act simultaneously. They are also called positive locking connections. Since the main active principle in this case is frictional locking, wedge connections are generally classified as frictional connections.

In the case of shaft-hub connections this combined type of connection is included as a fourth subdivision. You can also divide connections into permanent and temporary joints. Following this principle, bolted connections are counted as detachable connections and welded components as non-detachable connections. However, when you consider how connections work, it is useful to subdivide them according to the three basic principles of action.

Connections are categorized as: frictional connections, form-fit connections, and material-fit connections.

9.15.2 | SHAFT-HUB CONNECTIONS

Shaft-hub connections transmit torque and forces, they are the connecting element between a shaft and a hub part. A hub is not only a component such as a gear wheel or a belt pulley **(figure 1a)**. Since there are connection types which are also used in other areas, such as the group of pin connections, the hub can also be a fork in a joint connection in the broadest sense **(figure 1b)**.

The term "direct connection" is used when the torque is transmitted directly, as in the case of a press connection or a clamp connection **(figure 2a)**. An indirect connection exists when additional elements are required, as in the case of a feather key connection or clamping sets **(figure 2b)**.

Words	
operating principle	Wirkprinzip
frictional connection	Kraftschluss
welding	Schweißen
form-fit	Formschluss
wedge connection	Keilverbindung
positive (locking) connection	formschlüssige Verbindung
shaft-hub connection	Welle-Nabe-Verbindung
permanent	dauerhaft
bolted connection	geschraubte Verbindung
material-fit connections	stoffschlüssige Verbindungen
torque	Drehmoment
gear wheel	Zahnrad
belt pulley	Riemenscheibe
pin connection	Stiftverbindung
fork	Gabel
taper connection	Kegelverbindung
articulating joint	Gelenkverbindung
feather key connection	Passfederverbindung
clamping set	Spannsatz

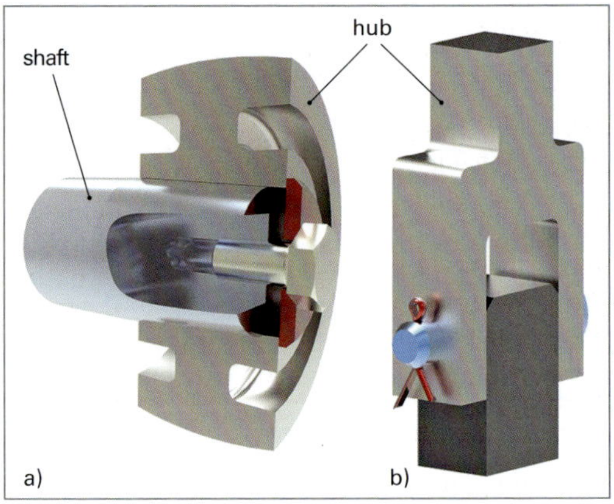

Figure 1: a) Taper connection, b) articulating joint

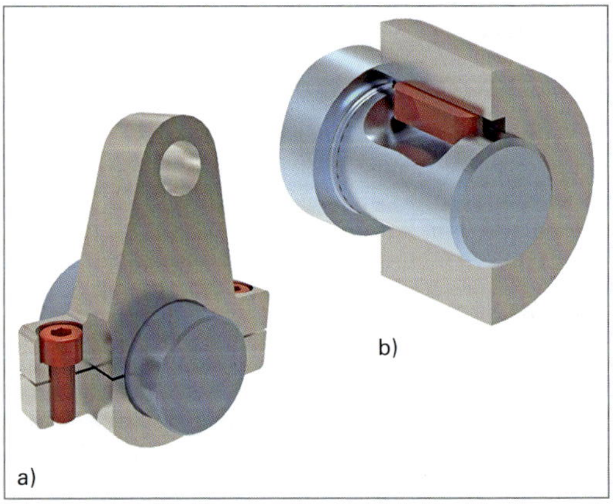

Figure 2: a) Clamp connection, b) feather key connection

9.15.3 | POSITIVE SHAFT-HUB CONNECTIONS

Positive shaft-hub connections transmit torques and forces by positive locking, e. g. the connection is determined by the shape or additional driving elements, such as fitting elements, pins or sliding keys **(figure 1, page 100)**. The transmission of force is mainly affected by surface pressure on the respective active surfaces. The notch effect is increased for almost all positive connections.

Words	
positive shaft-hub connections	formschlüssige Welle-Nabe-Verbindung
sliding key	Gleitfeder
respective	jeweilig
notch effect	Kerbwirkung
angular	eckig
back play	Rückenspiel
tangential force	Umfangskraft
grooves	Nuten
fretting corrosion	Passungsrost
sliding fit	Gleitsitz
shaft groove depth	Wellennuttiefe
hub groove depth	Nabennuttiefe
distinction	Unterscheidung
round-fronted	rundstirnig
drill slot milling cutter	Bohrnutenfräser
side milling cutter	Scheibenfräser
disadvantage	Nachteil

9.15.4 | FEATHER KEY CONNECTION

The feather key connection is the most used shaft-hub connection. It is easy to assemble and disassemble. Gear wheels, pulleys, couplings and more are elements with a one-sided shock-free torque. They are often connected to the shaft by means of a positive key connection. This is a characteristic of these connections. Fits are available in round and angular design as well as with and without holes for fixing or forcing screws **(figure 1)**.

Due to the existing back play **(figure 2b, page 100)** between hub and feather key, the tangential force is only transmitted via the side surfaces. Therefore, the feather key must be firmly seated in the grooves on the flanks in order not to deflect. A feather key connection is only used with restrictions in case of alternating and shock-loaded torques, because there is a risk of deflection and fretting corrosion. Fretting corrosion forms when very small relative movements take place between the components in case of a tight fit and high surface pressure, e. g. when the key allows even the smallest rotary movements between shaft and hub.

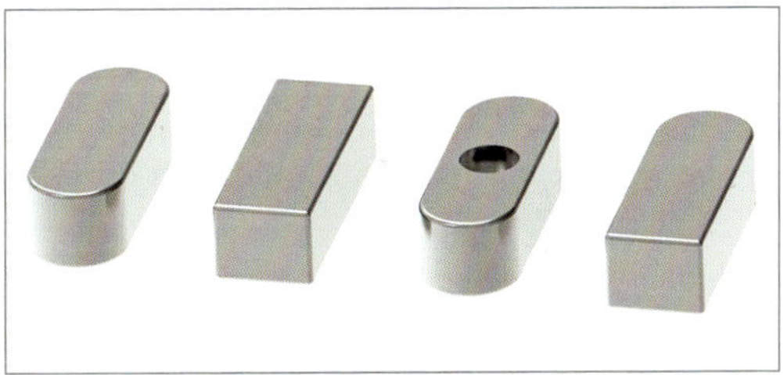

Figure 1: Different types of feather keys

If the hub must be moved during operation, e. g. in the case of sliding wheels, this is called a sliding key. In this case there is a sliding fit between the hub and the feather key, so that the hub can be moved. In the case of a sliding key, the feather key is connected to the shaft via screws. Feather keys for machine tools have a larger shaft groove depth and a smaller hub groove depth.

A distinction is made regarding their shape:

- round-fronted feather keys: The keyway in the shaft is produced with a drill slot milling cutter.
- angular keys: The shaft keyway is usually produced with a side milling cutter.

EXERCISES | REPETITION AND CONSOLIDATION

1. What are shaft-hub connections and what are they used for?
2. List the advantages and disadvantages of feather key connections (use table on **page 39**).
3. Explain how fretting corrosion happens.

Lernfeld 10 SYSTEME DER AUTOMATISIERTEN FERTIGUNG – DATENSÄTZE UND DOKUMENTATIONEN ERSTELLEN UND MODIFIZIEREN

In der **Automatisierungstechnik** erfolgt die Realisierung von komplexen Vorgängen oft mit **speicherprogrammierbaren Steuerungen (SPS)**. Deshalb müssen Technische Produktdesigner alle notwendigen Dokumente und Datensätze, die in der automatisierten Fertigung benötigt werden, erstellen und bearbeiten können. In Kapitel 10 wird dazu das umfangreiche Fachwissen schrittweise von der reinen **Pneumatik** und **Hydraulik** über die **Elektropneumatik** und **Elektrohydraulik** bis zur SPS aufgebaut.

Diese Vorgehensweise ist sinnvoll, da in der reinen Pneumatik und Hydraulik die eingesetzten Komponenten überwiegend aus anschaulichen Bauteilen wie z. B. Ventilen bestehen. Mit Schläuchen oder Rohren werden diese pneumatischen bzw. hydraulischen Bauteile so verbunden, dass sie den Ablauf des Prozesses bestimmen. Somit lassen sich in der reinen Pneumatik und Hydraulik die Grundprinzipien der Steuerungstechnik meist mit einfachen Schaltungen darstellen.

In der Elektropneumatik und Elektrohydraulik kommen neben den bereits bekannten Arbeitselementen, wie z. B. dem **Pneumatikzylinder**, auch elektrische Bauteile zum Einsatz, z. B. **Schalter**, **Sensoren** und **Relais**. Der Prozessablauf wird dabei durch eine entsprechende Verbindung der elektrischen Bauteile durch Leitungen bestimmt.

Bei der Steuerung durch eine SPS kommen ebenfalls elektronische Schalter und Sensoren zum Einsatz. Diese liefern Signale an die **Eingänge** einer Steuerung. Dort werden die elektrischen Signale in **binäre Signale**, also 0 oder 1, umgewandelt. Den Ablauf in der Steuerung bestimmt ein **Programm** im Speicher der SPS. Das Ergebnis dieses Programms wird an die Ausgänge übertragen und dort in elektrische Signale umgewandelt. An den **Ausgängen** der Steuerung sind Ventile und Zylinder angeschlossen, die, wie bei der Elektropneumatik, nur noch die Bewegungen erzeugen und keine steuerungstechnische Funktion mehr haben.

In Kapitel 10 wird der gerade beschriebene Weg von der Pneumatik über die E-Pneumatik und Hydraulik bis hin zur speicherprogrammierbaren Steuerung (SPS) beschritten. Damit werden Sie als Technischer Produktdesigner in die Lage versetzt, auch Dokumente und Datensätze der Automatisierungstechnik zu verstehen und zu bearbeiten.

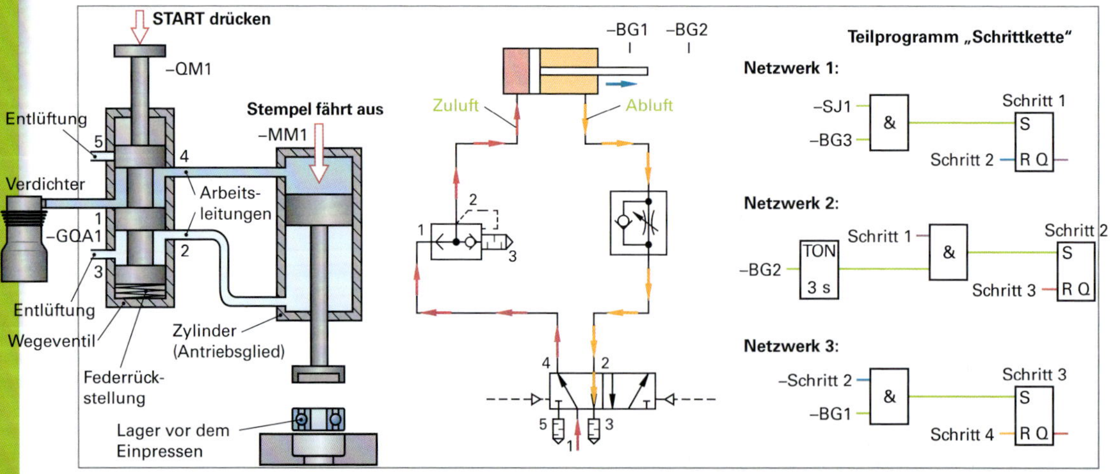

10.1 LERNSITUATIONEN

LERNSITUATION 1 | Analysieren einer pneumatischen Zweihandsicherheitsschaltung

Im Rahmen einer Produktpräsentation auf einer Industriemesse soll eine bewährte Zweihandsicherheitsschaltung aus dem Produktsortiment Ihrer Firma vorgeführt werden. Sie erhalten den Auftrag, den interessierten Messebesuchern die Funktionsweise der Schaltung zu erklären.

Zu Ihrer Information erhalten Sie den Pneumatikplan **(Bild 1)** und einen Ablaufplan **(Bild 2)**, der allerdings keine Erläuterungen enthält.

Aufgabenstellung

1.1 Erläutern Sie die Funktion der mit -KH1 und -KH2 gekennzeichneten Bauteile.

1.2 Beschreiben Sie die Funktionsweise der Ventilbaugruppe -KH3.

1.3 Erstellen Sie eine alphabetisch sortierte Stückliste mit den Bezeichnungen aus dem Pneumatikplan.
Beispiel:
-GQ1 – Wartungseinheit
-KH1 – ...

1.4 Ergänzen Sie den **GRAFCET (Bild 2)** sinnvoll an den Stellen 1 bis 6 und 2a bis 5a. Erstellen Sie dazu eine Liste mit der Nummerierung und den Ergänzungen.

1.5 Erklären Sie in einem Textdokument, wie die Zweihandsicherheitsschaltung funktioniert.

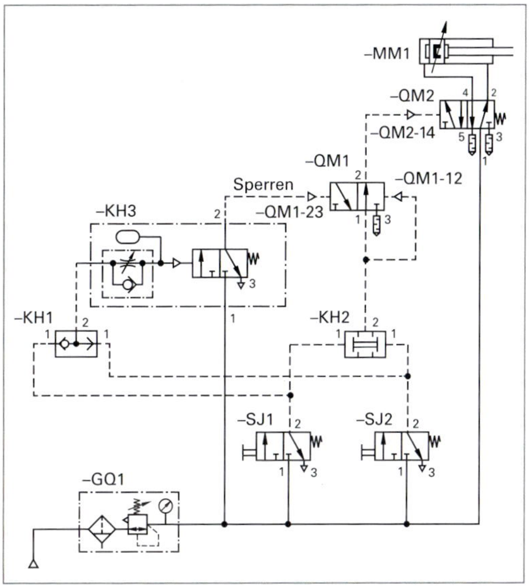

Bild 1: Pneumatikplan der Zweihandsicherheitsschaltung

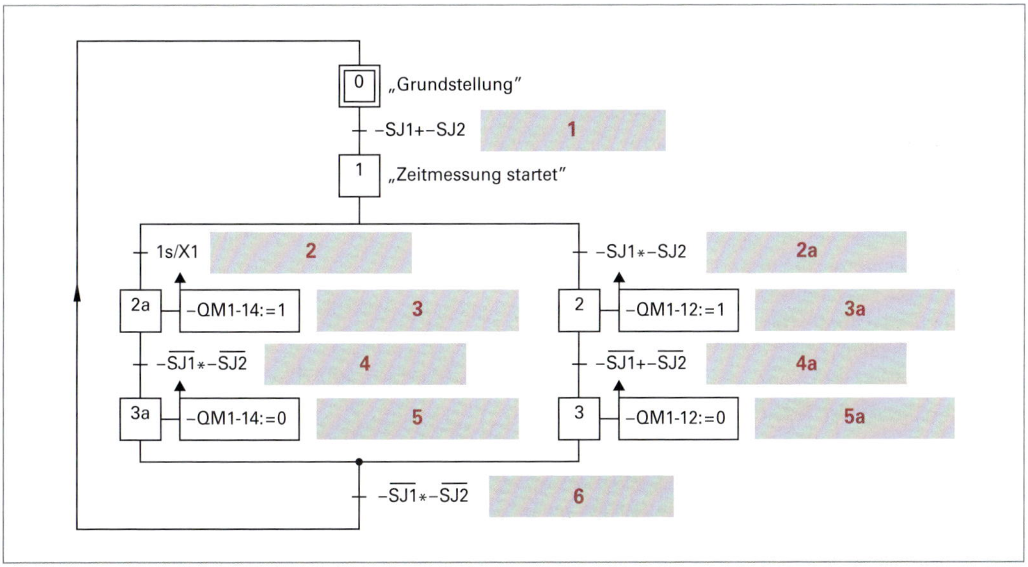

Bild 2: GRAFCET der Zweihandsicherheitsschaltung

LERNSITUATION 2 | Bedienungsanleitung für elektrohydraulischen Scherenhubtisch erstellen

Sie arbeiten in einer Firma, die Scherenhubtische **(Bild 1)** herstellt. Im Lager befindet sich noch ein Scherenhubtisch, zu dem einige Unterlagen existieren, aus denen Sie sich informieren können. Dazu gehören neben einem Informationstext zur Totmannschaltung der Hydraulikplan und der Stromlaufplan. **Bild 2** zeigt das Bedienfeld des Scherenhubtisches. Die Quetschsicherung (–SJ7) befindet sich an der Unterkante des Tisches **(Bild 1)**. Sie besteht aus Leisten, die bei Berührung mechanisch einen Schließer betätigen.

Sie bekommen den Auftrag, für einen Kunden die Unterlagen zu vervollständigen und eine Kurzanleitung zu erstellen. Bearbeiten Sie dazu die Aufgabenstellungen.

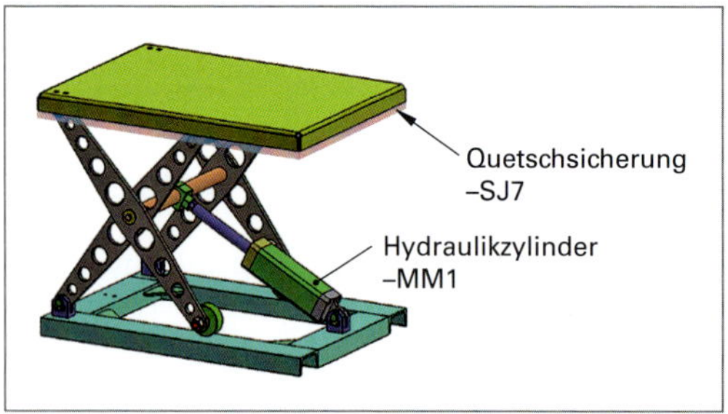

Bild 1: Scherenhubtisch

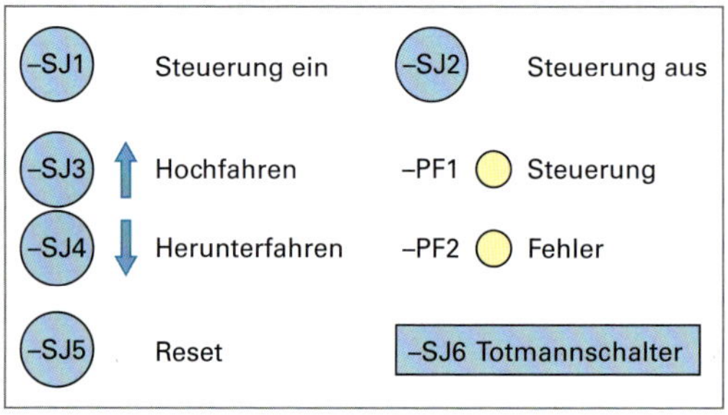

Bild 2: Bedienfeld des Scherenhubtisches

> **i** Die **Totmannschaltung** ist eine elektronische Sicherheitseinrichtung zum Schutz der Bediener gefährlicher Geräte, Maschinen oder Anlagen. Der Totmannschalter –SJ6 muss während des Hoch- und Herunterfahrens immer gedrückt werden.

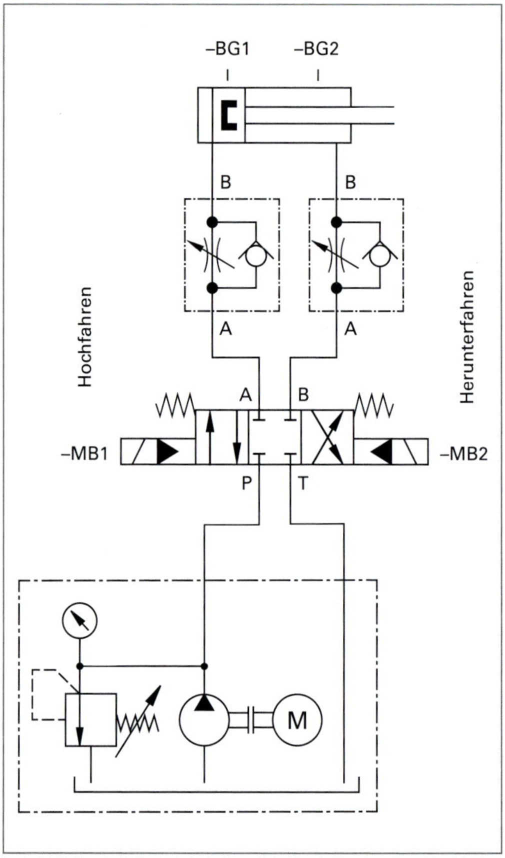

Bild 3: Hydraulikplan des Scherenhubtisches

Aufgabenstellung

2.1 Die Bezeichnungen des Hydraulikaggregats, des Wegeventils, der Drosselrückschlagventile und des Hydraulikzylinders fehlen. Ergänzen Sie diese Bezeichnungen in Form einer Tabelle. Geben Sie insbesondere die ausführliche Benennung des Wegeventils und des Zylinders an.

2.2 Analysieren Sie anhand des Stromlaufplanes **(Bild 1, Seite 105)**, was beim Auslösen der Quetschsicherung geschieht.

2.3 Analysieren Sie anhand des Stromlaufplanes **(Bild 1, Seite 105)**, was beim Loslassen des Totmannschalters geschieht.

2.4 Erstellen Sie mithilfe des Hydraulikplanes **(Bild 3)** und des Stromlaufplanes **(Bild 1, Seite 105)** eine Kurzanleitung für den Scherenhubtisch.

Zur besseren Lesbarkeit wurde der Stromlaufplan in 2 Teile geteilt.

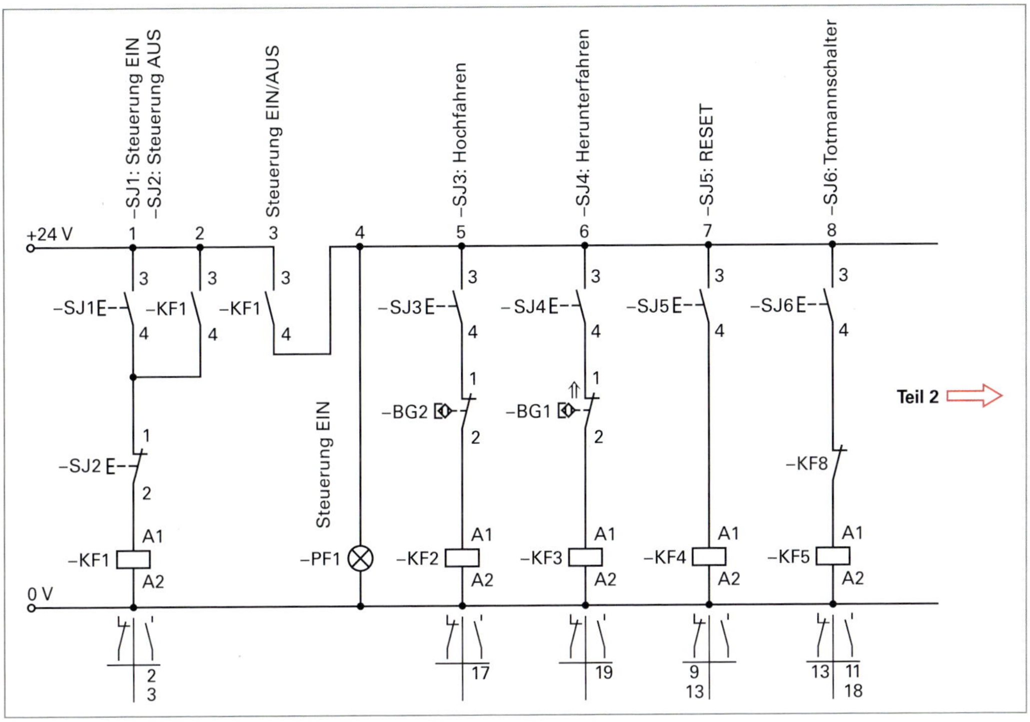

Bild 1a: Stromlaufplan „Scherenhubtisch", Teil 1

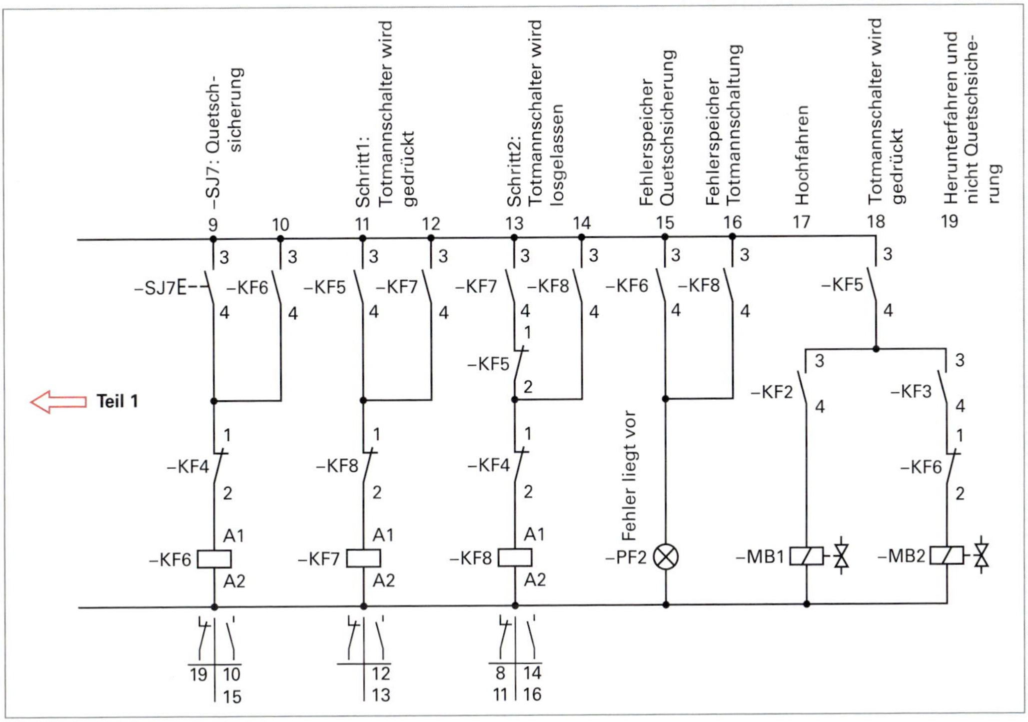

Bild 1b: Stromlaufplan „Scherenhubtisch", Teil 2

Lernfeld 10

LERNSITUATION 3 Dokumentation und Verbesserung des Ablaufs an einer Greifereinheit

An einem Fräszentrum in Ihrer Firma erfolgt die Ausgabe metallischer Werkstücke über ein Förderband (Band 1). **Bild 1** zeigt eine Lageskizze. Eine Greifereinheit, bestehend aus dem Zylinder -MM1 und dem Greifer -MM2, greift die Teile und legt sie auf einem zweiten Förderband (Band 2) ab, das die Werkstücke zur nächsten Bearbeitungsstation transportiert.

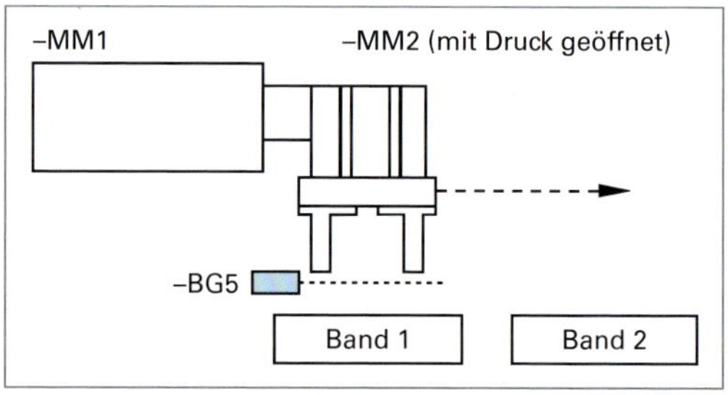

Bild 1: Lageskizze der Greifereinheit

Ablaufbeschreibung:

Wenn auf einem Förderband (**Bild 1,** Band 1) ein Werkstück zwischen die Backen des Greifers -MM2 läuft, wird es von dem induktiven Sensor -BG5 erfasst. Dann fährt der Zylinder -MM2 (Greifer) ein und das Werkstück wird gegriffen. Nun fährt die Lineareinheit durch den Zylinder -MM1 aus und befördert das gegriffene Teil auf das andere Förderband (Band 2). Wenn der Zylinder -MM1 vollständig ausgefahren ist, wird der Greifer geöffnet. Wenn der Greifer komplett geöffnet hat, muss der Zylinder -MM1 wieder einfahren. Im Fall einer Störung lassen sich alle Schritte über Reset (-SJ1) zurücksetzen, und über Richten (-SJ2) fahren die Zylinder in die Grundstellung.

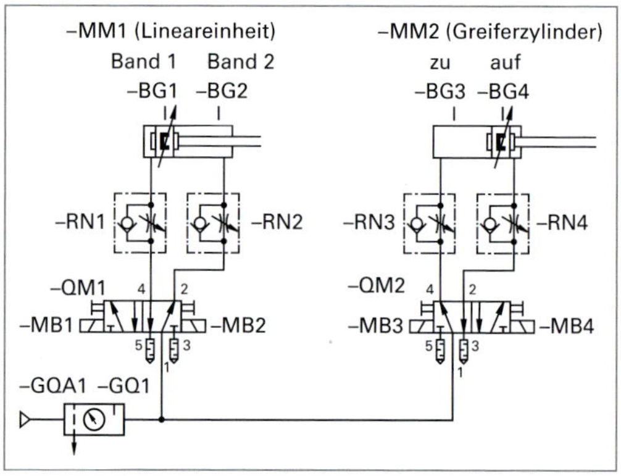

Bild 2: Pneumatikplan der Greifereinheit

Während des Betriebs machen Mitarbeiter folgende Beobachtungen:

1. Das Zurückfahren des Zylinders erfolgt nach dem Ablegen zu schnell, dadurch wurden die Werkstücke auf dem Band 2 beim Ablegen verschoben. Die Mitarbeiter haben vorgeschlagen, der Greifer solle nach Ablegen des Werkstücks noch 2 Sekunden über Band 2 stehen bleiben, bevor er zurückgefahren wird.
2. Wenn Werkstücke aus Kunststoff bearbeitet werden, funktioniert die Greifereinheit nicht mehr.

Es existieren ein Pneumatikplan **(Bild 2)**, ein Anschlussplan **(Bild 3)** und das SPS-Programm **(Tabelle 1, Seite 107)**.

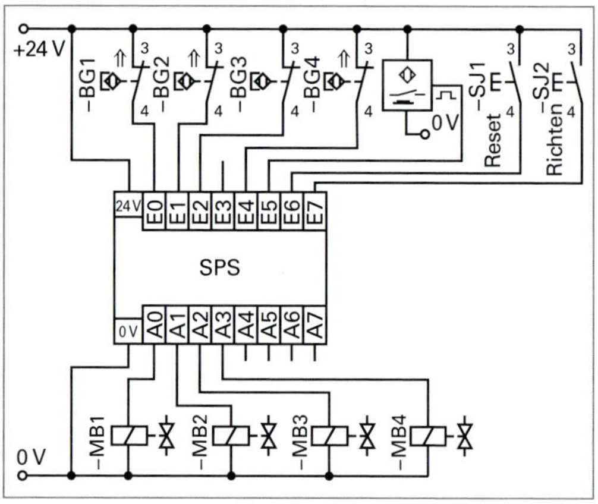

Bild 3: Anschlussplan an die SPS

Aufgabenstellung

3.1 Erstellen Sie zur Dokumentation der Greifereinheit einen **GRAFCET.**

3.2 Zur Beobachtung 1: Entwickeln Sie Vorschläge zu möglichen Veränderungen im SPS-Programm.

3.3 Zur Beobachtung 2: Klären Sie, warum die Greifereinheit nicht mit Kunststoffteilen funktioniert, und entwickeln Sie Verbesserungsvorschläge.

Lernfeld 10

Tabelle 1: SPS-Programm zur Greifereinheit

Progammteil „Schrittkette"

Netzwerk 1: Grundstellung

Schritt 0

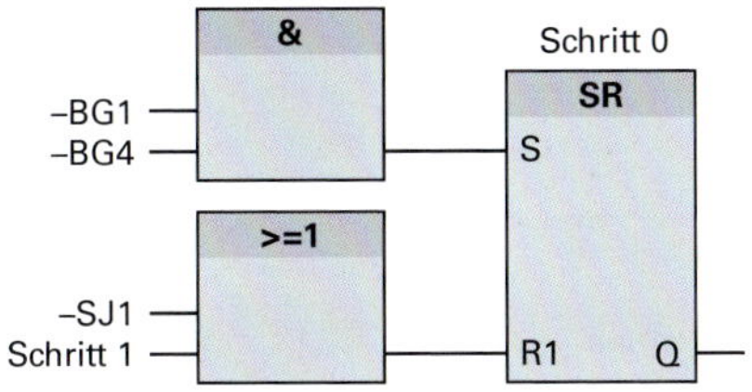

Netzwerk 2: Greifer schließen

Schritt 1

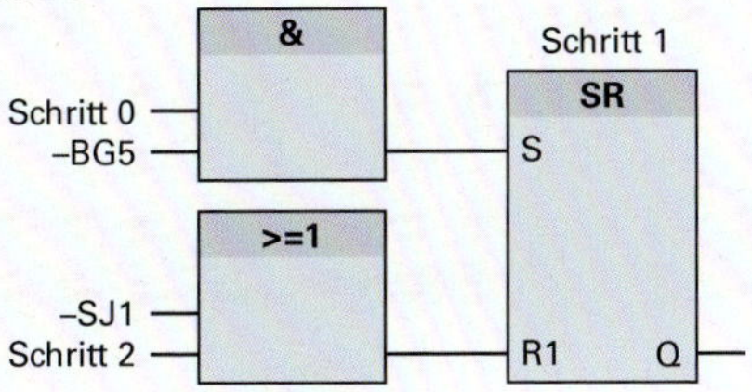

Netzwerk 3: Lineareinheit ausfahren

Schritt 2

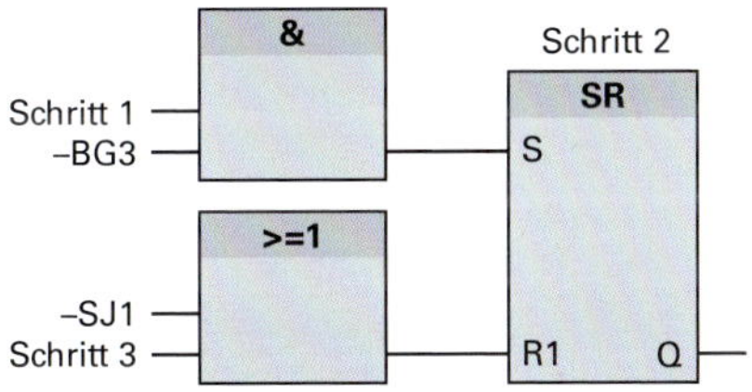

Netzwerk 4: Greifer öffnen

Schritt 3

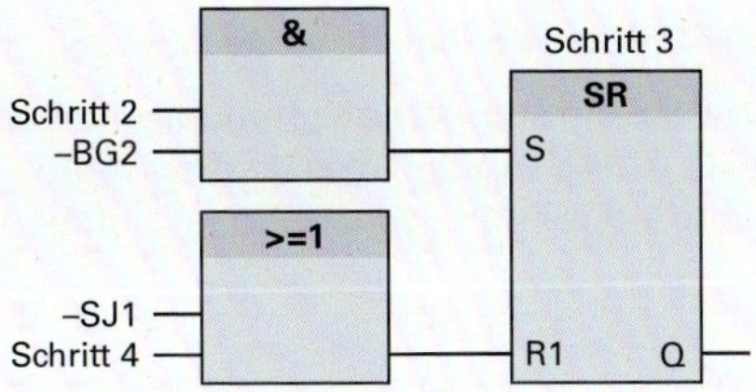

Netzwerk 5: Lineareinheit einfahren

Schritt 4

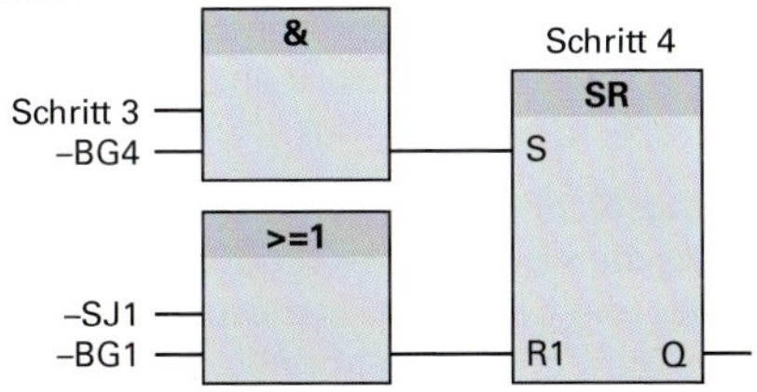

Programmteil „Ausgabe"

Netzwerk 1: Greifer schließen

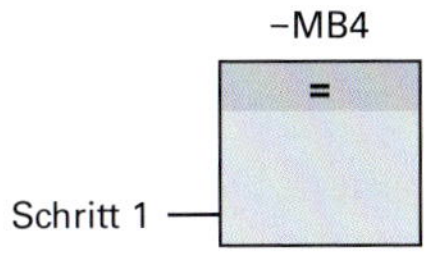

Netzwerk 2: Lineareinheit ausfahren

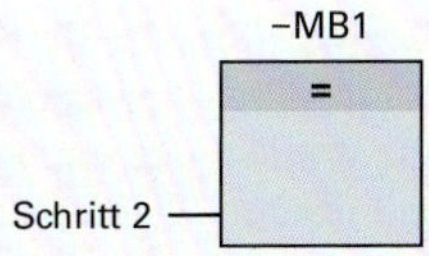

Netzwerk 3: Schritt 3 oder Richten: Greifer öffnen

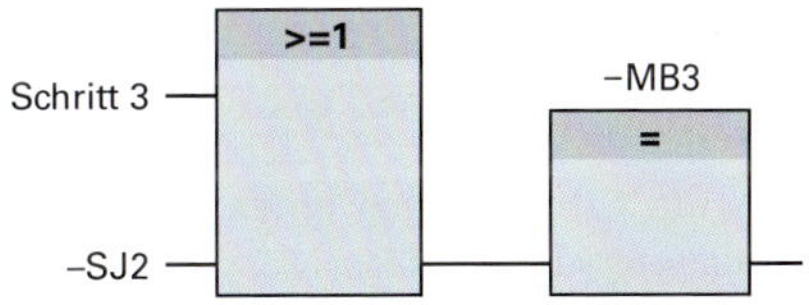

Netzwerk 4: Schritt 4 oder Richten: Lineareinheit einfahren

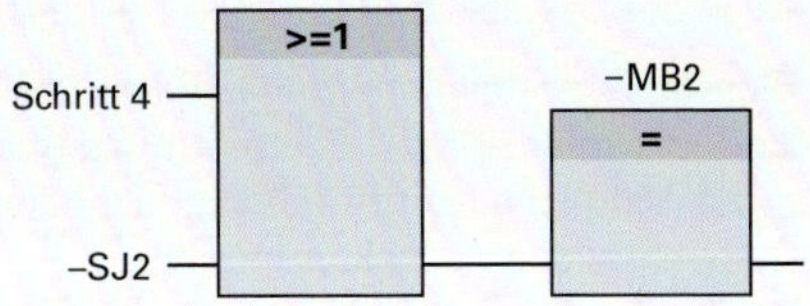

10.2 | AUTOMATISIERUNG UND INDUSTRIE 4.0

In vielen Wirtschaftszweigen, insbesondere in der Serienfertigung und der Massenproduktion, werden automatisierte Systeme in großem Umfang eingesetzt. Auch in der Einzelfertigung kann es sinnvoll sein, einzelne Arbeitsschritte zu automatisieren.

Die automatisierten Systeme der **Produktion** werden zunehmend datentechnisch mit der **Produktplanung** und der **Logistik** (Beschaffung und Vertrieb) vernetzt. Diese Vernetzung wird nachfolgend im **Y-Modell** (Bild 1) verdeutlicht.

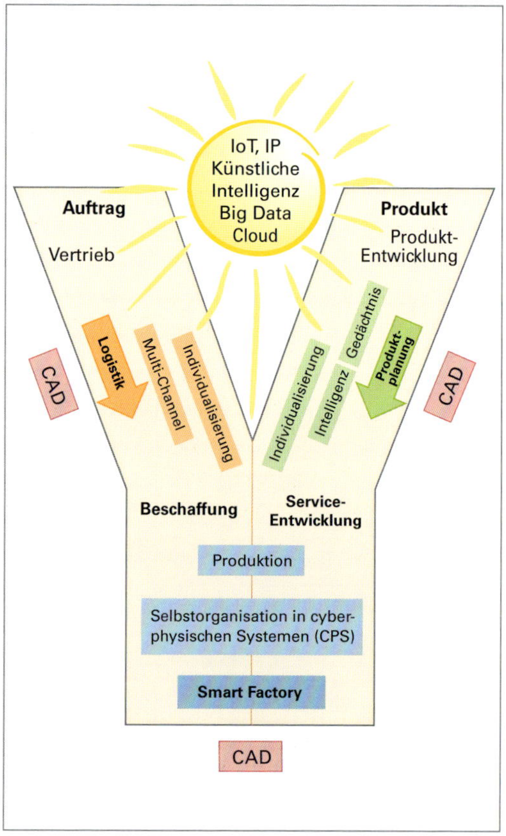

Bild 1: Y-Modell für Industrie 4.0 (nach Scheer)

Smart Factory

In der **Smart Factory** (intelligente Fabrik), an der Basis des Y, sollen Anlagen, Maschinen, Computer, Steuerungen, Werkstücke und Menschen miteinander kommunizieren. Das Zusammenwirken der **Cyber-Welt** (virtuell) und der **physischen Welt** (real) wird als **cyber-physisches System (CPS)** bezeichnet. Ziel sind Produktionsabläufe, die sich selbst steuern und optimieren. Durch diese Optimierung soll eine **Individualisierung** der Produktion bis hin zur Stückzahl 1 wirtschaftlich werden.

Produktplanung

Der gesamte **Lebenszyklus eines Produkts**, von der Produktentwicklung über den Service bis zur Entsorgung, wird durch Daten dokumentiert. Diese lückenlose Dokumentation wird als **Gedächtnis des Produkts** bezeichnet.

Logistik

Im Bereich der Logistik sind Zulieferer und Abnehmer der Produkte ebenfalls vernetzt.

Neue Geschäftsmodelle entstehen, wie z. B. Mobilität als Dienstleistung. Die Kommunikation zwischen den Kunden und der Smart Factory muss über alle Kanäle laufen können, dies wird als **Multi-Channel** bezeichnet. Mögliche Kommunikationskanäle sind Telefon, Internet (PC, Smartphone, Notebook usw.) oder die persönliche Kontaktaufnahme.

Einsatz der Produktdesigner

CAD-Systeme (Bild 1, rotes Feld CAD) und damit der Produktdesigner kommen in allen Bereichen von **Industrie 4.0** zum Einsatz: von Stücklisten für die Beschaffung und Animationen für den Vertrieb über Dokumentationen bis hin zu 3D-Modellen für die Produktplanung. Aus den 3D-Modellen lassen sich die Programme für die **Automatisierung** und **Produktion** in der Smart Factory ableiten. Dieser letzte Aspekt wurde in Kapitel 9 beleuchtet: Die GPS soll eine klare, eindeutige Produktplanung ermöglichen.

Kapitel 10 beleuchtet dazu den Bereich der Automatisierungstechnik. Sowohl an einer einfachen, teilautomatisierten Presse als auch in komplexen, cyber-physischen Systemen – Produktdesigner benötigen Kenntnisse der Elemente der **Automatisierungstechnik** und der **Funktionsbeschreibung** automatisierter Systeme, um diese Systeme modifizieren und dokumentieren zu können. Diese Kenntnisse werden in den folgenden Abschnitten vermittelt.

10.3 | STEUERN UND REGELN

Automatisierte Prozesse lassen sich durch **Steuerungen** und **Regelungen** realisieren.

10.3.1 | STEUERUNGSTECHNIK

Zur Abgrenzung von Steuerungen gegenüber Regelungen dienen folgende Anwendungsbeispiele.

Anwendungsbeispiel: Steuerung eines Bunsenbrenners

Eine **einfache Steuerung** ist die Einstellung der Flamme beim Anzünden eines Bunsenbrenners (**Bild 1**). Dabei ist die Luftzufuhr geschlossen. Durch Drehen an der Einstellschraube werden die Öffnung des Ventils und damit der Gasstrom verändert.

In **Bild 2** wird dieser Vorgang schematisch mit den Grundbegriffen der Steuerungstechnik als **Steuerkette** dargestellt. Der Drehwinkel **(Führungsgröße)** wird durch das Gewinde **(Steuerung)** in die Längsbewegung zur Ventilöffnung **(Stellgröße)** umgewandelt. Das Ventil ist das **Stellglied**, das entsprechend der Stellgröße den Gasstrom und damit die **Flamme** einstellt. Es erfolgt **keine Rückmeldung** über die Flamme.

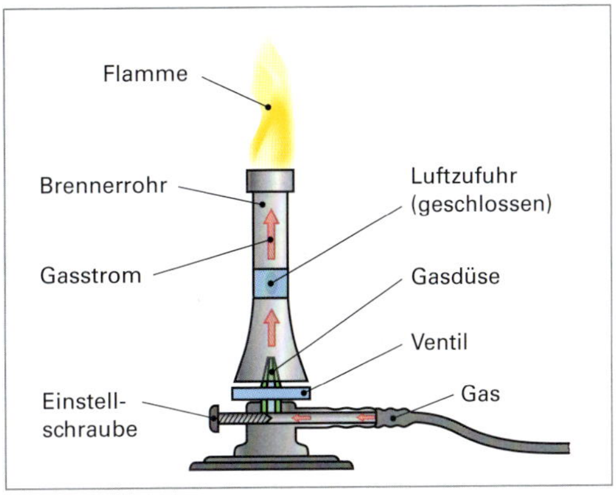

Bild 1: Bunsenbrenner beim Anzünden

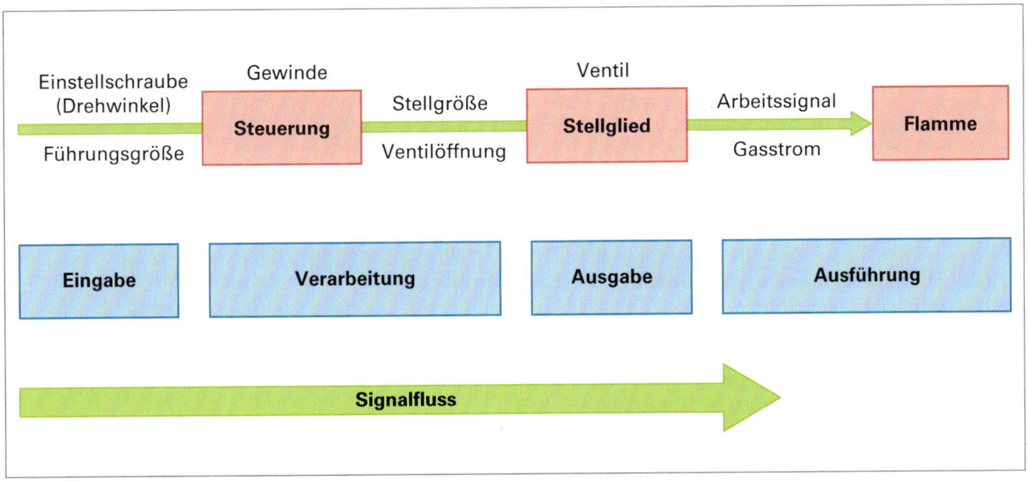

Bild 2: Steuerkette eines Bunsenbrenners

Anwendungsbeispiel: Steuerung einer Einpressvorrichtung

Wenn ein Benutzer die beiden Taster –SJ1 und –SJ2 **(Bild 1, Seite 110)** gleichzeitig drückt, soll ein Zylinder ausfahren und einen Stift einpressen. Nur wenn beide Taster ein Signal liefern, sendet die **Steuerung** ein **Stellsignal** an das **Stellglied.**

Signal heißt beispielsweise „Strom fließt" oder „Druckluft liegt an". Das Stellglied liefert ein **Arbeitssignal** an den Zylinder, der daraufhin ausfährt.

Steuerung, Stellglied und **Zylinder** in **Bild 2** können pneumatisch, elektronisch oder hydraulisch sein.

Im Gegensatz zur Steuerung des Bunsenbrenners gibt es in dieser Steuerkette keine Führungsgröße, sondern eine **Startbedingung**.

Es handelt sich um eine **Verknüpfungssteuerung**, d.h., die beiden Signale der Taster -SJ1 und -SJ2 werden miteinander UND-verknüpft, das Ergebnis dieser Verknüpfung bewirkt durch die Steuerung das Stellsignal.

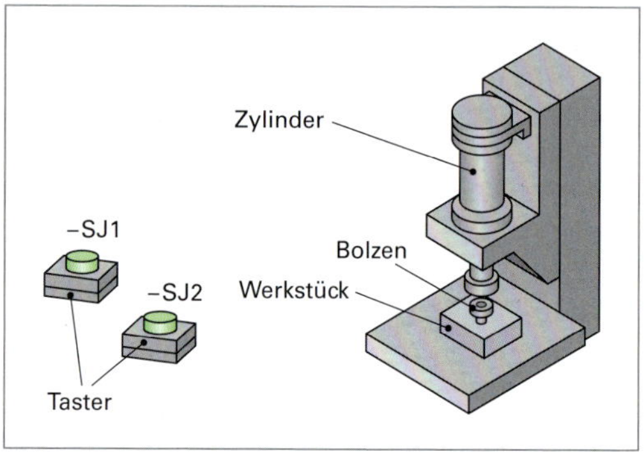

Bild 1: Einpressvorrichtung

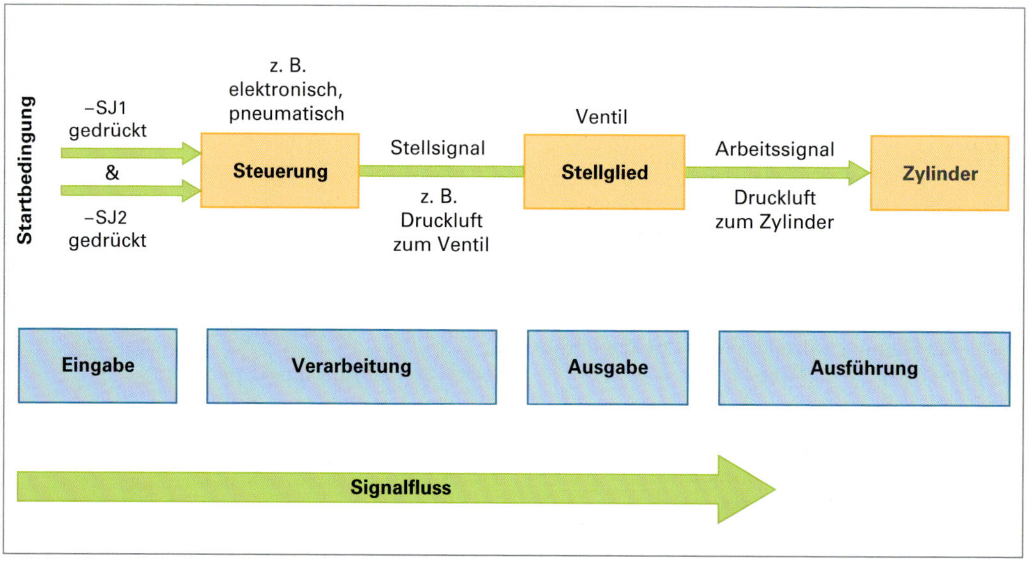

Bild 2: Steuerkette der Einpressvorrichtung

Diese beiden Anwendungsbeispiele zeigen, dass beim Steuern **Eingabesignale** in einer **Steuerkette** verarbeitet werden. Am Ende der Steuerkette erfolgt die **Ausführung**, d.h., die zu steuernde Größe wird eingestellt. Es erfolgt **keine Rückmeldung** und kein Vergleich, ob die zu steuernde Größe die Vorgaben der Eingangssignale erfüllt.

Der Nachteil der reinen Steuerungstechnik besteht darin, dass die gesteuerte Größe, z.B. die Flamme des Bunsenbrenners, nicht überprüft wird. Bei Abweichungen von den Sollvorgaben (Eingangssignal) erfolgt keine Korrektur durch die Steuerkette.

Tabelle 1 zeigt die Arten von Steuerungen, die in der Technik unterschieden werden.

Tabelle 1: Steuerungsarten

Steuerung	Steuerung bis zum Stellglied durch	Ausführung ab dem Stellglied durch
Pneumatisch	Druckluft	Druckluft
Hydraulisch	Hydraulikflüssigkeit	Hydraulikflüssigkeit
Elektropneumatisch	Elektronik	Druckluft
Elektrohydraulisch	Elektronik	Hydraulikflüssigkeit
Speicherprogrammierbar	Elektronik und Computer (SPS)	Hydraulikflüssigkeit oder Druckluft

10.3.2 | REGELUNGSTECHNIK

Im Gegensatz zur Steuerungstechnik wird in der Regelungstechnik die Ausführung ständig mit den Vorgaben verglichen. Bei Abweichungen werden die Stellvorgaben entsprechend angeglichen.

Anwendungsbeispiel: Druckregelung eines Verdichters

Verdichter komprimieren die Umgebungsluft. Der **Zweipunktregler** (Bild 1) übernimmt die Angleichung des Stellsignals bei Abweichung des Istwertes vom Sollwert. Dazu hat er zwei Schaltpunkte.

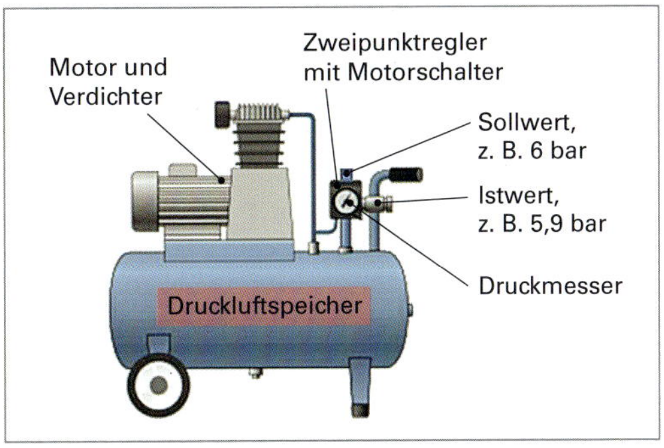

Bild 1: Verdichter mit Druckregelung (Schema)

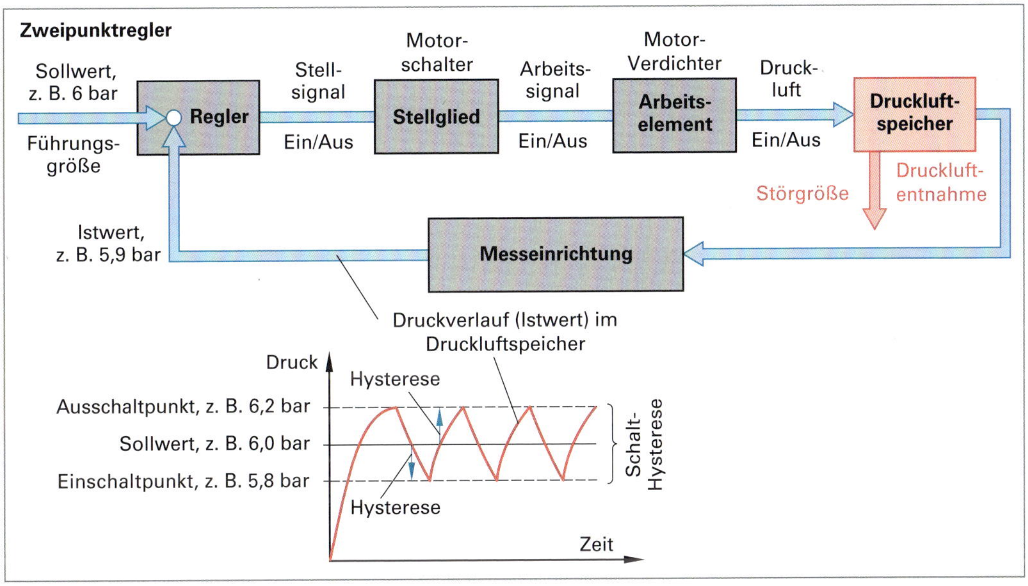

Bild 2: Druckregelkreis und Druckverlauf

Bild 2 zeigt, wie der Regler bei Druckluftentnahme den Druck im Druckluftspeicher immer wieder nachreguliert, um einen **Sollwert** von 6 bar zu halten. Dazu wird der **Istwert** des Drucks ständig erfasst und mit dem Sollwert verglichen.

Steigt der Druck nach dem Einschalten des Verdichters auf über 6 bar an, wird durch das **Stellsignal** der Motor des Verdichters abgeschaltet. Fällt der Druck aufgrund einer **Luftentnahme** unter 6 bar ab, wird der Motor wieder eingeschaltet. Durch die **Schalthysterese** erfolgt das Ein- und Ausschalten verzögert erst bei 5,8 und 6,2 bar. Dadurch wird ein ständiges, kurz aufeinanderfolgendes Ein- und Ausschalten des Motors vermieden.

i

Hysterese

Verzögerte Wirkungsänderung (z. B. Einschalten) nach Änderung der Ursache (z. B. Sollwert unterschritten).

Die **Schalthysterese** ist die Differenz zwischen dem Ein- und dem Ausschalten.

Bei der **Steuerung** geht der Signalfluss nur in eine Richtung. Bei der **Regelung** wird der Istwert gemessen und über einen entgegengesetzten Signalfluss an den Regler zurückgeführt.

10.4 PNEUMATISCHE STEUERUNGEN

Rein pneumatische Steuerungen, ohne Einsatz von elektronischen Komponenten, werden in der Technik für einfache Anwendungen eingesetzt.

10.4.1 GRUNDLAGEN DER PNEUMATIK

Kenntnisse zur Berechnung von Drücken und zu Druckarten sind die Grundlage für die Auslegung und Berechnung pneumatischer und hydraulischer Anlagen.

In der **Pneumatik** und in der **Hydraulik** werden Kräfte und Bewegungen durch den Druck *p* erzeugt. Der **Druck *p*** hängt von zwei Größen ab:

1. von der **Größe der Kraft *F***, die auf eine Fläche *A* wirkt. Eine vierfache Kraft *F* auf eine gleichbleibende Fläche *A* ergibt einen vierfachen Druck *p* **(Bild 1)**.
   Je **größer** die **Kraft *F*** ist, die auf eine Fläche *A* wirkt, desto **höher** ist der **Druck *p***.
2. von der **Größe der Fläche *A***, auf die eine Kraft *F* wirkt. Eine gleichbleibende Kraft *F* auf eine geviertelte Fläche A ergibt einen vierfachen Druck *p* **(Bild 2)**.
   Je **kleiner** die Fläche ***A*** ist, auf die eine Kraft F wirkt, desto **höher** ist der **Druck *p***.

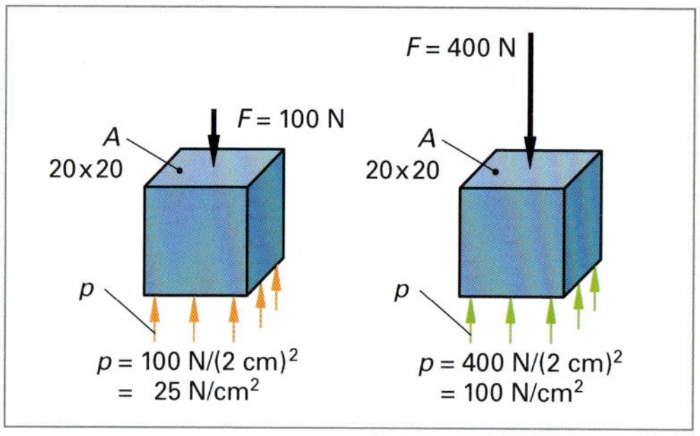

Bild 1: Druckbeispiele: Kraft ändert sich

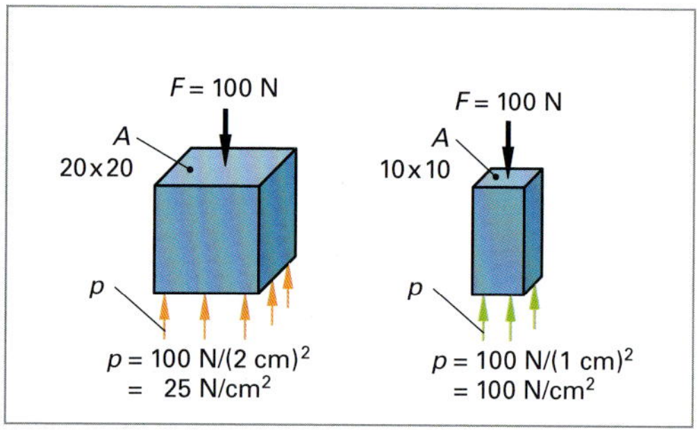

Bild 2: Druckbeispiele: Fläche ändert sich

Für den **Druck** gilt:

$$p = \frac{F}{A}$$

p	*F*	*A*
N/cm^2	N	cm^2

Die SI-Einheit des Drucks ist **Pascal**, 1 Pa = 1 N/m^2. In der Technik wird oft noch mit der Einheit **bar** gerechnet: 1 bar = 100 000 Pa = 1000 hPa = 10 N/cm^2.

In **Bild 1, Seite 113**, sind unterschiedliche Arten von Drücken dargestellt:

- **Umgebungsdruck p_{amb}**: Auf der Erde übt die Atmosphäre einen Druck auf alles aus, den Umgebungsdruck p_{amb} (①; lat.: *ambiens,* umgebend). In der Technik wird in der Regel mit dem Normal-Umgebungsdruck gerechnet. Dieser beträgt auf Meereshöhe 1,01325 bar bzw. 1013,25 hPa. In der Pneumatik wird gerundet mit 1 bar gerechnet.
- **Über- bzw. Unterdruck p_e**: Kräfte können in der Pneumatik nur wirken, wenn ein Überdruck p_e (②) oder ein Unterdruck p_e (③) gegenüber dem Umgebungsdruck erzeugt wird.
- **Absolutes Vakuum**: Im Weltall gibt es keine Atmosphäre, dort herrscht absolutes Vakuum (④), der absolute Druck p_{abs} beträgt dort 0 bar.
- **Absoluter Druck p_{abs}**: Der absolute Druck p_{abs} (⑤) ergibt sich durch Addition des Umgebungsdrucks p_{amb} und des Überdrucks p_e.

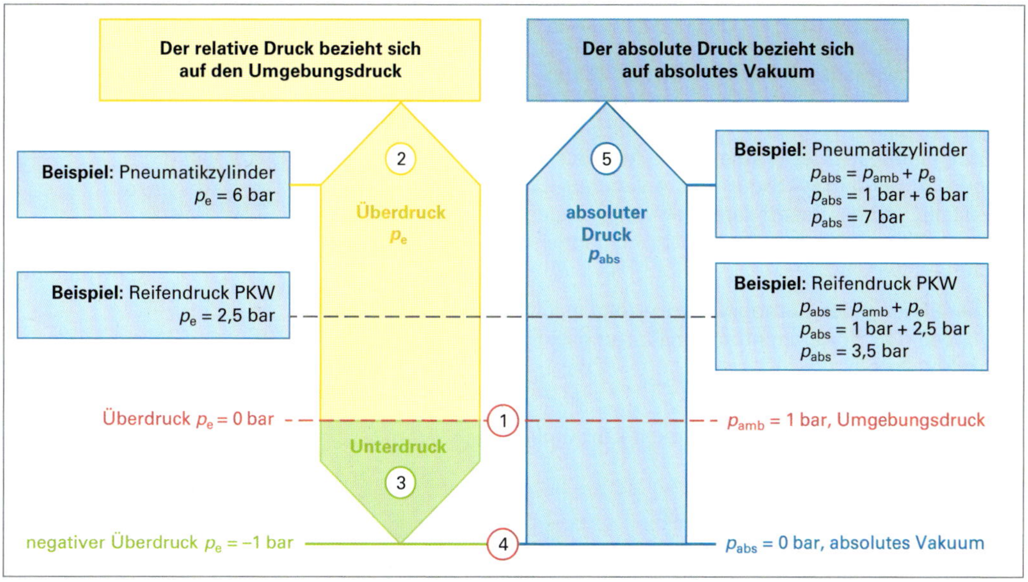

Bild 1: Druckarten

10.4.2 | DRUCKLUFTERZEUGUNG

Zur Drucklufterzeugung muss die Umgebungsluft verdichtet werden. Durch den Verdichtungsprozess erwärmt sich die Luft und muss bei Bedarf gekühlt werden. Verdichter arbeiten diskontinuierlich (nicht stetig) oder kontinuierlich (stetig).

Kolbenverdichter

Als Druckluftquelle kann ein Kolbenverdichter mit einem Druckluftspeicher eingesetzt werden **(Bild 2)**. Der Kolbenverdichter arbeitet ähnlich wie eine Luftpumpe. Die Kurbelwelle wird durch einen Motor angetrieben und bewegt in **Bild 2a** den Kolben nach links, Luft wird angesaugt. Während der Ansaugphase wird kein Druck aufgebaut.

In **Bild 2b** bewegt sich der Kolben nach rechts, das Einlassventil ist geschlossen und über den Luftauslass wird verdichtete Luft in den Speicher gedrückt. Der Speicher gleicht die **diskontinuierliche Druckerzeugung** und die schwankende Druckluftentnahme aus.

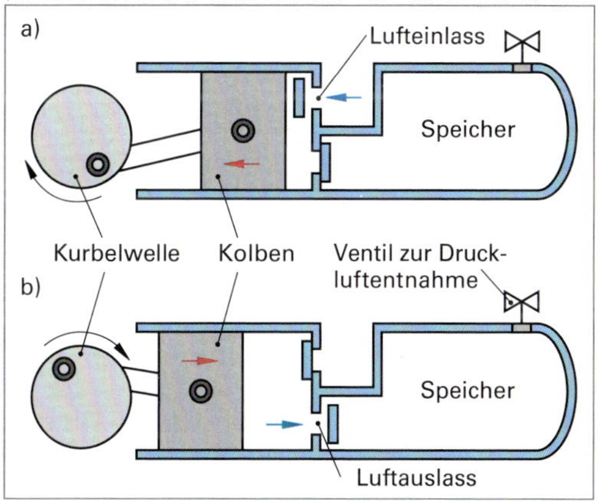

Bild 2: Kolbenverdichter

Schraubenverdichter

Ein Beispiel für eine **kontinuierliche Druckerzeugung** ist der Schraubenverdichter **(Bild 3)**. Zwischen den beiden Verdichterschrauben bildet sich eine Verdichtungskammer, die von links nach rechts wandert und dabei immer kleiner wird. Dadurch entsteht der Verdichtungseffekt.

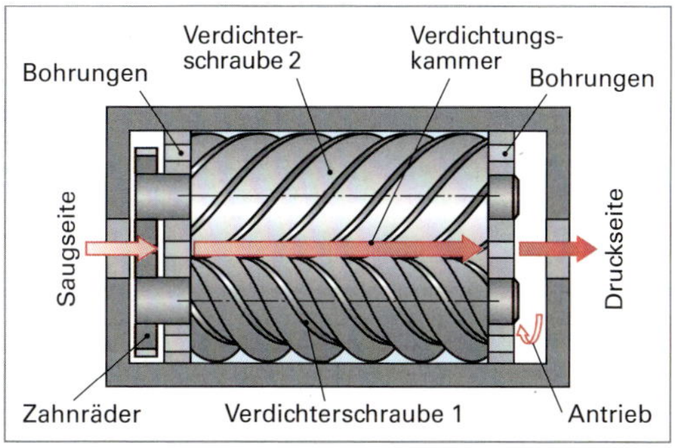

Bild 3: Schraubenverdichter

10.4.3 I DRUCKLUFTAUFBEREITUNG

Vor jeder pneumatischen Anlage wird zur Druckluftaufbereitung eine **Wartungseinheit** (Bild 1) eingesetzt. Damit wird sichergestellt, dass keine Verunreinigungen oder Wasser in die Anlage eindringen. Außerdem wird dort der Anlagendruck eingestellt, und bei Bedarf kann der Luft Öl zugeführt werden, sodass nachgeordnete Anlagenteile geschmiert werden.

Die Benennung der Komponenten erfolgt nach DIN 81346. Die **Komponenten** der Wartungseinheit in Bild 2 sind:

- **–GQA1 Druckluftquelle**
  Hier wird die Umgebungsluft verdichtet (s. Kapitel 10.4.2, Seite 113).

- **–HQ1 Filter und Wasserabscheider**
  Er filtert Staub- und Schmutzteilchen aus der Druckluft heraus.

  Außerdem werden Öl- und Wassertröpfchen über eine Prallscheibe abgeschieden. Das entstehende Kondensat wird manuell oder automatisch abgeführt.

- **–QN1 Druckregler, Druckreduzierventil**
  Hier wird über ein Handrad der Anlagendruck eingestellt.

- **–PG1 Druckanzeige, Manometer**
  Hier kann der eingestellte Anlagendruck abgelesen und kontrolliert werden.

- **–GQC1 Druckluftöler**
  Die Ölzufuhr erfolgt durch das **Venturiprinzip**, d. h., die Druckluft strömt am oberen Ende eines Röhrchens vorbei, das mit dem unteren Ende in Öl steht. Dabei entsteht ein Unterdruck im Röhrchen und das Öl wird angesaugt. Ein Öler ist nicht in jeder Wartungseinheit enthalten, oft reicht die Anfangsschmierung der Pneumatikelemente für die gesamte Lebensdauer der Wartungseinheit. In der Vakuumtechnik muss ungeölte Druckluft verwendet werden. Beim Einsatz von Schlagschraubern oder Druckluftmotoren ist hingegen ein Öler erforderlich.

- **–GQ1 Wartungseinheit**
  Die vereinfachte Darstellung der Wartungseinheit (Bild 3) vereinigt die Symbole von Bild 2 in einem Symbol.

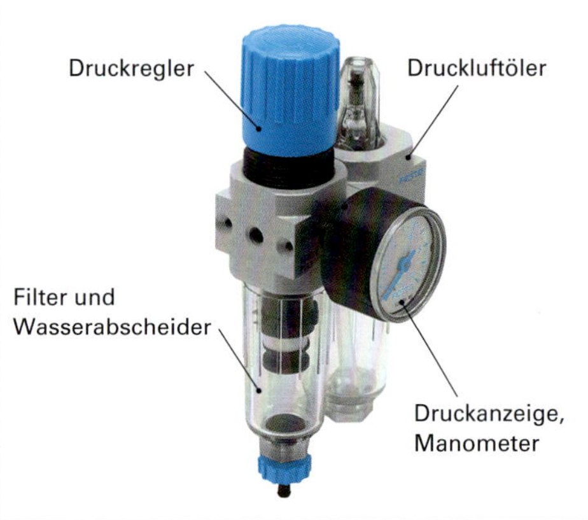

© Festo SE & Co. KG, Esslingen-Berkheim

Bild 1: Wartungseinheit

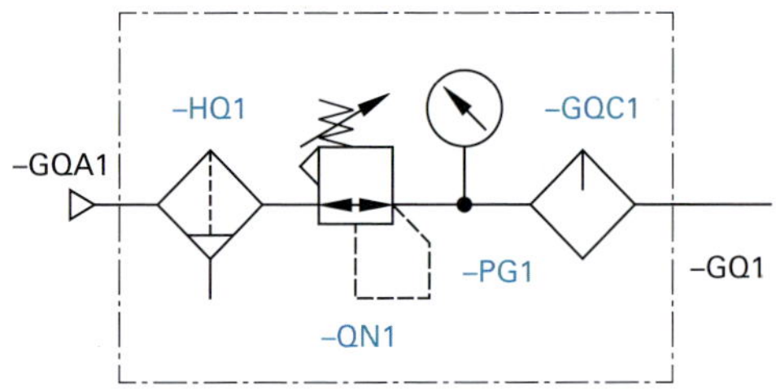

Bild 2: Wartungseinheit, ausführlich

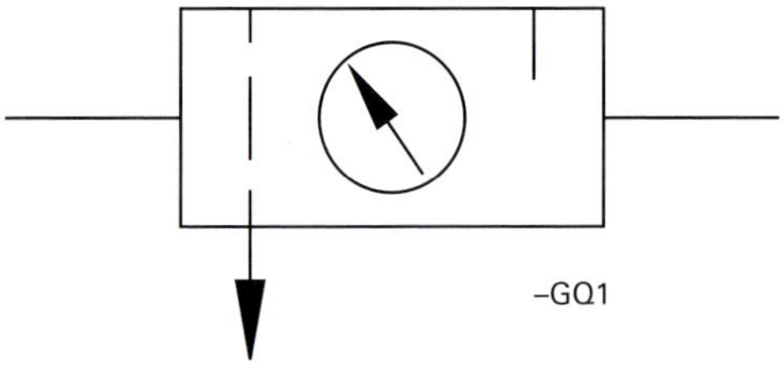

Bild 3: Wartungseinheit, vereinfacht

Die **Wartungseinheit** liefert gereinigte und entfeuchtete Luft, die auf den Anlagendruck eingestellt ist. Bei Bedarf wird die Luft geölt.

10.4.4 | PNEUMATISCHE ARBEITSELEMENTE

Mit den pneumatischen Arbeitselementen werden Kräfte und Bewegungen erzeugt. Dazu gehören **Zylinder, Motoren, mechanische Greifer** und **Schwenkantriebe**.

Einfachwirkender Zylinder

Beim einfachwirkenden Zylinder muss die Druckluft nur in eine Richtung wirken. **Bild 1a** zeigt, dass beim Ausfahren der Kolbenstange die Federkraft überwunden werden muss.

Die Bewegung zum Einfahren der Kolbenstange wird durch die Druckfeder ausgeführt **(Bild 1b)**. Einfachwirkende Zylinder eignen sich z. B. als Auswerfer oder zur Arretierung von Werkstückträgern.

Im Bereich der Feder muss es einen Luftauslass geben, damit die vom Kolben verdrängte Luft entweichen kann.

Im Gehäuse an der Kolbenstangendurchführung befindet sich eine Dichtung, ebenso zwischen dem Kolben und der Zylinderinnenwand.

Bei der Verwendung von einfachwirkenden Zylindern muss berücksichtigt werden, dass bei Ausfall der Druckluft die Kolbenstange zurückfährt. Dadurch kann ein Sicherheitsproblem entstehen, z. B. beim Spannen von Werkstücken.

Umgekehrt kann der einfachwirkende Zylinder sicher spannen, wenn die Federkraft zum Spannen ausreicht und genutzt wird.

Bild 2 zeigt die **Symbole des einfachwirkenden Zylinders:**

- Beim Zylinder in **Bild 2a** erfolgt das Ausfahren über Druckluft und das Einfahren mit Federkraft. Im Kolben ist ein U-Magnet symbolisiert. Dadurch wird gekennzeichnet, dass der Kolben magnetisch ist und seine Position durch einen Sensor außen am Zylinder erkannt werden kann.
- Beim Zylinder in **Bild 2b** übernimmt die Feder das Ausfahren, das Einfahren erfolgt über Druckluft. Der senkrechte Strich an den Zylindersymbolen kennzeichnet den Lufteinlass, das Dreieck den Luftauslass.

Bei **einfachwirkenden Zylindern** wirkt die **Druckluft** nur in eine Richtung zum Aus- oder Einfahren. In die andere Richtung erfolgt das Ein- oder Ausfahren durch **Federkraft.**

Durch den Einsatz von **Magneten im Kolben** kann die Kolbenposition durch die Zylinderwand hindurch von Sensoren erkannt werden.

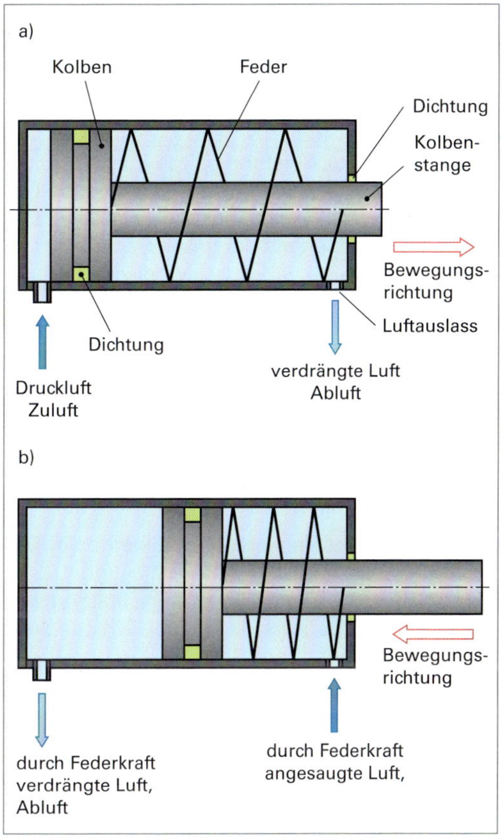

Bild 1: Einfachwirkender Zylinder, schematisch

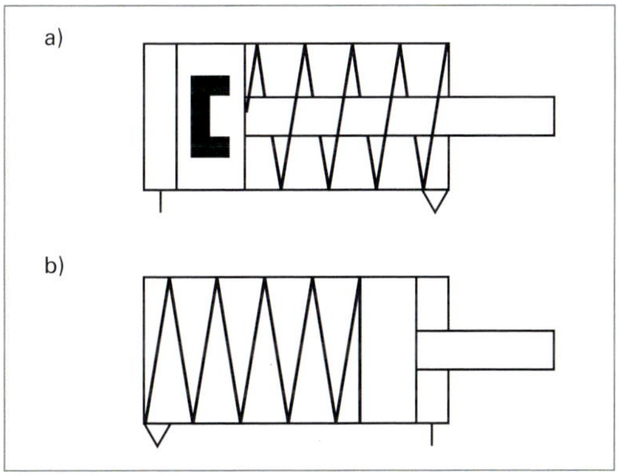

Bild 2: Einfachwirkender Zylinder, Symbole

Doppeltwirkender Zylinder

Beim doppeltwirkenden Zylinder muss die Druckluft doppelt wirken, nämlich beim Ausfahren und beim Einfahren **(Bild 1)**.

Beim Ausfahren **(Bild 1a)** wird die Druckluft auf der linken Seite zugeführt. Diese Zuluft bewirkt, dass der Zylinder nach rechts ausfährt und die Luft auf der Kolbenstangenseite verdrängt. Die verdrängte Luft entweicht als Abluft auf der rechten Seite.

Beim Einfahren **(Bild 1b)** wird die Druckluft auf der rechten Seite zugeführt. Diese Zuluft bewirkt, dass der Zylinder nach links einfährt und die Luft auf der Kolbenseite verdrängt. Die verdrängte Luft entweicht als Abluft auf der linken Seite.

Doppeltwirkende Zylinder können auch mit einer Endlagendämpfung ausgestattet sein. Bei Zylindern mit Endlagendämpfung kann die Kolbengeschwindigkeit kurz vor dem Erreichen der Endlagen über eine Drossel deutlich verringert werden. Damit wird ein „Einschlagen" des Kolbens in die Endlage verhindert. Das **Prinzip der Endlagendämpfung** wird in **Bild 2** und **Bild 3** für den Fall des Einfahrens beschrieben:

Solange sich der **Verzögerungskolben** beim Einfahren noch nicht im Querschnitt A befindet, kann die Luft durch diesen großen Querschnitt entweichen **(Bild 2)**. Dadurch kann die Kolbenstange schnell mit v_1 einfahren.

Kurz bevor der **Arbeitskolben** die Endlage beim Einfahren erreicht, wird der Querschnitt A vom **Verzögerungskolben** verschlossen **(Bild 3)**. Da die Luft jetzt nur noch langsam über die einstellbare Drossel entweichen kann, fährt die Kolbenstange langsam mit v_2 bis in ihre Endlage.

Zusätzlich zur Endlagendämpfung kann der Kolben magnetisch sein, damit Sensoren auf dem Zylinder anhand des Magnetfeldes die Position des Kolbens erkennen können.

Die Eigenschaften eines doppeltwirkenden Zylinders sind im Symbol in **Bild 4** enthalten:

- doppeltwirkender Zylinder,
- beidseitige Endlagendämpfung,
- Endlagendämpfung beidseitig einstellbar,
- magnetischer Arbeitskolben.

> Bei **doppeltwirkenden Zylindern** bewirkt die **Druckluft** das Aus- und Einfahren.
>
> Sie haben oft eine **beidseitige Endlagendämpfung. Magnetische Kolben** ermöglichen die Erkennung der Kolbenposition durch Sensoren.

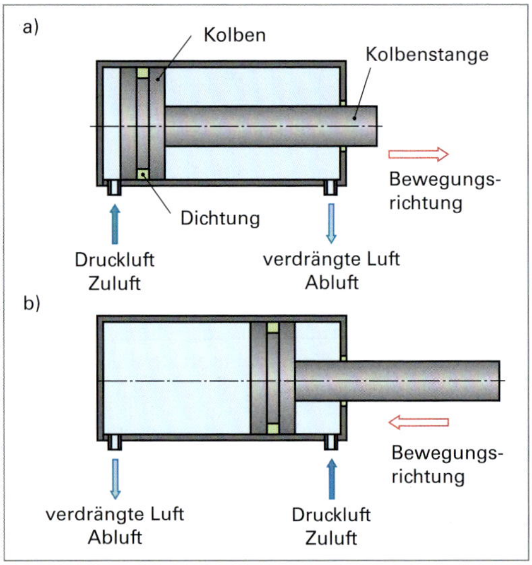

Bild 1: Doppeltwirkender Zylinder

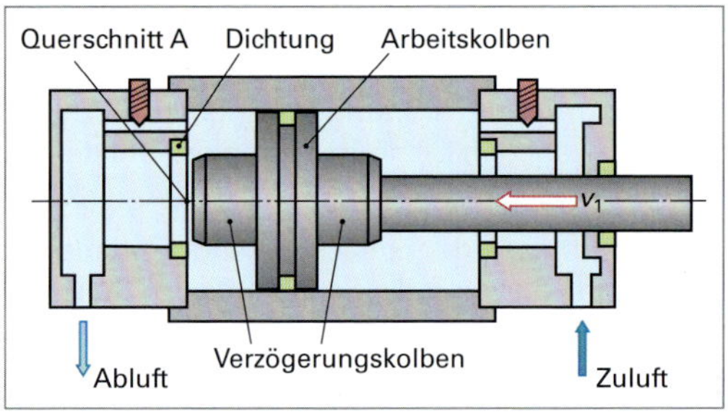

Bild 2: Kolben vor der Endlagendämpfung

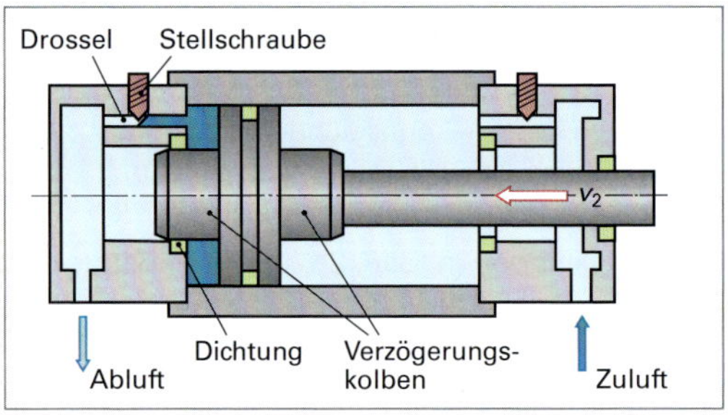

Bild 3: Kolben in der Endlagendämpfung

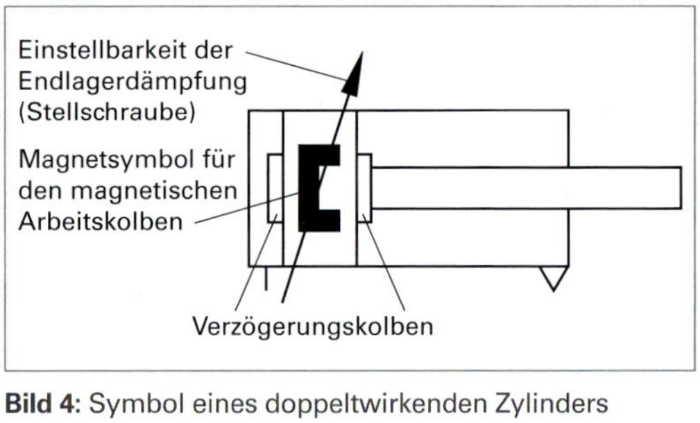

Bild 4: Symbol eines doppeltwirkenden Zylinders

Mechanische Greifer

Eine häufige Aufgabe in der Fertigung besteht darin, Teile zu greifen, zu transportieren und abzulegen. Dazu stehen viele mechanische Greiferbauarten zur Verfügung.

Als Beispiel dient ein mechanischer Parallelgreifer **(Bild 1)**. Im Greifer befindet sich ein doppeltwirkender Zylinder, dessen Aus- und Einfahrbewegung über eine Verzahnung und spezielle Mechanik in eine parallele Greifbewegung übertragen wird. Das Symbol **(Bild 1b)** zeigt den Parallelgreifer vereinfacht ohne Mechanik.

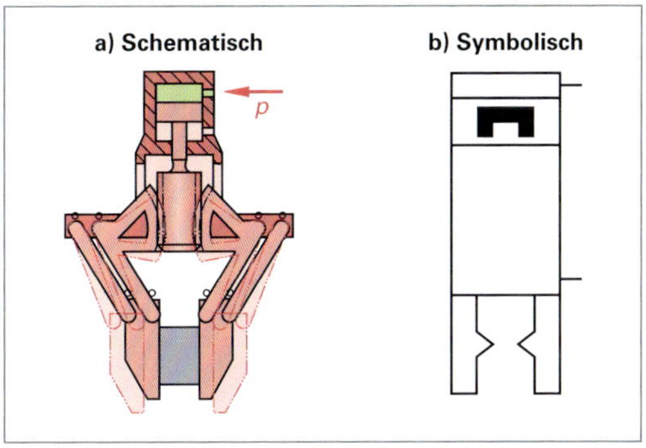

Bild 1: Mechanischer Parallelgreifer

Schwenkantrieb

Für das Handling von Bauteilen sind in manchen Anwendungen auch Schwenkbewegungen erforderlich. Die Drehbewegung wird entweder über einen Drehzylinder direkt erzeugt, oder ein Schwenkantrieb wandelt eine Linearbewegung in eine Drehbewegung um.

Bild 2 zeigt einen **Schwenkantrieb,** der auf der linken Seite seine Anfangsstellung hat. Wird der rechte Anschluss mit Druck beaufschlagt, schwenkt der Schwenkarm nach links **(Bild 2a)**. Bei Druckbeaufschlagung des linken Anschlusses schwenkt der Schwenkarm nach rechts **(Bild 2b)**.

In der schematischen Darstellung wird die Linearbewegung des doppeltwirkenden Zylinders (durchgehende Kolbenstange) über eine Zahnstange und ein Zahnrad in eine Drehbewegung des Schwenkarms umgewandelt.

Um den Winkel an einem Schwenkantrieb zu begrenzen, genügt es nicht, die Luftzufuhr an einer bestimmten Position abzuschalten. Außen am Zylinder müssen fest einstellbare Anschläge mit Stoßdämpfern angebracht werden.

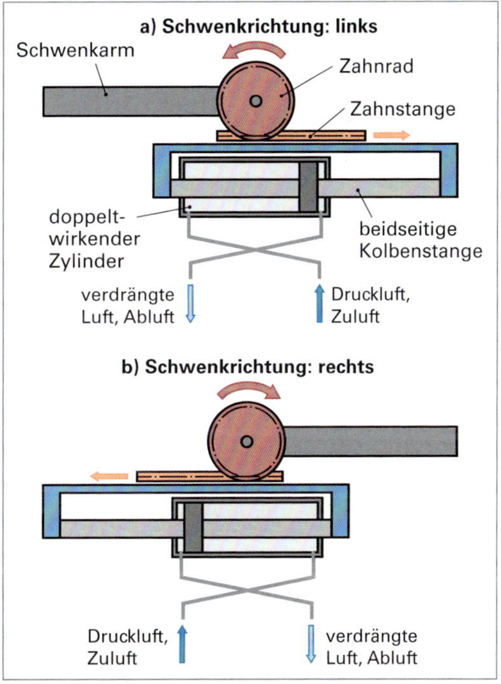

Bild 2: Schwenkantrieb

Druckluftmotor

Für Schrauber und andere druckluftbetriebene Werkzeuge kommen Druckluftmotoren zum Einsatz. **Bild 3** zeigt einen Druckluftmotor, der mit Rechtsdrehung betrieben wird (beide Drehrichtungen sind möglich). Das Prinzip besteht darin, dass sich die Druckluft ausdehnt und dabei den exzentrisch angebrachten Rotor dreht. Die Lamellen dichten den Raum zwischen Rotor und Motorgehäuse ab.

Neben dem Druckluftmotor aus **Bild 3** gibt es auch Motoren mit nur einer Drehrichtung.

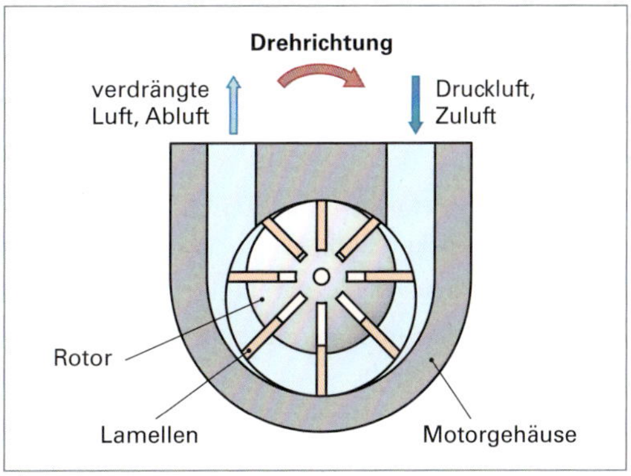

Bild 3: Druckluftmotor

10.4.5 | WEGEVENTILE

Wegeventile schalten die Wege, über die die Luft strömt. Sie dienen als **Luftzuleitung** für pneumatische Antriebe, zur **Signalverarbeitung** oder zur **Absperrung**.

3/2-Wegeventil

Bild 1 zeigt ein handbetätigtes 3/2-Wegeventil schematisch als **Schieberventil**. Das Ventil hat 3 Anschlüsse und 2 Schaltstellungen. Wegen dieser Eigenschaften wird dieses Ventil als 3/2-Wegeventil (gesprochen: Drei-Strich-Zwei-Wegeventil) bezeichnet.

Die Anschlüsse werden mit Ziffern gekennzeichnet. 1 ist immer der **Anschluss der Druckleitung**, meist von der Druckluftversorgung. 2 ist der **Arbeitsanschluss** und 3 ist der **Abluftanschluss**.

In **Bild 1a** ist das Ventil im unbetätigten Zustand dargestellt. Die Druckluft steht an, wird aber nicht durchgelassen. Falls Luft vom Arbeitsanschluss kommt, wird diese zum Abluftanschluss durchgelassen.

In **Bild 1b** ist das Ventil im betätigten Zustand dargestellt. Durch Druck auf die **Handbetätigung** wird der Schieber gegen die Feder nach rechts geschoben. Nun wird die Druckluft vom Druckanschluss 1 zum Arbeitsanschluss 2 durchgelassen. Der Abluftanschluss 3 hat in dieser Schaltstellung keine Funktion.

Wird die Handbetätigung losgelassen, schiebt die Feder das Ventil wieder in die Ausgangsstellung zurück.

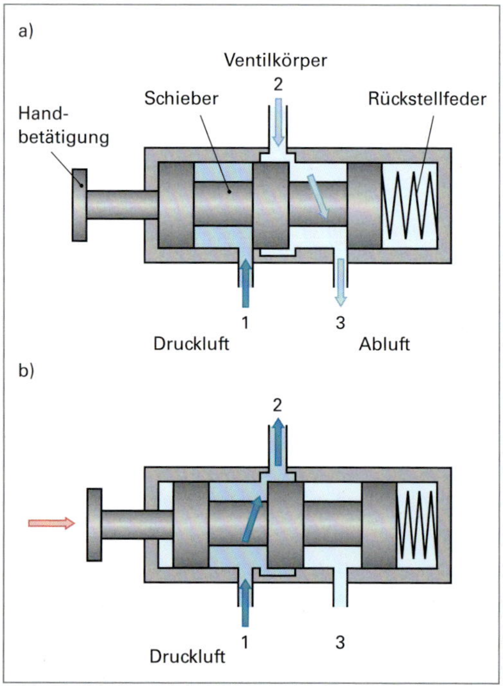

Bild 1: Handbetätigtes 3/2-Wegeventil, schematisch als Schieberventil

Bild 2 zeigt, wie das **3/2-Wegeventil** aus **Bild 1** symbolisch in Schaltplänen dargestellt wird. Die wichtigsten Merkmale sind:

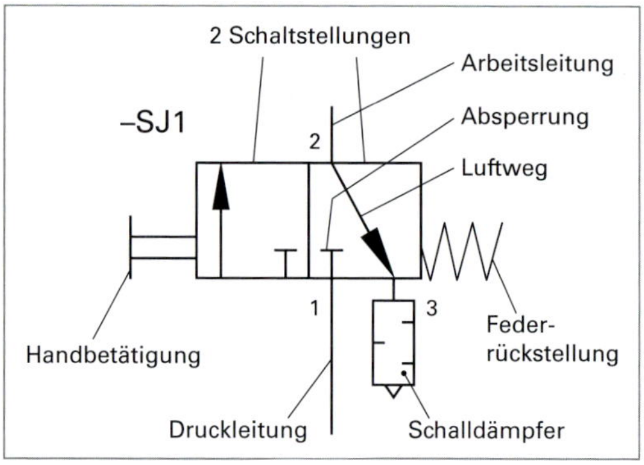

Bild 2: 3/2-Wegeventil, handbetätigt, Symbol

- Die **2 Schaltstellungen** werden durch 2 Quadrate dargestellt.
- Die **3 Anschlüsse** werden nummeriert: 1 Druckanschluss, 2 Arbeitsanschluss, 3 Abluftanschluss.
- Die **Wege der Luft** werden durch Pfeile dargestellt.
- **Betätigungsarten** werden symbolisch dargestellt, **Bild 2** zeigt links eine **Handbetätigung** und rechts eine **Federrückstellung**.
- **Zuleitungen** werden durch Linien gekennzeichnet.
- Am Abluftanschluss wird oft ein **Schalldämpfer** angeschlossen, um den Lärm der herauszischenden Luft zu minimieren.
- Eine **Absperrung** wird durch ein T dargestellt.
- –SJ1: Das Bauteil (–) ist ein handbetätigtes Ventil (S), das einen Luftstrom (J) schaltet. Die Zählnummer ist die 1.

Anwendungsbeispiel: Montagestation (einfachwirkender Zylinder mit 3/2-Wegeventil)

Im Anwendungsbeispiel kommt ein 3/2-Wegeventil als Stellglied für einen einfachwirkenden Zylinder zum Einsatz.

Bild 1a zeigt den **Lageplan** und verdeutlicht die **Funktionsweise:**

- Werkstückträger mit den zu montierenden Bauteilen rollen auf einem Rollband an eine Montagestation.
- Sobald der Werkstückträger ankommt, muss der Montagearbeiter den Fußschalter –QM1 (3/2-Wegeventil mit Federrückstellung) betätigen.
- Der Zylinder –MM1 (einfachwirkend, Federrückstellung) fährt aus, und die Kolbenstange hält den Werkstückträger an.
- Der Fußschalter muss so lange betätigt bleiben, bis alle Montagearbeiten abgeschlossen sind.
- Dann wird der Fußschalter entlastet, die Kolbenstange fährt zurück und der Werkstückträger rollt zum nächsten Montageplatz.

Im **Pneumatikplan (Bild 1b)** werden die Pneumatikelemente aus dem Lageplan durch die zugehörigen Symbole ersetzt. Die Druckluftleitungen werden durch gerade Volllinien dargestellt. Die Anordnung erfolgt nach dem folgenden Schema von unten nach oben:

- Drucklufterzeugung und Druckluftaufbereitung (–GQA 1 und –GQ1)
- Stellglied (–QM1)
- Arbeitsglied (–MM1)

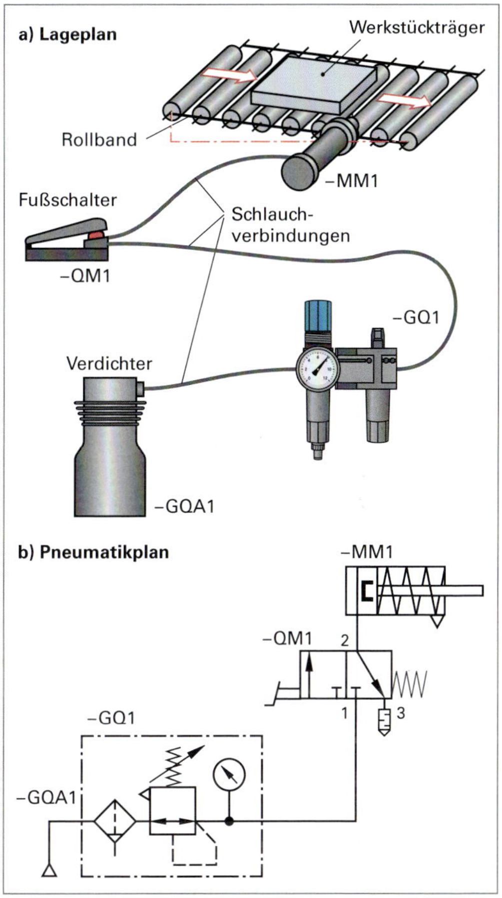

Bild 1: Montagestation

Einfachwirkende Zylinder werden in der Regel über **3/2-Wegeventile** als Stellglied angesteuert.

4/2-Wegeventil

Das handbetätigte (Druckknopf) 4/2-Wegeventil hat **4 Anschlüsse** und **2 Schaltstellungen.** Es kann beispielsweise zur Ansteuerung eines doppeltwirkenden Zylinders eingesetzt werden **(Bild 2).**

Während Anschluss 1 mit Druckluft beaufschlagt wird, strömt die Abluft über den Anschluss 3 ab. Das Ein- und Ausfahren des Zylinders erfolgt über die Anschlüsse 2 und 4.

In der **Hydraulik** werden oft 4/2-Wegeventile eingesetzt.

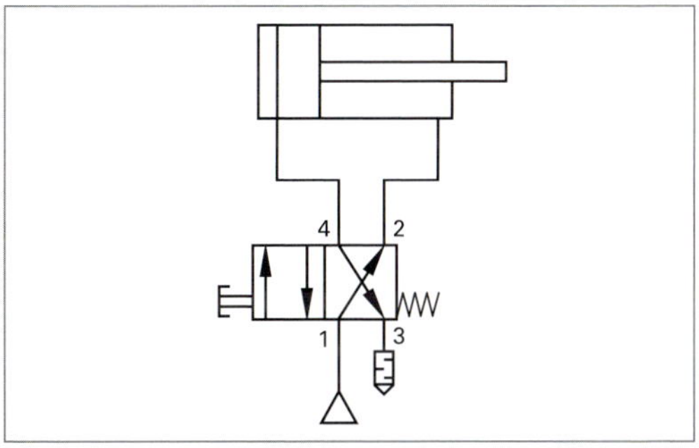

Bild 2: 4/2-Wegeventil, Symbol

5/2-Wegeventil

Zur Ansteuerung eines doppeltwirkenden Zylinders dient in der Regel ein Ventil mit **5 Anschlüssen** und **2 Schaltstellungen**. Wegen dieser Eigenschaften wird dieses Ventil normgerecht als **5/2-Wegeventil** bezeichnet **(Bild 1)**.

Die Anschlüsse werden mit Ziffern gekennzeichnet. 1 ist immer der **Anschluss der Druckleitung,** meist von der Druckluftversorgung. 2 und 4 sind die **Arbeitsanschlüsse.** 3 und 5 sind die **Abluftanschlüsse.**

Bild 1 zeigt das Ventil in der Anfangsstellung. Die Druckluft steht an und wird vom Druckanschluss 1 nach 2 durchgelassen. Falls Luft vom Arbeitsanschluss 4 kommt, wird diese zum Abluftanschluss 5 durchgelassen.

Bild 2 zeigt das Ventil im betätigten Zustand:

- Durch Druck auf die **Handbetätigung** wird der Schieber gegen den Federdruck nach rechts geschoben.
- Nun wird die Druckluft vom Druckanschluss 1 zum Arbeitsanschluss 4 durchgelassen.
- Falls Luft vom Arbeitsanschluss 2 kommt, wird diese zum Abluftanschluss 3 durchgelassen.
- Wird die Handbetätigung losgelassen, schiebt die Feder den Schieber wieder in die Anfangsstellung zurück.

Bild 3a zeigt die symbolische Darstellung des **5/2-Wegeventils** aus **Bild 1,** die in Schaltplänen zu finden ist. Die wichtigsten Merkmale sind:

- Die **2 Schaltstellungen** werden durch 2 Rechtecke dargestellt.
- Die **5 Anschlüsse** werden nummeriert:
  - 1: Druckanschluss
  - 2 und 4: Arbeitsanschlüsse
  - 3 und 5: Abluftanschlüsse
- Die Wege der Luft werden durch **Pfeile** dargestellt.
- Die **Betätigungsarten** werden links und rechts symbolisch dargestellt, hier links die **Handbetätigung** und rechts die **Federrückstellung**.
- Die **Zuleitungen** werden durch Linien gekennzeichnet, eine **Absperrung** wird durch ein T dargestellt.

Bild 3b zeigt, dass die Rechtecke mit den Schaltflächen symmetrisch sind. Der Druckanschluss liegt in der Mitte der Rechtecke. Das T und der Endpunkt des nach außen führenden Pfeils müssen fluchten.

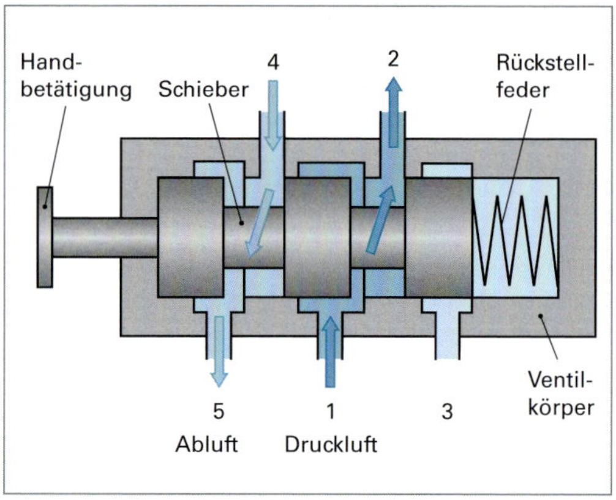

Bild 1: Handbetätigtes 5/2-Wegeventil in Anfangsstellung, schematisch

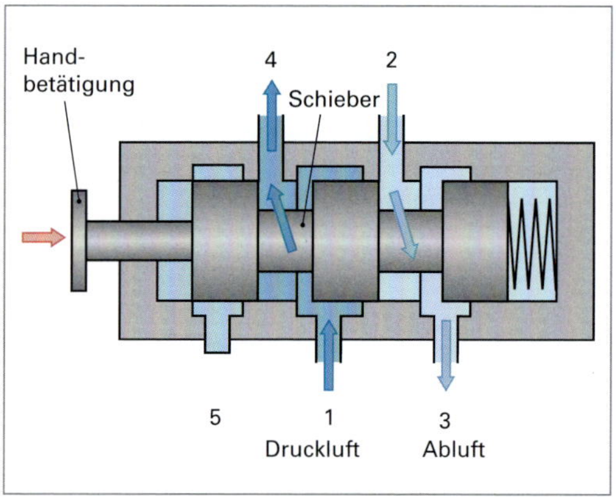

Bild 2: Handbetätigtes 5/2-Wegeventil in geschalteter Stellung, schematisch

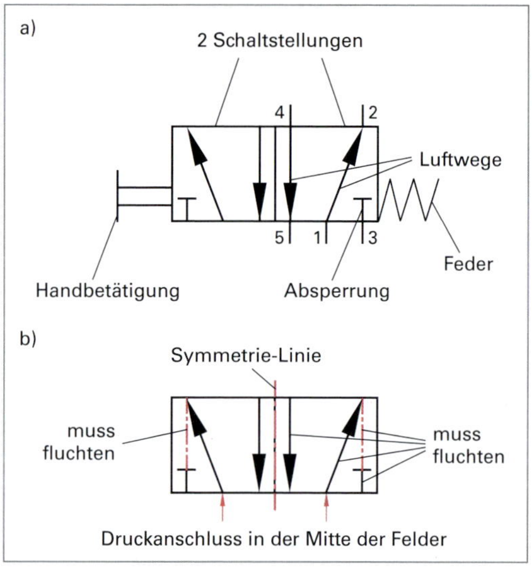

Bild 3: 5/2-Wegeventil, handbetätigt, Symbol

Anwendungsbeispiel: Einpressvorrichtung (doppeltwirkender Zylinder mit 5/2-Wegeventil)

Ein Kunde bestellt eine Einpressvorrichtung für Kugellager. Vorgabe ist, dass durch das START-Signal von Hand ein Stempel ausfährt, um ein Lager einzupressen.

Bild 1 zeigt die bildliche Darstellung eines pneumatischen Lösungsansatzes für die Einpressvorrichtung.

Ablauf: Zuerst wird das Werkstück mit dem aufgelegten Lager in die Einpressvorrichtung eingelegt. Dann drückt der Bediener die START-Taste und hält sie während des Einpressvorgangs gedrückt. Der Stempel (Kolbenstange des Zylinders –MM1) fährt aus **(Bild 1)** und presst das Lager ein. Wenn das Lager vollständig eingepresst ist, lässt der Bediener den START-Taster los. Nun fährt der Stempel ein **(Bild 2)**. Wenn der Bediener sieht, dass der Stempel vollständig eingefahren ist, kann er das Werkstück mit dem eingepressten Lager entnehmen.

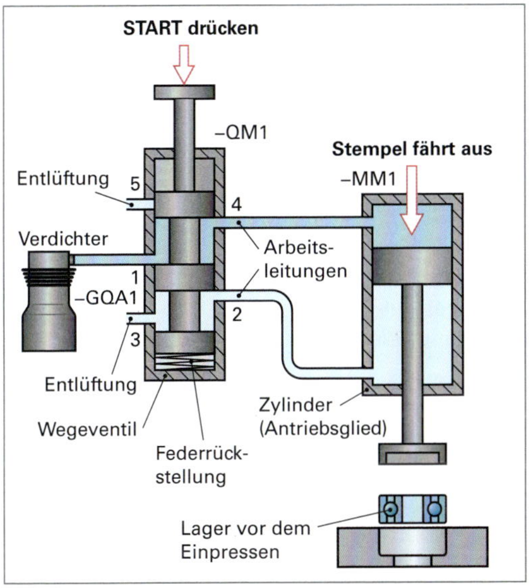

Bild 1: Einpressvorrichtung während Einpressvorgang

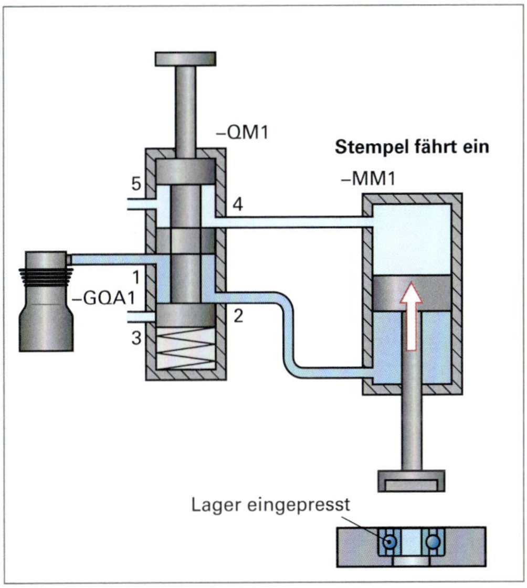

Bild 2: Einpressvorrichtung nach Einpressvorgang

Die Einpressvorrichtung aus **Bild 1** wird in **Bild 3** als pneumatischer Schaltplan dargestellt. Der **doppeltwirkende Zylinder** –MM1 als Antriebsglied mit der Kolbenstange als Stempel, das **Wegeventil** –QM1 als Stellglied und der **Verdichter** –GQA1 werden symbolisch dargestellt.

Das direkt handbetätigte Stellglied –QM1 **(Bild 3)** hat den Nachteil, dass keine weitere Bedingung für das Schalten berücksichtigt werden kann. Eine solche Bedingung wäre beispielsweise, dass der Zylinder –MM1 erst eingefahren sein muss, bevor ein neuer Einpressvorgang gestartet werden kann.

Doppeltwirkende Pneumatikzylinder werden in der Regel über **5/2-Wegeventile** als Stellglied angesteuert. In der **Hydraulik** werden häufig **4/2-Wegeventile** verwendet.

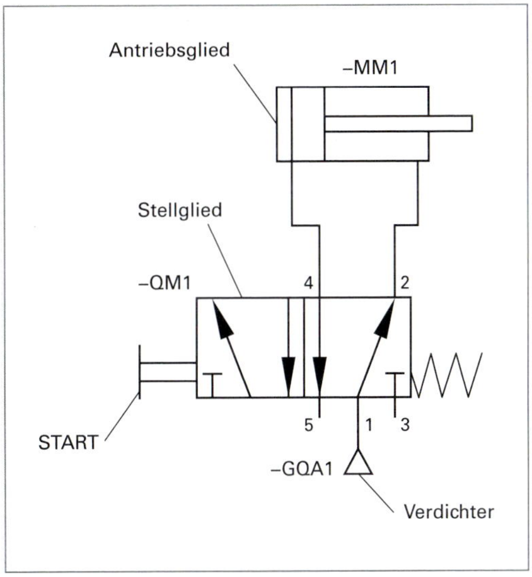

Bild 3: Pneumatischer Schaltplan

5/3-Wegeventil

Das 5/3-Wegeventil **(Bild 1)** wird zur Ansteuerung von doppeltwirkenden Zylindern, Schwenkzylindern oder Druckluftmotoren eingesetzt. Es wirkt wie ein 5/2-Wegeventil, hat aber zusätzlich eine **Sperrmittelstellung**. In dieser Position hält das angesteuerte Arbeitselement an, alle Anschlüsse sind gesperrt.

Die Anfangsstellung ist die **Mittelstellung**, die Federn rechts und links drücken das Ventil bei Nichtbetätigung immer in diese Position.

Bei Betätigung des linken Hebels strömt Druckluft von 1 nach 2, die Abluft kann von 4 nach 5 strömen.

Bei Betätigung des rechten Hebels strömt Druckluft von 1 nach 4, die Abluft kann von 2 nach 3 strömen.

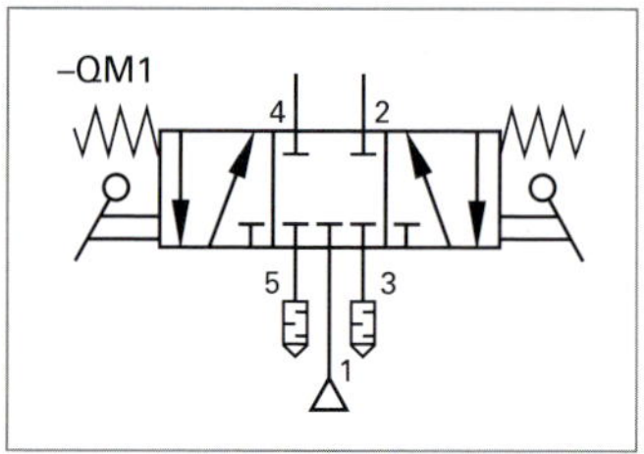

Bild 1: 5/3-Wegeventil

Anwendungsbeispiel: Schwenkantrieb mit 5/3-Wegeventil

Der in **Bild 2a** schematisch dargestellte Schwenkantrieb hat seine Anfangsstellung, wenn sich der Schwenkarm auf der linken Seite befindet.

Bild 2b zeigt den gleichen Schwenkantrieb mit 5/3-Wegeventil im Pneumatikplan. Das beidseits handbetätigte und federrückgestellte 5/3-Wegeventil -QM1 in **Bild 2b** steuert die Schwenkrichtung des Schwenkzylinders -MM1:

- Bei Betätigung des rechten Hebels fährt der Zylinder nach links, und der Schwenkarm schwenkt im Uhrzeigersinn.
- Bei Betätigung des linken Hebels fährt der Zylinder nach rechts, und der Schwenkarm schwenkt gegen den Uhrzeigersinn.
- Wird kein Hebel betätigt, bleibt der Schwenkarm stehen.

In der rechten oder linken Endlage hat der Schwenkzylinder für das Anhalten feste Anschläge. Wenn Zwischenpositionen durch den Schwenkantrieb angefahren werden sollen, müssen an diesen Positionen ebenfalls feste Anschläge mit Stoßdämpfern montiert werden.

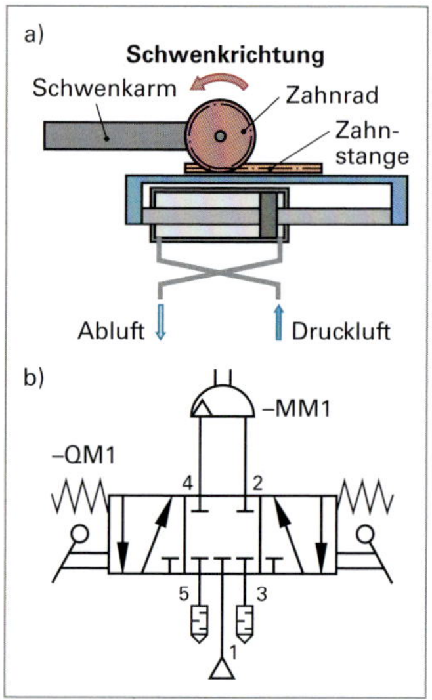

Bild 2: Schwenkantrieb

Anwendungsbeispiel: Druckluftmotor mit 5/3-Wegeventil

Das beidseitig handbetätigte und federrückgestellte 5/3-Wegeventil -QM1 in **Bild 3b** steuert die Drehrichtung des Motors -MM1, der in **Bild 3a** schematisch dargestellt wird. Ein Druck auf den linken Handhebel bewirkt eine Rechtsdrehung, ein Druck auf den rechten Handhebel eine Linksdrehung des Druckluftmotors -MM1.

Werden beide Hebel losgelassen, wird -QM1 durch die beidseitige Federrückstellung in die Mittenposition geschaltet, und der Motor bleibt nach kurzem Ausdrehen stehen.

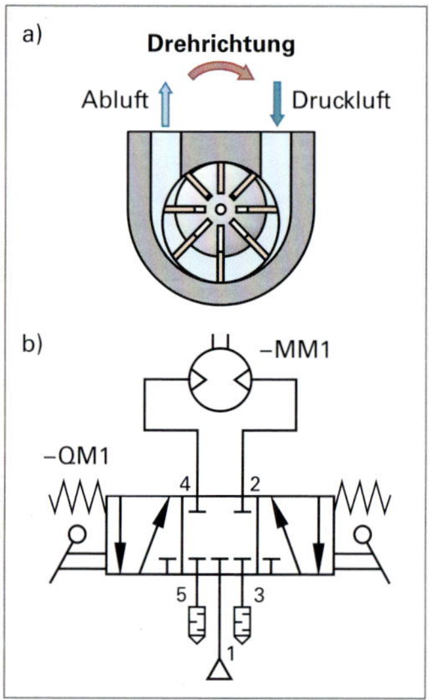

Bild 3: Druckluftmotor

Betätigungsmöglichkeiten von Wegeventilen

Zur Betätigung von Wegeventilen gibt es zusätzlich zur bereits beschriebenen Hand- und Fußbetätigung weitere Möglichkeiten:

Betätigung durch eine Rolle

Rollenbetätigte Ventile werden beispielsweise eingesetzt, um die Position der Kolbenstange zu erkennen. Das Wegeventil wird betätigt, sobald **Nocken** auf der Kolbenstange die Rolle überfahren **(Bild 1)**.

In **Bild 2** sind die 3/2-Wegeventile aus **Bild 1** durch einen senkrechten Strich am **Betätigungsort** ersetzt worden. Die Ventile selbst werden im Schaltplan dort eingezeichnet, wo sie wirken, am **Wirkungsort**.

Bild 3 zeigt, wie die rollenbetätigten 3/2-Wegeventile aus **Bild 2** am Wirkungsort dargestellt werden. Das betätigte Ventil –BG1 ist am symbolisierten Nocken zu erkennen und wird in der betätigten Stellung dargestellt. Das unbetätigte Ventil –BG2 wird in seiner Ausgangsstellung dargestellt.

Betätigung über Magnetsensor

In der Praxis werden anstelle der rollenbetätigten Ventile meist magnetisch betätigte Ventile zur Lageerkennung auf dem Zylinder angebracht. Das Ventil schaltet, sobald der magnetische Kolben darunter fährt. **Bild 4** zeigt ein magnetisch betätigtes Ventil an seinem **Einbauort** auf dem Zylinder. Dort erkennt der Magnetsensor den **magnetischen Kolben** durch die Zylinderwand hindurch.

In **Bild 5** sind die Ventile an ihrem Wirkungsort dargestellt. Das betätigte Ventil –BG1 ist am nach oben gerichteten Pfeil zu erkennen. Außerdem ist es in der betätigten Stellung dargestellt **(Bild 5a)**, während das unbetätigte Ventil ohne Pfeil in der Ausgangsstellung dargestellt wird **(Bild 5b)**.

Die **Vorteile magnetisch betätigter Ventile** gegenüber rollenbetätigten Ventilen sind:

- Magnetisch betätigte Ventile benötigen keine zusätzlichen Nocken oder Halterungen für Endschalter vor dem Zylinder.
- Es gibt keine beweglichen Rollen; der gesamte Schaltmechanismus kann vor Verschmutzungen geschützt in einem Ventilgehäuse untergebracht werden.
- Es gibt keinen Verschleiß zwischen Nocken und Rolle.

Die **Lage der Kolbenstange** eines Zylinders wird durch rollen- oder magnetisch betätigte 3/2-Wegeventile erkannt.

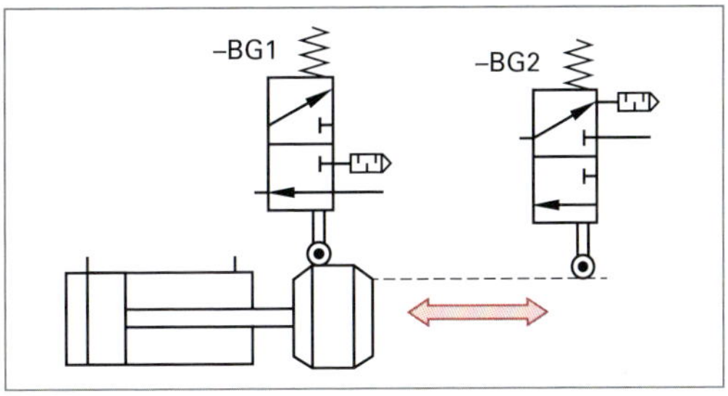

Bild 1: Endschalter –BG1 und –BG2 an der realen Einbauposition

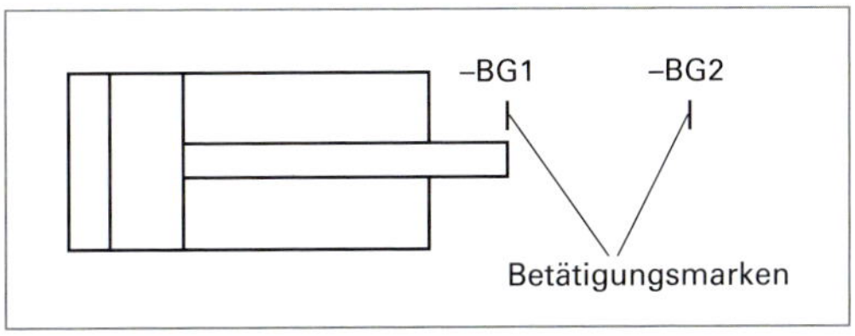

Bild 2: –BG1 und –BG2 als Betätigungsmarken

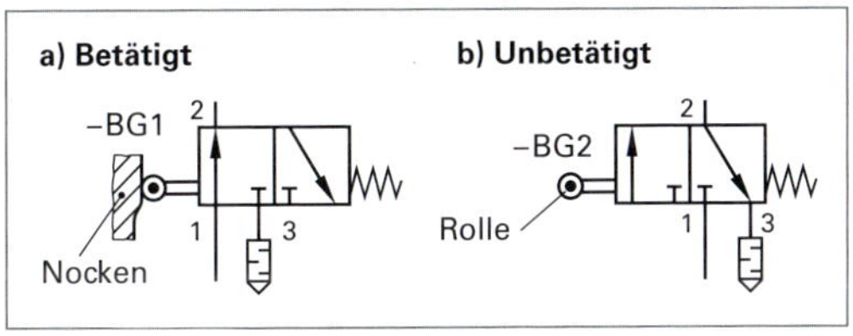

Bild 3: Betätigung über eine Rolle

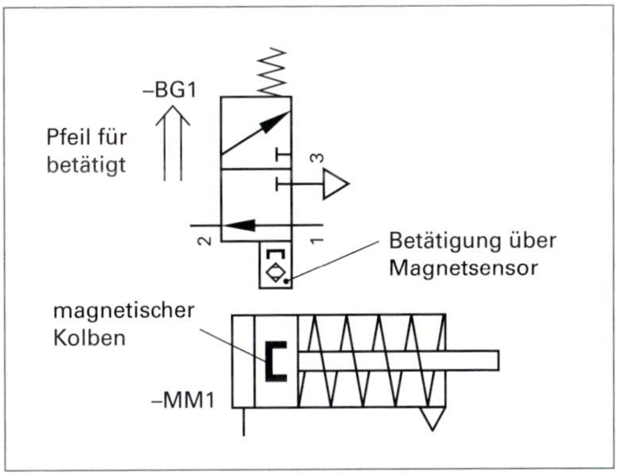

Bild 4: Betätigung über einen Magnetsensor

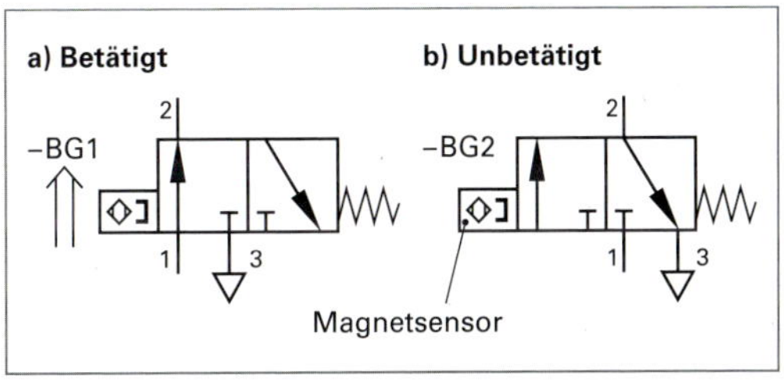

Bild 5: Betätigung über einen Magnetsensor

Betätigung durch Druck

Wenn ein Ventil durch **Drucksignale** anderer Ventile betätigt werden soll, geschieht dies über einen **Steueranschluss** (Bild 1).

Die Benennung des Steueranschlusses gibt an, wohin die Druckluft vom Anschluss 1 durchgeschaltet wird. Wird, wie in **Bild 1**, der linke **Steueranschluss** mit Druck beaufschlagt, erfolgt die Durchleitung von 1 nach 2, die Benennung lautet folglich 12 (eins-zwei). Über die Feder wird die Sperrstellung des Ventils geschaltet. Die Druckbetätigung spielt bei Schaltungen mit Signalverknüpfung (s. Seite 130) eine wichtige Rolle.

Druckbetätigte Ventile spielen eine große Rolle in der **Signalverarbeitung.**

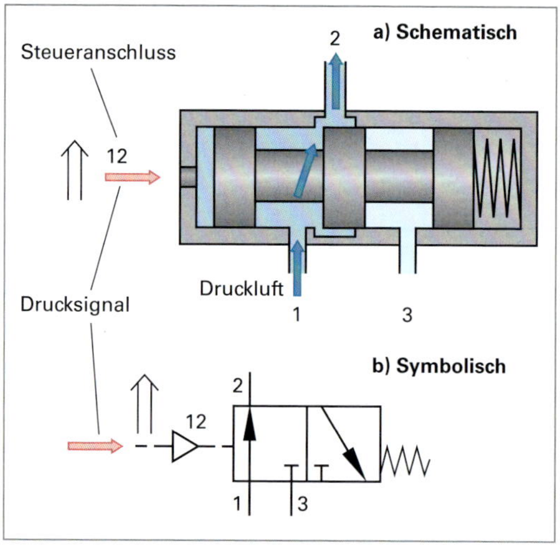

Bild 1: Betätigung durch Druck

Weitere Betätigungsarten

Bild 2 zeigt eine Auswahl der Betätigungsmöglichkeiten von Wegeventilen.

Die Betätigung durch **Muskelkraft** dient zur Signaleingabe durch den Menschen.

Die Druckbetätigung kann pneumatisch oder hydraulisch erfolgen. **Vorsteuerung** heißt, dass das Ventil nicht nur mit dem anstehenden Druck in der Steuerleitung schaltet. Zusätzlich wird der Druck der Pneumatik- oder Hydraulikanlage genutzt, um die Schaltkraft zu verstärken.

Bei der **mechanischen Betätigung** über einen **Rollenhebel** muss mit einem Pfeil gekennzeichnet werden, in welche Richtung beispielsweise ein Schaltnocken den Rollenhebel durchfahren muss, damit dieser das Ventil betätigt. In der anderen Richtung erfolgt keine Betätigung. Der **Stößel** wird beispielsweise durch das Schließen eines Schutzgitters, das gegen den Stößel geschoben wird, in eine Richtung betätigt.

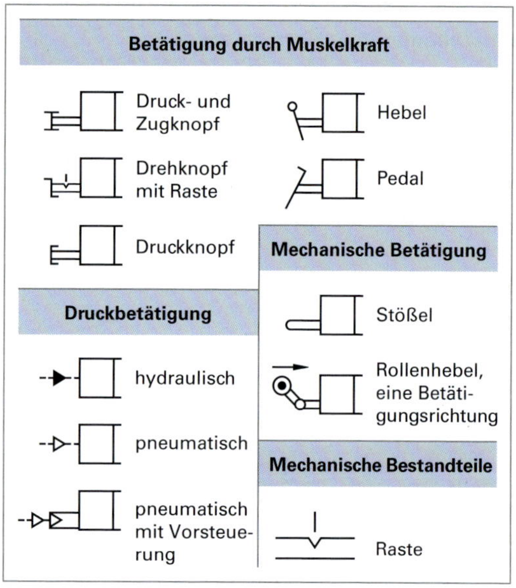

Bild 2: Betätigungsmöglichkeiten von Wegeventilen

Ein mechanischer Bestandteil bei der Betätigung ist die **Raste**. Sie symbolisiert, dass das Ventil an einer oder mehreren Positionen, je nach Anzahl der dargestellten Rasten, einrastet. In Verbindung mit der Betätigung durch Muskelkraft kann durch die Raste eine Schaltstellung und somit die Signaleingabe gespeichert werden.

Durch Muskelkraft betätigte Wegeventile (Druck-, Zug-, Drehknopf, Hebel, Pedal) spielen eine wichtige Rolle bei der **Signaleingabe** durch den Menschen.

10.4.6 | BENENNUNGEN NACH DIN EN 81346

Die Benennungen der Komponenten in Systemen, die aus pneumatischen, hydraulischen, elektronischen und mechanischen Komponenten bestehen, erfolgt nach DIN EN 81346. In dieser Norm werden Kennbuchstaben festgelegt, die die Funktion der Komponente beschreiben. Das Beispiel in **Tabelle 1** erklärt den Aufbau, **Tabelle 2** enthält Kennbuchstaben für wichtige Pneumatikkomponenten.

Tabelle 1: Beispiel einer Benennung nach DIN EN 81346-2

– S J 2

Aspekt (Sichtweise)	**Eingangsklasse**	**1. Unterklasse**	**2. Unterklasse**	**Zählnummer**
Das Vorzeichen definiert die Klassen als: – Komponente + Einbauort = Funktion	**1. Kennbuchstabe:** S: „menschliche Handlung erkennen und Reaktion bereitstellen"	**2. Kennbuchstabe:** J: Fingerbetätigung (Reaktion: Fluidstrom; elektrischer Strom)	**3. Kennbuchstabe:** hier ungenutzt, z. B.: A: Kippschalter B: Druckknopf	**Nummerierung** gleichartiger Bauteile. Z. B. –SJ1, –SJ2
	Beispiel: –SJ2 steht für die Komponente fingerbetätigtes Pneumatik- oder Hydraulikventil.			–SJ2 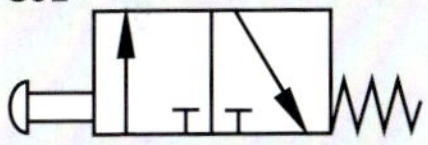

Tabelle 2: Kennbuchstaben pneumatischer Komponenten nach DIN EN 81346-2 (Auswahl)

Hauptklasse (Auswahl, Kurzdefinition)		**1. Unterklasse (Auswahl, Kurzdefinition)**	**Mögliche 2. Unterklasse (Komponenten, Auswahl)**
B	Eingangsgröße in ein Signal wandeln	G: Eingang: Abstand, Stellung, Lage	Magnetsensor, rollenbetätigtes Ventil
C	Speichern von Energie	M: Lagerung von Stoffen	Druckspeicher
F	Schutz vor unerwünschten Zuständen	L: Schutz gegen gefährliche Drücke	Sicherheitsventil
G	Bereitstellen eines steuerbaren Durchflusses	Q: Für Gasstrom	Wartungseinheit A: Kompressor, Lüfter
H	Behandlung von Stoffen	Q: Durch mechanisches Trennen	Filter, Sieb
K	Signale und Informationen verarbeiten	H: Signalverknüpfung von Drucksignalen	UND, ODER, Zeitglied
M	Mechanische Bewegung oder Kraft	M: Durch Druck	Pneumatikzylinder oder -motor
P	Darstellung von Informationen	F: in sichtbarer Form G: in Form eines Wertes	Meldelampe Manometer
Q	Steuerung von Zugang oder Durchfluss	M: Schalten eines umschlossenen Flusses N: Ändern eines umschlossenen Flusses	Wegeventil, Schnellentlüftungsventil Druckregelventil
R	Begrenzen oder Stabilisieren	M: Verhindern des Rückflusses N: Begrenzen des Durchflusses P: Abschirmen, Dämmen von Schall	Rückschlagventil Drosselrückschlagventil B: Drossel Schalldämpfer
S	Menschliche Handlung erkennen und Reaktion bereitstellen	J: Fingerbetätigung, Reaktion ist Fluidstrom oder elektrischer Strom	Druckknopfventil B: Kippschalter
X	Bereitstellen einer Schnittstelle zu anderem Objekt	P: Übertragung von mechanischer Kraft	A: Greifer, Vakuumsauger

Tabelle 1 zeigt die Benennungen wichtiger Pneumatikkomponenten. Die Benennung setzt sich aus einem Minuszeichen und den Kennbuchstaben für die Hauptklasse und die Unterklassen aus **Tabelle 2, Seite 125**, zusammen.

Tabelle 1: Benennung wichtiger Komponenten in der Pneumatik

Benennung	Komponenten	Benennung	Komponenten
–BG	Sensor, rollenbetätigtes Ventil	–PG	Manometer, Druckanzeiger
–SJ	Druckknopfventil	–GQA	Kompressor
–KH	UND-, ODER-, Zeitglied	–MM	Pneumatikzylinder/-motor
–RM	Rückschlagventil	–QM	Wegeventil, Schnellentlüftungsventil
–RN	Drosselrückschlagventil	–QN	Druckbegrenzungsventil, Druckregelventil

Lernfeld 10

10.4.7 | WEITERE KOMPONENTEN

Die folgenden Komponenten beeinflussen die Durchflussrichtung und die Durchflussgeschwindigkeit sowie die zeitliche Abfolge in Pneumatikschaltungen:

- **Rückschlagventil**

  Das Rückschlagventil lässt das Druckmedium nur in eine Richtung durch **(Bild 1)**. In die andere Richtung sperrt das Ventil ab, indem eine Feder einen Sperrkörper in den Ventilsitz drückt.

- **Drosselventil**

  In Drosselventilen **(Bild 2)** kann der Leitungsquerschnitt und somit der Durchfluss eingestellt werden. Die Möglichkeit der Einstellung wird im Symbol durch einen Pfeil dargestellt. Einstellbare Drosselventile regulieren die Ein- und Ausfahrgeschwindigkeit von Zylindern oder die Drehzahl von Motoren. Das Drosselventil wird meist kurz als **Drossel** bezeichnet.

- **Drosselrückschlagventil**

  Es wird häufig, wie in **Bild 3** dargestellt, zur Regulierung der Ausfahrgeschwindigkeit eines Zylinders eingesetzt.

  Die aus dem Zylinder herausgedrückte Abluft (gelbe Pfeile) kann nicht durch das geschlossene Rückschlagventil und wird durch das Drosselventil gepresst. Die einstellbare Öffnung des Drosselventils bestimmt somit die Ausfahrgeschwindigkeit. Diese Art der Drosselung wird **Abluftdrosselung** genannt. **Bild 1, Seite 127,** zeigt, wie die Zuluft (rote Pfeile) über das in diese Richtung offene Rückschlagventil strömt. Somit ist die Zuluft ungedrosselt.

- **Schnellentlüftungsventil**

  Das Schnellentlüftungsventil ermöglicht das schnelle Einfahren eines Zylinders **(Bild 1, Seite 127)**. Die

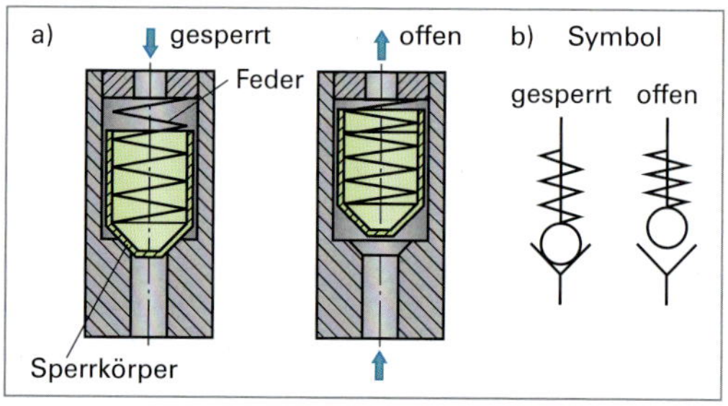

Bild 1: Rückschlagventil, Schema und Symbol

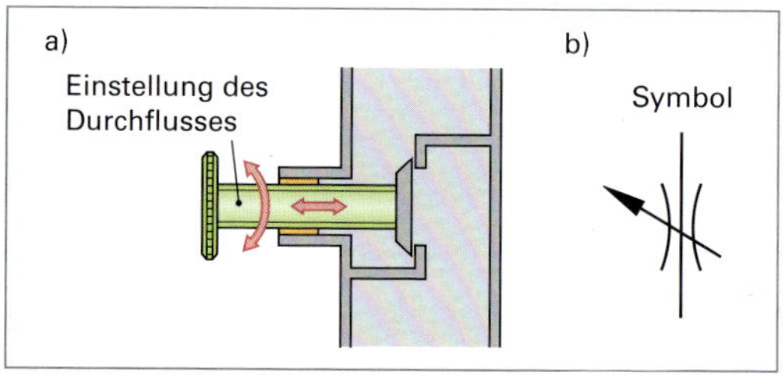

Bild 2: Drosselventil, Schema und Symbol

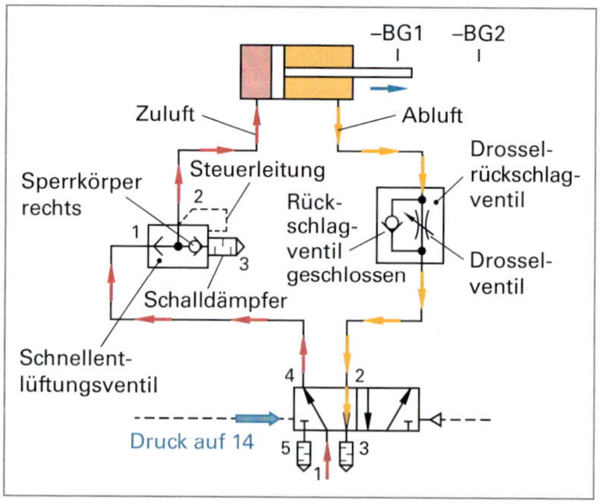

Bild 3: Drosselrückschlagventil im Einsatz

Abluft (gelbe Pfeile) drückt den Sperrkörper über die Steuerleitung nach links, die Abluft kann somit über den Schalldämpfer schnell ins Freie entweichen. In **Bild 3, Seite 126**, drückt die Zuluft (rote Pfeile) den Sperrkörper über die Steuerleitung nach rechts. Damit wird der Ausgang über den Schalldämpfer gesperrt, und die Zuluft lässt den Zylinder nach rechts ausfahren.

Wechsel- und Zweidruckventile

Diese auch als **Logikventile** bezeichneten Ventile dienen zur Signalverarbeitung in Pneumatikschaltungen und werden in diesem Zusammenhang auf **Seite 131** beschrieben.

Schalldämpfer

An den Abluftanschlüssen 3 und 5 von Ventilen befinden sich in der Regel Schalldämpfer **(Bild 1)**. Diese verhindern, dass es in der Umgebung der Ventile durch zischende Abluft laut wird. Der Dämpfungseffekt wird durch porig gesintertes Material erreicht.

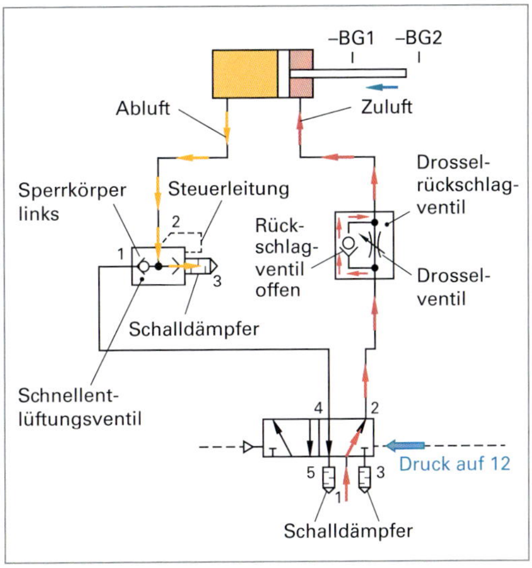

Bild 1: Schnellentlüftungsventil im Einsatz

Anzugsverzögerungsventil (Baugruppe)

Ein Anzugsverzögerungsventil wird eingesetzt, wenn im Ablauf der Steuerung eine Wartezeit, z. B. 5 Sekunden, vorgegeben ist **(Bild 2)**. Bis zum Ablauf des über die Drossel einstellbaren Zeitraums wird der Durchgang von 1 nach 2 gesperrt. Erst wenn über den eingestellten Zeitraum Druck am Anschluss 12 anliegt, schaltet das Ventil von 1 nach 2 durch. Das verzögerte Schalten wird auch als verzögertes Anziehen bezeichnet, daher der Name **Anzugsverzögerung**.

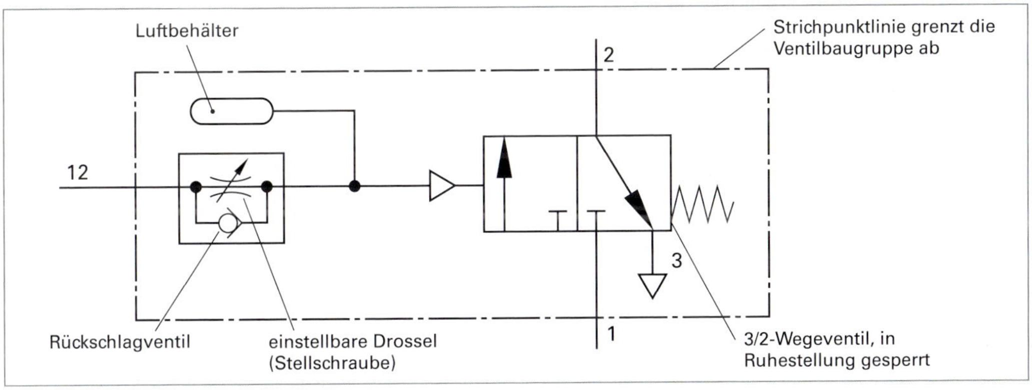

Bild 2: Anzugsverzögerungsventil (Baugruppe zur Anzugsverzögerung)

Die **Anzugsverzögerung** wird durch das Aufbringen von Druck an den Anschluss 12 gestartet **(Bild 3)**, und der Luftbehälter füllt sich über die einstellbare Drossel. Die Befüllung des Luftbehälters erfolgt umso schneller, je weiter die Drossel geöffnet ist. Damit lässt sich der Zeitraum bis zum Schalten des 3/2-Wegeventils einstellen. Zur genauen Einstellung des Zeitraums sind Versuche notwendig.

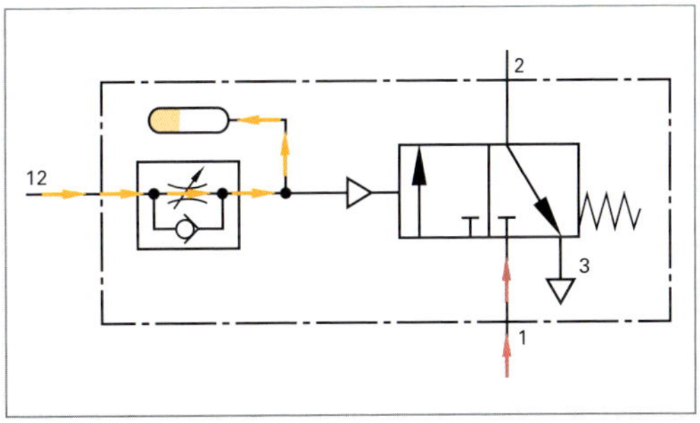

Bild 3: Anzugsverzögerung – Start

Der Füllungsgrad des Luftbehälters wird in **Bild 3, Seite 127,** schematisch als Balken dargestellt, in der Realität breitet sich die Luft im gesamten Behälter gleichmäßig aus.

Nach einiger Zeit ist der Luftbehälter komplett gefüllt **(Bild 1)**. Außerdem hat sich ausreichend Druck aufgebaut, um das 3/2-Wegeventil gegen die Federkraft komplett in die Durchflusstellung zu schalten. Die Luft ist von 1 nach 2 durchgeschaltet.

Bild 2 zeigt, dass nach Wegnahme des Drucks am Anschluss 12 die Luft aus dem Luftbehälter durch den Federdruck über das offene Rückschlagventil entweicht. Dabei schiebt die Federkraft das 3/2-Wegeventil weiter zurück in Richtung der Sperrstellung. In **Bild 2** ist das 3/2-Wegeventil kurz vor dem Erreichen der Sperrstellung dargestellt, damit das Entweichen der Luft über das offene Rückschlagventil noch sichtbar ist.

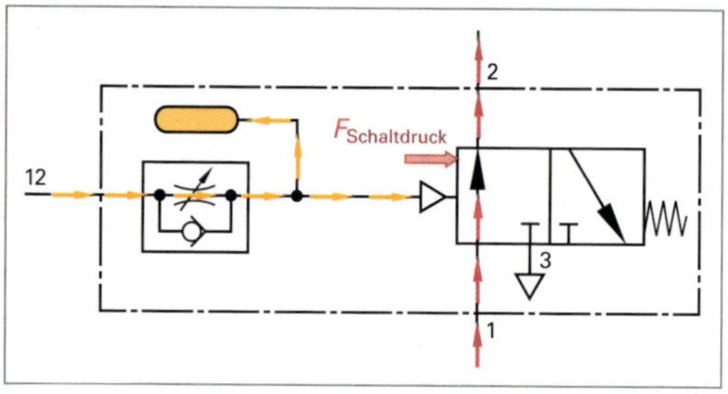

Bild 1: Anzugsverzögerung – Durchschalten

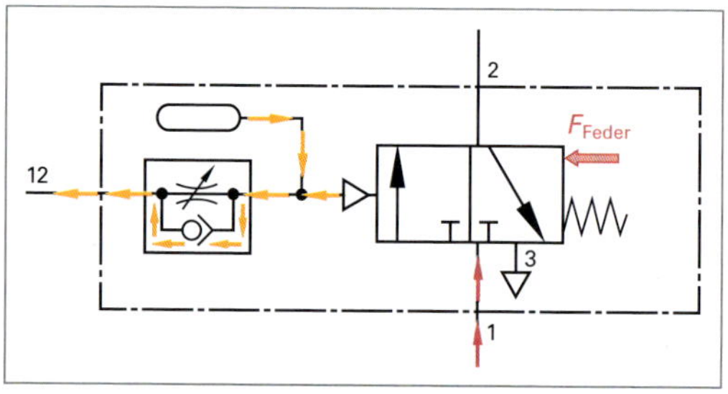

Bild 2: Anzugsverzögerung – Rücksetzen

Pneumatischer Timer

Die Baugruppe zur **Anzugsverzögerung** kann durch einen pneumatischen Timer **(Bild 3)** ersetzt werden. An diesem kompakten Ventil kann an einer mechanischen Zeituhr exakt der Zeitraum eingestellt werden, bis es von 1 nach 2 durchschaltet. Die Zeit bis zum Durchschalten läuft, sobald an Anschluss 1 Druck anliegt.

Bei Wegnahme des Drucks an Anschluss 1 schaltet das Ventil über die Feder wieder in die Sperrstellung.

Vorteil: Der pneumatische Timer ist auf die Sekunde genau einstellbar, während man bei der Baugruppe zur Anzugsverzögerung probieren muss, welche Stellung der Einstellschraube an der Drossel welche Zeitverzögerung bewirkt.

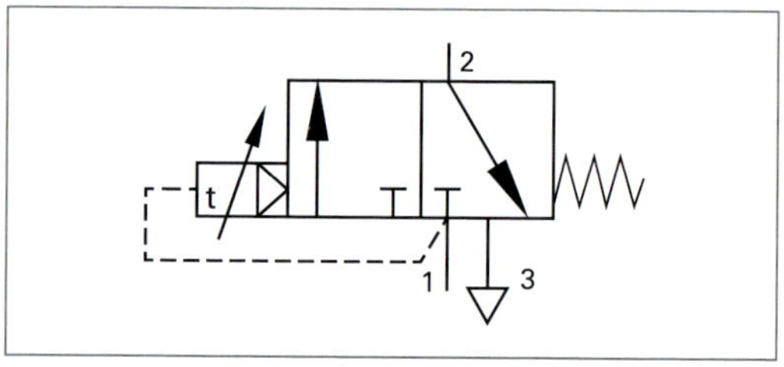

Bild 3: Pneumatischer Timer

2/2-Wegeventil

Es kann beispielsweise eingesetzt werden als:

- **Absperrventil (Bild 4a)**. Das Ventil ist in der Anfangsstellung gesperrt, das Rückschlagventil lässt eventuell noch vorhandenen Druck in der Anlage nach dem Absperren entweichen. Bei Betätigung des Ventils wird auf Durchgang geschaltet. Beide Schaltstellungen rasten ein, d.h., sie bleiben so lange geschaltet, bis über den Hebel von Hand die andere Position geschaltet wird.
- **Umleitungsventil**. In **Bild 4b** strömt die Luft ohne Drosselung über das 2/2-Wegeventil -QM2. Bei Betätigung von Hand schaltet -QM2 in die Sperrstellung, und die Luft wird über die Drossel -RNB1 gedrosselt.

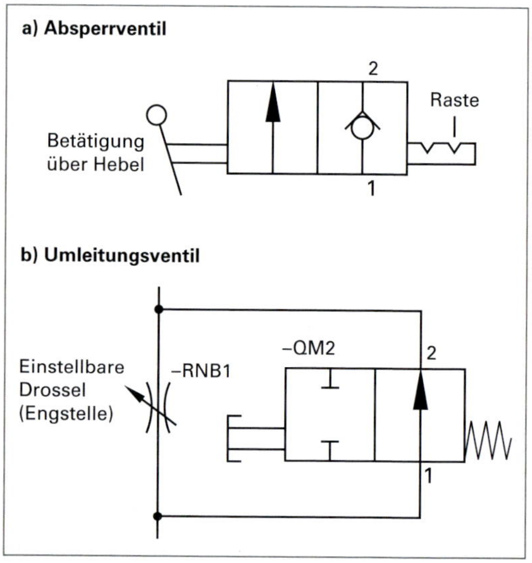

Bild 4: 2/2-Wegeventil

10.4.8 I VAKUUMTECHNIK

In der Vakuumtechnik wird ein absoluter Druck erzeugt, der unter dem Umgebungsdruck liegt. Die negative Druckdifferenz (negativer Überdruck) wird zum Greifen von Bauteilen genutzt.

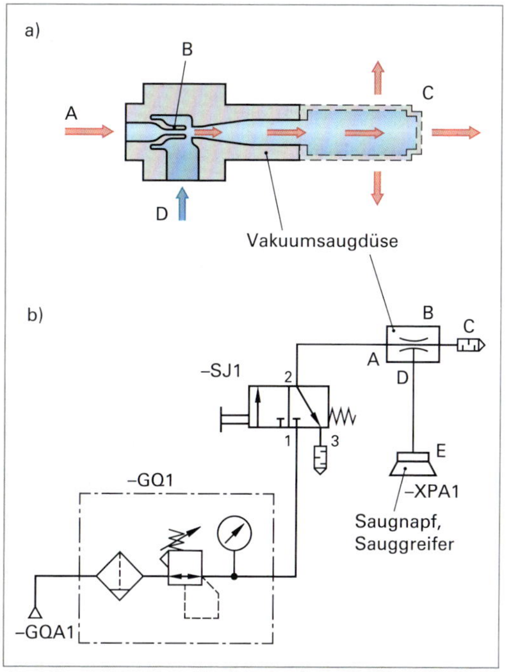

Bild 1: Vakuumgreifer

Vakuumgreifer

Der Vakuumgreifer dient zum Greifen dünner, großflächiger oder empfindlicher Teile. Zum Greifen werden z.B. **Saugnäpfe** eingesetzt, die mit Unterdruck (Vakuum) betrieben werden. Der Unterdruck wird durch eine **Vakuumsaugdüse** erzeugt, die in **Bild 1a** schematisch und in **Bild 1b** als Pneumatiksymbol in einem Pneumatikplan dargestellt ist.

Bild 1 zeigt den Aufbau eines Vakuumgreifers:

- **A**: Druckanschluss
  Hier strömt bei Betätigung von –SJ1 die Druckluft vom Kompressor –GQA1 durch die Wartungseinheit –GQ1 in die Vakuumsaugdüse.
- **B**: Venturidüse **(Info)**
  Hier wird die Luft vom Eintritt bis zum Austritt auf sehr hohe Geschwindigkeiten beschleunigt. Dadurch entsteht ein Unterdruck am Anschluss D.
- **C**: Abluftanschluss
  Hier entweichen die Druckluft des Kompressors –GQA1 und die bei E angesaugte Luft über einen Schalldämpfer.
- **D**: Saugeranschluss
  Er befindet sich am Ende der **Venturidüse**. Durch den dort erzeugten Unterdruck wird Luft angesaugt, die auch am Sauggreifer –XPA1 einen Unterdruck erzeugt.
- **E**: Sauggreifer
  Durch das bei D entstehende Vakuum (negativer Überdruck) können Werkstücke gegriffen werden, die mit dem Sauggreifer in Berührung kommen.

> i
> **Venturidüse**
> Von einem Fluid durchströmte kegelförmige Querschnittsverringerung. Am Anfang hat das Fluid eine hohe Druck- und geringe Geschwindigkeitsenergie, am Ende ist es umgekehrt. Weil die Gesamtenergie gleich bleibt, sinkt der Druck unter den Umgebungsdruck, eine negative Druckdifferenz entsteht.

Der **negative Überdruck** in der Vakuumtechnik ist begrenzt, er kann theoretisch maximal –1 bar betragen, das entspricht 100 % Vakuum. In der Handhabungstechnik ist ein Vakuum von ca. 80 % üblich; das entspricht einem negativen Überdruck von –0,8 bar.

Für eine gute Saugfunktion sind ebene, glatte und möglichst große, luftundurchlässige Oberflächen erforderlich. Die Vakuumsaugdüse muss außerdem mit Druckluft aus einer Wartungseinheit ohne Öler betrieben werden, damit die Venturidüse sauber bleibt.

Vorteile der Vakuumgreifer gegenüber mechanischen Greifern sind:

- Keine mechanischen Teile, die verschleißen können
- Geringe Masse des Greifers und damit hohe Verfahrgeschwindigkeiten möglich
- Sanftes Greifen der Werkstücke

10.4.9 | VERKNÜPFUNG VON SIGNALEN

In diesem Abschnitt wird erläutert, was man unter pneumatischen Signalen versteht, wie sie miteinander verknüpft werden und wie ein Signal negiert wird.

In der pneumatischen und hydraulischen Steuerungstechnik müssen Signale ausgewertet werden. Man unterscheidet zwei Signale:

- **1** heißt **„Druck liegt an"** oder **„true" (wahr)**.
- **0** heißt **„kein Druck"** oder **„false" (falsch)**.

Weil es nur diese beiden Signale gibt, werden sie **binäre Signale** (lat.: *binarius*, zweifach) genannt.

Bedingungen kommen durch die Verknüpfung von Signalen zustande, z. B. „Taste 1 ist gedrückt UND Taste 2 ist gedrückt". Bedingungen können zwei Zustände annehmen: **erfüllt** bzw. **1** oder **nicht erfüllt** bzw. **0**. In der Logik wird das Ergebnis einer Bedingung wie eine **Variable** behandelt. Eine Variable, die die Werte 1 oder 0 annehmen kann, wird als **Boolesche Variable** bezeichnet.

In technischen Dokumenten wird statt 1 auch **true** und statt 0 auch **false** verwendet.

> **Boolesche Variablen** können die Werte 1 bzw. true oder 0 bzw. false annehmen. Sie können für binäre Signale und für das Ergebnis von logischen Verknüpfungen stehen.

UND-Verknüpfung

Die UND-Verknüpfung wird beispielsweise zur Unfallvermeidung an Pressen eingesetzt. Bei der Zweihand-Sicherheitsschaltung müssen gleichzeitig zwei Taster gedrückt werden, damit die Presse ausfährt. Die UND-Verknüpfung kann durch Reihenschaltung oder durch ein Zweidruckventil realisiert werden:

- **Reihenschaltung**

Bild 1 zeigt die Möglichkeit der **UND-Verknüpfung** durch In-Reihe-Schalten von zwei 3/2-Wegeventilen und die dabei entstehenden Möglichkeiten.

Es gibt **drei Fälle**, in denen an der Stelle A keine Luft und damit kein Signal ankommt. In der Logik wird dies durch die **Boolesche Variable A = 0** oder **false** ausgedrückt:

Bild 1a: Beide Ventile (–SJ1, –SJ2) sind nicht betätigt.

Bild 1b: Nur das Ventil –SJ1 wird betätigt.

Bild 1c: Nur das Ventil –SJ2 wird betätigt.

Erst im in **Bild 1d** dargestellten Fall kommt an der Stelle A Luft und damit ein Signal an: Beide Ventile, –SJ1 UND –SJ2, werden gleichzeitig betätigt. In der Logik wird dieser Fall durch die Boolesche Variable **A = 1** oder **true** ausgedrückt.

Damit eine Zweihand-Sicherheitsschaltung gemäß gesetzlicher Vorschriften funktioniert, müssen beide Ventile innerhalb kurzer Zeit gedrückt werden. Eine solche Schaltung ist in der Lernsituation 1 **(Seite 103)** zu analysieren.

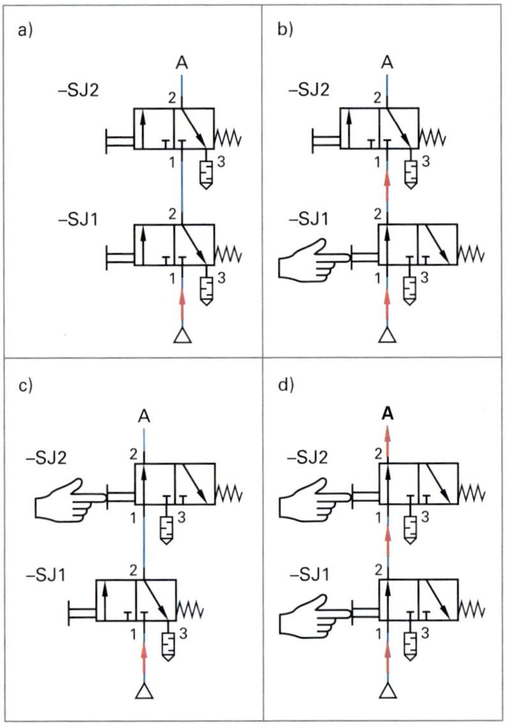

Bild 1: UND-Verknüpfung, Reihenschaltung

Zweidruckventil

Die UND-Verknüpfung von zwei Signalen kann auch durch ein Zweidruckventil erreicht werden (**Bild 1**).

Wird nur –SJ1 betätigt, bewegt sich der **Steuerkolben** in –KH1 **nach rechts** und verschließt den Durchgang von a nach A. Wird nur –SJ2 betätigt, bewegt sich der **Steuerkolben nach links** und verschließt den Durchgang von b nach A. Wenn –SJ1 und –SJ2 gleichzeitig betätigt werden, bewegt sich der Steuerkolben auch nach links oder rechts, von der jeweils anderen Seite kann die Luft jedoch in –KH1 von a oder b nach A strömen.

Die UND-Verknüpfung mittels einer Reihenschaltung oder eines Zweidruckventils lässt sich sehr übersichtlich in einer **Logik-Tabelle** (**Tabelle 1**) darstellen, die auch als **Wahrheitstabelle** oder **Schalttabelle** bezeichnet wird.

Der **∗-Operator** (∗ wird als „und" gesprochen) kann in der Logik wie eine Multiplikation behandelt werden. Das Ergebnis A ist eine Boolesche Variable und entspricht dem Signal, das am mit A gekennzeichneten Ausgang anliegt.

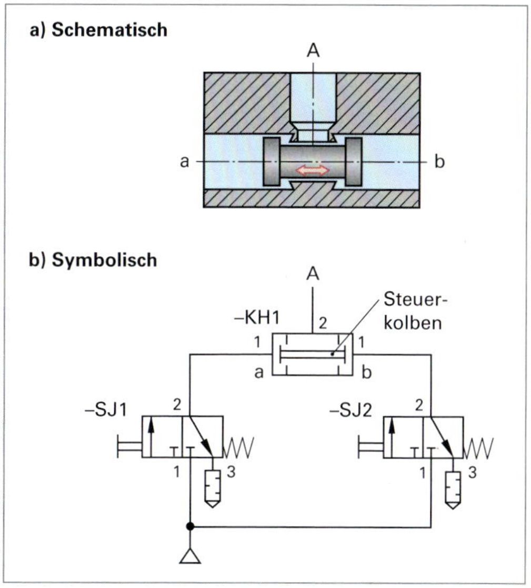

Bild 1: UND-Verknüpfung, Zweidruckventil

Tabelle 1: Logik-Tabelle: UND-Verknüpfung

–SJ1	–SJ2	A = –SJ1 ∗ –SJ2
0	0	A = 0 ∗ 0 = 0
1	0	A = 1 ∗ 0 = 0
0	1	A = 0 ∗ 1 = 0
1	1	A = 1 ∗ 1 = 1

ODER-Verknüpfung

Eine ODER-Verknüpfung von zwei Signalen wird durch ein **Wechselventil** erreicht (**Bild 2a**). Sie wird beispielsweise benötigt, wenn eine Tür durch jeweils ein druckbetätigtes Ventil entweder von außen oder von innen zu öffnen sein soll (**Bild 2b**).

Wird nur –SJ1 betätigt, bewegt sich der **Sperrkörper** in –KH1 nach rechts und verschließt den Durchgang von a nach b, dadurch kann die Luft nicht über –SJ2 entweichen. Die Luft strömt von a nach A.

Wird nur –SJ2 betätigt, bewegt sich der **Sperrkörper** nach links und verschließt den Durchgang von b nach a, dadurch kann die Luft nicht über –SJ1 entweichen. Die Luft strömt von b nach A.

Wenn –SJ1 und –SJ2 gleichzeitig betätigt werden, bewegt sich der Sperrkörper nach links oder rechts. Von der jeweils anderen Seite kann die Luft in –KH1 von **a** oder **b** nach **A** strömen.

Eine Parallelschaltung der 3/2-Wegeventile –SJ1 und –SJ2 ohne Wechselventil –KH1 ist nicht möglich. Wenn in diesem Fall nur ein Ventil betätigt wird, kann die Luft über den Abluftanschluss 3 des anderen Ventils entweichen.

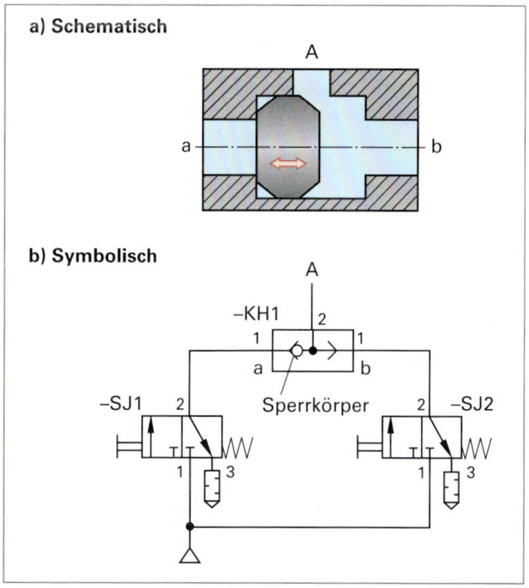

Bild 2: ODER-Verknüpfung, Wechselventil

Lernfeld 10

Dieser Zusammenhang wird in der **Logik-Tabelle** (**Tabelle 1**) dargestellt.

Der **+-Operator** (+ wird „oder" gesprochen) kann in der Logik wie das Addieren behandelt werden. Die Bedingung gilt als erfüllt, also gleich 1, wenn das Ergebnis größer oder gleich 1 ist. Aus diesem Grund ist das Ergebnis in der letzten Zeile ebenfalls 1, denn A = 1 + 1 = 2 und damit ist A ≥ 1 erfüllt.

Tabelle 1: Logik-Tabelle: ODER-Verknüpfung

–SJ1	–SJ2	A = –SJ1 + –SJ2	A ≥ 1
0	0	A = 0 + 0 = 0	0
1	0	A = 1 + 0 = 1	1
0	1	A = 0 + 1 = 1	1
1	1	A = 1 + 1 = 2	1

Negation eines Signals

Die Negation (NICHT-Funktion) kann mit einem 3/2-Wegeventil realisiert werden, bei dem die Schaltstellungen ausgetauscht sind (**Bild 1**).

Bei nicht betätigtem –SJ1 kann die Luft von 1 nach 2 strömen, und bei A kommt Druckluft an. Wird –SJ1 betätigt, wird der Durchgang von 1 nach 2 verschlossen, und bei A kommt keine Druckluft an.

Die **Logik-Tabelle** zur NICHT-Funktion ist in **Tabelle 2** dargestellt. Der Überstrich wird als „nicht" gesprochen, also „A gleich NICHT –SJ1".

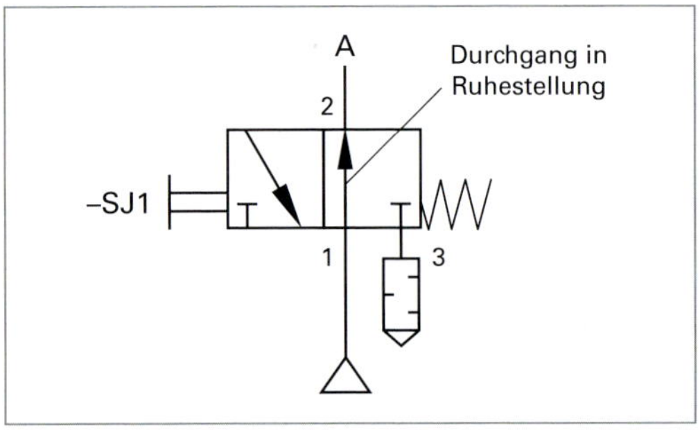

Bild 1: NICHT-Funktion, 3/2-Wegeventil

> Die **UND-Verknüpfung**, die **ODER-Verknüpfung** und die **Negation** sind die grundlegenden logischen Verknüpfungen in der Steuerungstechnik.

Tabelle 2: Logik-Tabelle zur NICHT-Funktion

–SJ1	$A = \overline{-SJ1}$
0	$A = \overline{0} = 1$
1	$A = \overline{1} = 0$

10.4.10 | ANWENDUNG DER SIGNALVERKNÜPFUNG

Durch Signalverknüpfungen können Bedingungen gestellt werden, damit beispielsweise ein Zylinder aus- oder einfährt. Dazu ist eine indirekte Ansteuerung des Arbeitselements erforderlich.

Direkte Ansteuerung von Arbeitselementen

Bei der **direkten Ansteuerung** von Arbeitselementen (**Bild 2**) führt die direkte Eingabe eines START-Signals am Stellglied (–QM1) zum Ausfahren des Arbeitselementes –MM1. Das START-Signal in Form von Muskelkraft kann nicht einfach mit anderen Signalen, wie z. B. dem Drucksignal einer geschlossenen Schutztür, verknüpft werden.

Direkte Ansteuerung haben nicht automatisierte Systeme, z. B. Druckluftschrauber. Die Betätigung des Handtasters führt dort direkt zum Anlauf des Motors.

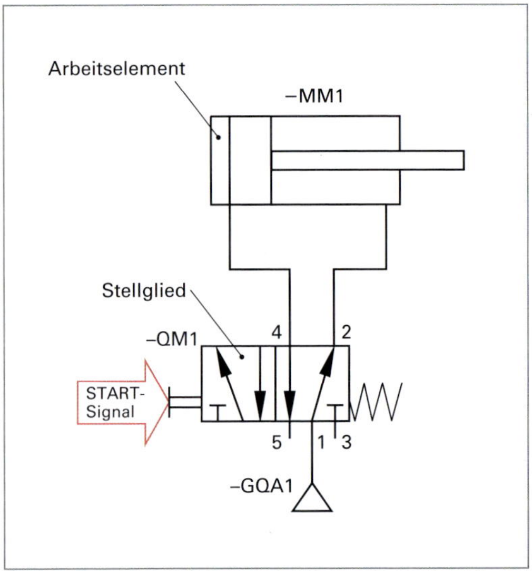

Bild 2: Direkte Ansteuerung

Indirekte Ansteuerung von Arbeitselementen

Bei der **indirekten Ansteuerung** (Bild 1) wird das START-Signal durch Muskelkraft zunächst über –SJ1 in ein Druck-Signal gewandelt. Dieses Signal lässt sich mit anderen Signalen verknüpfen.

Im Beispiel ergibt sich folgende logische Verknüpfung:

Start-Taster (–SJ1) wird gedrückt UND Zylinder –MM1 ist eingefahren (–BG1).

Oberhalb der Schaltung befindet sich grün unterlegt eine Lösungsmöglichkeit für die Logik. Die Signale kommen von –SJ1 und –BG1. Die UND-Verknüpfung wird über das Zweidruckventil –KH1 erreicht. Das Ergebnis der Verknüpfung wird an den Steuereingang des Stellgliedes –QM1 weitergegeben.

> Eine **pneumatische Steuerung** erfordert eine **indirekte Ansteuerung** des Stellgliedes. Das Ergebnis der logischen Verknüpfung wird als „Druck" oder „kein Druck" an den Steuereingang des Stellgliedes weitergeleitet.

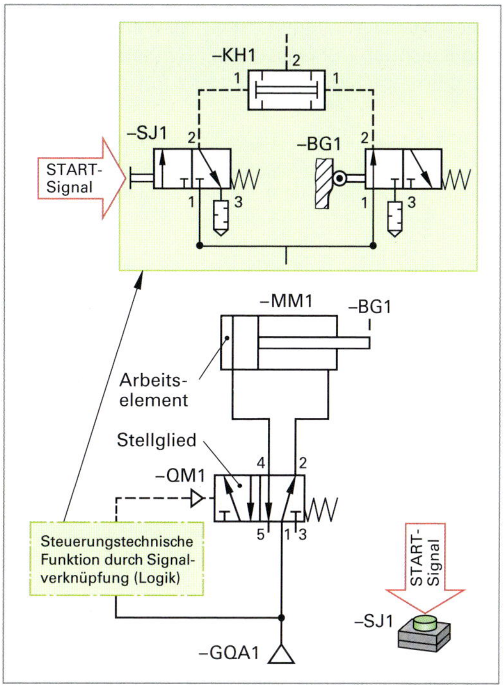

Bild 1: Indirekte Ansteuerung

10.4.11 | PNEUMATISCHER SCHALTPLAN (PNEUMATIKPLAN)

Der Technische Produktdesigner muss bei der Bearbeitung von Dokumentationen in der Automatisierungstechnik den Aufbau und die Regeln eines pneumatischen Schaltplans beherrschen. Als Beispiel wird eine **automatisierte Einpressvorrichtung** betrachtet. Zuerst erfolgt die **Funktionsbeschreibung** in Textform, anschließend werden **2 Strategien** beschrieben, wie der Pneumatikplan erstellt werden kann. Nur eine der beiden Strategien liefert einen übersichtlichen und praxisgerechten Plan.

Anwendungsbeispiel: Automatisierte Einpressvorrichtung, Variante 1

Bild 2 zeigt den Lageplan der Einpressvorrichtung. Wenn sich der Zylinder –MM1 in seiner oberen Endlage (–BG1) befindet und der Start-Taster (–SJ1) kurz gedrückt wird, fährt der Zylinder –MM1 aus. Wenn die untere Endlage (–BG2) des Zylinders erreicht ist, schaltet die Steuerung automatisch um, und der Zylinder fährt ein, bis er sich wieder in seiner oberen Endlage (–BG1) befindet.

Gegenüber der ursprünglichen Einpressvorrichtung muss der Bediener nur noch das Lager auflegen und den Start-Taster drücken. Insbesondere das automatisierte Überwachen der Endlagen vermeidet Fehler, denn die menschliche Aufmerksamkeit sinkt mit der Zeit.

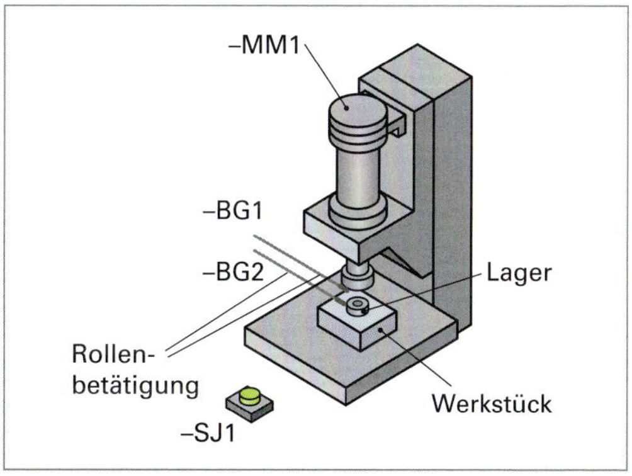

Bild 2: Lageplan der Einpressvorrichtung

Strategie 1: Pneumatikplan nach Lage der Bauteile

Im **Pneumatikplan** in **Bild 1** sind die Pneumatikkomponenten an dem Ort dargestellt, an dem sie in der realen Maschine liegen. Beispielsweise sind die Ventile –BG1 und –BG2 direkt an der Kolbenstange eingezeichnet. Der Starttaster –SJ1 ist ebenfalls an der Stelle dargestellt, wo er betätigt wird. Auch das Maschinengehäuse und das einzupressende Lager sind eingezeichnet.

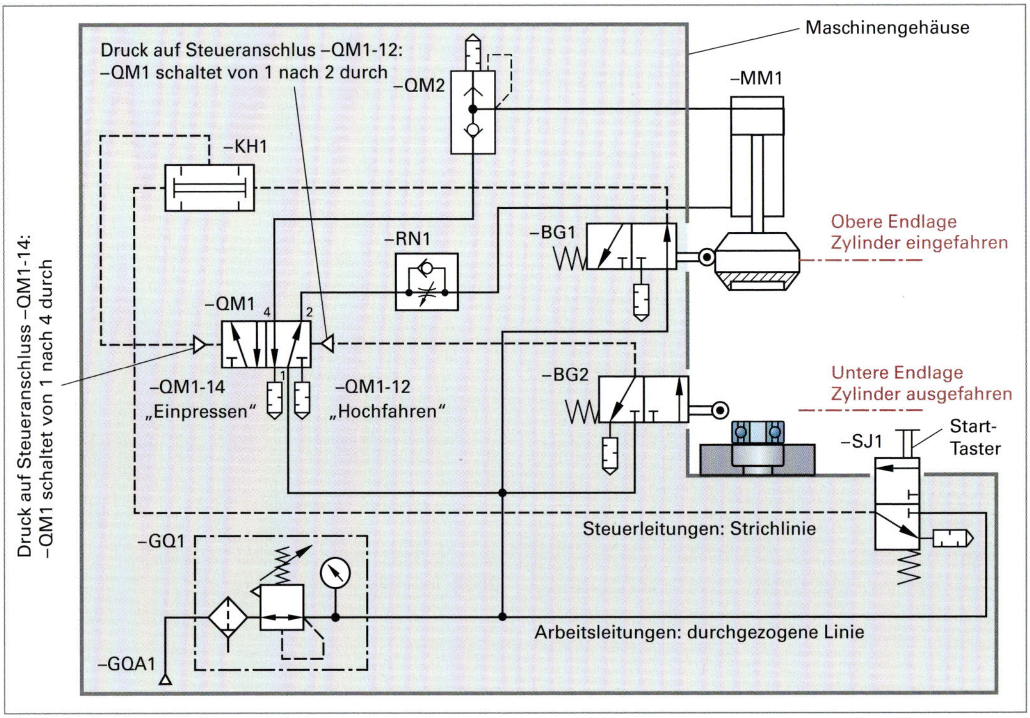

Bild 1: Pneumatikplan der Einpressvorrichtung, Strategie 1 nach Lage der Bauteile

Zum Verständnis der Funktion müssen die Linien oft über einen längeren Weg verfolgt werden, damit erkennbar ist, wo und wie die Komponenten wirken. Dabei entstehen viele **Leitungskreuzungen**.

Ergebnis: Der nach der Lage der Bauteile orientierte Pneumatikplan **(Bild 1)** wirkt unübersichtlich.

Strategie 2: Pneumatikplan nach Funktion der Bauteile

Übersichtlicher wirkt der Schaltplan, wenn die Bauteile von unten nach oben nach dem **EVA-Prinzip (Eingabe-Verarbeitung-Ausgabe), Bild 1, Seite 135**, angeordnet werden:

- **Versorgungsglieder:**
  –GQA1: Druckluftquelle und –GQ1: Wartungseinheit
- **E: Signaleingabe:**
  –SJ1: 3/2-Wegeventil mit Handbetätigung, –BG1 und –BG2: 3/2-Wegeventile mit Rollenbetätigung
- **V: Signalverarbeitung**:
  –KH1: Zweidruckventil (UND-Ventil)
- **A: Signalausgabe**:
  –QM1: 5/2-Wegeventil, beidseitig pneumatisch betätigt
- **Antriebsglieder** mit Geschwindigkeitsregulierungen:
  –MM1: doppeltwirkender Zylinder, –QM2: Schnellentlüftungsventil
  –RN1: Drosselrückschlagventil (Abluftdrosselung)
- **Versorgungs-** und **Arbeitsleitungen** werden als **Volllinie**, **Steuerleitungen** als **Strichlinie** gezeichnet

Der **Pneumatikplan nach Funktion** der Bauteile **(Bild 1)** enthält keine Gehäuseumrisse oder Werkstücke. Die rollenbetätigten Wegeventile sind nicht am **Betätigungsort** in der Nähe des Zylinders eingezeichnet, sondern am **Wirkungsort**. Der Betätigungsort wird durch **Betätigungsmarken** am Zylinder gekennzeichnet.

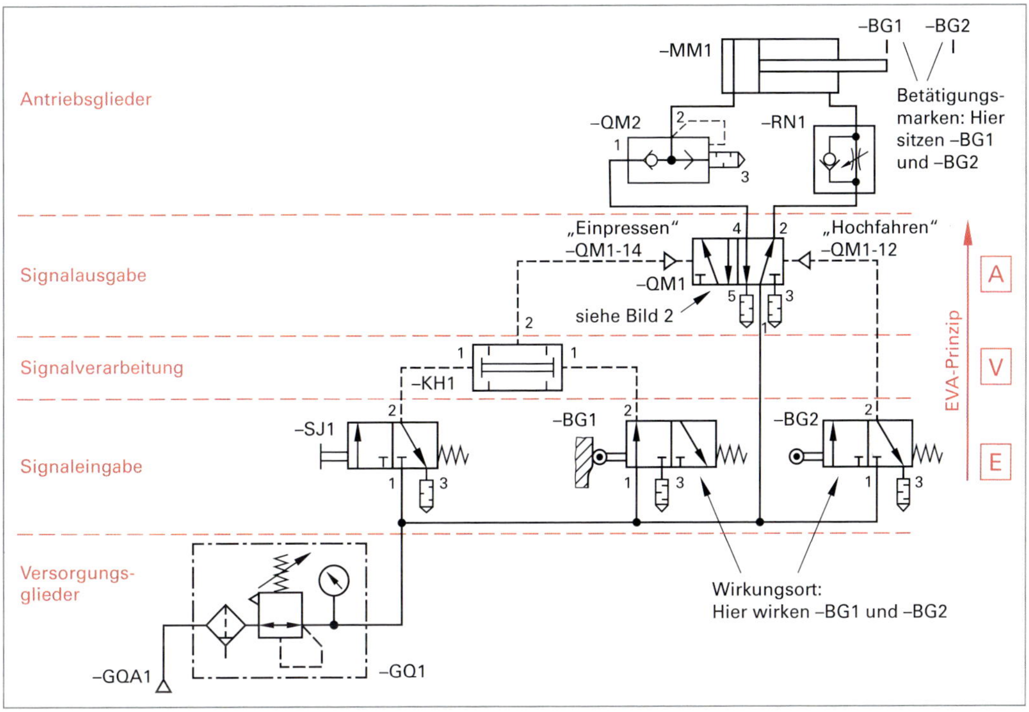

Bild 1: Pneumatikplan der Einpressvorrichtung, Strategie 2 nach Funktion der Bauteile

Bild 2 zeigt die beiden Schaltstellungen des druckluftbetätigten Stellgliedes –QM1:

- **–QM1-12** wird geschaltet, wenn die Signalverknüpfungen in **Bild 1** rechts unterhalb –QM1 den Wert 1 ergeben. In diesem Fall liefert nur –BG2 ein Signal. Das Ventil schaltet auf Durchgang von 1 nach 2. Der Zylinder fährt ein.
- **–QM1-14** wird geschaltet, wenn die Signalverknüpfungen in **Bild 1** links unterhalb –QM1 den Wert 1 ergeben. In diesem Fall ist das die UND-Verknüpfung von –SJ1 und –BG1. Das Ventil schaltet auf Durchgang von 1 nach 4. Der Zylinder fährt aus.

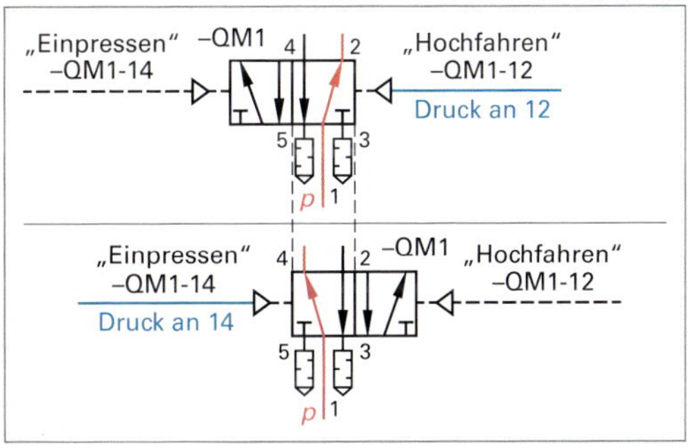

Bild 2: Druckluftbetätigtes 5/2-Wegeventil –QM1

Verbindungsprogrammierung

Wie die Steuerung auf eine Signaleingabe reagiert, wird durch die Verschlauchung und die Pneumatikkomponenten der Signalverarbeitung programmiert. In **Bild 1** wird z. B. das Signal von –SJ1 und von –BG1 über Schlauchverbindungen zum Zweidruckventil –KH1 geleitet. Dort werden die beiden Signale UND-verknüpft. Die Steuerung ist **verbindungsprogrammiert.**

Bei der **Verbindungsprogrammierung** erfolgt die Programmierung einer Steuerung durch Komponenten und deren Verbindungen untereinander.

10.4.12 GRAFCET

Technische Abläufe erfolgen oft schrittweise. Beispiel: 1. Schritt – Zylinder fährt aus, 2. Schritt – Zylinder fährt ein. Für die Beschreibung eines Funktionsablaufs in Schritten wird der **GRAFCET nach DIN EN 60848** eingesetzt (franz.: ***GRA**ph **F**onctionel de **C**ommande **E**tape **T**ransition*, grafische Funktionsdarstellung mit Schritten und Weiterschaltbedingungen). Im **GRAFCET** gilt:

- Schritte und Weiterschaltbedingungen wechseln sich in einer Kette ab:
Schritt – Weiterschaltbedingung – Schritt – Weiterschaltbedingung – Schritt – ...
- Kommentare in Anführungszeichen dienen zum Verständnis.

In **Tabelle 1** und **Tabelle 1, Seite 137**, sind die grafischen Symbole eines **GRAFCET** aufgelistet.

Tabelle 1: Schritte und Aktionen im GRAFCET

Begriff	Symbol	Beschreibung	Beispiel
Anfangsschritt ① **Kommentar ist möglich**	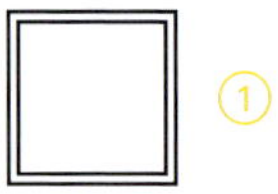	Dieser Schritt stellt den Anfangszustand eines Prozesses dar.	Grundstellung, Anfangsstellung, „Alle Zylinder eingefahren“
Schritt ① **Kommentar ist möglich** **Schrittvariable**	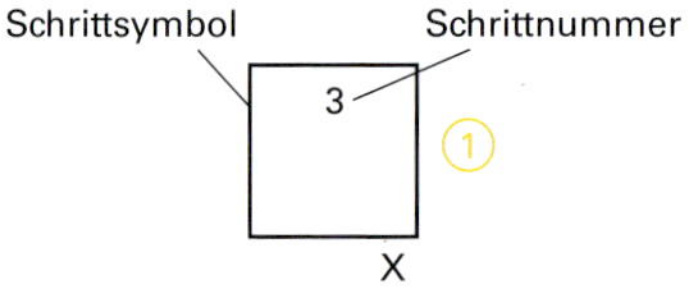	Ein **Schritt** in der Abfolge eines Prozesses. X gibt an, ob der Schritt aktiv oder inaktiv ist	Der **3. Schritt** einer Abfolge von Schritten. X3 = 1: Der **3. Schritt ist aktiv.**
Aktion aktiv, solange der Schritt aktiv ist. ① **Kommentar ist möglich** Aktion	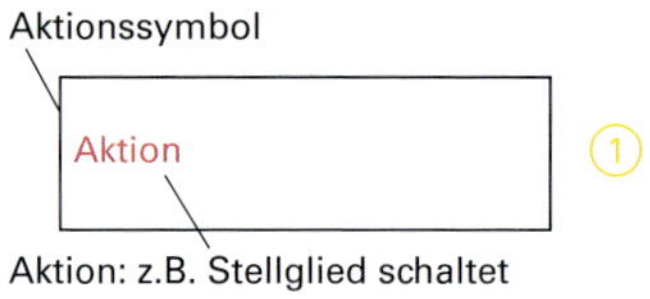	Während eines aktiven Schritts können **Aktionen** ablaufen.	Stellglied **schaltet** → „Zylinder 1 fährt aus.“
Bedingte Aktion	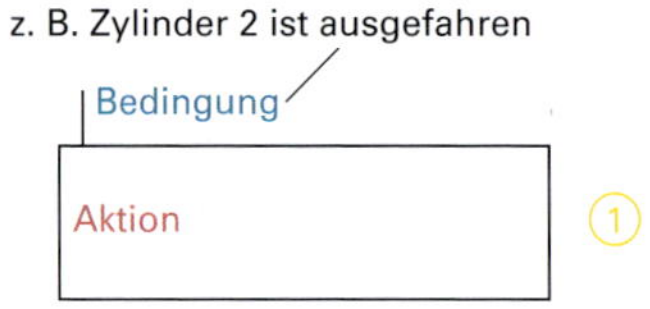	Die **Aktion** läuft im aktiven Schritt ab, wenn die **Bedingung** auf dem Aktionssymbol **erfüllt** bzw. wahr ist.	Stellglied **schaltet** → „Zylinder 1 fährt ein“, **wenn** Zylinder 1 vorne ist.
Aktion gesetzt, bis sie in einem anderen Schritt zurückgesetzt wird. ① **Kommentar ist möglich** Gesetzte (gespeicherte) Aktion	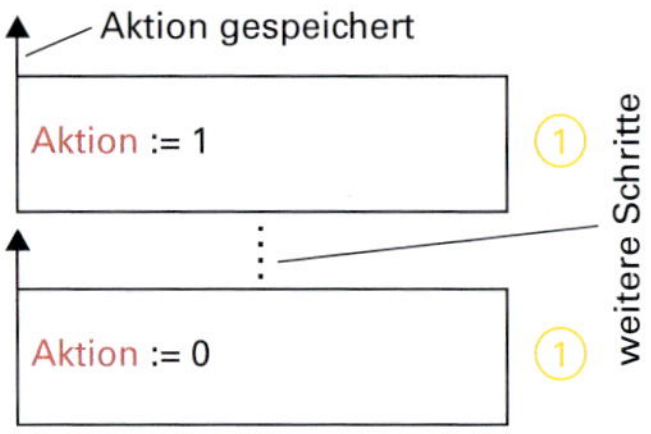	Die **Aktion** wird im aktiven Schritt **gesetzt** und bleibt es in den nachfolgenden Schritten, bis sie wieder **zurückgesetzt** wird.	z. B. federrückgestelltes Stellglied **schaltet**... ...Stellglied **bleibt** geschaltet... ...**bis** es **abgeschaltet** wird.
Gesetzte (gespeicherte) Aktion bei Bedingung	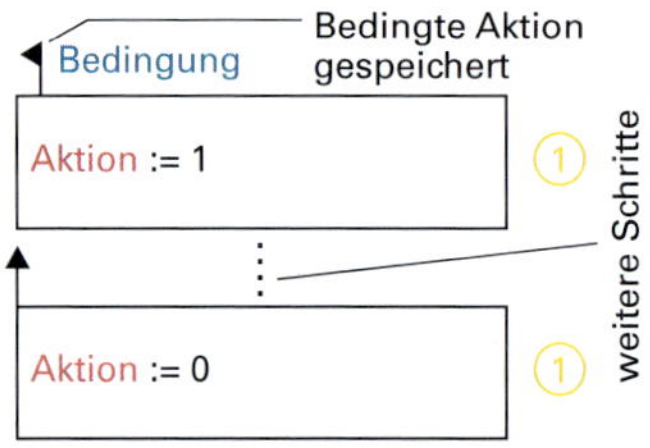	Die **Aktion** wird im aktiven Schritt **gesetzt**, wenn die **Bedingung erfüllt** bzw. wahr ist. Dann bleibt die Aktion in den nachfolgenden Schritten **gesetzt**, **bis** sie wieder **zurückgesetzt** wird.	z. B. federrückgestelltes Stellglied **schaltet**, **wenn** Zylinder 1 vorne ist... ...Stellglied **bleibt geschaltet**... ...**bis** es **abgeschaltet** wird.

Tabelle 1: Schritte und Aktionen im GRAFCET			
Begriff	**Symbol**	**Beschreibung**	**Beispiel**
Weiterschaltbedingung (*Transition*, Übergangsbedingung) ① Kommentar ist möglich	Weiterschaltbedingung (Name) ┼ Bedingung ① Name, z.B. T1 für Transition 1	Wenn **die Weiterschaltbedingung** erfüllt bzw. wahr ist, wird der vorangegangene Schritt **beendet (zurückgesetzt)** und der nächste Schritt **aktiviert (gesetzt)**.	Ein Zylinder hat die hintere Endlage erreicht Name z.B. T1, T2, T3 usw.
Logische Verknüpfungen (Bedingungen)	* UND	**UND**, alle Bedingungen müssen erfüllt sein.	–SJ1 * –SJ2: Ventil 1 gedrückt UND Ventil 2 gedrückt
	+ ODER	**ODER**, mindestens eine Bedingung ist erfüllt.	–SJ1+ –SJ2: Ventil 1 gedrückt ODER Ventil 2 gedrückt
	NICHT $\overline{\text{Bedingung}}$	**NICHT**, die Bedingung darf nicht erfüllt sein.	$\overline{\text{–SJ3}}$: NICHT Ventil 3 gedrückt
	t_1/Bedingung/t_2	**Zeitbedingung**	4s/–BG2/3s
	t_1/Bedingung: t_1 Sekunden muss das Signal anliegen	t_1: **Anzugsverzögerung**	4s/–BG2: 4 s nach Erreichen von –BG2 2s/X4: 2 s nach Aktivierung von Schritt 4
	Bedingung/t_2: t_2 Sekunden muss das Signal nicht mehr anliegen	t_2: **Abfallverzögerung**	–BG2/3s: 3 s nach Verlassen der Endlage

Der **Aufbau eines GRAFCET** wird an drei Beispielen beschrieben. Das erste Beispiel ist die Einpressvorrichtung von **Bild 1, Seite 133** (Lageplan), und **Bild 1, Seite 135** (Pneumatikplan). Danach folgen zwei Varianten dieser Vorrichtung.

Anwendungsbeispiel: Automatisierte Einpressvorrichtung, Variante 1

In **Bild 1** ist der GRAFCET nach der folgenden Funktionsbeschreibung dargestellt:

Wenn sich der Zylinder –MM1 in der **Grundstellung** befindet (obere Endlage, –BG1) und der Start-Taster (–SJ1) gedrückt wird, fährt der Zylinder –MM1 aus.

Wenn die **Arbeitsstellung** am eingepressten Lager erreicht ist (vordere Endlage, –BG2), schaltet die Steuerung automatisch um, und der Zylinder fährt ein, bis seine Grundstellung (obere Endlage, –BG1) wieder erreicht ist.

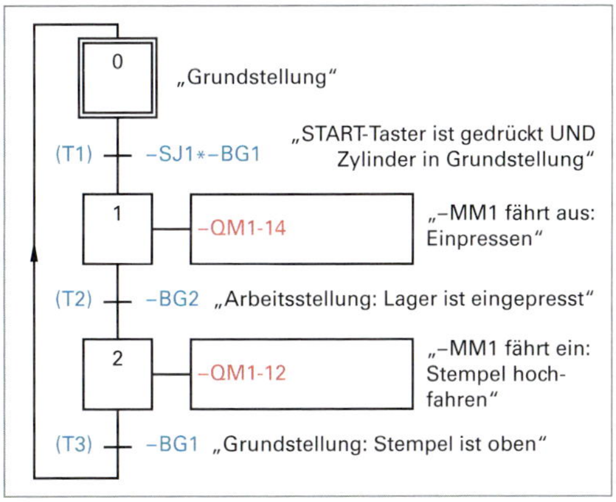

Bild 1: GRAFCET der Einpressvorrichtung

Anwendungsbeispiel: Automatisierte Einpressvorrichtung, Variante 2a

Für die Einpressvorrichtung Variante 1, **Bild 1, Seite 133**, sind Verbesserungsvorschläge durch einen Kunden eingebracht worden:

- Der Zylinder soll mit Endlagendämpfung und einem magnetischen Kolben ausgeführt werden. Somit lassen sich später magnetisch betätigte Endschalter auf dem Zylinder montieren.
- Der Zylinder soll ausfahren und dann 2 Sekunden stehen bleiben, bevor er wieder einfährt. Dadurch ist der Bewegungsablauf sanfter, und im Zylinder kann sich der volle Druck aufbauen.
- Ein Schutzgitter soll Sicherheit bringen, d.h., der Einpressvorgang darf nur bei geschlossenem Schutzgitter gestartet werden können. Wird das Schutzgitter geöffnet, soll der Zylinder sofort wieder einfahren.

Die pneumatische Lösung der Steuerung **(Bild 1)** hat einen **Eingabe-**, einen **Verarbeitungs-** und einen **Ausgabeteil** (**EVA-Prinzip**). Die Verarbeitung ist rot umrahmt.

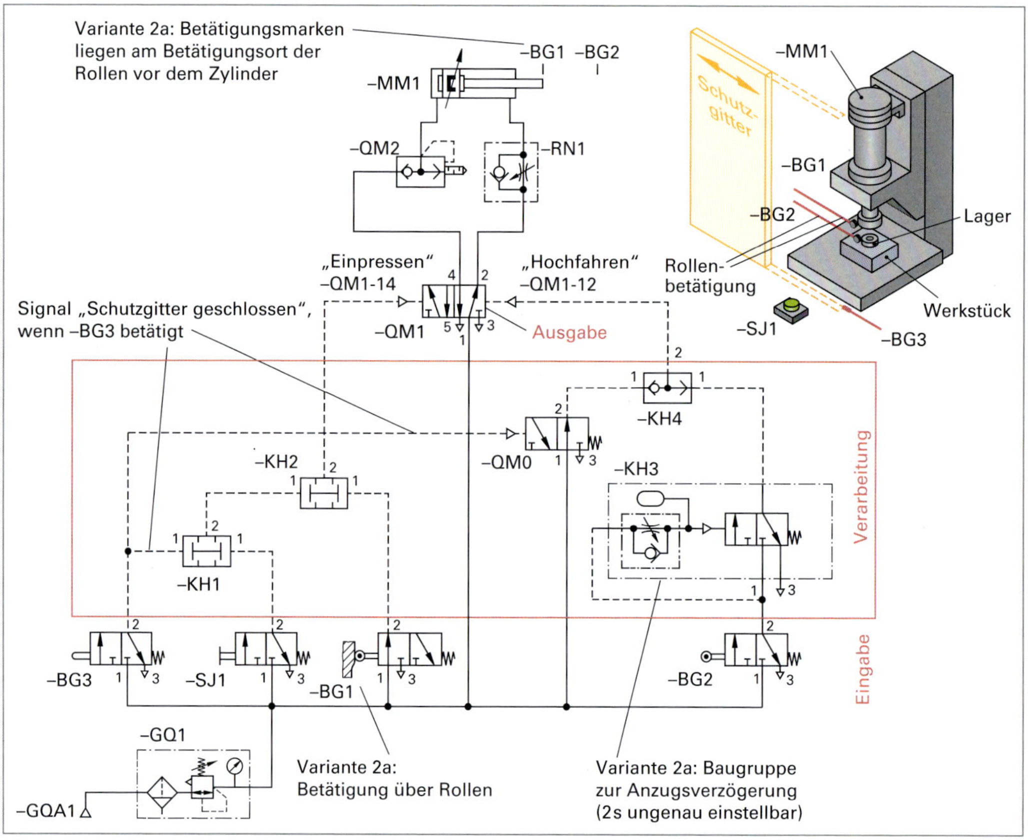

Bild 1: Lageplan und Pneumatikplan der Einpressvorrichtung, Variante 2a mit Schutzgitter und Anzugsverzögerung

Systematisches Lesen des Schaltplans: Dazu verfolgt man die Steuerleitungen an –QM1-14 und –QM1-12 nach unten und analysiert die Funktion der gefundenen Pneumatikkomponenten:

- **–QM1-14 (Einpressen):** Die Steuerleitung kommt von –KH2, dort ist –BG1 (Zylinder –MM1 ist eingefahren) mit –KH1 UND-verknüpft. –KH1 ist wiederum eine UND-Verknüpfung von –BG3 (Schutzgitter zu) mit –SJ1 (START-Taster). Das heißt, der Zylinder fährt aus, wenn er eingefahren ist, das Schutzgitter geschlossen ist und der Startknopf betätigt wird.
- **–QM1-12 (Hochfahren):** Die Steuerleitung kommt von –KH4, dort ist das Signal von –QM0 (Schutzgitter ist offen) mit dem Signal von –KH3 (–MM1 ist seit 2 s ausgefahren) ODER-verknüpft. Das heißt, der Zylinder fährt ein, wenn er 2 s ausgefahren war oder wenn das Schutzgitter geöffnet wird.

Anwendungsbeispiel: Automatisierte Einpressvorrichtung, Variante 2b

Bild 1 zeigt im Vergleich zu **Bild 1, Seite 138**, folgende Veränderungen: –BG1 und –BG2 sind magnetisch betätigte Ventile. –KH3 ist durch einen präzise einstellbaren Timer ersetzt worden.

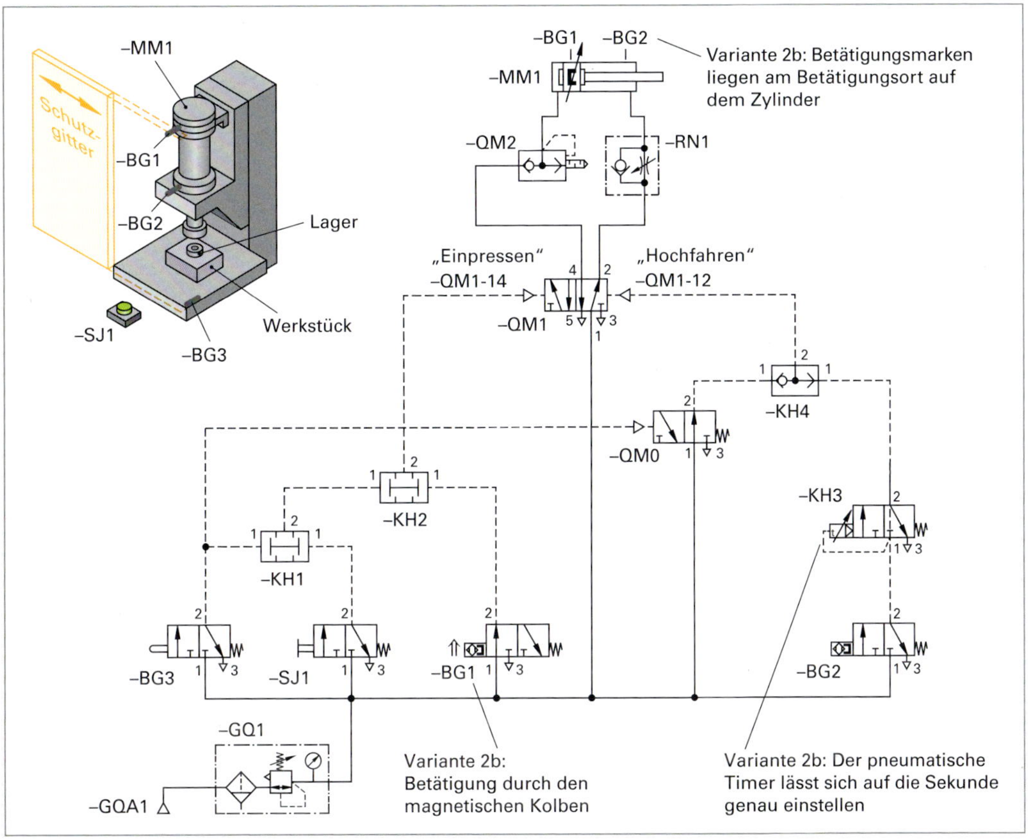

Bild 1: Pneumatikplan der Einpressvorrichtung, Variante 2b mit magnetisch betätigten Ventilen und pneumatischem Timer

Im GRAFCET **(Bild 2)** werden die Schritte und Weiterschaltbedingungen zu den **Varianten 2a** und **2b** dargestellt.

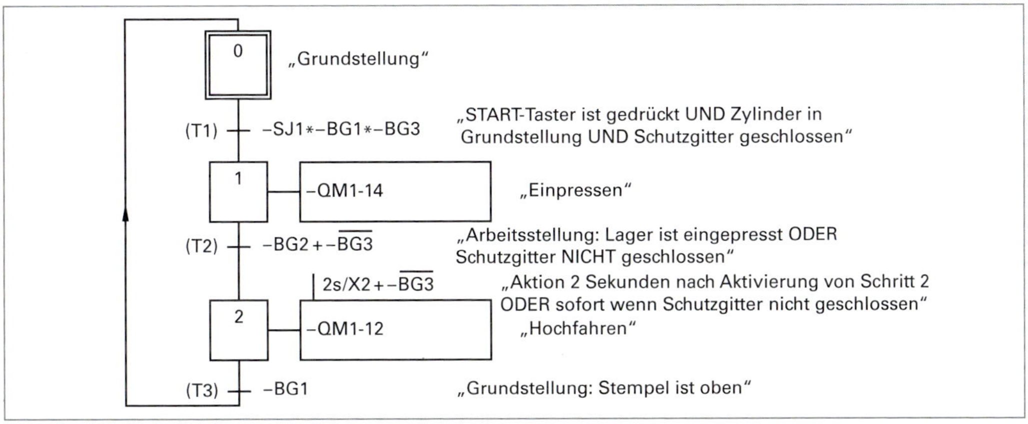

Bild 2: GRAFCET zur Variante 2a und Variante 2b mit Schutzgitter und Zeitverzögerung

AUFGABEN | WIEDERHOLUNG UND VERTIEFUNG

1. Erklären Sie, warum die Komponenten in Schaltplänen nicht bildlich, sondern als Symbol dargestellt werden.
2. **Bild 1:** Erläutern Sie, welche beiden Komponenten hier mit –GQA1 und mit –GQ1 dargestellt sind. Erklären Sie, wozu die Teilkomponenten von –GQ1 dienen.

Bild 1

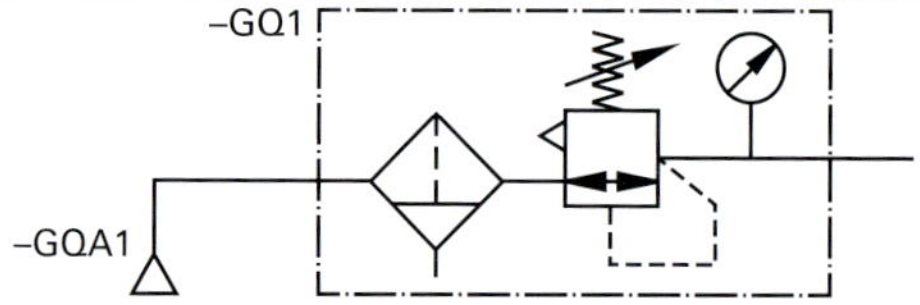

3. **Bild 2:** Nennen Sie die beiden Komponenten, die durch die folgenden beiden Symbole dargestellt werden, und erklären Sie, wozu sie dienen.

Bild 2

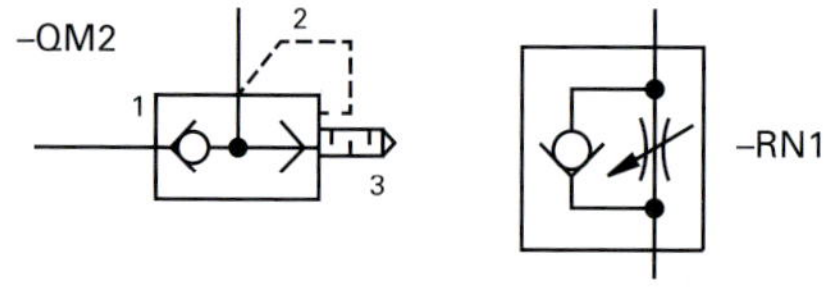

4. **Bild 3:** Erläutern Sie, wozu die beiden Striche unter –BG1 und –BG2 dienen.

Bild 3

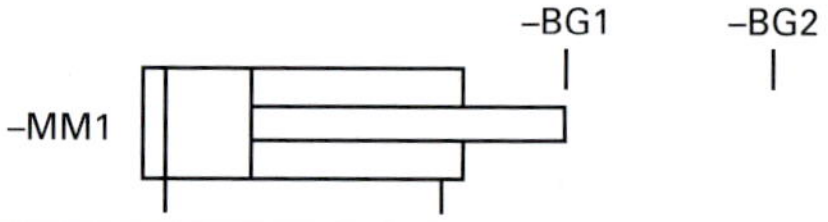

5. Skizzieren Sie ein handbetätigtes und federrückgestelltes 3/2-Wegeventil und ein beidseitig pneumatisch betätigtes 5/2-Wegeventil einschließlich Anschlussnummerierung. Zur Lärmreduzierung sollen Schalldämpfer eingesetzt werden. Erklären Sie die beiden Ventilbezeichnungen und beschreiben Sie, wozu die Anschlüsse dienen.
6. a) Erklären Sie, in welche Abschnitte ein Pneumatikplan von unten nach oben eingeteilt wird.
   b) Erläutern Sie das Prinzip, das dieser Einteilung zugrunde liegt.
7. Nennen Sie die beiden Zustände, die Bedingungen annehmen können. Nennen Sie dazu die Zahlen und englischen Begriffe, die dafür jeweils verwendet werden.
8. Schreiben Sie die folgende Logik-Tabelle auf ein Zusatzblatt und vervollständigen Sie die rechte Spalte für eine ODER-Verknüpfung.

–SJ1	–SJ2	–SJ1 + –SJ2 ≥ 1
0	0	
1	0	
0	1	
1	1	

9. Erklären Sie, wie schrittweise Abläufe in der Technik dargestellt werden können.
10. Erläutern Sie die Grundregeln, die beim Aufbau eines GRAFCET gelten.
11. Skizzieren Sie einen GRAFCET nach den folgenden Vorgaben:
    Anfangsschritt, Übergangsbedingung: START-Taster –SJ2 wird gedrückt
    Motor läuft an, Übergangsbedingung: STOPP-Taster –SJ3 wird gedrückt
    Motor wird gestoppt, Übergangsbedingung: Bestätigung „Motor steht", –SJ4 wird gedrückt

10.5 KOLBENKRÄFTE UND LUFTVERBRAUCH

Bei der Auslegung einer pneumatischen Anlage spielen die Kolbenkräfte für die Bestimmung des Zylinderdurchmessers und des Anlagendrucks eine wichtige Rolle. Außerdem muss für die Anlage eine ausreichende Luftversorgung gewährleistet sein, sonst bleiben die Zylinder stehen.

Lernfeld 10

10.5.1 KOLBENKRÄFTE

Zur Berechnung der Kolbenkräfte ist die wirksame Kolbenfläche zu bestimmen, auf die das **Fluid** **(Info)** im Zylinder einwirkt. Beim Ausfahren ist dies eine kreisförmige und beim Einfahren eine kreisringförmige Fläche.

i

Mit dem Begriff **Fluid** (lat. *fluidus*, fließend) werden in der Physik alle Flüssigkeiten, Gase und Gasgemische (z. B. Luft) bezeichnet.

Durch **Reibung** innerhalb des Zylinders, z. B. zwischen Kolbenstange und Dichtungen, kommt es zu Verlusten bei der Kraft. Dies wird durch Einrechnen eines **Wirkungsgrades** η berücksichtigt, der entweder als Prozentzahl (z. B. 90 %) oder als Dezimalzahl (z. B. 0,9) angegeben wird. In **Tabelle 1** sind die Kräfte für einfachwirkende und doppeltwirkende Zylinder aufgeführt.

Tabelle 1: Kolbenkräfte (Pneumatik und Hydraulik)

Einfachwirkender Zylinder	**Doppeltwirkender Zylinder**	
▌ Ausfahren durch **Fluid**, Vernachlässigung der Federkraft ▌ Einfahren durch **Federkraft**	▌ Ausfahren durch **Fluid** ▌ **Druckkraft F_1**	▌ Einfahren durch **Fluid** ▌ **Zugkraft F_2**
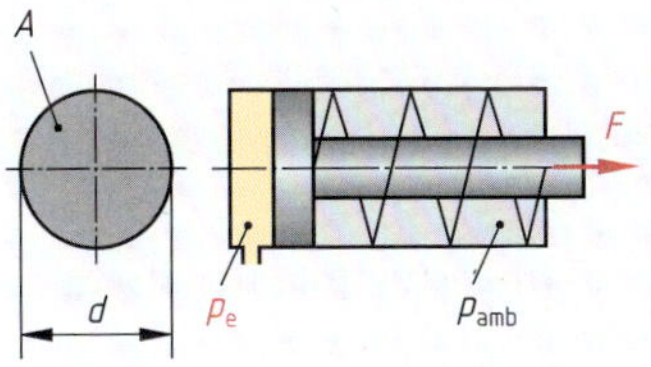	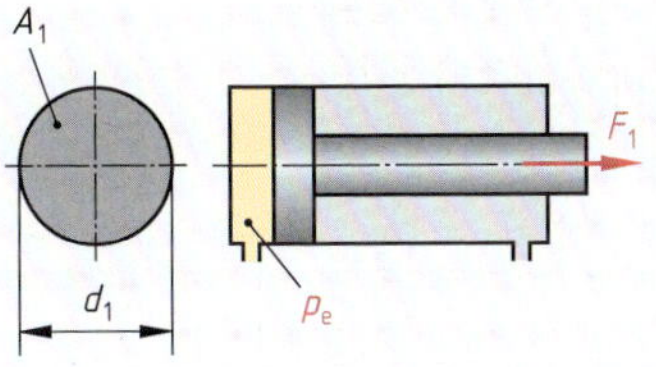	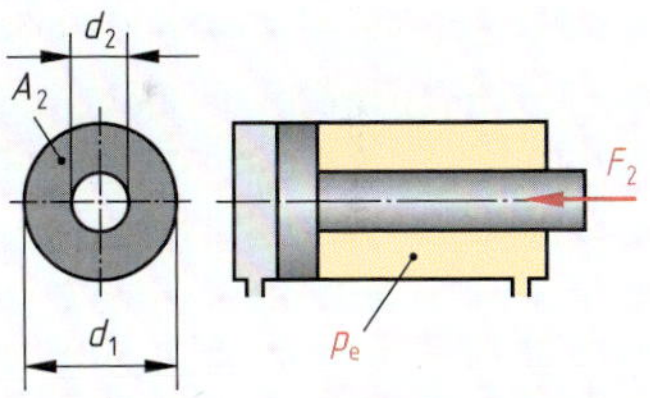
$F = p_e \cdot A \cdot \eta$ $F = p_e \cdot \frac{d^2 \cdot \pi}{4} \cdot \eta$	$F_1 = p_e \cdot A_1 \cdot \eta$ $F_1 = p_e \cdot \frac{d_1^2 \cdot \pi}{4} \cdot \eta$	$F_2 = p_e \cdot A_2 \cdot \eta$ $F_2 = p_e \cdot \frac{(d_1^2 - d_2^2) \cdot \pi}{4} \cdot \eta$

F	A	p_e	d	η
N	cm^2	N/cm^2	cm	1

F: Kolbenkraft; A: Kolbenfläche; p_e: Betriebsdruck, 1 bar = 10 $\frac{N}{cm^2}$; d: Durchmesser;
η: Wirkungsgrad, z. B. 0,85 bzw. 85 %

BEISPIEL 10.1 | **Berechnung der Zug- und Druckkraft eines doppeltwirkenden Zylinders**

Welche Druckkraft und Zugkraft hat ein doppeltwirkender Pneumatikzylinder mit einem Kolbendurchmesser von 32 mm und einem Kolbenstangendurchmesser von 12 mm? Der Betriebsdruck beträgt 8 bar und der Wirkungsgrad η 90 %.

Lösung

Druckkraft $F_1 = p_e \cdot \frac{d_1^2 \cdot \pi}{4} \cdot \eta$

$$F_1 = 8 \cdot 10 \frac{\text{N}}{\text{cm}^2} \cdot \frac{(3{,}2\ \text{cm})^2 \cdot \pi}{4} \cdot 0{,}9 = 579{,}06\ \text{N}$$

Zugkraft $F_2 = p_e \cdot \frac{(d_1^2 - d_2^2) \cdot \pi}{4} \cdot \eta$

$$F_2 = 8 \cdot 10 \frac{\text{N}}{\text{cm}^2} \cdot \frac{[(3{,}2\ \text{cm})^2 - (1{,}2\ \text{cm})^2] \cdot \pi}{4} \cdot 0{,}9 = 497{,}63\ \text{N}$$

Bei vorgegebenem Betriebsdruck ist beim Ausfahren der Kolbenstange die Kraft größer als beim Einfahren.

10.5.2 | LUFTVERBRAUCH

Die Zylinder einer Pneumatikanlage müssen eine bestimmte Menge verdichteter Luft zur Verfügung gestellt bekommen, damit sie die erforderliche Hubzahl pro Minute mit den vorgegebenen Hüben ausführen können. Die Drucklufterzeugung muss diese Luftmenge und eventuell zusätzliche Luftmengen für weitere Pneumatikanlagen zur Verfügung stellen.

Der Volumenstrom, der bei Umgebungsdruck aus der Umgebungsluft angesaugt und verdichtet werden muss, ist eine wichtige Kenngröße einer Pneumatikanlage. Der **angesaugte Volumenstrom** wird als **Luftverbrauch** bezeichnet.

Um den Luftverbrauch eines Zylinders zu berechnen, muss zuerst der erforderliche **Volumenstrom der verdichteten Luft $Q_{verdichtet}$** im Zylinder bestimmt werden:

Das pro Hub gefüllte Zylindervolumen V berechnet sich durch Multiplikation der Kolbenfläche A mit dem Kolbenhub s: $V = A \cdot s$.

Durch Erweiterung dieser Gleichung mit der Hubzahl n, d. h. der Anzahl der Hubfüllungen pro Minute, folgt für den Volumenstrom der verdichteten Luft $Q_{verdichtet}$:

$$Q_{verdichtet} = V \cdot n = A \cdot s \cdot n$$

Zur Berechnung des Volumenstroms bei Normaldruck wird das Gesetz von Boyle-Mariotte herangezogen. Dieses Gesetz besagt, dass das Produkt aus Volumen und Druck konstant ist: $p \cdot V = \text{konstant}$. Somit ist auch das Produkt aus Druck und Volumenstrom konstant: $p \cdot Q = \text{konstant}$. Damit ist der Volumenstrom der angesaugten Luft (Luftverbrauch) multipliziert mit dem Umgebungsdruck p_{amb} gleich groß wie das Volumen der verdichteten Luft multipliziert mit dem absoluten Druck p_{abs} in der Anlage:

$$Q \cdot p_{amb} = A \cdot s \cdot n \cdot (p_e + p_{amb})$$

Diese Formel ergibt umgestellt den in der **Tabelle 1, Seite 143,** dargestellten Luftverbrauch Q.

Lernfeld 10

Tabelle 1: Luftverbrauch

Einfachwirkender Zylinder (Einfahren durch Federkraft)	Doppeltwirkender Zylinder
	Q ist der doppelte Luftverbrauch des einfachwirkenden Zylinders (bei Vernachlässigung der Kolbenstange).

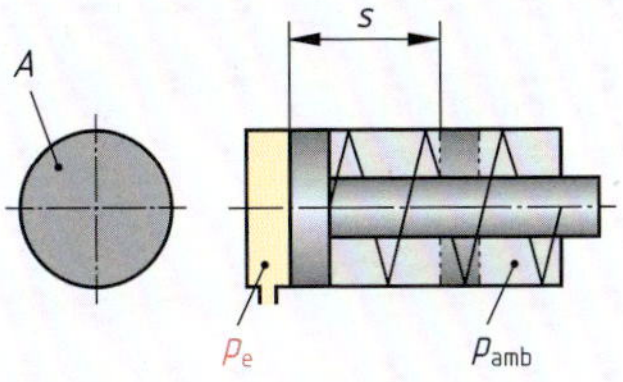

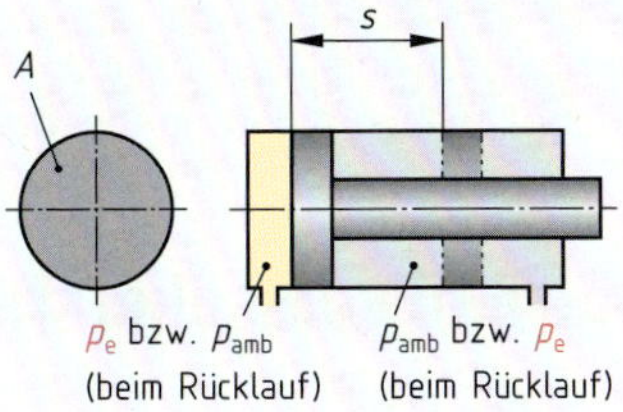

$$Q = A \cdot s \cdot n \cdot \frac{p_e + p_{amb}}{p_{amb}}$$

$$Q = 2 \cdot A \cdot s \cdot n \cdot \frac{p_e + p_{amb}}{p_{amb}}$$

Q	A	s	n	p_e	p_{amb}
cm^3/min	cm^2	cm	1/min	bar	bar

Q: Luftverbrauch; A: Kolbenfläche; s: Kolbenhub; n: Hubzahl; p_e: Betriebsdruck; p_{amb}: Umgebungsdruck (1 bar)

BEISPIEL 10.2 | Berechnung des Luftverbrauchs eines einfachwirkenden Zylinders

Berechnen Sie den Luftverbrauch eines einfachwirkenden Zylinders, der mit einem Kolbenhub von $s = 20$ mm und einer Hubzahl von $n = 15$ 1/min ausfährt. Der Kolbendurchmesser beträgt $d = 40$ mm. Der Betriebsdruck beträgt $p_e = 6$ bar.

Lösung

$$Q = A \cdot s \cdot n \cdot \frac{p_e + p_{amb}}{p_{amb}} = \frac{(4\text{ cm})^2 \cdot \pi}{4} \cdot 2\text{ cm} \cdot 15\,\frac{1}{\text{min}} \cdot \frac{6\text{ bar} + 1\text{ bar}}{1\text{ bar}}$$

$$= 2639\,\frac{\text{cm}^3}{\text{min}} = 2{,}639\,\frac{\text{L}}{\text{min}}$$

BEISPIEL 10.3 | Berechnung des Luftverbrauchs eines doppeltwirkenden Zylinders

Ein doppeltwirkender Zylinder wird mit 8 bar Betriebsdruck betrieben. Der Zylinder hat folgende Daten: Kolbendurchmesser $d_1 = 32$ mm, Kolbenstangendurchmesser $d_2 = 12$ mm, Kolbenhub $s = 50$ mm. Die Hubzahl beträgt $n = 20$ 1/min. Berechnen Sie den Luftbedarf.

Lösung

$$Q = 2 \cdot A \cdot s \cdot n \cdot \frac{p_e + p_{amb}}{p_{amb}} = 2 \cdot \frac{(3{,}2\text{ cm})^2 \cdot \pi}{4} \cdot 5\text{ cm} \cdot 20\,\frac{1}{\text{min}} \cdot \frac{8\text{ bar} + 1\text{ bar}}{1\text{ bar}}$$

$$= 14\,476{,}5\,\frac{\text{cm}^3}{\text{min}} = 14{,}48\,\frac{\text{L}}{\text{min}}$$

10.6 | SCHRITTKETTEN

Bereits der **GRAFCET** in **Bild 1, Seite 137**, stellt eine Schrittkette aus zwei Schritten dar:

- **Schritt 1:** Zylinder fährt aus.
- **Schritt 2:** Zylinder fährt ein.

Größere Schrittketten entstehen beispielsweise, wenn zwei oder mehr Aktoren (Zylinder, Motoren oder andere Antriebe) an einem Fertigungs- oder Montageprozess beteiligt sind.

10.6.1 | AUFBAU VON SCHRITTKETTEN

Schrittketten haben folgenden Aufbau:

- Die **Reihenfolge** ist immer: **Schritt – Weiterschaltbedingung** – Schritt – Weiterschaltbedingung usw.
- Es ist immer nur **ein Schritt** einer Kette **aktiv**.
- Bei einer **Verzweigung** in mehrere Schrittketten können mehrere Schritte aktiv sein. Jedoch ist auch bei einer Verzweigung in **jeder Schrittkette** nur **ein Schritt aktiv**.

Wenn ein **Schritt aktiv** ist, können **Aktionen ausgeführt werden**, z. B. ein Zylinder fährt aus.

Anwendungsbeispiel: Schrittkette einer Klebevorrichtung

Der typische Ablauf einer Schrittkette wird am Beispiel einer Klebevorrichtung dargestellt.

Vorbereitung der Klebeteile: Die zu verklebenden Teile (**Tabelle 1**, grün und rot) werden an der Klebefläche gereinigt, mit Klebstoff eingestrichen, von Hand aufeinandergelegt und in den Haltewinkel (**Tabelle 1**, blau) der Klebevorrichtung eingelegt.

Nach kurzer Betätigung des Start-Ventils (–SJ1) laufen vier Schritte ab **(Tabelle 1)**:

1. Der Klemmzylinder –MM1 fährt aus und drückt die Klebeteile aufeinander. Die Klemmung wird 10 Sekunden aufrechterhalten, damit der Klebstoff aushärten kann.
2. Der Klemmzylinder –MM1 fährt zurück in seine Ausgangsstellung.
3. Der Ausschiebezylinder –MM2 fährt aus und schiebt die verklebten Teile auf ein Förderband.
4. Der Ausschiebezylinder –MM2 fährt wieder in die Anfangsstellung.

Tabelle 1 zeigt von links nach rechts die Schrittkette der Klebevorrichtung schematisch.

Tabelle 1: Schema der Klebevorrichtung mit Ablauf

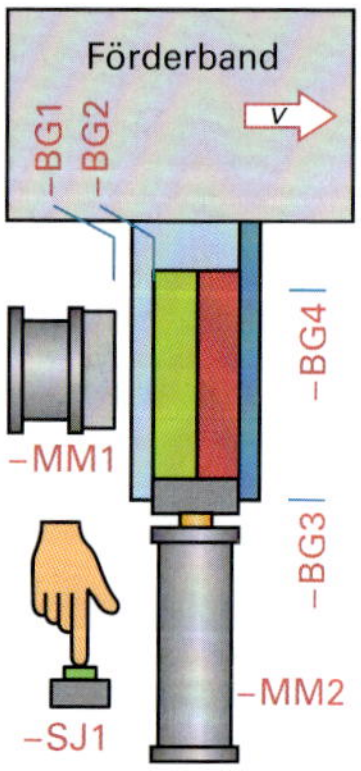

0: Grundstellung und Start.

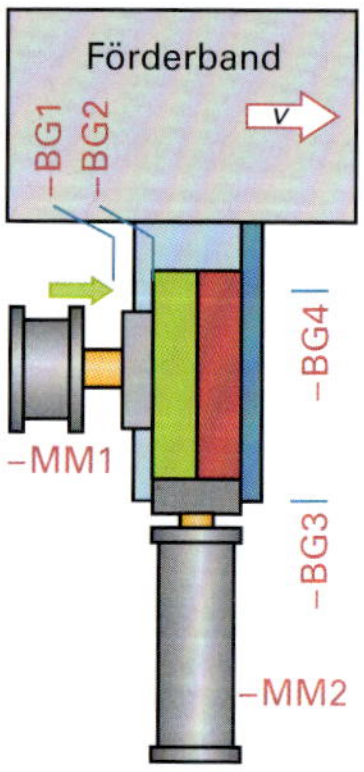

1: Klemmen

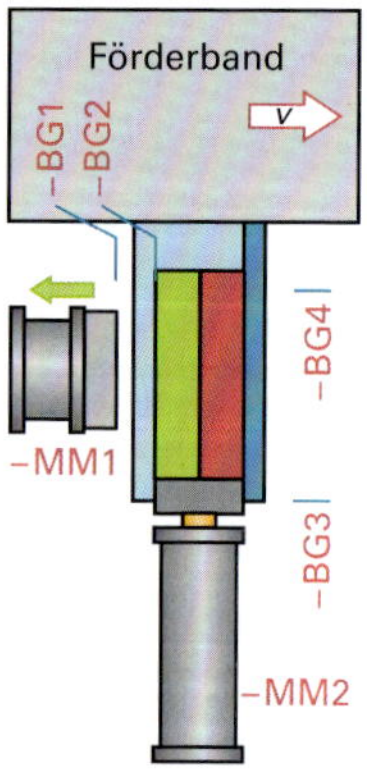

2: Lösen

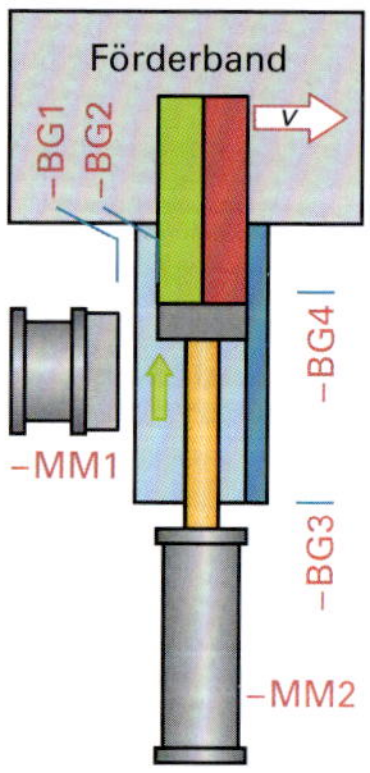

3: Ausschieben

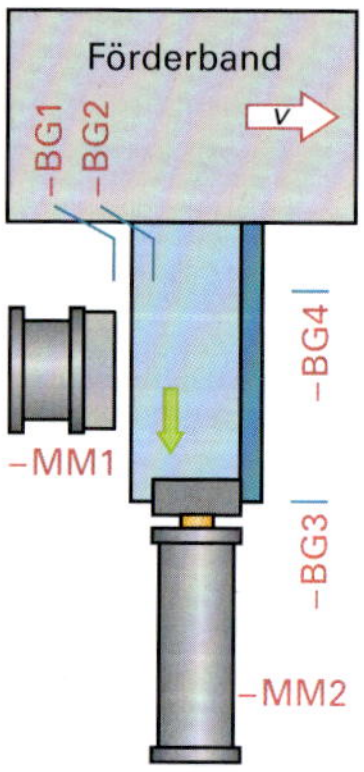

4: Ausschiebezylinder zurück

Der GRAFCET **(Bild 1)** gibt Auskunft über den Ablauf der Schrittkette in der Klebevorrichtung mit den Weiterschaltbedingungen.

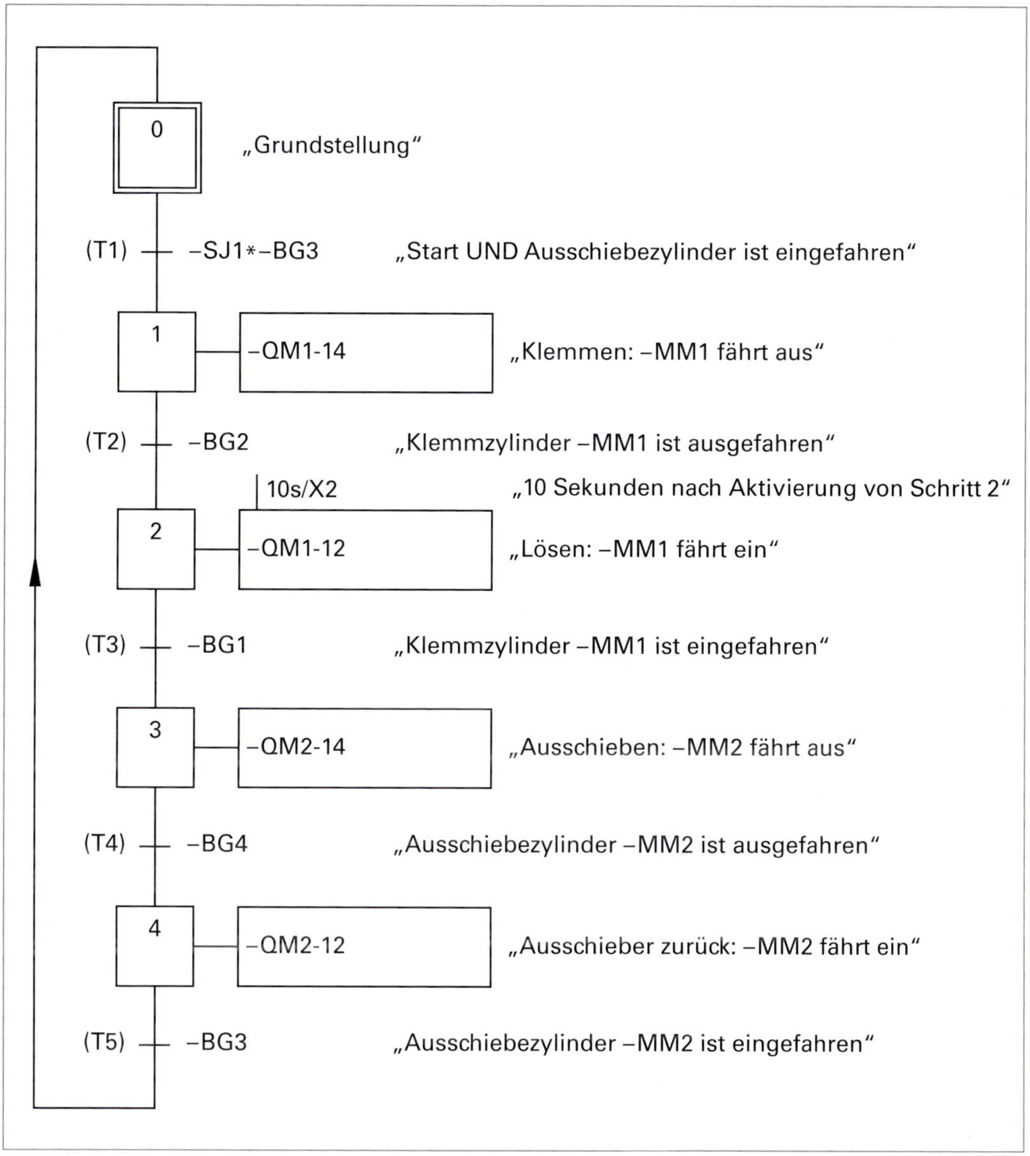

Bild 1: GRAFCET zum Ablauf in der Klebevorrichtung

Der **Pneumatikplan** auf **Seite 146** wurde in der ersten Version mit vier rollenbetätigten Ventilen ausgeführt, die exakt an den Endlagen der Zylinder installiert waren. Dabei traten an drei Stellen Probleme auf, die jeweils gelöst und in die vorliegende Version eingearbeitet wurden:

- **Problem 1:** In der ersten Version ist beim Unter-Druck-Setzen der Anlage der Auswerferzylinder -MM2 sofort ausgefahren, weil -BG1 im eingefahrenen Zustand von -MM1 betätigt wurde.
- **Lösung 1:** Die Positionierung von -BG1 erfolgt jetzt 5 mm vor der hinteren Endlage von -MM1, -BG1 wird dadurch nicht vom eingefahrenen Zylinder -MM1 betätigt.

Nun kann nach Betätigung des Start-Knopfes -SJ1 Schritt 1 ausgeführt werden und der Klemmzylinder -MM1 fährt aus. Direkt zu Beginn des Ausfahrens tritt allerdings das Problem 2 auf.

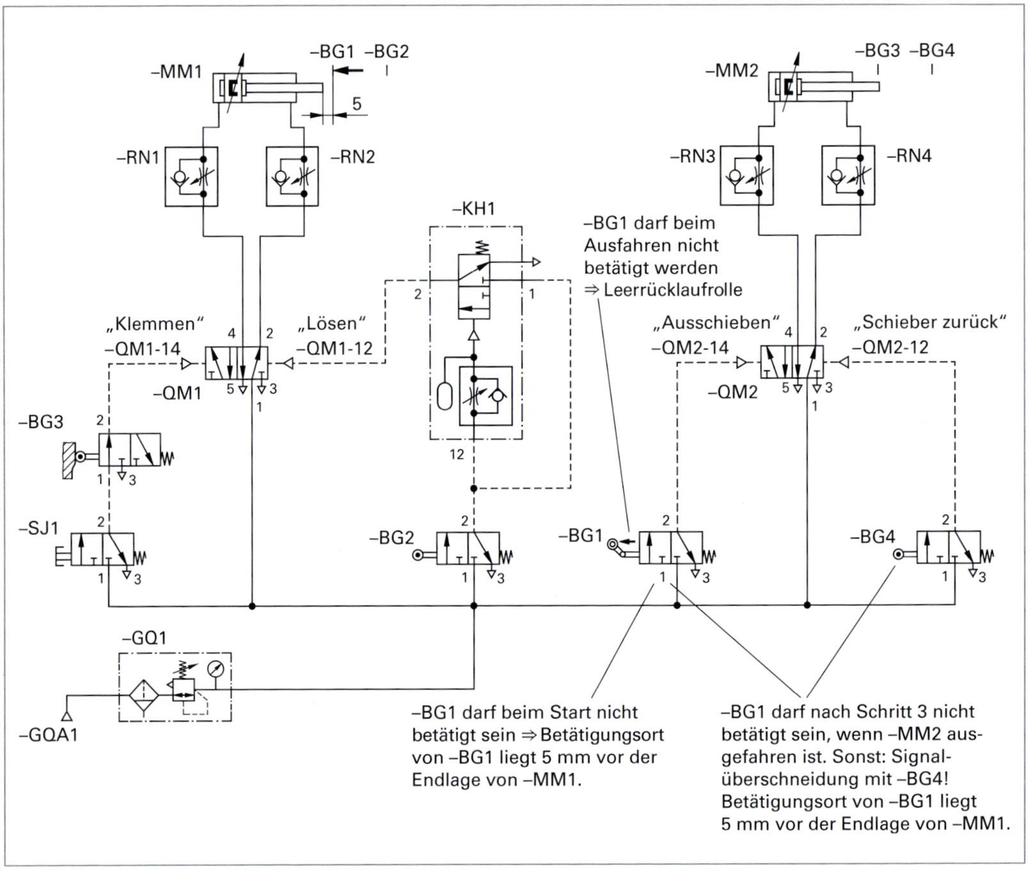

Bild 1: Pneumatikplan der Klebevorrichtung

- **Problem 2:** Beim Ausfahren darf -BG1 aus dem gleichen Grund wie bei Problem 1 nicht betätigt werden.
- **Lösung 2:** Statt der Rollenbetätigung wird jetzt eine Leerrücklaufrolle **(Bild 2)** eingesetzt. Wenn -MM1 ausfährt, klappt diese Rolle nach oben. Erst wenn -MM1 einfährt, wird -BG1 betätigt. -MM1 kann jetzt ausfahren und betätigt -BG2, der zweite Schritt wird aktiviert. Die Aktion des 2. Schrittes wird erst 10 Sekunden nach der Aktivierung des 2. Schrittes (10s/X2) ausgeführt. Zylinder -MM1 fährt nun ein.

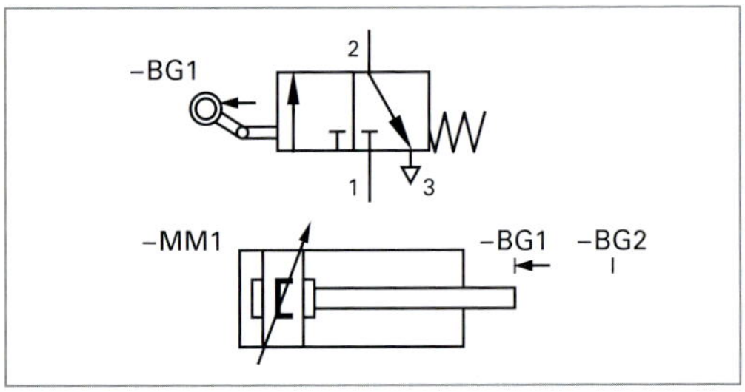

Bild 2: Leerrücklaufrolle mit Pfeil für die Betätigungsrichtung

- **Problem 3:** Auch die Betätigung von -BG1 nach Schritt 2 beim Einfahren von -MM1 darf nur kurzzeitig erfolgen, ansonsten würde -BG1 verhindern, dass -MM2 in Schritt 4 wieder einfährt. Es käme zu einer **Signalüberschneidung**. -MM2 würde ausgefahren stehen bleiben.
- **Lösung 3:** Bereits in Lösung 1 wurde -BG1 vor der hinteren Endlage von -MM1 angebracht.

Abschließend können Schritt 3 und Schritt 4 ohne Probleme ablaufen.

Eine **Signalüberschneidung** liegt vor, wenn an einem Ventil gleichzeitig widersprüchliche Steuersignale anliegen. Sie führt zur Störung des Ablaufes und muss vermieden werden.

AUFGABEN | WIEDERHOLUNG UND VERTIEFUNG

1. Ein einfachwirkender Pneumatikzylinder hat einen Kolbenhub von 2,5 cm, dient als Auswerfer und wird mit 8 bar Druck beaufschlagt. Sein Kolbendurchmesser beträgt 32 mm und er muss 20-mal pro Minute ausfahren. Bestimmen Sie den Luftverbrauch des Auswerfers in L/min.

2. Ein doppeltwirkender Pneumatikzylinder wird mit 6 bar Druck beaufschlagt. Er soll mit einem Kolbenhub von 80 mm ausfahren. Der Luftverbrauch wird mit 351,858 L/min gemessen. Bestimmen Sie den Kolbendurchmesser des Zylinders in mm.

3. Ein einfachwirkender Pneumatikzylinder dient als Auswerfer, hat einen Kolbendurchmesser von 200 mm und wird mit 5 bar Druck beaufschlagt. Seine Hubzahl beträgt 15 1/min. Die Druckluftquelle liefert 904,778 L/min. Bestimmen Sie den Hub des Auswerfers in mm.

4. Ein doppeltwirkender Pneumatikzylinder mit 63 mm Kolbendurchmesser muss mit einer Frequenz von 30 1/min einen Hub von 100 mm machen. Der Luftverbrauch wird dabei mit 75 L/min gemessen. Der Wirkungsgrad beträgt 89 %.

   a) Bestimmen Sie den Druck, mit dem er beaufschlagt ist.
   b) Bestimmen Sie die Druckkraft des Zylinders mit diesem Kolbendurchmesser.

5. Ein Werkstück wird von Hand zwischen die geöffneten Greiferbacken eines Tauchbades gehalten **(Bild 1)**. Anschließend wird der Start-Knopf –SJ1 betätigt. Nun wird der Greifer über den Zylinder –MM1 geschlossen. 3 s nachdem der Greifer geschlossen ist, fährt ihn der zweite Zylinder –MM2 mit dem Werkstück in ein Tauchbad mit Grundierung, bleibt 4 s in der vorderen Endlage eingetaucht und fährt dann wieder nach oben. In der oberen Endlage verbleibt der Zylinder 2 s, damit überschüssige Farbe abtropfen kann. Nun erfolgt ein zweiter Tauchgang, erneut bleibt der Zylinder –MM2 4 s in seiner vorderen Endlage, bevor er wieder einfährt. In der oberen Endlage bleiben nochmals 3 s, bevor der Greiferzylinder –MM1 wieder öffnet.

   Erstellen Sie den GRAFCET zum Ablauf. Benutzen Sie als Text für ...

   - ... Übergangsbedingungen, z. B. –BG1∗–BG3 oder z. B. 3s/–BG2.
   - ... Aktionen, z. B. „–MM1 ausfahren", „–MM2 einfahren" usw.
   - ... Kommentare, z. B. „Greifer schließen", „3 s nachdem der Greifer geschlossen ist".

Bild 1

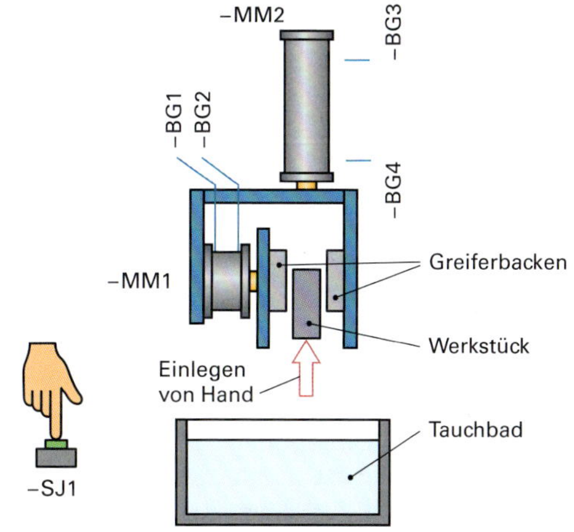

10.7 ELEKTROPNEUMATISCHE STEUERUNGEN

In der Elektropneumatik erfolgen die Signaleingabe und die Programmierung der Steuerung durch **elektronische Komponenten**, wie Taster, Sensoren und Relais. Diese Komponenten können als **Schließer, Öffner** oder **Wechsler** wirken. Die Signalausgabe erfolgt über **Relais** und **Ventilmagnete**, die die pneumatischen Ventile schalten.

10.7.1 SCHLIEẞER, ÖFFNER UND WECHSLER

Schließer, Öffner und Wechsler spielen eine zentrale Rolle in der Elektropneumatik.

In **Bild 1** wirkt ein Taster als Schließer in einem kreisförmigen Stromkreis mit Spannungsquelle und Lampe. **Schließer** bedeutet, dass der Taster den Stromkreis bei Betätigung schließt. Die gelbe Einfärbung symbolisiert das Leuchten der Lampe. Die **Druckfeder** im Gehäuse öffnet den Taster, wenn er unbetätigt ist.

Bei mehreren Schließern, Öffnern und Wechslern führt diese Darstellung zu einem unübersichtlichen **Gesamtstromkreis**.

Aus diesem Grund wird, wie **Bild 2** zeigt, der kreisförmige Stromkreis zum linear angeordneten **Stromlaufplan** umsortiert:

- Oben ist der 24-Volt-Anschluss der Spannungsquelle.
- Schaltelemente und Verbraucher wie die Lampe kommen in einem senkrecht angeordneten **Stromweg**. Der Taster wird vereinfacht ohne Feder und Gehäuse dargestellt. Der Doppelpfeil in **Bild 2b** zeigt an, dass der Taster betätigt ist.
- Unten befindet sich der 0-Volt-Anschluss der Spannungsquelle.

In **Bild 3a** sind ein unbetätigter Öffner sowie seine Wirkung dargestellt. Der **Öffner** wirkt umgekehrt wie der Schließer: Bei seiner Betätigung wird der Stromkreis unterbrochen und die Lampe geht aus **(Bild 3b)**. Auf diese Weise kann ein Stromkreis im Notfall unterbrochen werden.

In **Bild 4** ist die Wirkungsweise eines **Wechslers** zu erkennen. Der Wechsler kann als **Öffner** oder als **Schließer** geschaltet werden und ist damit universell einsetzbar. Im vorliegenden Fall ist er als Schließer geschaltet, d. h., die Lampe leuchtet, sobald der Taster betätigt wird.

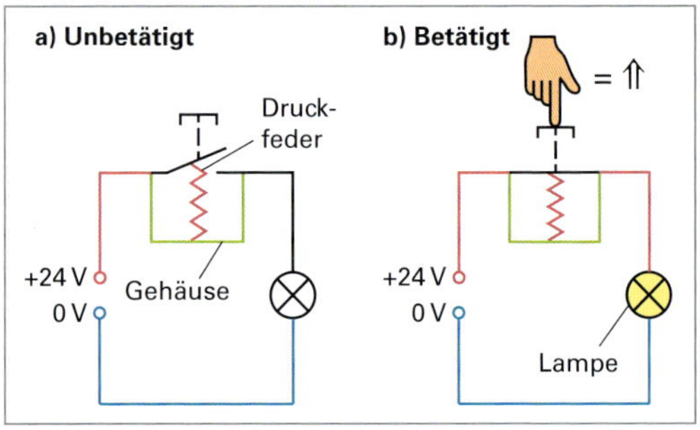

Bild 1: Taster als Schließer im Stromkreis

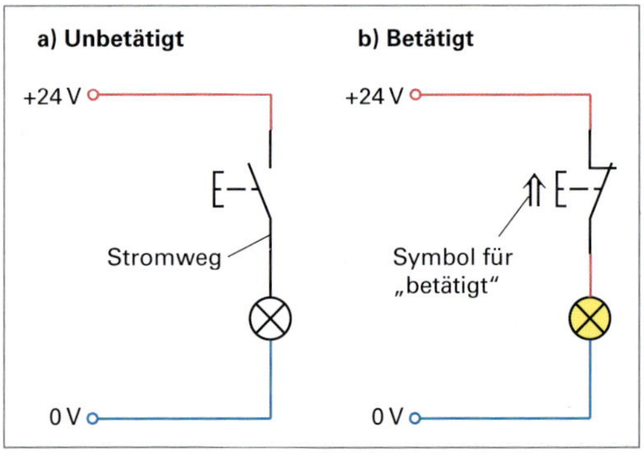

Bild 2: Taster als Schließer im Stromlaufplan

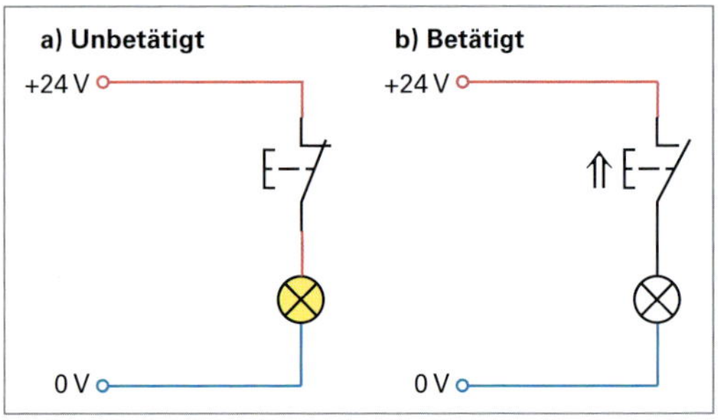

Bild 3: Taster als Öffner im Stromlaufplan

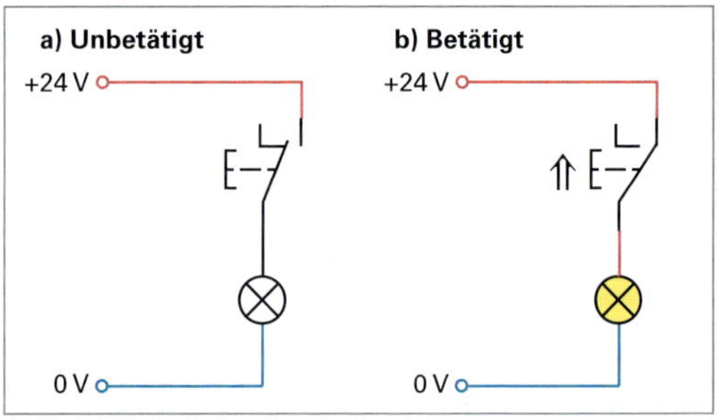

Bild 4: Taster als Wechsler im Stromlaufplan

10.7.2 | BENENNUNGEN IN DER ELEKTRONIK

Die Benennung der Elektronikkomponenten erfolgt, ebenso wie die der Pneumatikkomponenten, nach DIN EN 81346. **Tabelle 1** gibt die Kennbuchstaben der Haupt- und Unterklassen häufig genutzter Elektronikkomponenten an.

Tabelle 1: Kennbuchstaben für Elektronikkomponenten nach DIN EN 81346-2

Hauptklasse (Auswahl, Kurzdefinition)		1. Unterklasse (Auswahl, Kurzdefinition)	Mögliche 2. Unterklasse (Komponenten, Beispiele)
B	Eingangsgröße in ein Signal wandeln	G: Eingang: Abstand, Stellung, Lage P: Eingang: Druck, Vakuum S: Eingang: Drehzahl T: Eingang: Temperatur	Sensor, Endschalter A: Drucksensor, B: Druckschalter Drehzahlsensor Temperatursensor
F	Schutz vor unerwünschten Zuständen	B: Schutz gegen Fehlerströme C: Schutz gegen Überströme	Fehlerstromschutzschalter Sicherung
K	Signale und Informationen verarbeiten	F: Signalverknüpfung elektrischer Signale	Relais, Zeitrelais, SPS
M	Mechanische Bewegung oder Kraft	A: Durch elektromagnetische Wirkung B: Durch magnetische Wirkung	Elektromotor Ventilmagnet, Ventilspule
P	Darstellung von Informationen	F: In sichtbarer Form H: In sichtbarer Form durch Bilder	Meldelampe, Leuchtmelder Bildschirm, Display, Drucker
Q	Steuerung von Zugang oder Durchfluss	A: für elektrischen Strom	Schütz
S	Menschliche Handlung erkennen und Reaktion bereitstellen	J: Handbetätigung in fluidisches oder elektrisches Signal wandeln	Taster, Schalter
T	Umwandlung von Energie, Signal oder Form eines Materials	A: Beibehaltung der Energieform B: Änderung der Energieform	Transformator Netzteil

Tabelle 2 gibt Benennungen häufig genutzter Elektronikkomponenten an. Die Benennung setzt sich aus einem Minuszeichen, dem Buchstaben für die Hauptklasse und einem Buchstaben für die 1. Unterklasse zusammen. Gegebenenfalls steht bei den Komponenten ein weiterer Buchstabe für die 2. Unterklasse.

Tabelle 2: Benennung häufig genutzter Komponenten in der Elektronik

Benennung	Komponenten	Benennung	Komponenten
–BG –BP –BS –BT	Sensor, rollenbetätigter Taster A: Drucksensor, analoger B: Druckschalter, boolescher Drehzahlsensor Temperatursensor	–PF –PH –PJ	Meldelampe, Leuchtmelder Bildschirm, Display, Drucker Signalton, Hupe, Lautsprecher
–FC	Sicherung	–QA	Schütz
–KF	Relais, Zeitrelais	–SJ	Taster, Schalter
–MA –MB	Elektromotor Ventilmagnet, Ventilspule	–TA –TB	Transformator Gleichrichter, Netzteil

Lernfeld 10

10.7.3 | SENSOREN

Sensoren erfassen beispielsweise **Zylinderpositionen, Drücke** oder **Temperaturen** und stellen die Daten der Steuerung zur Verfügung. Die Ausgangsgrößen der Sensoren sind elektrische Signale.

Bei den in Kapitel 10 betrachteten Steuerungen liegen immer **binäre Signale** vor, also zum Beispiel bei einer Kolbenposition **„Position erreicht"** oder **„Position nicht erreicht"**:

- Ist die **Position erreicht**, wird das Signal **1** oder **true** (Strom fließt) vom Sensor gemeldet.
- Ist die **Position nicht erreicht**, wird das Signal **0** oder **false** (kein Strom fließt) vom Sensor gemeldet

Bei einem Drucksensor werden binäre Signale dadurch erzeugt, dass geprüft wird, ob ein bestimmter, einstellbarer Druck erreicht ist:

- Ist der **Druck erreicht**, wird das Signal **1** oder **true** (Strom fließt) vom Sensor gemeldet.
- Ist der **Druck nicht erreicht**, wird das Signal **0** oder **false** (kein Strom fließt) vom Sensor gemeldet.

Rollenbetätigte Endschalter

Rollenbetätigte Endschalter als Schließer **(Bild 1)** dienen beispielsweise zur **Erfassung von Zylinder- oder Schutzgitterpositionen**. Sie werden vor dem Zylinder oder dem Schutzgitter montiert und durch **Nocken** betätigt.

Wird die Rolle in **Bild 1** gedrückt, schließt der Schließer und ein Strom kann fließen.

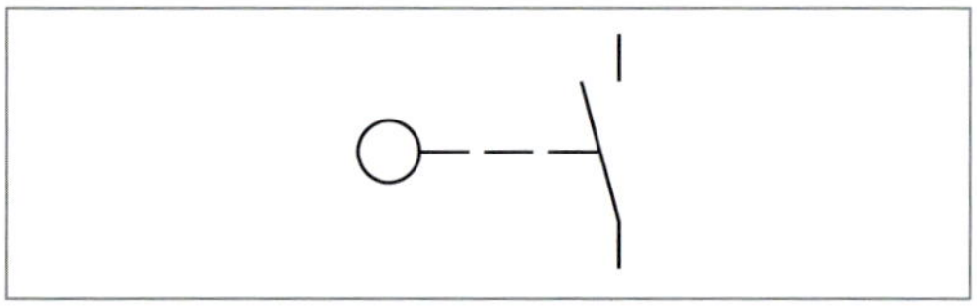

Bild 1: Rollenbetätigter Schließer

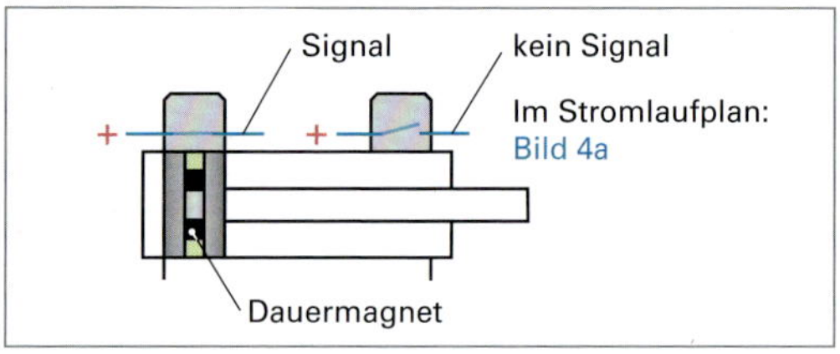

Bild 2: Magnetischer Sensor (Reed-Sensor)

Magnetische Sensoren

Sie können ebenfalls die **Position des Kolbens** erkennen (**Bild 2** und **Bild 3**). Dazu muss sich am Kolben ein **Dauermagnet** befinden. Reed-Sensoren sind 2-polig **(Bild 2)**, magnetische Näherungsschalter sind 3-polig **(Bild 3)**.

Magnetische Sensoren haben gegenüber rollenbetätigten Endschaltern folgende Vorteile:

- geringer Verschleiß
- Unempfindlichkeit gegenüber Umwelteinflüssen
- einfache Montierbarkeit auf dem Zylinder

Im Stromlaufplan **(Bild 4)** haben beide magnetischen Sensoren einen 24-V-Anschluss.

Beim **2-poligen Sensor** geht der zweite Anschluss direkt zum Relais **(Bild 4a)**.

Beim **3-poligen Sensor** geht der zweite Anschluss an 0 V und der dritte Anschluss zum **Relais** **(Bild 4b)**.

Beide Sensoren in **Bild 4** sind **berührungslose Näherungssensoren**, die bei Annäherung eines Magnetfeldes reagieren und als Schließer wirken.

Näherungssensoren werden in der Steuerungstechnik zur Erfassung von Zylinderpositionen und

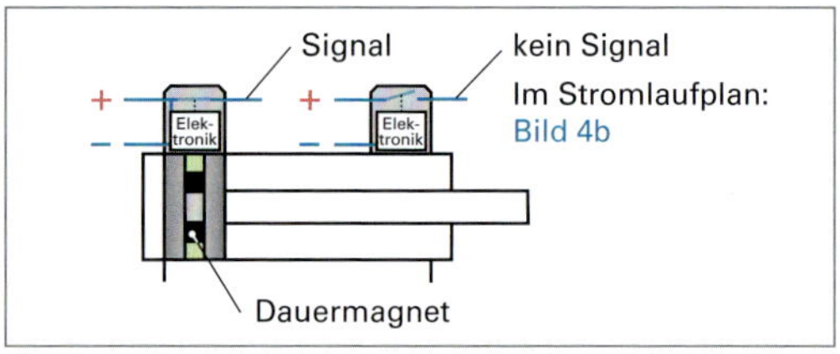

Bild 3: Magnetischer Sensor, 3-polig

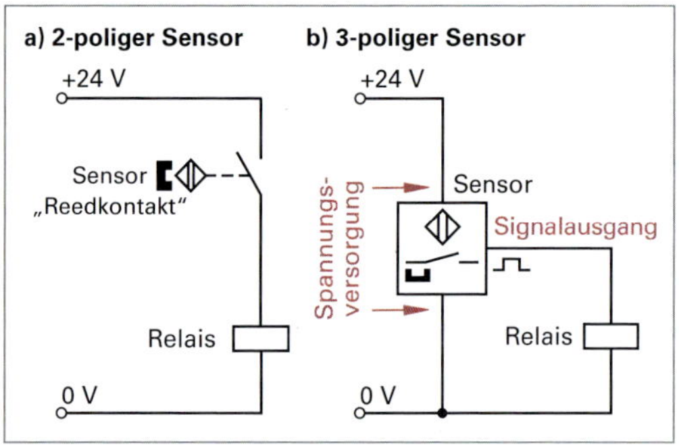

Bild 4: Magnetische Sensoren

zur Erfassung von Werkstücken eingesetzt. **Tabelle 1** zeigt die Symbole von Näherungssensoren sowie eine Auswahl der erfassten Gegenstände und Stoffe.

Tabelle 1: Bedeutung der Symbole

Symbol	Bedeutung
	Näherungssensor
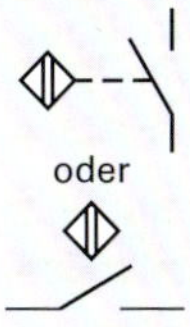	Näherungssensor wirkt als Schließer ...
	... bei Annäherung eines Magneten
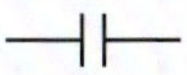	... bei Annäherung aller Stoffe (kapazitiv)
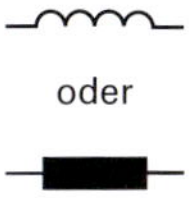	... bei Annäherung von Metallen (induktiv)

Kapazitive und induktive Sensoren

Kapazitive Sensoren erzeugen ein elektrisches Feld und geben als Schließer ein 1-Signal (true) ab, wenn Gegenstände aus beliebigen Stoffen, z. B. Metall, Kunststoff oder Glas, vor den Sensor in das elektrische Feld kommen.

Induktive Sensoren erzeugen ein magnetisches Feld und geben als Schließer ein 1-Signal (true) ab, wenn Gegenstände aus metallischen Stoffen, wie Stahl oder Aluminium vor den Sensor in das magnetische Feld kommen.

Mithilfe dieser Sensoren ist es möglich, Werkstücke aus Kunststoff und Metall zu erkennen und voneinander zu unterscheiden. Wenn eines dieser Werkstücke gleichzeitig im Erfassungsbereich eines induktiven und eines kapazitiven Sensors liegt, gibt es **zwei Möglichkeiten:**

1. Vom **kapazitiven** Sensor kommt ein **1-Signal**, d. h., „Werkstück ist da". Vom **induktiven** Sensor kommt ein **0-Signal**, d. h., „Werkstück ist nicht aus Metall". In diesem Fall handelt es sich um ein Werkstück aus **Kunststoff**.
2. Vom **kapazitiven** Sensor kommt ein **1-Signal**, d. h., „Werkstück ist da". Vom **induktiven** Sensor kommt ein **1-Signal**, d. h., „Werkstück ist aus Metall". In diesem Fall handelt es sich um ein Werkstück aus **Metall**.

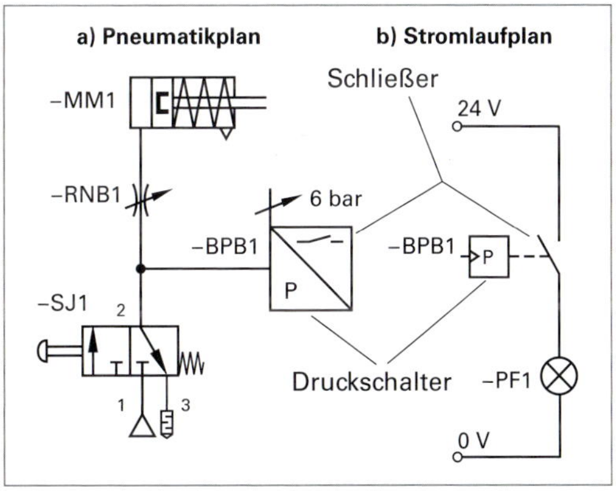

Bild 1: Druckschalter als Schließer

Druckschalter

Druckschalter erfassen den Druck in Pneumatik- oder Hydraulikleitungen und betätigen bei Erreichen eines bestimmten, **eingestellten Drucks** einen Öffner, Schließer oder Wechsler.

Bild 1 zeigt den Einsatz eines Druckschalters als Schließer. Die Drossel –RNB1 simuliert das langsame Befüllen eines großen Zylinders. Erst wenn der volle **Spanndruck** (z. B. die am Schalter eingestellten 6 bar) im Zylinder vorhanden ist, soll dies durch eine Kontrollleuchte –PF1 angezeigt werden. Der Druckschalter –BPB1 wird im Pneumatikplan anders dargestellt als im Stromlaufplan:

- Im Pneumatikplan **(Bild 1a)** werden die Funktion als Druckmesser (P im Symbol), die Einstellbarkeit (Pfeil im Symbol) und der eingestellte Druck (z. B. 6 bar) dargestellt. Außerdem ist die Wirkung als Schließer erkennbar (Schließersymbol).
- Im Stromlaufplan **(Bild 1b)** ist durch die Benennung –BPB1 erkennbar, dass es sich um den Druckschalter aus dem Pneumatikplan handelt. Auch die Wirkung als Schließer wird dargestellt.

10.7.4 RELAIS UND SCHÜTZ

Ein **Relais (Bild 1)** ist ein elektronischer Schalter, der über einen Steuerstromkreis mit geringer Spannung (z. B. 24 V) durch einen Relaismagneten mehrere Hauptstromkreise mit geringer Spannung (z. B. 24 V) über Kontaktsätze schaltet.

Von einem **Schütz** spricht man, wenn Hauptstromkreise mit hoher Spannung (z. B. 400 V) über die Kontaktsätze geschaltet werden.

Der Aufbau eines Relais ist in **Bild 1** als Funktionsschema mit 3 Kontaktsätzen dargestellt. **Bild 1** zeigt die genormte **Benennung der Kontakte**:

- Kontaktsatz 1: **Wechsler**
  1. Ziffer: 1 für den Kontaktsatz
  2. Ziffer: unten 1, oben 2 und 4.
- Kontaktsatz 2: **Öffner**
  1. Ziffer: 2 für den Kontaktsatz
  2. Ziffer: oben 1, unten 2.
- Kontaktsatz 3: **Schließer**
  1. Ziffer: 3 für den Kontaktsatz
  2. Ziffer: oben 3, unten 4.
- Steuerstromkreis: Anschlüsse A1 und A2.

Das gesamte Relais, der Relaismagnet und jeder der Kontakte hat die Bezeichnung –KF, gefolgt von der Relaisnummer, z. B. –KF1.

Funktion: Wenn Strom von A1 durch den **Relaismagneten** nach A2 fließt **(Bild 1)**, wird die Wippe angezogen und bewegt über den Drehpunkt die **Schaltzunge nach rechts**. Die Wechsler-, Öffner-, und Schließerkontakte werden betätigt, und die Zugfeder wird gespannt.

Fließt kein Strom von A1 nach A2, zieht die Zugfeder die **Schaltzunge wieder zurück**. Wechsler-, Öffner- und Schließerkontakte gehen in die Anfangsposition zurück.

Im Beispiel steuert ein **Relais** ein **Magnetventil**: In **Bild 2** ist der Taster –SJ1 (Schließer) unbetätigt, es fließt kein Strom durch den Relaismagneten. Die Zugfeder zieht die Schaltzunge nach links, der Schließerkontakt von 33 nach 34 bleibt offen. Das Ventil –QM1 und der Zylinder –MM1 sind in Grundstellung. In **Bild 3** wird der Taster –SJ1 betätigt, es fließt Strom von A1 nach A2 durch den Relaismagneten. Die Schaltzunge bewegt sich durch die Wippe nach rechts und schließt den Schließerkontakt von 33 nach 34. Strom fließt durch den Ventilmagneten –MB1, das Ventil –QM1 schaltet auf Durchgang und –MM1 fährt aus.

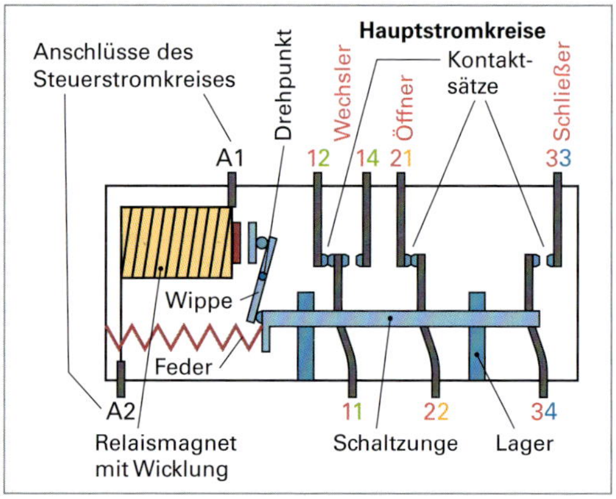

Bild 1: Relais, Funktionsschema

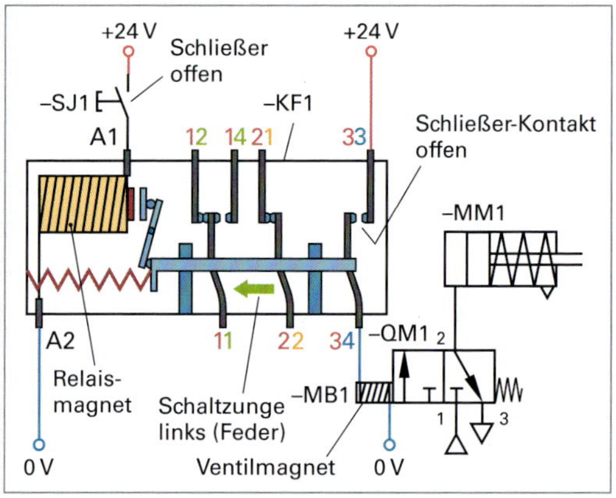

Bild 2: Schema des ungeschalteten Relais

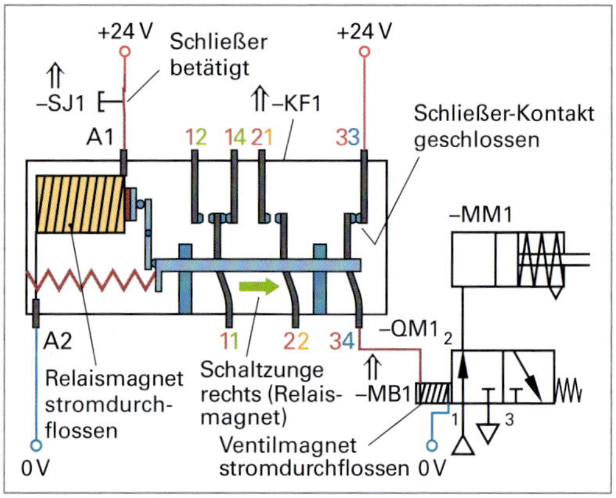

Bild 3: Schema des geschalteten Relais

Ein **Öffner** wird in Schaltplänen mit **1** und **2**, ein **Schließer** mit **3** und **4** und ein **Wechsler** mit **1, 2** und **4** gekennzeichnet. Die Anschlüsse des **Relaismagneten** werden mit A1 und A2 benannt.

10.7.5 | STROMLAUFPLAN UND PNEUMATIKPLAN MIT RELAIS

In **Bild 1** und **Bild 2** ist das Relais symbolisch dargestellt. Der **Relaismagnet** –KF1 betätigt über die als Strichlinie dargestellte **Schaltzunge** die **Wechsler-, Öffner-** und **Schließerkontakte**. Auch die Darstellung des **Ventilmagneten** ist symbolisch.

Bereits einfache Schaltungen **(Bilder 1** und **2)**, die sowohl Relais als auch den Pneumatikplan enthalten, wirken unübersichtlich.

Aus diesem Grund wird die reale Anordnung in drei Teile „zerschnitten“. **Bild 3** zeigt die Schnittlinien, die entlang der orangen und der roten Strichpunktlinie verlaufen.

- Der erste Teil ist der **Steuerstromkreis** (Punktlinie), bestehend aus dem **Taster** –SJ1 und dem **Relaismagneten** –KF1 **(Bild 4a)**.
- Der zweite Teil ist der **Haupt-** bzw. **Arbeitsstromkreis** (Strichlinie). Er besteht aus dem Kontaktsatz des Schließers und dem Ventilmagneten **(Bild 4b)**. Weil die Schaltzunge durchtrennt ist, wird der Schließer mit –KF1 gekennzeichnet. Damit erfolgt die Information, dass der **Schließer** –KF1 durch den **Relaismagneten** –KF1 betätigt wird.
- Der dritte Teil bildet den **Pneumatikplan, (Bild 1b, Seite 154)**. Weil auch der Ventilmagnet –MB1 durchtrennt wurde, wird dieser einmal im **Stromlaufplan (Bild 1a, Seite 154)** und einmal im **Pneumatikplan (Bild 1b, Seite 154)** dargestellt. Der **Pneumatikplan** besteht aus Druckluftquelle, Stellglied –QM1, Ventilmagnet –MB1 und dem Zylinder –MM1. Die gleiche Kennzeichnung des Ventilmagneten mit –MB1 im **Stromlauf-** und im **Pneumatikplan** zeigt, dass es sich um das gleiche Bauteil handelt, obwohl das Symbol unterschiedlich ist.

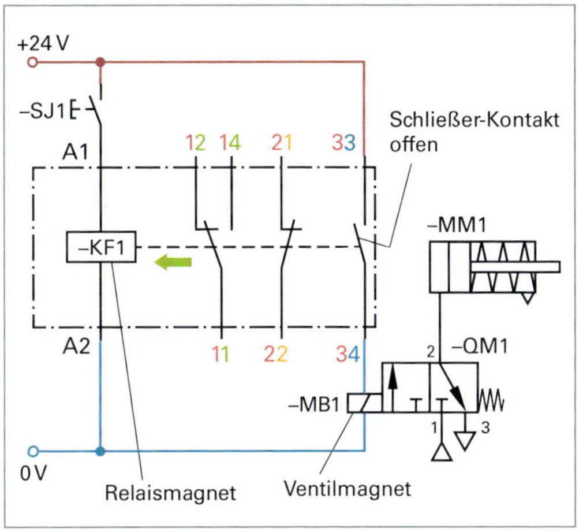

Bild 1: Symbol des ungeschalteten Relais

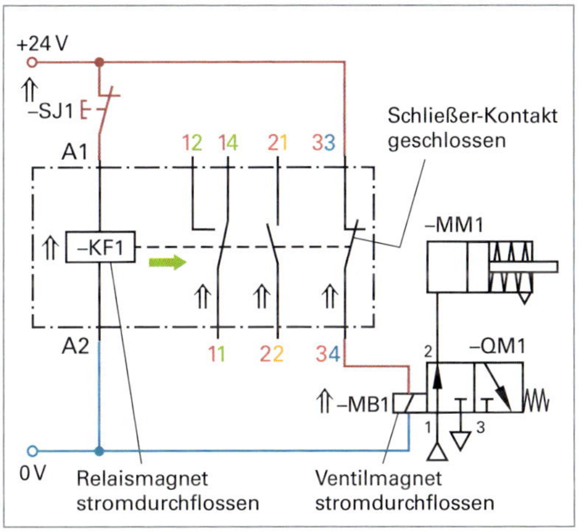

Bild 2: Symbol des geschalteten Relais

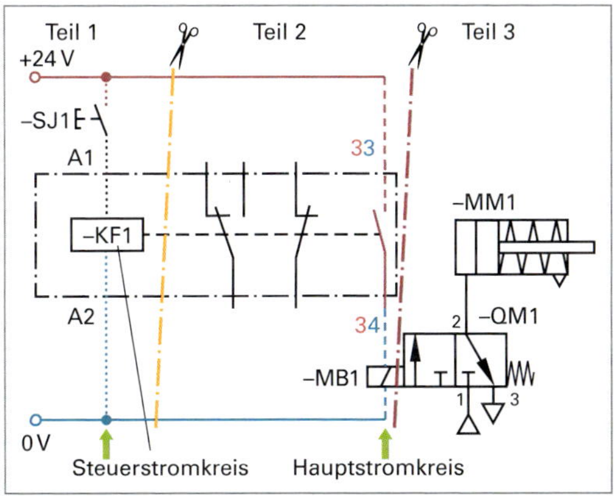

Bild 3: „Zerschneiden“ in drei Teile

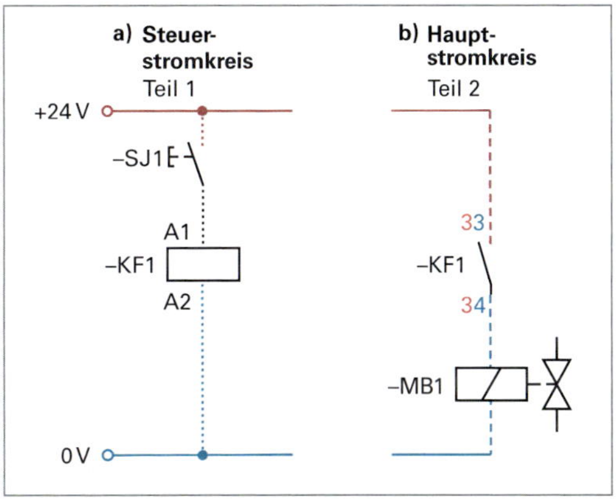

Bild 4: Steuer- und Hauptstromkreis

Bild 1 zeigt den Stromlaufplan zusammen mit dem Pneumatikplan. Im oberen Teil von **Bild 1a** befinden sich die **Schließer**, im unteren Teil die **Relais-** und **Ventilmagnete**. Die farbige Darstellung durch Punktlinien und Strichlinien dient zur Veranschaulichung der Funktion. Normgerecht werden diese Linien als schwarze Volllinien gezeichnet. Der Pneumatikplan **(Bild 1b)** wird getrennt vom zugehörigen Stromlaufplan dargestellt.

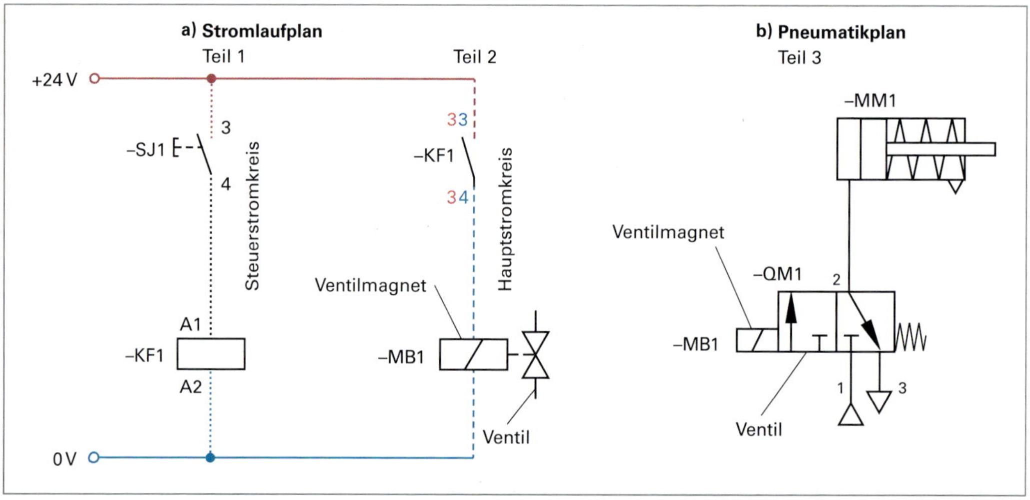

Bild 1: Stromlaufplan und Pneumatikplan

Relais mit Anzugsverzögerung

In der pneumatischen Lösung der Einpressvorrichtung auf **Seite 139** wurde ein pneumatischer Timer für eine Zeitverzögerung eingesetzt. Nun soll eine solche Verzögerung auch in der elektropneumatischen Lösung erfolgen. Dazu wird ein Relais mit Anzugsverzögerung benötigt.

Zum Verständnis der Funktion des Relais mit Anzugsverzögerung ist nachfolgend ein Vergleich mit dem pneumatischen Timer dargestellt. **Bild 2** zeigt die Symbole eines pneumatischen Timers und eines Relais mit Anzugsverzögerung.

- **Pneumatischer Timer**: Wenn am Eingang 1 **(Bild 2a)** ein Drucksignal, z. B. t = 3 s, anliegt, wird die Druckluft von 1 nach 2 durchgeschaltet, der Timer schaltet.
- **Relais mit Anzugsverzögerung**: Wenn am Anschluss A1 **(Bild 2b)** eine Spannung z. B. 3 s lang anliegt, wird der Strom von A1 nach A2 durchgeschaltet, das Relais zieht an.

Bild 3 zeigt, wie das **Relais mit Anzugsverzögerung** beispielsweise in dem Stromlaufplan der Einpressvorrichtung integriert werden kann. Im **Steuerstromkreis** wird dargestellt, wie mit dem Reed-Sensor –BG2 die vordere Endlage des Zylinders –MM1 (nicht in **Bild 3)** erfasst wird. Ist diese Lage erreicht, schaltet das Relais –KF2 mit einer **Anzugsverzögerung** von 3 s den Schließerkontakt –KF2 im Hauptstromkreis. Das heißt, dass 3 s nach Erreichen der vorderen Endlage –BG2 der Ventilmagnet –MB2 schaltet.

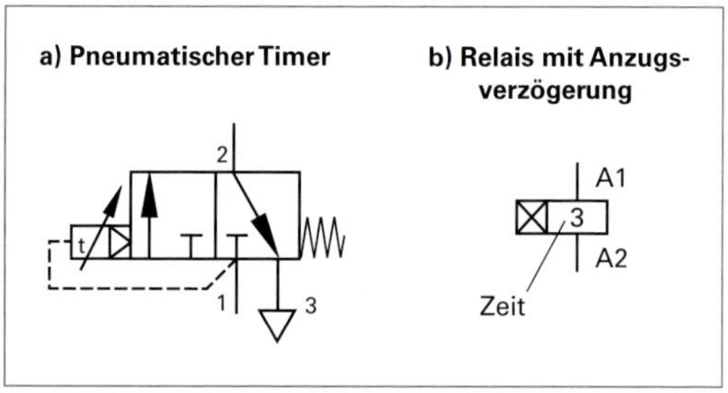

Bild 2: Pneumatischer Timer und Zeitrelais

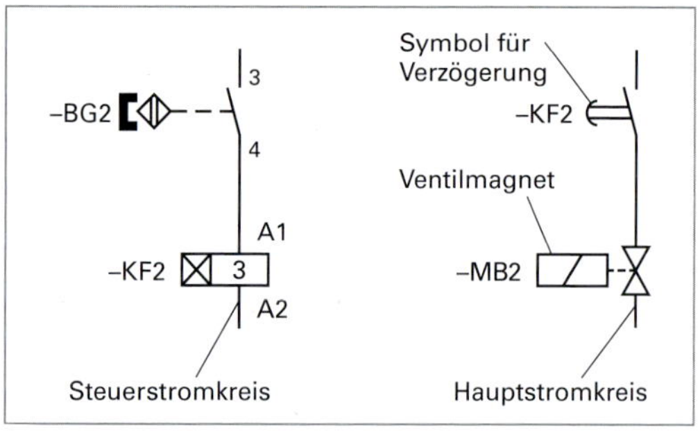

Bild 3: Relais mit Anzugsverzögerung im Steuerstromkreis und Hauptstromkreis

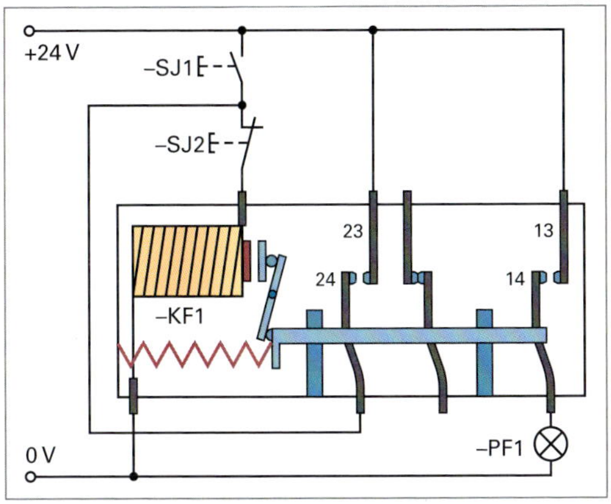

Bild 1: Selbsthalteschaltung vor Aktivierung

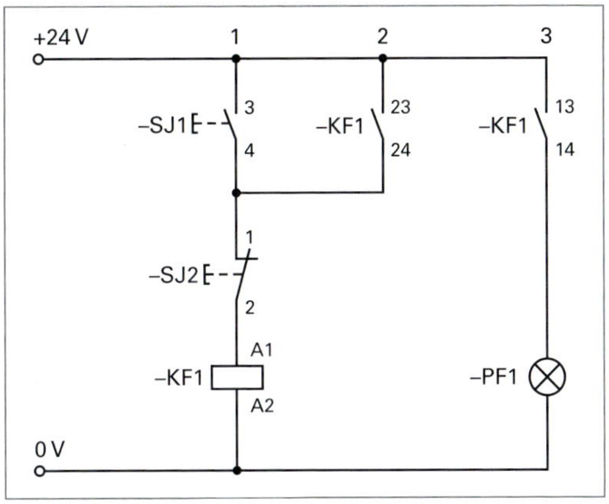

Bild 2: Selbsthalteschaltung im Stromlaufplan

Relais in Selbsthalteschaltung

Mit einer Selbsthalteschaltung **(Bild 1** und **Bild 2)** kann z. B. eine Leuchte –PF1 ein- und ausgeschaltet werden. Das Einschalten erfolgt mit einem EIN-Taster (SET, SETZEN) –SJ1 und das Ausschalten mit einem AUS-Taster (RESET, RÜCKSETZEN) –SJ2. In der Elektropneumatik werden mit einer Selbsthalteschaltung die einzelnen Schritte einer Schrittkette gesetzt und zurückgesetzt. Außerdem können damit Betriebsarten ein- und ausgeschaltet werden, z. B. der „Automatikbetrieb".

Die Selbsthalteschaltung ist in **Bild 1** noch nicht aktiviert. Dieser Zustand wird auch im Stromlaufplan in **Bild 2** dargestellt.

Die **Aktivierung der Selbsthaltung** erfolgt in **Bild 3** durch Drücken von –SJ1. Die roten Pfeile zeigen den Stromfluss vom betätigten Schließer –SJ1 über den unbetätigten Öffner –SJ2 bis zum Relaismagneten –KF1. Der stromdurchflossene Relaismagnet –KF1 hat über die Schließerkontakte von 23 nach 24 die Selbsthaltung aktiviert.

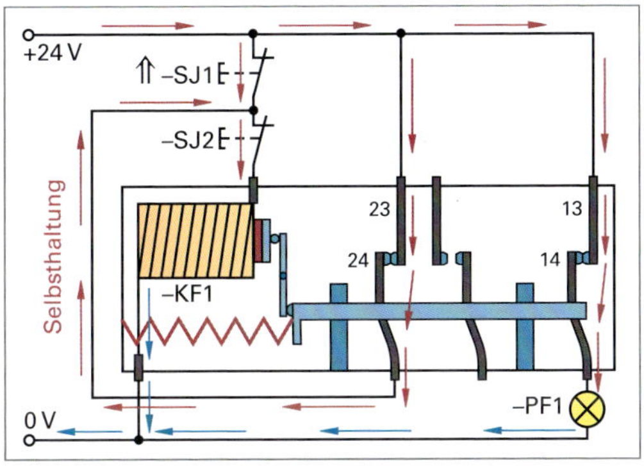

Bild 3: Selbsthaltung bei der Aktivierung

In **Bild 4** wird –SJ1 nicht mehr gedrückt, trotzdem bleibt die Selbsthaltung über die Schließerkontakte von 23 nach 24 erhalten. Die roten Pfeile über dem rechten Schließerkontakt von 13 nach 14 zeigen die Stromversorgung der Leuchte –PF1. Die gelbe Einfärbung der Leuchte zeigt, dass sie leuchtet. Die blauen Pfeile zeigen den Stromweg von der Leuchte und von der Spule zum 0-Volt-Anschluss.

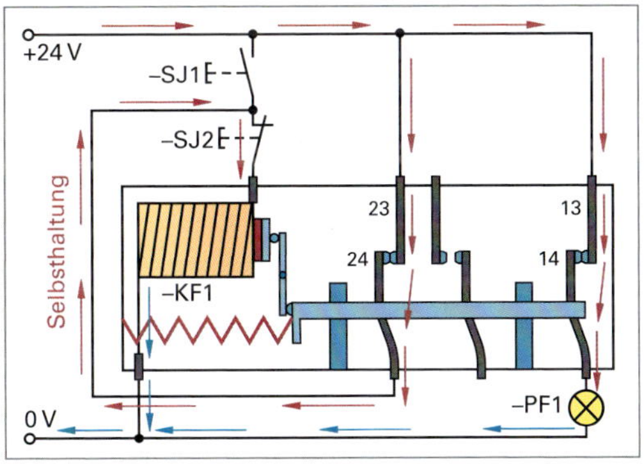

Bild 4: Selbsthaltung ist aktiv

Die Unterbrechung der Selbsthaltung erfolgt durch Betätigen des Öffners –SJ2.

Werden in **Bild 1** –SJ1 (Setzen-Taster) und –SJ2 (Rücksetzen-Taster) gleichzeitig gedrückt, wird die Selbsthaltung nicht aktiviert. Der Taster für das Rücksetzen setzt sich durch. Dieses Verhalten wird **„Rücksetzen dominant"** genannt.

Die **Dominanz** gibt an, ob sich Setzen oder Rücksetzen durchsetzt, wenn beide Taster gleichzeitig betätigt werden.

Anwendungsbeispiel: Einpressvorrichtung, Variante 2b

Im Vergleich zum GRAFCET in **Bild 2, Seite 139**, sind die Sensoren –BG1 bis –BG3 in **Bild 1** elektronisch. Außerdem werden statt der Steuereingänge 12 und 14 des pneumatisch betätigten Ventils die Ventilmagnete –MB1 und –MB2 des elektronisch betätigten Ventils –QM1 angesteuert.

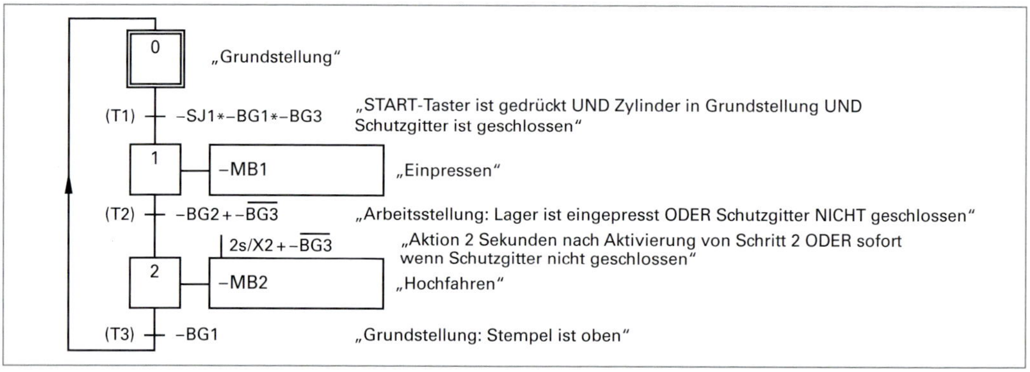

Bild 1: GRAFCET der Einpressvorrichtung, Variante 2b

Der Pneumatikplan **(Bild 2)** reduziert sich auf das Stellglied –QM1 und den Zylinder –MM1. Die gesamte Logik wird im Stromlaufplan ausgeführt.

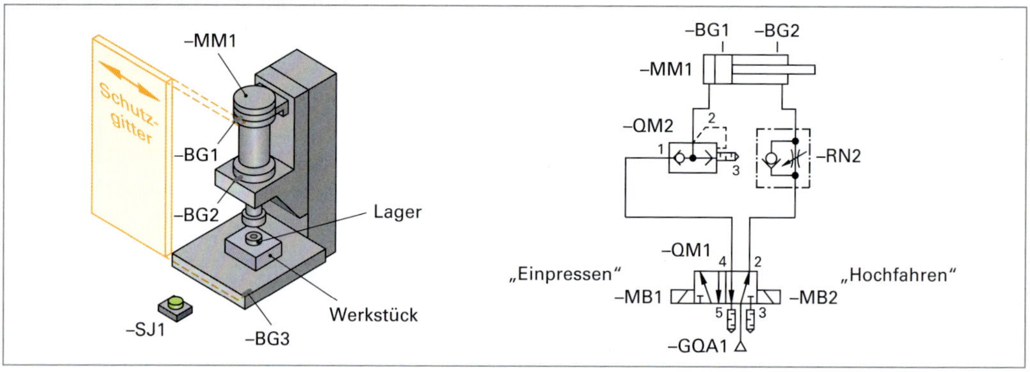

Bild 2: Lageplan und Pneumatikplan der Einpressvorrichtung, Variante 2b

Die **UND-Verknüpfungen** im GRAFCET **(Bild 1)** ergeben im Stromlaufplan **(Bild 3)** eine **Reihenschaltung** (Stromweg 2). Die **ODER-Verknüpfung** der bedingten Aktion in Schritt 2 ergibt eine **Parallelschaltung** (Stromweg 5 und 6) im Stromlaufplan.

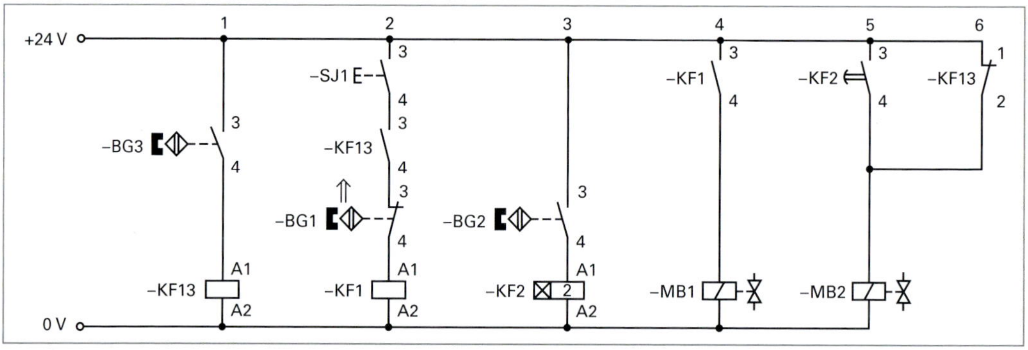

Bild 3: Stromlaufplan der Einpressvorrichtung, Variante 2b

10.7.6 | SCHRITTKETTE IN DER ELEKTROPNEUMATIK

Am Beispiel der **Klebevorrichtung** von **Seite 144** wird nachfolgend eine **elektropneumatische Lösung** für die Schrittkette gezeigt.

Im Pneumatikplan **(Bild 1)** dienen als Stellglieder die beiden magnetisch betätigten 5/2-Wegeventile –QM1 und –QM2.

GRAFCET **(Bild 2)** und Stromlaufplan **(Bild 1, Seite 158)** enthalten die gleichen Ziffern und farbigen Beschriftungen mit folgenden Bedeutungen:

- **Blau:** vorhergehender, aktiver Schritt ①
- **Grün:** Übergangsbedingung ②
- **Rot:** Selbsthaltung des Relais und damit des betrachteten Schrittes ③
- **Orange:** Rücksetzung der Selbsthaltung des vorausgegangenen Schrittes ④

Die blauen und orangen Pfeile im GRAFCET **(Bild 2)** stellen die gegenseitige Verriegelung der Schritte im Stromlaufplan dar. Der GRAFCET enthält diese gegenseitige Verriegelung durch die aufeinanderfolgende Anordnung der Schritte und Übergangsbedingungen:

> Der aktive vorhergehende Schritt ist mit der Übergangsbedingung Voraussetzung für den betrachteten Schritt, der betrachtete Schritt setzt bei Aktivierung den vorausgegangenen Schritt zurück.

Nachfolgend werden durch Betrachtung von Schritt 4 die Vorgänge im GRAFCET, im Stromlaufplan und im Relais exemplarisch erläutert:

1. **Blauer Pfeil (Bild 2):** Der vorhergehende Schritt 3 ist aktiv (Selbsthaltung durch das Relais –KF3 (①), **Bild 1, Seite 158**).
2. **Grüner Pfeil (Bild 2):** Wenn zusätzlich die Übergangsbedingung –BG4 (②) erfüllt ist, wird der betrachtete Schritt 4 aktiv (③).
3. **Orangener Pfeil (Bild 2):** Der betrachtete Schritt 4 ist aktiv und setzt den vorausgegangenen Schritt 3 zurück (④).
4. **–KF4 (Bild 2):** Schritt 4 bleibt aktiv (Selbsthaltung durch das Relais –KF4, **Bild 1, Seite 158)** und die Aktion durch –MB4 wird durchgeführt (⑤). „Ausschieber –MM2 fährt ein".

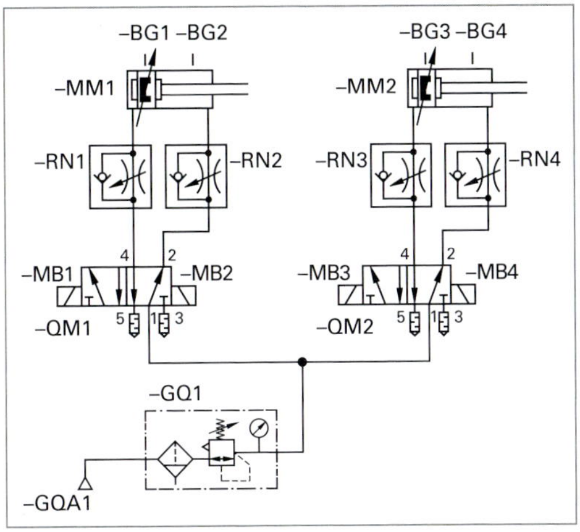

Bild 1: Pneumatikplan

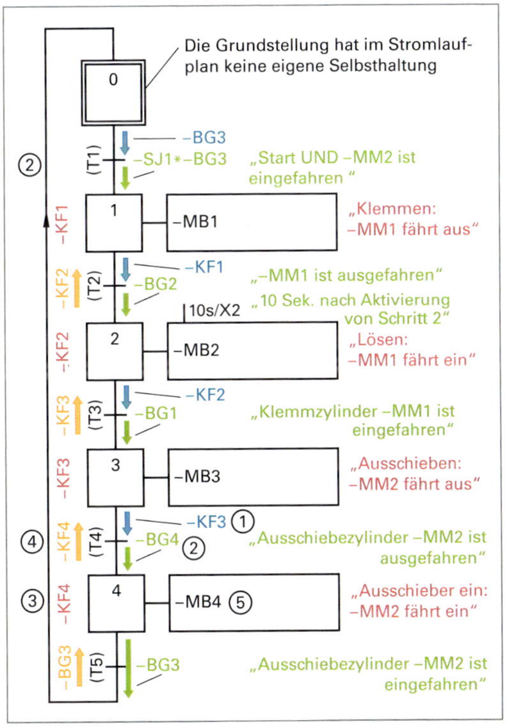

Bild 2: GRAFCET der Klebevorrichtung

Der letzte **Schritt 4** wird durch die letzte **Übergangsbedingung** –BG3 zurückgesetzt. Diese Übergangsbedingung zeigt im GRAFCET und im Stromlaufplan das Erreichen der **Grundstellung** an. Die Grundstellung hat im Stromlaufplan keine eigene Selbsthaltung, aus diesem Grund muss sie bei (T1) nicht zurückgesetzt werden.

In den **Schaltgliedertabellen (Bild 1)** unterhalb der Relais (z. B. –KF3) werden alle Stromwege aufgeführt, in denen dieses Relais innerhalb des Stromlaufplans Öffner oder Schließer betätigt. Das verschafft auch in komplexen Stromlaufplänen einen schnellen Überblick.

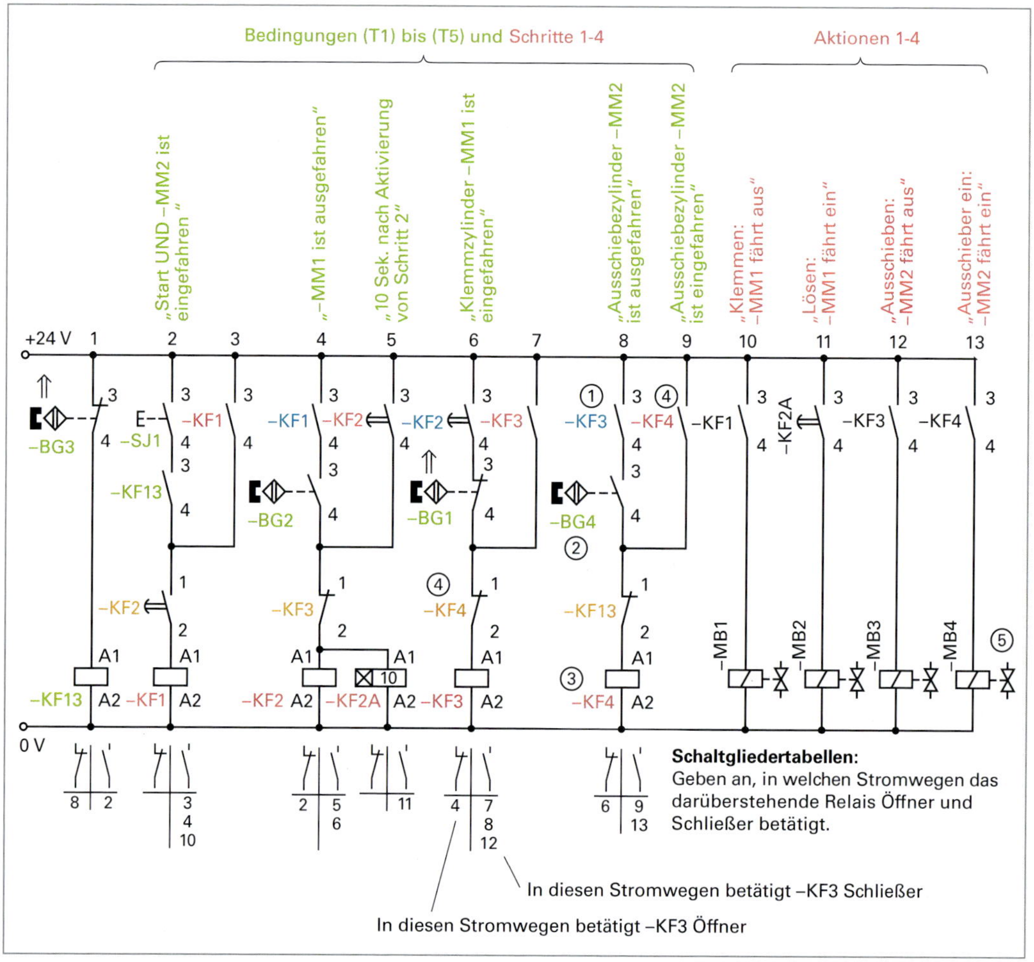

Bild 1: Stromlaufplan der Klebevorrichtung

Die Selbsthalteschaltung ist in **Bild 2** noch nicht aktiviert, und damit ist auch der **Schritt 4** im und am Relais –KF4 noch nicht aktiv.

Damit die **Aktivierung von Schritt 4** erfolgt, müssen zwei Bedingungen erfüllt sein:

- **Schritt 3** muss aktiv sein und damit das **Relais** –KF3 den **Schließerkontakt** –KF3 schließen (①).
- **Schritt 3** muss abgeschlossen sein, d. h., der Auswerferzylinder hat seine vordere Endlage erreicht und den **Schließer** –BG4 geschlossen (②).

Damit ist die **UND-Verknüpfung** (Reihenschaltung) von –KF3 (blau: vorhergehender Schritt) und –BG4 (grün: Übergangsbedingung von Schritt 3 nach Schritt 4) erfüllt. Nun schaltet das Relais –KF4 (③ **in Bild 1, Seite 159)** und aktiviert die Selbsthaltung.

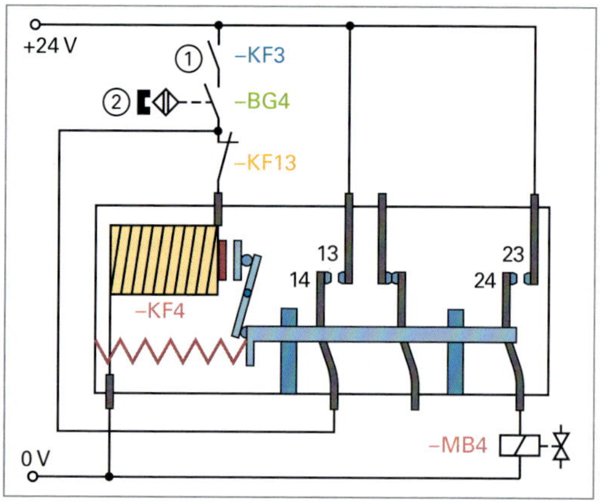

Bild 2: Selbsthalteschaltung vor Aktivierung

Die roten Pfeile in **Bild 1** und **Bild 2** über den Schließerkontakt von 13 nach 14 und dann zum Öffner –KF13 zeigen den Stromweg, über den sich –KF4 selbst hält (④).

Die roten Pfeile über den Schließerkontakt von 23 nach 24 zeigen die Stromversorgung des Ventilmagneten –MB4. Die gelbe Einfärbung von –MB4 zeigt, dass –MB4 schaltet (⑤).

Die blauen Pfeile zeigen den Stromweg von den Spulen –KF4 und –MB4 zum 0-Volt-Anschluss.

Der Zustand von **Bild 1** dauert nur Sekundenbruchteile an. Durch die Aktivierung von –KF4 wird Schritt 3 zurückgesetzt und damit ist der Schließerkontakt –KF3 unbetätigt **(Bild 2)**.

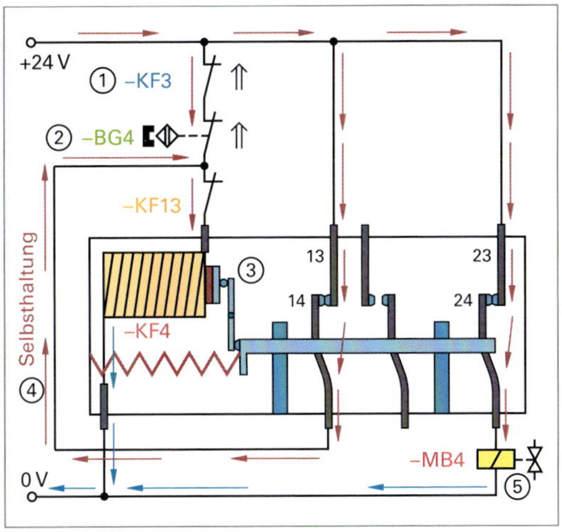

Bild 1: Schritt 4 bei der Aktivierung

Außerdem bewirkt –MB4, dass der Auswerferzylinder –MM2 einfährt. Das heißt, dass nach Aktivierung von Schritt 4 auch der Sensor –BG4 nicht mehr betätigt ist **(Bild 2)**. Nur noch die Selbsthaltung über den Schließerkontakt von 13 nach 14 **(Bild 2)** hält Schritt 4 aktiv (④).

Die Unterbrechung der Selbsthaltung übernimmt im Schritt 4 nicht der nächste Schritt, sondern der Sensor –BG3, der durch das Relais –KF13 **(Bild 1, Seite 158)** den Öffner –KF13 **(Bild 2)** öffnet. Das heißt, wenn der Auswerferzylinder –MM2 eingefahren ist, unterbricht –BG3 durch –KF13 die Selbsthaltung von –KF4. Damit ist Schritt 4 beendet.

Mit Beendigung von Schritt 4 ist die gesamte Schrittkette beendet, und es kann ein neues Klebeteil eingelegt werden.

Bei den unten aufgeführten Grundsätzen für eine Schrittkette in der Elektropneumatik ist *n* der zu aktivierende Schritt, Schritt *n* – 1 ist der vorangegangene Schritt und Schritt *n* + 1 ist der nachfolgende Schritt.

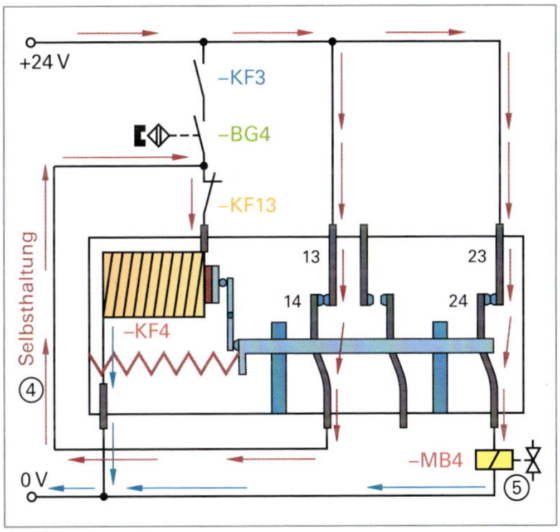

Bild 2: Schritt 4 bleibt aktiv

Grundsätze für eine Schrittkette in der Elektropneumatik

- Jeder Schritt einer Schrittkette entspricht einer Selbsthalteschaltung.
- Der Schritt n wird aktiviert, wenn der vorangegangene Schritt *n* – 1 aktiv war und wenn der vorangegangene Schritt *n* – 1 abgeschlossen wurde. Dies ergibt die UND-Verknüpfung (Reihenschaltung) zur Aktivierung der Selbsthaltung.
- Direkt nach Aktivierung des Schrittes *n* wird der vorangegangene Schritt *n* – 1 zurückgesetzt.
- Die Aktion im Schritt *n* wird ausgeführt.
- Der nachfolgende Schritt *n* + 1 setzt den aktiven Schritt zurück. Nur der letzte Schritt wird durch die letzte Übergangsbedingung zurückgesetzt.
- Das Zurücksetzen eines Schrittes erfolgt durch einen Öffner, der die Selbsthalteschaltung unterbricht.

AUFGABEN | WIEDERHOLUNG UND VERTIEFUNG

1. Skizzieren Sie die Symbole der folgenden Relais und geben Sie jeweils ein Anwendungsbeispiel an:
   a) Einfaches Relais ohne Zeitverzögerung
   b) Anzugsverzögertes Relais mit 4 s Verzögerung
   c) Abfallverzögertes Relais mit 10 s Verzögerung
2. Ein doppeltwirkender Pneumatikzylinder mit einstellbarer Endlagendämpfung und Reed-Sensoren an den Endlagen wird über ein auf beiden Seiten magnetisch betätigtes 5/2-Wegeventil als Stellglied angesteuert. Ein- und Ausfahrgeschwindigkeit sollen einstellbar sein. Der Zylinder soll nach Betätigung eines Start-Tasters (Schließer) folgenden Zyklus ausführen:
   - Schritt 1: Zylinder fährt aus.
     Wenn der Zylinder seine vordere Endlage erreicht hat, folgt Schritt 2.
   - Schritt 2: Zylinder fährt ein.
     Wenn der Zylinder seine hintere Endlage erreicht hat, soll der Zyklus beendet sein.

   a) Skizzieren Sie den Pneumatikplan.
   b) Skizzieren Sie den Stromlaufplan mit Reed-Sensoren.
3. Der Pneumatikplan **(Bild 1)** und der Stromlaufplan **(Bild 2)** sind gegeben. Erstellen Sie den dazugehörigen GRAFCET. **Hinweis:** Die Schritte funktionieren in diesem Beispiel ohne Selbsthaltung, weil es im Ablauf keine Situation zweimal gibt.

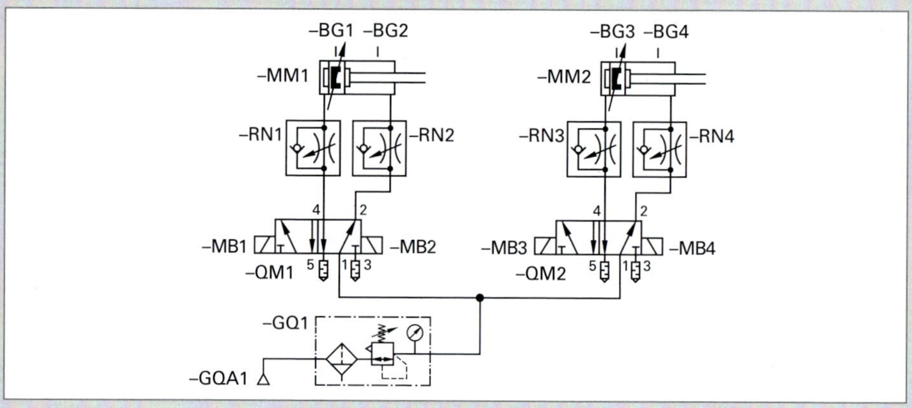

Bild 1: Pneumatikplan

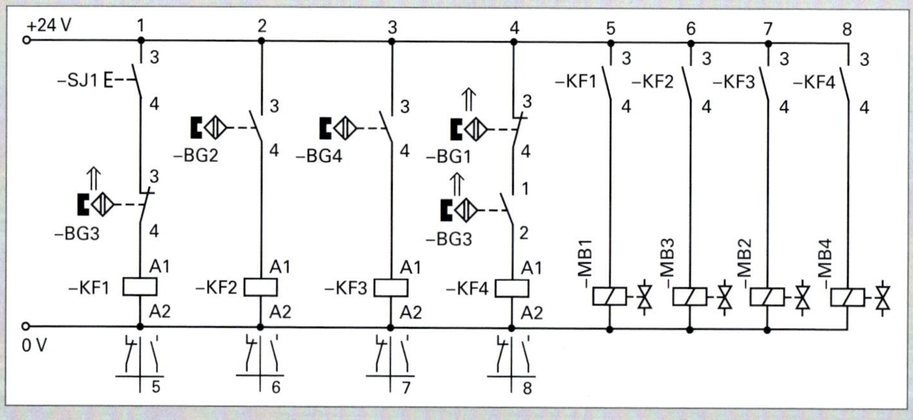

Bild 2: Stromlaufplan

10.8 | HYDRAULIK

In der **Hydraulik** werden **Druckflüssigkeiten** als Arbeitsmedium eingesetzt. Beispiele aus dem Alltag sind hydraulische Wagenheber und Bremsen, industriell werden beispielweise hydraulische Pressen und Druckzylinder in Spritzgießmaschinen eingesetzt. Während sich Luft leicht zusammendrücken lässt (hohe Kompressibilität), lassen sich **Hydraulikflüssigkeiten**, z.B. **Hydrauliköle**, nur sehr schwer zusammendrücken, sie haben eine **geringe Kompressibilität**. Dadurch ergeben sich folgende Besonderheiten der Hydraulik:

- **Hohe Kräfte** lassen sich durch hohe Drücke bei relativ geringen Kolbenflächen erzeugen.
- **Geschwindigkeiten** und **Bewegungen** lassen sich sehr genau steuern.

10.8.1 | HYDRAULIKFLÜSSIGKEITEN UND VISKOSITÄT

Hydraulikflüssigkeiten übertragen **Energie** und **Signale**. Außerdem kühlen und schmieren sie, schützen vor Korrosion und tragen Abrieb davon. Oft werden Hydrauliköle auf Mineralölbasis verwendet. In **Bild 1** ist die Viskosität in Abhängigkeit von der Temperatur dargestellt.

Viskosität ist die Zähflüssigkeit des Druckmediums. Hohe Viskosität bedeutet z.B. zähflüssig wie Honig. Geringe Viskosität bedeutet z. B dünnflüssig wie Wasser.

Die Eigenschaften von Hydraulikölen können Tabellenbüchern entnommen werden. Das **Hydrauliköl** DIN 51524-2 – HLP 32 **(Bild 1)** hat beispielsweise folgende Eigenschaften:

- **HL** bedeutet erhöhter Korrosionsschutz und Alterungsbeständigkeit.
- **P** steht für zusätzliche Verminderung des Fressverschleißes im Mischreibungsbereich.
- 32 steht für 32 mm²/s kinematische Viskosität bei 40 °C Bezugstemperatur.

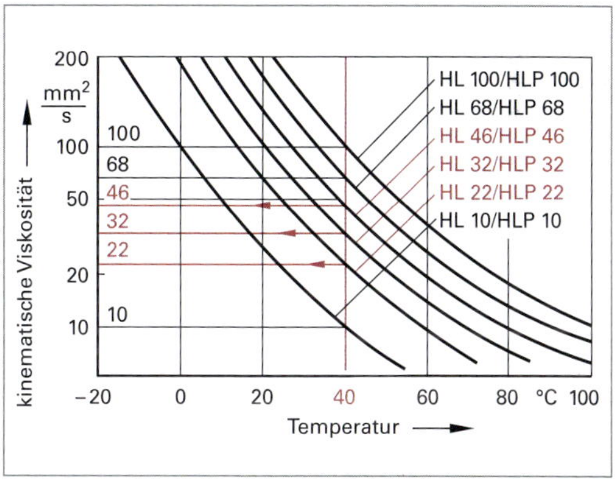

Bild 1: Viskosität von Hydrauliköl

10.8.2 | DRUCKERZEUGUNG

Hydraulischer Druck wird mit speziellen Pumpen erzeugt. Nachfolgend werden die drei am häufigsten eingesetzten **Pumpentypen** beschrieben. Abschließend wird das Hydraulikaggregat erläutert, in dem eine Pumpe mit anderen Komponenten so kombiniert wird, dass eine transportable Hydraulikdruckversorgung entsteht.

Zahnradpumpe

Durch die Drehbewegung der Zahnräder wird das Druckmedium auf der **Saugseite** der Pumpe **(Bild 2)** angesaugt und außen, am Gehäuse entlang, zur **Druckseite** gefördert. Auf der Druckseite wird das Öl durch die ineinandergreifenden Zähne herausgedrückt.

Die Fördermenge pro Umdrehung wird als spezifischer Volumenstrom bezeichnet und ist vom Volumen in den Zahnlücken abhängig.

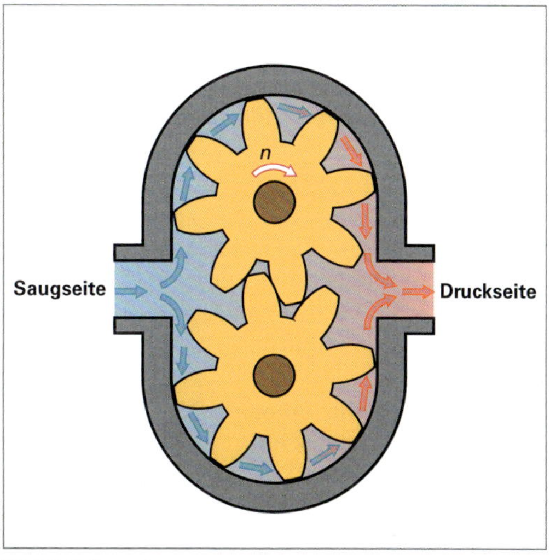

Bild 2: Zahnradpumpe

Axialkolbenpumpe

Bei der **Axialkolbenpumpe (Bild 1)** sind mehrere Kolbenpumpen in axialer Richtung in einer rotierenden Trommel angebracht.

Bei einer Umdrehung der **Trommel** wird jede Kolbenpumpe einmal entleert (halbe Umdrehung von 1 nach 1') und wieder befüllt (halbe Umdrehung von 1' nach 1). Der Kolbenhub und damit die Fördermenge pro Umdrehung werden durch die Schrägstellung der **Schrägscheibe** bestimmt. Die Axialkolbenpumpe gibt es auch mit feststehender Trommel und mit **Taumelscheibe,** die mit der Welle rotiert.

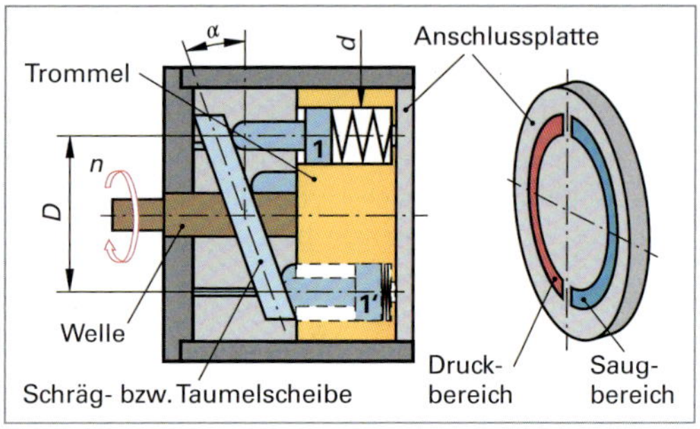

Bild 1: Axialkolbenpumpe

Radialkolbenpumpe

Bei der **Radialkolbenpumpe (Bild 2)** sind mehrere Kolbenpumpen in radialer Richtung im Pumpenkörper angebracht. Bei einer Umdrehung des **Exzenters** wird jede Kolbenpumpe einmal befüllt und wieder entleert. Der Kolbenhub und damit die Fördermenge pro Umdrehung werden durch die **Exzentrizität *e*** des Exzenters bestimmt.

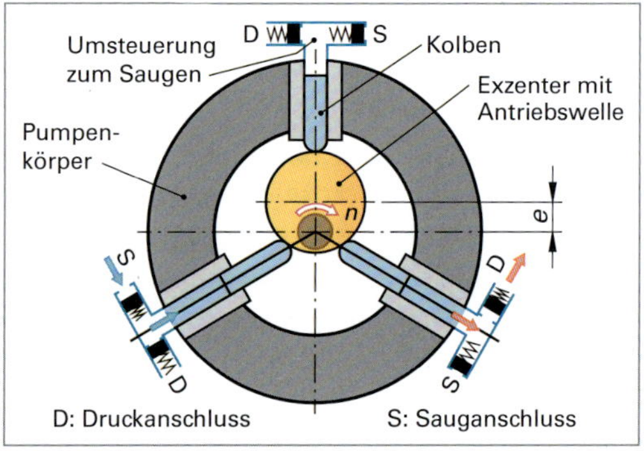

Bild 2: Radialkolbenpumpe

Hydraulikaggregat

Bild 3 zeigt ein **Hydraulikaggregat** (–GP1), das die Pumpe mit weiteren Komponenten zu einer transportablen Hydraulikdruckversorgung kombiniert. Die Anschlüsse sind mit P (Pumpe) und T (Tank) gekennzeichnet. Folgende Komponenten sind im Aggregat enthalten:

- **Tank** –CM1: Neben der im Umlauf befindlichen Hydraulikflüssigkeitsmenge muss ausreichend Reserve im Tank zur Verfügung gestellt werden.
- **Motor** –MA1: In Aggregaten wird meist ein Elektromotor eingesetzt.
- **Pumpe** –GPA1: Je nach gefordertem Volumenstrom und Druck sitzt hier z.B. eine Zahnrad-, eine Zylinderkolben- oder eine Radialkolbenpumpe.
- **Druckbegrenzungsventil (DBV)** –QN1: Wenn der Druck in der Anlage den eingestellten Wert übersteigt, z.B. 100 bar **(Bild 3)**, schaltet das DBV. Dann fließt das Öl über das DBV in den Tank zurück (Pfeile in **Bild 4**). Das DBV ist aus Sicherheitsgründen und zum Bauteilschutz erforderlich.
- **Druckanzeige (Manometer)** –PG1: Zeigt den aktuellen Anlagendruck an.
- **Filter** –HQ1: In **Bild 3** ist eine Rücklauffiltrierung dargestellt. Der Filter soll Abrieb und andere Teilchen aus dem Hydraulikflüssigkeitsstrom herausfiltern.

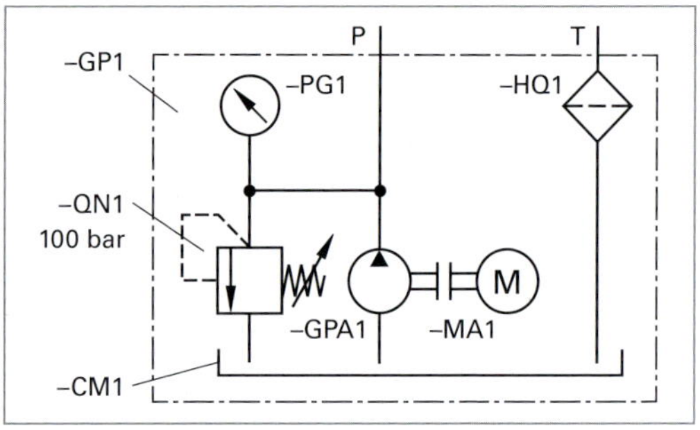

Bild 3: Hydraulikaggregat

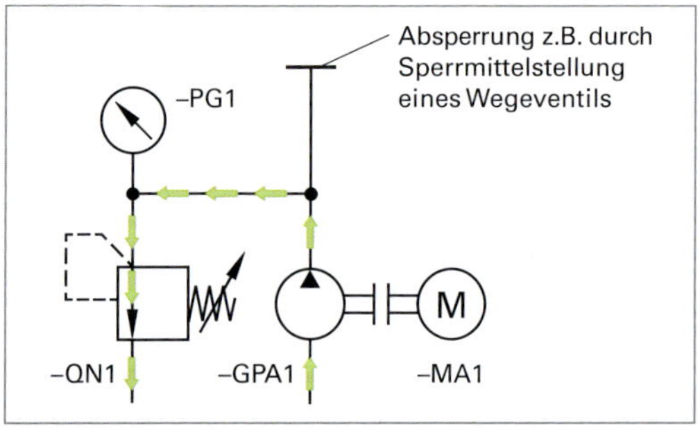

Bild 4: Geschaltetes DBV

10.8.3. I WEGEVENTILE

Die Systematik bei der Darstellung der Wegeventile in der **Hydraulik** ist die gleiche wie bei Pneumatikventilen. Zur Kennzeichnung der Anschlüsse werden jedoch anstelle der Ziffern Buchstaben verwendet. **P** ist der **Druckanschluss** zur Pumpe **(Bild 1)**, **T** ist der **Rückfluss zum Tank**. **A** und **B** sind die **Arbeitsanschlüsse**.

In **Bild 1** werden exemplarisch zwei Ventile mit **Mittelstellungen** gezeigt:

Bild 1a zeigt ein beidseitig hebelbetätigtes Ventil mit Federrückstellung in die Mittelstellung. Bei der **Sperrmittelstellung** sind alle Anschlüsse gesperrt, z.B. für Halteschaltungen.

Bild 1b zeigt ein beidseitig magnetisch betätigtes Ventil mit Federrückstellung in die Mittelstellung und Handhilfsbetätigung, die das Schalten von Hand z.B. zum Einrichten ermöglicht. Bei der **Y-Mittelstellung** ist P gesperrt. Zwischen A und B entsteht eine **Schwimmstellung**, d.h., die Kolbenstange eines angeschlossenen doppeltwirkenden Zylinders lässt sich mit etwas Kraftaufwand hin- und herschieben und verdrängtes Öl kann in den Tank zurückfließen.

Hydraulisch vorgesteuerte Ventile

Große hydraulische Ventile benötigen hohe Schaltkräfte. Wenn sie nur elektromagnetisch geschaltet werden, müssen entsprechend **große Spulen** mit hoher elektrischer Leistung eingebaut werden.

Ziel ist es jedoch, möglichst **kleine Spulen** einzubauen, die mit den relativ geringen Steuerströmen und Steuerspannungen geschaltet werden können.

Dieses Ziel wird erreicht, indem **vorgesteuerte Ventile** eingesetzt werden. **Bild 2** zeigt das Symbol eines vorgesteuerten Ventils. In diesem Symbol ist die Wirkungsweise aber nicht zu erkennen.

Bild 3 zeigt, wie ein vorgesteuertes Ventil als **Baugruppe** funktioniert. Es besteht im Inneren aus zwei Ventilen:

- einem **Vorsteuerventil,** das mit geringen Kräften elektromagnetisch geschaltet wird. Das Vorsteuerventil schaltet den hydraulischen Druck entweder auf die rechte oder auf die linke Seite des Hauptventils (rote Zu- und Ableitungen).
- einem **Hauptventil** (blaue Zu- und Ableitungen), das mit großen Kräften hydraulisch geschaltet wird. Im Schaltsymbol **(Bild 2)** wird nur das Symbol des Hauptventils dargestellt.

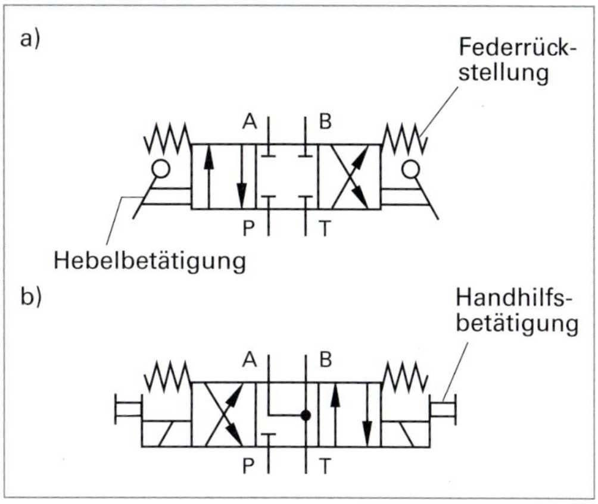

Bild 1: 4/3-Wegeventile

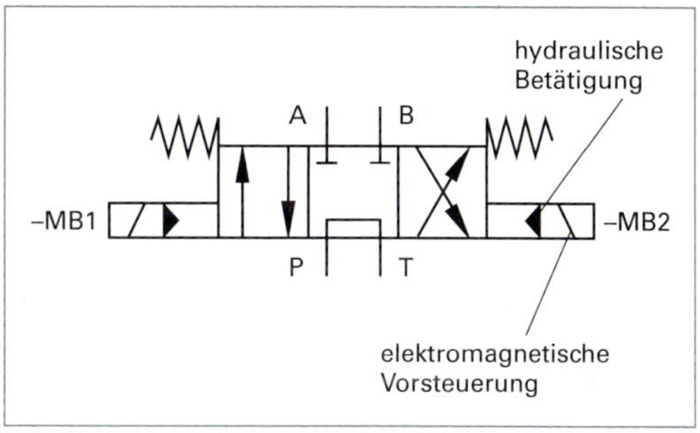

Bild 2: Vorgesteuertes Ventil als Schaltsymbol

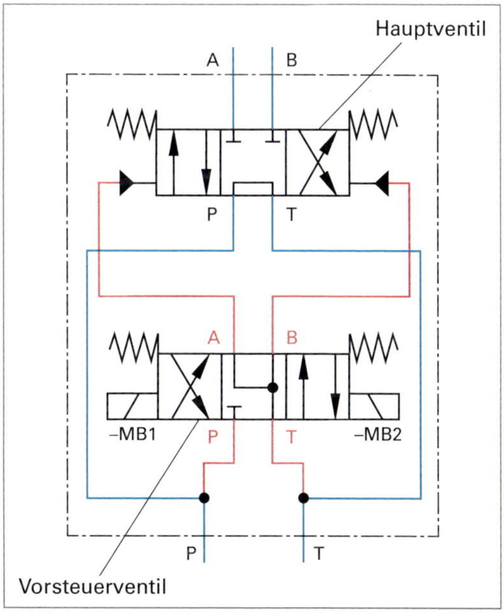

Bild 3: Vorgesteuertes Ventil als Baugruppe

10.8.4 | HYDRAULISCHE ARBEITSELEMENTE

Zum Übertragen von Kräften und Drehmomenten oder zum Ausführen von Bewegungen sind hydraulische Arbeitselemente notwendig.

Hydraulikzylinder

Symbole sowie die Funktion der Hydraulikzylinder **(Bild 1)** entsprechen den Pneumatikzylindern. Hydraulikzylinder sind wegen der höheren Drücke wesentlich stabiler als Pneumatikzylinder, die Abdichtung ist aufwendiger. Trotz einer sorgfältigen Abdichtung lassen sich Leckageverluste nicht vollständig vermeiden.

Hydraulikmotor

Ein Hydraulikmotor kann als die **Umkehrung einer Hydraulikpumpe** verstanden werden. Das heißt beispielsweise für einen Zahnradmotor **(Bild 2)** im Vergleich zu einer Zahnradpumpe Folgendes:

- **Zahnradpumpe:** Mechanische Energie wird am Wellenzapfen zugeführt und hydraulische Energie wird erzeugt.
- **Zahnradmotor:** Hydraulische Energie wird durch die Hydraulikflüssigkeit zugeführt und am Wellenzapfen wird die mechanische Energie abgenommen.

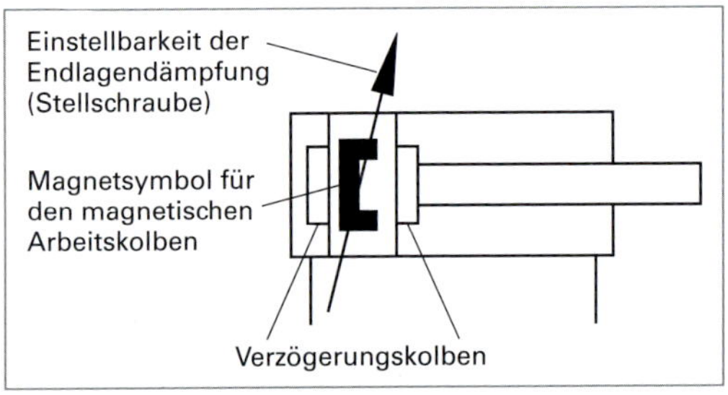

Bild 1: Doppeltwirkender Zylinder, einstellbare Endlagendämpfungen, magnetisch

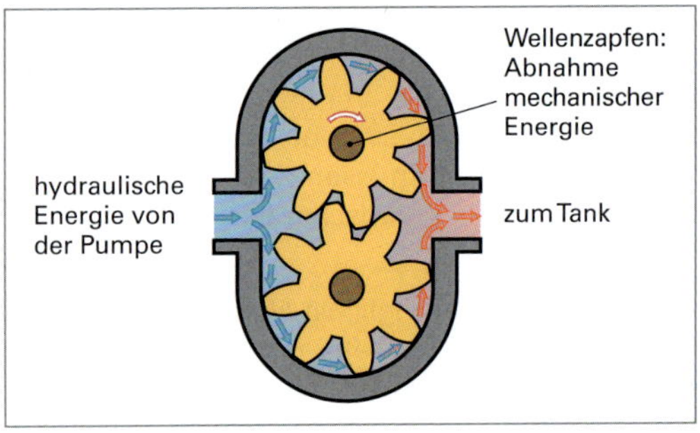

Bild 2: Zahnradmotor

Hydrospeicher

Das Speichern hydraulischer Energie übernehmen Hydrospeicher, wie z. B. der Blasenspeicher. Das **Prinzip des Blasenspeichers (Bild 3)** besteht darin, dass Druckflüssigkeit in einen fest umschlossenen Behälter gegen eine mit Stickstoff (N_2) befüllte Blase gepresst wird. Das Gas wird dabei verdichtet und wirkt als eine **Gasdruckfeder**. Wenn der Druck im System außerhalb des Speichers sinkt, drückt die mit Gas befüllte Blase die Druckflüssigkeit wieder ins System zurück.

Die **Aufgaben des Hydrospeichers** können vielfältig sein:

- **Energiespeicherung:** Unter Druck stehendes Öl wird aufgenommen, beispielsweise um kurzfristige, hohe Verbräuche abzudecken.
- **Notfunktion:** Wichtige Notfunktionen können auch bei Stromausfall ausgeführt werden. Dabei fährt der Zylinder beispielsweise nach Stromausfall wieder ein.
- **Pulsationsdämpfung:** Schwingungen durch hin- und herströmende Druckflüssigkeit werden gedämpft.
- **Leckagekompensation:** Durch Ausgleich von Ölverlusten bleibt der Druck trotz Leckage erhalten.

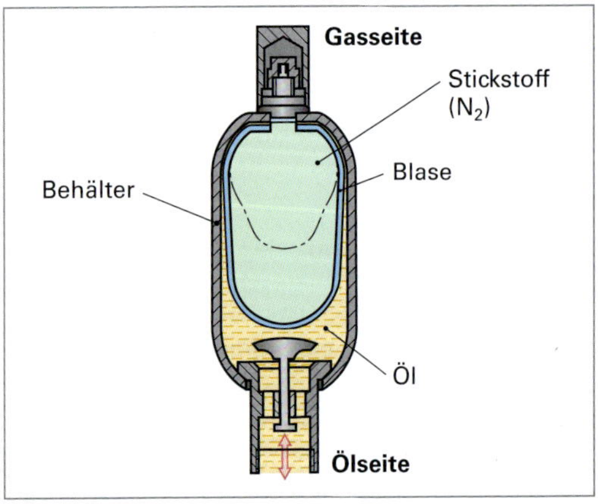

Bild 3: Blasenspeicher

10.8.5 | HYDRAULISCHER KREISLAUF (OFFEN, GESCHLOSSEN)

Im **offenen hydraulischen Kreislauf** (Bild 1) wird die Hydraulikflüssigkeit beim Verfahren des Kolbens von der Pumpe aus dem Tank über das 4/3-Wegeventil zu den Arbeitsgliedern und von dort zurück über das 4/3-Wegeventil in den Tank geleitet. Ein Druckbegrenzungsventil reicht aus, die Pumpe fördert nur in eine Richtung, das Umsteuern des Zylinders erfolgt durch das Schalten des 4/3-Wegeventils.

Im Tank herrscht Umgebungsdruck, und das Volumen des herausgesaugten Öles kann kurzfristig unterschiedlich zum Volumen des zurückgeführten Öles sein. Leckageverluste werden ebenfalls durch den Tank ausgeglichen, regelmäßige Füllstandskontrollen sind erforderlich.

Bild 1 zeigt einen Hydraulikplan mit einem **Zylinder mit beidseitiger Kolbenstange.** Diese gewährleistet eine gleiche Ausfahrgeschwindigkeit in beide Richtungen.

Im **geschlossenen hydraulischen Kreislauf** (Bild 2) wird die Hydraulikflüssigkeit beim Verfahren des Kolbens von der Pumpe zu den Arbeitsgliedern und von dort wieder direkt an die Saugseite der Pumpe geleitet. Damit ist die Hydraulikflüssigkeit in einem geschlossenen Kreislauf.

Bild 2 zeigt eine Schaltung mit einem **Zylinder mit beidseitiger Kolbenstange.** Im geschlossenen Kreislauf ist das sinnvoll, denn die Flüssigkeitsmenge, die auf der einen Seite des Zylinders herausgedrückt wird, muss auf der anderen Seite wieder zugeführt werden.

Die Anschlüsse an den Tank ermöglichen ein Nachsaugen, wenn Lecköl verloren gegangen ist und infolgedessen weniger Flüssigkeit an der Pumpe ankommt, als notwendig wäre.

Das **Umsteuern des Zylinders** erfolgt durch Ändern der Drehrichtung der einstellbaren Hydraulikpumpe. Gegenüber der offenen Anordnung wird dadurch das Wegeventil eingespart. Zusätzlich wird dafür ein zweites Druckbegrenzungsventil benötigt, denn beide Fließrichtungen erfordern ein Absichern gegen zu hohe Drücke.

Offene Hydraulikkreisläufe werden vorwiegend bei stationären Anlagen zum Antrieb von Zylindern mit ungleichen Kolbenflächen (z. B. einseitige Kolbenstange) und beim parallelen Betrieb mehrerer Aktoren und/oder Hydromotoren eingesetzt.

Geschlossene Hydraulikkreisläufe kommen vorwiegend bei mobilen Anlagen zum Einsatz, z. B. für Fahrantriebe und Rotationsmotoren.

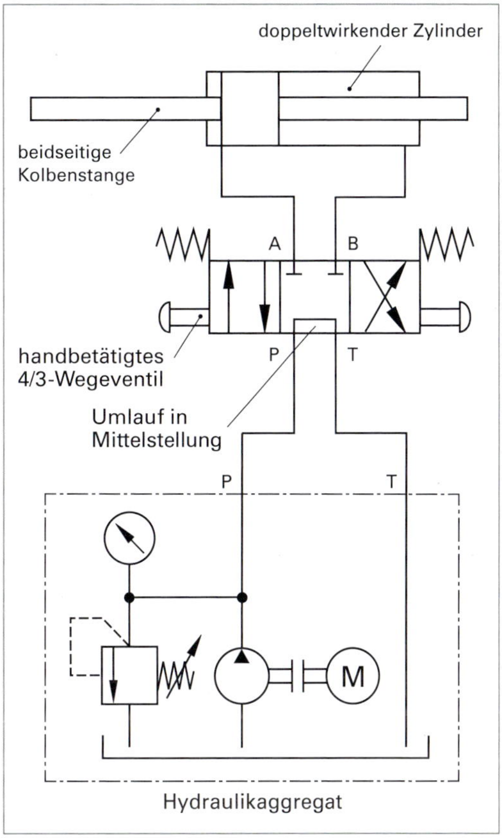

Bild 1: Offener hydraulischer Kreislauf

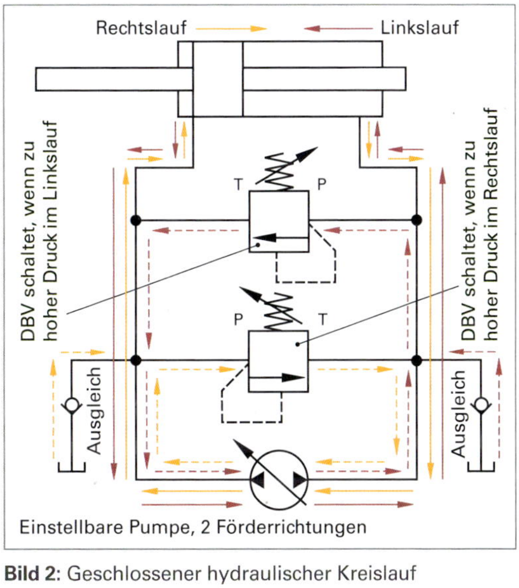

Bild 2: Geschlossener hydraulischer Kreislauf

10.8.6 | VOLUMENSTROM

Pumpen haben zwei charakteristische Kenngrößen:

1. **Spezifisches Volumen.** Das ist das Volumen in cm^3, das die Pumpe bei einer Umdrehung fördert. Bei Zahnradpumpen wird dieser Wert in Katalogen angegeben.
2. **Volumenstrom**. Das ist das Volumen, das die Pumpe in einem bestimmten Zeitraum fördert, z. B. in Litern pro Minute.

In **Tabelle 1** sind die Volumenströme der drei Pumpentypen dargestellt.

Tabelle 1: Volumenströme von Hydraulikpumpen

Zahnradpumpe	Axialkolbenpumpe	Radialkolbenpumpe
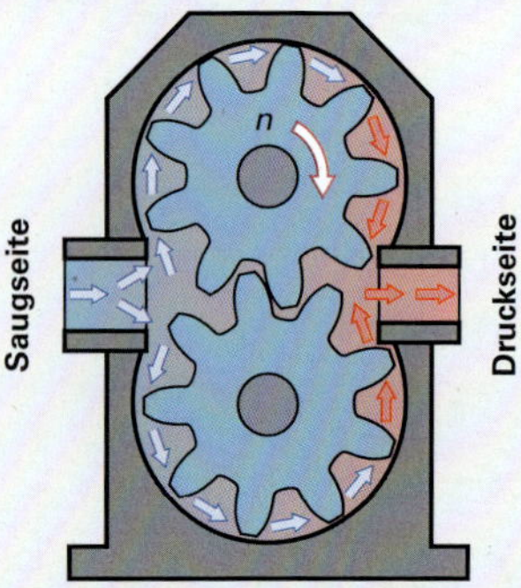	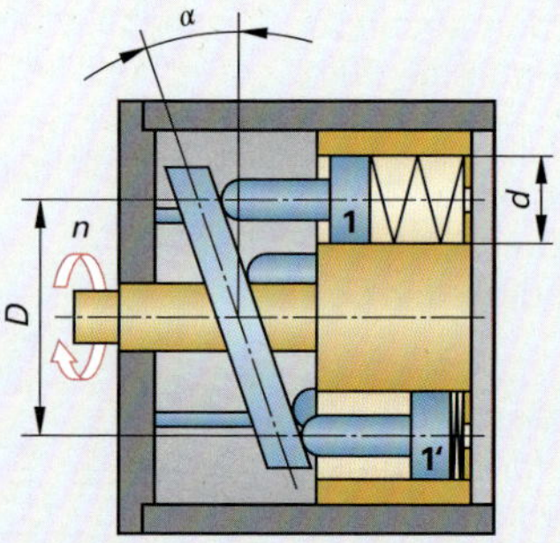	S: Sauganschluss D: Druckanschluss 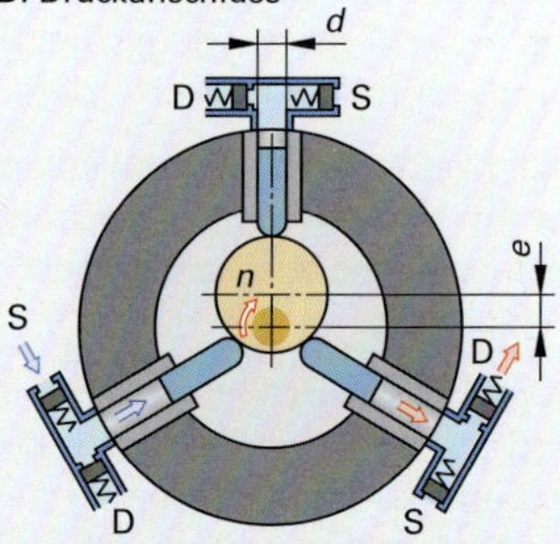
$Q = n \cdot q \cdot \frac{1}{1000} \cdot \eta_v$	$q = z \cdot \frac{d^2 \cdot \pi}{4} \cdot D \cdot \tan \alpha$	$q = z \cdot \frac{d^2 \cdot \pi}{4} \cdot 2 \cdot e$
Zahlenwertgleichung mit Umrechnungsfaktor	$Q = n \cdot q \cdot \frac{1}{1000} \cdot \eta_v$	$Q = n \cdot q \cdot \frac{1}{1000} \cdot \eta_v$
	Zahlenwertgleichung mit Umrechnungsfaktor	**Zahlenwertgleichung mit Umrechnungsfaktor**

Q	n	q	η_v	z	d	D	α	e
L/min	1/min	cm^3	1	1	cm	cm	°	cm

Q: Volumenstrom; n: Drehzahl; q: spezifisches Volumen; η_v: volumetrischer Wirkungsgrad, wenn es keine Vorgaben gibt, sind bei allen Pumpen ca. 85 % (0,85) ansetzbar; z: Anzahl der Zylinder; d: Kolbendurchmesser; D: Teilkreisdurchmesser; α: Neigungswinkel Schräg- bzw. Taumelscheibe; e: Exzentrizität

BEISPIEL 10.4 | Volumenstrom einer Zahnradpumpe bestimmen

Eine **Zahnradpumpe** mit einem spezifischen Volumen $q = 10{,}3\ cm^3$ wird mit einer Drehzahl von 1420 1/min und einem volumetrischen Wirkungsgrad von 93 % angetrieben. Bestimmen Sie den Volumenstrom der Pumpe.

Lösung

$$Q = n \cdot q \cdot \frac{1}{1000} \cdot \eta_v$$

$$Q = 1420 \frac{1}{\text{min}} \cdot 10{,}3\ \text{cm}^3 \cdot \frac{1}{1000} \cdot 0{,}93 = 13{,}6\ \text{L/min}$$

BEISPIEL 10.5 | Volumenstrom und Neigungswinkel einer Axialkolbenpumpe bestimmen

Eine **Axialkolbenpumpe** soll einen Volumenstrom von 188,5 L/min fördern, die Antriebsdrehzahl beträgt 1450 1/min. Überschlägig ist mit einem Wirkungsgrad von 100 % zu rechnen.

a) Bestimmen Sie das spezifische Volumen in cm^3.

b) Von der Pumpe ist bekannt: 5 Zylinder mit einem Kolbendurchmesser von 25 mm sind auf einem Teilkreisdurchmesser von 120 mm angebracht.
Berechnen Sie den Neigungswinkel, den die Schrägscheibe haben muss.

Lösung

a) $$q = \frac{Q \cdot 1000}{n \cdot \eta_V} = \frac{188{,}5\,\frac{\text{L}}{\text{min}} \cdot 1000}{1450\,\frac{1}{\text{min}} \cdot 1} = 130\ \text{cm}^3$$

b) $$\tan\alpha = \frac{4 \cdot q}{z \cdot d^2 \cdot \pi \cdot D} = \cdot \frac{4 \cdot 130\ \text{cm}^3}{5 \cdot (2{,}5\ \text{cm})^2 \cdot \pi \cdot 12\ \text{cm}} = 0{,}4414;\ \alpha = 23{,}82°$$

BEISPIEL 10.6 | Exzentrizität einer Radialkolbenpumpe bestimmen

Bei einer **Radialkolbenpumpe** soll das spezifische Volumen $q = 130\ \text{cm}^3$ betragen. Von der Pumpe ist bekannt: 8 Zylinder mit einem Kolbendurchmesser von 40 mm sind in radialer Richtung angebracht.
Berechnen Sie die notwendige Exzentrizität der Exzenterscheibe.

Lösung

$$e = \frac{2 \cdot q}{z \cdot d^2 \cdot \pi} = \cdot \frac{2 \cdot 130\ \text{cm}^3}{8 \cdot (4\ \text{cm})^2 \cdot \pi} = 0{,}647 = 6{,}5\ \text{mm}$$

10.8.7 | KOLBENKRÄFTE

Die Kolbenkräfte werden nach den gleichen Formeln wie die Kolbenkräfte in der Pneumatik berechnet. Wegen der erheblich höheren Drücke werden in der Hydraulik bei gleichen Baugrößen der Zylinder viel höhere Kräfte erreicht.

BEISPIEL 10.7 | Zugkraft eines doppeltwirkenden Hydraulikzylinders berechnen

Welche Zugkraft hat ein doppeltwirkender Hydraulikzylinder? Vom Hydraulikzylinder sind bekannt: Kolbendurchmesser 100 mm, Kolbenstangendurchmesser 63 mm, Betriebsdruck 315 bar, $\eta = 90\,\%$.

Lösung

$$F_2 = p \cdot \frac{(d_1^2 - d_2^2) \cdot \pi}{4} \cdot \eta$$

$$F_2 = 315 \cdot 10\,\frac{\text{N}}{\text{cm}^2} \cdot \frac{((10\ \text{cm})^2 - (6{,}3\ \text{cm})^2) \cdot \pi}{4} \cdot 0{,}9 = 134286{,}5\ \text{N}$$

10.8.8 | KOLBENGESCHWINDIGKEITEN

Hydraulikzylinder lassen sich wesentlich genauer auf eine bestimmte Position fahren als Pneumatikzylinder. Im Gegensatz zur Luft sind Hydraulikflüssigkeiten nur sehr wenig kompressibel. Aus dem gleichen Grund lassen sich auch die Verfahrgeschwindigkeiten sehr gut regulieren. In **Tabelle 1** sind die wesentlichen Informationen zur Berechnung der Kolbengeschwindigkeiten zusammengefasst.

Tabelle 1: Kolbengeschwindigkeiten am doppeltwirkenden Zylinder

Ausfahren	Einfahren
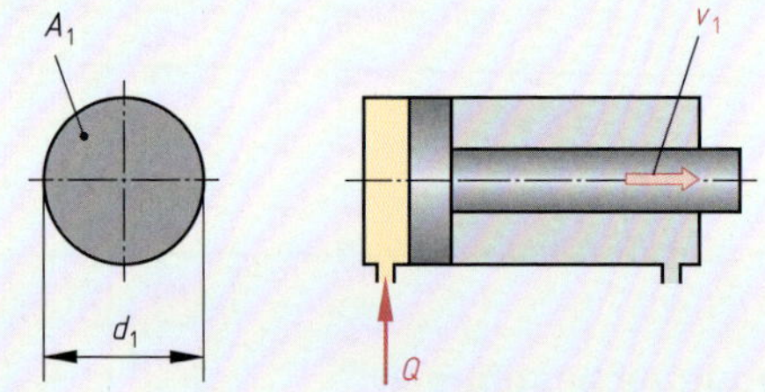	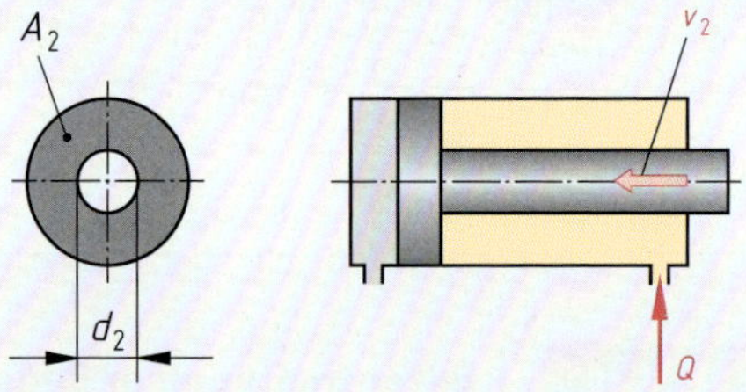
$v_1 = \frac{Q}{A_1}$; $A_1 = \frac{d_1^2 \cdot \pi}{4}$	$v_2 = \frac{Q}{A_2}$; $A_2 = \frac{(d_1^2 - d_2^2) \cdot \pi}{4}$

v_1; v_2	Q	A_1; A_2	d_1; d_2
cm/min	cm³/min	cm²	cm

v_1, v_2: Kolbengeschwindigkeiten; Q: Volumenstrom; A_1, A_2: Kolbenflächen;
d_1, d_2: Kolben- und Kolbenstangendurchmesser

BEISPIEL 10.8 | Aus- und Einfahrgeschwindigkeit eines doppeltwirkenden Hydraulikzylinders bestimmen

Eine **Axialkolbenpumpe** fördert einen Volumenstrom von 188,5 L/min. Mit diesem Volumenstrom fährt ein Zylinder mit einem Kolbendurchmesser von 160 mm und einem Kolbenstangendurchmesser von 70 mm aus und wieder ein.

a) Bestimmen Sie die Kolbengeschwindigkeit beim Ausfahren.
b) Bestimmen Sie die Kolbengeschwindigkeit beim Einfahren.

Lösung

a) $A_1 = \frac{d_1^2 \cdot \pi}{4} = \frac{(16\ \text{cm})^2 \cdot \pi}{4} = 201{,}06\ \text{cm}^2$

$v_1 = \frac{Q}{A_1} = \frac{188{,}5\ \text{L/min} \cdot 1000\ \text{cm}^3/\text{L}}{201{,}06\ \text{cm}^2}$

$v_1 = 937{,}52\ \text{cm/min} = 9{,}37\ \text{m/min} = 0{,}156\ \text{m/s}$

b) $A_2 = \frac{(d_1^2 - d_2^2) \cdot \pi}{4} = \frac{[(16\ \text{cm})^2 - (7\ \text{cm})^2] \cdot \pi}{4} = 162{,}58\ \text{cm}^2$

$v_2 = \frac{Q}{A_2} = \frac{188{,}5\ \text{L/min} \cdot 1000\ \text{cm}^3/\text{L}}{162{,}58\ \text{cm}^2}$

$v_2 = 1159{,}44\ \text{cm/min} = 11{,}59\ \text{m/min} = 0{,}193\ \text{m/s}$

10.8.9 | ELEKTROHYDRAULISCHE STEUERUNG

Die **Elektrohydraulik** unterscheidet sich von der Elektropneumatik nur darin, dass anstelle des Pneumatikplans ein **Hydraulikplan** zum Einsatz kommt. Alle Komponenten und Vorgehensweisen im Stromlaufplan sind gleich.

Nachfolgend wird anhand einer Eilgang-Vorschub-Schaltung gezeigt, wie eine handbetätigte Steuerung automatisiert wird und wie der daraus folgende Hydraulik- und Stromlaufplan aufgebaut ist.

Anwendungsbeispiel: Eilgang-Vorschub-Schaltung, handbetätigt

Der Schaltplan einer hydraulischen Bohrvorrichtung **(Bild 1)** und der GRAFCET **(Bild 1, Seite 170)** sind bekannt. Die einzelnen Elemente sollen analysiert werden. Ziel ist die Automatisierung der Anlage mit einer **elektrohydraulischen Steuerung**.

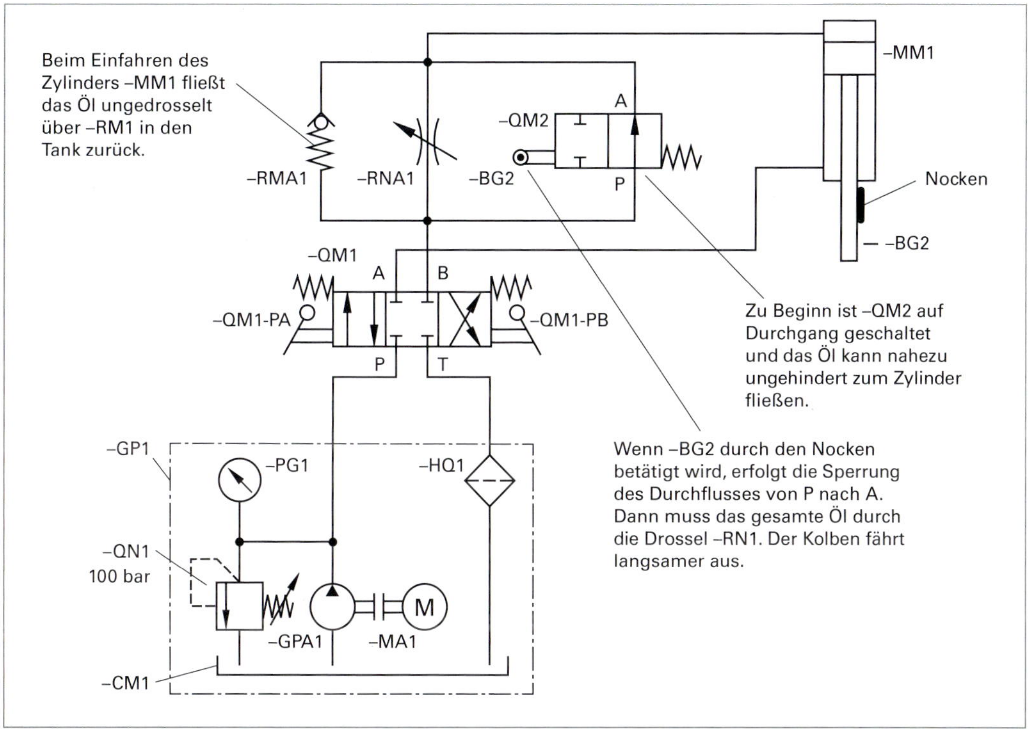

Bild 1: Schaltplan der handbetätigten Eilgang-Vorschub-Schaltung

Analyse der Schaltung: **Bild 1** zeigt den Schaltplan mit den nachfolgend beschriebenen Hydraulikelementen. Der Hydraulikdruck und der Volumenstrom werden über das **Hydraulikaggregat** –GP1 zur Verfügung gestellt. In der dargestellten **Sperrmittelstellung** des Ventils –QM1 fließt das Hydrauliköl von der Pumpe –GPA1 über das Druckbegrenzungsventil (DBV) –QN1 bei Erreichen des eingestellten Drucks von 100 bar in den Tank –CM1 zurück.

Wenn der Bediener den Hebel –QM1-PB gegen den Federdruck betätigt, fließt das Hydrauliköl von P nach B durch das Ventil –QM1. Nun hat das Öl drei Wege zur Verfügung. Der dritte Weg ist über –RMA1 versperrt. Da die Drossel –RNA1 einen hohen Widerstand bietet, fließt das Öl vorwiegend durch das auf Durchfluss stehende 2/2-Wegeventil –QM2 oben in den Zylinder –MM1. Die Kolbenstange fährt ungedrosselt im Eilgang nach unten aus.

Wird der Nocken auf der Kolbenstange –BG2 betätigt, wird der Weg über –QM2 versperrt und das Öl muss über die Drossel –RNA1 in den Zylinder fließen. Der Bediener muss weiterhin den Hebel –QM1-PB betätigen. Die Kolbenstange fährt nun gedrosselt mit Vorschubgeschwindigkeit weiter nach unten aus.

Der Bediener muss durch Sichtkontrolle darauf achten, ob die Kolbenstange vollständig ausgefahren ist. Dann muss er den Hebel -QM1-PA betätigen, damit das Hydrauliköl durch das Ventil -QM1 von P nach A und von dort unten in den Zylinder -MM1 einströmt.

Der Zylinder -MM1 fährt jetzt ein, das oben herausgedrückte Öl fließt zuerst nur über das Rückschlagventil -RMA1 ab, nach Freigabe durch den Nocken auch über das 2/2-Wegeventil -QM2.

Wenn der Bediener sieht, dass der Zylinder vollständig eingefahren ist, lässt er den Hebel los und die Ausgangsstellung ist wieder erreicht.

Der GRAFCET in **Bild 1** stellt den gesamten Prozess als Schrittkette dar. Schritt 1 läuft los, wenn das Stellglied -QM1 am Handhebel -QM1-PB geschaltet wird. Dieser Hebel muss so lange betätigt werden, bis der Zylinder komplett ausgefahren ist. Die Vorschubdrosselung wird während der Ausfahrbewegung über den langen Nocken automatisch zugeschaltet und bleibt bis zur vorderen Endposition des Zylinders eingeschaltet. Zum Schluss muss der Bediener -QM1 von Hand umschalten und halten, bis -MM1 wieder vollständig eingefahren ist.

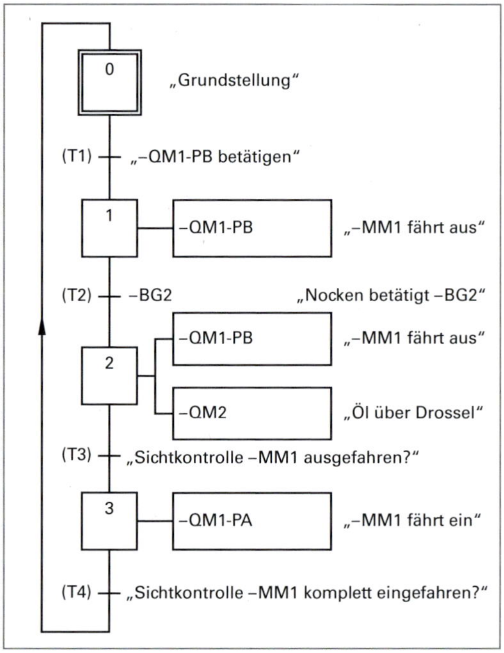

Bild 1: GRAFCET der handbetätigten Eilgang-Vorschub-Schaltung

Anwendungsbeispiel: Eilgang-Vorschub-Schaltung, elektrohydraulische Lösung

Zur Automatisierung der handbetätigten Schaltung sind Umbaumaßnahmen erforderlich:

- Sensoren an den Endlagen des Zylinders müssen angebracht werden. In **Bild 2** sind -BG1 und -BG3 als **Reed-Sensoren** eingebaut. Aufgrund dieser beiden Sensoren entfällt die Sichtkontrolle durch einen Bediener.

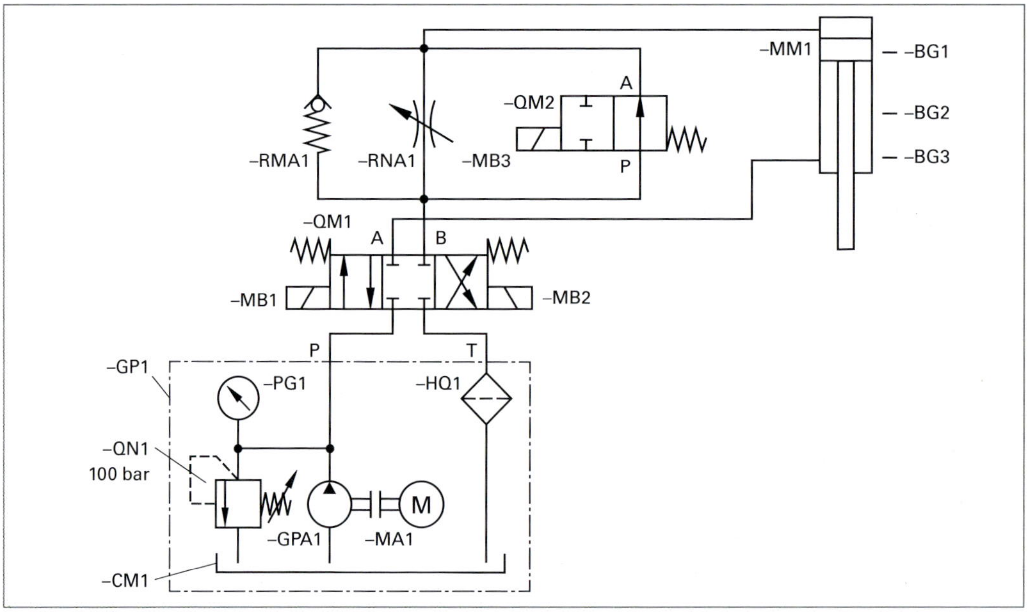

Bild 2: Eilgang-Vorschub-Schaltung, Hydraulikplan zur elektrohydraulischen Lösung

- Der lange **Nocken** kann demontiert werden, der zusätzliche Reed-Sensor –BG2 muss eingebaut werden. Er startet den gedrosselten Vorschub.
- Um den automatischen Ablauf zu starten, muss der Start-Taster –SJ1 eingebaut werden. Dieser Taster ist im Stromlaufplan **(Bild 2)** zu sehen.
- Das handbetätigte Stellglied –QM1 wird demontiert, das neue Stellglied –QM1 ist magnetisch betätigt.

Im GRAFCET **(Bild 1)** beginnt der Prozess, wenn die Grundstellung des Zylinders eingenommen ist (–BG1) und der Start-Taster (–SJ1) betätigt wird. Danach startet das Ausfahren von –MM1 (Schritt 1). Schritt 2 startet, wenn der Sensor –BG2 überfahren wird. In Schritt 2 wird die Ausfahrgeschwindigkeit gedrosselt. Außerdem fährt –MM1 weiter aus. Wenn die vordere Endlage des Zylinders erreicht ist (–BG3), wird Schritt 2 (–MM1 ausfahren; Ausfahrgeschwindigkeit drosseln) beendet.

Anschließend wird Schritt 3 aktiviert, in dessen Verlauf der Zylinder –MM1 wieder vollständig einfährt. Wenn –MM1 wieder vollständig bis –BG1 eingefahren ist, ist der dritte Schritt und damit die gesamte Schrittkette abgeschlossen.

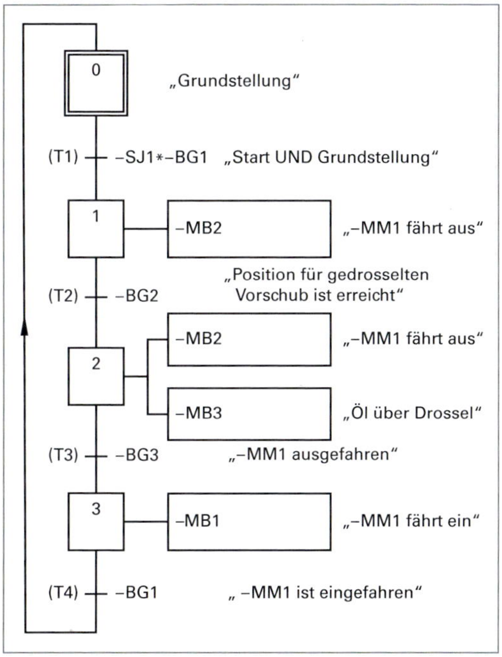

Bild 1: GRAFCET der automatisierten Eilgang-Vorschub-Schaltung

Im Stromlaufplan **(Bild 2)** ist die Schrittstruktur deutlich zu erkennen; jeder Schritt ist eine Selbsthalteschaltung mit den Relais –KF1, –KF2 und –KF3. Die Bedingungen T1 bis T3 aus **Bild 1** aktivieren die Schritte 1 bis 3.

Im Stromweg 1 **(Bild 2)** geht –BG1 zum Relais –KF11. Dieses Relais ist notwendig, weil der Schließerkontakt eines Sensors nur einmal im Stromlaufplan verwendet werden kann. -BG1 muss aber im Stromweg 2 als Schließer und im Stromweg 6 als Öffner wirken.

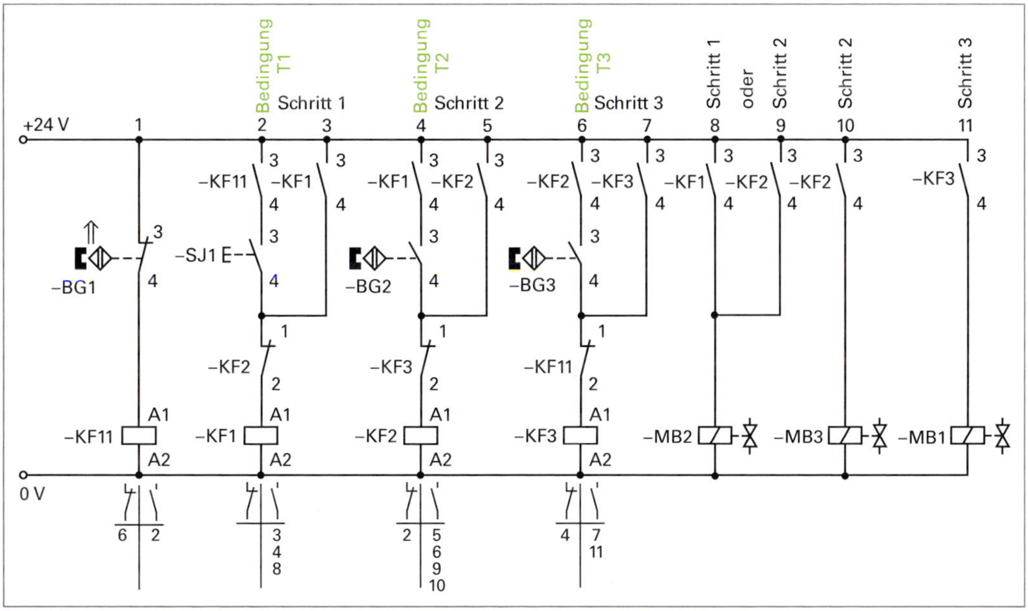

Bild 2: Stromlaufplan der Eilgang-Vorschub-Schaltung

AUFGABEN | WIEDERHOLUNG UND VERTIEFUNG

1. Eine Zahnradpumpe wird mit einer Drehzahl von 1480 Umdrehungen pro Minute angetrieben. Der volumetrische Wirkungsgrad beträgt 90 %. Der Volumenstrom soll 10,5 L/min betragen. Bestimmen Sie das spezifische Volumen der Pumpe.
2. Eine Zahnradpumpe soll eine Förderkapazität von $Q = 1\ m^3/h$ haben. Gehen Sie von einer „idealen Pumpe" aus. Die Pumpe wird von einem Motor mit 1500 1/min angetrieben. Bestimmen Sie für die Auswahl einer Pumpe aus einem Katalog das spezifische Volumen.
3. Der doppeltwirkende Zylinder eines Vorschubantriebes soll mit v_1 = 95 mm/min ausfahren. Der Kolbendurchmesser d_1 beträgt 160 mm. Berechnen Sie den Volumenstrom Q in L/min, der an der Pumpe eingestellt werden muss.
4. a) Erstellen Sie eine Stückliste mit den Teilenummern, Bezeichnungen und Benennungen aller Bauteile in **Bild 1**. Beispiel: 6; –HQ1; Filter

   b) Skizzieren Sie das Symbol eines doppeltwirkenden Zylinders, der automatisierbar ist.

   c) Beschreiben Sie die Vorgänge in der Schaltung, wenn das Ventil Position 8
   - nach links geschaltet wird,
   - nach rechts geschaltet wird,
   - losgelassen wird.

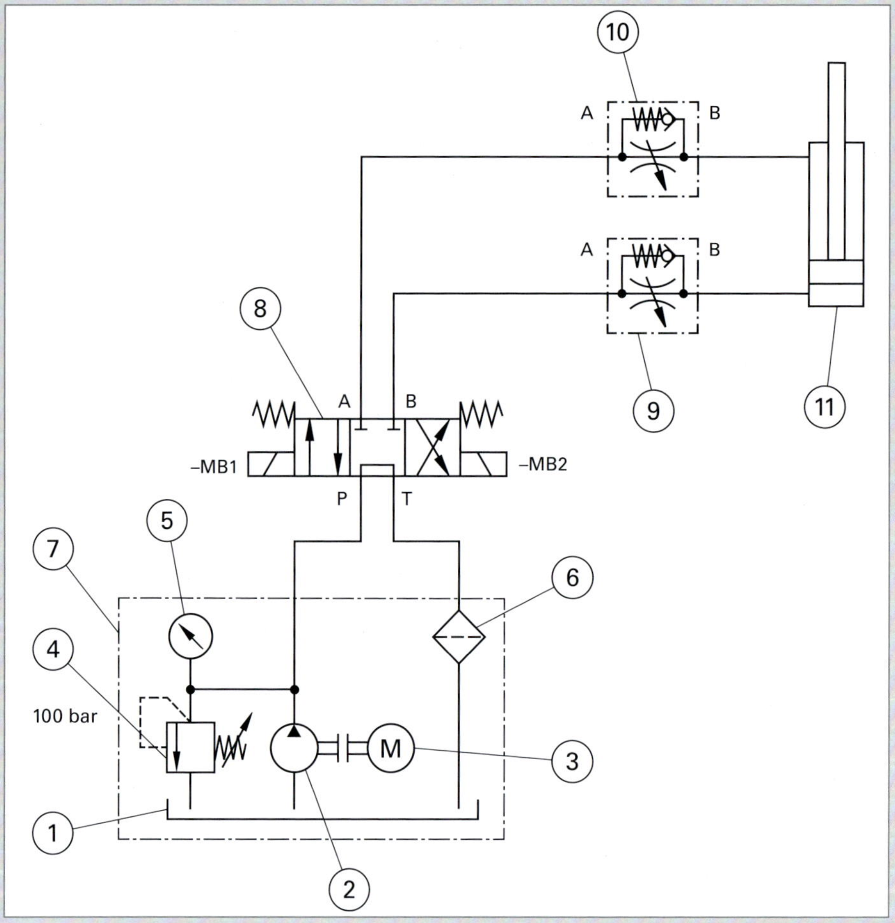

Bild 1: Hydraulische Hebebühne

Lernfeld 10

10.9 SPEICHERPROGRAMMIERBARE STEUERUNGEN

Für die Ausarbeitung konstruktiver Lösungen und zur Erstellung technischer Dokumentationen müssen Technische Produktdesigner die Arbeitsweise einer speicherprogrammierbaren Steuerung kennen und verstehen.

Die Abkürzung **SPS** steht für **s**peicher**p**rogrammierbare **S**teuerung (engl.: *programmable logic controller*, PLC). Die pneumatischen und elektropneumatischen Lösungen einer Steuerungsaufgabe gehören beide zur **VPS** (**v**erbindungs**p**rogrammierte **S**teuerung; engl.: *hard-wired programmed logic controller*, festverdrahtete programmierte Steuerung). Der Unterschied zwischen VPS und SPS wird in den **Bildern 1 bis 3** am Beispiel eines einfachwirkenden Zylinders deutlich, der über eine UND-Verknüpfung ausfahren soll.

In **Bild 1** wird die VPS durch pneumatische Verbindungen zwischen den handbetätigten Ventilen –SJ1 und –SJ2 und einem UND-Ventil (Zweidruckventil –KH1) realisiert.

In **Bild 2** werden die beiden Schließer –SJ1 und –SJ2 durch elektrische Verbindungen in Reihe geschaltet und dadurch die UND-Verknüpfung erreicht.

Bei der SPS **(Bild 3)** werden die Taster –SJ1 und –SJ2 an die Eingangsklemmen E0 und E1 der Steuerung angeschlossen. Wird einer der beiden Taster betätigt, liefert er ein elektrisches Signal („Strom fließt") an den jeweiligen Eingang.

Am **Eingang** wird das elektrische Signal („Strom fließt nicht" oder „Strom fließt") in ein 0- oder 1-Signal umgewandelt. Wenn alle Eingangssignale umgewandelt sind, liest die Steuerung die Eingänge aus und speichert sie ab.

Anschließend werden die gelieferten Signale durch ein **Programm im Speicher** der Steuerung verarbeitet. Im vorliegenden Fall besteht das Programm nur aus einem UND-Symbol, das die beiden Eingangssignale verknüpft. Das Ergebnis dieser Verknüpfung ist ebenfalls eine 0 oder eine 1.

Dieses Signal wird an der **Ausgangsseite** wieder in ein elektrisches Signal gewandelt und über den Ausgang A0 an den Ventilmagneten –MB1 ausgegeben.

Wenn das Programm aus mehreren Programmschritten besteht, werden diese Schritte nacheinander im Progammspeicher abgearbeitet und die Ausgänge bestimmt. Erst wenn alle Ausgänge bestimmt sind, werden diese an die Ausgangsseite übergeben.

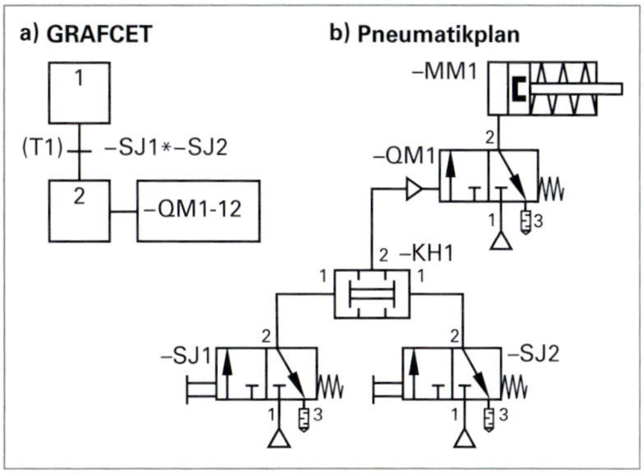

Bild 1: UND-Verknüpfung, pneumatische Lösung (verbindungsprogrammiert)

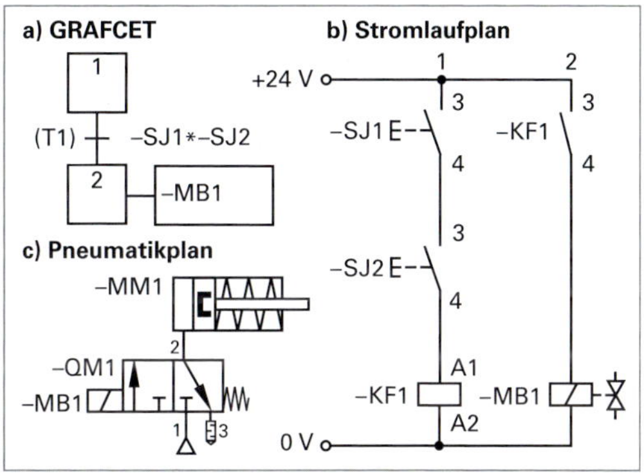

Bild 2: UND-Verknüpfung, elektropneumatische Lösung (verbindungsprogrammiert)

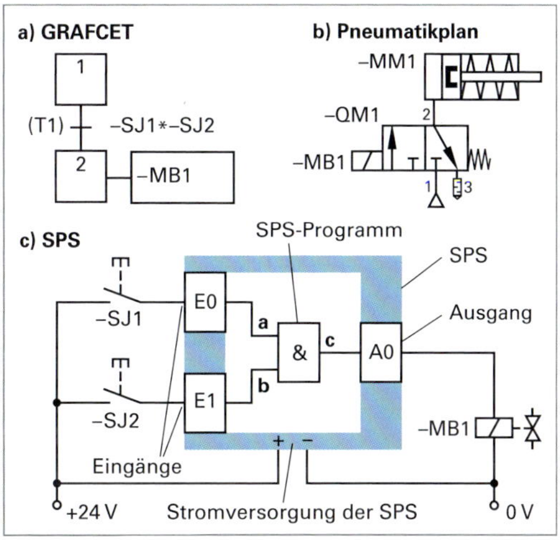

Bild 3: UND-Verknüpfung, SPS-Lösung (speicherprogrammiert)

10.9.1 | PROGRAMMIERSPRACHE FUNKTIONSPLAN FUP (FUNKTIONSBAUSTEINSPRACHE)

Das im Beispiel verwendete Programm **(Bild 3, Seite 173)** besteht aus einem Symbol der grafischen **Programmiersprache FUP (Funktionsplan)**. Diese Sprache verwendet **Funktionsbaustein-Symbole. Tabelle 1** zeigt eine Übersicht mit häufig verwendeten **Funktionsbausteinen**. In der Spalte rechts sind die entsprechenden Schaltungen der Elektropneumatik dargestellt.

Tabelle 1: Bedeutung der Funktionsbaustein-Symbole

Symbol	Beschreibung	Analogie im Stromlaufplan
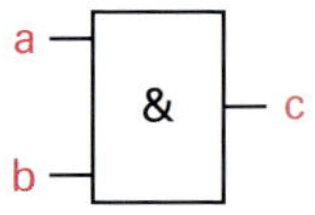	**UND-Verknüpfung** Wenn an Eingang a und an Eingang b gleichzeitig ein 1-Signal anliegt, dann wird am Ausgang c ein 1-Signal ausgegeben.	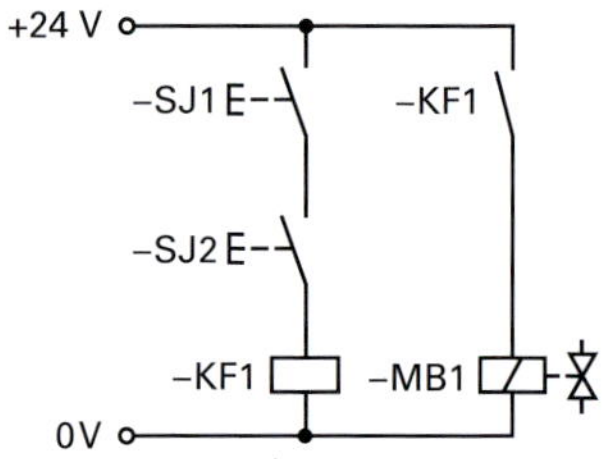
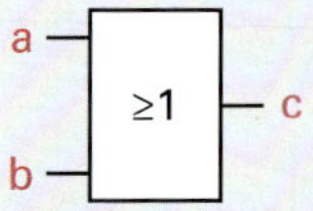	**ODER-Verknüpfung** Wenn an Eingang a oder b ein 1-Signal oder an beiden Eingängen ein 1-Signal anliegt, dann wird am Ausgang c ein 1-Signal ausgegeben.	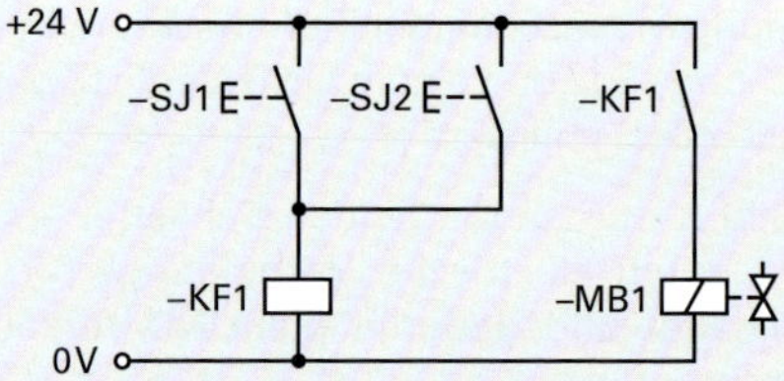
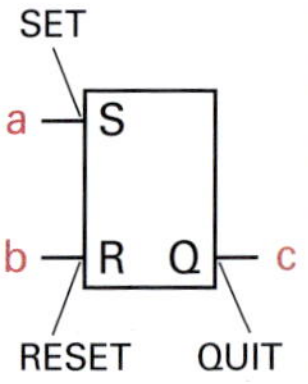	**Selbsthaltung (Flip-Flop)** - Bei 1-Signal auf Eingang a wird Ausgang c auf 1 gesetzt. - Bei 1-Signal auf Eingang b wird Ausgang c auf 0 gesetzt. - Bei 1-Signal auf Eingang a und b wird Ausgang c auf 0 gesetzt.	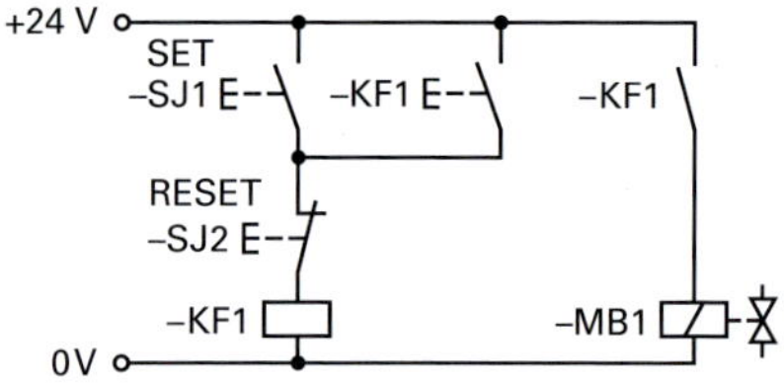
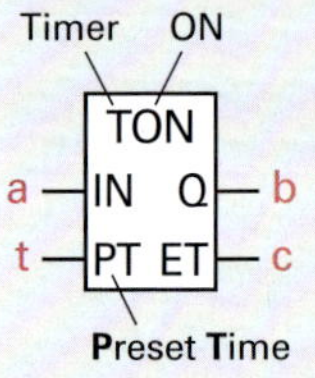	**Anzugsverzögerung** Liegt an Eingang a ein 1-Signal mehr als t Sekunden an, wird Ausgang b auf 1 gesetzt. Bei Abfall des 1-Signals an Eingang a wird Ausgang b wieder auf 0 gesetzt. Ausgang c liefert die abgelaufene Zeit und bleibt meist ungenutzt.	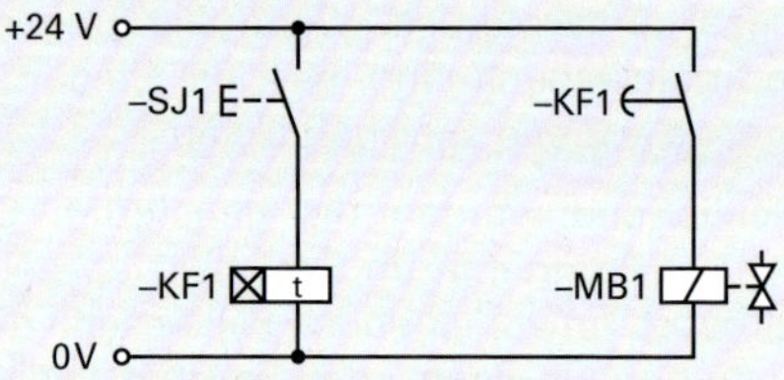
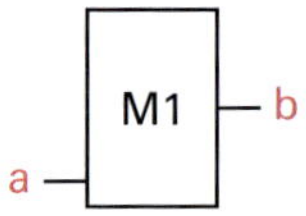	**Merker** Speichert den Wert von Eingang a und gibt ihn an Ausgang b weiter. Außerdem kann er die Schrittnummer kennzeichnen (z. B. steht M1 für „Schritt 1")	**Keine direkte Entsprechung**
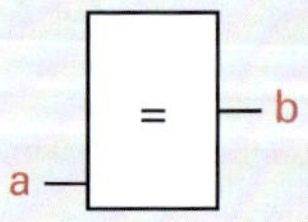	**Zuweisung** Weist dem Ausgang b den Wert von Eingang a zu.	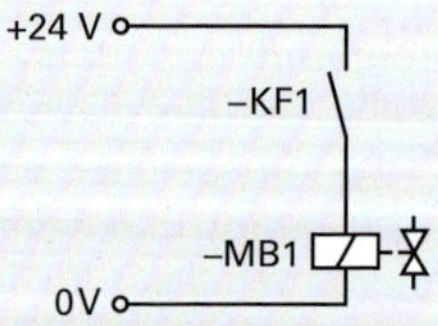

Das **SPS-Programm** entsteht durch Aneinanderfügen der Symbole mit Verbindungslinien. Entlang dieser Verbindungslinien werden die Signale übertragen. Solche Programme sind für überschaubare Programmieraufgaben geeignet. Sie finden Anwendung in **Kleinsteuerungen** mit wenigen Ein- und Ausgängen und in **Simulationssoftware** zum Erlernen der Programmgrundstrukturen.

Für **komplexe Steuerungsaufgaben** gibt es Programmierumgebungen, in denen die Symbole in überschaubaren Gruppen verbunden und in **Netzwerken** abgelegt werden. Statt der Verbindungslinien erfolgt die Übertragung der Informationen über Variablen (z. B. „–SJ1"), die dann entweder im gesamten Programm bekannt sind **(globale Variablen)** oder die an die Teilprogramme übergeben und dort festgelegt (deklariert) werden müssen **(lokale Variablen)**.

Anwendungsbeispiel: Klebevorrichtung mit SPS ansteuern

Die **Schrittkette der Klebevorrichtung** von **Seite 144** (pneumatische Lösung) und **Seite 157** (elektropneumatische Lösung) soll mit einer SPS gesteuert werden. Die SPS arbeitet, so wie die VPS, nach dem **EVA-Prinzip. Bild 1** zeigt den **Anschlussplan**. An die **Eingänge (E)** der SPS werden die Signalglieder angeschlossen, das sind die Sensoren und Schalter der Anlage. An die **Ausgänge (A)** kommen die Ventilmagnete. Eine übersichtliche Darstellung der Anschlussbelegung ist die **Zuordnungsliste (Tabelle 1)**. Im SPS-Programm werden die gleichen Bauteilbezeichnungen verwendet, so dass es gut lesbar wird.

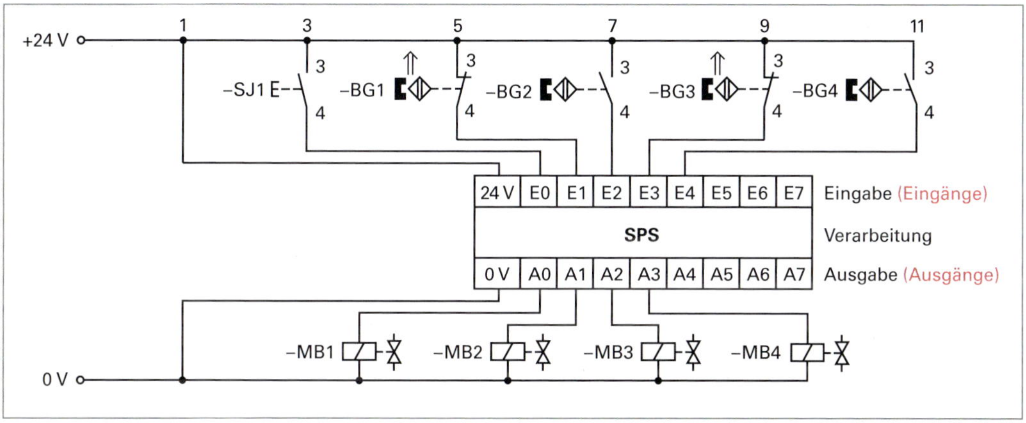

Bild 1: Anschlussplan der Klebevorrichtung

Tabelle 1: Zuordnungsliste der Klebevorrichtung

		Eingänge	
Bauteil	**Anschluss**	**Funktion**	**Kommentar**
–SJ1	E0	Start-Taster	Schließer
–BG1	E1	Klemmzylinder eingefahren	Schließer, Grundstellung
–BG2	E2	Klemmzylinder ausgefahren	Schließer, Arbeitsstellung
–BG3	E3	Schiebezylinder eingefahren	Schließer, Grundstellung
–BG4	E4	Schiebezylinder ausgefahren	Schließer, Arbeitsstellung
		Ausgänge	
Bauteil	**Anschluss**	**Funktion**	**Kommentar**
–MB1	A0	Klemmzylinder ausfahren	Ventilmagnet, –QM1-14
–MB2	A1	Klemmzylinder einfahren	Ventilmagnet, –QM1-12
–MB3	A2	Schiebezylinder ausfahren	Ventilmagnet, –QM2-14
–MB4	A3	Schiebezylinder einfahren	Ventilmagnet, –QM2-12

Die Entwicklung eines **SPS-Programms** zur Steuerung eines Ablaufs erfolgt vorteilhaft aus einem GRAFCET heraus.

Die blauen und die orangen Pfeile vor und nach Schritt 3 in **Bild 1** und **2** zeigen die gegenseitige Verriegelung der Schritte untereinander. In **Bild 2** ist Schritt 3 zur Verdeutlichung mit roter Strichlinie umrandet.

Nachfolgend wird anhand von Schritt 3 beschrieben, wie die Schritte und Übergangsbedingungen des GRAFCETS **(Bild 1)** mit der Programmstruktur des SPS-Programms **(Bild 2)** zusammenhängen:

① Der vorangegangene **Schritt 2** muss **aktiv** (**Bild 1**, blauer Pfeil) **UND** er muss **abgeschlossen** sein (**Bild 1**, grüner Pfeil). In **Bild 2** ist Merker M2 von Schritt 2 (–MM1 fährt ein) UND-verknüpft mit –BG1 (–MM1 ist eingefahren).

② Nach Erfüllung der Bedingungen von ① ist der aktuelle Schritt in **Bild 1** jetzt Schritt 3, er setzt den vorangegangenen Schritt 2 zurück (oranger Pfeil). In **Bild 2** setzt Merker M3 von Schritt 3 den Schritt 2 zurück.

③ Schritt 3 bewirkt eine Aktion, in der –MB3 bewirkt, dass –MM2 ausfährt (roter Pfeil)

④ Schritt 3 muss aktiv (**Bild 1**, blauer Pfeil) UND er muss abgeschlossen sein (**Bild 1**, grüner Pfeil). In **Bild 2** ist Merker M3 von Schritt 3 (–MM2 fährt aus) UND-verknüpft mit –BG4 (–MM2 ist ausgefahren).

⑤ Nach Erfüllung der Bedingungen von ④ ist der aktuelle Schritt in **Bild 1** jetzt Schritt 4, er setzt den vorangegangenen Schritt 3 zurück (oranger Pfeil). In **Bild 2** setzt Merker M4 von Schritt 4 den Schritt 3 zurück (oranger Pfeil).

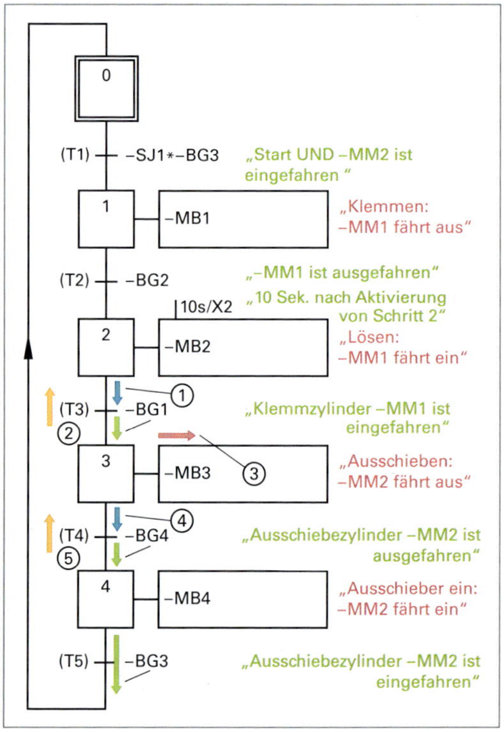

Bild 1: GRAFCET der Klebevorrichtung

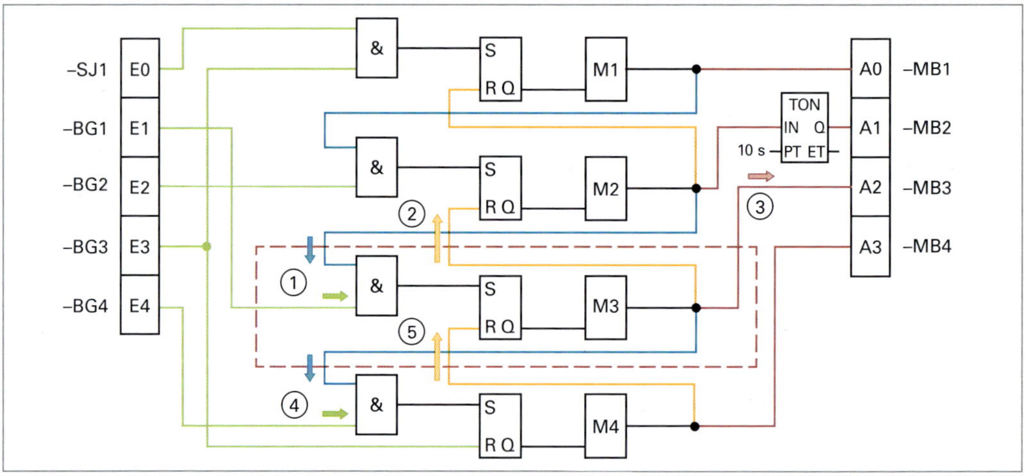

Bild 2: SPS-Programm der Klebevorrichtung mit Kleinsteuerung

Bild 1, Seite 177, zeigt das gleiche Programm wie **Bild 2**. Die Variablen, also die Eingänge (–SJ1, –BG1 ...), die Ausgänge (–MB1, –MB2 ...) und die Merker (Schritt 1, Schritt 2 ...), sind mit ihren Namen aus den Anschluss- und Pneumatikplänen benannt. Das gesamte Programm ist in zwei Teilprogramme aufgeteilt. Grund ist das strukturierte Programmieren, bei dem eine Gesamtaufgabe in mehrere Teilaufgaben aufgeteilt wird. Diese werden dann durch Teilprogramme gelöst.

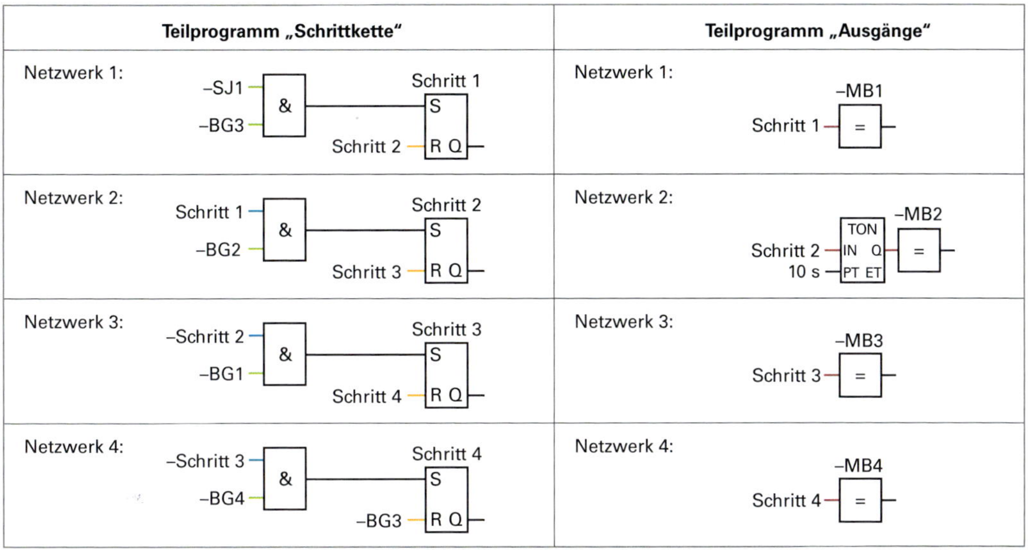

Bild 1: SPS-Programm der Klebevorrichtung in Teilprogrammen und Netzwerken

AUFGABEN | WIEDERHOLUNG UND VERTIEFUNG

1. Ein Bauteil wird von Hand in eine Prägevorrichtung **(Bild 2, Bild 3)** eingelegt. Nach Betätigung des Start-Tasters (–SJ1) soll ein Spannzylinder –MM1 das Teil spannen. Wenn das Teil gespannt ist, soll der Prägezylinder –MM2 nach unten fahren, eine Aufschrift einprägen und dann zeitverzögert nach 4 Sekunden wieder nach oben fahren. Sobald der Prägezylinder –MM2 wieder oben ist, öffnet der Spannzylinder –MM1 und das Teil kann entnommen werden. Erstellen Sie den **GRAFCET** und das **SPS-Programm** zur Prägevorrichtung. Nutzen Sie bei Bedarf **Tabelle 1**.

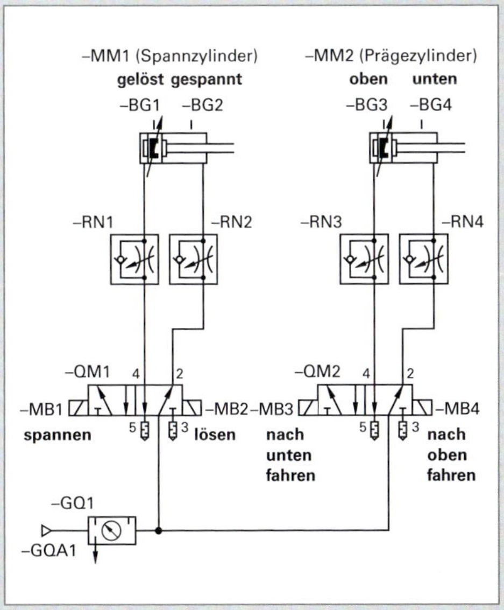

Bild 2: Pneumatikplan

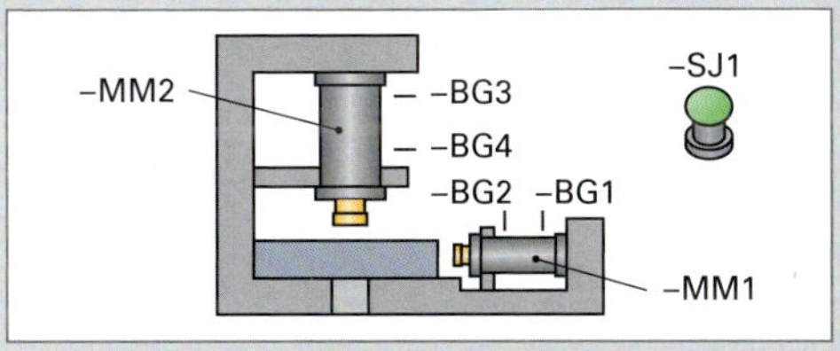

Bild 3: Lageplan

Tabelle 1: Zuordnungsliste

Bauteil	Anschluss	Funktion
–SJ1	E0	Start-Taster
–BG1	E1	Klemmzylinder eingefahren
–BG2	E2	Klemmzylinder ausgefahren
–BG3	E3	Schiebezylinder eingefahren
–BG4	E4	Schiebezylinder ausgefahren
Bauteil	**Anschluss**	**Funktion**
–MB1	A0	Klemmzylinder ausfahren
–MB2	A1	Klemmzylinder einfahren
–MB3	A2	Schiebezylinder ausfahren
–MB4	A3	Schiebezylinder einfahren

10.10 TECHNICAL ENGLISH

10.10.1 LINKING OF SIGNALS AND PROGRAMMABLE LOGIC CONTROLLERS (PLC)

In pneumatic and hydraulic control technology signals must be evaluated. A distinction is made between two signals: 1 means "pressure applied" or "true", 0 means "no pressure" or "false".

Conditions are created by linking signals, e.g. "key 1 is pressed AND key 2 is pressed". Conditions can be fulfilled or 1 or not fulfilled or 0. In logic the result of a condition is treated like a variable. A variable that can take the values 1 or 0 is called a Boolean variable.

Words (English)	Words (German)
programmable logic controller (PLC)	speicherprogrammierbare Steuerung (SPS)
distinction	Unterscheidung
condition	Bedingung
Boolean variable	Boolesche Variable
AND-conjunction	UND-Verknüpfung
two-pressure valve	Zweidruckventil
hard-wired programmed logic controller	festverdrahtete (verbindungsprogrammierte) Steuerung (VPS)
normally open (NO)	Öffner
normally closed (NC)	Schließer
valve solenoid	Ventilmagnet
function block diagram (FBD)	Funktionsbausteinsprache (FBS)

AND-conjunction

The AND-conjunction can be used to prevent accidents on presses. With a two-hand safety circuit two buttons must be pressed simultaneously for the press to extend.

A logic table **(table 1)**, also called a truth table or switching table, can clearly display the AND-conjunction. An ∗-operator (∗ is spoken as „and") is treated in logic like a multiplication. The result Q (engl.: quit) is a Boolean variable and corresponds to the signal present at the output marked Q.

Two-pressure valves are a typical application for AND-conjunctions.

Table 1: Logic table: AND-conjunction

–SJ1	–SJ2	Q = –SJ1 ∗ –SJ2
0	0	Q = 0 ∗ 0 = 0
1	0	Q = 1 ∗ 0 = 0
0	1	Q = 0 ∗ 1 = 0
1	1	Q = 1 ∗ 1 = 1

Programmable logic controllers

In the past control tasks were solved pneumatically with a hard-wired programmed logic controller or complex relay logic.

Today programmable logic controllers (PLC) (example in **figure 1**) are often used in automation. They use electrical signals ("current flowing" or "current not flowing") which are converted at the input into 1 or 0 signals. Here the switches –SJ1 and –SJ2 (normally open) are connected to the input terminals I0 and I1 (engl.: input) of the control system. When all signals are converted the controller reads out the inputs and stores them.

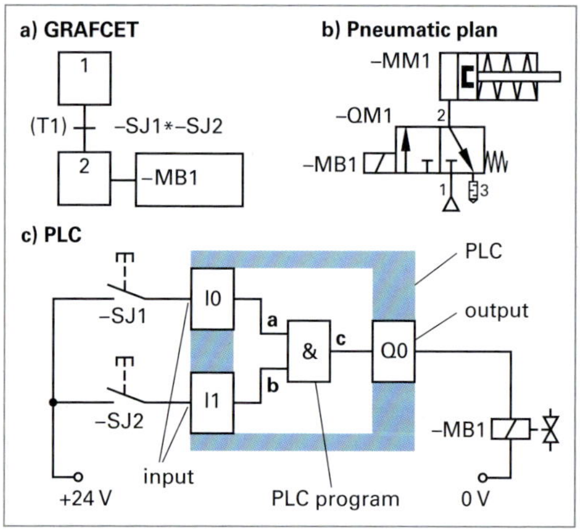

Figure 1: AND-Conjunction using PLC

The supplied signals are then processed by a program in the memory of the control system. In this case, the program consists only of an AND-symbol which links the two input signals. The result of this is either 0 or 1. This new signal is converted back into an electrical signal at the output side and transmitted via output Q0 to the valve solenoid –MB1. This example **(figure 1)** uses the graphical programming language FBD (function block diagram).

10.10.2 | AUTOMATION AND INDUSTRY 4.0

Automated systems are used in many branches of industry, especially in series and mass production. Even in one-off production individual work steps can be automated, e.g. the automated pressing of roller bearings.

The automated systems of production are linked data-wise with product planning and logistics (procurement and sales). The Y-Model **(figure 1)** illustrates this networking.

Smart Factory

In a smart factory, systems, machines, computers, controls, work pieces and people communicate with each other. The interaction between cyber world (virtual) and physical world (real) is called a cyber-physical system. Self-controlling production processes make an individualization of production down to a piece number of one economically viable.

Product planning

The life cycle of a product – from development to service to disposal – is documented by data. This is called the memory of a product.

Logistics

In logistics suppliers and buyers are connected, too. Communication between customers and the smart factory must work on all channels, this is called multi-channel. The communication channels are phone, internet (PC, smartphone, notebook etc.) or personal contact.

CAD systems (**figure 1**, red) are used in all areas of Industry 4.0: from parts lists for procurement or animations for sales and documentation up to 3D models for product planning. The 3D models can be used to derive programs for automation and production in the smart factory.

Industry 4.0 is a concept of all-encompassing digitalization of industrial processes. It is named after the fourth industrial revolution following the introduction of steam power, the assembly line and the digital revolution.

Words	
automated systems	automatisierte Systeme
branches of industry	Industriezweige
series production	Serienfertigung
mass production	Massenproduktion
one-off production	Einzelfertigung
work step	Arbeitsschritt
automated pressing	automatisiertes Einpressen
roller bearing	Wälzlager
product planning	Produktplanung
logistics	Logistik
procurement	Beschaffung
sales	Verkauf
smart factory	intelligente Fabrik
to become economically viable	wirtschaftlich werden
life cycle	Lebenszyklus
disposal	Entsorgung
all-encompassing digitalization	umfassende Digitalisierung
steam power	Dampfkraft
assembly line	Fließband

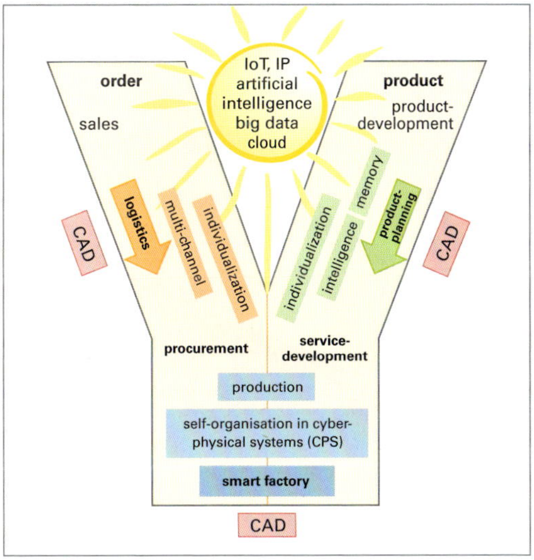

Figure 1: Y-Model Industry 4.0 (Scheer)

EXERCISES | REPETITION AND CONSOLIDATION

1. How are conditions created and what can they be? How are they connected to a Boolean variable?
2. What is an AND-conjunction and how does it work?

Lernfeld 11

3D-DATENSÄTZE VON BAUGRUPPEN UNTER VERWENDUNG VON MASCHINENELEMENTEN SOWIE KAUFTEILEN ERSTELLEN UND MODIFIZIEREN

In diesem Kapitel werden Sie lernen, wie Getriebe funktionieren. Sie werden Zahnräder und Übersetzungen berechnen. Sie werden Kettentriebe und Riementriebe kennenlernen.

Sie werden Getriebe konstruieren, Lager auswählen und berechnen. Sie werden die unterschiedlichen Lagerarten und Lageranordnungen mit Ihren Vor- und Nachteilen kennenlernen.

Weil ein Getriebe in der Regel mit Öl geschmiert wird, werden Sie auch lernen, wie das Gehäuse und die Wellen abgedichtet werden.

Damit ein Getriebe eine ausreichende Lebensdauer hat, müssen eventuell die Zähne der Zahnräder gehärtet werden. Auch das Härten und die Härteprüfung werden deshalb in diesem Kapitel erklärt.

Auch die für Technische Produktdesigner wichtige Darstellung von Verzahnungen, Ketten- und Riementrieben, Lagern, Dichtungen und Härteangaben in technischen Zeichnungen ist Thema dieses Kapitels.

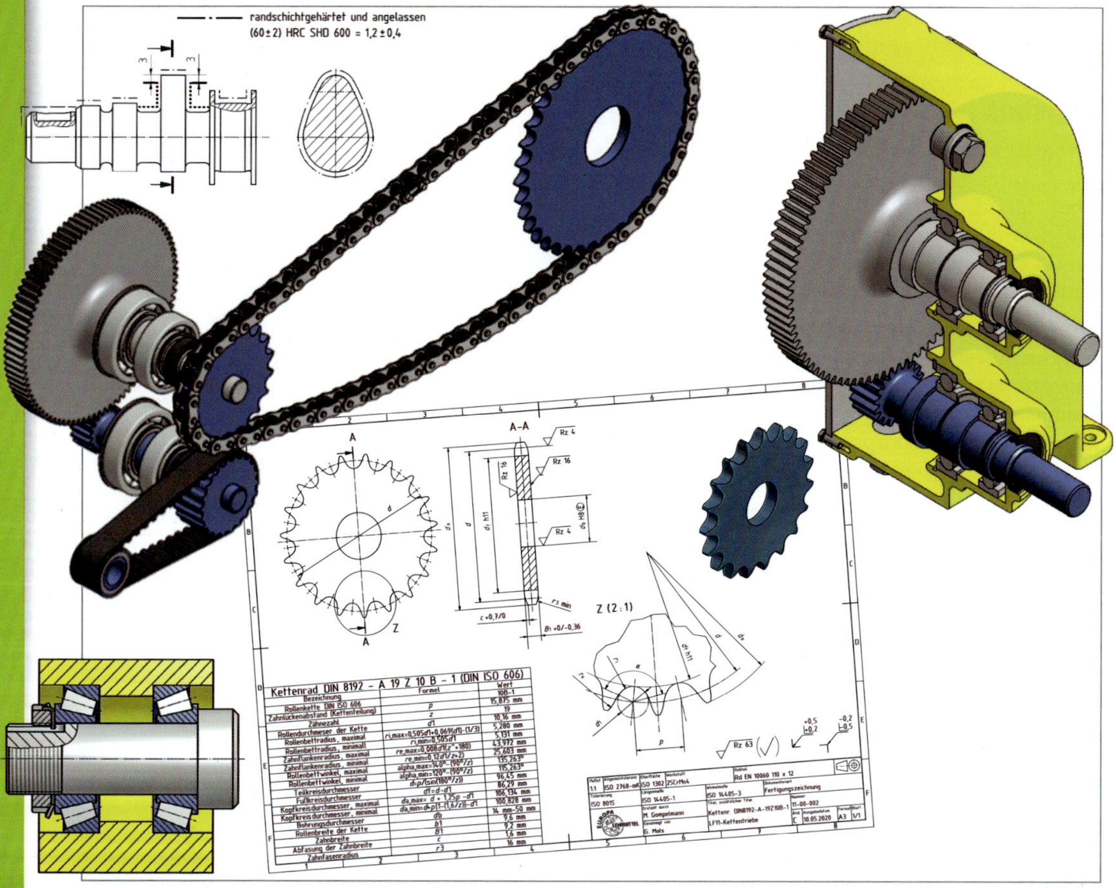

11.1 LERNSITUATIONEN

LERNSITUATION 1 | Konstruktion eines Zahnradpaares

In Ihrer Firma soll ein geradverzahntes Zahnradgetriebe konstruiert werden, und Sie sollen einen Entwurf der Zahnräder erstellen **(Bild 1)**.

Der Antriebsmotor ist ein Elektromotor mit $P_1 = 15$ kW und einer Drehzahl von $n_1 = 1\,500$ 1/min. Die Abtriebswelle soll eine Drehzahl von $n_2 = 500$ 1/min haben. Die Zahnräder sollen mit einem Modul $m = 5$ mm konstruiert werden. Beide Zahnräder sollen aus Vergütungsstahl 42CrMo4 gefertigt werden. Das kleinere Zahnrad soll die kleinstmögliche Zähnezahl haben, die ohne Profilverschiebung verwendet werden kann.

Die Antriebswelle hat einen Durchmesser von 40 mm. Das Drehmoment soll mit einer Passfeder von der Welle auf das Zahnrad 1 übertragen werden. Dieses Zahnrad wird mit zwei Sicherungsringen auf der Welle positioniert und soll eine Breite von 32 mm haben.

Das zweite Zahnrad sitzt auf einer Welle mit einem Durchmesser von 60 mm. Das Drehmoment soll auch hier mit einer Passfeder von dem Zahnrad 2 auf die Welle übertragen werden. Dieses Zahnrad wird ebenfalls mit zwei Sicherungsringen auf der Welle positioniert und soll eine Breite von 30 mm haben.

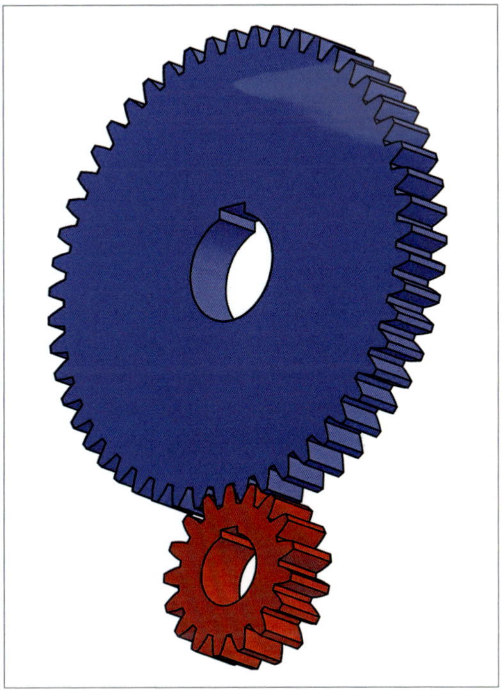

Bild 1: Geradverzahnte Zahnräder

Aufgabenstellung

1.1 Berechnen Sie für dieses Getriebe die Zähnezahlen, z_1, z_2 und i. Berechnen Sie ebenfalls die folgenden Werte: d_1, d_{a1}, d_{f1}, d_2, d_{a2}, d_{f2}, h_a, h_f, h, c und a.

1.2 Berechnen Sie die folgenden Leistungswerte: n_2, v_1, v_2, M_1, M_2, F_{u1}, F_{u2}, F_{r1}, F_{r2} und P_2.

1.3 Erstellen Sie eine normgerechte Gesamtzeichnung im Format A2 der beiden Zahnräder im Maßstab 1:1. Stellen Sie nur die beiden Zahnräder dar. Erzeugen Sie eine Vorderansicht, eine Seitenansicht und eine Seitenansicht im Schnitt.

1.4 Erstellen Sie eine normgerechte Fertigungszeichnung im Format A3 des kleineren Zahnrads.

i

Zusatzinformationen:

- Verwenden Sie ein Kopfspiel von $c = 0{,}167 \cdot m$
- Gehen Sie vereinfachend von einem Wirkungsgrad $\eta = 1$ aus.
- Das kleine Zahnrad soll die Teilenummer **11-01-01** haben.
- Das große Zahnrad soll die Teilenummer **11-01-02** haben.
- Die Gesamtzeichnung soll die Zeichnungsnummer **11-01-10** haben.
- Die Fertigungszeichnung soll mit Form- und Lagetoleranzen versehen sein.

Lernfeld 11

LERNSITUATION 2 | Konstruktion einer Lagerung

In Ihrer Firma soll eine Wälzlagerung konstruiert werden. Da die Lagerarten und die Lageranordnung nicht festgelegt sind, sollen Sie mehrere Varianten konstruieren und vergleichen, damit die am besten geeignete Konstruktion ausgewählt werden kann **(Bild 1)**. Ihr Ausbilder bittet Sie daher, die folgenden Lagerungen zuerst von Hand zu skizzieren und anschließend mit einem 3D-CAD-Programm zu modellieren. Erstellen Sie jeweils eine Gesamtzeichnung mit Stückliste und vollständig bemaßte, tolerierte, mit Form- und Lagetoleranzen versehene, normgerechte Fertigungszeichnungen der Welle und des Gehäuses. Ermitteln Sie zusätzlich die dynamischen Tragzahlen und die Grenzdrehzahlen der verwendeten Lager.

Aufgabenstellung

2.1 Erstellen Sie eine Lagerung mit Rillenkugellagern DIN 625 – 6205 in Fest- und Loslageranordnung.

2.2 Ersetzen Sie in der Konstruktion aus Aufgabe 2.1 die Rillenkugellager durch Zylinderrollenlager. Geben Sie an, ob sich Angaben in den Fertigungszeichnungen der Welle bzw. des Gehäuses ändern.

2.3 Erstellen Sie eine Lagerung mit Kegelrollenlagern DIN 720 – 30205 in angestellter Lagerung in O-Anordnung. Das Lagerspiel soll mit einer geeigneten Nutmutter eingestellt werden.

2.4 Erstellen Sie eine Präsentation mit Montageanimationen und Explosionszeichnungen für die unterschiedlichen Lageranordnungen. Berechnen Sie die Lebensdauer der Lager für eine Radiallast von $F_r = 5000$ N und eine Drehzahl von $n = 1000$ 1/min. Vergleichen Sie die oben beschriebenen Lagerungen und arbeiten Sie ihre Vor- und Nachteile heraus, z. B. hinsichtlich der Funktion, der Montage und der Kosten.

i

Zusatzinformationen

Das Gehäuse soll nur angedeutet werden, also aus einer massiven „Wand" mit den notwendigen Lagersitzen und Nuten bestehen. Die Welle soll nur aus den für die Lagerung notwendigen Wellenabsätzen und Nuten bestehen. Eine Abdichtung oder Schmierstoffversorgung muss nicht berücksichtigt werden. Gehen Sie bei allen Lagerungen davon aus, dass die Innenringe mit einer mittleren Punktlast belastet werden. Werkstoffe und Rohteile sollen sinnvoll gewählt werden.

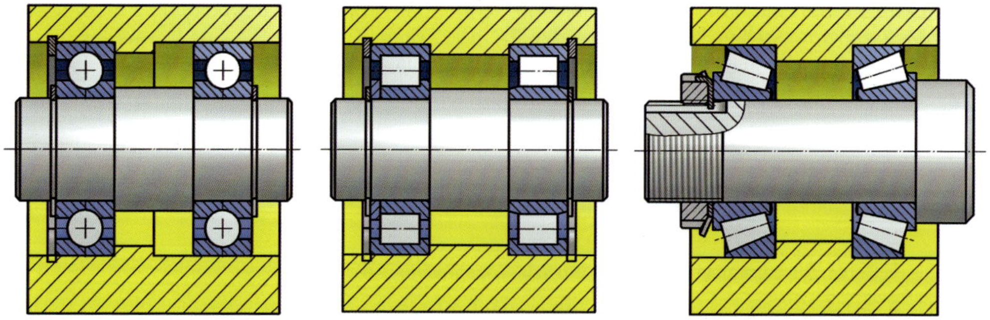

Bild 1: Beispiele für Lagerarten und Lageranordnungen

LERNSITUATION 3 | Konstruktion eines Getriebes

In Ihrer Firma wurde ein Getriebe mit der Teilenummer **11-03-010** hergestellt. Leider existiert von diesem Getriebe nur noch eine Papierzeichnung. Ihre Aufgabe ist es, das Getriebe nachzukonstruieren und alle für die Fertigung erforderlichen Zeichnungen und Modelle zu erzeugen. Auch die Verzahnungsdaten und die Lebensdauer der Lager sollen überprüft werden.

Aufgabenstellung

3.1 Berechnen Sie den Teilkreis-, den Fußkreis- und den Kopfkreisdurchmesser der beiden Zahnräder. Gehen Sie dabei von einem Kopfspiel mit $c = 0{,}167 \cdot m$ aus.

3.2 Berechnen Sie die Drehzahl und das Drehmoment der Abtriebswelle.

3.3 Berechnen Sie die radialen und tangentialen Zahnkräfte.

3.4 Berechnen Sie die Lagerkräfte und die erwartete Lebensdauer der Rillenkugellager.

3.5 Überprüfen Sie, ob die Passfeder Pos.-Nr. 11 ausreichend dimensioniert ist.

3.6 Erstellen Sie eine Fertigungszeichnung der Antriebs- und der Abtriebswelle.

3.7 Erstellen Sie eine Fertigungszeichnung des Zahnrades.

3.8 Erstellen Sie CAD-Modelle aller Bauteile und erzeugen Sie die Gesamtzeichnung mit Stückliste.

i

Zusatzinformationen

Das Getriebe wird über die Antriebswelle von einem Elektromotor angetrieben. Sie können davon ausgehen, dass sowohl über den Antrieb als auch über den Abtrieb keine Querkräfte in das Getriebe eingeleitet werden. Gehen Sie bei Ihren Berechnungen von einem Antrieb mit der Leistung $P_1 = 2{,}5$ kW, einer Drehzahl von $n_1 = 3000$ 1/min und einem Wirkungsgrad $\eta = 1$ aus.

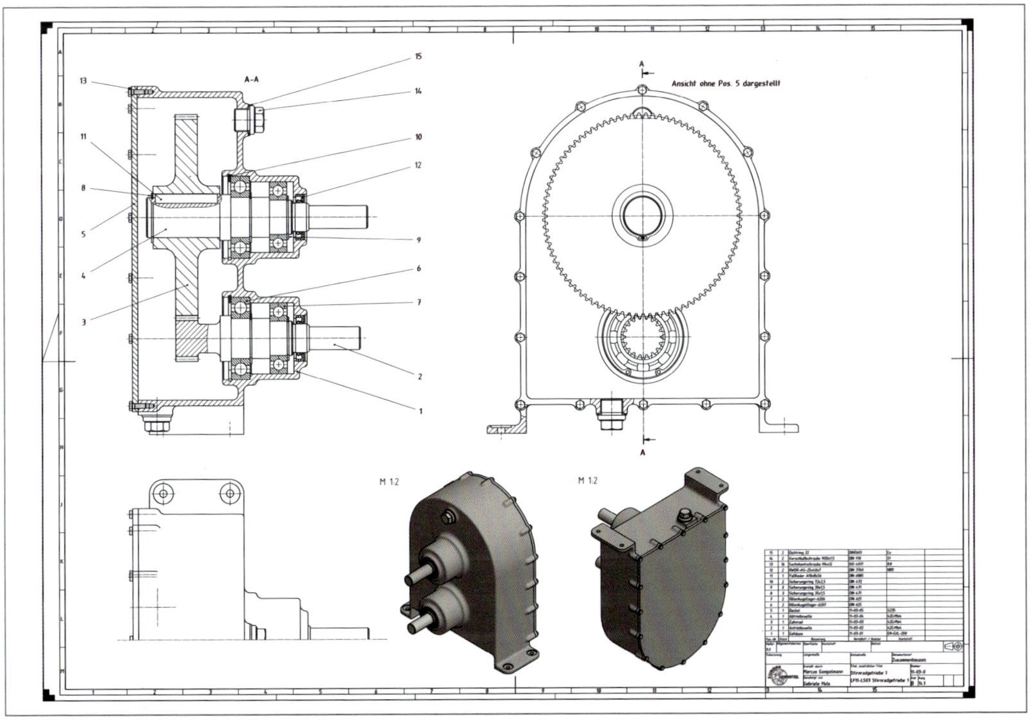

11.2 | GETRIEBETECHNIK

Getriebe werden benötigt, um zwischen der Antriebsseite und der Abtriebsseite die Drehzahl, die Drehrichtung oder das Drehmoment zu verändern. Getriebe können auch die Art der Bewegung verändern. Ein Kurbeltrieb wandelt z. B. die Drehbewegung einer Kurbelwelle in die lineare Bewegung eines Kolbens um.

11.2.1 | PHYSIKALISCHE GRUNDLAGEN

Zur Beschreibung der Vorgänge in einem Getriebe werden zuerst einige physikalische Grundlagen definiert. Auch genormte Schreibweisen, die in diesem Buch verwendet werden, werden erläutert.

In der DIN 1338 ist festgelegt, dass die Formelzeichen für Variablen und physikalische Größen kursiv, d. h. in geneigter Schrift, gesetzt werden. Zur deutlichen Unterscheidung zwischen physikalischen Größen und deren Einheiten werden die Zeichen für Einheiten immer geradestehend gesetzt.

> Die Formelzeichen für **physikalische Größen**, z. B. Länge *l*, Masse *m* oder Zeit *t*, werden kursiv (in geneigter Schrift) dargestellt. Die Zeichen für **Einheiten**, z. B. Meter m, Kilogramm kg oder Sekunde s, werden immer mit geradestehenden Buchstaben dargestellt.

Die Einheiten der physikalischen Größen sind nach DIN 1301 im internationalen Einheitensystem (**SI**, franz.: ***s****ystème* ***i****nternational d'unités*) festgelegt. In diesem System werden sieben SI-Basiseinheiten definiert **(Tabelle 1)**. Alle weiteren SI-Einheiten werden von diesen SI-Basiseinheiten abgeleitet.

Tabelle 1: SI-Basiseinheiten

Physikalische Größe	Formelzeichen	Einheitenname	Einheitenzeichen
Länge (engl.: ***l****ength*)	*l* oder *s*	Meter	m
Masse (engl.: ***m****ass*)	*m*	Kilogramm	kg
Zeit (engl.: ***t****ime*)	*t*	Sekunde	s
elektrische Stromstärke	*I*	Ampere	A
thermodynamische Temperatur	*T*	Kelvin	K
Stoffmenge	*n*	Mol	mol
Lichtstärke	I_v	Candela	cd

In der Mechanik werden nur drei SI-Basiseinheiten verwendet: Meter m, Kilogramm kg und Sekunde s. Alle weiteren SI-Einheiten werden von diesen SI-Basiseinheiten abgeleitet

Die DIN 1338 legt die Schreibweise für eine Multiplikation fest. Produkte werden durch Nebeneinanderschreiben der Faktoren dargestellt. Nur wenn diese Schreibweise missverstanden werden kann, muss ein Multiplikationspunkt eingefügt werden.

Beispiel: $F = m\,a = m \cdot a$

Die DIN EN ISO 80000-1 legt fest, dass die Einheit einer physikalischen Größe durch eine eckige Klammer um das Formelzeichen dieser Größe gekennzeichnet wird.

Beispiel: $[m] = \mathrm{kg}$

Diese Gleichung bedeutet: Die Einheit der Masse *m* ist das Kilogramm kg.

Zur Unterscheidung der Formelzeichen physikalischer Größen können diese mit Indizes versehen werden, z. B. mit Nummern oder Buchstaben. Ein Index wird immer geradestehend gesetzt.

Beispiel: $t_1 = 60\ \text{s}$ und $t_2 = 180\ \text{s}$

Der griechische Buchstabe Δ (ausgesprochen: Delta) kennzeichnet eine Differenz. Dementsprechend gibt z. B. Δt eine positive Zeitspanne an, weil es die Differenz zwischen dem größeren Wert und dem kleineren Wert darstellt.

Beispiel: $\Delta t = t_2 - t_1 = 180\ \text{s} - 60\ \text{s} = 120\ s$

Abgeleitete physikalische Größen und deren SI-Einheiten

Die **Geschwindigkeit *v*** (engl.: *velocity*) ist der Quotient aus einer zurückgelegten **Wegstrecke Δ*s*** und der dazu benötigten **Zeitspanne Δ*t***.

$v = \frac{\Delta s}{\Delta t}$	v	Δs	Δt
	$\frac{\text{m}}{\text{s}}$	m	s

Die **Beschleunigung *a*** (engl.: *acceleration*) ist der Quotient aus einer **Geschwindigkeitsänderung Δ*v*** und der dazu benötigten **Zeitspanne Δ*t***.

$a = \frac{\Delta v}{\Delta t}$	a	Δv	Δt
	$\frac{\text{m}}{\text{s}^2} = \frac{\frac{\text{m}}{\text{s}}}{\text{s}}$	$\frac{\text{m}}{\text{s}}$	s

Eine **Kraft *F*** (engl.: *force*), die auf einen Körper mit der **Masse *m*** wirkt, ändert die Geschwindigkeit dieses Körpers mit der **Beschleunigung *a***. Der SI-Einheitenname der Kraft ist **Newton**, Einheitenzeichen N.

$F = m \cdot a$	F	m	a
	$\text{N} = \text{kg} \cdot \frac{\text{m}}{\text{s}^2}$	kg	$\frac{\text{m}}{\text{s}^2}$

Die **Arbeit *W*** (engl.: *work*) ist das Produkt aus einer auf einen Körper wirkenden **Kraft *F*** und dem zurückgelegten **Weg *s***, den dieser Körper in Richtung der Kraft bewegt wird. Nur der parallel zur Wirkungsrichtung der Kraft zurückgelegte Weg geht in die Berechnung der Arbeit ein. Der SI-Einheitenname der Arbeit ist **Joule**, Einheitenzeichen J.

$W = F \cdot s$	W	F	s
	$\text{J} = \text{Nm} = \text{kg} \cdot \frac{\text{m}^2}{\text{s}^2}$	$\text{N} = \text{kg} \cdot \frac{\text{m}}{\text{s}^2}$	m

Lernfeld 11

Die **Leistung *P*** (engl.: *power*) ist der Quotient aus der **Arbeit *W*** und der **Zeitspanne *t***, die benötigt wird, um diese Arbeit zu leisten. Der SI-Einheitenname der Leistung ist **Watt**, Einheitenzeichen W.

$$P = \frac{W}{t}$$

P	W	t
$\mathrm{W} = \frac{\mathrm{J}}{\mathrm{s}} = \frac{\mathrm{Nm}}{\mathrm{s}} = \mathrm{kg} \cdot \frac{\mathrm{m}^2}{\mathrm{s}^2}$	$\mathrm{J} = \mathrm{Nm} = \mathrm{kg} \cdot \frac{\mathrm{m}^2}{\mathrm{s}^2}$	s

Im freien Fall erfährt jeder Körper auf der Erde unabhängig von seiner Masse eine Fallbeschleunigung. Diese ist nicht überall auf der Erde gleich groß, weil die Erde aufgrund ihrer Rotation keine perfekte Kugelform hat, weil sie topografische Variationen, wie z. B. Berge, hat und weil sie Unregelmäßigkeiten in ihrem Inneren aufweist. Die Fallbeschleunigung ist z. B. an den Polen größer als am Äquator. Sie ist auch über Granit oder einer Lagerstätte aus Eisenerz größer als z. B. über Sandstein. In der Technik wird mit der **Erdbeschleunigung *g*** (engl.: *gravity acceleration*) gerechnet, diese entspricht dem ungefähren Mittelwert der Fallbeschleunigungen auf der Erde.

$$g = 9{,}81\ \frac{\mathrm{m}}{\mathrm{s}^2}$$

Die **Gewichtskraft F_G** (engl.: *gravity force*), die auf jeden Körper auf der Erde wirkt, ist das Produkt aus der **Masse *m*** dieses Körpers und der **Erdbeschleunigung *g***, die dieser Körper im freien Fall erfahren würde.

$$F_G = m \cdot g$$

F_G	m	g
$\mathrm{N} = \mathrm{kg} \cdot \frac{\mathrm{m}}{\mathrm{s}^2}$	kg	$\frac{\mathrm{m}}{\mathrm{s}^2}$

BEISPIEL 11.1 | **Berechnung von Arbeit und Leistung**

Ein Gabelstapler soll in 10 s eine Kiste mit einer Masse von 1000 kg um einen Meter anheben **(Bild 1)**.
Wie groß ist die Leistung *P*, die der Gabelstapler dazu benötigt?

Lösung

$t = 10\ \mathrm{s};\ m = 1000\ \mathrm{kg};\ s = 1\ \mathrm{m}$

$$F_G = m \cdot g = 1000\ \mathrm{kg} \cdot 9{,}81\ \frac{\mathrm{m}}{\mathrm{s}^2} = 9810\ \mathrm{N}$$

$$W = F_G \cdot s = 9810\ \mathrm{N} \cdot 1\ \mathrm{m}$$

$$= 9810\ \mathrm{Nm} = 9810\ \mathrm{J}$$

$$P = \frac{W}{t} = \frac{9810\ \mathrm{Nm}}{10\ \mathrm{s}} = 981\ \frac{\mathrm{Nm}}{\mathrm{s}} = \mathbf{981\ W}$$

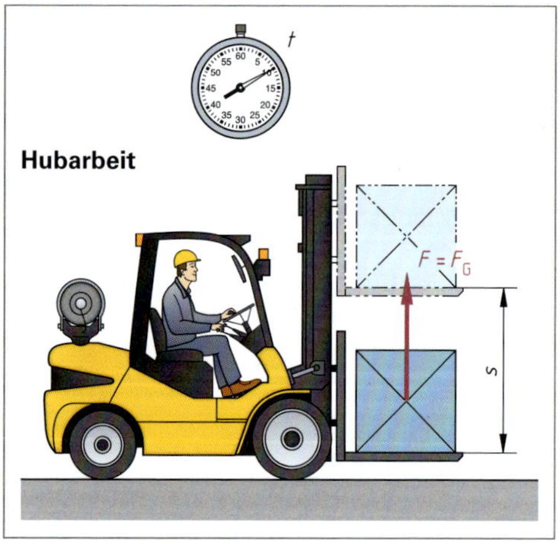

Bild 1: Leistungsberechnung eines Gabelstaplers

11.2.2 | DREHBEWEGUNGEN

Von einer Drehbewegung spricht man, wenn sich ein starrer Körper um eine feste Achse dreht. Dies gilt z. B. für Zahnräder oder für Riemenscheiben. Jeder Punkt dieser Körper bewegt sich dabei auf einer Kreisbahn. Der Mittelpunkt dieser Kreisbahnen ist die feste Achse, um die sich der Körper dreht **(Bild 1)**.

Bei den Betrachtungen der Drehbewegungen in diesem Kapitel wird davon ausgegangen, dass sich die feste Achse nicht bewegt. Diese Rotationsachse bildet daher das Bezugssystem für diese Bewegung. Außerdem werden hier nur Drehbewegungen mit einer konstanten Drehzahl betrachtet.

Die in **Kapitel 11.2.1, Seite 184,** aufgeführten physikalischen Beziehungen gelten auch für Drehbewegungen. Jedoch werden einige zusätzliche physikalische Größen und Einheiten benötigt, die in diesem Kapitel definiert und hergeleitet werden.

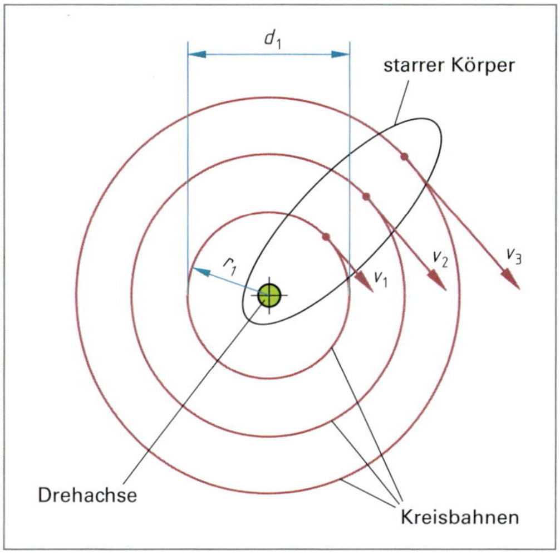

Bild 1: Physikalische Größen einer Drehbewegung

Der **Durchmesser *d*** ist der Durchmesser der Kreisbahn, auf dem sich ein Punkt bei einer Drehbewegung bewegt. Der **Durchmesser *d*** ist doppelt so groß wie der **Radius *r*** dieser Kreisbahn.

$$d = 2 \cdot r$$

d	r
m	m

Die **Strecke *l***, die ein Körper, der sich auf einer Kreisbahn bewegt, bei einer Umdrehung zurücklegt, entspricht dem **Umfang *U*** eines Kreises mit dem **Durchmesser *d***.

$$l = U = \pi \cdot d$$

l	U	d
m	m	m

Die **Drehzahl *n*** eines starren Körpers, der sich auf einer Kreisbahn bewegt, ist der Quotient aus der erreichten **Anzahl an Umdrehungen ΔN** und der dazu benötigten **Zeitspanne Δt**.

$$n = \frac{\Delta N}{\Delta t}$$

n	ΔN	Δt
$s^{-1} = \frac{1}{s}$	1	s

Die **Umlaufdauer *T*** einer Drehbewegung ist die **Zeitspanne Δt**, die für eine vollständige Umdrehung ($\Delta N = 1$) benötigt wird.

$$T = \frac{1}{n}$$

T	n
$s = \frac{1}{\frac{1}{s}}$	$\frac{1}{s}$

Nach der allgemeinen Definition ist die **Geschwindigkeit *v*** der Quotient aus einer zurückgelegten **Wegstrecke Δs** und der dazu benötigten **Zeitspanne Δt**.

Die **Umfangsgeschwindigkeit *v***, mit der sich ein Körper auf einer Kreisbahn bewegt, ist dementsprechend der Quotient aus der **Strecke *U***, die ein Körper bei einer Umdrehung zurücklegt und der dazu benötigten Zeitspanne, der **Umlaufdauer *T***.

$$v = \frac{\Delta l}{\Delta t} = \frac{U}{T} = \frac{\pi \cdot d}{\frac{1}{n}} = \pi \cdot d \cdot n$$

v	Δl	Δt	U	T	d	n
$\frac{\text{m}}{\text{s}}$	m	s	m	s	m	$\frac{1}{\text{s}}$

Die **Umfangskraft F_u** steht bei einer Drehbewegung immer senkrecht auf dem **Radius *r*** und schmiegt sich damit tangential an die Kreisbahn an. Diese Umfangskraft entsteht z. B. durch die Riemenkräfte bei einem Riementrieb **(Bild 1)** oder durch die Zahnradkräfte bei einem Zahnradtrieb.

Ein allgemeines **Kraftmoment *M*** um einen Punkt ist das Produkt aus einer **Kraft *F*** und dem **Abstand *l*** zu diesem Punkt. Der **Abstand *l*** steht dabei senkrecht zu der **Kraft *F***.

Entsprechend ist das **Drehmoment *M*** einer Drehbewegung das Produkt aus der **Umfangskraft F_u** und dem **Radius *r***, da die Umfangskraft immer senkrecht auf dem Radius steht.

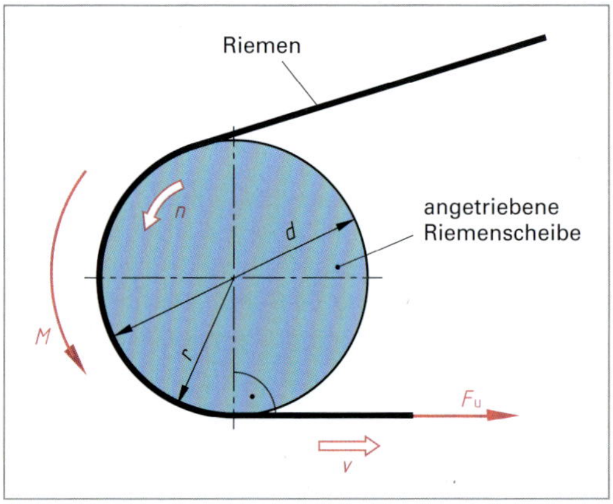

Bild 1: Definition der Umfangsgeschwindigkeit *v*, des Drehmoments *M* und der Leistung *P* bei einer Drehbewegung

$$M = F_u \cdot r = F_u \cdot \frac{d}{2}$$

M	F_u	r	d
Nm	N	m	m

Die **Arbeit *W*** ist das Produkt aus einer auf einen Körper wirkenden **Kraft *F*** und dem **Weg *s***, den dieser Körper in Richtung der Kraft bewegt wird.

Die **Arbeit *W***, die bei einer Umdrehung geleistet wird, ist dementsprechend das Produkt aus der **Umfangskraft F_u** und der **Strecke *U***, die der Punkt, an dem die Umfangskraft angreift, bei einer Umdrehung zurücklegt.

$$W = F_u \cdot U = F_u \cdot \pi \cdot d$$

W	F_u	U	d
J = Nm	N	m	m

Die **Leistung *P*** ist der Quotient aus der **Arbeit *W*** und der **Zeitspanne *t***, die benötigt wird, um diese Arbeit zu leisten.

Die **Leistung *P*** einer Drehbewegung ist dementsprechend der Quotient aus der **Arbeit *W***, die bei einer Umdrehung geleistet wird, und der **Umlaufdauer *T***, die für eine Umdrehung benötigt wird.

$$P = \frac{W}{T} = \frac{F_u \cdot \pi \cdot d}{\frac{1}{n}} = F_u \cdot \pi \cdot d \cdot n$$

P	W	T	F_u	d	n
W = $\frac{\text{Nm}}{\text{s}}$	J = Nm	s	N	m	$\frac{1}{\text{s}}$

Durch Einsetzen der Beziehungen für die **Geschwindigkeit *v*** und für das **Drehmoment *M*** können weitere Gleichungen zur Berechnung der **Leistung *P*** einer Drehbewegung hergeleitet werden:

$$P = F_u \cdot \pi \cdot d \cdot n = F_u \cdot v$$

mit $v = \pi \cdot d \cdot n$

P	F_u	d	n	v
$W = \frac{Nm}{s}$	N	m	$\frac{1}{s}$	$\frac{m}{s}$

$$P = F_u \cdot \pi \cdot d \cdot n = 2 \cdot M \cdot \pi \cdot n$$

mit $M = F_u \cdot \frac{d}{2}$

P	F_u	d	n	M
$W = \frac{Nm}{s}$	N	m	$\frac{1}{s}$	Nm

BEISPIEL 11.2 | Berechnung der Leistung einer Drehbewegung

Sie sollen die Antriebseinheit eines Skilifts dimensionieren. Dazu müssen Sie die benötigte Leistung und Drehzahl des Antriebs berechnen. Der Skilift soll 50 Personen gleichzeitig befördern können. Das Zugseil muss jede Person mit der Kraft $F = 300$ N ziehen. Das Antriebsrad des Skilifts hat einen Durchmesser von 1450 mm. Die Personen sollen mit einer Geschwindigkeit von 3,5 km/h gezogen werden **(Bild 1)**. Reibungsverluste im Antrieb können vernachlässigt werden.

Wie groß sind die benötigte Leistung *P*, das Drehmoment *M* und die Drehzahl *n* des Antriebsmotors?

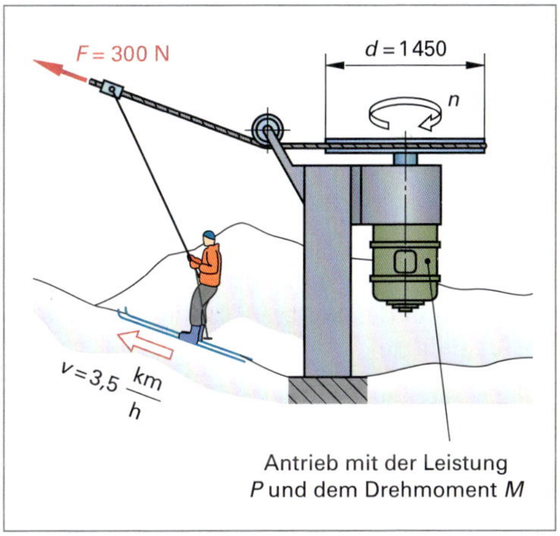

Bild 1: Antriebseinheit eines Skilifts

Lösung

$d = 1450$ mm; $F = 300$ N, 50 Personen

$$v = 3{,}5\ \frac{km}{h} = 3{,}5\ \frac{1000\ m}{60 \cdot 60\ s} = 0{,}972\ \frac{m}{s}$$

$$v = \pi \cdot d \cdot n$$

$$n = \frac{v}{\pi \cdot d} = \frac{0{,}972\ \frac{m}{s}}{\pi \cdot 1{,}45\ m} = 0{,}213\ \frac{1}{s} = 0{,}213\ \frac{1}{\frac{1}{60}\ min} = \mathbf{12{,}8\ \frac{1}{min}}$$

$$F_u = 50 \cdot F = 50 \cdot 300\ N = 15000\ N$$

$$M = F_u \cdot \frac{d}{2} = 15000\ N \cdot \frac{1{,}450\ m}{2} = \mathbf{10875\ Nm}$$

$$P = 2 \cdot M \cdot \pi \cdot n = 2 \cdot 10875\ Nm \cdot \pi \cdot 0{,}213\ \frac{1}{s} = 14554{,}213\ W = \mathbf{14{,}6\ kW}$$

11.2.3 | ÜBERSETZUNGSVERHÄLTNISSE VON GETRIEBEN

Das **Übersetzungsverhältnis *i*** von Getrieben kann sowohl bei Räder- und Zahnradtrieben als auch bei Riemen- und Kettentrieben mithilfe der **Umfangsgeschwindigkeit *v*** hergeleitet werden.

Die Formelzeichen der **treibenden Räder** in einem Getriebe erhalten in der Regel **ungerade Indizes**, z. B.: d_1, d_3, d_5 ..., n_1, n_3, n_5 ..., v_1, v_3, v_5 ...

Die Formelzeichen der **getriebenen Räder** in einem Getriebe erhalten in der Regel **gerade Indizes**, z. B.: d_2, d_4, d_6 ..., n_2, n_4, n_6 ..., v_2, v_4, v_6 ...

Bei einem Rädertrieb rollen die Räder am Berührpunkt aufeinander ab. Das bedeutet, dass am Berührpunkt die **Umfangsgeschwindigkeit v_1** des ersten Rades genauso groß wie die **Umfangsgeschwindigkeit v_2** des zweiten Rades sein muss, da sonst das eine Rad auf dem anderen Rad durchrutschen würde.

Ebenso müssen beim Zahnradtrieb die Zähne, die im Eingriff sind, die gleiche Umfangsgeschwindigkeit haben, da sonst der Zahn des einen Zahnrades den Zahn des anderen Zahnrades überholen würde **(Bild 1a)**.

Bei einem Riementrieb entspricht die **Geschwindigkeit *v*** des Riemens den **Umfangsgeschwindigkeiten v_1** und **v_2** der Riemenräder, da der Riemen sonst über die Riemenräder rutschen würde. Die Geschwindigkeit v des Riemens ist auf der gesamten Länge des Riemens gleich groß, da sonst der hintere Teil des Riemens den vorderen Teil überholen würde. Deshalb müssen die Umfangsgeschwindigkeiten v_1 und v_2 der beiden Riemenräder gleich groß sein **(Bild 1b)**.

Ebenso entspricht bei einem Kettentrieb die **Geschwindigkeit *v*** der Kette den **Umfangsgeschwindigkeiten v_1** und **v_2** der Kettenräder, da die Kette sonst einen Zahn der Kettenräder überspringen würde. Deshalb müssen die Umfangsgeschwindigkeiten v_1 und v_2 der beiden Kettenräder ebenfalls gleich groß sein.

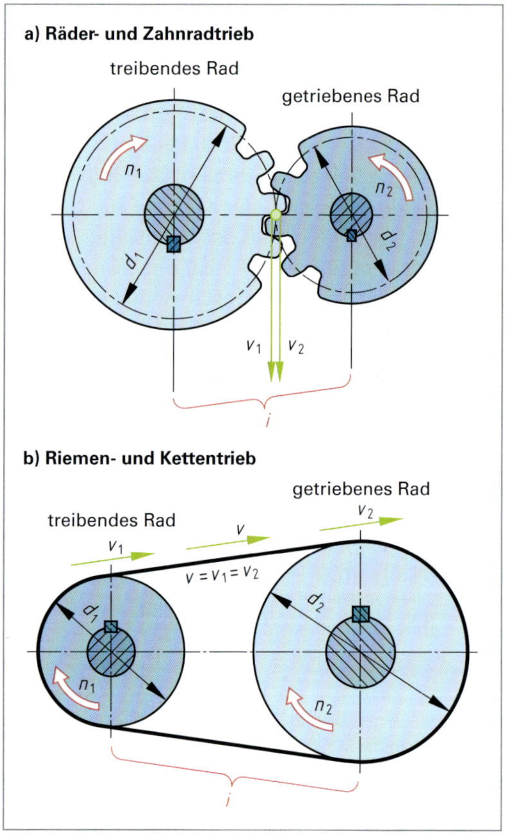

Bild 1: Umfangsgeschwindigkeit v und Übersetzungsverhältnis i bei Getrieben

Damit gilt für Getriebe allgemein folgende Beziehung:

$$v_1 = v_2$$
$$\pi \cdot d_1 \cdot n_1 = \pi \cdot d_2 \cdot n_2$$

mit $v = \pi \cdot d \cdot n$

Daraus ergibt sich die **Antriebsformel**:

$$d_1 \cdot n_1 = d_2 \cdot n_2$$

Für das **Übersetzungsverhältnis *i*** folgt:

$$i = \frac{n_1}{n_2} = \frac{d_2}{d_1}$$

Mithilfe der Getriebeübersetzung können ebenfalls Drehmomente vergrößert oder verkleinert werden. Das Verhältnis der Drehmomente kann mit der **Umfangskraft F_u** hergeleitet werden.

Bei einem Zahnradtrieb wird das Drehmoment dadurch übertragen, dass der Zahn des treibenden Zahnrades gegen einen Zahn des getriebenen Zahnrades drückt.

Die Umfangskraft, die auf das zweite Zahnrad wirkt, wird mit F_{u2} bezeichnet. Diese Kraft bewirkt, dass das zweite Zahnrad in Drehrichtung angetrieben wird, sie muss daher in Drehrichtung des getriebenen Zahnrades wirken **(Bild 1a)**.

Die Umfangskraft, die auf das erste Zahnrad wirkt, wird mit F_{u1} bezeichnet. Die Kraft, mit der das erste Zahnrad gegen das zweite Zahnrad drückt, erzeugt eine gleich große Gegenkraft, mit der das zweite Zahnrad gegen das erste drückt. Diese Kraft wirkt entgegen der Drehrichtung auf das treibende Zahnrad.

Die Umfangskräfte F_{u1} und F_{u2} wirken daher in entgegengesetzte Richtungen und sind gleich groß. Dies gilt sowohl für Rädertriebe als auch für Zahnradtriebe.

Bei einem Riementrieb zieht das treibende Rad über den Riemen an dem zweiten Rad. Diese Umfangskraft, die auf das zweite Rad wirkt, wird mit F_{u2} bezeichnet. Diese Kraft bewirkt, dass das zweite Rad in Drehrichtung angetrieben wird, sie muss daher in Drehrichtung des getriebenen Rades wirken **(Bild 1b)**.

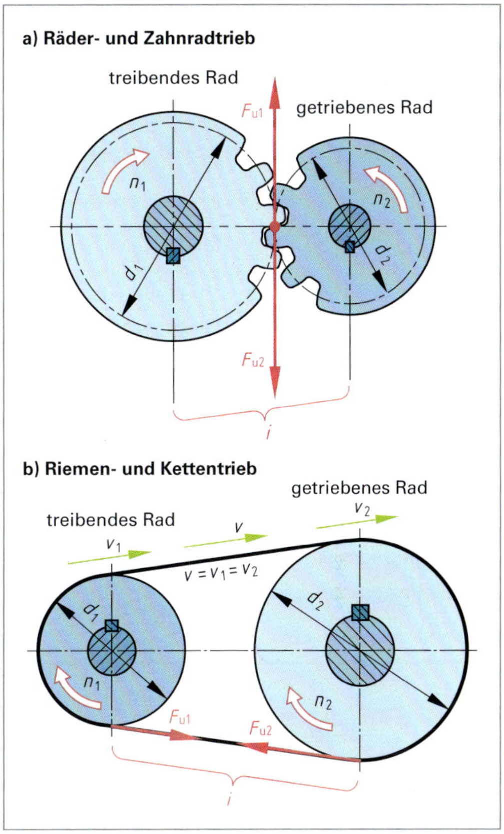

Bild 1: Umfangskraft F_u, Drehmoment M und Übersetzungsverhältnis i bei Getrieben

Die Umfangskraft, mit der der Riemen an dem ersten Rad zieht, wird mit F_{u1} bezeichnet. Diese Kraft wirkt entgegen der Drehrichtung auf das treibende Rad. Die Kraft, die an einem Ende eines Riemens wirkt, muss immer genauso groß sein, wie die Kraft, mit der am anderen Ende des Riemens gezogen wird. Deshalb sind beim Riemen- und Kettentrieb die Umfangskräfte F_{u1} und F_{u2} gleich groß **(Bild 1b)**.

Für ideale Getriebe gilt deshalb folgende Beziehung:

$$F_{u1} = F_{u2}$$

$$\frac{2 \cdot M_1}{d_1} = \frac{2 \cdot M_2}{d_2}$$

$$\frac{d_2}{d_1} = \frac{M_2}{M_1}$$

$$\text{mit } M = F_u \cdot \frac{d}{2} \Rightarrow F_u = \frac{2 \cdot M}{d}$$

Das **Übersetzungsverhältnis *i* von idealen Getrieben** ohne Reibungsverluste ist:

$$i = \frac{n_1}{n_2} = \frac{d_2}{d_1} = \frac{M_2}{M_1}$$

i	n	d	M
1	$\frac{1}{s}$	m	Nm

Ideale Getriebe, d. h. Getriebe ohne Reibungsverluste, können zwar die Drehzahl und das Drehmoment verändern, aber die **Leistung *P*** ändert sich nicht.

Bei einem Getriebe mit einem Übersetzungsverhältnis von z. B. $i = 2$ wird die Drehzahl halbiert, während gleichzeitig das Drehmoment verdoppelt wird. Dadurch bleibt die Leistung P konstant. Dieser Zusammenhang kann mit folgenden Beziehungen nachgewiesen werden:

$$i = \frac{n_1}{n_2} \Rightarrow n_1 = i \cdot n_2$$

$$i = \frac{M_2}{M_1} \Rightarrow M_1 = \frac{M_2}{i}$$

$$P_1 = 2 \cdot M_1 \cdot \pi \cdot n_1 = 2 \cdot \frac{M_2}{i} \cdot \pi \cdot i \cdot n_2 = 2 \cdot M_2 \cdot \pi \cdot n_2 = P_2$$

$$P_1 = P_2$$

> Ein **ideales Getriebe ohne Reibungsverluste** kann Drehzahlen und Drehmomente verändern. Die Leistung ändert sich jedoch nicht.

Bei realen Getrieben ist jedoch P_2 kleiner als P_1. Aufgrund von Reibung in dem Getriebe, z. B. in den Lagern und zwischen den Zahnrädern bzw. zwischen dem Riemen und der Riemenscheibe, geht nutzbare Energie in Form von Wärme und damit nutzbare Leistung verloren. Diese Verluste werden mit dem **Wirkungsgrad η** eines Getriebes angegeben.

Der **Wirkungsgrad η** ist der Quotient aus der technisch nutzbaren abgegebenen **Leistung P_2** und der zugeführten **Leistung P_1**.

$$\eta = \frac{P_2}{P_1}$$

η	P_1	P_2
1	W	W

Die abgegebene technisch nutzbare Leistung ist immer kleiner als die zugeführte Leistung, da durch Reibung Energie in Wärme umgewandelt wird, die technisch nicht mehr nutzbar ist.

> Ein **ideales Getriebe** ohne Reibungsverluste hat einen **Wirkungsgrad** von **$\eta = 1$.**
> Bei **realen Getrieben** ist aufgrund von Reibungsverlusten die abgegebene Leistung P_2 immer kleiner als die zugeführte Leistung P_1. Deshalb ist der **reale Wirkungsgrad $\eta < 1$.**

Für reale Getriebe gilt:

$$\eta = \frac{P_2}{P_1} = \frac{2 \cdot M_2 \cdot \pi \cdot n_2}{2 \cdot M_1 \cdot \pi \cdot n_1} = \frac{M_2 \cdot n_2}{M_1 \cdot n_1}$$

Bei realen Getrieben kann sich durch Reibung das Verhältnis der Drehzahlen zueinander nicht ändern. Auch mit Reibung kann schließlich ein Zahn den anderen Zahn nicht überholen. Deshalb können sich die Verluste nur in Form von Drehmomentverlusten bemerkbar machen.

$$\frac{n_1}{n_2} = \frac{M_2}{\eta \cdot M_1}$$

Übersetzungsverhältnis von realen Getrieben

$$i = \frac{n_1}{n_2} = \frac{d_2}{d_1} = \frac{M_2}{\eta \cdot M_1}$$

i	n	d	η	M
1	$\frac{1}{s}$	m	1	Nm

Bei Getrieben mit **mehrfachen Übersetzungen** werden die treibenden Räder mit den Indizes 1, 3, 5 ... und die getriebenen Räder mit den Indizes 2, 4, 6 ... versehen. Das erste treibende Rad kann auch mit dem Index a (für Anfangsdrehzahl) und das letzte getriebene Rad mit dem Index e (für Enddrehzahl) versehen werden **(Bild 1)**.

Das zweite und das dritte Zahnrad befinden sich im in **Bild 1** dargestellten Beispiel auf einer Welle. Die Räder drehen sich gemeinsam. Deshalb haben sie dieselbe Drehzahl und dasselbe Drehmoment:

$$n_2 = n_3$$
$$M_2 = M_3$$

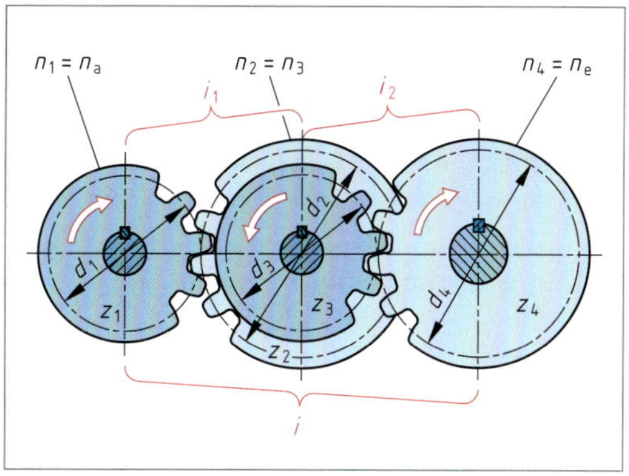

Bild 1: Gesamtübersetzungsverhältnis i_{ges} bei mehrfacher Übersetzung

Für das **Übersetzungsverhältnis** i_1 zwischen dem ersten und zweiten Zahnrad gilt:

$$i_1 = \frac{n_1}{n_2} = \frac{d_2}{d_1}$$

Das **Übersetzungsverhältnis** i_2 zwischen dem dritten und vierten Zahnrad gilt entsprechend:

$$i_2 = \frac{n_3}{n_4} = \frac{d_4}{d_3}$$

Das **Gesamtübersetzungsverhältnis** i_{ges} ist das Übersetzungsverhältnis zwischen dem ersten und dem letzten Zahnrad:

$$i_{ges} = \frac{n_1}{n_4} = \frac{n_1 \cdot n_3}{n_2 \cdot n_4} = \frac{n_1}{n_2} \cdot \frac{n_3}{n_4} = i_1 \cdot i_2$$

Das **Gesamtübersetzungsverhältnis** i_{ges} ist der Quotient aus der **Anfangsdrehzahl** n_a und der **Enddrehzahl** n_e. Es entspricht auch dem Quotienten aus dem **Enddrehmoment** M_e und dem **Anfangsdrehmoment** M_a multipliziert mit dem **Gesamtwirkungsgrad** η_{ges}.

$$i_{ges} = \frac{n_a}{n_e} = \frac{M_e}{\eta_{ges} \cdot M_a}$$

i_{ges}	n	η	M
1	$\frac{1}{s}$	1	Nm

Das **Gesamtübersetzungsverhältnis** i_{ges} ist das Produkt der **Einzelübersetzungsverhältnisse** i_1, i_2, i_3 ...

$$i_{ges} = i_1 \cdot i_2 \cdot i_3 \cdot \ldots$$

i
1

Das **Gesamtwirkungsgrad** η_{ges} ist das Produkt der **Teilwirkungsgrade** η_1, η_2, η_3 ...

$$\eta_{ges} = \eta_1 \cdot \eta_2 \cdot \eta_3 \cdot \ldots$$

η
1

Lernfeld 11

11.2.4 | ZAHNRADTRIEBE

Zahnradtriebe werden verwendet, um die Drehzahl, die Drehrichtung oder das Drehmoment schlupffrei, d. h. ohne Durchrutschen, zu übertragen oder zu verändern **(Bild 1)**.

Wenn die Zahnräder aufeinander abrollen, greifen die Zähne formschlüssig ineinander und übertragen dadurch die Drehbewegung. Die Größe eines Zahnrades wird durch das **Modul *m*** und die **Zähnezahl *z*** bestimmt. Das **Modul *m*** ist dabei indirekt ein Maß für die Größe der Zähne. Nur solche Zahnräder können ineinandergreifen, die gleich große Zähne, also dasselbe **Modul *m*** haben.

> Zahnräder übertragen Drehmomente und Drehzahlen ohne Schlupf. Nur Zahnräder mit demselben **Modul *m*** können ineinandergreifen.

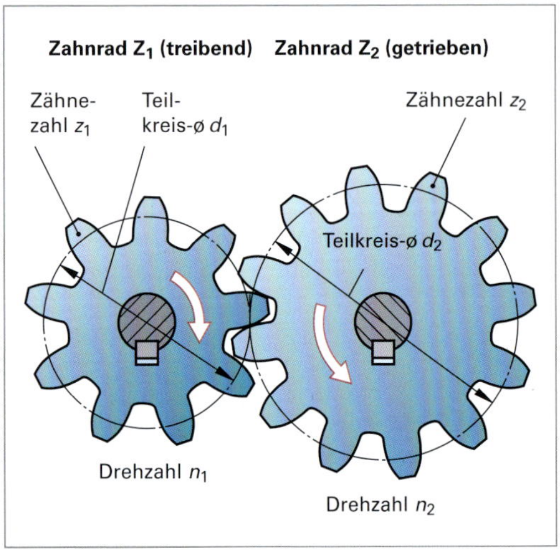

Bild 1: Zähnezahl *z* und Teilkreisdurchmesser *d* bei Zahnrädern

Der **Teilkreisdurchmesser *d*** eines Zahnrades ist das Produkt aus dem **Modul *m*** und der **Zähnezahl *z***. Das Modul wird in Verzahnungstabellen in technischen Zeichnungen mit der Einheit Millimeter angegeben.

$$d = m \cdot z$$

d	m	z
mm	mm	1

Prinzipiell können Zahnräder mit beliebigen **Modulen *m*** hergestellt werden. Allerdings ist es aus fertigungstechnischen Gründen sinnvoll, einheitliche Module zu verwenden. Deshalb sind in der DIN 780 die zu verwendenden Module in einer Modulreihe genormt **(Tabelle 1)**.

Tabelle 1: Module *m* in mm (Auszug aus der Modulreihe für Stirnräder nach DIN 780-1)

0,2	0,25	0,3	0,4	0,5	0,6	0,7	0,8	0,9	1,0
1,25	1,5	2,0	2,5	3,0	4,0	5,0	6,0	8,0	10,0

Der Teilkreisdurchmesser ist der Durchmesser, bei dem die Zahnräder aufeinander abrollen und mit dem das Übersetzungsverhältnis berechnet werden kann:

$$i = \frac{d_2}{d_1} = \frac{m \cdot z_2}{m \cdot z_1} = \frac{z_2}{z_1}$$

Das **Übersetzungsverhältnis *i*** von Zahnrädern ist der Quotient aus der **Zähnezahl z_2** des zweiten (getriebenen) Zahnrades und der **Zähnezahl z_1** des ersten (treibenden) Zahnrades.

$$i = \frac{d_2}{d_1} = \frac{z_2}{z_1}$$

i	d	z
1	m	1

Mithilfe des Moduls m und der Zähnezahl z eines Zahnrades können nicht nur der Teilkreisdurchmesser d, sondern auch die Zahnhöhe h, der Außendurchmesser d_a, der Fußkreisdurchmesser d_f und der Achsabstand a berechnet werden. Die Formeln zur Berechnung dieser Größen werden in **Tabelle 1** bis **3** zusammengefasst. Zur Verdeutlichung werden diese Größen ebenfalls in **Bild 1** und **Bild 2** dargestellt.

Die Gleichungen in **Tabelle 1** gelten sowohl für Außen- als auch für Innenverzahnungen **(Bilder 1** und **2)**.

Tabelle 1: Zahnradabmessungen

Zähnezahl z	
Modul m	
Teilung p	$p = m \cdot \pi$
Teilkreisdurchmesser d	$d = m \cdot z$
Kopfspiel c	$c = 0{,}1 \cdot m$ bis $0{,}3 \cdot m$ häufig $c = 0{,}167 \cdot m$
Zahnkopfhöhe h_a	$h_a = m$
Zahnfußhöhe h_f	$h_f = m + c$
Zahnhöhe h	$h = h_a + h_f = 2 \cdot m + c$

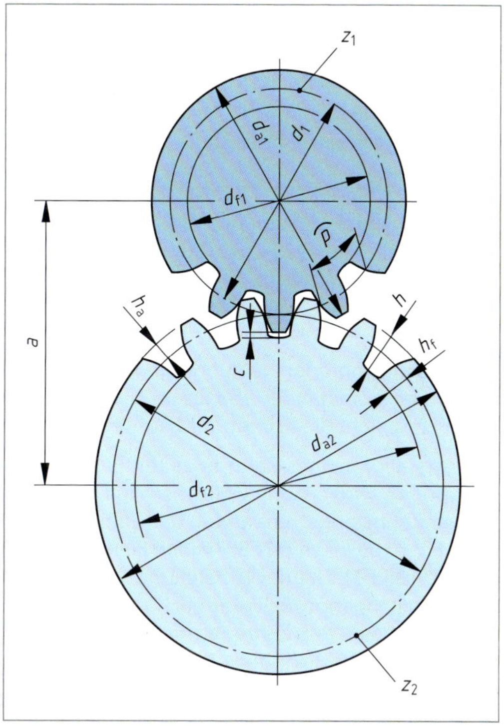

Bild 1: Abmessungen eines geradverzahnten Stirnzahnrades mit Außenverzahnung

Die Gleichungen in **Tabelle 2** gelten nur für Außenverzahnungen. Hier ist der **Kopfkreisdurchmesser d_a** (auch Außendurchmesser genannt) größer als der **Teilkreisdurchmesser d (Bild 1)**.

Tabelle 2: Zahnradabmessungen bei Außenverzahnung

Kopfkreisdurchmesser d_a	$d_a = d + 2 \cdot h_a = d + 2 \cdot m$ $= m \cdot (z + 2)$
Fußkreisdurchmesser d_f	$d_f = d - 2 \cdot h_f$ $= d - 2 \cdot (m + c)$
Achsabstand a	$a = \frac{(d_1 + d_2)}{2}$

Die Gleichungen in **Tabelle 3** gelten nur für Innenverzahnungen. Hier ist der **Kopfkreisdurchmesser d_a** kleiner als der **Teilkreisdurchmesser d (Bild2, Zahnrad 2)**.

Tabelle 3: Zahnradabmessungen bei Innenverzahnung

Kopfkreisdurchmesser d_{a2}	$d_{a2} = d - 2 \cdot h_a = d - 2 \cdot m$ $= m \cdot (z - 2)$
Fußkreisdurchmesser d_{f2}	$d_{f2} = d + 2 \cdot h_f$ $= d + 2 \cdot (m + c)$
Achsabstand a	$a = \frac{(d_2 - d_1)}{2}$

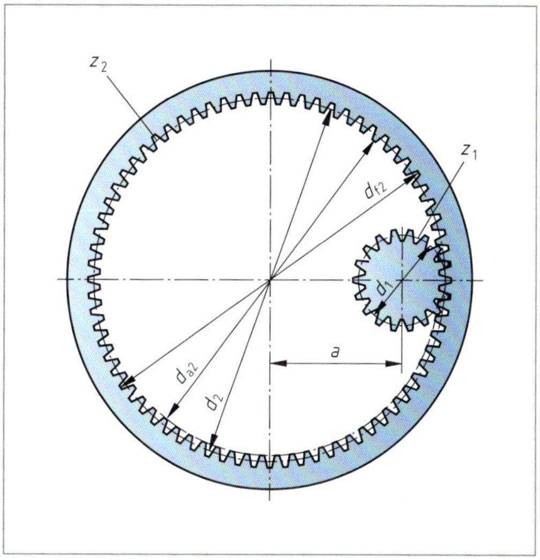

Bild 2: Abmessungen eines geradverzahnten Stirnzahnrades mit Innenverzahnung

Das **Kopfspiel *c*** hängt von den Einsatzbedingungen und der Zahnradherstellung ab. Wenn die Zahnräder aufeinander abrollen, wird der Schmierstoff, der sich zwischen den Zähnen befindet, aus dem Raum, der durch das Kopfspiel gebildet wird, herausgedrückt. Der Schmierstoff spritzt dann zur Seite heraus. Die Energie, die dazu verwendet wird, verringert den Wirkungsgrad des Getriebes. Diese Verluste werden **Quetschverluste** genannt. Je kleiner dieser Raum ist, desto mehr wird der Schmierstoff zur Seite herausgequetscht.

Die Quetschverluste sind von der Viskosität des Schmierstoffs und der Betriebstemperatur abhängig. Diese Verluste können verringert werden, wenn ein möglichst großes Kopfspiel verwendet wird. Ein großes Kopfspiel verringert jedoch die Festigkeit des Zahnes, sodass besser ein eher kleines Kopfspiel verwendet werden sollte. Zusätzlich ist das Kopfspiel von den Fertigungsverfahren und der Fertigungsgenauigkeit der Zahnräder abhängig. Die Aufgabe des Konstrukteurs ist es, einen möglichst guten Kompromiss herauszuarbeiten.

Das **Kopfspiel *c*** ist von den Einsatzbedingungen und der Zahnradherstellung abhängig. Das Kopfspiel c kann zwischen $0{,}1 \cdot m$ und $0{,}3 \cdot m$ liegen. Häufig ist ein Kopfspiel von $c = 0{,}167 \cdot m$ der beste Kompromiss.

Lernfeld 11

Wenn zwei Zahnräder ineinandergreifen, sollen die Zahnflanken möglichst ohne eine Relativbewegung zueinander aufeinander abwälzen. Dies wird annähernd durch eine **Evolventenverzahnung** erreicht. Dabei entspricht die Kontur der Zahnflanke einer Evolvente **(Info)**.

Zur Herstellung eines Zahnrades mit Evolventenverzahnung wird z. B. ein Wälzfräser mit dem Profil einer Zahnstange verwendet. Das Zahnstangenprofil hat dabei nach DIN 867 einen Flankenwinkel von 40° **(Bild 1)**. Bei der Herstellung bewegt sich das Zahnstangenprofil linear nach rechts. Gleichzeitig dreht sich das Zahnrad mit der Drehzahl n. Die Umfangsgeschwindigkeit des Zahnrades am Teilkreisdurchmesser muss genau der Geschwindigkeit des Zahnstangenprofils entsprechen. Das Zahnstangeprofil berührt dabei die Zahnflanke des Zahnrades immer genau an einem Punkt. Diese Berührpunkte liegen auf einer Geraden, die man die Eingriffslinie nennt. Diese Eingriffslinie hat einen Winkel von 20° zur Tangente an den Teilkreis des Zahnrades. Dieser Winkel wird auch **Eingriffswinkel** α genannt. Die Eingriffslinie steht senkrecht auf der Flanke des Zahnstangenprofils. Dadurch entsteht der Eingriffswinkel $\alpha = 20°$

i

Info: Evolvente

Eine Evolvente entsteht, wenn ein gespannter Faden von einem Zylinder abgewickelt wird. Der Endpunkt dieses Fadens erzeugt dann die Kontur der Zahnflanke.

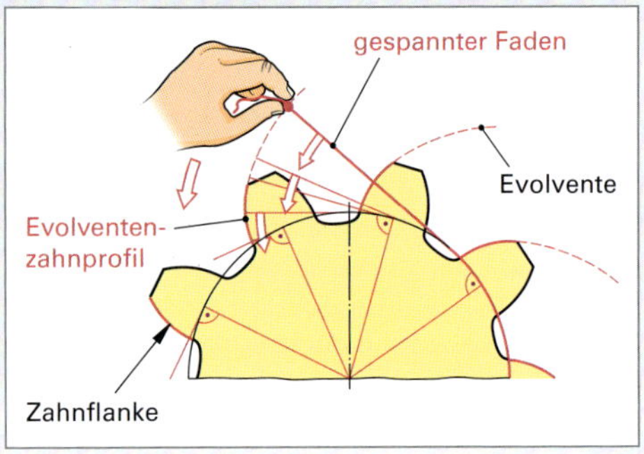

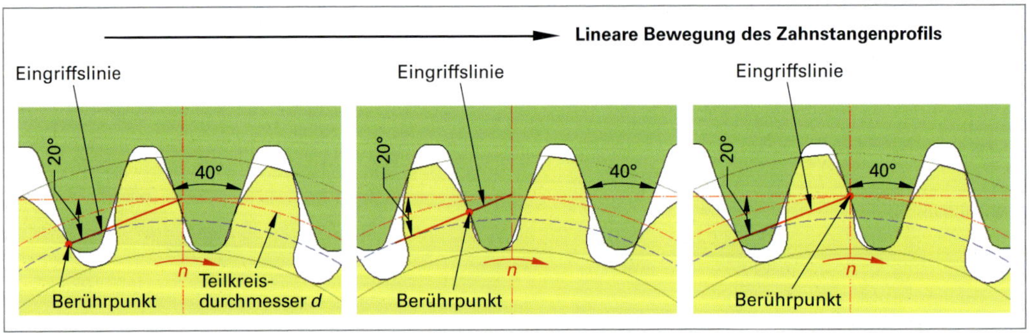

Bild 1: Herstellung einer Evolventenverzahnung (gelb) mit einem Wälzfräser mit einem Zahnstangenprofil (grün) mit einem Flankenwinkel von 40° und dem Eingriffswinkel $\alpha = 20°$

Diese Eingriffslinie entsteht ebenfalls, wenn zwei Zahnräder mit einer Evolventenverzahnung aufeinander abrollen **(Bild 1)**. Hierbei ist das untere Zahnrad das treibende Rad mit der Drehzahl *n*. Auch in diesem Fall liegen alle Berührpunkte auf einer Linie, die Eingriffslinie genannt wird. Der **Eingriffswinkel** α ist dann ebenfalls 20°.

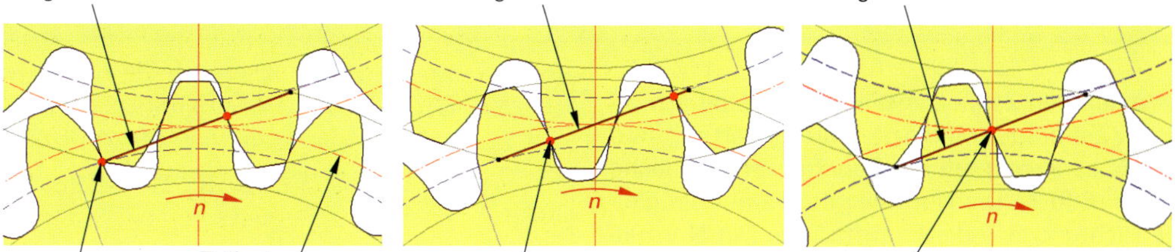

Bild 1: 20°-Eingriffslinie von zwei Zahnrädern mit Evolventenverzahnung

> Die Berührpunkte zwischen zwei Zahnrädern oder einem Zahnrad und einer Zahnstange mit **Evolventenverzahnung** liegen auf der **Eingriffslinie**. Diese Eingriffslinie hat den **Eingriffswinkel** $\alpha = 20°$, wenn die Zahnstange ein Bezugsprofil nach DIN 867 mit dem Flankenwinkel 40° hat.

In **Bild 1** kann man auch erkennen, dass sich der Berührpunkt nicht immer auf dem Teilkreisdurchmesser befindet. Der Berührpunkt befindet sich zuerst näher an dem unteren Zahnrad und bewegt sich dann auf der Eingriffslinie in Richtung des oberen Zahnrads. Dadurch ändern sich die Abstände der Berührpunkte zu den Zahnfüßen. Diese sich verändernden Abstände verursachen unterschiedliche elastische Verformungen der Zähne. Durch diese unterschiedlichen Verformungen ändert sich das Übersetzungsverhältnis und es entstehen Drehschwingungen, die als störende Geräusche wahrgenommen werden. Diese Geräuschentwicklung kann verringert werden, indem jeweils mehr als nur ein Zahn im Eingriff ist. In **Bild 1** sind in der linken und mittleren Stellung jeweils zwei Zähne im Eingriff, während in der rechten Stellung nur ein Zahn im Eingriff ist. Dies nennt man auch **Profilüberdeckung**. Je mehr Zähne gleichzeitig im Eingriff sind, desto gleichmäßiger und damit ruhiger läuft der Zahnradtrieb. Eine weitere Möglichkeit, die Profilüberdeckung zu vergrößern, ist die **Schrägverzahnung**.

> Getriebe mit **geradverzahnten Zahnrädern** erzeugen **Drehschwingungen**, die als störende Geräusche wahrgenommen werden. Diese Geräuschentwicklung kann durch den Einsatz von **schrägverzahnten Zahnrädern** reduziert werden.

Zahnräder sollten mindestens 12 Zähne haben. Wird die Zähnezahl geringer, ist ein korrektes Abwälzen der Zähne aufeinander nicht mehr gewährleistet. Allerdings tritt bereits bei einer Zähnezahl zwischen 12 und 17 ein **Unterschneiden** der Zähne auf. Der Querschnitt der unterschnittenen Zähne wird am Zahnfuß geringer und die Festigkeit der Zähne wird dadurch so geschwächt, dass sie abbrechen können **(Bild 2)**. Diese Unterschneidung kann korrigiert werden, indem das Profil der Zähne nach außen verschoben wird. Man spricht dann von **Profilverschiebung**. Mit dieser Profilverschiebung kann auch der Achsabstand der Zahnräder bei gleichem Modul und gleicher Zähnezahl

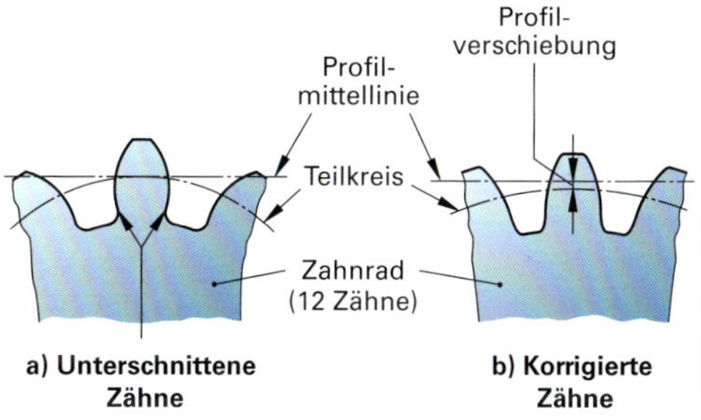

Bild 2: Unterschneidung und Profilverschiebung bei Zahnrädern

verändert werden. Die Teilkreise der Zahnräder berühren sich dann nicht mehr tangential. Zahnräder ohne Profilverschiebung werden auch **Nullräder** genannt.

Die **Mindestzähnezahl *z*** eines Zahnrades ist **12**. Liegt die **Zähnezahl *z*** zwischen **12** und **17**, ist eventuell eine **Profilverschiebung** notwendig. Größere Zähnezahlen können ohne Profilverschiebung hergestellt werden.

Lernfeld 11

Zwischen den Zähnen zweier aufeinander abwälzender Zahnräder wirken die **Normalkräfte F_{n1}** und **F_{n2}**, die senkrecht auf der Zahnflankenoberfläche stehen **(Bild 1)**. Die Normalkräfte haben die gleiche Richtung wie die Eingriffslinie. Die **Normalkräfte F_{n1}** und **F_{n2}** können zerlegt werden in die **Umfangskräfte F_{u1}** und **F_{u2}**, die tangential zum Teilkreisdurchmesser verlaufen und in die **Radialkräfte F_{r1}** und **F_{r2}**, die senkrecht auf **F_u** stehen. Mit Hilfe des **Eingriffswinkels** α = 20° kann das Verhältnis zwischen F_u und F_r bestimmt werden:

$$\tan \alpha = \frac{F_{r1}}{F_{u1}} = \frac{F_{r2}}{F_{u2}}$$

$$F_{r1} = F_{u1} \cdot \tan \alpha$$

$$F_{r2} = F_{u2} \cdot \tan \alpha$$

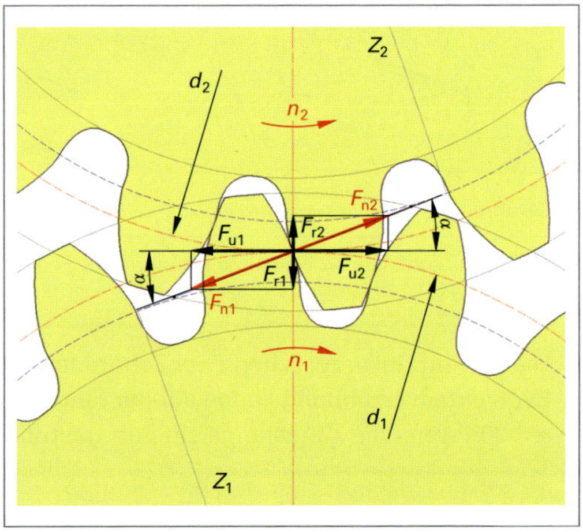

Bild 1: Kräfte am geradverzahnten Stirnzahnrad

Die **Umfangskräfte F_{u1}** und **F_{u2}** können mithilfe der Gleichungen für die **Drehmomente M_1** und **M_2**, die an diesen Zahnrädern anliegen, und der **Teilkreisdurchmessern d_1** und **d_2** bestimmt werden (s. Seite 188):

$$M_1 = F_{u1} \cdot \frac{d_1}{2} \qquad M_2 = F_{u2} \cdot \frac{d_2}{2}$$

In **Bild 1** ist das untere Zahnrad Z_1 das treibende Rad. Auf das Zahnrad Z_1 wirken die **Radialkraft F_{r1}** und die **Umfangskraft F_{u1}**. Das Zahnrad Z_1 hat den **Teilkreisdurchmesser d_1** und das **Drehmoment M_1**. Auf das getriebene Zahnrad Z_2 wirken die **Radialkraft F_{r2}** und die **Umfangskraft F_{u2}**. Das Zahnrad Z_2 hat den **Teilkreisdurchmesser d_2** und das **Drehmoment M_2**. Die Radial- und Umfangskräfte der beiden Zahnräder sind jeweils gleich groß: $F_{r1} = F_{r2}$ und $F_{u1} = F_{u2}$. Diese Kräfte müssen von der Lagerung der Zahnräder aufgenommen werden.

$$F_{u1} = \frac{2 \cdot M_1}{d_1} \qquad F_{u2} = \frac{2 \cdot M_2}{d_2}$$

M	F_u	d
Nm	N	m

Die **Radialkräfte F_{r1}** und **F_{r2}** können mithilfe der **Umfangskräfte F_{u1}**. und **F_{u2}** und des **Eingriffswinkels** α = 20° berechnet werden.

$$F_{r1} = F_{u1} \cdot \tan \alpha \qquad F_{r2} = F_{u2} \cdot \tan \alpha$$

F_r	F_u	α
N	N	°

Schrägverzahnung

Eine Möglichkeit zur Verringerung der Geräuschentwicklung bei Stirnzahnrädern ist die Verwendung von **schrägverzahnten Zahnrädern**. Bei diesen Zahnrädern sind immer mehrere Zähne in Eingriff, wodurch größere Kräfte übertragen werden können und die Geräuschentwicklung verringert wird. Diesen Effekt kann man z. B. bei PKW-Getrieben deutlich hören. In der Regel sind die Vorwärtsgänge schrägverzahnt, während der Rückwärtsgang geradverzahnt ist. Das „Heulen" des Getriebes im Rückwärtsgang wird durch die Geradverzahnung verursacht.

Allerdings sind schrägverzahnte Zahnräder in der Herstellung teurer und verursachen eine zusätzliche **Axialkraft F_a**. Diese zusätzliche Kraft muss von der Lagerung der Zahnräder aufgenommen werden. Getriebe mit einer Schrägverzahnung haben aufgrund der größeren Reibung in der Verzahnung und aufgrund der zusätzlichen Axialkraft einen etwas geringeren Wirkungsgrad **(Tabelle 1)**.

Tabelle 1: Vor- und Nachteile von schrägverzahnten gegenüber geradverzahnten Zahnrädern

Vorteile	Nachteile
Größere Laufruhe	Größere Fertigungskosten
Größere Drehmomente können übertragen werden	Geringerer Wirkungsgrad
	Zusätzliche Axialkräfte

Eine Schrägverzahnung wird durch den **Schrägungswinkel β** definiert. Bei parallelen Achsen haben beide Zahnräder den gleichen Schrägungswinkel β. Allerdings muss das eine Zahnrad rechts- und das andere Zahnrad linkssteigend sein. Es gilt also $\beta_1 = -\beta_2$ **(Bild1)**.

Die Abmessungen der Zahnräder werden auf ein **Normalmodul m_n**, entsprechend einem Zahnrad mit Geradverzahnung, bezogen. Das tatsächliche **Stirnmodul m_t** wird dann mithilfe des Schrägungswinkels β berechnet. Der **Teilkreisdurchmesser d** eines Zahnrades mit Schrägverzahnung wird mit dem Stirnmodul m_t berechnet **(Tabelle 2, Bild 1)**.

Tabelle 2: Zahnradabmessungen bei einem schrägverzahnten Stirnrad

Zähnezahl z	
Normalmodul m_n	
Schrägungswinkel β	$\beta_1 = -\beta_2$
Stirnmodul m_t	$m_t = \frac{m_n}{\cos\beta}$
Normalteilung p_n	$p_n = m_n \cdot \pi$
Stirnteilung p_t	$p_t = \frac{p_n}{\cos\beta}$
Teilkreisdurchmesser d	$d = m_t \cdot z$
Kopfspiel c	$c = 0{,}1 \cdot m_n$ bis $0{,}3 \cdot m_n$ häufig $c = 0{,}167 \cdot m_n$
Kopfkreisdurchmesser d_a	$d_a = d + 2 \cdot m_n$
Fußkreisdurchmesser d_f	$d_f = d - 2 \cdot (m_n + c)$
Achsabstand a	$a = \frac{(d_1 + d_2)}{2}$

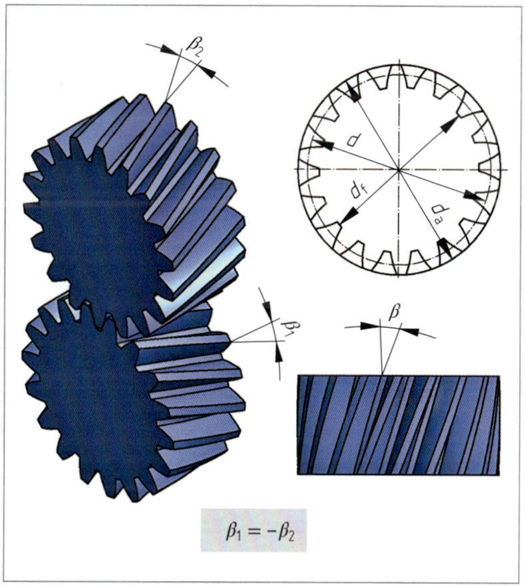

Bild 1: Abmessungen eines schrägverzahnten Stirnrads

Zwischen den Zähnen zweier aufeinander abwälzender schrägverzahnter Zahnräder wirken die **Normalkräfte F_{n1}** und **F_{n2}**. Die Normalkräfte stehen senkrecht auf der Zahnflankenoberfläche **(Bild 1, Seite 200)**. Diese Fläche ist im Berührpunkt um den **Eingriffswinkel $\alpha = 20°$** und um den **Schrägungswinkel β** geneigt. Die **Normalkraft F_{n1}** kann in die **Umfangskraft F_{u1}** und die **Axialkraft F_{a1}** zerlegt werden.

Mithilfe des **Schrägungswinkels** β kann das Verhältnis zwischen F_{a1} und F_{u1} bestimmt werden:

$$\tan\beta = \frac{F_{a1}}{F_{u1}}$$

$$F_{a1} = F_{u1} \cdot \tan\beta$$

Mithilfe des **Eingriffswinkels** $\alpha = 20°$ kann das Verhältnis zwischen F_{u1} und F_{r1} bestimmt werden:

$$\tan\alpha = \frac{F_{r1}}{F_{u1}}$$

$$F_{r1} = F_{u1} \cdot \tan\alpha$$

Die **Umfangskräfte** F_{u1} und F_{u2} können mithilfe der Gleichungen für die **Drehmomente** M_1 und M_2, die an diesen Zahnrädern anliegen, bestimmt werden **(s. Seite 188)**:

$$M_1 = F_{u1} \cdot \frac{d_1}{2} \quad \text{und} \quad M_2 = F_{u2} \cdot \frac{d_2}{2}$$

In **Bild 1** ist das untere Zahnrad Z_1 das treibende Rad. Auf das Zahnrad Z_1 wirken die **Radialkraft** F_{r1}, die **Umfangskraft** F_{u1} und die **Axialkraft** F_{a1}. Das Zahnrad Z_1 hat den **Teilkreisdurchmesser** d_1 und das **Drehmoment** M_1. Auf das getriebene Zahnrad Z_2 wirken die **Radialkraft** F_{r2}, die **Umfangskraft** F_{u2} und die **Axialkraft** F_{a2}. Das Zahnrad Z_2 hat den **Teilkreisdurchmesser** d_2 und das **Drehmoment** M_2. Beide Zahnräder haben den **Eingriffswinkel** $\alpha = 20°$ und den **Schrägungswinkel** β. Die Radial-, Umfangs- und Axialkräfte der beiden Zahnräder sind jeweils gleich groß: $F_{r1} = F_{r2}$, $F_{u1} = F_{u2}$ und $F_{a1} = F_{a2}$. Diese Kräfte müssen von der Lagerung der Zahnräder aufgenommen werden.

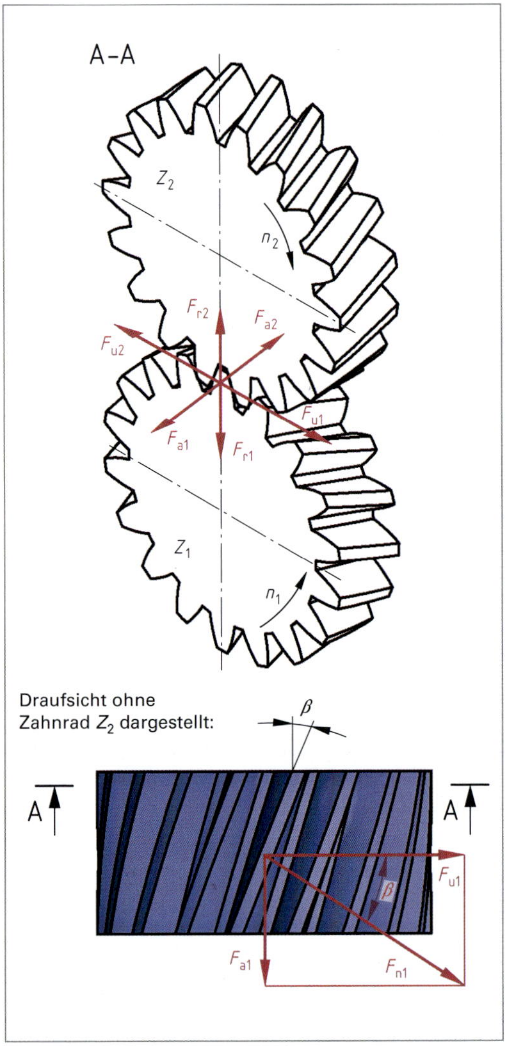

Bild 1: Kräfte an einem schrägverzahnten Stirnrad

$$F_{u1} = \frac{2 \cdot M_1}{d_1} \quad \text{und} \quad F_{u2} = \frac{2 \cdot M_2}{d_2}$$

M	F_u	d
Nm	N	m

$$F_{r1} = F_{u1} \cdot \tan\alpha \quad \text{und} \quad F_{r2} = F_{u2} \cdot \tan\alpha$$

F_r	F_u	α
N	N	°

$$F_{a1} = F_{u1} \cdot \tan\beta \quad \text{und} \quad F_{a2} = F_{u2} \cdot \tan\beta$$

F_a	F_u	β
N	N	°

Zahnradformen und Achsstellungen

In **Tabelle 1** sind einige Zahnradformen und die zugehörigen Stellungen der Mittelachsen der Zahnräder zueinander aufgeführt.

Tabelle 1: Beispiele von Zahnradformen mit Angabe der Lage der Wellen

Geradverzahnte Stirnräder	Schrägverzahnte Stirnräder	Innenverzahntes Stirnrad	Kegelräder	Schneckentrieb
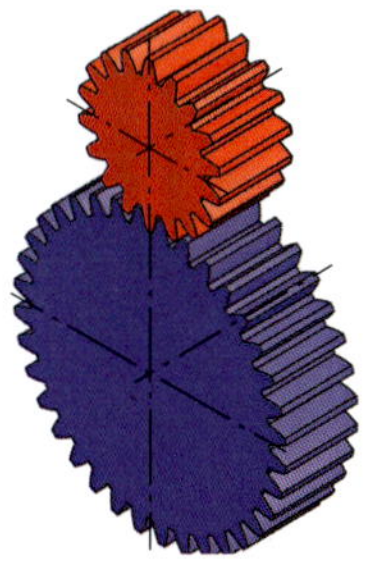	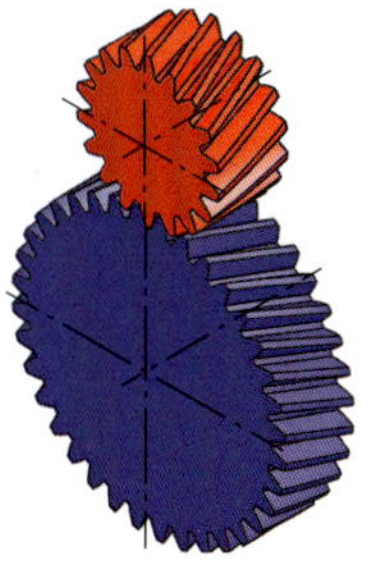	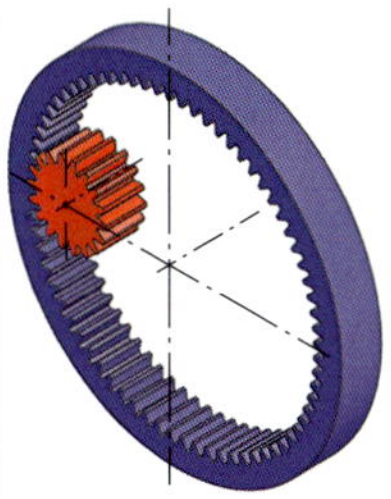	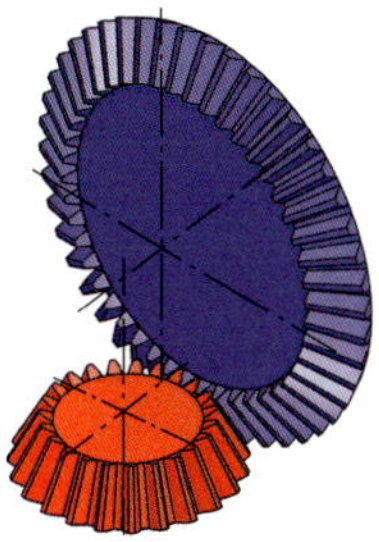	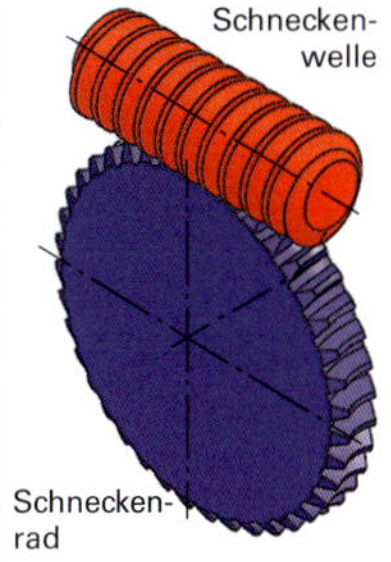
Wellen liegen parallel	Wellen liegen parallel	Wellen liegen parallel	Wellen schneiden sich in einem Punkt	Wellen kreuzen sich

Schneckentrieb

Bei **Schneckentrieben** wälzen das Schneckenrad und die Schneckenwelle nicht aufeinander ab. Die Schneckenwelle ist wie ein Schraubengewinde geformt und reibt an dem Schneckenrad entlang **(Bild 1)**. Schneckentriebe können auf kleinem Bauraum große Übersetzungsverhältnisse bis $i = 100$ erzielen, haben jedoch aufgrund der großen Reibung nur einen Wirkungsgrad von ca. 50 % bis 70 %. Die Reibung ist von der Steigung, der Werkstoffpaarung und der Schmierung abhängig.

Das **Übersetzungsverhältnis *i*** wird bei **Schneckentrieben** genauso berechnet wie bei Getrieben mit normaler Stirnverzahnung:

$$i = \frac{z_2}{z_1}$$

Die Zähnezahl der antreibenden Schneckenwelle ist z_1 = 1 bis 3. Bei einer **eingängigen Schneckenwelle** ist $z_1 = 1$. Dabei ist ein Zahn schraubenförmig auf der Schneckenwelle angeordnet.

Bei einer **zweigängigen Schneckenwelle** mit $z_1 = 2$ sind 2 Zähne schraubenförmig auf der Schneckenwelle angeordnet. In **Bild 1** ist zum besseren Verständnis der 1. Zahn schwarz und der 2. Zahn rot dargestellt.

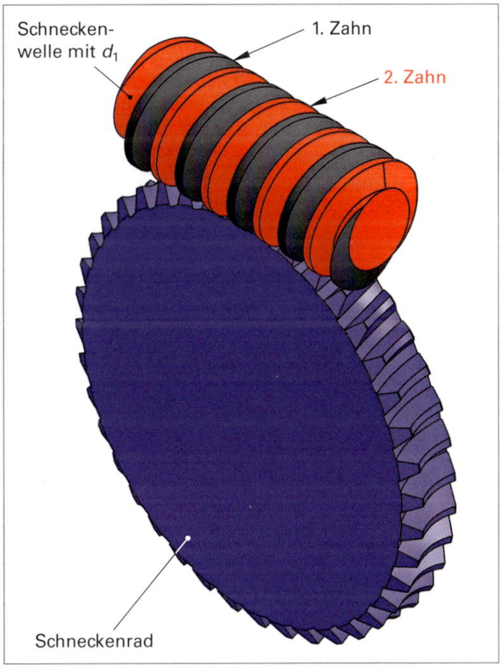

Bild 1: Schneckentrieb mit zweigängiger Schneckenwelle

Bei einer **dreigängigen Schneckenwelle** mit $z_1 = 3$ sind 3 Zähne schraubenförmig auf der Schneckenwelle angeordnet.

Der **Durchmesser d_1** der Schneckenwelle kann frei gewählt werden und ist nicht von der Zähnezahl abhängig.

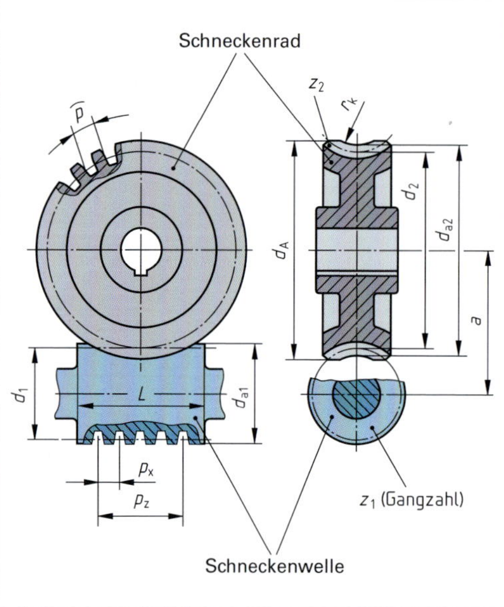

Bild 1: Abmessungen eines Schneckentriebs

Aufgrund der Reibung zwischen der Schneckenwelle und dem Schneckenrad ist ein Schneckentrieb in der Regel selbsthemmend. **Selbsthemmung** bedeutet, dass nur mit der Schneckenwelle der Schneckentrieb angetrieben werden kann. Wenn versucht wird, den Schneckentrieb mit dem Schneckenrad anzutreiben, tritt Selbsthemmung auf. Das bedeutet, das Getriebe „klemmt" aufgrund der Reibung, und das Schneckenrad kann sich nicht bewegen.

Nach DIN 3976 sind Schneckentriebe im Stillstand in der Regel selbsthemmend, wenn der Steigungswinkel $\gamma < 3{,}5°$ ist. **Selbsthemmung** tritt im Allgemeinen dann auf, wenn der Tangens des **Steigungswinkels** γ kleiner als der **Reibungskoeffizient** μ zwischen der Schnecke und dem Schneckenrad ist:

Tabelle 1: Zahnradabmessungen bei einem Schneckentrieb

Modul m	
Kopfspiel c	$c = 0{,}1 \cdot m$ bis $0{,}3 \cdot m$ häufig $c = 0{,}167 \cdot m$
Achsabstand a	$a = \frac{(d_1 + d_2)}{2}$
Zahnkopfhöhe h_a	$h_a = m$
Zahnfußhöhe h_f	$h_f = m + c$
Zahnhöhe h	$h = h_a + h_f = 2 \cdot m + c$
Schneckenwelle (Index 1)	
Zähnezahl z_1	1, 2 oder 3
Teilkreisdurchmesser d_1	frei wählbar
Axialteilung p_x	$p_x = \pi \cdot m$
Steigungshöhe p_z	$p_z = p_x \cdot z_1$
Kopfkreisdurchmesser d_{a1}	$d_{a1} = d_1 + 2 \cdot m$
Fußkreisdurchmesser d_{f1}	$d_{f1} = d_1 - 2 \cdot (m + c)$
Steigungswinkel γ	$\gamma = \arctan \frac{m \cdot z_1}{d_1}$
Verzahnungslänge der Schnecke L	$L = 2 \cdot \sqrt{\left(\frac{d_A}{2}\right)^2 - \left(a - \frac{d_{a1}}{2}\right)^2}$
Schneckenrad (Index 2)	
Zähnezahl z_2	
Teilkreisdurchmesser d_2	$d_2 = m \cdot z_2$
Teilung p	$p = \pi \cdot m$
Kopfkreisdurchmesser d_{a2}	$d_{a2} = d_2 + 2 \cdot m$
Außendurchmesser d_A	$d_A \approx d_{a2} + m$
Fußkreisdurchmesser d_{f2}	$d_{f2} = d_2 - 2 \cdot (m + c)$
Kopfkehlhalbmesser	$r_k = \frac{d_1}{2} - \mathrm{m}$

$\tan \gamma < \mu \Rightarrow$ Der Schneckentrieb ist selbsthemmend.

Um die Reibung und den sich daraus ergebenden Verschleiß in einem Schneckentrieb zu verringern, wird eine **Werkstoffpaarung** mit guten Gleiteigenschaften und geringem Verschleiß benutzt. So können z.B. die Schneckenwelle aus gehärtetem Vergütungsstahl und das Schneckenrad aus einer Kupfer-Aluminium-Legierung hergestellt werden.

Schneckentriebe können bei einem kleinen Bauraum **sehr große Übersetzungsverhältnisse** erzeugen. Allerdings haben sie aufgrund der Reibung zwischen Schneckenrad und Schneckenwelle einen **geringen Wirkungsgrad**. Diese Reibung kann bei einem kleinen Steigungswinkel γ eine **Selbsthemmung** des Schneckentriebes verursachen.

Tabelle 1: Vor- und Nachteile von Schneckentrieben gegenüber geradverzahnten Stirnrädern	
Vorteile	**Nachteile**
▌ Sehr große Übersetzungsverhältnisse möglich bis $i = 100$ ▌ Kleiner Bauraum ▌ Selbsthemmung	▌ Sehr geringer Wirkungsgrad $\eta = 0{,}5 \ldots 0{,}7$ ▌ Größerer Verschleiß ▌ Zusätzliche Axialkräfte

Dimensionierung von Zahnrädern und Zahnradwerkstoffe

Werden Zahnräder zu stark belastet, können die folgenden **Versagensfälle** auftreten:

- **Zahnbruch:** Einzelne Zähne brechen aus.
- **Grübchenbildung:** Material bricht aus der Zahnflanke, sodass kleine „Krater" entstehen.
- **Fressen:** Partikel aus den Oberflächen zweier Zähne „verschweißen" miteinander und Material wird aus der Zahnflanke herausgerissen. Es entstehen ebenfalls kleine „Krater".

Nach DIN 3990 wird die Tragfähigkeit von Zahnrädern bezüglich der Versagensfälle **Zahnbruch**, **Grübchenbildung** und **Fressen** berechnet. Für alle drei Versagensfälle wird ein **Sicherheitsfaktor *S*** als Quotient aus der echten Belastung in dem Zahn und der zulässigen Belastung des Werkstoffs berechnet. Ein Zahnrad ist ausreichend dimensioniert, wenn der Sicherheitsfaktor deutlich größer als eins ist.

Aufgrund der Kräfte am Zahnrad kann es zu **Zahnbruch** kommen. Die auf den Zahn wirkende Normalkraft F_n erzeugt eine Biegespannung, die im Zahnfuß am größten ist **(Bild 1)**. Es wird dementsprechend der **Sicherheitsfaktor S_F gegen Zahnbruch** mit der **Zahnfußspannung σ_F** berechnet.

Grübchenbildung entsteht, wenn die Flächenpressung an der Zahnflanke zu groß wird. Die Flächenpressung entsteht an der Kontaktstelle zwischen zwei Zähnen. Da diese Kontaktstelle theoretisch nur ein Punkt bzw. eine Linie ist, muss bei der Berechnung der Flächenpressung auch die elastische Verformung der Kontaktfläche berücksichtigt werden. Die **Berechnung der Flächenpressung** unter Berücksichtigung der elastischen Verformung nennt man **Hertzsche Pressung σ_H**. Wird diese Flächenpressung zu groß, können Teile aus der Oberfläche der Zahnflanke herausbrechen und „Grübchen" entstehen. Zur Überprüfung der ausreichenden Dimensionierung der Zahnräder wird der **Sicherheitsfaktor S_H gegen Grübchenbildung** berechnet.

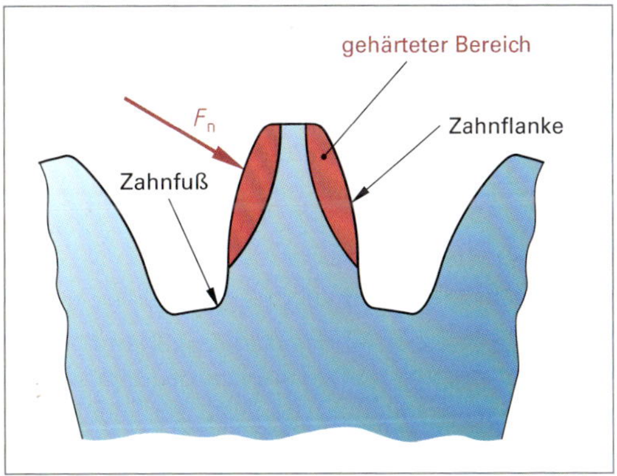

Bild 1: Zahnfuß und Zahnflanke

Zwischen den Kontaktstellen der beiden sich berührenden Zahnflanken muss ein Schmierfilm existieren, der die Reibung verringert und vor **Fressen** schützt. Bricht dieser Schmierfilm zusammen, kann sich der Zahnradwerkstoff lokal so stark erhitzen, dass Partikel aus beiden Zahnflanken miteinander „verschweißen" und herausgerissen werden. Die so entstandenen Fressschäden machen sich ebenfalls als Grübchen bemerkbar. Aufgrund der durch die Fressschäden vergrößerten Zahnkräfte kann es aber auch zu einem Zahnbruch kommen. Der **Sicherheitsfaktor S_S gegen Fressen** wird mit einer theoretischen **Temperatur ϑ** an der Zahnflanke berechnet.

Diese Berechnungen sind sehr komplex und werden in der Regel von den zuständigen Ingenieuren durchgeführt. Moderne CAD-Programme können jedoch bereits bei der Erstellung der Zahnradmodelle diese Sicherheitsfaktoren berechnen, sodass auch der Technische Produktdesigner in der Lage ist, geeignete Zahnradgeometrien und Werkstoffe auszuwählen.

Aufgrund der Versagensfälle müssen die Zahnräder an der Zahnflanke eine große Härte bzw. Verschleißfestigkeit und im Bereich des Zahnfußes eine große Festigkeit bzw. Zähigkeit besitzen. Zahnräder werden in der Regel aus Vergütungs- oder Einsatzstählen hergestellt. Die Zahnflanken werden, falls erforderlich, an den Kontaktstellen gehärtet, wobei der Zahnfuß möglichst nicht gehärtet wird **(Bild 1, Seite 203)**. Dazu eignen sich **Oberflächenhärteverfahren,** mit denen eine harte verschleißfeste Oberfläche und ein zäher Kern erzeugt werden können **(Kapitel 11.6.1, Seite 271)**.

Geringer beanspruchte Zahnräder können auch aus Kupfer-Knetlegierungen hergestellt werden. Dafür sind sowohl Kupfer-Zink-Blei-Legierungen, z. B. CuZn40Pb-2, als auch Kupfer-Zinn-Blei-Legierungen, z. B. CuSn5Pb1, geeignet. Zahnräder können auch im Sinterverfahren ohne Nachbearbeitung aus Sintermetallen gefertigt werden. Dafür kann als Werkstoff z. B. Sint-D40 verwendet werden. Gering beanspruchte und kleine Zahnräder können auch aus Kunststoffen, z. B. PET, PA6 oder POM, hergestellt werden.

Zahnradtriebe müssen immer geschmiert werden. Bei gering beanspruchten Getrieben mit geringen Drehzahlen kann eine Fettschmierung ausreichend sein. Bei höher beanspruchten Getrieben muss eine Ölschmierung vorgesehen werden. Dabei ist darauf zu achten, dass die Zahnräder vom Öl benetzt werden, ohne dass das Öl zu stark verschäumt. Konstruktiv kann das dadurch erreicht werden, dass die Zähne des unteren Zahnrades gerade in das Öl eintauchen. Ist der Ölstand zu hoch, wird das Öl zu stark verschäumt. Die infolgedessen entstehenden Luftblasen im Öl können keine Kräfte übertragen, der Schmierfilm kann dann zusammenbrechen. Außerdem wird der Wirkungsgrad des Getriebes umso schlechter, je weiter das Zahnrad in das Öl eintaucht. Bei sehr hoch belasteten Getrieben muss das Öl zusätzlich gekühlt und durch Filter gereinigt werden.

Zahnräder können mit einem CAD-Programm, das **Sicherheitsfaktoren** gegen Zahnfußbruch, Grübchenbildung und Fressen berechnet, vordimensioniert werden. Die **Tragfähigkeit eines Zahnrades** kann dadurch gesteigert werden, dass ein geeigneter Werkstoff ausgewählt wird und die Zahnflanke gehärtet wird. Die Zahnräder müssen immer geschmiert werden.

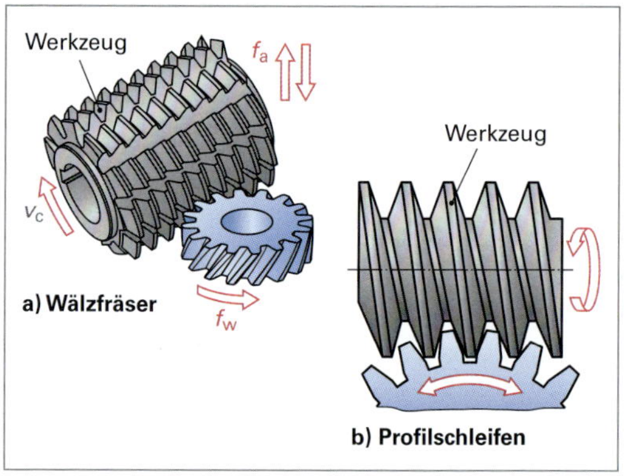

Bild 1: Zahnradfertigung

Zahnradfertigung

Zahnräder werden in der Regel spanend hergestellt. Bei einer geplanten starken Beanspruchung können sie anschließend gehärtet und geschliffen werden. Zur Erzeugung der Zahnradgeometrie müssen sich gleichzeitig das Werkzeug und das Werkstück koordiniert bewegen **(Bild 1)**. Für jedes Zahnradmodul muss ein entsprechendes Werkzeug hergestellt werden. Allerdings können unterschiedliche Zähnezahlen beim selben Modul mit demselben Werkzeug gefertigt werden. Deshalb sollten bei der Konstruktion von Zahnrädern nur Zahnradmodule aus der Normreihe nach DIN 780 verwendet werden **(s. Tabellenbuch)**.

Gering beanspruchte Zahnräder können gesintert werden. Dann ist eine Nachbearbeitung der Zahnräder nicht notwendig **(Bild 2a)**.

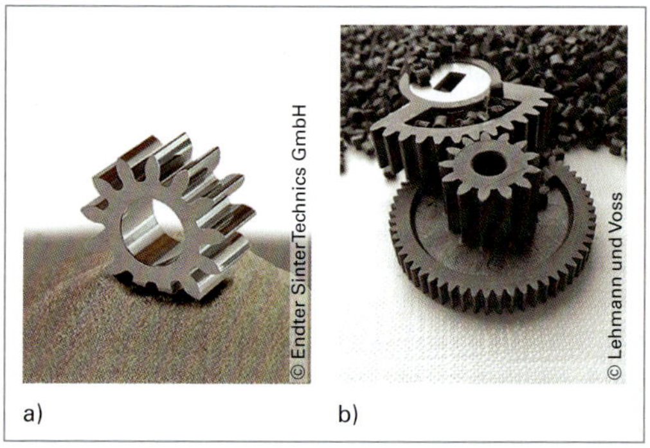

Bild 2: a) Gesinterte und
b) im Spritzguss hergestellte Zahnräder

Gering beanspruchte und kleine Zahnräder können auch aus Kunststoffen im Spritzguss ohne weitere Nachbearbeitung hergestellt werden.

Auch höher belastete Zahnräder können aus Kunststoffen hergestellt werden, wenn Gleitmittel und Verstärkungsstoffe dem Kunststoff zugefügt werden **(Bild 2b, Seite 204)**. So können wartungsfreie Zahnradtriebe erzeugt werden, die ohne zusätzliche Schmierung funktionieren.

Darstellung von Zahnrädern in technischen Zeichnungen

Die Darstellung von Zahnrädern ist in der DIN ISO 2203 festgelegt **(Bild 1)**:

- Die **Teilkreisdurchmesser** d_1 bzw. d_2 werden mit einer schmalen Strich-Punktlinie dargestellt.
- In der Vorderansicht können Zahnräder bildlich mit Teilkreisdurchmesser dargestellt werden, oder vereinfacht, indem nur der Kopfkreisdurchmesser und der Teilkreisdurchmesser eingezeichnet werden.
- Die **Kopfkreisdurchmesser** d_{a1} bzw. d_{a2} werden mit einer breiten Volllinie dargestellt.
- In der nicht geschnittenen Seitenansicht werden vereinfacht nur der Kopfkreisdurchmesser und der Teilkreisdurchmesser eingezeichnet. In dem Bereich, in dem sich die Zahnräder überschneiden, werden beide Zahnräder nicht verdeckt gezeichnet.
- In der Schnittansicht werden die Zähne nicht schraffiert dargestellt, unabhängig davon, ob der Schnitt durch einen Zahn oder eine Zahnlücke geht.
- In der Schnittansicht werden die **Fußkreisdurchmesser** d_{f1} bzw. d_{f2} mit einer breiten Volllinie dargestellt. Dann wird die Außenkontur des Zahns eines Zahnrades verdeckt mit einer schmalen Strichlinie dargestellt.

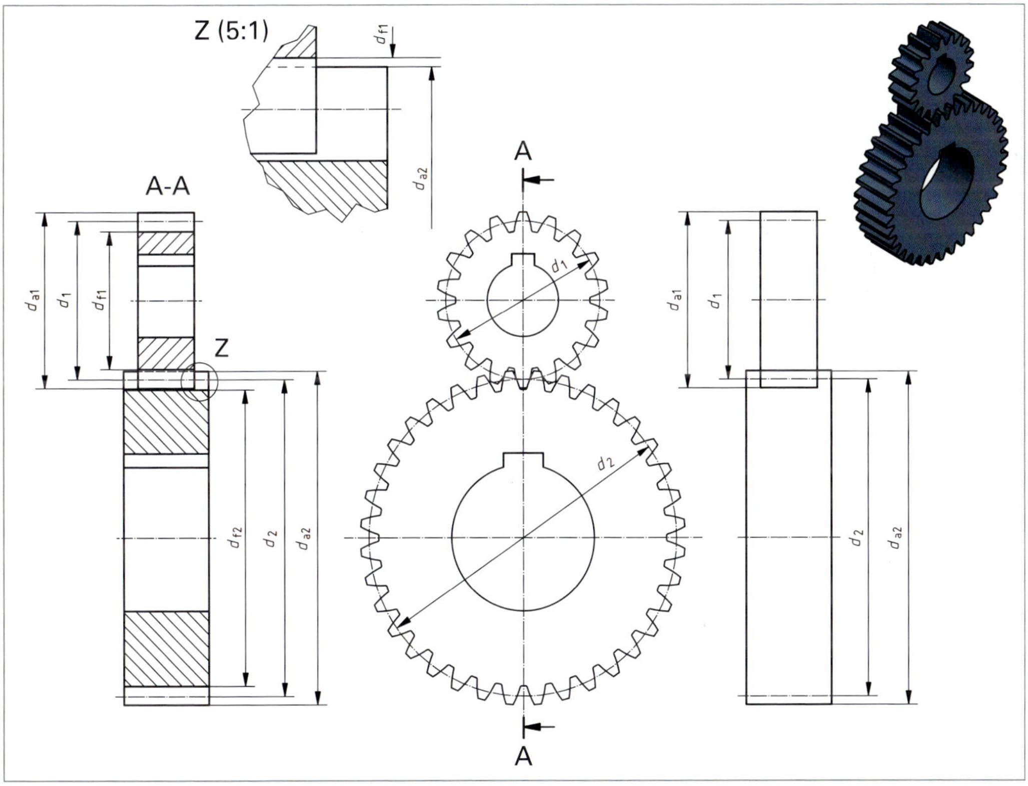

Bild 1: Darstellung geradverzahnter Stirnräder mit Außenverzahnung

Die Fertigungszeichnung eines geradverzahnten Stirnrades muss alle für die Fertigung der Verzahnung notwendigen Angaben enthalten. Nach DIN 3966-1 muss auf der Zeichnung oder auf einem separaten Blatt eine Tabelle mit den Verzahnungsdaten eingefügt werden.

Lernfeld 11

In **Bild 1** ist beispielhaft eine gekürzte Tabelle angegeben. Darin müssen das **Modul *m***, die **Zähnezahl *z*** und das **Bezugsprofil** nach DIN 867 angegeben werden. In der DIN 867 ist der Flankenwinkel von 40° und damit der **Eingriffswinkel α = 20°** festgelegt. Die **Verzahnungsqualität** wird nach DIN 3967 angegeben. Dabei steht die erste Zahl, im Beispiel die 8, für die Verzahnungsqualität (von 1: sehr genau, bis 12: grob). Der Buchstabe, im Beispiel das e, steht für die Zahndickenabmaßreihe (von a: sehr negatives oberes Abmaß, bis h: oberes Abmaß gleich null). Die zweite Zahl, im Beispiel die 26, steht für die Zahndickentoleranz (Toleranzreihen 21: sehr genau, also kleine Toleranz, bis 30: weniger genau, also größere Toleranz). Auch der **Achsabstand im Gehäuse** muss mit Toleranzen angegeben werden. Abschließend enthält die Tabelle die **Angabe der Zahnradpaarung** unter Angabe des Gegenrades mit Nummer und Zähnezahl. Falls das Zahnrad mit mehreren Gegenrädern im Eingriff ist, ist es zulässig, nur das größte Gegenrad aufzuführen.

DIN 3966-1 schreibt vor, dass der **Kopfkreisdurchmesser**, der **Fußkreisdurchmesser** und die **Zahnbreite** in der Zeichnung bemaßt und gegebenenfalls toleriert werden. Bei dem Beispiel in **Bild 1, Zeichnung 11-00-001,** wurde der Fußkreisdurchmesser mit einem Kopfspiel von $c = 0{,}167 \cdot m$ berechnet. Die Stirnflächen des Zahnrades können mit einer axialen Rundlauftoleranz zur Mittelachse der Bohrung des Zahnrades oder mit einer Parallelitätstoleranz zueinander versehen werden. Der Außenzylinder und damit der Kopfkreisdurchmesser können mit einer radialen Rundlauftoleranz versehen werden.

Die Oberflächenbeschaffenheit für die Zahnflankengeometrie wird auf der schmalen Strich-Punktlinie des Teilkreisdurchmessers angebracht. Im Beispiel sollen die Zahnflanken eine Oberflächenrauigkeit von $Rz = 4$ µm haben. Dies kann z. B. durch Schleifen der Zähne erzeugt werden.

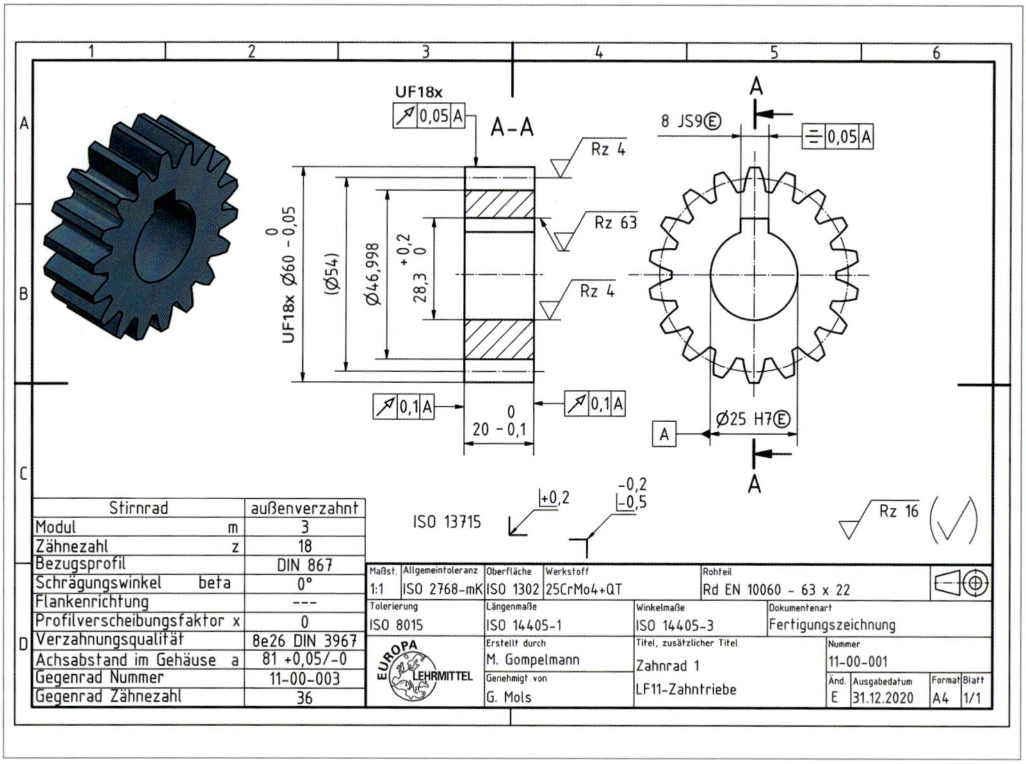

Stirnrad		außenverzahnt
Modul	m	3
Zähnezahl	z	18
Bezugsprofil		DIN 867
Schrägungswinkel	beta	0°
Flankenrichtung		---
Profilverscheibungsfaktor	x	0
Verzahnungsqualität		8e26 DIN 3967
Achsabstand im Gehäuse	a	81 +0,05/-0
Gegenrad Nummer		11-00-003
Gegenrad Zähnezahl		36

Bild 1: Fertigungszeichnung eines geradverzahnten Stirnrades

11.2.5 | ZUGMITTELGETRIEBE

Eine weitere Möglichkeit zur Verbindung von Wellen und zur Übertragung von Drehmomenten und Drehbewegungen sind **Zugmittelgetriebe**.

Zugmittelgetriebe werden nach ihrer Art der Übertragung der Umfangskraft unterteilt in formschlüssige Kettentriebe und Zahnriementriebe sowie in kraftschlüssige Flachriementriebe und Keilriementriebe **(Bild 1)**. In **Kapitel 11.2.6, Seite 212**, werden die formschlüssigen Kettentriebe dargestellt.

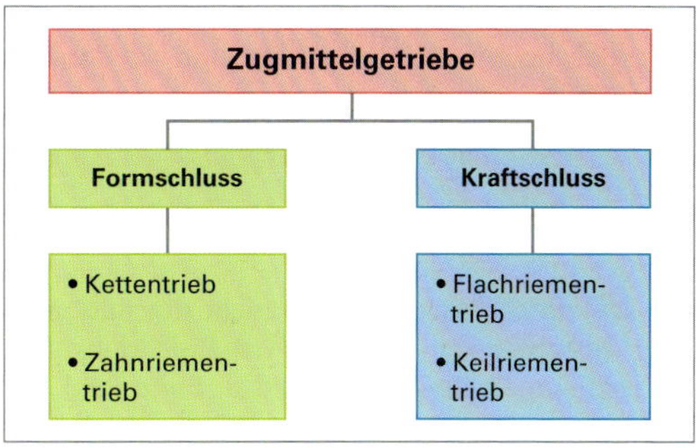

Bild 1: Einteilung der Zugmittelgetriebe

Flachriementrieb und Keilriementrieb

Beim Einsatz von **Flach- und Keilriemen** wird die **Umfangskraft F_u** als **Reibungskraft F_R** zwischen dem Riemen und der Riemenscheibe übertragen **(Bild 2)**. Die **Reibungskraft F_R** ist das Produkt aus der **Normalkraft F_N** und der **Reibungszahl μ**. Die Normalkraft F_N steht immer senkrecht auf der Oberfläche zwischen den aneinanderreibenden Bauteilen **(Bild 3)**. Die Reibungskraft F_R verläuft immer parallel zu dieser Oberfläche. Die Reibungszahl μ ist abhängig von der Werkstoffpaarung und der Oberflächenstruktur.

$$F_R = \mu \cdot F_N$$

F_R	F_N	μ
N	N	1

Wenn die für die Übertragung des Drehmoments notwendige Umfangskraft größer als die Reibungskraft ist, rutscht der Riemen durch. Durchrutschende Riemen „quietschen". Dieses „Quietschen" kann man z.B. im Winter hören, wenn die Reibungskraft des Keilriemens bei einem Auto zum Antrieb der Lichtmaschine zu gering ist und dementsprechend der Keilriemen durchrutscht.

Die benötigte **Normalkraft F_N** muss durch eine **Vorspannkraft F_S** des Riemens bei der Montage aufgebracht und von der Lagerung der Riemenscheiben zusätzlich zur **Umfangskraft F_u** aufgenommen werden. Bei Keilriemen ist aufgrund des Keilwinkels die Normalkraft und damit die übertragbare Reibungskraft deutlich größer als die Vorspannkraft. Zusätzlich zieht sich der Keilriemen durch die Spannkraft in die keilförmige Nut der Riemenscheibe. Deshalb können Keilriemen deutlich größere Drehmomente als Flachriemen übertragen **(Bild 3)**.

Die für die Herleitung des Übersetzungsverhältnisses benutzte **Umfangsgeschwindigkeit v** wird bei Riementrieben mit dem **Wirkdurchmesser d_w** und der **Drehzahl n** berechnet:

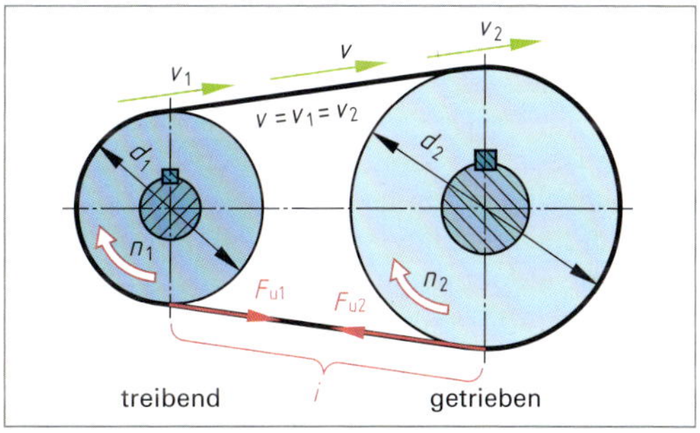

Bild 2: Umfangskraft F_u, Umfangsgeschwindigkeit v und Übersetzungsverhältnis i bei Zugmittelgetrieben

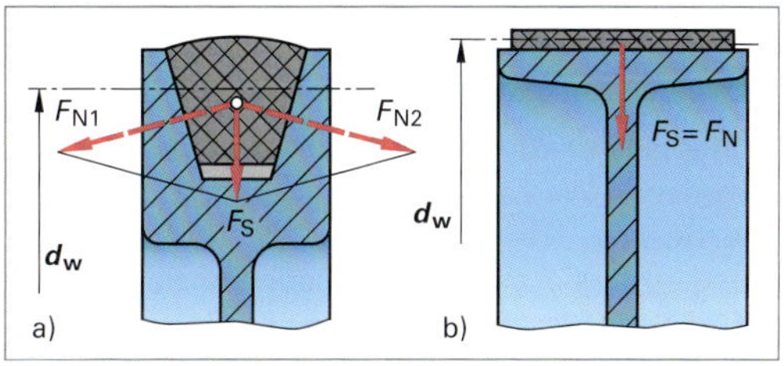

Bild 3: Kräfte und Wirkdurchmesser bei a) Keilriemen und b) Flachriemen

$$v = \pi \cdot d_w \cdot n$$

v	d_w	n
$\frac{m}{s}$	m	$\frac{1}{s}$

Das **Übersetzungsverhältnis** i von Flach- und Keilriemen kann wie bei den Zahnradtrieben mit der Umfangsgeschwindigkeit hergeleitet und mit dem **Wirkdurchmesser** d_w berechnet werden **(Kapitel 11.2.3, Seite 190)**:

$$i = \frac{n_1}{n_2} = \frac{d_{w2}}{d_{w1}}$$

Der **Wirkdurchmesser** d_w entspricht der neutralen Faser und wird mit einer dünnen Strichpunktlinie in Zeichnungen dargestellt **(Bild 3, Seite 207)**. Da die Umfangslänge oberhalb des Wirkdurchmessers aufgrund des größeren Durchmessers größer und am unteren Ende des Keils entsprechend kleiner ist, muss der Keilriemen im oberen Bereich gedehnt und im unteren Bereich zusammengedrückt werden.

Bei Zugmittelgetrieben wird zwischen dem Leertrum und dem Lasttrum unterschieden. Der **Lasttrum** ist die Seite des Riementriebs, die durch die Umfangskraft das Drehmoment überträgt. Dort wird von der treibenden Scheibe an dem Riemen gezogen, bzw. dort zieht der Riemen an der angetriebenen Scheibe. Auf der anderen Seite des Zugmittelgetriebes wird keine Kraft übertragen. Diese Seite wird **Leertrum** genannt **(Bild 1)**.

Zur Montage und zum Spannen von Riementrieben muss der Achsabstand zwischen den beiden Riemenscheiben verkleinert oder vergrößert werden. Alternativ wird eine Spannrolle in den Riemen im Bereich des Leertrums angebracht. Der Achsabstand kann z. B. durch ein lineares Verschieben oder durch eine Schwenkbewegung des Motors verstellt werden **(Bild 1)**. Die bei der Montage aufgebrachte Spannkraft nennt man **Vorspannkraft**. Sie wird im Stillstand z. B. durch Durchdrücken des Riemens von Hand oder durch Verdrehen des Riemens gemessen.

Im Betrieb verschleißt der Riemen oder dehnt sich dauerhaft. Dann ist es notwendig, den Riemen nachzuspannen. Dies kann durch eine automatische Spannrolle erfolgen, die mit einer konstanten Kraft gegen den Riemen drückt und den Verschleiß ausgleicht.

Keilriemen werden als Verbundbauteil aus verschiedenen Werkstoffen hergestellt. Sie bestehen aus Gummi, das eine große elastische Verformung ermöglicht. Zusätzlich befinden sich mehrere Stränge einer Polyester- oder Kordfaser in dem Keilriemen, die die Zugkräfte aufnehmen können. Der **Normalkeilriemen** wird von einem abriebfesten Gewebe umhüllt. **Flankenoffene Keilriemen** sind nicht ummantelt. Bei geringen Scheibendurchmessern wird der untere Bereich des Keils des Keilriemens stark zusammengedrückt, deshalb werden auf der Unterseite bei flankenoffenen Keilriemen zahnartige Lücken angebracht **(Tabelle 1)**.

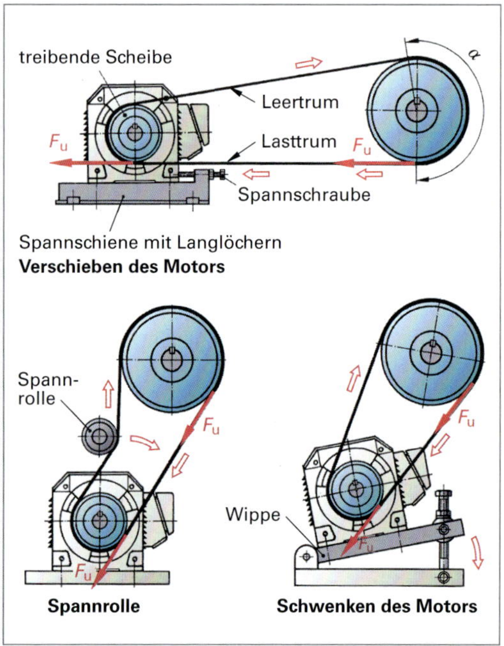

Bild 1: Möglichkeiten zum Spannen von Riemen

Tabelle 1: Keilriemenbauformen

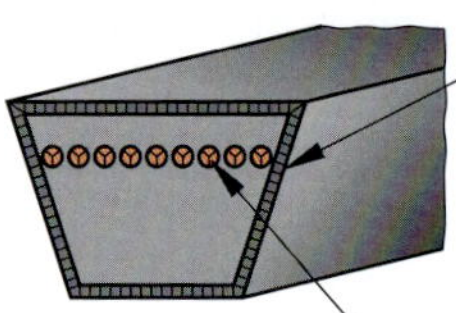	Normal-keilriemen
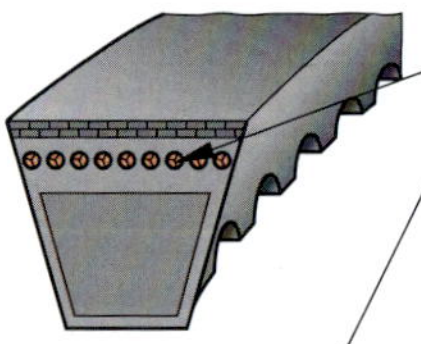	Flanken-offener Keilriemen
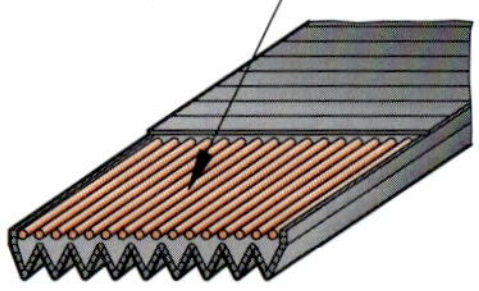	Keilrippen-riemen

Im Automobilbereich werden häufig **Keilrippenriemen** zum Antrieb der Hilfsaggregate, z. B. Lichtmaschine, Klimakompressor, Lenkhilfepumpe usw., verwendet **(Bild 1)**. Der Keilrippenriemen verteilt die Reibungsflächen auf mehrere Keile, sodass die Keilhöhe verringert und der untere Bereich des Keils nicht mehr so stark zusammengedrückt wird. Dadurch können der minimale Durchmesser der Riemenscheibe verringert und größere Übersetzungsverhältnisse erzielt werden.

Da sowohl Flach- als auch Keilriemen die Umfangskraft nur durch Reibungskräfte übertragen, kann der Riemen auf der Riemenscheibe rutschen. Dieses Rutschen nennt man **Schlupf.**

Bild 1: Keilrippenriemen im Kfz

Flach- und Keilriemen übertragen kraftschlüssig Drehmomente und haben deswegen immer etwas **Schlupf**.

Zahnriemen (Synchronriemen)

Zahnriemen werden auch Synchronriemen genannt. Sie übertragen das Drehmoment nicht kraft-, sondern formschlüssig. Deshalb ist ein Durchrutschen des Riemens auf der Riemenscheibe nicht möglich, und zwei Wellen können synchron zueinander angetrieben werden.

Ein **Synchronlauf** ist z. B. zwischen der Nockenwelle und der Kurbelwelle eines Verbrennungsmotors erforderlich. Durch die Kurbelwelle bewegen sich die Kolben hoch und runter. Durch die Nockenwelle werden die Ein- und Auslassventile geöffnet und geschlossen. Wenn sich der Kolben in der obersten Stellung befindet, dürfen die Ventile nicht geöffnet werden, da sie sonst gegen den Kolben stoßen würden. Für diesen Anwendungsfall benötigt man **Zahnriemen**, auch **Synchronriemen** genannt **(Bild 2)**.

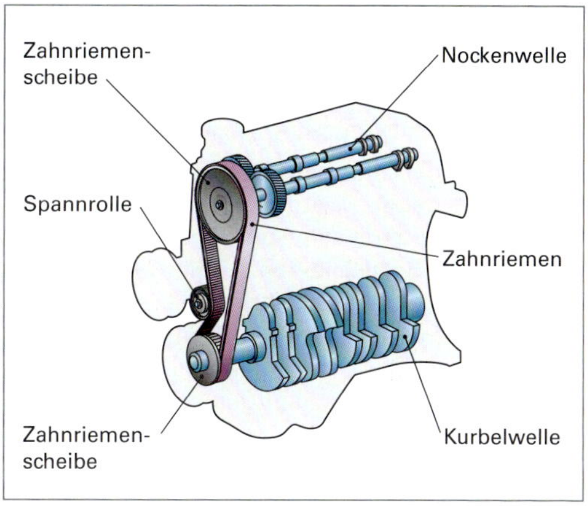

Bild 2: Zahnriemen- bzw. Synchronriemenantrieb

Zahnriemen (Synchronriemen) übertragen formschlüssig Drehmomente und haben deswegen keinen **Schlupf**. Nur ein schlupffreier Antrieb gewährleistet den synchronen Lauf zweier Wellen.

Zahnriemen können mit trapezförmigen oder halbrunden Zahnformen hergestellt werden. Beide Formen gibt es mit Einfach- und Doppelverzahnung **(Bild 3)**. Zahnriemen mit Doppelverzahnung können sowohl auf der Ober- als auch auf der Unterseite Zahnriemenscheiben antreiben.

Der **Wirkdurchmesser d_w** von Zahnriemenscheiben ist abhängig von der **Zähnezahl *z*** und der **Zahnteilung *p*.** Zahnriemen mit Doppelverzahnung werden verwendet, wenn mehr als zwei Wellen synchron angetrieben werden sollen.

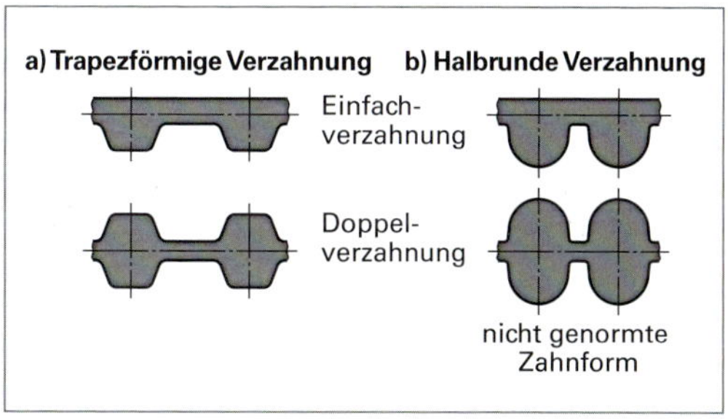

Bild 3: Zahnformen von Zahnriemen

Die **Zahnteilung *p*** ist der Abstand von Zahn zu Zahn eines Zahnriemens **(Bild 1)**.

Der **Wirkdurchmesser d_w** kann mit folgender Gleichung berechnet werden:

$$d_w = \frac{p \cdot z}{\pi}$$

d_w	p	z
m	m	1

Der Wirkdurchmesser d_w wird in der Zeichnung mit einer schmalen Strich-Punktlinie (in **Bild 1** rot dargestellt) gekennzeichnet.

Das **Übersetzungsverhältnis *i* bei Zahnriementrieben** ergibt sich zu:

$$i = \frac{n_1}{n_2} = \frac{d_{w2}}{d_{w1}} = \frac{z_2}{z_1}$$

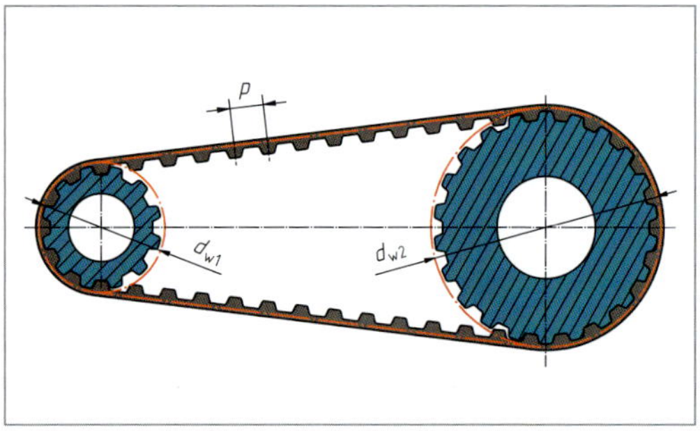

Bild 1: Wirkdurchmesser bei einem Zahnriementrieb

Zahnriemen müssen genauso wie Keilriemen mit einer **Vorspannkraft** versehen werden, damit die Zähne nicht überspringen. Die Spannmöglichkeiten und die Anordnung von Spannrollen sind in **Bild 1, Seite 208**, dargestellt.

Damit Zahnriemen nicht seitlich von den Zahnriemenscheiben herunterlaufen und abspringen, müssen sie geführt werden. Dazu werden Zahnriemenscheiben mit seitlichen Anschlägen versehen, die man **Bordscheiben** nennt **(Bild 2)**. In der Regel wird in einem Zahnriementrieb nur eine Zahnriemenscheibe mit einer Bordscheibe versehen. Die Breite der anderen Zahnriemenscheiben wird etwas größer gewählt als die Zahnriemenbreite.

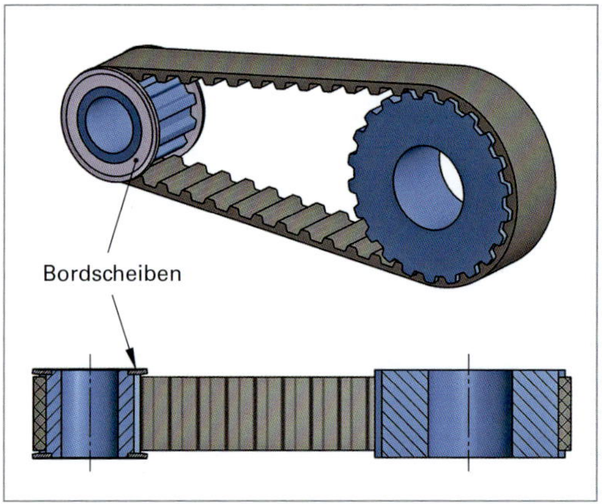

Bild 2: Zahnriementrieb mit Bordscheiben

Riementriebe werden nach DIN 2218 mit der zu übertragenden **Leistung *P***, der **Drehzahl *n***, dem gewünschten **Übersetzungsverhältnis *i*** und dem zu überbrückenden **Achsabstand *a*** ausgelegt.

Moderne CAD-Systeme können mithilfe dieser Angaben die sich daraus ergebenden Drehmomente, Umfangskräfte und Umfangsgeschwindigkeiten berechnen. Damit ist der Technische Produktdesigner in der Lage, die benötigten Riemengrößen und Durchmesser der Riemenscheiben zu bestimmen. Nachdem diese Werte festgelegt sind, berechnet das CAD-System die Länge des Riemens und die erforderlichen Vorspannkräfte.

Alternativ zu dieser Dimensionierungsmethode bieten viele Riemenhersteller im Internet Berechnungsprogramme an, um Riementriebe zu dimensionieren und zu berechnen.

Tabelle 1: Vor- und Nachteile von Riementrieben

Vorteile	Nachteile
Geringes Gewicht bei großen Achsabständen	Übertragung nur geringer Kräfte
Geräuscharmer Lauf	Geringere Lebensdauer
Keine Schmierung erforderlich	Schlupf bei Keil- und Flachriemen

Darstellung von Riementrieben in technischen Zeichnungen

Zahnriementriebe können entsprechend DIN ISO 2203 in technischen Zeichnungen entweder bildlich oder vereinfacht dargestellt werden **(Bild 1)**. Bei beiden Darstellungsarten müssen der Wirkdurchmesser und der Verlauf der Wirklinie im Zahnriemen bzw. im Keil- oder Flachriemen mit einer schmalen Strich-Punktlinie dargestellt werden.

Bei der vereinfachten Darstellung von Zahnriemen werden nur wenige Zähne bildlich dargestellt. Bei den Zahnriemenrädern wird in der vereinfachten Darstellung der Kopfkreisdurchmesser mit einer breiten Volllinie und der Zahnfußkreisdurchmesser mit einer dünnen Volllinie dargestellt. Der Wirkdurchmesser d_w ist bei Zahnriemenscheiben größer als der Kopfkreisdurchmesser, da der Riemen auf den Zähnen aufliegt.

Die Abmessungen der Riemen und der Riemenscheiben können dem Tabellenbuch entnommen werden.

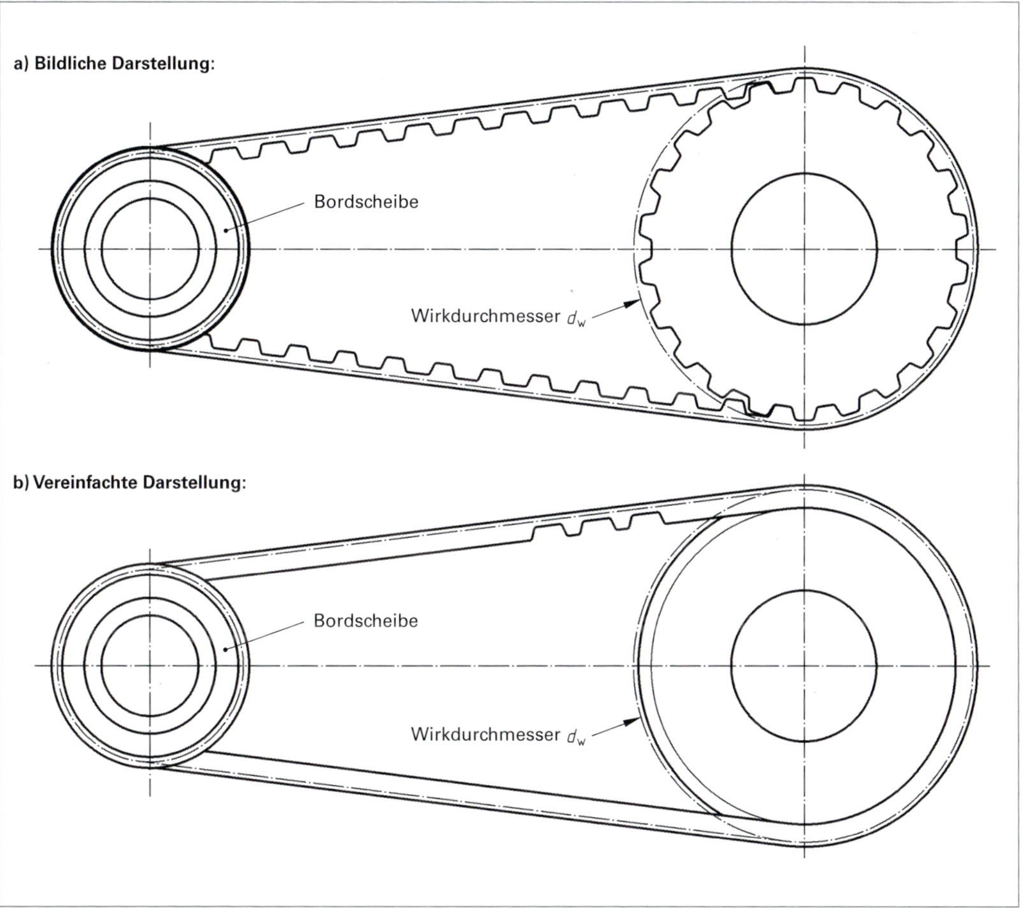

Bild 1: Darstellung von Zahnriementrieben in Zeichnungen

11.2.6 | KETTENTRIEBE

Ein synchroner Antrieb kann auch durch Einsatz eines Kettentriebs erreicht werden, weil er formschlüssig das Drehmoment überträgt und dementsprechend keinen Schlupf hat **(Bild 1)**. Kettentriebe können große Leistungen übertragen und sind auch bei relativ großen Achsabständen und ungünstigen Umgebungseinflüssen, wie z. B. bei Landmaschinen oder bei Baustellenfahrzeugen, geeignet.

Bild 1: Kettentrieb bei einer Druckmaschine

Kettenarten

Prinzipiell unterscheidet man bei Kettentrieben zwischen **Gliederketten** und **Gelenkketten (Bild 2)**. Gliederketten werden fast nur noch zum Anheben schwerer Lasten, z. B. eines Ankers, verwendet. In Kettentrieben werden hauptsächlich Gelenkketten benutzt. Folgende Ausführungen sind im Maschinenbau häufig anzutreffen **(Bild 3)**:

a) Gallkette (DIN 8150, DIN 8151)
b) Fleyerkette (DIN 8112)
c) Zahnkette (DIN 8140)
d) Buchsenkette (DIN 8164, DIN ISO 606)
e) Rollenkette (DIN 8187, DIN ISO 606)

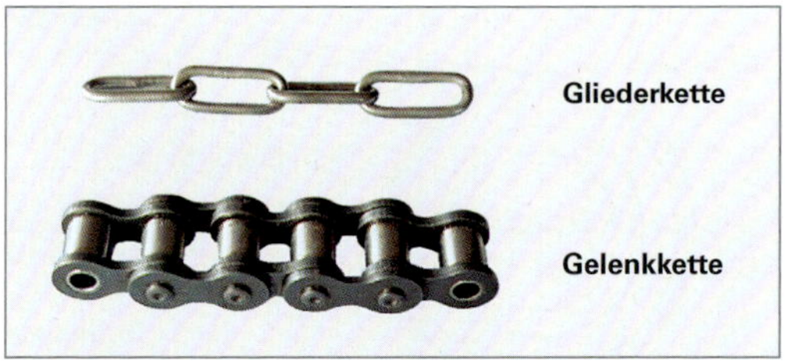

Bild 2: Glieder- und Gelenkkette

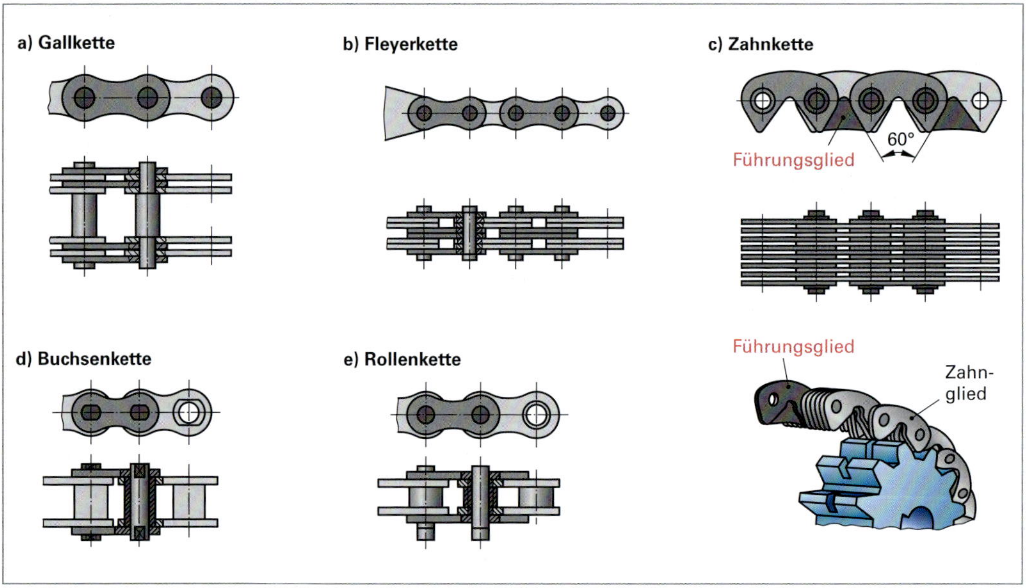

Bild 3: Arten von Gelenkketten

Gall- und Fleyerketten gehören zu den **Bolzenketten** und werden nur bei geringen zu übertragenden Leistungen und Umfangsgeschwindigkeiten eingesetzt. Bei Bolzenketten wird die Zugkraft direkt zwischen der Lasche und dem Bolzen übertragen. Fleyerketten werden nicht über Zahnräder, sondern nur über Umlenkrollen geführt und mit einer Lasche an beiden Kettenenden, z. B. an einem Fahrstuhl und dem Gegengewicht, befestigt.

Zahnketten gehören ebenfalls zu den Bolzenketten. Sie haben zusätzlich ein Führungsglied, das in einer Nut im Kettenrad geführt wird. Zahnketten sind relativ laufruhig und werden z.B. als Steuerkette, das heißt als Verbindung zwischen Kurbel- und Nockenwelle bei Verbrennungsmotoren, verwendet.

Eine Weiterentwicklung der Bolzenkette ist die **Buchsenkette**. Bei ihr sind zusätzlich zu den Bolzen Buchsen angebracht. Die Buchsen sind fest mit den Innenlaschen und der Bolzen ist fest mit den Außenlaschen verbunden **(Bild 3d, Seite 212)**. Wenn die Kette um ein Kettenrad läuft, dreht sich die Buchse um den Bolzen. Die Schwenkbewegung findet zwischen Bolzen und Buchse statt und nicht mehr zwischen Bolzen und Lasche. So entsteht eine deutlich geringere Flächenpressung, weshalb die Buchsenkette größere Kräfte als eine Bolzenkette übertragen kann.

Die **Rollenkette** **(Bild 1)** stellt eine weitere Verbesserung dar. Wenn die Kette über das Kettenrad läuft, entsteht eine Relativbewegung zwischen dem Zahn des Kettenrades und der Buchse. Der so entstehende Verschleiß kann verringert werden, indem man zusätzlich eine gehärtete, bewegliche Rolle um die Buchse anbringt. Allerdings muss der Durchmesser des Bolzens und der Buchse verkleinert werden, um Platz für die Rolle zu schaffen.

Der Verschleiß einer Gelenkkette kann zusätzlich verringert werden, indem man einen Schmierstoff zwischen Buchse und Bolzen bzw. zwischen Buchse und Rolle anbringt. Wenn die Kette in schmutziger Umgebung betrieben wird, wie z.B. bei Baustellenfahrzeugen oder als Antriebskette eines Motorrads, kann dieser Bereich zusätzlich durch O-Ringe oder X-Ringe abgedichtet werden. Diese Ketten werden **O-Ring**- bzw. **X-Ring-Ketten** genannt. Sie sind zwar zwischen Rolle, Buchse und Bolzen dauerhaft geschmiert, allerdings muss zusätzlich die Kontaktstelle zwischen Rolle und Kettenrad geölt werden. Hierzu verwendet man spezielle Kettenöle, die Zusatzstoffe enthalten, damit das Öl an der Kette haftet und durch die Fliehkräfte nicht von der Kette geschleudert wird.

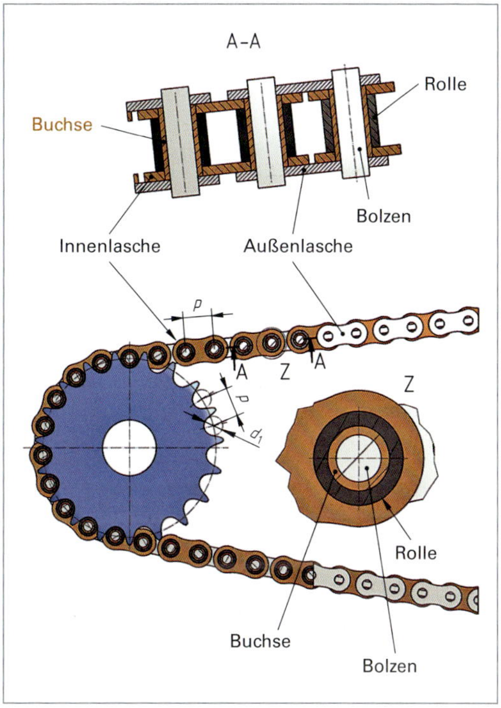

Bild 1: Rollenkette mit Buchse und Rolle

Gestaltung von Kettentrieben

Das entscheidende Maß einer Gelenkkette sind ihre **Kettenteilung** p und der **Rollendurchmesser** d_1. Die zugehörigen Kettenräder, auf denen die Kette läuft, müssen den gleichen **Zahnlückenabstand** p bzw. die gleiche **Zahnteilung** p haben **(Bild 2)**.

Im Betrieb verschleißt die Kette, sodass sich der **Rollenabstand** und damit die **Kettenteilung** p vergrößern. Die Kettenräder, auf denen diese verschlissene Kette läuft, verschleißen ebenfalls, sodass sich die **Zahnteilung** p vergrößert und die Zähne dünner werden. Falls der Verschleiß zu groß wird, kann die Kette reißen bzw. Zähne können vom Kettenrad abbrechen. Aufgrund des gleichzeitigen Verschleißes müssen Ketten immer gemeinsam mit den Kettenrädern erneuert werden.

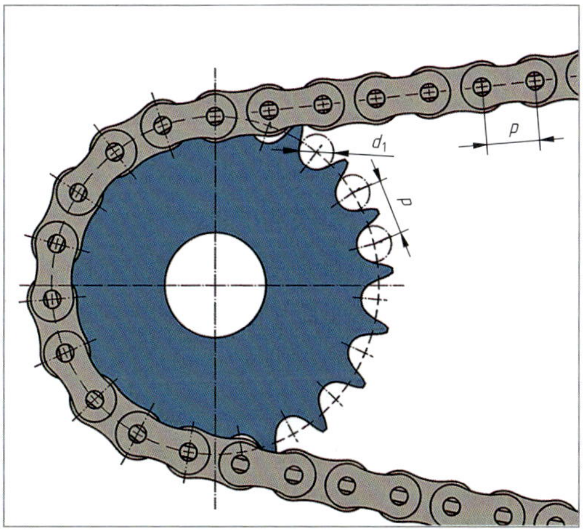

Bild 2: Zahnteilung p und Rollendurchmesser d_1

Aufgrund ihres **gleichzeitigen Verschleißes** im Betrieb müssen Ketten und Kettenräder immer gemeinsam ausgetauscht werden.

Ketten können entweder als **Endlosketten** verbaut werden oder als **offene Ketten,** die mit einem **Kettenschloss** verbunden sind (**Bild 1**). Bei der Montage der Kette wird die Außenlasche mit den fest verbundenen Verbindungsbolzen mit Nut in die beiden offenen Kettenenden gesteckt.

Anschließend wird die Verbindungslasche auf die beiden Verbindungsbolzen geschoben. Zum Schluss wird die „Feder" in die Nuten der beiden Verbindungsbolzen geschoben. Um ein unbeabsichtigtes Lösen des Kettenschlosses zu verhindern, muss die Feder immer gegen die Laufrichtung der Kette montiert werden.

Weil jeweils nur zwei Innenlaschen mit dem Kettenschloss verbunden werden können, kann eine Kette nicht um ein Kettenglied, sondern muss mindestens um zwei Kettenglieder gekürzt werden. Dementsprechend haben Ketten meist eine **gerade Anzahl** von Kettengliedern, also 2, 4, 6, 8 usw.

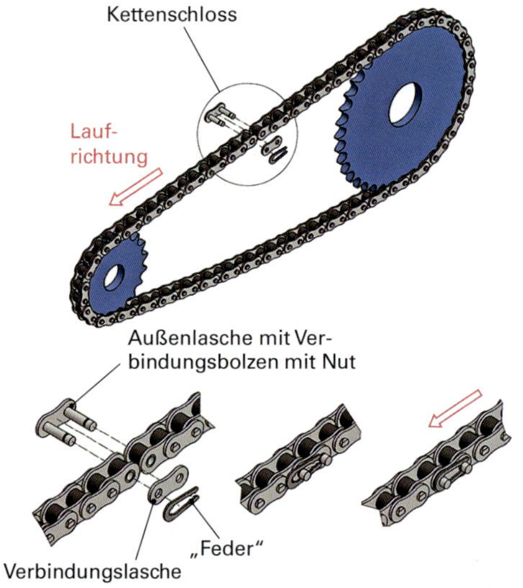

Bild 1: Montage eines Kettenschlosses

Normale **Gelenkketten** haben meist eine **gerade Anzahl Kettenglieder.**

Bei der Gestaltung von Kettentrieben muss darauf geachtet werden, dass die Gelenkkette bei der Montage gespannt und im Betrieb eventuell nachgespannt werden muss. Die Spannmöglichkeiten und die Anordnung von Spannrollen können ähnlich wie bei Riementrieben erfolgen **(Bild 1, Seite 208)**.

Wie bei allen Zugmitteltrieben gibt es auch bei Kettentrieben einen **Lasttrum** und einen **Leertrum** **(Bild 1, Seite 208**, und **Bild 2)**.

Bei der Anordnung der treibenden und getriebenen Kettenräder muss darauf geachtet werden, dass durch den Kettendurchhang auf der Leertrumseite die Kette nicht auf die Kettenräder hängt und infolgedessen ungünstig in die Kettenräder einläuft **(Bild 2)**. Besonders wenn die Kette im Leertrum in Schwingungen gerät, führt das zu stark erhöhtem Kettenverschleiß.

Deshalb sollten Kettentriebe ohne Spannrollen, wenn möglich, waagerecht angeordnet werden, wobei sich der Lastrum oben befindet. Ist das nicht möglich, kann der Kettentrieb bis zu 60° geneigt angeordnet werden **(Bild 1, Seite 215)**.

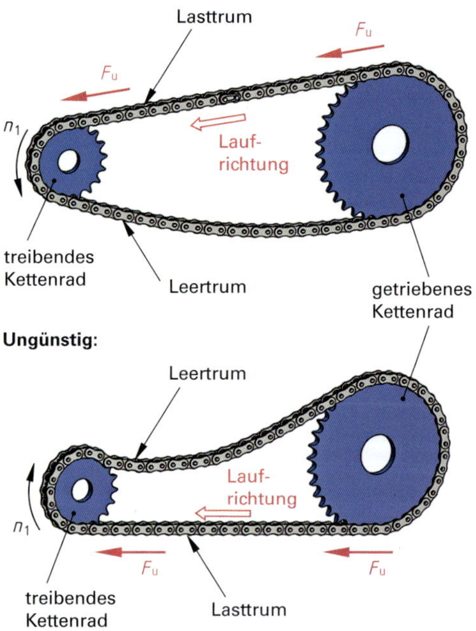

Bild 2: Last- und Leertrum bei Kettentrieben

Lernfeld 11

Falls der Kettentrieb annähernd senkrecht angeordnet werden muss, muss er auf der Leertrumseite mit einem Spannrad versehen werden. Falls der Kettentrieb in einem geschlossenen Ölbad läuft, können anstelle von Spannrollen Spannschienen und Führungsschienen verwendet werden.

Kettenräder sind nicht absolut rund, sondern die Position der Kettenrollen auf den Kettenrädern ergibt ein Vieleck, also ein **Polygon** (griechisch: *polys*, viel und *gon*, Eck). Der Abstand der Kettenglieder zueinander ist $\boldsymbol{d}_{\mathbf{max}}$, wenn sich die Kettenrollen senkrecht über dem Mittelpunkt des Kettenrades befinden, und $\boldsymbol{d}_{\mathbf{min}}$, wenn sich die Zähne des Kettenrades jeweils senkrecht oben und unten befinden **(Bild 2)**.

Der relative Unterschied zwischen $\boldsymbol{d}_{\mathbf{max}}$ und $\boldsymbol{d}_{\mathbf{min}}$ beträgt z. B. bei einem Kettenrad mit 8 Zähnen:

$$\Delta d = \frac{(d_{max} - d_{min})}{d_{max}} = 7{,}6\,\%$$

Die **Umfangsgeschwindigkeit $\boldsymbol{v}_{\mathbf{u}}$** der Kette wird mit folgender Gleichung berechnet **(Kapitel 11.2.3, Seite 190)**:

$$v_u = \pi \cdot d \cdot n$$

Daraus ergibt sich, dass bei konstanter Drehzahl n_1 des treibenden Kettenrades die Umfangsgeschwindigkeit v_u um 7,6 % schwankt. Dies führt wiederum dazu, dass die Drehzahl n_2 des getriebenen Rades um 7,6 % schwankt.

Diese Geschwindigkeitsschwankung bei Kettentrieben nennt man **Polygoneffekt**. Er bewirkt, dass die Kette ständig beschleunigt und abgebremst wird. Dadurch kann die Kette besonders im Leertrum zu Schwingungen angeregt werden. Auch die Drehzahl der angetriebenen Räder schwankt kontinuierlich; dadurch können Drehschwingungen entstehen. Diese Schwingungen erzeugen Vibrationen und Geräusche.

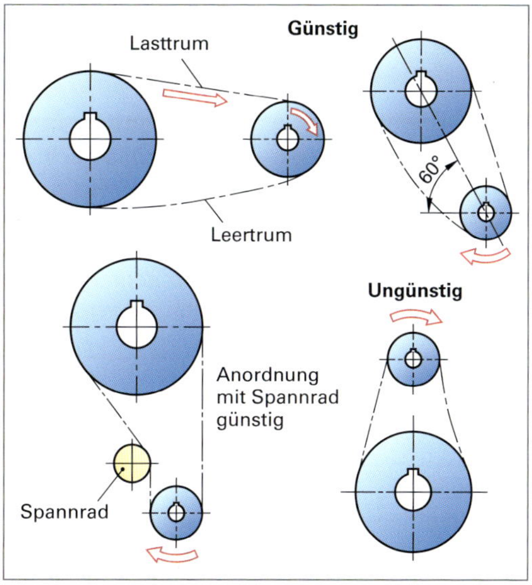

Bild 1: Anordnungen von Kettentrieben

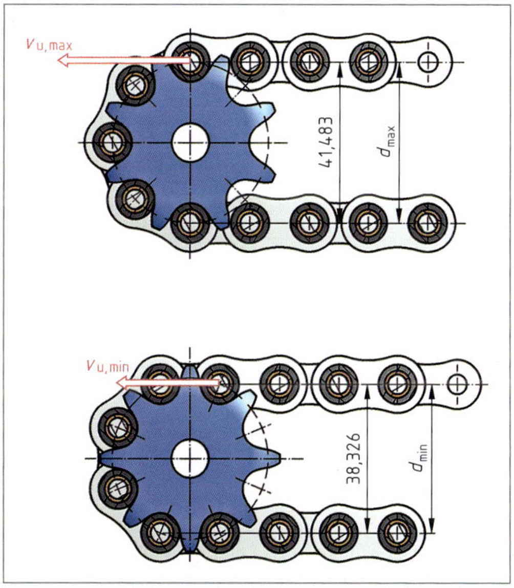

Bild 2: Polygoneffekt bei Kettentrieben

Bei Kettentrieben schwankt aufgrund des **Polygoneffekts** die Umfangsgeschwindigkeit der Kette. Dadurch kann sich die Kette im Leertrum aufschwingen. Eine weitere Folge ist eine Drehschwingung der angetriebenen Kettenräder. Je kleiner die Zähnezahl der Kettenräder ist, desto größer ist dieser Effekt. Bei größeren Drehzahlen sollten daher Kettenräder mit einer Zähnezahl $z \geq 19$ verwendet werden.

Lernfeld 11

Um die Gefahr eines Aufschwingens der Kette zu verringern, benutzt man möglichst Kettenräder mit ungerader Zähnezahl. Ein Kettenrad mit einer ungeraden Zähnezahl verringert außerdem den Verschleiß, weil ein möglicherweise verstärkt verschlissenes Kettenglied nicht immer über denselben Kettenradzahn läuft.

Kettenräder mit **ungerader Zähnezahl *z*** sollten mit Ketten mit einer **geraden Anzahl Kettenglieder** kombiniert werden. Das führt zu weniger Verschleiß.

Der **Teilkreisdurchmesser *d*** von Kettenrädern ist von der **Teilung *p*** und der **Zähnezahl *z*** abhängig und kann mithilfe des Polygons berechnet werden:

$$d = \frac{p}{\sin\left(\frac{180°}{z}\right)}$$

d	p	z
m	m	1

Bei Kettentrieben ist das **Übersetzungsverhältnis *i*** als der Quotient aus den Zähnezahlen z definiert. Dies entspricht nur ungefähr dem Verhältnis der Teilkreisdurchmesser d **(Bild 1)**. Es gilt:

$$i = \frac{n_1}{n_2} = \frac{z_2}{z_1} \approx \frac{d_2}{d_1}$$

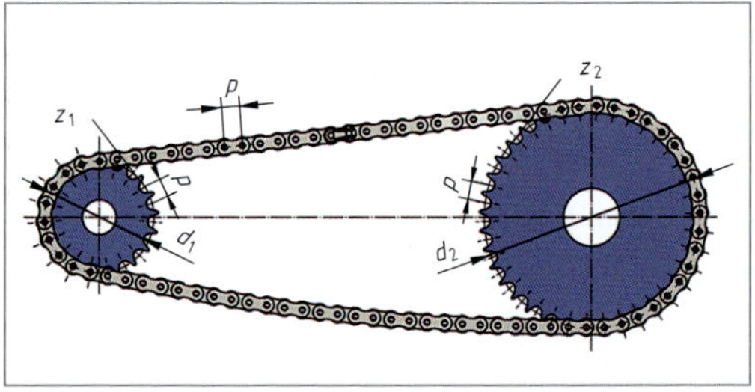

Bild 1: Übersetzungsverhältnis bei Kettentrieben

Tabelle 1: Vor- und Nachteile von Kettentrieben im Vergleich zu Zahnriemen

Vorteile	Nachteile
▌ Übertragung größerer Leistungen ▌ Übertragung größerer Drehmomente ▌ Größere Lebensdauer ▌ Einsatz in verschmutzter Umgebung möglich	▌ Höhere Kosten ▌ Nicht geeignet für sehr hohe Drehzahlen ▌ Drehzahlschwankungen durch Polygoneffekt ▌ Größere Geräuschentwicklung ▌ Größeres Gewicht ▌ Schmierung notwendig

Tabelle 2: Vor- und Nachteile von Kettentrieben gegenüber Zahnradtrieben

Vorteile	Nachteile
▌ Größere Achsabstände möglich ▌ Geringere Kosten ▌ Geringeres Gewicht ▌ Einsatz in verschmutzter Umgebung möglich ▌ Keine Drehrichtungsumkehr	▌ Nicht geeignet für sehr hohe Drehzahlen ▌ Drehzahlschwankungen durch Polygoneffekt ▌ Größere Geräuschentwicklung ▌ Schlechterer Wirkungsgrad ▌ Übertragung weniger großer Leistungen

Darstellung von Kettentrieben in technischen Zeichnungen

Bei der vereinfachten Darstellung von Kettentrieben werden der Teilkreisdurchmesser und der Verlauf der Kette mit einer schmalen Strich-Punktlinie dargestellt. Der Kopfkreisdurchmesser wird mit einer breiten, der Fußkreisdurchmesser mit einer dünnen Volllinie dargestellt **(Bild 1)**.

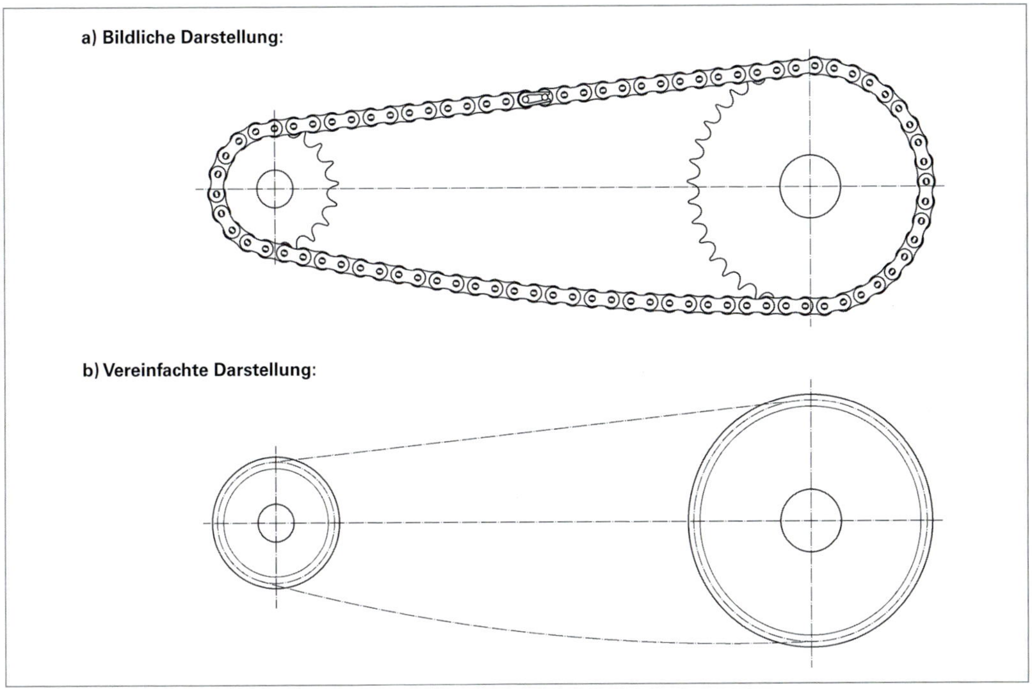

Bild 1: Darstellung von Kettentrieben

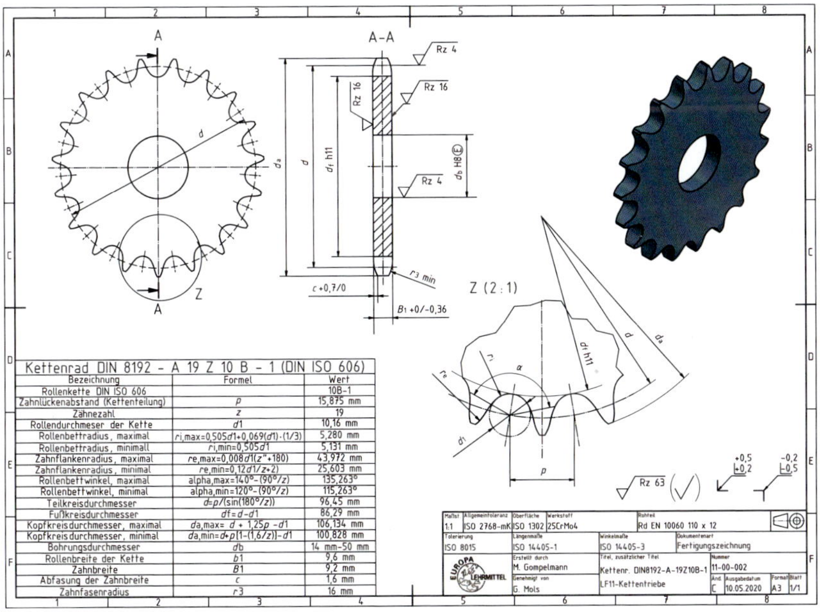

Kettenrad DIN 8192 - A 19 Z 10 B - 1 (DIN ISO 606)		
Bezeichnung	Formel	Wert
Rollenkette DIN ISO 606		10B-1
Zahnlückenabstand (Kettenteilung)	p	15,875 mm
Zähnezahl	z	19
Rollendurchmeser der Kette	d1	10,16 mm
Rollenbettradius, maximal	ri,max=0,505d1+0,069(d1)·(1/3)	5,280 mm
Rollenbettradius, minimall	ri,min=0,505d1	5,131 mm
Zahnflankenradius, maximal	re,max=0,008d1(z"+180)	43,972 mm
Zahnflankenradius, minimal	re,min=0,12d1/z+2)	25,603 mm
Rollenbettwinkel, maximal	alpha,max=140°-(90°/z)	135,263°
Rollenbettwinkel, minimal	alpha,min=120°-(90°/z)	115,263°
Teilkreisdurchmesser	d=p/(sin(180°/z))	96,45 mm
Fußkreisdurchmesser	df=d-d1	86,29 mm
Kopfkreisdurchmesser, maximal	da,max= d + 1,25p -d1	106,134 mm
Kopfkreisdurchmesser, minimal	da,min=d+p[1-(1,6/z)]-d1	100,828 mm
Bohrungsdurchmesser	db	14 mm-50 mm
Rollenbreite der Kette	b1	9,6 mm
Zahnbreite	B1	9,2 mm
Abfasung der Zahnbreite	c	1,6 mm
Zahnfasenradius	r3	16 mm

Bild 2: Beispielhafte Fertigungszeichnung eines Kettenrades nach DIN 8192

In **Tabelle 1** werden die Formeln zur Berechnung der Geometrie des Kettenrades nach DIN ISO 606 aufgeführt und exemplarisch die Ergebnisse für ein Kettenrad mit 19 Zähnen berechnet. In **Bild 1** sind zur Darstellung der berechneten Geometrie Ausschnitte aus der **Zeichnung 11-00-002** enthalten.

Tabelle 1: Geometrie eines Kettenrades nach DIN ISO 606

Bezeichnung	Formel	Wert
Rollenkette DIN ISO 606		10B-1
Zahnlückenabstand (Kettenteilung)	p	15,875 mm
Zähnezahl	z	19
Rollendurchmesser der Kette	d_1	10,16 mm
Rollenbettradius, maximal	$r_{i,max} = 0{,}505 \cdot d_1 + 0{,}069 \cdot \sqrt[3]{d_1}$	5,280 mm
Rollenbettradius, minimal	$r_{i,min} = 0{,}505 \cdot d_1$	5,131 mm
Zahnflankenradius, maximal	$r_{e,max} = 0{,}008 \cdot d_1 \ (z^2 + 180)$	43,972 mm
Zahnflankenradius, minimal	$r_{e,min} = 0{,}12 \cdot d_1 \ (z + 2)$	25,603 mm
Rollenbettwinkel, maximal	$\alpha_{max} = 140° - \frac{90°}{z}$	135,263°
Rollenbettwinkel, minimal	$\alpha_{min} = 120° - \frac{90°}{z}$	115,263°
Teilkreisdurchmesser	$d = \frac{p}{\sin\left(\frac{180°}{z}\right)}$	96,449 mm
Fußkreisdurchmesser	$d_f = d - d_1$	86,289 mm
Kopfkreisdurchmesser, max.	$d_{a,max} = d + 1{,}25 \cdot p - d_1$	106,133 mm
Kopfkreisdurchmesser, min.	$d_{a,min} = d + p \cdot (1 - \frac{1{,}6}{z}) - d_1$	100,827 mm
Bohrungsdurchmesser	d_b	14 mm bis 50 mm
Rollenbreite der Kette	b_1	9,6 mm
Zahnbreite	B_1	9,2 mm
Abfasung der Zahnbreite	c	1,6 mm
Zahnfasenradius	r_3	16 mm

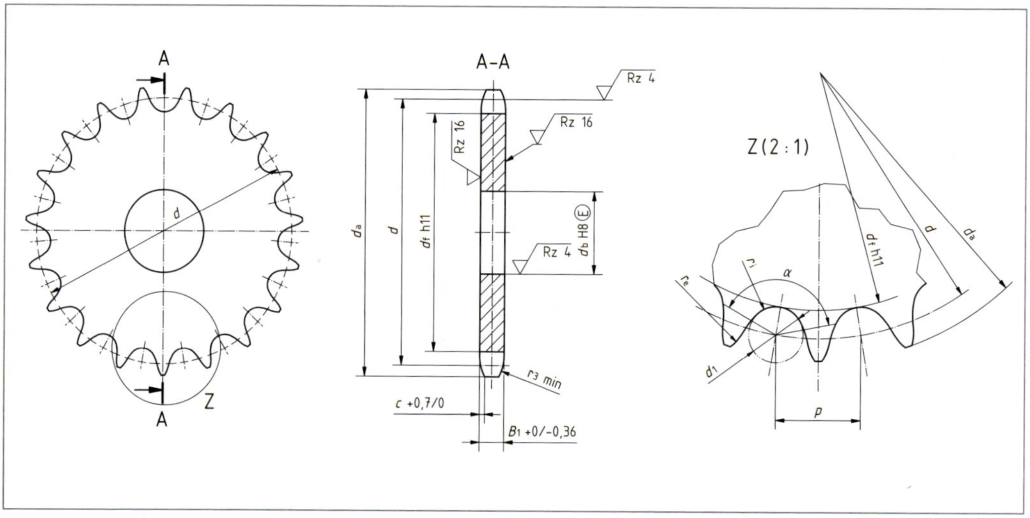

Bild 1: Geometrie eines Kettenrades nach DIN ISO 606

AUFGABEN | WIEDERHOLUNG UND VERTIEFUNG

1. Berechnen Sie die Gewichtskraft einer Maschine mit der Masse $m = 500$ kg.

2. Sie fahren mit einer Durchschnittsgeschwindigkeit von 115 km/h. Wie lange benötigen Sie, um eine 557 km entfernte Stadt zu erreichen? Geben Sie das Ergebnis in Stunden, Minuten und Sekunden an.

3. Um ein Auto auf einer waagerechten Straße zu schieben, benötigen Sie eine Schubkraft von 300 N. Welche Arbeit haben Sie verrichtet, wenn Sie das Auto 500 m weit geschoben haben? Welche Leistung benötigen Sie, wenn Sie das in 10 Minuten schaffen wollen? Kann das ein Mensch schaffen? Eine Banane hat einen Nährwert von ca. 400 kJ und unser Körper hat bei der Umwandlung der chemischen Energie der Lebensmittel (also bei der Verdauung) einen Wirkungsgrad von ca. 40 %. Reicht die Energie einer Banane aus, um die Energie wieder „aufzutanken", die beim Schieben des Autos verbraucht wurde?

4. Sie wollen mit einem Auto, das eine Tonne wiegt, in 5 Minuten einen 1000 m hohen Berg hinauffahren. Berechnen Sie die erforderliche Leistung des Autos (Reibung kann vernachlässigt werden).

5. Ein Motor hat ein Drehmoment von 150 Nm bei 4000 1/min. Berechnen Sie die Leistung des Motors in kW und PS.

6. Ein Fahrradreifen hat einen Durchmesser von ca. 70 cm. Welche Drehzahl (in 1/min) hat der Reifen, wenn das Fahrrad 25 km/h fährt.

7. Berechnen Sie für ein Zahnradgetriebe mit zwei außenverzahnten Stirnrädern mit $m = 2$ mm, $z_1 = 18$ und $z_2 = 46$ (mit $c = 0{,}167 \cdot m$) die folgenden Werte: d_1, d_{a1}, d_{f1}, d_2, d_{a2}, d_{f2}, h_a, h_f, h, c und a. Erstellen Sie eine Skizze, in der die beiden Zahnräder im Schnitt dargestellt werden, und zeichnen Sie die von Ihnen berechneten Werte ein. Benennen Sie die von Ihnen berechneten Werte.

8. Berechnen Sie für ein Zahnradgetriebe mit dem außenverzahnten Stirnrad 1 und dem innenverzahnten Stirnrad 2 mit $m = 2$ mm, $z_1 = 19$ und $z_2 = 66$ (mit $c = 0{,}167 \cdot m$) die folgenden Werte: d_1, d_{a1}, d_{f1}, d_2, d_{a2}, d_{f2}, h_a, h_f, h, c und a. Erstellen Sie eine Skizze, in der die beiden Zahnräder im Schnitt dargestellt werden und zeichnen Sie die von Ihnen berechneten Werte ein. Benennen Sie die von ihnen berechneten Werte.

9. Ein Elektromotor mit einer Leistung von 0,7 kW bei 1500 1/min treibt ein Zahnradgetriebe mit zwei außenverzahnten Stirnrädern mit $m = 1{,}5$ mm, $z_1 = 17$ und $z_2 = 43$ an. Reibung kann vernachlässigt werden. Berechnen Sie die folgenden Werte: d_1, d_2, i, n_1, n_2, v_1, v_2, M_1, M_2, F_{u1}, F_{u2}, F_{r1}, F_{r2}, P_1 und P_2. Erstellen Sie eine Skizze mit einer Seitenansicht der beiden Zahnräder und zeichnen Sie die von Ihnen berechneten Kräfte, Geschwindigkeiten und die Drehrichtungen ein.

10. Ein Elektromotor soll über ein Zahnradgetriebe mit zwei außenverzahnten Stirnrädern mit $m = 1$ mm, $z_1 = 21$ und $z_2 = 47$ eine Pfeffermühle antreiben. Die Pfeffermühle benötigt bei 100 1/min ein Drehmoment von 5 Nm. Die Reibung kann vernachlässigt werden. Berechnen Sie die folgenden Werte: d_1, d_2, i, n_1, n_2, v_1, v_2, M_1, M_2, F_{u1}, F_{u2}, F_{r1}, F_{r2}, P_1 und P_2

11. Ein Elektromotor mit einer Leistung von 1 kW bei 3000 1/min treibt ein Zahnradgetriebe mit dem außenverzahnten Stirnrad 1 und dem innenverzahnten Stirnrad 2 mit $m = 3$ mm, $z_1 = 18$ und $z_2 = 71$ an. Die Reibung kann vernachlässigt werden. Berechnen Sie die folgenden Werte: d_1, d_2, i, n_1, n_2, v_1, v_2, M_1, M_2, F_{u1}, F_{u2}, F_{r1}, F_{r2}, P_1 und P_2. Erstellen Sie eine Skizze mit einer Seitenansicht der beiden Zahnräder und zeichnen Sie die von Ihnen berechneten Kräfte, Geschwindigkeiten und die Drehrichtungen ein.

Lernfeld 11

12. Ein Elektromotor mit einer Leistung von 0,5 kW bei 500 1/min treibt ein Zahnradgetriebe mit zwei außenverzahnten Stirnrädern mit $m = 1$ mm, $z_1 = 19$ und $z_2 = 47$ an. Das Getriebe hat einen Wirkungsgrad von $\eta = 0{,}95$. Berechnen Sie die folgenden Werte: d_1, d_2, i, n_1, n_2, v_1, v_2, M_1, M_2, P_1 und P_2.

13. Ein Elektromotor mit einer Leistung von 1,5 kW bei 3000 1/min treibt ein Schneckengetriebe mit $m = 3$ mm, $z_1 = 1$, $d_1 = 50$ mm und $z_2 = 43$ an. Das Getriebe hat einen Wirkungsgrad von $\eta = 0{,}7$. Berechnen Sie die folgenden Werte: d_2, i, n_1, n_2, M_1, M_2, P_1 und P_2.

14. Erläutern Sie, was eine Evolventenverzahnung ist.

15. Geben Sie die Mindestzähnezahl eines Zahnrades an und erläutern Sie, was unter einer Unterschneidung bei der Zahngeometrie zu verstehen ist.

16. Erläutern Sie die Vor- und Nachteile von geradverzahnten Zahnrädern im Vergleich zu schrägverzahnten Zahnrädern.

17. Recherchieren Sie im Internet eine konstruktive Lösung, mit der Sie die Axialkräfte bei schrägverzahnten Zahnrädern vermeiden werden können. (Hinweis: Diese Lösung taucht auch im Logo der Firma Citroën auf.)

18. Welche Schäden können bei Zahnrädern in Getrieben auftreten?

19. Welcher Bereich von Zähnen sollte möglichst hart und welcher möglichst zäh sein. Erläutern Sie, warum diese Bereiche hart bzw. zäh sein sollen.

20. Bei welchen Zahnradformen schneiden und bei welchen kreuzen sich die Wellen, auf denen sich die Zahnräder befinden?

21. Erläutern Sie die Vor- und Nachteile von Schneckentrieben.

22. Ein Elektromotor mit einer Leistung von 0,5 kW bei 500 1/min treibt einen Riementrieb mit zwei Riemenscheiben an. Es wird ein Schmalkeilriemen DIN 77523 SPZ 500 verwendet. Die erste Riemenscheibe hat einen Wirkdurchmesser von $d_{w1} = 80$ mm. Die zweite Riemenscheibe hat einen Wirkdurchmesser von $d_{w2} = 150$ mm. Der Riementrieb kann mit einem Wirkungsgrad von $\eta = 1$ berechnet werden. Berechnen Sie die folgenden Werte: d_{a1}, d_{a2}, i, n_1, n_2, v_1, v_2, M_1, M_2, F_{u1}, F_{u2}, P_1 und P_2. Erstellen Sie eine Skizze mit einer Seitenansicht der beiden Riemenscheiben und zeichnen Sie die von Ihnen berechneten Kräfte, Geschwindigkeiten und die Drehrichtungen ein.

23. Ein Elektromotor mit einem Drehmoment von 2 Nm bei 1 500 1/min treibt einen Zahnriementrieb mit zwei Riemenscheiben an. Es wird ein Riemen DIN 7721-10 T5 x 500 verwendet. Die erste Riemenscheibe hat 14 Zahnlücken, die zweite Riemenscheibe hat 28 Zahnlücken. Der Riementrieb kann mit einem Wirkungsgrad von $\eta = 1$ berechnet werden. Berechnen Sie die folgenden Werte: d_1, d_2, d_{01}, d_{02}, i, n_1, n_2, v_1, v_2, M_1, M_2, F_{u1}, F_{u2}, P_1 und P_2. Erstellen Sie eine Skizze mit einer Seitenansicht der beiden Riemenscheiben und zeichnen Sie die von Ihnen berechneten Kräfte, Geschwindigkeiten und die Drehrichtungen ein.

24. Erläutern Sie die Vor- und Nachteile von Keilriementrieben gegenüber Zahnriementrieben.

25. Skizzieren Sie eine Buchsenkette ohne Rollen. Stellen Sie jeweils farbig dar, welche Teile sich mit der Außen- bzw. der Innenlasche bewegen.

26. Ein Elektromotor mit einem Drehmoment von 50 Nm bei 500 1/min treibt einen Kettentrieb an. Es wird eine Rollenkette DIN 8187 mit $p = 1$ Zoll verwendet. Das erste Kettenrad hat 13 Zähne und das zweite Kettenrad hat 27 Zähne. Der Kettentrieb kann mit einem Wirkungsgrad von $\eta = 1$ berechnet werden. Berechnen Sie die folgenden Werte: d_1, d_2, i, n_1, n_2, v_1, v_2, F_{u1}, F_{u2}, M_1, M_2, P_1 und P_2. Erläutern Sie, warum v_1 und v_2, bzw. F_{u1} und F_{u2} nicht genau gleich groß sind.

27. Erläutern Sie die Vor- und Nachteile von Kettentrieben gegenüber Zahnriementrieben.

28. Erläutern Sie die Vor- und Nachteile von Kettentrieben gegenüber Zahnradtrieben.

11.3 LAGERUNGEN UND FÜHRUNGEN

Eine Maschine besteht aus beweglichen und feststehenden Teilen. Die beweglichen Teile müssen abgestützt und geführt werden. Der Bewegung soll dabei ein möglichst geringer Widerstand entgegengesetzt werden. Lineare Bewegungen werden mit **Führungen** und Drehbewegungen werden mit Achsen, Wellen und **Lagern** ermöglicht.

11.3.1 REIBUNG

Jede Führung oder jedes Lager verursacht durch **Reibung** einen Widerstand gegen die Bewegung, sodass ein Teil der Antriebsleistung durch Reibungsverluste verloren geht. Diese Verluste versucht man so gering wie möglich zu halten. In den Lagerungen gibt es verschiedene Arten der Reibung, die hier genauer betrachtet werden.

Die **Reibungskraft F_R** ist das Produkt aus der **Normalkraft F_N** und der **Reibungszahl μ**. Die Normalkraft F_N steht immer senkrecht auf der Reibungsfläche **(Bild 1)**. Die Reibungskraft F_R verläuft parallel zur Reibungsfläche. Die Reibungszahl μ ist abhängig von der Werkstoffpaarung, dem Schmierzustand und der Oberflächenstruktur.

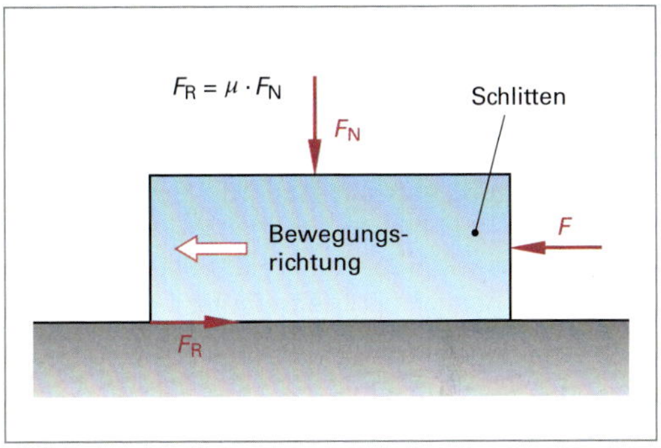

Bild 1: Reibungskraft

$$F_R = \mu \cdot F_N$$

F_R	F_N	μ
N	N	1

Diese Gleichung bedeutet, dass die Reibungskraft unabhängig von der Größe der Kontaktfläche ist. Die Reibungskraft wirkt der **Bewegungsrichtung** bzw. einer **Bewegungskraft F** entgegen. Nur wenn die Bewegungskraft F größer als die Reibungskraft F_R ist, fängt der Körper an sich zu bewegen.

Wenn sich der Körper bewegt, ist die Reibungskraft konstant und damit unabhängig von der **Bewegungsgeschwindigkeit v**. Die **Reibungsarbeit W_R**, die dabei erzeugt wird, ist jedoch von der zurückgelegten **Strecke s** abhängig und wird vollständig in Wärme umgewandelt. Die **Reibungsarbeit W_R** ist das Produkt aus der **Reibungskraft F_R** und dem zurückgelegten **Weg s**:

$$W_R = F_R \cdot s$$

W_R	F_R	s
$J = Nm = kg \cdot \frac{m^2}{s^2}$	$N = kg \cdot \frac{m}{s^2}$	m

Die **Reibungsleistung P_R** ist der Quotient aus der **Reibungsarbeit W_R** und der **Zeitspanne t**, die benötigt wird, um diese Arbeit zu leisten. Daraus kann abgeleitet werden, dass die Reibungsleistung ebenfalls das Produkt aus der **Reibungskraft F_R** und der **Bewegungsgeschwindigkeit v** ist:

$$P_R = \frac{W_R}{t} = \frac{F_R \cdot s}{t} = F_R \cdot v$$

P_R	W_R	F_R	s	t	v
$W = \frac{J}{s} = kg \cdot \frac{m^2}{s^3}$	J	N	m	s	$\frac{m}{s}$

Durch diese Reibungsverluste verschlechtert sich nicht nur der **Wirkungsgrad η** einer Maschine, sondern auch die dabei entstehende Wärme muss durch konstruktive Maßnahmen abgeführt werden, da sich sonst die Maschine zu stark erwärmen würde.

Man unterscheidet zwischen **Gleitreibung**, **Rollreibung** und einer Mischform aus beiden, der **Wälzreibung** (Bild 1).

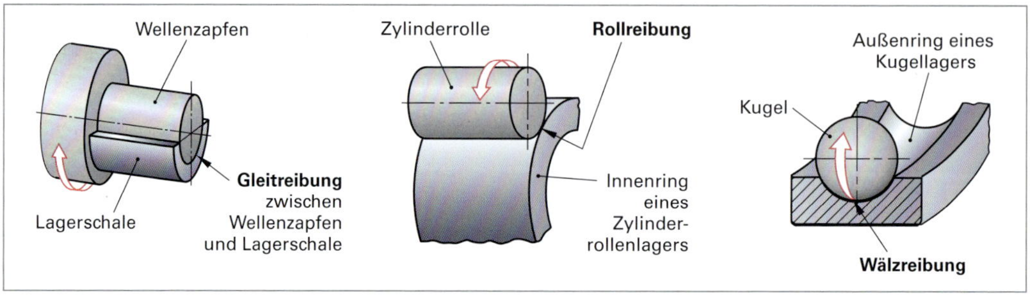

Bild 1: Reibungsarten

Die **Gleitreibung** entsteht durch die Bewegung eines Körpers relativ zu einem anderen Körper. Die **Reibungszahl** μ ist abhängig von dem Werkstoff und der Oberflächenrauheit. Wenn man einen Körper bewegen will, muss man zuerst die **Haftreibung** überwinden, bevor der Körper über die Reibungsfläche gleitet und sich im Bereich der **Gleitreibung** befindet. Die Haftreibung ist immer größer als die Gleitreibung.

Man kann diesen Effekt im Alltag erfahren, wenn man z.B. versucht, einen Schlitten zu ziehen. Zuerst muss man den Schlitten aus dem Stillstand „losreißen", d.h. die Haftreibung überwinden, und kann ihn dann mit einer wesentlich kleineren Kraft, d.h. im Bereich der Gleitreibung, bewegen. Auch bei den Reifen von Autos kann man diesen Effekt feststellen. Reifen, die „durchrutschen", können wesentlich kleinere Kräfte auf die Straße übertragen als Reifen, die nicht rutschen. Die Ursache dafür wird deutlich, wenn man sich die Kontaktstelle zwischen den Reibungsflächen vergrößert anschaut. Die Oberflächenrauheiten der beiden Körper „verzahnen" sich miteinander, eine Haftreibung liegt vor. Wenn diese Haftreibungskraft überwunden ist, gleiten die Körper aufeinander und der Körper gleitet auf den „Bergspitzen" der Oberfläche.

Haftreibung ist immer größer als **Gleitreibung**. Soll ein Körper aus dem Stillstand bewegt werden, muss zuerst die Haftreibung überwunden werden. Bewegt sich der Körper, muss nur die Gleitreibung überwunden werden.

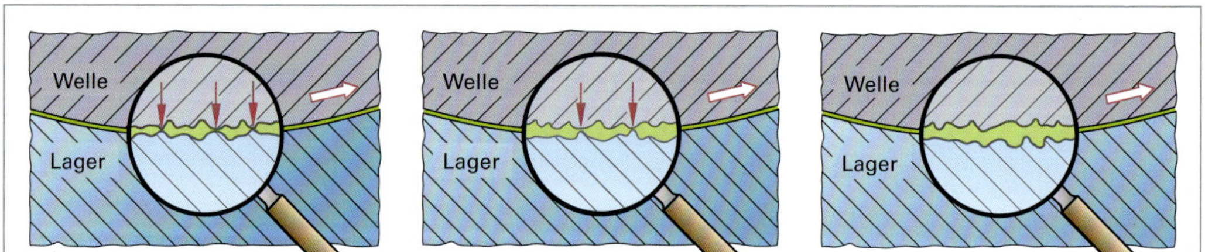

Bild 2: Reibungszustände bei Gleitreibung

Der **Reibungskoeffizient** μ wird auch davon beeinflusst, ob die Kontaktzone trocken oder feucht ist. Wenn sich eine Flüssigkeit zwischen den Körpern befindet, sinkt die Haftreibungskraft. Deswegen werden Lagerungen und Führungen fast immer mit einem Schmierstoff versehen. Solange der Körper still steht oder sich sehr langsam bewegt, liegt **Festkörperreibung** vor, d.h., die beiden Festkörper berühren sich (Bild 2). Wenn sich der Körper sehr schnell bewegt, schwimmt er auf einer Flüssigkeitsschicht auf und die beiden Körper berühren sich nicht mehr. Diesen Zustand nennt man **Flüssigkeitsreibung**. Die Reibungskraft ist in diesem Fall am geringsten. Zwischen diesen beiden Zuständen liegt der Bereich der **Mischreibung**, d.h., nur noch die Rauheitsspitzen der beiden Körper berühren sich.

Reibung kann durch **Schmierstoffe** verringert werden. Wenn Lager oder Führungen im Bereich der **Flüssigkeitsreibung** betrieben werden, sind die Reibungsverluste minimal. In diesem Zustand findet kein Verschleiß statt, da sich die Festkörper nicht berühren.

Rollreibung entsteht, wenn ein runder Körper, z. B. eine Rolle oder eine Kugel, über eine Fläche rollt. Dabei gibt es keine Relativbewegung in der Kontaktfläche, die Körper reiben also nicht aneinander. Trotzdem muss zur Bewegung dieser Körper eine Kraft aufgebracht werden. Diese Kraft entsteht durch die elastische Verformung der Rollkörper **(Bild 1)**. Die **Rollreibungszahl** μ ist dementsprechend abhängig von der Elastizität des Rollkörpers und dessen Radius. Wenn man z. B. den Luftdruck eines Fahrradreifens erhöht, verringert sich die Elastizität, d. h. die Verformung des Reifens. Dadurch sinkt der Rollwiderstand.

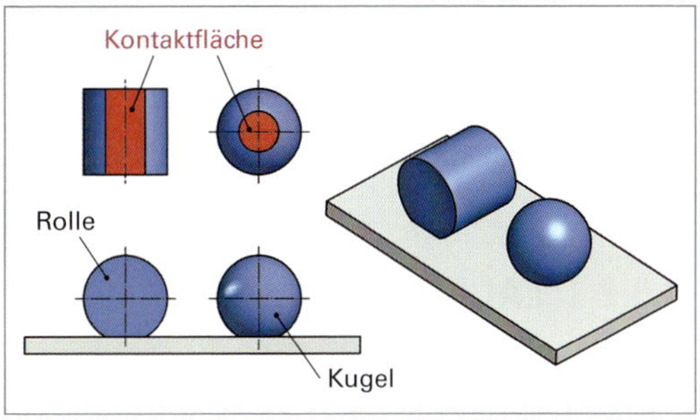

Bild 1: Rollreibung

Die theoretische, nicht verformte Kontaktfläche einer Kugel ist ein Punkt, die einer Rolle ist eine Linie. In der Realität entsteht durch die elastische Verformung einer Kugel eine kreisförmige Kontaktfläche, durch die elastische Verformung einer Rolle eine rechteckige Kontaktfläche **(Bild 1)**. Die Flächenpressung, die in der Kontaktfläche aufgrund einer Normalkraft entsteht und die unter Berücksichtigung der elastischen Verformung berechnet wird, nennt man **Hertzsche Pressung**. Die Hertzsche Pressung einer Kugel ist bei ansonsten gleichen Kräften und Abmessungen deutlich größer als die Hertzsche Pressung einer Rolle.

Rollreibung entsteht durch die elastische Verformung der Rollkörper. Rollen können dabei deutlich größere Kräfte übertragen als Kugeln.

Wälzreibung ist eine Mischform aus Gleit- und Rollreibung. Sie entsteht, wenn z. B. eine Kugel in einem Ring mit Nut läuft. Während die Kugel in dem Ring läuft, dreht sie sich um ihre Achse **(Bild 2)**. Am Tiefpunkt der Nut ist der Abstand des Berührpunktes zur Drehachse der Kugel am größten. Die Umfangsgeschwindigkeit v ist das Produkt aus dem Durchmesser d und der Drehzahl n:

$$v = \pi \cdot d \cdot n$$

Dementsprechend ist an der Stelle, an der der Durchmesser d am größten ist, auch die Geschwindigkeit v am größten. An der Seitenkante der Nut ist der Abstand zur Drehachse der Kugel am geringsten, der Durchmesser d ist am kleinsten und die Geschwindigkeit v ist dort minimal. Wenn die Kugel im unteren Punkt der Nut abrollt, wird sie an jedem anderen Punkt der Nut reiben, da dort die Umfangsgeschwindigkeit der Kugel nicht der Bahngeschwindigkeit entspricht. An diesen Stellen liegt also Gleitreibung vor.

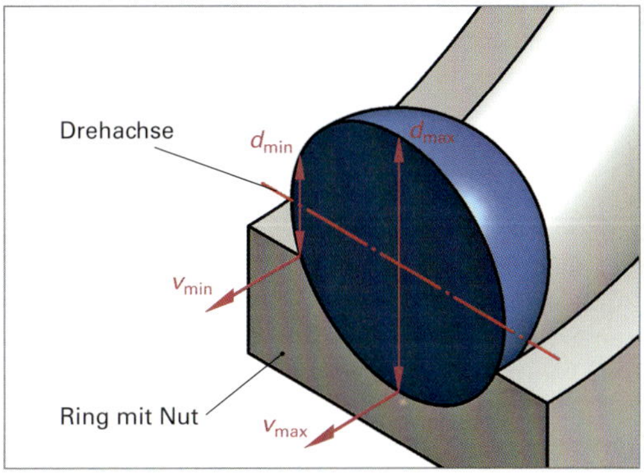

Bild 2: Wälzreibung

Läuft eine Kugel oder eine tonnenförmige Rolle in einem Ring mit Nut, entsteht **Wälzreibung**, eine Mischform aus Gleit- und Rollreibung. Um die Gleitreibung zu verringern, muss die Kontaktfläche geschmiert werden.

Schmierstoffe sollen nicht nur die Reibung verringern. Sie haben zusätzlich die Aufgaben, vor Korrosion zu schützen, die Reibungswärme und eventuelle Verschleißteilchen abzuführen und stoßartige Belastungen abzudämpfen. Die Viskosität (Zähflüssigkeit) von Schmierstoffen ist stark von der Temperatur abhängig. Schmierstoffe, die bei Raumtemperatur eher fest sind, nennt man **Schmierfette**. **Schmieröle** sind schon bei Raumtemperatur flüssig. Bei steigender Temperatur werden Schmierstoffe dünnflüssiger **(Bild 1)**.

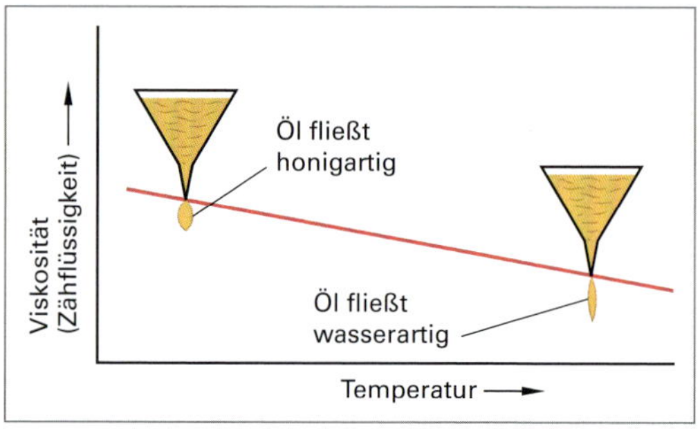

Bild 1: Viskosität von Schmierstoffen

11.3.2 | LAGERUNGEN

Die Lagerung einer Welle besteht in der Regel aus zwei Lagern. Diese Lager müssen sowohl axiale Kräfte entlang der Mittelachse einer Welle als auch radiale Kräfte senkrecht zur Mittelachse aufnehmen **(Bild 2)**.

Lager, die hauptsächlich axiale Kräfte aufnehmen, nennt man **Axiallager**. Lager, die hauptsächlich radiale Kräfte aufnehmen, nennt man **Radiallager**.

Es gibt zwei Bauformen von Lagern, denen jeweils unterschiedliche Wirkprinzipien zugrunde liegen, **Gleitlager** und **Wälzlager (Bild 3)**.

In **Gleitlagern** gleitet die Welle auf Lagerschalen oder Lagerbuchsen. Zwischen der Welle und dem Lager liegt Gleitreibung vor.

In **Wälzlagern** rollt z. B. eine Kugel zwischen dem Innenring, der sich auf der Welle befindet, und dem Außenring, der sich im Gehäuse befindet, ab. Die Kugel rollt im Lagerring ab, wodurch Wälzreibung entsteht.

Weitere Bauformen sind Speziallager, z. B. aerostatische Lager oder Magnetlager.

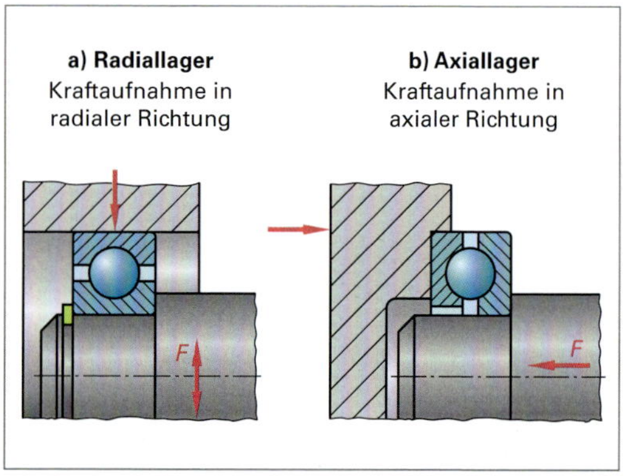

Bild 2: Radial- und Axiallager

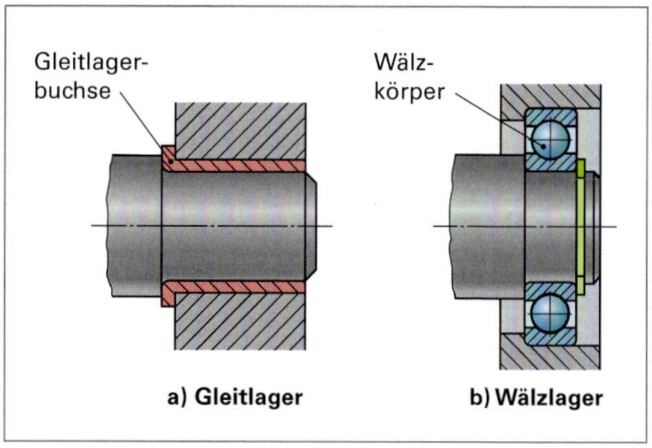

Bild 3: Gleit- und Wälzlager

11.3.3 | GLEITLAGER

Eine einfache und kostengünstige Lagerung kann mit **Gleitlagerbuchsen** erstellt werden. Es gibt Buchsen aus Kupferlegierungen (DIN ISO 4379), aus Sintermetallen (DIN 1850-3) und aus Duro- und Thermoplasten (DIN 1850-5 und -6). Buchsen mit oder ohne Bund werden angeboten. Die Buchsen mit Bund können als Axiallager eingesetzt werden. Viele Hersteller bieten weitere Bauformen und Werkstoffe an **(Bild 4)**.

Gleitlagerbuchsen aus z. B. Polymeren können auch im Trockenlauf, also ohne Schmierstoffe, verwendet werden und eignen sich daher besonders für den Einsatz in der Lebensmittelindustrie.

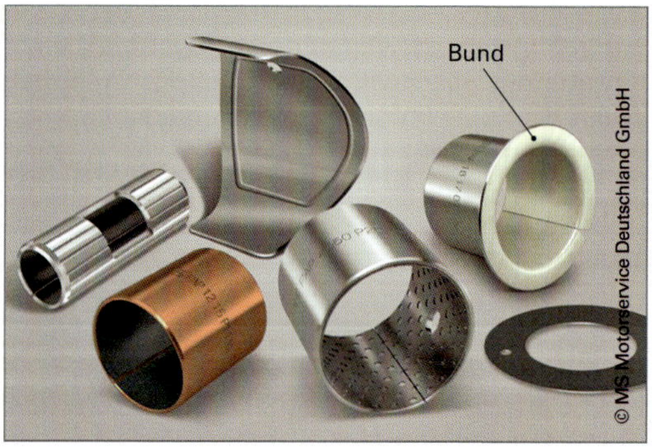

Bild 4: Gleitlagerbuchsen mit und ohne Bund

Die **Bohrungen im Gehäuse** zur Aufnahme einer Lagerbuchse müssen mit H7 toleriert und mit einer Einbaufase versehen werden. Die Buchsen sind entsprechend gefertigt, sodass sie mit dieser Bohrung eine **Übermaßpassung** bilden.

Im eingebauten Zustand wird dann z. B. bei der Buchse nach DIN ISO 4379 aus der mit der Toleranz E6 gefertigten Bohrung in der Buchse eine Bohrung mit der Toleranz H8. Diese Bohrung ergibt zusammen mit einer mit e7 oder g7 gefertigten **Welle** eine ausreichende **Spielpassung** **(Bild 1)**.

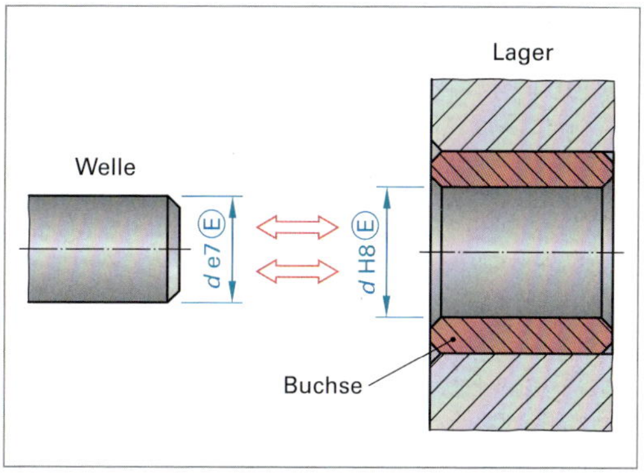

Bild 1: Spielpassung zwischen Welle und Buchse

Die Welle sollte mit einer Oberflächenrauheit von *Rz* 4 gefertigt werden. Wenn eine Lagerbuchse mit Bund als Axiallager verwendet wird, sollte auch die axiale Anlauffläche der Welle mit der Oberflächenrauheit *Rz* 4 versehen werden. Dann ist in der Regel ein Freistich nach DIN 509 mit der Form F erforderlich.

Bei der Montage müssen die meisten Lagerbuchsen mit Schmierfett versehen werden, um die Reibung und den Verschleiß zu verringern.

> **Lagerbuchsen** sind bei geringen und mittleren Kräften und Drehzahlen sehr kostengünstig und wartungsarm.

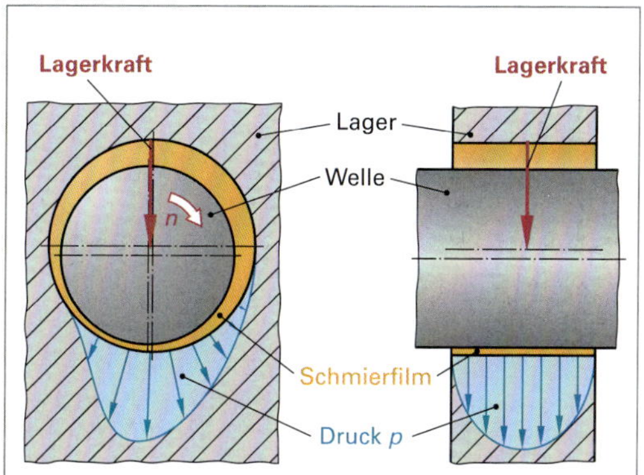

Hinweis: Die Durchmesserunterschiede sind überproportional gezeichnet.

Bild 2: Druckverteilung in einem hydrodynamischen Gleitlager

Bei **hydrodynamischen Gleitlagern (Bild 2)** baut sich im Betriebszustand durch die Drehbewegung der Welle im Lager ein Schmierfilm auf, sodass die Welle auf der Flüssigkeit schwimmt und ausschließlich Flüssigkeitsreibung vorliegt.

Durch die Drehbewegung und ihre Oberflächenrauheit fördert die Welle das Öl in den Bereich mit der geringsten Schmierfilmdicke. Im Schmierfilm baut sich ein Öldruck auf, bis die Druckkraft mit der Lagerkraft im Gleichgewicht steht. Vergrößert sich die Lagerkraft, vergrößert sich die Auslenkung der Welle aus der Mittelpunktlage. Dadurch verkleinert sich der Schmierspalt, der Druck *p* im Schmierfilm vergrößert sich und das Gleichgewicht zwischen Druckkraft und Lagerkraft stellt sich wieder ein.

Im optimalen Betriebspunkt ist dieses Lager verschleißfrei, weil sich die Welle und die Lagerschale nicht berühren. Allerdings tritt Verschleiß auf, wenn die Welle anläuft, da dann die Drehzahl der Welle noch nicht ausreichend ist, um den Öldruck aufzubauen und in den Bereich der Flüssigkeitsreibung zu kommen. Außerdem ist das Öl beim Anlaufen der Welle noch nicht auf Betriebstemperatur, sodass die Viskosität des Schmierstoffs noch nicht in dem Bereich ist, der für einen verschleißarmen Betrieb des Lagers benötigt wird.

Hydrodynamische Lager brauchen in der Regel eine Ölversorgung. Das Öl sollte in einem nicht beanspruchten Bereich des Lagers über eine Ölbohrung zugeführt werden. Es muss im Lager kontinuierlich ausgetauscht werden, damit es nicht überhitzt. Zudem müssen Schmutzpartikel aus dem Öl herausgefiltert werden, da der Schmierspalt nur wenige µm dick ist und alle größeren Verunreinigungen im Öl Riefen in den Lagerschalen erzeugen würden.

Diese Gleitlager bestehen in der Regel aus zwei Lagerschalenhälften, die in Bohrungen in ein Gehäuse montiert werden. Lagerschalen, die zusätzlich einen Bund haben, können auch als Axiallager verwendet werden.

Die Lagerwerkstoffe müssen einerseits relativ weich sein, damit sie gute Notlaufeigenschaften haben, wenn noch kein ausreichender Schmierfilm aufgebaut ist, und um Schmutzpartikel einbetten zu können. Andererseits müssen die Lagerwerkstoffe eine ausreichende Festigkeit haben, um den hohen Drücken, die im Schmierspalt auftreten, standhalten zu können.

Mehrschichtgleitlager aus harten und weichen Werkstoffen werden diesen ganz unterschiedlichen Anforderungen in einer Lagerschale gerecht **(Bild 1)**.

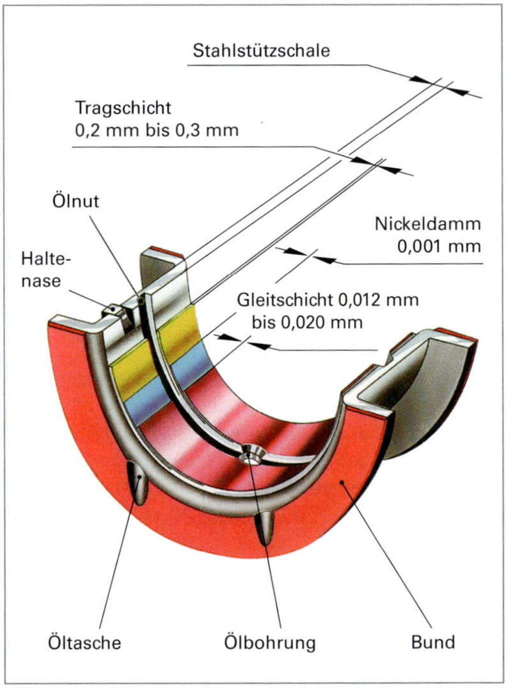

Bild 1: Mehrschichtgleitlager

> **Hydrodynamische Gleitlager** sind gut für große Kräfte und hohe Drehzahlen geeignet. Im optimalen Betriebspunkt sind sie äußerst verschleiß- und reibungsarm. Allerdings benötigen sie eine kontinuierliche Ölversorgung und sind sehr schmutzempfindlich.

Bei **hydrostatischen Lagern** wird der Öldruck, der benötigt wird, damit die Welle aufschwimmt und Flüssigkeitsreibung vorherrscht, durch eine separate Ölpumpe erzeugt **(Bild 2)**. Das Öl wird mit konstanten Volumenströmen durch Ölbohrungen in das Lager gepumpt. Wenn eine Kraft auf die Welle wirkt, verschiebt sich die Welle in Richtung der Kraft. Dadurch verringert sich die Querschnittsfläche des Ölaustritts und der Druck steigt in diesem Bereich an.

Auch in diesem Fall stellt sich automatisch ein Gleichgewicht zwischen der Lagerkraft und der Druckkraft ein. Voraussetzung ist jedoch, dass die Ölpumpe in der Lage ist, auch bei sehr großen Drücken weiterhin einen konstanten Volumenstrom zu fördern.

Der Vorteil eines solchen Lagers ist, dass die Drehbewegung der Welle nicht benötigt wird, um einen ausreichenden Öldruck aufzubauen. Das bedeutet, dass ein hydrostatisches Lager auch im Stillstand bzw. bei sehr kleinen Drehzahlen im Bereich der Flüssigkeitsreibung arbeitet.

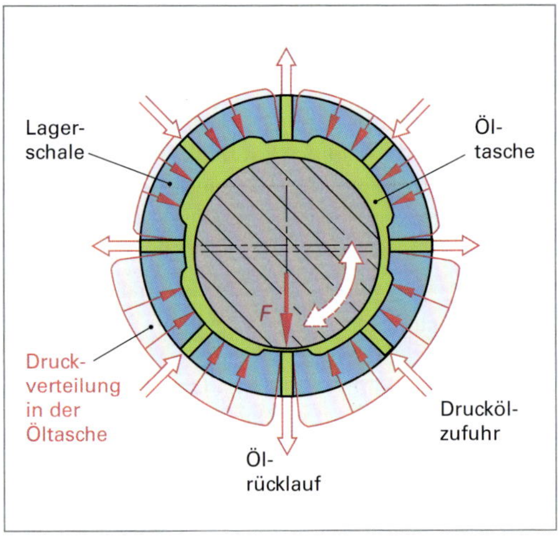

Bild 2: Hydrostatisches Lager

> **Hydrostatische Gleitlager** sind gut für große Kräfte und geringe Drehzahlen geeignet. Sie haben auch im Stillstand oder bei kleinen Drehzahlen eine äußerst geringe Reibung und einen geringen Verschleiß. Allerdings benötigen sie eine sehr aufwendige und kostenintensive Ölversorgung und sind ausgesprochen schmutzempfindlich.

11.3.4 | WÄLZLAGER

Wälzlager bestehen aus **Laufringen**, den eigentlichen **Wälzkörpern** und einem **Käfig**, der dafür sorgt, dass sich die Wälzkörper gleichmäßig über den Umfang verteilen **(Bild 1)**. Der eine Laufring dreht sich gemeinsam mit der Welle, während der andere ebenso wie das Gehäuse stillsteht. Zwischen den beiden Ringen befinden sich die Wälzkörper, die in den Ringen abrollen und die Lagerkräfte übertragen. Zwischen den Ringen und den Wälzkörpern herrscht Wälzreibung.

Wälzlager können sowohl als **Radiallager** als auch als **Axiallager** gestaltet sein **(Bild 1)**. Ein weiteres Unterscheidungsmerkmal ist die **Form des Wälzkörpers (Bild 2)**. Der einfachste und kostengünstigste Wälzkörper ist die Kugel. Allerdings ist bei Kugeln auch die Kontaktfläche am geringsten, weshalb **Kugellager** geringere Kräfte als Rollenlager aufnehmen können. **Rollenlager** können als Zylinderrollenlager, als Nadellager, als Kegelrollenlager oder als Tonnenlager ausgeführt werden. Die Form des Wälzkörpers entscheidet über die Eigenschaften des Rollenlagers. Zylinderrollenlager können z. B. fast keine Axialkräfte aufnehmen, während Kegelrollenlager sehr gut Axialkräfte in eine Richtung aufnehmen können.

Wälzlager werden üblicherweise im Schnitt dargestellt. In den Bildern der folgenden Seiten werden die Lager immer mit einem Schnitt durch die obere Hälfte des Lagers dargestellt. Das heißt, der Innenring, der auf der Welle läuft, ist unten, der Außenring, der mit dem Gehäuse stillsteht, ist oben **(Bild 3)**.

Es gibt Wälzlager, die bei der Montage zerlegt werden können. Der Innenring kann separat vom Außenring montiert werden. Diese Lager nennt man **nichtselbsthaltende Lager**. Ein Beispiel ist das Axiallager in **Bild 1**. Andere Wälzlager, wie z. B. das Radiallager in **Bild 1**, können nicht zerlegt werden. Sie heißen **selbsthaltende Lager**.

Es gibt Lager, die eine Schiefstellung der Welle zulassen. Sie sind in der Lage, **Fluchtungsfehler** auszugleichen **(Bild 4)**.

Laufringe und Wälzkörper werden in der Regel aus gehärtetem Stahl hergestellt. In **Hybridlagern** werden Wälzkörper aus Keramik verwendet, die eine größere Härte und einen geringeren Elastizitätsmodul als Wälzkörper aus Stahl haben. Damit können die Tragfähigkeit und die Laufgenauigkeit des Lagers erhöht werden.

In **Tabelle1, Seite 228 bis Seite 229**, werden unterschiedliche Wälzlager dargestellt und ihre Eigenschaften beschrieben.

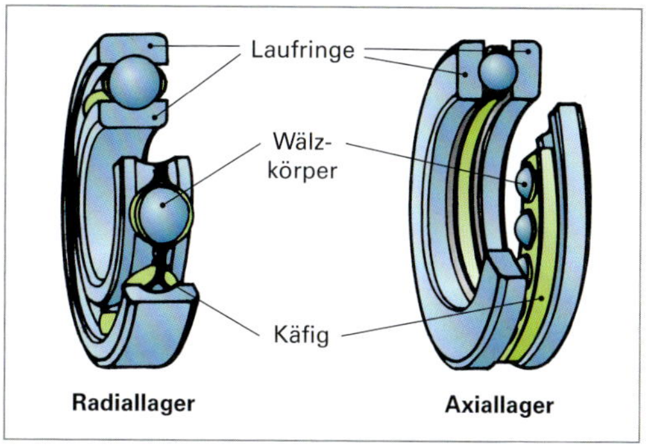

Bild 1: Wälzlager

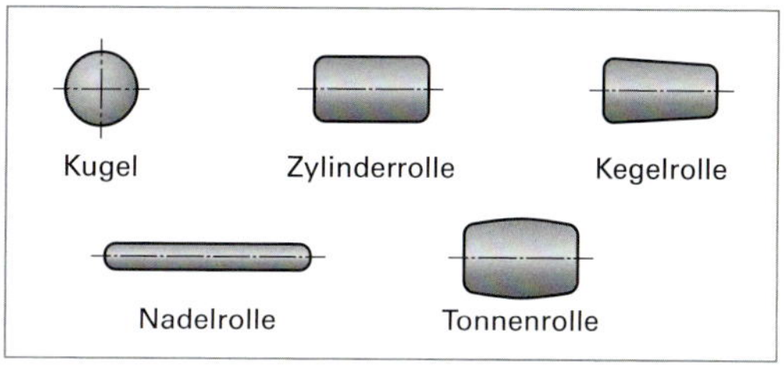

Bild 2: Wälzkörper

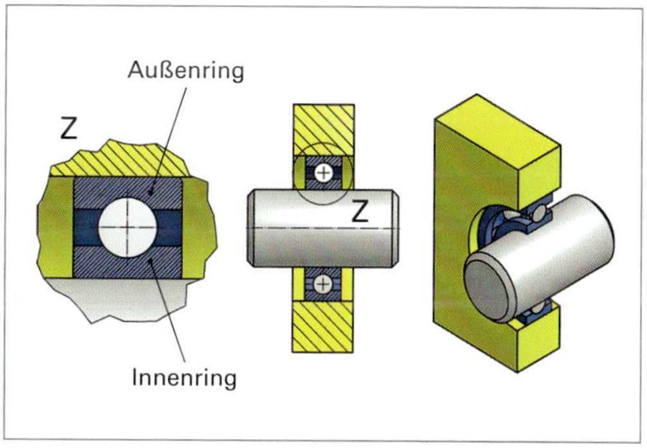

Bild 3: Darstellung von Wälzlagern

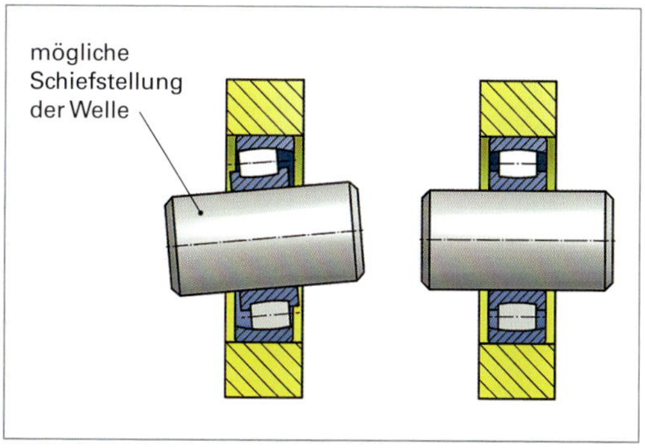

Bild 4: Fluchtungsfehler

Tabelle 1: Arten von Wälzlagern

Darstellung	Lagerart und Norm	Eigenschaften
	**Rillenkugellager** DIN 625-1	▌ können radiale und axiale Kräfte in beide Richtungen aufnehmen ▌ sind selbsthaltend ▌ können keine Fluchtungsfehler ausgleichen ▌ können als Fest- und Loslager verwendet werden
	**Schrägkugellager** DIN 628-1	▌ können radiale und axiale Kräfte in eine Richtung aufnehmen ▌ sind selbsthaltend ▌ können keine Fluchtungsfehler ausgleichen ▌ können in einer angestellten Lagerung verwendet werden
	**Vierpunktlager** DIN 628-4	▌ können radiale und axiale Kräfte in beide Richtungen aufnehmen ▌ sind nicht selbsthaltend ▌ können keine Fluchtungsfehler ausgleichen ▌ können als Fest- und als Loslager verwendet werden, wenn der Innenring fest auf der Welle sitzt.
	**Pendelkugellager** DIN 630	▌ können radiale und geringe axiale Kräfte in beide Richtungen aufnehmen ▌ sind selbsthaltend ▌ können Fluchtungsfehler ausgleichen ▌ können als Fest- und Loslager verwendet werden
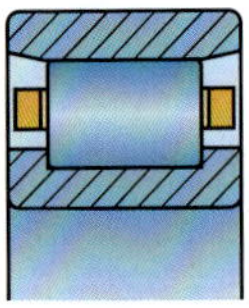	**Zylinderrollenlager** Bauform **N** DIN 5412-1	▌ können große radiale und keine axialen Kräfte aufnehmen ▌ sind nicht selbsthaltend ▌ können keine Fluchtungsfehler ausgleichen ▌ können nur als Loslager verwendet werden
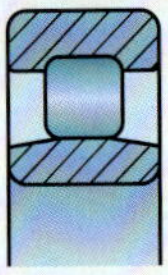	**Zylinderrollenlager** Bauform **NU** DIN 5412-1	▌ können große radiale und keine axialen Kräfte aufnehmen ▌ sind nicht selbsthaltend ▌ können keine Fluchtungsfehler ausgleichen ▌ können nur als Loslager verwendet werden
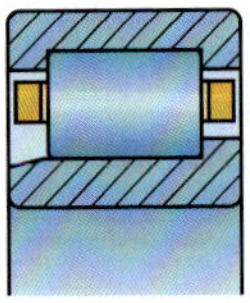	**Zylinderrollenlager** Bauform **NJ** DIN 5412-1	▌ können große radiale und geringe axialen Kräfte in eine Richtung aufnehmen ▌ sind nicht selbsthaltend ▌ können keine Fluchtungsfehler ausgleichen ▌ können in einer angestellten Lagerung verwendet werden
	**Zylinderrollenlager** Bauform **NUP** DIN 5412-1	▌ können große radiale und geringe axiale Kräfte in beide Richtungen aufnehmen ▌ sind nicht selbsthaltend ▌ können keine Fluchtungsfehler ausgleichen ▌ können als Fest- und Loslager verwendet werden

Tabelle 1: Arten von Wälzlagern

Darstellung	Lagerart und Norm	Eigenschaften
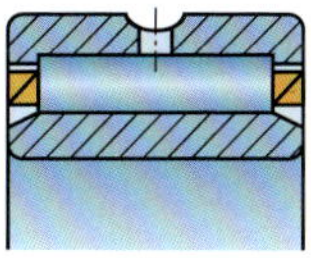	**Nadellager** Bauform **NA** DIN 617	▪ können große radiale und keine axialen Kräfte aufnehmen ▪ sind nicht selbsthaltend ▪ können keine Fluchtungsfehler ausgleichen ▪ können nur als Loslager verwendet werden
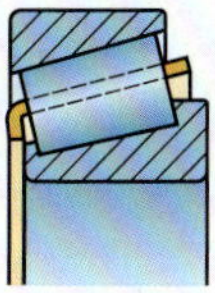	**Kegelrollenlager** DIN 720	▪ können große radiale und große axiale Kräfte in eine Richtung aufnehmen ▪ sind nicht selbsthaltend ▪ können keine Fluchtungsfehler ausgleichen ▪ können in einer angestellten Lagerung verwendet werden
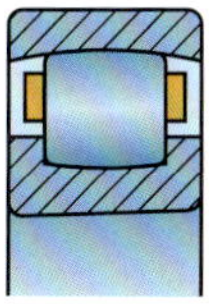	**Tonnenlager** DIN 635-1	▪ können große radiale und kleine axiale Kräfte in beide Richtungen aufnehmen ▪ sind selbsthaltend ▪ können Fluchtungsfehler ausgleichen ▪ können als Fest- und Loslager verwendet werden
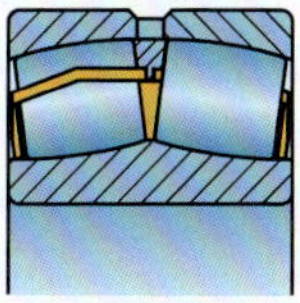	**Pendelrollenlager** DIN 635-2	▪ können große radiale und kleine axiale Kräfte in beide Richtungen aufnehmen ▪ sind selbsthaltend ▪ können Fluchtungsfehler ausgleichen ▪ können als Fest- und Loslager verwendet werden
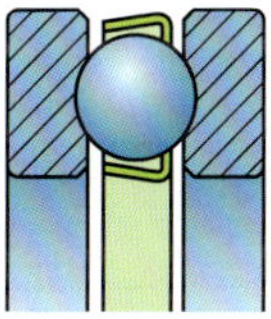	**Axial-Rillenkugellager** DIN 711	▪ können keine radialen und große axiale Kräfte in eine Richtung aufnehmen ▪ sind nicht selbsthaltend ▪ können keine Fluchtungsfehler ausgleichen ▪ können nur in Verbindung mit Radiallagern verwendet werden.
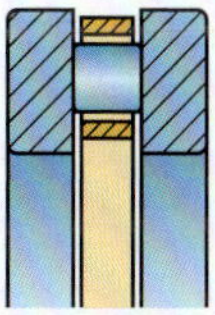	**Axial-Zylinder-rollenlager** DIN 722	▪ können keine radialen und große axiale Kräfte in eine Richtung aufnehmen ▪ sind nicht selbsthaltend ▪ können keine Fluchtungsfehler ausgleichen ▪ können nur in Verbindung mit Radiallagern verwendet werden.
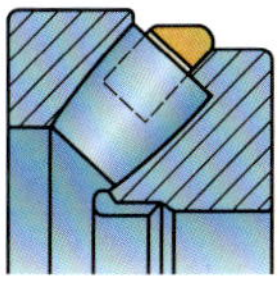	**Axial-Pendel-rollenlager** DIN 728	▪ können radiale und große axiale Kräfte in eine Richtung aufnehmen ▪ sind nicht selbsthaltend ▪ können Fluchtungsfehler ausgleichen ▪ können in einer angestellten Lagerung verwendet werden
	**Axial-Nadellager** DIN 5405-2 (Axial Nadelkränze) DIN 5405-3 (Axial-Scheiben)	▪ können keine radialen und große axiale Kräfte in eine Richtung aufnehmen ▪ sind nicht selbsthaltend ▪ können keine Fluchtungsfehler ausgleichen ▪ können nur in Verbindung mit Radiallagern verwendet werden.

Wälzlager sind Normteile. Ihre Bezeichnung ist in der DIN 623-1 festgelegt **(Bild 1)**.

Bezeichnung von Wälzlagern vgl. DIN 623-1 (1993-05)

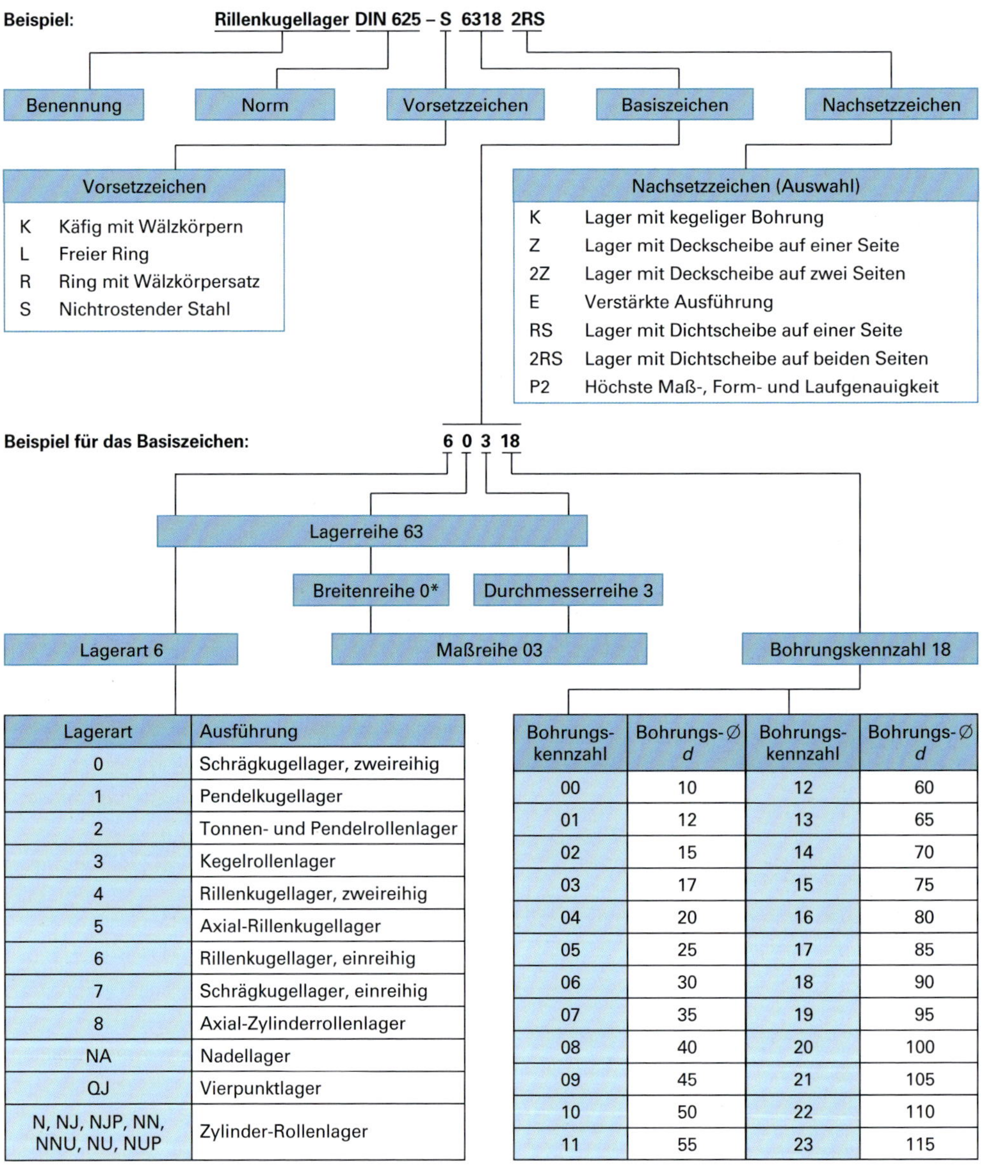

Lagerart	Ausführung
0	Schrägkugellager, zweireihig
1	Pendelkugellager
2	Tonnen- und Pendelrollenlager
3	Kegelrollenlager
4	Rillenkugellager, zweireihig
5	Axial-Rillenkugellager
6	Rillenkugellager, einreihig
7	Schrägkugellager, einreihig
8	Axial-Zylinderrollenlager
NA	Nadellager
QJ	Vierpunktlager
N, NJ, NJP, NN, NNU, NU, NUP	Zylinder-Rollenlager

Bohrungs-kennzahl	Bohrungs-Ø *d*	Bohrungs-kennzahl	Bohrungs-Ø *d*
00	10	12	60
01	12	13	65
02	15	14	70
03	17	15	75
04	20	16	80
05	25	17	85
06	30	18	90
07	35	19	95
08	40	20	100
09	45	21	105
10	50	22	110
11	55	23	115

Bild 1: Bezeichnung von Wälzlagern
(* Die Null aus der Breitenreihe wird bei Rillenkugellagern teilweise weggelassen.)

In Katalogen sind Wälzlager nach dem **Bohrungsdurchmesser *d*** (Innendurchmesser des Innenrings) sortiert. Die **Bohrungskennzahl** entspricht ab einem Bohrungsdurchmesser von 20 mm dem Bohrungsdurchmesser geteilt durch 5 mm. Der Bohrungsdurchmesser d = 40 mm z. B. hat die Bohrungskennzahl 08. Entsprechend ergibt die Bohrungskennzahl 12 den Bohrungsdurchmesser $d = 12 \cdot 5$ mm = 60 mm.

Die **Maßreihe** setzt sich aus der **Breitenreihe** und der **Durchmesserreihe** zusammen. Die Durchmesserreihe bezieht sich auf den Außendurchmesser des Außenrings. Die Bohrungskennzahl und die Maßreihe sind unabhängig von der Lagerart. Ein Rillenkugellager mit dem Basiszeichen 6211 hat dieselben Abmessungen wie ein Schrägkugellager 7211 oder ein Zylinderrollenlager N211 **(Bild 1)**.

Das **Nachsetzzeichen** enthält weitere Angaben zur Gestaltung des Wälzlagers:

Z Das Lager besitzt eine Deckscheibe (meist aus Metall) zum Schutz gegen Schmutz.

2Z Das Lager besitzt auf beiden Seiten Deckscheiben und ist bereits mit Schmierfett befüllt und daher wartungsfrei **(Bild 2)**.

RS Das Lager besitzt eine Dichtscheibe (z. B. aus Nitril-Butadien-Kautschuk NBR) zum Schutz gegen Schmutz und Feuchtigkeit.

2RS Das Lager besitzt auf beiden Seiten Dichtscheiben und ist bereits mit Schmierfett befüllt und daher wartungsfrei **(Bild 3)**.

K Das Lager besitzt eine kegelige Bohrung und kann daher z. B. auf einer Spannhülse montiert werden **(Bild 4)**.

S Das Lager hat eine Schmiernut, sodass der Schmierstoff durch eine Bohrung im Gehäuse zugefügt werden kann **(Bild 4)**.

P2 Höchste Maß-, Form- und Laufgenauigkeit (keine Angabe entspricht der Toleranzklasse PN). Die Genauigkeit steigert sich von P6 bis zu P2.

Deckscheiben berühren den Innenring nicht und haben deshalb weniger Reibung als Dichtscheiben, die den Innenring berühren. Diese Reibung führt zu erhöhten Temperaturen im Lager.

Dementsprechend sind Lager ohne Dichtungen für sehr hohe Drehzahlen geeignet, Lager mit Deckscheiben für hohe Drehzahlen und Lager mit Dichtscheiben nur für mittlere Drehzahlen.

> Lager mit **Deck-** oder **Dichtscheiben** sind bereits vom Hersteller mit Schmierfett befüllt, das nicht erneuert werden muss. Diese Lager sind **wartungsfrei**.

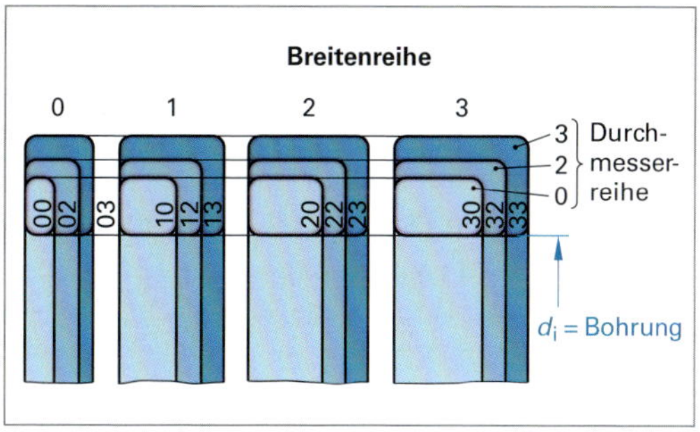

Bild 1: Maßreihe

Bild 2: Rillenkugellager 2Z mit Deckscheiben

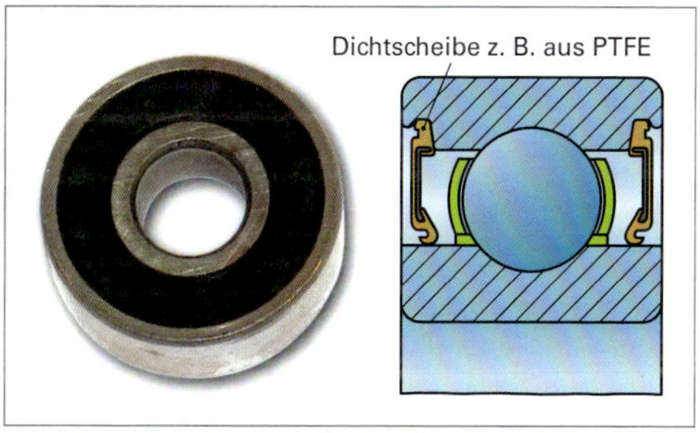

Bild 3: Rillenkugellager 2RS mit Dichtscheiben

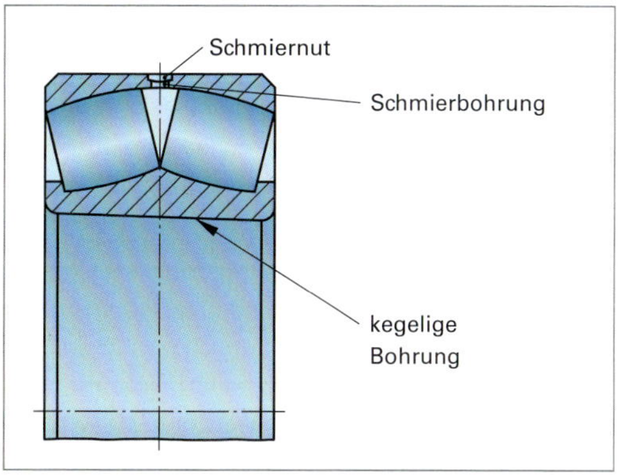

Bild 4: Pendelrollenlager –KS mit kegeliger Bohrung und einer umlaufenden Schmiernut

11.3.5 | GESTALTUNG VON LAGERUNGEN

Achsen und Wellen werden in der Regel in zwei Lagern gelagert. Die beiden Lager müssen in der Lage sein, die axialen und radialen Kräfte, die auf die Welle wirken, aufzunehmen und ins Gehäuse zu übertragen. Zusätzlich muss die Lagerung Fertigungstoleranzen und axiale Verschiebungen aufgrund der unterschiedlichen Wärmeausdehnungen der Bauteile aufnehmen können.

Bei der **Fest- und Loslageranordnung** können beide Lager radiale Kräfte aufnehmen (**Bild 1** und **2**). Nur das linke Lager ist in der Lage, axiale Kräfte von der Welle ins Gehäuse zu übertragen. Deshalb ist es das **Festlager**. Das rechte Lager kann Längenausdehnungen der Welle nach rechts oder links ausgleichen und ist deshalb das **Loslager**.

Nur Lagerarten, die in beide Richtungen axiale Kräfte aufnehmen können, können als **Festlager** verwendet werden.

In **Bild 1** ist die Fest- und Loslageranordnung mit **zwei Rillenkugellagern** ausgeführt. Bei beiden Lagern ist der Innenring mit Sicherungsringen auf der Welle gegen axiales Verschieben gesichert. Das linke Lager wird zum Festlager, weil auch der Außenring im Gehäuse mit einem Sicherungsring befestigt ist. Das rechte Lager ist das Loslager, weil der Außenring nach rechts und links im Gehäuse verschoben werden kann. Damit können Fertigungstoleranzen, wie z. B. eine größere oder kleinere Breite des großen Absatzes der Welle, ausgeglichen werden. Ebenso können sowohl Wärmeausdehnungen der Welle als auch Wärmeausdehnungen des Gehäuses durch das Loslager ausgeglichen werden.

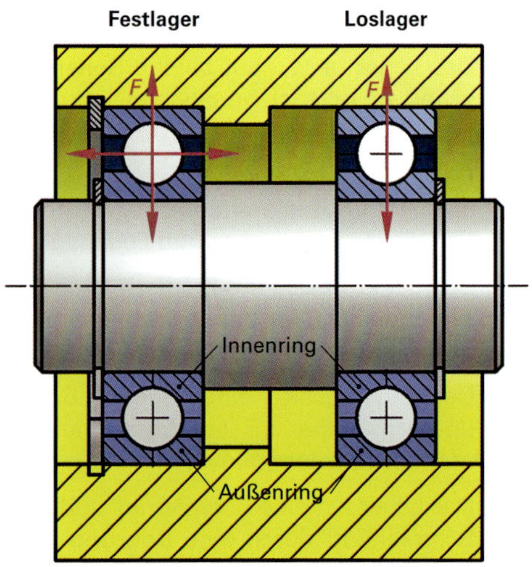

Bild 1: Fest- und Loslageranordnung mit zwei Rillenkugellagern

In **Bild 2** ist die Fest- und Loslageranordnung mit **zwei Zylinderrollenlagern** ausgeführt. Das linke Zylinderrollenlager hat die Form NUP. Bei ihm besteht der Innenring aus zwei Teilen, sodass es möglich ist, das Lager zu montieren und den Wälzkörper sowohl im Innen- als auch im Außenring zu führen. Das rechte Lager hat die Form NU. Bei ihm wird der Wälzkörper nur in dem Außenring geführt. Bei dieser Lageranordnung sind beide Innenringe mit Sicherungsringen auf der Welle und beide Außenringe mit Sicherungsringen im Gehäuse befestigt. Trotzdem kann das rechte Lager axiale Verschiebungen ausgleichen. Bei ihm kann sich der Innenring gegen die Wälzkörper verschieben. Dadurch wird das rechte Lager zum Loslager.

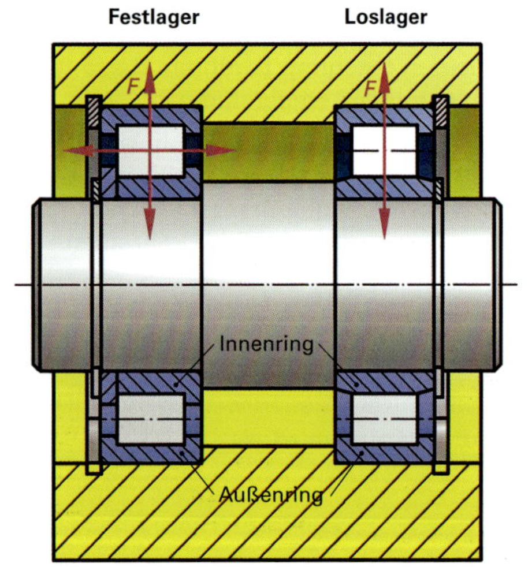

Bild 2: Fest- und Loslageranordnung mit zwei Zylinderrollenlagern

Die **Fest- und Loslageranordnung** ist eine relativ kostengünstige Lagerung, die in der Lage ist, große radiale Kräfte aufzunehmen. Sie ist jedoch, je nach verwendeten Wälzlagern, nur für kleine bis mittlere axiale Kräfte geeignet.

Sicherungsringe dienen zur axialen Sicherung von Bauteilen auf Wellen oder in Bohrungen **(Bild 1)**:

- **Sicherungsringe für Wellen DIN 471** werden bei der Montage mit einer Spezialzange, die in die Löcher des Sicherungsrings greift, auseinander gedrückt und dann auf die Welle geschoben, bis sie in der Wellennut einrasten.
- **Sicherungsringe für Bohrungen DIN 472** werden mit einer Spezialzange, die in die kleinen Löcher des Sicherungsrings eingreift, zusammengedrückt und in die Bohrungsnut montiert.

Die Nuten in der Welle und in der Bohrung müssen immer mit dem **Klemm-Maß *K*** bemaßt werden **(Bild 2)**. Die Nuten werden so modelliert, dass der Sicherungsring mit der linken Fläche an der linken Seite der Nut anliegt. Wenn die Bauteile mit Nennmaß gefertigt wurden, sind sie spielfrei axial positioniert **(Kapitel 9.9.3, Seite 48)**.

Die **Lagerbreite *B*** und die **Sicherungsringdicke *s*** sind in der Norm jeweils negativ toleriert. Damit der Sicherungsring montiert werden kann, muss das **Klemm-Maß *K*** mit folgender Gleichung berechnet werden:

$$K = B + s$$

Das Klemm-Maß *K* muss mit den **Abmaßen +0,1/0 mm** toleriert werden.

Die **Sicherungsringnutbreite *m*** ist immer um 0,1 bis 0,2 mm breiter als der Sicherungsring, geht teilweise unter das Lager und ist mit **H13** toleriert.

Zusätzlich muss entsprechend DIN 471 bzw. 472 die Anlagefläche der Nut noch mit der **Rechtwinkligkeitstoleranz 0,02 · *t*** zur Mittelachse der Welle versehen werden. Dabei entspricht ***t*** der **Tiefe der Nut**. Die inneren Kanten der Nut dürfen nach Norm nur einen maximalen Radius von $\boldsymbol{R_{max} = 0{,}1 \cdot s}$ haben.

Bei der **schwimmenden Lagerung** sind beide Lager mit axialem Spiel eingebaut **(Bild 3)**. In diesem Beispiel sind beide Lager fest mit der Welle verbunden. Der Außenring beider Lager kann sich im Gehäuse axial um ca. 0,5 bis 1 mm nach rechts oder links verschieben. Dabei nimmt das linke Lager die axiale Kraft auf, wenn die Welle nach rechts gedrückt wird, das rechte Lager, wenn die Welle nach links gedrückt wird.

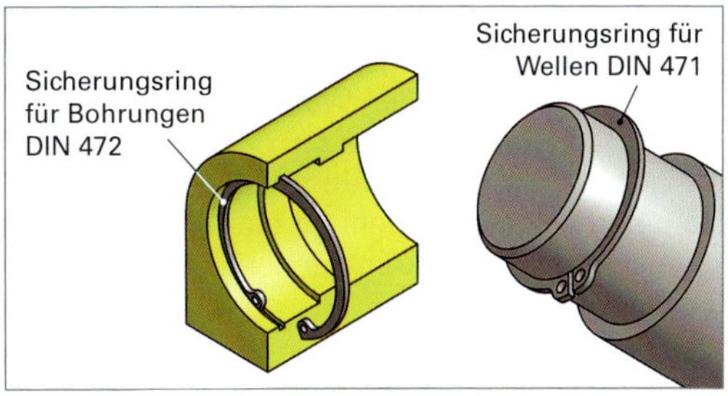

Bild 1: Sicherungsringe

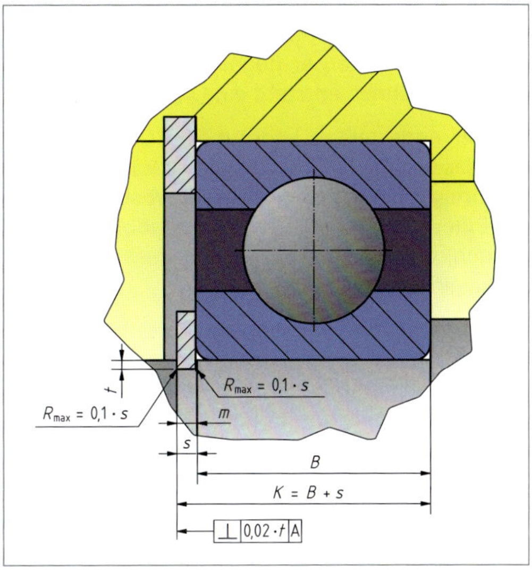

Bild 2: Bemaßung einer Sicherungsringnut

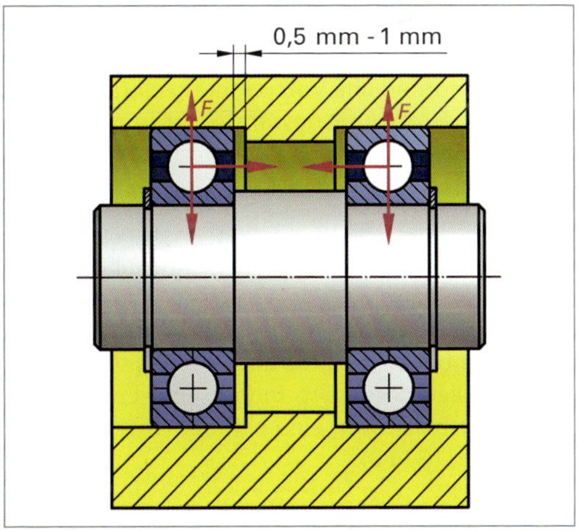

Bild 3: Schwimmende Lagerung

> Die **schwimmende Lagerung** ist eine kostengünstige Lagerung, die allerdings nur verwendet werden kann, wenn eine axiale Verschiebung der Welle um ca. 0,5 bis 1 mm die Funktion nicht beeinträchtigt.

Lernfeld 11

Bei der **angestellten Lagerung** werden zwei Schrägkugel- oder Kegelrollenlager spiegelbildlich zueinander auf der Welle angeordnet. Die angestellten Lager werden bei der Montage axial verschoben, um das gewünschte Lagerspiel bzw. die notwendige Vorspannung einzustellen. Beide Lager nehmen Radialkräfte und Axialkräfte in eine Richtung auf.

Bei der **angestellten Lagerung in O-Anordnung** nimmt das rechte Lager Axialkräfte auf, wenn die Welle nach links gedrückt wird, und das linke Lager Axialkräfte, wenn die Welle nach rechts gedrückt wird. Wenn man die Kraftrichtungen, mit denen die Wälzkörper gegen die Laufringe drücken, einzeichnet, entsteht ein O **(Bild 1)**.

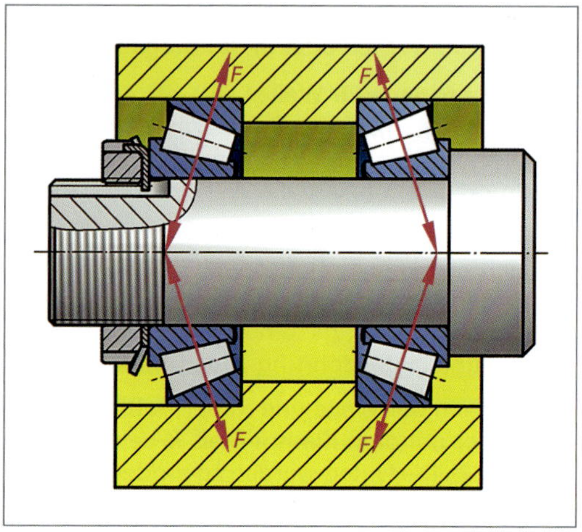

Bild 1: Angestellte Lagerung in O-Anordnung

Bei der angestellten Lagerung in O-Anordnung wird das Lagerspiel durch axiales Verschieben des Innenrings eingestellt. Dementsprechend muss der Innenring auf der Welle verschoben werden können, während der Außenring fest in das Gehäuse eingepresst wird.

Bei der Montage werden zuerst die beiden Außenringe in das Gehäuse eingepresst **(Bild 2)**. Der Innenring mit den Kegelrollen des rechten Lagers wird auf die Welle geschoben. Anschließend wird die Welle mit dem aufgeschobenen Innenring in das Gehäuse eingeführt. Dann wird der Innenring mit den Kegelrollen des linken Lagers auf die Welle geschoben. Das Sicherungsblech hat am Innendurchmesser eine Nase, die in die entsprechende Nut auf der Welle geschoben wird und ein Verdrehen des Sicherungsbleches auf der Welle verhindert **(Bild 2** und **3)**. Die Nutmutter wird so weit auf die Welle gedreht, bis das gewünschte Lagerspiel oder die erforderliche Vorspannung eingestellt ist. Das kann z. B. dadurch gewährleistet sein, dass die Nutmutter zuerst „handfest" angezogen und dann um 180° weitergedreht wird.

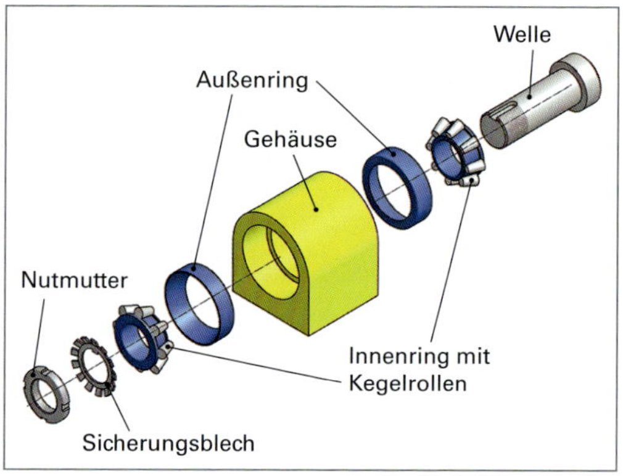

Bild 2: Montage der Lagerung aus Bild 1

Die Mutter darf nicht zu fest angezogen werden, weil sich dann die Lager nicht mehr drehen oder beschädigt werden würden. Daher ist die Selbsthemmung der Mutter nicht mehr gegeben und ein unbeabsichtigtes Lösen muss verhindert werden. Dies geschieht, indem eine Lasche des Sicherungsbleches in eine Nut der Nutmutter gebogen wird **(Bild 3)**.

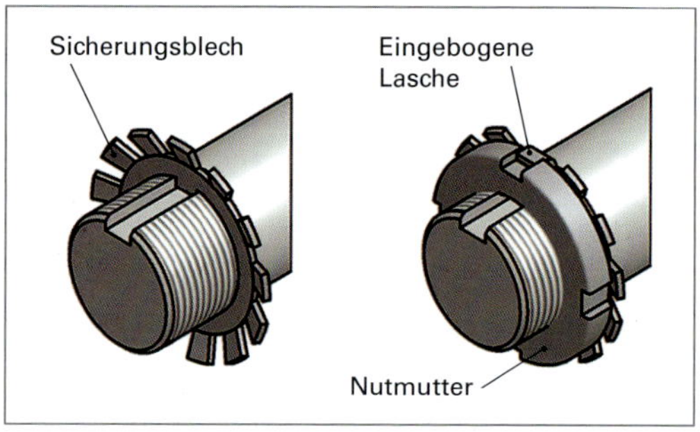

Bild 3: Montage des Sicherungsbleches

Für die axiale Sicherung von Wälzlagern werden Nutmuttern nach DIN 981 mit zugehörigen Sicherungsblechen nach DIN 5406 verwendet. Alternativ können Kronenmuttern mit Splint oder andere formschlüssige Schraubensicherungen verwendet werden **(Kapitel 9.9.4, Seite 49)**.

Bei einer Erwärmung der Welle werden die Innenringe der Lager radial nach außen gedrückt. Der Durchmesser wird größer und dadurch das Lagerspiel kleiner. Außerdem wird der Innenring des rechten Lagers nach rechts und der Innenring des linken Lagers nach links verschoben, sodass das Lagerspiel größer wird. Wenn der Lagerabstand klein ist, überwiegt der eine Effekt und das Lagerspiel wird insgesamt kleiner. Wenn der Lagerabstand groß ist, wird das Lagerspiel größer. Dazwischen gibt es einen Abstand, wenn sich die Mittellinien der Kegelrollen in einem Punkt auf der Mittelachse der Welle schneiden, bei dem sich das Lagerspiel bei Temperaturänderungen nicht ändert.

Die **angestellte Lagerung in O-Anordnung** wird bei großen axialen und radialen Kräften verwendet, oder wenn ein möglichst spielfreier Lauf benötigt wird. Das Spiel kann relativ einfach mit einer Nutmutter mit Sicherungsblech eingestellt werden. Je nach Gestaltung der Lagerung ändert sich das Lagerspiel bei einer Erwärmung der Welle nicht oder nur sehr gering.

Bei der **angestellten Lagerung in X-Anordnung** nimmt das rechte Lager Axialkräfte auf, wenn die Welle nach rechts gedrückt wird. Das linke Lager nimmt Axialkräfte auf, wenn die Welle nach links gedrückt wird. Wenn man die Kraftrichtungen einzeichnet, mit denen die Wälzkörper gegen die Laufringe drücken, entsteht ein X **(Bild 1)**.

Bei der angestellten Lagerung in X-Anordnung wird das Lagerspiel durch axiales Verschieben des Außenrings eingestellt. Dementsprechend muss der Außenring im Gehäuse verschoben werden können, während der Innenring auf die Welle gepresst wird.

Bei der Montage muss das Lagerspiel z. B. mithilfe von Passscheiben nach DIN 988 eingestellt werden, weil die Bauteile nicht mit einer ausreichenden Genauigkeit gefertigt werden können.

Dazu wird zuerst die komplette Lagerung mit dem fest verschraubten Deckel montiert. Anschließend wird der Abstand zwischen dem Außenring des linken Lagers und dem Deckel gemessen. Alternativ kann die Welle nach rechts und links bewegt werden, um das Lagerspiel zu messen. Anschließend wird eine entsprechende Passscheibe ausgewählt, um das gewünschte Lagerspiel zu erreichen.

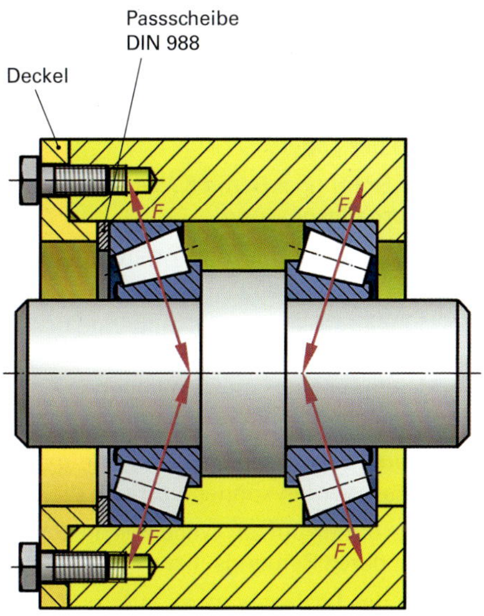

Bild 1: Angestellte Lagerung in X-Anordnung

Die Passscheiben werden in Dickenstufen von 0,05 mm hergestellt. Bei der Montage müssen die Scheiben in ca. 10 verschiedenen Dicken vorliegen, damit die benötigte Dicke ausgewählt werden kann. Anschließend wird der Deckel wieder demontiert, die ausgewählte Passscheibe eingelegt und alles wieder montiert und verschraubt.

Bei einer Erwärmung der Welle werden die Innenringe der Lager radial nach außen gedrückt. Der Durchmesser wird größer und daher das Lagerspiel kleiner. Außerdem wird der Innenring des rechten Lagers nach rechts und der des linken Lagers nach links verschoben, sodass das Lagerspiel ebenfalls kleiner wird.

Diese Lagerung ist besonders geeignet, wenn sich das Gehäuse bei Erwärmung stärker ausdehnt als die Welle. Das ist z. B. dann der Fall, wenn das Gehäuse aus Aluminium und die Welle aus Stahl gefertigt wird.

Die **angestellte Lagerung in X-Anordnung** findet Einsatz bei großen axialen und radialen Kräften. Sie ermöglicht einen spielfreien Lauf. Das Spiel muss sehr aufwendig bei der Montage eingestellt werden. Bei einer Erwärmung der Welle verringert sich das Lagerspiel.

Die Bohrung im Innenring und der Außendurchmesser des Außenrings eines Wälzlagers werden immer mit einem oberen Grenzabmaß von 0 mm gefertigt **(Bild 1)**. Die Breite des Toleranzfeldes des Außendurchmessers $t_{\Delta Dmp}$ und der Bohrung $t_{\Delta dmp}$ entspricht etwa dem IT-Toleranzgrad 5 bis 6.

- Wird der Absatz einer Welle z.B. mit der Toleranz **f6** gefertigt, erhält man mit der Bohrung im Innenring des Lagers eine **Spielpassung (Bild 1)**.
- Wird die Welle z.B. mit **h6** gefertigt, entsteht eine **Übergangspassung**.
- Wird die Welle z.B. mit **m6** gefertigt, entsteht eine **Übermaßpassung**.
- Wird die Bohrung in einem Gehäuse z.B. mit der Toleranz **H7** gefertigt, entsteht eine **Spielpassung** mit dem Außendurchmesser des Außenrings des Lagers.
- Wird die Bohrung z.B. mit **K7** gefertigt, entsteht eine **Übergangspassung**.
- Wird die Bohrung z.B. mit **P7** gefertigt, entsteht eine **Übermaßpassung**.

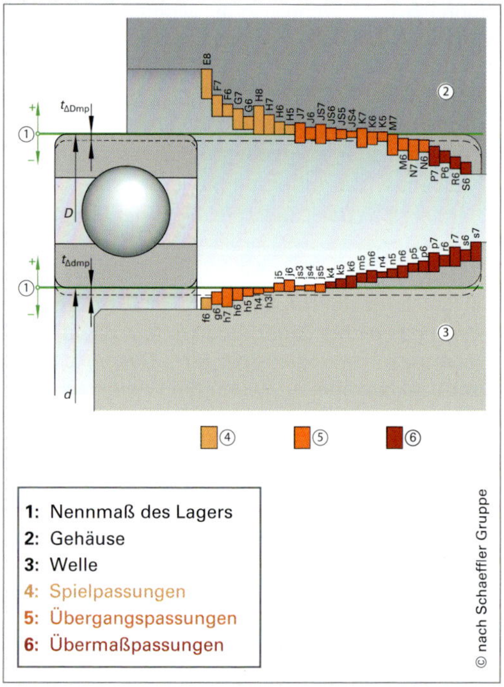

Bild 1: Toleranzen und Passungen von Wälzlagern

Die **Passungen** zwischen dem Innenring des Wälzlagers und der Welle bzw. zwischen dem Außenring und dem Gehäuse müssen folgende **Anforderungen** erfüllen:

- Die Lagerringe müssen sich vollständig auf der Welle bzw. dem Gehäuse abstützen, damit die Kräfte übertragen werden können und sich die Lagerringe nicht zu sehr verformen.
- Die Ringe dürfen auf der Welle bzw. in dem Gehäuse nicht umlaufen („Hula-Hoop-Reifen-Effekt"), weil sie sonst durch Reibungs- bzw. Mikrokorrosion beschädigt werden.
- Ein Ring des Loslagers muss auf der Welle oder im Gehäuse axial verschiebbar sein. Dies ist nicht notwendig, wenn das Lager selbst eine axiale Verschiebung ausgleichen kann, wie z.B. ein Zylinderrollenlager Form N oder NU.
- Die Lager müssen einfach ein- und ausgebaut werden können. Deshalb dürfen Lager, die nicht zerlegt werden können (selbsthaltende Lager), nur an einem Ring eine Übermaßpassung haben, da sie nicht gleichzeitig auf die Welle und in das Gehäuse gepresst werden können.
- Durch Übermaßpassungen verringert sich die Radialluft des Lagers. Deshalb dürfen in der Regel nicht beide Lagerringe mit einer Übermaßpassung versehen werden. Falls es aus funktionalen Gründen notwendig ist, beide Ringe einzupressen, müssen Speziallager mit vergrößerter Lagerluft entsprechend den Angaben der Lagerhersteller verwendet werden.

Für die Gestaltung der Lagerung und die Auswahl der Passungen muss festgestellt werden, auf welchem Lagerring in radialer Richtung **Punkt**- bzw. **Umfangslast** herrscht.

Wenn die Lagerkraft relativ zu dem Lagerring stillsteht, d.h. ortsfest ist, nennt man das **Punktlast,** weil immer ein und derselbe Punkt des Lagerrings mit der Kraft belastet wird. Bei einer Punktlast kann eine **Spielpassung** zwischen der Welle bzw. dem Gehäuse und dem Lagerring gewählt werden.

Wenn die Lagerkraft relativ zu dem Lagerring umläuft, nennt man das **Umfangslast**. Bei der Umfangslast wird jeder Punkt des Lagerrings einmal mit der Kraft belastet. Wenn man sich das Spiel zwischen dem Lagerring und z.B. der Welle sehr groß vorstellt, kann man erkennen, dass der Ring durch die umlaufende Kraft wie ein „Hula-Hoop-Reifen" umlaufen würde. Durch diese Bewegung würde der Lagerring durch Reibungs- und Mikrokorrosion zerstört. Um diese Bewegung zu verhindern, muss bei **Umfangslast** eine **Übergangs-** bzw. eine **Übermaßpassung** ausgewählt werden.

Damit der Technische Produktdesigner in der Lage ist, die Bohrungen und Wellen richtig zu tolerieren, muss er also zuerst die Kräfte, die von der Lagerung aufgenommen werden, analysieren. Erst nachdem alle Kräfte, die auf die Lagerung wirken, vollständig bekannt sind, können die richtigen Toleranzen ausgewählt werden.

Nachdem festgelegt wurde, welcher Lagerring Punktlast bzw. Umfangslast hat, kann mit **Tabelle 1** die erforderliche Toleranz der Welle bzw. der Bohrung ausgewählt werden. Dabei wird die Welle meist mit dem Toleranzgrad IT6 und die Bohrung mit dem Toleranzgrad IT7 toleriert.

Zusätzliche Informationen zur Auswahl der am besten geeigneten Toleranz können auch den Herstellerkatalogen entnommen werden.

Tabelle 1: Toleranzen für den Einbau von Wälzlagern nach DIN 5425

Radiallager									
Innenring (Welle)					**Außenring (Gehäuse)**				
Lastfall	Passung	Belastung	Grundabmaße für Welle[1] bei Kugellager	Rollenlager	Lastfall	Passung	Belastung	Grundabmaße für Gehäuse[1] bei Kugellager	Rollenlager
Umfangslast 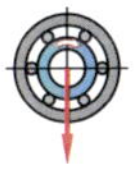	Übergangs- oder Übermaßpassung erforderlich	niedrig	h, k	k, m	Punktlast 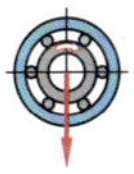	Spielpassung zulässig	beliebig groß	J, H, G, F	
		mittel	j, k, m	k, m, n, p					
		hoch	m, n	n, p, r					
Punktlast 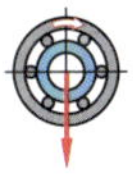	Spielpassung zulässig	beliebig groß	j, h, g, f		Umfangslast 	Übergangs- oder Übermaßpassung erforderlich	niedrig	J	K
							mittel	K, M	M, N
							hoch	–	N, P

[1] Grundtoleranzgrade: für Wellen meist IT6, für Bohrungen meist IT7. Bei erhöhten Anforderungen an die Laufruhe und die Laufgenauigkeit werden auch kleinere Toleranzgrade verwendet.

Es kann vorkommen, dass sowohl am Innenring als auch am Außenring Umfangslasten wirken, sodass bei beiden Ringen eine Übergangs- oder Übermaßpassung erforderlich wäre. Dies ist jedoch nicht zulässig, da dann das Lagerspiel zu klein werden würde. In diesen Fällen sollte Kontakt mit dem Lagerhersteller aufgenommen werden, um die eventuell notwendige Verwendung von Speziallagern mit erhöhter Lagerluft zu besprechen.

Die erforderlichen Grundabmaße für Wellen und Gehäuse bei Axiallagern können sinngemäß dem Tabellenbuch oder Lagerkatalogen entnommen werden.

Zur Bestimmung der **Punkt-** und **Umfangslasten** werden **4 Fälle** unterschieden **(Tabelle 1)**.

Tabelle 1: Punkt- und Umfangslast

	Lagerkraft ist „ortsfest"	Lagerkraft „läuft um"
Innenring dreht sich, Außenring dreht sich nicht	**Fall 1** Innenring: Umfangslast Außenring: Punktlast	**Fall 2** Innenring: Punktlast Außenring: Umfangslast
Innenring dreht sich nicht, Außenring dreht sich	**Fall 3** Innenring: Punktlast Außenring: Umfangslast	**Fall 4** Innenring: Umfangslast Außenring: Punktlast

Fall 1

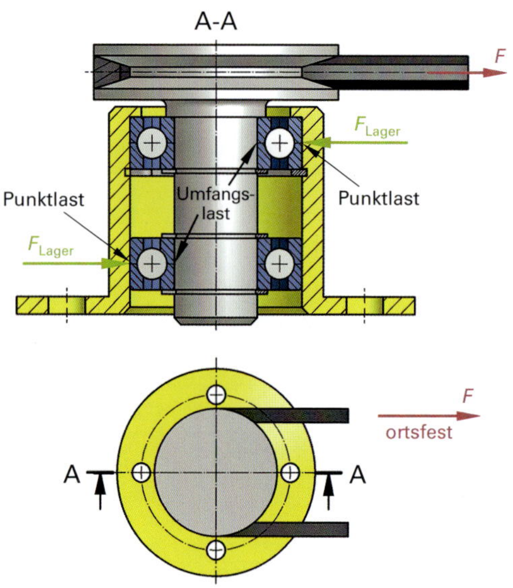

Fall 2

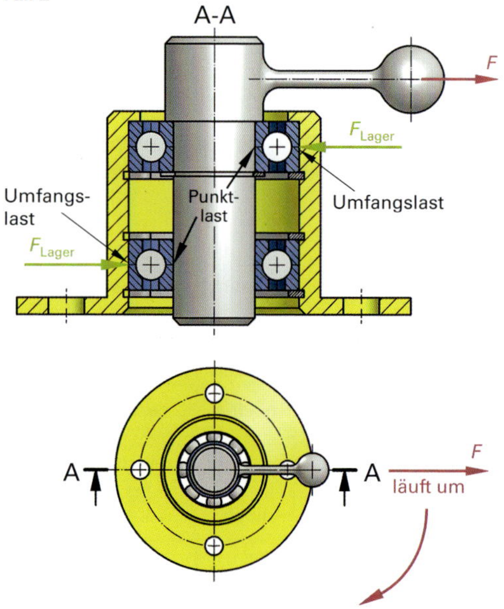

Fall 3

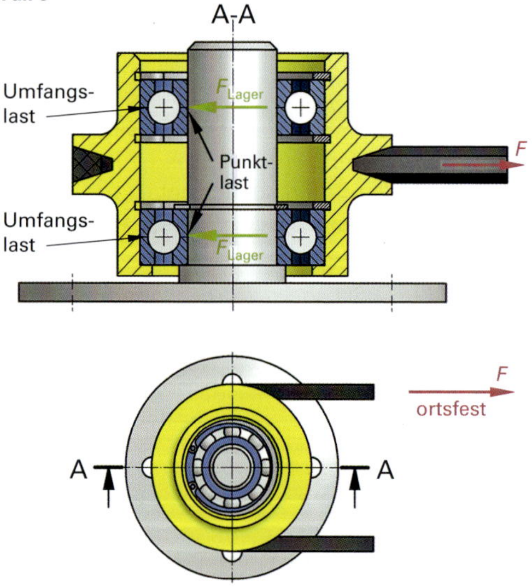

Fall 4

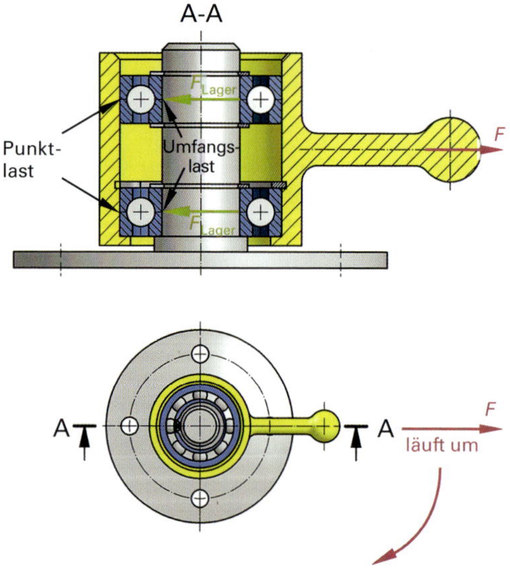

Fall 1:

Die Welle und damit die Innenringe drehen sich. Die Welle wird von einem Keilriemen angetrieben. Damit wirkt auf die Welle die Umfangs- und Spannkraft des Keilriemens. Während sich die Welle dreht, zeigt die Riemenkraft immer in dieselbe Richtung. Dementsprechend ist die Lagerkraft ortsfest. Die **Innenringe** der Wälzlager haben **Umfangslast** und die **Außenringe** haben **Punktlast**. Die Innenringe der Rillenkugellager müssen mit der Welle entsprechend DIN 5425 eine Übergangs- oder Übermaßpassung haben. Die Welle kann, wenn man von einer mittleren Lagerbelastung ausgeht, mit j6, k6 oder m6 toleriert werden. Um eine einfache Montage zu gewährleisten sollte j6 ausgewählt werden. Die Außenringe haben Punktlast, und nach DIN 5425 ist eine Spielpassung zwischen dem Außenring und der Gehäusebohrung zulässig. Die Gehäusebohrung kann mit J7, H7, G7 oder F7 toleriert werden. Dann ist die Toleranz H7 zu bevorzugen.

Die Lagerung wurde als Fest- und Loslageranordnung konstruiert. Das obere Rillenkugellager ist das Festlager. Das untere Lager ist das Loslager. Der Innenring des Loslagers hat Umfangslast und kann sich aufgrund der ausgewählten Übergangs- bzw. Übermaßpassung nicht mehr auf der Welle verschieben. Der Innenring sitzt fest auf der Welle und ist mit Sicherungsringen gegen axiales Verschieben gesichert. Der Außenring hat Punktlast und eine Spielpassung mit der Gehäusebohrung. Der Außenring kann also axial in der Bohrung verschoben werden und bildet den beweglichen Teil des Loslagers.

Fall 2:

Die Welle und damit die Innenringe drehen sich. Auf der Welle befindet sich ein umlaufendes Gewicht. Diese Unwucht erzeugt eine **Fliehkraft, die mit der Welle umläuft**. Die **Innenringe** der Wälzlager haben **Punktlast,** die **Außenringe** haben **Umfangslast**. Die Innenringe der Rillenkugellager können mit der Welle entsprechend DIN 5425 eine Spielpassung haben. Die Welle kann mit j6, h6, g6 oder f6 toleriert werden. In diesem Fall ist g6 ausgewählt worden, damit der Innenring leicht verschiebbar ist. Die Außenringe haben Umfangslast, und nach DIN 5425 ist eine Übergangs- oder Übermaßpassung zwischen dem Außenring und der Gehäusebohrung erforderlich. Die Gehäusebohrung kann, wenn man von einer mittleren Lagerbelastung ausgeht, mit K7 oder M7 toleriert werden. In diesem Fall ist die Toleranz M7 gewählt worden.

Die Lagerung wurde als Fest- und Loslageranordnung konstruiert. Das obere Rillenkugellager ist das Festlager. Das untere Lager ist das Loslager. Der Außenring des Loslagers hat Umfangslast und kann sich aufgrund der ausgewählten Übergangs- bzw. Übermaßpassung nicht mehr in der Bohrung verschieben. Der Außenring sitzt fest in der Bohrung und ist mit Sicherungsringen gegen axiales Verschieben gesichert. Der Innenring hat Punktlast und eine Spielpassung mit der Welle. Der Innenring kann also axial auf der Welle verschoben werden und bildet den beweglichen Teil des Loslagers.

Fall 3:

Die Achse und damit die Innenringe drehen sich nicht. Die gelbe Riemenscheibe wird von einem Keilriemen angetrieben. Damit wirkt auf die Lagerung die Umfangs- und Spannkraft des Keilriemens. Während sich die Riemenscheibe dreht, zeigt die Riemenkraft immer in dieselbe Richtung. Dementsprechend ist die Lagerkraft ortsfest. Die **Innenringe** der Wälzlager haben **Punktlast**, die **Außenringe** haben **Umfangslast**. Die Toleranzen sowohl für die Welle als auch für die Bohrung in der Riemenscheibe können wie im Fall 2 ausgewählt werden.

Die Lagerung wurde als Fest- und Loslageranordnung konstruiert. Das untere Rillenkugellager ist das Festlager. Das obere Lager ist das Loslager. Der Außenring des Loslagers hat Umfangslast und kann sich aufgrund der ausgewählten Übergangs- bzw. Übermaßpassung nicht mehr in der Bohrung verschieben. Der Außenring sitzt fest in der Bohrung und ist mit Sicherungsringen gegen axiales Verschieben gesichert. Der Innenring hat Punktlast und eine Spielpassung mit der Welle. Der Innenring kann also axial auf der Welle verschoben werden und bildet den beweglichen Teil des Loslagers.

Fall 4:

Die Achse und damit die **Innenringe drehen sich nicht**. Auf dem gelben Bauteil befindet sich ein umlaufendes Gewicht. Diese Unwucht erzeugt eine **Fliehkraft, die mit dem Außenring umläuft**. Die **Innenringe** der Wälzlager haben **Umfangslast**, die **Außenringe** haben **Punktlast**. Die Toleranzen sowohl für die Welle als auch für die Bohrung können wie im Fall 1 ausgewählt werden.

Die Lagerung wurde als Fest- und Loslageranordnung konstruiert. Das untere Rillenkugellager ist das Festlager. Das obere Lager ist das Loslager. Der Innenring des Loslagers hat Umfangslast und kann sich aufgrund der ausgewählten Übergangs- bzw. Übermaßpassung nicht mehr auf der Welle verschieben. Der Innenring sitzt fest auf der Welle und ist mit Sicherungsringen gegen axiales Verschieben gesichert. Der Außenring hat Punktlast und eine Spielpassung mit der Bohrung. Der Außenring kann also axial in der Bohrung verschoben werden und bildet den beweglichen Teil des Loslagers.

Nachdem die Passungen für die Wälzlager festgelegt wurden, müssen die **Form- und Lagetoleranzen** sowohl der Aufnahmebohrungen im Gehäuse als auch der Absätze auf der Welle bestimmt werden.

Die in **Bild 1** dargestellte Tolerierung und die dazugehörigen Größenwerte der Toleranzen in **Tabelle 1** sind dem FAG-Lagerkatalog entnommen.

Normale Lager haben die Toleranzklasse PN nach DIN 620. Die **Rundheitstoleranz t_1**, die **Parallelitätstoleranz t_2** und die **axiale Gesamtrundlauftoleranz der Anlageschulter t_3** sind abhängig von der Größe der Lager. Sie werden über die Grundtoleranzgrade entsprechend der DIN EN ISO 286 definiert. Diese Grundtoleranzen können dem Tabellenbuch entnommen werden.

Die **Koaxialitätstoleranz t_4** ist abhängig von der Funktion der Lagerung und der Fähigkeit der Wälzlager, Fluchtungsfehler auszugleichen. Normale Rillenkugellager können fast keine Fluchtungsfehler ausgleichen und erlauben nur einen Einstellwinkel von 5 bis 10′ (1′ = 1 Winkelminute = 1/60 Grad). Entsprechend muss die Toleranz t_4 bestimmt werden.

Wenn Genauigkeitslager der Toleranzklassen P6, P5, P4 oder P2 verwendet werden, müssen auch die Durchmesser-, Form- und Lagetoleranzen verkleinert werden. Die dafür notwendigen Toleranzen können den Lagerkatalogen entnommen werden.

Die **Oberflächenrauheit** der Lagersitze muss an den Toleranzgrad der Durchmesser angepasst werden. In der Regel ist *Rz* 4 ausreichend. Diese

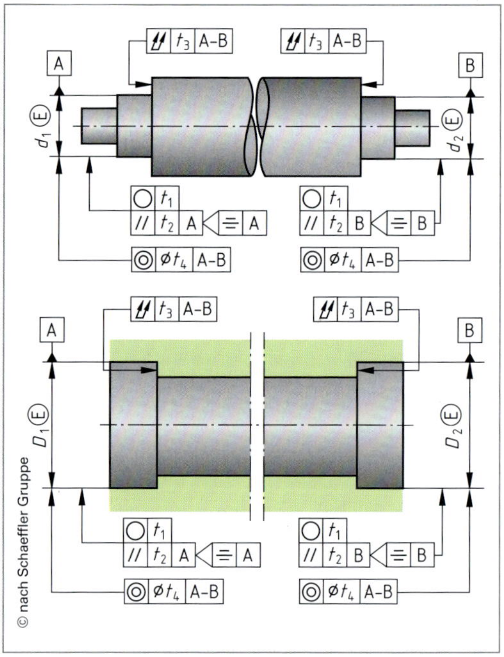

Bild 1: Form- und Lagetolerierung von Gehäusen und Wellen für Wälzlager

Tabelle 1: Größe der Form- und Lagetolerierung von Gehäusen und Wellen für Wälzlager

Toleranzklasse nach Lager		Lagersitzfläche	Grundtoleranzgrade			
nach ISO 492	nach DIN 620		Durchmessertoleranz	Rundheitstoleranz t_1	Parallelitätstoleranz t_2	Axiale Gesamtrundlauftoleranz t_3
Normal 6X	PN (PO) P6X	Welle	IT6 (IT5)	Umfangslast IT4/2	Umfangslast IT4/2	IT4
				Punktlast IT5/2	Punktlast IT5/2	
		Gehäuse	IT7 (IT6)	Umfangslast IT5/2	Umfangslast IT5/2	IT5
				Punktlast IT6/2	Punktlast IT6/2	

Oberflächenrauheit kann durch Fräsen und Bohren hergestellt werden, deshalb sind keine Freistiche mehr notwendig. Allerdings muss darauf geachtet werden, dass der Eckenradius, an dem das Lager anliegt, auf jeden Fall kleiner ist als der in der Norm geforderte maximale Radius **(Band 1, Kapitel 1.12.3, Seite 73)**.

Bei der **Montage** der Lager darf die für die Montage notwendige Kraft nicht über die Wälzkörper aufgebracht werden, weil dadurch die Lager beschädigt würden. Dementsprechend darf ein Lager, das eine feste Passung am Innenring hat, auch nur mit einer Montagehülse, die am Innenring angreift, eingepresst werden. Ein Lager, das eine feste Passung am Außenring hat, darf nur mit einer Montagehülse, die am Außenring angreift, eingepresst werden **(Bild 1)**. Die benötigte Montagekraft wird z. B. von einer hydraulischen Presse aufgebracht **(Bild 2)**.

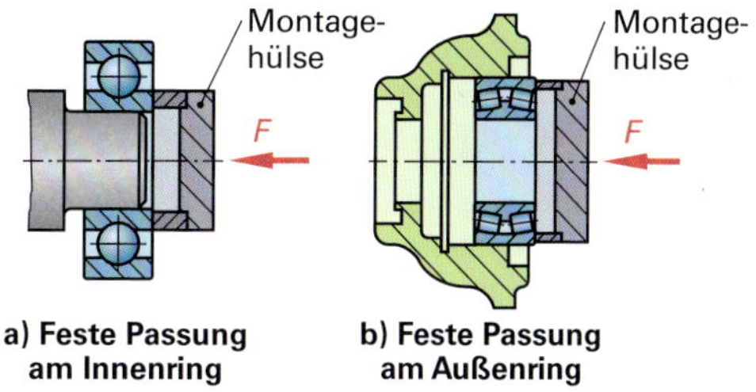

Bild 1: Montage von Wälzlagern

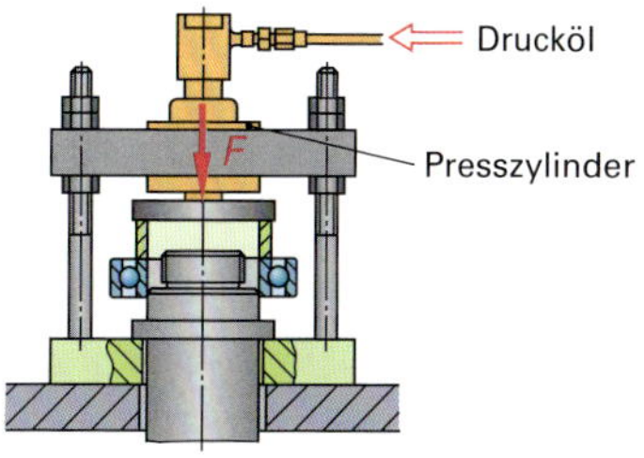

Bild 2: Einpressen eines Lagers mit einer hydraulischen Presse

Alternativ können die Lager bei der Montage erwärmt bzw. abgekühlt werden:

- Wenn der Innenring eine feste Passung auf der Welle hat, muss das Lager erwärmt oder die Welle abgekühlt werden.
- Wenn der Außenring eine feste Passung mit der Bohrung im Gehäuse hat, muss das Lager abgekühlt oder das Gehäuse erwärmt werden.

Wälzlager können auch mit kegeligen Bohrungen mit einer Spann- bzw. Abziehhülse oder hydraulisch montiert bzw. demontiert werden **(Bild 3)**.

Bei der Verwendung einer **Spannhülse (Bild 3a)** wird die kegelige geschlitzte Hülse von der Nutmutter in die kegelige Bohrung des Innenrings des Lagers gezogen und erzeugt dadurch eine Übermaßpassung. Die **Abziehhülse** wird mit einer Nutmutter in das Lager gedrückt, wodurch die Übermaßpassung entsteht. Diese Passung kann so fest sein, dass die Hülse mit einer Mutter auf dem Abdrückgewinde aus der Bohrung gedrückt werden muss.

Bei der **hydraulischen Montage (Bild 3b)** wird das Lager von Hand auf die Welle geschoben. Anschließend wird eine Hydraulikmutter, die einen Ringkolben besitzt, auf das Gewinde der Welle gedreht und handfest angezogen. Der Ringkolben wird dann mit Drucköl zur Montage beaufschlagt. Das Lager wird dadurch auf den kegeligen Absatz der Welle gedrückt. Zur Demontage wird das Lager mit dem Drucköl durch eine Bohrung in der Welle von der Welle gedrückt. Dabei wird der Lagerinnenring aufgeweitet und das Lager gleitet von der Welle.

Zur Demontage können auch **Abzieher (Bild 3c)** verwendet werden. Durch das Drehen der gelben Gewindespindel wird der Lagerring von der Welle abgezogen. Abzieher gibt es für Innen- und Außenringe. Bei der Konstruktion sollten bereits Nuten in der Welle bzw. im Gehäuse vorgesehen werden, damit der Abzieher hinter den Lagerring greifen kann.

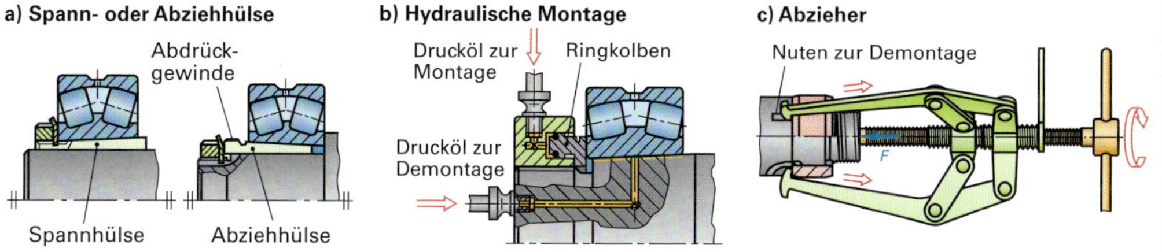

Bild 3: Montage und Demontage von Wälzlagern

Wälzlager müssen mit einem **Schmierstoff** versorgt werden. Bei der Konstruktion von Lagerungen wird festgelegt, ob die Lager mit einer Fett- oder einer Ölschmierung versehen werden.

Fettschmierungen sind konstruktiv relativ einfach zu gestalten. Ein ausreichendes Fettdepot muss vorgesehen werden. Als Abdichtung reicht eine axiale oder radiale Labyrinthdichtung aus. Mit einer Fettpresse kann über einen Schmiernippel Fett zugeführt werden. Der Nachteil der Fettschmierung ist, dass durch den Schmierstoff Wärme oder Schmutzteilchen nicht abgeführt werden **(Bild 1)**.

Bei allen **Ölschmierungen** muss das Gehäuse entsprechend mit Dichtungen, z. B. Flachdichtungen, Flüssigdichtungen, O-Ringen oder Radialwellendichtringen, versehen werden. Die Ölschmierung kann konstruktiv als Tropfölschmierung, Öl-Luft-Schmierung, Öleinspritzschmierung, Ölbadschmierung und Ölumlaufschmierung ausgeführt werden:

- Bei der **Tropfölschmierung** können mechanische oder elektromechanische Tropfenöler als Zukaufteile verwendet werden, die direkt über den Lagern angebracht werden.
- Bei der **Öl-Luft-Schmierung** wird ein Ölnebel über eine Druckluftleitung in die Lager geblasen.
- Bei der **Öleinspritzschmierung** wird über Rohrleitungen Öl gezielt in den Spalt zwischen den beiden Lagerringen auf die Wälzkörper gespritzt
- Bei der **Ölbadschmierung** sollte der Ölstand etwa bis zur Mitte der unteren Wälzkörper reichen. Ist der Ölstand zu hoch, entstehen zu große Reibungsverluste, weil das Öl aufgeschäumt und „verrührt" wird **(Bild 2)**. Ist der Ölstand zu niedrig, gelangt kein Schmierstoff an die Lager.
- Die optimale Schmierstoffversorgung eines Wälzlagers wird mit einer **Ölumlaufschmierung** erreicht. Das Öl wird dabei gekühlt und Schmutzpartikel werden herausgefiltert. Damit werden für Wälzlager optimale Einsatzbedingungen erzeugt. Allerdings sind ein großer konstruktiver Aufwand und entsprechende Kosten mit einer Ölumlaufschmierung verbunden **(Bild 3)**.

Bei der Konstruktion sollte darauf geachtet werden, dass der Ölstand im Ölbad z. B. mit einem Peilstab oder durch ein Schauglas kontrolliert werden kann. Auch Möglichkeiten zum Einfüllen und Ablassen des Öls müssen vorgesehen werden.

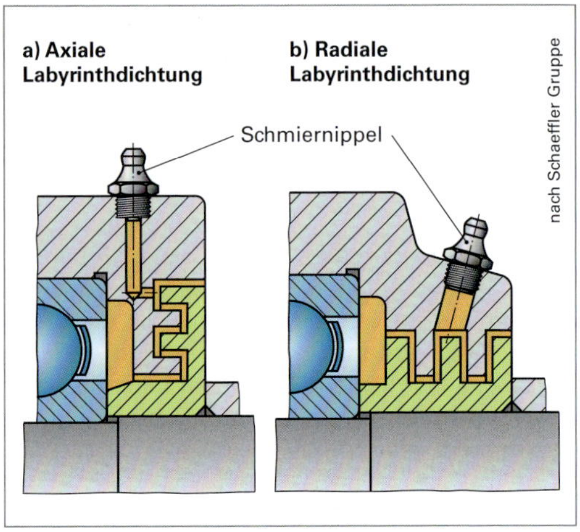

Bild 1: Wälzlager mit Fettschmierung

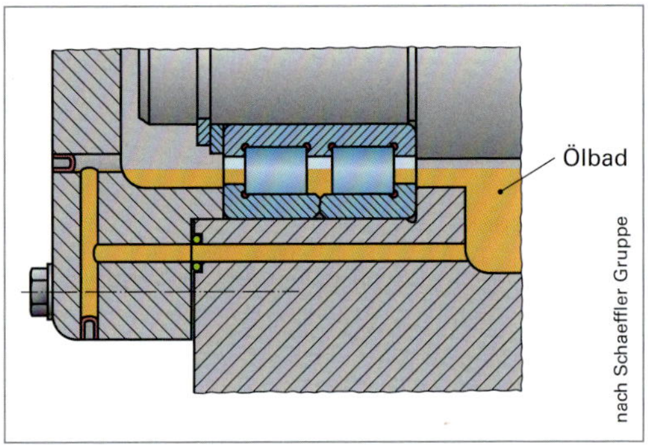

Bild 2: Ölbadschmierung

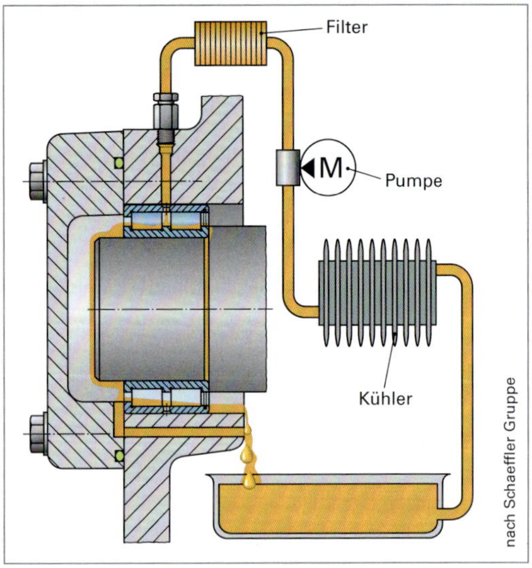

Bild 3: Ölumlaufschmierung

Lernfeld 11

11.3.6 | LINEARFÜHRUNGEN

Linearführungen werden benötigt, um lineare Bewegungen von Maschinenteilen zu ermöglichen. Sie können ebenso wie die Lagerungen als Gleit- oder Wälzführungen ausgeführt werden.

Gleitführungen können als Flachführungen, V-Führungen, Schwalbenschwanz- und Rundführungen gestaltet werden:

- **Flachführungen** sind relativ einfach herzustellen, benötigen jedoch eine Nachstell- und Schließleiste. Über die Nachstellleiste kann das Führungsspiel eingestellt werden **(Bild 1)**.
- Bei der **Schwalbenschwanzführung** fällt wegen der V-Form die Schließleiste weg. Bei ihr kann mit der Nachstellleiste das Spiel sowohl in horizontaler als auch in vertikaler Richtung eingestellt werden **(Bild 2)**.
- Bei **Rundführungen** können Gleitlagerbuchsen **(Kapitel 11.3.3, Seite 224)** verwendet werden, die auf einer zylindrischen Achse laufen.

Wälzführungen benutzen Kugeln oder Zylinderrollen als Wälzkörper. Die Wälzkörper befinden sich zwischen der Führungsschiene und dem Führungswagen **(Bild 3)**. Die Wälzkörper sind in einer Endloskette miteinander verbunden und werden über einen Rückführungskanal der eigentlichen Führungsschiene wieder zugeführt **(Bild 4)**. Das Führungsspiel bzw. die Vorspannung sind einstellbar. Der Führungswagen ist abgedichtet, sodass die Wälzkörper vor Verunreinigungen geschützt sind. **Rollenumlaufführungen (Bild 4)** haben eine größere Tragfähigkeit und Steifigkeit als **Kugelumlaufführungen (Bild 3)**.

Wälzführungen sind Zukaufteile, die entsprechend den Herstellerangaben in die Konstruktion integriert werden müssen.

> **Wälzführungen** sind Zukaufteile; sie haben eine geringere Reibung als Gleitführungen.

Bei der Montage der Führungsschienen muss darauf geachtet werden, dass sie sich nicht verbiegen. Dies kann z. B. durch eine Anschlagkante, gegen die die Führungsschienen bei der Montage gedrückt werden, erleichtert werden.

Wenn zwei Wälzführungen parallel zueinander verwendet werden sollen, müssen sie bei der Montage sehr genau zueinander ausgerichtet werden. Dies ist bei der Konstruktion bereits durch entsprechende Maßnahmen zu berücksichtigen (siehe Herstellerangaben).

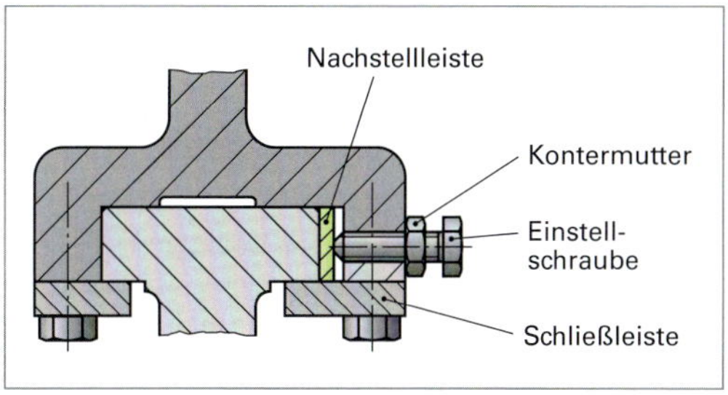

Bild 1: Flachführung

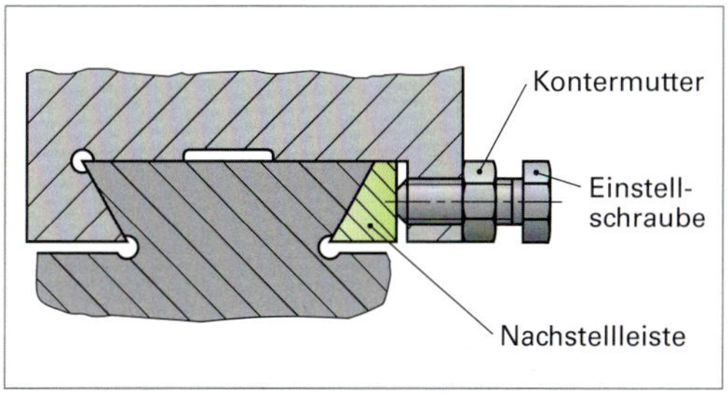

Bild 2: Schwalbenschwanzführung

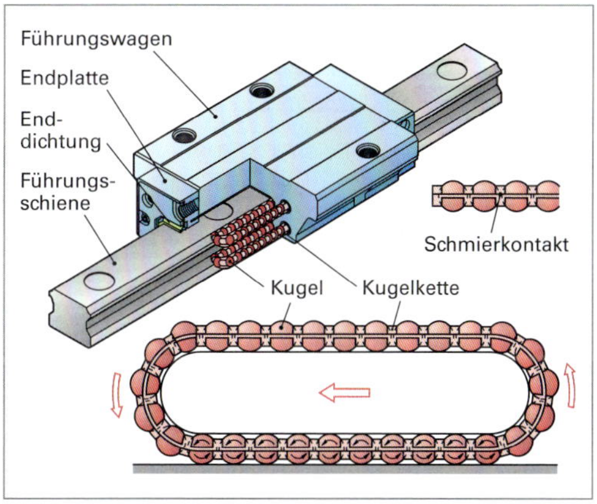

Bild 3: Kugelumlaufführung

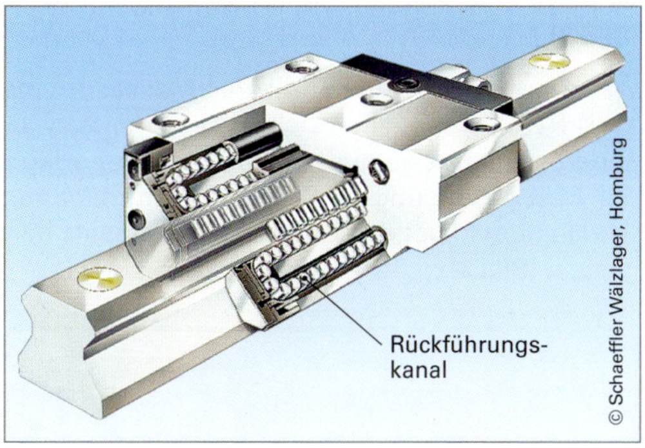

Bild 4: Rollenumlaufführung

11.3.7 | BERECHNUNG UND DIMENSIONIERUNG VON LAGERUNGEN

Um Lagerungen dimensionieren und auslegen zu können, müssen zuerst die Kräfte, die auf die Lager wirken, bestimmt werden. Diese Kräfte können mithilfe der **Formeln zur Statik** berechnet werden.

Kräfte sind Vektoren, d.h., sie besitzen nicht nur eine Größe, sondern auch eine Richtung. Vektoren werden durch Pfeile dargestellt, wobei die Länge des Pfeils die Größe der Kraft darstellt und die Richtung des Pfeils die Richtung der Kraft angibt. Unter der Verwendung eines kartesischen Koordinatensystems mit *x*- und *y*-Achse kann eine **Kraft *F*** entsprechend den folgenden Gleichungen in die **Komponenten F_x und F_y** zerlegt werden **(Bild 1)**:

$$F_x = F \cdot \cos\alpha$$
$$F_y = F \cdot \sin\alpha$$

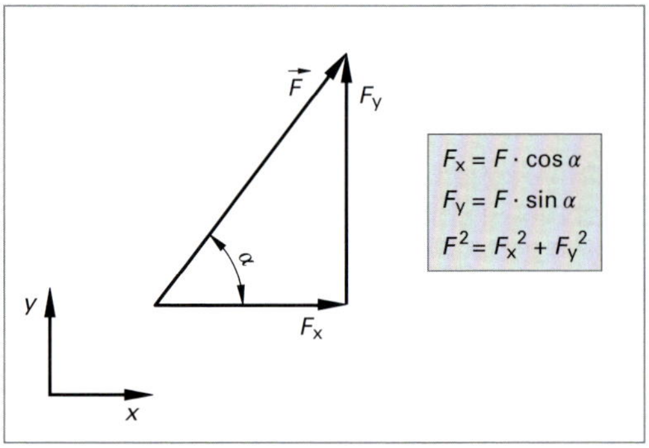

Bild 1: Zerlegen einer Kraft

Beliebig viele Kräfte können **addiert** werden, indem die Vektoren addiert werden. Die resultierende Kraft F_{res} kann berechnet werden, indem zuerst die *x*- und *y*-Komponenten der zu addierenden Kräfte addiert werden. Die **resultierende Kraft F_{res}** mit dem **Winkel α_{res}** beträgt dann **(Bild 2)**:

$$\overrightarrow{F_{res}} = \vec{F_1} + \vec{F_2} + \vec{F_3} + \ldots$$
$$F_{xres} = F_{x1} + F_{x2} + F_{x3} + \ldots$$
$$F_{yres} = F_{y1} + F_{y2} + F_{y3} + \ldots$$
$$F_{res} = \sqrt{F_{xres}^2 + F_{yres}^2}$$
$$\alpha_{res} = \arctan \frac{F_{yres}}{F_{xres}}$$

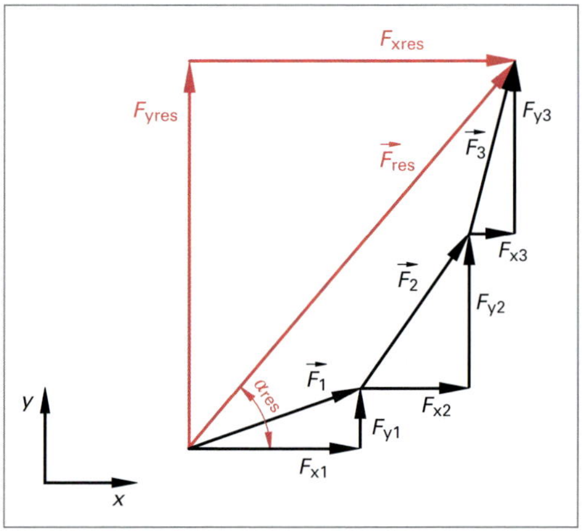

Bild 2: Addition von Kräften

Zeichnerisch kann man beliebig viele Kräfte addieren, indem die zu addierenden Vektoren hintereinander gezeichnet werden. Die resultierende Kraft beginnt dann am Startpunkt des ersten Vektors und endet am Endpunkt des letzten Vektors **(Bild 2)**.

Wenn auf einen Körper mit der **Masse *m*** eine **Kraft *F*** wirkt, fängt er an sich zu bewegen bzw. er ändert seinen Bewegungszustand, d.h., er erfährt die **Beschleunigung *a***. Dieser Zusammenhang wird in dem folgenden **Newtonschen Gesetz** dargestellt **(Bild 3)**:

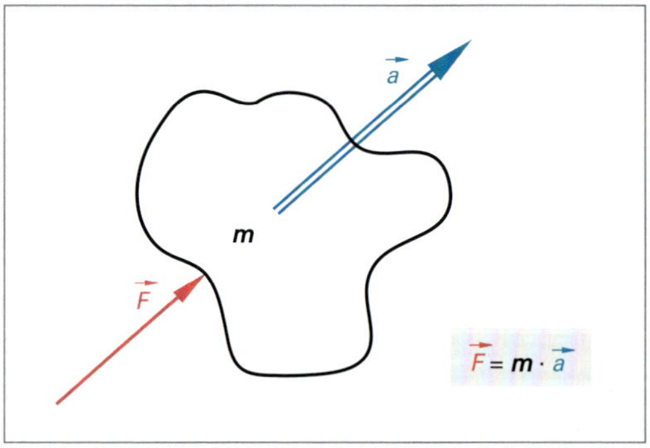

Bild 3: Newtonsches Gesetz

$$\vec{F} = m \cdot \vec{a}$$

F	m	a
$N = kg \cdot \frac{m}{s^2}$	kg	$\frac{m}{s^2}$

1. Gleichung der Statik

In der Statik werden Bauteile berechnet, die still stehen oder ihren Bewegungszustand nicht ändern. Dementsprechend muss die Beschleunigung a eines solchen Körpers gleich null sein. Aus dem Newtonschen Gesetz folgt, dass die **resultierende Kraft F_{res}** gleich null sein muss. Daraus kann die **erste Gleichung der Statik** abgeleitet werden **(Bild 1)**:

$$\overrightarrow{F_{res}} = \Sigma\vec{F} = \vec{F_1} + \vec{F_2} + \vec{F_3} + \vec{F_4} + \ldots = 0$$

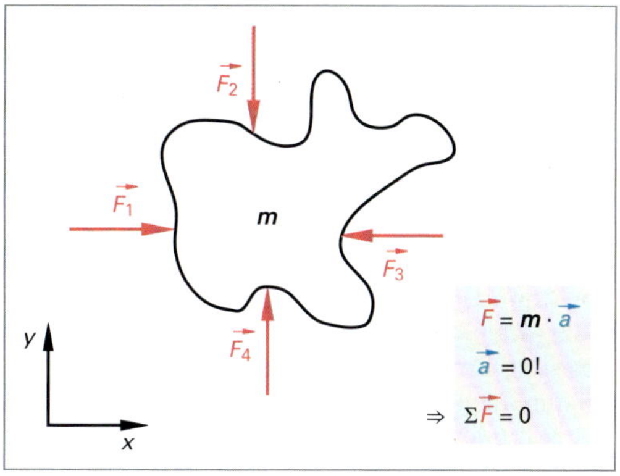

Bild 1: 1. Gleichung der Statik $\Sigma F = 0$

Durch Zerlegung der Kräfte in ihre x- und y-Komponenten folgt:

$$\Sigma F_x = F_{1x} + F_{2x} + F_{3x} + F_{4x} + \ldots = 0$$
$$\Sigma F_y = F_{1y} + F_{2y} + F_{3y} + F_{4y} + \ldots = 0$$

2. Gleichung der Statik

Eine **Kraft F**, die zu einem **Drehpunkt** den senkrechten **Hebelarm l** hat, erzeugt das **Drehmoment M**. Der senkrechte Hebelarm ist der Abstand zwischen Kraft und Drehpunkt, der senkrecht auf der Kraft steht **(Bild 2)**. Ein Drehmoment, das linksherum, also entgegen dem Uhrzeigersinn, wirkt, ist mathematisch positiv definiert. Ein Drehmoment, das rechtsherum, also im Uhrzeigersinn, wirkt, ist negativ. Es folgt:

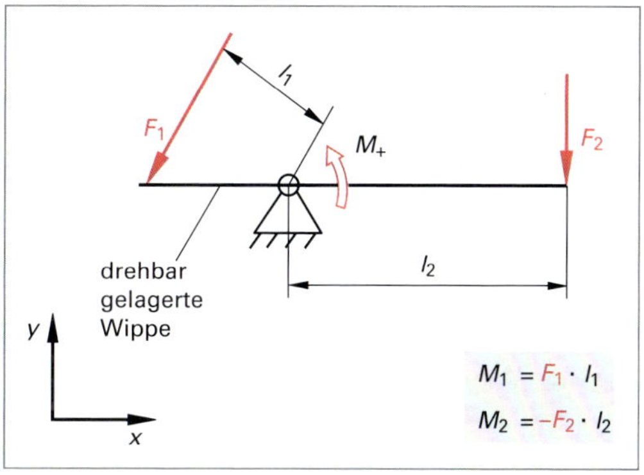

Bild 2: Definition eines Drehmoments M

$$M = F \cdot l$$

M	F	l
Nm	N	m

Analog zum Newtonschen Gesetz für lineare Bewegungen gilt die folgende Beziehung für Drehbewegungen:

Auf einen Körper wirkt eine Kraft F mit dem Hebelarm l und erzeugt dadurch das Drehmoment M.

Wenn ein **Drehmoment M** auf einen Körper mit dem **Trägheitsmoment J** wirkt, erfährt er die **Winkelbeschleunigung α**, wobei das Trägheitsmoment dem Widerstand entspricht, den ein Körper einer Drehbewegung entgegenbringt **(Bild 3)**. Es gilt:

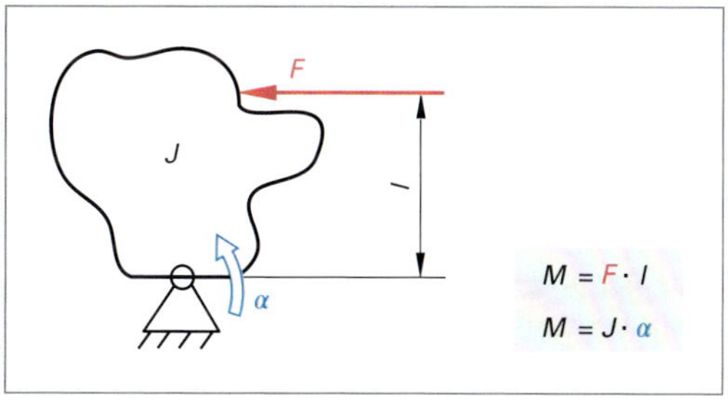

Bild 3: Beschleunigte Drehbewegung

$$M = J \cdot \alpha$$

M	J	α
$\text{Nm} = \text{kg} \cdot \frac{\text{m}^2}{\text{s}^2}$	$\text{kg} \cdot \text{m}^2$	$\frac{1}{\text{s}^2}$

Damit ein Körper in der Ruhelage ist, also seinen Bewegungszustand nicht ändert, muss daher noch eine zweite Bedingung erfüllt werden: Er darf nicht anfangen, sich zu drehen. Wenn auf den Körper in **Bild 1** nur die beiden Kräfte F_1 und F_2 wirken, wird er anfangen, sich zu drehen, auch wenn F_1 und F_2 gleich groß sind, also die erste Gleichung der Statik erfüllt ist.

Ein Körper ist in der Ruhelage, wenn er nicht anfängt, sich zu drehen, oder wenn seine **Winkelgeschwindigkeit ω** konstant bleibt, also seine **Winkelbeschleunigung α** gleich null ist.

Aus der Beziehung für Drehbewegungen folgt, dass das Drehmoment, das auf diesen Körper wirkt, auch gleich null sein muss. Das bedeutet, dass alle Drehmomente, die an einen Körper angreifen, sich gegenseitig aufheben müssen. Das **resultierende Drehmoment M_{res}** muss gleich null sein. In **Bild 1** müssen somit noch die Kräfte F_3 und F_4 hinzugefügt werden, damit der Körper in der Ruhelage ist. Daraus kann die **zweite Gleichung der Statik** abgeleitet werden:

$$M_{res} = \Sigma M = M_1 + M_2 + M_3 + M_4 + \ldots = 0$$

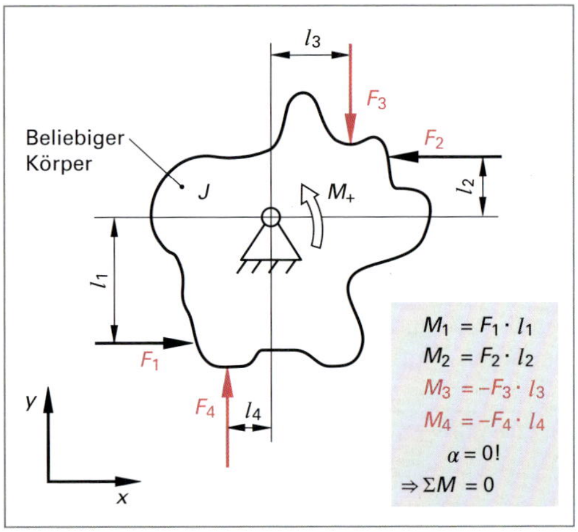

Bild 1: 2. Gleichung der Statik $\Sigma M = 0$

Diese zweite Gleichung der Statik muss für jeden beliebigen Drehpunkt erfüllt sein. Das heißt, man kann den Drehpunkt dorthin legen, wo wirklich ein Drehlager ist, oder an jeden beliebigen anderen Punkt innerhalb oder außerhalb eines Bauteils. Für die Berechnung der Kräfte ist es vorteilhaft, den Drehpunkt so zu legen, dass die Rechnung dadurch vereinfacht wird, dass möglichst viele Kräfte den Hebelarm mit der Länge null haben.

Berechnung von realen Maschinen mithilfe der Gleichungen der Statik

Reale Maschinen und Bauteile können berechnet werden, indem diese komplexen Gebilde zuerst vereinfacht werden. Dazu zerlegt man die reale Maschine in einfach zu berechnende statisch bestimmte Bauteile.

Dabei müssen Annahmen getroffen werden, die aus einem statisch unbestimmten System ein statisch bestimmtes System erzeugen und so die Berechnung der Lagerkräfte ermöglichen.

Ein System ist statisch bestimmt, wenn alle Lagerkräfte berechnet werden können. Dies ist z. B. bei einer Welle der Fall, die in einem Fest- und einem Loslager gelagert wird **(Bild 2a)**.

Ein System ist statisch unbestimmt, wenn es mehr Lagerkräfte gibt, als berechnet werden können. Zum Beispiel ist eine Welle mit zwei Festlagern statisch unbestimmt, weil die axialen Kräfte, die die beiden Festlager aufnehmen können, nicht ermittelt werden können **(Bild 2b)**.

Beide Axiallager können Kräfte in axialer Richtung aufnehmen. Mit den Gleichungen der Statik kann jedoch nicht berechnet werden, wie sich die Axialkräfte aufteilen. Daher können die Lagerkräfte in axialer Richtung nicht bestimmt werden.

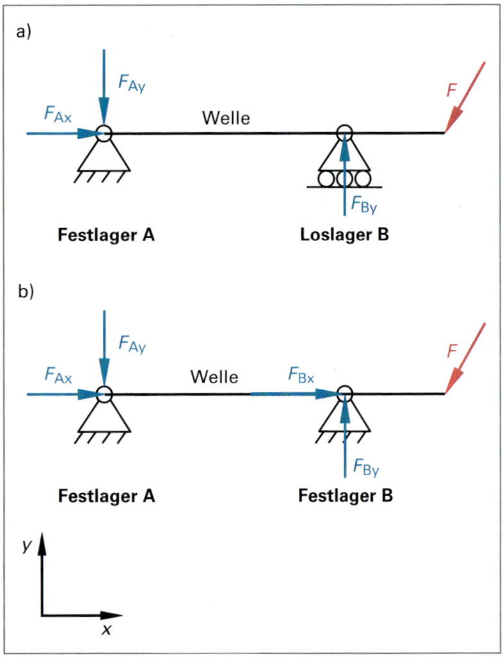

Bild 2: a) Statisch bestimmtes und b) statisch unbestimmtes System

Komplexe Maschinen und Bauteile werden in vereinfachenden statischen Skizzen dargestellt. Dazu werden die realen Bauteile durch einfache statisch bestimmte Bauteile ersetzt.

Einfache Bauteile, die manuell berechnet werden können, sind Fest- und Loslager, Stäbe, Seile, Biegebalken und Einspannungen. Diese Bauteile werden durch die in **Bild 1** aufgeführten Symbole in statischen Skizzen dargestellt:

- **Drehgelenke** werden durch einen Kreis dargestellt. Sie verbinden Bauteile miteinander und können Kräfte in alle Richtungen aufnehmen. Sie können keine Drehmomente übertragen, da sie drehbar sind und keine Reibung haben.
- **Festlager** haben am oberen Ende ein Drehgelenk und können Kräfte in *x*- und *y*- Richtung aufnehmen. Die Striche unter dem Lager sollen darstellen, dass die Festlager fest mit dem Untergrund verbunden sind.
- **Loslager** haben am oberen Ende ein Drehgelenk und können Kräfte nur in eine Richtung aufnehmen. Die Kreise unter dem Lager sollen Rollen darstellen, auf denen sich das Lager nach rechts oder links bewegen kann.
- **Stäbe** sind Bauteile, die an beiden Seiten drehbar gelagert sind. An dem Bauteil darf keine weitere Kraft angreifen. Dann können Stäbe nur Kräfte in Richtung des Stabes aufnehmen. Wenn die Kräfte den Stab zusammendrücken, ist es ein Druckstab. Wenn die Kräfte den Stab auseinanderziehen, ist es ein Zugstab.
- **Seile** sind Bauteile, die an beiden Seiten drehbar gelagert sind. An dem Bauteil darf keine weitere Kraft angreifen. Dann können Seile nur Kräfte in Richtung des Seiles aufnehmen. Seile können nur Zugkräfte aufnehmen.
- **Biegebalken** sind an zwei Stellen gelagert und nehmen an einer oder mehreren Stellen zusätzliche Kräfte auf. Sie können beliebig viele Kräfte in beliebigen Richtungen aufnehmen.
- **Eine feste Einspannung** ist z. B. ein Balken, der in einer Wand einbetoniert ist. Dementsprechend ist das Bauteil ohne Drehgelenk fest mit der Wand verbunden. Diese feste Einspannung kann Kräfte in alle Richtungen und ein Drehmoment aufnehmen.

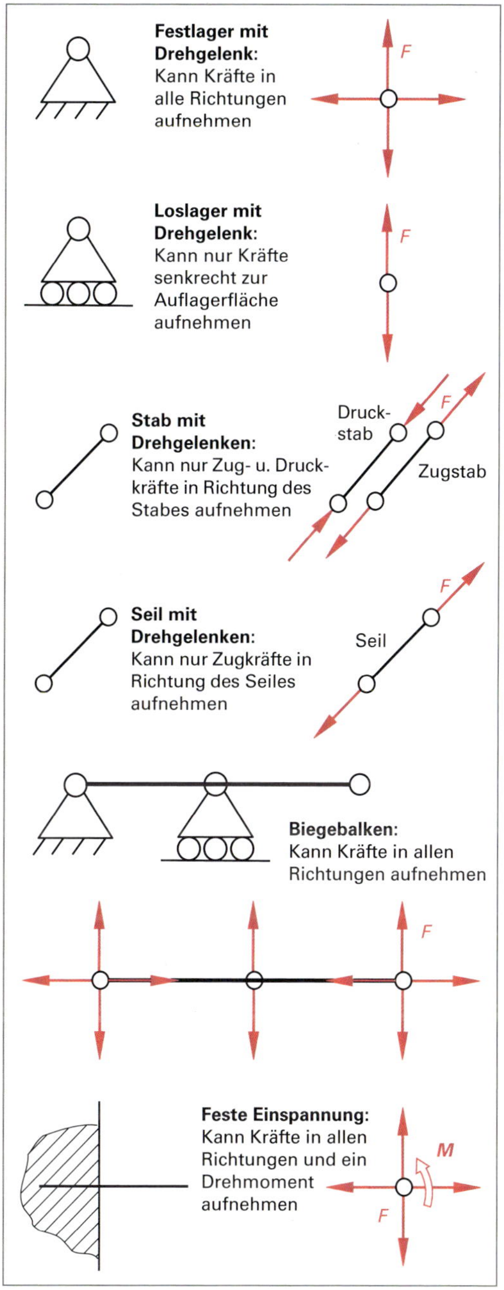

Bild 1: Bauteile und deren Symbole in der Statik

In die so erstellten Skizzen werden die Kräfte, die auf das Bauteil wirken, eingezeichnet. Anschließend wird das Bauteil „freigemacht", das heißt, die Lagerstellen werden durch die Kräfte, die sie aufnehmen, ersetzt. Mithilfe dieser Skizzen können die Lagerkräfte berechnet werden.

Anwendungsbeispiel: Berechnung der Lagerung einer Ofentür

Im Beispiel soll überprüft werden, ob die Lagerung einer Ofentür ausreichend dimensioniert ist **(Bild 1)**.

Die Ofentür ist in zwei Lagerbuchsen nach DIN ISO 4379 gelagert. An den Detailansichten Y und Z ist zu erkennen, dass die untere Buchse die Form F mit Bund hat. Die untere Buchse ist also das Festlager, das die Gewichtskraft der Tür in axialer Richtung, hier senkrecht nach unten, aufnehmen kann. Das obere Lager besteht aus einer Buchse ohne Bund und kann sich frei nach oben und unten bewegen und keine Kräfte in axialer Richtung aufnehmen. Diese obere Buchse ist das Loslager. Die Tür hat die Masse $m = 200$ kg, und der Schwerpunkt liegt in der Mitte der Tür.

Der erste Schritt zur Berechnung eines Bauteils oder einer Baugruppe besteht darin, das reale Bauteil in einer Skizze mit Symbolen der Statik darzustellen **(Bild 2)**. Dabei wird das obere Lager als Lagerstelle A bezeichnet und als Loslager eingezeichnet. Das untere Lager wird als Lagerstelle B bezeichnet und als Festlager skizziert. Die Tür selbst wird mit einem Massepunkt dargestellt. Die Verbindung zwischen dem Massepunkt und den Lagern wird nur vereinfacht mit einigen Linien dargestellt.

Als Nächstes werden alle Kräfte, die auf das Bauteil wirken, eingezeichnet. Bei der Beispielaufgabe ist das die **Gewichtskraft F_G**. Die Gewichtskraft der Tür kann mit folgender Gleichung berechnet werden:

$$F_G = m \cdot g = 200 \text{ kg} \cdot 9{,}81 \text{ m/s}^2 = 1962 \text{ N}$$

Die Lagerstellen werden ebenfalls durch die Kräfte, die in diesen Lagerstellen auf das Bauteil wirken, ersetzt. Dies nennt man „freimachen" **(Bild 3)**. Um die Skizze übersichtlicher zu gestalten, wurden die bekannten Kräfte, die auf die Tür wirken, in Rot und die sich daraus ergebenden zu berechnenden Lagerkräfte in Blau dargestellt.

Die Lagerkräfte können mit der 1. Gleichung der Statik bestimmt werden:

$$\Sigma F_x = F_{Bx} - F_{Ax} = 0$$
$$\Sigma F_y = F_{By} - F_G = 0 \Rightarrow F_{By} = F_G = 1962 \text{ N}$$

Die 2. Gleichung der Statik, die **Momentengleichung,** kann um jeden belieben Drehpunkt aufgestellt werden. In diesem Fall bietet es sich an, als Drehpunkt die Lagerstelle B zu nehmen, da die Kräfte F_{Bx} und F_{By} dann einen Hebelarm l der Länge null haben und dementsprechend aus der Momentengleichung wegfallen.

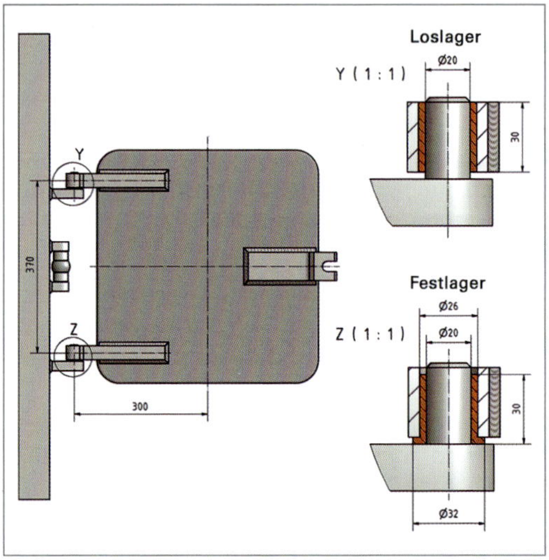

Bild 1: Lagerung einer Ofentür

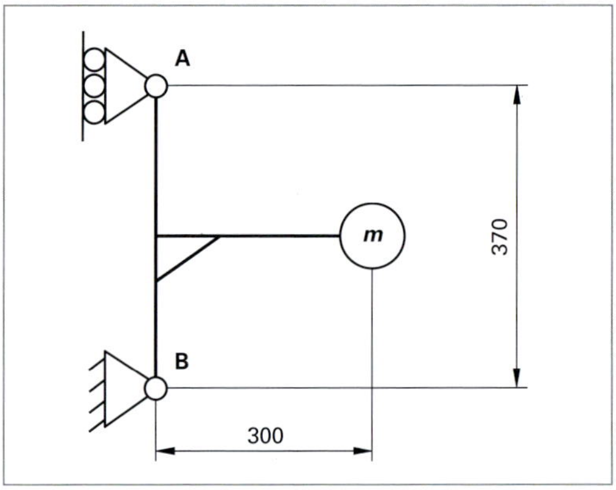

Bild 2: Darstellung mit Symbolen der Statik

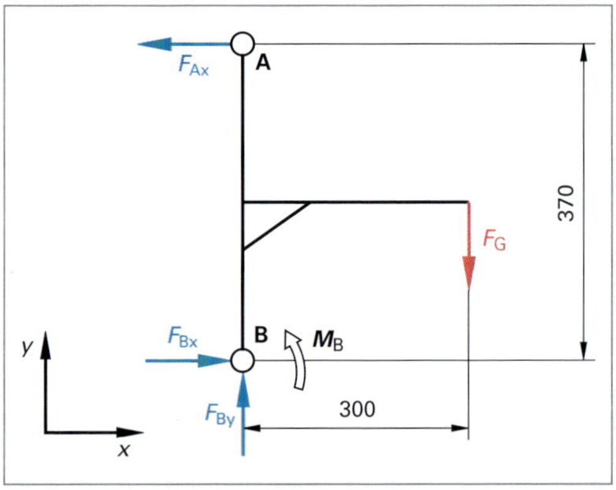

Bild 3: Freigemachte Skizze der Ofentür

Die Summe der Momente um den Punkt B nennt man ΣM_B.

$$\Sigma M_B = F_{Ax} \cdot 370\ \text{mm} - F_G \cdot 300\ \text{mm} = 0$$

$$\Rightarrow \quad F_{Ax} = \frac{F_G \cdot 300\ \text{mm}}{370\ \text{mm}} = 1591\ \text{N}$$

Eingesetzt in die erste Gleichung ergibt sich:

$$\Sigma F_x = F_{Bx} - F_{Ax} = 0$$

$$\Rightarrow \quad F_{Bx} = F_{Ax} = 1591\ \text{N}$$

Die beiden Lagerbuchsen werden jeweils mit einer **radialen Lagerkraft** von $\boldsymbol{F_r = 1591\ \text{N}}$ und die untere Lagerbuchse wird mit einer **axialen Lagerkraft** von $\boldsymbol{F_{ax} = 1962\ \text{N}}$ belastet.

Die Dimensionierung von Lagerbuchsen wird mit der **zulässigen spezifischen Lagerbelastung** überprüft, die genauso berechnet wird, wie die Flächenpressung **(Band 1, Kapitel 3.8.1, Seite 202)**.

Die obere Lagerbuchse hat die Bezeichnung **Buchse ISO 4379-C20 x 26 x 30- CuSn8Pb2-C**. Die untere Lagerbuchse hat die Bezeichnung **Buchse ISO 4379-F20 x 26 x 30- CuSn8Pb2-C**. Beide Lagerbuchsen sind mit dem Außendurchmesser in die Türscharniere eingepresst. Der Innendurchmesser dreht sich auf dem Zapfen mit Durchmesser 20 mm. Für die Berechnung der Lagerbelastung muss die **projizierte Fläche** $\boldsymbol{A_r}$ der Lagerbuchse in radialer Richtung bestimmt werden **(Bild 1)**.

$$A_r = d \cdot l = 20\ \text{mm} \cdot 30\ \text{mm} = 600\ \text{mm}^2$$

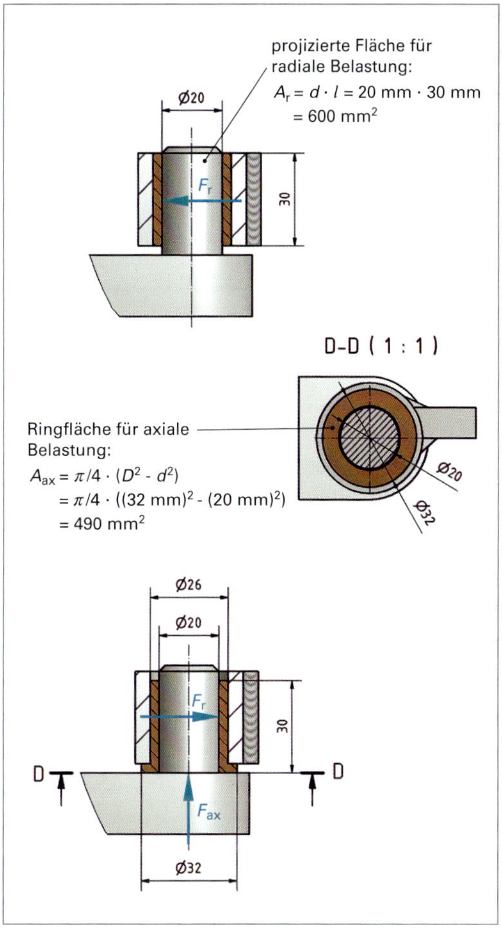

Bild 1: Abmessungen der Lagerbuchsen

Aus der radialen Lagerbelastung ergibt sich eine **spezifische radiale Lagerbelastung** $\boldsymbol{p_r}$ von:

$$p_r = \frac{F_r}{A_r} = \frac{1591\ \text{N}}{600\ \text{mm}^2} = 2{,}65\ \frac{\text{N}}{\text{mm}^2}$$

Für die axiale Lagerbelastung muss die **Ringfläche** berechnet werden, auf der sich der Bund der Lagerbuchse auf dem Türscharnier abstützt. (Die Fase an der Lagerbuchse kann dabei vernachlässigt werden.)

$$A_{ax} = \frac{\pi}{4} \cdot (D^2 - d^2) = \frac{\pi}{4} \cdot ((32\ \text{mm})^2 - (20\ \text{mm})^2) = 490\ \text{mm}^2$$

Aus der axialen Lagerbelastung ergibt sich dementsprechend eine **axiale Flächenpressung** $\boldsymbol{p_{ax}}$:

$$p_{ax} = \frac{F_{ax}}{A_{ax}} = \frac{1962\ \text{N}}{490\ \text{mm}^2} = 4\ \frac{\text{N}}{\text{mm}^2}$$

Die zulässige **spezifische Lagerbelastung** $\boldsymbol{p_L}$ für Lagerbuchsen aus CuSn8Pb2-C ist $p_L = 21\ \text{N/mm}^2$ (aus **Tabellenbuch**). Da $\boldsymbol{p_r}$ und $\boldsymbol{p_{ax}}$ kleiner als $\boldsymbol{p_L}$ sind, ist die Lagerung ausreichend dimensioniert!

Lebensdauerberechnung dynamisch belasteter Wälzlager

Die Auslegung dynamisch belasteter Wälzlager wird überprüft, indem die **nominelle Lebensdauer L_{10h}** in Stunden nach DIN ISO 281 berechnet wird. Diese theoretische Lebensdauer entspricht der Lebensdauer, die von 90 % einer genügend großen Menge gleicher Wälzlager erreicht oder überschritten wird, bevor die ersten Anzeichen einer Werkstoffermüdung in den Lagern auftreten.

Die **nominelle Lebensdauer L_{10h}** in Stunden eines Wälzlagers ist nach DIN ISO 281 abhängig von der **dynamischen Tragzahl C**, der **dynamisch äquivalenten Lagerbelastung P**, der **Drehzahl n** und dem **Lebensdauerexponenten p**. Für Rollenlager ist **$p = 10/3$** und für Kugellager **$p = 3$**.

$$L_{10h} = \frac{16666}{n} \cdot \left(\frac{C}{P}\right)^p$$

L_{10h}	n	C	P	p
h	$\frac{1}{\text{min}}$	N	N	1

Die **dynamisch äquivalente Lagerbelastung P** kann mit der **radialen dynamischen Lagerbelastung F_r**, der **axialen dynamischen Lagerbelastung F_a**, dem **Radialfaktor X** und dem **Axialfaktor Y** berechnet werden:

$$P = X \cdot F_r + Y \cdot F_a$$
$$\text{für } F_a = 0 \text{ ist } P = F_r$$

P	F_r	F_a	X	Y
N	N	N	1	1

Der Radialfaktor X, der Axialfaktor Y und die dynamische Tragzahl C können für die unterschiedlichen Wälzlager den Lagerkatalogen entnommen werden.

Die notwendige **nominelle Lebensdauer** hängt stark von der Anwendung ab. Wälzlager für Werkzeugmaschinen sollten eine Lebensdauer im Bereich von 10000 h bis 50000 h haben. Lager in PKW-Antrieben haben üblicherweise eine Lebensdauer von 500 h bis 1200 h. Haushaltsküchengeräte haben teilweise nur eine berechnete Lebensdauer von 5 h bis 10 h.

Zusätzlich zu der beschriebenen Lebensdauerberechnung kann nach DIN ISO 281 eine erweiterte Lebensdauerberechnung durchgeführt werden, die z. B. unterschiedliche Schmierbedingen, Temperaturen, Schmutzbelastungen und eine erhöhte Erlebenswahrscheinlichkeit berücksichtigt.

Lebensdauerberechnung statisch belasteter Wälzlager

Statisch belastete Wälzlager sind Wälzlager, die sich nur sehr langsam oder nur teilweise drehen, z. B. Wälzlager, die von einem Handrad angetrieben werden, oder Wälzlager im Drehkranz eines Baukrans. Sie werden mithilfe der **statischen Tragsicherheit S_0** nach DIN ISO 76 ausgelegt.

Die **statische Tragsicherheit S_0** ist der Quotient aus der **statischen Tragzahl C_0** des Wälzlagers und der **statisch äquivalenten Lagerbelastung P_0**.

$$S_0 = \frac{C_0}{P_0}$$

S_0	C_0	P_0
1	N	N

Die **statisch äquivalente Lagerbelastung P_0** kann mit der **radialen statischen Lagerbelastung F_{0r}**, der **axialen statischen Lagerbelastung F_{0a}**, dem **Radialfaktor X_0** und dem **Axialfaktor Y_0** berechnet werden:

Lernfeld 11

$P_0 = X_0 \cdot F_{0r} + Y_0 \cdot F_{0a}$ für $F_{0a} = 0$ ist $P_0 = F_{0r}$	P	F_r	F_a	X	Y
	N	N	N	1	1

Der Radialfaktor X_0, der Axialfaktor Y_0 und die statische Tragzahl C_0 können für die unterschiedlichen Wälzlager den Lagerkatalogen entnommen werden.

Die notwendige statische Tragsicherheit sollte je nach Anwendung zwischen 1 und 4 liegen.

Anwendungsbeispiel: Berechnung der Lebensdauer von Wälzlagern in einem Getriebe

Gegeben ist das in **Bild 1** dargestellte Stirnradgetriebe **11-01-10 (s. Lernsituation 3, Seite 183)**. Es soll überprüft werden, ob die Rillenkugellager ausreichend dimensioniert sind. Die linken Lager sind Festlager, die mit A und C, die rechten Lager sind Loslager, die mit B und D gekennzeichnet werden.

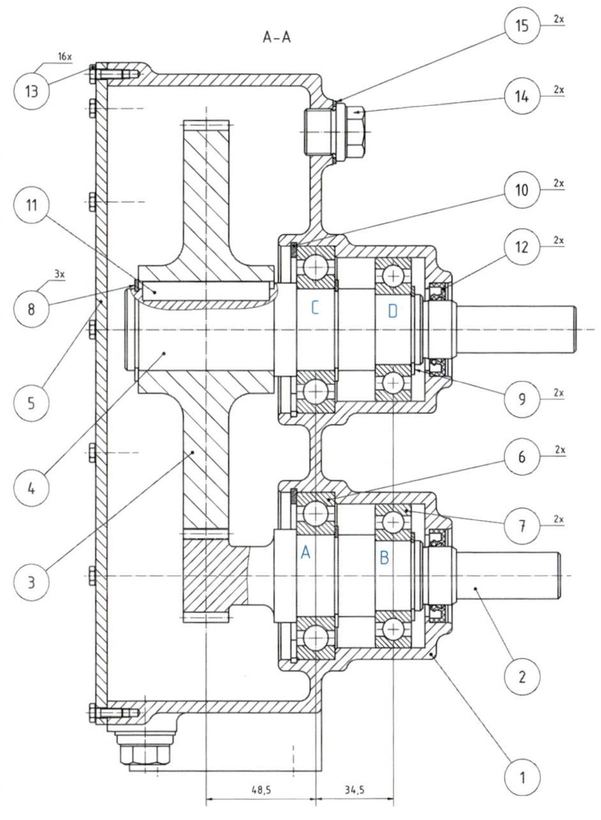

Pos.-Nr.	Stück	Benennung	Normblatt / Nummer	Werkstoff	Bemerkung / Rohteil
15	2	Dichtring 22	DIN7603	Cu	
14	2	Verschlußschraube M20x1,5	DIN 910	St	
13	16	Sechskantschraube M4x12	ISO 4017	8.8	
12	2	RWDR-AS-25x40x7	DIN 3760	NBR	
11	1	Paßfeder A10x8x56	DIN 6885		
10	2	Sicherungsring 72x2,5	DIN 472		
9	2	Sicherungsring 30x1,5	DIN 471		
8	3	Sicherungsring 35x1,5	DIN 471		
7	2	Rillenkugellager-6206	DIN 625		d=30, D=62, B=16
6	2	Rillenkugelllager-6207	DIN 625		d=35, D=72, B=17
5	1	Deckel	11-01-05	S235	
4	1	Abtriebswelle	11-01-04	42CrMo4	
3	1	Zahnrad	11-01-03	42CrMo4	z=88, m=2
2	1	Antriebswelle	11-01-02	42CrMo4	z=18, m=2
1	1	Gehäuse	11-01-01	EN-GJL-200	

Bild 1: Stirnradgetriebe 11-01-10 mit aufgesetzter Stückliste

Lernfeld 11

Das Getriebe soll von einem Elektromotor mit der Leistung $P_1 = 1{,}0$ kW und einer Drehzahl $n_1 = 1500$ 1/min angetrieben werden. Es kann von einem Wirkungsgrad $\eta = 1$ ausgegangen werden.

Zuerst werden die Zähnezahlen und das Zahnradmodul der Stückliste entnommen und alle weiteren benötigten Getriebedaten berechnet **(Kap. 11.2.4, Seite 194)**:

$$z_1 = 18,\ z_2 = 88,\ m = 2\text{ mm},\ \alpha = 20°,\ P_1 = 1000\text{ W},\ n_1 = 1500\text{ 1/min} = 25\text{ 1/s},\ \eta = 1$$

$$i = \frac{z_2}{z_1} = \frac{88}{18} = 4{,}889$$

$$d_1 = m \cdot z_1 = 2\text{ mm} \cdot 18 = 36\text{ mm}$$

$$d_2 = m \cdot z_2 = 2\text{ mm} \cdot 88 = 176\text{ mm}$$

$$i = \frac{n_1}{n_2} \Rightarrow n_2 = \frac{n_1}{i} = \frac{1500\,\frac{1}{\text{min}}}{4{,}889} = 306{,}82\,\frac{1}{\text{min}} = 5{,}114\,\frac{1}{\text{s}}$$

Das Drehmoment M_1 des Elektromotors und damit das Drehmoment M_1 des Antriebszahnrades können mithilfe der Leistung P_1 berechnet werden. Analog kann das Drehmoment M_2 des zweiten Zahnrades berechnet werden **(Kap. 11.2.2, Seite 187)**:

$$P_1 = 2 \cdot M_1 \cdot \pi \cdot n_1$$

$$\Rightarrow M_1 = \frac{P_1}{2 \cdot \pi \cdot n_1} = \frac{1000\text{ W}}{2 \cdot \pi \cdot 25\,\frac{1}{\text{s}}} = 6{,}366\text{ Nm}$$

$$\eta = 1 \Rightarrow P_1 = P_2 = 1000\text{ W}$$

$$P_2 = 2 \cdot M_2 \cdot \pi \cdot n_2$$

$$\Rightarrow M_2 = \frac{P_2}{2 \cdot \pi \cdot n_2} = \frac{1000\text{ W}}{2 \cdot \pi \cdot 5{,}114\,\frac{1}{\text{s}}} = 31{,}121\text{ Nm}$$

Zwischen den Zahnrädern ergeben sich daraus die folgenden Umfangskräfte F_u und Radialkräfte F_r (**Bild 1**):

$$F_{u1} = \frac{2 \cdot M_1}{d_1} = \frac{2 \cdot 6{,}366\text{ Nm}}{0{,}036\text{ m}} = 354\text{ N}$$

$$F_{r1} = F_{u1} \cdot \tan\alpha = 354\text{ N} \cdot \tan 20° = 129\text{ N}$$

$$F_{u2} = \frac{2 \cdot M_2}{d_2} = \frac{2 \cdot 31{,}121\text{ Nm}}{0{,}176\text{ m}} = 354\text{ N}$$

$$F_{r2} = F_{u2} \cdot \tan\alpha = 354\text{ N} \cdot \tan 20° = 129\text{ N}$$

Es ist also $F_{r1} = F_{r2}$ und $F_{u1} = F_{u2}$

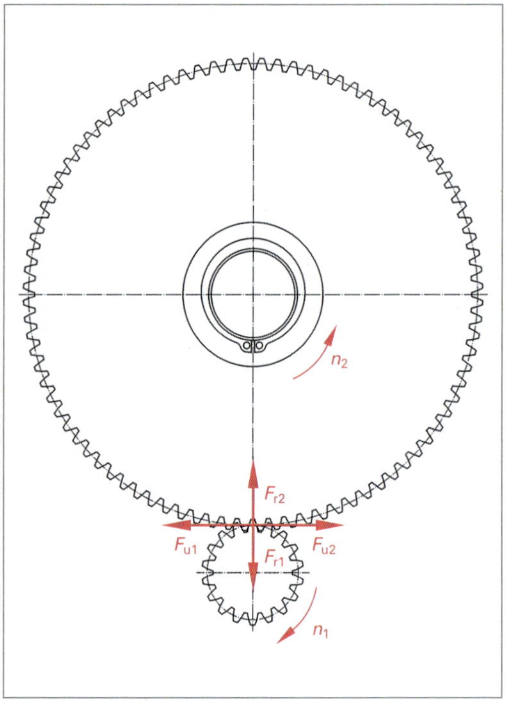

Bild 1: Zahnkräfte am Stirnradgetriebe

Diese Zahnkräfte wirken auf die Zahnräder und damit auf die Antriebs- und Abtriebswelle. Sie können unter Berücksichtigung der Drehrichtung in die Skizzen eingezeichnet werden **(Bild 1)**.

Diese Zahnkräfte erzeugen Lagerkräfte, die von den Rillenkugellagern aufgenommen werden müssen. Um diese Lagerkräfte berechnen zu können, werden Skizzen der Welle erstellt, in die alle Kräfte, die auf die Welle wirken, eingezeichnet werden.

Es werden drei normgerecht angeordnete Ansichten der Antriebswelle skizziert. In diese Skizzen werden die Zahnkräfte und die sich daraus ergebenden Lagerkräfte in den einzelnen Ebenen eingezeichnet. Für die anschließende Berechnung wird ebenfalls ein *x-y-z*-Koordinatensystem eingeführt **(Bild 1)**.

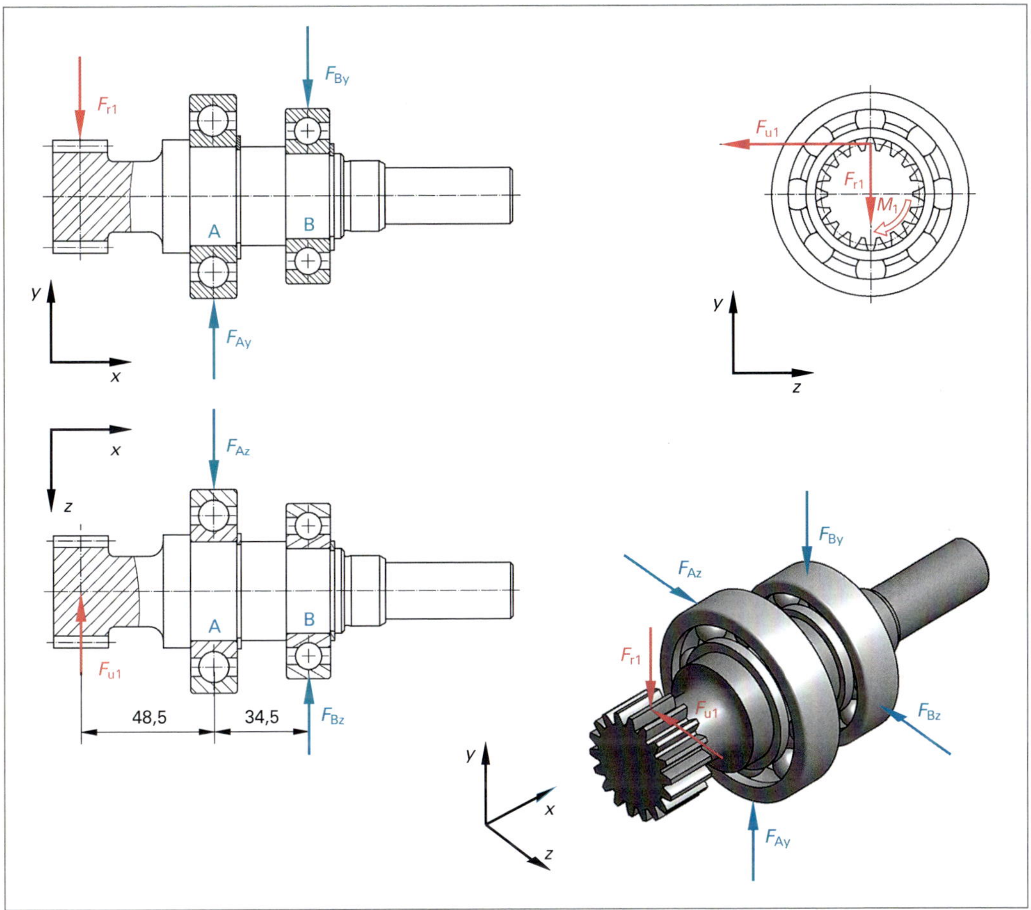

Bild 1: Kräfte an der Antriebswelle des Stirnradgetriebes 11-01-10

In **Bild 2** sind die Welle und die Lager vereinfacht dargestellt. Eine vereinfachte Skizze unter Verwendung von Statiksymbolen reicht aus, um die Berechnung der Lagerkräfte durchführen zu können.

Hier ist Lager A als Festlager und Lager B als Loslager dargestellt. Obwohl das Festlager A Kräfte in *x*-Richtung aufnehmen könnte, ist diese mögliche Lagerkraft nicht eingezeichnet, da auf die Welle keine Kräfte in *x*-Richtung wirken und dementsprechend auch keine Lagerkräfte in diese Richtung entstehen.

In jeder Ebene werden die Lagerkräfte mit der 1. und 2. Gleichung der Statik unabhängig voneinander berechnet.

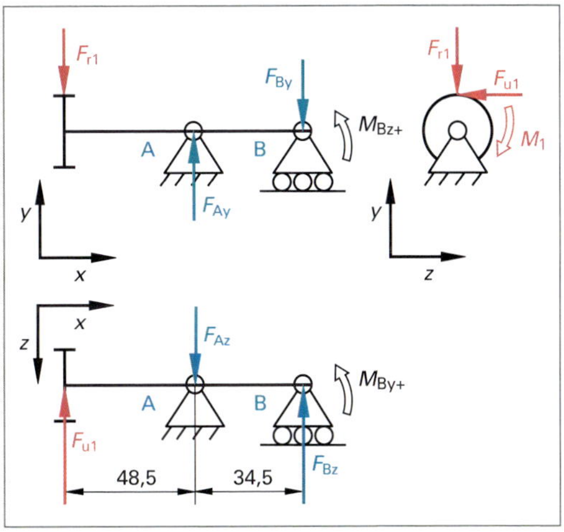

Bild 2: Skizze der Antriebswelle

In der *x*-*y*-Ebene:

$$\Sigma M_{Bz} = -F_{Ay} \cdot 34{,}5\ \text{mm} + F_{r1} \cdot 83\ \text{mm} = 0 \quad \Rightarrow \quad F_{Ay} = \frac{F_{r1} \cdot 83\ \text{mm}}{34{,}5\ \text{mm}} = 310\ \text{N}$$

$$\Sigma F_y = F_{Ay} - F_{By} - F_{r1} = 0 \quad \Rightarrow \quad F_{By} = F_{Ay} - F_{r1} = 181\ \text{N}$$

In der *x*-*z*-Ebene:

$$\Sigma M_{By} = +F_{Az} \cdot 34{,}5\ \text{mm} - F_{u1} \cdot 83\ \text{mm} = 0 \quad \Rightarrow \quad F_{Az} = \frac{F_{u1} \cdot 83\ \text{mm}}{34{,}5\ \text{mm}} = 852\ \text{N}$$

$$\Sigma F_z = F_{Az} - F_{Bz} - F_{u1} = 0 \quad \Rightarrow \quad F_{Bz} = F_{Az} - F_{u1} = 498\ \text{N}$$

Aus den so ermittelten Lagerkräften in *y*- und *z*-Richtung kann mithilfe des Satzes des Pythagoras die resultierende Lagerkraft für Lager A und Lager B berechnet werden **(Bild 1)**.

$$F_{Ar} = \sqrt{F_{Ay}^2 + F_{Az}^2} = 907\ \text{N}$$

$$F_{Br} = \sqrt{F_{By}^2 + F_{Bz}^2} = 530\ \text{N}$$

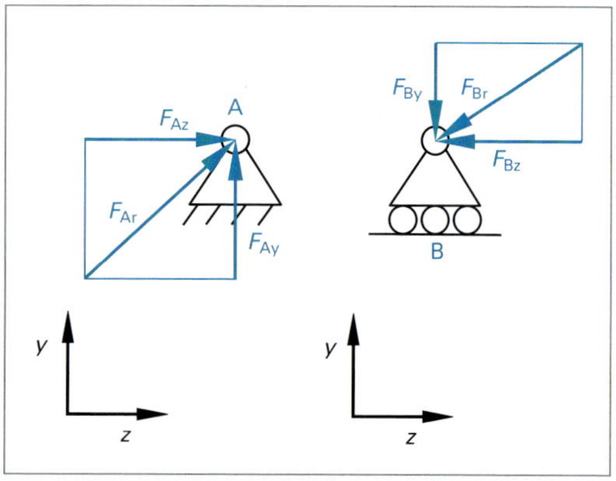

Bild 1: Resultierende Lagerkräfte F_{Ar} und F_{Br}

Diese resultierenden Lagerkräfte wirken auf die Rillenkugellager in radialer Richtung, eine axiale Lagerkraft F_{ax} in *x*-Richtung existiert nicht.

Lebensdauerberechnung für Lager A:

- Dynamische Tragzahl C = 25500 N für Rillenkugellager 6207, aus FAG Lagerkatalog
- Dynamisch äquivalente Lagerbelastung $P = F_r = 907$ N, da keine axiale Belastung vorliegt
- Lebensdauerexponent $p = 3$, da Kugellager
- Drehzahl $n = n_1 = 1\,500$ 1/min
- Nominelle Lebensdauer des Lagers A:

$$L_{10hA} = \frac{16666}{n} \cdot \left(\frac{C}{P}\right)^p = \frac{16666}{1500\ \frac{1}{\text{min}}} \cdot \left(\frac{25500\ \text{N}}{907\ \text{N}}\right)^3 = 246\,910\ \text{h}$$

Lebensdauerberechnung für Lager B:

- Dynamische Tragzahl C = 19300 N für Rillenkugellager 6206, aus FAG Lagerkatalog
- Dynamisch äquivalente Lagerbelastung $P = F_r = 530$ N, da keine axiale Belastung vorliegt
- Lebensdauerexponent $p = 3$, da Kugellager
- Drehzahl $n = n_1 = 1500$ 1/min
- Nominelle Lebensdauer des Lagers B:

$$L_{10hB} = \frac{16666}{n} \cdot \left(\frac{C}{P}\right)^p = \frac{16666}{1500\ \frac{1}{\text{min}}} \cdot \left(\frac{19300\ \text{N}}{530\ \text{N}}\right)^3 = 536\,518\ \text{h}$$

Beide Lager sind also mehr als ausreichend dimensioniert, da die nominelle Lebensdauer größer als 60000 h ist. Die Berechnungen für Lager C und D können entsprechend durchgeführt werden.

AUFGABEN | WIEDERHOLUNG UND VERTIEFUNG

1. Ein Köper aus Polyamid wird mit 500 N gegen eine trockene Stahlschiene gedrückt. Berechnen Sie die Haft- und Gleitreibung.
2. Berechnen Sie die Haft- und Gleitreibung eines Quaders mit den Abmessungen 30 mm × 50 mm × 80 mm aus S235JR, der ohne Schmierung auf einem Stahlblech liegt. Berücksichtigen Sie nur die Gewichtskraft des Quaders. Berechnen Sie die Haft- und Gleitreibung, wenn der Quader geschmiert wird.
3. Erläutern Sie den Unterschied zwischen Gleit- und Rollreibung. Wodurch entsteht bei Rollreibung die Reibungskraft? Warum herrscht in einem Kugellager Wälzreibung und nicht Roll- oder Gleitreibung?
4. Erläutern Sie, wie ein Gleitlager bei einer Bewegung aus dem Stillstand von Festkörperreibung zu Mischreibung und Flüssigkeitsreibung übergeht.
5. Warum können Rollen bei ansonsten gleichen Abmessungen größere Kräfte übertragen als Kugeln?
6. Benennen Sie die Bauteile, aus denen die Ölversorgung eines hydrodynamischen Gleitlagers besteht.
7. Benennen Sie die in **Bild 1** dargestellten Lager und geben Sie bei den Radiallagern an, ob sie als Festlager eingesetzt werden könnten.
8. Skizzieren Sie ein Zylinderrollenlager der Form N, NU und NUP. Geben Sie an, welches dieser Lager als Festlager eingesetzt werden könnte.
9. Erläutern Sie die Bezeichnung Rillenkugellager DIN 625 – 6011-2RS. Geben Sie auch *d*, *D* und *B* für dieses Lager an.
10. Ermitteln Sie im Internet oder in einem Lagerkatalog für ein Rillenkugellager DIN 625 – 6005 die Abmessungen *d*, *D* und *B* und die Grenzdrehzahl. Bestimmen Sie für dasselbe Rillenkugellager die Grenzdrehzahl, wenn es mit 2 Dicht- oder 2 Deckscheiben eingesetzt wird.
11. In einer Lagerung wird ein Rillenkugellager DIN 625 – 6312 als Festlager eingesetzt. Dieses Lager soll durch ein Wälzlager mit einer größeren Tragfähigkeit ersetzt werden, ohne den Lagersitz auf der Welle bzw. im Gehäuse zu verändern. Suchen Sie im Internet oder in einem Lagerkatalog geeignete Wälzlager mit den gleichen Abmessungen heraus und bestimmen Sie, wie sich deren dynamische Tragzahl im Vergleich zum Rillenkugellager verändert. Ermitteln Sie ebenfalls die Grenzdrehzahl für diese Lager. Interpretieren Sie Ihre Ergebnisse.

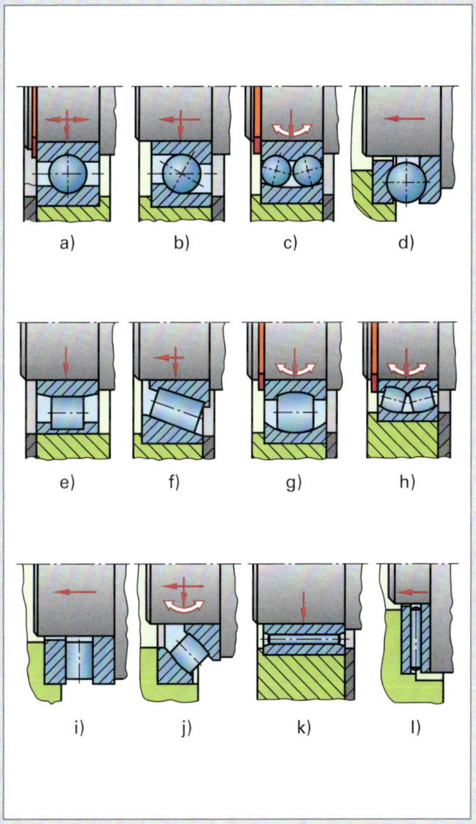

Bild 1: Wälzlagerarten

12. Warum muss der Lagerring eines Wälzlagers, der mit Umfangslast belastet wird, eine feste Passung erhalten?
13. Beschreiben Sie, wie ein Lager montiert werden kann, das am Innenring eine feste Passung hat.

14. Welche Aufgabe hat das Fest- bzw. das Loslager?

15. Wie ändert sich bei einer angestellten Lagerung in X-Anordnung das Lagerspiel bei einer Erwärmung der Welle?

16. Wie ändert sich bei einer angestellten Lagerung in O-Anordnung das Lagerspiel bei einer Erwärmung der Welle, wenn die Welle sehr lang ist?

17. Analysieren Sie die im digitalen Zusatzmaterial **(Zeichnung 11-00-171 bis -177)** enthaltenen Lagerbeispiele 1 bis 7 und bearbeiten Sie jeweils die folgenden Aufgaben:

a) Benennen Sie die Bauteile, die Wälzlager und die Lageranordnung.

b) Beschreiben Sie, welches Lager jeweils die Kraft aufnimmt, wenn die Welle nach links/rechts oder nach oben/unten gedrückt wird.

c) Ermitteln Sie für die jeweiligen Lager, ob die Kraft ortsfest ist oder umläuft und ob sich der Innenring dreht oder nicht dreht.

d) Stellen Sie fest, welcher Lagerring mit Punkt- oder Umfangslast belastet wird, und bestimmen Sie für jedes Lager eine Toleranz, mit der der Lagersitz auf der Welle bzw. im Gehäuse toleriert werden kann.

e) Beschreiben Sie, wie die Lager montiert werden und wie eventuell das Lagerspiel eingestellt wird.

18. Bilden Sie zeichnerisch die resultierende Kraft F_{res} der im Bild dargestellten Kräftepaare a) bis e). Bestimmen Sie zeichnerisch die Größe der resultierenden Kraft F_{res} in Newton und den Winkel α_{res} zur Waagerechten. (Nutzen Sie **Zeichnung 11-00-181.)**

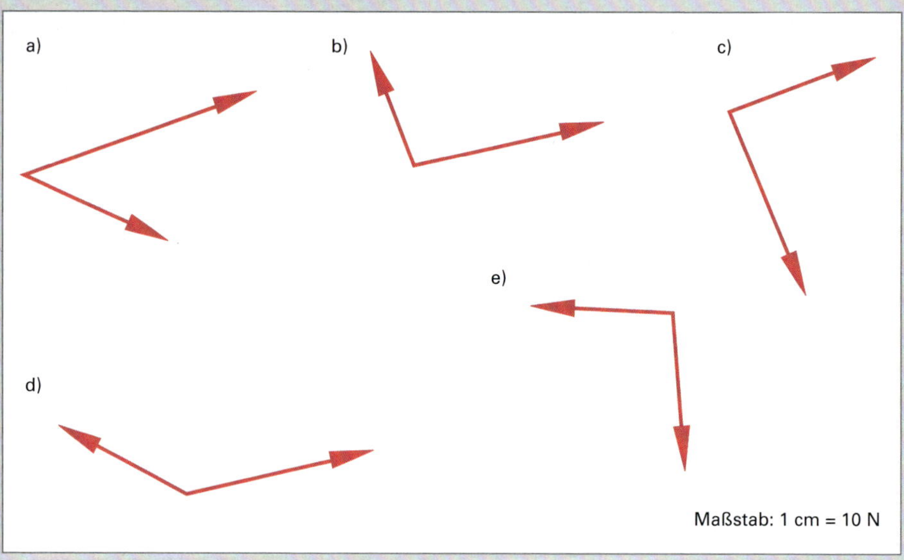

19. Bilden Sie zeichnerisch und rechnerisch die Resultierende F_{res} der folgende Kräfte F_1 und F_2. Bestimmen Sie die Größe der resultierenden Kraft F_{res} und den Winkel α_{res} zur Waagerechten. Wählen Sie für die zeichnerische Lösung einen geeigneten Kräftemaßstab.

a) $F_{x1} = 10$ N, $F_{y1} = 5$ N und $F_{x2} = 15$ N, $F_{y2} = 15$ N

b) $F_1 = 10$ N, $\alpha_1 = 30°$ und $F_2 = 20$ N, $\alpha_2 = 60°$

c) $F_{x1} = 5$ N, $F_{y1} = -5$ N und $F_{x2} = 15$ N, $F_{y2} = 5$ N

d) $F_1 = 10$ N, $\alpha_1 = 60°$ und $F_2 = 20$ N, $\alpha_2 = 90°$

e) $F_1 = 10$ N, $\alpha_1 = 120°$ und $F_2 = 20$ N, $\alpha_2 = 150°$

f) $F_{x1} = -10$ N, $F_{y1} = -5$ N und $F_2 = 20$ N, $\alpha_2 = 315°$

20. Bilden Sie zeichnerisch und rechnerisch die Resultierende F_{res} der folgenden Kräfte F_1, F_2 und F_3. Bestimmen Sie die Größe der resultierenden Kraft F_{res} und den Winkel α_{res} zur Waagerechten. Wählen Sie für die zeichnerische Lösung einen geeigneten Kräftemaßstab.

a) F_{x1} = 15 N, F_{y1} = 10 N, F_{x2} = 5 N, F_{y2} = 15 N, F_{x3} = –5 N, F_{y3} = 10 N

b) F_1 = 20 N, α_1 = 20°, F_2 = 50 N, α_2 = 80°, F_3 = 40 N, α_3 = 50°

c) F_1 = 50 N, α_1 = 10°, F_2 = 200 N, α_2 = 120°, F_3 = 60 N, α_3 = 90°

d) F_1 = 60 N, α_1 = 0°, F_2 = 90 N, α_2 = 90°, F_3 = 60 N, α_3 = 180°

e) F_1 = 10 N, α_1 = 60°, F_2 = 10 N, α_2 = 120°, F_3 = 10 N, α_3 = 180°

21. Ein Bogenschütze zieht mit der Kraft F = 100 N die Sehne des Bogens so weit zurück, dass ihre beiden Hälften den Winkel β = 120° miteinander bilden. Wie groß ist die Kraft F_S in der Sehne? (Gewichtskräfte können vernachlässigt werden)

a) Skizzieren Sie den Bogenschützen mit dem Bogen und der Sehne.

b) Skizzieren Sie nur den Bogen und zeichnen Sie die Kräfte ein, die auf den Bogen wirken.

c) Skizzieren Sie nur die Sehne und die Kräfte, die auf die Sehne wirken.

d) Skizieren Sie nur den Bogenschützen und die Kräfte, die auf ihn wirken.

e) Zeichnen Sie anschließend alle Kräfte in die Skizze des Bogenschützen mit Bogen und Sehne ein.

f) Berechnen Sie die Kraft F_S in der Sehne.

22. Ein 4 m langer Balken mit der Gewichtskraft F_G = 500 N hängt an einem 6 m langen Seil, das beiderseits an den Enden des Balkens befestigt ist und in der Mitte von einem Kranhaken getragen wird.

a) Berechnen Sie die Kraft im Seil F_S.

b) Berechnen Sie die Kraft F_K, die der Kranhaken aufnehmen muss.

23. Ein Auto mit der Masse m = 1 500 kg steht ungebremst auf einer Straße mit dem Winkel δ = 20° zur Waagerechten.

a) Berechnen Sie die Kraft F_N (Normalkraft), die von den Rädern auf die Straße wirkt. Die Normalkraft ist die Kraft, die senkrecht zur Straßenoberfläche wirkt.

b) Berechnen Sie die Hangabtriebskraft F_H.

c) Berechnen Sie die Beschleunigung a, die der Wagen erfährt.

d) Berechnen Sie die Steigung der Straße in %.

24. Berechnen Sie die Lagerkräfte F_A und F_B der folgenden mit Kräften belasteten Wellen a) bis f). Erstellen Sie zuerst eine Skizze, in die Sie die auf die Welle wirkenden Kräfte und die sich daraus ergebenden Lagerkräfte mit angenommenen Richtungen einzeichnen. Anschließend berechnen Sie die Kräfte F_{Ax}, F_{Ay}, F_A, F_{Bx}, F_{By} und F_B.

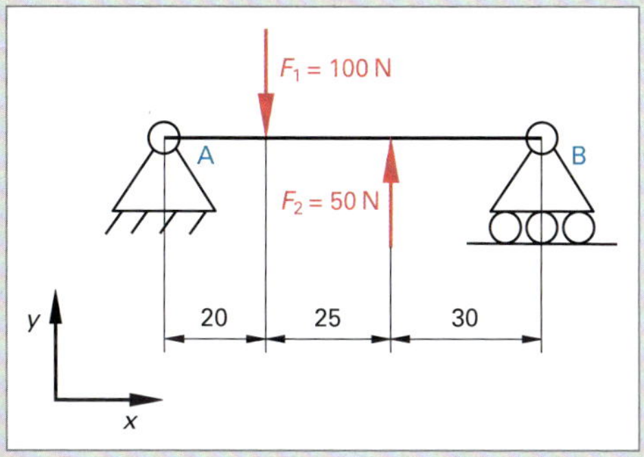

Skizze einer Welle, a)

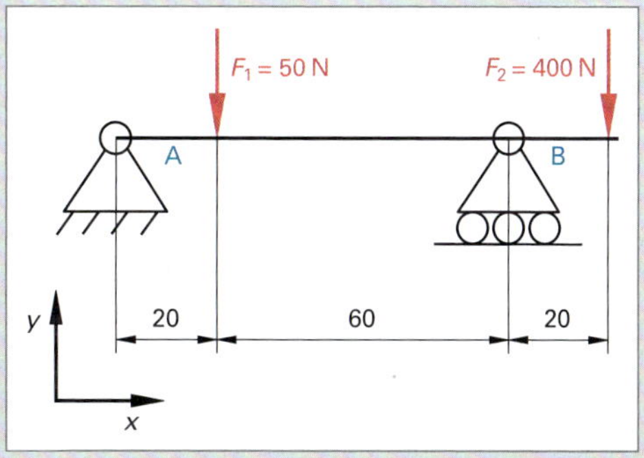

b)

Lernfeld 11

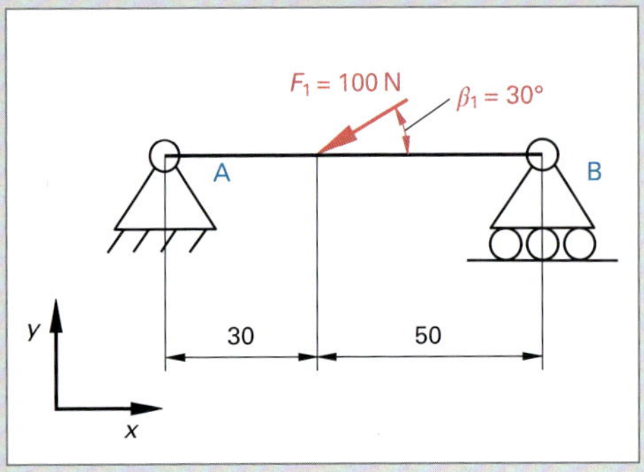

c)

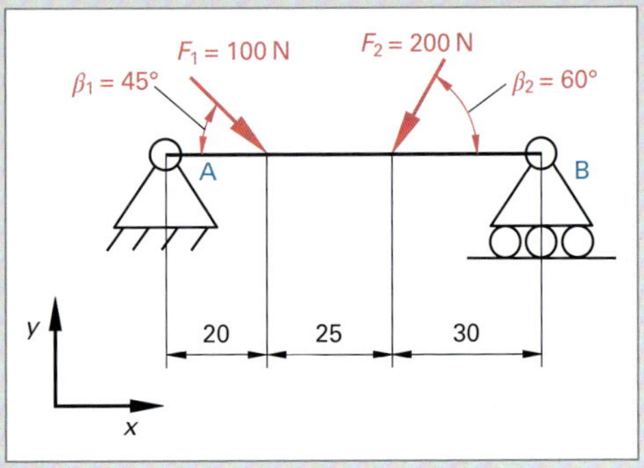

d)

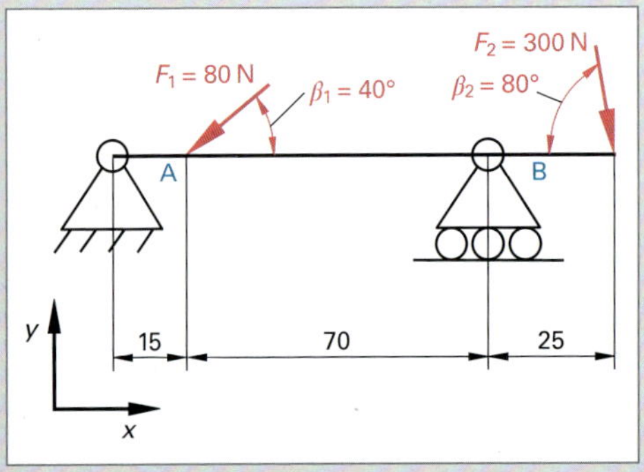

e)

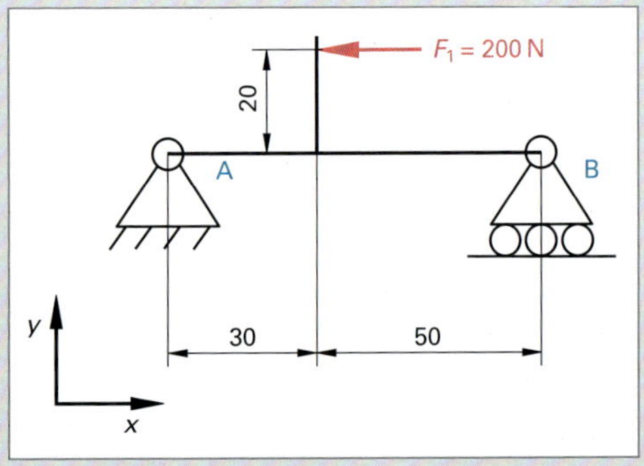

f)

25. Berechnen Sie die Hebelkraft F_2 und die Lagerkraft F_A der folgenden mit Kräften belasteten Hebel a) und b). Erstellen Sie zuerst eine Skizze, in die Sie die auf die Hebel wirkenden Kräfte und die sich daraus ergebende Lagerkraft mit angenommenen Richtungen einzeichnen. Anschließend berechnen Sie die Kräfte F_{2x}, F_{2y}, F_2, F_{Ax}, F_{Ay} und F_A.

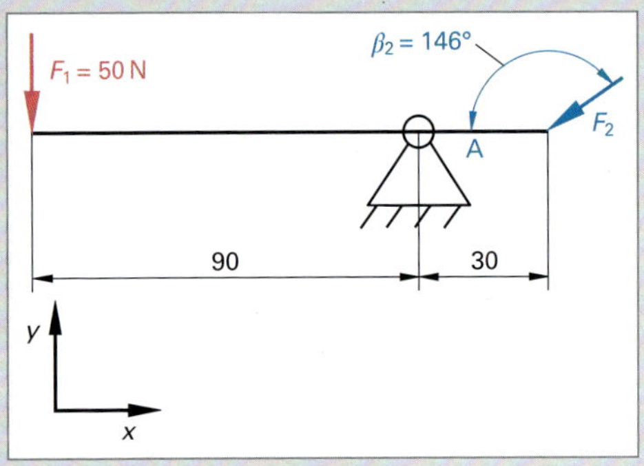

Skizze eines Hebels, a)

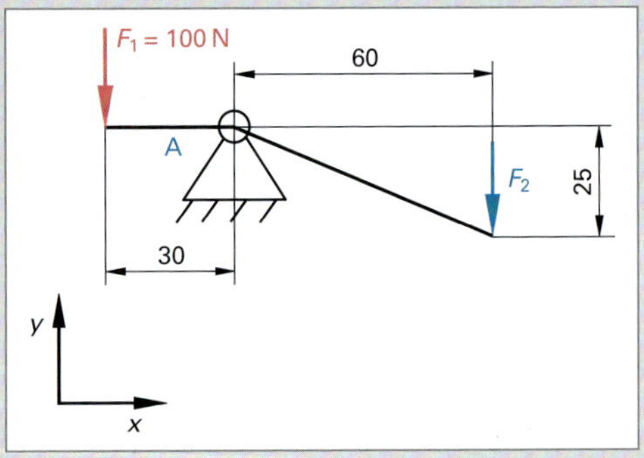

b)

26. Bestimmen Sie mithilfe eines Lagerkatalogs oder des Internets die dynamische Tragzahl eines Rillenkugellagers DIN 625-6211. Berechnen Sie die nominelle Lebensdauer in Stunden dieses Lagers, wenn die Drehzahl 1800 1/min und die radiale Lagerkraft 10000 N beträgt.

27. Ersetzen Sie das Lager aus Aufgabe 26 durch ein Zylinderrollenlager mit den gleichen Abmessungen. Berechnen Sie die nominelle Lebensdauer dieses Lagers für die gleiche Belastung.

11.4 | KUPPLUNGEN

Die Aufgabe von Kupplungen ist es, Antriebe wie z. B. Elektromotoren mit Getrieben und diese wiederum mit den anzutreibenden Maschinen zu verbinden **(Bild 1)**. Kupplungen werden in der Regel nicht selbst konstruiert, sondern als Kaufteile in die Konstruktion integriert. Es existieren verschieden Arten von Kupplungen, um die unterschiedlichen Anforderungen und Randbedingungen erfüllen zu können. Die Aufgabe des Konstrukteurs ist es, diese Anforderungen festzulegen und eine entsprechende Kupplung auszuwählen und in seine Konstruktion zu integrieren.

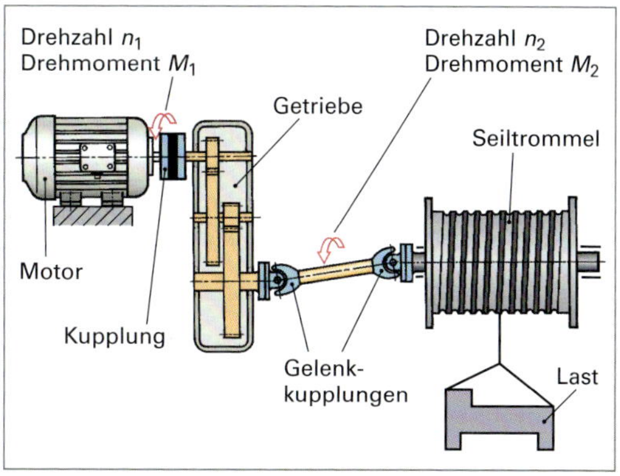

Bild 1: Einsatz von Kupplungen

Kupplungen werden vom Konstrukteur als Kaufteile entsprechend den Anforderungen ausgewählt und in die Konstruktion integriert.

Entsprechend den unterschiedlichen Anforderungen sind unterschiedliche Bauarten von Kupplungen entwickelt worden. Kupplungen können in schaltbare, nicht schalbare und Kupplungen für Sonderzwecke unterteilt werden **(Bild 2)**.

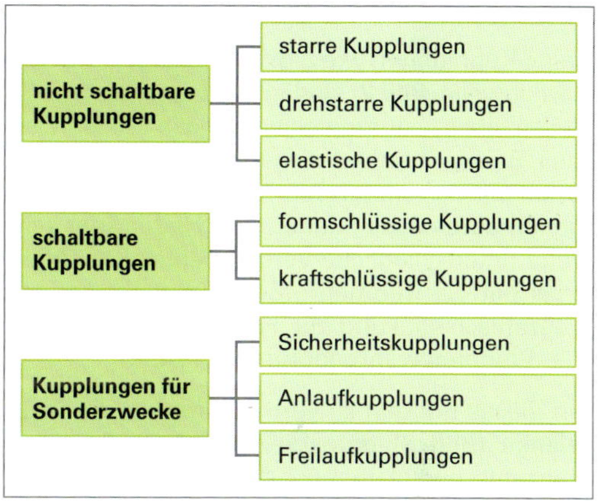

Bild 2: Bauarten von Kupplungen

11.4.1 | NICHT SCHALTBARE KUPPLUNGEN

Prinzipiell verbindet eine Kupplung zwei Wellen miteinander und überträgt dadurch die Drehzahl und das Drehmoment. Die einfachsten Kupplungen sind nicht schaltbare Kupplungen, die zwei Wellen starr miteinander verbinden.

Man könnte einfach beide Wellenenden mit einem flanschartigen Absatz versehen und diese miteinander verschrauben. Allerdings hätte das den Nachteil, dass der Flansch einen wesentlich größeren Durchmesser als die Welle hat und die Fertigung der Welle deutlich verteuert werden würde, da bei ihrer Herstellung ein Rundstab mit dem Durchmesser des Flansches auf den Durchmesser der Welle abgedreht werden müsste. Dieses wird durch die Verwendung z. B. einer **Scheibenkupplung** **(Bild 3)** vermieden.

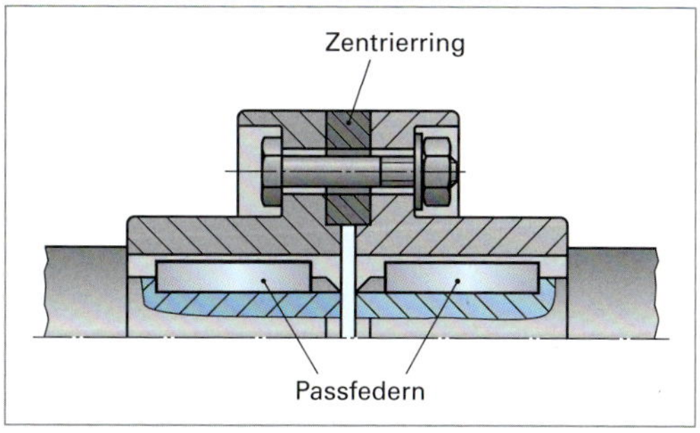

Bild 3: Scheibenkupplung

Diese Arten von Kupplungen verbinden die Wellenenden starr miteinander und sind nicht in der Lage, einen Versatz der Wellen zueinander auszugleichen. Sie können also nur eingesetzt werden, wenn in der Konstruktion gewährleistet ist, dass die Wellen sehr genau zueinander ausgerichtet sind. Dies muss entweder durch die Gestaltung der beiden zu verbindenden Maschinen oder bei der Montage durch aufwendiges Ausrichten mit z. B. Passscheiben, die unter die Maschinenfüße gelegt werden, erzeugt werden. Für die Verbindung zwischen den Wellen und den Kupplungen können alle Arten von

Welle-Naben-Verbindungen **(Kap. 9.5, Seite 30)** verwendet werden.

Um das aufwendige Ausrichten zu vermeiden, sind nicht schaltbare Kupplungen entwickelt worden, die einen axialen, radialen oder einen Winkelversatz der Wellenenden zueinander ausgleichen können. Zur Auswahl der geeigneten Kupplung muss der Konstrukteur das zu übertragende Drehmoment, die Drehzahl und den genauen Bereich des möglichen Versatzes kennen **(Bild 1)**.

Ausschlaggebend für die **Auswahl einer Kupplung** sind das zu übertragende Drehmoment, die Drehzahl und der Bereich des möglichen axialen, radialen und Winkelversatzes.

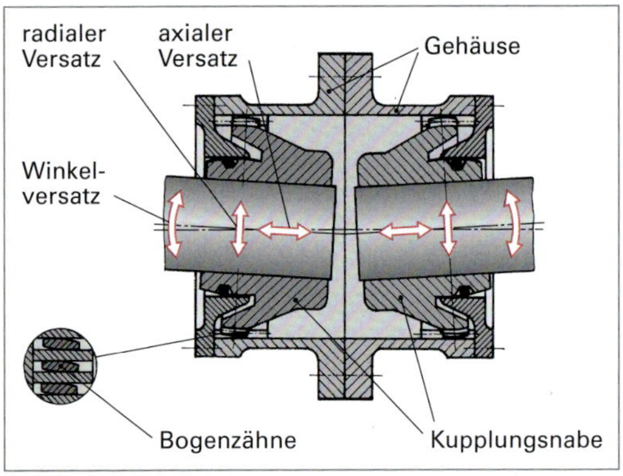

Bild 1: Wellenversatz am Beispiel einer Bogenzahnkupplung

Einige Kupplungen wie z. B. die **Kreuzgelenkwelle** (Kardanwelle, **Bild 2**) sind in der Lage, sehr große Wellenversatze auszugleichen. Diese Wellen werden z. B. unter Lastkraftwagen verwendet, um den Motor mit den Hinterrädern zu verbinden. Dabei können durch das Einfedern der Hinterräder sehr große unterschiedliche Versatze entstehen. Allerdings hat die Geometrie des Kreuzgelenks eine Drehzahlschwankung zur Folge, die als Ruckeln oder Vibrieren wahrgenommen wird.

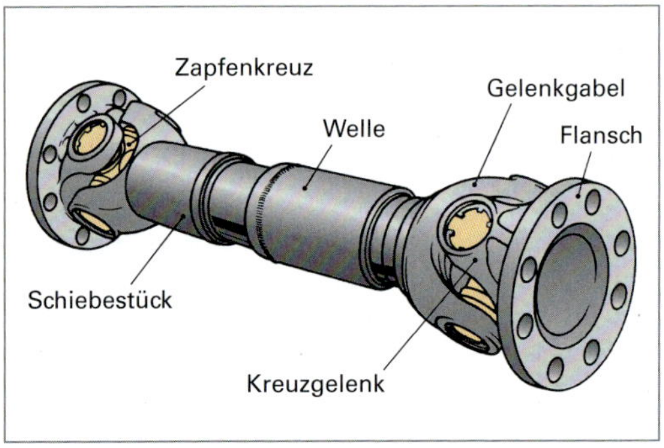

Bild 2: Kreuzgelenkwelle (Kardanwelle)

Um dieses Ruckeln zu vermeiden, sind die **Topfgelenke (Bild 3)** entwickelt worden, die keine Drehzahlschwankungen erzeugen und deshalb auch **Gleichlaufgelenke** genannt werden. Die Topfgelenke werden z. B. bei Fahrzeugen mit Vorderradantrieb verwendet, bei denen sie nicht nur das Einfedern, sondern auch die Schiefstellung der gelenkten Räder ausgleichen können, ohne Drehzahlschwankungen zu erzeugen.

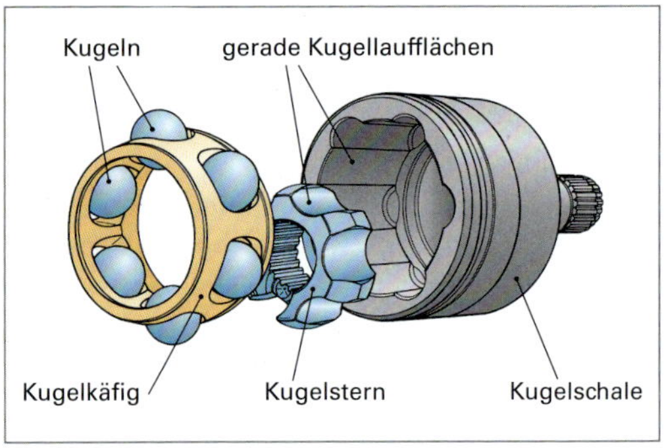

Bild 3: Topfgelenk

Zu den elastischen Kupplungen gehören die **Metallbalgkupplungen (Bild 4)**. Diese Kupplungen werden häufig bei geringem axialem, radialem oder Winkelversatz eingesetzt. Der Vorteil von Metallbalgkupplungen besteht darin, dass sie keine Gleichlaufschwankungen erzeugen, dabei sehr robust und einfach herzustellen sind. Sie können in einem großen Drehzahl- und Drehmomentbereich eingesetzt werden und gewährleisten eine spielfreie Drehmomentübertragung. Sie können aber nur, je nach Größe und Bauform, einen axialen Versatz von ca. 3 mm, einen radialen Versatz von ca. 0,25 mm und einen Winkelversatz von ca. 1° ausgleichen.

Zusätzlich unterscheidet man zwischen drehstarren und drehelastischen Kupplungen.

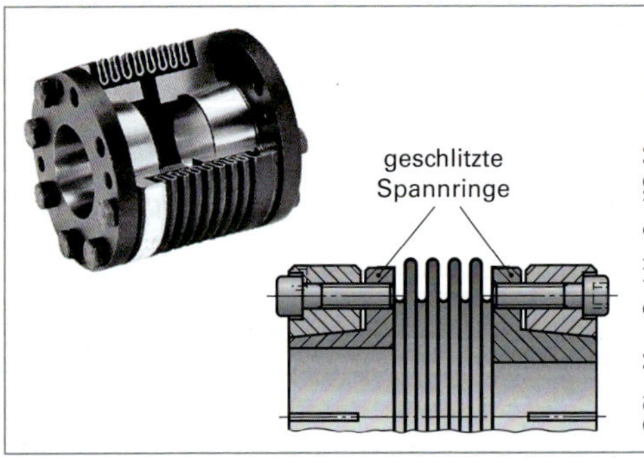

© Chr. Mayr GmbH + Co. KG, Mauerstetten

Bild 4: Metallbalgkupplung

Drehstarre Kupplungen können zwar einen Versatz der Wellenenden ausgleichen, erlauben aber keine Verdrehung der Wellen zueinander.

Drehelastische Kupplungen (Bild 1) besitzen eine definierte Drehsteifigkeit und ermöglichen daher ein Verdrehen der Wellen zueinander. Die Drehsteifigkeit wird in Nm/rad angegeben und ist ein Maß für die Verdrehung in Abhängigkeit von dem aufgebrachten Drehmoment.

Diese elastische Verdrehung wird benötigt, um Stöße beim Anfahren der Maschinen zu verringern und um Drehschwingungen, die z. B. in Kettentrieben durch den Polygon-Effekt entstehen, zu verringern.

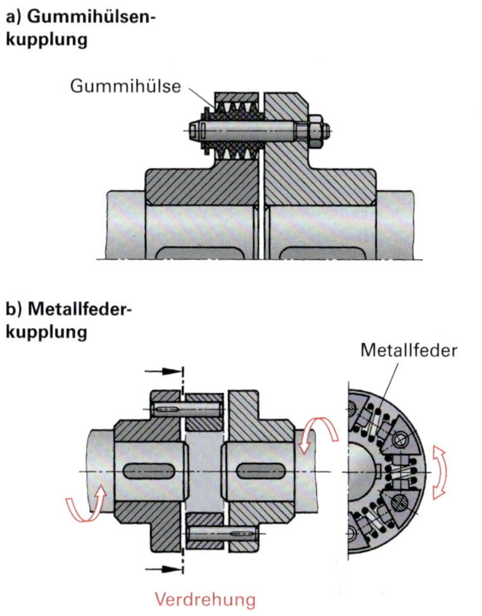

Bild 1: Drehelastische Kupplungen

Zur **Auswahl von drehelastischen Kupplungen** müssen das zu übertragende Drehmoment, die Drehzahl, der Bereich des möglichen axialen, radialen und Winkelversatzes, die benötigte Drehsteifigkeit und eventuell die Dämpfungscharakteristik definiert werden.

11.4.2 | SCHALTBARE KUPPLUNGEN

Schaltbare Kupplungen werden verwendet, wenn die Verbindung der beiden Wellenenden zeitweise unterbrochen werden soll. Wenn nur im Stillstand der Wellen geschaltet werden muss, können **formschlüssige Schaltkupplungen** verwendet werden. Sollen sich unterschiedlich schnell drehende Wellen miteinander verbunden werden, müssen **kraftschlüssige Schaltkupplungen** verwendet werden.

Zu den einfachen formschlüssigen Schaltkupplungen gehören die **Klauenkupplungen** (Bild 2). Diese Kupplungen können nicht geschaltet werden, wenn sich eine der Wellen dreht, während die andere stillsteht. Nur wenn beide Wellen stillstehen oder sich genau gleich schnell drehen, also synchron laufen, kann geschaltet werden.

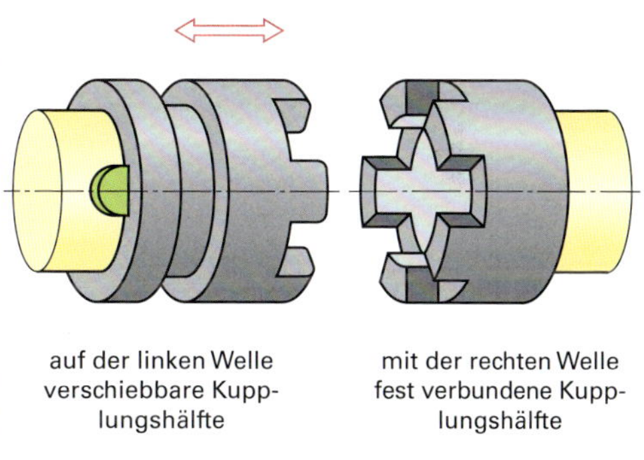

Bild 2: Klauenkupplung

Formschlüssige Kupplungen können nur im Stillstand oder im Synchronlauf geschaltet werden.

Bei **kraftschlüssigen Kupplungen**, z. B. der **Einscheibenkupplung** (Bild 1, Seite 262), erfolgt die Drehmomentübertragung von einer Welle auf die andere durch Reibungskräfte. Deswegen können diese Kupplungen bei sich unterschiedlich schnell drehenden Wellen geschaltet werden.

Die in Bild 1, Seite 262, dargestellte Kupplung verbindet die Kurbelwelle eines Antriebsmotors mit der Getriebeantriebswelle. Alle gelb dargestellten Bauteile drehen sich mit der Getriebeantriebswelle, während alle grün dargestellten Bauteile und das Schwungrad sich mit der Kurbelwelle drehen.

Die Kupplung in **Bild 1** ist im ausgeschalteten, also im ausgekuppelten Zustand dargestellt. Wenn eingekuppelt werden soll, wird die Ausrückgabel nach rechts bewegt. Durch die Membranfeder wird dann die Kupplungsdruckplatte gegen die Kupplungsbeläge und diese gegen das Schwungrad gedrückt.

Zwischen den Kupplungsbelägen und der Kupplungsdruckplatte bzw. dem Schwungrad entsteht Gleitreibung, und der Drehzahlunterschied zwischen diesen Bauteilen verringert sich, bis sich alle Bauteile gleich schnell drehen und nur noch Haftreibung existiert. Dann ist die Kupplung eingeschaltet (eingekuppelt), und das Drehmoment wird kraftschlüssig von der Kurbelwelle auf die Getriebeantriebswelle übertragen.

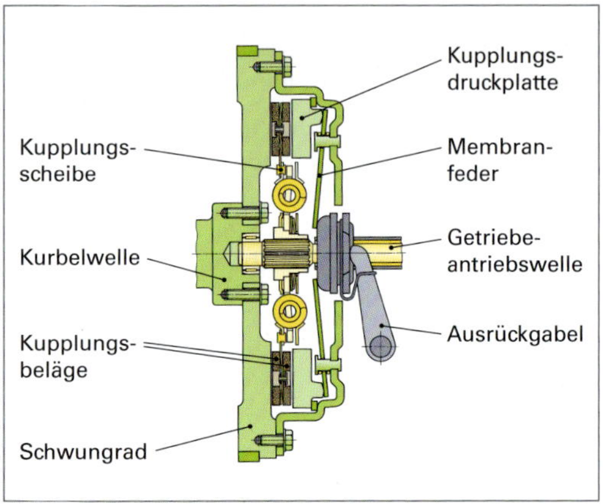

Bild 1: Einscheibenkupplung

Die **Lamellenkupplung (Bild 2)** ist ein weiteres Beispiel für eine **kraftschlüssige Kupplung**. Sie funktioniert ähnlich wie die Einscheibenkupplung, nur dass bei ihr mehrere Innen- bzw. Außenlamellen als Kupplungsscheiben dienen, wodurch größere Reibungskräfte und damit größere Drehmomente übertragen werden können.

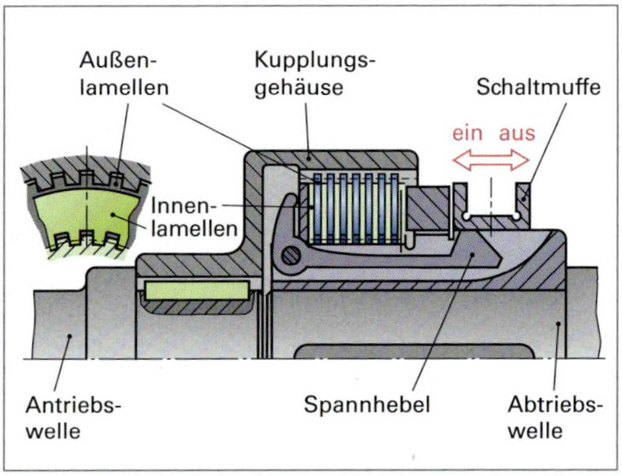

Bild 2: Lamellenkupplung

Kraftschlüssige Kupplungen können sowohl im Stillstand als auch bei sich unterschiedlich schnell drehenden Wellen geschaltet werden. Der Drehzahlunterschied wird mithilfe von Reibungskräften ausgeglichen.

11.4.3 | KUPPLUNGEN FÜR SONDERZWECKE

Kupplungen können neben der Übertragung von Drehmomenten weitere Funktionen erfüllen.

Ein Beispiel für Kupplungen mit Sonderzwecken sind **Sicherheitskupplungen**. Sie verhindern, dass die verbundenen Maschinen einem zu großen Drehmoment ausgesetzt werden, wodurch sie beschädigt werden könnten.

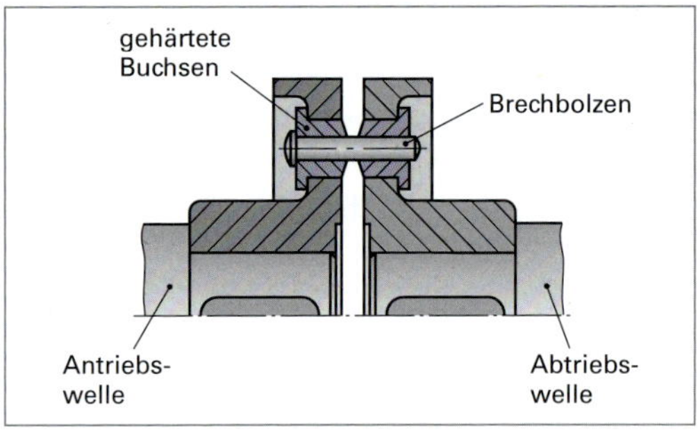

Bild 3: Brechbolzenkupplung

Diese Sicherheitskupplungen werden z.B. in Fräsmaschinen eingesetzt. Wenn wegen eines Bedienungsfehler der Fräskopf im Eilgang ins Material fährt, könnten dabei sehr teure Bauteile der Fräsmaschinen beschädigt werden. Um dies zu verhindern, ist der Antrieb der Fräsmaschine mit einer Sicherheitskupplung versehen, die die Verbindung zwischen dem Antriebsmotor und dem Getriebe trennt, wenn die Kräfte zu groß werden.

Es gibt **formschlüssige Sicherheitskupplungen,** z.B. die **Brechbolzenkupplung (Bild 3)**, die Sollbruchstellen haben. Bei Überlast, also bei einem zu großen Drehmoment, bricht der Brechbolzen, und die Verbindung wird getrennt. Der Brechbolzen ist ein sehr kostengünstiges Bauteil und kann leicht ersetzt werden.

Zu den **kraftschlüssigen Sicherheitskupplungen** gehört die **Rutschkupplung** (Bild 1). Sie funktioniert ähnlich wie die Einscheibenkupplung. Wenn das zu übertragende Drehmoment zu groß wird, rutscht der Reibbelag durch und die Kupplung verhindert, dass zu große Drehmomente übertragen werden. Das Drehmoment, ab dem diese Kupplung durchrutscht, kann über die Anpressfeder eingestellt werden. Die Kupplung wird beim Durchrutschen nicht beschädigt und der Betrieb kann anschließend ununterbrochen fortgesetzt werden.

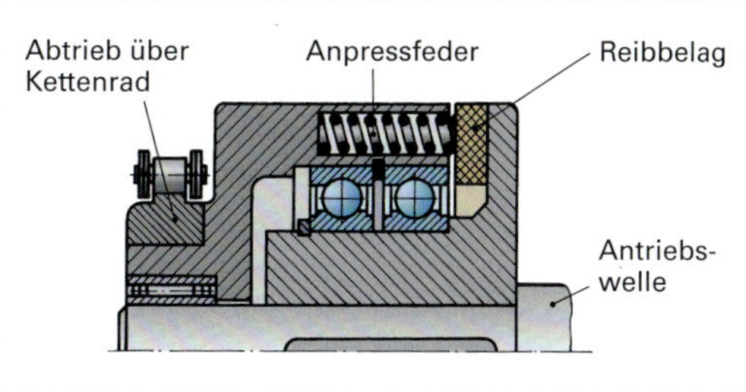

Bild 1: Rutschkupplung

Anlaufkupplungen schalten erst ab einer bestimmten Drehzahl ein. Sie werden verwendet, wenn die Antriebsmaschine zuerst ohne Last anfahren und erst ab einer bestimmten Drehzahl eine Verbindung zur angetriebenen Maschine hergestellt werden soll. Sie werden z. B. bei Rollern verwendet. Bei ihr kann der Motor angeworfen werden, ohne dass eine Verbindung zum Antriebsrad besteht. Wenn man „Gas" gibt, erhöht der Motor seine Drehzahl und die Anlaufkupplung kuppelt automatisch ein. Als Anlaufkupplung werden z. B. **Fliehkraftkupplungen** eingesetzt. Durch die Fliehkraft wird ein Reibbelag nach außen gegen das Kupplungsgehäuse gedrückt. Ab einer bestimmten Drehzahl ist die Fliehkraft so groß, dass eine kraftschlüssige Verbindung entsteht und das Drehmoment übertragen wird. Anlaufkupplungen werden auch in Verbindung mit Elektromotoren verwendet, um das Anlaufdrehmoment und damit den Anlaufstrom des Elektromotors zu begrenzen.

Freilaufkupplungen werden verwendet, um das Drehmoment nur in eine Richtung zu übertragen. Eine Anwendung, die jeder kennt, ist der Freilauf bei einem Fahrrad. Wenn sich das von der Kette angetriebene Hinterrad schneller als die Pedale dreht, wird über die Freilaufkupplung die Verbindung getrennt und die Pedale drehen sich nicht mehr mit. Wenn der Fahrradfahrer in die Pedale tritt und damit ein Drehmoment von den Pedalen auf das Hinterrad übertragen werden soll, schaltet die Freilaufkupplung automatisch ein. Bei dem Fahrrad wird der Freilauf mit Sperrklinken erzeugt, die Bewegung der Sperrklinken kann man als „Klacken" im Freilauf hören.

In Bild 2 ist eine **Freilaufkupplung** mit Kugeln dargestellt, bei der die äußere Abtriebswelle, wenn sie sich rechtsherum dreht, in diese Richtung kein Drehmoment auf die innere Antriebswelle übertragen kann. Dieser Fall ist in dem linken Teil des Bildes dargestellt. Wenn sich dann die Antriebswelle schneller dreht als die Abtriebswelle, werden die Kugeln in die schmaler werdende Nut gedrückt, es entsteht eine kraftschlüssige Verbindung und das Drehmoment kann in diese Richtung übertragen werden.

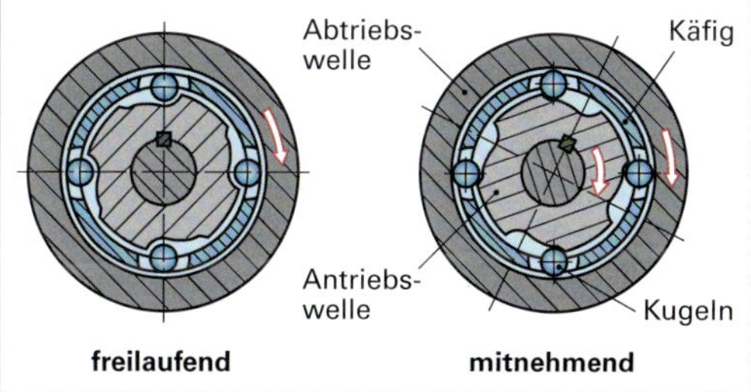

Bild 2: Freilaufkupplung

AUFGABEN | WIEDERHOLUNG UND VERTIEFUNG

1. Erläutern Sie die Aufgaben von Kupplungen.
2. Nennen Sie jeweils drei schaltbare und drei nicht schaltbare Kupplungen.
3. Nennen Sie jeweils zwei unterschiedliche Kupplungen, die besonders gut radialen und axialen Versatz bzw. Winkelversatz der Wellenenden ausgleichen können.
4. Erläutern Sie den Begriff Synchronlauf. Beschreiben Sie, was passiert, wenn man versucht, eine Klauenkupplung einzuschalten, wenn die Wellen nicht synchron laufen.
5. Beschreiben Sie den Kraftfluss bei der Einscheibenkupplung von der Kurbelwelle zur Getriebeantriebswelle, wenn eingekuppelt ist.

11.5 DICHTUNGEN

Die Aufgabe von Dichtungen ist es, das Austreten oder Eindringen von Gasen, Flüssigkeiten oder festen Stoffen zu verhindern. Man unterscheidet zwischen ruhenden, also **statischen Dichtungen** und **Bewegungsdichtungen,** also **dynamischen Dichtungen** (Bild 1). Zusätzlich können Dichtungen mit oder ohne Dichtungswerkstoffe ausgeführt werden.

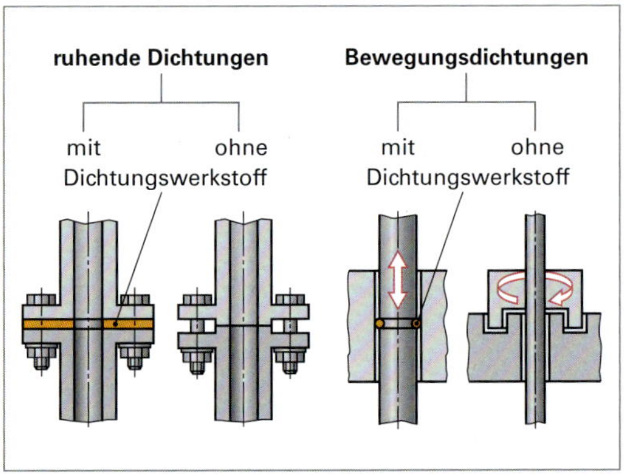

Bild 1: Dichtungsarten

11.5.1 STATISCHE DICHTUNGEN

Statische Dichtungen werden verwendet, wenn sich die abzudichtenden Bauteile nicht zueinander bewegen. Statische Dichtungen ohne Dichtungswerkstoff können nur funktionieren, wenn die abzudichtenden Flächen extrem glatt sind und sehr genau gefertigt wurden oder wenn sich zumindest eine der Flächen verformen und an die andere Fläche anpassen lässt. Dies ist z. B. der Fall, wenn eine der Flächen aus einem weicheren Material, z. B. Messing, gefertigt wird.

In der Regel werden Dichtungen mit einem zusätzlichen Dichtungswerkstoff ausgeführt. Beispiele sind Flachdichtungen, Profildichtungen und flüssige Dichtungen.

Bild 2: Flachdichtungsbögen und zugeschnittene Flachdichtungen

Flachdichtungen (Bilder 2 und 3) bestehen z. B. aus Faserstoffen, NBR-Kautschuk, PTFE oder Grafit. Die Auswahl der geeigneten Flachdichtungen hängt vom abzudichtenden Medium, also von der chemischen Beständigkeit des Dichtungswerkstoffs, und den Betriebsbedingungen (z. B. Druck, Temperatur) ab. Flachdichtungen können aus Bögen selbst zugeschnitten oder als fertig geformte Teile gekauft werden. Bei der Konstruktion einer Dichtstelle muss gewährleistet sein, dass die Flachdichtung mit einer ausreichenden Kraft zusammengedrückt wird und sich die Dichtflächen nicht unzulässig verformen oder verbiegen.

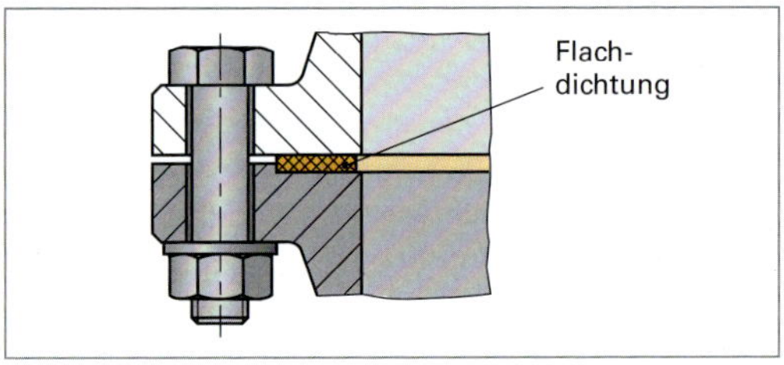

Bild 3: Flachdichtung

Die erforderliche **Mindestflächenpressung Q_{Smin}**, die eine Flachdichtung benötigt, wird in den Herstellerkatalogen nach EN 13555 angegeben und liegt im Bereich von 20 bis 80 N/mm². Entsprechend dieser erforderlichen Mindestflächenpressung müssen bei der Konstruktion von Dichtungen die Dichtfläche sowie die Zahl und Größe der Verschraubungen ausgelegt werden. Die Oberflächenrauigkeit der Dichtflächen muss üblicherweise im Bereich von *Rz* 20 bis *Rz* 60 liegen. Auch die Ebenheitsabweichung der Dichtfläche darf nicht so groß werden, dass die Dichtung lokal nicht mehr ausreichend zusammengedrückt wird.

Flachdichtungen werden in Abhängigkeit von dem abzudichtenden Medium, der chemischen Beständigkeit, dem Druck und der Temperatur ausgewählt. Bei der Konstruktion der Dichtung muss eine erforderliche **Mindestflächenpressung Q_{Smin}** nach EN 13555 gewährleistet sein.

Bei **flüssigen Dichtungswerkstoffen** (Bild 1) werden die abzudichtenden Flächen mit einer flüssigen Dichtungsmasse versehen und die Bauteile montiert. Anschließend härtet der flüssige Dichtungswerkstoff aus, bleibt jedoch elastisch.

Bei der Konstruktion einer Flüssigdichtung ist keine Mindestflächenpressung erforderlich. Gestalt- und Oberflächenabweichungen werden von dem Dichtungswerkstoff ausgeglichen. Allerdings muss bei der Montage darauf geachtet werden, dass kein überschüssiger Dichtungswerkstoff in die Maschine gerät und die Funktion behindert. Falls erforderlich, kann eine Fase angebracht werden, in die der flüssige Dichtungswerkstoff quillt. Durch diese Fase wird die Dichtwirkung verbessert.

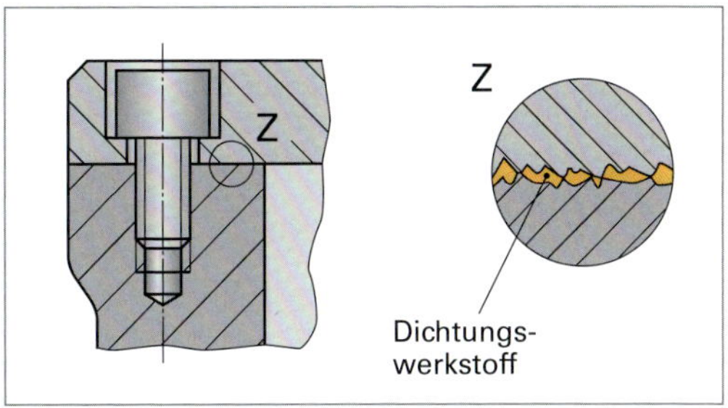

Bild 1: Flüssige Dichtung

Die am häufigsten verwendete **Profildichtung** ist der **O-Ring** (Bild 2). O-Ringe werden in der Regel aus NBR-Kautschuk hergestellt und sind elastisch. Sie werden in Nuten verbaut und müssen im montierten Zustand um 15% bis 30% verpresst, also zusammengedrückt werden, damit eine ausreichende Dichtwirkung erzielt wird. Die Abmessungen der O-Ringe und der zugehörigen Nuten sind in der DIN ISO 3601 definiert und können der Norm oder Herstellerangaben entnommen werden.

Bei der Montage wird der O-Ring zuerst in die Nut des Deckels eingelegt (Bild 2). Anschließend wir der Deckel mit dem O-Ring in die Bohrung im Gehäuse eingeführt. Dabei wird der O-Ring zusammengedrückt. Deshalb muss die **Nutbreite *b*** wesentlich größer als der Profilquerschnitt des O-Rings sein (Bild 1, Seite 266).

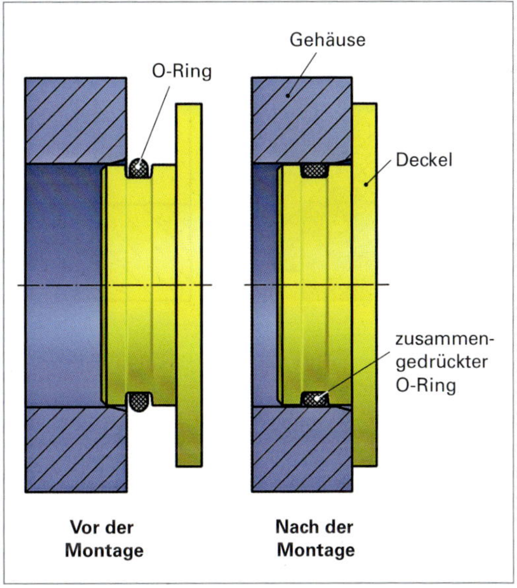

Bild 2: O-Ring-Dichtung

Die Bohrung im Gehäuse muss mit einer **15°-Fase mit der Länge *z*** versehen sein, damit der O-Ring während des Zusammendrückens bei der Montage nicht beschädigt wird.

Um ein korrektes Verpressen und damit eine ausreichende Dichtwirkung zu erzielen, muss der **Abstand *t*** zwischen dem Nutgrund und der Dichtfläche im Gehäuse deutlich kleiner als der Profilquerschnitt des O-Rings sein.

Der **Radius im Nutgrund** r_2 kann der DIN ISO 3601 entnommen werden. Der **Radius** r_1 kann nach DIN ISO 3601 auch durch eine Kennzeichnung der Werkzeugkante nach DIN ISO 13715 angegeben werden. Hierbei muss die Außenkante ohne Grat mit einer zugelassenen Abtragung zwischen –0,1 mm und –0,3 mm angegeben werden.

Der **Dichtspalt *g*** darf je nach Druck und verwendetem NBR-Kautschuk in der Regel nicht größer als 0,1 mm sein, da sonst der O-Ring in diesen Spalt gequetscht und beschädigt wird. Bei größeren Spaltmaßen muss eventuell zusätzlich ein Stützring verwendet werden. Die Oberflächenrauigkeit der Nut und der Dichtfläche der Bohrung sollte $R_{max} \leq 25$ bzw. $R_{max} \leq 16$ sein. Die O-Ring-Nut kann je nach Bearbeitungsmöglichkeiten im Deckel oder im Gehäuse angebracht werden (Bild 1 und 2, Seite 266).

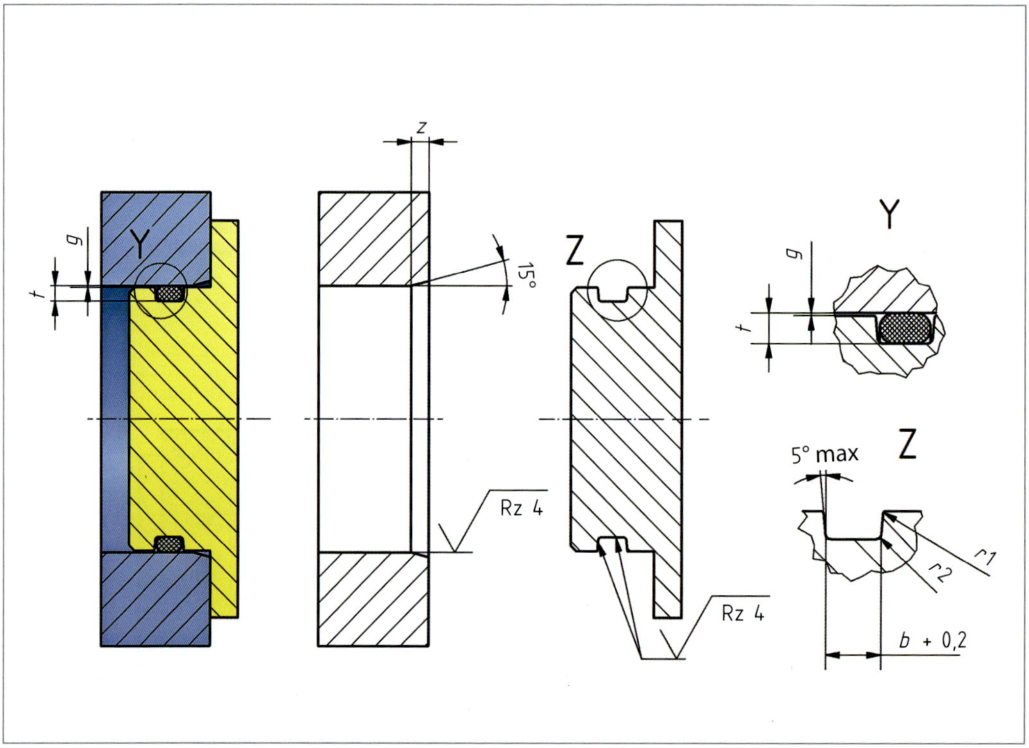

Bild 1: Nutabmessungen für O-Ringe, mit Nut im Deckel

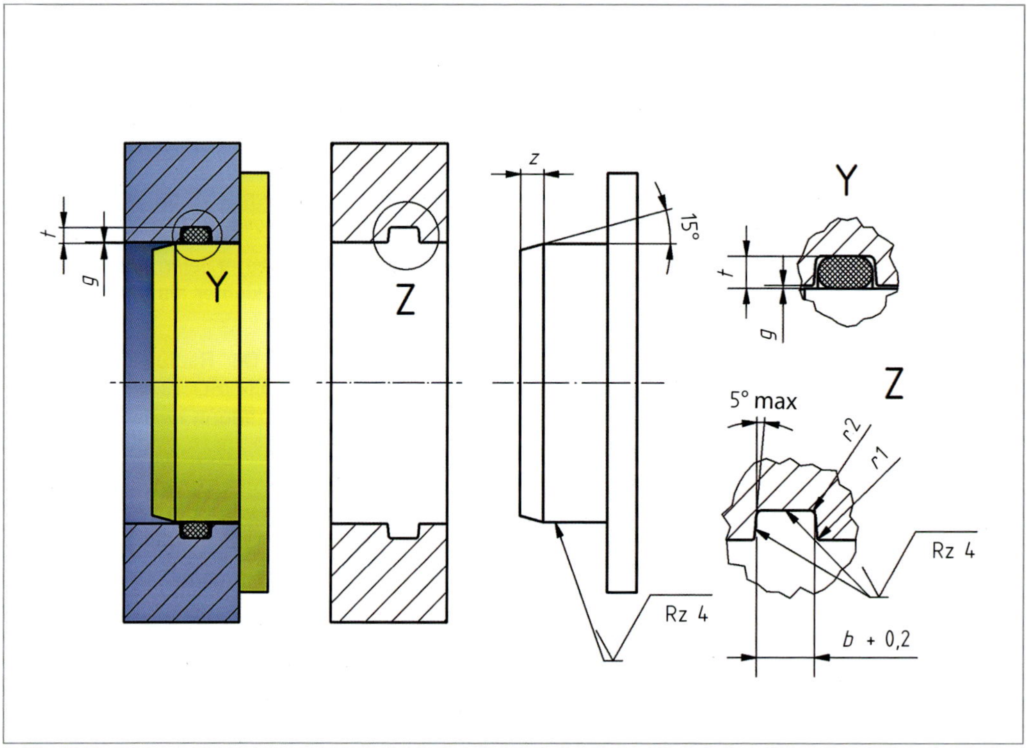

Bild 2: Nutabmessungen für O-Ringe, mit Nut im Gehäuse

In **Bild 1** werden weitere Möglichkeiten zur Positionierung von O-Ringen dargestellt. Die Gestaltung der Aufnahmeräume für den O-Ring in einer Dreieckform (Detail X) ist jedoch schwierig in der Herstellung. Das Maß *T* muss mit Toleranzen im Bereich von ±0,04 mm bis ±0,1 mm versehen werden, je nach Durchmesser des Profilquerschnitt des O-Rings, da sonst eine ausreichende Verpressung des O-Rings nicht gewährleistet ist.

O-Ringe sind sehr gut als statische Dichtungen geeignet und können bis zu Drücken von 1000 bar eingesetzt werden. Die genauen Abmessungen der **O-Ring-Nuten** können der DIN ISO 3601 oder Herstellerangaben entnommen werden.

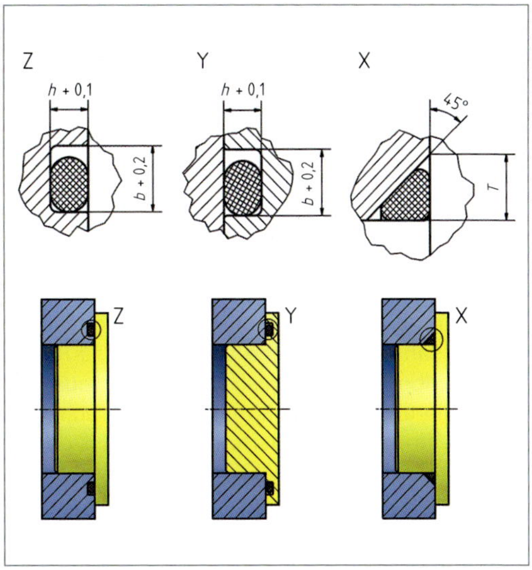

Bild 1: Weitere Positionierungen von O-Ringen

11.5.2 | DYNAMISCHE DICHTUNGEN

Dynamische Dichtungen gibt es sowohl für axiale Bewegungen (z. B. Kolbendichtung) als auch für Drehbewegungen (z. B. Wellendichtung).

Auch **O-Ringe** können als dynamische Dichtung eingesetzt werden, allerdings nur wenn die Geschwindigkeiten sehr gering sind. Bei der von Hand angetriebenen Drehbewegung eines Wasserhahns kann durchaus eine O-Ring-Dichtung eingesetzt werden. Dafür müssen allerdings die Abmessungen der Nuten angepasst werden, um den Anpressdruck und damit die Reibung und die Wärmentwicklung zu verringern. Bei größeren Geschwindigkeiten sind O-Ringe nicht geeignet.

Für axiale Bewegungen, besonders für pneumatische oder hydraulische Kolben, werden **Profildichtungen** verwendet **(Bild 2)**.

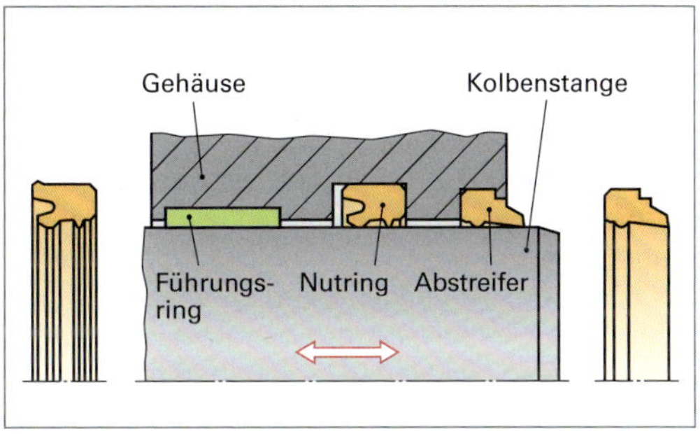

Bild 2: Profildichtungen für axiale Bewegungen

Die am häufigsten verwendete Bewegungsdichtung bei einer sich drehenden Welle ist der **Radialwellendichtring (RWDR, Bild 3)**. Radialwellendichtringe bestehen in der Regel aus NBR-Kautschuk mit einem metallischen Versteifungsring und einer Zugfeder. Es gibt sie, wie in **Bild 3** dargestellt, mit Schutzlippe (Form AS) und ohne Schutzlippe (Form A). Die Schutzlippe wird bei starken äußeren Verschmutzungen, z. B. im Baustellenbereich, verwendet. Der Raum zwischen der Schutzlippe und der eigentlichen Dichtkante wird bei der Montage mit Fett gefüllt. RWDR dürfen nicht trocken laufen. Die ausreichende Versorgung mit einem Schmierstoff muss immer gewährleistet sein.

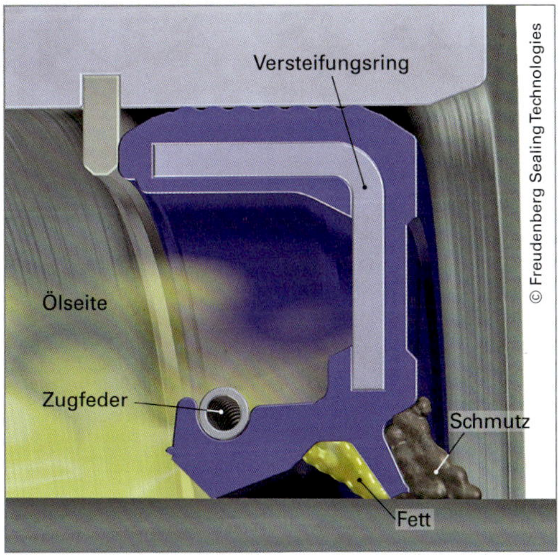

Bild 3: Radialwellendichtring (RWDR)

In **Bild 1** ist beispielhaft die Gestaltung einer Wellenlagerung kombiniert mit einem Radialwellendichtring dargestellt. Das Getriebe und damit die Lager haben eine Ölschmierung. Der verwendete RWDR hat den Innendurchmesser d_1 = 25 mm, den Außendurchmesser d_2 = 40 mm und die Breite b = 7 mm. Die Normbezeichnung ist dementsprechend RWDR DIN 3760 – AS 25 x 40 x 7.

In diesem Fall wird der RWDR nach der Montage der Welle und der Lager von rechts auf die Welle und in die Aufnahmebohrung geschoben. Damit die sehr empfindliche Dichtlippe des RWDR bei der Montage nicht beschädigt wird, muss auf der Welle eine 15°- bis 30°-Fase angebracht sein **(Bild 2)**. Im nicht montierten Zustand ist der Innendurchmesser des RWDR etwas kleiner als im Betrieb. Die Dichtlippe des RWDR muss bei der Montage durch diese Fase nach außen gedrückt werden. Deswegen muss die Fase mindestens beim Durchmesser 22,5 mm beginnen und die Kanten müssen gerundet sein. In der Gehäusebohrung muss eine 10°- bis 20°-Fase angebracht sein, die mindestens $0{,}15 \cdot b + 0{,}3$ mm breit ist.

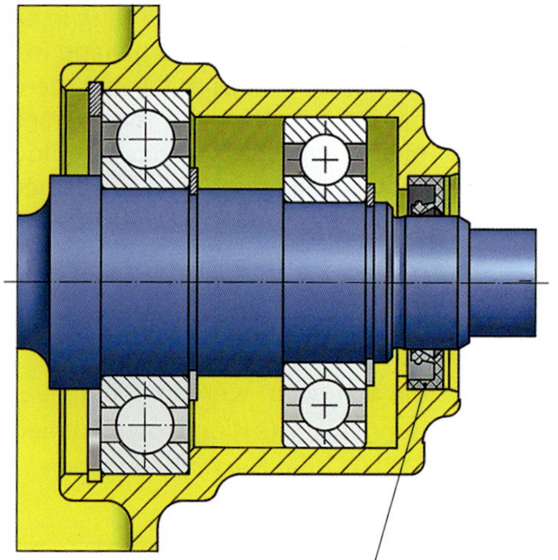

Bild 1: Wellenlagerung mit Radialwellendichtring

Die Lauffläche des RWDR auf der Welle muss mit der Durchmessertoleranz h11 versehen werden, eine Rauigkeit von *Rz* 1 bis *Rz* 5 haben und drallfrei sein, da sonst durch die Drallriefen Schmutz oder Öl unter der Dichtlippe hindurch transportiert werden würde. Diese Oberflächengüte wird in der Regel durch Schleifen ohne Vorschub erzeugt, weshalb der Freistich DIN 509 – E 0,8 x 0,3 erforderlich ist. Die Aufnahmebohrung muss eine Durchmessertoleranz H8 und eine Oberflächenrauigkeit von *Rz* 10 bis *Rz* 25 haben. Die radiale Rundlaufabweichung der Welle und die Koaxialitätsabweichung der Aufnahmebohrung sollten 0,1 mm betragen. Je nach Wellendurchmesser und Drehzahl kann diese Toleranz entsprechend den Herstellerangaben auch etwas vergrößert werden.

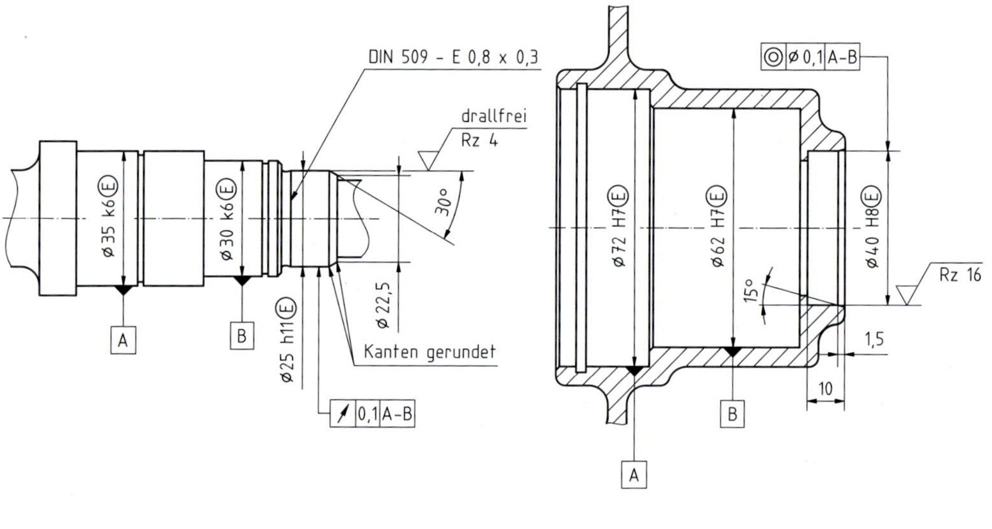

Bild 2: Bemaßung der Welle und der Bohrung für einen RWDR DIN 3760 – AS 25 x 40 x 7

Die Dichtfläche auf der Welle sollte eine Oberflächenhärte haben, die größer als 45 HRC ist. Bei starker Verschmutzung und bei einer Umfangsgeschwindigkeit größer als 4 m/s sollte die Härte mindesten 55 HRC betragen. Ab einer Umfangsgeschwindigkeit größer als 12 m/s muss die Oberflächenhärte auf ca. 60 HRC, bei einer Einhärtetiefe größer als 0,3 mm, erhöht werden. Dies ist notwendig, da sich im Betrieb harte und damit abrasive Schmutzpartikel in die Gummidichtlippe einbetten und dabei Riefen in die Welle schleifen, die dazu führen, dass die Dichtung versagt.

Die Aufnahmebohrung ist in **Bild 2, Seite 268**, deshalb etwas tiefer als erforderlich ausgeführt worden. Im Reparaturfall kann ein Distanzring unter den RWDR gelegt werden, damit die Dichtlippe an einer anderen, nicht beschädigten Stelle läuft.

Drehende Wellen werden am häufigsten mit **Radialwellendichtringen (RWDR)** abgedichtet.

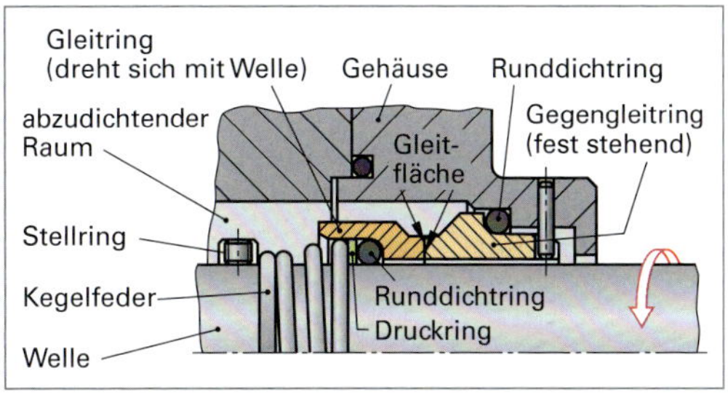

Bild 1: Gleitringdichtung

Bei höheren Drücken (bis 450 bar) werden **Gleitringdichtungen (Bild 1)** verwendet. Der Gleitring und der Gegengleitring bestehen aus verschleißarmen Werkstoffen, z. B. Keramik. Die Gleitflächen sind sehr genau bearbeitet. Der Gleitring dreht sich mit der Welle, während der Gegengleitring mit dem Gehäuse stillsteht.

Stopfbuchsen (Bild 2) bieten eine weitere Möglichkeit zur Abdichtung drehender Wellen. Dann werden Weichstoffpackungen aus z. B. Aramid-, Grafit- oder PTFE-Fasern in Quadrat-, V- oder Keilform aus Schnüren zugeschnitten und in die Stopfbuchse schraubenförmig eingelegt. Anschließend wird mit der Flanschbrille die Packung verpresst. Stopfbuchspackungen erzeugen eine wesentlich größere Reibung als z. B. der Radialwellendichtring. Sie werden heutzutage nur noch eingesetzt, wenn der RWDR aus Temperaturgründen oder aufgrund seiner chemischen Beständigkeit nicht geeignet ist.

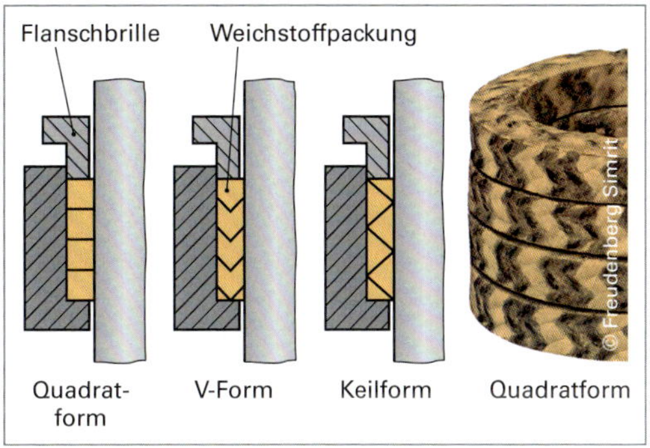

Bild 2: Stopfbuchsenpackungen

Labyrinthdichtungen (Bild 3) sind berührungsfreie Dichtungen und nahezu reibungsfrei. Der Schmierspalt wird mit Fett gefüllt. Zusätzlich sorgen durch die Drehbewegung der Welle Fliehkräfte dafür, dass keine Schmutzpartikel eindringen können. Labyrinthdichtungen können bei sehr hohen Drehzahlen oder hohen Temperaturen eingesetzt werden, dichten aber nicht vollständig ab.

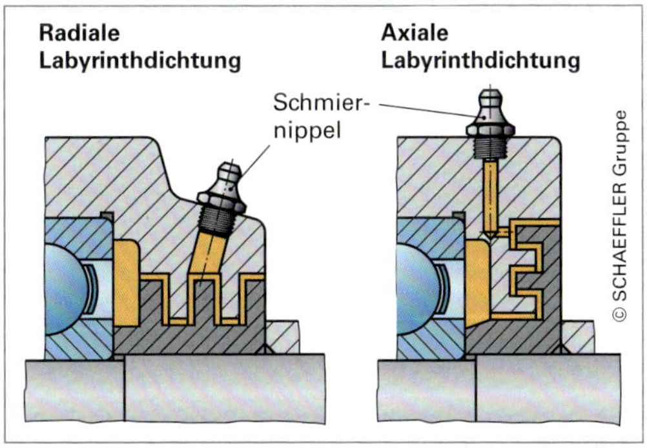

Bild 3: Labyrinthdichtung

AUFGABEN | WIEDERHOLUNG UND VERTIEFUNG

1. Beschreiben Sie die Aufgabe von Dichtungen.
2. Unter welchen Umständen können O-Ringe als dynamische Dichtungen verwendet werden? Nennen Sie drei Anwendungsbeispiele.

11.6 WÄRMEBEHANDLUNGSVERFAHREN

Entscheidend für das Verständnis der Vorgänge in Eisenwerkstoffen bei der Erwärmung ist das Eisen-Kohlenstoff-Zustandsdiagramm **(Bild 1)**. In diesem Diagramm ist auf der *x*-Achse der Kohlenstoffgehalt in % und auf der *y*-Achse die Temperatur in Grad Celsius aufgetragen. In diesem Diagramm werden die unterschiedlichen Gefüge dargestellt, die in den Werkstoffen bei einem langsamen Erwärmen bzw. Abkühlen vorliegen **(s. Band 1, Kapitel 3.4, Seite 187)**.

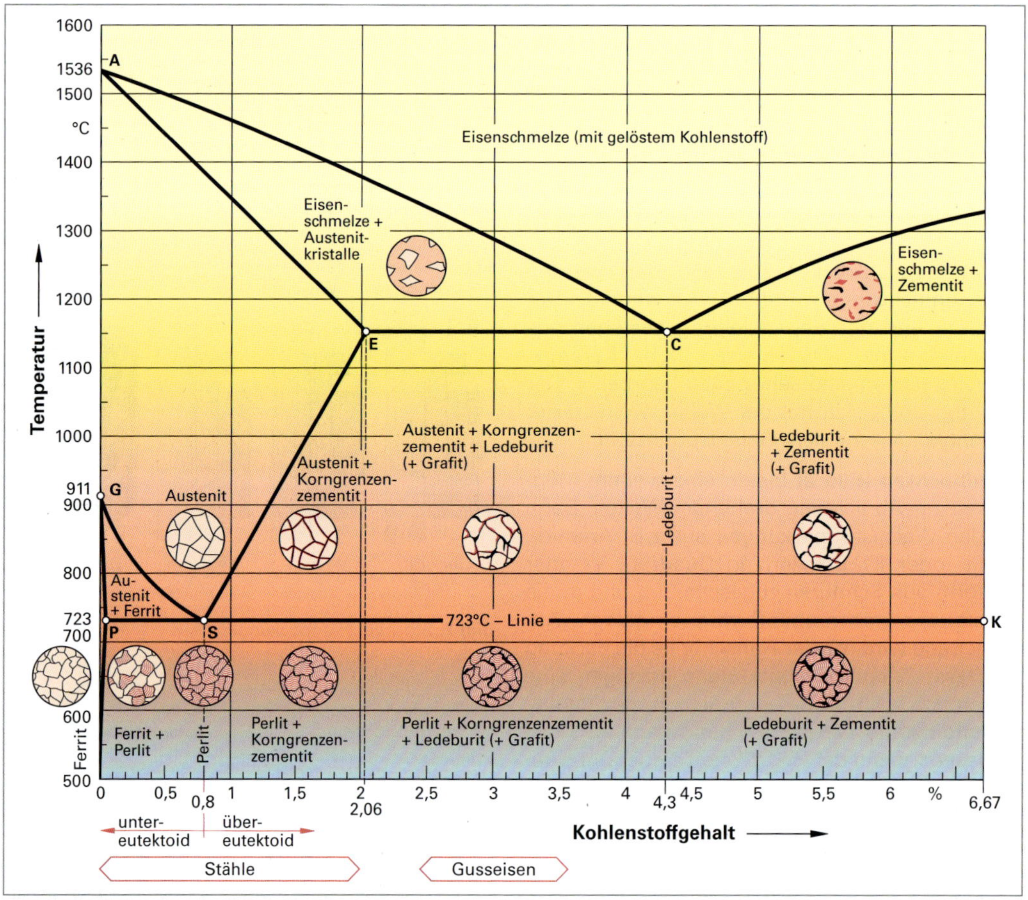

Bild 1: Eisen-Kohlenstoff-Zustandsdiagramm

Oberhalb der A-C-Linie sind die Werkstoffe vollständig flüssig. Im Bereich A-E-C sind sie teilweise flüssig, teilweise fest. Dort entstehen beim Erstarren Kristallkörner, die bereits fest sind. Während der Werkstoff immer fester wird, wachsen diese Kristallkörner, bis sie aneinanderstoßen. Dabei entstehen die Korngrenzen, die auch bei Raumtemperatur noch sichtbar sind. Unterhalb der A-E-C-Linie sind die Werkstoffe vollständig erstarrt. Während ein Werkstoff im festen Zustand weiter abkühlt, hat er oberhalb der G-S-K-Linie eine kubisch-flächenzentrierte (kfz) Kristallgitterstruktur. Sinkt die Temperatur des Werkstoffes weiter unter 723 °C, ändert sich die Gitterstruktur von kubisch-flächenzentriert nach kubisch-raumzentriert (krz).

Bei Raumtemperatur liegt Kohlenstoff in Abhängigkeit von seinem Gehalt im Werkstoff in unterschiedlicher Form vor. Unterhalb von 2,06 % Kohlenstoffgehalt verbindet sich der Kohlenstoff mit dem Eisen, man spricht von **Stahl**. Oberhalb von 2,06 % Kohlenstoffgehalt lagert sich ein Teil des Kohlenstoffs als Grafit an den Korngrenzen ab, man spricht von **Gusseisen**.

11.6.1 | HÄRTEVERFAHREN

Wird ein Stahl mit 0,8% Kohlenstoffgehalt von Raumtemperatur auf über 723°C erwärmt **(Bild 1)**, ändert sich das kubisch-raumzentrierte Kristallgitter zu einem kubisch-flächenzentrierten Kristallgitter. In der Mitte jeder Elementarzelle ist ein Freiraum, in den Kohlenstoffatome eindringen können. Die Kohlenstoffatome wandern aus dem Korngrenzenzementit in das Eisenkristallgitter.

Beim anschließenden **langsamen Abkühlen** des Stahls auf Raumtemperatur **(Bild 1)** hat das Kohlenstoffatom genug Zeit, um sich wieder zurück in den Korngrenzenzementit zu bewegen. Es entsteht wieder dasselbe Gefüge wie vor der Erwärmung.

Beim **sehr schnellen Abkühlen** hat das einzelne Kohlenstoffatom nicht genug Zeit, um aus dem Eisenkristallgitter wieder herauszuwandern **(Bild 2)**. Trotzdem klappt bei 723°C das kubisch-flächenzentrierte Gitter in das kubisch-raumzentrierte Gitter um. Jetzt ist aber nicht mehr genug Platz im kubisch-raumzentrierten Gitter und das Kohlenstoffatom drückt die Eisenatome auseinander. Dadurch ist das Gitter verspannt, es lässt sich nicht mehr so leicht verformen und der Werkstoff wird dadurch härter.

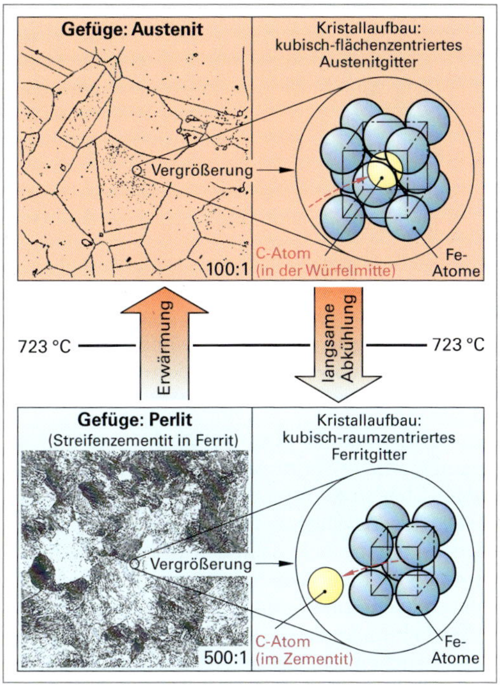

Bild 1: Gefügeumwandlung beim Erwärmen und langsamen Abkühlen eines Stahls mit 0,8%igem Kohlenstoffgehalt

> Das sehr schnelle Abkühlen eines Werkstoffs nennt man **Abschrecken**.

An dieser Stelle muss der Begriff Härte genauer definiert werden. Umgangssprachlich werden die **Begriffe Härte und Festigkeit** oft miteinander vertauscht oder auch falsch verstanden. Als **Härte** ist der Widerstand definiert, den ein Werkstoff einem anderen entgegenbringt, wenn dieser versucht, in ihn einzudringen.

Man kann z.B. mit einem Diamanten ein Glas ankratzen, also ist Diamant härter als Glas. Wenn man versucht, mit einem Baustahl Glas anzukratzen, also in das Glas einzudringen, gelingt das nicht. Umgekehrt kann man jedoch mit Glas Baustahl ankratzen, also ist Glas härter als Stahl. Trotzdem hat Stahl eine größere Festigkeit als Glas. Härte und Festigkeit sind also völlig unterschiedliche Eigenschaften.

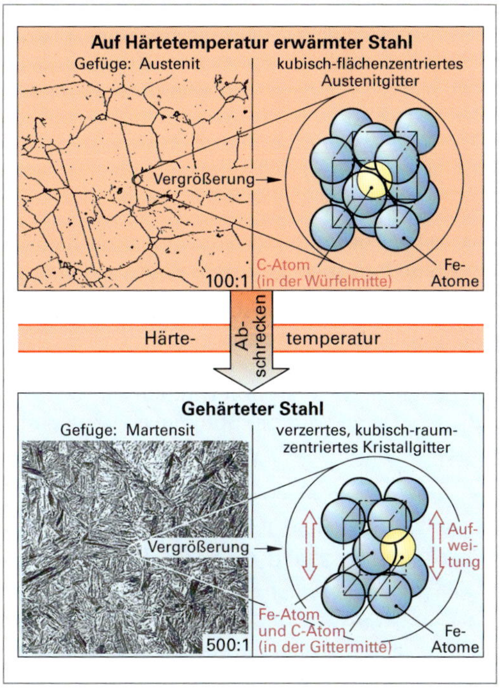

Bild 2: Gefügeumwandlung beim Abschrecken

> **Härte** ist der Widerstand, den ein Werkstoff dem Eindringen eines Prüfkörpers entgegensetzt. Härte und Festigkeit sind verschiedene Werkstoffeigenschaften.

Bauteile müssen gehärtet werden, um das Eindringen von härteren Körpern in die Oberfläche des Bauteils zu verhindern. Dies ist z. B. der Fall, wenn sich eine Welle in einem Gleitlager dreht oder die Dichtlippe eines Radialwellendichtrings auf der Dichtfläche der Welle reibt. Überall dort, wo sich zwei Körper relativ zueinander bewegen, entsteht Reibung und damit Verschleiß. Dieser Verschleiß wird verringert, wenn man den Werkstoff härtet. Natürlich ist die Gummilippe des RWDR nicht härter als die Stahlwelle. Allerdings betten sich Staubkörner aus Stein, Sand usw. in die Dichtlippe ein. Diese Staubkörner haben eine größere Härte als die Stahlwelle und schleifen eine Rille in die Dichtfläche der Welle. Deswegen müssen Dichtflächen für RWDR gehärtet werden.

Bauteile werden **gehärtet**, um sie verschleißfester zu machen. **Verschleiß** findet dort statt, wo sich zwei Bauteile relativ zueinander bewegen und Reibung entsteht.

Voraussetzung für das Härten eines Stahls ist ein ausreichender Kohlenstoffgehalt. Stähle müssen in Abhängigkeit von weiteren Legierungselementen einen Kohlenstoffgehalt zwischen 0,2% und 0,65% aufweisen. Diese Stähle findet man im Tabellenbuch bei den **Vergütungsstählen**.

Zum **Härten** (**Bild 1**) muss der Stahl zuerst auf **Härtetemperatur** erwärmt werden. Dies ist bei unlegierten Stählen die Temperatur oberhalb der G-S-K-Linie im Eisen-Kohlenstoff-Diagramm. Die genauen Härtetemperaturen können dem Tabellenbuch entnommen werden. Bei Härtetemperatur liegt das kubisch-flächenzentrierte Gitter vor und die Kohlenstoffatome können in die Freiräume wandern. Dazu brauchen sie jedoch Zeit, deshalb werden die Bauteile eine gewisse Zeit lang im Ofen bei dieser Temperatur gelagert. Dies nennt man **Halten**.

Anschließend erfolgt das **Abschrecken** des Bauteils in Wasser oder Öl. Das Gefüge wandelt sich in ein kubisch-raumzentriertes Gitter um, ohne dass der Kohlenstoff genug Zeit hätte, die Freiräume im Kristallgitter zu verlassen. Daher ist die Gitterstruktur verspannt, was mit einer **Erhöhung der Härte** einhergeht. Die Abkühlungsgeschwindigkeit ist an der Oberfläche höher als in der Mitte des Werkstücks. Deshalb kann an der Oberfläche eine größere Härte erzielt werden als im Kern des Bauteils.

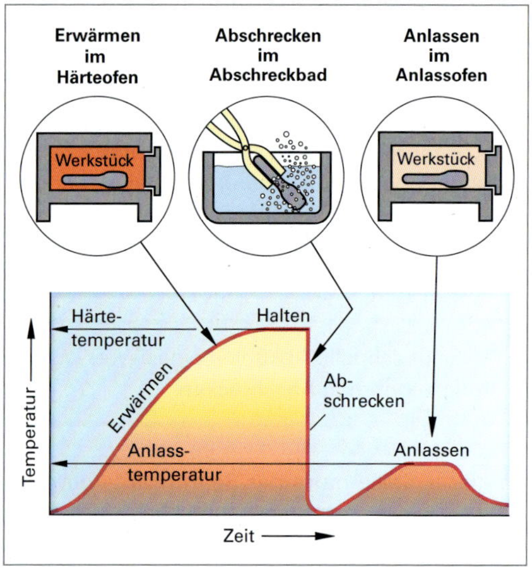

Bild 1: Temperaturverlauf beim Härten

Der Technische Produktdesigner muss deshalb in der technischen Zeichnung nicht nur die **Oberflächenhärte**, sondern auch die **Einhärtetiefe** definieren.

Durch das schlagartige Abkühlen sind jedoch Temperaturspannungen im Bauteil entstanden, die zu einer großen Sprödigkeit führen. Bei stoßartiger Belastung bricht es leicht. Um diese Temperaturspannungen und damit die Sprödigkeit zu verringern, wird der Werkstoff anschließend angelassen. **Anlassen** bedeutet, der Werkstoff wird auf ca. 150 bis 350 °C erwärmt und einige Zeit bei dieser Temperatur gehalten. Damit wird die Sprödigkeit verringert. Leider nimmt aber auch die Härte wieder etwas ab. Prinzipiell gilt: Je höher die Anlasstemperatur ist, desto geringer sind die Härte und die Sprödigkeit.

Der Verfahrensablauf beim **Härten** besteht aus **Erwärmen, Halten, Abschrecken** und **Anlassen auf 150 °C bis 350 °C**. Dadurch wird die Verschleißfestigkeit erhöht. Alle **Vergütungsstähle** können gehärtet werden.

Durch das Härten kann es zu Verzügen, d. h. Maß- und Formänderungen, kommen, sodass die Bauteile oft anschließend noch geschliffen werden müssen.

Beim **Vergüten** (**Bild 1**) wird das Bauteil nach dem Abschrecken auf eine Anlasstemperatur zwischen 500 °C und 700 °C gebracht. Durch dieses Anlassen bei einer sehr hohen Temperatur wird zwar die Härte wieder deutlich verringert, man erhält aber insgesamt ein verbessertes Gefüge. Durch das Vergüten werden Festigkeit und Zähigkeit, die für stoßartige Belastungen benötigt werden, erhöht. Vergüten heißt in der englischen Sprache *quenched and tempered*, also abgeschreckt und angelassen. Deswegen bekommen vergütete Stähle den Zusatz +QT.

Der Verfahrensablauf beim **Vergüten** besteht aus **Erwärmen, Halten, Abschrecken** und **Anlassen auf 500 bis 700 °C**. Damit werden Festigkeit und Zähigkeit erhöht. Für die Vergütung müssen Stähle einen Kohlenstoffgehalt zwischen 0,2 und 0,65 % haben. Diese Stähle nennt man **Vergütungsstähle**.

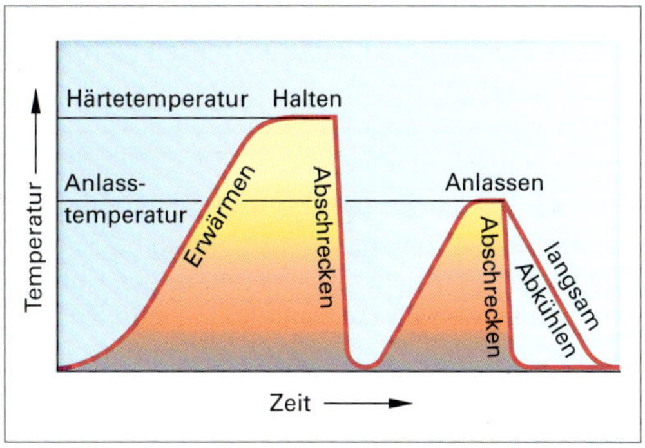

Bild 1: Temperaturverlauf beim Vergüten

Oft benötigen Bauteile, z. B. Wellen oder Zahnräder, nur eine harte, verschleißfeste Oberfläche und einen zähen Kern. Deshalb möchte man nur die Oberfläche härten. Dafür wurden verschieden **Randschichthärteverfahren** entwickelt.

Beim **Flammhärten** (**Bild 2**) fährt man mit einem Gasbrenner mit einer konstanten Vorschubgeschwindigkeit über die zu härtende Oberfläche. Dabei wird nur die Oberfläche auf Härtetemperatur gebracht. Direkt hinter dem Gasbrenner befinden sich Wasserbrausen, die die Oberfläche abschrecken. Die Einhärtetiefe kann über die Vorschubgeschwindigkeit eingestellt werden. Die Form des Brenners kann dem Werkstück angepasst werden, sodass z. B. bei großen Zahnrädern nur die Zahnflanken gehärtet werden, während der Zahnfuß ungehärtet und damit zäh bleibt.

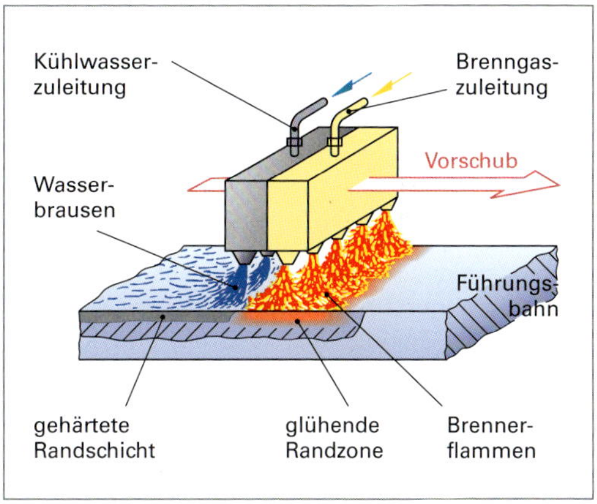

Bild 2: Flammhärten

Beim **Induktionshärten** (**Bild 3**) wird das Bauteil durch einen Wirbelstrom erwärmt. Um das Bauteil wird eine Spule mit einer oder mehreren Wicklungen gelegt. Durch diese Spule wird ein hochfrequenter Wechselstrom geleitet. Durch diesen Wechselstrom wird ein Magnetfeld aufgebaut, das wiederum in dem Bauteil einen Wirbelstrom induziert, also einen Strom, der in einem geschlossenen Kreis an der Oberfläche des Bauteils fließt. Derselbe Effekt wird auch in Induktionsherden in der Küche verwendet. Auch beim Induktionshärten wird anschließend mit einer Wasserbrause die Oberfläche schlagartig abgekühlt.

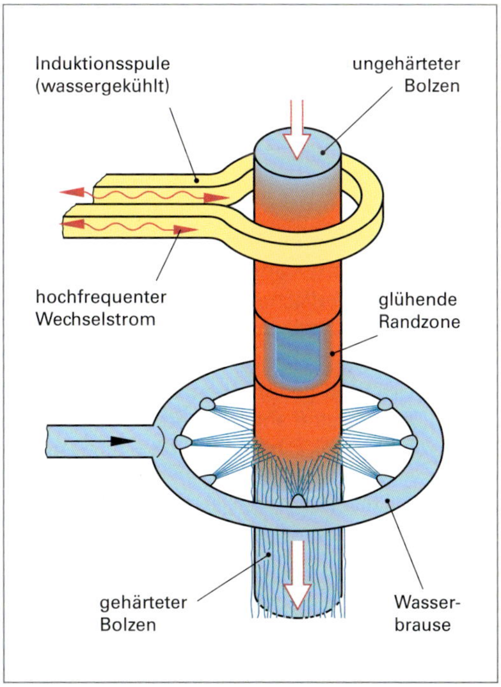

Bild 3: Induktionshärten

Lernfeld 11

> Beim **Flamm-** und **Induktionshärten** werden eine harte verschleißfeste Oberfläche und ein zäher Kern erzeugt.

Beim **Einsatzhärten** (**Bild 1**) werden Stähle verwendet, deren Kohlenstoffgehalt unter 0,2 % nicht zum Härten ausreicht. Zur Erhöhung des Kohlenstoffgehalts werden die Bauteile in einen Kohlenstoffabgebenden Stoff gelegt und auf **Aufkohlungstemperatur** gebracht. Dies kann entweder Koks, eine kohlenstoffhaltige Flüssigkeit oder ein kohlenstoffhaltiges Gas sein. Während des Aufkohlens wandern die Kohlenstoffatome aus der Umgebung in die Randschicht der Bauteile. Je länger die Bauteile aufgekohlt werden, desto tiefer gelangen die Kohlenstoffatome in das Bauteil und desto größer ist die **Einhärtetiefe**. Anschließend lässt man die Bauteile abkühlen, um sie später härten zu können.

Die anschließende Wärmebehandlung besteht darin, dass das Bauteil erwärmt, auf Temperatur gehalten, abgeschreckt und angelassen wird. Da aber nur im Randbereich ausreichend Kohlenstoff zum Härten vorhanden ist, wird auch nur der Randbereich hart. Dieses Verfahren nennt man **Einfachhärten**.

Wenn die Bauteile direkt nach dem Aufkohlen abgeschreckt werden, nennt man das **Direkthärten**.

Kleinere Bauteile, deren komplette Randschicht gehärtet werden soll, eignen sich besonders gut zum Einsatzhärten. Sollen nur bestimmte Bereiche von Bauteilen einsatzgehärtet werden, müssen die nicht zu härtenden Bereiche mit einer Paste abgedeckt werden.

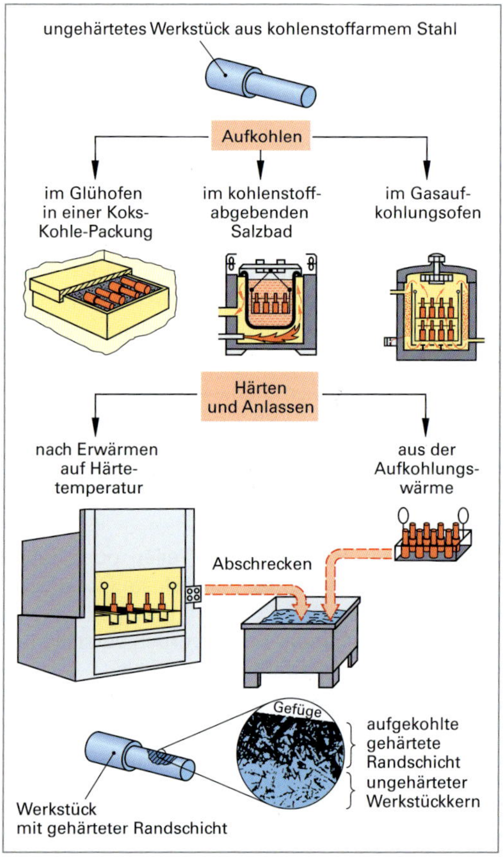

Bild 1: Einsatzhärten

> Beim **Einsatzhärten** wird eine harte und verschleißfeste Randschicht erzeugt. Nur **Einsatzstähle** können einsatzgehärtet werden. Einsatzhärten eignet sich besonders für kleine Bauteile, deren komplette Oberfläche gehärtet werden soll.

Das **Nitrierhärten** gehört ebenfalls zu den Randschichthärteverfahren. Dabei wird eine dünne Randschicht mit Stickstoff angereichert. Dies geschieht durch Glühen der Bauteile in Stickstoff abgebenden Salzbädern bei 560 °C bis 580 °C. Dadurch werden in der Randschicht Nitride gebildet, die sehr hart sind. Ein anschließendes Abschrecken oder Anlassen ist nicht notwendig. Beim Nitrierhärten verziehen sich die Bauteile nicht bzw. nur gering, da die Temperatur 600 °C nicht übersteigt. Nur Nitrierstähle sind zum Nitrierhärten geeignet.

> Beim **Nitrierhärten** wird eine harte und verschleißfeste Randschicht erzeugt. Nur **Nitrierstähle** können nitriergehärtet werden. Durch das Nitrierhärten entstehen nur geringe Wärmeverzüge, und eine zusätzliche Bearbeitung der Bauteile nach dem Härten ist nicht notwendig.

11.6.2 | HÄRTEPRÜFVERFAHREN

Bei allen Härteprüfverfahren wird ein sehr harter Prüfkörper in die Oberfläche eines zu prüfenden Werkstücks gedrückt **(Bild 1)**. Die verschiedenen Härteprüfverfahren unterscheiden sich nur in der Form des Prüfkörpers, der Prüfkraft und in der Art, wie die Eindringtiefe gemessen wird.

Bei der **Härteprüfung nach Vickers (Bild 1)** wird die Spitze einer vierseitigen Pyramide aus Diamant mit der **Prüfkraft *F*** in die Probe gedrückt. Anschließend werden die beiden **Diagonalen d_1** und **d_2** des Pyramidenabdrucks in der Probe gemessen. Aus diesen gemessenen Werten wird der **Mittelwert *d*** bestimmt:

$$d = \frac{d_1 + d_2}{2}$$

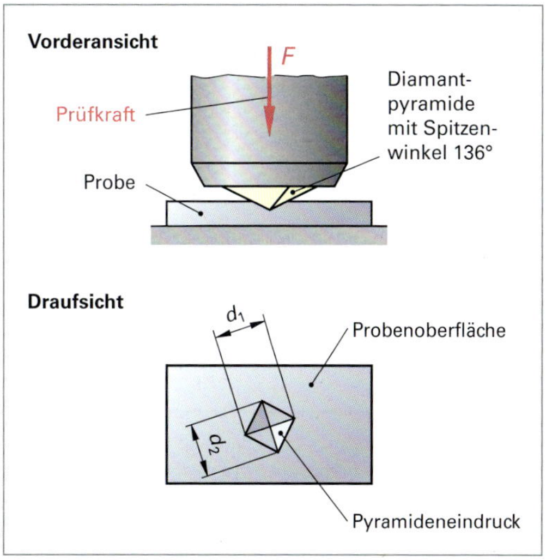

Bild 1: Härteprüfung nach Vickers

Die **Vickershärte HV** berechnet sich zu:

$$HV = 0{,}189 \cdot \frac{F}{d^2}$$

HV	*F*	*d*
1	N	mm

Bei der **Härteprüfung nach Rockwell (Bild 2)** wird zuerst eine relativ geringe Prüfvorkraft von 98 N aufgebracht, um die Auswirkung von Verunreinigungen und Oberflächenrauigkeiten zu verringern (①). Anschließend wird die Messuhr, die die Eindringtiefe misst, auf null gestellt (②). Zur eigentlichen Härteprüfung wird eine wesentlich größere zusätzliche Prüfkraft aufgebracht (③). Bei der Bestimmung des Härtewerts HRA wird mit einer zusätzlichen Prüfkraft von $F = 490{,}3$ N und bei HRC mit $F = 1373$ N gearbeitet. Bei diesen Härtewerten ist der Prüfkörper ein Diamantkegel mit einem Spitzenwinkel von 120°. Nachdem die Prüfkraft wieder zurückgenommen wurde, wird die **bleibende Eindringtiefe *h*** gemessen (④). Die **Rockwellhärte HRA** oder **HRC** kann dann mit folgender Gleichung berechnet werden:

$$HRA, HRC = 100 - \frac{h}{0{,}002\ \text{mm}}$$

HRA, HRC	*h*
1	mm

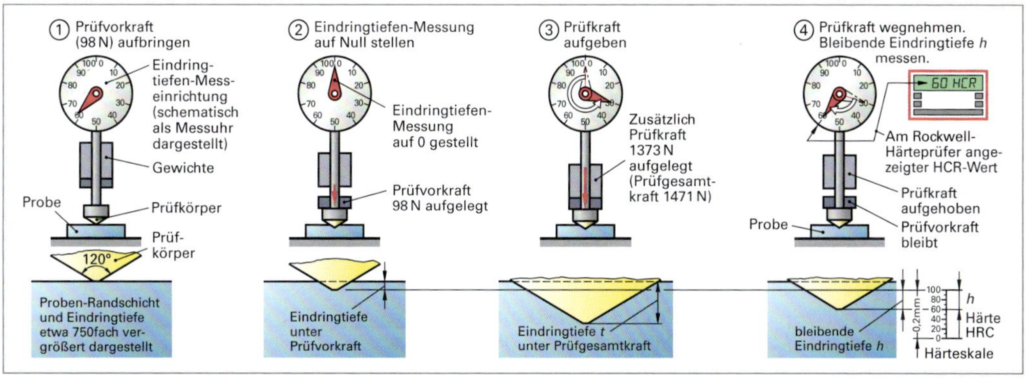

Bild 2: Arbeitsablauf bei der Rockwell-Härteprüfung (HRC) und Eindringtiefe der Probe

Bei gehärteten Stählen wird für die Härteprüfung als Prüfkörper ein Diamantkegel verwendet, und die **Härtewerte HRA und HRC** werden ermittelt.

Bei weicheren Stählen oder bei Nichteisenmetallen wird als Prüfkörper eine Hartmetallkugel verwendet und die Prüfkraft entsprechend angepasst. Damit können die **Härtewerte HRBW bzw. HRFW** entsprechend der folgenden Gleichung bestimmt werden:

$$\text{HRBW, HRFW} = 130 - \frac{h}{0{,}002\ \text{mm}}$$

HRBW, HRFW	*h*
1	mm

Bei der **Härteprüfung nach Brinell (Bild 1)** wird eine Hartmetallkugel mit dem **Durchmesser *D*** mit der **Prüfkraft *F*** in die Probe gedrückt. Anschließend wird der Durchmesser des Kugeleindrucks in zwei Achsen gemessen und der Mittelwert *d* bestimmt. Die **Brinellhärte HBW** berechnet sich dann zu:

$$\text{HBW} = \frac{0{,}204 \cdot F}{\pi \cdot D \cdot \left(D - \sqrt{D^2 - d^2}\right)}$$

HBW	*F*	*D*	*d*
1	N	mm	mm

Lernfeld 11

Bei allen **Härteprüfverfahren** wird ein **Prüfkörper** in eine Probe gedrückt. Bei harten Werkstoffen wird ein kegelförmiger und bei weichen oder sehr dünnen ein kugelförmiger Prüfkörper verwendet.

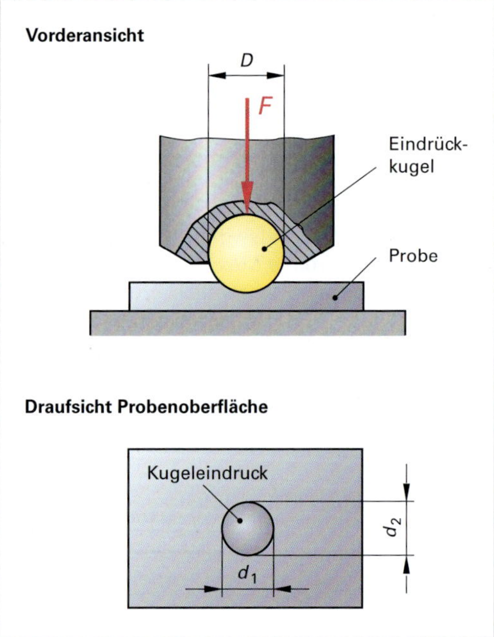

Bild 1: Härteprüfung nach Brinell

11.6.3 | HÄRTEANGABEN IN TECHNISCHEN ZEICHNUNGEN

Härteangaben können in technischen Zeichnungen entsprechend DIN ISO 15787 angebracht werden.

In **Bild 2** ist ein Zylinderstift dargestellt, der einsatzgehärtet werden soll. Das Bauteil ist aus C10E hergestellt und eignet sich gut für das Einsatzhärten. Diese Kleinteile können in großer Zahl aufgekohlt und gehärtet werden. Die Oberfläche soll eine Härte von 60 bis 64 HRC erhalten, die Einhärtetiefe beträgt 0,8 mm bis 1,2 mm. Anschließend muss der Zylinderstift auf Maß geschliffen werden. Die Härteangabe wird in der Regel oberhalb des Schriftfeldes angebracht. Die Einhärtetiefen und die zugehörigen Toleranzen für die unterschiedlichen Härteverfahren können dem Tabellenbuch bzw. der Norm entnommen werden.

Beim Einsatzhärten wird die Einhärtetiefe als **CHD** (engl.: *case hardness depth*) bezeichnet. Beim Nitrierhärten wird die Einhärtetiefe **NHD** (engl.: *nitriding hardness depth*) und beim Randschichthärten **SHD** (engl.: *surface hardness depth*) genannt.

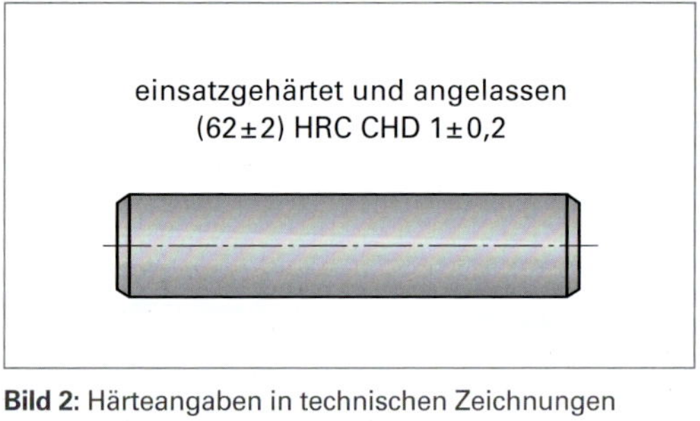

Bild 2: Härteangaben in technischen Zeichnungen

Als **Wärmebehandlungsangaben** können die Begriffe vergütet, gehärtet, gehärtet und angelassen, randschichtgehärtet, einsatzgehärtet und nitriert verwendet werden.

Am Beispiel einer Nockenwelle aus 42CrMo4 **(Bild 1)** werden weitere Möglichkeiten der Darstellung von Härteangaben in Technischen Zeichnungen gezeigt. Die Nockenwelle ist in zwei Gleitlagern gelagert, von denen das rechte Lager das Festlager ist, also zusätzlich axiale Anlaufflächen besitzt. Diese Welle verschleißt nur im Bereich der Gleitlager und des Radialwellendichtrings sowie an der Lauffläche der Nocke. Dementsprechend sollen auch nur diese Oberflächen gehärtet werden.

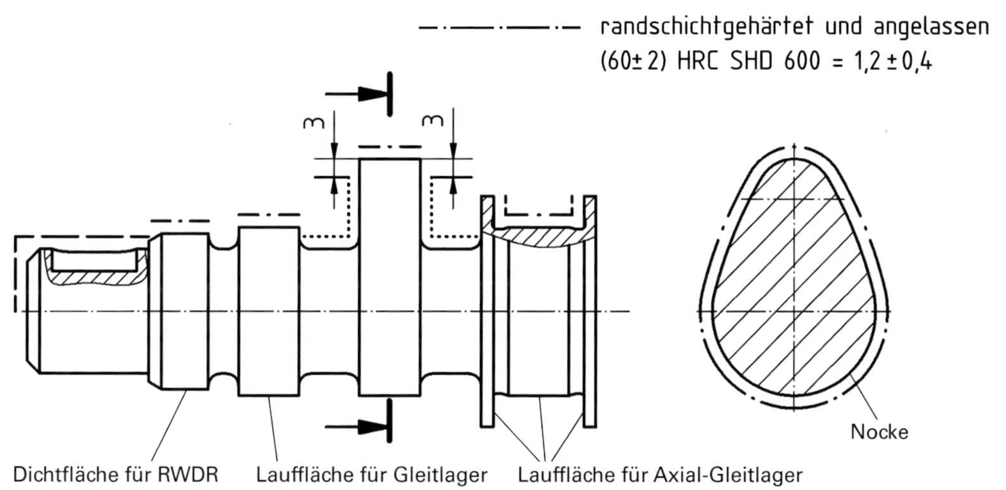

Bild 1: Härteangaben am Beispiel einer Nockenwelle

Die Bereiche, die gehärtet werden sollen, sind in der technischen Zeichnung mit einer **breiten Strich-Punktlinie** gekennzeichnet. Mit einer Textangabe wird die Bedeutung dieser breiten Strich-Punktlinie definiert. Die Welle soll dort randschichtgehärtet und angelassen werden. Eine Oberflächenhärte von 58 bis 62 HRC und eine Einhärtetiefe von 0,8 bis 1,6 mm sollen erzielt werden. In dieser Tiefe soll der Werkstoff mindestens eine Härte von 600 HV erreichen. Der Konstrukteur gibt nur die zu erzielenden Härtewerte vor und lässt dem Hersteller die Freiheit, ob er diese Welle mit Flammhärten oder Induktionshärten bearbeitet. Nach dem Härten müssen die gehärteten Oberflächen geschliffen werden, weshalb für die Absätze bei dem Axial-Gleitlager Freistiche der Form F verwendet wurden.

Der Bereich, der mit einer **breiten Punktlinie** gekennzeichnet ist, darf nicht gehärtet werden. Dort soll die Welle möglichst zäh bleiben, um die stoßartigen Biegekräfte aufnehmen zu können. Der Bereich, der mit einer **breiten Strichlinie** gekennzeichnet ist, darf gehärtet werden, muss es aber nicht, da die Härtung für die Funktion der Welle in diesem Bereich egal ist.

AUFGABEN | WIEDERHOLUNG UND VERTIEFUNG

1. Beschreiben Sie den Zustand und das Gefüge eines Eisenwerkstoffs mit 1 % Kohlenstoffgehalt, der von Raumtemperatur auf über 1 600 °C erwärmt wird. Geben Sie jeweils die Temperaturen an, bei denen sich das Gefüge bzw. der Zustand ändert.
2. Beschreiben Sie, worin der Unterschied zwischen Stahl und Gusseisen besteht. Geben Sie an, wie und warum sich die Eigenschaften dieser beiden Werkstoffe unterscheiden.
3. Beschreiben Sie, wie der Werkstoff C70U gehärtet werden kann. Geben Sie die Temperaturen und die Oberflächenhärte in Abhängigkeit von der Anlasstemperatur an.
4. Schlagen Sie ein Härteprüfverfahren für ein dünnes Aluminiumblech vor.

11.7 FEDERN

Federn sind Bauteile, die Energie in Form von Spannenergie speichern. Sie verformen sich elastisch. Die Arbeit, die zur Verformung aufgewendet wird, wird in der Feder gespeichert. Wird die Feder entspannt, gibt sie die gespeicherte Spannenergie wieder ab.

Bei den meisten Federn ist die **Federkraft *F*** proportional zum **Federweg *s*** **(Bild 1)**. Es besteht ein linearer Zusammenhang zwischen der Federkraft und dem Federweg. Das Verhältnis von **Federkraft *F*** zu **Federweg *s*** nennt man **Federrate *R*.**

$$R = \frac{F}{s}$$

R	*F*	*s*
N/m	N	m

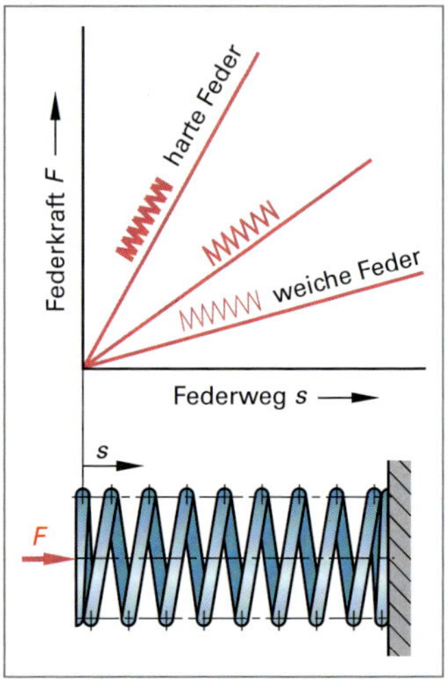

Bild 1: Zusammenhang zwischen Federkraft und Federweg

Bei der **Parallelschaltung (Bild 2)** von Federn addieren sich die Einzelkräfte zu der Gesamtfederkraft: $F_{ges} = F_1 + F_2 + F_3 + \ldots$

Der Federweg bleibt für alle Federn gleich: $s_{ges} = s_1 = s_2 = s_3 = \ldots$ Daraus ergibt sich:

$$R_{ges} = R_1 + R_2 + R_3 + \ldots$$

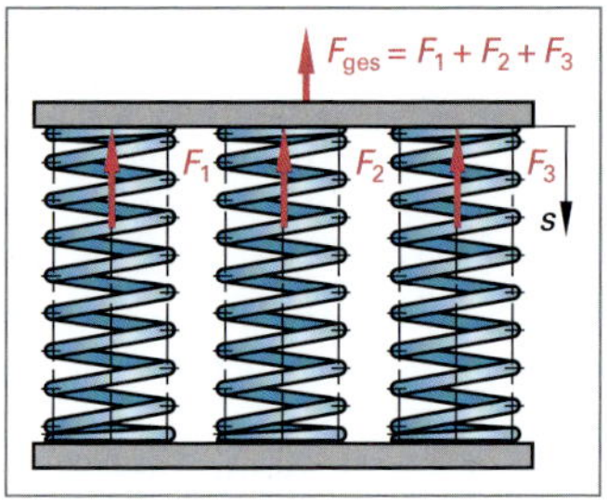

Bild 2: Parallelschaltung von Federn

Bei der **Reihenschaltung (Bild 3)** von Federn sind die Einzelkräfte genauso groß wie die Gesamtkraft: $F_{ges} = F_1 = F_2 = F_3 = \ldots$.

Die Federwege addieren sich zum Gesamtfederweg:
$s_{ges} = s_1 + s_2 + s_3 + \ldots$ Daraus ergibt sich:

$$\frac{1}{R_{ges}} = \frac{1}{R_1} + \frac{1}{R_2} + \frac{1}{R_3} + \ldots$$

11.7.1 FEDERARTEN

Federn werden nach der Art der Beanspruchung in Druckfedern **(Bild 2)**, Zugfedern **(Bild 3)**, Biegefedern und Drehfedern **(Bild 2, Seite 279)** unterteilt.

Weiterhin kann man Federn nach ihrer Form und dem sich elastisch verformenden Element unterscheiden. Es gibt z. B. Schraubenfedern **(Bild 2** und **3)**, Drehstabfedern **(Bild 2, Seite 279)**, Tellerfedern **(Bild 3, Seite 279)**, Ringfedern, Gummifedern und pneumatische Federn.

Schraubenfedern werden aus einem Federstahldraht hergestellt, der beim „Wickeln" der Feder plastisch verformt wird. Die Federrate *R* kann dabei beliebig eingestellt werden und ist vom **Drahtdurchmesser *d***, dem **mittleren Windungsdurchmesser D_m**, der **Anzahl der federnden Windungen *i*, der Federlänge *L*** und dem Werkstoff abhängig.

Die Federenden können entsprechend den Montageanforderungen angepasst werden. Bei Druckfedern **(Bild 2)** können am Federende

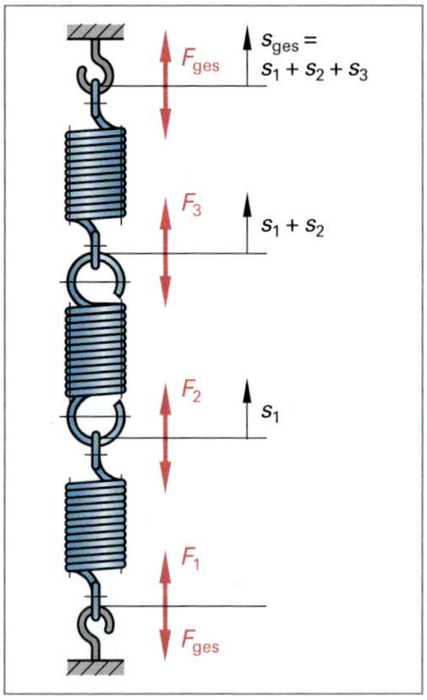

Bild 3: Reihenschaltung von Federn

eine oder mehrere Windungen mit einer so geringen Steigung gewickelt werden, dass sie aufeinander aufliegen und nicht mitfedern. Die Drahtenden können einfach abgeschnitten oder angeschliffen werden, sodass eine ebene Auflagefläche entsteht.

Bei Zugfedern gibt es verschiedene Formen von Ösen. Außerdem können die Ösen um 90° zueinander gedreht angeordnet werden.

Schraubendrehfedern **(Bild 1)** erzeugen eine Kraft, die tangential wirkt und damit eine Drehbewegung bzw. ein Drehmoment erzeugen kann.

Bei der in **Bild 2** dargestellten **Drehstabfeder** wird ein auf der linken Seite eingespannter Schaft durch die auf das Rad wirkende Kraft *F* verdreht. Die Drehstabfeder erzeugt eine Gegenkraft und damit ein **Drehmoment** M_d. Dabei bildet der Schaft die Drehstabfeder. Die dargestellte Radfederung wurde z.B. beim VW Käfer und wird heute noch bei vielen PKW-Anhängern verwendet.

Tellerfedern **(Bild 3)** sehen wie konisch verformte Unterlegscheiben aus. Sie haben eine sehr große **Federrate** R, sie können also bei einem sehr kleinen **Federweg** s eine sehr große **Federkraft** F erzeugen. Tellerfedern werden häufig in Federpaketen verbaut. Wenn die Tellerfedern, wie in **Bild 3** dargestellt, wechselsinnig verbaut werden, entspricht das einer Reihenschaltung von Federn. Werden die Tellerfedern gleichsinnig verbaut, entspricht das einer Parallelschaltung von Federn.

Federn werden als Norm- bzw. Kaufteile in die Konstruktion integriert. Neben den Normfedern nach DIN EN 10270 können fast beliebig gestaltete Federn verwendet werden. Die Hersteller bieten dazu Berechnungsprogramme an, mit denen die Federn dimensioniert und die Federkräfte und Federwege berechnet werden können.

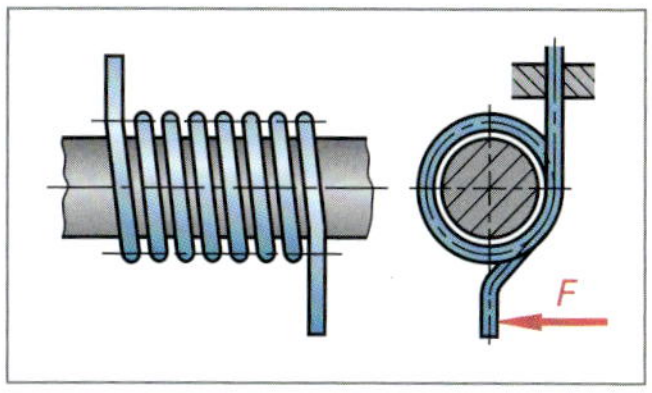

Bild 1: Schraubendrehfeder

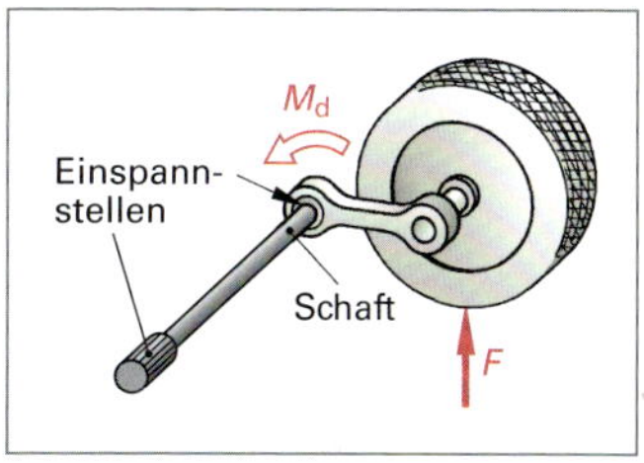

Bild 2: Drehstabfeder

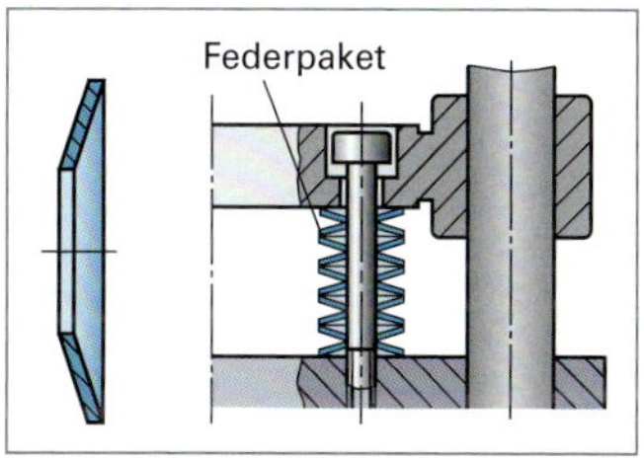

Bild 3: Tellerfeder

Lernfeld 11

11.7.2 | DARSTELLUNG VON FEDERN

Federn können in technischen Zeichnungen bildlich oder sinnbildlich dargestellt werden **(Bild 4)**. Bei der bildlichen Darstellung können Schraubenfedern geschnitten oder ungeschnitten dargestellt werden. Die Feder wird mit einer Mittellinie und einer schmalen Strickpunktlinie durch die Federdrahtquerschnitte versehen. Bei der sinnbildlichen Darstellung werden die Federwicklungen mit einer breiten Volllinie dargestellt. Zusätzlich wird die Form des Federdrahtquerschnitts, ob rund oder eckig, angegeben.

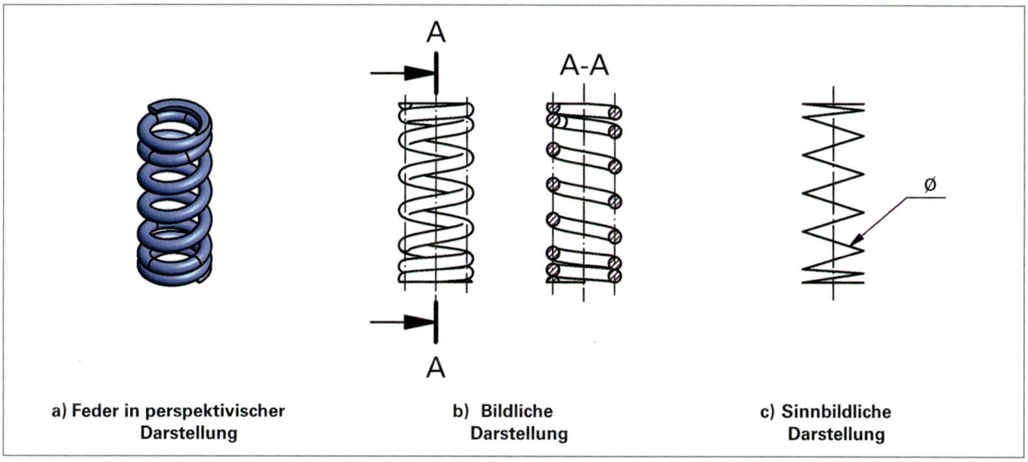

Bild 4: Darstellung von Schraubenfedern in technischen Zeichnungen

AUFGABEN | WIEDERHOLUNG UND VERTIEFUNG

1. Gegeben ist die Druckfeder DIN 2098 – 2 x 16 x 68.

a) Bestimmen Sie den Drahtdurchmesser *d*, den mittleren Durchmesser D_m und die Länge L_0 der unbelasteten Feder.
b) Bestimmen Sie die Anzahl der federnden Windungen i_f und die Gesamtwindungszahl i_g.
c) Bestimmen Sie die Federrate *R* und den größten zulässigen Federweg s_n.
d) Berechnen Sie die kleinste zulässige Prüflänge der Feder L_n.
e) Berechnen Sie die größte zulässige Federkraft F_n bei einer Federlänge L_n.
f) Berechnen Sie die Federkraft F_1 bei einer Federlänge L_1 = 30 mm
g) Berechnen Sie die Federlänge L_2 bei einer Federkraft von F_2 = 80 N

2. Gegeben ist die Druckfeder DIN 2098 – 5 x 63 x 395.

a) Bestimmen Sie den Drahtdurchmesser *d*, den mittleren Durchmesser D_m und die Länge L_0 der unbelasteten Feder.
b) Bestimmen Sie die Anzahl der federnden Windungen i_f und die Gesamtwindungszahl i_g.
c) Bestimmen Sie die Federrate *R* und den größten zulässigen Federweg s_n.
d) Berechnen Sie die kleinste zulässige Prüflänge der Feder L_n.
e) Berechnen Sie die größte zulässige Federkraft F_n bei einer Federlänge L_n.
f) Berechnen Sie die Federkraft F_1 bei einer Federlänge L_1 = 200 mm
g) Berechnen Sie die Federlänge L_2 bei einer Federkraft von F_2 = 500 N

3. Gegeben ist die Tellerfeder DIN 2093 – A16.

a) Bestimmen Sie den Innendurchmesser D_i und den Außendurchmesser D_a.
b) Bestimmen Sie die Dicke der Einzeltellerfeder *t* und die Bauhöhe der unbelasteten Feder l_0.
c) Bestimmen Sie die Federkraft *F* bei einem Federweg *s* = 0,26 mm.
d) Berechnen Sie die Federrate *R* der Tellerfeder.
e) Von dieser Tellerfeder werden 10 Federn gleichsinnig zu einer Federsäule zusammengebaut. Bestimmen Sie dafür den Federweg s_g bei einer Federkraft F_S = 1,00 kN. Berechnen Sie die Federrate R_{ges1} für diese Federsäule.
f) Von dieser Tellerfeder werden 10 Federn wechselsinnig zu einem Federpaket zusammengebaut. Bestimmen Sie dafür die Federkraft F_g bei einem Federweg s_g = 0,26 mm. Bestimmen Sie ebenfalls die Länge L_0 der unbelasteten geschichteten Tellerfedern. Berechnen Sie die Federrate R_{ges2} für dieses Federpaket.

4. Gegeben ist die Tellerfeder DIN 2093 – A71.

a) Bestimmen Sie den Innendurchmesser D_i und den Außendurchmesser D_a.
b) Bestimmen Sie die Dicke der Einzeltellerfeder *t* und die Bauhöhe der unbelasteten Feder l_0.
c) Bestimmen Sie die Federkraft *F* bei einem Federweg *s* = 1,20 mm.
d) Berechnen Sie die Federrate *R* der Tellerfeder.
e) Von dieser Tellerfeder werden 5 Federn gleichsinnig zu einer Federsäule zusammengebaut. Bestimmen Sie dafür den Federweg s_g bei einer Federkraft F_S = 20,50 kN. Berechnen Sie die Federrate R_{ges1} für diese Federsäule.
f) Von dieser Tellerfeder werden 5 Federn wechselsinnig zu einem Federpaket zusammengebaut. Bestimmen Sie dafür die Federkraft F_g bei einem Federweg s_g = 1,20 mm. Bestimmen Sie ebenfalls die Länge L_0 der unbelasteten geschichteten Tellerfedern. Berechnen Sie die Federrate R_{ges2} für dieses Federpaket.

5. 5 Zugfedern mit einer Federrate *R* = 10 N/mm und einer Länge der unbelasteten Feder von L_0 =100 mm werden aneinandergehängt. Berechnen Sie die Federrate R_{ges} und die Kraft bei einer Gesamtlänge von L_1 = 800 mm.

11.8 | TECHNICAL ENGLISH

11.8.1 | PHYSICAL BASICS

The symbol of a physical quantity in an equation is based on the English name of this quantity **(table 1)**.

In mechanical engineering three SI-base units for length, mass and time are mainly used. All other mechanical quantities and their units can be derived from these three base-units.

For example, the velocity equals the length divided through the time and therefore the unit of the velocity is metre divided through second. The commonly used term for this unit is metre per second.

The force equals the mass multiplied with the acceleration. Therefore, the unit of the force is kilogram multiplied with metre per square second. This unit is also called Newton.

Words	
symbol of a physical quantity	Formelzeichen einer physikalischen Größe
unit	Einheit
mechanical engineering	Maschinenbau
length	Länge
mass	Masse
time	Zeit
to derive	ableiten
velocity	Geschwindigkeit
equals	ist gleich (math.)
divided through	geteilt durch
force	Kraft
multiplied with	multipliziert mit
acceleration	Beschleunigung
area	Fläche
volume	Volumen
force	Kraft
work	Arbeit
power	Leistung
square metre	Quadratmeter
cubic metre	Kubikmeter

Table 1: Names, symbols and units of physical quantities

Physical Quantity	Symbol of quantity	Unit	Symbol of unit
length	l	metre	m
mass	m	kilogram	kg
time	t	second	s
Area	A	square metre	m^2
Volume	V	cubic metre	m^3
velocity	v	metre per second	m/s
acceleration	a	metre per square second	m/s^2
Force	F	Newton	N
Work	W	Joule	J
Power	P	Watt	W

EXERCISES | REPETITION AND CONSOLIDATION

1. Write down the equations for *v*, *a*, *F*, *W* and *P*. Write these equations and their units also in complete sentences, like "Velocity equals time divided through ...".
   Add also a sentence that name the unit that belongs to the mentioned physical quantity, like "The unit of velocity is metre per second."
2. You drive with your car in England 130 miles in 2 hours. Please calculate the average speed in km/h and write down the equations you used in complete sentences.
3. The wheel of a bicycle has a diameter of 28 inch and you drive in England 20 miles per hour. Please calculate the rotational speed of the wheel.

Lernfeld 11

11.8.2 | GEAR BOXES

A gear box is used to change the rotational speed and the torque. It can also be used to change the rotating direction of a shaft from clockwise to counterclockwise or vice versa.

The gear ratio *i* of a gear box is defined as the rotational speed from the input shaft n_1 divided through the rotational speed of the output shaft n_2.

11.8.3 | BEARINGS

Two kinds of bearings are mainly used, roller bearings and plain bearings.

Radial bearings are used to carry a load in a radial direction. Thrust bearings are required to carry a load in an axial direction.

The typical bearing arrangement consists out of a locating- and a non-locating bearing. In **figure 1** two deep groove ball bearings are used. The left bearing is the locating bearing. It can carry a load in a radial and an axial direction and holds the shaft in place. It is fixed with a retaining ring to the shaft and the housing. The right bearing is the non-locating bearing. It can carry a load only in a radial direction and allows a movement in an axial direction in the housing.

Spherical roller bearings, cylindrical roller bearings and tapered roller bearings are further examples of roller bearings.

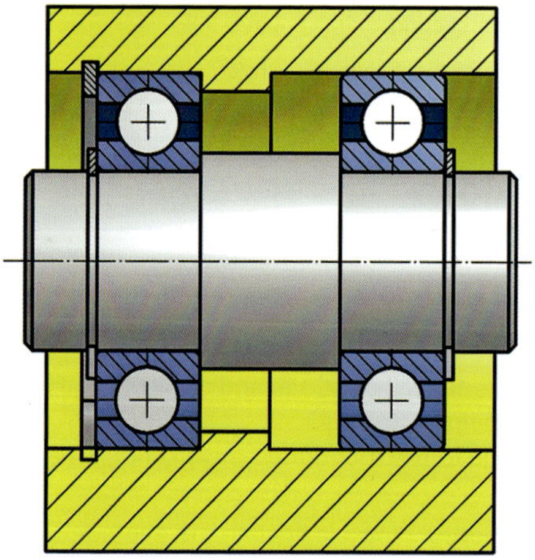

Figure 1: Bearing arrangement

Words	
gear box	Getriebe
rotational speed	Drehzahl
torque	Drehmoment
rotating direction	Drehrichtung
clockwise	im Uhrzeigersinn
counterclockwise	entgegen dem Uhrzeigersinn
vice versa	umgekehrt
gear ratio	Übersetzungsverhältnis
bearings	Lager
roller bearing	Wälzlager
plain bearing	Gleitlager
radial bearing	Radiallager
thrust bearing	Axiallager
bearing arrangement	Lageranordnung
locating bearing	Festlager
non-locating bearing	Loslager
deep groove ball bearing	Rillenkugellager
retaining ring	Sicherungsring
spherical roller bearing	Tonnenlager
cylindrical roller bearing	Zylinderrollenlager
tapered roller bearing	Kegelrollenlager

EXERCISES | REPETITION AND CONSOLIDATION

1. What can be changed with a gear box?
2. Write down the names of all bearing types you know in German and English (at least 10 bearings).
3. Explain why a cylindrical roller bearing NU can`t be used as a locating bearing.
4. Describe the bearing arrangement shown in **figure 2** on **page 232**. Describe in detail why the different bearings can carry the load in different directions.
5. Describe the bearing arrangement shown in **figure 1** on **page 235**. Describe in detail which bearing can carry the load in which direction.
6. Describe the assembly process of the parts in **figure 1** on **page 235**.

Lernfeld 12

3D-DATENSÄTZE VON BAUTEILEN UND BAUGRUPPEN NACH GESTALTUNGSTECHNISCHEN VORGABEN ERSTELLEN UND MODIFIZIEREN

Gestaltungstechnische Vorgaben gehören zu den bestimmenden Faktoren im technischen Produktdesign. Je nach Produktart und Branche sind diese Faktoren unterschiedlich gewichtet. Im Konsumgüterbereich können die nutzerorientierten und ästhetischen Aspekte ein entscheidender Wettbewerbsfaktor sein, sie haben eine entsprechend große Bedeutung. Aber auch im technisch-funktional orientierten Investitionsgüterbereich und im klassischen Maschinenbau gewinnt das Produktdesign zunehmend an Bedeutung. Dabei ist Produktdesign nicht als reine Verschönerung (Styling) zu verstehen, sondern als ganzheitlicher, auf Ästhetik und Nutzerorientierung ausgerichteter Ansatz in der integrierten Produktentwicklung: Eine gute Gestaltung verbessert die Funktionalität, die Ergonomie und die optische Qualität der Produkte. Die wachsende Bedeutung des Produktdesigns und die berufliche Anforderung an den Technischen Produktdesigner, sowohl mit Konstrukteuren als auch mit Industriedesignern zu kommunizieren oder sogar an der Schnittstelle zwischen Konstruktion und Design tätig zu sein, erfordern ein Grundverständnis und eine Sensibilisierung für die Produktgestaltung. In diesem Kapitel werden die spezifischen, von der Konstruktion abweichenden Aspekte Ästhetik und Nutzerorientierung geklärt sowie die Aufgabenbereiche und die methodische Vorgehensweise im Produktdesign verdeutlicht.

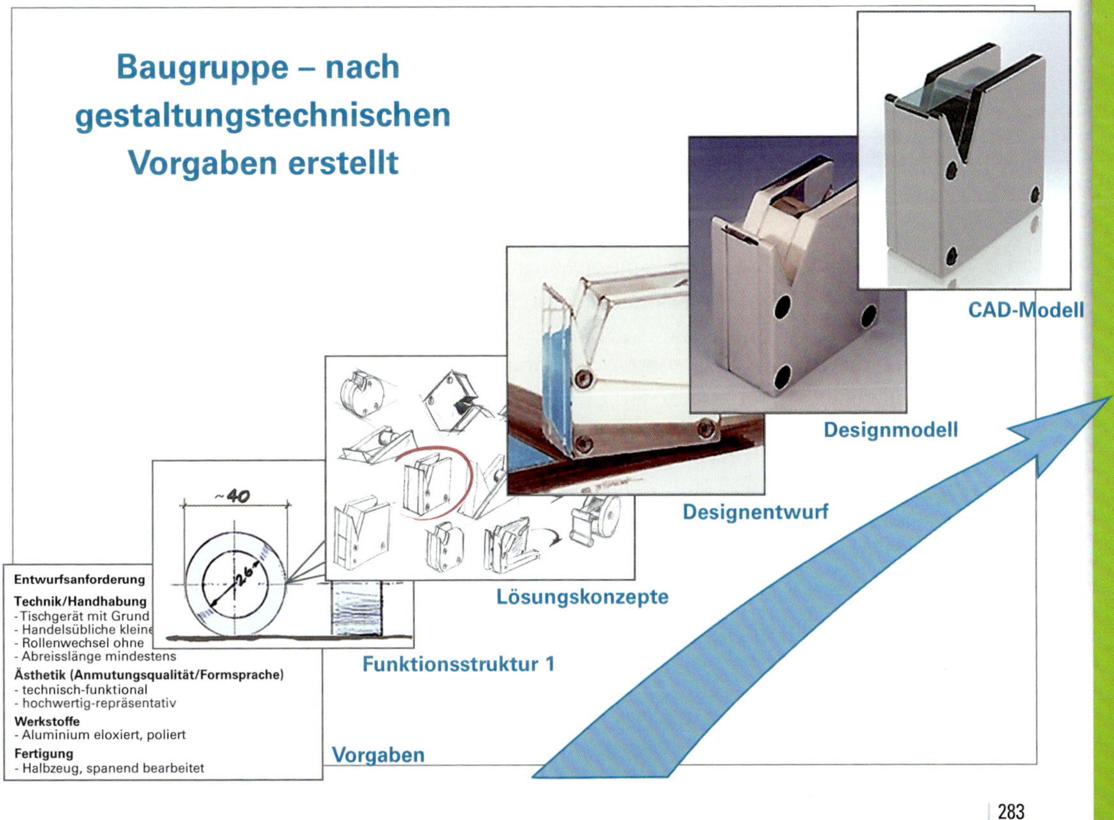

12.1 | LERNSITUATIONEN

LERNSITUATION 1 | Entwurf einer Schreibtischuhr nach Vorlage

Sie erhalten den Auftrag, eine Schreibtischuhr zu entwerfen, die in ihren formalen Eigenschaften Ähnlichkeit mit der Produktvorlage aufweisen soll.

Die Produktvorlage **(Bild 1)** ist aus Aluminium-Strangprofil (Querschnittprofil s. **Bild 2**) durch Fräsen gefertigt. Die Oberfläche wird anschließend matt eloxiert.

Das Tragwerk der Schreibtischuhr soll aus dem gleichen Aluminium-Strangprofil **(Bild 2)** durch Spanen und anschließendes Eloxieren gefertigt werden.

Die Funktion „Zeitanzeige" soll durch ein integriertes analoges Uhrwerk (Kaufteil) erfüllt werden.

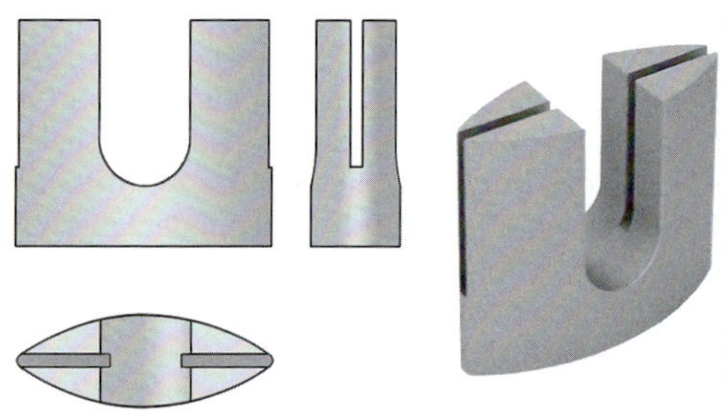

Bild 1: Produktvorlage

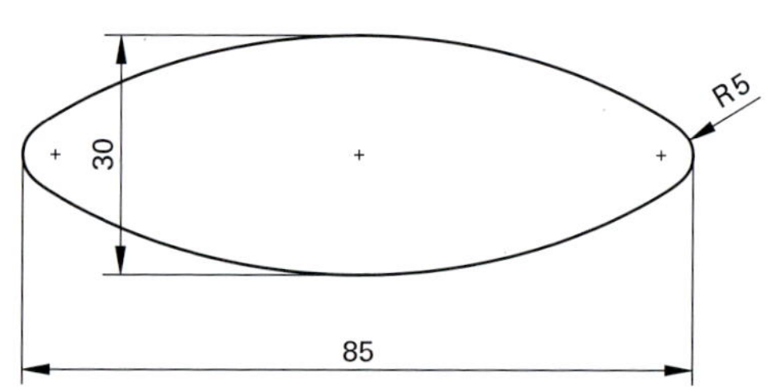

Bild 2: Querschnitt-Strangprofil

Aufgabenstellung

1.1 Ermitteln Sie die Anforderungen und den notwendigen Informationsbedarf für die Bearbeitung des Auftrags.

1.2 Analysieren Sie die gestaltbildenden Merkmale der Formvorlage. Visualisieren Sie die charakteristischen Formmerkmale in Handskizzen.

1.3 Entwickeln Sie Teillösungskonzepte zu Funktion, Form und Fertigung der Tischuhr.

1.4 Arbeiten Sie 3 alternative Gesamtlösungskonzepte (Designkonzepte) zu präsentierbaren Konzeptskizzen aus.

1.5 Bewerten Sie die Lösungskonzepte im Team unter Anwendung einer geeigneten Bewertungsmethode.

1.6 Arbeiten Sie das ausgewählte Lösungskonzept zu einem Designentwurf als CAD-Modell aus. Das Uhrwerk soll in Form eines maßstäblichen Platzhalters integriert werden.

1.7 Optional (falls die Fertigungsmöglichkeit vorhanden ist): Fertigen Sie zur Überprüfung der real-räumlichen Wirkung des Designentwurfs ein Designmodell mittels 3D-Drucks an. Das Uhrwerk (Kaufteil) soll als Einbauteil in das Modell integriert werden.

Lernfeld 12

LERNSITUATION 2 | Redesign eines Reagenzglashalters

In **Bild 1** wird der Entwurf für einen Reagenzglashalter dargestellt, der durch Thermoumformen gefertigt werden soll.

Die Reagenzgläser aus Kunststoff (Durchmesser 16 mm, Länge 120 mm) werden für die Sortierung kleinster Elektronikbauteile benutzt. Die Gläser werden von der Halterung genommen, sortenrein gefüllt und in die Aufnahmebohrungen der Halterung gesteckt.

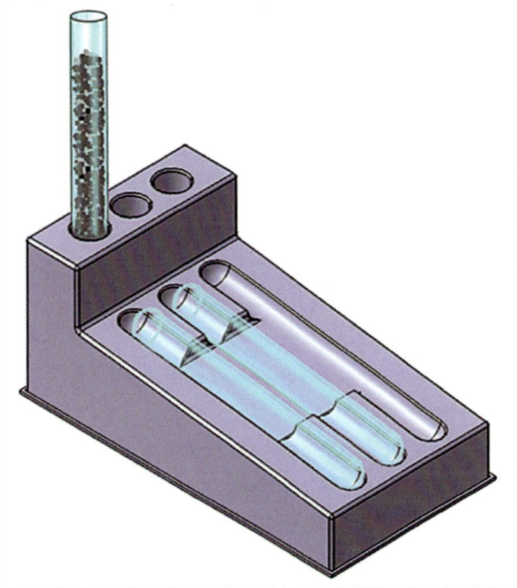

Bild 1: Entwurf eines Reagenzglashalters

Aufgabenstellung

2.1 Erarbeiten Sie unter Beachtung entwicklungsmethodischer Prinzipien einen im Hinblick auf die Ergonomie, die Funktion und die Fertigung verbesserten Entwurf für den Reagenzglashalter.

2.2 Realisieren Sie den Entwurf in einem CAD-Modell.

LERNSITUATION 3 | Designideen zu einem Designentwurf ausarbeiten

Entwerfen Sie einen Klebefilmabroller, der folgende Anforderungen erfüllt:

- Die Formensprache des Geräts soll dezent floral anmuten, d.h., die Produktgestalt besteht partiell aus Freiformgeometrie.
- Beispiele möglicher Lösungsideen sind in **Bild 2** skizziert.
- Die Dimensionierung soll auf die große Klebefilmrolle (Kerndurchmesser 26 mm, Außendurchmesser 53 mm, Breite 19 mm) abgestimmt werden.
- Das Funktionsprinzip soll dem in **Bild 3** dargestellten Beispiel entsprechen.
- Das Gehäuse soll in Stahlblech tiefgezogen werden. Die in den Skizzen in **Bild 2** gelb dargestellten zylindrischen Bauteile sollen aus Messing spanend gefertigt werden.

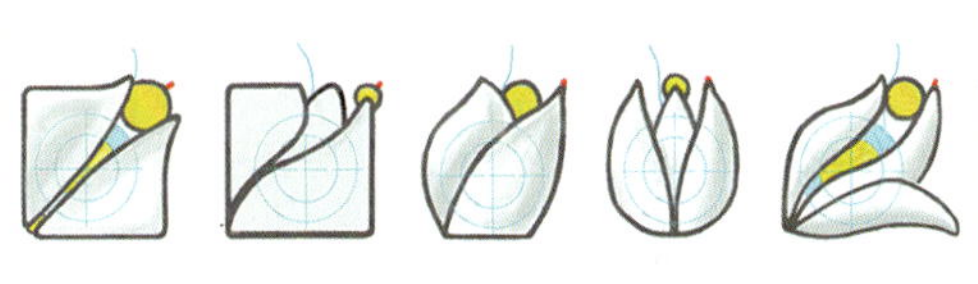

Bild 2: Beispiele für spontane Lösungsideen

Bild 3: Funktionsprinzip

Aufgabenstellung

3.1 Erarbeiten Sie unter Beachtung entwicklungsmethodischer Prinzipien einen Entwurf für einen Klebefilmabroller mit der geforderten ästhetischen Wirkung.

3.2 Der Entwurf soll als perspektivische, gerenderte Entwurfsdarstellung der Hauptansicht ausgeführt werden. In weiteren Skizzen sollen der Aufbau und die Funktion des Geräts veranschaulicht werden.

12.2 KOMPONENTEN DES TECHNISCHEN PRODUKTDESIGNS

Die Schwerpunkte in der Produktentwicklung sind die **Produktkonstruktion** und die **Produktgestaltung** mit Schnittstellen zu Produktion, Marketing, Vertrieb und weiteren an der Produktentwicklung beteiligten Disziplinen. Die Gestaltung von Produkten ist eine der Kernaufgaben sowohl des Konstrukteurs als auch des Produktgestalters – jedoch mit unterschiedlicher Ausrichtung.

i

Info: Begriffe

Produktgestaltung wird auch **Produktdesign** oder **Industriedesign** genannt.

Konstruktion wird zunehmend **Technische Produktentwicklung** genannt.

In der Konstruktion liegen die Schwerpunkte im Bereich der funktionalen und fertigungstechnischen Anforderungen. In der Produktgestaltung fallen hingegen vor allem die nutzerbezogenen, ästhetischen Anforderungen ins Gewicht.

Die **Qualität einer Produktgestaltung** hängt u. a. davon ab, inwieweit die Anforderungen des Nutzers erfüllt werden:

- Produkte sollen funktional, gebrauchsfreundlich, d. h. verständlich, gut bedienbar und haltbar sein.
- Produkte sollen eine hohe ästhetische Qualität besitzen, d. h., sie sollen gut aussehen, angenehm riechen und sich gut anfühlen und anhören.

Die **Produktkonstruktion (Technische Produktentwicklung)** befasst sich mit der **funktions- und fertigungsgerechten Gestaltung** von Produkten unter Berücksichtigung gestalterischer, ökonomischer und ökologischer Aspekte.

Die **Produktgestaltung (Produktdesign, Industriedesign)** befasst sich mit der **nutzerorientierten, ästhetischen Gestaltung** von Produkten unter Berücksichtigung konstruktiver, ökonomischer und ökologischer Aspekte.

Eine so definierte **Produktgestaltung** befasst sich mit der Entwicklung technischer Produkte mit Designbezug und ist an der Schnittstelle zur Technischen Produktentwicklung verortet. Ein Produktdesign mit dieser Ausrichtung wird auch **Technisches Design** bzw. **Engineering Design** genannt. Darüber hinaus gibt es zahlreiche weitere Ausrichtungen und Spezialisierungen im Produktdesign, wie z. B. Fahrzeugdesign, Möbeldesign, Lichtdesign, Architekturdesign, UX-Design oder Eco-Design. **UX-Design** (engl.: ***u**ser e**x**perience **design***) ist auf die Optimierung der Usability des Produkts (engl.: *usability*, Gebrauchstauglichkeit, Benutzerfreundlichkeit) und die Anwendungsfreude des Nutzers ausgerichtet. **Eco-Design** ist auf die Entwicklung nachhaltiger Produkte ausgerichtet.

12.2.1 NUTZERORIENTIERUNG UND ÄSTHETIK IN DER PRODUKTGESTALTUNG

Nutzerorientierung

Bei der nutzerorientierten Produktgestaltung gilt es, die Gebrauchsprozesse eines Produkts an den Menschen anzupassen, d. h. ein Produkt ergonomisch bzw. darüber hinausgehend benutzerfreundlich zu gestalten.

Durch eine nutzerorientierte Gestaltung können dem Nutzer Informationen zu den Gebrauchseigenschaften und zur Bedienbarkeit übermittelt und verständlich gemacht werden. Umgekehrt können durch eine schlechte, unangepasste Produktgestaltung Bedienungsfehler oder sogar Gefahren, z. B. durch schlecht handhabbare Bedienelemente oder schlecht erkennbare Gefahrenquellen, entstehen.

Die **Benutzerfreundlichkeit** von Produkten wird in der Richtlinie zur Ergonomie der Mensch-System-Interaktion (EN ISO 9241) unter den Begriffen **Usability** und **User Experience** wie folgt definiert:

- Die **Usability** bzw. Gebrauchstauglichkeit ist das Ausmaß der Verwendungsmöglichkeit eines Produkts für einen bestimmten Benutzer, um bestimmte Ziele effektiv, effizient und zufriedenstellend zu erreichen.
- Die **User Experience** erweitert den Begriff Usability um das **Nutzungserlebnis**. Dafür sind ästhetische und emotionale Komponenten, wie eine ansprechende Gestaltung, Aspekte der Vertrauensbildung oder Freude, als Gestaltungsfaktoren zu berücksichtigen.

Benutzerfreundlichkeit bedeutet demnach, dass Produkte nicht nur verständlich und problemlos bzw. intuitiv bedienbar sein sollen, sondern auch positive Gefühle wie Zufriedenheit, Freude oder Spaß bei den Nutzern generieren sollen.

Der Erfolg bestimmter Marken beruht unter anderem auf diesem Prinzip. Design und Benutzerfreundlichkeit haben für die Hersteller höchste Priorität, denn es ist nicht vorrangig die Technologie, sondern das Design des Produkts, das beim Nutzer positive Gefühle auslöst.

Nutzerorientierung bedeutet, Produkte ergonomisch und benutzerfreundlich zu gestalten, d. h. Produkte sollen verständlich und intuitiv bedienbar sein und positive Gefühle auslösen. In der Richtlinie (EN ISO 9241) sind diese Aspekte unter den Begriffen **Usability** und **User Experience** aufgeführt. Auf die Umsetzung dieser Anforderungen ist das **UX-Design** ausgerichtet.

Ästhetik

Die Ästhetik eines Produkts, kurz: Produktästhetik, betrifft die sinnliche Wahrnehmung und die daraus resultierende **Wirkung eines Produkts** auf den Menschen.

In **Bild 1** ist ein einfaches Modell der ästhetischen Wahrnehmung dargestellt.

Die vom Produkt ausgehenden **Sinnesreize** werden latent (unbewusst) in sinnvolle, erkennbare **Gestalteinheiten** strukturiert und mit den gespeicherten **Erfahrungen** und **Erwartungen** des Menschen verglichen und interpretiert.

Das Ergebnis ist eine subjektiv geprägte **ästhetische Reaktion**. Das kann eine unbewusste Gefühlsregung (Anmutung), eine bewusste Bewertung oder eine Handlung (z. B. Bedienknopf betätigen) sein.

Fällt die Reaktion auf die Ästhetik eines Produkts positiv aus, ist es für den Betrachter ästhetisch befriedigend, d. h. schön, attraktiv, gutaussehend, sich gut anfühlend oder gut anhörend.

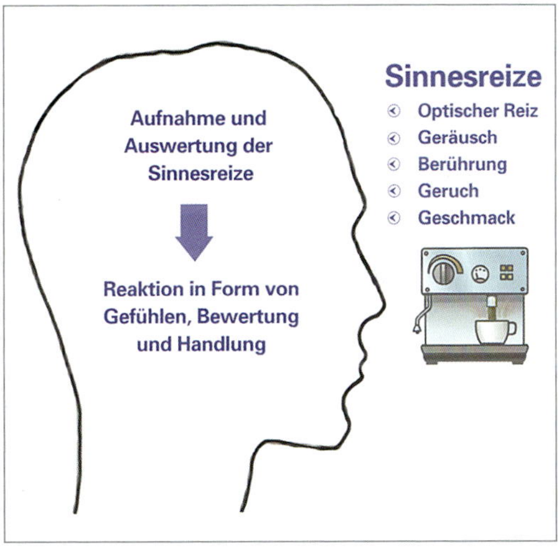

Bild 1: Modell der Wahrnehmung

Wahrnehmungsprinzipien

Die latente, d. h. unbewusst ablaufende Strukturierung der aufgenommenen Sinnesreize erfolgt nach sogenannten **Wahrnehmungsprinzipien**. Ziel dieser Prinzipien ist es, eine schnelle und eindeutige Wahrnehmung bzw. Orientierung zu gewährleisten.

Das übergeordnete Prinzip ist das **Prägnanzprinzip**: Sinneseindrücke werden unbewusst so strukturiert und sogar manipuliert, dass Objekte und Situationen einfacher, schneller und eindeutiger, d. h. prägnanter, wahrgenommen werden. Dieses Phänomen wird nachfolgend an Beispielen aus dem visuellen Bereich verdeutlicht.

Bei der Wahrnehmung der in **Bild 1a** dargestellten Box wird die komplexe Struktur unbewusst so manipuliert, dass sie einfacher, schneller und eindeutiger erfasst werden kann. Das sichtbare Dreieck ist real nicht vorhanden, sondern ist nur imaginär, d.h. in der Vorstellung des Betrachters vorhanden.

In **Bild 1b** wird die Farbe des Schriftzugs auf dem roten und grünen Hintergrund deutlich unterschiedlich wahrgenommen, obwohl sie messbar gleich ist. Dem Prägnanzprinzip entsprechend erfolgt rechts eine Verstärkung des Farbkontrastes, links hingegen eine Angleichung der Farben. Dadurch wird die Gesamtform einfacher und prägnanter.

Bei Formanordnungen, die aus mehreren Einzelformen bestehen, werden unbewusst Gesamtformen, sogenannte **Ganzheiten**, gebildet. Auf diese Weise wird der Wahrnehmungsaufwand reduziert.

Die **Bilder 2a bis 2c** zeigen grundlegende Beispiele dieser Wahrnehmungsfunktion:

- **Prinzip der Nähe (Bild 2a)**
  Nah zueinander angeordnete Teile werden als zusammengehörig wahrgenommen, auch bei unterschiedlichen Formmerkmalen.
- **Prinzip der Ähnlichkeit bzw. Gleichartigkeit (Bild 2b)**
  Einzelformen mit gleichem oder ähnlichem Aussehen oder Merkmalen, z.B. ähnliche Farbe oder Form, werden als Ganzheit wahrgenommen.
- **Prinzip der Geschlossenheit (Bild 2c)**
  Einzelformen in geschlossener Anordnung, die einfache oder bekannte Gesamtformen ergeben, werden als Ganzheit wahrgenommen (ein imaginäres Quadrat links im Bild). Dieses Phänomen kann durch Rahmen oder durch Verbindungslinien gesteigert werden (rechts im Bild).

Diese unbewusst ablaufenden Wahrnehmungsvorgänge sind ein wesentlicher Grund für **optische Täuschungen**.

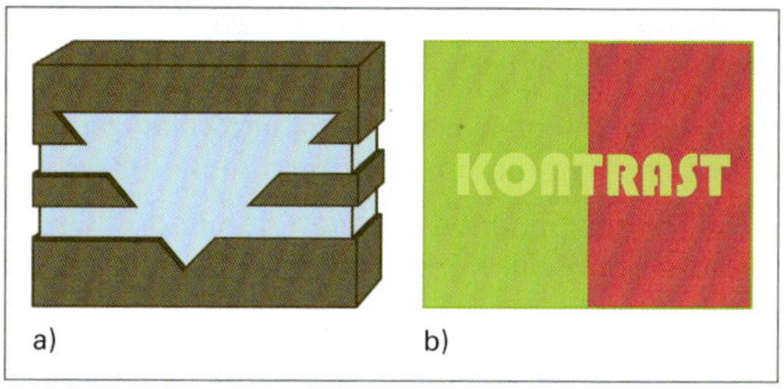

a) b)

Bild 1: Prägnanzprinzip

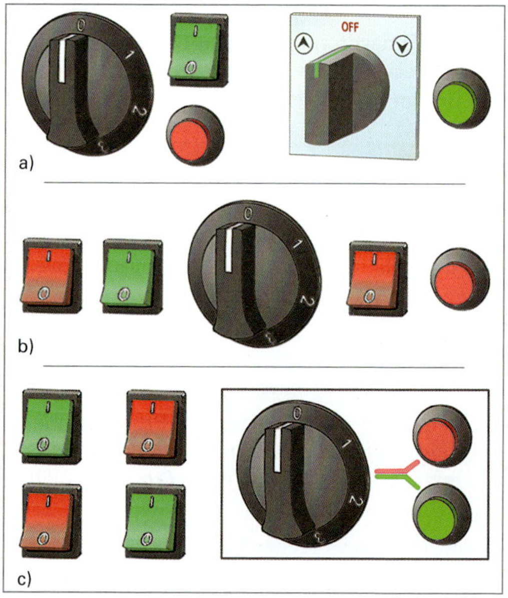

a) b) c)

Bild 2: Prinzipien der Bildung von Ganzheiten

Info: Optische Täuschung
Die meist unvollständigen Sehreize werden im Gehirn auf der Basis der Wahrnehmungsprinzipien und Vorerfahrungen verarbeitet und interpretiert. Optische Täuschungen zeigen, dass bei diesem Prozess falsche Schlussfolgerungen möglich sind.

Ästhetische Qualität

Die ästhetische Qualität einer Gestaltung ist abhängig von zwei gegenläufigen Bedingungen:

- **Schnell und eindeutig erfassbare Wahrnehmungssituationen**
  Bei Nichterfüllung dieser Bedingung entsteht Stress. Diese Bedingung wird durch Ordnung (hohe Prägnanz) innerhalb einer Gestaltung erfüllt **(Bild 3a)**.
- **Interessante, anregende, neue Wahrnehmungssituationen**
  Bei Nichterfüllung dieser Bedingung entsteht Langeweile. Diese Bedingung wird durch Komplexität (geringe Prägnanz) innerhalb einer Gestaltung erfüllt **(Bild 3b)**.

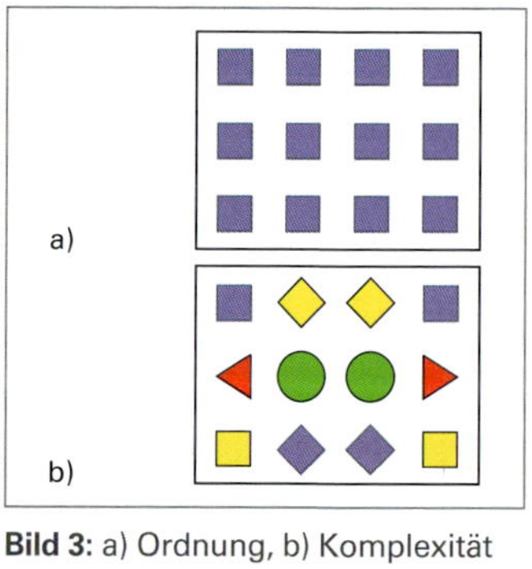
a) b)

Bild 3: a) Ordnung, b) Komplexität

Übertragen auf die **Produktgestaltung** bedeutet das:

- Produkte, die vorrangig auf eine **schnelle und prägnante Information** der Nutzer ausgerichtet sind, erfordern eine **hohe Ordnung** der ästhetischen Gestaltung.
- Produkte, die vorrangig auf **Unterhaltung und Erlebnis** des Nutzers ausgerichtet sind, erfordern eine **höhere Komplexität** der ästhetischen Gestaltung.

Ein ausgewogenes Verhältnis von Ordnung und Komplexität der ästhetischen Gestaltung wird allgemein als **harmonisch** empfunden. In **Bild 1** wird dies an einem Beispiel verdeutlicht.

Eine mittige, symmetrische Flächenteilung hat zwar einen hohen Ordnungsgrad, wirkt aber eher langweilig **(Bild 1a)**.

Eine zu randständige Flächenteilung erzeugt zwar höhere Aufmerksamkeit, wirkt aber unharmonisch, irgendwie verrutscht und unausgewogen **(Bild 1b)**.

Hingegen empfinden Betrachter Flächenteilungen von etwa 2:3 als besonders harmonisch. **Bild 1c** zeigt solche harmonischen Flächenteilungen in horizontaler bzw. vertikaler Richtung. Derartige Teilungsverhältnisse werden **Goldener Schnitt** genannt.

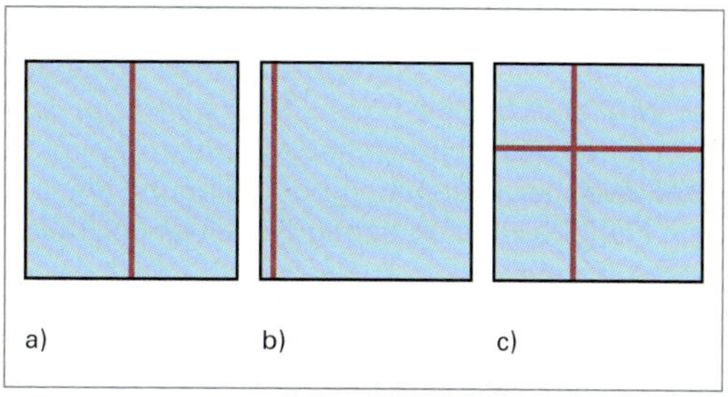

Bild 1: 1 Beispiele für Flächenteilungen

Das **Verhältnis von Komplexität und Ordnung** als Kriterium für die ästhetische Qualität einer Produktgestaltung ist immer auch von der Erwartung, dem Geschmack und den Erfahrungen des Konsumenten abhängig. Diese subjektiven Faktoren sind wiederum abhängig von den persönlichen Faktoren wie Alter, Geschlecht, Bildung, persönliche Situation, ästhetische Präferenzen sowie von gesellschaftlichen Einflüssen, wie Zeitgeist und Kultur.

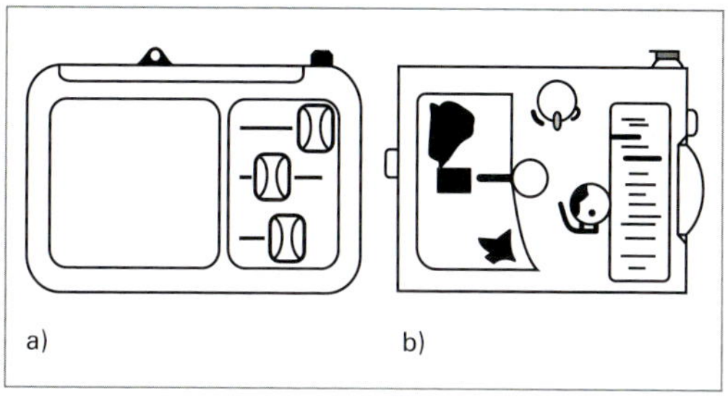

Bild 2: Gestaltungsvorlagen, a) harmonisch, b) disharmonisch

Dazu ein Experiment: Die Skizzen eines kleinen tragbaren Radios in **Bild 2** sind Beispiele für harmonische und disharmonische Gestaltung. Sie wurden mehreren Schülergruppen im Alter zwischen 14 und 16 Jahren vorgelegt. Anhand der Vorlagen sollten sie ihr persönliches Radio gestalten. **Bild 3** zeigt eine Auswahl der Ergebnisse. Die Altersgruppe bevorzugte nicht die für sie zu langweilige harmonische Variante, sondern das Reizvollere bzw. Disharmonische.

Das Beispiel zeigt, dass für die Produktgestaltung die exakte Analyse der **ästhetisch-emotionalen Wertewelt der jeweiligen Zielgruppe** entscheidend wichtig ist.

Eine zielgruppengerechte, harmonische Gestaltung bewegt sich immer in einem Spannungsfeld: Ist die Gestaltung zu angepasst, ohne interessante neue Eindrücke, kann sie langweilig wirken. Andererseits kann eine allzu futuristische, ungewöhnliche und unzureichend kommunizierte Gestaltung die potenziellen Käufer verunsichern und dazu führen, dass sie das Produkt meiden oder ablehnen.

Bild 3: Gestaltungsergebnisse

Zielgruppen

Die möglichst genaue Kenntnis der Zielgruppen mit ihren verschiedenen Sub-Zielgruppen (lat.: *sub*, unter) ist eine entscheidende Voraussetzung für die Produktgestaltung und Produktkommunikation. Wenn z. B. Produkte für Skater entwickelt werden sollen, gilt es die Frage zu klären: „Wie tickt" eigentlich ein Skater?

Eine differenzierte Zielgruppenanalyse sollte auch das Phänomen der **MAYA-Schwelle** (auch: MAYA-Prinzip) berücksichtigen. Die MAYA-Schwelle bezeichnet die zielgruppenspezifische kritische Zone zwischen Akzeptanz und Ablehnung eines neuen Designs. Design-Flops resultieren häufig aus einer unzureichenden Beachtung dieser Schwelle.

i **Info: MAYA-Schwelle**

Engl.: ***m**ost **a**dvanced **y**et **a**cceptable*, sinngemäß: Das Neuartigste, das noch akzeptabel ist.

Produktdesign darf gerade so neu bzw. andersartig sein, dass es von den Verbrauchern noch positiv gewertet wird.

Eine weit verbreitete Methode zur Zielgruppenbestimmung ist die **Klassifizierung in Sinus-Milieus®** vom Markt- und Sozialforschungsunternehmen Sinus Sociovision (Sinus-Institut). Konsumenten, die Ähnlichkeiten in Werteorientierung, Lebensstil, ästhetischer Bevorzugung und sozialer Lage, wie z. B. Beruf und Familie, Konsum bzw. Freizeitgestaltung und Gesellschaftsbild, aufweisen, werden in Milieugruppen eingeordnet und beschrieben.

Derzeit besteht das Sinus-Milieu-Modell für Deutschland aus 10 Gruppen. Das regelmäßig aktualisierte Sinus-Milieu-Modell ermöglicht ein genaues Erfassen der Zielgruppen und der relevanten aktuellen Trends sowie eine langfristige Trendprognose.

Die **ästhetische Qualität einer Gestaltung** wird bestimmt durch das Verhältnis von Ordnung und Komplexität in Abhängigkeit vom Gestaltungsziel und den Erwartungen und Bedürfnissen der jeweiligen Zielgruppe.

Die **Designqualität** eines Produkts wird bestimmt durch ein zielgruppenaffines, angemessenes Verhältnis von Nutzerqualität und ästhetischer Qualität.

AUFGABEN | WIEDERHOLUNG UND VERTIEFUNG

1. Beschreiben Sie die Unterschiede der Tätigkeitsbereiche von Produktkonstruktion und Produktgestaltung.
2. Erläutern Sie die Begriffe **a)** Technisches Design, **b)** UX-Design.
3. Erläutern Sie die Basiskomponenten Nutzerorientierung und Ästhetik im Industriedesign.
4. Beschreiben Sie den Einfluss der Wahrnehmungsprinzipien auf den Wahrnehmungsprozess in Text und Skizzenbildern.
5. Nennen Sie Kriterien für eine zielgruppengerechte harmonische Gestaltung.
6. Was ist unter der ästhetischen Qualität einer Produktgestaltung zu verstehen?
7. Welche Aspekte bestimmen die Designqualität eines Produkts?
8. Welche Faktoren sind bestimmend für die Ausprägung der MAYA-Schwelle?
9. Warum ist eine ausführliche Zielgruppenanalyse für eine passgenaue Produktgestaltung und Produktvermarktung wichtig?
10. Erläutern Sie den Begriff Milieugruppen im Sinus-Milieu-Modell.

12.3 | ANFORDERUNGEN UND VORGABEN IN DER PRODUKTGESTALTUNG

Die Produktentwicklung wird von einer Vielzahl von Vorgaben und Anforderungen beeinflusst: Produkte müssen funktionssicher, benutzerfreundlich, ästhetisch überzeugend, genehmigungsfähig und kostengünstig sein. Darüber hinaus müssen material- und fertigungstechnische Aspekte sowie gesellschaftliche, kulturelle und globale Veränderungen berücksichtigt werden. Diese Einflussfaktoren werden im Folgenden mit Bezug auf das Produktdesign und beginnend mit den übergeordneten **Gestaltungsgrundregeln, Gestaltungsprinzipien und Gestaltungsrichtlinien** beschrieben.

12.3.1 | GESTALTUNGSGRUNDREGELN

Die Gestaltungsgrundregeln fordern, dass Produkte **eindeutig** in der Funktionserfüllung, **einfach** in Fertigung und Gebrauch und **sicher** für Mensch, Maschine und Umwelt sein müssen.

Grundregel „eindeutig"

Eindeutig in der Funktionserfüllung ist ein Produkt mit folgenden Eigenschaften:

- eindeutige, klare Funktionsstruktur und Formgebung,
- eindeutige Gebrauchseigenschaften (Benutzbarkeit, Bedienbarkeit, Wartung usw.),
- eindeutige Ergonomie- und Sicherheitseigenschaften,
- eindeutige Sichtbarkeit und Erkennbarkeit der Funktion und Bedienung.

Im Produktdesign bedeutet **Eindeutigkeit**, dass der Benutzer möglichst sofort und zweifelsfrei erkennen kann, wie die Bedienung eines Produkts funktioniert. Die Fahrzeugsitz-Stellelemente in **Bild 1** visualisieren durch ihre Formgeometrie und Anordnung sowohl optisch als auch haptisch, welcher Sitzbereich durch sie verstellt werden kann. Der Wasserhahn in **Bild 2** zeigt das Öffnen und Schließen nicht eindeutig an, entgegen der Gewohnheit erfolgt die Bedienung durch einen Rechtsschwenk des Griffes. Bei der Kaffeemaschine in **Bild 3** ist die Füllung der Tasse ein Glücksspiel: Eine eindeutige Angabe, an welcher Stelle die Tasse zum Füllen positioniert werden muss, ist nicht auf den ersten Blick zu erkennen.

Bild 1: Sitzverstellung

Bild 2: Waschtischarmatur

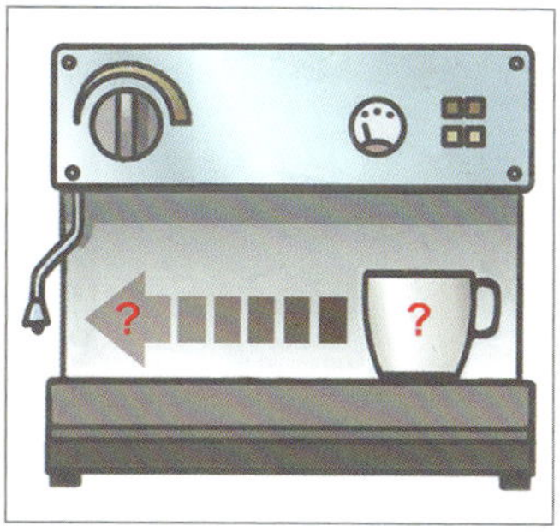

Bild 3: Kaffeemaschine

Eine eindeutige und verständliche Benutzerführung vermittelt dem Benutzer intuitiv und zweifelsfrei, welche Interaktionsmöglichkeiten mit dem Produkt bestehen. Man spricht auch von einer **User-Interface-Gestaltung** (UI-Design; engl.: *user*, Benutzer; *interface*, Schnittstelle). Bei einem unzureichenden **UI-Design** muss die Bedienung mithilfe der Gebrauchsanweisung oder durch Versuch und Irrtum erlernt werden, was zeitaufwendig und in manchen Fällen auch gefährlich sein kann.

> Für die Gestaltung einer **eindeutigen Benutzerführung** komplexer Geräte und Anlagen hat sich das **User-Interface-Design (UI-Design)** als eigenständige Fachrichtung im Bereich Produktdesign etabliert.

Grundregel „einfach"

Nach der Devise „Nicht so exakt wie möglich, sondern so genau wie nötig" sollte bei der Produktgestaltung nicht das technisch Mögliche, sondern das für das angestrebte Entwicklungsziel Nötige bestimmend sein. Das Ziel besteht darin, möglichst einfache, anforderungsgerechte Lösungen zu entwickeln.

Einfach hinsichtlich Fertigung und Gebrauch bedeutet für ein Produkt:

- einfache Funktionsstrukturen (Haupt- und Nebenfunktionen und deren Verknüpfung),
- einfache Gebrauchsfunktionen (Bedienung, Wartung usw.),
- einfache Formgebung und Gestaltstrukturen (funktionsbezogene, ästhetisch überzeugende Produktgestaltung).

> Im Produktdesign ist **Einfachheit** eine grundlegende Gestaltungsregel. Ein Produkt sollte in Bezug auf Aussehen, Funktion und Gebrauchswert möglichst einfach, eindeutig und angemessen gestaltet sein.

Komplex gestaltete Produkte können leicht unstrukturiert, überladen, ungeordnet bzw. verwirrend wirken. Andererseits kann eine vielteilige, komplexe Gestaltung durchaus ästhetisch interessant und hochwertig wirken, um besonders anspruchsvolle, technikaffine Kunden anzusprechen.

Die Uhr in **Bild 1a** wirkt im Vergleich zum Modell in **Bild 2a** auf den ersten Blick kompliziert. Dabei handelt es sich aber um eine der komplexesten Uhren der Welt. Allein der Kaufpreis von 1,15 Millionen Euro zeigt, dass es bei dieser Uhr nicht um die grundlegende Funktion „Zeit anzeigen" geht, sondern in höchstem Maße um Komplexität, Präzision, Uhrmacherkunst und um die Faszination durch Technik-Alleinstellungsmerkmale.

Auch die Kaffeemaschine in **Bild 1b** wirkt im Vergleich zum Standardmodell in **Bild 2b** auf den ersten Blick kompliziert in der Handhabung. Sie ist aber technisch wohl durchdacht – eben ein einzigartiges Produkt für einen technikaffinen Kundenkreis, der Wert auf ein besonderes Design legt.

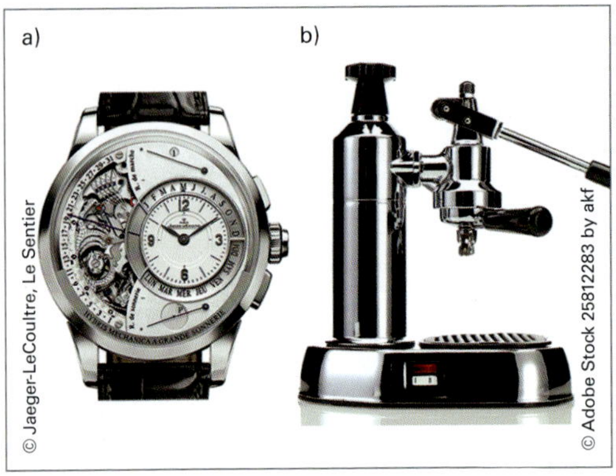

Bild 1: Komplex gestaltete Produkte

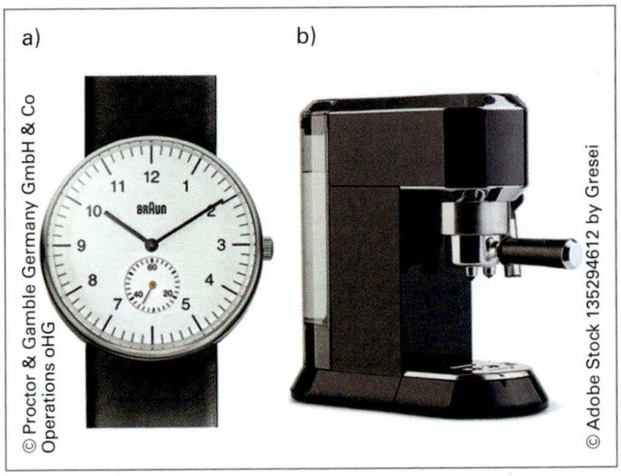

Bild 2: Einfach gestaltete Produkte

Die beiden Grundregeln eindeutig und einfach sind charakteristische Merkmale des Gestaltungsprinzips **Form follows function** (**FFF**; engl., (die) Form folgt (der) Funktion). Dieser Leitsatz des Designs fordert, dass die Form eines Produkts aus seiner Funktion bzw. seinem Zweck abzuleiten ist. Dekorative Elemente sind dabei ausgeschlossen. Nach Abschluss einer nach dem Prinzip FFF erfolgten Formgebung kann aus der Form des Produkts auf dessen Funktion geschlossen werden.

> Der Designleitsatz **Form follows function** (FFF) besagt, dass die Gestalt eines Gegenstands aus seiner Funktion abzuleiten ist.

Grundregel „sicher"

Die Integration sicherheitsrelevanter Faktoren, wie Schutzvorrichtungen, Not-Aus-Schalter, Beschriftungen, Zeichen und Farbgebung zur Warnung vor Gefahren, beeinflussen die Gestaltung von Produkten teilweise ganz erheblich und stellen oft eine besondere Herausforderung für den Technischen Produktdesigner dar.

Bild 1 zeigt ein Beispiel zum Sicherheitsaspekt „zulässiges Versagen". In das Produkt wird ein Versagensteil integriert, damit bei Überlastung ein definiertes Versagen erfolgt.

Die in **Bild 1a** dargestellte Lösung ist in keiner Weise ästhetisch befriedigend. Dem Betrachter erscheint die Stabilität der Schranke wenig vertrauenerweckend. Formal sind die Proportionen an dieser Stelle gestört. Außerdem könnte die sichtbare Sollbruchstelle zu Vandalismus verleiten. Eine gute Gestaltung sollte diese negativen Aspekte vermeiden.

In **Bild 1b** ist eine mögliche Lösung skizziert. Eine von unten verschraubte Schiebehülse aus rot beschichtetem Blech oder Kunststoff verdeckt die Sollbruchstelle. Der ästhetische Eindruck dieser Schranke ist harmonischer und stabiler und der Sicherheitsaspekt „zuverlässiges Versagen" ist weiterhin erfüllt.

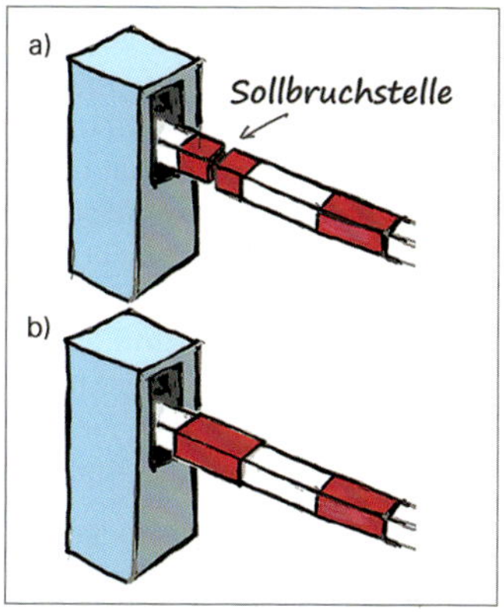

Bild 1: Schranke a) mit sichtbarer und b) mit verkleideter Sollbruchstelle

Um die Grundregel „sicher" bei der Gestaltung von Produkten zu gewährleisten, existieren verschiedene **Gesetze, Verordnungen, Richtlinien und Normen:**

- **Produkthaftungsgesetz (ProdHaftG)**
  Es verpflichtet den Hersteller eines fehlerhaften Produkts, im Schadensfall den entstandenen Schaden zu ersetzen. Ein Verschulden des Herstellers ist nicht erforderlich. Es handelt sich um eine Gefährdungshaftung, d.h. um den Schutz des Endverbrauchers vor den von einem fehlerhaften Produkt ausgehenden Gefahren.
- **Produktsicherheitsgesetz (ProdSG)**
  Es regelt die Anforderungen an die Sicherheit von technischen Arbeitsmitteln und Verbraucherprodukten.

  In diesem Gesetz ist auch die Vergabe des GS-Zeichens (Geprüfte Sicherheit) geregelt. Das GS-Zeichen soll gewährleisten, dass die technischen Anforderungen an die Sicherheit eines Produkts erfüllt sind **(Bild 2)**.
- **Maschinenrichtlinie 2006/42/EG**
  Sie regelt die wichtigsten Sicherheits- und Gesundheitsanforderungen für Maschinen auf dem europäischen Markt. Mit der Konformitätserklärung und der **CE-Kennzeichnung (Bild 2)** versichern die Hersteller, dass eine Risikobeurteilung durchgeführt wurde und damit die Sicherheit und der Gesundheitsschutz erfüllt sind. Diese europäische Richtlinie wird in Deutschland durch die Maschinenverordnung in nationales Recht umgesetzt.

Bild 2: CE- und GS-Zeichen an einem Bürogerät

- **DIN ISO 31000 (Risikomanagement)**
  Sie enthält allgemeine Leitsätze für das sicherheitsgerechte Gestalten von Produkten. Sie gilt für alle Produkte, außer für solche, für die spezifische Normen bestehen, wie z.B. die EN ISO 12100 für Maschinen.

Die **Sicherheit** ist ein wesentlicher Aspekt des Produktdesigns. Die Sicherheit von Produkten wird u. a. durch das Produkthaftungsgesetz, das Produktsicherheitsgesetz, die Maschinenrichtlinie und die DIN ISO 31000 geregelt.

12.3.2 | GESTALTUNGSPRINZIPIEN

Gestaltungsprinzipien resultieren aus Entwicklungs- und Nutzungserfahrungen und können den Gestaltungsprozess hilfreich unterstützen. Für das Produktdesign ist vor allem das **Prinzip der Integral- und Differenzialbauweise** bedeutend:

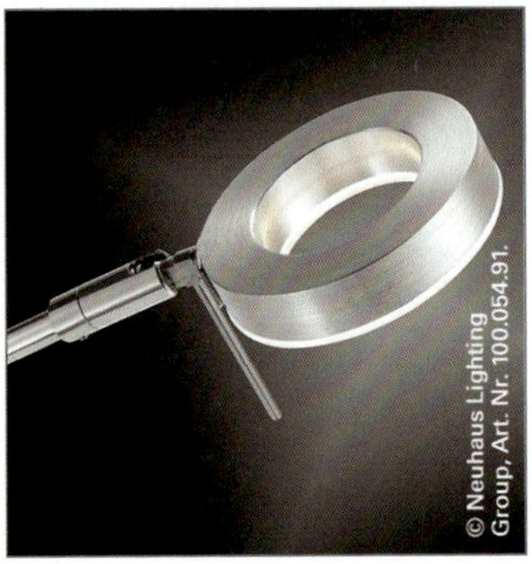

Bild 1: LED-Leuchte mit fest integriertem Leuchtmittel

Die **Integralbauweise** ermöglicht es, mehrere Bauteile und Funktionen in einem Bauteil zu vereinen. Produkte in Integralbauweise wirken ästhetisch hochwertiger, ihre Formsprache ist ganzheitlicher und prägnanter. Die Integralbauweise schafft auch neue Möglichkeiten im Produktdesign, z. B. hat die feste Integration von LED-Leuchtmitteln die gestalterischen Möglichkeiten im Leuchtendesign stark erweitert **(Bild 1)**. Die Vorschriften zur Reparaturmöglichkeit von Produkten in der neuen Ökodesignrichtlinie **(Kap. 12.3.4, Seite 298)** wird jedoch großen Einfluss auf die Integralbauweise haben. Beispielsweise müssen Leuchten zukünftig so gestaltet werden, dass ein defektes Leuchtmittel einfach ausgetauscht werden kann. Ist dies nicht möglich, muss der Kunde darüber informiert werden.

Die **Differenzialbauweise** ist zu bevorzugen, wenn z. B. ein komplexeres Produkt nur in Kleinserien gefertigt wird oder wenn Produktkomponenten starkem Verschleiß ausgesetzt sind. Diese Produkte können aufgrund ihrer Differenzialbauweise wesentlich kostengünstiger gefertigt und gewartet werden.

12.3.3 | GESTALTUNGSRICHTLINIEN, DESIGN FOR X

Die Gestaltungsrichtlinien sind allgemeingültige Gesetzmäßigkeiten und Bedingungen für die Produktentwicklung. Sie verfolgen das Ziel, die Funktionalität von Produkten zu gewährleisten. Die internationale Bezeichnung **Design for X (DfX)** oder **Design for Exellence** verdeutlicht das Bestreben in der Produktentwicklung, die oft widersprüchlichen Anforderungen an ein Produkt zu berücksichtigen und den bestmöglichen Kompromiss zwischen ihnen zu finden.

Beispiele für DfX, d. h. die vielfältigen und oft unübersichtlichen Anforderungen an Produkte, sind:

- funktionsgerecht
- fertigungsgerecht
- verbindungsgerecht
- umweltgerecht
- norm-/vorschriftsgerecht
- montagegerecht
- beanspruchungsgerecht
- sicherheitsgerecht
- werkstoffgerecht
- kostengerecht
- korrosionsgerecht
- sicherheitsgerecht
- ergonomiegerecht
- servicegerecht
- transportgerecht
- recyclinggerecht
- prüfgerecht

Die Aufzählung würde sehr umfangreich, wenn auch Untergruppen der aufgeführten Gestaltungsrichtlinien ergänzt werden, z. B. für die Gestaltungsrichtlinie „fertigungsgerecht":

fertigungsgerecht
└→ **urformgerecht,** umformgerecht, zerspanungsgerecht usw.
  └→ **gießgerecht,** sintergerecht, blasformgerecht, thermisch-spritzgerecht usw.
    └→ **spritzgussgerecht,** feingussgerecht, extrudiergerecht usw.
      └→ **formgerecht, formteilungsgerecht, entformungsgerecht usw.**

> **Design for X (DfX)** bezeichnet Gestaltungsrichtlinien in der Produktentwicklung. Das X steht stellvertretend für die Gestaltungsziele, wie z. B. Kostenziele, Fertigungsziele und Designziele.

Im Folgenden werden Gestaltungsrichtlinien aufgeführt, die von besonderer Relevanz für die Produktgestaltung sind.

Funktionsgerechte Gestaltung

Die funktionsgerechte Gestaltung eines Produkts wird durch den jeweiligen Zweck bzw. die Nutzung bestimmt. Die Funktionen eines Produkts bestehen grundsätzlich aus einem Mix von technisch-praktischen Funktionen (z.B. Leistung und Sicherheit) und ästhetisch-symbolischen Funktionen (z.B. Form, Farbe und emotionale Bedeutung für den Nutzer). In **Bild 1** sind die Produktfunktionen am Beispiel eines Klebefilmabrollers veranschaulicht.

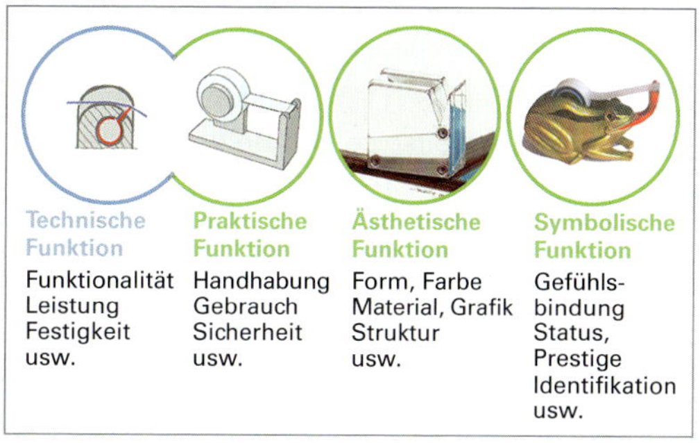

Bild 1: Produktfunktionen

Bei der Berücksichtigung der technisch-praktischen Funktionen kommt es oft zu Überschneidungen der Aufgaben der Abteilungen Konstruktion und Design.

Die Berücksichtigung der ästhetischen Funktionen und der symbolischen bzw. emotionalen Funktionen ist vorrangig die Aufgabe des Industriedesigns. Diese sogenannten **nicht-funktionalen Funktionen** sind oftmals wesentlich schwieriger zu präzisieren als die **technisch-praktischen Funktionen,** denn sie sind in hohem Maße subjektiv.

Grundsätzlich ist eine schlüssige Synthese aus funktionalen und nicht-funktionalen Produktfunktionen anzustreben, d.h., die zugrunde liegenden technisch-praktischen Funktionen sollten durch die ästhetisch-symbolische Gestaltung in optimaler Weise unterstützt werden. Produkte mit unzulänglicher oder schlechter praktischer Funktion bleiben auch bei ästhetisch aufwendiger Gestaltung minderwertig. Und auch ein gut funktionierendes Produkt wird am Markt nicht erfolgreich sein, wenn sein Design die Konsumenten nicht anspricht.

Ein Beispiel: Alle Türdrücker in **Bild 2** erfüllen die praktische Funktion „Öffnen und Schließen einer Tür" gleichermaßen gut. Die ästhetisch-symbolischen Funktionen der Objekte sind jedoch sehr unterschiedlich.

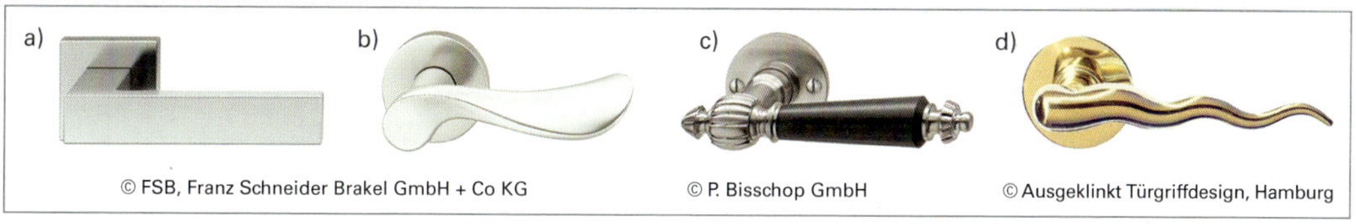

Bild 2: Türdrücker: gleiche Funktion, aber unterschiedliche Erscheinungsbilder

> Der Erfolg eines Produkts wird sowohl durch seine **Funktionalität** als auch durch sein Design bestimmt. **Technisch-praktische Funktionen** und **ästhetisch-symbolische Funktionen** sind im gleichen Maße wichtig.

Ergonomiegerechte Gestaltung

Die Forderung nach ergonomiegerechter Gestaltung ist aufgrund der Nutzerorientierung eng verknüpft mit der formgebungsgerechten bzw. designgerechten Gestaltung.

Ergonomie ist die Wissenschaft von der Gesetzmäßigkeit menschlicher Arbeit (griech.: *ergon*, Arbeit; *nomos*, Gesetz, Regel). Man versteht darunter die Anpassung der Arbeitsbedingungen und des Arbeitsablaufs an die physischen und psychischen Voraussetzungen des Menschen. Ziel der Ergonomie ist es, die Bedingungen so zu gestalten, dass ein optimales Arbeitsergebnis bei möglichst geringer gesundheitlicher Belastung entsteht.

Entsprechend besteht das Ziel der ergonomiegerechten Produktgestaltung darin, Produkte optimal auf die Nutzer und die jeweilige Arbeitssituation abzustimmen.

Diese Anforderung erstreckt sich auf die Bereiche:

- **Sicherheit**, z.B. Funktionssicherheit, Sicherheitsabstände, Schutzausrüstungen, Sichtgeometrie, Gesundheitsschutz;
- **Ausführbarkeit**, z.B. Funktionen sind überschaubar und beherrschbar; Arbeitsorte und Bedienelemente sind gut erreichbar; Tätigkeiten sind auch langfristig zu bewältigen;
- **Zumutbarkeit**, z.B. Bewegungsraum, Körperhaltung, Belastungswechsel (bequeme, anregende Tätigkeit), Arbeitsumfeld (z.B. visuelle und akustische Reize, Temperatur, Luftfeuchtigkeit, Stäube, Dämpfe).

Die Berücksichtigung dieser Anforderungen wird in den Normen und Richtlinien zur Ergonomie geregelt **(Bild 1)**.

Bild 1: Normen und Richtlinien in der Ergonomie

Für eine ergonomiegerechte Gestaltung gilt es die jeweilige Arbeitssituation und Belastung auf die Nutzereigenschaften abzustimmen. Dafür bieten zahlreiche Publikationen wertvolle Informationen zu Arbeitssituationen, Körpermaßen und Körperbewegungsmaßen.

Informationen zu Körpermaßen können z.B. **anthropometrischen Tabellen** entnommen werden. Beispiele für Informationen zu Körperbewegungsmaßen zeigt **Bild 2**.

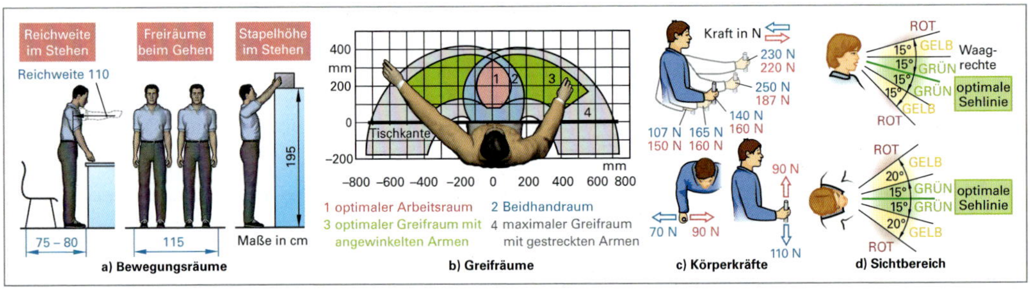

Bild 2: Beispiele für Körperbewegungsmaße

Die Berücksichtigung ergonomischer Aspekte erzwingt häufig **Kompromisse in der ästhetischen Gestaltung** von Produkten. In **Bild 3** wird dies an einem Rasenmähergriff verdeutlicht. Die Benutzerfreundlichkeit des Griffs ist ausgezeichnet, aufgrund der Möglichkeit, sowohl senkrecht als auch waagerecht zu greifen, ist der Mäher besonders leicht und ermüdungsarm zu schieben. Das „hornartige" ästhetische Erscheinungsbild des Griffs überzeugt jedoch nicht jeden Nutzer. Darin zeigt sich die Problematik, ergonomische und ästhetische Anforderungen optimal zu verwirklichen.

Zur CAD-basierten ergonomiegerechten Produktgestaltung gibt es für einige CAD-Systeme entsprechende Ergonomiemodule, mit deren Hilfe virtuelle Ergonomietests am CAD-Modell durchgeführt werden können und die Produktgestaltung ergonomisch optimiert werden kann.

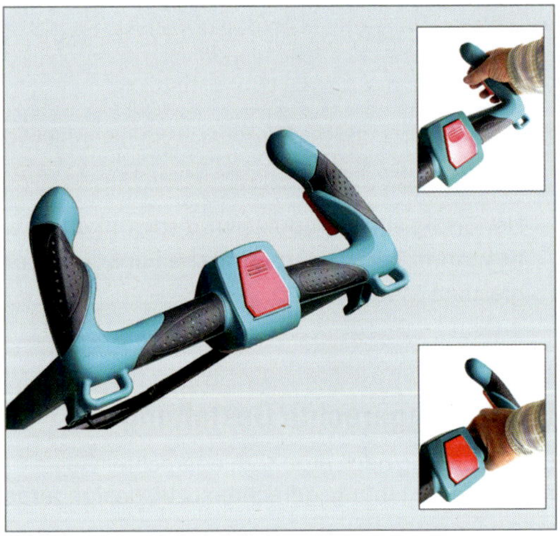

Bild 3: Rasenmähergriff

Ergonomische und **ästhetische Anforderungen** an ein Produkt müssen bei der Gestaltung von Produkten eine **ausgewogene Synthese** bilden. Die Gesetze, Normen und Richtlinien zur Ergonomie sind dabei vorrangig zu beachten.

Fertigungsgerechte Gestaltung

Die Fertigungsverfahren haben erheblichen Einfluss auf den Freiheitsgrad der Formgestaltung. Ebenso erfordern bestimmte Formgestaltungen auch entsprechende Fertigungsverfahren.

So ist z. B. der freiformgeometrische Blech-Kotflügel **(Bild 1b)** nur durch Tiefziehen und nur in großen Stückzahlen wirtschaftlich herstellbar. Der regelgeometrische Kotflügel **(Bild 1a)** ist hingegen durch Abkanten, Rundbiegen und Fügen nur bei niedrigen Stückzahlen wirtschaftlich herstellbar.

Der Schraubverschluss in Integralbauweise **(Bild 2)** ist nur im Kunststoff-Spritzgießen und nur in großen Stückzahlen wirtschaftlich zu fertigen.

Eine fertigungsgerechte Gestaltung ist oft auch im Hinblick auf die betriebseigenen Fertigungsmöglichkeiten gefordert. Kann ein Gestaltungsentwurf nicht mit betriebseigenen Fertigungstechniken verwirklicht werden, muss er entsprechend angepasst oder als Fremdleistung eingekauft werden.

Die Formgeometrie der Griffe an den Knoblauchpressen **(Tabelle 1)** erfordert jeweils bestimmte Fertigungsverfahren wie Kunststoff-Spritzgießen, Biegeumformen, Fügen, Druckgießen und Tiefziehen.

Völlig neue, fast unbeschränkte Möglichkeiten für die Fertigung einer Formgeometrie ergeben sich durch die additiven Fertigungsverfahren. Als Beispiel ist in **Bild 3** eine Armbanduhr abgebildet, deren Gehäuse in offener Gitterstruktur mit Wandstärken von 0,3 mm durch Selektives Laserschmelzen (SLM) von Metallpulver hergestellt worden ist.

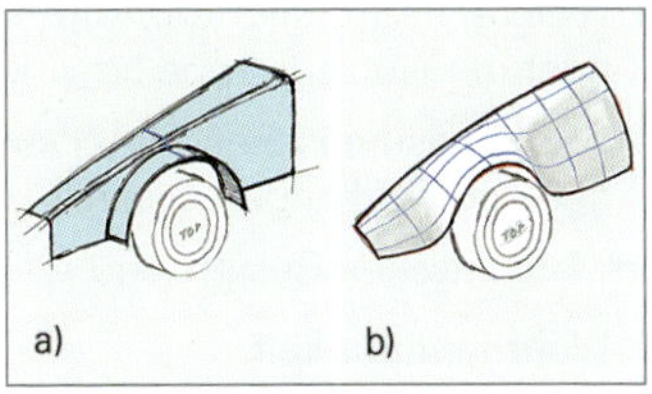

Bild 1: Verschiedene Formgeometrien

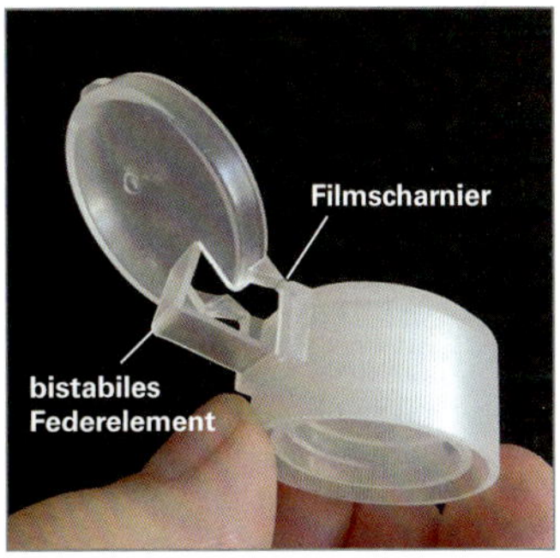

Bild 2: Schraubverschluss in Integralbauweise

Bild 3: Additiv gefertigtes Gehäuse in Gitterstruktur

Formgebungsgerechte Gestaltung

Formgebungsgerechte Gestaltung bedeutet, dass Produkte nicht nur nach funktionalen Gestaltungsprinzipien und -richtlinien wie einfach, eindeutig, funktions- und fertigungsgerecht zu gestalten sind, sondern auch – bei manchen Produkten sogar vorrangig – ästhetische Aspekte in die Produktgestaltung einfließen müssen.

Tabelle 1: Fertigungsgerechte Gestaltung von Griffen an Knoblauchpressen

Beispiele		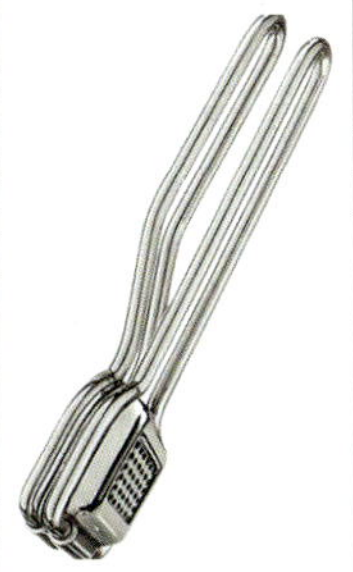	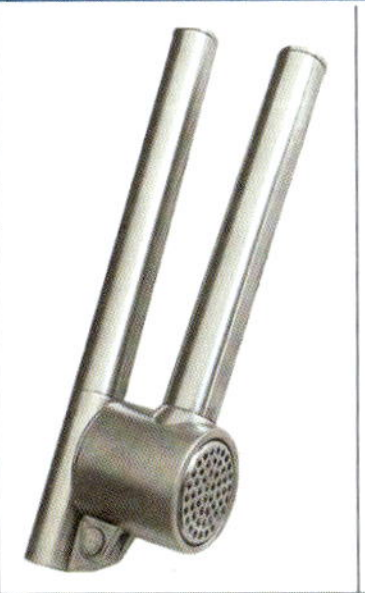	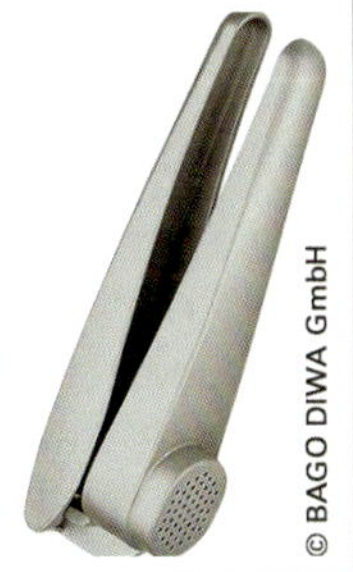	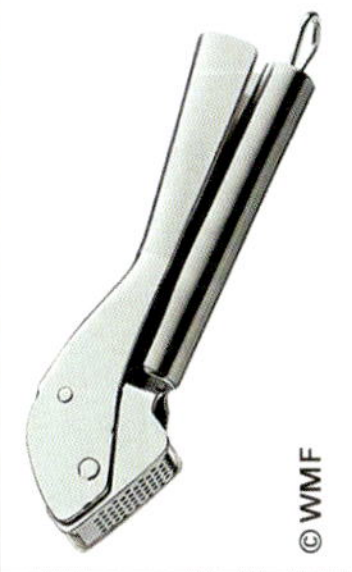
	a)	b)	c)	d)	e)
Werkstoff	Kunststoff	Stahldraht	Stahlrohr	Aluminium	Stahlblech
Fertigungsverfahren	Spritzgießen	Biegeumformen	Fügen	Druckgießen	Laserschneiden, Tiefziehen

Eine **formgebungsgerechte Gestaltung** muss Antworten auf folgende Fragen finden:

- Welche Informationen, Anmutungen und Verhaltensreaktionen soll die Gestaltung bei dem Nutzer oder der Nutzergruppe bewirken?
- Welche ästhetischen Mittel sind für eine anforderungs- und zielgruppengerechte Produktgestaltung geeignet und angemessen?

Im Technischen Design sind folgende **Anforderungen an eine formgerechte Gestaltung** zu erfüllen:

- **Wahrnehmbarkeit**
  Eine wahrnehmungsgerechte Gestaltung erfolgt unter Beachtung der Wahrnehmungsprinzipien sowie der zielgruppenspezifischen, individuellen und situativen Faktoren.
- **Erkennbarkeit, Bedienbarkeit und Benutzerfreundlichkeit**
  Eine ergonomiegerechte Gestaltung hat das eindeutige und verständliche Erkennen von Funktion und Bedienbarkeit sowie ein nutzerfreundliches Produktdesign zum Ziel.

Die besondere Problematik der formgerechten Gestaltung besteht darin, dass oft nur geringe Unterschiede für die Qualität einer Produktgestaltung entscheidend sein können.

In **Bild 1** wird dies am Beispiel der Gestaltung von Fußblechen für Hallenstützen einer Flughafenhalle verdeutlicht:

- **Bild 1a** zeigt die reale, vorhandene Lösung.
- **Bild 1b** zeigt eine nachträglich virtuell erzeugte, ästhetisch überzeugendere Entwurfsvariante – eine Kleinigkeit mit entscheidender Wirkung.

a) b)

Bild 1: Gestaltungsvarianten

12.3.4 | WEITERE DESIGNBESTIMMENDE EINFLUSSFAKTOREN

Rechtliche und gesetzliche Rahmenbedingungen

Bei der Produktgestaltung müssen alle rechtlichen Rahmenbedingungen berücksichtigt werden. Diese schränken einerseits die Freiheit bei der Gestaltung ein, andererseits schützen sie den Produktgestalter vor Haftungs- und Regressforderungen.

Die eigene Entwicklungsarbeit wird durch die **IP-Rechte** (**I**ntellectual-**P**roperty-Rechte; engl. *intellectual*, geistig; *property*, Eigentum), die Rechte zum Schutz geistigen Eigentums, geschützt. Beispiele sind: Patente, Gebrauchsmuster, Geschmacksmuster, Marken- und Urheberrecht. Eine fundierte Recherche, welche Rechte bzw. Gesetze für die jeweilige Produktgestaltung zutreffen, wirkt sich im Gestaltungsprozess positiv aus, weil bestimmte Problemfaktoren rechtzeitig erkannt und berücksichtigt werden können.

Ökologische Einflüsse

Die **Ökodesign-Richtlinie der Europäischen Union** bildet den Rechtsrahmen für die Festlegung von Anforderungen an die umweltgerechte Gestaltung energieverbrauchsrelevanter Produkte.

In den einzelnen Anordnungen werden für bestimmte Produktgruppen **Mindestanforderungen an die Energieeffizienz und die Ressourceneffizienz** festgelegt, die den gesamten Produktlebenszyklus betreffen. Eine Durchführungsmaßnahme verpflichtet den Hersteller von Bauteilen oder Baugruppen dazu, relevante Angaben zur Materialzusammensetzung sowie zur Menge verbrauchter Materialien, Ressourcen und Energie von der Herstellung bis zum Recycling des Produkts zu dokumentieren. Auch die Maßnahmen zur Minimierung des Verbrauchs an Ressourcen sind zu dokumentieren. Grenzwerte zur Energieeffizienz sind einzuhalten.

Die Dokumentation des Ressourcen- und Energieverbrauchs eines Produkts wird **Ökobilanzierung** oder **Life Cycle Assessment** (**LCA**; engl., Lebenszyklusbewertung) genannt.

Produkte, wie z. B. Waschmaschinen, Kühlschränke oder auch Monitore und Leuchten, müssen zukünftig mit herkömmlichen Werkzeugen demontiert werden können. Sie sollen nicht nur von professionellen Reparaturbetrieben oder vom Hersteller, sondern ggf. auch vom Endkunden repariert werden können. Der Hersteller muss die für die Reparatur erforderlichen Ersatzteile vorhalten und die Endkunden über mögliche Reparaturmaßnahmen informieren.

Die EU-weite Angleichung der Rechtsvorschriften zu Ökodesign-Anforderungen ist ein zentrales Ziel der Ökodesign-Richtlinie. Besonders ineffiziente Produkte sollen schrittweise vom EU-Binnenmarkt ausgeschlossen werden, um die europäischen Klimaschutzziele zu erreichen.

Ein nach der **Ökodesign-Richtlinie** gestaltetes Produkt zeichnet sich u. a. aus durch:

- eine demontagegerechte Gestaltung,
- die Reduktion der verwendeten Werkstoffe auf ein notwendiges Minimum,
- die Verwendung von Standardteilen zur Reduktion der Werkzeuge.

Bild 1 zeigt das Ergebnis der ökologischen Optimierung eines Designs. Die bislang angebotene Halterung für Mixstäbe, ein Kunststoffspritzgussteil **(Bild 1a)**, war bruchanfällig, schlecht zu reinigen und bedingt recycelbar. Das neu entwickelte alternative Funktionskonzept aus Blech **(Bild 1b)** erfüllt die gleiche Funktion, ist aber stabiler, leicht zu reinigen und recycelbar.

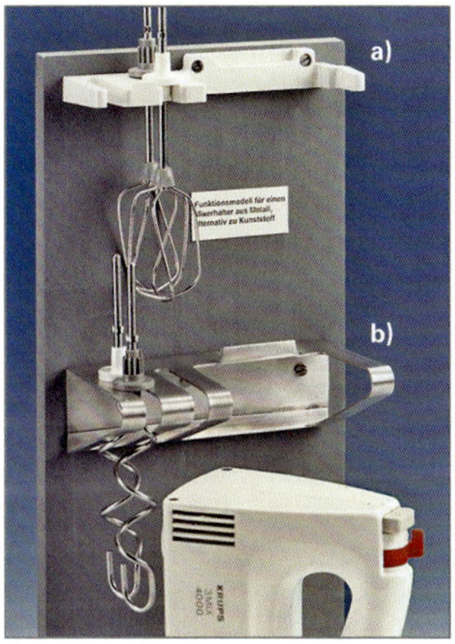

Bild 1: Mixerhalterung

Technologische Einflüsse

Technologische Veränderungen, vor allem Innovationen, haben sehr großen Einfluss auf die Produktgestaltung. Veränderungen in Elektronik, Informationstechnologie, Fertigungsverfahren, Werkstofftechnologie usw. ermöglichen bzw. erfordern neue Designlösungen, wie z. B. LED-Leuchtmittel, Laser-Technik, Tablet-Computer, E-Mobilität und Smart-Home-Technologien.

Marketingbedingte Einflüsse

Design und Funktionalität eines Produkts sind in der modernen Industriegesellschaft wichtige Marktfaktoren. Produkte, die dem Konsumenten gefallen, werden bevorzugt gekauft.

Viele erfolgreiche Unternehmen, z. B. Apple, Gardena oder namhafte Automobilhersteller, nutzen das Design ihrer Produkte als **Image- und Wettbewerbsfaktor**. Apple hat seine Produkte mit klaren, zeitlosen Gestaltungsmerkmalen und positiv emotionaler ästhetischer Wirkung ausgestattet.

Info: Styling

Styling steht im Produktdesign für eine überwiegend ästhetische, aber wenig funktionale Aufwertung eines Produkts.

Marketingorientiertes Styling hat das Ziel, den Markterfolg eines Produkts zu steigern.

Ein aufwendiges Design kann die Herstellungskosten erhöhen und in der Folge das Produkt verteuern. Wirtschaftlich entscheidend sind folgende Aspekte:

- dass der Kunde den höheren Preis aufgrund des besseren Designs akzeptiert,
- dass durch das bessere Design der Kundenkreis und damit der Umsatz größer werden,
- dass der höhere Verkaufspreis und die Umsatzsteigerung trotz höherer Herstellungskosten zu einer Gewinnsteigerung führen.

Design als Marketinginstrument muss immer sensibel gehandhabt werden. Die künstliche Aufwertung von Produkten durch ein übertriebenes **Styling** kann, abhängig von der anvisierten Zielgruppe, auch negativ empfunden werden und sich negativ auf das Image, den Umsatz und den Gewinn auswirken.

Die marktwirtschaftliche Verflechtung der Produktmärkte und Produktionsprozesse durch die **Globalisierung** stellt besondere Anforderungen an das Produktdesign. Ein Produktdesign, das im Ursprungsland akzeptiert wird, kann in anderen Kulturkreisen aufgrund unterschiedlicher Werthaltungen, Gewohnheiten und Geschmacksrichtungen abgelehnt werden.

Bei der Gestaltung von Produkten für den internationalen Markt ist es deshalb erforderlich, die jeweiligen länderspezifischen Marktbedürfnisse hinsichtlich Nutzerfreundlichkeit und Erscheinungsbild von Produkten zu ermitteln.

Gute Informationen für diese Anforderung bieten die Sinus-Milieu-Modelle **(s. Seite 290)** für internationale Märkte. Damit kann das Design von Produkten zielgenau auf ausgewählte Zielmärkte abgestimmt werden.

Bild 1 zeigt Beispiele für national geprägtes, historisches Fahrzeugdesign. Der bis zur Jahrtausendwende von der MG Rover Group hergestellte britische Kleinwagen MINI **(Bild 1a)** wird seit 2001 von der BMW Group weiterentwickelt und auf den internationalen Markt angepasst. Das innere und äußere Erscheinungsbild der modernen MINI-Modelle erinnert stark an das klassische Vorbild und stellt beim Kunden den Bezug zur „britischen Lebensart" her. Die Größe und die Technik der MINI-Modelle entsprechen hingegen den Ansprüchen der Kunden an einen modernen Kleinwagen. Der MINI gilt als Beispiel für ein gelungenes **Redesign.**

Bild 1: Beispiele für historisches Fahrzeugdesign,
a) britisch (Rover/BMW),
b) italienisch (Fiat),
c) deutsch (VW)

> **i** **Info: Redesign** (engl.)
> Überarbeitung des Erscheinungsbilds und der Funktion vorhandener Produkte.

Betriebliche Einflüsse

Die betriebliche Ausstattung, die betriebliche Auslastung sowie die fachliche Kompetenz der Mitarbeiter und der Betriebsführung haben ebenfalls Einfluss auf die in die Gestaltung eines Produkts investierten personellen und finanziellen Ressourcen. Beispielsweise ist eine gewünschte Freiformgeometrie nur mit entsprechender CAD-Software und den erforderlichen Fertigungsmöglichkeiten betriebsintern möglich. Ebenso wirkt sich die hinreichende Berücksichtigung des Designs bei der Entwicklung neuer Produkte bzw. des Redesigns bei der Weiterentwicklung vorhandener Produkte positiv auf den Markterfolg und die Markenbildung aus.

AUFGABEN | WIEDERHOLUNG UND VERTIEFUNG

1. Erläutern Sie die Gestaltungsgrundregeln eindeutig, einfach und sicher in Bezug auf die Produktgestaltung.
2. Was ist im Industriedesign unter der funktionsgerechten Gestaltung eines Produkts zu verstehen?
3. Erläutern Sie anhand von Produktbeispielen den Zusammenhang zwischen Produktdesign und Fertigungstechnik.
4. Erläutern Sie, inwieweit sich ökologische Aspekte auf die Produktgestaltung auswirken können.
5. Was ist unter dem Begriff IP-Rechte zu verstehen und inwieweit beeinflussen diese die Produktgestaltung?
6. Forderungen des Marketings haben in einigen Produktbereichen großen Einfluss auf das Produktdesign. Erläutern Sie an Beispielen diesen Einfluss auf das Produktdesign.

12.4 GRUNDLAGEN DER PRODUKTGESTALTUNG

Das Ziel der Produktgestaltung besteht primär darin, das Interesse des Kunden zu wecken, damit er sich näher mit dem Produkt beschäftigt und es schließlich kauft. Den ersten Eindruck gewinnt der Betrachter durch die Produktästhetik, d.h. durch die äußere Gestalt des Produkts, durch das Berühren bzw. Begreifen und ggf. durch die vom Produkt ausgehenden Geräusche und Gerüche. Das Produkt wirkt auf den Betrachter, es ruft Emotionen hervor, spontane Begeisterung oder Ablehnung. Die Mittel dieser **Produktsprache,** also der Basis für die Kommunikation zwischen dem Produkt und dem Betrachter, sind die **Gestaltungsmittel Form, Farbe, Material und Oberfläche**:

- Die **Form** ist das wesentliche, ein Produkt kennzeichnende Gestaltungsmittel. Sie kennzeichnet das Produkt sowie seine Bedeutung bzw. seinen Verwendungszweck und bestimmt maßgeblich seine ästhetische Wirkung.
  Wahrnehmung der Form eines Produkts: visuell und haptisch
- Die **Farbe** als Gestaltungsmittel vertieft und erweitert die Produktsprache. Farbe kann z.B. Akzente setzen, Aufmerksamkeit erzeugen und Emotionen transportieren.
  Wahrnehmung der Farben eines Produkts: visuell
- Das **Material** vermittelt produktsprachlich z.B. Wertigkeit, Solidität, Gewicht, Transparenz oder Natürlichkeit. Ein minderwertig wirkendes Material kann den Eindruck von der Qualität des gesamten Produkts negativ beeinflussen. Durch Bearbeitung oder Beschichtung der Materialoberflächen kann die ästhetische Wirkung von Oberflächen deutlich verändert werden.
  Wahrnehmung der Materialien eines Produkts: visuell, haptisch, olfaktorisch (geruchlich) und akustisch
- Die **Oberfläche** kann produktsprachlich ähnliche Wertvorstellungen wie das Material vermitteln. Insbesondere die auf Oberflächen angebrachte Produktgrafik ist ein wichtiges Element der Produktsprache.
  Wahrnehmung der Oberflächen: visuell, haptisch, ggf. olfaktorisch und akustisch

Lernfeld 12

Produktsprache ist der Fachbegriff für die Kommunikation zwischen dem Produkt und dem Menschen. Die **Mittel der Produktsprache,** im übertragenen Sinn ihre Grammatik, sind Form, Farbe, Material und Oberfläche.

12.4.1 GESTALTUNGSMITTEL FORM

Formen bestehen aus **Formelementen,** z.B.:

- **linienhafte Formelemente,** z.B. Stangenprofile (Bild 1a), Trennfugen (Bild 1b) und Kanten (Bild 1c),
- **flächenhafte Formelemente** (Bild 1b),
- **körperhafte Formelemente,** z.B. Hohlkörper (Bild 1c) oder Vollkörper (Bild 1d).

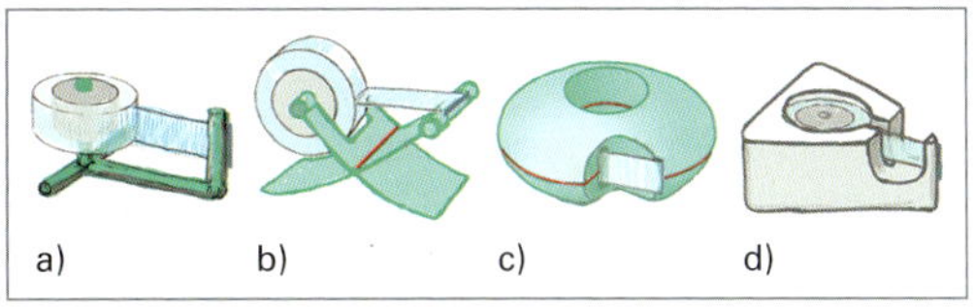

Bild 1: Formelemente an Klebefilmabrollern

Eine Form kann eine **Einzelform** sein (Bild 2a) oder eine **Gesamtform,** bestehend aus mehreren Einzelformen (Bild 2b). Die Gesamtform eines Produkts wird synonym auch **Produktgestalt** genannt.

Trotz weitgehend gleicher Produktfunktion können die **Produktformen** sehr unterschiedlich in ihrer Formsprache bzw. ihrer ästhetischen Wirkung sein.

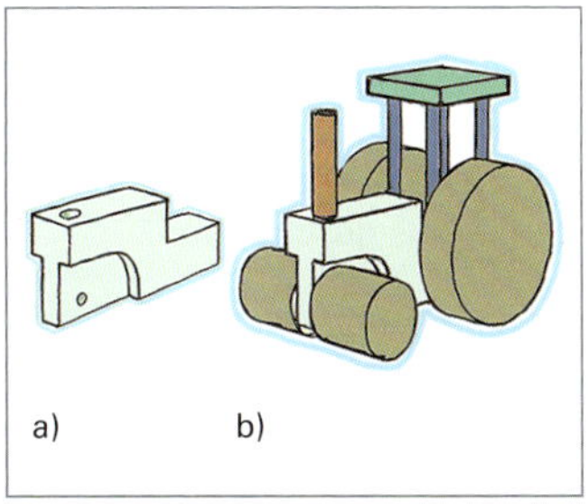

Bild 2: a) Einzelform, b) Gesamtform

Formparameter

Die wesentlichen **Formparameter** und die damit erzielten ästhetischen Wirkungen auf den Betrachter werden am einfachen Produktbeispiel Holzspielzeugtrecker veranschaulicht:

- **Geometrie**
  Dieser Parameter bezieht sich auf die geometrischen Merkmale einer Form. **Regelgeometrische Formen** sind geometrisch einfache, regelmäßige Formen mit konstanten Krümmungsradien, z. B. Grundformen wie Zylinder oder Quader **(Bild 1a)**. Sie wirken einfach, technisch-funktional und sachlich-nüchtern. **Freiformgeometrische Formen** sind geometrisch komplexe, unregelmäßig gekrümmte Formen **(Bild 1b)**. Sie werden als weich, gefühlvoll, organisch und sanft interpretiert.

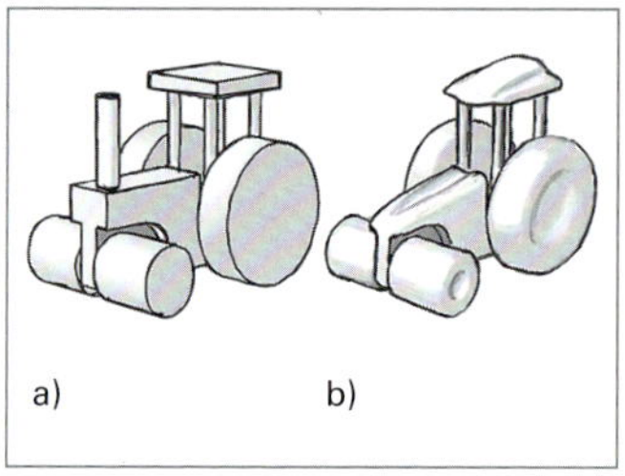

Bild 1: Formparameter Geometrie

- **Proportion/Größe**
  Dieser Parameter bezieht sich auf die Maßverhältnisse einer Form und ihrer Teilformen **(Bild 2)**. Das reicht z. B. von groß bis klein, von schmal bis breit, von flach bis hoch oder von lang bis kurz. Die ästhetische Wirkung reicht z. B. von ausgewogen bis unausgewogen, von mickrig bis bullig oder von grob bis grazil. Da der Mensch ein ausgeprägtes natürliches Empfinden für Proportionen besitzt, sind Proportionen entscheidend für den ersten Eindruck eines Produkts.

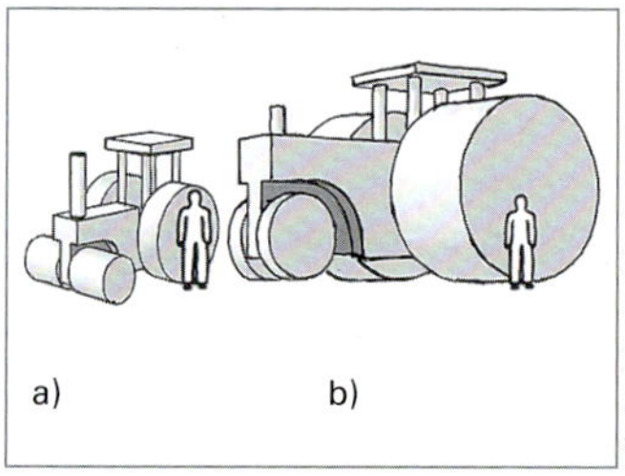

Bild 2: Formparameter Proportion

- **Richtung**
  Dieser Parameter bezieht sich auf die Richtung einer Form und ihrer Teilformen **(Bild 3)**. Die Formrichtung kann eine Form z. B. dynamisch aufsteigend oder absteigend wirken lassen. Wechselnde Richtungen innerhalb einer Gesamtform kann diese interessanter, aber auch uneinheitlicher und unübersichtlicher wirken lassen.

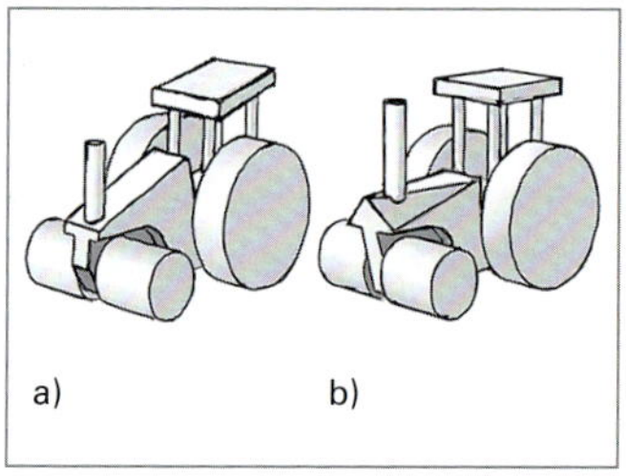

Bild 3: Formparameter Richtung

- **Anzahl**
  Der Parameter bezieht sich auf die Anzahl von Teilformen innerhalb einer Produktgestalt. Wenige Teilformen lassen Produkte einfach, prägnant und geordnet erscheinen **(Bild 4a)**. Umgekehrt können vielteilige Produkte komplex, zergliedert, interessant, funktional, aber auch überladen wirken **(Bild 4b)**.

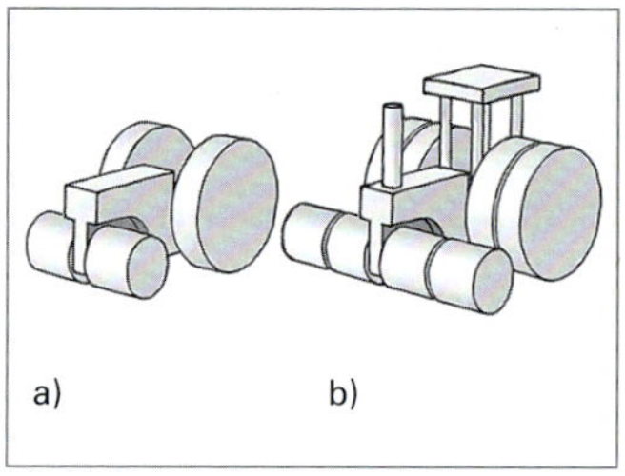

Bild 4: Formparameter Anzahl

- **Anordnung**
  Dieser Parameter bezieht sich auf die Anordnung der Teilformen innerhalb einer Gesamtform. Produkte können bei gleicher Funktion, aber unterschiedlicher Anordnung der Teilformen deutlich andere Wirkrichtungen aufweisen **(Bild 5)**. Ebenso ist die Anordnung einer Produktform innerhalb eines Produktumfeldes, z. B. Tisch-, Wand- oder Deckenleuchte, entscheidend für ihre Wirkung. Die Anordnung der Teilformen eines Produkts kann beim Betrachter ein breites Spektrum an ästhetischer Wirkung hervorrufen. Das Wirkspektrum kann sich erstrecken von kompakt bis zergliedert, von stabil bis instabil, von harmonisch bis disharmonisch, von offen bis geschlossen.

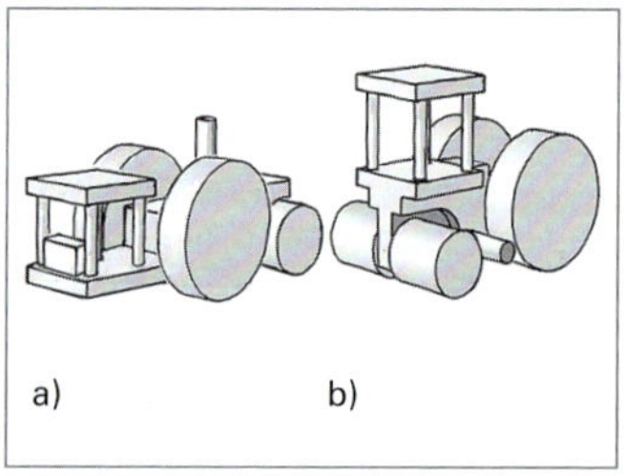

Bild 5: Formparameter Anordnung

Formen und ihre ästhetische Wirkung werden bestimmt durch die Formparameter **Geometrie, Proportion, Richtung, Anzahl** und **Anordnung.**

Formübergänge

Produkte bestehen meist aus mehreren Teilformen, die zu einer Gesamtform zusammengefügt sind. An den Schnittstellen der verschiedenen Teilformen entstehen Formübergänge, die verschieden gestaltet sein können und eine unterschiedliche ästhetische Wirkung erzielen:

- **Additive Formübergänge (Bild 1)**
  Die Einzelteile sind stumpf miteinander verbunden, es entstehen stufige Übergänge. Die Einzelformen sind klar erkennbar. Es entstehen regelgeometrische Objekte. Diese Formübergänge sind typisch für rein funktionale, technische Produkte, die meist aus Halbzeugen gefertigt worden sind. Die ästhetische Wirkung ist entsprechend technisch-funktional, sachlich-nüchtern.

- **Integrative Formübergänge (Bild 2)**
  Die Einzelteile sind formal durch Übergänge (Radien oder Schrägen) verbunden, es entstehen geometrisch stufenlose Übergänge. Diese Formübergänge sind typisch für Objekte, die durch Urformen oder Umformen gefertigt worden sind. Die Einzelformen erscheinen eng verbunden und einheitlich. Entsprechend sensibel sind diese Formübergänge hinsichtlich ihrer ästhetischen Gesamtwirkung zu gestalten. Die Wirkung solcher Produkte ist harmonisch und ganzheitlich.

- **Integrale Formübergänge (Bild 3)**
  Die Einzelteile sind durch organisch stufenlose Übergänge so eingebunden, dass die Gesamtgestalt wie ein Körper wirkt. Die einzelnen Komponenten werden von der Gesamtform „geschluckt“. Es entstehen freiformgeometrische Bauformen. Die Wirkung solcher Objekte ist ganzheitlich, organisch, weich und fließend.

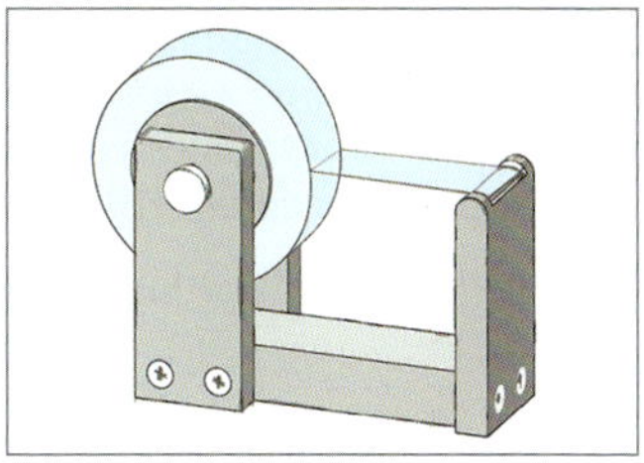
Bild 1: Additive Formübergänge

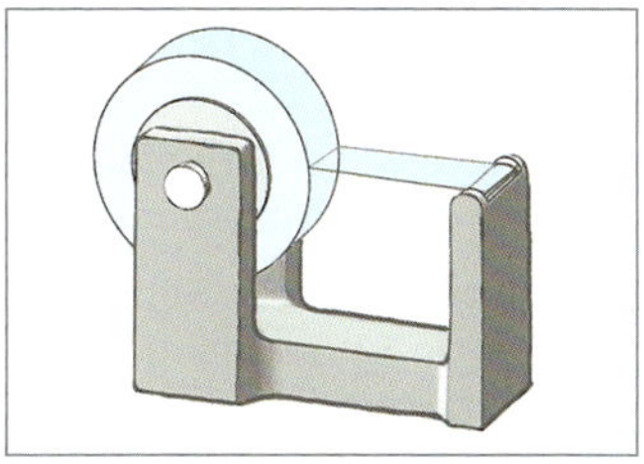
Bild 2: Integrative Formübergänge

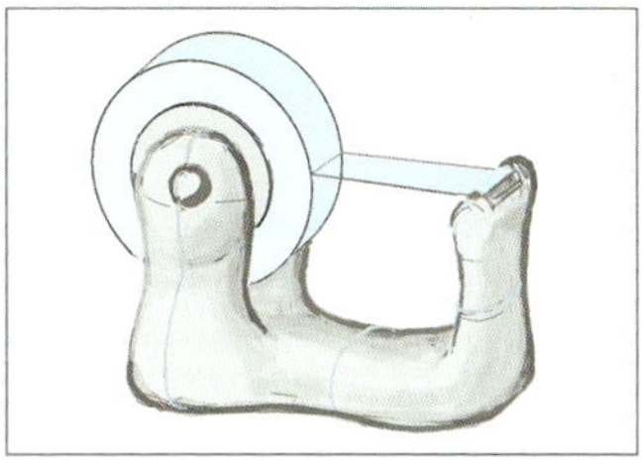
Bild 3: Integrale Formübergänge

Formübergänge können **additiv, integrativ** oder **integral** gestaltet sein. Sie vermitteln einen unterschiedlichen ästhetischen Eindruck.

Formharmonie

Bei der Gestaltung mit Formen ist darauf zu achten, dass ein ausgewogenes Verhältnis zwischen Komplexität und Ordnung bzw. Kontrast und Ähnlichkeit der Formen innerhalb eines Formgefüges entsteht. In **Bild 4** wird dieser Aspekt verdeutlicht.

Die beiden Taschenradios sind in ihrer technischen Funktion identisch, die Einzelformen und deren Anordnung sind jedoch deutlich unterschiedlich. Aufgrund der Wahrnehmungsprinzipien wirkt das obere Gerät auf die meisten Betrachter harmonisch. Dank der Ähnlichkeit der Formparameter Geometrie, Richtung und Anordnung wirken die Formen zusammengehörig. Lediglich die Proportionen der Einzelformen weisen deutliche Kontraste auf. Dennoch empfindet der Betrachter die Summe der Einzelformen als harmonische Ganzheit. Das untere Gerät steht dazu im krassen Gegensatz. Es existiert keine Gemeinsamkeit der Einzelformen untereinander und zur Gesamtform. Die Anordnung der Formen wirkt chaotisch, ein Ordnungsprinzip ist nicht erkennbar.

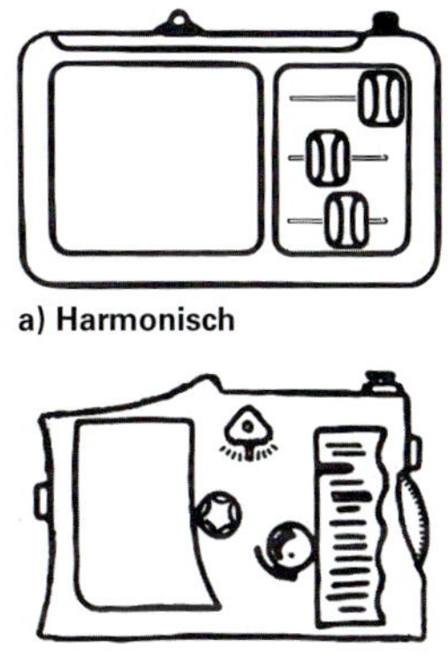
a) Harmonisch

b) Disharmonisch

Bild 4: Beispiele für Formharmonie

12.4.2 I GESTALTUNGSMITTEL FARBE

Das Gestaltungsmittel Farbe ist zwar für die Produktfunktion überflüssig, in der Produktgestaltung erfüllt Farbe aber eine wichtige Funktion. Farbe wird vorwiegend zur Erzeugung emotionaler Empfindungen eingesetzt, aber auch zur Strukturierung von Formgefügen und zur Kennzeichnung von Produkten und Produktelementen (z. B. Not-Aus-Schalter).

Farben werden definiert durch die **Farbmerkmale:**

- **Farbton**
  In **Bild 1a** ist das Farbmerkmal der Farbton Blau. Alle Buntfarben besitzen als Merkmal einen bestimmten Farbton. Die Unbunt-Farben Schwarz, Weiß und Grau besitzen dieses Merkmal nicht.
- **Farbhelligkeit**
  In **Bild 1b** ist die Grundfarbe Blau aufgehellt, sie könnte ebenso abgedunkelt sein.
- **Farbintensität bzw. Sättigung**
  In **Bild 1c** ist die Intensität durch Beimischung von Grau verringert. Auch durch Aufhellung bzw. Abdunkelung nimmt die Farbintensität ab.

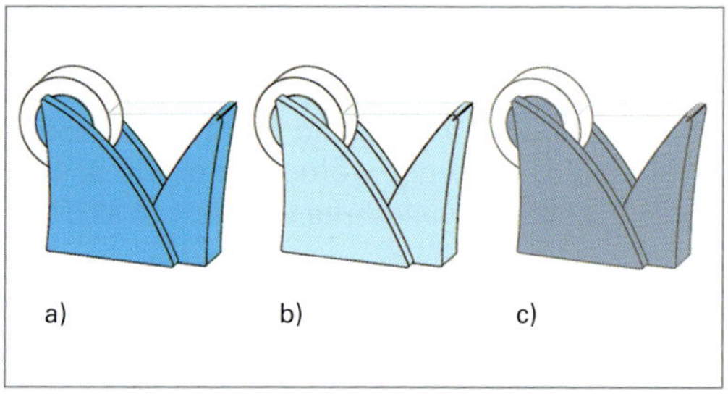

Bild 1: Farbmerkmale

Bei mehrfarbigen Gestaltungen eines Produkts wird die Farbwirkung beeinflusst durch die **Farbbeziehungsmerkmale:**

- **Kontrast**
  Farbkontraste entstehen durch unterschiedliche **Farbmerkmale** innerhalb einer Farbgestaltung. Kontraste beeinflussen die Erkennbarkeit von Formen:

  Starke Kontraste erhöhen die Auffälligkeit und Erkennbarkeit der einzelnen Formen **(Bild 2a)**.

  Schwache Kontraste verringern die Erkennbarkeit und wirken formverbindend **(Bild 2b, c)**.
- **Anordnung und Flächengröße**
  Unterschiedliche Anordnungen gleicher Farben können in einer Farbgestaltung zu unterschiedlichen Wirkungen führen.
  In **Bild 3** sind die gleichen Farben jeweils unterschiedlich angeordnet. Die ästhetische Wirkung der formal gleichen Produkte ist dadurch sehr unterschiedlich.
  Die Größe der Farbflächen wirkt sich ebenfalls aus. In **Bild 3a** ist z. B. die Wirkung der orangefarbenen Fläche wesentlich geringer als in **Bild 3b**, in dem das Orange den größten Flächenanteil hat und zentral positioniert ist.

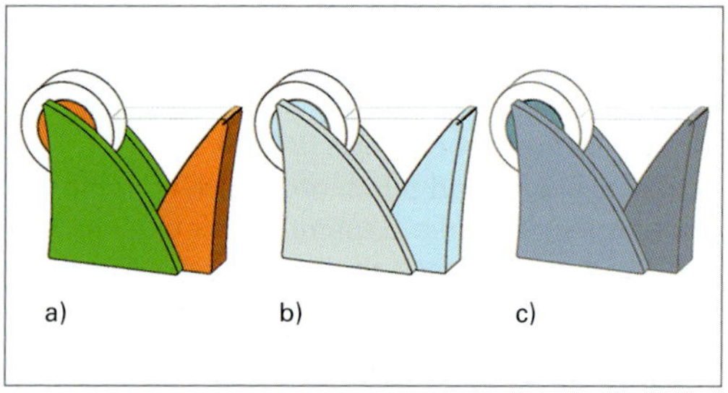

Bild 2: Farbbeziehungsmerkmal Kontrast

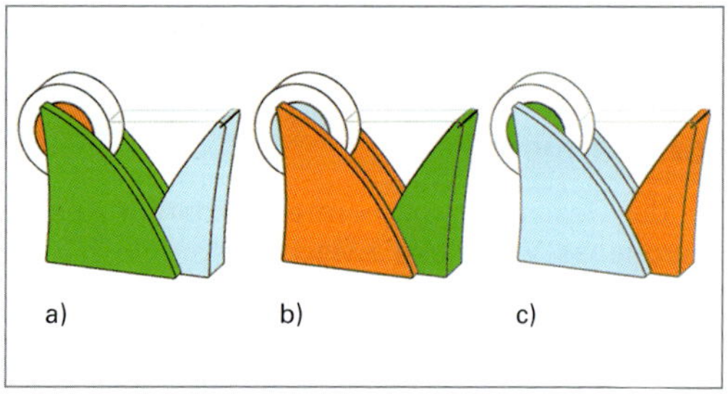

Bild 3: Farbbeziehungsmerkmale Anordnung und Flächengröße

Farbharmonie

Harmonische Farbgestaltungen weisen ein ausgewogenes Verhältnis von Komplexität und Ordnung auf, gleichbedeutend mit Kontrast und Ähnlichkeit der eingesetzten Farben.

Farbharmonie kann erzielt werden durch:

- einen ähnlichen Farbton (sog. Ton-in-Ton-Gestaltung, **Bild 1a, Seite 305)**
- eine ähnliche Helligkeit der Farben (z. B. Pastellfarben, **Bild 1b, Seite 305)**
- eine ähnliche Intensität der verwendeten Farben **(Bild 1c, Seite 305)**

- ähnliche, miteinander verwandte Farben (z. B. kalte oder warme Farben, **Bild 1d)**
- Komplementärkontrast **(Bild 1e)**. Durch die Kombination von Farben, die sich im Farbkreis gegenüberliegen, wird der größtmögliche Farbkontrast erzielt. Die durch den Komplementärkontrast erzielte harmonische Wirkung resultiert aus der gleichmäßigen Belastung der Farbrezeptoren im Auge des Betrachters.

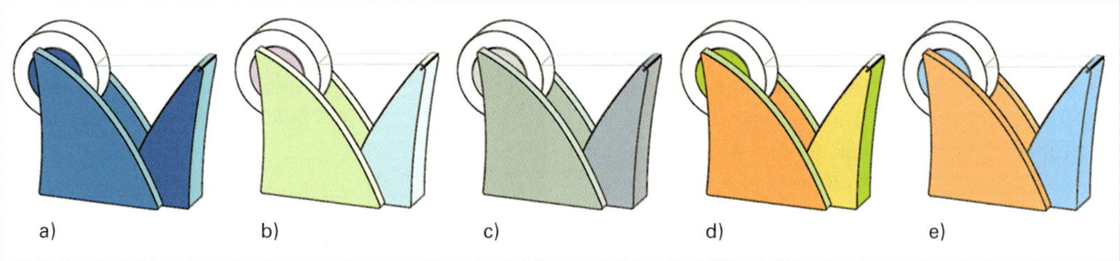

Bild 1: Beispiele für Farbharmonie

Farbpsychologie

Die ästhetische Wirkung von Farben entsteht durch die Empfindungen, die bei der Farbwahrnehmung durch gegenständliche oder gefühlsmäßige **Assoziationen** hervorgerufen werden. Diese Assoziationen sind subjektiv geprägt, dennoch gibt es allgemeingültige psychologische Farbwirkungen.

> **Info: Assoziationen**
>
> Assoziationen sind bewusste oder unbewusste Verknüpfungen von Sinneseindrücken mit Gefühlen, Gedanken und Vorstellungen.

Bild 2 zeigt typische **psychologische Farbwirkungen:**

- Farbgestaltungen mit großem Rot- bzw. Orange-Anteil wirken warm und aktiv **(Bild 2a)**.
- Farbgestaltungen mit großem Grün- bzw. Blau-Anteil wirken kühl und technisch **(Bild 2b)**.
- Violette Farbgestaltungen wirken bei technischen Produkten ungewöhnlich, mystisch **(Bild 2c)**.
- Helle Gelbtöne wirken leicht, formvergrößernd und freundlich **(Bild 2d)**.
- Dunkle Farbtöne wirken hochwertig, schwer und formverkleinernd **(Bild 2e)**.

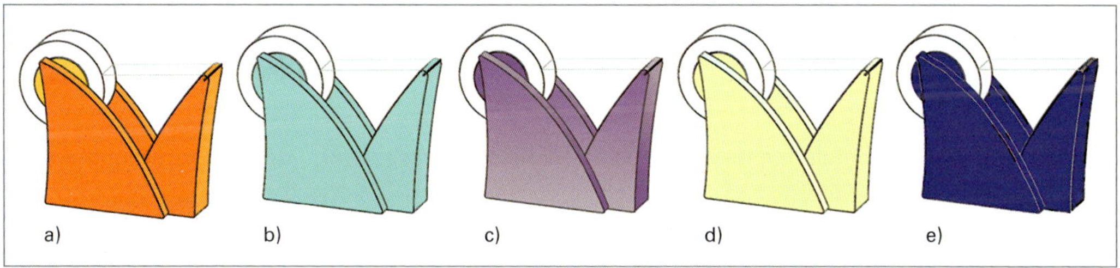

Bild 2: Beispiele für psychologische Farbwirkungen

Bei der assoziationsorientierten, auf Empfindungen ausgerichteten Farbgestaltung sind immer auch weitere Einflussfaktoren wie Produktart, Produktanwendung und Produktumfeld zu berücksichtigen. Beispielsweise würde ein hellrosa gestalteter Maschinenschraubstock sicherlich deutlich andere Assoziationen auslösen als eine hellrosa gestaltete Vase.

Farbsysteme

Für die Farbkommunikation und für die praktische Anwendung gibt es eine ganze Reihe von Farbsystemen. Je nach Branche sind unterschiedliche Farbsysteme im Gebrauch. Im technischen Bereich, vor allen im Maschinenbau, wird meist das **RAL-Farbsystem** verwendet **(Bild 3)**.

Bild 3: RAL-Farbfächer

Farbnormen

Besonders in der Ergonomie und der Arbeitssicherheit gibt es eine Vielzahl von Normen, Verordnungen und Richtlinien über die Anwendung von Farben, z. B. Sicherheitsfarben oder Farbcodes für die Kennzeichnung von Strom-, Gas- oder Flüssigkeitsleitungen.

Die Sicherheitsfarben **(Tabelle 1)** sind in DIN 4844, DIN 5381, ISO 3864 und in den Technischen Regeln für Arbeitsstätten ASR A1.3 „Sicherheits- und Gesundheitsschutzkennzeichnung" festgelegt.

Tabelle 1: Beispiele für Sicherheitsfarben

Farben	Anwendungsbereich
schwarz	Verbotszeichen, Not-Aus, z.B. Brandschutzzeichen
schwarz	Hinweiszeichen auf Gefahr, z.B. Feuer, Hindernisse
weiß	Gebotszeichen, z.B. Schutzausrüstung
weiß	Kennzeichnung, z.B. Notausgang, Erste Hilfe

Die **Farbgestaltung** wird im Produktdesign eingesetzt zur Erzeugung **emotionaler Empfindungen**, zur **Strukturierung** von Formgefügen und zur **Kennzeichnung** von Produkten und Produktelementen.

Lernfeld 12

12.4.3 | GESTALTUNGSMITTEL MATERIAL

Für die Produktgestaltung ist die **ästhetische Wirkung der Materialien** eines Produkts von besonderer Bedeutung. Die Materialkomponente hat wesentlichen Einfluss auf die ästhetischen Eigenschaften eines Produktes **(Bild 1)**.

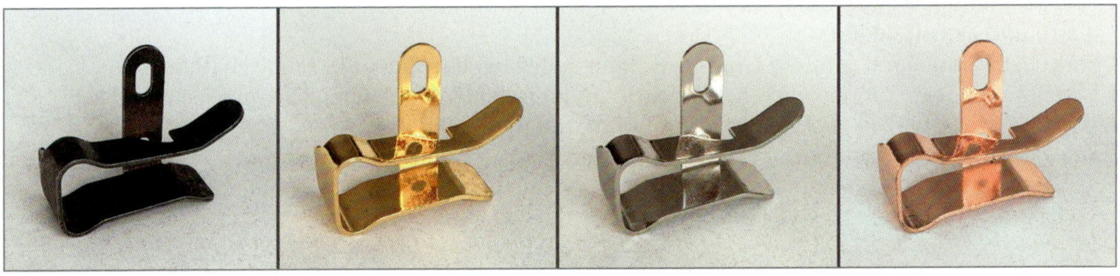

Bild 1: Gleiche Formen mit materialbedingt unterschiedlicher ästhetischer Wirkung

Von allen Gestaltungsmitteln hat das Material das breiteste Wirkspektrum, denn es kommuniziert mit allen 5 Sinnen des Menschen.

Ein Beispiel: Beim Fahrzeugkauf hat die optische Erscheinung des Fahrzeugs entscheidenden Einfluss auf die Kaufentscheidung. Aber auch dem Geruch kommt eine besondere Bedeutung zu, z. B. verstärkt der Duft von Leder den Eindruck von Wertigkeit. Dagegen vermittelt unverkleidetes Blech im Innenraum einen akustisch und haptisch minderwertigen Eindruck.

Vor allem bei Konsumgütern ist die optische Erscheinung ein wichtiger Marktfaktor, dennoch müssen bei der Materialauswahl neben der ästhetischen Komponente immer auch die weiteren, oft gegenläufigen Produkt-Anforderungen berücksichtigt werden, wie z. B. Funktion und Handhabung, Fertigung **(s. Bilder, Seite 297)**, Ergonomie, Sicherheit **(s. Bild 1, Seite 293)**, Ressourcen, Umweltverträglichkeit und Langlebigkeit **(s. Bild 1, Seite 299)**.

Für die Produktgestaltung ist die **ästhetische Wirkung der Materialien** eines Produkts von besonderer Bedeutung.

Von allen Gestaltungsmitteln hat das Material das **breiteste Wirkspektrum,** denn es ist optisch, haptisch, akustisch, geruchlich und geschmacklich wahrnehmbar.

12.4.4 | GESTALTUNGSMITTEL OBERFLÄCHE

Die Oberflächenqualität ist bei der Produktgestaltung eine weitere ästhetische Wirkgröße. **Glatte, sauber verarbeitete Oberflächen** (z.B. schmale, gleichmäßige Trennfugen oder gleichmäßige, fluchtende Gehäuseflächen) vermitteln den Eindruck einer höheren Wertigkeit des Produkts. Die optische und haptische Qualität ästhetisch minderwertig wirkender Oberflächen kann durch folgende Verfahren der Oberflächentechnik verbessert werden.

- **Mechanische Bearbeitung,** z.B. Schleifen, Polieren, Strahlen, Bürsten, Reliefprägen.
- **Beschichten,** z.B. Lackieren, Galvanisieren **(s. Band 1, Kap. 3.12, Seite 229 ff).**
- **Eloxieren:** Elektrolytische Oxidation von Aluminiumoberflächen. Die Oxidschicht kann matt bis glänzend und farbig ausgeführt werden **(Bild 1).**
- **Kaschieren:** Bekleben oder Beziehen von Werkstoffoberflächen mit Dekorfolie, Textilgewebe oder Leder.

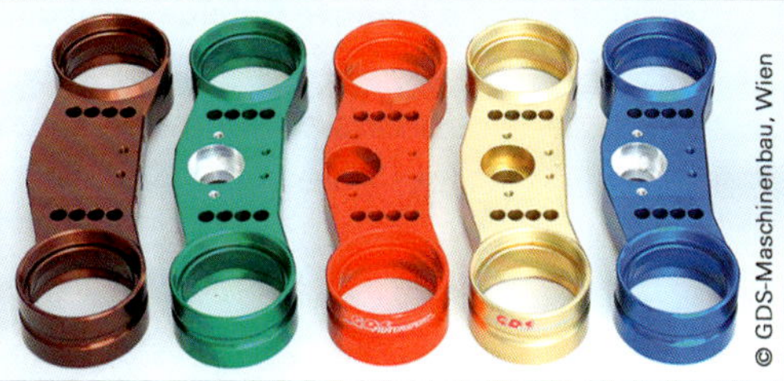

Bild 1: Farbig eloxierte Gabelbrücken für Bikes

- **Beflocken:** Beschichten von Bauteilen mit Flockfasern auf einer Kleberhaftschicht.
- **Furnieren:** Verleimen von Holzwerkstoffflächen, z.B. Spanplatten mit optisch hochwertigen Echtholz-Furnieren.

Weitere Informationen zu diesen Verfahren, die nicht nur die optische und haptische Qualität der Oberfläche verbessern, sondern auch z.B. die Kratzfestigkeit und Witterungsbeständigkeit von Bauteilen aus Kunststoffen, sind in **Band 1, Kapitel 6.4, ab Seite 331** zu finden.

Produktgrafik

Die grafische Gestaltung z.B. durch Bedrucken ist eine weitere Möglichkeit der ästhetischen Veränderung von Oberflächen. Grafische Elemente können Produktformen in ihrer ästhetischen Wirkung sehr stark beeinflussen. Beispiele für eine grafische Gestaltung von Produktoberflächen sind:

- dekorative Elemente, z.B. Muster **(Bild 2a),**
- Firmenlogos **(Bild 2b),**
- Beschriftungen und Zeichen zu Gebrauchsfunktionen, Gefahrenhinweise, Typbezeichnungen usw. **(Bild 2c).**

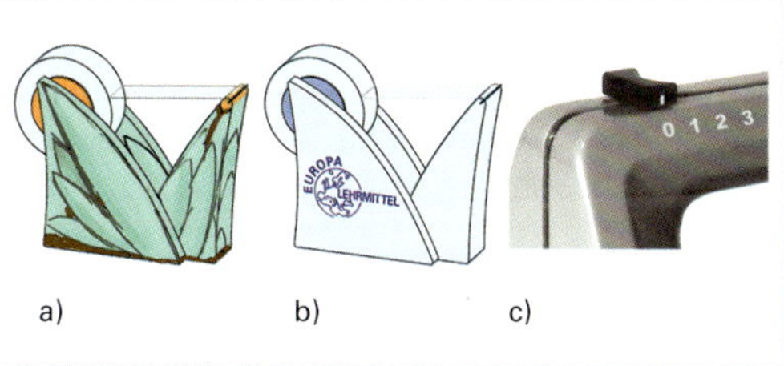

Bild 2: Produktgrafik

Eine **Produktbeschriftung** muss folgende Kriterien erfüllen:

- gut lesbare Schrifttype und Schriftgröße,
- gut sichtbare Schriftanordnung,
- deutlicher Schriftfarbe-Hintergrund-Kontrast,
- zu Produktcharakter und Textaussage passende Schriftart.

AUFGABEN | WIEDERHOLUNG UND VERTIEFUNG

1. Warum wird die ästhetische Wirkung von Produkten auch als Produktsprache bezeichnet?
2. Beschreiben Sie die Gestaltungsmittel Form, Farbe, Material und Oberfläche/Produktgrafik.
3. Erläutern Sie mittels Skizzen die Formparameter.
4. Visualisieren Sie mittels Handskizzen die Formübergänge additiv, integral und integriert.
5. Welche Ziele werden durch die Farbgestaltung von Produkten verfolgt?
6. Welches grundlegende Harmonieprinzip gilt für die Form- und Farbgestaltungen?

12.5 DER DESIGNPROZESS

Die Aktivitäten in den einzelnen Phasen des Produktentwicklungsprozesses können je nach Zielsetzung entweder **konstruktionsorientiert** oder **designorientiert** ausgeprägt sein.

In **Tabelle 1** sind diese beiden Ausprägungen einander gegenübergestellt. Die Aktivitäten laufen in der Praxis iterativ ab, d.h., es gibt innerhalb des Lösungsprozesses immer wieder ein Vor- und Zurückgehen, wie in der Spalte **Iterative Abfolge** verdeutlicht.

Tabelle 1: Unterschiedliche Ausprägungen des Produktentwicklungsprozesses

Phasen/ Aktivitäten	Iterative Abfolge	Konstruktionsorientierte Produktgestaltung	Designorientierte Produktgestaltung
Planen	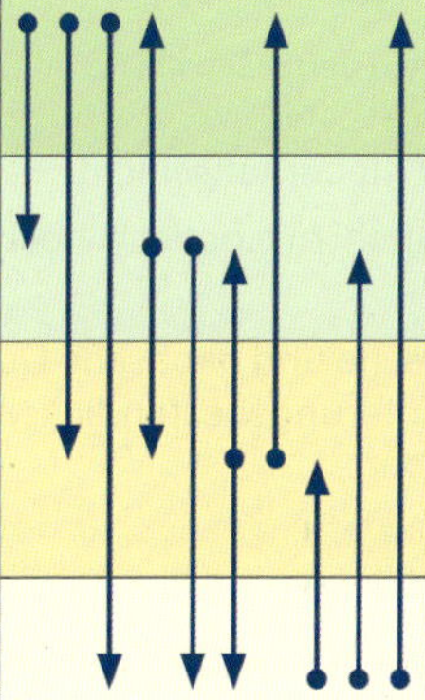	▌Klären der technisch-konstruktiven Anforderungen und der Kontextfaktoren ▌**Anforderungsliste und Ablaufplanung** erstellen	▌Klären der designrelevanten Anforderungen und der Kontextfaktoren ▌**Anforderungsliste und Ablaufplanung** erstellen
Konzipieren		▌**Funktionen** ermitteln ▌**Konzeptlösungen** entwickeln, bewerten, auswählen	▌**Designkonzepte** basierend auf der Funktionsgestalt entwickeln, bewerten, auswählen
Entwerfen		▌**Baugruppen-Module** gliedern und entwerfen ▌**Gesamtentwurf** ausarbeiten und prüfen	▌**Designentwurf** unter Einbeziehung der technischen Anforderungen ausarbeiten, präsentieren, bewerten
Ausarbeiten		▌**Funktionsmuster** und **Fertigungsunterlagen** ausarbeiten und prüfen unter Einbeziehung des finalen Designs	▌**Designausarbeitung** unter Einbeziehung der fertigungsgerechten Konstruktion

In der Entwicklung designorientierter bzw. designsensibler Produkte, z.B. im Fahrzeugdesign, wird überwiegend nach der Methode des **Simultaneous Engineering** (engl., gleichzeitiges Entwickeln) entwickelt. Charakteristisch für diese Methode ist ein koordiniertes, simultanes Zusammenwirken aller Fachbereiche innerhalb des Produktentwicklungsprozesses **(Bild 1)**.

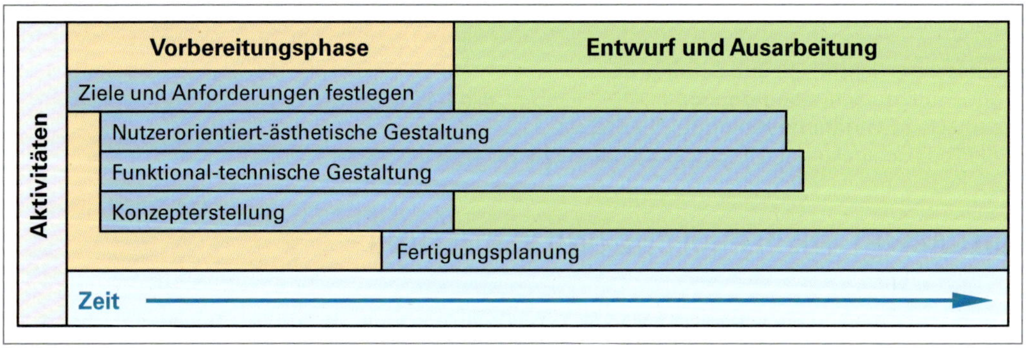

Bild 1: Prozess des Simultaneous Engineering

Die parallele Entwicklung der funktional-technischen und der nutzerorientiert-ästhetischen Produktgestalt ermöglicht ein ganzheitliches Vorgehen. Die parallel verlaufende Entwicklungsarbeit mit anfangs noch unreifen Lösungskomponenten führt jedoch zu größerem Nachbesserungs- und Änderungsaufwand. Dieser wird aber durch die intensivere und bessere Abstimmung untereinander und die daraus resultierenden kürzeren Entwicklungszeiten mehr als ausgeglichen.

Für die Betrachtung der Designaktivitäten im Produktentwicklungsprozess sind diese zur besseren Übersicht noch einmal isoliert in **Bild 1** dargestellt.

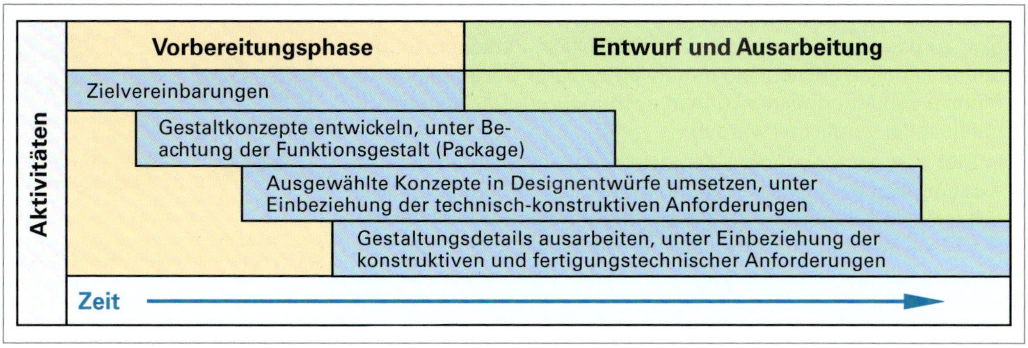

Bild 1: Designspezifische Aktivitäten

12.5.1 | DESIGNORIENTIERTE AKTIVITÄTEN IM PRODUKT-ENTWICKLUNGSPROZESS

Aktivitäten in der Vorbereitungsphase

In der Vorbereitungsphase sind die designspezifischen **Ziele, Anforderungen, Bewertungskriterien** und **Kontexfaktoren** umfassend und gründlich zu klären. Außerdem ist die Anforderungsliste für die Design- und Produktentwicklung festzulegen.

Darüber hinaus müssen lösungsrelevante Informationen über Einflussfaktoren beschafft und ausgewertet werden, wie z. B.:

- Produkt und Produktumfeld,
- Markt und Wettbewerber,
- Produktionsbedingungen,
- rechtliche Bedingungen (Gesetze, Normen, Patente usw.),
- Corporate Design (CD) und CD-Richtlinien **(Info)**,
- Zielgruppen,
- Zeitgeist bzw. aktuelle Trends,
- weitere auftragsspezifische, designrelevante Faktoren.

> **Info:**
> **Corporate Design (CD)**
> Ist das visuelle Erscheinungsbild eines Unternehmens. **CD-Richtlinien** legen die identitätsstiftenden formalen Stilelemente eines Unternehmens fest.

Wie in der Konstruktion sind auch beim Produktdesign die **auftragsbedingten Anforderungen** möglichst präzise zu definieren. Im Gegensatz zu den technisch-funktionalen Anforderungen sind die designspezifischen, ästhetisch-emotionalen Anforderungen jedoch deutlich schwieriger und aufwendiger zu konkretisieren. Folgende Methoden haben sich in der Praxis bewährt:

- **Produktvorlagen**
  Anhand von existierenden Produkten werden die gewünschten Designmerkmale für das neue Produkt visualisiert. Der Vorteil dieser realen Vorlagen im Vergleich zu Bildvorlagen ist die deutlich größere und real vorhandene Informationsdichte.
  Bild 2 zeigt einen bereits existierenden Hefter als Designvorlage für einen Klebefilmabroller-Entwurf. Ziel dieses Gestaltungsauftrags war es, eine Produktfamilie (Set) zu entwerfen, d. h., die Entwurfsanforderung bestand darin, eine ähnliche Formsprache der Geräte zu erzeugen.

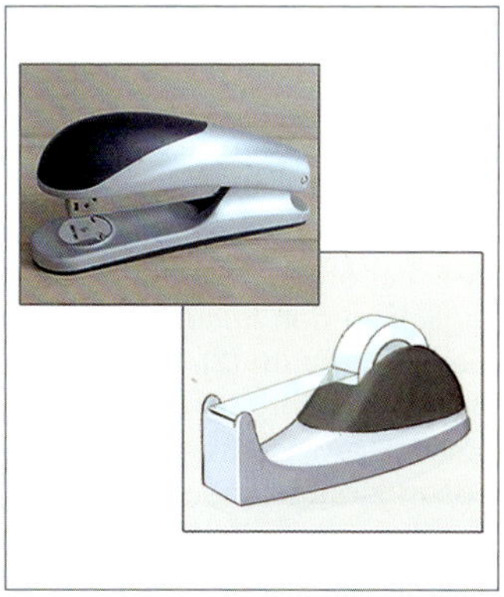

Bild 2: Produkt als Vorlage

Moodboard

Moodboards (engl.: *mood*, Stimmung; *board*, Tafel) werden verwendet, um die gewünschten **Anmutungsqualitäten,** die ein Produktentwurf vermitteln soll, näherungsweise zu visualisieren bzw. zu definieren. Durch Bilder von Objekten, Personen, Farben und Materialien entsteht ein intuitiv erfassbarer Gesamteindruck. Mithilfe von Moodboards können auch mehrere Designentwürfe miteinander verglichen werden.

In **Bild 1** ist ein Moodboard dargestellt, das im Rahmen der Entwicklung von Badutensilien angefertigt wurde. Moodboards werden auch im Rahmen von **Zielgruppenbeschreibungen** verwendet. Die Visualisierung charakteristischer Merkmale, z. B. Lebensart, Produktwelt, Stil usw., vermittelt einen Eindruck von der jeweiligen Zielgruppe.

© nexus product design

Bild 1: Moodboard

Ästhetisches Profil

Das ästhetische Profil (auch Polaritätsprofil oder semantisches Differenzial) definiert die geforderten Anmutungen des zu entwickelnden Produkts als Profilkurve in einer Polaritätenskala.

In **Bild 2, oben,** ist als Beispiel das ästetische Profil der Tizio-Leuchte abgebildet. Das Profil diente als Vorgabe für den Entwurf einer Kaffeebechertrage, die möglichst ähnliche ästhetische Designmerkmale wie die Tizio-Leuchte haben soll **(Bild 2, unten).** Die **Profilkurve** wurde erzeugt, indem die anvisierte Wirkrichtung näherungsweise in eine Skala aus polaren, d. h. gegensätzlichen, Begriffspaaren eingetragen wird.

Das ästhetische Profil ist ein ausgezeichnetes Verfahren zur Bewertung der ästhetischen Wirkung von Produktentwürfen. Testpersonen aus der anvisierten Zielgruppe markieren in einer Polarskala aus gegensätzlichen Begriffspaaren spontan ihre Produktbewertungen. Die Mittelwerte verdeutlichen, wie das Produktdesign von der Zielgruppe wahrgenommen wird.

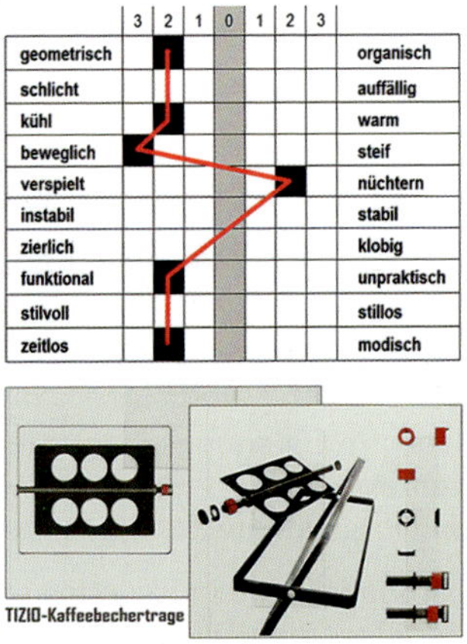

© Andreas Diefenbach, GTA Produktdesign

Bild 2: Ästhetisches Profil

Problemformulierung und Lösungsraum

Die Formulierung des zu lösenden Designproblems (Problemformulierung) bestimmt in hohem Maße die Lösungsfindung hinsichtlich Qualität und Quantität.

Das Beispiel in **Bild 3** zeigt unterschiedlich große Lösungräume in Abhängigkeit von der Problemformulierung (Problemraum). Der Auftrag besteht darin, eine keimfreie Probenentnahme mittels sogenannter Labornadeln zu entwickeln. Die einschränkende Problemformulierung „Sterilisation von Labornadeln mittels Gasflamme" führt lediglich zu den Lösungen Bunsenbrenner **(1)** und Gasflammraum **(2).** Die offenere, abstraktere Problemformulierung „Sterile Labornadeln bereitstellen" erweitert den Lösungsraum deutlich. Der Lösungsraum erweitert sich um Lösungen wie Sterilisierspülung **(3),** Heißdampf-Autoklav **(4),** Erhitzen durch Induktion **(5),** Erhitzen mit Laser **(6)** und Gebrauch von Einmal-Sterilisiernadeln **(7).**

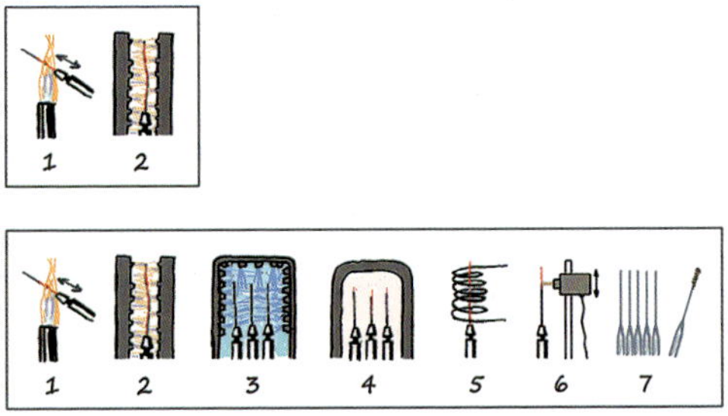

Bild 3: Unterschiedliche Lösungsräume

Besonders bei komplexen, schwer fassbaren Problemstellungen mit hohem Nutzerbezug ist die Problemformulierung eine der lösungsentscheidenden Prozesskomponenten. Ein Lösungsansatz für derartige Problemstellungen ist das **Design-Thinking** (engl., sinngemäß: Design-Denken) mit den beiden Prozesskomponenten **Problemraum** und **Lösungsraum** **(Tabelle 1)**.

Der **Problemraum** entspricht in etwa der Vorbereitungsphase in **Bild 1, Seite 308**. Der iterativ ablaufende Prozess beginnt mit dem Klären und Verstehen der aufgabenbezogenen Anforderungen und Bedingungen. Es folgt eine intensive Untersuchung der Wünsche und Bedürfnisse der Nutzer, die User Research (engl.). Die entscheidende Aktivität im Problemraum ist die Zusammenführung der Ergebnisse zu einem ausgewogenen Gesamtbild und die Formulierung des zu lösenden Problems.

Der **Lösungsraum** entspricht in etwa der Phase von Entwurf und Ausarbeitung in **Bild 1, Seite 308**. Er beginnt mit dem Entwickeln von Lösungsideen. Die Ideen werden in vorläufige, noch unreife Prototypen umgesetzt. Diese Prototypen werden im Team mit den aktiv in den Prozess eingebundenen Nutzern kontinuierlich getestet und optimiert.

Der gesamte Prozess ist hochgradig iterativ, oft sind mehrfache Schleifen notwendig.

Tabelle 1: Aktivitäten im Design-Thinking-Prozess

Problemraum			Lösungsraum		
Klären und Verstehen	User Research	Formulierung des Problems	Löungsideen entwickeln	Prototypen entwickeln	Prototypen testen und optimieren
← Iterativer Prozess →					

Eine möglichst genaue und differenzierte Klärung der Anforderungen ist entscheidend für die weiteren Entwicklungsschritte und verhindert Fehlentwicklungen und somit Fehlerkosten. Fehler in den Anforderungen sind die teuersten Fehler. Die Fehlerkosten wachsen in der fortschreitenden Entwicklung erfahrungsgemäß um den Faktor 10 **(Bild 1)**.

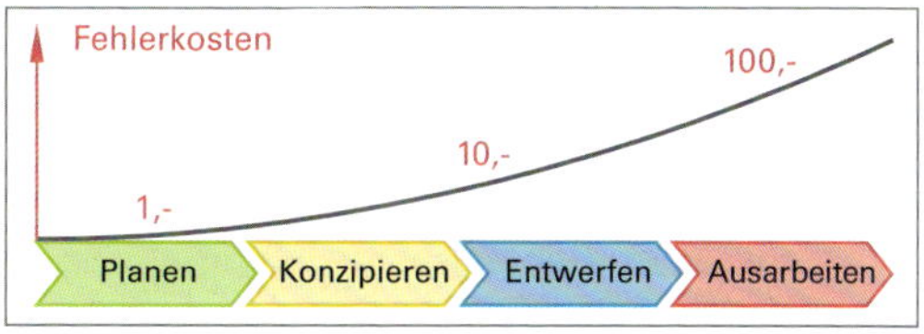

Bild 1: Kosten pro Fehler

> Der **Problemraum** ist umfassend und gründlich zu klären, um Fehlerkosten im **Lösungsraum** zu vermeiden. Der Problemraum darf nicht zu eng gefasst sein, damit der kreative Prozess genügend Freiheit hat.

Konzepterstellung

Basierend auf den designspezifischen Zielen, Anforderungen und Kontexfaktoren werden in der Phase der Konzepterstellung Designstudien und Designkonzepte zur Umsetzung der Produktanforderungen erstellt. Je nach Zielvereinbarung können das sein:

- **Entwicklung von Konzeptstudien**
  Besonders in designsensiblen Produktbereichen werden package-unabhängig hochkreative Studien bzw. Visionen zur Designfindung entwickelt **(Bild 2)**.
- **Entwicklung von Funktionskonzepten**
  Bild 3a zeigt Funktionskonzeptskizzen für die Entwicklung einer Kaffeebechertrage.
  Bild 3b zeigt in Skizzen den Klappvorgang und den Einschub einer Kaffeebechertrage.

Bild 2: Konzeptstudien

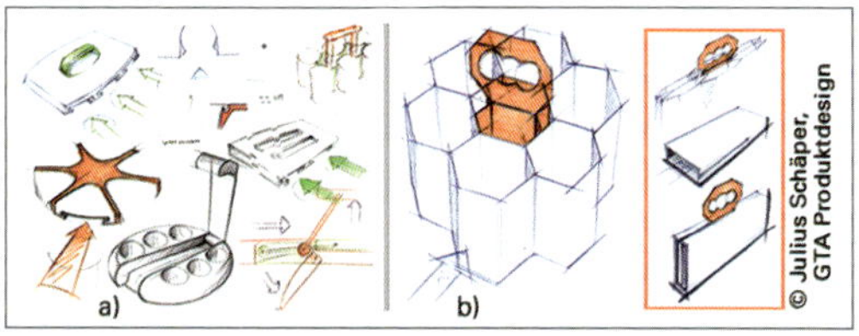

Bild 3: Funktionskonzeptskizzen

Lernfeld 12

Entwicklung von Formkonzepten

Bild 1 zeigt einen Ausschnitt aus einer Skizzenserie zur Formfindung für ein Produkt bei vorgegebener Funktionsgestalt (Package).

Designkonzepte umfassen immer die Teilkomponenten **Funktionsgestalt** und **Formgestalt**. Diese gestaltbestimmenden Komponenten stehen in einem engen Zusammenhang und müssen aufeinander abgestimmt werden.

In **Bild 2** wird am Beispiel einer elektrischen Kaffeemühle diese gegenseitige Beeinflussung verdeutlicht: Die Übergewichtung ästhetischer Kriterien führt zu einer Funktionsgestalt mit einer mangelhaften Funktionserfüllung: Das 1. Konzept (links) wirkt zwar ästhetisch ausgewogener, aber der Behälter für die Bohnen ist deutlich zu klein. Das 2. Konzept ist ein Kompromiss aus funktionalen und gestalterischen Anforderungen.

Zur **Generierung von Lösungsideen** werden Kreativitätstechniken genutzt **(s. Band 1, Seite 247 ff)**. Im Industriedesign sind das vor allem Methoden, die auf dem **Prinzip der Analogiebildung** beruhen:

Im beruflichen und privaten Umfeld werden Lösungsbeispiele gesucht, die Ähnlichkeit mit dem zu lösenden Problem haben. Dies gelingt gut mithilfe der Methode **Collective-Notebook** (**CNB**, engl.: *collective*, Gemeinschaft, Sammel-; *notebook*, Notizbuch). Lösungsrelevante Analogien werden in einem Notizbuch (analog oder digital) in Bild- oder Textform gesammelt. Nach 2 bis 4 Wochen wird das CNB hinsichtlich möglicher Lösungsideen ausgewertet.

Bild 3 zeigt ein Skizzenblatt aus einem CNB, das im Rahmen einer Faltradentwicklung entstanden ist. Analogien zum Problem „Etwas falten" aus verschiedenen Lebens- und Produktbereichen wurden in Skizzen gesammelt. Diese Skizzenblätter müssen keinen Präsentationskriterien genügen, sondern haben ausschließlich die Funktion, den Lösungsraum möglichst weit zu öffnen. Der Produktdesigner lässt seiner Kreativität freien Lauf.

Die Konzeptentwicklung erfolgt nach dem **Grundsatz: „So viel und so verschieden wie möglich"**. Denn erfahrungsgemäß ist der erste Einfall selten auch der Beste. Ein Produktentwickler muss über einen umfangreichen Erfahrungsschatz verfügen und bereits eine Vielzahl möglicher Lösungsansätze in seinem „Erfahrungspool" haben, um spontan mehrere geeignete Designlösung zu entwickeln. Die meisten Produktentwickler erforschen den Lösungsraum bis an seine Grenzen und oft sogar darüber hinaus nach möglichen Lösungsansätzen.

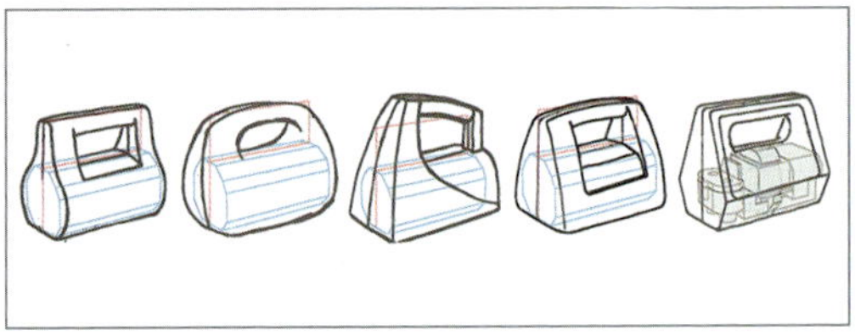

Bild 1: Formkonzeptskizzen

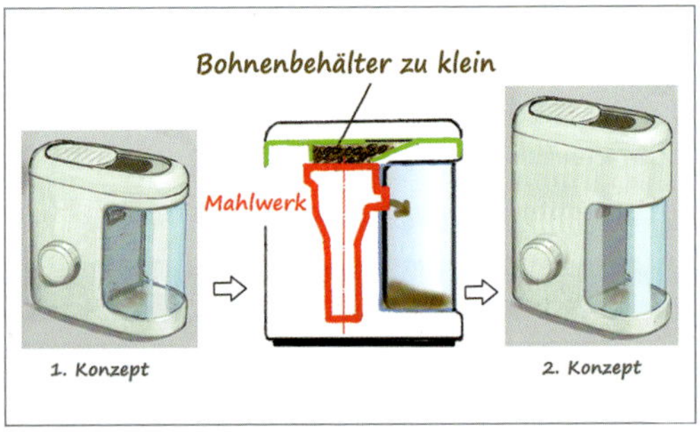

Bild 2: Abstimmung von Funktions- und Formgestalt

Info: Collective-Notebook (CNB)

CNB ist eine Variante des Brainwritings, die von einer örtlich und zeitlich unabhängigen Gruppe durchgeführt werden kann. Über einen längeren Zeitraum werden Lösungsideen in einem persönlichen Notizbuch oder digital gesammelt. Die Summe der Ergebnisse wird ausgewertet und zur Konzepterstellung genutzt.

Die CNB-Methode basiert auf der Erkenntnis, dass Lösungsideen oft unterbewusst und zu unbestimmten Zeiten spontan entstehen.

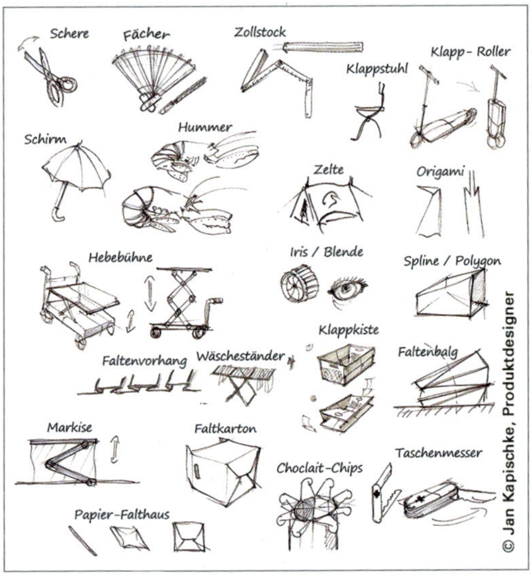

Bild 3: Beispiel für Analogieskizzen aus einem Collective-Notebook

Die **Generierung der Konzeptstudien** erfolgt in schnellen, aufwandminimierten Freihandskizzen. Je nach individueller Begabung und Gestaltungsziel sind unterschiedliche Vorgehensweisen möglich:

- Die **konstruktiv-entwickelnde Skizziertechnik (Bild 1)** ist für eine schrittweise, systematische Lösungssuche geeignet. Dabei werden von Skizze zu Skizze Formparameter variiert.
  Für ungeübte Zeichner ist dies die optimale Methode.
- Die **intuitiv-entwickelnde Skizziertechnik** ist für kreative Findungsphasen und Designstudien geeignet **(Bild 2)**.
  Diese Methode wird von geübten, talentierten Zeichnern angewandt.

Die schnelle und dennoch geometriegerechte Anfertigung von Konzeptskizzen kann durch ein Underlay (engl.: *underlay*, Unterlage, Vorlage) unterstützt bzw. vereinfacht werden.

Ein **Underlay** ist eine vereinfachte Skizze der Funktionsgestalt (Package). Sie wird als Skizzierhilfe in schwachen Linien auf das Skizzierpapier gezeichnet, das anschließend vervielfältigt wird. Diese Ausdrucke werden von Hand zu Konzeptskizzen vervollständigt **(Bild 3)**.

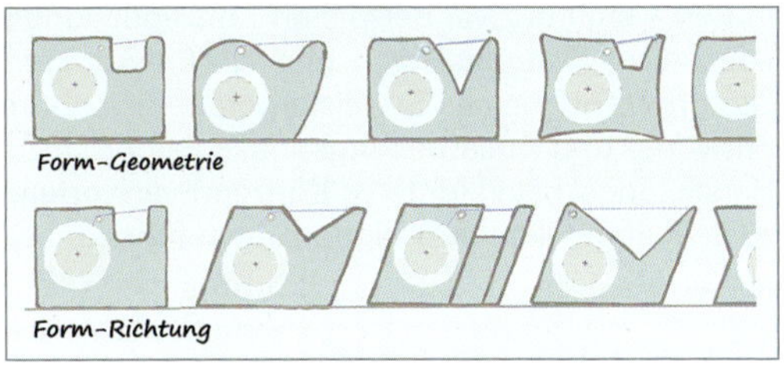

Bild 1: Konstruktiv-entwickelnde Methode

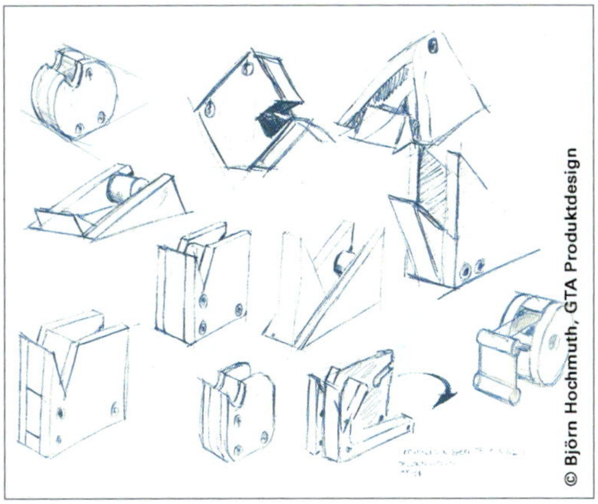

Bild 2: Intuitiv-entwickelnde Methode

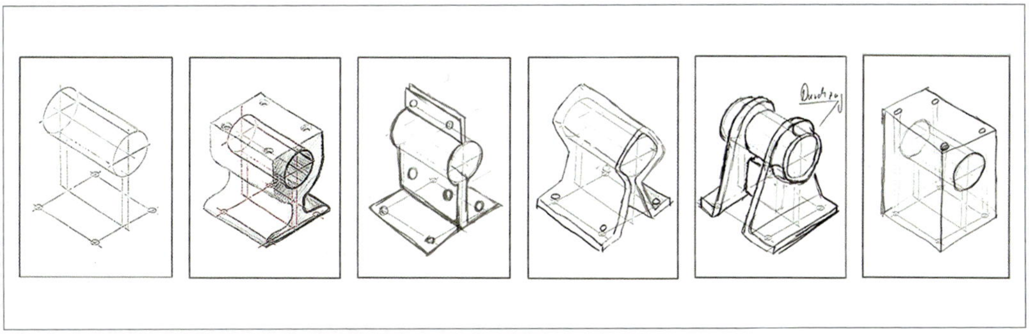

Bild 3: Underlay (links) und ausgearbeitete Konzeptskizzen

Die skizzierten Designideen und Designkonzepte werden anhand der zielgruppen- und unternehmensspezifischen Anforderungen bewertet, ausgewählt und eventuell weiter optimiert oder neu konzipiert. In diesem Bewertungsprozess werden neben den in **Band 1, Kapitel 4.7.2, Seite 251 ff.**, beschriebenen Methoden insbesondere designrelevante Bewertungsmethoden benutzt **(s. Kap.12.5.2, Seite 314)**.

Das ausgewählte Lösungskonzept wird schließlich zur weiteren Bearbeitung freigegeben. Die Funktionsgestalt und die Formgestalt des Produkts werden dann in enger Abstimmung zwischen Designern und Konstrukteuren als Entwurf ausgearbeitet.

Entwurf und Ausarbeitung

Bei der Umsetzung des ausgewählten Lösungskonzepts in einem Designentwurf wird das Formkonzept detailliert ausgearbeitet. Die Funktions- und Designanforderungen werden dabei genauer überprüft. Das kann zur Veränderung des Konzepts oder sogar zur Wiederholung (Iteration) der Konzepterstellung führen. Die Darstellung des Entwurfs erfolgt in digitalen **Renderings** und **Funktionsmodellen** bis hin zu ästhetisch perfekten **Designmodellen** und **Prototypen**.

In **Bild 1** sind in zwei Beispielen Konzeptlösungen und Designentwürfe abgebildet. **Bild 1a** zeigt eine Leuchte in Konzeptskizzen und als Entwurfsmodell. **Bild 1b** zeigt zwei Konzeptlösungen und den Designprototyp eines Sterilisiergeräts für Labornadeln. Beide Sterilisiergerätkonzepte wurden in der Entwurfs- und Ausarbeitungsphase wegen unzureichender Funktion (oberes Konzept) und zu hoher Herstellungskosten (unteres Konzept) verworfen. Ein neues Konzept wurde entwickelt, das schließlich zu dem abgebildeten Designprototyp führte.

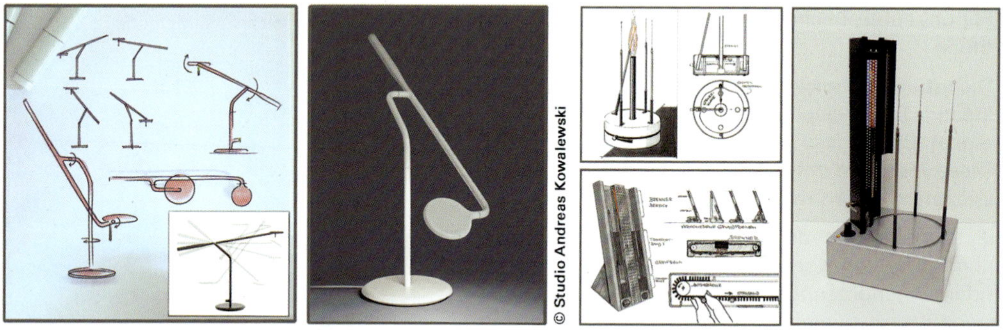

a) b)

Bild 1: Beispiele für Konzepte und zugehörige Entwürfe

Spätestens in der Entwurfs- und Ausarbeitungsphase werden parallel zur Entwurfsarbeit auftragsbedingte Maßnahmen, wie z. B. Kollisionsprüfung, Simulation bzw. Erprobungen, durchgeführt.

Durch eine **Feasibility-Studie** (engl.: *feasibility*, Machbarkeit, Durchführbarkeit) wird die technische Machbarkeit des Designs geprüft und gesichert. Im **Cubing-Prozess** (engl.: *cubing*, Verdoppeln, hier: Aufbau der Teilformen zu einer Gesamtform) erfolgt der Abgleich zwischen dem Designmodell und dem CAD-Modell der Konstruktion. In intensiver Abstimmung zwischen Produktdesignern und Fertigungstechnikern wird das Design in allen Details akribisch verfeinert und schließlich über das entgültige Design entschieden.

In der **Entwurfs- und Ausarbeitungsphase** wird die Konzeptlösung gestalterisch konkretisiert und differenziert ausgearbeitet, um anschließend konstruktiv und fertigungstechnisch zur Serienreife weiterentwickelt zu werden.

12.5.2 | BEWERTUNG VON DESIGNKONZEPTEN UND DESIGNENTWÜRFEN

Bewertung und Auswahl von Konzepten und Entwürfen sind im Produktdesign problematisch und nur ungenau durchführbar. Eine erste grobe Bewertung und Auswahl von Designkonzepten wird in der Regel im Team aus Produktdesignern, Marketingexperten, Konstrukteuren und Konsumenten durchgeführt. In Abhängigkeit vom jeweiligen Auftrag stehen unterschiedliche Bewertungs- und Entscheidungsmethoden zur Verfügung.

Besonders aussagestarke Ergebnisse in der Bewertung von Anmutungen, die von einer Produktgestaltung ausgehen, liefert die **Choice-Based Conjoint-Analyse (CBC**, engl.: *choice*, Auswahl; *based*, basierend, *conjoint*, Verknüpfung**)**. Bei dieser Bewertungsmethode werden den Testpersonen mehrere Produktkonzepte präsentiert, aus denen sie das jeweils bevorzugte Konzept auswählen. Diese Bewertungsmethode liefert weitgehend objektive Ergebnisse, da die Auswahlsituation der tatsächlichen Situation bei Kaufentscheidungen im Markt nahekommt.

Verschiedene Designinstitutionen, z. B. das **Internationale Designzentrum (IDZ), Berlin,** haben **allgemeine Kriterien für gutes Industriedesign** aufgestellt.

Kriterien für gutes Industriedesign (IDZ)

- Gutes Industriedesign ist keine Umhüllungstechnik.
- Gutes Industriedesign basiert auf dem Nutzer-Produkt-Verhältnis, besonders auch im Hinblick auf Aspekte der Arbeitsmedizin und der Wahrnehmung.
- Gutes Industriedesign macht die Funktion und die Handhabung des Produkts für den Benutzer sichtbar und klar ablesbar.
- Gutes Industriedesign berücksichtigt neueste technische Entwicklungen bei der Produktkonzeption.
- Gutes Industriedesign berücksichtigt bei der Produktentwicklung Ergonomie, Umweltverträglichkeit, Energieeffizienz, Langlebigkeit und Wiederverwendbarkeit.

AUFGABEN | WIEDERHOLUNG UND VERTIEFUNG

1. Beschreiben Sie Möglichkeiten und Methoden, die ästhetischen Anforderungen an eine Produktentwicklung zu definieren.
2. Worauf ist bei der Problemformulierung für die Lösungsfindung zu achten?
3. Erläutern Sie die Abhängigkeit zwischen Funktions- und Formgestalt eines Produkts.
4. Erläutern Sie die Problemlösungsmethode mithilfe von Analogiebildung und beschreiben Sie die Lösungssuche mittels CNB.
5. Welche Aktivitäten kennzeichnen die Ausarbeitungsphase im Designprozess?

12.6 | MEDIEN, WERKZEUGE UND MODELLIERUNGSTECHNIKEN

Im Designprozess haben Medien, Werkzeuge und Modellierungstechniken eine zentrale Bedeutung. In **Bild 1** sind die designtypischen Medien, Werkzeuge und Modellierungsmethoden aufgeführt, sie werden im Rahmen dieses Kapitels näher beschrieben.

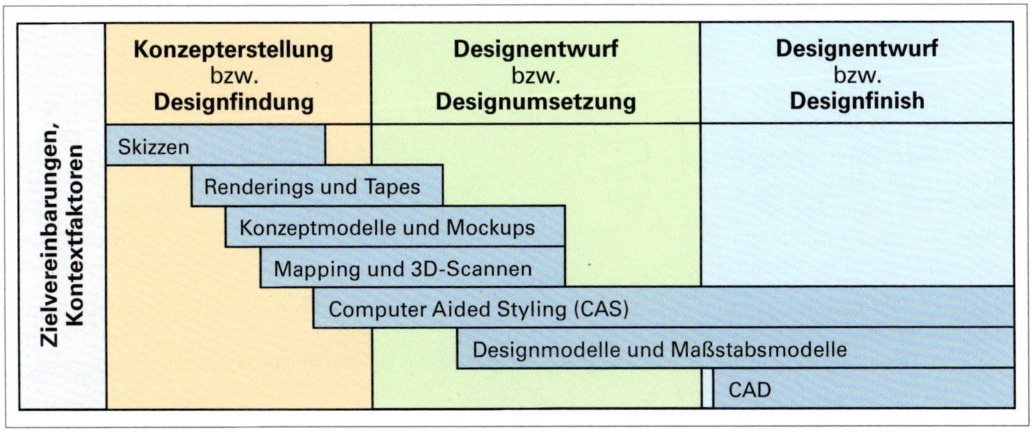

Bild 1: Medien, Methoden und Werkzeuge im Designprozess

12.6.1 | SKIZZEN UND RENDERINGS

Skizzen sind im Designprozess ein wichtiges Mittel zur schnellen Visualisierung und Generierung von Lösungsideen. Skizzen wirken wie Keime, beim Skizzieren entstehen permanent neue Assoziationen und Einfälle. **Bild 1** und **Bild 2** zeigen typische Beispiele für Skizzen im Designprozess:

- In **Bild 1** sind Varianten einer Utensilienbox mit verschiedenen Anmutungsqualitäten dargestellt. Die Skizzen sind Entscheidungshilfen für die weitere Gestaltung der Utensilienbox.
- **Bild 2** zeigt Skizzen zur Visulisierung der Form und Funktion eines Leuchtenkonzepts.

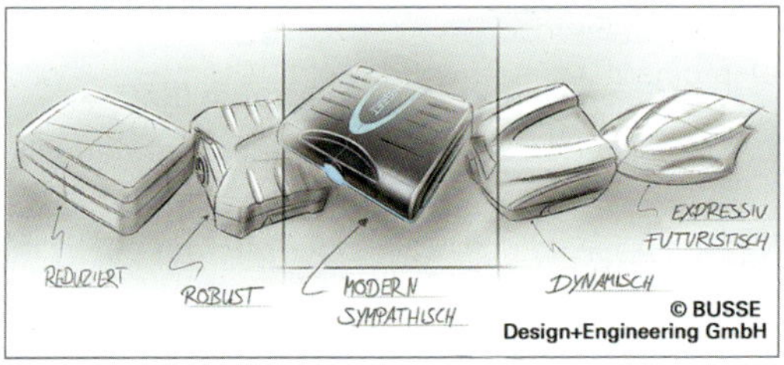

Bild 1: Anmutungskonzepte für eine Box

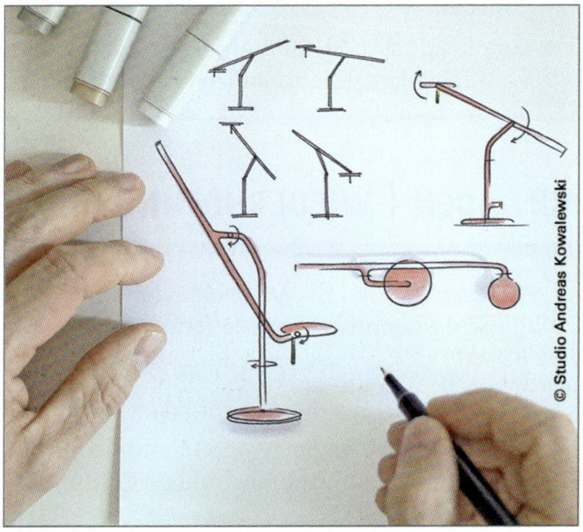

Bild 2: Konzeptskizzen einer Leuchte

Skizziertechniken

Eine gute Skizzierfähigkeit ist für den Designprozess bedeutend und vorteilhaft. Das Erlangen einer gute Skizzierkompetenz erfordert jedoch ständiges Üben. Skizzierkurse, Lehrbücher zum Designzeichnen sowie Internetvideos zum Thema Design-Sketching sind dabei hilfreich.

Skizzieren ist ein ganzheitlicher Prozess, d. h., die Lösungsidee wird zunächst mit wenigen leichten, lockeren Strichen in stark vereinfachter Form skizziert. Wenn dieses Grobkonzept mit dem Vorstellungsbild übereinstimmt, wird es weiter differenziert und abschließend mit kontrastreichen Strichen korrigierend nachgezeichnet.

Für perspektivische Skizzen ist in der Anfangsphase das **Skizzieren auf Perspektivraster** sinnvoll. Perspektivraster gibt es in Papierform oder in digitaler Ausführung.

In **Bild 3a** ist ein Objekt auf Dimetrierasterfläche in verschiedenen Positionen skizziert. **Dimetriedarstellungen** sind vorteilhaft, wenn ein Produkt eine erkennungswichtige Hauptseite aufweist.

In **Bild 3b** ist ein Objekt aus mehreren Blickrichtungen bzw. Sehpositionen (Rundgang um das Objekt) auf Isometrierasterfläche skizziert. **Isometriedarstellungen** sind vorteilhaft, wenn ein Produkt zwei erkennungswichtige Seiten aufweist.

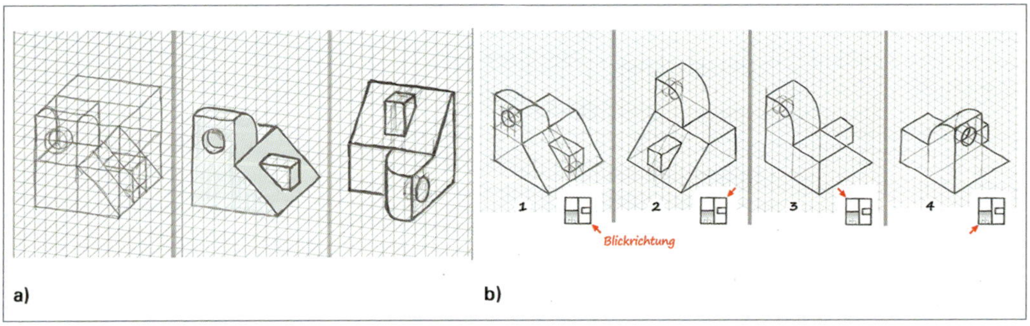

Bild 3: Objektskizzen auf Perspektivraster,
a) Objektskizzen auf Dimetrieraster, b) Objektskizzen (Rundgang) auf Isometrieraster

Für die Erstellung schneller Skizzen ist eine **konstruierend-entwickelnde Vorgehensweise** hilfreich. Die Skizze entsteht in vier Schritten von einfachen Ausgangsformen zu komplexen Formen.

Die vier Schritte des **konstruierend-entwickelnden Skizzenaufbaus** **(Bild 1)** sind:

a) Zu Beginn wird eine einfache Grundform im Sinne einer Hüllform (z. B. Quader, Zylinder, Kugel) in dünnen Freihandlinien skizziert.
b) In einem zweiten Schritt wird diese Grundform entsprechend der beabsichtigten Endskizze mittels zielführender Schnittebenen strukturiert.
c) Im dritten Schritt werden dann die Binnenformen (innere Formen) konstruiert.
d) Abschließend werden die sichtbaren Körperkanten deutlich nachgezogen.

Der Skizzenaufbau einer Freihanddimetrie wird in **Bild 1** am Beispiel eines abgeschrägten Quaders mit konkaven und konvexen Binnenformen verdeutlicht.

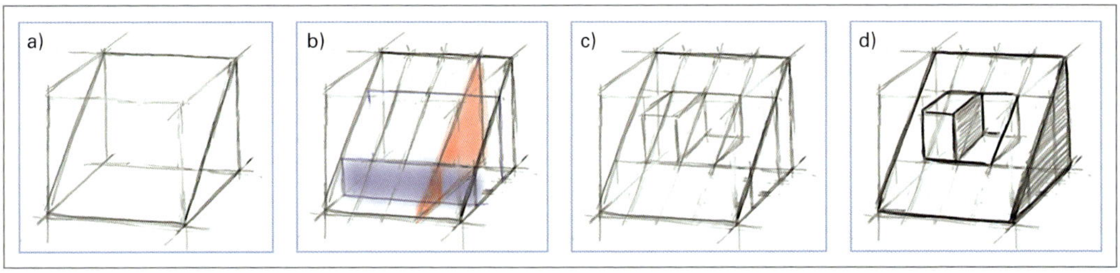

Bild 1: Konstruierend-entwickelnde Vorgehensweise beim Skizzieren von Perspektivdarstellungen

Rundungen und Freiformobjekte können mittels Hilfsschnittebenen und formbetonender Konturlinien skizziert werden **(Bild 2)**. Zunächst werden einfache objektbezogene geometrische Grundformen, Hilfsebenen und Schnittebenen mit dünnen Strichen skizziert. Dann werden mittels kräftiger Striche die umhüllenden Objektkonturen skizziert. Zur Verdeutlichung sind in **Bild 2** die Strichführung exakter und die Hilfsflächen farbig ausgeführt.

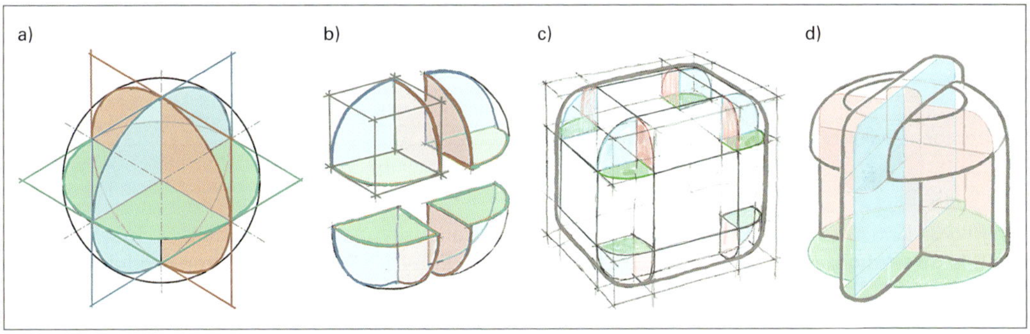

Bild 2: Hilfsschnittflächen für das Skizzieren von Kreisen und Abrundungen

Je nach Objektform bietet sich das Blockprinzip, das Skelettprinzip oder eine Mischung aus beiden als Skizzierhilfe an **(Bild 3)**.

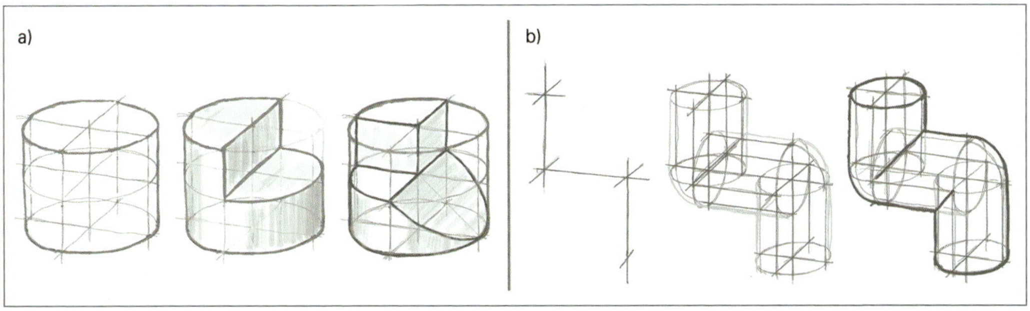

Bild 3: a) Blockprinzip, b) Skelettprinzip

Die Form eines Produkts kann zumeist in Grundformen untergliedert werden. Durch das schrittweise Zusammenführen dieser einfachen Grundformen in der Skizze lassen sich mithilfe weiterer Hilfslinien und Hilfsebenen auch komplexere Produktformen darstellen.

In **Bild 1** wird diese Vorgehensweise am Beispiel der Skizze einer Küchenmaschine verdeutlicht, die schrittweise von einfachen zu komplexen Formen aufgebaut wird.

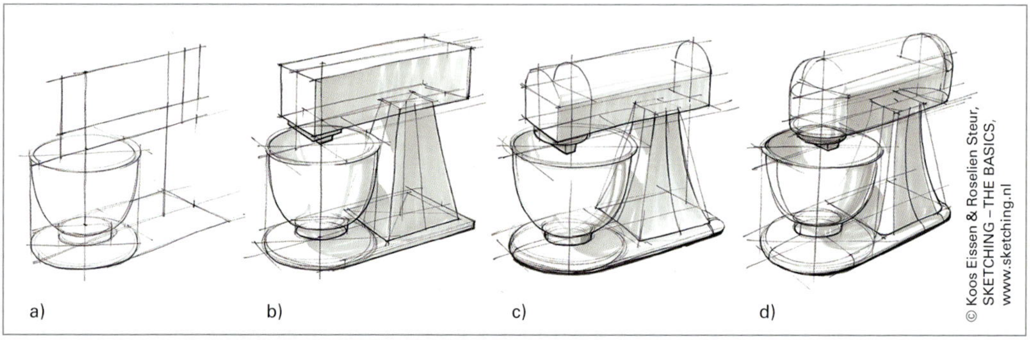

Bild 1: Schrittweiser Skizzenaufbau von einfachen zu komplexen Formen

Digitales Sketching

Das digitale Sketching (engl.: *sketching*, Entwerfen, Skizzierung) wird mittels 2D-Grafik-Programmen durchgeführt.

Bild 2 zeigt händische Skizzen eines Laborbehälters, die mit einem Grafikprogramm auf einem Grafiktablett angefertigt wurden.

In **Bild 3** wird beispielhaft gezeigt, wie aus digitalen Bilddateien durch grafische Bearbeitung und Ebenentechnik unbegrenzt viele Lösungsideen bzw. -alternativen auf einfache Weise erstellt werden können:

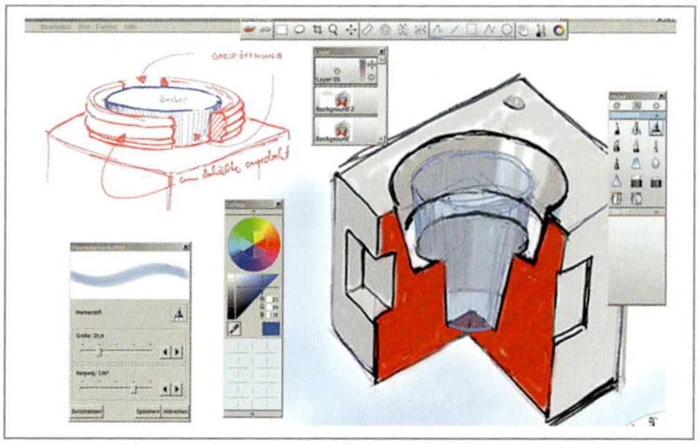

Bild 2: Digitales Sketching

- In **Bild 3a** sind das Original und zwei digital erzeugte Gehäusevarianten dargestellt.
- In **Bild 3b** wird gezeigt, wie eine Produktvorlage für die Entwicklung eines anderen Produkts genutzt werden kann.

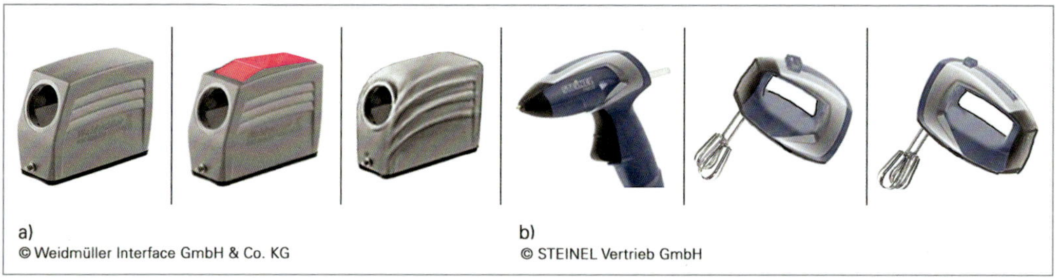

Bild 3: Beispiele für digitales Sketching im Formfindungsprozess

Die **Skizze** ist besonders in der Konzeptentwicklung ein unverzichtbares Werkzeug. Beim Skizzieren entstehen stets neue Einfälle. Darüber hinaus sind Skizzen anschaulicher als Textbeschreibungen.

Rendering-Darstellungen

Für möglichst naturgetreue Darstellungen bzw. für 1:1-Darstellungen werden **Renderings** (engl.: *rendering*, Wiedergabe, Übertragung) angefertigt.

Bild 1a zeigt den Entwurf eines Messgeräts, ausgeführt in manueller Marker- und Pastelltechnik auf Tonpapier.

Bild 1b zeigt den Entwurf eines Babykostwärmers als Erweiterung einer bestehenden Produktserie, ausgeführt als gerendertes CAS-Modell.

CAS-Systeme (engl.: *computer* ***a****ided* ***s****tyling*, computergestützte Gestaltung) ermöglichen ein designadäquates Bearbeiten digitaler 3D-Renderings.

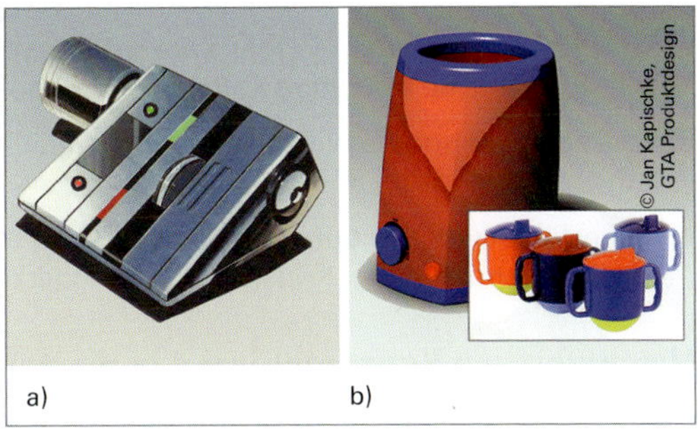

Bild 1: Rendering, a) manuell, b) digital

Eine besondere, im Fahrzeugdesign eingesetzte Visualisierungstechnik ist das **Tape-Rendering**. Bei dieser Darstellungstechnik werden Entwürfe mit schwarzen Klebebändern (Tapes) und Klebefolie meist im Maßstab 1:1 angefertigt, um die optimalen Formen und Karosserielinienverläufe zu finden **(Bild 2)**.

Diese Darstellungstechnik wird zunehmend durch digitale Visualisierungstechniken ersetzt.

Bild 2: Tape-Rendering

12.6.2 | KONZEPTMODELLE

In der frühen Konzeptphase werden Mock-ups (engl.: *mock-up*, Attrappe, Nachbildung), einfache Konzeptmodelle aus leicht zu bearbeitenden Materialien, angefertigt. Sie dienen der ersten Klärung formaler Aspekte wie Formgeometrie, Proportionen, Anordnung sowie der Einschätzung von Haptik und Ergonomie **(Bild 3)**.

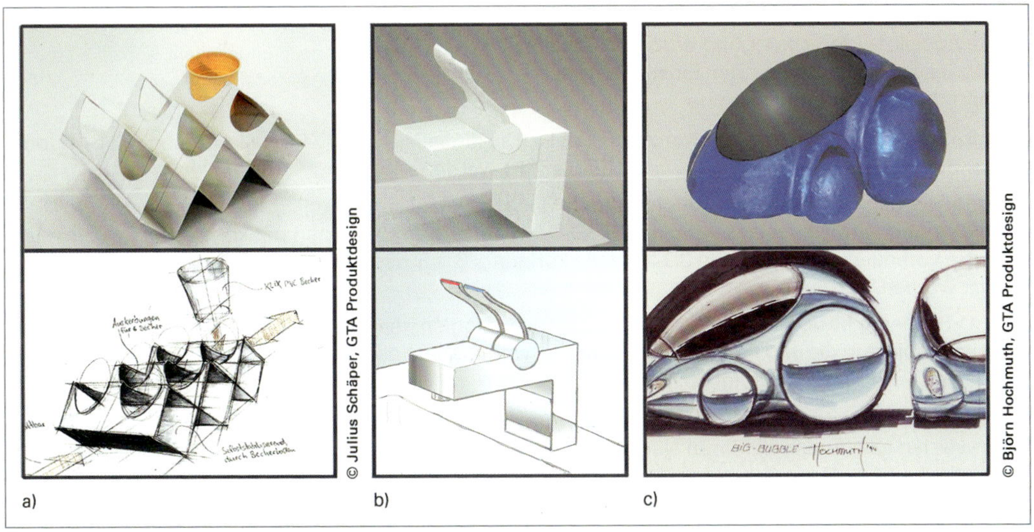

Bild 3: Konzeptskizzen und zugehörige Mock-ups

Bild 3, Seite 319, zeigt Konzeptskizzen und zugehörige Mock-ups aus verschiedenen Materialien zur Visualisierung und Überprüfung folgender Designaspekte:

a) Konzeptskizze und zugehöriges **Konzeptmodell aus Pappe** zur Funktionsüberprüfung eines Lösungskonzepts für eine klappbare Kaffeebechertrage

b) Konzeptskizze und zugehöriges **Konzeptmodell aus Styroporschaum** zur Überprüfung der Proportionen am 3D-Modell

c) Ideenskizze und **3D-Formstudie aus Plastilin** auf einem Styroporkern. Plastilin ist in vielen Farben erhältlich und in seiner Konsistenz mit Kinderknete vergleichbar.

Umsetzen von Konzeptskizzen in digitale 3D-Modelle

Unter **Sketch-Mapping** (engl.: *sketch,* Skizze; *mapping,* Abbildung) wird das Umsetzen analoger Konzeptskizzen in digitale 3D-Modelle verstanden. Diese Methode bietet die Möglichkeit, aus digitalisierten Handskizzen dreidimensionale CAS-Modelle zu erzeugen.

Die **Vorgehensweise** beim Sketch-Mapping:

- Zuerst wird eine objektähnliche, quaderförmige Grundform als CAS-Modell des Objekts erstellt.
- Darauf werden die digitalisierten Handskizzen in Form von Ansichten (VA, SA, DS) als Hintergrundbilder projiziert. Bei prismatischen und rotationssymmetrischen Bauteilen ist nur eine Fläche als Grundform und nur die formbestimmende Ansicht als Hintergrundbild erforderlich.
- Die Konturen der Hintergrundbilder werden als **Splines** (engl.: *spline,* Profil) nachgezeichnet.
- Schließlich wird das CAS-Modell ausgearbeitet.

In **Bild 1** wird dieser Vorgang an einem einfachen rotationssymmetrischen Bauteil visualisiert.

CAD-Zusatztools wie Autotrace in Solidworks oder Sketch Tracer in CATIA konvertieren Hintergrundbildkonturen automatisch in Skizzengeometrie um, das händische Nachzeichnen der Konturen mittels Splines entfällt.

Programme wie MEDUSA4 setzen 2D-DXF-Zeichnungen in 3D-Modelle um.

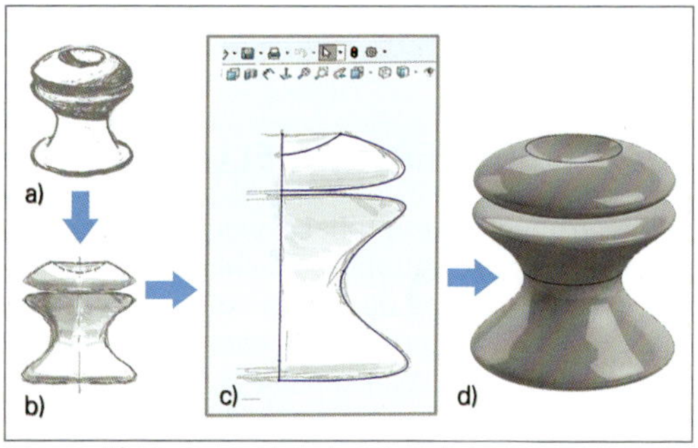

Bild 1: Handskizze in CAD-Modell umgesetzt,
a) Freihandskizze,
b) Ansichtskizze als Hintergrundbild,
c) Hintergrundbild und digitale Skizze,
d) 3D-Rotations-Modell

3D-Scannen

Das 3D-Scannen wird im Produktdesignprozess eingesetzt, um schnell und effizient digitale 3D-Modelle zu generieren. Der Einsatz erstreckt sich auf die Anwendungsbereiche:

- **Digitalisierung handgefertigter Konzeptmodelle.** Die digitalisierten 3D-Modelle können mit CAD- oder CAS-Software überarbeitet, verfeinert oder variiert werden.
- **Digitalisierung vorhandener Produkte durch Flächenrückführung** (engl.: *reverse engineering*). Diese Anwendung wird eingesetzt, wenn keine 3D-Datensätze von Produkten mit komplexer Freiformgeometrie vorliegen. Die erzeugten 3D-Modelle können z.B. für das Redesign vorhandener Produkte genutzt werden.

Das 3D-Scanning basiert auf unterschiedlichen Technologien, die sich in Genauigkeit, Schnelligkeit, erfassbarer Objektgröße und Fotorealismus unterscheiden. Der eigentliche Scanprozess bis zum digitalen Modell läuft prinzipiell wie folgt ab:

Im ersten Schritt wird aus der gescannten 3D-Punktewolke ein Polygonmodell erzeugt und optimiert. Dazu werden alle Punkte mit ihren Nachbarpunkten verbunden. Das Ergebnis sind viele tausend Polygone, die die Oberfläche des gescannten Objekts beschreiben.

Im zweiten Schritt „legt" eine spezielle Software ein Kurvennetzwerk über das Scanobjekt. Das Ergebnis ist ein **Flächenmodell** oder **Solidmodell** im IGES- oder STEP-Format.

Lernfeld 12

Bild 1 zeigt diesen Scanvorgang am Beispiel eines Sonderwerkzeugs.

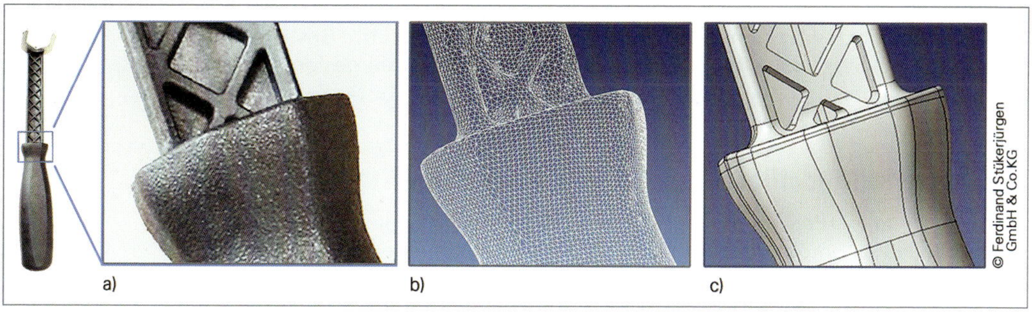

Bild 1: Flächenrückführung an einem Sonderwerkzeug,
a) Original (Detail), b) 3D-Scan (Polygonnetz), c) 3D-Modell

Der Scanprozess wird durch die fortschreitende Entwicklung der Lasertechnologie erheblich verbessert. Laserdioden wie der Oberflächenemitter VCSEL (engl.: ***v**ertical-**c**avity **s**urface **e**mitting **l**aser*) werden für die 3D-Erfassung eingesetzt. Diese Technologie ist bereits in neueren Smartphones zur Gesichts- und Gestenerkennung verbaut.

12.6.3 | FREIFORMFLÄCHENMODELLIERUNG IM CAD

Bei Produkten mit einfacher Formgeometrie und vorgegebenem Design ohne weitere Varianten werden die Konstruktionsmodelle sofort als volumenbasierte CAD-Modelle erstellt. Produkte mit komplexer Freiformgeometrie werden hingegen mit flächenbasierten CAD-Systemen aus Randkurven oder durch Rotation, Extrusion oder Austragung erzeugt **(Bild 2)**.

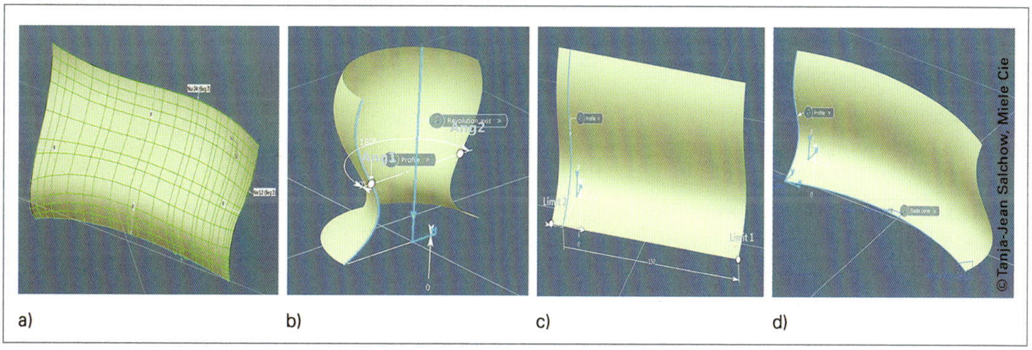

Bild 2: Beispiele für Freiformflächen-Generierung,
a) Randkurvenfläche, b) Rotationsfläche, c) Extrusionsfläche, d) Austragungsfläche

Die einzelnen Freiformflächen werden z. B. durch Kombinieren, Trimmen und Schneiden weiter geformt und durch Füllflächen und Übergangsflächen zu einem geschlossenen Hohlkörper aus Freiformflächen zusammengefügt. In **Bild 3** sind die Füll- und Übergangsflächen gelb dargestellt.

Im Industriedesign sind CAD-Systeme überwiegend sogenannte **Hybrid-Modellierer**. Diese Modellierer sind eine Kombination aus Flächenmodellierer (engl.: *surface modeler*) und Volumenmodellierer (engl.: *solid modeler*).

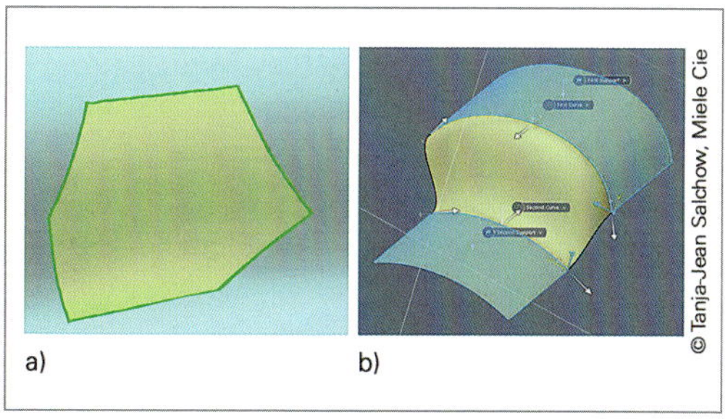

Bild 3: a) Füllflächen, b) Übergangsflächen

CAS-Modellierer

Die 3D-Modellierung von Produkten mit komplexen Freiformflächen wird im Industriedesign mit **CAS-Modellierern** (engl.: *computer aided styling,* computergestützte Gestaltung) durchgeführt. Im Gegensatz zu CAD-Systemen ermöglichen **CAS-Systeme** ein direktes, designadäquates Arbeiten, schnelle Designänderungen und eine große Variantenvielfalt innerhalb kurzer Zeit.

Netzbasierte Modellierer

In der frühen Entwurfsphase wird mit einer netzbasierten Modellierung (auch Polygonmodellierung) gearbeitet. Die Netzgeometrie ist aufgrund ihrer einfachen, schnellen Modelliertechnik weit verbreitet. Die Oberfläche von Volumenkörpern besteht dabei aus Polygonen, d.h. aus Dreiecken oder Vierecken **(Bild 1)**. Die Genauigkeit der Netzoberfläche ist von der gewählten Polygonzahl pro Flächeneinheit abhängig. Die Flächenqualität ist aufgrund der Facettierung jedoch nicht sehr hoch. Eine partielle Formänderung durch Verschiebung eines Netzpunktes wirkt sich nur auf die unmittelbar angrenzenden Facettenflächen aus.

Für eine parametrische Modellierung muss die Qualität des Netzes gut, d.h. die Zahl der Polygone pro Flächeneinheit groß sein.

Die Polygonmodelldaten können für erste reale 3D-gedruckte oder CNC-gefräste Modelle verwendet werden.

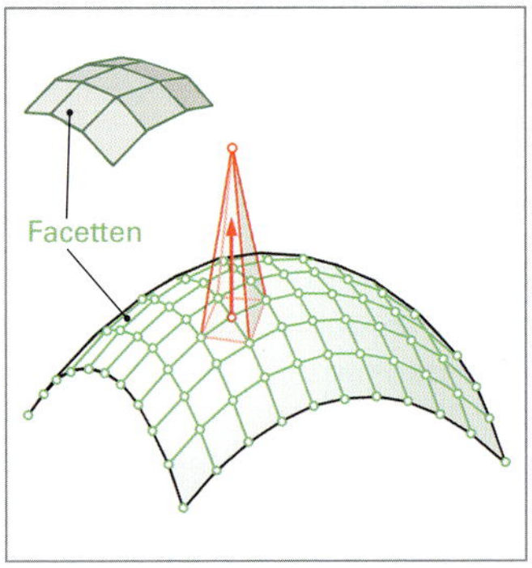

Bild 1: Netzfläche

NURBS-Modellierer

In der späteren Entwurfsphase, vor allem bei der Detaillierung, werden NURBS-Modellierer eingesetzt. **NURBS** (engl.: ***n**on **u**niform **r**ational **b**asissplines*, nicht-uniforme rationale Basis-Splines) sind knickfreie Kurven oder Flächen. Mithilfe von Kontrollpunkten sind Splines exakt verformbar.

Die Freiformflächenmodellierung beginnt mit NURBS (auch **Splines**) auf verschiedenen Ebenen, die durch Flächen überspannt werden. Der Volumenkörper wird aus diesen Einzelflächen erzeugt.

Im Vergleich zur Netzmodellierung sind komplexe Geometrien zwar aufwendiger, aber genauer zu erstellen. Bei partieller Veränderung von Flächen wird bei der NURBS-Modellierung eine glattere Flächenverformung als bei der Netzmodellierung erzeugt **(Bild 2)**.

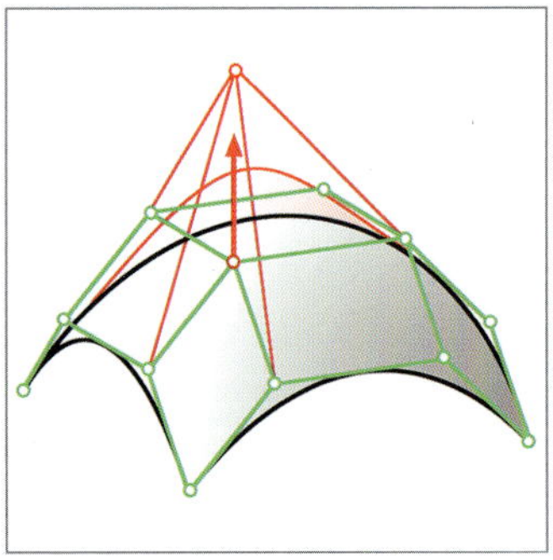
Bild 2: NURBS-Fläche

VOXEL-Modellierer

VOXEL-Modellierer arbeiten mit **Voxeln** (engl.: ***vo**lume pi**xel**s*), dem dreidimensionalen Äquivalent von Pixeln **(Bild 3)**. Auf dieser Technologie beruht die **Virtuelle Clay-Modellierung (VCM;** engl.: ***v**irtual **c**lay **m**odelling*), die eine designadäquate, intuitive Arbeitsweise ermöglicht.

Clay hat eine ähnliche Formbarkeit wie Plastilin. VCM ermöglicht es, beliebig geformte, virtuelle Clay-Modelle zu erzeugen. Die dafür verwendeten Werkzeuge entsprechen den realen analogen Clay-Werkzeugen, wie z.B. Schaber, Spachtel, Schablonen. Mit der 3D-Maus oder einem Trackingsystem wird virtuelles Clay auf- oder abgetragen und modelliert. Die Modellierwerkzeuge entsprechen Splines, mit denen die Oberflächen direkt geformt werden.

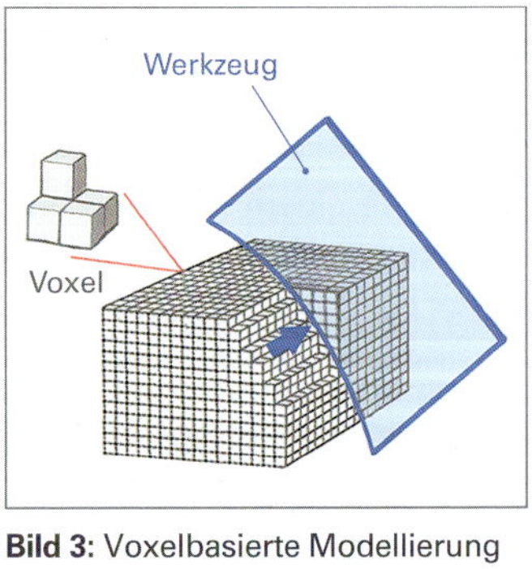

Bild 3: Voxelbasierte Modellierung

Flächenqualität

Das Erscheinungsbild einer Freiformfläche ist von der Qualität ihrer Oberfläche abhängig. Im Industriedesign wird zwischen **Class-A-** und **Class-B-**Flächen unterschieden.

In der Konsumgüterindustrie müssen hochglänzende, reflektierende Sichtflächen, z. B. von Autokarosserien, **Class-A-Qualität** aufweisen, denn der Kunde soll einen hochwertigen Eindruck von dem Produkt erhalten.

Class-B-Flächen haben hingegen entweder nur funktionale Anforderungen zu erfüllen, z. B. in der Maschinen- und Apparatekonstruktion, oder es handelt sich um Flächen, die für den Kunden nicht direkt sichtbar sind und keine ästhetischen Anforderungen erfüllen müssen.

Das Kriterium für die Flächenqualität ist die **Stetigkeit der Flächen und Flächenübergänge. Drei Stetigkeitsstufen** werden unterschieden **(Bild 1)**:

- **Punktstetig (G0)** sind zwei Flächen (gelbe und grüne Fläche), wenn an der Stoßkante ein Knick sichtbar ist. In der Zebrastreifen-Analyse der Flächen enden die Streifen an der Kante und sind nicht miteinander verbunden. Der Krümmungskamm verschwindet bei G0, da die angrenzende Kurve den Krümmungswert 0 besitzt, d. h., es handelt sich um eine Gerade.
- **Tangentenstetig (G1)** sind zwei Flächen (grüne und blaue Fläche), wenn an der Stoßkante kein sichtbarer Knick erkennbar ist. In der Zebrastreifen-Analyse der Flächen sind die Streifen miteinander verbunden, weisen aber einen scharfen Knick auf. Der Krümmungskamm geht bei G1 abrupt von der negativen in die positive Krümmungswerte über.
- **Krümmungsstetig (G2)** sind zwei Flächen (blaue und rote Fläche), wenn an der Stoßkante keine Krümmungssprünge auftreten. In der Zebrastreifen-Analyse der Flächen sind die Streifen verbunden und weisen einen glatten, knickfreien Übergang auf. Der Krümmungskamm geht bei G2 stufenlos von negativen in positive Krümmungswerte über.

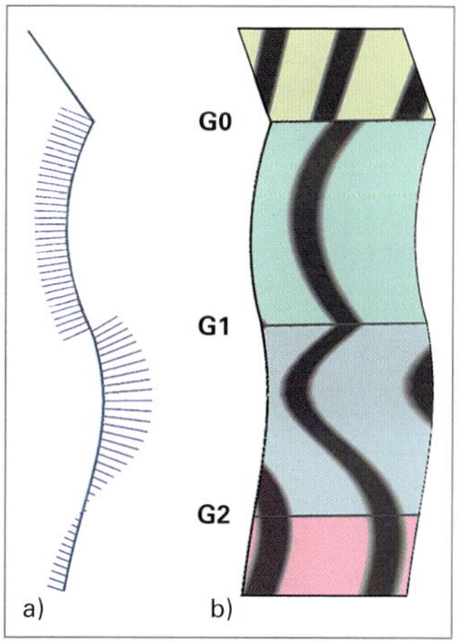

Bild 1: Flächenübergänge,
a) Krümmungskamm,
b) Zebrastreifen

Info: Zebrastreifen-Analyse

Verfahren, das mittels Streifen-Reflexion auf einer Modelloberfläche die Flächenqualität in Bezug auf Formabweichungen und Flächenübergänge erkennbar macht.

Krümmungskamm

Senkrecht auf einer Oberfläche stehende Linien. Ihre Länge und Richtung verdeutlichen den jeweiligen Krümmungswert.

Lernfeld 12

12.6.4 | DIGITALE VISUALISIERUNG

Die Visualisierung von Designentwürfen mittels handgefertigter Renderings wird zunehmend durch digitale Renderings ersetzt. Die detailgetreue, dreidimensionale Visualisierung mittels CAS- oder CAD-Rendering-Software ermöglicht eine sehr realitätsnahe, fotorealistische Wirkung der Produktentwürfe. Im Gegensatz zu handgefertigten Designentwürfen können Veränderungen und Varianten mit deutlich weniger Aufwand und in wesentlich kürzerer Zeit durchgeführt werden.

Bild 1a, Seite 324, zeigt in Teilausschnitten die Erstellung eines digitalen **CAS-Renderings**. Die Freihandskizzen in Form von Ansichten (linker Bildausschnitt, Vorderansicht) werden mittels Sketch-Mappings in ein digitales Netzmodell umgesetzt (mittiger Bildauschnitt) und anschließend digital gerendert (rechter Bildauschnitt).

Bild 1b, Seite 324, zeigt das qualitativ hochwertige digitale **Raytracing-Rendering** eines Weinregalentwurfs.

Raytracing ist ein Verfahren, mit dem naturgetreue Licht-Schatten-Verhältnisse bei einem CAS- oder CAD-Modell erzeugt werden können.

a) b)

Bild 1: Beispiele für digitale Renderings

Animationen und Filme werden mithilfe spezieller Visualisierungsprogramme aus CAS-Modelldaten erzeugt. Diese Visualisierungen werden u. a. in der Produktbewertung und im Marketing eingesetzt.

Virtuelle Realität

Virtuelle Realität (VR; engl: ***v**irtual **r**eality*) ist ein computergeneriertes Visualisierungsverfahren, bei dem ein Nutzer mithilfe einer VR-Brille oder, noch besser, in einer Cave (engl.: *cave*, Höhle) vollständig in eine virtuelle Umgebung „eintaucht" und in Echtzeit das Produkt und das Produktumfeld wahrnehmen kann.

Im Produktdesign gewinnt das VR-Verfahren zunehmend an Bedeutung, z. B. können Produktentwürfe mittels CAS so aufbereitet werden, dass sie in der VR als virtuelle Prototypen zur Verfügung stehen. **Bild 2** zeigt zwei Beispiele aus einem Studio für Virtuelle Realität:

In **Bild 2a** betrachtet ein Designer einen virtuellen Entwurf einer Kücheneinrichtung.

In **Bild 2b** ist ein virtueller Staubsaugerentwurf auf dem Display und in der Cave zu sehen.

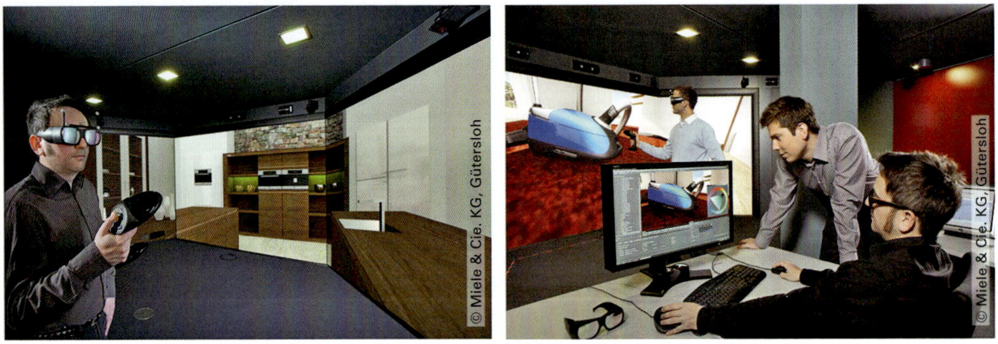

a) b)

Bild 2: Einblick in ein Studio für Virtuelle Realität

Augmented Reality

Eine weitere, weniger aufwendige digitale Visulisierungsmöglichkeit ist die Augmented Reality (AR; engl.: ***a**ugmented **r**eality,* erweiterte Realität). Es handelt sich dabei um eine Erweiterung der realen Umgebung durch virtuelle Elemente. Im Unterschied zur VR bringt die AR den Nutzer nicht in eine eigene, virtuelle Umgebung, sondern die reale Wahrnehmung wird durch computergenerierte, virtuelle Komponenten erweitert. Die virtuellen Bilder werden mittels folgender Techniken in das reale Sichtfeld der Betrachter integriert:

- AR-fähige Tablets oder Smartphones integrieren die virtuellen Bilder in die Kamerabilder der realen Umwelt.
- AR-Datenbrillen generieren die virtuellen Bilder auf transparenten Displays.
- Head-up-Displays projizieren die virtuellen Bilder auf transparente Scheiben (z. B. Frontscheibenprojektion in modernen Fahrzeugen).

12.6.5 | DESIGNMODELLE

Die digitale Visualisierung von Produktentwürfen ist für die Entscheidungsfindung im Designprozess oft nicht hinreichend genug, sodass physische Modelle angefertigt werden müssen. Physische Modelle ermöglichen ein fundiertes Feedback in Bezug auf Ergonomie, haptische Anmutung, Funktionalität und Benutzerschnittstellen. Nutzertests sind realitätsnah durchführbar.

Designmodelle werden überwiegend digital anhand der vorliegenden CAS- bzw. CAD-Daten mittels Rapid Prototyping (CNC-Fräsen oder 3D-Druck) erstellt.

Hartschaum-Designmodelle

Hartschaum, meist aus PUR, gibt es in verschiedenen Schaumdichten. Liegt bereits ein 3D-Datensatz vor, kann Hartschaum mittels CNC-Verfahren spanend geformt werden.

Bild 1 zeigt ein Hartschaum-Designmodell einer Waschtisch-Armatur. Mit Metalleffekt-Lack beschichtet, an einen Waschtisch montiert können die ästhetische Wirkung realitätsnah geprüft und Fotoaufnahmen für Präsentationen und Werbezwecke erstellt werden.

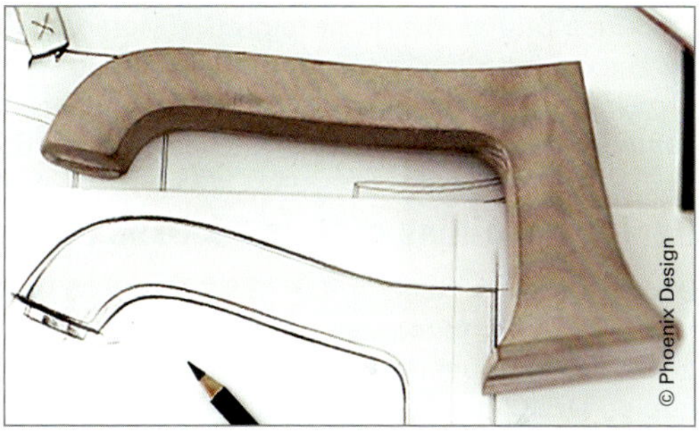

Bild 1: Hartschaummodell

Clay-Designmodelle

Bild 2 zeigt ein Designmodell aus weißer Clay-Formmasse zur Visualisierung und Überprüfung einer Formgeometrie.

Clay ist eine ideale Formmasse für komplexe Freiformen. Das Material ist in erwärmtem Zustand bei etwa 50 °C weichplastisch und lässt sich einfach handformen. Abgekühlt auf Zimmertemperatur ist es hart und kann spanend bearbeitet werden.

Wenn ein Modell nachgebessert werden muss, lassen sich mit einer Heißluftpistole die zu ändernden Bereiche erneut anwärmen und formen, oder neue warme Clay-Masse wird auf die Modelloberfläche aufgetragen und neu geformt.

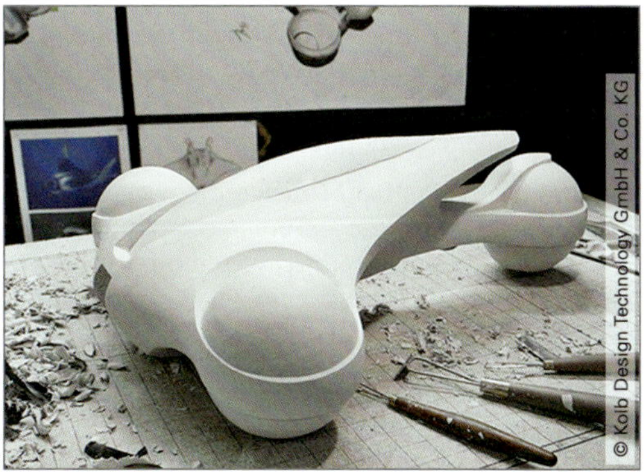

Bild 2: Clay-Modell

Im designsensiblen Automobildesign werden Maßstabsmodelle bis zu 1 : 1 in Clay handmodelliert oder anhand von CAS-Modelldaten auf großen Portalfräsen gefräst. Überzogen mit einer Metallic-Spezialfolie vermitteln sie einen realitätsnahen Eindruck vom zukünftigen Fahrzeug; außerdem ist es möglich, Oberflächen und Proportionen des Fahrzeugs bei unterschiedlichen Lichtverhältnissen realistisch zu beurteilen.

Designmodelle mit Teilfunktionen

Designmodelle mit Teil- oder Vollfunktion werden aus beanspruchungsgerechten Materialien, z. B. GFK, Blech und Kunststoff, oder mittels 3D-Druck angefertigt. Diese Modelle dienen der Überprüfung des Zusammenspiels von Ästhetik, Handhabung und Funktion des künftigen Produkts.

Bild 1 zeigt ein Designmodell mit Vollfunktion eines Handmixers aus Aluminiumblech und GFK.

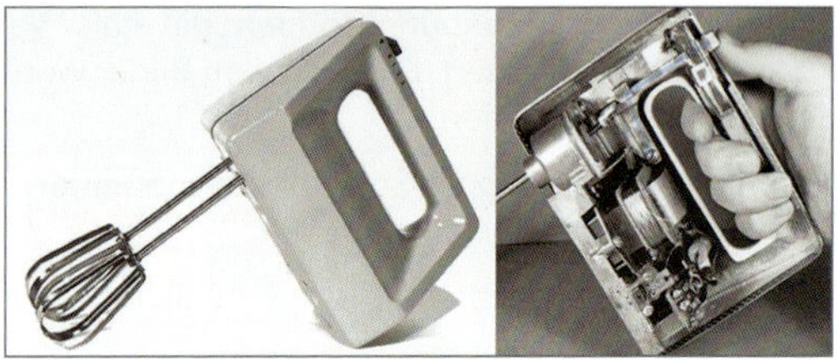

Bild 1: Designmodell mit Vollfunktionen

Designprototypen

Designprototypen entsprechen in ihrer äußeren Erscheinung und ihren Materialien weitestgehend dem späteren Serienmodell. An ihnen können letzte visuelle und haptisch-ergonomische Überprüfungen von Form, Farbe, Material und Oberfläche der Entwurfsausarbeitung vorgenommen werden. Sie werden auch zu Präsentationen und Werbeaufnahmen genutzt. In **Bild 2** werden der Designprototyp und die zugehörigen Konzeptskizzen eines Stuhlentwurfs gezeigt. Die Materialien für das Gestell, die Sitzpolster und den Bezug entsprechen den geplanten Materialien der nachfolgenden Serienfertigung.

© Studio Andreas Kowalewski

Bild 2: Skizzen und Designprototyp

Designmodellbau mittels 3D-Druck

Der **3D-Druck** **(s. Band 1, Kap. 6.9.3, Seite 354 ff)** ist für die Anfertigung von klein- bis mittelformatigen Designmodellen mittlerweile Standard. Vollfarbige Designmodelle lassen sich mit folgenden 3D-Druckverfahren realisieren.

Binder Jetting (engl.: *binder,* Binder; *jetting,* Bedüsung) (auch Pulverdruck) ist ein Schichtdruckverfahren, bei dem in einem Pulverbett einzelne Schichten durch gezieltes Aufbringen von farbigem Binder fortlaufend verklebt werden. **Bild 3** zeigt das CAD-Modell eines Rauchmelder-Entwurfs und den daraus abgeleiteten farbigen 3D-Druck.

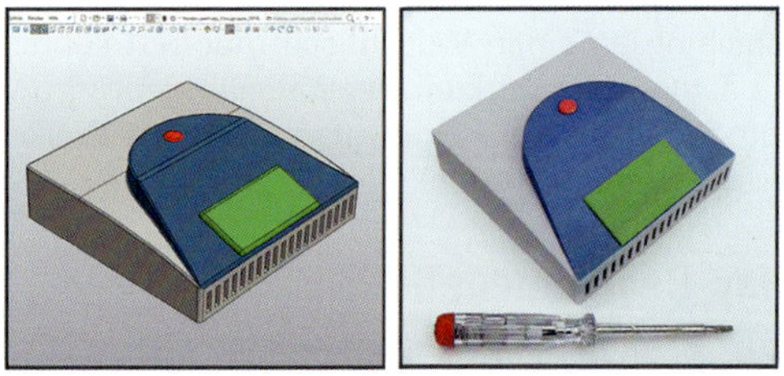

a) b) © Nurdan Pekinalp, GTA-Produktdesign

Bild 3: a) CAD-Modell, b) 3D-Druck

Multimaterial-Vollfarb-3D-Druck ermöglicht es, komplexe vollfarbige Bauteile aus unterschiedlichen Materialien in einem einzigen Druckvorgang herzustellen. Die Drucker sind in der Lage, in einem Voxel-Datenmodell einzelne Voxel aus unterschiedlichen Materialien und in unterschiedlichen Farben zu drucken. **Bild 4** zeigt einen 3D-gedruckten Schuh mit unterschiedlichen Oberflächen und gummiartiger Sohle, der in nur einem Druckvorgang hergestellt wurde.

Mit diesen Technologien können vollwertige Designmodelle in beliebiger Vielfalt gedruckt werden. Designentscheidungen können so wesentlich fundierter und sicherer getroffen werden. Darüber hinaus wird eine enorme Zeitersparnis im Produktgestaltungsprozess erreicht.

© Stratasys GmbH, Rheinmünster

Bild 3: Sportschuh, 3D-gedruckt

Virtuelle Designmodelle

Virtuelle Designmodelle (AR- und VR-Designmodelle) haben gegenüber realen, dreidimensionalen Modellen den Nachteil, dass sie nicht real existent und für Ergonomie und Handhabungsprüfungen nicht hinreichend geeignet sind. Durch die Anwendung von Rapid Prototyping wird dieser Nachteil zunehmend geringer – es entsteht ein geschlossener digitaler Datenfluss vom Entwurf bis zum realen Modell bzw. Prototyp und sogar bis zur Produktion.

Strak und CAD

Für die Fertigungskonstruktion müssen aus den CAS-Modellflächen hochwertige Class-A-Modellflächen für die Fertigung erstellt werden. Diese werden vom **Straker** konstruiert, der Schnittstelle zwischen Design und Konstruktion. Der Straker harmonisiert das Fugenbild und glättet Flächen, d.h., eventuell vorhandene Beulen, Dellen und S-Schläge in den Modellflächen werden ausgeglichen („ausgestrakt"). Die Class-A-Flächen werden von der Konstruktion in das CAD-Modell integriert. Die Entwicklung des Strak-Modells und des Konstruktionsmodells läuft weitgehend parallel. Die Konstruktion startet mit dem CAS-Datenmodell und baut im Entwicklungsprozess die Strak-Daten des Produkts in das CAD-Modell ein.

Bild 1 zeigt einen ungestrakten und einen gestrakten Ausschnitt einer Waschmaschinenfront.

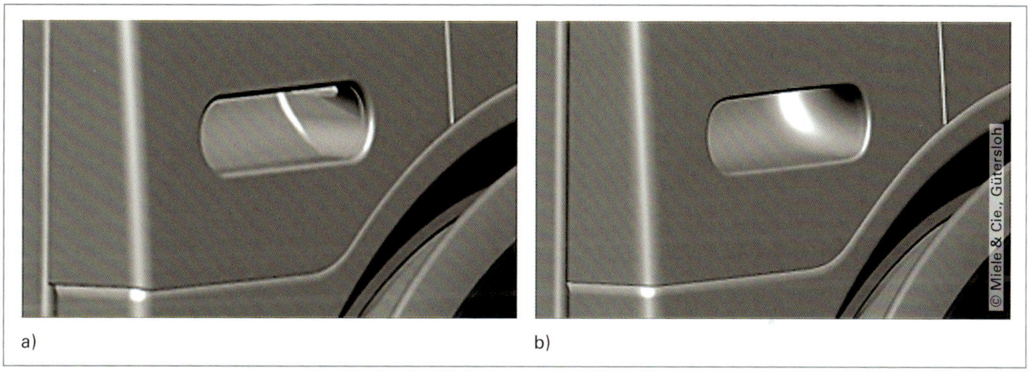

Bild 1: CAD-Modell a) vor und b) nach dem Strak

AUFGABEN | WIEDERHOLUNG UND VERTIEFUNG

1. Inwieweit ist eine solide Skizzierfähigkeit im Produktentwicklungsprozess vorteilhaft?
2. Erklären Sie anhand von Skizzen die konstruierend-entwickelnde Skizziermethode.
3. Erklären Sie anhand von Skizzen das Block- und Skelettprinzip bei der Skizzenerstellung.
4. Wie erfolgt die CAD-Datenerzeugung mittels Flächenrückführung (Reverse Engineering)?
5. Beschreiben Sie die Vorgehensweise bei der Freiformflächenmodellierung in flächenbasierten CAD-Systemen.
6. Was sind CAS-Modellierer und welche Vorteile bieten sie gegenüber CAD-Modellierern?
7. Beschreiben Sie die verschiedenen Flächenmodellierer in CAS-Systemen.
8. Erläutern Sie die Kriterien für Flächenqualitäten und nennen Sie Anwendungsbereiche für Class-A- und Class-B-Flächen.
9. Beschreiben Sie die Möglichkeiten der digitalen Visualisierung im Designprozess.
10. Beschreiben Sie die verschiedenen Modellbauarten in der Konzept-, Entwurfs- und Ausarbeitungsphase des Designprozesses.
11. Was ist unter einem Strak-Modell zu verstehen?

12.7 BEISPIEL EINER DESIGNENTWICKLUNG

Anhand der Gestaltung eines Klebefilmabrollers wird die Vorgehensweise in der Produktgestaltung an einem konkreten Beispiel aus dem Ausbildungsbereich dargestellt.

Die **Entwurfsanforderungen** wurden an die Ausbildungssituation angepasst. Zum besseren Verständnis wurden die Skizzen in Bild und Text noch einmal nachgearbeitet.

Vorgaben und Entwurfsanforderungen zum Auftrag: Entwicklung eines Klebefilmgeräts

Technik/Handhabung
- Tischgerät mit Klebefilmgreifraum
- Gehobene Technik und Handhabung (zweihändige Bedienung)
- Abreißlänge kleiner-gleich 7 cm, Gerät steht auf der Tischplatte
- Dimensionierung für kleine Klebefilmrollen (10 m), Breite 19 mm
- Rollenwechsel alternativ mit oder ohne Werkzeug
- Möglichkeit der Veränderung der praktischen bzw. ästhetischen Funktion durch Zusatzteile

Ästhetik/Formsprache/Anmutungsqualität
- ästhetisch-funktional
- hochwertig

Werkstoffe
- Tragwerk: Aluminiumstandardprofil, Zusatzteile nach Bedarf

Fertigung
- Spanende Fertigung

Lernfeld 12

12.7.1 KLÄRUNG DER AUFGABE

1. Anforderung: Tischgerät, Abreißlänge kleiner-gleich 7 cm
To do: Abreißwinkel und Abstand der Hand zur Standfläche ermitteln **(Bild 1)**.

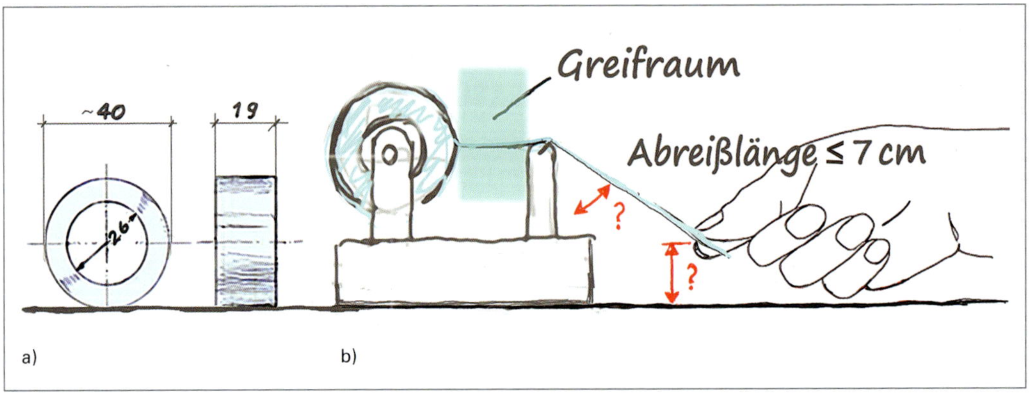

Bild 1: a) Dimensionen der Klebefilmrolle, b) Funktionsanforderungsskizze

2. Anforderung: Gehobene Technik und Handhabung
To do: Die Teilanforderungen, die aus der Anforderung resultieren, sind in **Tabelle 1, Seite 329**, beschrieben und visualisiert.

3. Anforderung: ästhetisch-funktional, hochwertig
To do: Zur Abklärung der ästhetischen Anforderungen sind verschiedene Vorgehensweisen möglich: die Sammlung von Assoziationen in Form von Skizzen, die Erstellung eines ästhetischen Profils oder die Erstellung eines Moodboards:

Sammlung von Assoziationen zu ästhetisch-funktional

In **Tabelle 2** sind Skizzen zur Eingrenzung möglicher Formelemente aufgeführt.

Tabelle 1: Klärung der Anforderung „Gehobene Technik und Handhabung"

Gerät zweihändig bedienen
- Optimales Halten des Geräts bei Benutzung ermitteln
- Abstimmen auf übrige Handhabung (Film greifen, Rollenwechsel) und auf das Design des Geräts

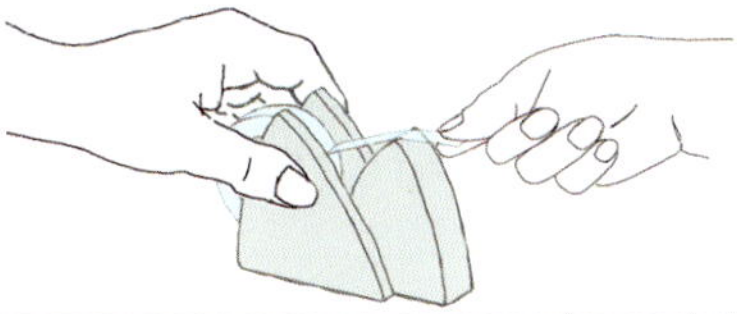

Rollenhalterung (Rutschfestigkeit nicht erforderlich!)
- Verschiedene Möglichkeiten der Rollenhalterung ermitteln
- Optimum bezüglich Funktion, Fertigung, Kosten und Design feststellen

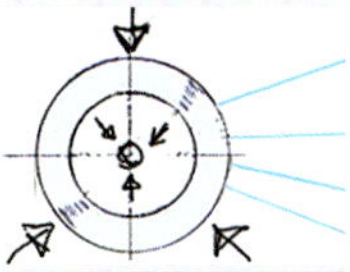

Filmarretierung auf Schneidauflage
- Geometrie, Größe, Werkstoff, Oberfläche ermitteln

Schneidelement
- Informationen über Schneidfunktion, Sicherheit, Langlebigkeit und Auswechselbarkeit beschaffen

Film greifen und führen
- Ergonomische Maße für Greifraum (Höhe, Breite, Tiefe) und Formgeometrie ermitteln
- Optimale Position der Rolle und Verlauf des Klebefilms in Bezug auf Halten des Geräts und Greifen des Klebefilms ermitteln

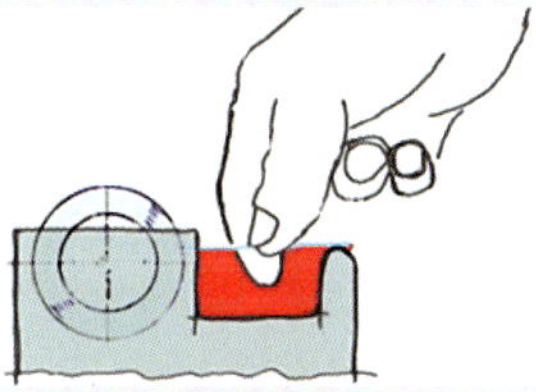

Rollenwechsel
- Möglichkeiten des Rollenwechsels ermitteln
- Optimalen Rollenwechsel unter Berücksichtigung der Handhabungs- und Designanforderungen ermitteln

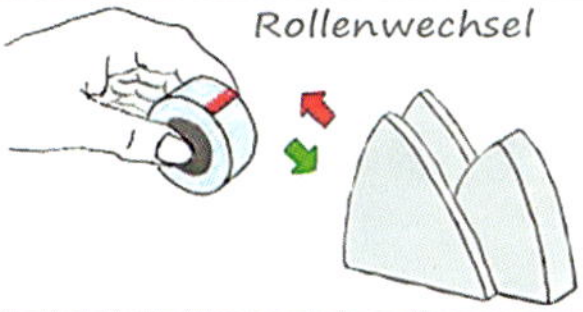

Veränderbarkeit des Basisgeräts
- Möglichkeiten der Veränderung durch Bauteilwechsel oder Applikation von Zusatzteilen ermitteln

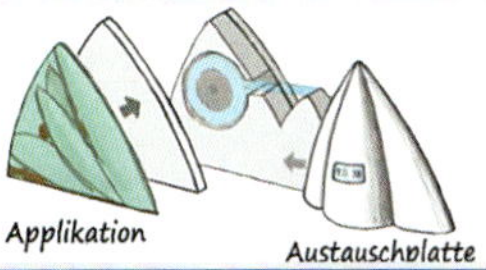

Tabelle 2: Eingrenzung möglicher Formelemente

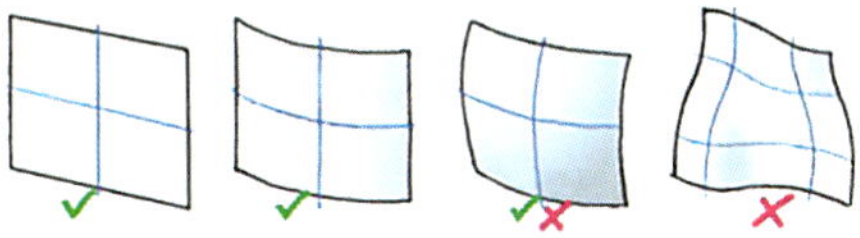

Flächenformen:
Möglichst Regelflächen, Freiformflächen nur wenn funktional erforderlich

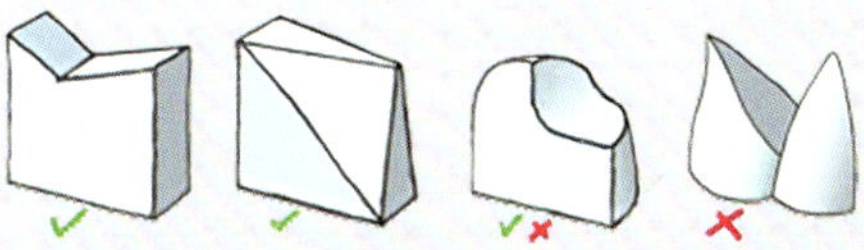

Körperformen:
Geometrisch eindeutig, nicht unregelmäßig organisch

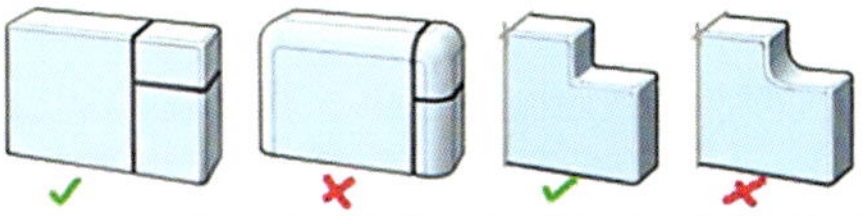

Radien, Proportionen, Übergänge:
Radien nicht zu groß; Proportionen möglichst harmonisch oder annähernd quadratische Flächen; Übergänge nicht zu stufig, nicht zu weich

Erstellung eines ästhetischen Profils

Vier bis 10 Polarpaare werden gebildet, die die angestrebte Anmutung „ästhetisch-funktional, hochwertig" näherungsweise beschreiben. Vorteilhaft sind Polarpaarlisten **(Bild 1)**, aus denen die passenden Polarpaare herausgefiltert werden **(Bild 2)**.

Das erstellte ästhetische Profil kann später auch für die Bewertung der Entwürfe genutzt werden.

Objekt: Entwurf Klebefilmabroller

	3	2	1	0	1	2	3	
geometrisch		■						organisch
schlicht			■					auffällig
elegant		■						plump
verspielt						■		nüchtern
instabil						■		stabil
zierlich			■					klobig
funktional	■							unpraktisch
stilvoll		■						stillos
zeitlos		■						modisch

Bild 2: Ästhetisches Profil für den Entwurf eines Klebefilmabrollers

Erstellung eines Moodboards

Bild 3 zeigt ein Moodboard für die Gestaltung des Klebefilmabrollers. Die gewünschte ästhetische Wirkrichtung wird durch Bilder von Objekten, Personen, Farben und Materialien verdeutlicht.

Bild 3: Moadboard für Klebefilmabroller

4. Anforderung: Werkstoffe und Fertigung

To do: Als Werkstoff ist Aluminiumhalbzeug vorgegeben. Die Werkstoffkennwerte sind in der Ausarbeitungsphase zu recherchieren. Für die Fertigungstechnik Spanen sind die entsprechenden Gestaltungsrichtlinien zu beachten.

Zielgruppe ....

Objekt ....

	3	2	1	0	1	2	3	
schlicht								aufwendig
hart								weich
modern								altmodisch
modisch								zeitlos
zart								grob
dezent								auffallend
zierlich								klobig
glatt								verziert
lebhaft								fad
handlich								unhandlich
angenehm								unangenehm
kalt								warm
linear								verschnörkelt
sauber								schmuddelig
anspruchslos								anspruchsvoll
einfach								prunkvoll
ausdrucksvoll								nichtssagend
wertvoll								wertlos
nüchtern								verspielt
tiefgründig								oberflächlich
funktional								unpraktisch
geschmackvoll								geschmacklos
technisch								handwerklich
schlicht								dekorativ
billig								teuer
stilvoll								stillos
sparsam								aufwendig
anziehend								abstoßend
harmonisch								gestört
kantig								abgerundet
offen								geschlossen
aggressiv								zurückhaltend
männlich								weiblich
verwirrend								klar
schwer								leicht
labil								stabil
lang								kurz
rundlich								blockförmig
kompakt								zergliedert
unfertig								ausgereift
elegant								plump
klotzig								grazil
charaktervoll								nichtssagend
explosiv								ruhig
gezwungen								natürlich
grob								fein
integriert								angesetzt
avangardistisch								konservativ
kitschig								geschmackvoll
spannungsvoll								spannungsarm

Bild 1: Polarpaarliste

Lernfeld 12

12.7.2 | ENTWICKLUNG DES FUNKTIONSKONZEPTS

Für die Entwicklung eines Funktionskonzepts wird zunächst eine **Funktionsanalyse** unter Berücksichtigung der funktionalen und ästhetischen Anforderungen durchgeführt.

1. Basisfunktionen

- Einfaches, angenehmes Greifen, Ziehen und Abschneiden des Klebefilms
- Einfache, sichere Haltemöglichkeit während der Benutzung (beidhändige Bedienung)
- Arretierung des Klebefilms im Greifbereich vor der Schneide
- Halten der Klebefilmrolle in definiertem Abstand von der Schneide
- Funktions- und verletzungssichere Schneidenhalterung
- Design sichtbar

2. Nebenfunktionen

- Rollenwechselanlass erkennbar
- Klebefilmrolle wechseln
- Klebefilm vor Staub schützen
- Wechsel- bzw. Anbaumöglichkeit von Zusatzteilen

3. Funktionsgestalt

In **Bild 1** ist die allgemeine Funktionsgestalt, in **Bild 2** sind mögliche Varianten der Funktionsgestalt skizziert.

Bild 1: Skizze der allgemeinen Funktionsgestalt

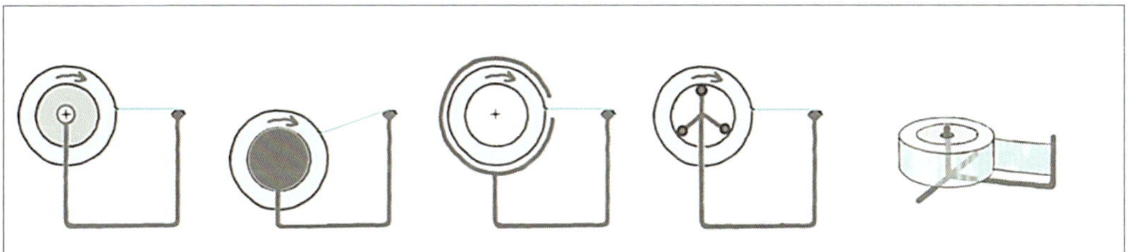

Bild 2: Varianten der Funktionsgestalt von Tragwerk, Rolle und Filmauflage

4. Funktionskonzepte

Unter Beachtung der Funktionsgestalt und der Designvorgaben werden verschiedene Funktionskonzepte entwickelt.

Die folgenden Darstellungen zeigen verschiedene Funktionskonzepte für die Komponenten Tragwerk mit Rollenhalterung, Rollenwechsel, Klebefilm greifen und schneiden sowie Wechsel- oder Anbauteile.

In **Bild 1, Seite 332**, sind verschiedene Funktionskonzepte zu den Komponenten Tragwerk mit Rollenhalterung skizziert. Bei der Entwicklung wurden folgende Vorgaben zu Material und Fertigung (siehe **Seite 328**) berücksichtigt:

- Tragwerk: Aluminium-Standardprofil
- Spanende Fertigung

In **Bild 3** sind Strangprofile skizziert, die für die Entwicklung der Funktionskonzepte ausgewählt wurden.

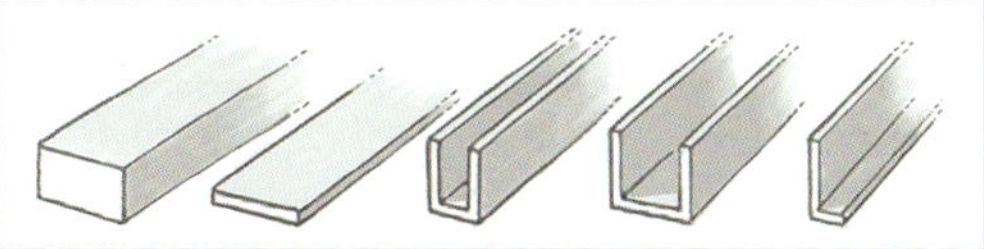

Bild 3: Profile für die Funkunktionskonzepte

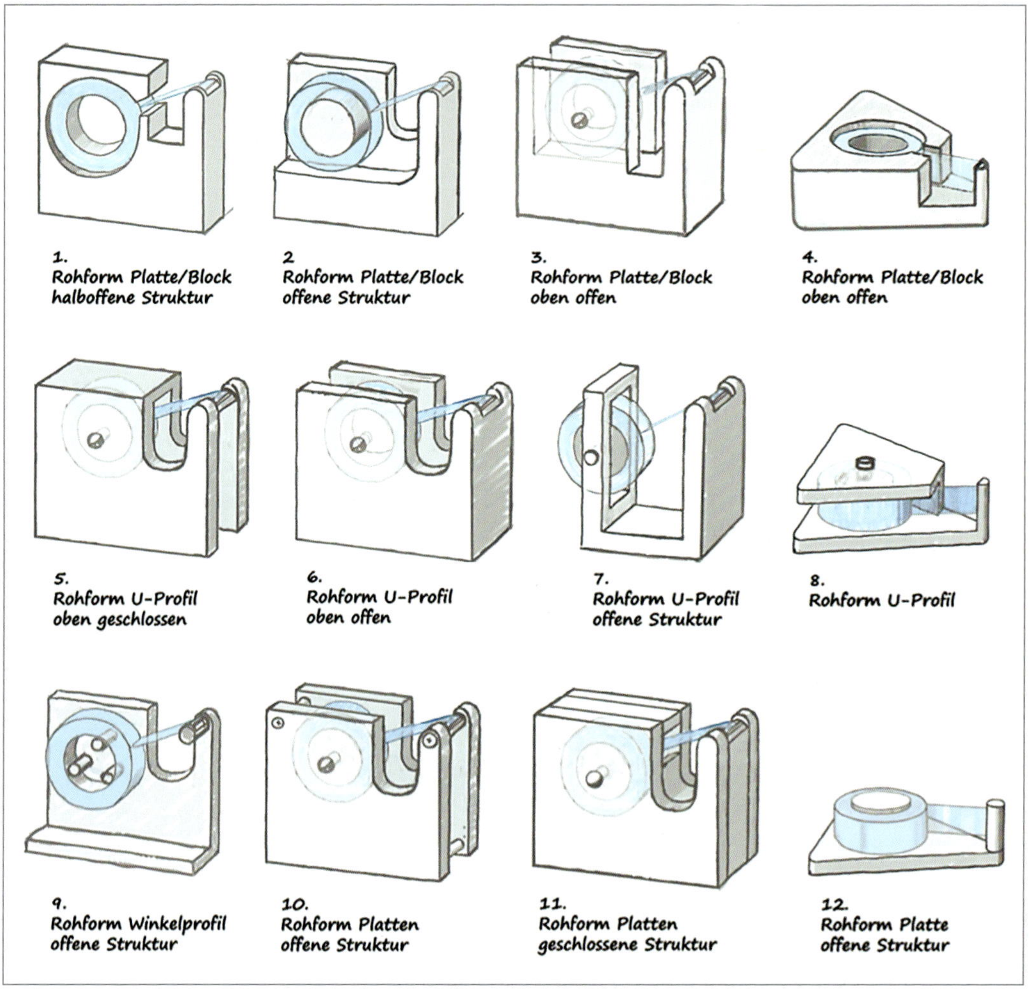

Bild 1: Funktionskonzepte für Tragwerk und Rollenhalterung, Formgebung spanend (Auswahl)

Unter Berücksichtigung der Tragwerkskonzepte in **Bild 1** sind in **Bild 2** verschiedene Teilkonzepte für den Rollenwechsel dargestellt.

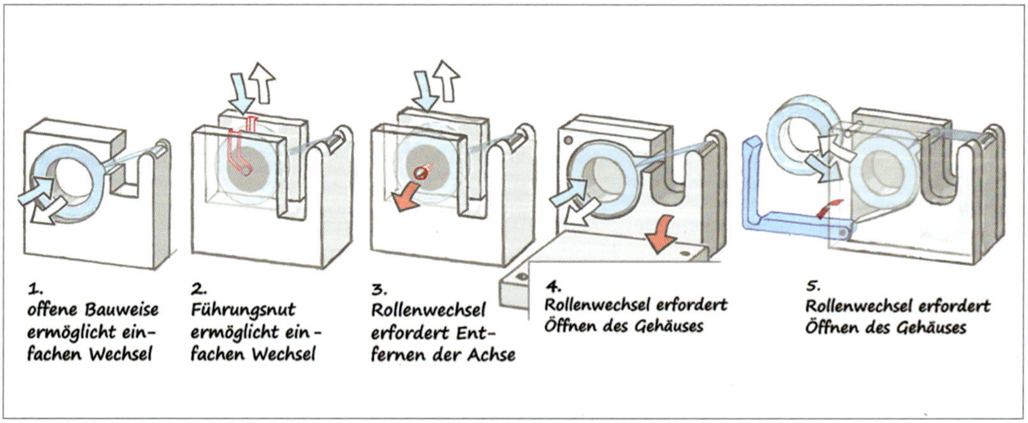

Bild 2: Funktionskonzepte für Rollenwechsel

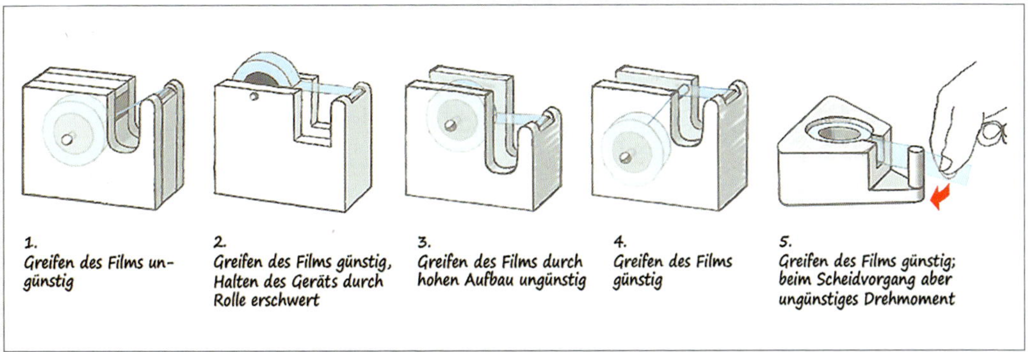

Bild 1: Funktionskonzepte für Klebefilm greifen und schneiden

Bild 1 zeigt kommentierte Konzeptlösungen zur Anforderung Greifraum/Klebefilm greifen.

In **Bild 2** wird die Anforderung „Möglichkeit der Veränderung der praktischen bzw. ästhetischen Funktion durch Zusatzteile" in verschiedenen Lösungskonzepten visualisiert.

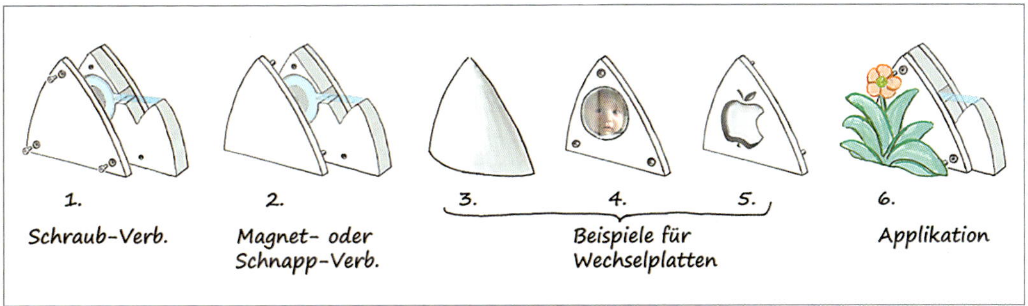

Bild 2: Funktionskonzepte für Wechsel- oder Anbauteile (Zusatzfunktionen)

Die Mindestmaße werden anhand vorhandener Klebefilmabroller und mithilfe von Ergonomiemaßtabellen ermittelt, der Abstand der Schneide vom Boden wurde in Versuchen mit verschiedenen Klebefilmen und Schneiden ermittelt **(Bild 3)**. Die Schneiden sind als Kaufteile (Ersatzschneiden) bei verschiedenen Herstellern zu beziehen. Optional wird die Verwendung einer roten Keramikschneide geprüft.

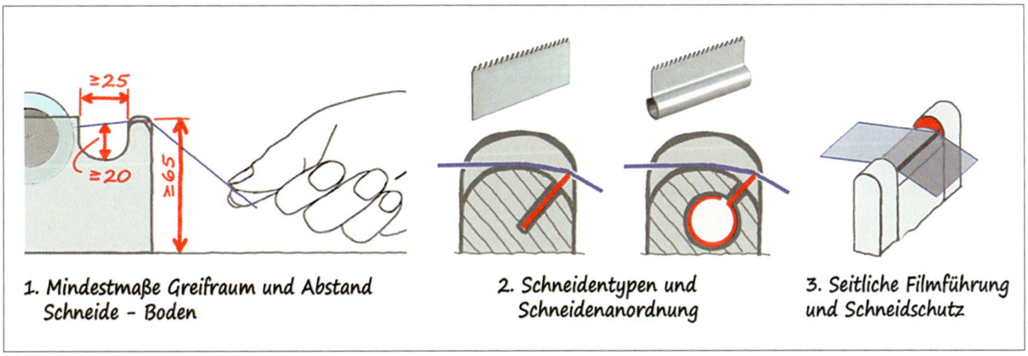

Bild 3: Mindestmaße und Schneide

5. Auswahl des Funktionskonzepts

Die Funktionskonzepte werden im Team bewertet; das vorläufig endgültige Funktionskonzept wird ausgewählt. In **Bild 1, Seite 334**, ist das vorläufige Funktionskonzept anhand der ausgewählten Teilkonzepte dargestellt.

Lernfeld 12

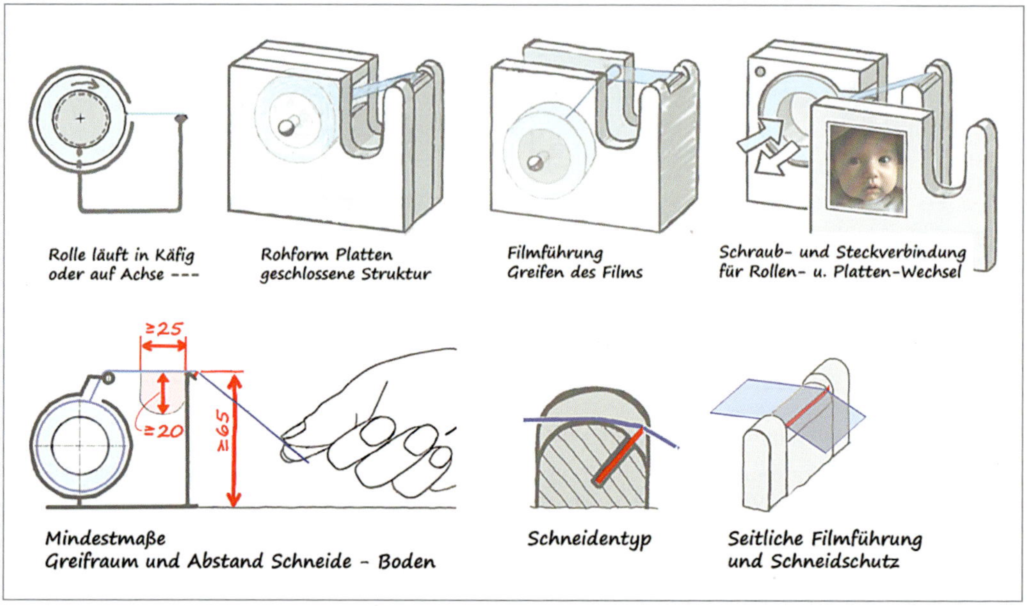

Bild 1: Ausgewählte Teilfunktionskonzepte

Lernfeld 12

12.7.3 | ENTWICKLUNG DES FORMKONZEPTS

Nach der Auswahl eines Funktionskonzepts für den Klebefilmabroller steht die ästhetische Gestaltung im Fokus. Mögliche Vorgehensweisen sind:

- Spontanes, intuitiv-entwickelndes Skizzieren möglicher Formkonzepte bei sehr hohem Freiheitsgrad. Für einen geübten, phantasiebegabten Entwerfer ist das die optimale Methode **(Bild 2)**.
- Systematische Entwicklung von Formkonzepten in Skizzenreihen. Durch Variation geeigneter Formparameter wird auf diese Weise eine große Zahl möglicher Gestaltvarianten erzeugt.

Für die Erstellung der Skizzen werden zunächst maßstäbliche Strukturskizzen als Skizzierhilfen angefertigt. Für Produkte mit eindeutiger Hauptansicht reichen zunächst einfach zu skizzierende Ansichten aus. Die Skizzen in **Bild 3** zeigen beispielhaft und wohl geordnet die einfache und schnelle Generierung von Varianten. Im Entwurfsalltag werden solche Skizzen jedoch deutlich schneller und rudimentärer ausgeführt.

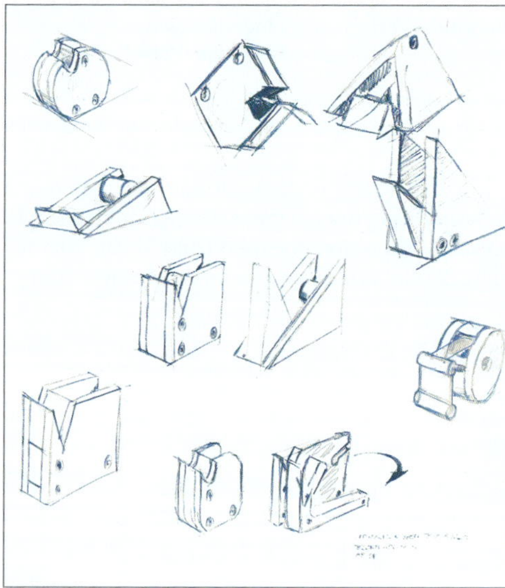

© Björn Hochmuth GTA Produktdesign

Bild 2: Spontane Formkonzeptskizzenserie

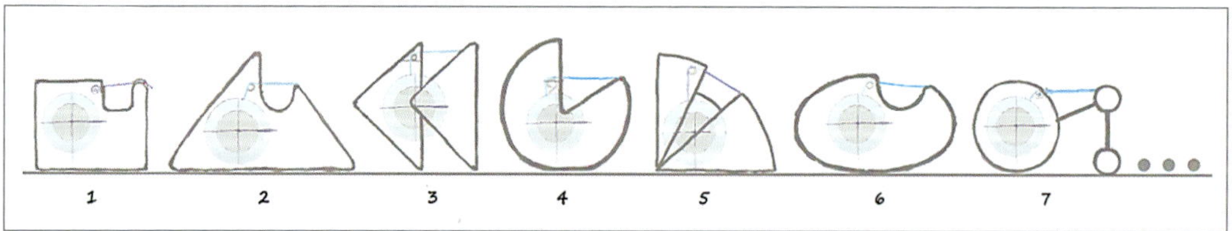

Bild 3: Verschiedene Formgeometrievarianten

Bild 1 verdeutlicht beispielhaft schnell angefertigte Skizzen, die im Entwurfsalltag in der frühen Konzeptphase üblich sind. Auch der individuelle Skizzierstil des Designers und die Ausführung haben Einfluss auf die Schnelligkeit und Qualität der Skizzenerstellung.

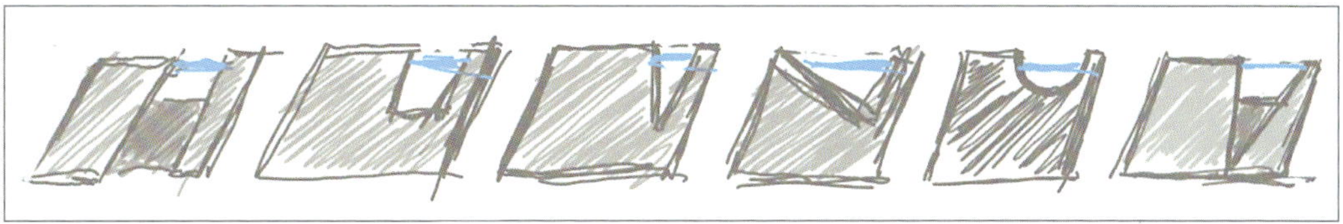

Bild 1: Konzeptskizzen in zeitsparender Ausführung (wie im Entwurfsalltag üblich)

Ausgewählte Formgeometriekonzepte werden anschließend in weiteren Skizzenserien nochmals durch die Variation der Formparameter erweitert. Im folgenden Beispiel wurde Konzept 1 aus **Bild 3, Seite 334**, ausgewählt und weiter differenziert **(Bild 2)**.

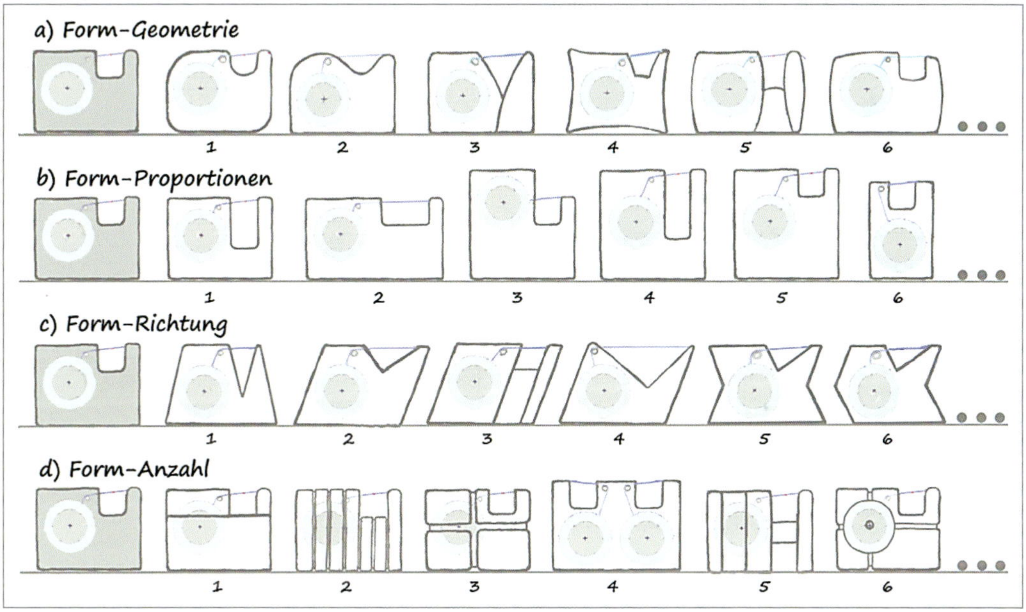

Bild 2: Formparametervarianten einer ausgewählten Formgeometrie

Nachteil der Methode des Skizzierens von Ansichten ist die fehlende Erkennbarkeit der Formgeometrie in der 3. Dimension (Tiefe). Dafür ist die perspektivische Skizze die etwas aufwendigere, aber dennoch ebenso einfache und schnelle Visualisierungsmöglichkeit **(Bild 3)**. Auch bei perspektivischen Skizzen ist es vorteilhaft, zunächst ein einfaches Perspektiv-Underlay zu erstellen und dieses als Zeichenhilfe zu vervielfältigen **(Bild 3, Skizze 6)**.

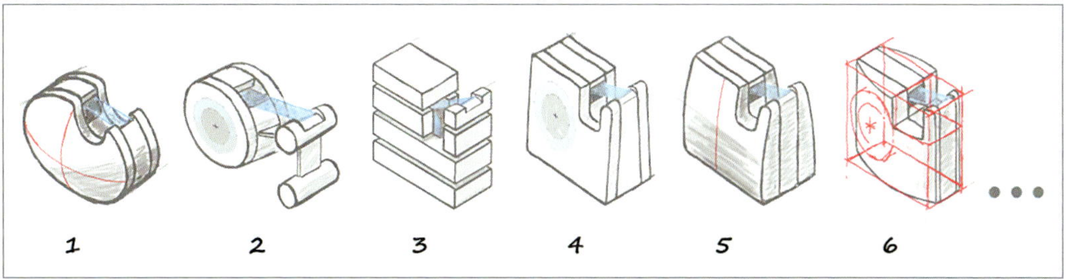

Bild 3: Perspektivskizzen zur räumlichen Veranschaulichung von Formkonzepten

Aus der so geschaffenen großen Anzahl von Konzeptskizzen zur Formgebung werden im weiteren Prozess die optimalen Lösungsansätze ausgewählt und in vorläufigen Konzeptentwurfsskizzen konkretisiert. Die ausgewählten Formkonzepte **(Bild 1)** wurden zur besseren Anschaulichkeit leicht gerendert.

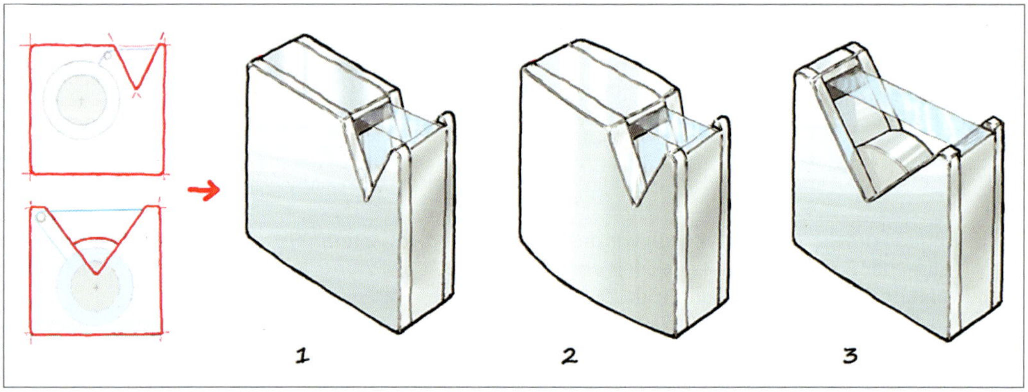

Bild 1: Ausgewählte Formkonzeptentwürfe

In **Bild 2** ist eine erste grobe Dimensionierung des Klebefilmabrollerentwurfs dargestellt.

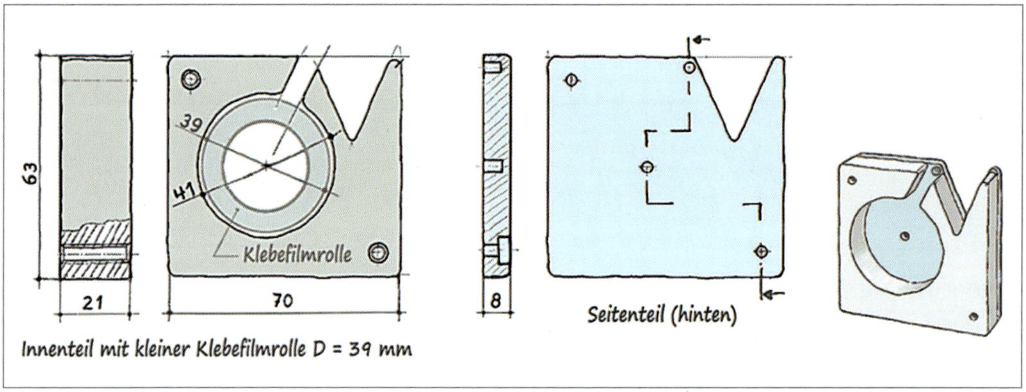

Bild 2: Dimensionskonzeptskizzen

Für die Klebefilmrolle sind verschiedene, alternative Rollenhalterungen vorgesehen. In **Bild 3** sind diese Alternativen dargestellt.

Bild 3: Mögliche Klebefilmrollenhalterungen

12.7.4 | AUSARBEITUNG DES ENTWURFS UND DES CAD-MODELLS

Aus den Konzeptentwürfen wird schließlich nach den Kriterien der Anforderungsliste die anforderungsgerechte Designlösung ausgewählt. Die ausgewählte Lösung wird entweder direkt in ein CAD-Modell umgesetzt, oder es werden zunächst proportionsgerechte Rendering-Darstellungen **(Bild 1a)** und voll funktionierende Designmodelle **(Bild 1b)** angefertigt, um z. B. Funktions- und Akzeptanztests durchzuführen.

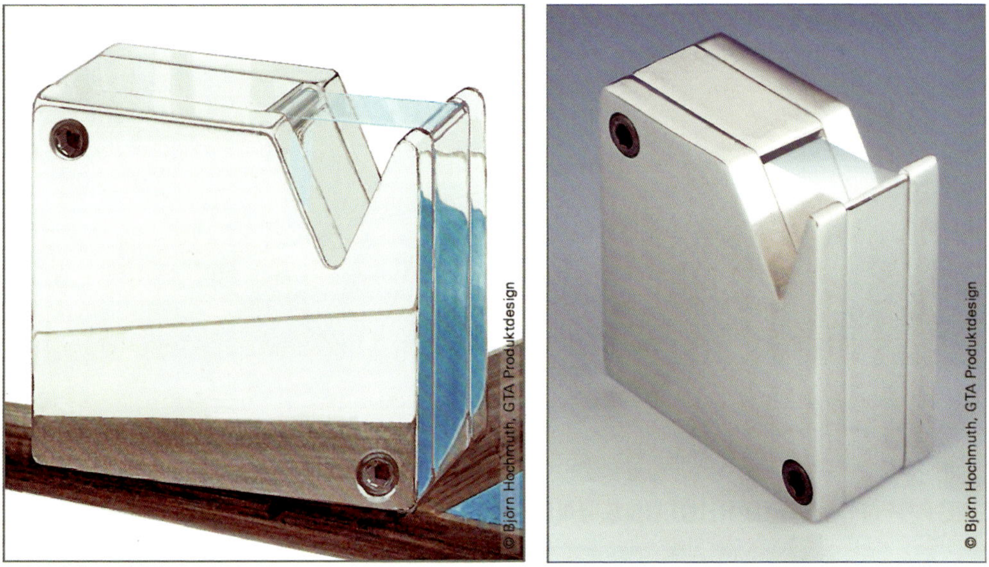

a) b)

Bild 1: a) Rendering-Darstellung, b) Designmodell

Nach weiteren Optimierungsaktivitäten in Bezug auf Funktion, Formsprache, Fertigung und Kosten erfolgt die Umsetzung des optimierten Entwurfs in ein CAD-Modell. Da es sich bei der Produktform um einfache Regelgeometrie handelt, wurde das CAD-Modell mit einem volumenbasierten Modelliersystem erstellt **(Bild 2 und Bild 1, Seite 338)**.

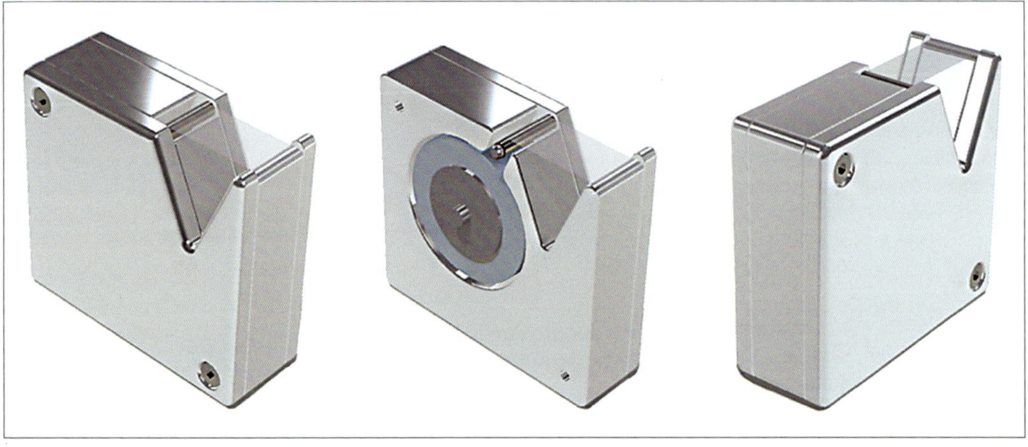

Bild 2: CAD-Modell (mittleres Bild zur besseren Veranschaulichung ohne Seitenteil)

Lernfeld 12

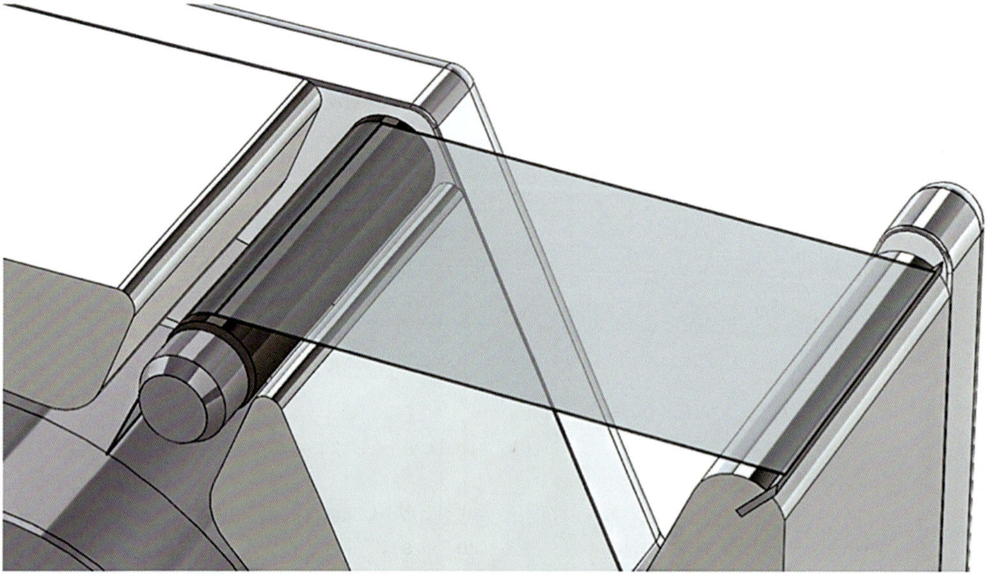

Bild 1: Ausschnitt: PTFE-Rolle zur Klebefilmumlenkung

AUFGABEN | WIEDERHOLUNG UND VERTIEFUNG

1. Entwickeln Sie Funktionskonzepte für das in **Bild 2** dargestellte Formkonzept des Klebefilmabrollers mit gespannten Seitenflächen ohne sichtbare Befestigungselemente.

   Die Dimensionierung soll auf die große Klebefilmrolle abgestimmt werden: Kerndurchmesser 26 mm, Außendurchmesser 53 mm, Breite 19 mm.

   Die Formgebung soll soweit wie möglich dem Formkonzept in **Bild 2** entsprechen.
2. Entwickeln Sie für den Klebefilmabroller aus **Aufgabe 1** Lösungskonzepte für nicht gespannte, ebene Seitenteile mit integrierter Bildwechselmöglichkeit (s. dazu auch **Bild 1, Seite 334**).
3. Konzipieren Sie Lösungen für ein Rollenwechselwerkzeug für den Klebefilmabroller mit verschraubten Seitenteilen (Innensechskantschrauben M4, Schlüsselweite 3 mm). Das Werkzeug soll am Klebefilmabroller **(Bild 2, Seite 337)** an der Unterseite (Standfläche) „aufbewahrt" werden können.
4. Setzen Sie das Formkonzept **(Bild 3)** in ein CAD-Modell um, passend für die Verwendung der großen Klebefilmrolle (Kerndurchmesser 26 mm, Außendurchmesser 53 mm, Breite 19 mm).

   Der Klebefilmabroller soll weitgehend aus Aluminiumhalbzeug spanend gefertigt werden.

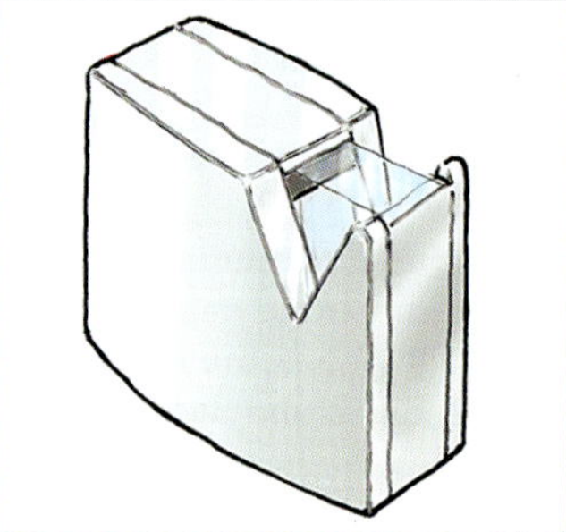

Bild 2: Formkonzept

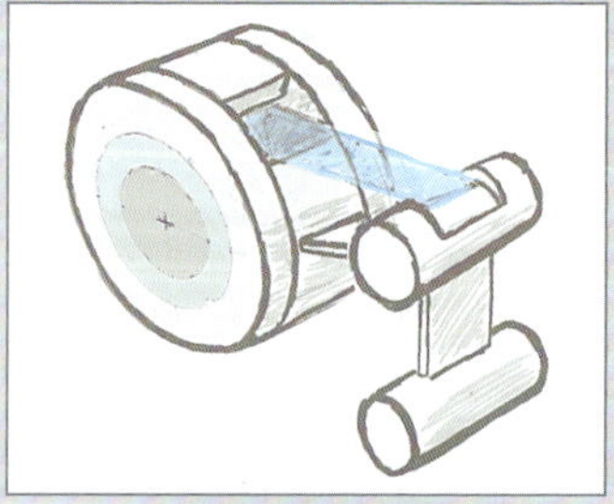

Bild 3: Konzeptvorlage

12.8 CHECKLISTE FÜR DEN DESIGNPROZESS

In der Checkliste sind die Anforderungen der einzelnen Aktivitäten im Designprozess in Form von Fragen und Hinweisen aufgeführt. Die Liste eignet sich als Leitfaden und Kontrollinstrument für die Bearbeitung von Entwicklungsprojekten in Schule und Ausbildungsbetrieb sowie für die Ausarbeitung des betrieblichen Auftrags in der Abschlussprüfung.

Checkliste für den Designprozess

1. Planung/Vorbereitung

1.1. Klärung der Aufgabenstellung und Erstellen der Anforderungsliste

a) Welche Ziele sind vorgegeben bzw. welchen Zweck muss die Projektlösung erfüllen? ✓

b) Welche Eigenschaften muss die Lösung aufweisen bzw. welche nicht? (Vorgaben, Bedingungen, Einschränkungen. Nicht geforderte Lösungen vermeiden!) ✓

c) Welche Arbeitsergebnisse müssen präsentiert bzw. dokumentiert werden? ✓

d) Welche Termine bzw. Bearbeitungszeiten sind vorgegeben? ✓

1.2. Anforderungsliste

a) Welche Anforderungen ergeben sich aus der Aufgabenstellung bzw. dem Lastenheft bezüglich: Funktion, Handhabung (Ergonomie), Gebrauch, Design, Sicherheit, Werkstoff, Fertigung, Montage, Instandhaltung, Kosten, Gesetze, Schutzrechte usw.? ✓

b) Ist die Anforderungsliste vollständig und eindeutig? Sind Fest-, Mindest- und Wunschanforderungen markiert? ✓

c) Wurden Abweichungen vom Auftrag bzw. vom Lastenheft mit den Beteiligten abgesprochen und entsprechend dokumentiert? ✓

1.3. Informationen beschaffen und auswerten

Welche Informationen sind für die Lösungssuche notwendig?
Wo und wie können die notwendigen Informationen beschafft werden? ✓

Mögliche Informationsquellen können z. B. sein:

- Analyse vorhandener Produkte mit gleichen oder ähnlichen Funktionen
- Recherche existierender Schutzrechte
- Sichten von Fachliteratur (Fachbücher, Kataloge, Prospekte, Patentschriften usw.)
- Expertenbefragung (Hersteller, Anwender, Beratungsinstitutionen usw.)
- Eigene Versuche und Messungen
- Und nicht zuletzt: eigene Kompetenz

1.4. Projektplan erstellen

a) Sind alle erforderlichen Projektarbeitsschritte mit ausreichenden Zeiträumen kalkuliert und Pufferzeiten berücksichtigt? ✓

b) Sind die projektnotwendigen Schnittstellen im eigenen und im Fremdunternehmen geklärt und bei der Erstellung des Projektplans entsprechend berücksichtigt?
(z. B. technische Entwicklung, Design, Simulation und Tests, Modell- und Werkzeugbau, Fertigung, Kostenkalkulation, Einkauf, Zulieferer usw.) ✓

2. Konzeption/Entwurf

2.1. Entwickeln von Lösungskonzepten

a) Sind die technisch-konstruktiven und gestalterischen Produktfunktionen hinreichend geklärt und die lösungsrelevanten Informationen beschafft und ausgewertet? ✓

b) Wird eine strukturierte, zielorientierte Lösungssuche durchgeführt, werden angemessene, auf das Projekt abgestimmte Methoden zur Lösungsfindung eingesetzt? (z. B. Funktionsanalyse, morphologische Analyse, Analogietechnik, Brainstorming usw.) ✓

c) Wurden bei der Lösungsfindung alle Anforderungen und Vorgaben berücksichtigt und alle auftragsbedingten Teilkonzepte (z. B. Funktions-, Design-, Fertigungskonzepte usw.) angemessen bedacht? ✓

d) Sind möglichst viele Lösungsvarianten entwickelt worden und in Skizzen verständlich visualisiert? ✓

2.2. Bewertung und Auswahl

a) Wird eine strukturierte, zielorientierte Bewertung der Lösungskonzepte durchgeführt und werden angemessene, auf das Projekt abgestimmte Bewertungsmethoden eingesetzt? ✓

b) Sind alle Einzelheiten bezüglich Funktion, Form, Oberfläche, Produktgrafik usw. entschieden und im Konzeptentwurf klar und verständlich dokumentiert? ✓

2.3. Pflichtenheft erstellen (wenn gefordert)

a) Ist das Pflichtenheft auf die Anforderungen und Bedingungen des Auftrags bzw. des Lastenhefts abgestimmt? ✓

b) Ist die Machbarkeit der im Pflichtenheft aufgeführten Leistungen hinreichend geklärt? ✓

c) Sind evtl. Abweichungen vom Lastenheft begründet und dokumentiert? ✓

3. Ausarbeitung bzw. Realisation

a) Ist die Lösung anforderungsgerecht (Pflichtenheft) ausgearbeitet worden? (z. B. funktions-, form-, fertigungs-, beanspruchungs-, prüfgerecht usw.) ✓

b) Wurden alle auftragsbedingten Maßnahmen durchgeführt bzw. veranlasst? (z. B. Kollisionsprüfung, Simulation, Animation, Berechnungen, Kalkulation usw.) ✓

c) Sind alle erforderlichen Ausarbeitungen fachlich richtig erstellt und dokumentiert? (z. B. CAD-Modelle, Zeichnungsableitungen, Prototypen, Berechnungen usw.) ✓

4. Dokumentation

a) Ist der gesamte Arbeitsablauf logisch strukturiert dokumentiert, sind alle wesentlichen Arbeitsschritte für Unbeteiligte anschaulich und nachvollziehbar beschrieben? ✓

b) Sind Abweichungen vom Auftrag sowie Fremdleistungen (z. B. Simulationen, Berechnungen usw.) nachvollziehbar begründet und dokumentiert? ✓

c) Sind alle Unterlagen mit direktem Bezug zur Auftragsbearbeitung beigefügt? (z. B. Auftrag, Anforderungen, Recherchen, Projektplan, Lösungsfindung, Bewertung, Pflichtenheft, Gesprächsnotizen, Screenshots, Zeichnungsableitungen usw.) ✓

12.9 TECHNICAL ENGLISH

12.9.1 DESIGN OF TECHNICAL PRODUCTS

The development of technical products is the result of a cooperation between construction and product design, however each of them with a specific direction.

In the area of technical product development, the focus is on functional and manufacturing requirements.

In product design (also known as engineering design) user-related and aesthetic requirements are particularly important.

The focal points of technical product design are user orientation and product aesthetics.

User orientation means that the processes of using a product are specifically shaped for a human being to use this specific product. The product is supposed to be easy to understand and intuitively operable. The result of this is satisfaction and happiness in using the product. Many well-known brands are associated with this principle and eventually successful because of it.

For product aesthetics it is especially important that the principles of sensual perception and the resulting effect on the respective target group are taken into account. If the resulting effects are positive, the product is considered to be beautiful, attractive, good-looking, feel good or sound good. A basic model of perception is shown in **figure 1**.

Words	
requirement	Voraussetzung
focal point	Schwerpunkt
user orientation	Nutzerorientierung
eventually	schlussendlich
sensual perception	Sinneswahrnehmung
target group	Zielgruppe
to take sth. into account	etw. in Betracht ziehen/ beachten
sensory stimulus	Sinnesreiz
quality of use	Nutzungsqualität
to determine sth.	etw. bestimmen
occupational medicine	Arbeitsmedizin
durability	Langlebigkeit

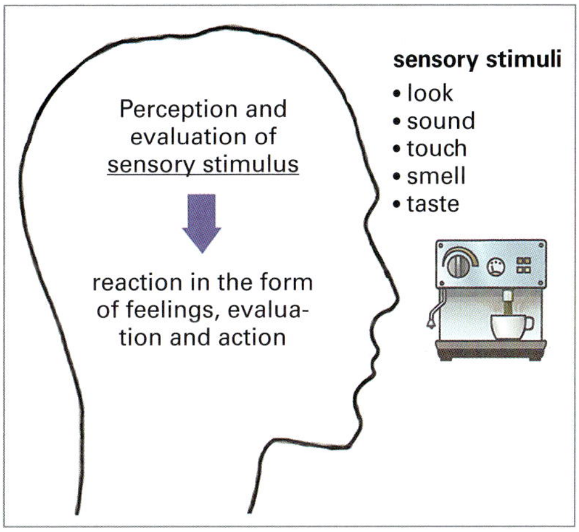

Figure 1: Model of Perception

12.9.2 CRITERIA FOR GOOD INDUSTRIAL DESIGN

Quality of use and the aesthetics determine the design quality of any product. Practical-technical functions and aesthetic-emotional functions are of equal importance. These are the requirements for good industrial design:

- Industrial design is not just a cover or wrapping technique.
- It is based on the user-product relationship, especially aspects of occupational medicine and perception.
- The function and handling of the product are visible and clearly readable for the user.
- Good industrial design is aesthetically pleasing.
- The latest technical developments in product design are taken into account.
- Ergonomics, environmental compatibility, energy saving, reusability, durability are all considered in good industrial design.

Lernfeld 12

12.9.3 | MEDIA AND MODELLING TECHNIQUES IN PRODUCT DESIGN

Sketches are an indispensable tool, especially in concept development. Sketches have an inspiring effect, i. e. new ideas are constantly emerging during the sketching process. In addition, sketches are more vivid and can be recognized better and faster than text descriptions.

Mockups are made of materials that are easy to work with in the early concept phase. They serve to clarify formal aspects, such as form geometry, proportions, arrangement, as well as the assessment of haptics and ergonomics. Mockups range from small items like cell phones to complete car mockups made from clay. Because of the ongoing digitalization virtual mockups play an increasing role.

Renderings, augmented reality, and virtual reality are used for the lifelike visualization of design drafts and are an important decision support in the design process. The beauty of these new technologies is that models can be created and viewed in a 3D environment without the need for physical materials. A major disadvantage is that ergonomics and handling cannot be tested this way.

Words	
sketch	Skizze
indispensable	unverzichtbar
to emerge	hervortreten
vivid	lebendig
mockup	Konzeptmodell
to clarify sth.	etw. klären
assessment	Einschätzung
to range from ... to	reichen von ... bis
design draft	Designentwurf
environment	Umgebung
hard foam	Hartschaum
surface-based mesh modeler	flächenbasierter Netzmodellierer
to enable sth.	etw. ermöglichen
diversity	Vielfalt
surface	Oberfläche
interface	Schnittstelle

Lernfeld 12

Design models are used for the final check of the aesthetic quality and the haptic design characteristics. The models are mainly produced using rapid prototyping technologies. In automotive design, for example, 1:1 models are produced from hard foam or clay blanks by means of CNC milling. Smaller dimensioned design models are produced using 3D printing. Particularly lifelike design models are produced by so-called multi-media full-color 3D printing. This technology makes it possible to print individual voxels in a voxel data model in different materials and different colors.

CAS modelers (**c**omputer-**a**ided **s**tyling) are the adequate modelers in industrial design. The data models are generated by surface-based mesh modelers (polygon modelers), NURBS modelers or volume-based VOXEL (volume element) modelers. These systems (especially VOXEL modelers) enable direct, design-adequate work, fast design changes and variant diversity in a short time.

3D scanners are used to convert concept models with complex, organic shape geometry into CAS or CAD models.

For the production design so-called strak models with high-quality Class A model surfaces must be created from the CAS model surfaces. These Class A model surfaces are constructed by the „straker". The straker is the interface between design and construction. The Class A surfaces are integrated into the CAD model by the design department.

EXERCISES | REPETITION AND CONSOLIDATION

1. Explain the difference between "user orientation" and "product aesthetics".
2. Name the criteria for good industrial design and find examples for three of them.
3. How do sketches help in the design process?
4. Which media are used during the design process to review design concepts?
5. How do CAS modelers differ from CAD modelers?

Lernfeld-übergreifend

QUALITÄTS- UND KUNDENORIENTIERTE PRODUKTENTWICKLUNG

Ziel der Berufsausbildung ist die „Erlangung beruflicher Handlungskompetenz". Die berufliche Handlungskompetenz bezeichnet die Fähigkeit und Bereitschaft des Menschen, in beruflichen Situationen sach- und fachgerecht, persönlich durchdacht und in gesellschaftlicher Verantwortung zu handeln und seine Handlungsmöglichkeiten ständig weiterzuentwickeln.

Ein fundamentaler Bestandteil beruflicher Handlungskompetenz ist ein umfassendes Wissen im Themenbereich Qualität. Technische Produktdesigner erlernen während ihrer Ausbildung, was man unter Qualität versteht, wie Fehler erfasst und analysiert werden können und wodurch Qualität beeinflusst werden kann. Diese für alle Lernfelder der Berufsausbildung relevanten Fachinhalte stehen im Mittelpunkt dieses Kapitels.

13.1 | GRUNDLAGEN DES QUALITÄTSMANAGEMENTS

Die Sicherstellung der **Qualität** von Produkten und Dienstleistungen ist eine zentrale Managementaufgabe, unabhängig von der Größe eines Unternehmens. Qualität ist grundlegend für den Unternehmenserfolg **(Bild 1)** und somit eines der wichtigsten Unterscheidungsmerkmale im Wettbewerb. Durch mangelnde Qualität entstehen enorme Haftungsrisiken. Mögliche strafrechtliche Konsequenzen stellen unter Umständen eine Gefahr für die Existenz des betroffenen Unternehmens dar.

Langfristig können Unternehmen auf dem Markt nur bestehen, wenn sie die richtigen Ziele und Strategien verfolgen. Dabei stehen die Qualität und die Kundenorientierung im Vordergrund.

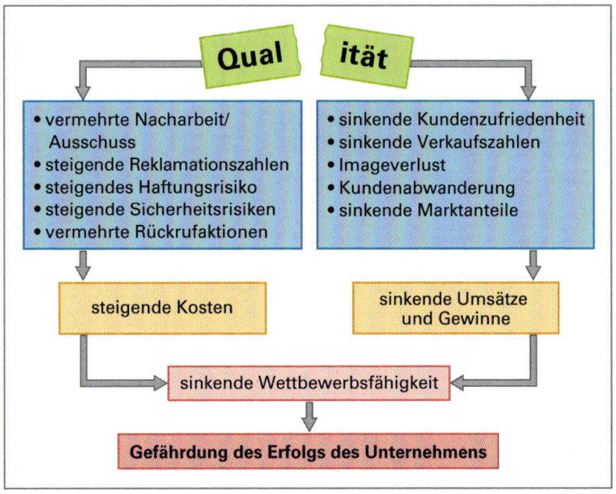

Bild 1: Mögliche Auswirkungen unzureichender Qualität

13.1.1 | QUALITÄT – WAS IST DAS?

Die Qualität (lat.: *qualitas,* Beschaffenheit) gibt an, inwieweit die Beschaffenheit einer Ware oder Dienstleistung die Erwartungen an dieses Produkt erfüllt.

Der Begriff Qualität wird in der DIN EN ISO 9000 wie folgt definiert:

„Grad, in dem ein Satz inhärenter Merkmale eines Objekts Anforderungen erfüllt."

Beispiel: Das Maß 45 +0,1 ist ein **inhärentes Merkmal (Info)**. Es ist als ständiges Merkmal fest mit einem Bauteil verbunden. Auch die Zahl von Bohrungen in einem Bauteil ist ein inhärentes Merkmal.

Das einem Bauteil aufgrund des persönlichen Geschmacks zugewiesene Merkmal „schön" hingegen ist nicht inhärent. Es ist ein **zugeordnetes Merkmal**. Auch die Kosten oder der Preis eines Bauteils sind zugeordnete Merkmale.

Info: Inhärent

Inhärent (lat.: *inhaerere,* an etwas haften) bedeutet einer Einheit innewohnend.

Inhärente Merkmale bestimmen die Beschaffenheit eines Produkts, eines Prozesses oder eines Systems. Sie sind ständig vorhanden, d. h. nicht zeitlich begrenzt.

13.1.2 | QUALITÄTSARTEN

Damit ein hohes Qualitätsniveau erreicht werden kann, müssen sämtliche **Strukturen** und **Prozesse** aller Bereiche eines Unternehmens dieses Qualitätsziel verfolgen. Daraus ergeben sich beispielsweise Qualitätsarten wie die Beratungs- und die Servicequalität. Einstellungen, Verhaltensweisen und sämtliche Tätigkeiten im Unternehmen müssen darauf ausgerichtet sein, die Erwartungen der Kunden und anderer **interessierter Parteien (Info)** zu erfüllen.

Info: Interessierte Parteien

Unter einer interessierten Partei sind Personen oder Gruppen zu verstehen,

- die eine Entscheidung oder eine Tätigkeit eines Unternehmens **beeinflussen** können,
- die davon **beeinflusst sein** können oder
- die sich davon **beeinflusst fühlen** können.

Zu den interessierten Parteien eines Unternehmens zählen die Kunden genauso wie die mit dem Unternehmen zusammenarbeitenden Lieferanten, Dienstleister, Banken, Versicherungen, Behörden sowie z. B. die zuständige Berufsgenossenschaft.

Der Begriff interessierte Parteien wird oft mit dem Begriff **Stakeholder** (engl.: *stake,* Einsatz, Anteil; *holder,* Besitzer) gleichgesetzt.

Der Begriff **Qualität** umfasst nicht nur die vorgesehenen Funktionen eines Produkts, sondern auch dessen Wert und Nutzen für den Kunden.

13.1.3 | QUALITÄTSANFORDERUNGEN

Die Qualitätsanforderungen ergeben sich aus den Erwartungen der interessierten Parteien. So werden z.B. die Erwartungen der Kunden im Lastenheft festgehalten, woraus sich Anforderungen an das Produkt, die Projektabwicklung, den Konstruktionsprozess usw. ergeben.

Typische **Anforderungen an ein technisches Produkt** können sein:

- Geometrische Spezifikationen (Maße, Toleranzen)
- Sicherheit (Sicherheitseinrichtungen, Verletzungsgefahr)
- Funktionssicherheit
- Ergonomie (Nutzung oder Montage)
- Umweltverträglichkeit sowie Recyclingfähigkeit

13.1.4 | QUALITÄTSMERKMALE

Aufgrund ihres hohen Stellenwerts darf Qualität kein Zufallsprodukt sein. Qualität muss **geplant** und **hergestellt** werden.

Qualitätsmerkmale werden nach DIN 53804 in vier Merkmalsarten unterteilt:

- **Qualitative Qualitätsmerkmale** lassen sich mittels Eigenschaften beschreiben. Dazu zählen:
  - **Nominalmerkmale**, die gleichberechtigt nebeneinander stehen und sich nicht ordnen lassen, z.B. die Farbe oder die Alternativmerkmale „wahr" und „falsch".
  - **Ordinalmerkmale**, die eine Rangfolge haben und sich ordnen lassen, z.B. die Toleranzklassen fein, mittel, grob und sehr grob.
- **Quantitative Qualitätsmerkmale** sind durch Zahlenwerte erfassbar. Dazu zählen:
  - **diskrete Merkmale,** die zählbar sind (Zählwert), z. B. die Anzahl der Einzelteile einer Baugruppe.
  - **kontinuierliche Merkmale,** welche Messwerten entsprechen und jeden beliebigen Wert annehmen können, z. B. die Masse einer Baugruppe.

Die produktspezifischen Qualitätsmerkmale werden zu einem frühen Zeitpunkt im Produktentstehungsprozess definiert. Dabei aufgetretene Fehler werden meist viel später im Prozess erkannt. Ihre Korrektur ist aufwendig, die Kosten zu ihrer Beseitigung verzehnfachen sich von einer Entwicklungsstufe zur nächsten. Aufgrund dieses als **Zehnerregel** **(Band 1, Kapitel 3.11, Seite 221)** bekannten Zusammenhangs müssen Fehler durch geeignete Qualitätsmaßnahmen bereits in einem frühen Stadium der Produktentstehung erkannt und vermieden werden. Nach der Schwere ihrer Folgen und dem Aufwand ihrer Behebung werden **3 Fehlerklassen** unterschieden **(Tabelle 1)**.

Tabelle 1: Fehlerklassen

Fehlerklasse	Definition	Bewertung
Kritische Fehler	Fehler, die zur Funktionsuntüchtigkeit führen, z.B. zum Ausfall eines Sicherheitssystems (Bremse beim PKW), die Menschenleben, Gesundheit oder Umwelt gefährden oder gegen gesetzliche Bestimmungen verstoßen	Produkt unbrauchbar
Hauptfehler	Fehler, die die Handhabug oder den Einsatz eines Produkts stark beeinträchtigen und zur Leistungsminderung führen, z.B. Fehler in der Wärmebehandlung von Stählen	Brauchbarkeit stark beeinträchtigt
Nebenfehler	Fehler, die eine allgemeine Qualitätsminderung darstellen, aber die Funktion eines Produkts nicht einschränken, z.B. tolerierbare Farbabweichungen	Brauchbarkeit wenig beeinträchtigt

Unter einem **Fehler** wird jede **Abweichung von einer Anforderung** verstanden.

Qualitätsmanagement

Infolge eines kritischen Fehlers kann es zu einer Produkthaftung kommen. Die Produkthaftung gemäß **Produkthaftungsgesetz** (ProdHaftG) umfasst in der EU die Haftung des Herstellers für Schäden an Personen oder an anderen Sachen als der gekauften Ware selbst, die dem Endkunden aus der Benutzung eines fehlerhaften Produkts entstehen. Es handelt sich um eine verschuldensunabhängige Haftung, d.h., ein Hersteller haftet auch dann, wenn ihm weder Vorsatz noch Fahrlässigkeit zum Vorwurf gemacht werden können, also sogar bei nicht vermeidbaren Fehlern an Einzelstücken (Ausreißer). **Personenschäden** sind vom Hersteller gemäß Produkthaftungsgesetz bis zu einer Höhe von 85 Mio. € zu ersetzen. Bei der Haftung für **Sachschäden** gibt es keine Obergrenze.

Von der **Haftung für Fehler** (Produkthaftungsgesetz) zu unterscheiden ist die **Haftung für Mängel** (Gewährleistung sowie Garantie). Die Unterschiede zeigt **Bild 1**.

	Produkthaftung	Gewährleistung	Garantie
Gesetzliche Grundlage	**Produkthaftungsgesetz (ProdHaftG)**	**Bürgerliches Gesetzbuch (BGB § 437)**	**Gesetzlich nicht geregelt**
Beschreibung	Gesetzliche Haftung für Schäden, die durch eine fehlerhafte Sache entstanden sind	Gesetzliche Haftung für Mängel, die beim Kauf vorhanden waren	Freiwillige Haftung für Mängel, die bei der Nutzung einer Sache auftreten
Geschützter	Jeder Geschädigte	Käufer	Käufer
Verpflichteter	Hersteller	Verkäufer	Hersteller/Verkäufer
Rechtsfolgen	Schadensersatz für: Personenschäden Sachschäden	Reparatur, Austausch, eventl. Preisminderung oder Rücktritt	Je nach Vereinbarung, meist Reparatur oder Austausch
Vertrag erforderlich	nein	ja	ja

Bild 1: Produkthaftungsgesetz im Vergleich

13.1.5 | QUALITÄT UND DEREN EINFLUSSFAKTOREN

Sieben Faktoren beeinflussen die Qualität maßgeblich: die **7M (Bild 2)**. Die Kenntnis und die Beachtung dieser Einflussfaktoren ermöglichen die exakte Festlegung sowie die gezielte Beeinflussung der qualitativen und quantitativen **Qualitätsmerkmale**. Die Einflüsse der einzelnen Faktoren können sehr unterschiedlich sein. Deshalb müssen die 7M in jedem Anwendungsfall genau analysiert werden.

Da durch die 7M Prozesse negativ beeinflusst werden können, werden sie auch als die **7M-Störgrößen** bezeichnet. Zu beachten ist, dass alle Einflussfaktoren gleichzeitig und unabhängig voneinander den Anforderungen entsprechen müssen.

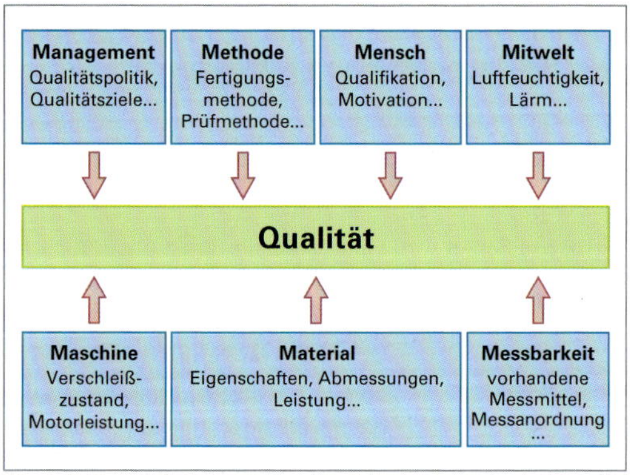

Bild 2: 7 Einflussfaktoren der Qualität

Unter den **7M** bzw. den **7M-Störgrößen** werden die 7 wichtigsten Einflussfaktoren auf die Qualität verstanden. Die Nichterfüllung eines einzigen Einflussfaktors kann zu einer nicht ausreichenden Qualität führen.

13.2 | FUNKTIONEN DES QUALITÄTSMANAGEMENTS

Das Qualitätsmanagement basiert auf **internen (innerbetrieblichen) Qualitätselementen**, etwa notwendigen Organisationseinheiten, der Qualitätspolitik und den Qualitätszielen, sowie auf **externen (von außen herangetragenen) Qualitätselementen**, z. B. Gesetzen, Vorschriften, Normen (ISO 9000-Reihe) usw. Die Verknüpfung dieser internen und externen Qualitätselemente ist die Basis für ein erfolgreiches Qualitätsmanagement.

Einen hohen Stellenwert besitzt die **oberste Leitung eines Unternehmens** bzw. einer Organisation.

Die oberste Leitung eines Unternehmens verantwortet die Unternehmensergebnisse gegenüber den Eigentümern des Unternehmens. Sie bestimmt die **Unternehmensziele**, die **Unternehmenspolitik** und entscheidet über die Ressourcen.

Die Unternehmenspolitik umfasst zentrale Fragen der Unternehmensführung, etwa die Investitionen, die Marktstrategie, das Produktportfolio und unter anderem auch das **Qualitätsverständnis** des Unternehmens.

> Die Verknüpfung aller relevanten **internen und externen Qualitätselemente** gewährleistet ein funktionierendes Qualitätsmanagement.

13.2.1 | QUALITÄTSPOLITIK

Qualitätspolitik bedeutet, dass die oberste Leitung eines Unternehmens gegenüber den interessierten Parteien die Hauptverantwortung für die Qualität trägt. Die **Qualitätspolitik** umfasst die Grundsätze des Unternehmens, die Qualitätsziele und die Beschaffenheit des Qualitätsmanagements. Die DIN EN ISO 9001 definiert die Qualitätspolitik in folgender Weise:

Die **Qualitätspolitik** muss:

- als dokumentierte Information verfügbar sein,
- innerhalb der Organisation bekanntgemacht, verstanden und angewendet werden,
- für relevante interessierte Parteien verfügbar sein,
- sicherstellen, dass das QM-System die Anforderungen der DIN EN ISO 9001 erfüllt.

Die Umsetzung der Qualitätspolitik zur Erreichung der Qualitätsziele erfolgt in 6 Phasen **(Bild 1)**.

Bild 1: Phasen der Umsetzung einer Qualitätspolitik

Qualitätsplanung

Die Qualitätsplanung ist ein Kernelement innerhalb des Qualitätsmanagements. Im Rahmen der Qualitätsplanung werden Qualitätsziele bestimmt und festgelegt, nötige Prozesse definiert und erforderliche Ressourcen bereitgestellt.

Qualitätsprüfung

Unter Qualitätsprüfung versteht man einen Soll-Ist-Vergleich, bei dem festgestellt wird, inwieweit die Anforderungen an Qualitätsmerkmale erfüllt werden.

Qualitätslenkung

Unter Verwendung der Ergebnisse der Qualitätsprüfung können Maßnahmen veranlasst werden, die qualitätsbeeinflussende Störungen im Produktionsprozess zu beseitigen helfen. Außerdem können Maßnahmen geplant und veranlasst werden, die auf eine Änderung der Entwurfsqualität oder der eingesetzten Produktionsverfahren abzielen.

Qualitätssicherung

Die Qualitätssicherung (QS) hat als Bestandteil des Qualitätsmanagements die Aufgabe, alle organisatorischen und technischen Maßnahmen zu ergreifen, die vorbereitend, begleitend und prüfend der Schaffung und Erhaltung einer definierten Qualität eines Produkts oder einer Dienstleistung dienen. Ein Instrument der Qualitätssicherung ist der **Prüfplan (Bild 1)**. Die Maßnahmen zur Qualitätssicherung werden auch **QS-Elemente** genannt.

Prüfplan

Prüfteil

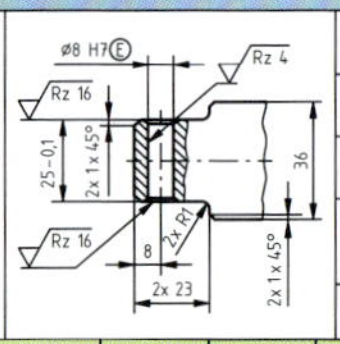

Prüfplan-Nr.:	2021-198-004
Datum:	15.08.2020
Bearbeiter:	M. Muster
Benennung:	Gelenk-Innenteil
Teilenummer:	01-05-036

Lfd. Nr.	Merkmal	Nennmaß	Höhenmaß	Mindestmaß	Prüfmittel	Prüfhäufigkeit	
1	Maß 25 $^{0}_{-0,1}$	25	25	24,9	Messschieber	100 %	
2	Bohrung ø8 H7Ⓔ	8	8,015	8	Grenzlehrdorn	100 %	
3	Maß 36	36	36,3	35,7	Messschieber	Stichprobe	10 T
4	Fasen 2x 1x 45°				Sichtprüfung	Stichprobe	alle 30
5	Bohrungsabstand 8	8	8,2	7,8	Messmasch. 23	100 %	
6	Maß 2x23	23	23,2	22,8	Tiefenmesser	Stichprobe	10 T

Bild 1: Ausschnitt eines Prüfplans

Qualitätsverbesserung

Ziel der Qualitätsverbesserung ist es, ständig dafür zu sorgen, dass die Qualität durch geeignete Maßnahmen innerhalb des Unternehmens gesteigert wird. Wichtigster Bestandteil ist der Aufbau entsprechender Strukturen, die die Einbeziehung der Mitarbeiter fördern, beispielsweise durch ein **Ideenmanagement (Bild 2)**, um Produkt- und Prozessverbesserungen zu erreichen und so einen erheblichen Beitrag zur Qualitätsverbesserung zu leisten.

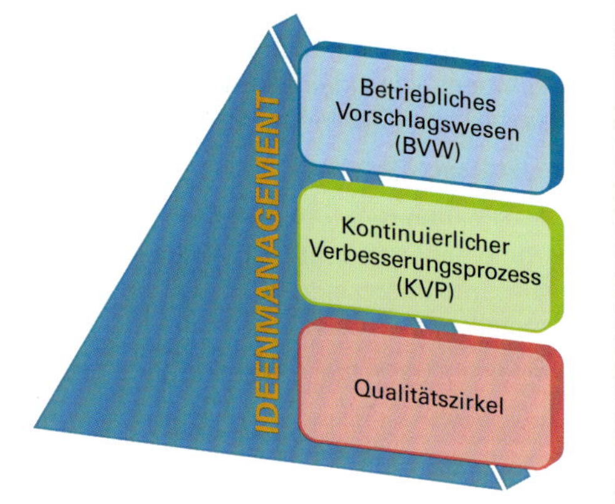

Bild 2: Elemente eines Ideenmanagements

Risikoabsicherung

Im Rahmen der Risikoabsicherung gilt es Risiken **(Info)** zu identifizieren, zu analysieren und zu bewerten. Diesen Prozess bezeichnet man als **Risikoabwägung**. Ziel ist die **Risikobewältigung**. Dazu zählen die Vermeidung von Risiken, die Beseitigung von Risikoquellen sowie das Senken der Eintrittswahrscheinlichkeit von Risiken.

i

Info: Risiko

Ein Risiko ist nach DIN EN ISO 9000 definiert als „Auswirkung von Ungewissheiten auf ein erwartetes Ergebnis".

Die **Aufgabe des Qualitätsmanagements** ist es, die Qualitätspolitik in greifbaren Merkmalen zu erfassen und mithilfe geeigneter Maßnahmen umzusetzen.

13.2.2 | QUALITÄTSZIELE

Qualitätsziele sind konkrete, messbare und zeitlich festgelegte Zwischenschritte zur Erfüllung der Qualitätspolitik. Da die formulierten Qualitätsziele mit der Unternehmenspolitik im Einklang stehen müssen, sind sie für jedes Unternehmen spezifisch. Einen allgemein gültigen Katalog für Qualitätsziele gibt es nicht. Mögliche **Qualitätsziele** können sein:

- Steigerung der Produktqualität
- Fehlervermeidung
- Steigerung der Mitarbeiterzufriedenheit
- Nachweis der Produktqualität gegenüber dem Kunden
- Senkung der Kosten
- Reduzierung der Reklamationsquote
- Steigerung der Kundenzufriedenheit
- Rechtzeitige Fehlererkennung
- Steigerung des Qualitätsbewusstseins der Mitarbeiter
- Steigerung des Umsatzes

Beispiel: Steigerung des Umsatzes der Sparte Werkzeugmaschinen um 3% im 1. Quartal des Folgejahres.

Die Erfüllung eines Qualitätsziels wird meist anhand eines Kennzahlenvergleichs überprüft. **Kennzahlen** können z. B. sein:

- in der Entwicklung: Zahl neuer Patente, Zahl der Neuentwicklungen
- im Vertrieb: Zahl der Neukunden, Zahl der Angebote, Zahl der Vertragsabschlüsse
- in der Fertigung: Ausschussquoten, Maschinenlaufzeiten, Produktivität

13.2.3 | QUALITÄTSBEZOGENE KOSTEN

Die Maßnahmen zur Erreichung der Qualitätsziele verursachen Kosten **(Bild 1)**. Dies können **Fehlerverhütungskosten** sein, z. B. Personalkosten für Mitarbeiter des Qualitätswesens, Schulungskosten, Kosten der Qualitätsplanung, oder **Prüfkosten,** z. B. Kosten für Mess- und Prüfmittel, Prüfdokumentationen, Qualitätsgutachten usw. Dem gegenüber stehen die **Fehlerkosten**, die es zu vermeiden gilt. Zu diesen zählen z. B. Kosten für Ausschuss, Nacharbeit, Produkthaftung, Gewährleistung oder Kulanzzahlungen.

Qualitätsbezogene Kosten			
Kosten der Fehlerverhütung	Prüfkosten	Fehlerkosten intern	Fehlerkosten extern
Kosten der Abteilung Qualitätswesen	Wareneingangsprüfungen	Ausschuss, Wertminderung	Reklamationen
Qualitätsförderprogramme, Vorbeugemaßnahmen	Endprüfungen	Nacharbeiten	Rückrufe
Betriebsmittelwartungen	Prüfdokumentationen	Wiederholungsprüfungen	Vertragsstrafen
Schulungsmaßnahmen	Prüfmittel	Neufertigungen	Kulanz, Produkthaftung
Lieferantenbeurteilungen	Qualitätsgutachten	–	Gewährleistung

Bild 1: Übersicht möglicher qualitätsbezogener Kosten

Qualitätsbezogene Kosten sind Fehlerverhütungskosten, Prüfkosten und interne sowie externe Fehlerkosten.

13.3 TECHNIKEN DES QUALITÄTSMANAGEMENTS

Damit ein langfristiger Unternehmenserfolg gewährleistet werden kann, werden im **Qualitätsmanagement** viele unterschiedliche Techniken eingesetzt.

Mit diesen Techniken soll in allen Phasen des **Produktentstehungsprozesses** (PEP) nicht nur die **Produktqualität**, sondern auch die **Prozessqualität** verbessert werden.

Zur Sicherung der **Qualitätsanforderungen** an ein Produkt müssen alle festgelegten Qualitätsmerkmale überprüft werden. Daraus leitet sich für das Qualitätsmanagement die Forderung ab, **Werkzeuge** und **Methoden** anzuwenden, um Fehler frühzeitig erkennen, reduzieren oder sogar vermeiden zu können. Positive Folgen dieser Maßnahmen sind sinkende Nacharbeiten sowie weniger Reklamationen der Kunden und damit eine Steigerung der Kundenzufriedenheit.

Unter dem Oberbegriff **Qualitätsmanagement-Techniken** werden **Qualitätsmanagement-Werkzeuge** und **Qualitätsmanagement-Methoden** zusammengefasst **(Bild 1)**. Die QM-Werkzeuge werden überwiegend zur Unterstützung der QM-Methoden eingesetzt.

Zu den **QM-Werkzeugen** zählen zwei Gruppen:

- **Q7** umfasst 7 Werkzeuge zur Erfassung und Analyse von **Fehlern am Produkt.**
- **M7** stellt 7 Werkzeuge für die Erfassung und Analyse von **Fehlern in der Prozesskette** zur Verfügung.

Damit die erforderlichen **Qualitätsmerkmale** eines Produkts im Entwicklungsstadium aus den Kundenanforderungen abgeleitet und spezifiziert werden können, kommen **QM-Methoden** wie QFD (engl.: *quality function deployment,* Merkmal-Funktions-Darstellung, **Seite 361**) und FMEA (engl.: *failure mode and effects analysis,* Fehlermöglichkeits- und Einflussanalyse, **Seite 358**) zum Einsatz.

13.3.1 ELEMENTARE QM-WERKZEUGE

Die **7 elementaren QM-Werkzeuge** (Q7; engl.: *seven tools of quality,* sieben Qualitätswerkzeuge; **Bild 2**) gehen auf den Japaner Kooru Ishikawa zurück. Er stellte sie für die Bearbeitung von **Qualitätsproblemen** bei Geschäftsprozessen zusammen.

Die Werkzeuge der Q7-Gruppe haben zweierlei Nutzen: die **Fehlererfassung** und die **Fehleranalyse**.

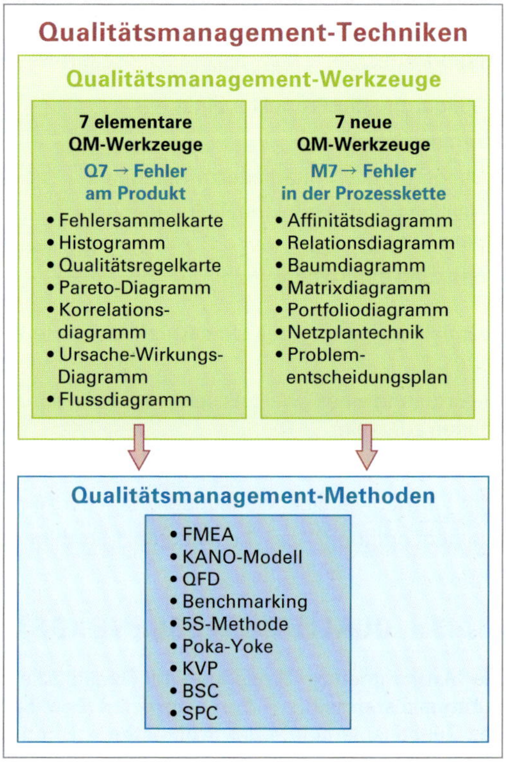

Bild 1: Qualitätsmanagementtechniken

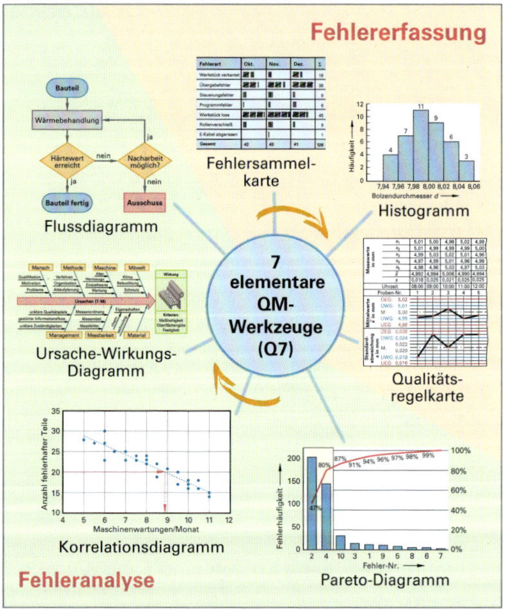

Bild 2: Elementare QM-Werkzeuge (Q7)

Fehlersammelkarten, Histogramme sowie Qualitätsregelkarten werden für die Fehlererfassung benutzt. Der Fehleranalyse dienen Pareto-Diagramm, Korrelationsdiagramm, Ursache-Wirkungs-Diagramm und Flussdiagramm. In der modernen **Serien- und Massenfertigung** reicht es nicht aus, fehlerhafte Bauteile oder Produkte erst am Ende des Herstellungsprozesses durch Prüfung zu erkennen und auszusortieren. Stattdessen werden festgelegte Merkmalswerte im laufenden Fertigungsprozess mithilfe **stichprobenartiger Prüfungen** erfasst und statistisch ausgewertet.

Fehlersammelkarte

Mittels der **Strichliste** auf einer **Fehlersammelkarte** (Bild 1) werden sowohl die **Fehlerart** als auch die **Häufigkeit von Fehlern** in Tabellenform erfasst. Durch Aufsummieren der einzelnen Fehlerarten lassen sich die Fehlerhäufigkeiten übersichtlich darstellen. Eventuell lassen sich sogar über einen längeren Zeitraum Trends erkennen.

Vorteile:
- Leicht umzusetzen
- Keine Schulung notwendig
- Frühzeitiges Erkennen von Fehlertrends

Nachteile:
- Keine Analyse der Fehlerursachen möglich
- Übersichtlichkeit lässt mit steigender Anzahl der erfassten Fehlerarten nach

Fehlerart	Okt.	Nov.	Dez.	Σ
Werkstück verkantet	𝍸 III	III	𝍸 II	18
Übergabefehler	𝍸𝍸 I	𝍸𝍸 II	𝍸𝍸𝍸	38
Steuerungsfehler	III	IIII	II	9
Programmfehler	I	II	III	6
Werkstück lose	𝍸𝍸𝍸 I	𝍸𝍸𝍸 II	𝍸𝍸 II	45
Rollenverschleiß	III	IIII	II	9
E-Kabel abgerissen		I		1
Gesamt	**42**	**43**	**41**	**126**

Bild 1: Fehlersammelkarte

Histogramm

Die in einer Strichliste erfassten Daten werden in Klassen eingeteilt (Bild 2a). Auf der Basis der Häufigkeit der Klassen wird ein Histogramm (Säulen- oder auch Balkendiagramm) erstellt (Bild 2b). Das Histogramm ist ein wertvolles Instrument zur Visualisierung von Informationen.

Vorteile:
- Zusammenfassung großer Datenmengen in einer Abbildung
- Einfache Erstellung
- Übersichtliche Darstellung

Nachteile:
- Beschränkung auf metrische Daten
- Keine Ursachenanalyse möglich
- Kein zeitlicher Zusammenhang darstellbar

Sollen mehrere mögliche Messwerte in Klassen zusammengefasst dargestellt werden, müssen vorab die **Anzahl der Klassen,** die **Klassengrenzen** und die **Klassenbreite** festgelegt werden.

Verbindet man die Mitten der Balkenhöhen in einem Histogramm, erhält man eine **Verteilungskurve** der Häufigkeiten, die die Verteilung der Einzelwerte charakterisiert.

a) Strichliste

Klasse Nr.	Klasse		Strichliste	Häufigkeit pro Klasse
	von ≥	bis <		
1	7,94	7,96	IIII	4
2	7,96	7,98	𝍸 II	7
3	7,98	8,00	𝍸 𝍸 I	11
4	8,00	8,02	𝍸 IIII	9
5	8,02	8,04	𝍸 I	6
6	8,04	8,06	III	3
				Σ 40

b) Histogramm

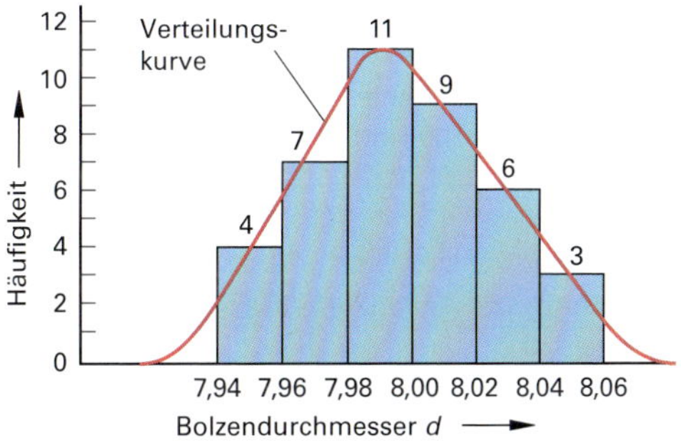

Bild 2: Strichliste und zugehöriges Histogramm

Qualitätsmanagement

Qualitätsregelkarten

Mit **Qualitätsregelkarten** lässt sich der zeitliche Verlauf von Messergebnissen über einen längeren Zeitraum darstellen, um auf der Basis dieser Informationen **Fertigungsprozesse** zu regeln **(Bild 1)**. Dazu werden in Stichproben Merkmalsdimensionen nach festgelegten Verfahren und unter stets gleichen Bedingungen aus dem laufenden Prozess entnommen und gemessen. Anschließend werden die Messwerte nacheinander in eine **Qualitätsregelkarte** eingetragen. Bei Bedarf wird in den Fertigungsprozess eingegriffen.

Vorteile:

- Zeitliche Erfassung des Prozessverlaufs
- Statistisch fundiert
- Prozessregelungen möglich

Nachteile:

- Keine Fehleranalyse
- Schulung ist erforderlich
- Keine kurzfristigen Ergebnisse

Messwerte in mm						
	x_1	5,01	5,00	4,98	5,02	4,99
	x_2	5,01	4,99	4,99	4,99	5,00
	x_3	4,99	5,03	5,02	5,01	4,96
	x_4	4,97	4,99	5,01	4,96	4,99
	x_5	4,98	4,96	5,03	4,97	5,03
	$\bar{x}$	4,992	4,994	5,006	4,990	4,994
	s	0,018	0,025	0,021	0,025	0,025
	Uhrzeit	08:00	09:00	10:00	11:00	12:00
	Proben-Nr.	1	2	3	4	5

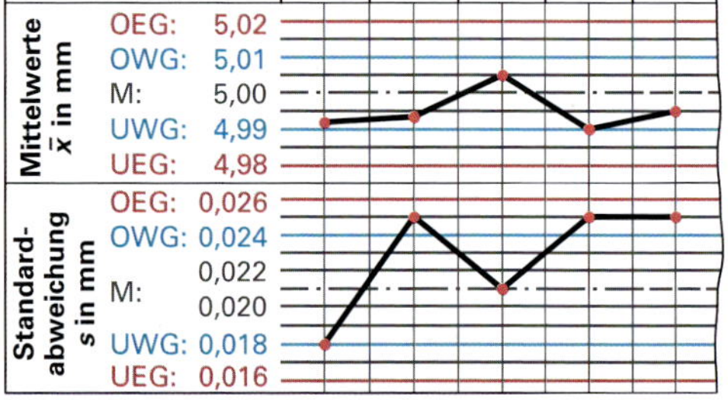

Bild 1: Auszug aus einer Qualitätsregelkarte

Pareto-Diagramm

Das **Pareto-Diagramm** nutzt für seine Darstellung die ausgewerteten Daten von Fehlersammelkarten **(Bild 2a)**. Es basiert auf dem **Pareto-Prinzip (Info)**. Im Pareto-Diagramm werden diese Daten nach **Fehlerhäufigkeit** in absteigender Reihenfolge in Form eines Säulendiagramms dargestellt **(Bild 2b)**. Der typische Kurvenverlauf eines Pareto-Diagramms ergibt sich durch Aufsummieren (Kumulieren) der prozentualen Fehlerhäufigkeiten. So ist auf einen Blick zu sehen, welche Fehler die größte Aufmerksamkeit verlangen.

> **i** **Info: Pareto-Prinzip**
>
> Das Pareto-Prinzip besagt, dass die häufigsten Auswirkungen (80%) eines Problems oft nur auf eine kleine Zahl von Ursachen (20%) zurückzuführen sind. Das Pareto-Prinzip ist auch als 80/20-Regel bekannt. Die Pareto-Analyse wird auch als ABC-Analyse bezeichnet.

Vorteile:

- Sortierung nach Fehlerhäufigkeit
- Ohne große Vorkenntnisse anwendbar
- Übersichtliche Klassifizierung
- Kostensparende Methode

Nachteile:

- Nur begrenzte Anzahl von Klassen sinnvoll darstellbar
- Ergebnis hängt stark von der Definition der Fehlerarten ab
- Individuelle Gewichtung der Klassen ist nicht möglich

a) Ausgewertete Daten einer Fehlersammelkarte

Nr.	Festgestellte Fehler in Technischen Zeichnungen	Fehlerhäufigkeit	Prozentualer Anteil	Kumulierter Wert
2	fehlende o. fehlerhafte Maße	201	47 %	47 %
4	fehlende o. fehlerhafte Oberflächenangaben	145	34 %	81 %
10	fehlende o. fehlerhafte sonstige Angaben	31	7%	88 %
3	fehlende o. fehlerhafte Toleranzangaben	15	3%	91 %
1	fehlende o. unvollständige Darstellung	14	3%	94 %
9	fehlende o. fehlerhafte Materialangabe	8	2%	96 %
5	fehlende o. fehlerhafte Form- und Lagetoleranzen	6	1%	97 %
8	fehlende o. fehlerhafte Farbangaben	4	1%	98 %
6	fehlende o. fehlerhafte Wärmebehandlungsangaben	4	1%	99 %
7	fehlende o. fehlerhafte Schweißangaben	3	1%	100 %

b) Pareto-Diagramm

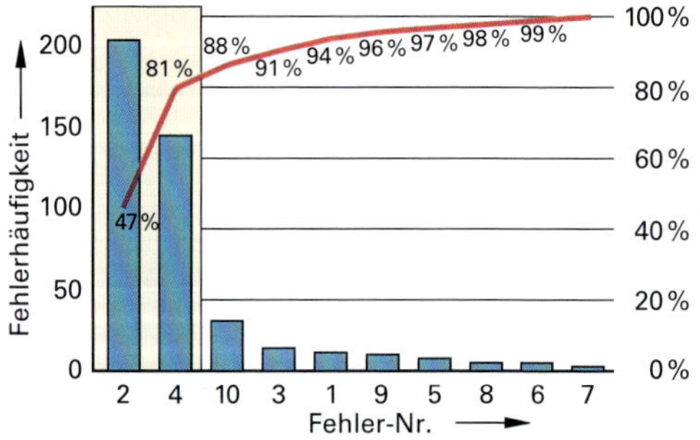

Bild 2: Datentabelle und zugehöriges Pareto-Diagramm

Aus dem **Pareto-Diagramm (Bild 2b, Seite 352)** lässt sich ableiten, dass die Fehler mit der Nummer 2 und 4 ca. 80% der Gesamtheit aller Fehler ausmachen. Da es sich dabei um 2 von 10 **Fehlerursachen** handelt, sind demnach 20% der Fehlerursachen für ca. 80% der Fehler verantwortlich. Im Umkehrschluss bedeutet dies: Schafft man es, diese 20% der Fehlerursachen zu eliminieren, können dadurch 80% der Fehler vermieden werden. Der Aufwand, um die restlichen 80% der Fehlerursachen zu beseitigen, wäre unverhältnismäßig groß, da damit nur noch die restlichen 20 % der auftretenden Fehler vermieden werden könnten. Durch Anwendung eines Pareto-Diagramms wird es möglich, die folgenschwersten Ursachen von Problemen bzw. Fehlern zu erkennen.

Korrelationsdiagramm

In einem **Korrelationsdiagramm**, auch Streudiagramm genannt, kann die **Korrelation (Info)** zwischen zwei Merkmalen grafisch dargestellt werden. Dazu werden die paarweise am Prozessschritt erhobenen Messwerte als Datenpunkte in ein zweiachsiges Diagramm übertragen. Gibt es genügend Datenpunkte, lässt sich ein Muster ablesen, das wiederum Rückschlüsse auf den statistischen Zusammenhang zwischen den Merkmalen zulässt.

Bild 1 zeigt Korrelationsdiagramme mit **typischen Charakteristiken**. Konzentrieren sich die Messwerte in einem Korrelationsdiagramm in einer Regelmäßigkeit, besteht eine starke Beziehung. Ist die Streuung der Messwerte sehr groß, ist keine Beziehung vorhanden. Der Zusammenhang zwischen der Mitarbeitermotivation und der Zahl produzierter Bauteile könnte sich beispielsweise in einer starken positiven Korrelation zeigen. Der Zusammenhang zwischen der Zahl der Mitarbeiter und der Kundenzufriedenheit wird eher zu keiner Korrelation führen.

Vorteile:
- Bereits ab 30 Datenpaaren kann das Diagramm erstellt werden.
- Das Korrelationsdiagramm ermöglicht die Bewertung der Richtung und der Stärke eines Zusammenhangs.

Nachteile:
- Die exakte Berechnung ist mathematisch aufwendig.
- Scheinkorrelationen sind möglich.

Das Korrelationsdiagramm in **Bild 2** zeigt den Zusammenhang zwischen der Häufigkeit von Maschinenwartungen im Monat mit der Zahl fehlerhafter Teile. Es handelt sich um eine negative Korrelation. Aus dem Diagramm ist zu erkennen, dass mit zunehmender Wartungshäufigkeit die Zahl der fehlerhaften Teile abnimmt. Bei einer festgelegten zulässigen Fehlerzahl kann so die optimale Zahl der Wartungen ermittelt werden. Bei einer zulässigen Fehlerzahl von 20 pro Monat wären demnach 9 Wartungen pro Monat erforderlich.

i

Info: Korrelation

Eine Korrelation (Wechselbeziehung) beschreibt eine Beziehung zwischen zwei oder mehr Merkmalen, Ereignissen, Zuständen oder Funktionen.

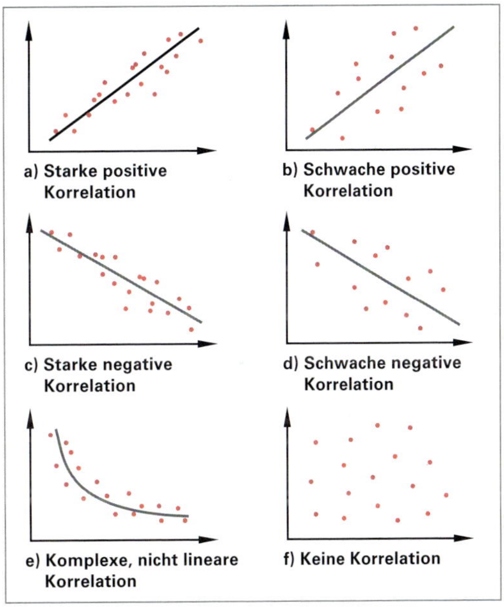

Bild 1: Typische Korrelationsdiagramme

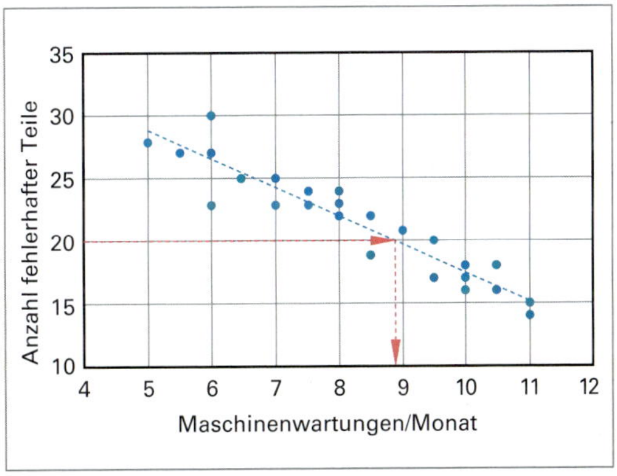

Bild 2: Korrelationsdiagramm

Qualitätsmanagement

Ursache-Wirkungs-Diagramm

Das **Ursache-Wirkungs-Diagramm** (Bild 1), auch **Ishikawa-** oder **Fischgräten-Diagramm** genannt, geht davon aus, dass ein Fehler auf mögliche Ursachen in den Dimensionen Mensch, Methode, Maschine, Mitwelt, Management, Messbarkeit und Material (7M) zurückgeführt werden kann. Pfeile im Diagramm verdeutlichen die Beziehung zwischen möglichen **Ursachen und deren Wirkung**.

Das **Ursache-Wirkungs-Diagramm** kann zur systematischen und ausführlichen Ermittlung von Problemursachen sowie zur Analyse von Prozessen dienen.

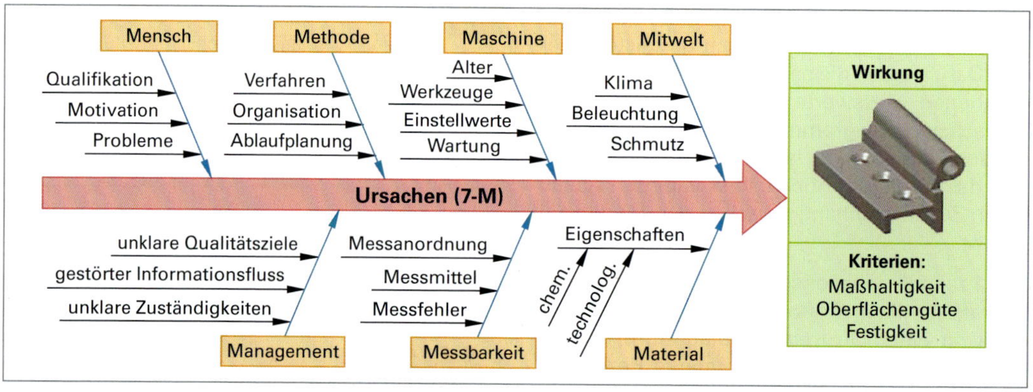

Bild 1: Beispiel für ein Ursache-Wirkungs-Diagramm

Vorteile:
- Systematische Suche nach den „wahren Ursachen".
- Visualisiert Zusammenhänge und ermöglicht durch Betrachten weitere Aussagen.

Nachteile:
- Gefundene Ursachen sind nicht mit den Zeitpunkten ihres Auftretens verknüpft.
- Das Diagramm kann bei komplexen Problemen unübersichtlich werden.
- Die Darstellung von Wechselwirkung zwischen verschiedenen Ursachen ist nicht möglich.

Flussdiagramm

In einem **Flussdiagramm** (Bild 2) werden alle **Ereignisse, Aktivitäten** und **Entscheidungen** eines Prozesses skizziert. Bei der Erstellung des Diagramms werden oftmals Fehler sichtbar, die ohne Skizzierung nicht ersichtlich geworden wären. So lassen sich durch ein Flussdiagramm z. B. überflüssige **Prozessschritte, doppelte Kontrollaktivitäten** oder **Schleifen** kenntlich machen, die nun bewusst werden.

Vorteile:
- Visualisierung durch einfach Symbole
- Keine Schulung notwendig
- Verschiedene Detaillierungsgrade möglich

Nachteile:
- Keine exakten Regeln für die Interpretation
- Komplexe umfangreiche Prozesse können unübersichtlich werden

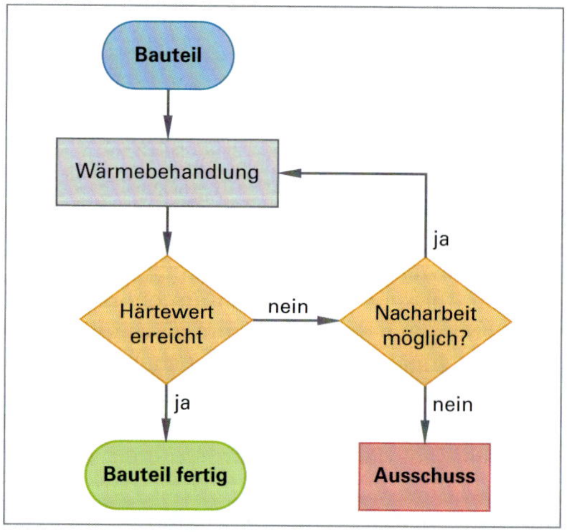

Bild 2: Flussdiagramm

Im beruflichen Umfeld des Technischen Produktdesigners werden das Pareto-Diagramm, das Ursache-Wirkungs-Diagramm und das Korrelationsdiagramm meist als **Analysewerkzeuge** in der Prozesssteuerung, zum Darstellen von Zusammenhängen oder als Entscheidungshilfe für Änderungsbedarfe eingesetzt. Typisch sind diese Darstellungen im Bereich von Qualitätszirkelstandorten in der Produktion. Sie dienen auch dazu, das Qualitätsbewusstsein der Mitarbeiter zu steigern. Flussdiagramme werden häufig angewendet, um **Abläufe** darzustellen. Sie finden sich in allen Bereichen eines Betriebs und normieren Vorgehensweisen oder helfen Schwachstellen aufzudecken.

13.3.2 | NEUE QM-WERKZEUGE

Die **7 „neuen" QM-Werkzeuge** (M7) (engl.: *new seven*) gelten als Erweiterungen bzw. Weiterentwicklungen der Q7. Sie sind als Sammlung von qualitätsfördernden Werkzeugen zu sehen, die einen **Problemlösungsprozess** durch die Veranschaulichung und Aufgliederung von Informationen unterstützen. Im Gegensatz zu den altbewährten Q7 verlagert sich der Fokus auf die durch die **Prozesskette bedingten Fehler** (richtiges Teil, zum richtigen Zeitpunkt, am richtigen Ort).

Das **Anwendungsgebiet** dieser Werkzeuge liegt vorzugsweise in der Strukturierung, Visualisierung und Analyse verbaler Informationen. Die M7 finden Anwendung innerhalb des **3-stufigen Problemlösungsprozesses (Bild 1)**:

- **Stufe 1:** **Datenanalyse** zur Problemidentifikation und Problemanalyse mit den Werkzeugen: Affinitätsdiagramm, Relationsdiagramm
- **Stufe 2:** **Lösungsfindung** mit den Werkzeugen: Baumdiagramm, Matrixdiagramm, Portfoliodiagramm
- **Stufe 3:** **Lösungsrealisierung** mit den Werkzeugen: Netzplantechnik, Problementscheidungsplan

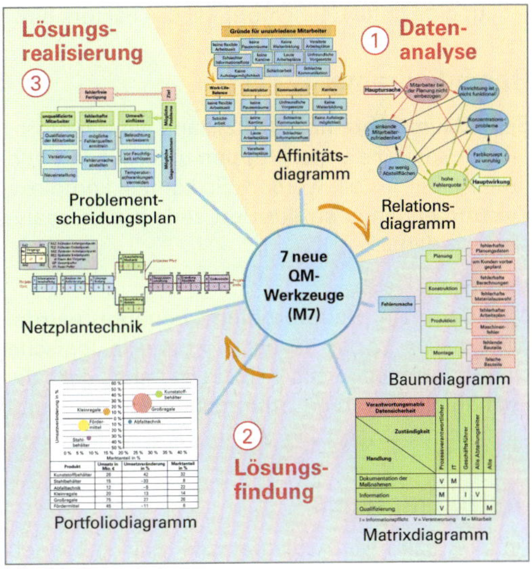

Bild 1: Neue QM-Werkzeuge (M7)

Affinitätsdiagramm

Bei der Erstellung eines **Affinitätsdiagramms (Bild 2)** werden Ideen und Anregungen, z. B. aus einem Brainstorming, zu Kategorien unter einem einheitlichen Oberbegriff zusammengeführt. (Weitere intuitive Methoden der Lösungsfindung s. Band 1, Kapitel 4.7.1, Seite 248 ff.)

Vorgehensweise:
Anhand der im Rahmen einer **Ideenfindung** von den Teilnehmern erarbeiteten Ideen, Anregungen und Vorschläge werden Kategorien gebildet. Die noch ungeordneten Begriffe werden im Team den entsprechenden **Kategorien** zugeordnet. Die Kategorien sollten aussagekräftige Bezeichnungen erhalten. In der Phase der **Fehleranalyse** werden mögliche Problemursachen gesammelt, geordnet, aufbereitet und dargestellt.

Bild 2: Affinitätsdiagramm

Relationsdiagramm

Bei einem **Relationsdiagramm (Bild 1)** handelt es sich um eine grafische Darstellung von **Zusammenhängen** oder **Beziehungen** einzelner Faktoren eines zentralen Problems.

Vorgehensweise:
Das Problem wird formuliert. Daraufhin werden in Beziehung dazu stehende Faktoren gesammelt und nahe dem zentralen Problem positioniert. Jeweils von einem Feld ausgehend wird nun für alle Felder geprüft, ob sie in einer Beziehung zu einem anderen Feld stehen. Ist ein Einfluss vorhanden, wird ein Pfeil vom Ausgangsfeld (Ursache) zu dem anderen Feld (Wirkung) gezogen.

Ein Feld mit einer großen Anzahl von Pfeilen deutet auf eine hohe Gewichtung dieses Faktors hin.

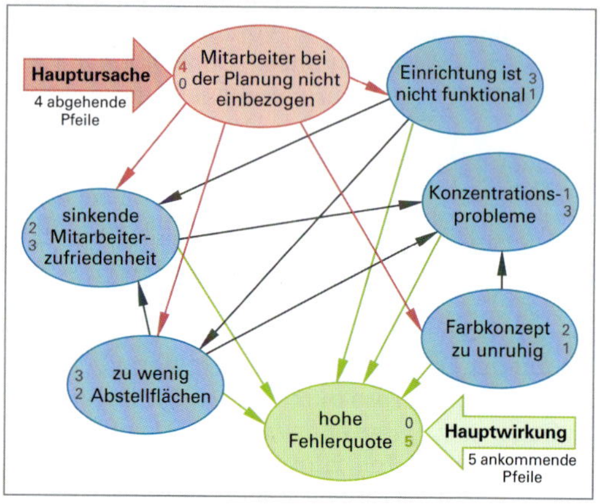

Bild 1: Relationsdiagramm

Baumdiagramm

Beim **Baumdiagramm (Bild 2)** kann ein Hauptproblem in **logische Untergruppen** untergliedert und grafisch dargestellt werden. So können komplexe **Zusammenhänge strukturiert** zerlegt und analysiert werden.

Vorgehensweise:
Nachdem ein Hauptproblem benannt wurde, wird dieses in der nächsten Ebene in logische Unterpunkte aufgeteilt. Wichtig ist dabei, dass die Ebenen gleichwertige Unterpunkte enthalten und nicht vermischt werden.

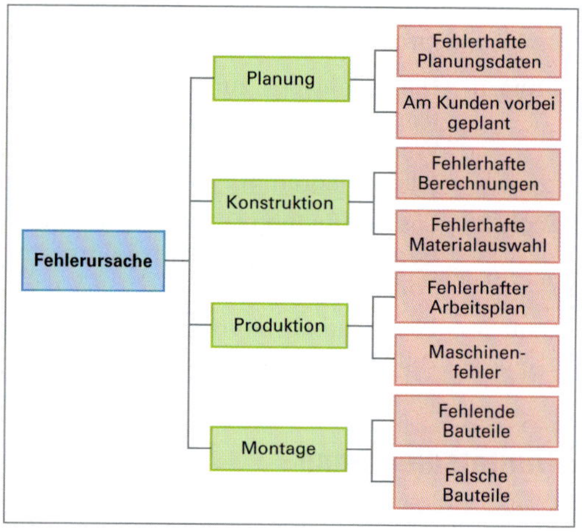

Bild 2: Baumdiagramm

Matrixdiagramm

Anhand eines **Matrixdiagramms (Bild 3)** können die **Beziehungen zwischen zwei Kriterien** grafisch in Tabellenform dargestellt werden. In den Matrixfeldern werden anhand von Zeichen oder Symbolen Art und Intensität des jeweiligen **Zusammenhangs visualisiert**.

Vorgehensweise:
Zunächst werden 2 Kriterien eines Themas festgelegt und durch einzelne Merkmale beschrieben.

Für jede so entstandene Zelle der Matrix wird nun geprüft, ob zwischen den Spalten und Zeilen eine mögliche Beziehung der Merkmale besteht.

Das Matrixdiagramm **(Bild 3)** zeigt die Beziehung zwischen der Handlung und der Zuständigkeit in Bezug auf die Datensicherheit auf. Der Prozessverantwortliche ist bei diesem Beispiel sowohl für die Dokumentation der Maßnahmen, als auch für die Qualifizierung der Mitarbeiter verantwortlich. Bei der Dokumentation der Maßnahmen erhält der Prozessverantwortliche Unterstützung von der IT-Abteilung.

Verantwortungsmatrix Datensicherheit – **Zuständigkeit** / **Handlung**	Prozessverantwortlicher	IT	Geschäftsführer	Alle Abteilungsleiter	Alle
Dokumentation der Maßnahmen	V	M			
Information	M		I	V	
Qualifizierung	V				M

I = Informationspflicht V = Verantwortung M = Mitarbeit

Bild 3: Matrixdiagramm

Portfoliodiagramm

Das **Portfoliodiagramm (Bild 1)** besteht aus einer **Sammlung verschiedener Objekte**, die in einem Achsenkreuz dargestellt und verglichen werden.

Vorgehensweise:
Nach der Auswahl der zu vergleichenden Objekte müssen 2 Kriterien und die Messgrößen festgelegt werden, nach denen diese Objekte beurteilt oder verglichen werden sollen.

Die beiden Kriterien Umsatzveränderung und Marktanteil bilden ein Achsenkreuz, in dem die Objekte bzw. Produkte entsprechend ihren Eigenschaften positioniert werden.

Ein drittes Kriterium, wie beispielsweise der Umsatz, kann einbezogen und durch die Größe der Objekte dargestellt werden.

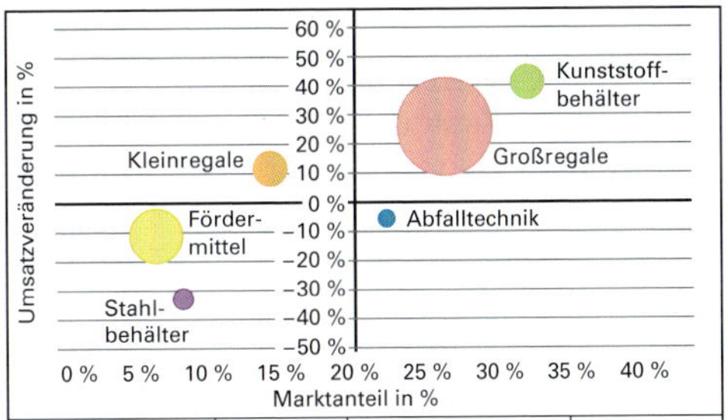

Produkt	Umsatz in Mio. €	Umsatzveränderung in %	Marktanteil in %
Kunststoffbehälter	26	42	32
Stahlbehälter	15	−33	8
Abfalltechnik	12	−5	22
Kleinregale	20	13	14
Großregale	75	27	26
Fördermittel	45	−11	6

Bild 1: Portfoliodiagramm

Netzplantechnik

Der Begriff **Netzplantechnik** umfasst alle Verfahren zur Analyse, Beschreibung, Planung, Steuerung und Überwachung von Abläufen. Dabei können Zeit, Kosten, Einsatzmittel bzw. Ressourcen berücksichtigt werden. Anhand eines Netzplans **(Bild 2)** ist zu erkennen, an welchen Stellen Verzögerungen Auswirkungen auf die **Gesamtdauer** haben können und welche Auswirkungen von parallel auszuführenden Vorgängen zu erwarten sind **(s. Band 1, Kap. 4, Seite 262 ff)**.

Der **kritische Pfad** zeigt den Weg von Vorgängen an, bei denen es keinen (zeitlichen) **Puffer** gibt. Selbst die kleinste Verzögerung führt automatisch zu einer Verzögerung des Projektendes. Der kritische Pfad bestimmt die **Mindestprojektdauer** und hilft rechtzeitig zu erkennen, bei welchen Vorgängen im Projekt Verzögerungen besonders riskant sind.

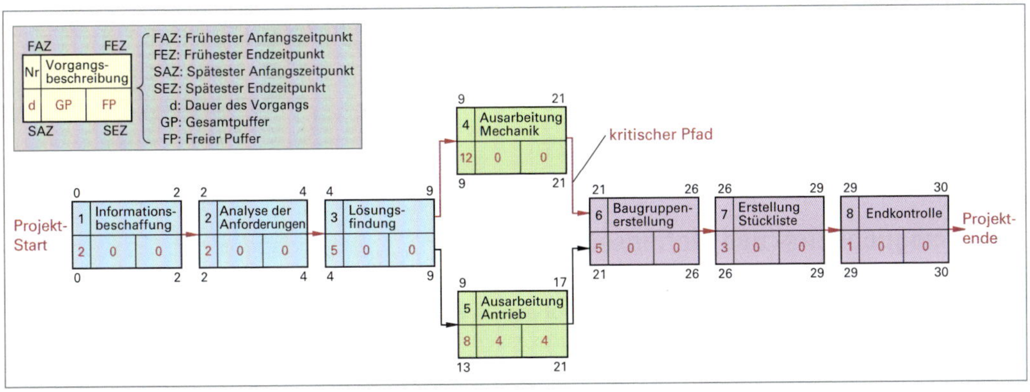

Bild 2: Netzplan

Die **Vorteile der Netzplantechnik** sind:

- Anschauliche grafische Darstellung eines Projektablaufs
- Systematische Darstellung von Projektzusammenhängen und logischen Abhängigkeiten
- Erkennen von möglichen Engpässen (kritischer Pfad) und Zeitreserven (Puffer)
- Veranschaulichung der Auswirkung von Terminänderungen
- Kostenersparnis durch exakte Terminplanung

Problementscheidungsplan

Ein **Problementscheidungsplan (Bild 1)** wird angefertigt, um möglicherweise auftretenden Problemen bei der **Umsetzung** eines angestrebten **Ziels** vorzubeugen. Durch die Festlegung von Gegenmaßnahmen sollen Fehler im Voraus vermieden werden.

Vorgehensweise:
Zu einem **definierten Ziel** werden in der nächsten Ebene mögliche Probleme definiert. Anschließend werden zu den einzelnen Problemen meist mehrere mögliche **Gegenmaßnahmen** erarbeitet, bewertet und ausgewählt. Sie stehen dann beim Auftreten eines Problems bereits fest.

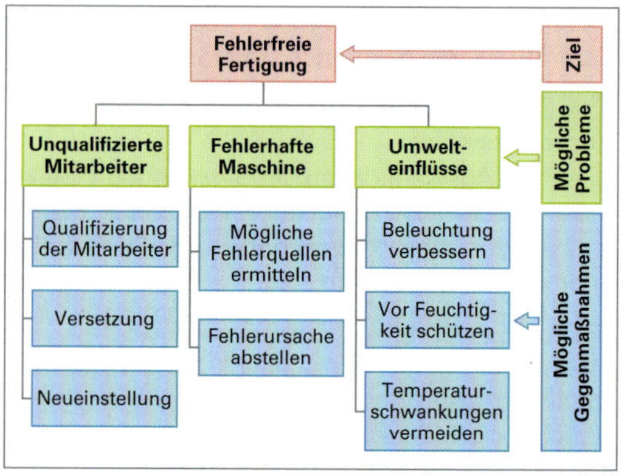

Bild 1: Problementscheidungsplan

13.3.3 | METHODEN DES QUALITÄTSMANAGEMENTS

Unter **Methoden des Qualitätsmanagements** (QM-Methoden) werden **Arbeitstechniken** verstanden, die sich durch ein planmäßiges, nachvollziehbares Vorgehen auszeichnen **(Bild 2)**. Die Methoden lassen sich oftmals nur bestimmten **Phasen des Produktentstehungsprozesses** zuordnen.

QM-Methoden finden Anwendung in der **Produktentwicklung und -herstellung** sowie bei der Berücksichtigung und Implementierung bestimmter Qualitätsaspekte, z. B. Kundenorientierung, Risikoreduzierung oder Robustheit.

Zu den für die Produktentwicklung und -auslegung relevanten Methoden gehören beispielsweise die Fehlermöglichkeits- und Einflussanalyse (FMEA), das Quality Function Deployment (QFD) und viele weitere Methoden.

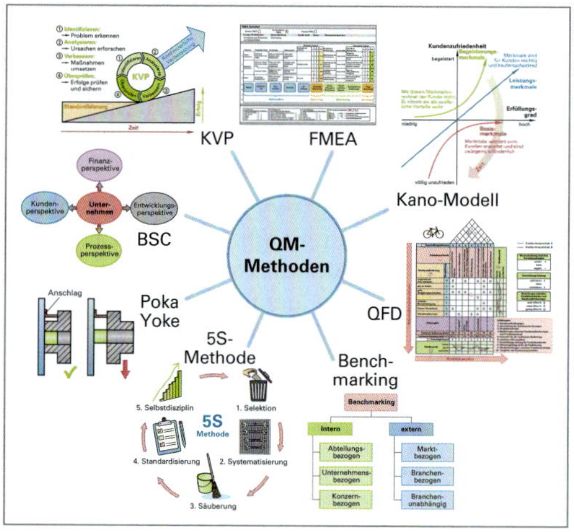

Bild 2: QM-Methoden

Fehlermöglichkeits- und Einflussanalyse

Die **Fehlermöglichkeits- und Einflussanalyse (FMEA;** engl.: *failure* ***m****ode and* ***e****ffects* ***a****nalysis*) dient dazu, mögliche Fehler schon in der **Planungsphase** zu erkennen und zu vermeiden. Sie sollte daher möglichst zu Beginn des Produktentstehungsprozesses angewendet werden. Die FMEA wird im Team durchgeführt. Die Teammitglieder sollen möglichst aus allen beteiligten Betriebsbereichen (interdisziplinäre Teams) kommen, um viele unterschiedliche Erfahrungen einzubringen.

Zunächst werden mögliche Fehler, die an einem **kompletten System**, einem einzelnen Bauteil, einer Baugruppe oder während eines Fertigungsprozesses auftreten können, aufgelistet **(Info, Seite 359)**. Die **Auswirkungen** (Bedeutung der Fehlerwirkung), die **Auftrittswahrscheinlichkeit** und die **Entdeckungswahrscheinlichkeit** der Fehler werden anschließend untersucht und analysiert. In jeder Kategorie werden Punkte nach einem festgelegten Schlüssel vergeben. Durch Multiplikation der drei vergebenen Bewertungen erhält man die **Risikoprioritätszahl (RPZ)**. Sie kann zwischen 1 und 1 000 liegen und gibt einen Hinweis zur Bedeutung eines möglichen Fehlers. Bei einer hohen RPZ handelt es sich um einen **schwerwiegenden Fehler**, bei dessen Auftreten umgehend gehandelt werden muss. Bei einer RPZ größer als 100 müssen Verbesserungen an Systemen, Bauteilen oder Prozessen vorgenommen werden.

Wird bereits in der **Planungsphase** eines neuen Produkts oder Prozesses eine **hohe Risikoprioritätszahl** (RPZ) ermittelt, muss schnell gehandelt werden. In dem frühen Entwicklungsstadium sind die Kosten für die Fehlerbeseitigung vergleichsweise gering.

Die FMEA-Methode folgt dem Grundgedanken einer **präventiven Fehlervermeidung** anstelle einer nachsorgenden Fehlererkennung und Fehlerbehebung. Durch eine frühzeitige **Fehleridentifikation und -behebung** werden die anfallenden Kontroll- und Folgekosten, z. B. in der Produktionsphase, vermieden. Durch die regelmäßige Anwendung der FMEA kann eine Wiederholung von Konstruktionsmängeln bei neuen Produkten oder von Mängeln in Prozessen vermieden werden.

Die Ergebnisse der Fehlermöglichkeits- und Einflussanalyse werden in einem **FMEA-Formular** festgehalten **(Bild 1)**.

i

Info: Die drei FMEA-Arten

Abhängig vom Anwendungsbereich unterscheidet man 3 FMEA-Arten:

1. System-FMEA:
Sie untersucht ein komplettes System (z. B. einen Müllbehälter) oder einzelne Komponenten davon (z. B. den Deckel oder die Räder) und wird nach der Fertigstellung eines Produktkonzepts in der Produktentwicklung angewendet.

2. Konstruktions-FMEA (Design-FMEA):
Im Fokus einer Konstruktions-FMEA stehen Konstruktionsmerkmale einzelner Bauteile oder Baugruppen von Systemen. Die Anwendung erfolgt nach Fertigstellung der Konstruktionsunterlagen.

3. Prozess-FMEA:
Mithilfe einer Prozess-FMEA werden Fertigungs- und Montageprozesse auf mögliche Fehlerquellen untersucht. Dies erfolgt, nachdem die Fertigungsunterlagen zur Herstellung von Bauteilen, Teil- oder Gesamtsystemen erstellt worden sind.

Im Rahmen des **Qualitätsmanagements** wird die **FMEA** zur **vorbeugenden Fehlervermeidung** eingesetzt, d. h., Fehler sollen von vornherein vermieden werden, anstatt sie nachträglich zu entdecken und zu korrigieren.

FMEA: Formblatt

System-FMEA ☐ Konstruktions-FMEA ☒ Prozess-FMEA ☐

Prozess-/Produktname:	Name/Abteilung:	Erstellt durch:	Datum:	Überarbeitet durch/am:
Vorrichtung zum Einpressen von Schlauchtüllen	Entwicklung			

					Derzeitiger Zustand							Verbesserter Zustand				
	Fehlerort	Potentielle Fehler	Fehlerfolge	Fehlerursache	Kontrollmaßnahmen	A	B	E	RPZ	Empfohlene Maßnahmen	Verantwortlich	Getroffene Maßnahmen	A	B	E	RPZ
1.	Tüllenaufnahme	Seitliches Verrutschen der Tüllen	Tülle und Schlauch fluchten nicht - Fehlfunktion	Tüllen nicht ausreichend fixiert		6	8	3	144	Optimierung der Türaufnahme	Team 3/K+E	Fertigung Tüllenaufnahme passgenau durch 3D-Druck	2	2	2	8
2.	Schlauchaufnahme	Schlauch drückt sich nach hinten weg	Tülle wird nicht ausreichend eingepresst	Schlauch nicht ausreichend fixiert	Sichtkontrolle	7	7	3	147	Optimierung der Schlauchfixierung	Team 4/K+E	Schlauchaufnahme mit rutschhemmendem Material versehen	3	7	3	63
3.		Schlauch knickt	Schlauch weicht seitlich aus - Fehlfunktion	Schlauch ragt weit aus Schlauchaufnahme		5	7	7	245	Verlängerung der Schlauchaufnahme	Team 4/K+E	Rohr als Schlauchführung eingebaut	1	7	7	49
4.	Hebel	Zu geringe Einpresskraft	Tülle wird nicht ausreichend eingepresst	Hebelkraft zu gering	Versuch	10	7	6	420	Vergrößerung der Hebelwirkung	Team 3/K+E	Hebel mit größerer Übersetzung eingebaut	2	7	6	84

5.–6. Objekt | Schadensart | Auswirkung | Ursache | Ist-Prüfung | Bisherige Bewertung | Vorgeschlagene Maßnahme | Verantwortlicher Bereich | Durchgeführte Änderungen | Neue Bewertung

7.–8. Risikoanalyse (Objekt … Ist-Prüfung) | Bewertung (Bisherige Bewertung) | Optimierung (Vorgeschlagene Maßnahme … Durchgeführte Änderungen) | Bewertung (Neue Bewertung)

A (Auftreten) **Wahrscheinlichkeit des Auftretens**	
Unwahrscheinlich	= 1
Sehr gering	= 2 … 3
Gering	= 4 … 6
Mäßig	= 7 … 8
Hoch	= 9 … 10

B (Bedeutung) **Auswirkung auf den Kunden**	
Kaum wahrnehmbare Auswirkung	= 1
Unbedeutender Fehler	= 2 … 3
Mäßig schwerer Fehler	= 4 … 6
Schwerer Fehler (Kunde verärgert)	= 7 … 8
Äußerst schwerwiegender Fehler	= 9 … 10

E (Entdeckung) **Wahrscheinlichkeit der Entdeckung**	
Hoch	= 1
Mäßig	= 2 … 3
Gering	= 4 … 6
Sehr gering	= 7 … 8
Unwahrscheinlich	= 9 … 10

RPZ (Risikoprioritätszahl) RPZ = A · B · E

hoch	<= 1000	→ Dringender Handlungsbedarf
mittel	<= 250	→ Handlungsbedarf
gering	<= 100	→ Kein zwingender Handlungsbedarf
kein	<= 1	→ Kein Handlungsbedarf

Bild 1: FMEA-Formblatt, Beispiel: Einpressvorrichtung für Schlauchtüllen

Qualitätsmanagement

Kano-Modell

Anhand des **Kano-Modells (Bild 1)** kann der Zusammenhang zwischen den **Merkmalen** eines Produkts oder einer Dienstleistung und der **Kundenzufriedenheit** dargestellt werden. Auch Auswirkungen von Produktmerkmalen auf die Kaufentscheidung der Kunden können analysiert werden. So können bereits während der Produktentwicklung Wünsche bzw. Bedürfnisse der Kunden bei der Herstellung bzw. der Entwicklung eines Produkts berücksichtigt werden. Namensgeber dieses Modells ist Noriaki Kano, der in Japan **Kundenwünsche und -anforderungen** analysiert hat.

Bild 1: Kano-Modell

Richtet ein Unternehmen die Merkmale eines Produkts konsequent an den Anforderungen seiner Kunden aus, müssen diese ständig neu ermittelt werden, da einerseits vorhandene Bedürfnisse einem ständigen Wandel unterliegen, sich andererseits aber auch immer wieder neue Bedürfnisse entwickeln.

Die Anforderungen, die ein Kunde an ein Produkt oder an eine Dienstleistung stellen kann, müssen genauestens analysiert werden. Die wichtigste Datenquelle für die Arbeit mit dem Kano-Modell sind **Kundenbefragungen**. Damit werden die Bedürfnisse der Kunden anhand spezieller Fragebogen erfasst und mittels festgelegten Auswertungsschemas den verschiedenen Merkmalsarten zugeordnet und analysiert.

Die **5 Merkmalsarten** des Kano-Modells sind:

- **Basismerkmale**
  Basismerkmale sind für den Kunden selbstverständlich und werden von diesem vorausgesetzt. Fehlende Basismerkmale bewirken beim Kunden Unzufriedenheit.
- **Leistungsmerkmale**
  Leistungsmerkmale (auch Qualitätsmerkmale) werden vom Kunden erwartet und stehen im Fokus der Aufmerksamkeit des Kunden. Sie haben direkten Einfluss auf die Kundenzufriedenheit, sind wesentlich für den Markterfolg und ermöglichen es einem Unternehmen, sich von der Konkurrenz abzuheben.
- **Begeisterungsmerkmale**
  Begeisterungsmerkmale sind Merkmale des Produkts, die den Kunden begeistern. Sie werden nicht erwartet, führen aber auch nicht zur Unzufriedenheit, wenn sie fehlen.
- **Unerhebliche Merkmale**
  Unerhebliche Merkmale haben keinen Einfluss auf die Zufriedenheit eines Kunden, unabhängig davon, ob sie vorhanden sind oder nicht.
- **Rückweisungsmerkmale**
  Rückweisungsmerkmale sorgen für Unzufriedenheit beim Kunden, wenn sie vorhanden sind. Sind sie nicht vorhanden, führt dies jedoch nicht zur Zufriedenheit.

Die wichtigste Aussage des **Kano-Modells** ist, dass ein Produkt nicht alle denkbaren Merkmale haben muss, sondern nur diejenigen, die zur **Steigerung der Kundenzufriedenheit** beitragen und zu einer **Kaufentscheidung** führen können. Das Kano-Modell erlaubt es, die Wünsche (Erwartungen) von Kunden zu erfassen und bei der Produktentwicklung zu berücksichtigen.

Qualitätsmanagement

Quality Function Deployment (QFD)

Quality Function Deployment (**QFD**; engl., Qualitätsfunktionen-Darstellung) verfolgt das Ziel, Qualitätsfunktionen und Eigenschaften, die für die Entwicklung eines Produkts oder einer Dienstleistung erforderlich sind, frühzeitig zu definieren und deren Umsetzung innerhalb eines Prozesses zu steuern. Zur Anwendung der QFD-Methode sind verschiedene Schritte notwendig. **Kundenanforderungen zu erfassen** und **zu gewichten** sind die beiden ersten Schritte bei der Durchführung von QFD. QFD dient zur Übersetzung der Kundensprache in die technische Sprache und damit der **Umsetzung** der **Forderungen des Kunden** an das Produkt. Je besser diese Umsetzung gelingt, desto zufriedener ist der Kunde.

Die Darstellung eines QFD erfolgt in Matrixform, meist unter Verwendung des **House of Quality**. Es gibt vielfältige Variationen entsprechender Formblätter, die sich jedoch im Aufbau alle ähneln. **Bild 1** zeigt beispielhaft ein „House of Quality" für ein Fahrrad.

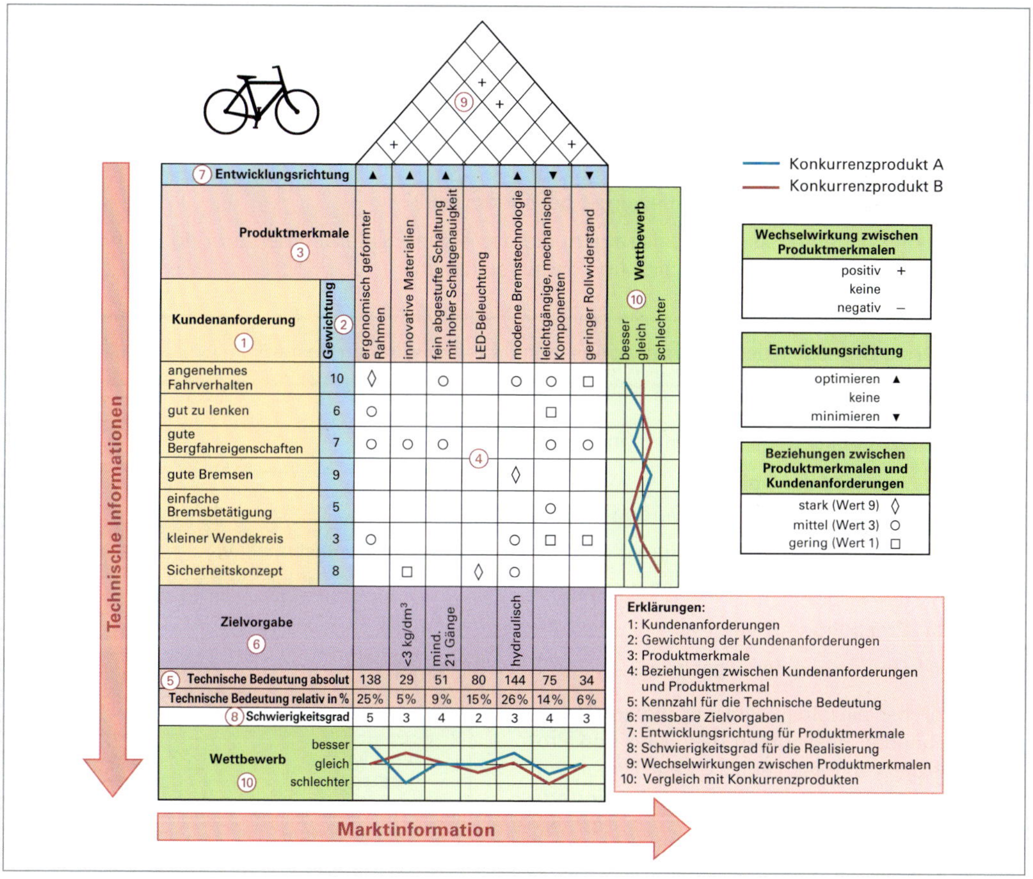

Bild 1: Aufbau eines „House of Quality"

Ein **House of Quality** (engl., Haus der Qualität) enthält viele Informationen, aus denen **Schwachpunkte** und **Stärken** eines Produkts herausgelesen werden können. Aus den ermittelten Beziehungen lassen sich Kenntnisse zur Bedeutung der Produktmerkmale, zu den Entwicklungsrichtungen und zu den Schwierigkeitsgraden gewinnen. Im „Dach" stellt das House of Quality mögliche Wechselwirkungen der Produktmerkmale dar. Auf dieser Basis wird der Vergleich mit **Konkurrenzprodukten** vereinfacht.

> Die **QFD-Methode** eignet sich dazu, aus **Kundenwünschen** erforderliche **Produkt- oder Prozessmerkmale** abzuleiten.

Benchmarking

Beim **Benchmarking** handelt es sich um ein **Instrument der Wettbewerbsanalyse**. Dabei werden unternehmenseigene Bereiche, Produkte oder Prozesse mit denen anderer Unternehmen, aber auch anderer Standorte oder Abteilungen des Unternehmens verglichen und bewertet. Die so ermittelten Leistungsunterschiede zeigen das **Verbesserungspotenzial** an, das im Unternehmen vorhanden ist. Auf diese Weise soll sichergestellt werden, dass Unternehmen wettbewerbsfähig bleiben.

Kurzfristiges Ziel von Benchmarking ist die Auffindung und Umsetzung von Verbesserungsmöglichkeiten im eigenen Unternehmen.

Typische Fragen, die mittels eines **Benchmarkings** beantwortet werden sollen, lauten:

- Was machen andere besser als ich?
- Wo kann eingespart werden?
- Welche aktuellen Entwicklungen und Trends gibt es, die ich nutzen kann?
- Was kann ich verändern, um mich zu verbessern?
- In welchen Bereichen ist der Wettbewerber besonders stark?

Benchmarking bedeutet also, die Leistungen, die das eigene Unternehmen erbringt, mit denen der besten Mitwettbewerber zu vergleichen und daraus zu lernen.

Der oberste Grundsatz des Benchmarkings lautet: **Lernen von den Besten!**

Der Prozess des Benchmarkings läuft in insgesamt **vier Phasen** ab:

- **Phase 1: Auswahl der Objekte**
  – Was soll verbessert werden?
- **Phase 2: Auswahl der Partner (Bild 1)**
  – Mit wem soll verglichen werden?
- **Phase 3: Erhebung und Analyse**
- **Phase 4: Umsetzung der Ergebnisse**

Die Dauer der einzelnen Phasen, die zur Verfügung stehenden Ressourcen usw. sind von Projekt zu Projekt unterschiedlich. Eine Dauer von mehreren Monaten ist für ein Benchmarkingprojekt keine Seltenheit.

Damit ein Unternehmen mit Benchmarking langfristig erfolgreich sein kann, ist es notwendig, das Konzept zu einer permanenten Einrichtung werden zu lassen. Das heißt, Benchmarking wird immer wieder durchgeführt, also als ständiger Prozess im Unternehmen etabliert. So können langfristig Verbesserungen in allen Unternehmensbereichen erzielt werden.

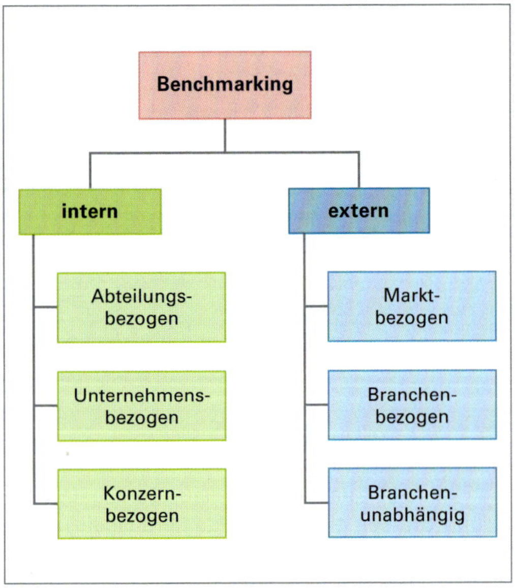

Bild 1: Benchmarkingpartner

Langfristiges Ziel des Benchmarkings ist es, in einer sich ständig verändernden und schnelllebigen Welt dauerhaft **wettbewerbsfähig** zu bleiben.

Qualitätsmanagement

5S-Methode

Die **5S-Methode (Bild 1)** ist eine systematische Vorgehensweise zur Gestaltung der eigenen Arbeitsumgebung. Durch die strukturierte Organisation des Arbeitsplatzes sollen nicht wertschöpfende Tätigkeiten, also Verschwendung, minimiert werden, um Abläufe zu optimieren und Kosten zu senken. Jedem einzelnen Mitarbeiter wird seine Mitverantwortung für den Erfolg des ganzen Betriebs nahegebracht. Da die Methode ursprünglich aus Japan stammt, wurden die 5S aus den japanischen Begriffen abgeleitet. Oftmals wird diese Methode auch als „5A-Methode" bezeichnet, anhand der entsprechenden deutschen Interpretation **(Tabelle 1)**.

Die 5S-Methode kann in unterschiedlichen Formen eingeführt und angewendet werden, entweder durch die Mitarbeiter selbst oder durch unabhängige Experten. Eine Optimierung durch 5S erfolgt in dieser Reihenfolge:

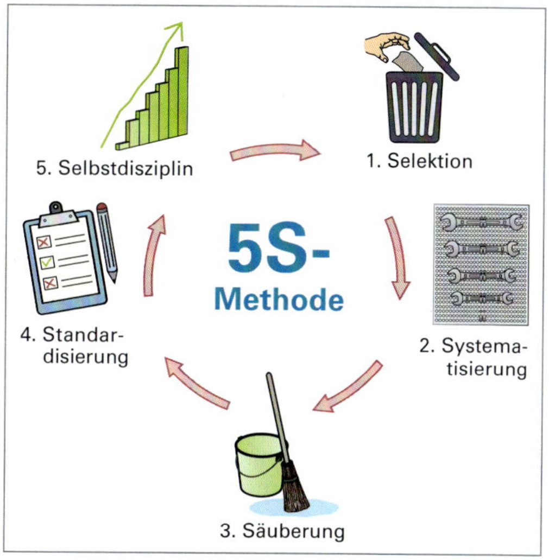

Bild 1: Prinzip der 5S-Methode

Tabelle 1: 5S-Methode vs. 5A-Methode

Japanisch	Deutsch	
	5S-Methode	5A-Methode
Seiri	Selektion	Aussortieren
Seiton	Systematisierung	Aufräumen
Seiso	Säuberung	Arbeitsplatzsauberkeit
Seiketsu	Standardisierung	Anordnung zur Regel machen
Shitsuke	Selbstdisziplin	Alle Punkte einhalten und verbessern

- **Selektion**
  Bei der **Selektion** im Sinn von Aussortieren werden alle Elemente gekennzeichnet und entfernt, die für die Durchführung der Arbeit nicht benötigt werden. Dadurch nimmt die Übersichtlichkeit am Arbeitsplatz zu.
- **Systematisierung**
  Die Anordnung der am Arbeitsplatz verbleibenden Werkzeuge, Betriebsmittel und Materialien wird systematisiert. Kriterien dafür sind Ergonomie, Verwendungshäufigkeit und -reihenfolge.
- **Säuberung**
  Bei der Säuberung des Arbeitsplatzes sollten auch gleichzeitig die Ursachen für die Entstehung von Verschmutzungen ermittelt und nachhaltig abgestellt werden.
- **Standardisierung**
  Idealerweise sollten Arbeitsplätze standardisiert werden, um beispielsweise neuen Mitarbeitern die Einarbeitung bei einem Arbeitsplatzwechsel zu erleichtern.
- **Selbstdisziplin**
  Die Regeln werden zur Gewohnheit gemacht. Die erarbeiteten Standards und Regeln sind nur dann sinnvoll, wenn sie eingehalten und ggf. ständig verbessert werden.

> Die **5S-Methode** hat zum Ziel, Verschwendung zu minimieren und die Wertschöpfung zu erhöhen. Sie kann in allen Unternehmensbereichen angewendet werden.

Poka Yoke

Der Begriff **Poka Yoke** kann mit **„Vermeidung unbeabsichtigter Fehler"** übersetzt werden **(Info, Seite 364)**. Grundlegend für Poka Yoke ist die Erkenntnis, dass kein Mensch in der Lage ist, unbeabsichtigte Fehler vollständig zu vermeiden. Poka Yoke soll das Entstehen dieser unbeabsichtigten bzw.

zufälligen Fehler reduzieren oder ganz verhindern. So können durch technische Vorkehrungen oder Einrichtungen Fehlhandlungen reduziert oder verhindert werden, aber auch durch eine gezielte Form- oder Farbgebung sowie durch akustische oder visuelle Signale.

Ursachen menschlicher Fehlhandlungen:

Unbeabsichtigte Fehlhandlungen beruhen auf einer Vielzahl von Ursachen **(Bild 1)**. Bei ständig wiederkehrenden Handlungen entsteht Routine und damit eine verminderte Aufmerksamkeit. Auch bei Handlungen, die über eine lange Zeit hin eine sehr hohe Konzentration verlangen, nimmt aufgrund der Überbelastung die Aufmerksamkeit ab. Die wenigsten Fehler entstehen bei einer abwechslungsreichen Arbeit, die weder über- noch unterfordert.

Einsatzgebiete:

Poka Yoke kann von der Entwicklung und Konstruktion über die Produktionsplanung bis hin zur Fertigung und Montage eingesetzt werden. Der Einsatz kann bereits bei der Planung, also **zukunftsorientiert,** stattfinden, damit mögliche Fehlhandlungen im Vorfeld vermieden werden. Wenn hingegen bekannte Fehlhandlungen in bestehenden Prozessen minimiert werden sollen, wird Poka Yoke **vergangenheitsorientiert** eingesetzt.

Anwendungsfälle:

Beispiele für die Anwendung von Poka Yoke im täglichen Leben sind z. B. USB-Verbindungen oder SD-Speicherkarten, die durch ihre **spezielle Form** nur in der beabsichtigten Lage verwendet werden können.

Die **Bilder 2 und 3** zeigen zwei Beispiele dafür, wie durch eine **spezielle Farb- oder Formgebung** eine korrekte Zuordnung bei der Montage von Kabeln und Steckern gewährleistet werden kann.

Bei einem weiteren Beispiel **(Bild 4)** soll ein Bauteil in korrekter Lage auf einen Bolzen aufgesteckt werden. Ohne Poka Yoke kann es zu einer **Fehlmontage** kommen. Durch das Hinzufügen eines einfachen Anschlags als Poka-Yoke-Lösung kann das Bauteil nur in der korrekten Lage aufgesteckt werden. Die fehlerhafte Montage ist dank des Anschlags nicht mehr möglich.

Info: Poka Yoke

Der Begriff Poka Yoke setzt sich zusammen aus den japanischen Begriffen „Poka" (unbeabsichtigter oder zufälliger Fehler) und „Yokero" (Verminderung, Vermeidung).

Bild 1: Ursachen unbeabsichtigter Fehler

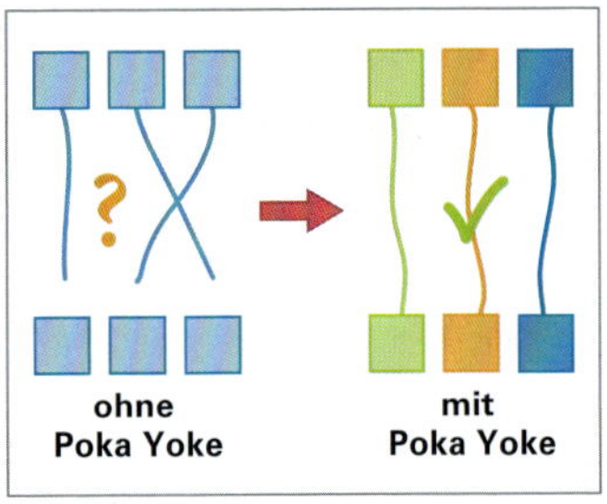

Bild 2: Poka Yoke, Beispiel: Kabelmontage

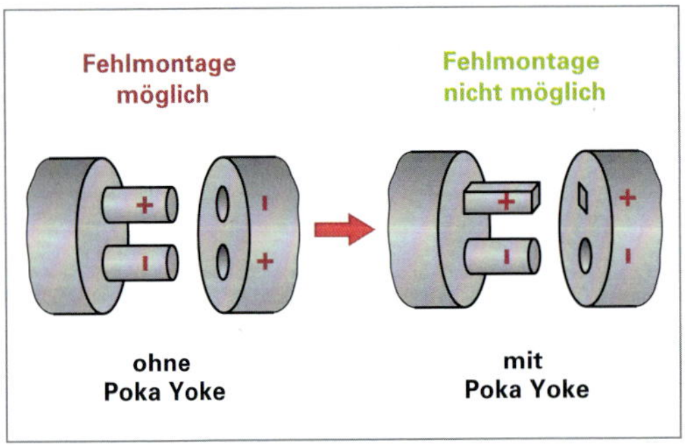

Bild 3: Poka Yoke, Beispiel: Steckermontage

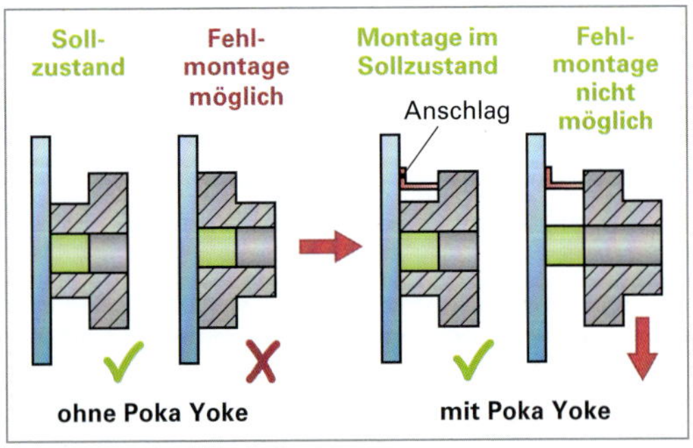

Bild 4: Poka Yoke, Beispiel: Bauteilmontage

Poka Yoke ist ein vorbeugendes, fehlerquellenorientiertes Verfahren. Poka Yoke steht für Lösungen, die bestimmte menschliche Fehlhandlungen ausschließen.

Qualitätsmanagement

Kontinuierlicher Verbesserungsprozess (KVP)

Der **kontinuierliche Verbesserungsprozess** (**KVP**) wird mit gleicher inhaltlicher Bedeutung im englischen Sprachraum als **CIP** (engl.: *continuous **im**provement **process***) und in Japan als **Kaizen** **(Info)** bezeichnet.

KVP ist das dauerhafte, nie endende Bemühen, am eigenen Arbeitsplatz durch **ständige Verbesserungen** auch in kleinsten Schritten zum Erfolg des Unternehmens und damit zur Sicherung des eigenen Arbeitsplatzes beizutragen **(Bild 1)**. Dies stellt für Mitarbeiter aller Ebenen eine große Herausforderung dar. Denn KVP bedeutet, den bestehenden Zustand immer wieder infrage zu stellen und sich mit dem Erreichten niemals zufriedenzugeben.

Die **Ziele von KVP** sind vielfältig:

- Steigerung der Wettbewerbsfähigkeit
- Beseitigung von Schwachstellen
- Vermeidung von Verschwendungen
- Verbesserung der Qualität
- Verringerung der Kosten
- Optimierung von Prozessen

i

Info: Kaizen

Der Begriff Kaizen setzt sich aus den beiden japanischen Begriffen zusammen:

- *kai* (Veränderung, Wandel)
- *zen* (zum Besseren)

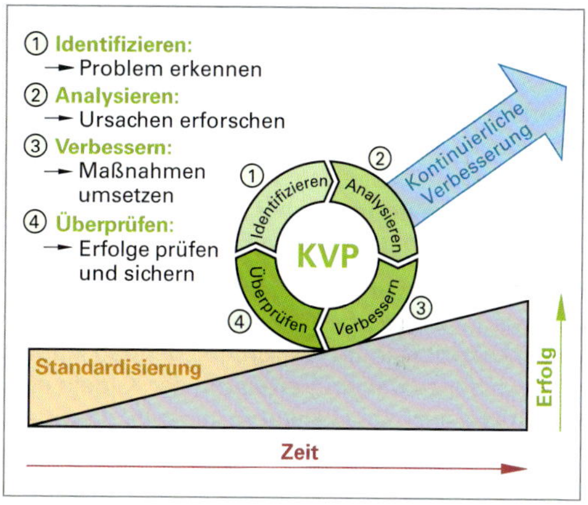

Bild 1: KVP

Beim **kontinuierlichen Verbesserungsprozess (KVP)** ist es wichtig, dass die bereits erreichten Erfolge im Unternehmen stets durch Festlegung neuer Standards gesichert werden.

Balanced Scorecard (BSC)

Balanced Scorecard (**BSC**; engl.: ***b**alanced*, ausgewogen; ***s**core**c**ard*, Berichtsbogen) ist ein Managementsystem, mit dem strategische Aktionen eines Unternehmens gemessen und gesteuert werden können. Im Gegensatz zu einem herkömmlichen Kennzahlensystem sollen bei BSC zusätzlich zu den finanzorientierten Kennzahlen auch nichtmonetäre Aspekte berücksichtigt werden, z. B. der Zugewinn von Neukunden.

Die klassische Form der BSC erstreckt sich über **4 Perspektiven** **(Bild 2)**:

- **Finanzperspektive:**
  Sie umfasst klassische finanzielle Kennzahlen, vor allem für Anteilseigner.
- **Kundenperspektive:**
  Sie umfasst Kennzahlen, die Kundenmeinungen gegenüber dem Unternehmen abbilden.

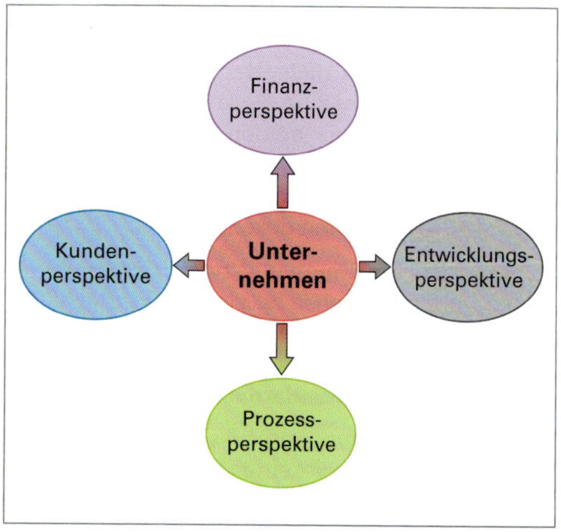

Bild 2: Balanced Scorecard (BSC)

- **Prozessperspektive:**
  Sie beschreibt, wie interne Prozesse bezüglich Zeit, Qualität oder Kosten ablaufen.
- **Lern- und Entwicklungsperspektive oder Mitarbeiterperspektive:**
  Sie zeigt, wie sehr das Unternehmen auf die zukünftigen Entwicklungen ausgerichtet ist.

Qualitätsmanagement

13.4 STATISTISCHE AUSWERTUNG

Bei der Fertigung von Werkstücken ist es aufgrund der vielen zufälligen Einflussfaktoren sehr unwahrscheinlich, dass zwei Werkstücke exakt identisch sind. Bereits kleinste Schwankungen in der Fertigung führen dazu, dass die geometrischen Abmessungen oder andere **Prüfmerkmale** an jedem Werkstück unterschiedlich ausfallen.

In vielen Branchen, wie beispielsweise der Automobilindustrie, werden Bauteile in sehr hohen Stückzahlen hergestellt. Daher ist ein Prüfen aller auf der Zeichnung festgelegten Spezifikationen aus Zeit- und Kostengründen gar nicht möglich. Damit trotzdem gewährleistet werden kann, dass alle **Qualitätsanforderungen** an die Werkstücke erfüllt sind, werden beispielsweise für eine festgelegte Werkstückzahl bestimmte Prüfwerte erfasst und anschließend **statistisch ausgewertet**. Dabei kommen auch einige Techniken des Qualitätsmanagements zum Einsatz.

Bild 1 zeigt ein Experiment am Nagelbrett oder Galtonbrett. Dabei wird simuliert, wie herabfallende Kugeln zufällig durch Nägel abgelenkt werden. In den darunterliegenden Auffangbehältern ergibt sich aus der **zufälligen Verteilung** der Kugeln eine typische **Häufigkeitskurve,** auch **Glockenkurve** genannt, die einer **Normalverteilung** oder **Gaußverteilung** entspricht. Diese **Normalverteilung** ergibt sich auch bei der Teilefertigung, wenn zufällige Einflüsse die Prüfmerkmale an Werkstücken beeinflussen.

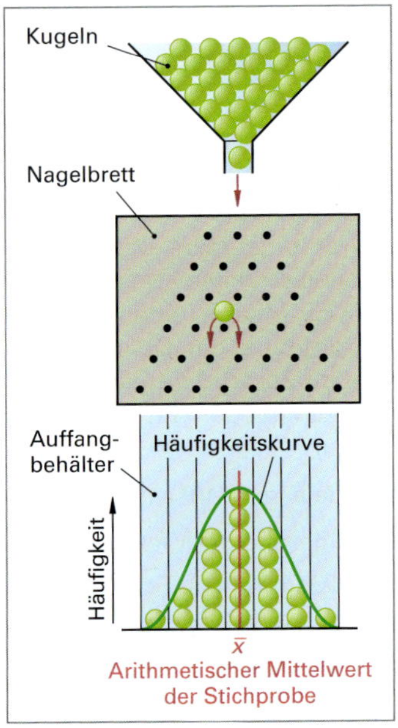

Bild 1: Zufällige Verteilung

Ziel der statistischen Auswertung ist es, durch Erfassen einer begrenzten Zahl von **Prüfwerten** einen Rückschluss auf das **Prüfmerkmal** aller Werkstücke zu ziehen.

13.4.1 NORMALVERTEILUNG

Bei der statistischen Auswertung von Prüfmerkmalen spielt die **Normalverteilung** der Prüfwerte eine wichtige Rolle. Eine Normalverteilung kann vollständig durch die beiden Parameter **Mittelwert μ** und **Standardabweichung σ** beschrieben werden **(Bild 2)**. Sie ist außerdem immer durch folgende Eigenschaften gekennzeichnet:

Sie besitzt **ein Maximum** und **zwei Wendepunkte**. An der vertikalen Achse ist sie symmetrisch. Die waagrechte Achse ist von $-\infty$ bis $+\infty$ definiert. Der Abstand zwischen vertikaler Achse und Wendepunkt beträgt eine **Standardabweichung σ**.

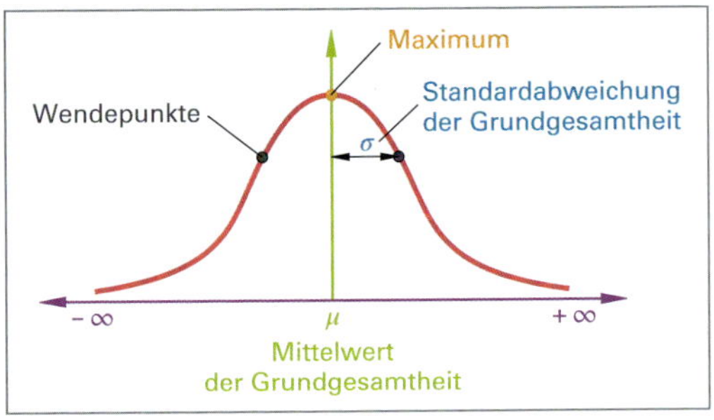

Bild 2: Normalverteilung

Bei einem Fertigungsprozess mit **schwacher Streuung** liegen die einzelnen Prüfwerte nahe um den Mittelwert μ. Daraus ergibt sich ein kleiner Wert für die Standardabweichung σ. Dies erkennt man an einer **schlanken Glockenkurve (Bild 3)**.

Wenn die Prüfwerte vom Mittelwert weit entfernt liegen, spricht man von einer **starken Streuung**. Fertigungsprozesse mit starker Streuung sind ungünstig.

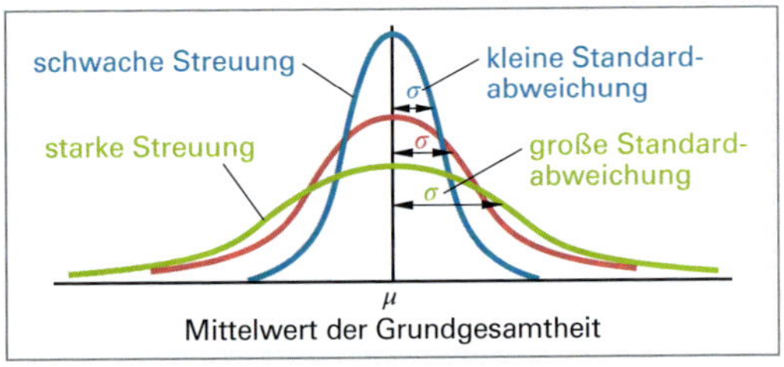

Bild 3: Streuung einzelner Prüfwerte

Anwendungsbeispiel: Zwei Kundenaufträge mit einer Losgröße von jeweils 70 Bolzen zur Fertigung

Für einen Kundenauftrag wurden 70 Bolzen mit Durchmesser Ø10 ±0,5 mm in einer Kleinserie gefertigt. Laut Kundenwunsch musste für dieses Prüfmerkmal eine **100%-Prüfung** durchgeführt werden. D. h., bei allen 70 Bolzen wurde der Durchmesser Ø10 ±0,5 mm gemessen, in einer Tabelle erfasst und daraus ein **Histogramm** erstellt **(Bild 1)**. Wenige Wochen später wurde ein identischer Folgeauftrag mit gleicher Losgröße bearbeitet. Die Prüfwerte wurden ebenfalls gemessen, in einer Tabelle erfasst und in einem Histogramm abgebildet **(Bild 2)**.

Welche Erkenntnis über die Streuung resultiert aus den beiden Kundenaufträgen?

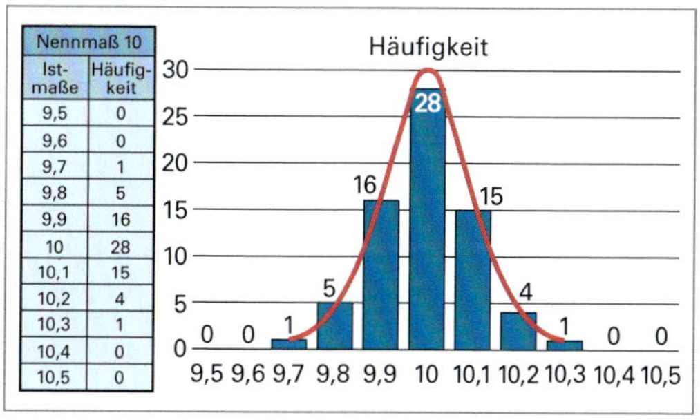

Bild 1: Kundenauftrag 1

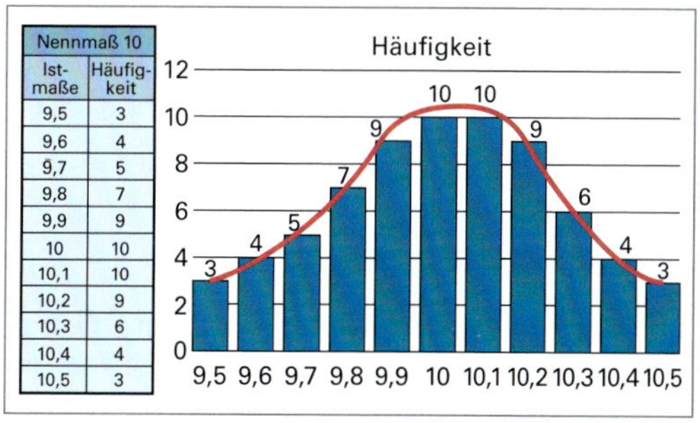

Bild 2: Kundenauftrag 2

Erkenntnis: Schwache und starke Streuung.

Die Ursachen für die **unterschiedliche Streuung** der Prüfwerte in der Bolzenfertigung können vielfältig sein. Prinzipiell sind jedoch Fertigungsprozesse mit schwacher Streuung bezogen auf die zur Verfügung stehende Toleranz zu bevorzugen.

> In der **Serienfertigung** sind Normalverteilungen mit **schwacher Streuung** und somit kleiner **Standardabweichung** σ Voraussetzung.

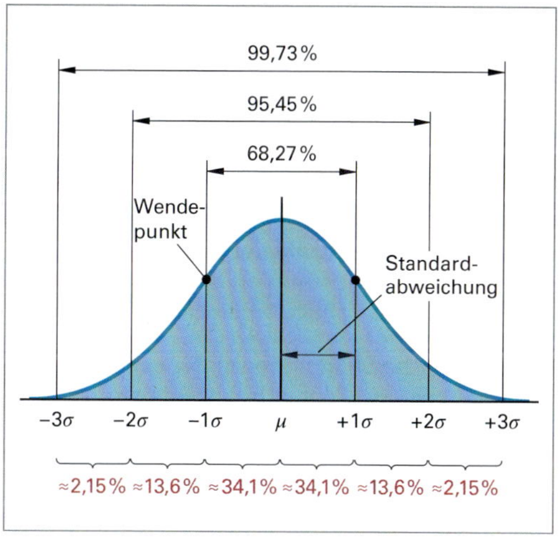

Bild 3: Häufigkeiten bei Normalverteilung

Wenn nachgewiesen ist, dass bei einem Fertigungsprozess eine **Normalverteilung** vorliegt, entspricht die Fläche unter der **Glockenkurve** der Gesamtheit des Prüfmerkmals aller gefertigten Werkstücke. Durch Eintragen der Standardabweichungen $\pm 1\sigma$, $\pm 2\sigma$ und $\pm 3\sigma$ in **Bild 3** kann die Fläche in Segmente unterteilt werden und dazu die **prozentuale Häufigkeit** der gefertigten Werkstücke zugeordnet werden. Angenommen, die Maßtoleranz eines Werkstücks entspricht exakt dem Bereich von $\pm 2\sigma$, dann kann aufgrund der Normalverteilung ausgesagt werden, dass das Prüfmerkmal nur bei 95,45 % der gefertigten Werkstücke innerhalb der Toleranz liegt. Die restlichen 4,55 % liegen außerhalb der Toleranz. Das bedeutet, dass bei einem von 22 Werkstücken der Prüfwert außerhalb der Toleranz läge **(Tabelle 1)**.

Tabelle 1: Zahlenbeispiel

Bereich	Prozentuale Häufigkeit	Absolute Häufigkeit
$\pm 1\sigma$	68,26895 %	1 aus 3
$\pm 2\sigma$	95,44997 %	1 aus 22
$\pm 3\sigma$	99,73002 %	1 aus 370
$\pm 4\sigma$	99,99367 %	1 aus 15787
$\pm 5\sigma$	99,99994 %	1 aus 1744278
$\pm 6\sigma$	99,99999 %	1 aus 506797346

13.4.2 | PROZESSKENNWERTE AUS STICHPROBENPRÜFUNGEN

Bei der Erstellung eines **Prüfplans** stellt sich die Frage nach dem **Prüfumfang**, also nach der Zahl der zu prüfenden Teile. Bei sehr kritischen Teilen sollte eine **100%-Prüfung** durchgeführt werden: Alle gefertigten Teile werden geprüft. Da der Zeitaufwand und die damit verbundenen Kosten bei der 100%-Prüfung sehr groß sind, wird speziell in der Serienfertigung die **Stichprobenprüfung** bevorzugt **(Bild 1)**. Dabei wird zunächst nur eine festgelegte Teilmenge aus der normalverteilten **Grundgesamtheit** (Gesamtmenge) entnommen und geprüft. Anschließend werden diese Informationen statistisch ausgewertet und es wird eine Aussage über die Grundgesamtheit und deren Verteilungsform getroffen.

Erfolgt die Stichprobenprüfung im Wareneingang, werden die Stichproben aus der Lieferung entnommen. Falls die Stichprobenprüfung in der laufenden Fertigung durchgeführt wird, erfolgt sie meist in festgelegten Zeitabständen oder nach einer bestimmten Zahl gefertigter Teile.

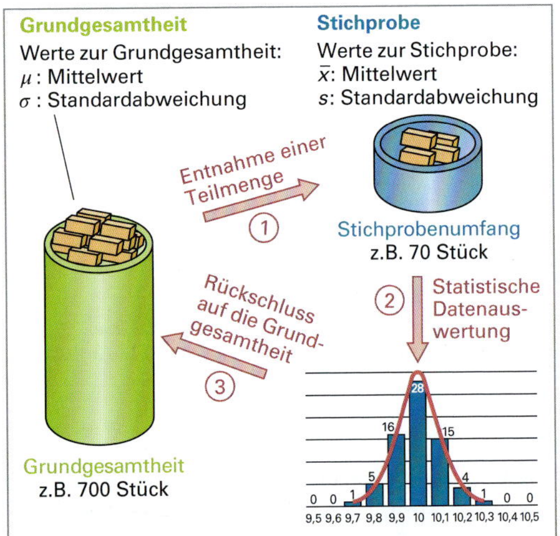

Bild 1: Stichprobenprüfung

Urliste

Die Erfassung von Prüfwerten erfolgt in **Urlisten**. **Tabelle 1** zeigt eine Urliste für einen Bolzen mit Ø8 ±0,1 mm. Damit eine statistische Auswertung aussagekräftig ist, sollte der **Stichprobenumfang *n*** (auch **Stichprobenzahl**) mindestens 40 Stück betragen.

Anzahl der Klassen

Bevor aus den Prüfwerten der Urliste ein Histogramm erstellt werden kann, müssen **Klassen** gebildet werden. Die **Anzahl der Klassen *k*** ist abhängig vom **Stichprobenumfang *n*** und lässt sich mit der Formel unter **Tabelle 1** berechnen.

Für eine übliche Stichprobenzahl $n = 40$ ergibt sich durch Berechnung folgende Anzahl der Klassen:

$$k = \sqrt{n} = \sqrt{40} = 6{,}3 \approx \mathbf{6}$$

Spannweite (Range)

Die **Spannweite *R*** wird ebenfalls zur Erstellung eines Histogramms benötigt. Sie wird als Differenz des **größten Prüfwerts x_{max}** und des **kleinsten Prüfwerts x_{min}** berechnet. Diese beiden Prüfwerte sind in der Urliste enthalten und müssen ausfindig gemacht werden. Die Berechnung erfolgt mit der Formel rechts unten.

Aus der Urliste **(Tabelle 1)** lässt sich die Spannweite wie folgt berechnen:

$$R = x_{max} - x_{min} = 8{,}05\text{ mm} - 7{,}94\text{ mm}$$

$$R = \mathbf{0{,}11\text{ mm}}$$

Tabelle 1: Urliste der Prüfwerte

Werkstück: Bolzen
Prüfmerkmal: Ø8 ±0,1 mm

Stichprobenumfang *n* = 40

1	7,96	8,00	8,01	8,02	8,01
2	8,01	7,99	7,94	7,98	7,97
3	7,98	7,96	7,99	8,05	8,02
4	8,02	8,00	8,02	8,00	8,00
5	**7,94**	7,96	8,00	7,96	7,99
6	8,00	**8,05**	7,97	8,03	7,97
7	8,03	7,98	7,99	7,95	7,99
8	7,99	7,95	8,04	7,98	7,98

$$k \approx \sqrt{n}$$

k	*n*
1	1

$$R = x_{max} - x_{min}$$

R	x_{max}	x_{min}
mm	mm	mm

Klassenweite

Zur Berechnung der **Klassenweite *w*** wird die **Spannweite *R*** durch die **Anzahl der Klassen *k*** dividiert. Die Berechnung erfolgt mit der Formel rechts.

$$w \approx \frac{R}{k}$$

w	R	k
mm	mm	1

Mit den Werten von **Seite 368** kann die Klassenweite *w* wie folgt berechnet werden:

$$w = \frac{R}{k} = \frac{0{,}11\ \text{mm}}{6} = 0{,}018\ \text{mm} \approx \mathbf{0{,}02\ mm}$$

Strichliste

Nachdem sowohl die Anzahl der Klassen als auch die Klassenweite feststehen, können die einzelnen Prüfwerte aus der Urliste in die **Strichliste (Bild 1)** übertragen werden. Die Strichliste erweist sich als gutes Hilfsmittel, mit dem die Häufigkeit der Prüfwerte pro Klasse ermittelt werden kann.

Klasse Nr.	Klasse von ≥	Klasse bis <	Strichliste	Häufigkeit pro Klasse
1	7,94	7,96	||||	4
2	7,96	7,98	~~||||~~ ||	7
3	7,98	8,00	~~||||~~ ~~||||~~ |	11
4	8,00	8,02	~~||||~~ ||||	9
5	8,02	8,04	~~||||~~ |	6
6	8,04	8,06	|||	3
				Σ40

Bild 1: Strichliste

Histogramm

Die Erstellung des Histogramms **(Bild 2)** erfolgt anhand der zuvor erstellten Strichliste. Das Histogramm ist ein **Säulendiagramm**, bei dem die Säulenhöhe der Häufigkeit des Prüfwerts in der jeweiligen Klasse entspricht.

In **Bild 3** wurde das bestehende Histogramm um die untere und obere **Toleranzgrenze** erweitert. Ein Rückschluss auf die Grundgesamtheit kann allerdings damit noch nicht erfolgen.

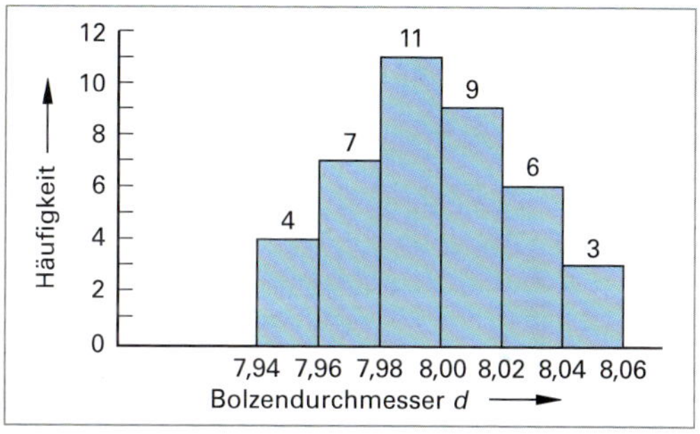

Bild 2: Histogramm

Arithmetischer Mittelwert

Der **arithmetische Mittelwert $\bar{x}$** (gesprochen: x quer) wird berechnet, indem man alle **Prüfwerte** von x_1 bis x_n aus der Urliste addiert und durch den **Stichprobenumfang *n*** dividiert. Dies erfolgt mit der Formel rechts unten.

Mit den 40 Prüfwerten aus der Urliste von **Tabelle 1, Seite 368,** lässt sich folgender arithmetische Mittelwert $\bar{x}$ berechnen.

$$\bar{x} = \frac{x_1 + x_2 + \ldots + x_n}{n}$$

$$\bar{x} = \frac{7{,}96\ \text{mm} + 8{,}00\ \text{mm} + \ldots + 7{,}98\ \text{mm}}{40}$$

$$\bar{x} = \mathbf{7{,}99\ mm}$$

Bild 3 zeigt, dass sich der arithmetische Mittelwert $\bar{x}$ leicht nach links versetzt zur Toleranzmitte befindet.

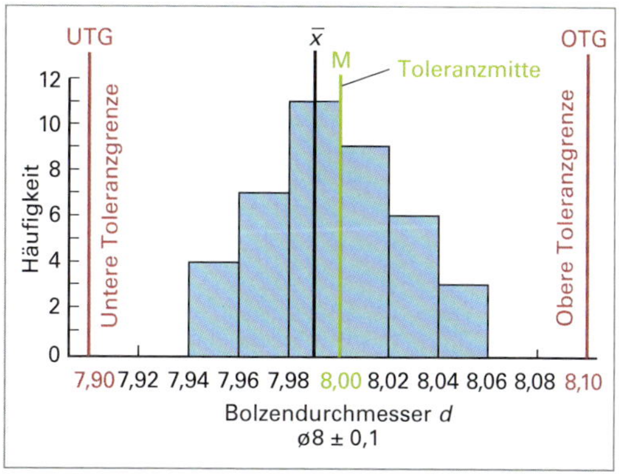

Bild 3: Erweitertes Histogramm

$$\bar{x} = \frac{x_1 + x_2 + \ldots + x_n}{n}$$

$\bar{x}$	x_1	n
mm	mm	1

Qualitätsmanagement

Standardabweichung

Durch die **Standardabweichung** s wird der Abstand zwischen dem arithmetischen Mittelwert $\bar{x}$ der Prüfwerte und den Wendepunkten dargestellt **(Bild 1)**. Je größer die Streuung der Prüfwerte ist, desto größer ist die Standardabweichung.

Zur Berechnung der Standardabweichung werden der arithmetische Mittelwert $\bar{x}$, die Prüfwerte von x_1 bis x_n aus der Urliste und der Stichprobenumfang n benötigt. Die Formel zur Berechnung lautet:

$$s = \sqrt{\frac{\Sigma(x_i - \bar{x})^2}{n-1}}$$

s	$\bar{x}$	x_i	n
mm	mm	mm	1

Die Berechnung der Standardabweichung wird zweckmäßig nicht von Hand, sondern mit einem Rechner durchgeführt. Für das Beispiel des Bolzens ergibt sich eine Standardabweichung von s = 0,02812 mm oder gerundet $s \approx$ 0,03 mm.

Rückschluss auf die Grundgesamtheit

Nachdem die Standardabweichung s berechnet wurde, kann ein Rückschluss auf die Grundgesamtheit der Stichprobe gezogen werden. Dazu wird auf die Angaben aus **Tabelle 1** und die zuvor berechneten Werte zurückgegriffen. Im vorliegenden Fall lautet der Rückschluss auf die Grundgesamtheit **(Bild 2)**:

Der arithmetische Mittelwert $\bar{x}$ liegt bei 7,99 mm, und eine Standardabweichung erstreckt sich über ±s = 0,06 mm. Somit liegt bei 68,27 % der Bolzen das Prüfmerkmal zwischen ∅7,96 mm und ∅8,02 mm. Bei 95,45 % liegt das Prüfmerkmal zwischen ∅7,93 mm und ∅8,05 mm. 99,73 % der Bolzen liegen demnach mit dem Prüfmerkmal zwischen 7,90 mm und 8,08 mm.

Leider sind in der Grundgesamtheit auch Bolzen enthalten, bei denen die untere Toleranzgrenze überschritten wurde **(Bild 3)**. Bei diesen Bolzen ist der Durchmesser kleiner als 7,90 mm, weshalb diese Teile als **Ausschuss** bewertet werden müssen. Um wie viele Teile es sich handelt, kann berechnet werden. Bekannt ist, dass innerhalb des Bereichs von –3s exakt 49,86 % von 50 % der Bolzen liegen. Somit liegen außerhalb dieses Bereichs 0,14 % der Teile unterhalb der Toleranzgrenze und sind Ausschuss. Angenommen, die Losgröße umfasst 700 Teile, dann ist ein Teil Ausschuss. Da bei Normalverteilung die Glockenkurve auf der waagrechten Achse beidseitig bis ins Unendliche definiert ist, fallen rein statistisch auch Teile an, die nachgearbeitet werden müssen.

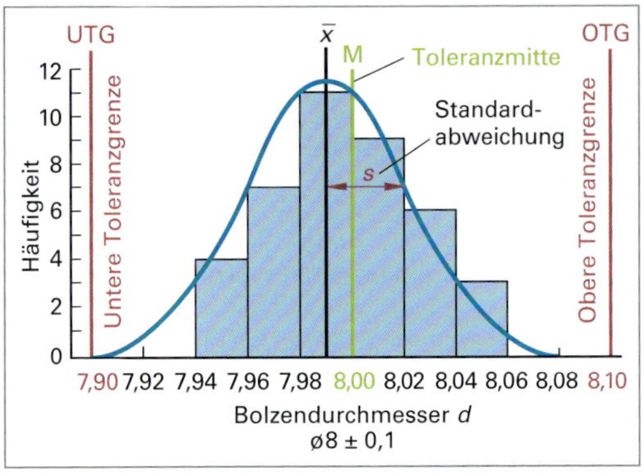

Bild 1: Normalverteilung in Stichproben

Bereich	Prozentuale Häufigkeit	Standardabweichung s Beispiel: Bolzen ∅8 ±0,1
±1σ	68,26895 %	±s = 0,06 mm
±2σ	95,44997 %	±2s = 0,12 mm
±3σ	99,73002 %	±3s = 0,18 mm
±4σ	99,99367 %	±4s = 0,24 mm

Tabelle 1: Werte bei Normalverteilung

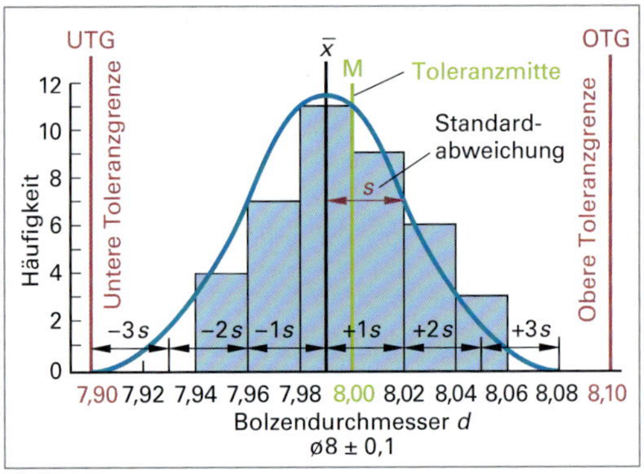

Bild 2: Rückschluss auf die Grundgesamtheit

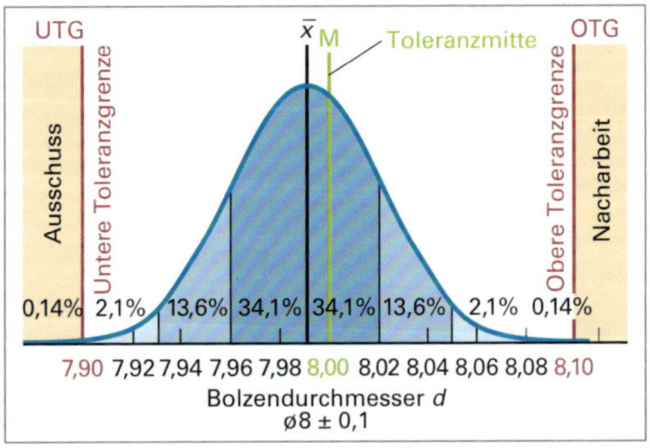

Bild 3: Ausschuss und Nacharbeit

13.4.3 | SIX SIGMA

Durch die Anwendung von **Six Sigma** sollen in erster Linie die **Produktqualität** verbessert und die **Fehlerquote** gesenkt werden. **Bild 1** zeigt einen üblichen Prozess, bei dem die Prüfwerte einer Normalverteilung unterliegen und 99,73% aller Teile fehlerfrei sind. Die starke Streuung der Prüfwerte hat jedoch zur Folge, dass sich unterhalb und oberhalb der **Spezifikationsgrenzen** auch noch 0,27% fehlerhafte Teile befinden.

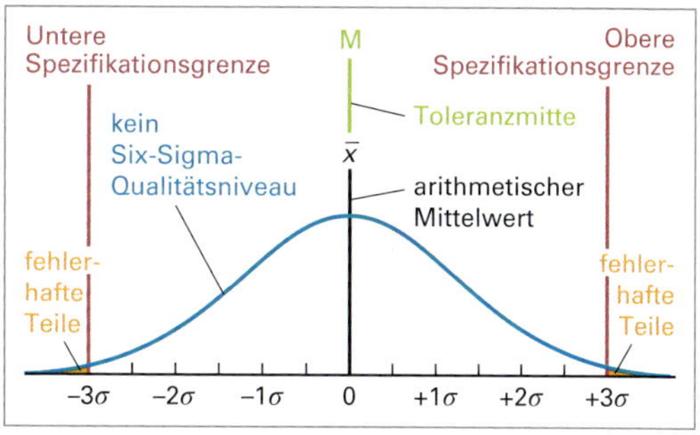

Bild 1: Normales Qualitätsniveau

Das Unternehmen Motorola hat bereits in den 1980er-Jahren die **Six-Sigma-Methode** entwickelt und angewendet. Mit Six Sigma werden unter anderem folgende **Ziele** verfolgt:

- Minimierung von Prozessstreuungen
- Steigerung der Produktqualität
- Bestreben einer Null-Fehler-Rate

Damit diese Ziele erreicht werden können, müssen vom Unternehmen kritische Prozesse erkannt und verbessert werden. Entscheidend bei Six Sigma ist, in welchem Verhältnis die **Streuung** eines Prozesses zu den **Spezifikationsgrenzen** steht. **Bild 2** zeigt einen normalverteilten Prozess mit schwacher Streuung. Wenn die Spezifikationsgrenzen im Abstand $\pm 6\sigma$ (Six Sigma) auseinander liegen, spricht man von einem **Six-Sigma-Qualitätsniveau**. In diesem Fall sind 99,99999% aller Teile fehlerfrei.

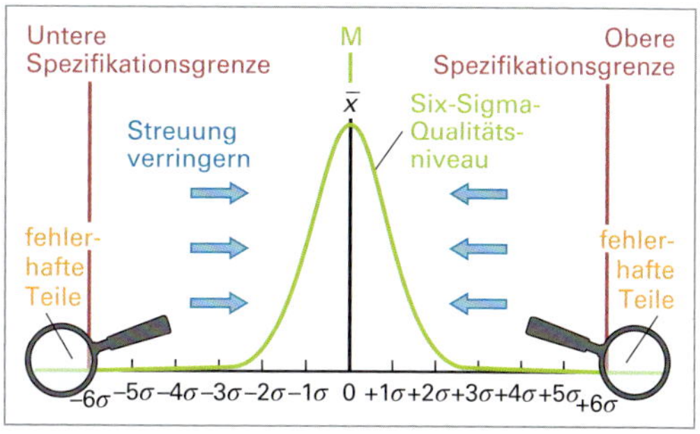

Bild 2: Six-Sigma-Qualitätsniveau

Aufgrund verschiedener systematischer Einflüsse, wie Temperatur oder Verschleiß, muss auch bei Six Sigma berücksichtigt werden, dass der Mittelwert $\bar{x}$ über einen längeren Zeitraum nicht konstant ist. Diese Einflüsse werden mit einer **1,5-fachen Verschiebung des Mittelwerts** in beide Richtungen berücksichtigt **(Bild 3)**. Infolge der Mittelwertverschiebung beträgt allerdings der Abstand zwischen dem verschobenen Mittelwert und der Spezifikationsgrenze nur noch $4{,}5\sigma$. Unter Berücksichtigung der 1,5-fachen Verschiebung sind bei Six Sigma somit 99,99966% der Teile fehlerfrei. Zahlenmäßig ausgedrückt dürfen bei einem Six-Sigma-Qualitätsniveau maximal 3,4 Teile pro 1 Million fehlerhaft sein. **Bild 4** zeigt die **Fehler pro 1 Million Möglichkeiten** (**DPMO;** engl.: ***d**efects **p**er **m**illion **o**pportunities*) in Abhängigkeit von der Standardabweichung.

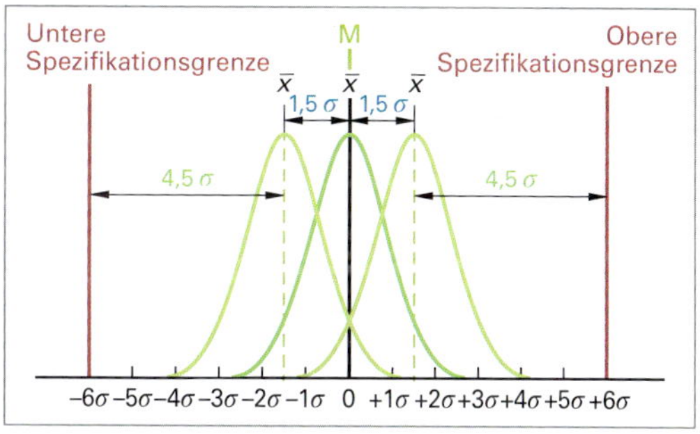

Bild 3: 1,5-Sigma-Verschiebung

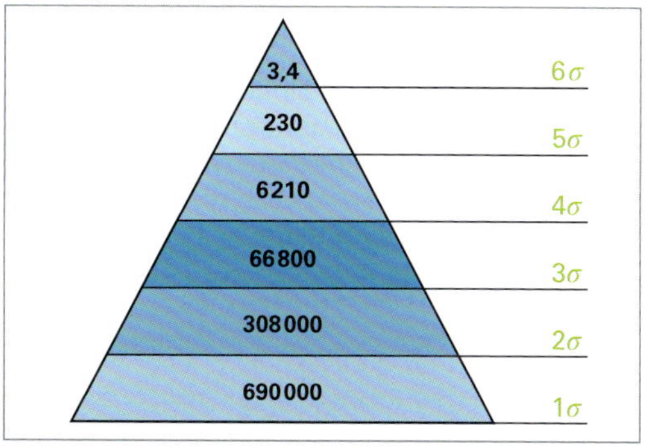

Bild 4: Fehler pro 1 Million Möglichkeiten

> Das Ziel von **Six Sigma** besteht darin, Prozesse so weit zu optimieren, dass nur noch **3,4 Fehler pro 1 Million** Fehlermöglichkeiten auftreten.

13.4.4 | STATISTISCHE PROZESSREGELUNG (SPC)

Im Rahmen der **statistischen Prozessregelung** (**SPC;** engl.: *statistic process control*) werden Regelkarten in Form von **Qualitätsregelkarten (QRK)** eingesetzt.

Zur Erstellung von Qualitätsregelkarten werden aus dem Prozess, z. B. der laufenden Fertigung, in regelmäßigen Zeitabständen Stichproben entnommen. In **Bild 1** wurde bei 5 Teilen stündlich der Durchmesser ⌀5 mm geprüft und dokumentiert. Aus den 5 Prüfwerten x_1 bis x_5 wurden anschließend der Mittelwert $\bar{x}$ sowie die Standardabweichung s ermittelt und deren zeitlicher Verlauf aufgezeichnet.

Sobald die statistisch ermittelten und in der Qualitätsregelkarte aufgezeichneten Werte die **obere** oder **untere Warngrenze (OWG** bzw. **UWG)** erreichen, besteht die Gefahr, dass der Prozess weiter in diese Richtung läuft. Dann sollte der Prozess verschärft beobachtet werden, z. B. durch Verkürzen der **Prüfintervalle**.

Erreichen die Werte im weiteren Verlauf die **obere** oder **untere Eingriffsgrenze (OEG** bzw. **UEG)**, muss in den Prozess, z. B. durch Stoppen, eingegriffen werden **(Bild 2)**. Ein Fortsetzen des Prozesses darf erst dann erfolgen, wenn die Ursache ermittelt und eine entsprechende Gegenmaßnahme eingeleitet wurde.

Qualitätsregelkarten werden in laufenden Prozessen eingesetzt, damit systematische Abweichungen frühzeitig erkannt und somit fehlerhafte Teile vermieden werden.

Auswertung von Qualitätsregelkarten

Bei der Auswertung von **Qualitätsregelkarten** muss zwischen systematischen und zufälligen Einflüssen unterschieden werden **(Bild 3)**.

Typische **systematische Einflüsse (Bild 3a)** sind z. B. Temperaturerhöhungen oder Werkzeugverschleiß. Auf Qualitätsregelkarten erkennt man diese Einflüsse meist daran, dass die Mittelwerte $\bar{x}$ nur in eine Richtung verlaufen.

Bei **zufälligen Einflüssen (Bild 3b)**, z. B. Temperaturschwankungen, inhomogenen Werkstoffschwankungen oder Messfehlern, liegt eine Normalverteilung der Prüfwerte vor. Als Hinweis auf die Streuung wird auf Qualitätsregelkarten die Standardabweichung s ermittelt.

Qualitätsregelkarte $\bar{x}$ - s						
Prüfmerkmal	Durchmesser		**Teile-Nr.**			
Prüfmaß	5 ± 0,05 mm		**Benennung**			
Stichprobenumfang	$n = 5$		**Zeichnung-Nr.**			
Prüfintervall	1 Stunde		**Prüfmittel**			
Prüfdatum	26.04.2020		**Prüfer**			
Messwerte in mm	x_1	5,01	5,00	4,98	5,02	4,99
	x_2	5,01	4,99	4,99	4,99	5,00
	x_3	4,99	5,03	5,02	5,01	4,96
	x_4	4,97	4,99	5,01	4,96	4,99
	x_5	4,98	4,96	5,03	4,97	5,03
	$\bar{x}$	4,992	4,994	5,006	4,990	4,994
	s	0,018	0,025	0,021	0,025	0,025
	Uhrzeit	08:00	09:00	10:00	11:00	12:00
	Proben-Nr.	1	2	3	4	5

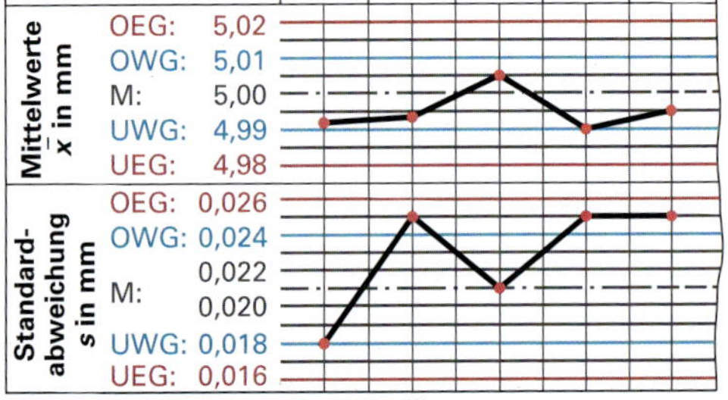

OEG: Obere Eingriffsgrenze
OWG: Obere Warngrenze
M: Mittelwert
UWG: Untere Warngrenze
UEG: Untere Eingriffsgrenze

Bild 1: Qualitätsregelkarte

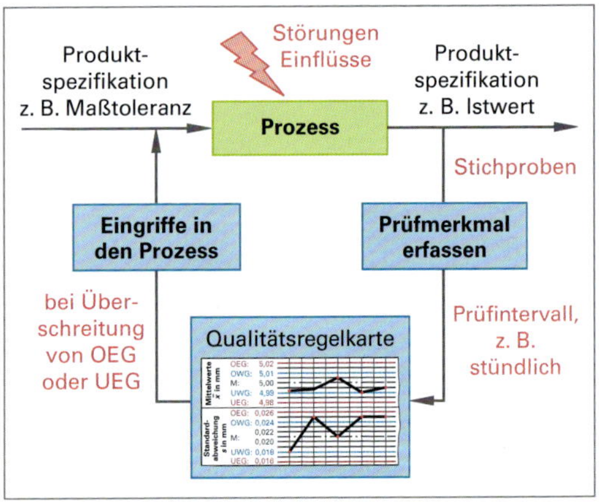

Bild 2: Statistische Prozessregelung (SPC)

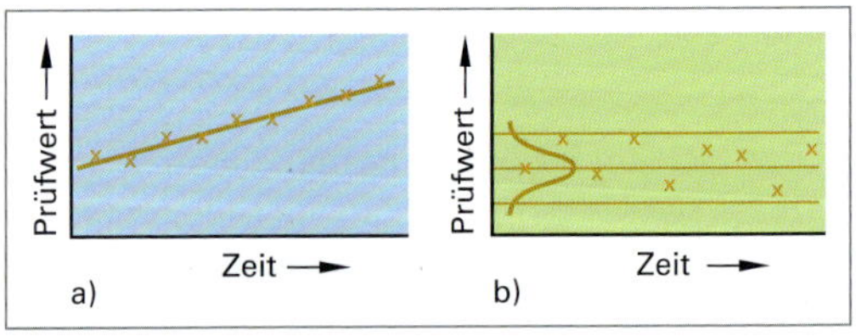

Bild 3: a) Systematische, b) zufällige Einflüsse

Typische Prozessverläufe

Auf Qualitätsregelkarten lassen sich aus dem Verlauf der aufgezeichneten Werte **typische Prozessverläufe** erkennen, die mit den entsprechenden Maßnahmen behoben werden können. Typische Prozessverläufe auf der $\bar{x}$–Spur von Qualitätsregelkarten sind:

Wenn 2/3 aller Werte im Bereich ±*s* (Standardabweichung) liegen und keine Werte die **obere** oder **untere Eingriffsgrenze** überschreiten, spricht man von einem **natürlichen Verlauf (Bild 1)**. Diese Prozesse sind unter Kontrolle und können ohne Korrekturen weitergeführt werden.

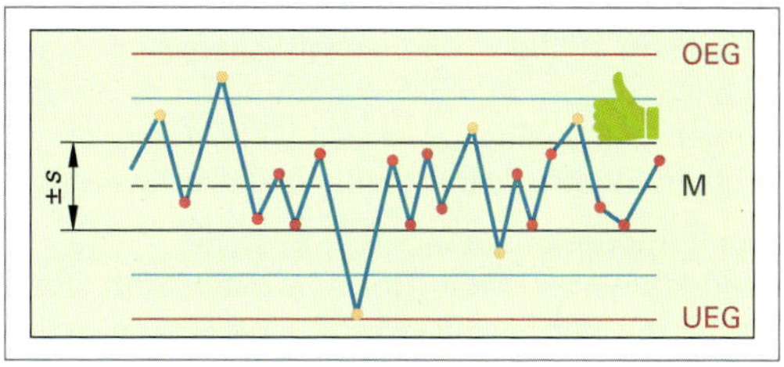

Bild 1: Natürlicher Prozessverlauf

Ein **Trend** liegt immer dann vor, wenn 7 oder mehr aufeinander folgende Werte der Qualitätsregelkarte ununterbrochen in eine Richtung verlaufen **(Bild 2)**. Dieser Verlauf kann eine Tendenz nach oben oder nach unten aufweisen und sollte zur Ermittlung der Ursachen unterbrochen werden. Meist ist ein Verschleiß am Werkzeug oder am Prüfmittel die Ursache für einen Trend. Aber auch eine Ermüdung des Personals kann diesen Verlauf auslösen.

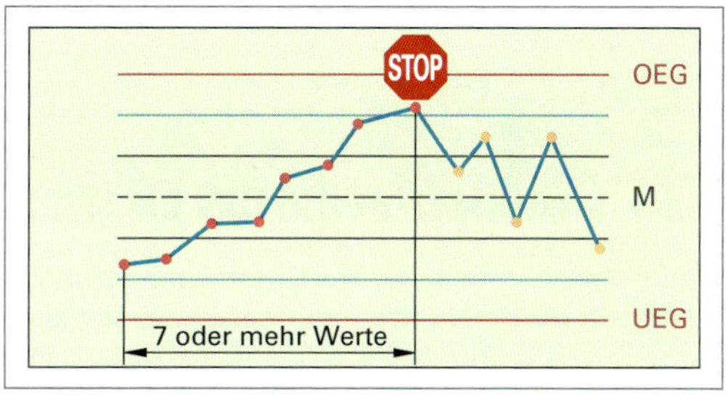

Bild 2: Trend

Sobald 7 oder mehr aufeinanderfolgende Werte auf der Qualitätsregelkarte unterhalb oder oberhalb der Mittellinie liegen, spricht man von einem **Run** (engl.: *run*, Lauf; **Bild 3**). Dieser Prozess sollte verschärft beobachtet und die Ursachen sollten ermittelt werden. Mögliche Ursachen können ein Wechsel des Lieferanten, der Einsatz eines neuen Werkzeugs, die Verwendung einer neuen Materialcharge oder ein Personalwechsel z. B. nach einer Schicht sein.

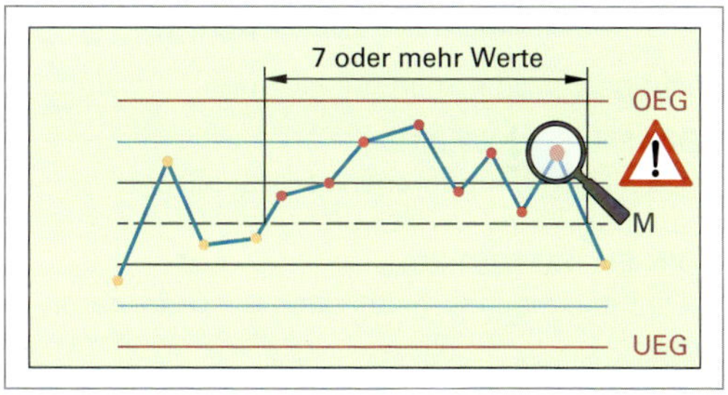

Bild 3: Run

Beherrschte und fähige Prozesse

Bei einer Zertifizierung nach DIN EN ISO 9001 muss nachgewiesen werden, dass Prozesse **beherrscht** und **fähig** sind **(Bild 4)**. Dazu werden **Prozessfähigkeitsuntersuchungen** durchgeführt, bei denen die Streuung und die Lage der Prüfmerkmale untersucht werden.

Ein Prozess ist **beherrscht**, wenn sich die Lage der Prüfwerte bezogen auf die **untere** und die **obere Toleranzgrenze** (**UTG** bzw. **OTG**) über einen gewissen Zeitraum nicht ändert. Damit ist jedoch nicht gewährleistet, dass der Prozess fähig ist. Bei einem **fähigen Prozess** müssen die Prüfmerkmale innerhalb der Spezifikationsgrenzen liegen, was nur mit einer schwachen Streuung erreicht werden kann.

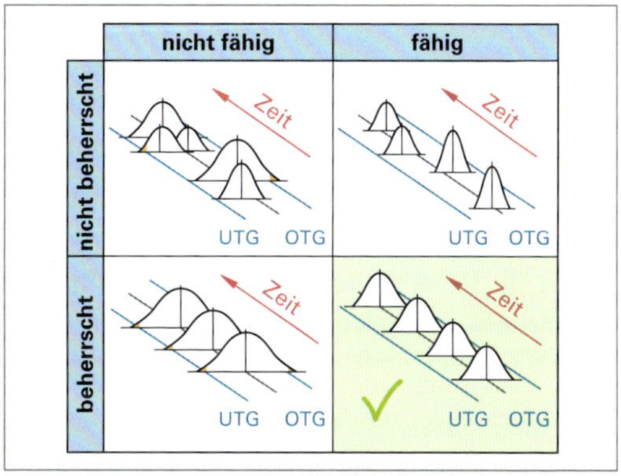

Bild 4: Beherrschte und fähige Prozesse

Ein Prozess muss **beherrscht** und **fähig** sein.

13.5 NORMEN ZUM QUALITÄTSMANAGEMENT

Für das effiziente Qualitätsmanagement einer **Organisation** (**Info**) wird ein **Qualitätsmanagementsystem** (**QMS** oder **QM-System**) benötigt. Dieses System muss durchgängig alle Bereiche der Organisation abbilden und sicherstellen, dass die gewünschte Qualität entsteht. Nur durch Anwendung eines wirksamen QM-Systems können die Qualitätsziele des Unternehmens erreicht und die erreichten Standards nachhaltig gesichert werden.

Damit Interessenten ihre QM-Systeme schnell und effizient entwickeln können, wurden Normen entwickelt. Diese wurden den Bedürfnissen der jeweiligen Branche (Automobilhersteller, Medizin, Dienstleistung usw.) angepasst; deshalb gibt es eine Vielzahl von QM-Normen. Die bekannteste ist die Normenreihe DIN EN ISO 9000, die sowohl in der Industrie als auch im Dienstleistungsbereich Anwendung findet.

Info: Organisation

Eine Organisation verfolgt folgende Ziele:

- Sach- und Dienstleistungen zu erbringen (z. B. Produktionsbetriebe, Dienstleistungsunternehmen)
- eine bestimmte Außenwirkung zu erzielen (z. B. Verwaltungsbehörden, Parteien)
- Veränderungen von Personen zu bewirken (z. B. Schulen, Krankenhäuser)

13.5.1 NORMENREIHE DIN EN ISO 9000

Als Leitfaden unterstützt sie Organisationen bei der Planung und Umsetzung eines **Qualitätsmanagementsystems** und hilft, systematisch die selbst gesetzten Qualitätsziele zu erreichen.

Gemäß dem Grundsatz der ständigen Verbesserung (**KVP**, kontinuierlicher Verbesserungsprozess) besteht sie aus Normen zum Einstieg ins QM-System sowie aus Normen zur Steigerung und Verbesserung des Systems (**Bild 1**).

Wichtige Einzelnormen der Normenreihe sind:

- **DIN EN ISO 9000:2015** (Qualitätsmanagementsysteme – Grundlagen und Begriffe)
- **DIN EN ISO 9001:2015** (Qualitätsmanagementsysteme – Anforderungen)
- **DIN EN ISO 9004:2017** (Erreichen eines nachhaltigen Erfolgs)

Langfristigstes Ziel dabei ist, dass die Qualität im Mittelpunkt aller Aktivitäten einer Organisation steht. Dieser allumfassende Qualitätsgedanke wird als **Total Quality Management (TQM)** bezeichnet.

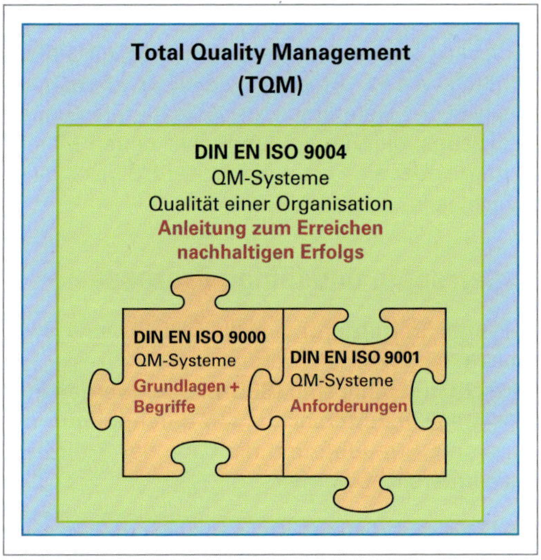

Bild 1: Normenstruktur des Total Quality Managements (TQM)

DIN EN ISO 9000:2015 definiert ein Qualitätsmanagementsystem wie folgt:

> Das **Qualitätsmanagementsystem (QMS)** beschreibt alle Prozesse, Zuständigkeiten und Mittel, die zur Sicherstellung von Qualität erforderlich sind.

Außerdem enthält die Norm Festlegungen zur Organisation, zur Planung, Durchführung und Lenkung von Prozessen, zu den Verfahren zur Umsetzung einzelner Qualitätsmaßnahmen, zu Regelungen von Verantwortung und Zuständigkeiten, zur Einbeziehung von Mitarbeitern in das QM usw.

Beim **Stakeholder-Ansatz** soll die Einbettung der Organisation in ihrem Kontext zu den interessierten Parteien (**Stakeholder**; engl.: *stake*, Einsatz, Anteil; *holder,* Besitzer) erfasst und deren Erfordernisse und Erwartungen analysiert werden **(Seite 344)**.

Die DIN EN ISO 9001 enthält folgende wichtige Ansatzpunkte eines (QMS):

- **Prozessorientierung**. Dabei werden Kern-, Management- und unterstützende Prozesse unterschieden **(Info)**.
- **Kundenorientierung**. Der Schwerpunkt liegt in der Erfüllung der Kundenwünsche.
- **Qualitätsziele und -politik**. Das Management schafft Bedingungen für das Erreichen der Qualitätsziele.
- **Ständige Verbesserung**. Stillstand ist Rückschritt, Verbesserung ist Pflicht.
- **Vorbeugung**. Risikoabschätzung aufgrund ständiger Analysen führt zu Fehlervermeidung.
- **Einbeziehung interessierter Parteien**. Beziehungsmanagement verhilft zu nachhaltigem Erfolg.
- **Interne und externe Audits**. Helfen Schwachstellen aufzudecken und zu verbessern.
- **Wissensmanagement**. Benötigtes Wissen muss bestimmt, bereitgestellt und gesichert werden.

i

Info: Managementprozesse. Führungsprozesse des Systems, sie schaffen die Voraussetzungen für die anderen Prozesse, z. B. Unternehmenspolitik und -strategie, Personalqualifikation und Budgetplanung

Kernprozesse. Prozesse zur Erfüllung der Kundenforderungen, es handelt sich um wertschöpfende Prozesse der Organisation, z. B. Planung, Fertigung, Montage und Kundendienst.

Unterstützende Prozesse. Serviceprozesse zur Unterstützung der Kern- und Managementprozesse, z. B. Personalverwaltung, Auditmanagement, IT/EDV und Instandhaltung.

Prozessorientierter Ansatz

Das Grundprinzip eines QMS basiert auf dem **PDCA-Zyklus**. Dabei werden Maßnahmen unter Berücksichtigung ihrer Ziele, Risiken und Ressourcen geplant (**Plan**) und dann umgesetzt (**Do**). Anschließend wird ihre Wirkung auf die Qualität beurteilt (**Check**), um schließlich durch ergänzende Maßnahmen (**Act**) die Leistung zu verbessern **(Bild 1)**.

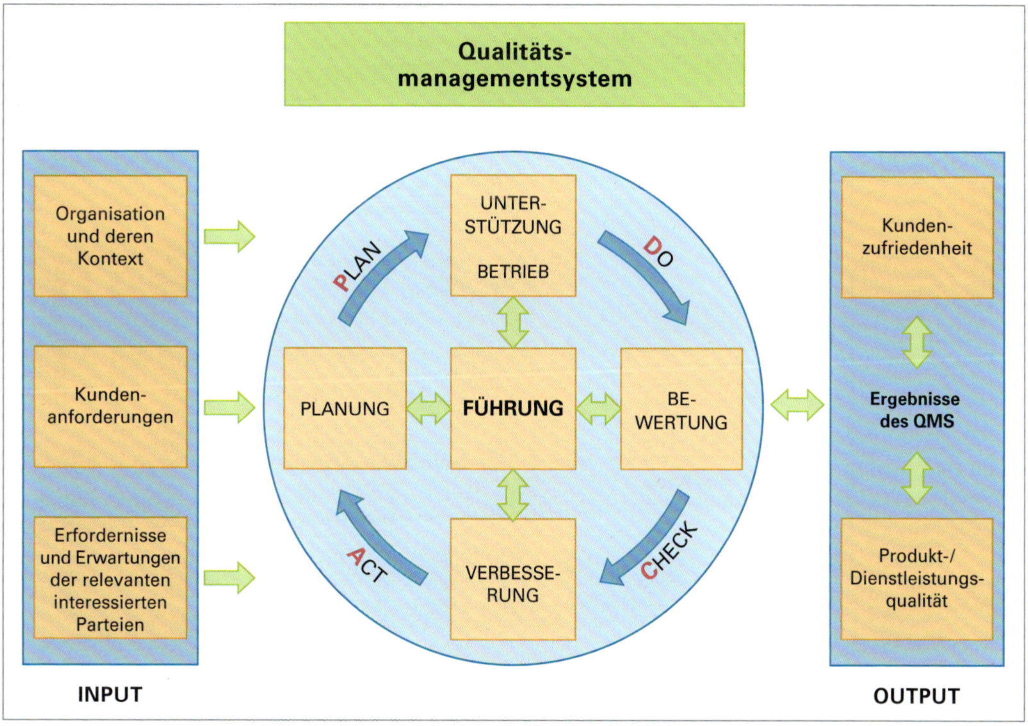

Bild 1: Planen – Durchführen – Prüfen – Handeln (PDCA-Zyklus)

Qualitätsmanagement

Sowohl Kern- als auch Unterstützungsaufgaben sollen durchgängig in Form von Prozessen dargestellt werden. Eine Prozesslandkarte, verknüpft über In- und Outputs, Ressourceneinsatz, Prozessindikatoren und Verfahrensanweisungen, soll einen klar strukturierten Überblick über Aufbau und Tätigkeiten innerhalb eines Qualitätsmanagementsystems ermöglichen. Sowohl die einzelnen Prozesse als auch das QMS selbst lassen sich mittels des **PDCA-Zyklus** (auch **Deming-Kreis**) abbilden **(Bild 1, Seite 375)**.

Verpflichtung der Führung

Die Förderung der Qualität ist Aufgabe des Managements, das sich mit der Entscheidung, ein QMS einzuführen, auch dazu verpflichtet, die Leitung und Verantwortung zu übernehmen. Die Funktion eines **Qualitätsmanagementbeauftragten**, der gegenüber dem Management die Verantwortung für die Qualität in der Organisation vertritt, wurde aus der Norm gestrichen. **Bild 1** zeigt die Struktur der DIN EN ISO 9001.

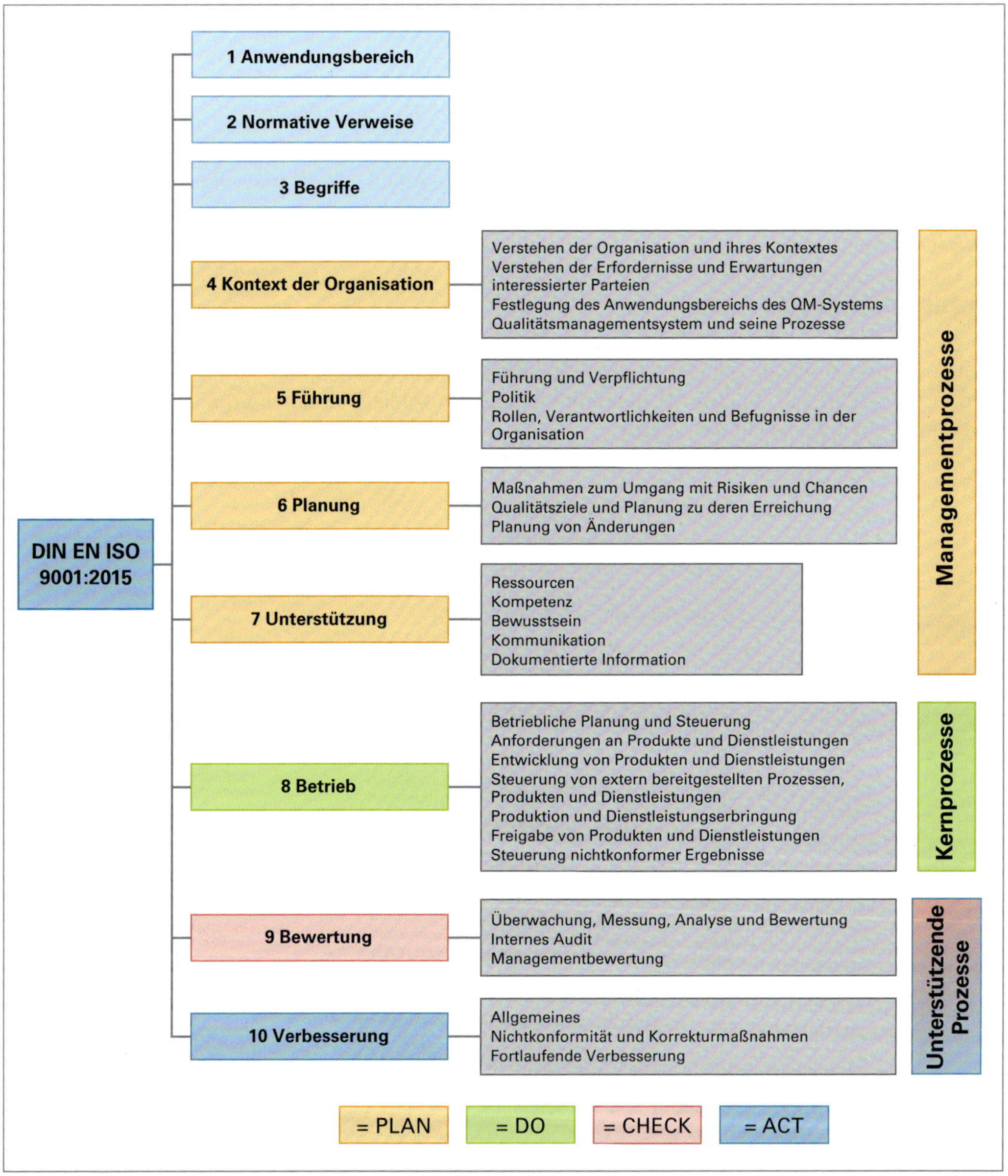

Bild 1: Prozesse und Inhalte der ISO 9001

13.5.2 | AUDITIERUNG UND ZERTIFIZIERUNG

Damit die Wirksamkeit des Qualitätsmanagementsystems überprüft und verbessert werden kann, finden regelmäßig **Qualitätsaudits** statt. Dabei werden systematische und unabhängige Befragungen der Bereiche durch Auditoren durchgeführt. Die Abweichungen von der QMS-Dokumentation werden erfasst und ausgewertet.

Audits dienen der Erkennung von Schwachstellen und Verbesserungspotenzialen in QM-Systemen und sind die Basis für den KVP-Prozess.

Qualitätsaudits werden nach ihrem **Wirkraum** unterschieden **(Bild 1)**:

- **Internes Audit (First Party Audit)**

Es dient zur Verbesserung der Prozessabläufe oder als Vorbereitung für externe Audits und wird von internen, aber abteilungsfremden Auditoren nach einem jährlichen Auditplan durchgeführt.

- **Externes Audit**

Da beim externen Audit die eigene Organisation bzw. das QMS in ihrer/seiner Gesamtheit betrachtet wird, erfolgt die Durchführung durch **externe** und damit **unabhängige Auditoren** und Organisationen.

Second Party Audits werden die externen Audits genannt, die von Kunden in **Organisationen ohne Zertifizierung** zum Nachweis ihrer Eignung als Zulieferer durchgeführt werden. Als Ergebnis wird die **Lieferantenbeurteilung** mit der Einstufung als A1/A2- und B1/B2-Zulieferer ausgewiesen.

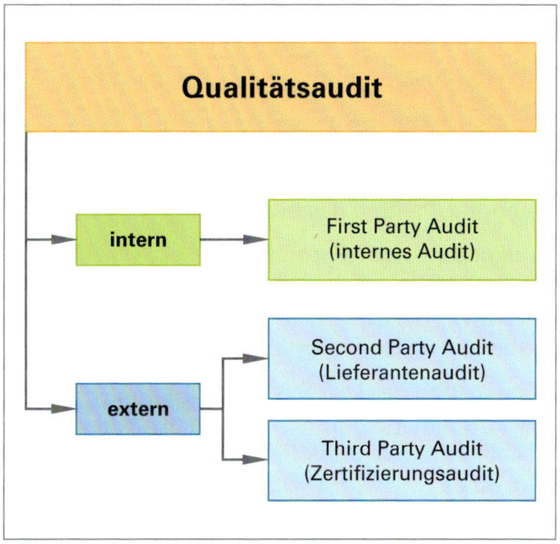

Bild 1: Auditarten nach dem Wirkraum

Besteht das Ziel des externen Audits in der **Zertifizierung** bzw. einem **Wiederholungsaudit** nach Ablauf der Gültigkeit des Zertifikats, wird es **Third Party Audit** genannt.

Eine alternative Einteilung von Qualitätsaudits erfolgt nach dem **Betrachtungsobjekt**:

- Das **Systemaudit** betrachtet das ganze Qualitätsmanagementsystem.
- Das **Prozessaudit** untersucht einzelne Abläufe und Vorgänge.
- Das **Produkt- bzw. Dienstleistungsaudit** betrachtet das Produkt oder eine Dienstleistung und dessen/derer Eignung aufgrund der geforderten Spezifikationen.

Zertifizierung der Organisation

Als Nachweis eines QM-Systems nach einer bestimmten Norm wird ein **Zertifikat** durch einen externen unabhängigen **Zertifizierer** ausgestellt. Die Zertifizierer können von der Organisation selbst ausgewählt werden. Damit alle Zertifizierer gleiche Maßstäbe ansetzen, werden sie in Deutschland durch die Deutsche Akkreditierungsstelle **(DAkkS)**, eine staatliche Stelle, zugelassen und überprüft.

Die Zertifikate sind in der Regel **drei Jahre** lang gültig, solange interne und externe Audits jährlich durchgeführt werden. Eine Verlängerung des Zertifikats wird durch die Durchführung eines Wiederholungsaudits möglich.

Neben der Zertifizierung nach DIN EN ISO 9001 werden auch Zertifizierungen z. B. nach der **ISO/TS 16949** bei international agierenden Organisationen als Nachweis ihrer QM-Systeme durchgeführt.

Als Vorbereitung auf die Zertifizierung nach DIN EN ISO 9001 müssen einige Voraussetzungen im Qualitätsmanagementsystem geschaffen werden, die in **Bild 1** aufgeführt sind.

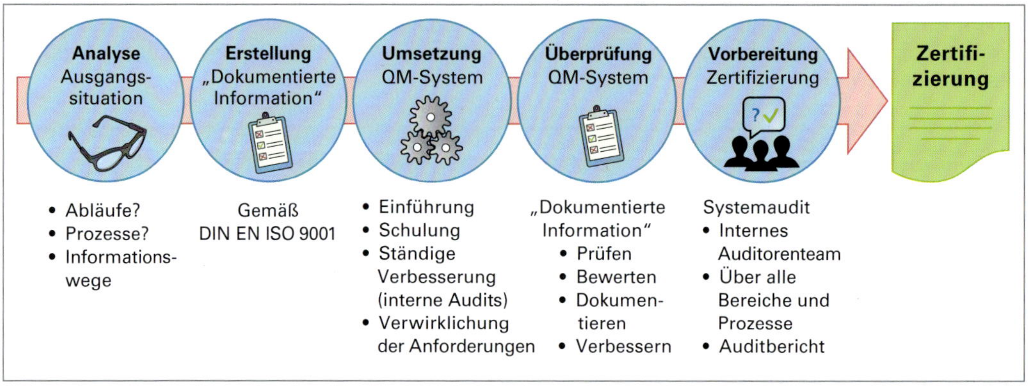

Bild 1: Vorbereitungsprozess einer Zertifizierung

- **Analyse der Ausgangssituation:**
  Dabei werden die vorhandenen Abläufe und Prozesse in der Organisation analysiert und eine Bestandsaufnahme des bestehenden QM-Systems wird erstellt.
- **Dokumentierte Information:**
  Erstellen der benötigten Dokumente gemäß der Norm ISO 9001. Diese früher als Qualitätsmanagementhandbuch bezeichneten Dokumente können heute als dokumentierte Informationen digital in unterschiedlichen Systemen dargelegt sein.
- **Einführung des QM-Systems:**
  Nach einem Plan werden die Bereiche des QMS aufgebaut und durch interne Audits verbessert. Durch Schulungen der Mitarbeiter und ständige Verbesserungen werden die Anforderungen der Norm verwirklicht.
- **Dokumentenprüfung:**
  Das erarbeitete **Qualitätsmanagementhandbuch (QMH)** wird vom ausgewählten Zertifizierer auf seine Eignung geprüft. Dabei werden Schwachstellen in einem Prüfbericht aufgeführt und zu einer Verbesserung herangezogen.
- **Systemaudit:**
  In diesem Audit wird das ganze QM-System durch ein internes Auditorenteam **(Info)** betrachtet. Es dient als Vorbereitung des Zertifizierungsaudits.
- **Zertifizierungsaudit:**
  Es wird durch einen externen Auditor bzw. eine externe Auditorengruppe durchgeführt und betrifft das komplette QM-System. Am Ende wird eine Abschlussbesprechung mit einem Auditbericht durchgeführt. In diesem Bericht sind die festgestellten Abweichungen des QM-Systems von der Norm und die damit zusammenhängende Erteilung eines Zertifikats dokumentiert. Bei zu vielen Abweichungen kann ein Nachaudit terminiert werden.

i

Info: Anforderungen an Auditoren

Neben einer fundierten Kenntnis der Qualitäts- und Auditierungsnormen sind Kommunikationsfähigkeit, schnelle Auffassungsgabe und idealerweise Branchenwissen notwendig. Eine spezielle Ausbildung ist nur bei Auditoren für Zertifizierungen vorgeschrieben.

13.6 INTEGRIERTES QUALITÄTSMANAGEMENTSYSTEM

Neben einem Managementsystem für die Qualität werden in Organisationen weitere Systeme zur Steuerung von Ressourcen oder Bereichen betrieben:

- **Umweltmanagement** nach ISO 14001:
  Steuert die Auswirkungen der Organisation auf die Umwelt.
- **Energiemanagement** nach ISO 50001:
  Regelt die Beschaffung, Bereitstellung und den Verbrauch an Energie innerhalb einer Organisation.
- **Arbeitsschutzmanagement** nach ISO 45001:
  Umfasst die Organisation aller Bereiche des Arbeitsschutzes, der Arbeitssicherheit und den Gesundheitsschutz in Arbeitsstätten.
- **Informationssicherheitsmanagement** nach ISO 27001:
  Stellt Verfahren und Regeln innerhalb einer Organisation auf, die dazu dienen, die Informationssicherheit dauerhaft zu definieren, zu steuern, zu kontrollieren, aufrechtzuerhalten und fortlaufend zu verbessern.

Alle diese Managementsysteme müssen beschrieben und durch Funktionsstellen besetzt werden. Meist haben die zugrunde gelegten Managementnormen eine ähnliche Struktur, die **High Level Structure (HLS).** Auf diese HLS ist die Struktur vieler Managementsysteme abgestimmt. Sie ergänzen sich auch oft in ihrer Zielsetzung. Deshalb kann es sinnvoll sein, diese Systeme zu einem integrierten Managementsystem zusammenzufassen (Bild 1).

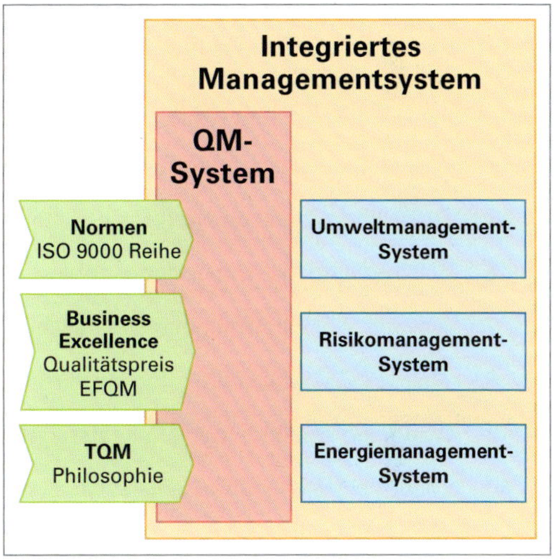

Bild 1: Struktur Integrierter Managementsysteme

Vorteile Integrierter Managementsysteme (IMS):

- Synergien helfen personelle, zeitliche und finanzielle Ressourcen zu sparen.
- Kombination reduziert die dokumentierten Informationen, da nur ein Handbuch geschrieben wird.
- Gemeinsame Audits und Schulungen für alle Managementsysteme reduzieren den Zeitaufwand.
- Personal ist meist effizienter einsetzbar, sodass in der Regel weniger Mitarbeiter benötigt werden.
- Die Unternehmensprozesse werden ganzheitlich analysiert und betrachtet. Daher überträgt sich eine erarbeitete Lösung auf alle Bereiche.

Die **High Level Structure** der Norm fordert eine vergleichbare Struktur der Managementsysteme. Diese ähnlich aufgebauten Systeme können so zu einem **Integrierten Managementsystem (IMS)** zusammengeführt werden.

Nachteile Integrierter Managementsysteme können Befangenheiten oder Priorisierungen sein. So kann beispielsweise beim Korrosionsschutz aus Qualitätsgründen das umweltbelastende Verchromen gegenüber dem Pulverbeschichten bevorzugt werden, obwohl das Umweltmanagement das emissionsärmere Verfahren fordern würde.

i

Info: EFQM (Bild 1)

EFQM ist ein Modell zur Umsetzung eines umfassenden Qualitätsmanagement (TQM; engl.: *total quality mangement*). Es beinhaltet die Bewertung des Managements im Hinblick auf nachhaltige Leistungen für alle Stakeholder. Das darin geforderte systematische Management geht über die Anforderungen der DIN EN ISO 9001 hinaus und erlaubt auch eine relative Bewertung und damit Wettbewerb.

Qualitätsmanagement

AUFGABEN | WIEDERHOLUNG UND VERTIEFUNG

1. Bei welchen der folgenden Merkmale handelt es sich um inhärente Merkmale?
a) Verkaufspreis eines Bauteils
b) Lebensdauer eines Kugellagers
c) Farbe der Lackierung eines Bauteils
d) Artikelnummer eines Bauteils
e) Umweltverträglichkeit eines Bauteils
f) Oberflächengüte einer Welle
g) Material eines Bauteils
h) Lieferzeit eines Bauteils
i) Breitenmaß 82 +0,05 einer Aussparung
j) Masse eines Bauteils

2. Ordnen Sie die folgenden Merkmale nach qualitativ und quantitativ.
a) der Durchmesser einer Bohrung
b) die Farbe eines Bauteils
c) die Übersetzung eines Getriebes
d) Verletzungsgefahr durch ein Bauteil
e) die Funktionsfähigkeit eines Bauteils
f) der Stromverbrauch eines Motors
g) die Zahl von Bohrungen in einem Bauteil
h) die Masse eines Bauteils
i) die Seriennummer eines Bauteils
j) die Schweißbarkeit eines Bauteils

3. Bei der Nutzung eines Produkts kommt es infolge eines Funktionsfehlers zu einem Personenschaden. Dem Hersteller ist kein schuldhaftes Verhalten nachzuweisen. Ist in diesem Fall das Produkthaftungsgesetz zur Regulierung des Schadens anwendbar?

4. Was versteht man unter den 7M-Störgrößen?

5. Zu welchen Zwecken werden die 7 elementaren QM-Werkzeuge eingesetzt?

6. Welches sind die Anwendungsgebiete der 7 neuen QM-Werkzeuge?

7. Welches Ziel wird mit einer statistischen Auswertung verfolgt?

8. Welches Ziel wird mit Six Sigma verfolgt?

9. Wann und wozu werden Qualitätsregelkarten eingesetzt?

10. Erläutern Sie den Unterschied zwischen beherrschten und fähigen Prozessen.

11. Wer ist in einer Firma für die Qualität verantwortlich und wessen Aufgabe ist es, dies zu ermöglichen?

12. Geben Sie jeweils zwei Beispiele für die unterschiedlichen Prozessarten an:
Kern-, Management- und unterstützende Prozesse aus Ihrem Unternehmen.

13. Weshalb sollten im Managementsystem auch die nicht wertschöpfenden Prozesse beschrieben werden?

14. Wozu dienen Audits und weshalb wird zwischen internen und externen Audits unterschieden?

15. Was versteht man unter dem PDCA-Zyklus?

16. Wozu dienen die „Dokumentierten Informationen" bzw. das Qualitätsmanagementhandbuch?

17. Welche Voraussetzungen müssen für eine Zertifizierung in einer Organisation vorhanden sein?

18. Nennen Sie drei Gründe für den Aufbau eines Integrierten Managementsystems.

SACHWORTVERZEICHNIS

Symbole

A

G

H

I

K

L

M

T

U

V

W